William H. Brown und Thomas Poon

Einführung in die Organische Chemie

Einführung in die Organische Chemie

William H. Brown und Thomas Poon

WILEY-VCH

Titel der Orginalausgabe

INTRODUCTION TO ORGANIC CHEMISTRY 6e
Erschienen im Verlag John Wiley & Sons, Inc, USA.
Copyright © 2016, 2014, 2011, 2005, 2000
Alle Rechte vorbehalten. Die Übersetzung erfolgte durch eine Lizenz des Original Verlags John Wiley & Sons, Inc.

INTRODUCTION TO ORGANIC CHEMISTRY 6e
First published in the United States by John Wiley & Sons, USA
Copyright © 2016, 2014, 2011, 2005, 2000
All Rights Reserved. This translation published under license with the original publisher John Wiley & Sons, Inc.

Autoren

Prof. William H. Brown
Beloit College
Department of Chemistry
700 College Street
53511 Beloit WI
USA

Prof. Thomas Poon
Claremont McKenna College
Department of Chemistry
925 N. Mills Avenue
91711 Claremont CA
USA

Übersetzer

Prof. Dr. Joachim Podlech
KIT Karlsruher Institut für Technologie
Institut für Organische Chemie
Fritz-Haber-Weg 6
76131 Karlsruhe
Deutschland

Cover
Getty Images/Adrian Coleman

Alle Bücher von WILEY-VCH werden sorgfältig erarbeitet. Dennoch übernehmen Autoren, Herausgeber und Verlag in keinem Fall, einschließlich des vorliegenden Werkes, für die Richtigkeit von Angaben, Hinweisen und Ratschlägen sowie für eventuelle Druckfehler irgendeine Haftung.

Bibliografische Information der Deutschen Nationalbibliothek
Die Deutsche Nationalbibliothek verzeichnet diese Publikation in der Deutschen Nationalbibliografie; detaillierte bibliografische Daten sind im Internet über http://dnb.d-nb.de abrufbar.

© 2021 WILEY-VCH GmbH, Boschstr. 12, 69469 Weinheim, Germany

Alle Rechte, insbesondere die der Übersetzung in andere Sprachen, vorbehalten. Kein Teil dieses Buches darf ohne schriftliche Genehmigung des Verlages in irgendeiner Form – durch Photokopie, Mikroverfilmung oder irgendein anderes Verfahren – reproduziert oder in eine von Maschinen, insbesondere von Datenverarbeitungsmaschinen, verwendbare Sprache übertragen oder übersetzt werden. Die Wiedergabe von Warenbezeichnungen, Handelsnamen oder sonstigen Kennzeichen in diesem Buch berechtigt nicht zu der Annahme, dass diese von jedermann frei benutzt werden dürfen. Vielmehr kann es sich auch dann um eingetragene Warenzeichen oder sonstige gesetzlich geschützte Kennzeichen handeln, wenn sie nicht eigens als solche markiert sind.

Umschlaggestaltung   Adam Design, Mannheim
Satz   le-tex publishing services GmbH, Leipzig
Druck und Bindung   Himmer GmbH Druckerei, Augsburg

Print ISBN 978-3-527-34674-5
ePDF ISBN 978-3-527-82385-7
ePub ISBN 978-3-527-82388-8

Gedruckt auf säurefreiem Papier.

10 9 8 7 6 5 4 3 2 1

Für Carolyn,
mit der das Leben eine Freude ist

Bill Brown

Für Cathy und Sophia,
für ein Leben voller Abenteuer

Thomas Poon

Inhaltsverzeichnis

Die Zielsetzung dieses Lehrbuchs XVII

Über die Autoren XXI

Danksagung XXIII

1	**Die kovalente Bindung und die Struktur von Molekülen** 1	
1.1	Wie kann man die elektronische Struktur von Atomen beschreiben? 2	
1.1.1	Die Elektronenkonfiguration von Atomen 3	
1.1.2	Lewis-Formeln 3	
1.2	Was ist das Lewis-Bindungskonzept? 5	
1.2.1	Bildung von Ionen 5	
1.2.2	Die Bildung chemischer Bindungen 6	
1.2.3	Elektronegativität und chemische Bindung 7	
1.2.4	Formalladungen 12	
1.3	Wie kann man Bindungswinkel und Molekülstrukturen vorhersagen? 16	
1.4	Wie kann man vorhersagen, ob eine Verbindung polar oder unpolar ist? 20	
1.5	Was ist Mesomerie? 22	
1.5.1	Mesomerie 22	
1.5.2	Elektronenflusspfeile und Elektronenfluss 24	
1.5.3	Regeln für das Zeichnen korrekter Grenzformeln 24	
1.6	Was ist das Orbitalmodell der Entstehung kovalenter Bindungen? 25	
1.6.1	Die Gestalt von Atomorbitalen 25	
1.6.2	Bildung von kovalenten Bindungen durch Überlappung von Atomorbitalen 26	
1.6.3	Hybridisierung von Atomorbitalen 26	
1.6.4	sp^3-Hybridorbitale: Bindungswinkel etwa 109.5° 27	
1.6.5	sp^2-Hybridorbitale: Bindungswinkel etwa 120° 27	
1.6.6	sp-Hybridorbitale: Bindungswinkel von etwa 180° 29	
1.7	Was sind funktionelle Gruppen? 31	
1.7.1	Alkohole 32	
1.7.2	Amine 34	
1.7.3	Aldehyde und Ketone 34	
1.7.4	Carbonsäuren, Carbonsäureester und Carbonsäureamide 35	
2	**Säuren und Basen** 45	
2.1	Was sind Arrhenius-Säuren und -Basen? 46	
2.2	Was sind Brønsted-Lowry-Säuren und -Basen? 46	
2.3	Wie bestimmt man die Stärke von Säuren und Basen? 50	
2.4	Wie bestimmt man die Gleichgewichtslage in einer Säure-Base-Reaktion? 51	
2.5	Wie hängen Säurestärke und Molekülstruktur zusammen? 54	
2.5.1	Elektronegativität: Entwicklung der Acidität von HA innerhalb einer Periode des Periodensystems 54	
2.5.2	Mesomere Effekte: Delokalisierung der Ladung in A^- 55

2.5.3	Der induktive Effekt: Schwächung der HA-Bindung durch Verschiebung von Elektronendichte *56*	
2.5.4	Die Größe der korrespondierenden Base und die Delokalisierung der Ladung in A⁻ *56*	
2.6	Was sind Lewis-Säuren und -Basen? *59*	

3 Alkane und Cycloalkane *69*

3.1	Was sind Alkane? *70*
3.2	Was sind Konstitutionsisomere? *71*
3.3	Wie benennt man Alkane? *74*
3.3.1	Das IUPAC-Nomenklatursystem zur Benennung organischer Verbindungen *74*
3.3.2	Trivialnamen *77*
3.3.3	Die Klassifikation von Kohlenstoff- und Wasserstoffatomen *78*
3.4	Was sind Cycloalkane? *79*
3.5	Wie wendet man die IUPAC-Regeln auf Verbindungen mit funktionellen Gruppen an? *80*
3.6	Was sind Konformationen in Alkanen und Cycloalkanen? *82*
3.6.1	Alkane *82*
3.6.2	Cycloalkane *85*
3.7	Was sind *cis/trans*-Isomere in Cycloalkanen? *90*
3.8	Welche physikalischen Eigenschaften haben Alkane und Cycloalkane? *94*
3.8.1	Siedepunkte *94*
3.8.2	Dispersionskräfte und die Wechselwirkung zwischen Alkanmolekülen *95*
3.8.3	Schmelzpunkte und Dichte *96*
3.8.4	Konstitutionsisomere haben unterschiedliche physikalische Eigenschaften *96*
3.9	Was sind die charakteristischen Reaktionen von Alkanen? *97*
3.10	Woher bekommt man Alkane? *98*
3.10.1	Erdgas *98*
3.10.2	Erdöl *98*
3.10.3	Kohle *100*

4 Alkene und Alkine *111*

4.1	Welche Struktur haben Alkene und Alkine? *113*
4.1.1	Struktur von Alkenen *113*
4.1.2	Orbitalmodell für Kohlenstoff-Kohlenstoff-Doppelbindungen *113*
4.1.3	*cis/trans*-Isomerie in Alkenen *114*
4.1.4	Struktur von Alkinen *115*
4.2	Wie benennt man Alkene und Alkine? *115*
4.2.1	IUPAC-Namen *115*
4.2.2	Trivialnamen *117*
4.2.3	Deskriptoren zur Bezeichnung der Konfiguration in Alkenen *117*
4.2.4	Benennung von Cycloalkenen *121*
4.2.5	*cis/trans*-Isomerie in Cycloalkenen *122*
4.2.6	Diene, Triene und Polyene *122*
4.2.7	*cis/trans*-Isomerie in Dienen, Trienen und Polyenen *122*
4.3	Welche physikalischen Eigenschaften haben Alkene und Alkine? *124*
4.4	Warum sind 1-Alkine (terminale Alkine) schwache Säuren? *125*

5 Reaktionen von Alkenen und Alkinen *133*

5.1	Was sind die charakteristischen Reaktionen von Alkenen? *134*

5.2	Was ist ein Reaktionsmechanismus?	*135*
5.2.1	Energiediagramme und Übergangszustände	*135*
5.2.2	Entwickeln von Reaktionsmechanismen	*138*
5.2.3	Wiederkehrende Muster in Reaktionsmechanismen	*139*
5.3	Nach welchen Mechanismen verläuft die elektrophile Addition an Alkene?	*141*
5.3.1	Addition von Halogenwasserstoffen	*142*
5.3.2	Addition von Wasser: Säurekatalysierte Hydratisierung	*148*
5.3.3	Addition von Brom und Chlor	*150*
5.4	Was sind Carbokation-Umlagerungen?	*152*
5.5	Wie verläuft die Hydroborierung/Oxidation von Alkenen?	*155*
5.6	Wie kann man Alkene zu Alkanen reduzieren?	*158*
5.7	Wie kann man Acetylid-Anionen nutzen, um neue Kohlenstoff-Kohlenstoff-Bindungen zu knüpfen?	*160*
5.8	Wie kann man Alkine zu Alkenen und Alkanen reduzieren?	*162*
6	**Chiralität: Die Händigkeit von Molekülen**	***171***
6.1	Was sind Stereoisomere?	*172*
6.2	Was sind Enantiomere?	*172*
6.3	Wie bestimmt man die Konfiguration eines Stereozentrums?	*177*
6.4	Was besagt die 2^n-Regel?	*179*
6.4.1	Enantiomere und Diastereomere	*180*
6.4.2	*meso*-Verbindungen	*182*
6.5	Wie beschreibt man die Chiralität von cyclischen Verbindungen mit zwei Stereozentren?	*183*
6.5.1	Disubstituierte Derivate von Cyclopentan	*183*
6.5.2	Disubstituierte Derivate von Cyclohexan	*184*
6.6	Wie beschreibt man die Chiralität von Verbindungen mit drei oder mehr Stereozentren?	*185*
6.7	Welche Eigenschaften haben Stereoisomere?	*186*
6.8	Wie kann man Chiralität im Labor nachweisen?	*186*
6.8.1	Linear polarisiertes Licht	*187*
6.8.2	Polarimeter	*187*
6.8.3	Racemate	*189*
6.9	Welche Bedeutung hat Chiralität in der biologischen Welt?	*189*
6.9.1	Chiralität in Biomolekülen	*189*
6.9.2	Wie unterscheidet ein Enzym zwischen einem Molekül und seinem Enantiomer?	*189*
6.10	Wie kann man Enantiomere trennen?	*190*
7	**Halogenalkane**	***199***
7.1	Wie werden Halogenalkane benannt?	*200*
7.1.1	IUPAC-Namen	*200*
7.1.2	Trivialnamen	*200*
7.2	Was sind die charakteristischen Reaktionen der Halogenalkane?	*202*
7.3	Welche Produkte entstehen in einer nukleophilen aliphatischen Substitution?	*204*
7.4	Was sind die S_N2- und S_N1-Mechanismen von nukleophilen Substitutionen?	*206*
7.4.1	Mechanismus der S_N2-Reaktion	*206*
7.4.2	Mechanismus der S_N1-Reaktion	*208*
7.5	Was entscheidet, ob ein S_N1- oder ein S_N2-Mechanismus abläuft?	*210*

7.5.1	Das Nukleophil	*210*
7.5.2	Die Struktur des Halogenalkans	*211*
7.5.3	Die Austrittsgruppe	*212*
7.5.4	Das Lösungsmittel	*214*
7.6	Wie kann man aus den experimentellen Bedingungen ableiten, ob eine S_N1- oder S_N2-Reaktion abläuft?	*216*
7.7	Welche Produkte entstehen bei einer β-Eliminierung?	*219*
7.8	Was unterscheidet die Mechanismen E1 und E2 der β-Eliminierung?	*221*
7.8.1	Der E1-Mechanismus	*221*
7.8.2	Der E2-Mechanismus	*222*
7.9	Wann konkurrieren nukleophile Substitutionen und β-Eliminierungen?	*224*
7.9.1	S_N1- und E1-Reaktionen	*225*
7.9.2	S_N2- und E2-Reaktionen	*225*

8 Alkohole, Ether und Thiole *237*

8.1	Was sind Alkohole?	*238*
8.1.1	Struktur	*238*
8.1.2	Nomenklatur	*238*
8.1.3	Physikalische Eigenschaften	*242*
8.2	Was sind die charakteristischen Reaktionen der Alkohole?	*244*
8.2.1	Die Acidität von Alkoholen	*244*
8.2.2	Die Basizität von Alkoholen	*245*
8.2.3	Reaktion mit aktiven Metallen	*245*
8.2.4	Umwandlung in Halogenalkane	*246*
8.2.5	Säurekatalysierte Dehydratisierung	*249*
8.2.6	Die Oxidation von primären und sekundären Alkoholen	*254*
8.3	Was sind Ether?	*256*
8.3.1	Struktur	*256*
8.3.2	Nomenklatur	*257*
8.3.3	Physikalische Eigenschaften	*258*
8.3.4	Reaktionen von Ethern	*260*
8.4	Was sind Epoxide?	*260*
8.4.1	Struktur und Nomenklatur	*260*
8.4.2	Synthese ausgehend von Alkenen	*260*
8.4.3	Ringöffnung von Epoxiden	*262*
8.5	Was sind Thiole?	*265*
8.5.1	Struktur	*265*
8.5.2	Nomenklatur	*266*
8.5.3	Physikalische Eigenschaften	*267*
8.6	Was sind die charakteristischen Reaktionen der Thiole?	*268*
8.6.1	Acidität	*268*
8.6.2	Oxidation zu Disulfiden	*268*

9 Benzol und seine Derivate *279*

9.1	Welche Struktur hat Benzol?	*280*
9.1.1	Kekulés Strukturvorschlag für Benzol	*280*
9.1.2	Das Orbitalmodell des Benzolmoleküls	*281*
9.1.3	Das Resonanzmodell des Benzolmoleküls	*282*
9.1.4	Die Resonanzenergie von Benzol	*282*
9.2	Was ist Aromatizität?	*284*

9.3	Wie benennt man Benzolderivate und welche physikalischen Eigenschaften haben sie? *287*
9.3.1	Monosubstituierte Benzole *287*
9.3.2	Disubstituierte Benzole *288*
9.3.3	Polysubstituierte Benzole *289*
9.4	Was ist eine benzylische Position und welchen Anteil hat sie an der Reaktivität von Aromaten? *290*
9.5	Was ist die elektrophile aromatische Substitution? *292*
9.6	Wie läuft eine elektrophile aromatische Substitution mechanistisch ab? *293*
9.6.1	Chlorierung und Bromierung *294*
9.6.2	Nitrierung und Sulfonierung *295*
9.6.3	Friedel-Crafts-Alkylierung *297*
9.6.4	Friedel-Crafts-Acylierung *299*
9.6.5	Andere elektrophile aromatische Alkylierungen *301*
9.6.6	Vergleich der Addition an Alkene und der elektrophilen aromatischen Substitution (S_EAr) *302*
9.7	Welchen Einfluss haben Substituenten am Benzol auf die elektrophile aromatische Substitution? *303*
9.7.1	Der Einfluss eines Substituenten auf die Zweitsubstitution *303*
9.7.2	Dirigierende Effekte in der Zweitsubstitution *307*
9.7.3	Aktivierende und deaktivierende Effekte in der Zweitsubstitution *310*
9.8	Was sind Phenole? *311*
9.8.1	Struktur und Nomenklatur *311*
9.8.2	Die Acidität von Phenolen *312*
9.8.3	Säure-Base-Reaktionen von Phenolen *314*
9.8.4	Phenole als Antioxidantien *316*

10	**Amine** *329*
10.1	Was sind Amine? *329*
10.2	Wie benennt man Amine? *332*
10.2.1	Systematische Namen *332*
10.2.2	Trivialnamen *335*
10.3	Welche charakteristischen physikalischen Eigenschaften haben Amine? *335*
10.4	Welche Säure-Base-Eigenschaften haben Amine? *337*
10.5	Wie reagieren Amine mit Säuren? *342*
10.6	Wie synthetisiert man Arylamine? *344*
10.7	Wie können Amine als Nukleophile reagieren? *345*

11	**Spektroskopie** *353*
11.1	Was ist elektromagnetische Strahlung? *354*
11.2	Was ist Molekülspektroskopie? *355*
11.3	Was ist Infrarotspektroskopie? *356*
11.3.1	Das Infrarot-Schwingungsspektrum *356*
11.3.2	Molekülschwingungen *357*
11.3.3	Charakteristische Infrarotabsorptionen *358*
11.4	Wie wertet man Infrarotspektren aus? *359*
11.4.1	Alkane, Alkene und Alkine *360*
11.4.2	Alkohole *361*
11.4.3	Ether *362*
11.4.4	Amine *363*

11.4.5 Aldehyde und Ketone *363*
11.4.6 Carbonsäuren und Carbonsäurederivate *363*
11.4.7 Doppelbindungsäquivalente *367*
11.5 Was ist Kernspinresonanz? *370*
11.6 Was ist Abschirmung? *371*
11.7 Was ist ein ^{1}H-NMR-Spektrum? *372*
11.8 Wie viele Signale enthält das ^{1}H-NMR-Spektrum einer Verbindung? *374*
11.9 Welche Informationen liefert die Signalintegration? *377*
11.10 Was ist die chemische Verschiebung? *379*
11.11 Wie kommt es zur Aufspaltung der Signale? *381*
11.12 Was ist ^{13}C-NMR-Spektroskopie und wie unterscheidet sie sich von der ^{1}H-NMR-Spektroskopie? *383*
11.13 Wie bestimmt man die Struktur einer Verbindung mithilfe der NMR-Spektroskopie *386*

12 Aldehyde und Ketone *405*
12.1 Was sind Aldehyde und Ketone? *406*
12.2 Wie werden Aldehyde und Ketone benannt? *406*
12.2.1 IUPAC-Nomenklatur *406*
12.2.2 Die IUPAC-Namen komplexerer Aldehyde und Ketone *408*
12.2.3 Trivialnamen *410*
12.3 Welche physikalischen Eigenschaften haben Aldehyde und Ketone? *410*
12.4 Was ist das grundlegende Reaktionsmuster der Aldehyde und Ketone? *411*
12.5 Was sind Grignard-Reagenzien und wie reagieren sie mit Aldehyden und Ketonen? *412*
12.5.1 Herstellung und Struktur von magnesiumorganischen Verbindungen *412*
12.5.2 Reaktion mit Protonensäuren *413*
12.5.3 Addition von Grignard-Verbindungen an Aldehyde und Ketone *414*
12.6 Was sind Halbacetale und Acetale? *416*
12.6.1 Bildung von Acetalen *416*
12.6.2 Acetale als Schutzgruppen für Carbonyle *421*
12.7 Wie reagieren Aldehyde und Ketone mit Ammoniak und Aminen? *422*
12.7.1 Bildung von Iminen *422*
12.7.2 Reduktive Aminierung von Aldehyden und Ketonen *424*
12.8 Was ist die Keto-Enol-Tautomerie? *425*
12.8.1 Keto- und Enol-Form *425*
12.8.2 Racemisierung am α-Kohlenstoffatom *427*
12.8.3 α-Halogenierung *428*
12.9 Wie lassen sich Aldehyde und Ketone oxidieren? *429*
12.9.1 Die Oxidation von Aldehyden zu Carbonsäuren *429*
12.9.2 Oxidation von Ketonen zu Carbonsäuren *430*
12.10 Wie lassen sich Aldehyde und Ketone reduzieren? *432*
12.10.1 Katalytische Reduktion *432*
12.10.2 Reduktion mit Metallhydriden *432*

13 Carbonsäuren *445*
13.1 Was sind Carbonsäuren? *446*
13.2 Wie werden Carbonsäuren benannt? *446*
13.2.1 IUPAC-System *446*
13.2.2 Trivialnamen *448*
13.3 Welche physikalischen Eigenschaften haben Carbonsäuren? *449*
13.4 Welche Säure-Base-Eigenschaften haben Carbonsäuren? *450*

13.4.1	Säurekonstanten	*450*
13.4.2	Reaktionen mit Basen	*452*
13.5	Wie kann man Carboxygruppen reduzieren?	*454*
13.5.1	Die Reduktion einer Carboxygruppe	*456*
13.5.2	Die selektive Reduktion anderer funktioneller Gruppen	*456*
13.6	Was ist eine Fischer-Veresterung?	*457*
13.7	Was sind Säurechloride?	*461*
13.8	Was ist eine Decarboxylierung?	*463*
13.8.1	β-Ketosäuren	*463*
13.8.2	Malonsäure und substituierte Malonsäuren	*465*

14 Funktionelle Derivate der Carbonsäuren *475*

14.1	Welche Carbonsäurederivate gibt es und wie werden sie benannt?	*476*
14.1.1	Säurehalogenide	*476*
14.1.2	Säureanhydride	*476*
14.1.3	Ester und Lactone	*477*
14.1.4	Amide und Lactame	*479*
14.2	Was sind die charakteristischen Reaktionen der Carbonsäurederivate?	*482*
14.3	Was ist eine Hydrolyse?	*483*
14.3.1	Säurechloride	*483*
14.3.2	Säureanhydride	*483*
14.3.3	Ester	*484*
14.3.4	Amide	*486*
14.4	Wie reagieren Carbonsäurederivate mit Alkoholen?	*488*
14.4.1	Säurechloride	*488*
14.4.2	Säureanhydride	*488*
14.4.3	Ester	*488*
14.4.4	Amide	*489*
14.5	Wie reagieren Carbonsäurederivate mit Ammoniak und Aminen?	*490*
14.5.1	Säurechloride	*490*
14.5.2	Säureanhydride	*490*
14.5.3	Ester	*491*
14.5.4	Amide	*491*
14.6	Wie kann man funktionelle Derivate von Carbonsäuren ineinander umwandeln?	*492*
14.7	Wie reagieren Ester mit Grignard-Reagenzien?	*492*
14.8	Wie kann man Carbonsäurederivate reduzieren?	*495*
14.8.1	Ester	*495*
14.8.2	Amide	*496*

15 Enolat-Anionen *509*

15.1	Was sind Enolat-Anionen und wie werden sie gebildet?	*510*
15.1.1	Die Acidität von α-Wasserstoffatomen	*510*
15.1.2	Enolat-Anionen	*510*
15.1.3	Die Verwendung von Enolat-Anionen zur Knüpfung neuer C–C-Bindungen	*512*
15.2	Was ist eine Aldolreaktion?	*513*
15.2.1	Die Bildung von Enolaten aus Aldehyden und Ketonen	*513*
15.2.2	Die Aldolreaktion	*514*
15.2.3	Gekreuzte Aldolreaktion	*517*
15.2.4	Intramolekulare Aldolreaktionen	*518*
15.3	Was sind Claisen- und Dieckmann-Kondensationen?	*519*

15.3.1	Claisen-Kondensation	*519*
15.3.2	Dieckmann-Kondensation	*522*
15.3.3	Gekreuzte Claisen-Kondensation	*523*
15.3.4	Hydrolyse und Decarboxylierung von β-Ketoestern	*524*
15.4	Welche Rolle spielen Aldolreaktionen und Claisen-Kondensationen in biologischen Prozessen?	*527*
15.5	Was ist eine Michael-Reaktion?	*528*
15.5.1	Michael-Addition von Enolat-Anionen	*530*
15.5.2	Michael-Addition von Aminen	*533*

16 Organische Polymerchemie *543*

16.1	Wie sind Polymere aufgebaut?	*544*
16.2	Wie werden Polymere benannt und wie kann man ihre Struktur darstellen?	*545*
16.3	Welche Morphologie können Polymere haben und wie unterscheiden sich kristalline und amorphe Materialien?	*546*
16.4	Was ist eine Stufenwachstumspolymerisation?	*547*
16.4.1	Polyamide	*548*
16.4.2	Polyester	*549*
16.4.3	Polycarbonate	*550*
16.4.4	Polyurethane	*550*
16.4.5	Epoxidharze	*551*
16.5	Was ist eine Kettenpolymerisation?	*552*
16.5.1	Radikalkettenpolymerisation	*554*
16.5.2	Ziegler-Natta-Kettenpolymerisation	*557*
16.6	Welche Kunststoffe werden derzeit in großen Mengen wiederverwertet?	*559*

17 Kohlenhydrate *565*

17.1	Was sind Kohlenhydrate?	*565*
17.2	Was sind Monosaccharide?	*566*
17.2.1	Struktur und Nomenklatur	*566*
17.2.2	Stereochemie	*566*
17.2.3	Die Fischer-Projektion	*567*
17.2.4	D- und L-Monosaccharide	*567*
17.2.5	Aminozucker	*569*
17.2.6	Physikalische Eigenschaften	*570*
17.3	Wie bilden Monosaccharide cyclische Strukturen?	*570*
17.3.1	Haworth-Projektionen	*570*
17.3.2	Sesseldarstellungen	*572*
17.3.3	Mutarotation	*575*
17.4	Was sind die charakteristischen Reaktionen der Monosaccharide?	*575*
17.4.1	Bildung von Glycosiden (Acetalen)	*575*
17.4.2	Reduktion zu Alditolen	*577*
17.4.3	Oxidation zu Aldonsäuren	*578*
17.4.4	Oxidation zu Uronsäuren	*579*
17.5	Was sind Disaccharide und Oligosaccharide?	*580*
17.5.1	Saccharose	*580*
17.5.2	Lactose	*580*
17.5.3	Maltose	*581*
17.6	Was sind Polysaccharide?	*583*
17.6.1	Stärke: Amylose und Amylopektin	*583*

17.6.2　Glykogen *584*
17.6.3　Cellulose *584*
17.6.4　Textilfasern aus Cellulose *585*

18　Aminosäuren, Peptide und Proteine *593*
18.1　Welche Funktionen haben Proteine? *594*
18.2　Was sind Aminosäuren? *594*
18.2.1　Struktur *594*
18.2.2　Chiralität *595*
18.2.3　Proteinogene Aminosäuren *595*
18.2.4　Weitere wichtige L-Aminosäuren *597*
18.3　Welche Säure-Base-Eigenschaften haben Aminosäuren? *598*
18.3.1　Saure und basische Gruppen in Aminosäuren *598*
18.3.2　Titration von Aminosäuren *600*
18.3.3　Der isoelektrische Punkt *601*
18.3.4　Elektrophorese *602*
18.4　Was sind Peptide und Proteine? *605*
18.5　Was ist die Primärstruktur eines Peptids oder Proteins? *606*
18.5.1　Aminosäureanalyse *606*
18.5.2　Sequenzanalyse *607*
18.6　Welche dreidimensionale Struktur hat ein Peptid oder Protein? *610*
18.6.1　Geometrie einer Peptidbindung *610*
18.6.2　Sekundärstruktur *611*
18.6.3　Tertiärstruktur *613*
18.6.4　Quartärstruktur *615*

19　Lipide *625*
19.1　Was sind Triglyceride? *626*
19.1.1　Fettsäuren *626*
19.1.2　Physikalische Eigenschaften *628*
19.1.3　Reduktion von Fettsäureketten *629*
19.2　Was sind Seifen und Detergenzien? *629*
19.2.1　Struktur und Herstellung von Seifen *629*
19.2.2　Die Reinigungswirkung von Seifen *630*
19.2.3　Synthetische Detergenzien *631*
19.3　Was sind Phospholipide? *632*
19.3.1　Struktur *632*
19.3.2　Lipiddoppelschicht *632*
19.4　Was sind Steroide? *635*
19.4.1　Struktur der wichtigsten Steroidtypen *635*
19.4.2　Die Biosynthese von Cholesterin *639*
19.5　Was sind Prostaglandine? *639*
19.6　Was sind fettlösliche Vitamine? *643*
19.6.1　Vitamin A *643*
19.6.2　Vitamin D *644*
19.6.3　Vitamin E *644*
19.6.4　Vitamin K *645*

20　Nukleinsäuren *651*
20.1　Was sind Nukleoside und Nukleotide? *652*
20.2　Welche Struktur hat die DNA? *655*
20.2.1　Primärstruktur: Das kovalente Rückgrat *655*

20.2.2	Sekundärstruktur: Die Doppelhelix	*657*
20.2.3	Tertiärstruktur: Supercoiled DNA	*660*
20.3	Was sind Ribonukleinsäuren (RNA)?	*662*
20.3.1	Ribosomale RNA	*662*
20.3.2	Transfer-RNA	*663*
20.3.3	Boten-RNA	*663*
20.4	Was ist der genetische Code?	*664*
20.4.1	Codierung in Tripletts	*664*
20.4.2	Entschlüsseln des genetischen Codes	*664*
20.4.3	Merkmale des genetischen Codes	*665*
20.5	Wie kann man DNA sequenzieren?	*666*
20.5.1	Restriktionsendonukleasen	*667*
20.5.2	Methoden für die Sequenzierung von Nukleinsäuren	*668*
20.5.3	DNA-Replikation *in vitro*	*668*
20.5.4	Die Kettenabbruch- oder Didesoxymethode	*669*
20.5.5	Die Sequenzierung des menschlichen Genoms	*670*

21 Die organische Chemie der Stoffwechselprozesse *677*

21.1	Was sind die Schlüsselintermediate in der Glykolyse, der β-Oxidation von Fettsäuren und im Zitronensäurezyklus?	*678*
21.1.1	ATP, ADP und AMP: Reagenzien zur Speicherung und Übertragung von Phosphatgruppen	*678*
21.1.2	NAD^+/NADH: Hydridübertragungsreagenzien in biologischen Redoxreaktionen	*679*
21.1.3	FAD/$FADH_2$: Elektronentransfer-Reagenzien in biologischen Redoxreaktionen	*680*
21.1.4	Coenzym A: Ein Acylgruppenüberträger	*682*
21.2	Was ist die Glykolyse?	*683*
21.3	Welche Reaktionen laufen in der Glykolyse ab?	*683*
21.4	Welche Folgereaktionen kann Pyruvat eingehen?	*688*
21.4.1	Reduktion zu Lactat: Milchsäuregärung	*689*
21.4.2	Reduktion zu Ethanol: Alkoholische Gärung	*689*
21.4.3	Oxidation und Decarboxylierung zu Acetyl-CoA	*690*
21.5	Welche Reaktionen laufen bei der β-Oxidation von Fettsäuren ab?	*690*
21.5.1	Aktivierung der Fettsäuren: Bildung eines Thioesters mit Coenzym A	*691*
21.5.2	Die vier Reaktionen der β-Oxidation	*692*
21.5.3	Die Wiederholung der β-Oxidation in der Fettsäurespirale liefert weitere Acetateinheiten	*694*
21.6	Welche Reaktionen laufen im Zitronensäurezyklus ab?	*694*
21.6.1	Überblick über den Zyklus	*694*
21.6.2	Die Reaktionen des Zitronensäurezyklus	*694*

Glossar *703*

Anhang 1 *717*

Anhang 2 *719*

Stichwortverzeichnis *721*

Die Zielsetzung dieses Lehrbuchs

Dieses Lehrbuch ist als Einführung in die organische Chemie konzipiert, wobei davon ausgegangen wird, dass auf Vorlesungen in allgemeiner Chemie aufgebaut werden kann. Sowohl die äußere Form als auch der Inhalt beruhen auf unseren Erfahrungen aus den Hörsälen und auf unseren Ansichten zur zeitgemäßen und zukunftsweisenden Ausgestaltung einer kurzen Einführung in die organische Chemie.

Eine Basisvorlesung in organischer Chemie verfolgt mehrere Ziele: Zunächst einmal werden zwar die meisten Studierenden, die diese Vorlesung hören, einen Beruf im Bereich der Naturwissenschaften ergreifen, nur einige wenige aber werden sich am Ende ihrer Ausbildung als vollausgebildete Chemikerinnen oder Chemiker wiederfinden. Sie werden sich vielmehr auf eine berufliche Tätigkeit vorbereiten, für die Grundlagenkenntnisse in organischer Chemie eine notwendige Basis sind. Man kann sich daher darauf beschränken, Struktur, Eigenschaften und Reaktionen vergleichsweise einfacher Verbindungen zu besprechen. Auf diesem Wissen können die Studierenden dann gegebenenfalls in weiteren Vorlesungen und im Laufe ihrer beruflichen Tätigkeit aufbauen.

Zum zweiten muss in einer Grundlagenvorlesung ein Gefühl für den riesigen Umfang und die vielfältigen Inhalte der organischen Chemie sowie für deren immensen Einfluss auf unser Lebens- und Arbeitsumfeld vermittelt werden. Um dies zu erreichen, werden ausgewählte Beispiele zu pharmazeutischen Wirkstoffen, Seifen und Detergenzien, natürlichen und künstlichen Textilfasern, zur Erdölraffination, zu Erdölprodukten, Pestiziden, künstlichen Duft- und Aromastoffen, zur chemischen Ökologie usw. an geeigneter Stelle im Lehrbuch besprochen.

Zum dritten muss eine Einführungsvorlesung Studierende davon überzeugen, dass die organische Chemie mehr ist als eine bloße Aufzählung von Verbindungsnamen und Reaktionen. Es gibt übergeordnete Konzepte und Prinzipien, die nicht nur das Verständnis dieser Disziplin erleichtern, sondern die auch den raschen Einstieg in neue Bereiche der Chemie ermöglichen. So ist der Zusammenhang zwischen Molekülstruktur und chemischer Reaktivität ein roter Faden, der sich durch die gesamte organische Chemie zieht. Elektronenkonfiguration, Lewis-Formeln, Atomorbitale und deren Hybridisierung sowie die Resonanztheorie werden in Kap. 1 vorgestellt. In Kap. 2 wird der Zusammenhang zwischen Molekülstruktur und einer wichtigen chemischen Eigenschaft, der Acidität bzw. Basizität, behandelt. Unterschiede in den Aciditäten und Basizitäten organisch-chemischer Verbindungen lassen sich mit den Konzepten der Elektronegativität, des induktiven Effekts und der Mesomerie verstehen. Auf diese Konzepte wird in diesem Lehrbuch immer wieder zurückgegriffen, wenn Molekülstrukturen und chemische Reaktivitäten diskutiert werden. Stereochemie ist ein weiteres übergeordnetes Thema, das in diesem Lehrbuch immer wieder relevant wird. Dieses Konzept und die Bedeutung der räumlichen Anordnung der Atome in Verbindungen kommen erstmalig in Kap. 3 zur Sprache, wenn es um die Konformationen von Alkanen und Cycloalkanen geht, und sind auch in der *cis/trans*-Isomerie von Cycloalkanen (Kap. 3) und Alkenen (Kap. 4) von Bedeutung. Molekülsymmetrie und Chiralität, Enantiomere und absolute Konfiguration sowie die Bedeutung der Chiralität in der biologischen Welt werden in Kap. 6 besprochen. Das mechanistische Verständnis der Reaktionen organischer Verbindungen ist das dritte große Thema. Reaktionsmechanismen werden erstmalig in Kap. 5 diskutiert. Ihr Verständnis erlaubt ein einfacheres Memorieren von Reaktionsabläufen und gibt einem das befriedigende Gefühl, das sich einstellt, wenn man die Logik der molekularen Abläufe hinter den organisch-chemischen Reaktionen verstanden hat. In diesem Kapitel werden fünf grundlegende Reaktionsmuster vorgestellt, aus denen die meisten Reaktionsmechanismen bestehen.

Die Zielgruppe dieses Lehrbuchs

Dieses Lehrbuch ist als Einführung in die organische Chemie für alle Studierenden gedacht, deren Berufsziel im naturwissenschaftlichen Bereich liegt und die dafür die Grundlagen in organischer Chemie benötigen. Aus diesem Grund haben wir uns besonders bemüht, stets auch die Beziehungen zwischen der organischen Chemie und anderen Naturwissenschaften, insbesondere der Biologie und den Gesundheitswissenschaften, hervorzuheben. Wir hoffen, dass Studierende, die mit diesem Buch arbeiten, die organische Chemie als ein notwendiges Rüstzeug für viele dieser Disziplinen verstehen werden und dabei erkennen, dass die organische Chemie – sowohl die synthetische Chemie im Labor als auch die Naturstoffchemie – überall um sie herum relevant ist – in Medikamenten, in allen Arten von Kunststoffen, in den Fasern ihrer Kleidung, in Agrochemikalien, in Oberflächenbeschichtungen, in Körperpflegemitteln und Kosmetikartikeln, in Nahrungsmittelzusätzen und in Klebstoffen. Diese Studierenden werden zudem hoffentlich erkennen, dass die organische Chemie ein dynamisches und sich ständig vergrößerndes naturwissenschaftliches Fach ist, das alle bereitwillig willkommen heißt, die durch eine gute Ausbildung, aber auch durch eine neugierige Grundhaltung darauf vorbereitet sind, die richtigen Fragen zu stellen und diese Wissenschaft zu erkunden.

Die Besonderheiten dieses Lehrbuchs

- Ein kurzer **Einführungssatz** zu jedem Kapitel soll zusammen mit einer Abbildung und dem Molekülmodell einer typischen Verbindung das Interesse für das Kapitel wecken.
- Alle in diesem Lehrbuch besprochenen **Mechanismen** sind in Kästen graphisch hervorgehoben. Hier sind die Mechanismen schrittweise und detailliert aufgeführt, wobei die immer wiederkehren Reaktionsmuster besonders betont werden, so dass mit Hilfe der diskutierten Mechanismen ein Verständnis einer großen Zahl organisch chemischer Reaktionen ermöglicht wird. Durch diese Vorgehensweise erkennen die Studierenden, dass viele Schritte in organischen Reaktionen immer wieder vorkommen, was sowohl das Verständnis als auch das Memorieren der Reaktionen erleichtert.
- **Schlüsselbegriffe und Kernaussagen** jedes Kapitels sind einer Zusammenfassung zusammengestellt.
- „**Gewusst-wie-Rubriken**": Schritt-für-Schritt-Anleitungen für bestimmte Vorgehensweisen und für die Lösung bestimmter Fragestellungen, die von Studierenden häufig als schwierig empfunden werden.
- „**Exkurse**" beschreiben die organisch-chemischen Aspekte abgeschlossener Themengebiete aus der realen Welt, insbesondere zu biochemischen, medizinischen und biologischen Fragestellungen. Die in diesen Rubriken behandelten Themen stellen Anwendungen aus der uns umgebenden Welt dar und heben die Bedeutung der organischen Chemie in der weiteren beruflichen Karriere der Studierenden hervor.
- **Beschreibung der Vorgehensweise** zu jedem Beispiel: Es ist oft nicht ganz einfach herauszufinden, wie man eine Aufgabe angeht. Deshalb wird im Lehrbuch zu

jeder Beispielaufgabe eine Vorgehensweise zur Beantwortung der Frage beschrieben. Diese Strategie kann dann auch zur Bearbeitung der anderen Aufgaben genutzt werden.
- Ein **Quiz** mit einigen kurzen Fragen, die mit *richtig* oder *falsch* beantwortet werden können, findet sich am Ende jedes Kapitels. Studierende können hiermit schnell überprüfen, ob sie die notwendigen Kenntnisse erworben und die grundlegende Thematik verstanden haben. Direkt im Anschluss an das jeweilige Quiz sind die Antworten (richtig, R, oder falsch, F) angegeben, sodass die Studierenden sofort eine Rückmeldung zu ihrem Lernerfolg erhalten. Falls erforderlich, können sie den jeweiligen, in Klammern angegebenen Abschnitt im entsprechenden Kapitel noch einmal durchsehen.
- **Größeres Augenmerk auf visuelles Lernen**: Aus Untersuchungen in den Kognitionswissenschaften weiß man, dass übersichtliche Darstellungen und Visualisierungen den Lernprozess deutlich erleichtern können. Wir haben den Graphiken und Tabellen des Lehrbuchs über 100 erklärende Texte in Sprechblasen hinzugefügt, um besonders wichtige Aussagen nochmals hervorzuheben. Dadurch sind die wichtigsten Informationen an einer Stelle zu erfassen. Wenn Studierende später versuchen, sich ein Konzept in Erinnerung zu rufen oder eine Aufgabe zu lösen, werden sie möglicherweise versuchen, sich die zugehörige Abbildung aus dem Lehrbuch in Erinnerung zu rufen. Es wird sie dann freuen zu bemerken, dass die bildlichen Hinweise, die in den Sprechblasen gegeben wurden, dabei geholfen haben, sich den Inhalt und den Kontext der Abbildungen besser zu merken.

Aufbau des Lehrbuchs

In den Kap. 1–10 wird zunächst ein genauer Blick auf organische Verbindungen geworfen, wobei ein grundlegendes Verständnis der kovalenten Bindung, der Gestalt der Verbindungen und der Säure-Base-Chemie vermittelt wird. Anschließend werden die Strukturen und die Reaktionen der wichtigsten Verbindungsklassen diskutiert: der Alkane, Alkene und Alkine, der Halogenalkane, der Alkohole, Ether und Thiole, der aromatischen Verbindungen und der Amine.

In Kap. 11 werden die IR-Spektroskopie sowie die ^{1}H- und ^{13}C-NMR-Spektroskopie besprochen. Die Diskussion der Spektroskopie erfordert nicht mehr Hintergrundwissen, als man typischerweise aus Vorlesungen zur allgemeinen Chemie mitbringt. Dieses Kapitel steht für sich allein und kann an nahezu beliebiger Stelle besprochen und durchgearbeitet werden, je nachdem, wo es sich für die entsprechende Lehrveranstaltung als am günstigsten erweist.

In den Kap. 12–16 wird ein Blick auf weitere organische Verbindungsklassen geworfen – auf die Aldehyde und Ketone sowie die Carbonsäuren und ihre funktionellen Derivate. Der Besprechung dieser Verbindungen schließt sich in Kap. 15 eine Einführung in die Aldol-, die Claisen- und die Michael-Reaktion an. Diese Reaktionen sind von besonderer Bedeutung, weil in ihnen Kohlenstoff-Kohlenstoff-Bindungen geknüpft werden. In Kap. 16 wird eine kurze Einführung in die organische Polymerchemie gegeben.

Die Kap. 17–20 geben einen Überblick über die organische Chemie der Kohlenhydrate, der Aminosäure und Peptide, der Nukleinsäuren und der Lipide. In Kap. 21 (*Die organische Chemie der Stoffwechselprozesse*) wird deutlich, dass die bis dahin vermittelte Chemie völlig ausreicht, die drei zentralen Stoffwechselprozesse, die Glykolyse, die β-Oxidation von Fettsäure und den Zitronensäurecyclus, zu verstehen.

Ergänzende Materialien

Arbeitsbuch: Verfasst von Felix Lee (The University of Western Ontario) und durchgesehen von den Professoren Brown und Poon. Das Arbeitsbuch enthält ausführliche Lösungen zu allen im Lehrbuch enthaltenen Aufgaben, ausführliche Erklärungen zu vielen Antworten der Quiz-Sektionen am Ende der Kapitel und Lösungen zu den Aufgaben am Ende der Exkurse.

Zusätzliche Aufgaben im Internet: Weitere Aufgaben zu jedem Kapitel finden sich zusammen mit ausführlichen Lösungen im Internet.

Über die Autoren

William H. Brown ist emeritierter Professor am Beloit College, wo er zweimal zum Dozenten des Jahres gewählt wurde. Er ist Autor von zwei weiteren Lehrbüchern: *Organic Chemistry*, 8. Auflage (zusammen mit Chris Foote, Brent Iverson und Eric Anslyn, erschienen 2009) und *General, Organic, and Biochemistry*, 12. Auflage (zusammen mit Fred Bettelheim, Mary Campbell und Shawn Farrell, erschienen 2010). Er wurde an der Columbia University unter der Anleitung von Gilbert Stork promoviert und hat Postdoc-Aufenthalte am California Institute of Technology und an der University of Arizona angeschlossen. Er war zweimal Leiter eines Beloit College World Affairs Center-Seminars an der University of Glasgow in Schottland. 1999 wurde er am Beloit College pensioniert und konnte sich vermehrt dem Schreiben und der Entwicklung von Unterrichtsmaterialien widmen. Obwohl er emeritiert ist, hält er immer noch jedes Jahr Vorlesungen zu speziellen Themen im Bereich der Organischen Synthese.

Bill und seine Frau Carolyn genießen es, im Canyon Country im Südwesten der Vereinigten Staaten zu wandern. Ihr Steckenpferd ist das Quilten und die Beschäftigung mit Quilts (einer Art Zier-Steppdecken).

Thomas Poon ist Professor für Chemie am W.M. Keck Science Department von Claremont McKenna sowie am Pfizer und am Scripps College, also an drei der fünf Institutionen für Bachelorstudierende, aus denen die Claremont Colleges in Claremont, Kalifornien bestehen. Er hat seinen Bachelor an der Fairfield University in Connecticut abgeschlossen und wurde an der University of California, Los Angeles unter der Anleitung von Christopher S. Foote promoviert. Poon war Camille and Henry Dreyfuss-Postdoc-Stipendiat bei Bradford P. Mundy am Colby College in Maine, bevor er Dozent am Randolph-Macon College in Virginia wurde. Dort erhielt er 1999 den Thomas Branch Award for Excellence in Teaching. Er war in den Jahren 2002 und 2004 Gastwissenschaftler an der Columbia University in New York, wo er zusammen mit seinem verstorbenen Freund und Mentor Nicholas J. Turro wissenschaftliche und didaktische Projekte bearbeitete. Er hat organische und forensische Chemie unterrichtet, Fortgeschrittenenpraktika betreut und ein Seminar für Studienanfänger mit dem Titel *Science in Identity* gegeben. Am liebsten arbeitet er im Labor zusammen mit Bachelorstudenten an Forschungsfragestellungen zur synthetischen Anwendungen von Zeolithen, zur Photochemie in Zeolithen, zur Isolierung von Naturstoffen oder zu Reaktionen von Singulettsauerstoff.

Wenn er nicht im Labor ist, spielt er gerne Gitarre und singt seinen Studierenden und seiner Tochter Sophie chemische Lieder vor.

Danksagung

Auch wenn in diesem Lehrbuch nur zwei Personen als „Autoren" aufgeführt sind, so ist das Buch doch das Produkt der Zusammenarbeit zahlreicher Personen, von denen einige naheliegend sind und andere etwas weniger. All diesen Personen sind wir für ihre Beiträge überaus dankbar. Wir beginnen mit Felix Lee, der mit uns viele Jahre bei der Erstellung des Arbeitsbuches und bei der Ausarbeitung der Lösungen für die Aufgaben in diesem Lehrbuch zusammengearbeitet hat. Sein scharfes Auge und seine chemische Expertise haben in vielerlei Hinsicht dazu beigetragen, dieses Lehrbuch in seinen verschiedenen Auflagen zu verbessern. Ein besonderer Dank geht auch an Professor Robert White von der Dalhousie University dafür, dass er sich die Zeit genommen hat, uns über die Fehler zu informieren, die er in der vorherigen Auflage gefunden hat. Wir danken auch Patty Donovan (Senior Production Editor bei SPi Global) für ihre unglaublichen organisatorischen Fähigkeiten und für ihre Geduld. Wo wir gerade von Geduld reden: Das ganze Produktions- und Herausgeberteam bei Wiley kann gar nicht genug für seine Geduld, seine Fähigkeiten und seine Professionalität im Zusammenhang mit diesem Projekt gelobt werden. Hierzu gehören Joan Kakut (Chemistry Development Editor), Alyson Rentrop (Associate Development Editor), Mallory Fryc (Chemistry Editorial Assistant) und Sandra Dumas (Senior Production Editor) sowie Wendy Lai (Senior Graphic Designer) für ihre kreativen Beiträge zu den Buchumschlägen aller Auflagen dieses Lehrbuchs. Wir danken Sophia Brown dafür, dass sie mit einem studentischen Auge einen Blick auf die PowerPoint-Vorlagen für Vorlesungen geworfen hat, und für ihre zahlreichen positiven Einflüsse, die uns bei der Erstellung dieses Lehrbuchs geleitet haben.

Liste der Gutachter

Die Autoren bedanken sich herzlich bei den folgenden Personen, die mit ihren wertvollen Kommentaren zu diesem Lehrbuch in den verschiedenen Stadien der Entstehung dazu beigetragen haben, dessen sechste Auflage fertigzustellen:

Tammy Davidson, *University of Florida*
Kimberly Griffin, *California Polytechnic State University*
Ron Swisher, *Oregon Institute of Technology*
Felix Lee, *University of Western Ontario*
Joseph Sumrak, *Kansas State University*
Lisa Stephens, *Marist College*

Darüber hinaus sind wir zahlreichen Personen dankbar, die den Text durchgesehen haben und damit die Fertigstellung früherer Auflagen dieses Lehrbuchs unterstützt haben:

Jennifer Batten, *Grand Rapids Community College*
Debbie Beard, *Mississippi State University*
Stefan Bossman, *Kansas State University*
Richard Bretz, *Miami University*
Jared Butcher, *Ohio University*
Dana Chatellier, *University of Delaware*
Patricia Chernovitz, *Grantham University*

Steven Chung, *Bowling Green State University*
Mary Cloninger, *Montana State University-Bozeman*
Sushama Dandekar, *University of North Texas*
Wendy David, *Texas State University-San Marcos*
Jordan Fantini, *Denison University*
Maria Gallardo-Williams, *North Carolina State University*
Joseph Gandler, *California State University-Fresno*
Michel Gravel, *University of Saskatchewan*
John Grutzner, *Purdue University*
Ben Gung, *Miami University*
Peter Hamlet, *Pittsburgh State University*
Bettina Heinz, *Palomar College*
John F. Helling, *University of Florida-Gainesville*
Amanda Henry, *Fresno City College*
James Hershberger, *Miami University*
Klaus Himmeldirk, *Ohio University-Athens*
Steven Holmgren, *Montana State University*
Roger House, *Harper College*
Richard P. Johnson, *University of New Hampshire*
Dennis Neil Kevill, *Northern Illinois University*
Dalila G. Kovacs, *Michigan State University-East Lansing*
Spencer Knapp, *Rutgers University*
Douglas Linebarrier, *University of North Carolina at Greensboro*
Brian A. Logue, *South Dakota State University*
Brian Love, *East Carolina University*
David Madar, *Arizona State University Polytechnic*
Jacob Magolan, *University of Idaho*
Gagik Melikyan, *California State University-Northridge*
James Miranda, *California State University-Sacramento*
Katie Mitchell-Koch, *University of Kansas*
Tom Munson, *Concordia University*
Robert H. Paine, *Rochester Institute of Technology*
Jeff Piquette, *University of Southern Colorado-Pueblo*
Amy Pollock, *Michigan State University*
Ginger Powe-McNair, *Louisiana State University*
Christine Pruis, *Arizona State University*
Michael Rathke, *Michigan State University*
Christian Ray, *University of Illinois at Urbana-Champaign*
Toni Rice, *Grand Valley State University*
Michelle Richards-Babb, *West Virginia University*
David Rotella, *Montclair State University*
Joe Saunders, *Pennsylvania State University*
K. Barbara Schowen, *University of Kansas-Lawrence*
Jason Serin, *Glendale Community College*
Mary Setzer, *University of Alabama*
Robert P. Smart, *Grand Valley State University*
Joshua R. Smith, *Humboldt State University*
Alline Somlai, *Delta State University*
Richard T. Taylor, *Miami University-Oxford*
Eric Trump, *Emporia State University*
Eduardo Veliz, *Nova Southeastern University*
Kjirsten Wayman, *Humboldt State University*

Der Übersetzer

Joachim Podlech ist seit 2003 Professor für Organische Chemie am Karlsruher Institut für Technologie (KIT). Er hat das Praktikumsbegleitbuch *Arbeitsmethoden in der Organischen Chemie* von Hünig, Märkl, Sauer, Kreitmeier und Ledermann in der 3. Auflage als Herausgeber begleitet und er hat bereits die Übersetzung von Ian Flemings *Molecular Orbitals and Organic Chemical Reactions* erstellt. Er hat an der Ludwig-Maximilians-Universität in München Chemie studiert und wurde unter Anleitung von Günter Szeimies promoviert. Nach einem Postdoc-Aufenthalt an der ETH Zürich bei Dieter Seebach hat er sich an der Universität Stuttgart habilitiert und die Lehrbefugnis in Organischer Chemie erworben. Neben den kanonischen Vorlesungen in Organischer Chemie für Haupt- und Nebenfachstudierende hält er Spezialvorlesungen im Bereich der Naturstoffchemie, der Syntheseplanung und der physikalischen organischen Chemie. Er war mehrere Jahre Studiendekan für Chemie und ist Fachvertreter für die Lehramtsausbildung in Chemie.

In seiner Freizeit spielt er am Klavier klassische Musik und geht gerne zum Bergsteigen und Klettern.

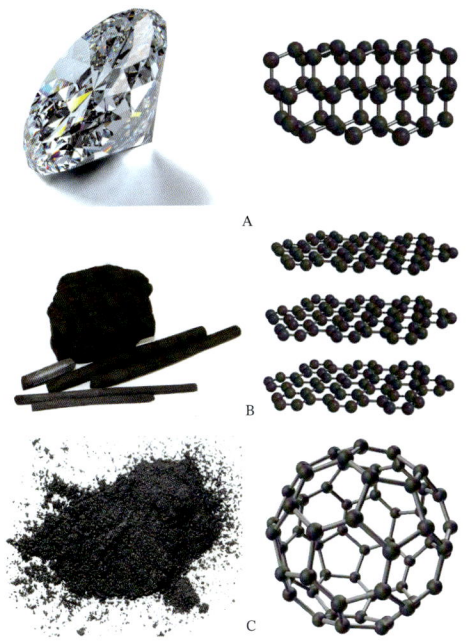

Die drei Modifikationen von elementarem Kohlenstoff: (A) Diamant, (B) Graphit und (C) Buckminster-Fulleren mit ihren jeweiligen Kristall- bzw. Molekülstrukturen. Die strukturellen Unterschiede sind bemerkenswert – Diamant enthält ein dreidimensional verknüpftes Netzwerk von Atomen, Graphit liegt in Schichten vor und die Atome des Buckminster-Fullerens sind wie in einem Fußball angeordnet.

[Quelle: © (A) James Steidl/Shutterstock, (B) PortiadeCastro/Getty Images, Inc. (C) Charles D. Winters/Science Source Images.]

1 Die kovalente Bindung und die Struktur von Molekülen

Inhalt
1.1 Wie kann man die elektronische Struktur von Atomen beschreiben?
1.2 Was ist das Lewis-Bindungskonzept?
1.3 Wie kann man Bindungswinkel und Molekülstrukturen vorhersagen?
1.4 Wie kann man vorhersagen, ob eine Verbindung polar oder unpolar ist?
1.5 Was ist Mesomerie?
1.6 Was ist das Orbitalmodell der Entstehung kovalenter Bindungen?
1.7 Was sind funktionelle Gruppen?

Gewusst wie
1.1 Wie man Lewis-Formeln von Molekülen und Ionen zeichnet

Exkurse
1.A Fullerene: Eine neue Modifikation des Kohlenstoffs

Was haben unsere Lebensmittel, die Düfte um uns herum, die Arzneimittel, die wir gelegentlich brauchen, die Stoffe, aus denen alles Belebte besteht, die Kraftstoffe, die wir verbrennen und die vielen anderen Produkte, die uns das Leben in modernen Zeiten so angenehm machen, gemeinsam? – Sie alle enthalten **organische Verbindungen**, d. h. Verbindungen, die mindestens ein Kohlenstoffatom und darüber hinaus in den meisten Fällen auch andere Atome wie Wasserstoff, Sauerstoff, Stickstoff, Schwefel sowie weitere Elemente des Periodensystems enthalten. Die Wissenschaft, die sich mit diesen Verbindungen und deren chemischen und physikalischen Eigenschaften beschäftigt, ist die **Organische Chemie**.

Wir wollen uns auf eine Reise durch die Organische Chemie begeben, auf der wir alles Wichtige zu vielen der inzwischen über 100 Millionen bekannten chemischen Verbindungen erfahren werden. Man muss sich natürlich fragen, wie ein einzelnes Buch die Chemie von vielen Millionen chemischer Substanzen abdecken kann. Glücklicherweise ist es so, dass sich die Elemente in vorhersagbarer Weise zusammenfügen und dass die dabei entstehenden Verbindungen vielfach erwartbare Eigenschaften aufweisen. In diesem Kapitel wollen wir uns ansehen, wie sich Elemente wie Kohlenstoff, Wasserstoff, Sauerstoff und Stickstoff zu Molekülen zusammenfinden können, indem sie ihre Elektronen untereinander teilen. Wir werden erfahren, wie wir Trends für die Eigenschaften dieser Atomverbände ableiten können und wie wir dieses Wissen nutzen können, um das Studium der Organischen Chemie überschaubar zu halten und Spaß dabei zu haben.

Einführung in die Organische Chemie, Erste Auflage. William H. Brown und Thomas Poon.
© 2021 WILEY-VCH GmbH. Published 2021 by WILEY-VCH GmbH.

1.1 Wie kann man die elektronische Struktur von Atomen beschreiben?

Aus dem Studium der Allgemeinen Chemie sind Sie bereits mit den Grundlagen der elektronischen Struktur von Atomen vertraut. Kurz gesagt enthält ein Atom einen kleinen Atomkern mit hoher Dichte, der aus Neutronen und positiv geladenen Protonen aufgebaut ist (Abb. 1.1a).

Die Elektronen bewegen sich nicht frei im Raum um den Atomkern, sondern sind auf Bereiche festgelegt, die man **Hauptenergieniveaus** oder einfach **Schalen** nennt. Diese Schalen werden von innen nach außen durch die sogenannten Hauptquantenzahlen 1, 2, 3 usw. durchnummeriert (Abb. 1.1b).

Die Schalen werden in **Unterschalen** unterteilt, die mit den Buchstaben s, p, d und f bezeichnet werden, und innerhalb dieser Unterschalen werden die Elektronen wiederum zu Orbitalen gruppiert (Tab. 1.1). Ein **Orbital** ist ein räumlicher Bereich, der maximal zwei Elektronen enthalten kann, wobei der Raum, innerhalb dessen sich die Elektronen mit 95 % Wahrscheinlichkeit aufhalten, durch die Umrandung des Orbitals begrenzt wird. In diesem Lehrbuch konzentrieren wir uns auf Verbindungen aus Kohlenstoff, Wasserstoff, Sauerstoff und Stickstoff, also aus Atomen, die ihre für kovalente Bindungen genutzten Elektronen nur in s und p-Orbitalen enthalten. Wir werden uns daher vornehmlich mit s- und p-Orbitalen befassen.

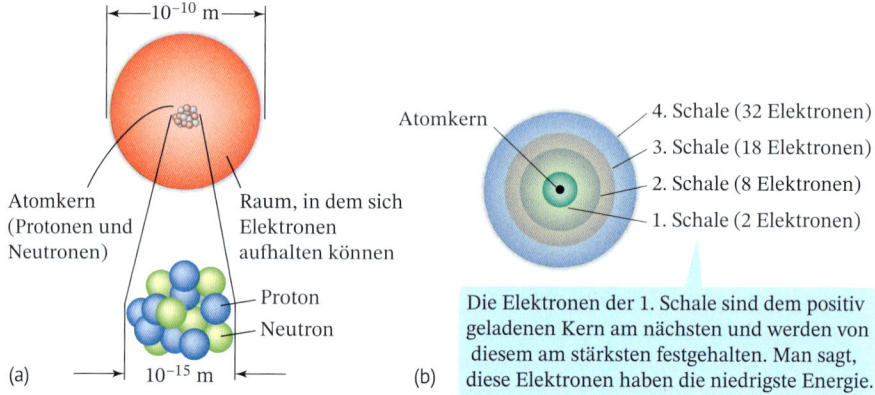

Abb. 1.1 Schematische Darstellung eines Atoms. (a) Der weitaus größte Teil der Masse konzentriert sich im kleinen, dichten Atomkern, der einen Durchmesser von 10^{-14} bis 10^{-15} m aufweist. (b) Jede Schale kann bis zu $2n^2$ Elektronen enthalten, wobei n die Nummer der Schale ist. Die erste Schale kann also 2 Elektronen aufnehmen, die zweite 8 Elektronen, die dritte 18, die vierte 32 usw. (Tab. 1.1).

Tab. 1.1 Die in den Schalen enthaltenen Orbitale.

Schale	In den Schalen enthaltene Orbitale	Maximale Anzahl an Elektronen in der Schale	Relative Energie der Elektronen in dieser Schale
4	ein 4s-, drei 4p-, fünf 4d- und sieben 4f-Orbitale	2 + 6 + 10 + 14 = 32	hohe Energie
3	ein 3s-, drei 3p- und fünf 3d-Orbitale	2 + 6 + 10 = 18	↑
2	ein 2s- und drei 2p-Orbitale	2 + 6 = 8	
1	ein 1s-Orbital	2	niedrige Energie

Die erste Schale enthält nur ein Orbital, das als 1s-Orbital bezeichnet wird. Die zweite Schale enthält ein 2s-Orbital und drei 2p-Orbitale. p-Orbitale liegen immer in Dreiergruppen vor und können insgesamt bis zu 6 Elektronen enthalten. Die dritte Schale besteht aus einem 3s-, drei 3p- und fünf 3d-Orbitalen. d-Orbitale bilden Fünfergruppen und enthalten bis zu 10 Elektronen. f-Orbitale liegen als Siebenergruppen vor und enthalten bis zu 14 Elektronen.

1.1.1 Die Elektronenkonfiguration von Atomen

Die Elektronenkonfiguration eines Atoms beschreibt die mit Elektronen besetzten Orbitale dieses Atoms. Jedes Atom kann in unendlich vielen verschiedenen Elektronenkonfigurationen vorliegen. Hier wollen wir uns nur mit der **Elektronenkonfiguration des Grundzustands** befassen, also der Elektronenkonfiguration mit der niedrigsten Energie des jeweiligen Atoms. In Tab. 1.2 sind die Grundzustands-Elektronenkonfigurationen der ersten 18 Elemente des Periodensystems aufgeführt. Sie lassen sich für Atome mithilfe der folgenden Regeln ermitteln:

Regel 1: Die Orbitale werden in der Reihenfolge aufsteigender Energie aufgefüllt, also vom energetisch niedrigsten zum höchsten Orbital (Abb. 1.2).

Regel 2: Jedes Orbital kann bis zu zwei Elektronen mit gepaarten Spins aufnehmen. *Spinpaarung* bedeutet, dass die beiden Elektronen entgegengesetzte Elektronenspins aufweisen (Abb. 1.3). Wir deuten diese Spinpaarung durch zwei kleine Pfeile an, einen mit der Spitze nach oben, den anderen mit der Spitze nach unten.

Regel 3: Wenn Orbitale mit gleicher Energie vorliegen und nicht genügend Elektronen zum vollständigen Auffüllen dieser Orbitale verfügbar sind, wird jedes der äquivalenten Orbitale zunächst nur mit einem Elektron besetzt, bevor wir sie jeweils mit einem zweiten Elektron auffüllen.

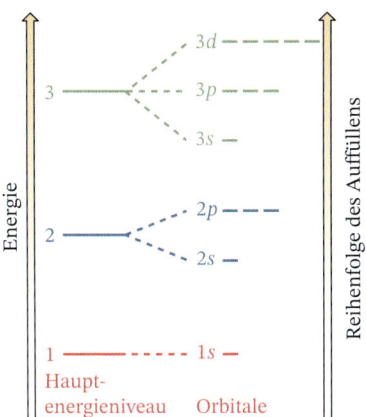

Abb. 1.2 Relative Energien von Orbitalen und die Reihenfolge, in der sie aufgefüllt werden (bis zur 3d-Unterschale).

1.1.2 Lewis-Formeln

Wenn Chemiker die physikalischen und chemischen Eigenschaften eines Elements diskutieren, berücksichtigen sie in der Regel nur die äußersten Schalen dieser Atome, weil es vor allem die Elektronen in diesen Schalen sind, die an der Entstehung von chemischen Bindungen beteiligt sind und die chemische Reaktivität der jeweiligen Verbindung bestimmen. Wir nennen die Elektronen in der äußersten Schale **Valenzelektronen** und die Schale, in der sie sich befinden, die **Valenzschale**. Kohlenstoff hat beispielsweise die Grundzustands-Elektronenkonfiguration $1s^2 2s^2 2p^2$ und damit vier Elektronen in der äußersten Schale, also vier Valenzelektronen.

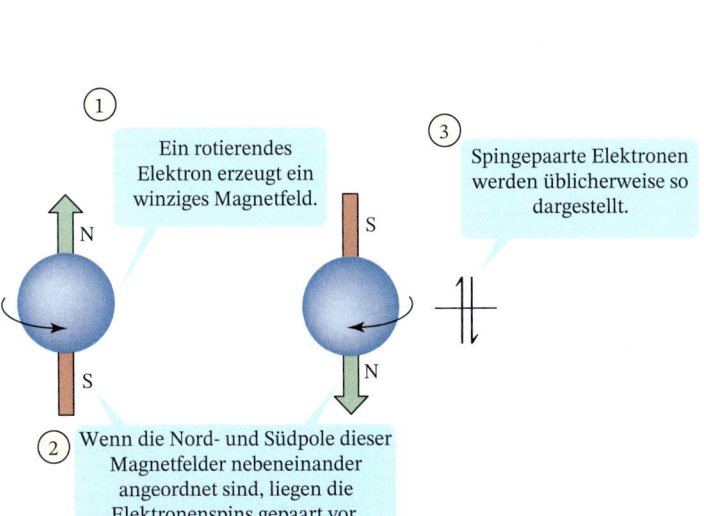

Abb. 1.3 Paarung von Elektronenspins.

Tab. 1.2 Grundzustands-Elektronenkonfiguration für die Elemente 1–18.*

erste Periode	H	1	$1s^1$	
	He	2	$1s^2$	
zweite Periode	Li	3	$1s^2 2s^1$	$[\text{He}]2s^1$
	Be	4	$1s^2 2s^2$	$[\text{He}]2s^2$
	B	5	$1s^2 2s^2 2p_x^1$	$[\text{He}]2s^2 2p_x^1$
	C	6	$1s^2 2s^2 2p_x^1 2p_y^1$	$[\text{He}]2s^2 2p_x^1 2p_y^1$
	N	7	$1s^2 2s^2 2p_x^1 2p_y^1 2p_z^1$	$[\text{He}]2s^2 2p_x^1 2p_y^1 2p_z^1$
	O	8	$1s^2 2s^2 2p_x^2 2p_y^1 2p_z^1$	$[\text{He}]2s^2 2p_x^2 2p_y^1 2p_z^1$
	F	9	$1s^2 2s^2 2p_x^2 2p_y^2 2p_z^1$	$[\text{He}]2s^2 2p_x^2 2p_y^2 2p_z^1$
	Ne	10	$1s^2 2s^2 2p_x^2 2p_y^2 2p_z^2$	$[\text{He}]2s^2 2p_x^2 2p_y^2 2p_z^2$
dritte Periode	Na	11	$1s^2 2s^2 2p_x^2 2p_y^2 2p_z^2 3s^1$	$[\text{Ne}]3s^1$
	Mg	12	$1s^2 2s^2 2p_x^2 2p_y^2 2p_z^2 3s^2$	$[\text{Ne}]3s^2$
	Al	13	$1s^2 2s^2 2p_x^2 2p_y^2 2p_z^2 3s^2 3p_x^1$	$[\text{Ne}]3s^2 3p_x^1$
	Si	14	$1s^2 2s^2 2p_x^2 2p_y^2 2p_z^2 3s^2 3p_x^1 3p_y^1$	$[\text{Ne}]3s^2 3p_x^1 3p_y^1$
	P	15	$1s^2 2s^2 2p_x^2 2p_y^2 2p_z^2 3s^2 3p_x^1 3p_y^1 3p_z^1$	$[\text{Ne}]3s^2 3p_x^1 3p_y^1 3p_z^1$
	S	16	$1s^2 2s^2 2p_x^2 2p_y^2 2p_z^2 3s^2 3p_x^2 3p_y^1 3p_z^1$	$[\text{Ne}]3s^2 3p_x^2 3p_y^1 3p_z^1$
	Cl	17	$1s^2 2s^2 2p_x^2 2p_y^2 2p_z^2 3s^2 3p_x^2 3p_y^2 3p_z^1$	$[\text{Ne}]3s^2 3p_x^2 3p_y^2 3p_z^1$
	Ar	18	$1s^2 2s^2 2p_x^2 2p_y^2 2p_z^2 3s^2 3p_x^2 3p_y^2 3p_z^2$	$[\text{Ne}]3s^2 3p_x^2 3p_y^2 3p_z^2$

* Elemente sind (in dieser Reihenfolge) mit ihrem Elementsymbol, ihrer Ordnungszahl, der Grundzustands-Elektronenkonfiguration und mit einer Kurzbezeichnung für die Grundzustands-Elektronenkonfiguration aufgelistet.

Regel 1: Die Orbitale dieser Elemente werden in der Reihenfolge 1s, 2s, 2p, 3s und 3p aufgefüllt.

Regel 2: Man beachte, dass jedes Orbital mit maximal zwei Elektronen befüllt werden darf. Neon enthält neben den gefüllten 1s- und 2s-Orbitalen sechs zusätzliche Elektronen, geschrieben als $2p_x^2 2p_y^2 2p_z^2$. Alternativ können die drei gefüllten p-Orbitale auch zusammengefasst und mit $2p^6$ abgekürzt werden.

Regel 3: Weil die Orbitale p_x, p_y und p_z gleiche Energien haben, wird jedes erst mit einem Elektron aufgefüllt, bevor das jeweils zweite Elektron zugefügt wird. Also wird das $3p_x$-Orbital erst dann mit einem zweiten Elektron gefüllt, wenn jedes 3p-Orbital bereits ein Elektron enthält.

Beispiel 1.1 Bestimmen Sie die Grundzustands-Elektronenkonfiguration der folgenden Elemente:

(a) Lithium
(b) Sauerstoff
(c) Chlor

Vorgehensweise

Ermitteln Sie aus dem Periodensystem für jedes Atom die Ordnungszahl und damit die Anzahl der Elektronen in diesem Atom. Die Orbitale werden in der Reihenfolge 1s, 2s, $2p_x$, $2p_y$, $2p_z$ usw. aufgefüllt.

Lösung

(a) Lithium (Ordnungszahl 3): $1s^2 2s^1$. Man kann die Grundzustands-Elektronenkonfiguration auch als $[\text{He}]2s^1$ angeben.
(b) Sauerstoff (Ordnungszahl 8): $1s^2 2s^2 2p_x^2 2p_y^1 2p_z^1$. Alternativ kann man die vier Elektronen in den 2p-Orbitalen auch zusammenfassen und die Grundzustands-Elektronenkonfiguration als $1s^2 2s^2 2p^4$ angeben oder wie oben die verkürzte Form $[\text{He}]2s^2 2p^4$ wählen.
(c) Chlor (Ordnungszahl 17): $1s^2 2s^2 2p^6 3s^2 3p^5$. Alternativ auch $[\text{Ne}]3s^2 3p^5$.

Siehe Aufgaben 1.1–1.3.

Um die äußersten Elektronen an einem Atom hervorzuheben, benutzt man üblicherweise eine Darstellung, die nach dem amerikanischen Chemiker Gilbert N. Lewis (1875–1946), der diese Schreibweise vorgeschlagen hat, als Lewis-Formel bezeichnet wird. Eine Lewis-Formel zeigt das Elementsymbol von so viel Punkten umgeben, wie sich Elektronen in der äußeren Schale des entsprechenden Atoms befinden. In einer Lewis-Formel steht das Elementsymbol für den Atomkern und die Elektronen der in-

Tab. 1.3 Lewis-Formeln der Elemente 1–18 des Periodensystems.

	1*	2	3	4	5	6	7	8
	H·							He:
	Li·	Be:	B:	·C:	·N:	:O:	:F:	:Ne:
	Na·	Mg:	Al:	·Si:	·P:	:S:	:Cl:	:Ar:

* Hauptgruppen des Periodensystems

> Die Valenzschale der Elemente der 1. Periode enthält nur ein s-Orbital.
>
> Die Valenzschale der Elemente der 2. Periode enthält s- und p-Orbitale.
>
> Die Valenzschale der Elemente der 3. Periode enthält s, p und d-Orbitale. Durch die d-Orbitale ergeben sich erweiterte kovalente Bindungsmöglichkeiten für die Elemente der 3. Periode.

neren Schalen. In Tab. 1.3 sind Lewis-Formeln für die ersten 18 Elemente des Periodensystems gezeigt. Bei Betrachtung der dort dargestellten Strukturen erkennt man, dass (mit Ausnahme des Heliums) die Zahl der Valenzelektronen des Elements mit der Nummer der Hauptgruppe übereinstimmt, in der das Element steht. Sauerstoff beispielsweise ist mit sechs Valenzelektronen ein Element der 6. Hauptgruppe.

An dieser Stelle müssen wir ein paar Worte zur Nummerierung der Spalten (Elementfamilien oder Gruppen) des Periodensystems sagen: Dmitri Mendelejew gab ihnen Nummern und fügte einigen Gruppen den Buchstaben A und einigen ein B hinzu; diese Nummerierung ist vielerorts heute noch gebräuchlich. 1985 schlug die *International Union of Pure and Applied Chemistry* (IUPAC) ein neues System vor, in dem die Spalten von links beginnend ohne den Zusatz von Buchstaben von 1 bis 18 durchnummeriert werden. Wenn wir uns nicht explizit auf die Hauptgruppen 1–8 beziehen, werden wir in diesem Lehrbuch ausschließlich das von der IUPAC vorgeschlagene und heute allgemein akzeptierte System nutzen.

Die Orbitale der Valenzschalen unterscheiden sich zwischen den Elementen der zweiten und dritten Periode sowohl in ihrer Zahl als auch in ihrer Art. Dadurch ergeben sich für den Charakter der möglichen kovalenten Bindungen substanzielle Unterschiede, wenn man beispielsweise Sauerstoff mit Schwefel oder Stickstoff mit Phosphor vergleicht. So können Sauerstoff und Stickstoff nicht mehr als acht Elektronen in ihren Valenzschalen unterbringen, während viele Phosphorverbindungen 10 Elektronen in den Valenzschalen des Phosphors enthalten und viele Schwefelverbindungen 10 oder sogar 12 Elektronen in der Valenzschale des Schwefels.

Gilbert N. Lewis (1875–1946) führte die Theorie der Elektronenpaare ein, die unser Verständnis von der kovalenten Bindung und vom Konzept der Säuren und Basen enorm erweiterte. Ihm zu Ehren werden Strukturformeln mit „Elektronen-Punkten" häufig als Lewis-Formeln bezeichnet. [Quelle: © Getty Images.]

1.2 Was ist das Lewis-Bindungskonzept?

1.2.1 Bildung von Ionen

Lewis hat 1916 ein verblüffend einfaches Modell vorgeschlagen, das viele Beobachtungen zur chemischen Bindung und zur Reaktivität von Elementen erklären konnte. Er wies darauf hin, dass die Reaktionsträgheit der Edelgase (18. Gruppe bzw. 8. Hauptgruppe) auf die hohe Stabilität der Elektronenkonfiguration dieser Elemente zurückzuführen sein könnte: Helium mit einer Valenzschale aus zwei Elektronen ($1s^2$), Neon mit acht Elektronen in der Valenzschale ($2s^2 2p^6$), Argon ebenfalls mit acht Elektronen ($3s^2 3p^6$) usw. (die im Argon grundsätzlich vorhandenen d-Orbitale spielen aus Gründen, die hier nicht thematisiert werden sollen, zunächst keine Rolle).

Insbesondere unter den Hauptgruppenelementen (Gruppen 1, 2, 13–18) beobachtet man die Tendenz, dass sie oft so reagieren, dass ihre Valenzschale mit acht Elektronen besetzt wird. Dieser Trend wird als **Oktettregel** bezeichnet. Ein Atom mit etwas weniger als acht Valenzelektronen neigt dazu, die zu acht Elektronen in der Valenzschale fehlenden Elektronen aufzunehmen und damit die Elektronenkonfiguration des nachfolgenden Edelgases zu erreichen. Indem es diese Elektronen aufnimmt, er-

Edelgas	Edelgasnotation
He	$1s^2$
Ne	$[He]2s^2 2p^6$
Ar	$[Ne]3s^2 3p^6$
Kr	$[Ar]4s^2 4p^6 3d^{10}$
Xe	$[Kr]5s^2 5p^6 4d^{10}$

hält das Atom eine negative Ladung; es wird zu einem **Anion**. Im Gegensatz dazu neigt ein Atom mit nur einem oder zwei Valenzelektronen dazu, diese abzugeben, um auf diese Weise zur Elektronenkonfiguration des vorangegangenen Edelgases zu gelangen. Durch die Abgabe der Elektronen wird das Atom positiv geladen; es entsteht ein **Kation**.

1.2.2 Die Bildung chemischer Bindungen

Nach dem Lewis-Bindungskonzept bewirkt die Bindungsbildung zwischen Atomen, dass jedes an der Bindung beteiligte Atom danach eine Elektronenkonfiguration in der Valenzschale aufweist, die der des Edelgases mit der nächstgelegenen Ordnungszahl entspricht. Eine solche abgeschlossene Valenzschale können Atome auf zwei Weisen erreichen:

1. Ein Atom kann so viele Elektronen aufnehmen oder abgeben, dass seine Valenzschale vollständig gefüllt ist. Die Aufnahme von Elektronen macht aus dem Atom ein Anion, die Abgabe von Elektronen führt zu einem Kation. Die chemische Bindung, die auf diese Weise durch elektrostatische Anziehung zwischen einem Anion und einem Kation zustande kommt, nennt man eine **ionische Bindung**.

Natrium (Ordnungszahl 11) gibt ein Elektron ab und erlangt eine gefüllte Valenzschale, die der des Neons entspricht (Ordnungszahl 10).

Chlor (Ordnungszahl 17) nimmt ein Elektron auf und erlangt eine gefüllte Valenzschale, die der des Argons entspricht (Ordnungszahl 18).

2. Ein Atom kann mit einem oder mehreren anderen Atomen Elektronen teilen, um so zu einer gefüllten Valenzschale zu kommen. Eine chemische Bindung, die durch das gemeinsame Nutzen von Elektronen entsteht, nennt man eine **kovalente Bindung**.

Jedes Chloratom (Ordnungszahl 17) teilt ein Elektron mit dem jeweils anderen Chloratom, sodass letztlich beide Atome eine gefüllte Valenzschale aufweisen.

Wie kann man herausfinden, ob zwei Atome in einer Verbindung durch eine ionische oder eine kovalente Bindung verknüpft sind? Eine Möglichkeit hierzu besteht darin, die relative Position der beiden Atome im Periodensystem zu betrachten. Ionische Bindungen bilden sich für gewöhnlich zwischen einem Metall und einem Nichtmetall. Aus dem Metall Natrium und dem Nichtmetall Chlor bildet sich die Verbindung Natriumchlorid (Na^+Cl^-), ein Beispiel für eine Verbindung mit ionischer Bindung. Verbinden sich dagegen zwei Nichtmetalle oder ein Halbmetall und ein Nichtmetall, dann liegt für gewöhnlich eine kovalente Bindung vor. Beispiele für Verbindungen mit kovalenten Bindungen zwischen Nichtmetallen sind Cl_2, H_2O, CH_4 und NH_3. Typische Vertreter von Verbindungen zwischen einem Halbmetall und einem Nichtmetall sind BF_3, $SiCl_4$ und AsH_3.

Eine weitere Möglichkeit besteht darin, den Bindungstyp durch Vergleich der Elektronegativitäten der beteiligten Atome zu ermitteln; diese werden wir im nächsten Unterkapitel thematisieren.

Beispiel 1.2 Zeigen Sie, dass die Abgabe eines Elektrons aus einem Natriumatom unter Bildung eines Natrium-Ions ein stabiles Elektronenoktett ergibt:

$$\text{Na} \longrightarrow \text{Na}^+ + \text{e}^-$$

ein Natriumatom → ein Natrium-Ion + ein Elektron

Vorgehensweise

Dass dieser chemische Vorgang zu einem stabilen Elektronenoktett führt, kann man erkennen, indem man zunächst die Grundzustands-Elektronenkonfigurationen des Natriumatoms und des Natrium-Ions ermittelt und diese mit der Elektronenkonfiguration des Edelgases mit der nächstgelegenen Ordnungszahl vergleicht.

Lösung

Ein Natriumatom enthält ein Elektron in der Valenzschale (3s). Durch Abgabe dieses Valenzelektrons wird aus dem Natriumatom ein Natrium-Ion (Na$^+$), das in seiner Valenzschale ein vollständiges Elektronenoktett ($2s^2 2p^6$) enthält und dieselbe Elektronenkonfiguration wie Neon besitzt, das Edelgas mit der nächstliegenden Ordnungszahl.

$$\text{Na (11 Elektronen): } 1s^2 2s^2 2p^6\ 3s^1$$
$$\text{Na}^+ \text{ (10 Elektronen): } 1s^2 2s^2 2p^6$$
$$\text{Ne (10 Elektronen): } 1s^2 2s^2 2p^6$$

Siehe Aufgaben 1.5–1.7.

1.2.3 Elektronegativität und chemische Bindung

Die **Elektronegativität** ist ein Maß dafür, mit welcher Kraft ein Atom die Elektronen in einer Bindung zu einem anderen Atom zu sich heranzieht. Die am weitesten verbreitete Skala der Elektronegativität (Tab. 1.4) wurde von Linus Pauling in den 1930er Jahren eingeführt. Auf der Pauling-Skala wurde dem Fluor, dem elektronegativsten Element, willkürlich die Elektronegativität 4.0 zugewiesen und daraus wurden relative Elektronegativitäten für alle anderen Elemente ermittelt.

Bei Betrachtung der Elektronegativitätswerte in dieser Tabelle erkennt man, dass sie innerhalb einer Periode des Periodensystems von links nach rechts zunehmen und innerhalb einer Gruppe von oben nach unten abnehmen. Die Zunahme der Werte innerhalb einer Periode hängt damit zusammen, dass die positive Kernladung in dieser Richtung zunimmt – die Elektronen der Valenzschale werden dadurch immer stärker angezogen. Innerhalb einer Gruppe ist der Abstand der Valenzelektronen vom Atomkern am oberen Ende wesentlich kleiner als am unteren; dies sorgt ebenfalls für eine stärkere Anziehung zwischen Atomkern und Valenzelektronen und führt so zu einer größeren Elektronegativität.

Man beachte aber, dass es sich bei den in Tab. 1.4 angegebenen Werten nur um Näherungen handelt. Die Elektronegativität eines Elements hängt nicht nur von seiner Position im Periodensystem, sondern auch von seinem Oxidationszustand ab. So ist die Elektronegativität von Cu(I) in Cu$_2$O 1.8, während die Elektronegativität von Cu(II) in CuO 2.0 beträgt. Trotz dieser Schwankungen ist die Elektronegativität eine äußerst nützliche Orientierungshilfe zum Abschätzen der Elektronenverteilung in einer chemischen Bindung.

Linus Pauling (1901–1994) war der erste Mensch, der zwei ungeteilte Nobelpreise erhielt. Den Nobelpreis für Chemie bekam er 1954 für seine Arbeiten zur Natur der chemischen Bindung. 1962 folgte der Friedensnobelpreis für seinen Einsatz gegen Atomwaffentests und für eine internationale Kontrolle von Atomwaffen. [Quelle: © Getty Images.]

Tab. 1.4 Elektronegativitätswerte und deren Trends für einige Elemente (Pauling-Skala).

1	2	3	4	5	6	7	8	9	10	11	12	13	14	15	16	17
Li 1.0	Be 1.5											B 2.0	C 2.5	N 3.0	O 3.5	F 4.0
Na 0.9	Mg 1.2											Al 1.5	Si 1.8	P 2.1	S 2.5	Cl 3.0
K 0.8	Ca 1.0	Sc 1.3	Ti 1.5	V 1.6	Cr 1.6	Mn 1.5	Fe 1.8	Co 1.8	Ni 1.8	Cu 1.9	Zn 1.6	Ga 1.6	Ge 1.8	As 2.0	Se 2.4	Br 2.8
Rb 0.8	Sr 1.0	Y 1.2	Zr 1.4	Nb 1.6	Mo 1.8	Tc 1.9	Ru 2.2	Rh 2.2	Pd 2.2	Ag 1.9	Cd 1.7	In 1.7	Sn 1.8	Sb 1.9	Te 2.1	I 2.5
Cs 0.7	Ba 0.9	La 1.1	Hf 1.3	Ta 1.5	W 1.7	Re 1.9	Os 2.2	Ir 2.2	Pt 2.2	Au 2.4	Hg 1.9	Tl 1.8	Pb 1.8	Bi 1.9	Po 2.0	At 2.2

H 2.1

Elektronegativität nimmt zu (Periode →, Gruppe ↑)

Legende: <1.0 | 1.0 – 1.4 | 1.5 – 1.9 | 2.0 – 2.4 | 2.5 – 2.9 | 3.0 – 4.0

Ausschnitt aus dem Periodensystem mit den für die Organische Chemie wichtigsten Elementen. Die Elektronegativität nimmt innerhalb einer Periode grundsätzlich von links nach rechts und innerhalb einer Gruppe von oben nach unten zu. Wasserstoff ist weniger elektronegativ als die rot markierten Elemente und elektronegativer als die blau hinterlegten Elemente. Auf der Pauling-Skala haben Wasserstoff und Phosphor die gleiche Elektronegativität.

Ionische Bindungen

Eine ionische Bindung entsteht, wenn ein Elektron aus der Valenzschale eines Atoms mit niedriger Elektronegativität in die Valenzschale eines Atoms mit höherer Elektronegativität übertragen wird. Das elektronegativere Atom erhält hierdurch ein oder mehrere zusätzliche Valenzelektronen und wird zum Anion. Das weniger elektronegative Atom gibt ein oder mehrere Valenzelektronen ab und liegt nun als Kation vor.

Als Richtschnur kann man sich merken, dass ein derartiger Elektronentransfer unter Bildung einer ionischen Bindung dann auftritt, wenn der Unterschied der Elektronegativitäten beider Atome mindestens ungefähr 1.9 beträgt. Ist der Unterschied kleiner als 1.9, entsteht typischerweise eine (polare) kovalente Bindung. Behalten Sie aber in Erinnerung, dass der Zahlenwert von 1.9 einer gewissen Willkürlichkeit unterliegt: Manche Chemiker verwenden hier etwas größere Werte, andere etwas kleinere. Dessen ungeachtet kann uns der Wert 1.9 einen Anhaltspunkt dafür geben, ob eine Bindung eher als ionische oder eher als kovalente Bindung anzusehen ist.

Eine ionische Bindung tritt z. B. zwischen Natrium (Elektronegativität 0.9) und Fluor (Elektronegativität 4.0) auf. Der Elektronegativitätsunterschied zwischen diesen Elementen beträgt 3.1. Bei der Bildung von Na^+F^- wird das einzelne $3s$-Valenzelektron des Natriums in die mit sieben Elektronen gefüllte Valenzschale des Fluors übertragen:

$$\text{Na } (1s^2\ 2s^2\ 2p^6\ 3s^1) + \text{F } (1s^2\ 2s^2\ 2p^5) \longrightarrow \text{Na}^+ (1s^2 2s^2 2p^6) + \text{F}^- (1s^2 2s^2 2p^6)$$

Als Folge dieses Elektronentransfers liegen sowohl Natrium als auch Fluor als Ionen vor; beide besitzen nun die gleiche Elektronenkonfiguration wie das Neon, das Edelgas mit der jeweils nächstliegenden Ordnungszahl. In der folgenden Reaktionsgleichung nutzen wir einen geschwungenen Halbpfeil (einen Pfeil mit einer halben Spitze), um die Übertragung des einzelnen Elektrons vom Natrium zum Fluor zu verdeutlichen.

$$\text{Na}\cdot + \cdot\ddot{\text{F}}\colon \longrightarrow \text{Na}^+\ \colon\ddot{\text{F}}\colon^-$$

Beispiel 1.3 Welches Element hat basierend auf seiner relativen Position im Periodensystem die größere Elektronegativität?

(a) Lithium oder Kohlenstoff
(b) Stickstoff oder Sauerstoff
(c) Kohlenstoff oder Sauerstoff

Vorgehensweise
Bestimmen Sie jeweils, ob die beiden Elemente Vertreter derselben Periode (Reihe) oder Gruppe (Spalte) des Periodensystems sind. Falls sie zur selben Periode gehören, nimmt die Elektronegativität von links nach rechts zu. Für Elemente derselben Gruppe nimmt die Elektronegativität von unten nach oben zu.

Lösung
Die Elementpaare stehen alle in der zweiten Periode des Periodensystems. In dieser Periode nimmt die Elektronegativität von links nach rechts zu.

(a) C > Li
(b) O > N
(c) O > C

Siehe Aufgabe 1.8.

Kovalente Bindungen
Eine kovalente Bindung entsteht, wenn sich zwei Atome mit einem Elektronegativitätsunterschied von bis zu 1.9 ein oder mehrere Elektronenpaare teilen. Für ein Elektronenpaar in einer kovalenten Bindung sind nach dem Lewis-Bindungskonzept zwei Aspekte wichtig: Es gehört beiden an der Bindung beteiligten Atomen an und füllt damit die Valenzschalen *beider* Atome auf.

Das einfachste Beispiel für eine kovalente Bindung liegt im Wasserstoffmolekül (H_2) vor. Gehen zwei Wasserstoffatome eine Bindung ein, vereinen sich die einzelnen Elektronen der beiden Atome unter Freisetzung von Energie zu einem Elektronenpaar. Eine Bindung, die durch das Teilen *eines* Elektronenpaares zustande kommt, nennt man *Einfachbindung*; sie wird durch einen einfachen Strich zwischen den beiden Atomen dargestellt. Das Elektronenpaar, das sich die beiden Wasserstoffatome im H_2 teilen, füllt die Valenzschale beider Atome vollständig auf. Jedes Wasserstoffatom im H_2 hat also zwei Elektronen in seiner Valenzschale und somit dieselbe Elektronenkonfiguration wie Helium, das nächstgelegene Edelgas im Periodensystem:

$$H \cdot + \cdot H \rightarrow H-H \qquad \Delta H° = -435 \text{ kJ/mol } (-104 \text{ kcal/mol})$$

Das Lewis-Bindungskonzept begründet die Stabilität von kovalent gebundenen Atomen wie folgt: Durch die Bildung einer kovalenten Bindung belegt ein Elektronenpaar den Bereich zwischen den beiden Atomkernen und schirmt daher den einen positiv geladenen Atomkern von der abstoßenden Kraft des anderen positiv geladenen Atomkerns ab. Gleichzeitig zieht das Elektronenpaar die beiden Atomkerne an. Ein Elektronenpaar zwischen zwei Atomkernen bindet diese daher aneinander und legt ihren Gleichgewichtsabstand innerhalb sehr enger Grenzen fest. Den Abstand zwischen zwei an einer chemischen Bindung beteiligten Atomkernen nennt man **Bindungslänge**. Jede kovalente Bindung weist eine eindeutige Bindungslänge auf; in H–H beträgt sie 74 pm (1 pm = 10^{-12} m).

Obwohl alle kovalenten Bindungen auf der gemeinsamen Nutzung von Elektronen beruhen, gibt es sehr große Unterschiede darin, wie die Elektronen auf die beteiligten Atome verteilt sind. Man unterteilt kovalente Bindungen entsprechend dem Elektronegativitätsunterschied zwischen den gebundenen Atomen in zwei Kategorien: un-

Tab. 1.5 Klassifikation von chemischen Bindungen.

Elektronegativitätsdifferenz zwischen den gebundenen Atomen	Bindungstyp	Vor allem gebildet zwischen ...
< 0.5	unpolar kovalent	zwei Nichtmetallen oder einem Nichtmetall und einem Halbmetall
0.5–1.9	polar kovalent	
> 1.9	ionisch	einem Metall und einem Nichtmetall

polare und polare kovalente Bindungen. In **unpolaren kovalenten Bindungen** sind die Elektronen in etwa gleichmäßig auf die beiden verbundenen Atome verteilt; in **polaren kovalenten Bindungen** sind sie ungleich verteilt. Man muss sich dabei jedoch bewusst sein, dass es keine eindeutige Abgrenzung zwischen beiden Kategorien gibt, genau wie es – wie bereits erwähnt – auch keine eindeutige Abgrenzung zwischen polaren kovalenten und ionischen Bindungen gibt. Dessen ungeachtet können die in Tab. 1.5 angegebenen Faustregeln bei der Entscheidung helfen, ob eine bestimmte Bindung eher unpolar kovalent, eher polar kovalent oder eher ionisch ist.

Beispielsweise kann man eine kovalente Bindung zwischen Kohlenstoff und Wasserstoff als unpolare kovalente Bindung klassifizieren, weil der Unterschied der Elektronegativitäten dieser beiden Atome nur $2.5 - 2.1 = 0.4$ Einheiten beträgt. Ein Beispiel für eine polare kovalente Bindung ist die in H–Cl; Die Elektronegativitätsdifferenz zwischen Chlor und Wasserstoff errechnet sich hier zu $3.0 - 2.1 = 0.9$ Einheiten.

Beispiel 1.4 Sind die folgenden Bindungen unpolar kovalent, polar kovalent oder ionisch?

(a) O–H
(b) N–H
(c) Na–F
(d) C–Mg

Vorgehensweise
Bestimmen Sie jeweils die Elektronegativitätsunterschiede zwischen den beiden Atomen und vergleichen Sie die ermittelte Differenz mit den in Tab. 1.5 angegebenen Werten.

Lösung
Anhand der berechneten Elektronegativitätsunterschiede findet man, dass drei der Bindungen polar kovalent sind und eine ionisch ist:

Bindung	Elektronegativitätsunterschied	Bindungstyp
(a) O–H	$3.5 - 2.1 = 1.4$	polar kovalent
(b) N–H	$3.0 - 2.1 = 0.9$	polar kovalent
(c) Na–F	$4.0 - 0.9 = 3.1$	ionisch
(d) C–Mg	$2.5 - 1.2 = 1.3$	polar kovalent

Siehe Aufgabe 1.9.

Eine wichtige Konsequenz der ungleichen Elektronenverteilung in einer polaren kovalenten Bindung ist, dass das elektronegativere Atom einen größeren Anteil an den gemeinsam genutzten Elektronen übernimmt und damit eine partielle negative Ladung (eine Teil- oder Partialladung) erhält. Diese wird mit dem Zeichen $\delta-$ (gesprochen „delta minus") gekennzeichnet. Das weniger elektronegative Atom übernimmt einen kleineren Anteil der Elektronen und trägt dadurch eine positive Partialladung. Das Zeichen hierfür ist δ+ (gesprochen „delta plus"). Diese Ladungstrennung führt zu einem elektrischen **Dipol**, den wir durch einen Vektorpfeil andeuten können – mit der Pfeilspitze in der Nähe des negativen Endes des Dipols und einem Kreuz (einem „Plus") am Pfeilschaft in der Nähe des positiven Endes (Abb. 1.4).

Man kann die Polarität einer kovalenten Bindung durch ein Molekülmodell darstellen, das die Verteilung der *Elektronendichte* farbcodiert wiedergibt. In diesem Modell bedeutet blau das Vorliegen einer positiven Partialladung (δ+) und rot zeigt eine negative Partialladung (δ−) an. In Abb. 1.4 ist die Elektronendichteverteilung von HCl dargestellt. Das Kugel-Stab-Modell im Inneren gibt die räumliche Orientierung der beiden Atome wieder. Die durchscheinende Oberfläche um das Kugel-Stab-Modell zeigt die relative Größe der Atome an (so wie sie auch durch ein Kalottenmodell deutlich wird). Die Farben auf der Oberfläche codieren die relative Elektronendichte (d. h. die Elektronendichte im Vergleich zu derjenigen im jeweiligen ungebundenen Atom). Wir erkennen an der blauen Tönung, dass das Wasserstoffatom eine positive Partialladung, und an der roten Tönung, dass das Chloratom eine negative Partialladung trägt.

Zusammenfassend lässt sich festhalten, dass die beiden miteinander verknüpften Konzepte der Elektronegativität und der Polarität kovalenter Bindungen sich in der Organischen Chemie noch als ausgesprochen nützlich erweisen werden, wenn es darum gehen wird, die reaktiven Positionen in chemischen Reaktionen zu ermitteln. In sehr vielen Reaktionen, die wir uns in den folgenden Kapiteln genauer ansehen werden, werden die einzelnen Reaktionsschritte durch die Wechselwirkung zwischen Positionen mit positiven und solchen mit negativen Partialladungen eingeleitet.

Aus der Analyse der Verbindungen in Tab. 1.6 und vieler weiterer organischer Verbindungen lassen sich die folgenden allgemeinen Regeln ableiten: Für neutrale (ungeladene) organische Verbindungen gilt,

- H geht eine Bindung ein,
- C geht vier Bindungen ein,
- N geht drei Bindungen ein und besitzt ein freies Elektronenpaar,
- O geht zwei Bindungen ein und besitzt zwei freie Elektronenpaare,
- F, Cl, Br, I gehen jeweils nur eine Bindung ein und besitzen drei freie Elektronenpaare.

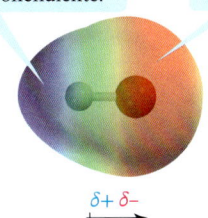

Abb. 1.4 Elektronendichteverteilung in HCl. Bereiche mit erhöhter Elektronendichte (im Vergleich zum freien Atom) sind rot gekennzeichnet, während die blauen Bereiche eine verringerte Elektronendichte andeuten.

Tab. 1.6 Lewis-Formeln einiger organischer Verbindungen. Für jede Verbindung ist nach der Summenformel jeweils die Zahl der Valenzelektronen in Klammern angegeben.

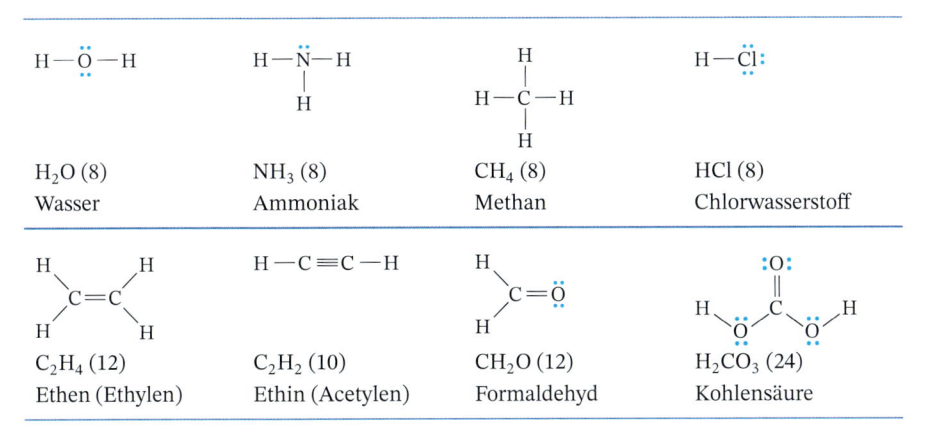

H—Ö—H	H—N̈—H | H	H | H—C—H | H	H—C̈l:
H_2O (8) Wasser	NH_3 (8) Ammoniak	CH_4 (8) Methan	HCl (8) Chlorwasserstoff
H₂C=CH₂	H—C≡C—H	H₂C=Ö	:O: ‖ H—O—C—O—H
C_2H_4 (12) Ethen (Ethylen)	C_2H_2 (10) Ethin (Acetylen)	CH_2O (12) Formaldehyd	H_2CO_3 (24) Kohlensäure

Beispiel 1.5 Geben Sie für die folgenden polaren kovalenten Bindungen die Polarisationsrichtung an, indem sie die Bindungsdipole durch Dipolpfeile verdeutlichen und die Symbole $\delta-$ und $\delta+$ ergänzen:

(a) C–O
(b) N–H
(c) C–Mg

Vorgehensweise
Um die Polarität und die Polaritätsrichtung einer kovalenten Bindung zu ermitteln, vergleicht man zunächst die Elektronegativitäten der beiden gebundenen Atome. Denken Sie daran, dass der Bindungsdipolpfeil stets zum elektronegativeren Atom weist.

Lösung
Kohlenstoff und Sauerstoff aus Aufgabe (a) stehen beide in der zweiten Periode des Periodensystems. Sauerstoff steht weiter rechts als Kohlenstoff und ist daher elektronegativer. In (b) ist Stickstoff elektronegativer als Wasserstoff. Magnesium aus Aufgabe (c) ist ein Metall und steht ganz links im Periodensystem, während Kohlenstoff ein weiter rechts stehendes Nichtmetall ist. Alle Nichtmetalle (einschließlich Wasserstoff) haben eine größere Elektronegativität als die Metalle der Gruppen 1 und 2. Die Elektronegativitäten sind jeweils unter den Elementen angegeben.

$$
\begin{array}{ccc}
\text{(a)} \overset{\overset{\delta+ \quad \delta-}{\longrightarrow}}{\underset{2.5 \quad 3.5}{\text{C}—\text{O}}} &
\text{(b)} \overset{\overset{\delta- \quad \delta+}{\longleftarrow}}{\underset{3.0 \quad 2.1}{\text{N}—\text{H}}} &
\text{(c)} \overset{\overset{\delta- \quad \delta+}{\longleftarrow}}{\underset{2.5 \quad 1.2}{\text{C}—\text{Mg}}}
\end{array}
$$

Siehe Aufgaben 1.10 und 1.20.

1.2.4 Formalladungen

In der Organischen Chemie haben wir es nicht nur mit ungeladenen Verbindungen, sondern auch mit mehratomigen Kationen bzw. Anionen zu tun. Beispiele für mehratomige Kationen sind das Oxonium-Ion (H_3O^+) oder das Ammonium-Ion (NH_4^+); das Hydrogencarbonat- oder Bicarbonat-Ion (HCO_3^-) ist ein Beispiel für ein mehratomiges Anion.

Es ist überaus wichtig, feststellen zu können, welches Atom oder welche Atome in einem Molekül oder in einem mehratomigen Ion positiv bzw. negativ geladen sind. Die Ladung eines Atoms in einer ungeladenen Verbindung oder in einem mehratomigen Ion bezeichnet man als **Formalladung**. Um die Formalladung zu bestimmen, geht man wie folgt vor:

1. Schritt: Man zeichnet eine korrekte Lewis-Formel der Verbindung bzw. des Ions.
2. Schritt: Jedem Atom werden nun alle an ihm lokalisierten **freien Elektronenpaare** (nicht an einer Bindung beteiligt) sowie die Hälfte aller gemeinsam genutzten **Bindungselektronen** zugeordnet.
3. Schritt: Die Zahl der im 2. Schritt ermittelten Elektronen wird mit der Zahl der Valenzelektronen in dem neutralen, ungebundenen (freien) Atom verglichen. Wenn die Zahl der einem gebundenen Atom zugeordneten Elektronen kleiner ist als die des entsprechenden ungebundenen Atoms, dann liegen im Atomkern mehr positive Ladungen vor als durch negative Ladungen in seiner Elektronenhülle ausgeglichen werden können – das Atom trägt dann eine formale positive Ladung. Wenn dagegen die Zahl der einem gebundenen Atom zugeordneten Elektronen größer ist als die Zahl der Elektronen im entsprechenden ungebundenen Atom, dann ist dieses Atom formal negativ geladen.

$$\text{Formalladung} = \begin{pmatrix} \text{Zahl der Valenz-} \\ \text{elektronen im neutralen,} \\ \text{ungebundenen Atom} \end{pmatrix} - \begin{pmatrix} \text{Elektronen in freien} \\ \text{Elektronenpaaren} \end{pmatrix} + \begin{pmatrix} \text{die Hälfte der gemeinsamen} \\ \text{Bindungselektronen} \end{pmatrix}$$

Beim Zeichnen von Lewis-Formeln von Molekülen oder Ionen muss man im Hinterkopf behalten, dass die Elemente der zweiten Periode – insbesondere also auch Kohlenstoff, Stickstoff und Sauerstoff – nicht mehr als acht Elektronen in den vier Orbitalen ($2s$, $2p_x$, $2p_y$ und $2p_z$) ihrer Valenzschale unterbringen können. Im Folgenden sind zwei Lewis-Formeln von Salpetersäure (HNO_3) abgebildet, jede mit der richtigen Gesamtzahl von Valenzelektronen (24). Die eine Darstellung ist korrekt, die andere nicht:

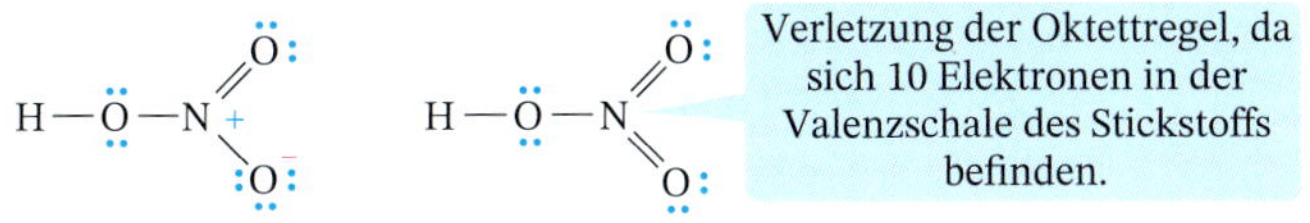

eine einwandfreie Lewis-Formel   eine nicht akzeptable Lewis-Formel

Verletzung der Oktettregel, da sich 10 Elektronen in der Valenzschale des Stickstoffs befinden.

Die Darstellung auf der linken Seite ist eine korrekte Lewis-Formel. Sie enthält insgesamt 24 Valenzelektronen; das Stickstoff- und die Sauerstoffatome haben jeweils eine vollständige Valenzschale mit acht Elektronen. Die linke Lewis-Formel enthält zudem eine positive Formalladung am Stickstoffatom und eine negative Formalladung an einem der Sauerstoffatome. Jede zulässige Lewis-Formel für diese Verbindung muss notwendigerweise diese Formalladungen enthalten. Die Struktur auf der rechten Seite ist dagegen *keine* akzeptable Lewis-Formel. Obwohl auch hier die korrekte Gesamtzahl an Valenzelektronen verteilt wurde, enthält die Valenzschale des Stickstoffatoms in dieser Darstellung 10 Elektronen, obwohl die vier Orbitale der zweiten Schale ($2s$, $2p_x$, $2p_y$ und $2p_z$) nicht mehr als acht Valenzelektronen aufnehmen können!

In der Lewis-Formel von HNO_3 ist die negative Formalladung an einem der Sauerstoffatome lokalisiert. Im Gegensatz dazu zeigt die Elektronendichteverteilung jedoch, dass die negative Ladung gleichermaßen auf die beiden Sauerstoffatome verteilt ist. Diese Beobachtung lässt sich mithilfe des Konzepts der Mesomerie erklären, das wir in Abschn. 1.6 besprechen werden. Auffällig ist auch die intensive blaue Farbe am Stickstoffatom, die auf die positive Formalladung an diesem Atom zurückzuführen ist.

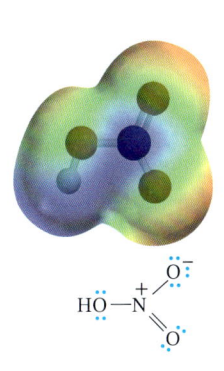

Beispiel 1.6 Zeichnen Sie für diese Verbindungen die Lewis-Formeln mit allen Valenzelektronen:

(a) H_2O_2
(b) CH_3OH
(c) CH_3Cl

Vorgehensweise
Bestimmen Sie die Valenzelektronenzahl und die Verknüpfung der Atome für jede der Verbindungen. Verbinden Sie die gebundenen Atome durch Einfachbindungen und verteilen Sie die verbleibenden Valenzelektronen so, dass jedes Atom eine vollständige Valenzschale besitzt.

Gewusst wie: 1.1 Wie man Lewis-Formeln von Molekülen und Ionen zeichnet

Korrekte Lewis-Formeln zeichnen zu können, ist für das Studium der Organischen Chemie eine unverzichtbare Fähigkeit. Die folgende Anleitung erläutert Schritt für Schritt, wie man dabei vorgehen muss (wobei man begleitend die Verbindungen aus Tab. 1.6 als Beispiele heranziehen kann). Als erstes Beispiel wollen wir eine Lewis-Formel von Essigsäure (Summenformel $C_2H_4O_2$) zeichnen. Die Strukturformel CH_3COOH gibt erste Hinweise auf die Verknüpfung der Atome in dieser Verbindung.

1. Schritt: *Man bestimmt die Gesamtzahl an Valenzelektronen im Molekül bzw. im Ion.*

Hierzu addiert man die Valenzelektronen, die jedes Atom beiträgt. Bei einem Ion addiert man noch ein Elektron für jede negative Ladung bzw. subtrahiert ein Elektron für jede positive Ladung. So erhält man für die Lewis-Formel von Wasser (H_2O) acht Valenzelektronen: eines von jedem der beiden Wasserstoffatome und sechs von dem Sauerstoffatom. Auch für die Lewis-Formel des Hydroxid-Ions (OH^-) ermittelt man acht Valenzelektronen: eines vom Wasserstoffatom, sechs vom Sauerstoffatom und eines, das sich aus der negativen Ladung des Ions ergibt. Die Summenformel von Essigsäure ist $C_2H_4O_2$. Die Lewis-Formel enthält also 8 (2 Kohlenstoffatome) + 4 (4 Wasserstoffatome) + 12 (2 Sauerstoffatome) = 24 Valenzelektronen.

2. Schritt: *Man bestimmt die Anordnung der Atome im Molekül oder Ion.*

Dieser Schritt ist sicherlich der Schwierigste, wenn man eine Lewis-Formel zeichnen möchte. Glücklicherweise können wir aus der Strukturformel wertvolle Informationen über die Verknüpfung der Atome ableiten. Die Reihenfolge, in der die Atome in der Strukturformel aufgeführt sind, kann uns meist als Richtschnur dienen. Die CH_3-Gruppe in der Strukturformel der Essigsäure gibt uns beispielsweise den Hinweis, dass auf der linken Seite drei Wasserstoffatome an ein Kohlenstoffatom gebunden vorliegen, und die COOH-Einheit bedeutet, dass beide Sauerstoffatome an dasselbe Kohlenstoffatom gebunden sind und dass eine Bindung zwischen einem der Sauerstoffatome und einem Wasserstoffatom existiert.

Außer für ganz einfache Moleküle und Ionen muss die Verknüpfung der Atome experimentell bestimmt werden. Für einfache Moleküle und Ionen können sie zur Übung Vorschläge zur Verknüpfung machen. Für die meisten anderen wird ihnen die experimentell bestimmte Anordnung der Atome mitgeteilt.

3. Schritt: *Man ordnet die verbleibenden Elektronen paarweise so an jedem Atom in dem Molekül oder Ion an, dass alle Atome eine vollständige Valenzschale aufweisen. Ein **Bindungselektronenpaar** wird als einfache Linie zwischen den aneinander gebundenen Atomen gezeichnet und ein **freies Elektronenpaar** wird durch zwei Punkte an einem Atom dargestellt.*

Hierzu werden die Atome durch einfache Bindungen verbunden. Die verbleibenden Elektronen werden paarweise so angeordnet, dass jedes Atom des Moleküls oder Ions eine vollständige Valenzschale aufweist. Jedes Wasserstoffatom muss von zwei Elektronen umgeben sein, jedes Sauerstoff-, Stickstoff- oder Halogenatom muss entsprechend der Oktettregel acht Elektronen in der Valenzschale aufweisen. Man rufe sich in Erinnerung, dass ein neutrales Kohlenstoffatom vier und ein neutrales Sauerstoffatom sechs Valenzelektronen enthält. Für die hier betrachtete Struktur haben wir 24 Valenzelektronen ermittelt. Das linke Kohlenstoffatom geht vier Einfachbindungen ein und hat damit eine vollständig gefüllte Valenzschale. Auch alle Wasserstoffatome besitzen vollständige Valenzschalen. Das untere der beiden Sauerstoffatome geht zwei Einfachbindungen ein und erhält zusätzlich noch zwei freie Elektronenpaare, womit auch dieses Atom eine vollständige Schale erreicht. Vom oberen Sauerstoffatom wurden die ursprünglichen sechs Valenzelektronen bereits in der Rechnung berücksichtigt, es besitzt aber noch keine vollständige Valenzschale. Auch die vier vom rechten Kohlenstoffatom beigesteuerten Valenzelektronen sind verteilt – aber auch hier liegt noch keine vollständige Valenzschale vor.

Wir halten also fest, dass bis jetzt – obwohl alle Valenzelektronen berücksichtigt wurden – zwei Atome noch keine vollständige Valenzschale aufweisen. Außerdem tragen ein Kohlenstoffatom und ein Sauerstoffatom jeweils ein einzelnes, ungepaartes Elektron.

4. Schritt: *Wo notwendig, verwendet man Mehrfachbindungen, um ungepaarte Elektronen zu vermeiden.*

In einer **Einfachbindung** teilen sich zwei Atome *ein* Elektronenpaar. Um vollständige Valenzschalen zu erreichen, ist es für die Atome aber manchmal erforderlich, sich mehr als ein Elektronenpaar zu teilen. In einer **Doppelbindung** teilen sich zwei Atome *zwei* Elektronenpaare; sie wird durch zwei parallele Linien zwischen den gebundenen Atomen dargestellt. In einer **Dreifachbindung** teilen sich zwei Atome *drei* Elektronenpaare; sie wird durch drei parallele Linien zwischen den Atomen verdeutlicht. In der nachfolgend abgebildeten Struktur sind die beiden am Kohlenstoff- und am Sauerstoffatom vorliegenden ungepaarten Elektronen zu einem Bindungselektronenpaar vereint und bilden eine Doppelbindung (C=O) zwischen diesen Atomen. Die Lewis-Formel ist damit vollständig.

Lösung

Die Lewis-Formel von Wasserstoffperoxid (H_2O_2) muss sechs Elektronen von jedem Sauerstoffatom und eines von jedem Wasserstoffatom enthalten, insgesamt also $12 + 2 = 14$ Valenzelektronen. Da wir wissen, dass Wasserstoff nur *eine* Einfachbindung eingehen kann, ist nur die folgende Verknüpfung denkbar:

$$H-O-O-H$$

Die drei Einfachbindungen schlagen mit sechs Elektronen zu Buche, die verbleibenden acht Elektronen werden auf die Sauerstoffatome verteilt und machen so jeweils das Elektronenoktett voll:

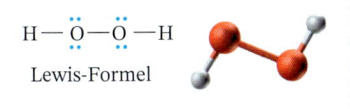

H—Ö—Ö—H
Lewis-Formel

Im Kugel-Stab-Modell sehen wir nur die Atome und die kovalenten Bindungen; die freien Elektronenpaare sind hier nicht erkennbar.

(b) Eine Lewis-Formel von Methanol (CH_3OH) muss vier Valenzelektronen vom Kohlenstoffatom, je eines von jedem Wasserstoffatom und sechs vom Sauerstoffatom berücksichtigen, insgesamt also $4 + 4 + 6$ Valenzelektronen. Die Verknüpfung der Atome im Methanol ist auf der linken Seite angegeben. Die fünf Einfachbindungen enthalten zehn Valenzelektronen, die verbleibenden vier trägt das Sauerstoffatom als freie Elektronenpaare.

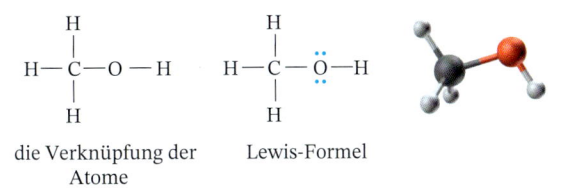

die Verknüpfung der Atome   Lewis-Formel

(c) Die Lewis-Formel von Chlormethan (CH_3Cl) muss vier Valenzelektronen vom Kohlenstoffatom, eines von jedem Wasserstoffatom und sieben vom Chloratom enthalten, insgesamt also $4 + 3 + 7 = 14$ Valenzelektronen. Das Kohlenstoffatom geht vier Bindungen ein, eine zu jedem Wasserstoffatom und eine zum Chloratom. Die verbleibenden sechs Valenzelektronen werden als drei freie Elektronenpaare am Chloratom platziert und vervollständigen auch dort das Elektronenoktett.

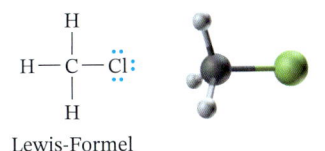

Lewis-Formel

Siehe Aufgaben 1.11, 1.17 und 1.18.

Beispiel 1.7 Zeichnen Sie die Lewis-Formeln für die folgenden Ionen und geben Sie an, welches Atom jeweils die Formalladung trägt:

(a) H_3O^+
(b) CH_3O^-

Vorgehensweise
Zeichnen Sie eine korrekte Lewis-Formel mit allen Valenzelektronen und ermitteln Sie anschließend, welches Atom die Formalladung trägt.

Lösung

(a) Die Lewis-Formel des Oxonium-Ions (H_3O^+) muss acht Valenzelektronen enthalten: drei von den drei Wasserstoffatomen und sechs vom Sauerstoffatom, wegen der positiven Ladung wird ein Elektron abgezogen. Ein neutrales, ungebundenes Sauerstoffatom hat sechs Valenzelektronen. Dem Sauerstoffatom in H_3O^+ ordnen wir zwei Elektronen aus dem freien Elektronenpaar und jeweils eines aus jedem Bindungselektronenpaar zu. So ergibt sich für den Sauerstoff eine Formalladung von $6 - (2 + 3) = +1$.

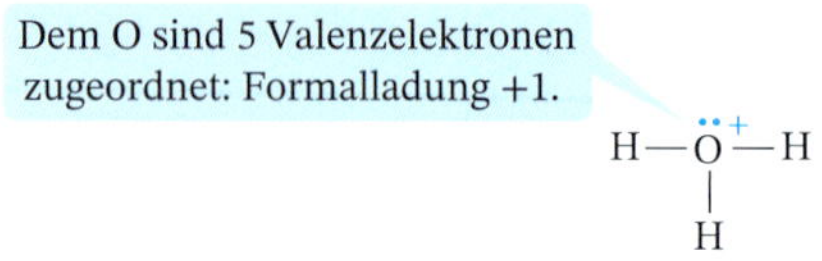

> Dem O sind 5 Valenzelektronen zugeordnet: Formalladung +1.

$$H-\overset{..}{\underset{|\ H}{O}}{}^{+}-H$$

(b) Die Lewis-Formel des Methanolat-Ions (CH_3O^-) muss 14 Valenzelektronen enthalten: vier vom Kohlenstoffatom, sechs vom Sauerstoffatom und drei von den Wasserstoffatomen; dazu kommt noch ein Elektron wegen der negativen Ladung. Dem Kohlenstoffatom ordnen wir je ein Elektron aus jeder Bindung zu, wodurch sich eine Formalladung von $4 - 4 = 0$ ergibt. Dem Sauerstoffatom ordnen wir sieben Valenzelektronen zu und ermitteln so eine Formalladung von $6 - 7 = -1$.

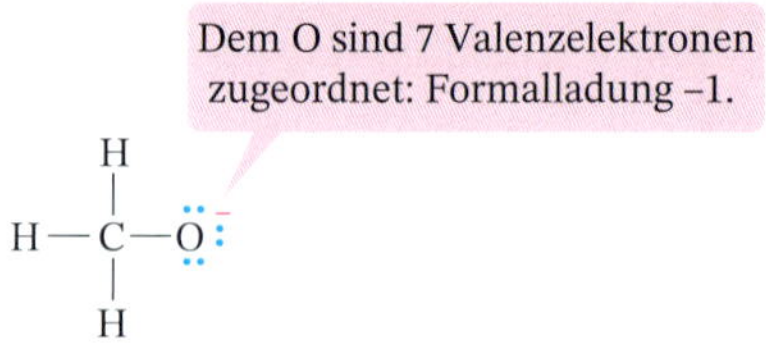

> Dem O sind 7 Valenzelektronen zugeordnet: Formalladung –1.

$$H-\underset{|\ H}{\overset{H}{\underset{|}{C}}}-\overset{..}{\underset{..}{O}}{:}^{-}$$

Siehe Aufgaben 1.12, 1.15 und 1.16.

1.3 Wie kann man Bindungswinkel und Molekülstrukturen vorhersagen?

In Abschn. 1.2 haben wir Elektronenpaare als grundlegende Einheiten genutzt, um kovalente Bindungen zu beschreiben. Wir haben sie herangezogen, um Lewis-Formeln zahlreicher kleiner Verbindungen mit unterschiedlichen Kombinationen von Einfach-, Doppel- und Dreifachbindungen zu zeichnen (siehe z. B. Tab. 1.6). Tatsächlich kann man die Bindungswinkel in diesen und anderen Verbindungen auf sehr einfache Weise mithilfe des **VSEPR-Modells** (*valence shell electron pair repulsion*, deutsch: **Valenzschalen-Elektronenpaarabstoßung**) vorhersagen. Nach diesem Modell können die Valenzelektronen entweder an der Bildung von Einfach-, Doppel- oder Dreifachbindungen beteiligt sein oder als freie Elektronenpaare vorliegen. Jede mögliche Kombination erzeugt Bereiche mit erhöhter Elektronendichte, die – da sie Elektronen enthalten – negativ geladen sind. Da sich gleichartige Ladungen abstoßen, versuchen die verschiedenen Bereiche erhöhter Elektronendichte sich so um das Atom anzuordnen, dass sie einen größtmöglichen Abstand zueinander einnehmen.

Aus dem früheren Studium der Allgemeinen Chemie ist Ihnen vermutlich noch in Erinnerung, dass das VSEPR-Modell genutzt werden kann, um die Struktur von Verbindungen vorherzusagen. Man kann dies sehr einfach mithilfe von Luftballons verdeutlichen (Abb. 1.5).

Wir können dieses einfache Bild mit den Luftballons nutzen, um die Strukturen von Methan (CH_4), Ammoniak (NH_3) und Wasser (H_2O) zu ermitteln. Bei Betrachtung dieser Verbindungen in den Abb. 1.6–1.8 müssen wir folgenden Aspekten jeweils

1.3 Wie kann man Bindungswinkel und Molekülstrukturen vorhersagen? | **17**

Der Punkt, an dem die Ballons verbunden sind, stellt das Atom dar.

Jeder Ballon repräsentiert einen Bereich erhöhter Elektronendichte, entweder eine Einfachbindung, eine Doppelbindung, eine Dreifachbindung oder ein freies Elektronenpaar.

linear
(a)

trigonal planar
(b)

tetraedrisch
(c)

Abb. 1.5 Modelle aus Luftballons zur Vorhersage von Bindungswinkeln. (a) Zwei Ballons nehmen eine lineare Anordnung ein mit einem Bindungswinkel von 180° um den Verbindungspunkt. (b) Drei Ballons nehmen eine trigonal planare Anordnung ein mit Bindungswinkeln von 120° um den Verbindungspunkt. (c) Vier Ballons nehmen eine tetraedrische Struktur ein mit Bindungswinkeln von 109.5° um den Verbindungspunkt. [Quelle: © Charles D. Winters.]

besonderes Augenmerk widmen: (1) der sich aus der Lewis-Formel ergebenden Anzahl von Bereichen mit erhöhter Elektronendichte, (2) der Anordnung, die erforderlich ist, um diese Bereiche mit maximalem gegenseitigem Abstand zu positionieren und (3) dem Namen der sich durch Anwendung des VSEPR-Modells ergebenden geometrischen Form.

Aus der Diskussion der Strukturen von CH_4-, NH_3- und H_2O-Molekülen ergibt sich die Möglichkeit einer allgemeingültigen Vorhersage. Wenn eine Lewis-Formel vier Bereiche erhöhter Elektronendichte um ein Atom zeigt, können wir mithilfe des VSEPR-Modells eine tetraedrische Anordnung der Elektronendichten und Bindungswinkel von etwa 109.5° voraussagen.

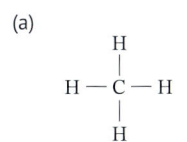

(a)

$$H - \underset{\underset{H}{|}}{\overset{\overset{H}{|}}{C}} - H$$

(b)

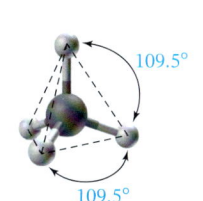

109.5°
109.5°

Abb. 1.6 Die Struktur eines Methanmoleküls (CH_4).
(a) Lewis-Formel und (b) Kugel-Stab-Modell. Die Einfachbindungen sind vier Regionen erhöhter Elektronendichte, wodurch sich für das Methan eine **tetraedrische** Geometrie ergibt. Die vier Wasserstoffatome besetzen die vier Ecken eines regulären Tetraeders; alle H—C—H-Bindungswinkel betragen 109.5°.

(a)

$$H - \underset{\underset{H}{|}}{\overset{..}{N}} - H \quad \text{freies Elektronenpaar}$$

(b)

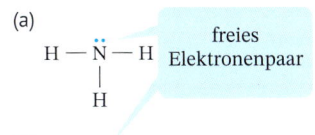

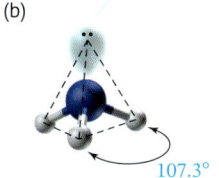

107.3°

Abb. 1.7 Die Struktur eines Ammoniakmoleküls (NH_3).
(a) Lewis-Formel und (b) Kugel-Stab-Modell. Die drei Einfachbindungen und das freie Elektronenpaar führen zu vier Regionen erhöhter Elektronendichte. Das freie Elektronenpaar und die drei Wasserstoffatome besetzen daher die vier Ecken eines Tetraeders. Allerdings berücksichtigen wir das freie Elektronenpaar nicht, wenn wir die Gestalt eines Moleküls beschreiben. Wir ermitteln daher für das Ammoniak eine **pyramidale** Geometrie; das Molekül nimmt also die Gestalt einer trigonalen Pyramide ein, wobei die drei Wasserstoffatome die drei Ecken der Grundfläche bilden und das Stickstoffatom die Spitze darstellt. Die beobachteten Bindungswinkel betragen 107.3°. Der kleine Unterschied zwischen vorhergesagten (109.5°) und beobachteten Bindungswinkeln ergibt sich daraus, dass das freie Elektronenpaar am Stickstoff benachbarte Elektronenpaare stärker abstößt als die Bindungselektronenpaare einander gegenseitig.

Abb. 1.8 Die Struktur eines Wassermoleküls (H$_2$O).
(a) Lewis-Formel und (b) Kugel-Stab-Modell. Mithilfe des VSEPR-Modells sagen wir voraus, dass die vier Regionen erhöhter Elektronendichte eine tetraedrische Geometrie einnehmen und dass der H–O–H-Winkel 109.5° beträgt. Der experimentell bestimmte Bindungswinkel ist mit 104.5° tatsächlich etwas kleiner als vorhergesagt. Diesen Unterschied können wir wie für das Ammoniak damit erklären, dass die freien Elektronenpaare benachbarte Elektronenpaare stärker abstoßen als die Bindungselektronenpaare einander gegenseitig. Man beachte, dass die Abweichung vom Tetraederwinkel im Wasser (mit zwei freien Elektronenpaaren) größer ist als im Ammoniak, im dem nur ein freies Elektronenpaar vorliegt. Wasser nimmt eine **gewinkelte** Struktur ein.

In vielen Verbindungen, denen wir begegnen, ist ein Atom von drei Bereichen erhöhter Elektronendichte umgeben. Abbildung 1.9 zeigt die Lewis-Formeln von Formaldehyd (CH$_2$O) und Ethylen (Ethen, C$_2$H$_4$). Bei der Betrachtung dieser Moleküle wollen wir uns wieder Folgendes merken: (1) die sich aus den Lewis-Formeln ergebende Anzahl von Bereichen mit erhöhter Elektronendichte, (2) die Anordnungen, die erforderlich sind, um diese Bereiche mit maximalem Abstand voneinander zu positionieren, und (3) die Namen der sich durch Anwendung des VSEPR-Modells ergebenden geometrischen Formen. Man beachte zudem, dass eine Doppelbindung im VSEPR-Modell einen einzelnen Bereich erhöhter Elektronendichte darstellt.

In nochmals anderen Verbindungstypen ist ein Atom von nur zwei Bereichen erhöhter Elektronendichte umgeben. Abbildung 1.10 zeigt Lewis-Formeln und Kugel-Stab-Modelle von Kohlendioxid (CO$_2$) und Ethin (Acetylen, C$_2$H$_2$). Genau wie eine Doppelbindung wird auch eine Dreifachbindung im VSEPR-Modell als ein einzelner Bereich erhöhter Elektronendichte betrachtet.

Tabelle 1.7 fasst die Aussagen des VSEPR-Modells zusammen.

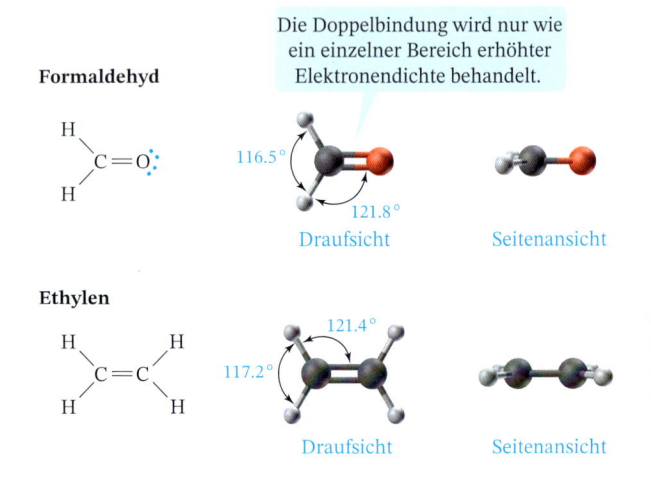

Abb. 1.9 Die Strukturen von Formaldehyd (CH$_2$O) und Ethen (C$_2$H$_4$).
In beiden Verbindungen sind die Kohlenstoffatome jeweils von drei Bereichen erhöhter Elektronendichte umgeben. Diese drei Bereiche nehmen dann den größtmöglichen Abstand zueinander ein, wenn sie in einer Ebene liegen und Bindungswinkel von ungefähr 120° einschließen. Wir bezeichnen eine solche Anordnung am Kohlenstoffatom als **trigonal planar**.

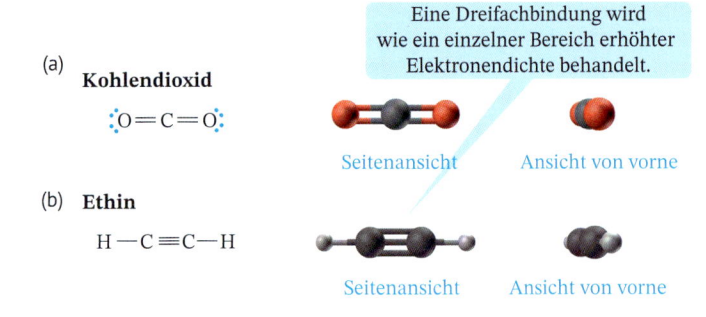

Abb. 1.10 Die Strukturen von Kohlendioxid (CO$_2$) und Ethin (C$_2$H$_2$).
In beiden Verbindungen sind die Kohlenstoffatome jeweils von zwei Bereichen erhöhter Elektronendichte umgeben, die dann den größtmöglichen Abstand voneinander einnehmen, wenn sie eine gerade Linie mit dem Zentralatom bilden und somit einen Bindungswinkel von 180° einschließen. Sowohl Kohlendioxid als auch Ethin sind **lineare** Verbindungen.

1.3 Wie kann man Bindungswinkel und Molekülstrukturen vorhersagen?

Tab. 1.7 Mithilfe des VSEPR-Modells vorhergesagte Strukturen von Verbindungen.

Anzahl der Bereiche erhöhter Elektronendichte um ein Zentralatom	Geometrie der Bereiche am Zentralatom	Bindungswinkel	Beispiele (Molekülgeometrie)
4	tetraedrisch	109.5°	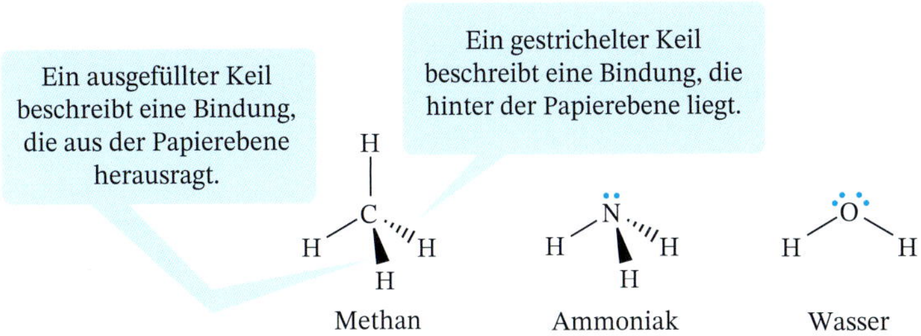 Methan (tetraedrisch), Ammoniak (pyramidal), Wasser (gewinkelt)
3	trigonal planar	120°	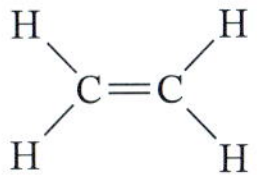 Ethylen (planar)
2	linear	180°	Kohlendioxid (linear); Ethin (linear)

Ein ausgefüllter Keil beschreibt eine Bindung, die aus der Papierebene herausragt.

Ein gestrichelter Keil beschreibt eine Bindung, die hinter der Papierebene liegt.

Beispiel 1.8 Welche Bindungswinkel liegen in diesen Verbindungen vor?

(a) CH_3Cl
(b) $CH_2=CHCl$

Vorgehensweise

Um zu ermitteln, welche Bindungswinkel vorliegen, zeichnet man für diese Verbindungen zunächst korrekte Lewis-Formeln. Wichtig ist vor allem auch, alle freien Elektronenpaare einzuzeichnen. Bestimmen Sie die Zahl der Bereiche erhöhter Elektronendichte (2, 3 oder 4) um jedes Atom und legen Sie mithilfe dieser Zahl die Bindungswinkel fest (entweder 180°, 120° oder 109.5°).

Lösung

(a) Aus der Lewis-Formel für Chlormethan (CH_3Cl) erkennen wir, dass das Kohlenstoffatom von vier Bereichen erhöhter Elektronendichte umgeben ist. Daraus leiten wir ab, dass diese Bereiche tetraedrisch um das Kohlenstoffatom angeordnet sind, die Bindungswinkel 109.5° betragen und das Molekül eine tetraedrische Struktur besitzt.

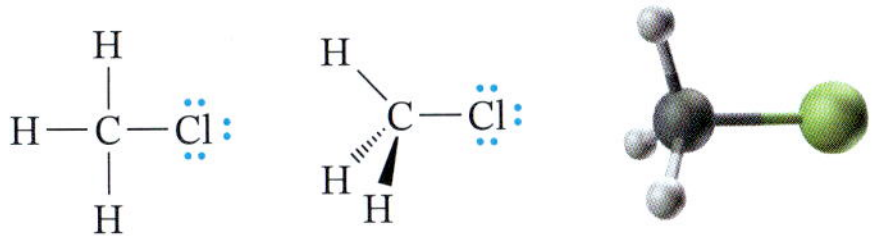

(b) Aus der Lewis-Formel für CH$_2$=CHCl erkennen wir, dass die Kohlenstoffatome jeweils von drei Bereichen erhöhter Elektronendichte umgeben sind. Daraus ergeben sich Bindungswinkel von 120°.

(Draufsicht)   (Blick entlang der C=C-Bindung)

Siehe Aufgaben 1.21 und 1.22.

1.4 Wie kann man vorhersagen, ob eine Verbindung polar oder unpolar ist?

In Abschn. 1.2.3 haben wir die Begriffe *polar* und *Dipol* eingeführt, um kovalente Bindungen zu beschreiben, in denen das eine Atom eine positive, das andere eine negative Partialladung trägt. Auch haben wir gelernt, dass wir die Unterschiede in den Elektronegativitäten der an der Bindung beteiligten Atome heranziehen können, um die Polarität einer kovalenten Bindung sowie ihre Polarisationsrichtung zu bestimmen. Das nun erlangte Verständnis der Polarität kovalenter Verbindungen können wir zusammen mit der Kenntnis molekularer Geometrien (Abschn. 1.3) nutzen, um Vorhersagen zur Polarität von Verbindungen zu machen.

Exkurs: 1.A Fullerene: Eine neue Modifikation des Kohlenstoffs

Viele Reinelemente können in verschiedenen Modifikationen vorliegen. Wir sind sicherlich bestens damit vertraut, dass reiner Kohlenstoff in zwei Formen vorliegen kann: als Graphit und als Diamant. Diese Modifikationen sind seit Jahrhunderten bekannt und allgemein wurde angenommen, dass es sich um die einzigen Modifikationen des Kohlenstoffs handelt, in denen ausgedehnte Kohlenstoffnetzwerke wohldefinierte Strukturen bilden.

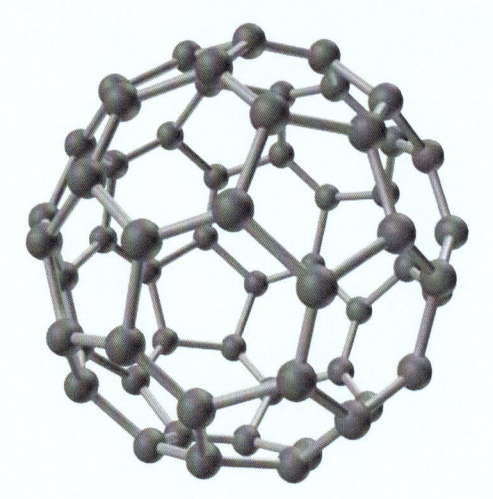

Dies war ein Irrtum! Die wissenschaftliche Welt wurde 1985 durch eine Entdeckung von Richard Smalley (Rice University, Texas), Harry W. Kroto (University of Sussex, England) und ihren Mitarbeitern begeistert. Sie berichteten über die Entdeckung einer neuen Kohlenstoffmodifikation mit der Summenformel C$_{60}$. Sie schlugen für die neue Verbindung eine fußballähnliche Struktur vor: In ihr sind 12 Fünfringe und 20 Sechsringe so angeordnet, dass jeder Fünfring von Sechsringen und jeder Sechsring abwechselnd von Fünf- und Sechsringen umgeben ist. Die Struktur ließ deren Entdecker an eine geodätische Kuppel denken, ähnlich den Strukturen, die von dem amerikanischen Ingenieur und Philosophen R. Buckminster Fuller entwickelt worden waren. Er war der Namensgeber für dieses neue Kohlenstoffallotrop, die **Fullerene**. Für die Entdeckung der Fullerene wurden Kroto, Smalley und Robert F. Curl 1996 mit dem Nobelpreis für Chemie ausgezeichnet. Neben dem C$_{60}$-Fulleren (Buckminster-Fulleren) wurden auch viele höhere Fullerene wie C$_{70}$ und C$_{84}$ isoliert und untersucht.

Aufgabe
Machen Sie Vorhersagen zu den Bindungswinkeln um die Kohlenstoffatome in C$_{60}$. Durch welche geometrische Eigenart unterscheiden sich die Bindungswinkel in C$_{60}$ von den Bindungswinkeln in einer Verbindung mit üblichen Kohlenstoff-Kohlenstoff-Bindungen?

Eine Verbindung ist unpolar, wenn sie (1) nur unpolare Bindungen enthält oder (2) zwar polare Bindungen enthält, die Vektoren der Bindungsdipole sich aber zu null addieren (die Bindungdipole einander also aufheben). Wir betrachten zunächst Kohlendioxid (CO_2), eine lineare Verbindung mit zwei polaren Kohlenstoff-Sauerstoff-Doppelbindungen. Weil Kohlendioxid eine lineare Verbindung ist, ist die Vektorsumme der beiden Bindungsdipole null; das Molekül ist unpolar.

Zwei in entgegengesetzte Richtung weisende, gleichstarke Bindungsdipole heben sich auf.

Kohlendioxid
(eine unpolare Verbindung)

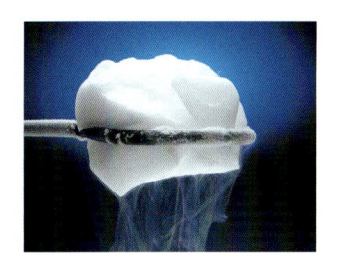

Kohlendioxid (CO_2) ist eine unpolare Verbindung. Festes Kohlendioxid wird als Trockeneis bezeichnet. [Quelle: © Science Source.]

Eine Verbindung ist polar, wenn sie polare Bindungen enthält und die Vektorsumme aller Bindungsdipole ungleich null ist. In einem Wassermolekül sind die beiden O—H-Bindungen polar, wobei das (elektronegativere) O-Atom eine negative Partialladung trägt und die beiden Wasserstoffatome partiell positiv geladen sind. Weil das Wassermolekül gewinkelt ist, liegt das Zentrum der beiden positiven Partialladungen zwischen den Wasserstoffatomen; am Sauerstoffatom liegt das Zentrum der negativen Partialladung. Wasser enthält also polare Bindungen und ist aufgrund seiner Geometrie eine polare Verbindung.

Aus der Vektorsumme (rot) der beiden Bindungsdipole (blau) ergibt sich, dass das Zentrum der positiven Partialladungen ($\delta+$) zwischen den Wasserstoffatomen liegt.

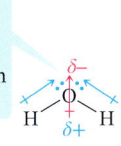

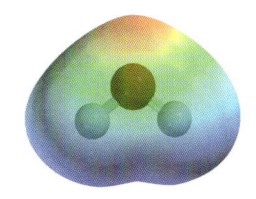

Wasser
(eine polare Verbindung)

Ammoniak enthält drei polare N—H-Bindungen. Wegen seiner Geometrie ist die Vektorsumme der Bindungsdipole nicht null; auch Ammoniak ist folglich ein polares Molekül.

Das Zentrum der positiven Partialladung ($\delta+$) befindet sich in der Mitte zwischen den drei Wasserstoffatomen.

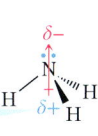

Ammoniak
(eine polare Verbindung)

Beispiel 1.9 Welche dieser Verbindungen sind polar? Geben Sie für die polaren Verbindungen die Polarisationsrichtung an.

(a) CH_3Cl
(b) CH_2O
(c) C_2H_2

Vorgehensweise
Um zu ermitteln, ob eine Verbindung polar ist, stellen Sie zunächst fest, ob das Molekül polare Bindungen enthält. Falls ja, entscheiden Sie, ob die Vektorsumme der Bindungsdipole null ist. Wenn die Vektorsumme der Bindungsdipole ungleich null ist, ist das Molekül polar.

Lösung

Sowohl Chlormethan (CH_3Cl) als auch Formaldehyd (CH_2O) enthalten polare Bindungen und sind aufgrund ihrer Geometrie polare Verbindungen. Ethin (Acetylen, C_2H_2) ist dagegen unpolar, weil einerseits die C—H-Bindungen unpolar (oder nur sehr schwach polar) kovalent sind und das Molekül andererseits linear ist, sodass die minimalen existierenden Bindungsdipole einander ausgleichen.

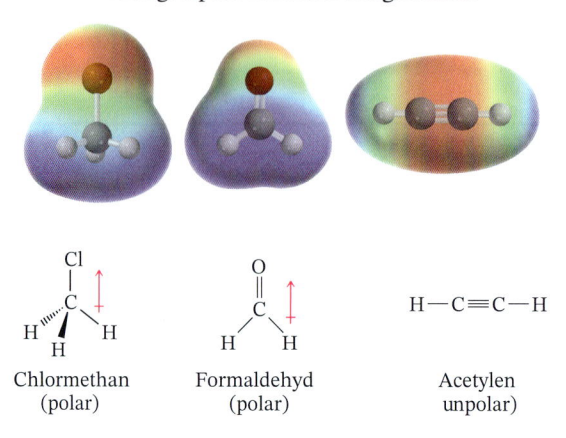

Chlormethan (polar)   Formaldehyd (polar)   Acetylen unpolar)

Siehe Aufgabe 1.23.

1.5 Was ist Mesomerie?

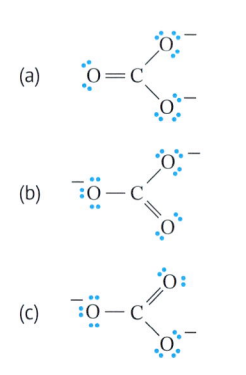

Als Chemiker ein besseres Verständnis für kovalente Bindungen in organischen Verbindungen entwickelten, wurde immer offensichtlicher, dass sehr viele Moleküle und Ionen mit nur einer Lewis-Formel nicht korrekt dargestellt werden können. In Abb. 1.11 sind beispielsweise drei Lewis-Formeln des Carbonat-Ions (CO_3^{2-}) gezeigt. In jeder ist das Kohlenstoffatom durch eine Doppel- und zwei Einfachbindungen an drei Sauerstoffatome gebunden. Jede Lewis-Formel ließe den Schluss zu, dass sich eine der Kohlenstoff-Sauerstoff-Bindungen von den anderen beiden unterscheidet. Das ist allerdings nicht der Fall; es konnte gezeigt werden, dass alle drei Kohlenstoff-Sauerstoff-Bindungen gleichwertig sind.

Um das Carbonat-Ion und andere Moleküle und Ionen, die sich mit nur einer Lewis-Formel nicht angemessen zeichnen lassen, zu beschreiben, nutzen wir das Konzept der Mesomerie.

Abb. 1.11 Drei Lewis-Formeln des Carbonat-Ions.

1.5.1 Mesomerie

Das Konzept der Mesomerie oder Resonanz wurde von Linus Pauling in den 1930er Jahren entwickelt. Nach der Resonanztheorie lassen sich viele Moleküle und Ionen am besten beschreiben, indem man zwei oder mehr Lewis-Formeln zeichnet und das tatsächliche Molekül oder Ion als gemittelte Überlagerung dieser Strukturen ansieht. Die einzelnen Lewis-Formeln bezeichnet man als **mesomere Grenzformeln** oder **Grenzstrukturen**; sie unterscheiden sich nur in der Verteilung der Valenzelektronen. Um zu zeigen, dass ein tatsächliches Molekül oder Ion tatsächlich ein **Resonanzhybrid** ist, das am besten durch gemittelte Überlagerung verschiedener Grenzformeln beschrieben wird, verbindet man diese durch **Mesomeriepfeile** (doppelköpfige Pfeile).

Abbildung 1.12 zeigt drei Grenzformeln des Carbonat-Ions. Alle drei sind äquivalent, enthalten also eine identische Anordnung von kovalenten Bindungen (hier ent-

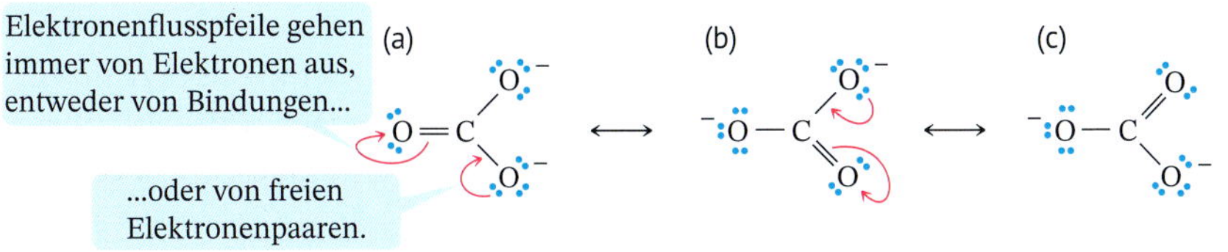

Elektronenflusspfeile gehen immer von Elektronen aus, entweder von Bindungen...

...oder von freien Elektronenpaaren.

Abb. 1.12 Das Carbonat-Ion als Resonanzhybrid dreier Grenzformeln (Grenzstrukturen). Die Umverteilung der Valenzelektronen von einer zur nächsten Grenzformel ist durch Elektronenflusspfeile verdeutlicht.

hält jede Grenzformel eine Doppel- und zwei Einfachbindungen) und dieselbe Energie. Der gelegentlich genutzte Begriff *Resonanz* für diese Theorie der kovalenten Bindung scheint nahezulegen, dass sich hier Bindungen und Elektronenpaare periodisch von einer Position zur anderen bewegen. Diese Interpretation ist jedoch völlig unzutreffend. Das Carbonat-Ion hat beispielsweise unzweifelhaft eine und *nur eine* tatsächliche Struktur. Nur wir haben ein Problem: Wie können wir die tatsächliche Struktur zeichnen? Das Konzept der Mesomerie ist eine Möglichkeit, die tatsächliche Struktur zu beschreiben und gleichzeitig beim bewährten Konzept der Lewis-Formeln mit Bindungen aus Elektronenpaaren zu bleiben. Obwohl wir nun also wissen, dass sich das Carbonat-Ion nicht korrekt mit nur einer der Grenzformeln aus Abb. 1.12 darstellen lässt, machen wir es aus Bequemlichkeit häufig trotzdem. Dabei haben wir natürlich im Hinterkopf, dass es besser wäre, das Resonanzhybrid zu zeichnen.

Zum Schluss noch ein Hinweis: Man hüte sich davor, mesomere Grenzformeln mit einem Gleichgewicht zwischen unterschiedlichen Strukturen zu verwechseln. In einer als Resonanzhybrid dargestellten Verbindung liegt *kein* Gleichgewicht zwischen unterschiedlichen Molekülformen vor. Die Verbindung besitzt vielmehr eine und nur eine Struktur, die sich am besten als Mischung oder Überlagerung mehrerer Grenzformeln darstellen lässt. Die Farben des Farbkreises können vielleicht als Analogie dienen. Grün ist keine Grundfarbe, lässt sich aber aus den Farben Gelb und Blau mischen. Man stelle sich nun vor, eine als Resonanzhybrid dargestellte Verbindung sei grün. Es dürfte einleuchtend sein, dass Grün keineswegs manchmal Blau und manchmal Gelb ist. Grün ist Grün! Völlig analog ist eine als Resonanzhybrid dargestellte Verbindung nicht manchmal die eine und manchmal die andere Grenzformel. Es ist die ganze Zeit ein und dieselbe Struktur – das Resonanzhybrid.

Beispiel 1.10 Welche dieser Paare von Grenzformeln sind korrekte Darstellungen?

a) 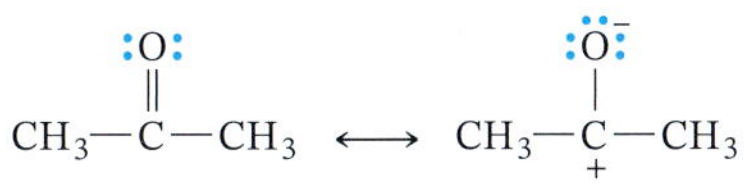 $CH_3-\overset{\overset{\displaystyle :O:}{\|}}{C}-CH_3 \longleftrightarrow CH_3-\overset{\overset{\displaystyle :\ddot{O}:^-}{|}}{\underset{+}{C}}-CH_3$

b)  $CH_3-\overset{\overset{\displaystyle :O:}{\|}}{C}-CH_3 \longleftrightarrow CH_2=\overset{\overset{\displaystyle :\ddot{O}-H}{|}}{C}-CH_3$

Vorgehensweise
Das Konzept der Mesomerie beinhaltet, dass Valenzelektronen umverteilt werden; die Verknüpfung der Atome darf sich nicht ändern.

Lösung
(a) Hier sind zwei korrekte Grenzformeln dargestellt. Sie unterscheiden sich nur in der Verteilung der Valenzelektronen.

(b) Diese beiden Darstellungen sind keine Grenzformeln einer Verbindung, da sie sich in der Anordnung der Atome unterscheiden. In der rechten Lewis-Formel ist das Sauerstoffatom an ein Wasserstoffatom gebunden, während links keine solche Bindung vorliegt.

Siehe Aufgabe 1.25.

1.5.2 Elektronenflusspfeile und Elektronenfluss

Abbildung 1.12 lässt erkennen, dass der einzige Unterschied zwischen den Grenzformeln (a) und (b) sowie zwischen (b) und (c) darin besteht, dass jeweils eine Umverteilung der Valenzelektronen stattgefunden hat. Um zu verdeutlichen, wie diese Umverteilung abläuft, verwenden Chemiker ein Symbol, das als **Elektronenflusspfeil** bezeichnet wird. Er gibt an, wie ein Elektronenpaar verschoben wird, indem der Pfeil an der ursprünglichen Position des Elektronenpaars beginnt und mit der Pfeilspitze an dessen Bestimmungsort endet. Die Neupositionierung kann von einem Atom zu einer benachbarten Bindung oder von einer Bindung zu einem benachbarten Atom erfolgen.

Ein Elektronenflusspfeil ist nicht mehr als ein buchhalterisches Symbol, mit dem wir die Elektronenpaare oder den sogenannten **Elektronenfluss** im Auge behalten. Man lasse sich nicht von seiner Schlichtheit täuschen. Der Elektronenfluss kann die Beziehung zwischen Grenzformeln verdeutlichen. Darüber hinaus kann er auch helfen, den bindungsbrechenden und bindungsbildenden Schritten in organischen Reaktionen zu folgen. Diesen Elektronenfluss zu verstehen, ist essentielles Grundwissen in der Organischen Chemie; nur mit seiner Hilfe wird man in der Organischen Chemie erfolgreich sein können.

1.5.3 Regeln für das Zeichnen korrekter Grenzformeln

Folgende Regeln sind zu beachten, wenn man zu korrekten mesomeren Grenzformeln kommen möchte:

1. Alle Grenzformeln müssen dieselbe Zahl von Valenzelektronen enthalten.
2. Alle Grenzformeln müssen die Regeln für kovalente Bindungen einhalten; keine Grenzformel darf mehr als zwei Elektronen in der Valenzschale eines Wasserstoffatoms oder mehr als acht Elektronen in der Valenzschale eines Elements der zweiten Periode enthalten. Elemente der dritten Periode wie Schwefel oder Phosphor dürfen bis zu 12 Elektronen in ihrer Valenzschale enthalten.
3. Die Positionen aller Atomkerne müssen in den verschiedenen Grenzformeln identisch sein; Grenzformeln unterscheiden sich nur in der Verteilung der Valenzelektronen.
4. Alle Grenzformeln müssen die gleiche Gesamtzahl von gepaarten bzw. ungepaarten Elektronen aufweisen.

Beispiel 1.11 Zeichnen Sie die Grenzformeln, die sich aus den angegebenen Elektronenflusspfeilen ergeben. Zeichnen sie alle Valenzelektronen und Formalladungen.

Vorgehensweise

Ein Elektronenflusspfeil, der an einem Atom endet, erzeugt dort ein freies Elektronenpaar. Ein Elektronenflusspfeil, der an einer Bindung endet, fügt dieser eine weitere Bindung zu; aus einer Einfachbindung wird also eine Doppelbindung, aus einer Doppelbindung eine Dreifachbindung.

Lösung

(a) CH₃—C⁺H—Ö:⁻ (b) H—C=C—H with Ö:⁻ on C and H (c) CH₃—Ö⁺=C(H)—H (d) :N≡N⁺—N:²⁻

Siehe Aufgaben 1.26, 1.27 und 1.29.

1.6 Was ist das Orbitalmodell der Entstehung kovalenter Bindungen?

Auch wenn uns das Lewis-Bindungskonzept und das VSEPR-Modell wichtige Hilfen für das Verständnis kovalenter Bindungen und der Geometrie von Molekülen waren, bleiben doch viele Fragen offen. Die wichtigste Frage, die wir uns noch stellen müssen, ist die nach dem Zusammenhang zwischen der molekularen Struktur und der chemischen Reaktivität. So zeigen zum Beispiel Kohlenstoff-Kohlenstoff-Doppelbindungen und Kohlenstoff-Kohlenstoff-Einfachbindungen deutlich unterschiedliche chemische Reaktivitäten. Während die meisten Kohlenstoff-Kohlenstoff-Einzelbindungen weitgehend unreaktiv sind, werden wir in Kap. 5 sehen, dass Kohlenstoff-Kohlenstoff-Doppelbindungen mit einer Vielzahl von Reagenzien reagieren können. Das Lewis-Bindungskonzept und das VSEPR-Modell können nichts zur Erklärung dieser Unterschiede beisteuern. Wir wollen uns daher jetzt einem neueren Modell zur Beschreibung kovalenter Bindungen zuwenden, nämlich der Bildung von kovalenten Bindungen durch Überlappung von Atomorbitalen.

1.6.1 Die Gestalt von Atomorbitalen

Eine Möglichkeit, sich ein Bild von der Elektronendichte in einem bestimmten Orbital zu machen, besteht darin, eine begrenzende Oberfläche um einen räumlichen Bereich zu zeichnen, der einen willkürlich gewählten Prozentanteil der Ladungsdichte dieses Orbitals enthält. Meistens wählen wir die begrenzende Oberfläche so, dass sich 95 % der Ladungsdichte innerhalb des umschlossenen Raums befinden. Auf diese Weise gezeichnet, haben alle s-Orbitale eine kugelförmige Gestalt, wobei der Atomkern in der Kugelmitte liegt (Abb. 1.13). Von allen s-Orbitalen wird das $1s$-Orbital durch die kleinste Kugel dargestellt; das $2s$-Orbital ist eine größere Kugel und das $3s$-Orbital ist nochmals größer als das $2s$-Orbital.

In Abb. 1.14 ist die dreidimensionale Gestalt der drei $2p$-Orbitale dargestellt – in einem Bild zusammengefasst, um ihre relative Orientierung im Raum zu verdeutlichen.

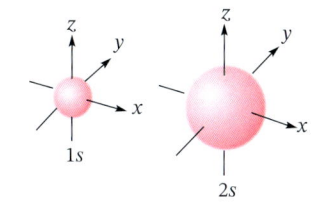

Abb. 1.13 Die Gestalt von $1s$- und $2s$-Atomorbitalen.

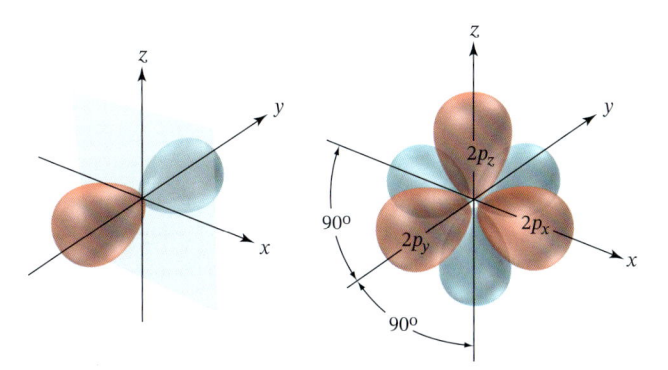

Abb. 1.14 Gestalt der $2p_x$, $2p_y$ und $2p_z$-Atomorbitale. Die drei $2p$-Orbitale stehen paarweise senkrecht aufeinander. Ein Orbitallappen jedes Orbitals ist rot gezeichnet, der andere blau.

Jedes 2p-Orbital besteht aus zwei linear um den Atomkern angeordneten keulenförmigen Orbitallappen. Die drei 2p-Orbitale stehen paarweise senkrecht aufeinander und werden entsprechend der Raumrichtung, in die sie zeigen, als $2p_x$, $2p_y$ und $2p_z$ bezeichnet.

1.6.2 Bildung von kovalenten Bindungen durch Überlappung von Atomorbitalen

Nach dem Orbitalmodell kann die Überlappung eines Teils eines Atomorbitals an einem Atom mit einem Teil eines Atomorbitals an einem anderen Atom zur Bildung einer kovalenten Bindung führen. Beispielsweise kommt die kovalente Bindung in H_2 dadurch zustande, dass die 1s-Atomorbitale der beiden Wasserstoffatome überlappen und eine σ-Bindung bilden (Abb. 1.15). Eine **sigma (σ)-Bindung** ist eine kovalente Bindung, in der die Orbitale entlang der Kernverbindungachse überlappen.

Eine kovalente Bindung entsteht durch Überlappung von Atomorbitalen.

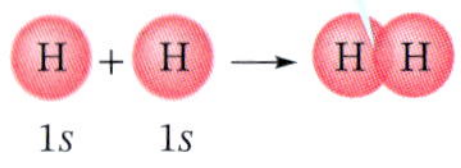

Abb. 1.15 Die kovalente Bindung in H_2 entsteht durch Überlappung zweier Wasserstoff-1s-Atomorbitale.

1.6.3 Hybridisierung von Atomorbitalen

Die Bildung einer kovalenten Bindung zwischen zwei Wasserstoffatomen war noch leicht zu verstehen. Bei der Bildung einer kovalenten Bindung mit einem Element der zweiten Periode begegnet man dagegen folgendem Problem: Um kovalente Bindungen eingehen zu können, müssen Atome wie Kohlenstoff, Stickstoff und Sauerstoff (alles Elemente der zweiten Periode) auf 2s- und 2p-Atomorbitale zurückgreifen. Die drei 2p-Atomorbitale nehmen 90°-Winkel zueinander ein (Abb. 1.14). Würden diese Orbitale zur Bildung von Bindungen genutzt, müssten die Bindungswinkel um diese Atome etwa 90° betragen. Bindungswinkel von 90° werden aber nur extrem selten in organischen Verbindungen beobachtet. Stattdessen beobachtet man Bindungswinkel von etwa 109.5° in Verbindungen mit ausschließlich Einfachbindungen, etwa 120° in Verbindungen mit Doppelbindungen und 180° in Verbindungen mit Dreifachbindungen:

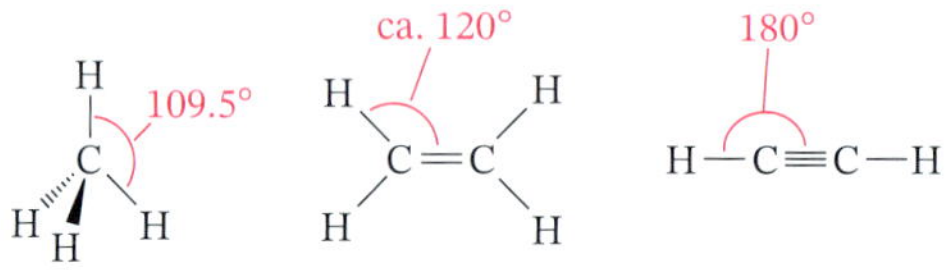

Um den beobachteten Bindungswinkeln Rechnung zu tragen, schlug Pauling vor, dass die Atomorbitale zu neuen Orbitalen kombiniert werden, den sogenannten **Hybridorbitalen** (Hybridisierung bedeutet hier so viel wie Mischung). In den Vorlesungen zur Allgemeinen Chemie lernt man eine ganze Reihe von Hybridorbitalen kennen, die sich aus *s*, *p* und sogar *d*-Orbitalen zusammensetzen. In der Organischen Chemie beschäftigen wir uns fast ausschließlich mit Elementen der ersten und zweiten Periode des Periodensystems. Am Wichtigsten sind für uns daher Hybridorbitale aus der Kombination von *s*- und *p*-Atomorbitalen. Diese werden entsprechend als *sp*-artige Hybridorbitale bezeichnet, von denen es drei verschiedene Typen gibt. Die Bezeichnung dieser Typen ergibt sich aus der Art und Anzahl der zur Kombination verwendeten Atomorbitale; die Anzahl der kombinierten Atomorbitale legt auch die Anzahl der gebildeten Hybridorbitale fest. Die Elemente der zweiten Periode bilden drei verschiedene Typen von Hybridorbitalen, die man als sp^3-, sp^2- und sp-Hybridorbitale bezeichnet. Jedes von ihnen kann bis zu zwei Elektronen aufnehmen. Man beachte, dass die hochgestellten Zahlen in der Bezeichnung der Hybridorbitale angeben, wie viele der entsprechenden Atomorbitale zur Bildung des jeweiligen Hybridorbitals kombiniert wurden. So bedeutet beispielsweise die Bezeichnung sp^3, dass *ein* s-Atomorbital und *drei* p-Atomorbitale zur Bildung des Hybridorbitals kombiniert wurden. Diese hochgestellten Zahlen dürfen keinesfalls mit den Hochzahlen verwechselt werden, die wir in der Bezeichnung von Grundzustands-Elektronenkonfigurationen (z. B. in $1s^2 2s^2 2p^5$ für Fluor) verwendet haben. In den Elektronenkonfigurationen bezeichnen die hochgestellten Zahlen die Anzahl von Elektronen in jedem Orbital bzw. in jedem Satz von Orbitalen.

Beachten und verinnerlichen Sie bei der Beschäftigung mit den verschiedenen Hybridorbitaltypen in den folgenden Abschnitten vor allem die folgenden Punkte: (1) die Anzahl und die Arten von Atomorbitalen, die zur Bildung der Hybridorbitale kombiniert werden, (2) die Anzahl an p-Orbitalen, die bei der Hybridisierung *nicht* genutzt werden und (3) die dreidimensionale Anordnung der Hybridorbitale und der nicht-hybridisierten p-Orbitale im Raum. Die sich hier ergebenden dreidimensionalen Anordnungen behalten die Bezeichnungen (tetraedrisch, trigonal planar und linear) und die Bindungswinkel (109.5°, 120° und 180°) bei, die wir im VSEPR-Modell (Abschn. 1.3) für die Beschreibung der Molekülgestalt verwendet haben.

1.6.4 sp^3-Hybridorbitale: Bindungswinkel etwa 109.5°

Die Kombination eines $2s$-Atomorbitals und dreier $2p$-Atomorbitale führt zur Bildung von vier äquivalenten ***sp³*-Hybridorbitalen** (Abb. 1.16).

In Abschn. 1.2 haben wir die kovalenten Bindungen im CH_4, im NH_3 und im H_2O mithilfe des Lewis-Bindungskonzepts beschrieben und in Abschn. 1.3 haben wir mithilfe des VSEPR-Modells ermittelt, dass diese Verbindungen jeweils Bindungswinkel von 109.5° einnehmen. Abbildung 1.17 zeigt, wie die Bindungen in diesen Verbindungen durch Überlappung von Orbitalen zustande kommen. Wir erkennen, dass für das Zentralatom in jeder dieser Verbindungen vier sp^3-Hybridorbitale gebildet werden, die entweder für eine σ-Bindung mit einem Wasserstoffatom genutzt werden oder ein freies Elektronenpaar aufnehmen. In jedem Fall sind die Orbitale tetraedrisch angeordnet; die jeweilige Molekülgestalt wird dagegen nur von der Anordnung der Atome bestimmt.

1.6.5 sp^2-Hybridorbitale: Bindungswinkel etwa 120°

Die Kombination eines $2s$-Atomorbitals mit zwei $2p$-Atomorbitalen führt zur Bildung von drei äquivalenten ***sp²*-Hybridorbitalen** (Abb. 1.18). Weil sie aus drei Atomorbitalen gebildet werden, liegen sp^2-Hybridorbitale immer in Dreiergruppen vor. Das dritte $2p$-Atomorbital (zur Erinnerung: es gibt $2p_x$-, $2p_y$- und $2p_z$-Orbitale) ist an der Hy-

Jedes Hybridorbital besteht aus einem großen Orbitallappen, der in eine Richtung ...

Weil sie aus vier Atomorbitalen konstruiert werden, treten sp^3-Hybridorbitale immer in Vierersets auf.

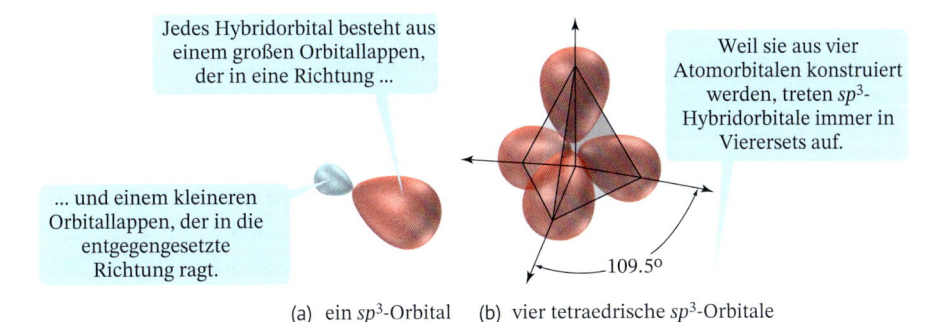

... und einem kleineren Orbitallappen, der in die entgegengesetzte Richtung ragt.

109.5°

(a) ein sp^3-Orbital   (b) vier tetraedrische sp^3-Orbitale

Abb. 1.16 sp^3-Hybridorbitale. (a) Darstellung eines einzelnen sp^3-Hybridorbitals, das aus zwei Orbitallappen unterschiedlicher Größe besteht. (b) Dreidimensionale Darstellung der vier sp^3-Hybridorbitale, die in Richtung der Ecken eines regulären Tetraeders ragen. Die kleinen Orbitallappen der sp^3-Hybridorbitale liegen jeweils verdeckt gegenüber den großen Orbitallappen.

Ein sp^3-Hybridorbital des Kohlenstoffs bildet mit einem 1s-Atomorbital des Wasserstoffs eine σ-Bindung.

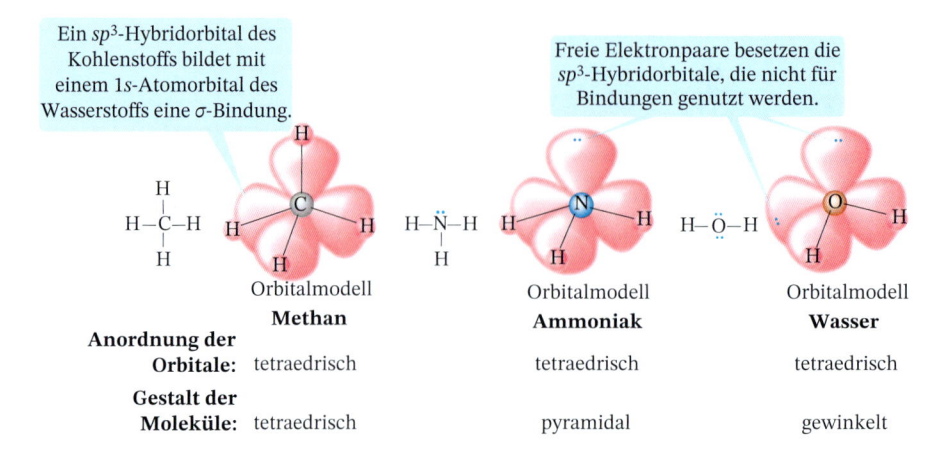

Freie Elektronpaare besetzen die sp^3-Hybridorbitale, die nicht für Bindungen genutzt werden.

	Orbitalmodell Methan	Orbitalmodell Ammoniak	Orbitalmodell Wasser
Anordnung der Orbitale:	tetraedrisch	tetraedrisch	tetraedrisch
Gestalt der Moleküle:	tetraedrisch	pyramidal	gewinkelt

Abb. 1.17 Orbitalmodelle von Methan, Ammoniak und Wasser.

Alle drei sp^2-Orbitale liegen in einer Ebene.

Ein Orbitallappen des 2p-Orbitals.

Der andere Orbitallappen des 2p-Orbitals.

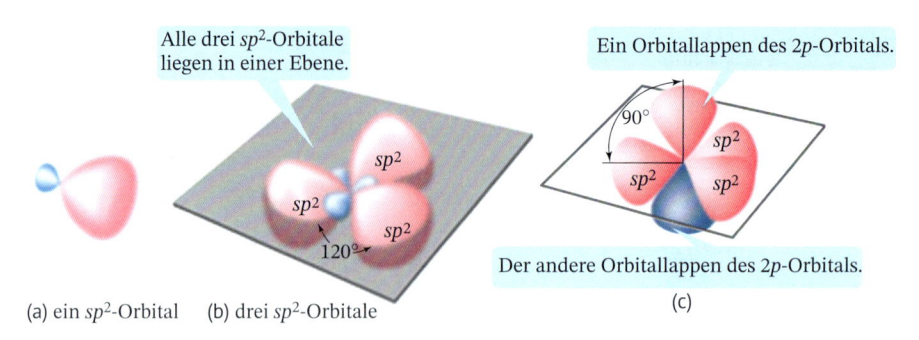

(a) ein sp^2-Orbital (b) drei sp^2-Orbitale (c)

Abb. 1.18 sp^2-Hybridorbitale. (a) Darstellung eines einzelnen sp^2-Hybridorbitals, das aus zwei Orbitallappen unterschiedlicher Größe besteht. (b) Die drei sp^2-Hybridorbitale liegen mit ihren Achsen in einer Ebene und schließen Winkel von 120° ein. (c) Das nicht-hybridisierte 2p-Atomorbital steht senkrecht auf der durch die drei sp^2-Hybridorbitale aufgespannten Ebene.

bridisierung nicht beteiligt und besteht aus zwei Orbitallappen, die senkrecht auf der von den Hybridorbitalen aufgespannten Ebene stehen (Abb. 1.18c).

Die Elemente der zweiten Periode nutzen sp^2-Hybridorbitale, um Doppelbindungen zu bilden. In Abb. 1.19a ist die Lewis-Formel von Ethen (C_2H_4) gezeigt. Zwischen den beiden Kohlenstoffatomen im Ethen bildet sich durch Überlappung von sp^2-Hybridorbitalen entlang ihrer gemeinsamen Achse eine σ-Bindung (Abb. 1.19b). Jedes Kohlenstoffatom geht darüber hinaus σ-Bindungen zu zwei Wasserstoffatomen ein. Die verbleibenden 2p-Orbitale an den benachbarten Kohlenstoffatomen liegen parallel zueinander und überlappen seitlich unter Ausbildung einer π-Bindung (Abb. 1.19c). Eine **pi (π)-Bindung** ist eine kovalente Bindung, die durch seitliche Überlappung von parallel stehenden p-Orbitalen zustande kommt. Weil die Überlappung von Orbitalen, die eine π-Bindung bilden, weniger stark ausgeprägt ist als die Überlappung, die zur Bildung von σ-Bindungen führt, sind π-Bindungen im Allgemeinen schwächer als σ-Bindungen.

Mithilfe des für die Beschreibung einer Kohlenstoff-Kohlenstoff-Doppelbindung genutzten Verfahrens können wir auch andere Doppelbindungen in analoger Weise konstruieren. In Formaldehyd (CH_2O), der einfachsten organischen Verbindung mit einer Kohlenstoff-Sauerstoff-Doppelbindung, geht das Kohlenstoffatom σ-Bindungen zu zwei Wasserstoffatomen ein, indem jeweils ein sp^2-Hybridorbital des Kohlenstoffatoms mit dem 1s-Atomorbital eines Wasserstoffatoms überlappt. Kohlenstoff und Sauerstoff sind durch eine σ-Bindung (gebildet durch Überlappung von sp^2-Hy-

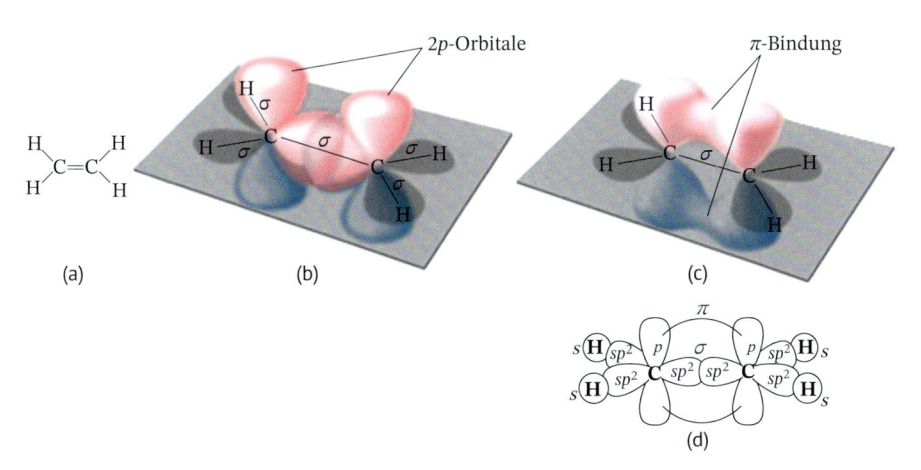

Abb. 1.19 Die kovalenten Bindungen im Ethen. (a) Lewis-Formel. (b) Die Überlappung von sp^2-Hybridorbitalen führt zur Bildung einer σ-Bindung zwischen den Kohlenstoffatomen. (c) Die Überlappung der parallelen 2p-Orbitale führt zu einer π-Bindung. (d) Darstellung von Ethen unter Berücksichtigung aller Bindungen und Orbitale. Ethen ist ein planares Molekül, d. h. die beiden Kohlenstoffatome der Doppelbindung und die vier an sie gebundenen Wasserstoffatome liegen alle in einer Ebene.

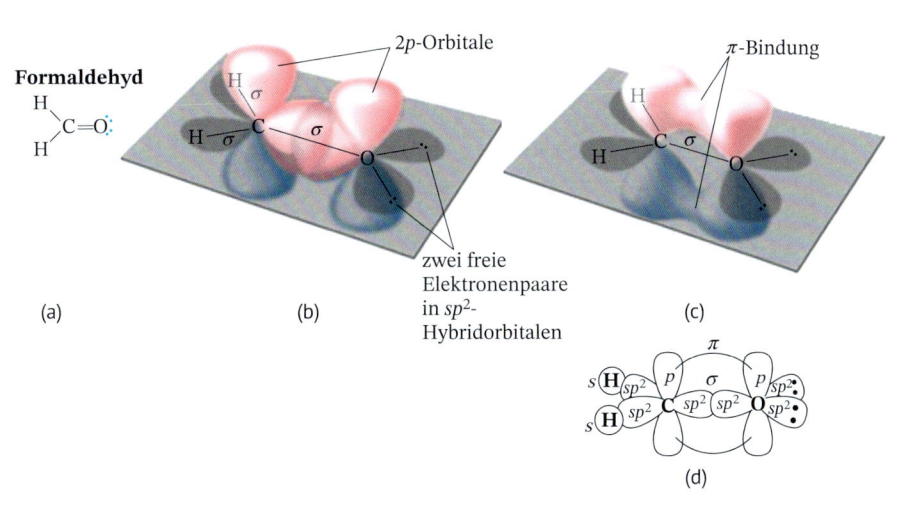

Abb. 1.20 Eine Kohlenstoff-Sauerstoff-Doppelbindung. (a) Lewis-Formel von Formaldehyd (CH_2O). (b) Das Gerüst der σ-Bindungen und nicht-überlappende, parallele 2p-Atomorbitale. (c) Überlappung der parallelen 2p-Atomorbitale unter Entstehung einer π-Bindung. (d) Darstellung von Formaldehyd unter Berücksichtigung aller Bindungen und Orbitale.

bridorbitalen) und eine π-Bindung (aus der Überlappung von nicht-hybridisierten 2p-Atomorbitalen) verknüpft (Abb. 1.20).

1.6.6 *sp*-Hybridorbitale: Bindungswinkel von etwa 180°

Die Kombination eines 2s- und eines 2p-Atomorbitals führt zur Bindung zweier äquivalenter **sp-Hybridorbitale**. Weil sie aus zwei Atomorbitalen gebildet werden, treten *sp*-Hybridorbitale immer paarweise auf (Abb. 1.21).

Abbildung 1.22 zeigt die Lewis-Formel und das Orbitalmodell des Ethins (C_2H_2). Eine Kohlenstoff-Kohlenstoff-Dreifachbindung besteht aus einer σ-Bindung und zwei π-Bindungen. Die σ-Bindung entsteht durch Überlappung zweier *sp*-Hybridorbitale, die erste der beiden π-Bindungen durch Überlappung eines Paars paralleler 2p-Atomorbitale und die zweite π-Bindung durch Überlappung eines zweiten Paars paralleler 2p-Atomorbitale, die senkrecht auf dem ersten Paar stehen.

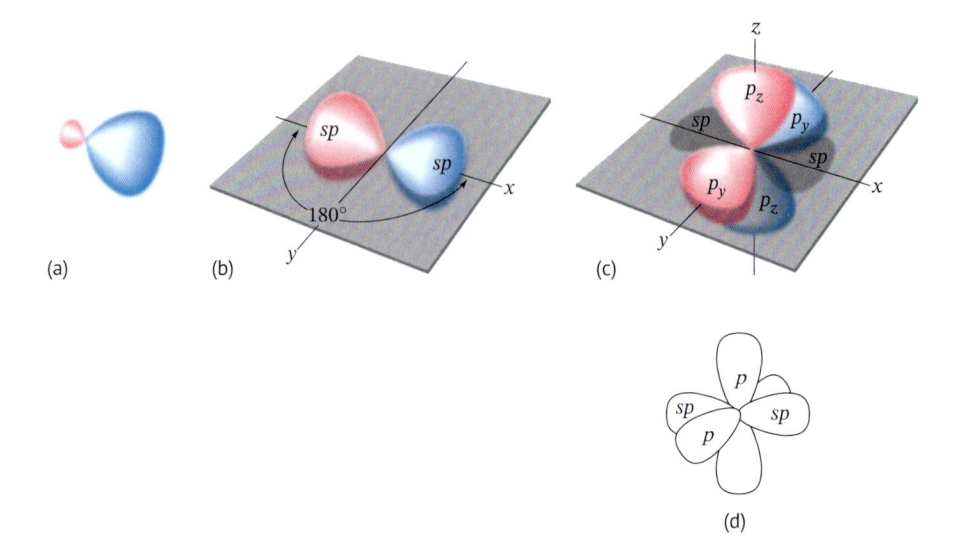

Abb. 1.21 *sp*-Hybridorbitale. (a) Ein einzelnes *sp*-Hybridorbital besteht aus zwei unterschiedlich großen Orbitallappen. (b) Zwei *sp*-Hybridorbitale in linearer Anordnung. (c) Die nicht-hybridisierten 2*p*-Atomorbitale stehen senkrecht auf der durch die beiden *sp*-Hybridorbitale gebildeten Achse. (d) Darstellung eines *sp*-hybridisierten Atoms unter Berücksichtigung aller Orbitale.

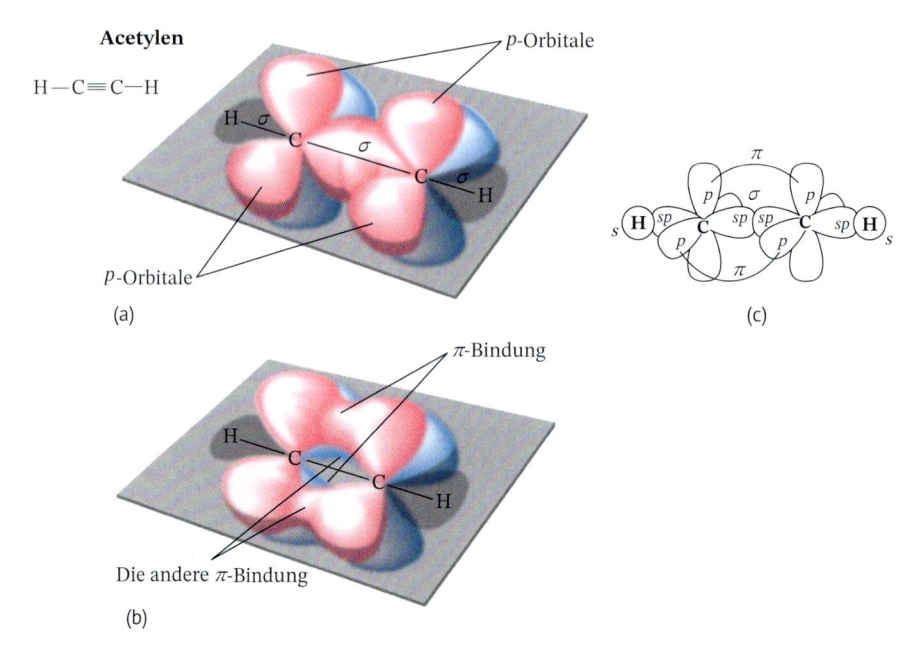

Abb. 1.22 Die kovalenten Bindungen in Ethin (Acetylen). (a) Darstellung des σ-Bindungsgerüsts mit nicht-überlappenden 2*p*-Atomorbitalen, (b) Ausbildung der beiden π-Bindungen durch Überlappung der beiden Paare paralleler 2*p*-Atomorbitale und (c) Darstellung von Ethin unter Berücksichtigung aller Bindungen und Orbitale.

In Tab. 1.8 ist zusammengefasst, wie die Anzahl der Bindungspartner an C-Atomen, die Orbitalhybridisierungen und die vorliegenden Bindungstypen miteinander zusammenhängen.

Tab. 1.8 Kovalente Bindungen an Kohlenstoffatomen.

Bindungspartner am C-Atom	Hybridisierung	Bindungswinkel	Bindungstypen	Beispiel	Name
4	sp^3	109.5°	vier σ-Bindungen	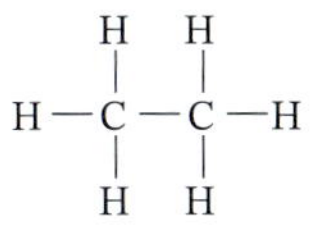 H₃C–CH₃	Ethan
3	sp^2	120°	drei σ-Bindungen und eine π-Bindung	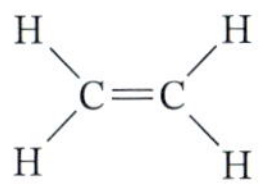 H₂C=CH₂	Ethen
2	sp	180°	zwei σ- und zwei π-Bindungen	H–C≡C–H	Ethin

Beispiel 1.12 Beschreiben Sie die Bindung in Essigsäure (CH₃COOH) mit allen beteiligten Orbitalen und geben Sie die zu erwartenden Bindungswinkel an.

Vorgehensweise
Zeichnen Sie zunächst eine Lewis-Formel der Essigsäure und bestimmen Sie dann, wie viele Bereiche erhöhter Elektronendichte es um jedes Atom gibt.

Lösung
Im Folgenden sind drei identische Lewis-Formeln abgebildet. Die Beschriftungen der ersten Struktur geben die Hybridisierungen der Atome an. Die Beschriftungen der zweiten Struktur bezeichnen die jeweiligen Bindungstypen, also entweder σ oder π. Die Beschriftungen der dritten Struktur geben an, welche Bindungswinkel nach dem VSEPR-Modell um die jeweiligen Atome zu erwarten sind.

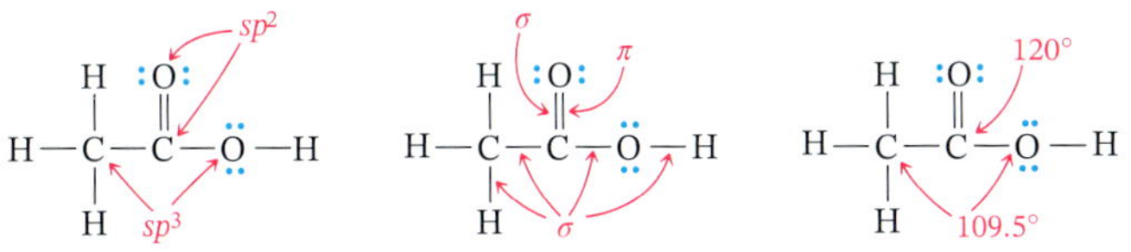

Siehe Aufgabe 1.30.

1.7 Was sind funktionelle Gruppen?

Chemiker haben mittlerweile mehr als 100 Millionen organische Verbindungen entdeckt oder synthetisiert! Es wäre völlig aussichtslos, die physikalischen und chemischen Eigenschaften dieser ungeheuren Zahl von Verbindungen besprechen oder lernen zu wollen. Glücklicherweise ist das Studium der Organischen Chemie keineswegs eine so überwältigende Aufgabe, wie man hieraus vielleicht ableiten könnte. Auch wenn organische Verbindungen eine Vielzahl chemischer Reaktionen eingehen können – in einer chemischen Reaktion werden typischerweise nur bestimmte Strukturbereiche verändert. Den Teil einer organischen Verbindung, der eine chemische Reaktion eingeht, bezeichnet man als **funktionelle Gruppe**; sie begründet die charakteristischen physikalischen und chemischen Eigenschaften der entsprechenden Verbindung. Wir werden sehen, dass eine bestimmte funktionelle Gruppe – egal, in welcher organischen Verbindung sie vorliegt – immer die gleichen Typen chemischer Reaktionen eingeht. Man muss also gar nicht die chemischen Reaktionen von über 100 Millionen bekannten organischen Verbindungen kennen – nicht einmal ansatzweise! Stattdessen müssen wir nur die wichtigsten Typen funktioneller Gruppen und deren chemische Reaktionen kennen.

Tab. 1.9 Sieben häufig vorkommende funktionelle Gruppen.

Funktionelle Gruppe	Name der Gruppe	Stoffklasse	Beispiel	Name der Beispielverbindung
–OH	Hydroxy	Alkohole	CH_3CH_2OH	Ethanol
–NH_2	Amino	Amine	$CH_3CH_2NH_2$	Ethanamin
–C(=O)–H	Carbonyl	Aldehyde	$CH_3CH(=O)$	Ethanal
–C(=O)–	Carbonyl	Ketone	CH_3CCH_3 (=O)	Aceton
–C(=O)–OH	Carboxy	Carbonsäuren	CH_3COH (=O)	Essigsäure
–C(=O)–O–	Carboxy	Ester	CH_3COCH_3 (=O)	Essigsäureethylester
–C(=O)–N–	Carbamoyl	Amide	CH_3CNH_2 (=O)	Acetamid

Funktionelle Gruppen sind auch insofern von Bedeutung, als sie die Einheiten darstellen, nach denen wir die organischen Verbindungen in Substanzklassen unterteilen. So ordnen wir Verbindungen, die eine OH-Gruppe (Hydroxygruppe) gebunden an ein tetraedrisches (sp^3-hybridisiertes) Kohlenstoffatom enthalten, in die Substanzklasse der Alkohole ein und Verbindungen, die eine COOH-Gruppe (Carboxygruppe) enthalten, in die Gruppe der Carbonsäuren. Tabelle 1.9 zeigt sieben der wichtigsten funktionellen Gruppen. Eine vollständige Liste der in diesem Lehrbuch näher besprochenen funktionellen Gruppen findet sich im Anhang.

Für den Moment wollen wir aber unsere Bemühungen darauf beschränken, entsprechende Strukturen zu erkennen. Wir konzentrieren uns also darauf, diese sieben funktionellen Gruppen zu erkennen, wenn wir sie sehen, und korrekte Strukturformeln der entsprechenden Stoffklassen zu zeichnen.

Zu guter Letzt sind funktionelle Gruppen auch die Grundlage für die Benennung organischer Verbindungen. Im günstigsten Fall sollte jede der über 100 Millionen organischen Verbindungen einen eindeutigen Namen haben, der sie von allen anderen Verbindungen unterscheidet.

Zusammenfassend lässt sich also über funktionelle Gruppen sagen:

- Sie sind die Positionen in Molekülen, an denen chemische Reaktionen stattfinden. Eine bestimmte funktionelle Gruppe wird, egal in welcher Verbindung sie vorliegt, die gleichen Typen chemischer Reaktionen eingehen.
- Sie bestimmen häufig die physikalischen Eigenschaften einer Verbindung.
- Sie sind die Merkmale, nach denen wir organische Verbindungen in Substanzklassen unterteilen.
- Sie sind die Basis für die Benennung (Nomenklatur) organischer Verbindungen.

1.7.1 Alkohole

Die funktionelle Gruppe eines **Alkohols** ist die an ein tetraedrisches (sp^3-hybridisiertes) Kohlenstoffatom gebundene **OH-Gruppe (Hydroxygruppe)**. In der im Folgenden angegebenen allgemeinen Strukturformel nutzen wir das Symbol R, um entweder ein Wasserstoffatom oder eine Kohlenwasserstoffgruppe (Alkylgruppe) zu bezeichnen. Wichtig ist vor allem, dass die OH-Gruppe an ein *tetraedrisches* Kohlenstoffatom gebunden ist:

$$\begin{array}{ccc} R & H\ H & \\ | & |\ \ | & \\ R-C-\overset{..}{\underset{..}{O}}-H & H-C-C-\overset{..}{\underset{..}{O}}-H & CH_3CH_2OH \\ | & |\ \ | & \\ R & H\ H & \end{array}$$

funktionelle Gruppe   Strukturformel   Halbstrukturformel
(R = H oder eine
Kohlenstoffgruppe)

Die links neben dem Kugel-Stab-Modell abgebildete Darstellung des Alkohols ist eine **Halbstrukturformel** (CH_3CH_2OH). In dieser Halbstrukturformel steht CH_3 für ein Kohlenstoffatom mit drei daran gebundenen Wasserstoffatomen, CH_2 für ein Kohlenstoffatom mit zwei daran gebundenen Wasserstoffatomen und CH für ein Kohlenstoffatom, das nur eine Bindung zu einem Wasserstoffatom besitzt. In einer Halbstrukturformel werden die freien Elektronenpaare für gewöhnlich nicht dargestellt.

Alkohole lassen sich in **primäre**, **sekundäre** und **tertiäre** Alkohole unterteilen, je nachdem, wie viele weitere Kohlenstoffatome an das Kohlenstoffatom mit der OH-Gruppe gebunden sind:

$$\begin{array}{ccc} H & H & CH_3 \\ | & | & | \\ CH_3-C-OH & CH_3-C-OH & CH_3-C-OH \\ | & | & | \\ H & CH_3 & CH_3 \end{array}$$

ein primärer Alkohol   ein sekundärer Alkohol   ein tertiärer Alkohol

Beispiel 1.13 Zeichnen Sie Halbstrukturformeln für die zwei Alkohole mit der Summenformel C_3H_8O. Handelt es sich um primäre, sekundäre oder tertiäre Alkohole?

Vorgehensweise
Zeichnen Sie zunächst die drei Kohlenstoffatome in einer Kette und fügen Sie die OH-Gruppe (die Hydroxygruppe) entweder an einem endständigen oder am mittleren Kohlenstoffatom an. Vervollständigen Sie beide Strukturformeln, indem Sie die restlichen sieben Wasserstoffatome so hinzufügen, dass jedes Kohlenstoffatom vier Bindungen besitzt.

Lösung

Ein primärer Alkohol: Das Kohlenstoffatom mit der OH-Gruppe ist nur an ein weiteres Kohlenstoffatom gebunden.

$$\begin{array}{c} H\ H\ H \\ |\ \ |\ \ | \\ H-C-C-C-\overset{..}{\underset{..}{O}}-H \quad \text{oder} \quad CH_3CH_2CH_2\ OH \\ |\ \ |\ \ | \\ H\ H\ H \end{array}$$

Ein sekundärer Alkohol: Das Kohlenstoffatom mit der OH-Gruppe ist an zwei weitere Kohlenstoffatome gebunden.

$$\begin{array}{c} H \\ | \\ \overset{..}{\underset{..}{O}} \\ H\ |\ H \\ |\ \ |\ \ | \\ H-C-C-C-H \quad \text{oder} \quad CH_3CHCH_3 \\ |\ \ |\ \ | \quad\quad\quad\quad\quad\quad\ \ | \\ H\ H\ H \quad\quad\quad\quad\quad\quad\quad\ OH \end{array}$$

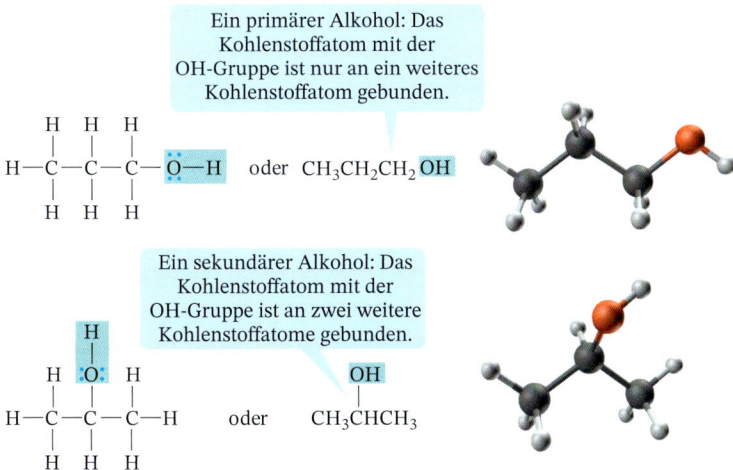

Siehe Aufgaben 1.31, 1.35, 1.36 und 1.38.

1.7.2 Amine

Die funktionelle Gruppe der Amine ist die **Aminogruppe** – ein sp^3-hybridisiertes Stickstoffatom, das an ein, zwei oder drei Kohlenstoffatome gebunden ist. In einem **primären Amin** ist das Stickstoffatom an ein Kohlenstoffatom gebunden. In einem **sekundären Amin** ist es an zwei, in einem **tertiären Amin** an drei Kohlenstoffatome gebunden. Die Strukturformeln der zweiten und dritten Beispielverbindung kann man wie gezeigt abkürzen, in dem man die CH_3-Gruppen zusammenfasst und $(CH_3)_2NH$ bzw. $(CH_3)_3N$ schreibt.

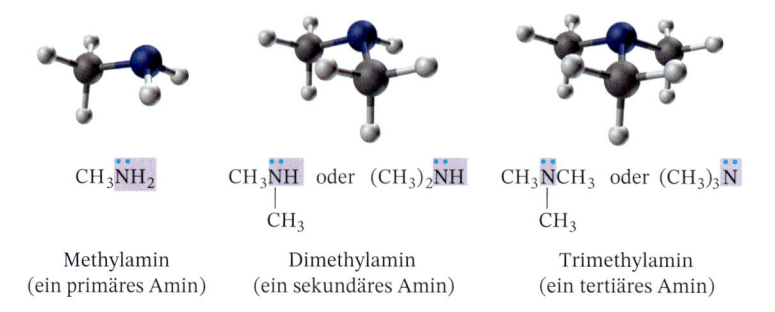

$CH_3\overset{..}{N}H_2$ $CH_3\overset{..}{N}H$ oder $(CH_3)_2\overset{..}{N}H$ $CH_3\overset{..}{N}CH_3$ oder $(CH_3)_3\overset{..}{N}$
                              | |
                              CH_3 CH_3

Methylamin (ein primäres Amin)   Dimethylamin (ein sekundäres Amin)   Trimethylamin (ein tertiäres Amin)

Beispiel 1.14 Zeichnen Sie Halbstrukturformeln für die beiden primären Amine mit der Summenformel C_3H_9N.

Vorgehensweise

Ein primäres Amin enthält ein Stickstoffatom, der an zwei Wasserstoffatome und ein Kohlenstoffatom gebunden ist. Für die Bindung des Stickstoffatoms an eine aus drei Kohlenstoffatomen bestehende Kette gibt es zwei Möglichkeiten. Vervollständigen Sie abschließend beide Strukturformeln, indem Sie die sieben Wasserstoffatome so ergänzen, dass jedes Kohlenstoffatom vier Bindungen aufweist.

Lösung

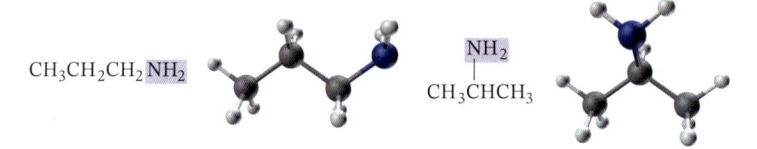

$CH_3CH_2CH_2NH_2$ NH_2
                            |
                           CH_3CHCH_3

Siehe Aufgaben 1.32, 1.35, 1.36 und 1.38. ◢

1.7.3 Aldehyde und Ketone

Sowohl Aldehyde als auch Ketone enthalten eine **Carbonylgruppe (C=O-Gruppe)**. Die funktionelle Gruppe eines **Aldehyds** ist eine Carbonylgruppe, deren Kohlenstoffatom noch mit einem Wasserstoffatom verbunden ist. Im Formaldehyd (CH_2O), dem einfachsten Aldehyd, ist die Carbonylgruppe sogar mit zwei Wasserstoffatomen verbunden. In einer Halbstrukturformel kann man die Aldehydgruppe entweder mit einer explizit gezeigten Doppelbindung als −CH=O zeichnen oder mit −CHO abkürzen. Die funktionelle Gruppe eines **Ketons** ist eine mit zwei Kohlenstoffatomen verbundene Carbonylgruppe.

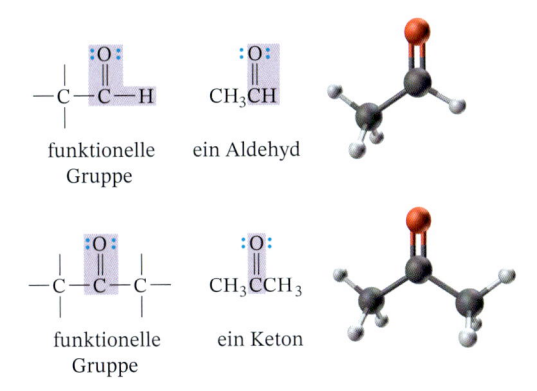

$$\underset{\text{funktionelle Gruppe}}{-\overset{|}{\underset{|}{C}}-\overset{:\overset{..}{O}:}{\underset{}{C}}-H} \qquad \underset{\text{ein Aldehyd}}{CH_3\overset{:\overset{..}{O}:}{\underset{}{C}}H}$$

$$\underset{\text{funktionelle Gruppe}}{-\overset{|}{\underset{|}{C}}-\overset{:\overset{..}{O}:}{\underset{||}{C}}-\overset{|}{\underset{|}{C}}-} \qquad \underset{\text{ein Keton}}{CH_3\overset{:\overset{..}{O}:}{\underset{||}{C}}CH_3}$$

Beispiel 1.15 Zeichnen Sie Halbstrukturformeln für die zwei Aldehyde mit der Summenformel C_4H_8O.

Vorgehensweise

Zeichnen Sie zunächst die funktionelle Gruppe eines Aldehyds und ergänzen Sie die verbleibenden Kohlenstoffatome, die in diesem Fall auf zwei verschiedene Arten verknüpft sein können. Ergänzen Sie die verbleibenden sieben Wasserstoffatome so, dass jedes Kohlenstoffatom vier Bindungen besitzt. Beachten Sie, dass die Aldehydgruppe entweder mit einer explizit gezeichneten Kohlenstoff-Sauerstoff-Doppelbindung (C=O) oder abgekürzt als –CHO geschrieben werden kann.

Lösung

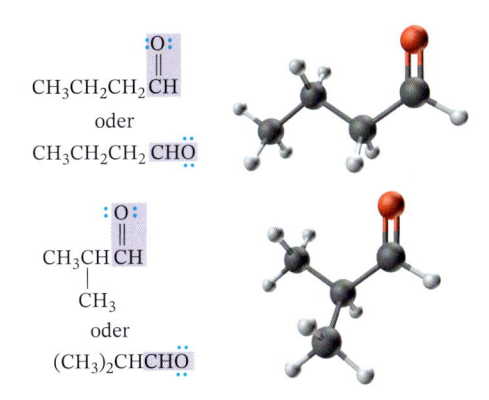

$$CH_3CH_2CH_2\overset{:\overset{..}{O}:}{\underset{||}{C}}H$$
oder
$$CH_3CH_2CH_2\,CH\overset{..}{\underset{..}{O}}$$

$$CH_3\underset{\underset{CH_3}{|}}{CH}\overset{:\overset{..}{O}:}{\underset{||}{C}}H$$
oder
$$(CH_3)_2CHCH\overset{..}{\underset{..}{O}}$$

Siehe Aufgaben 1.33, 1.35, 1.36 und 1.38. ◢

1.7.4 Carbonsäuren, Carbonsäureester und Carbonsäureamide

Die funktionelle Gruppe einer **Carbonsäure** ist eine **COOH-Gruppe** (**Carboxygruppe**: *Carb*onyl + Hydr*oxy*). In einem **Carbonsäureester**, oft kurz auch als Ester bezeichnet, ist die OH-Gruppe durch eine OR-Gruppe ersetzt und in einem **Carbonsäureamid** (oft kurz auch als Amid bezeichnet) ist die OH-Gruppe durch eine NH_2-, NHR- oder NR_2-Gruppe ersetzt, wobei R jeweils für eine Kohlenstoffgruppe steht.

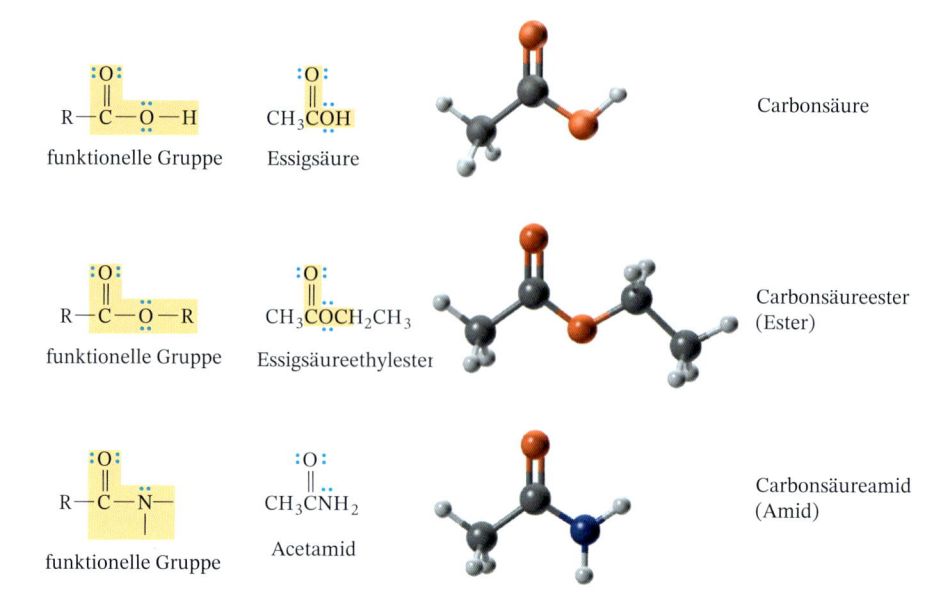

R—C(=O)—O—H funktionelle Gruppe	CH₃COH Essigsäure		Carbonsäure
R—C(=O)—O—R funktionelle Gruppe	CH₃COCH₂CH₃ Essigsäureethylester		Carbonsäureester (Ester)
R—C(=O)—N— funktionelle Gruppe	CH₃CNH₂ Acetamid		Carbonsäureamid (Amid)

Beispiel 1.16 Zeichnen Sie eine Halbstrukturformel für die einzige Carbonsäure mit der Summenformel $C_3H_6O_2$.

Vorgehensweise

Zeichnen Sie zunächst die Carboxygruppe und fügen Sie die beiden verbleibenden Kohlenstoffatome an. Ergänzen Sie die Kohlenstoffatome so um die fünf übrigen Wasserstoffatome, dass jedes Kohlenstoffatom vier Bindungen aufweist.

Lösung

$$CH_3CH_2COH \quad \text{oder} \quad CH_3CH_2COOH$$

Siehe Aufgaben 1.34–1.36 und 1.38.

Zusammenfassung

1.1 Wie kann man die elektronische Struktur von Atomen beschreiben?

- Ein Atom besteht aus einem kleinen, dichten Atomkern und Elektronen, die sich um den Kern in Bereichen aufhalten, die man **Schalen** nennt.
- Jede Schale kann bis zu $2n^2$ Elektronen enthalten, wobei n die Nummer der Schale ist. Jede Schale ist in räumliche Bereiche unterteilt, die man **Orbitale** nennt.
- Die erste Schale ($n = 1$) besteht aus einem einzelnen s-Orbital; sie kann $2 \times 1^2 = 2$ Elektronen aufnehmen.
- Die zweite Schale ($n = 2$) besteht aus einem s-Orbital und drei p-Orbitalen und kann $2 \times 2^2 = 8$ Elektronen aufnehmen.
- Die **Lewis-Formel** eines Elements besteht aus dem Elementsymbol umgeben von einer Anzahl an Punkten, die der Zahl der Elektronen in der **Valenzschale** entspricht.

1.2 Was ist das Lewis-Bindungskonzept?

- Nach dem **Lewis-Bindungskonzept** verbinden sich Atome so, dass jedes beteiligte Atom eine vollständige Valenzschale mit einer Elektronenkonfiguration erhält, die der des im Periodensystem nächstgelegenen Edelgases entspricht.
- Atome, die Elektronen abgeben, damit sie eine vollständige Valenzschale erreichen, werden zu **Kationen**, Atome, die Elektronen aufnehmen, damit sie eine vollständige Valenzschale erreichen, werden zu **Anionen**.
- Eine **ionische Bindung** ist eine chemische Bindung, die durch anziehende Kräfte zwischen Anionen und Kationen zustande kommt.
- Eine **kovalente Bindung** ist eine chemische Bindung, die durch gemeinsame Nutzung eines oder mehrerer Elektronenpaare entsteht.
- Das Streben der Hauptgruppenelemente nach einer äußeren Schale mit acht **Valenzelektronen** nennt man **Oktettregel**.
- **Elektronegativität** ist ein Maß dafür, mit welcher Kraft ein Atom ein Elektron in einer Bindung mit einem anderen Atom zu sich heranzieht. Die Elektronegativität nimmt im Periodensystem von links nach rechts und von unten nach oben zu.
- Eine **Lewis-Formel** eines Moleküls oder Ions muss (1) die richtige Verknüpfung der Atome zeigen, (2) die richtige Anzahl an Valenzelektronen enthalten, (3) nicht mehr als zwei Elektronen in der Valenzschale von Wasserstoffatomen und (4) nicht mehr als acht Elektronen in der Valenzschale von Elementen der zweiten Periode aufweisen sowie (5) alle Formalladungen zeigen.
- Eine **Formalladung** ist die Ladung, die man einem Atom in einem Molekül oder mehratomigen Ion zuweist.

1.3 Wie kann man Bindungswinkel und Molekülstrukturen vorhersagen?

- Das **VSEPR-Modell (Valenzschalen-Elektronenpaarabstoßung)** sagt Bindungswinkel von 109.5° für Atome voraus, die von vier Bereichen erhöhter Elektronendichte umgeben sind, Bindungswinkel von 120° für Atome, die von drei Bereichen erhöhter Elektronendichte umgeben sind, und Bindungswinkel von 180° für Atome, die von zwei Bereichen erhöhter Elektronendichte umgeben sind.
- Zu den am häufigsten auftretenden Geometrien kleiner Moleküle gehören die **tetraedrische**, die **pyramidale**, die **lineare** und die **gewinkelte** Anordnung.

1.4 Wie kann man vorhersagen, ob eine Verbindung polar oder unpolar ist?

- Als grobe Richtschnur können wir eine kovalente Bindung als **unpolare kovalente Bindung** bezeichnen, wenn die Differenz der Elektronegativitäten der miteinander verbundenen Atome kleiner als 0.5 ist.
- Eine kovalente Bindung ist eine **polare kovalente Bindung**, wenn die Elektronegativitätsdifferenz der gebundenen Atome zwischen 0.5 und 1.9 liegt. In einer polaren kovalenten Bindung trägt das elektronegativere Atom eine negative Partialladung ($\delta-$) und das weniger elektronegative Atom eine positive Partialladung ($\delta+$).
- Eine Verbindung ist polar, wenn die Vektorsumme der **Bindungsdipole** ungleich null ist.
- Eine Verbindung ist unpolar, wenn sie entweder (1) nur aus unpolaren Bindungen aufgebaut ist oder (2) zwar polare Bindungen enthält, die Vektorsumme aller Bindungsdipole aber null ist (d. h. wenn die Bindungsdipole einander kompensieren).

1.5 Was ist Mesomerie?

- Nach der **Resonanztheorie** wird ein Molekül oder Ion, das sich nicht angemessen durch eine Lewis-Formel darstellen lässt, durch eine oder mehrere **mesomere Grenzformeln** dargestellt; das reale Molekül bzw. das reale Ion wird dann als **Resonanzhybrid** aufgefasst, also als Überlagerung der verschiedenen Grenzformeln.
- Grenzformeln werden durch doppelköpfige **Mesomeriepfeile** verbunden.
- Wir verdeutlichen die Umverteilung der Valenzelektronen von einer Grenzformel zur anderen durch **Elektronenflusspfeile**. Ein Elektronenflusspfeil beginnt dort, wo die Elektronen ursprünglich dargestellt sind (an einem Atom oder in einer kovalenten Bindung), und zeigt zu ihrer neuen Position (an einem benachbarten Atom oder einer benachbarten kovalenten Bindung).
- Die Verwendung von Elektronenflusspfeilen verdeutlicht den sogenannten **Elektronenfluss**.

1.6 Was ist das Orbitalmodell der Entstehung kovalenter Bindungen?

- Die Überlappung von **Atomorbitalen** führt zur Bildung von kovalenten Bindungen.
- Je größer die Überlappung, desto stärker ist die resultierende kovalente Bindung.
- Die Kombination von Atomorbitalen nennt man **Hybridisierung** und die entstehenden Orbitale nennt man **Hybridorbitale**.
- Aus der Kombination eines $2s$-Atomorbitals mit drei $2p$-Atomorbitalen entstehen vier äquivalente ***sp³*-Hybridorbitale**, die in Richtung der Ecken eines regulären Tetraeders zeigen und Winkel von 109.5° einschließen.
- Die Kombination eines $2s$-Atomorbitals mit zwei $2p$-Atomorbitalen führt zur Bildung von drei äquivalenten ***sp²*-Hybridorbitalen**, die mit Winkeln von 120° zueinander in einer Ebene liegen. Die meisten C=C-, C=O- und C=N-**Doppelbindungen** sind Kombinationen einer σ-Bindung, gebildet durch Überlappung von ***sp²*-Hybridorbitalen**, und einer π-**Bindung**, die aus der seitlichen Überlappung paralleler p-Atomorbitale resultiert.
- Die Kombination eines $2s$-Atomorbitals mit einem $2p$-Atomorbital führt zur Bildung von zwei äquivalenten ***sp*-Hybridorbitalen**, deren Achsen einen Winkel von 180° zueinander einnehmen. Alle C≡C-Dreifachbindungen sind eine Kombination aus einer σ-Bindung, gebildet durch Überlappung von sp-Hybridorbitalen, und zwei π-Bindungen, die aus der Überlappung von zwei Paaren paralleler p-Atomorbitale entstehen.
- Hybridorbitale können in **tetraedrischer**, **trigonal planarer** und **linearer** Geometrie angeordnet sein.

1.7 Was sind funktionelle Gruppen?

- **Funktionelle Gruppen** sind charakteristische strukturelle Einheiten, anhand derer wir organische Verbindungen in Substanzklassen unterteilen und die als Grundlage für die Nomenklatur dienen. Zudem sind sie die Molekülteile, an denen chemische Reaktionen stattfinden. Eine bestimmte funktionelle Gruppe, in welcher Verbindung auch immer sie vorliegt, wird stets die gleichen Typen von Reaktionen eingehen.
- Die wichtigen funktionellen Gruppen, die wir zunächst benötigen, sind
  1. die Hydroxygruppe in primären, sekundären und tertiären Alkoholen,
  2. die Aminogruppe in primären, sekundären und tertiären Aminen,
  3. die Carbonylgruppe in Aldehyden und Ketonen und
  4. die Carboxygruppe in Carbonsäuren.

Quiz

Sind die folgenden Aussagen richtig oder falsch? Hier können Sie testen, ob Sie die wichtigsten Fakten aus diesem Kapitel parat haben. Wenn Sie mit einer der Fragestellungen Probleme haben, sollten Sie den jeweiligen in Klammern angegebenen Abschnitt in diesem Kapitel noch einmal durcharbeiten, bevor Sie sich an die weiteren, meist etwas schwierigeren Aufgaben zu diesem Kapitel machen.

1. Diese Bindungen sind nach steigender Polarität geordnet: C–H < N–H < O–H (1.2).
2. Alle Atome in einer Grenzformel müssen eine vollständige Valenzschale aufweisen (1.5).
3. Ein Elektron in einem $1s$-Orbital ist dem Kern näher als ein Elektron in einem $2s$-Orbital (1.1).
4. σ- und π-Bindungen haben gemeinsam, dass sie durch Überlappung von Atomorbitalen zustande kommen (1.6).
5. Die Summenformel des kleinsten Aldehyds ist C_3H_6O, die des kleinsten Ketons ist ebenfalls C_3H_6O (1.7).
6. Um zu entscheiden, ob eine Verbindung polar oder unpolar ist, muss man die Polaritäten jeder kovalenten Bindung und die Geometrie (die Gestalt) des Moleküls kennen (1.4).
7. In der Grundzustands-Elektronenkonfiguration eines Atoms sind nur die energetisch niedrigsten Orbitale besetzt (1.1).
8. Wenn Elektronen mit gepaarten Spins vorliegen, dann sind die Elektronen mit ihren Spins so ausgerichtet, dass Nordpol an Nordpol und Südpol an Südpol liegt (1.1).
9. Nach dem Lewis-Bindungsmodell gehen Atome Bindungen in der Weise ein, dass jedes an einer Bindung beteiligte Atom in der Valenzschale eine Elektronenkonfiguration erwirbt, die der des Edelgases mit der nächstliegenden Ordnungszahl entspricht (1.2).
10. Ein primäres Amin enthält eine N–H-Bindung, ein sekundäres Amin enthält zwei N–H-Bindungen und ein tertiäres Amin enthält drei N–H-Bindungen (1.7).
11. Alle Bindungswinkel in den Grenzformeln eines Resonanzhybrids müssen identisch sein (1.5).
12. Die Elektronegativität gibt an, wie stark ein Atom die Elektronen einer Bindung zu einem anderen Atom zu sich zieht (1.2).
13. Ein Orbital kann höchstens zwei Elektronen mit gepaarten Spins enthalten (1.1).
14. Das im Periodensystem rechts oben stehende Fluor ist das elektronegativste Element; Wasserstoff, in der linken oberen Ecke, ist das am wenigsten elektronegative Element (1.2).
15. Ein primärer Alkohol enthält eine OH-Gruppe, ein sekundärer Alkohol enthält zwei OH-Gruppen und ein tertiärer Alkohol enthält drei OH-Gruppen (1.7).
16. H_2O und NH_3 sind polare Verbindungen; CH_4 ist unpolar (1.4).
17. Alle Grenzformeln eines Resonanzhybrids müssen die gleiche Anzahl an Valenzelektronen aufweisen (1.5).
18. Eine Kohlenstoff-Kohlenstoff-Doppelbindung entsteht durch Überlappung von sp^2-Hybridorbitalen und eine Dreifachbindung entsteht durch Überlappung von sp^3-Hybridorbitalen (1.6).
19. Die funktionellen Gruppen eines Alkohols, eines Aldehyds und eines Ketons haben gemeinsam, dass sie jeweils ein einziges Sauerstoffatom enthalten (1.7).
20. In einer Einfachbindung teilen sich zwei Atome ein Elektronenpaar; in einer Doppelbindung teilen sie sich zwei Elektronenpaare und in einer Dreifachbindung teilen sie sich drei Elektronenpaare (1.2).
21. Die Lewis-Formel des Ethens (C_2H_4) muss acht Valenzelektronen enthalten (1.2).
22. VSEPR steht für Valenzschalen-Elektronenpaarabstoßung (engl.: *valence shell electron pair repulsion*) (1.3).
23. Zur Vorhersage von Bindungswinkeln der kovalenten Bindungen um ein Zentralatom werden nach dem VSEPR-Modell nur die Bindungselektronenpaare (die Elektronenpaare, die zur Bildung kovalenter Bindungen genutzt werden) berücksichtigt (1.3).
24. Ein sp-Hybridorbital kann maximal vier Elektronen enthalten, ein sp^2-Hybridorbital kann maximal sechs Elektronen und ein sp^3-Hybridorbital kann maximal acht Elektronen enthalten (1.6).
25. Die drei $2p$-Orbitale sind parallel zueinander ausgerichtet (1.1).
26. Bei einer Verbindung mit der Summenformel C_3H_6O kann es sich um einen Aldehyd, ein Keton oder um eine Carbonsäure handeln (1.7).
27. Dichlormethan (CH_2Cl_2) ist polar, aber Tetrachlormethan (CCl_4) ist unpolar (1.4).
28. Eine kovalente Bindung wird zwischen Atomen gebildet, deren Elektronegativitätsunterschied kleiner als 1.9 ist (1.2).
29. Jedes Hauptenergieniveau kann zwei Elektronen enthalten (1.1).
30. Atome, die Elektronen gemeinsam nutzen, um dadurch zu gefüllten Valenzschalen zu gelangen, bilden kovalente Bindungen (1.2).
31. Bei der Konstruktion von Hybridorbitalen entspricht die Anzahl der gebildeten Hybridorbitale der Anzahl der zur Hybridisierung genutzten Atomorbitale (1.6).
32. Wenn der Elektronegativitätsunterschied zwischen zwei Atomen null ist (wenn sie identische Elektronegativitäten haben), können die Atome keine kovalente Bindung ausbilden (1.2).
33. Eine Kohlenstoff-Kohlenstoff-Dreifachbindung ist die Kombination einer σ-Bindung und zweier π-Bindungen (1.6).
34. Ein s-Orbital hat eine kugelförmige Gestalt, wobei der Atomkern den Mittelpunkt der Kugel bildet (1.1).

35. Eine funktionelle Gruppe ist eine Gruppe von Atomen in einer organischen Verbindung, die vorhersagbar bestimmte Reaktionstypen eingehen (1.7).
36. In einer polaren kovalenten Bindung trägt das elektronegativere Atom eine negative Partialladung ($\delta-$) und das weniger elektronegative Atome eine positive ($\delta+$) (1.2).
37. Die Elektronegativität hängt sowohl von der Kernladung als auch von der Entfernung der Valenzelektronen vom Kern ab (1.2).
38. Es gibt zwei Alkohole mit der Summenformel C_3H_8O (1.7).
39. Jedes $2p$-Orbital ist hantelförmig mit dem Kern im Zentrum der Hantel (1.1).
40. Atome, die Elektronen abgeben, damit sie eine gefüllte Valenzschale erlangen, werden zu Kationen; sie können ionische Bindungen mit Anionen eingehen (1.1).
41. Es gibt drei Amine mit der Summenformel C_3H_9N (1.7).

Ausführliche Erklärungen zu vielen dieser Antworten finden sich im Arbeitsbuch.

Antworten: (1) R (2) F (3) R (4) R (5) F (6) R (7) R (8) F (9) R (10) F (11) F (12) R (13) R (14) F (15) F (16) F (17) R (18) R (19) R (20) R (21) R (22) F (23) F (24) F (25) F (26) F (27) R (28) R (29) F (30) R (31) R (32) F (33) R (34) R (35) R (36) R (37) F (38) R (39) R (40) R (41) F

Aufgaben

Die elektronische Struktur von Atomen

1.1 Ermitteln und vergleichen Sie in jeder Teilaufgabe die Grundzustands-Elektronenkonfigurationen der beiden Elemente. Was kann man über die äußersten Schalen jedes Elementpaares sagen? (Siehe Beispielaufgabe 1.1)
(a) Kohlenstoff und Silicium
(b) Sauerstoff und Schwefel
(c) Stickstoff und Phosphor

1.2 Ermitteln Sie die Grundzustands-Elektronenkonfigurationen der folgenden Ionen. (Siehe Beispielaufgabe 1.1)
(a) Na^+
(b) Cl^-
(c) Mg^{2+}
(d) H^+
(e) H^-
(f) K^+
(g) Br^+
(h) Li^+

1.3 Welchen Elementen lassen sich die folgenden Grundzustands-Elektronenkonfigurationen zuordnen? (Siehe Beispielaufgabe 1.1)
(a) $1s^2 2s^2 2p^6 3s^2 3p^4$
(b) $1s^2 2s^2 2p^4$
(c) $[He]2s^2 2p^2$
(d) $[Ne]3s^2 3p^5$

1.4 Definieren Sie die Begriffe *Valenzschale* und *Valenzelektronen*. Warum sind die Valenzelektronen für die Bindungsbildung von größerer Bedeutung als die anderen Elektronen?

1.5 Wie viele Elektronen befinden sich in der Valenzschale der folgenden Elemente? (Siehe Beispielaufgabe 1.2)
(a) Kohlenstoff
(b) Stickstoff
(c) Chlor
(d) Aluminium
(e) Sauerstoff
(f) Silicium

1.6 Wie viele Elektronen befinden sich in den Valenzschalen der folgenden Ionen? (Siehe Beispielaufgabe 1.2)
(a) H^+
(b) H^-
(c) F^-
(d) Cl^+
(e) S^{2-}

Das Lewis-Bindungskonzept

1.7 Zeigen Sie, dass die Aufnahme von zwei Elektronen durch das Schwefelatom unter Bildung eines Sulfid-Ions zu einem stabilen Oktett führt. (Siehe Beispielaufgabe 1.2)

$$S + \boxed{2\,e^-} \longrightarrow S^{2-}$$

1.8 Welches der beiden Elemente in den folgenden Paaren hat gemäß seiner relativen Position im Periodensystem jeweils die größere Elektronegativität? (Siehe Beispielaufgabe 1.3)
(a) Lithium oder Kalium
(b) Stickstoff oder Phosphor
(c) Kohlenstoff oder Silicium
(d) Sauerstoff oder Phosphor
(e) Sauerstoff oder Silicium

1.9 Sind die folgenden Bindungen unpolar kovalent, polar kovalent oder ionisch? (Siehe Beispielaufgabe 1.4)
(a) S–H
(b) P–H
(c) C–F
(d) C–Cl

1.10 Geben Sie für die folgenden polaren kovalenten Bindungen die Polarisationsrichtung an, indem sie die Bindungsdipole durch Dipolpfeile verdeutlichen und die Symbole $\delta-$ und $\delta+$ ergänzen. (Siehe Beispielaufgabe 1.5)
(a) C–N
(b) N–O
(c) C–Cl

1.11 Zeichnen Sie die Lewis-Formeln mit allen Valenzelektronen für die folgenden Verbindungen. (Siehe Beispielaufgabe 1.6)
(a) C_2H_6
(b) CS_2
(c) HCN
(d) HCHO

1.12 Zeichnen Sie die Lewis-Formeln für die folgenden Ionen und geben Sie an, welches Atom jeweils die Formalladung trägt. (Siehe Beispielaufgabe 1.7)
(a) $CH_3NH_3^+$
(b) CH_3^+

1.13 Zeichnen Sie Lewis-Formeln für die folgenden Verbindungen und geben Sie auch die Valenzelektronen an (keine der Verbindungen enthält einen Ring). (Siehe Beispielaufgabe 1.6)
(a) Wasserstoffperoxid, H_2O_2
(b) Hydrazin, N_2H_4
(c) Methanol, CH_3OH
(d) Methanthiol, CH_3SH
(e) Methanamin, CH_3NH_2
(f) Chlormethan, CH_3Cl
(g) Dimethylether, CH_3OCH_3
(h) Ethan, C_2H_6
(i) Ethen, C_2H_4
(j) Ethin, C_2H_2
(k) Kohlendioxid, CO_2
(l) Formaldehyd, CH_2O
(m) Aceton, CH_3COCH_3
(n) Kohlensäure, H_2CO_3
(o) Essigsäure, CH_3COOH

1.14 Zeichnen Sie Lewis-Formeln der folgenden Ionen. (Siehe Beispielaufgabe 1.6)
(a) Hydrogencarbonat, HCO_3^-
(b) Carbonat, CO_3^{2-}
(c) Acetat, CH_3COO^-
(d) Chlorid, Cl^-

1.15 In den folgenden Lewis-Formeln sind alle Valenzelektronen angegeben. Fügen Sie wo nötig die entsprechenden Formalladungen ein. (Siehe Beispielaufgabe 1.7)
(a) 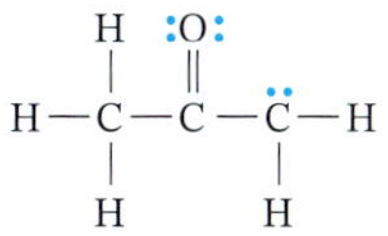
(b) 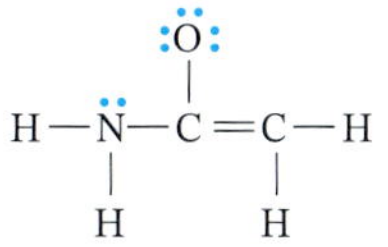
(c) 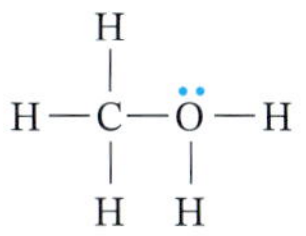
(d)

1.16 Jede der folgenden Verbindungen enthält sowohl ionische als auch kovalente Bindungen. Zeichnen Sie jeweils eine Lewis-Formel und machen Sie ionische Bindungen durch Ladungen und kovalente Bindungen durch Bindungsstriche kenntlich. (Siehe Beispielaufgabe 1.7)
(a) NaOH
(b) $NaHCO_3$
(c) NH_4Cl
(d) CH_3COONa
(e) CH_3ONa
(f) KCN

Polarität kovalenter Bindungen

1.17 Warum hat Fluor, das Element rechts oben im Periodensystem, die größte Elektronegativität aller Elemente?

1.18 Ordnen Sie die folgenden kovalenten Bindungen jeweils nach steigender Polarität:
(a) C–H, O–H, N–H
(b) C–H, C–Cl, C–I
(c) C–C, C–O, C–N
(d) C–Li, C–Hg, C–Mg

1.19 Welche Bindung weist in den folgenden Verbindungen jeweils die größte Polarität auf?
(a) $HSCH_2CH_2OH$
(b) $CHCl_2F$
(c) $HOCH_2CH_2NH_2$
(d) CH_3OCH_2OH
(e) HOCl
(f) CH_3NHCHO

1.20 Geben Sie für die Kohlenstoff-Metall-Bindungen der folgenden metallorganischen Verbindungen jeweils an, ob es sich um eine unpolar kovalente, eine polar kovalente oder eine ionische Bindung handelt. Geben Sie für die polar kovalenten Bindungen die Polarisationsrichtung durch Angabe der Partialladungen δ+ und δ– an. (Siehe Beispielaufgabe 1.5)

(a)
$$CH_3CH_2-Pb(CH_2CH_3)_2-CH_2CH_3 \quad \text{(Tetraethylblei)}$$

(b) $CH_3-Mg-Cl$ (Methylmagnesiumchlorid)
(c) $CH_3-Hg-CH_3$ (Dimethylquecksilber)

Bindungswinkel und Molekülstruktur

1.21 Welche Bindungswinkel liegen in den folgenden Verbindungen vor? (Siehe Beispielaufgabe 1.8)
(a) CH_3OH
(b) CH_2Cl_2
(c) H_2CO_3 (Kohlensäure)

1.22 Machen Sie mithilfe des VSEPR-Modells für die folgenden Verbindungen eine Aussage über die Bindungswinkel um die Kohlenstoff-, Stickstoff- und Sauerstoffatome. (*Hinweis:* Zeichnen Sie zur Vervollständigung der Valenzschalen um die Atome wo nötig zunächst die freien Elektronenpaare ein und machen Sie dann Ihre Voraussagen zu den Bindungswinkeln.) (Siehe Beispielaufgabe 1.8)

(a) $CH_3-CH_2-CH_2-OH$
(b)
$$CH_3-CH_2-\overset{O}{\underset{\|}{C}}-H$$
(c) $CH_2-CH=CH_2$
(d) $CH_3-C\equiv C-CH_3$
(e)
$$CH_3-\overset{O}{\underset{\|}{C}}-O-CH_3$$
(f)
$$CH_3-\overset{CH_3}{\underset{|}{N}}-CH_3$$

Polare und unpolare Verbindungen

1.23 Sowohl Kohlendioxid (CO_2) als auch Schwefeldioxid (SO_2) sind dreiatomige Verbindungen. Begründen Sie, warum Kohlendioxid eine unpolare, Schwefeldioxid aber eine polare Verbindung ist. (Siehe Beispielaufgabe 1.9)

1.24 Aus Tetrafluorethylen (C_2F_4) kann das meist als Teflon bezeichnete Polymer Polytetrafluorethylen hergestellt werden. Machen Sie einen Strukturvorschlag für das unpolare Monomer Tetrafluorethylen.

Grenzformeln

1.25 Welche dieser Paare von Grenzformeln sind korrekte Darstellungen? (Siehe Beispielaufgabe 1.10)

(a), (b), (c) [Strukturformeln]

1.26 Zeichnen Sie Elektronenflusspfeile, um die Umverteilung der Valenzelektronen von Grenzformel (a) zu (b) und von (b) zu (c) anzudeuten. Geben Sie zudem an, durch welche Elektronenflusspfeile der Übergang von (a) nach (c) angegeben werden kann, ohne über (b) zu gehen. (Siehe Beispielaufgabe 1.11)

1.27 Zeichnen Sie die sich aus den Elektronenflusspfeilen ergebenden Grenzformeln. Vergessen Sie gegebenenfalls die Formalladungen nicht. (Siehe Beispielaufgabe 1.11)

(a), (b), (c), (d) [Strukturformeln mit Elektronenflusspfeilen]

1.28 Geben Sie mithilfe des VSEPR-Modells für jede Grenzformel in Aufgabe 1.27 die Bindungswinkel um die Kohlenstoffatome an. Welche Unterschiede in den Bindungswinkeln gibt es zwischen den Grenzformeln eines Resonanzhybrids?

1.29 Zeichnen Sie weitere korrekte Grenzformeln für die folgenden Verbindungen. (Siehe Beispielaufgabe 1.11)

(a) O₃ (Ozon, mit positiver und negativer Ladung)

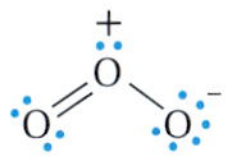

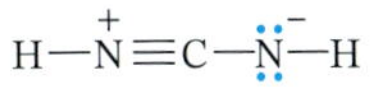

(b) H—N⁺≡C—N⁻—H

(c) Benzol (C₆H₆)

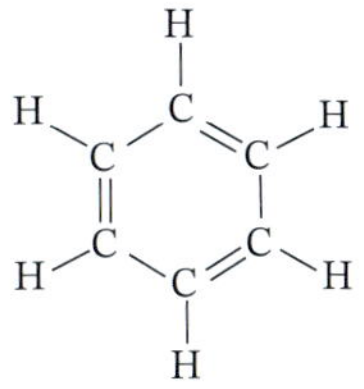

(d) HO—CH₂—CH=CH—H (Allylalkohol-artig)

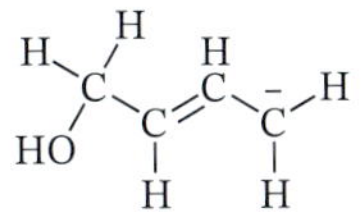

(e) Acetaldehyd mit Radikal/Carbanion an C

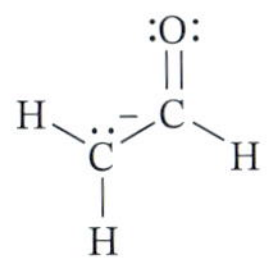

(f) Phenolat-Anion

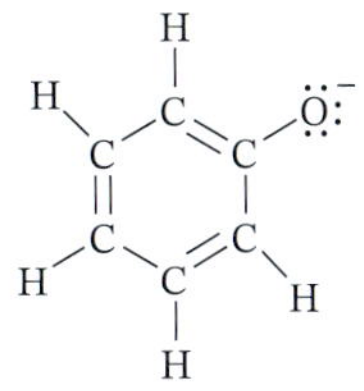

Hybridisierung von Atomorbitalen

1.30 Beschreiben Sie die Bindungsverhältnisse in den folgenden Verbindungen mit allen beteiligten Orbitalen und geben Sie die zu erwartenden Bindungswinkel an. (Siehe Beispielaufgabe 1.12)
(a) $CH_3CH=CH_2$
(b) CH_3NH_2

Funktionelle Gruppen

1.31 Zeichnen Sie Halbstrukturformeln für die vier Alkohole mit der Summenformel $C_4H_{10}O$. Handelt es sich jeweils um einen primären, sekundären oder tertiären Alkohol? (Siehe Beispielaufgabe 1.13)

1.32 Zeichnen Sie Halbstrukturformeln für die drei sekundären Amine mit der Summenformel $C_4H_{11}N$. (Siehe Beispielaufgabe 1.14)

1.33 Zeichnen Sie Halbstrukturformeln für die drei Ketone mit der Summenformel $C_5H_{10}O$. (Siehe Beispielaufgabe 1.15)

1.34 Zeichnen Sie Halbstrukturformeln für die zwei Carbonsäuren und die vier Ester mit der Summenformel $C_4H_8O_2$. (Siehe Beispielaufgabe 1.16)

1.35 Zeichnen Sie Lewis-Formeln der folgenden funktionellen Gruppen. Geben Sie jeweils alle Valenzelektronen an. (Siehe Beispielaufgaben 1.13–1.16)
(a) Carbonylgruppe
(b) Carboxygruppe
(c) Hydroxygruppe
(d) eine primäre Aminogruppe

1.36 Geben Sie die Strukturformeln der passenden Verbindungen an. (Siehe Beispielaufgaben 1.13–1.16)
(a) einen Alkohol mit der Summenformel C_2H_6O
(b) einen Aldehyd mit der Summenformel C_3H_6O
(c) ein Keton mit der Summenformel C_3H_6O
(d) eine Carbonsäure mit der Summenformel $C_3H_6O_2$
(e) ein tertiäres Amin mit der Summenformel $C_4H_{11}N$

1.37 Bezeichnen Sie die funktionellen Gruppen der folgenden Verbindungen. (Die entsprechenden Stoffklassen werden in den angegebenen Kapiteln genauer besprochen.)

(a) 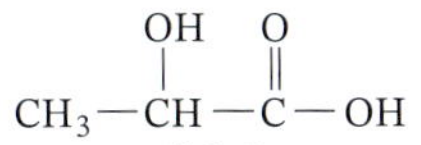
$$CH_3-\underset{\underset{OH}{|}}{CH}-\overset{\overset{O}{\|}}{C}-OH$$
Milchsäure
(Abschnitt 21.4.1)

(b) $HO-CH_2-CH_2-OH$
Ethylenglykol
(Abschnitt 8.2.3)

(c) 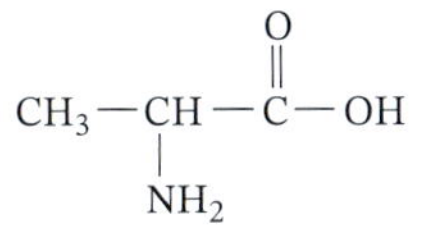
$$CH_3-\underset{\underset{NH_2}{|}}{CH}-\overset{\overset{O}{\|}}{C}-OH$$
Alanin
(Abschnitt 18.2.2)

(d) 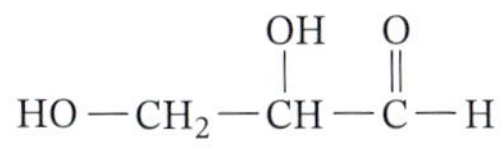
$$HO-CH_2-\underset{\underset{OH}{|}}{CH}-\overset{\overset{O}{\|}}{C}-H$$
Glycerinaldehyd
(Abschnitt 17.2.1)

(e) 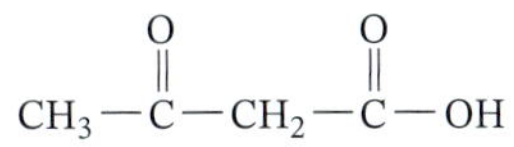
$$CH_3-\overset{\overset{O}{\|}}{C}-CH_2-\overset{\overset{O}{\|}}{C}-OH$$
Acetessigsäure
(Abschnitt 13.2.2)

(f) $H_2NCH_2CH_2CH_2CH_2CH_2CH_2NH_2$
1,6-Hexandiamin
(Abschnitt 16.4.1)

1.38 Propylenglykol ($C_3H_8O_2$) wird zur Flugzeugenteisung verwendet; es enthält einen primären und einen sekundären Alkohol. Zeichnen Sie eine Strukturformel dieser Verbindung. (Siehe Beispielaufgaben 1.13–1.16)

1.39 Ephedrin ist ein Naturstoff, der in großen Anteilen z. B. im sogenannten „Mormonentee" enthalten ist. Es kann zu Herzinfarkten, Schlaganfällen und Herzrasen führen und ist daher z. B. in der Anwendung als Appetitzügler nicht mehr zugelassen.
(a) Welche funktionellen Gruppen liegen in Ephedrin vor?
(b) Handelt es sich bei Ephedrin eher um eine polare oder um eine unpolare Verbindung?

Ausblick

1.40 Allen (C_3H_4) hat die Strukturformel $H_2C=C=CH_2$. Welche Hybridisierung hat jedes Kohlenstoffatom in dieser Struktur und welche Geometrie hat sie?

1.41 Dimethylsulfoxid, $(CH_3)_2SO$, ist ein in der organischen Chemie häufig genutztes Lösungsmittel.
(a) Zeichnen Sie eine Lewis-Formel von Dimethylsulfoxid.
(b) Welche Geometrie hat Dimethylsulfoxid?
(c) Ist Dimethylsulfoxid eine polare oder eine unpolare Verbindung?

1.42 In Kap. 5 werden wir uns mit einer Gruppe organischer Kationen beschäftigen, die man als Carbokationen bezeichnet. Im Folgenden ist die Struktur eines Carbokations, des *tert*-Butylkations, gezeigt:

(a) Wie viele Elektronen befinden sich in der Valenzschale des Kohlenstoffatoms mit der positiven Ladung?
(b) Welche Bindungswinkel liegen an diesem Kohlenstoffatom vor?
(c) Welche Hybridisierung ergibt sich aus den in Teilaufgabe (b) abgeleiteten Bindungswinkeln?

1.43 In Kap. 9 werden wir uns mit Benzol und seinen Derivaten befassen.

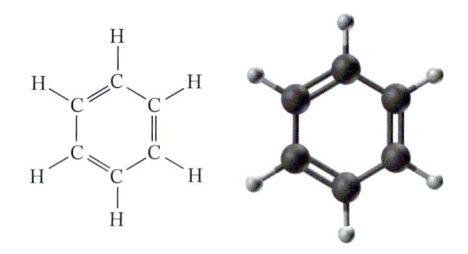

(a) Welche H–C–C- und C–C–C-Winkel werden in Benzol vorliegen?
(b) Geben Sie die Hybridisierung der Kohlenstoffatome in Benzol an.
(c) Welche räumliche Gestalt hat Benzol?

Zitronensäure kommt in Zitrusfrüchten vor. Zitronensaft enthält beispielsweise 5–8 % Zitronensäure.
Rechts: Ein Molekülmodell von Zitronensäure.

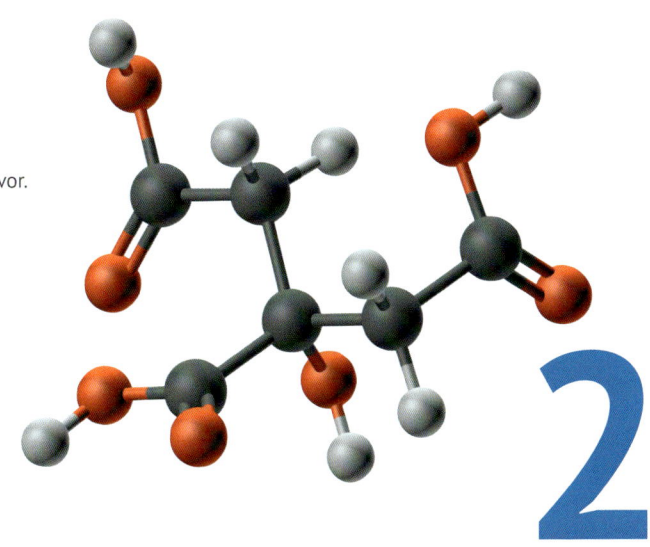

[Quelle: © Rickard Blommengren/iStockphoto.]

2
Säuren und Basen

Inhalt
2.1 Was sind Arrhenius-Säuren und -Basen?
2.2 Was sind Brønsted-Lowry-Säuren und -Basen?
2.3 Wie bestimmt man die Stärke von Säuren und Basen?
2.4 Wie bestimmt man die Gleichgewichtslage in einer Säure-Base-Reaktion?
2.5 Wie hängen Säurestärke und Molekülstruktur zusammen?
2.6 Was sind Lewis-Säuren und -Basen?

Gewusst wie
2.1 Wie man Elektronenflusspfeile verwendet, um die Protonenübertragung von Säuren auf Basen zu veranschaulichen
2.2 Wie man die Gleichgewichtslage in einer Säure-Base-Reaktion bestimmt

Wussten Sie, dass Essigsäure eine der stärkeren organischen Säuren ist und von Menschen dennoch häufig in Form von Essig konsumiert wird? Würde es Sie überraschen zu hören, dass Salzsäure – eine der stärksten bekannten Säuren – in großen Mengen im Magen der meisten Säugetiere vorkommt und dass Hydrogencarbonat, eine schwache Base mit einer zu Essigsäure vergleichbaren Struktur und Reaktivität, den Magen davor schützt, sich mit der Salzsäure selbst zu verdauen? Wussten Sie, dass wir die relative Stärke von Säuren und Basen allein durch Vergleich ihrer chemischen Strukturen vorhersagen können?

Essigsäure   Salzsäure   Hydrogencarbonat

Einführung in die Organische Chemie, Erste Auflage. William H. Brown und Thomas Poon.
© 2021 WILEY-VCH GmbH. Published 2021 by WILEY-VCH GmbH.

2.1 Was sind Arrhenius-Säuren und -Basen?

Die erste wissenschaftliche Definition von **Säuren** und **Basen** wurde 1884 von Svante Arrhenius (1859–1927) vorgestellt; im Jahr 1903 erhielt er dafür den Nobelpreis für Chemie. Die ursprünglichen Definitionen von Arrhenius besagen, dass eine Säure eine Verbindung ist, die in Wasser in ein H^+-Ion und ein Anion dissoziiert und eine Base eine Verbindung, die in Wasser in ein OH^--Ion und ein Kation dissoziiert. Heute wissen wir, dass H^+-Ionen in Wasser nicht existieren, da sie sofort mit je einem Äquivalent Wasser zu Oxonium-Ionen (H_3O^+) reagieren.

$$H^+(aq) + H_2O(l) \longrightarrow \underset{\text{Oxonium-Ion}}{H_3O^+}$$

Darüber hinaus erfasst das Arrhenius-Konzept keine Basen, die keine OH^--Ionen abgeben können. Die basische Eigenschaft von Ammoniak wird beispielsweise erst durch modernere Theorien beschrieben. Außerdem wurde das Arrhenius-Konzept für Reaktionen in Wasser entwickelt und ist daher nicht gut geeignet, um Säure-Base-Reaktionen in nicht-wässrigen Lösungen zu beschreiben. Wir verwenden daher in diesem Kapitel vornehmlich die Definitionen von Brønsted und Lowry zur Beschreibung von Säuren und Basen; sie bieten uns einen deutlich größeren Nutzen in der Diskussion von Reaktionen organischer Verbindungen. Die Arrhenius-Theorie ist hauptsächlich von historischer Bedeutung.

2.2 Was sind Brønsted-Lowry-Säuren und -Basen?

Der dänische Chemiker Johannes Brønsted und der englische Chemiker Thomas Lowry schlugen 1923 unabhängig voneinander die folgenden Definitionen vor: Eine **Säure** ist ein **Protonendonator**, eine **Base** ist ein **Protonenakzeptor** und eine Säure-Base-Reaktion ist eine **Protonenübertragung**. Außerdem ist nach den Definitionen von Brønsted und Lowry jedes Paar von Verbindungen oder Ionen, das durch Protonenübertragung ineinander überführt werden kann, ein **konjugiertes** oder **korrespondierendes Säure-Base-Paar**. Wenn eine Säure ein Proton an eine Base abgibt, wird aus der Säure die zugehörige **konjugierte Base**. Wenn eine Base ein Proton aufnimmt, wird sie zur ihrer **konjugierten Säure**.

Am Beispiel der Reaktion von Chlorwasserstoff (Salzsäure) mit Wasser zu einem Chlorid- und einem Oxonium-Ion lassen sich diese Zusammenhänge veranschaulichen:

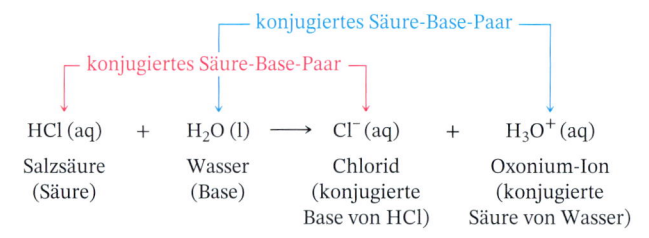

$$\underset{\substack{\text{Salzsäure} \\ \text{(Säure)}}}{HCl(aq)} + \underset{\substack{\text{Wasser} \\ \text{(Base)}}}{H_2O(l)} \longrightarrow \underset{\substack{\text{Chlorid} \\ \text{(konjugierte} \\ \text{Base von HCl)}}}{Cl^-(aq)} + \underset{\substack{\text{Oxonium-Ion} \\ \text{(konjugierte} \\ \text{Säure von Wasser)}}}{H_3O^+(aq)}$$

(konjugiertes Säure-Base-Paar: HCl / Cl$^-$ und H$_2$O / H$_3$O$^+$)

In dieser Reaktion gibt die Säure HCl ein Proton ab und wird dadurch zur ihrer konjugierten Base Cl^-. Die Base H_2O nimmt ein Proton auf und wird zur konjugierten Säure H_3O^+.

Gewusst wie: 2.1 Wie man Elektronenflusspfeile verwendet, um die Protonenübertragung von Säuren auf Basen zu veranschaulichen

Wir können die Übertragung eines Protons von einer Säure auf eine Base mithilfe von **Elektronenflusspfeilen** darstellen. Elektronenflusspfeile sind ein in der organischen Chemie ständig genutztes Hilfsmittel, um den Ablauf von Reaktionen zu beschreiben. Es ist daher ausgesprochen wichtig, dass man in ihrer Anwendung hinreichend geübt ist. Man geht dabei wie folgt vor:

1. Zunächst zeichnet man die Lewis-Formeln aller Reaktanten und Produkte inklusive aller Valenzelektronen der an der Reaktion beteiligten Atome.
2. Veränderungen in der Lage von Elektronenpaaren werden durch Elektronenflusspfeile verdeutlicht. Ein Elektronenflusspfeil beginnt an der ursprünglichen Position eines Elektronenpaars und weist zu dessen neuer Position.
3. Wechselt ein ursprünglich an einem Atom lokalisiertes Elektronenpaar seine Position, wird es zu einer Bindung mit diesem Atom; war es ursprünglich ein Bindungselektronenpaar, so führt der Wechsel der Position zum Bruch dieser Bindung.

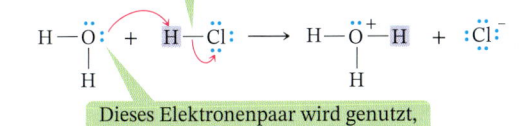

Beispiel 1:

> Dieses Elektronenpaar wird dem Chlor unter Bildung eines Chlorid-Ions zugeschlagen.

$$H-\ddot{O}: + H-\ddot{C}l: \longrightarrow H-\overset{+}{\underset{H}{O}}-H + :\ddot{C}l:^-$$

> Dieses Elektronenpaar wird genutzt, um eine neue O–H-Bindung zu bilden.

Beispiel 2:

> Dieser Elektronenflusspfeil beginnt an einem Bindungselektronenpaar und endet an einem Atom. Dort entsteht ein neues freies Elektronenpaar.

$$H-\underset{H}{\overset{H}{\ddot{N}}}: + H-\ddot{O}-H \longrightarrow H-\underset{H}{\overset{H}{\overset{+}{N}}}-H + \ddot{\ddot{O}}-H$$

> Dieser Elektronenflusspfeil beginnt an einem freien Elektronenpaar und beschreibt die Bildung einer neuen Bindung.

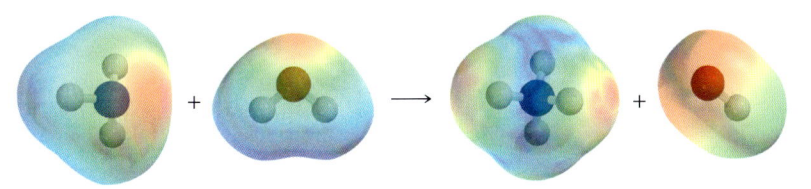

Man beachte die Veränderung in der Ladungsverteilung, wenn NH_3 protoniert und H_2O deprotoniert wird. Das Stickstoffatom in NH_4^+ zeigt ein intensiveres Blau als das in NH_3 und das Sauerstoffatom in OH^- ist intensiver rot gefärbt als das in H_2O.

Wir haben die Anwendung der Brønsted-Lowry-Definitionen jetzt für den Fall des Wassers als Reaktionspartner kennengelernt. Schauen wir uns nun die Reaktion von Essigsäure mit Ammoniak an:

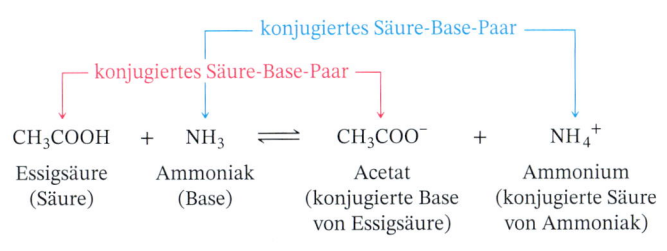

$$\underset{\substack{\text{Essigsäure}\\\text{(Säure)}}}{CH_3COOH} + \underset{\substack{\text{Ammoniak}\\\text{(Base)}}}{NH_3} \rightleftharpoons \underset{\substack{\text{Acetat}\\\text{(konjugierte Base}\\\text{von Essigsäure)}}}{CH_3COO^-} + \underset{\substack{\text{Ammonium}\\\text{(konjugierte Säure}\\\text{von Ammoniak)}}}{NH_4^+}$$

konjugiertes Säure-Base-Paar (CH₃COOH / CH₃COO⁻)
konjugiertes Säure-Base-Paar (NH₃ / NH₄⁺)

Elektronenflusspfeile zeigen, wie diese Reaktion abläuft:

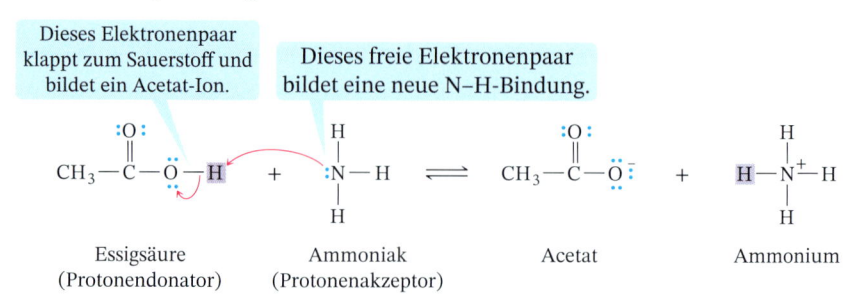

Dieses Elektronenpaar klappt zum Sauerstoff und bildet ein Acetat-Ion.

Dieses freie Elektronenpaar bildet eine neue N–H-Bindung.

$$CH_3-\underset{\underset{Essigsäure\\(Protonendonator)}{}}{\overset{\overset{:O:}{\|}}{C}}-\ddot{\underset{\cdot\cdot}{O}}-H \;+\; \underset{\underset{Ammoniak\\(Protonenakzeptor)}{}}{\overset{H}{\underset{H}{:N-H}}} \;\rightleftharpoons\; CH_3-\underset{Acetat}{\overset{\overset{:O:}{\|}}{C}}-\ddot{\underset{\cdot\cdot}{\overset{\cdot\cdot}{O}}}{:}^{-} \;+\; \underset{Ammonium}{\overset{H}{\underset{H}{H-\overset{+}{N}-H}}}$$

Der rechte Elektronenflusspfeil verdeutlicht, dass aus dem freien Elektronenpaar am Stickstoffatom ein Bindungselektronenpaar zwischen N und H wird, also eine N–H-Bindung. Gleichzeitig mit der Bildung der N–H-Bindung wird die O–H-Bindung gebrochen und das Elektronenpaar der O–H-Bindung wandert zum Sauerstoffatom unter Bildung des O^- im Acetat-Ion. Letztlich entspricht die Verschiebung dieser beiden Elektronenpaare der Übertragung eines Protons von der Essigsäure auf das Ammoniak. In Tab. 2.1 sind Beispiele für typische Säuren und deren konjugierte Basen aufgeführt. Achten Sie bei diesen konjugierten Säure-Base-Paaren vor allem auf die folgenden Punkte:

1. Eine Säure kann positiv geladen, neutral oder sogar negativ geladen sein. Beispiele für die entsprechenden Ladungszustände sind H_3O^+, H_2CO_3 und $H_2PO_4^-$.
2. Eine Base kann negativ geladen oder neutral sein. Beispiele für diese Ladungszustände sind Cl^- oder NH_3.
3. Säuren werden unterteilt in einprotonige, zweiprotonige und dreiprotonige Säuren, je nachdem, wie viele Protonen sie abgeben können. Beispiele für **einprotonige Säuren** sind HCl, HNO_3 und CH_3COOH. Beispiele für **zweiprotonige Säuren** sind H_2SO_4 oder H_2CO_3. Ein Beispiel für eine **dreiprotonige Säure** ist H_3PO_4. Kohlensäure kann z. B. ein erstes Proton unter Bildung eines Hydrogencarbonat-Ions abgeben und dieses ein zweites Proton unter Bildung eines Carbonat-Ions:

$$\underset{Kohlensäure}{H_2CO_3} + H_2O \rightleftharpoons \underset{Hydrogencarbonat}{HCO_3^-} + H_3O^+$$

$$\underset{Hydrogencarbonat}{HCO_3^-} + H_2O \rightleftharpoons \underset{Carbonat}{CO_3^{2-}} + H_3O^+$$

4. Viele Verbindungen und Ionen erscheinen sowohl in den Spalten für Säuren als auch in den Spalten für Basen; sie können sowohl als Säure als auch als Base fungieren. Das Hydrogencarbonat-Ion kann z. B. ein Proton abgeben und zu CO_3^{2-} werden (hier reagiert es als Säure) oder es kann ein Proton unter Bildung von H_2CO_3 aufnehmen (in diesem Fall reagiert es als Base).
5. Zwischen der Säurestärke einer Säure und der Basenstärke der konjugierten Base besteht ein inverser Zusammenhang. **Je stärker die Säure, desto schwächer ist ihre konjugierte Base.** HI ist z. B. die stärkste der in Tab. 2.1 aufgeführten Säuren und I^-, ihre konjugierte Base, ist die schwächste Base. Ein weiteres Beispiel: CH_3COOH (Essigsäure) ist eine stärkere Säure als H_2CO_3 (Kohlensäure) und daher ist umgekehrt CH_3COO^- (Acetat) eine schwächere Base als HCO_3^- (Hydrogencarbonat).

Tab. 2.1 Einige Säuren und ihre konjugierten Basen.

	Säure	Name	Konjugierte Base	Name	
starke Säuren	HI	Iodwasserstoff	I$^-$	Iodid	schwache Basen
	HCl	Chlorwasserstoff	Cl$^-$	Chlorid	
	H$_2$SO$_4$	Schwefelsäure	HSO$_4^-$	Hydrogensulfat	
	HNO$_3$	Salpetersäure	NO$_3^-$	Nitrat	
	H$_3$O$^+$	Oxonium-Ion	H$_2$O	Wasser	
	HSO$_4^-$	Hydrogensulfat	SO$_4^{2-}$	Sulfat	
	H$_3$PO$_4$	Phosphorsäure	H$_2$PO$_4^-$	Dihydrogenphosphat	
	CH$_3$COOH	Essigsäure	CH$_3$COO$^-$	Acetat	
	H$_2$CO$_3$	Kohlensäure	HCO$_3^-$	Hydrogencarbonat	
	H$_2$S	Schwefelwasserstoff	HS$^-$	Hydrogensulfid	
	H$_2$PO$_4^-$	Dihydrogenphosphat	HPO$_4^{2-}$	Hydrogenphosphat	
	NH$_4^+$	Ammonium	NH$_3$	Ammoniak	
	HCN	Cyanwasserstoff (Blausäure)	CN$^-$	Cyanid	
	C$_6$H$_5$OH	Phenol	C$_6$H$_5$O$^-$	Phenolat	
	HCO$_3^-$	Hydrogencarbonat	CO$_3^{2-}$	Carbonat	
	HPO$_4^{2-}$	Hydrogenphosphat	PO$_4^{3-}$	Phosphat	
	H$_2$O	Wasser	OH$^-$	Hydroxid	
schwache Säuren	C$_2$H$_5$OH	Ethanol	C$_2$H$_5$O$^-$	Ethanolat	starke Basen

Beispiel 2.1 Formulieren Sie die folgende Säure-Base-Reaktion als Protonenübertragung. Geben Sie an, welcher der Reaktionspartner eine Säure und welcher eine Base ist und welches Produkt die konjugierte Base welcher Säure bzw. die konjugierte Säure welcher Base ist. Verwenden Sie Elektronenflusspfeile, um die Verschiebung der Elektronen zu verdeutlichen.

$$\underset{\text{Essigsäure}}{\text{CH}_3\text{COH}} + \underset{\text{Hydrogencarbonat}}{\text{HCO}_3^-} \longrightarrow \underset{\text{Acetat}}{\text{CH}_3\text{CO}^-} + \underset{\text{Kohlensäure}}{\text{H}_2\text{CO}_3}$$

Vorgehensweise
Zeichnen Sie zunächst Lewis-Formeln für alle Reaktanten inklusive aller Valenzelektronen der an der Reaktion beteiligten Atome: Essigsäure ist die Säure (ein Protonendonator) und Hydrogencarbonat ist die Base (ein Protonenakzeptor). Die Partner eines konjugierten Säure-Base-Paares unterscheiden sich nur durch ein Proton (die Säure enthält ein Proton mehr). Um die Strukturformel einer konjugierten Base zu ermitteln, entfernen wir ein Proton aus der Säure.

Lösung

konjugiertes Säure-Base-Paar
konjugiertes Säure-Base-Paar

$$\underset{\text{Säure}}{\text{CH}_3-\overset{\text{O}}{\overset{\|}{\text{C}}}-\ddot{\text{O}}-\text{H}} + \underset{\text{Base}}{:\ddot{\text{O}}-\overset{\text{O}}{\overset{\|}{\text{C}}}-\text{O}-\text{H}} \longrightarrow \underset{\substack{\text{konjugierte Base} \\ \text{von CH}_3\text{COOH}}}{\text{CH}_3-\overset{\text{O}}{\overset{\|}{\text{C}}}-\ddot{\ddot{\text{O}}}:^-} + \underset{\substack{\text{konjugierte Säure} \\ \text{von HCO}_3^-}}{\text{H}-\ddot{\text{O}}-\overset{\text{O}}{\overset{\|}{\text{C}}}-\text{O}-\text{H}}$$

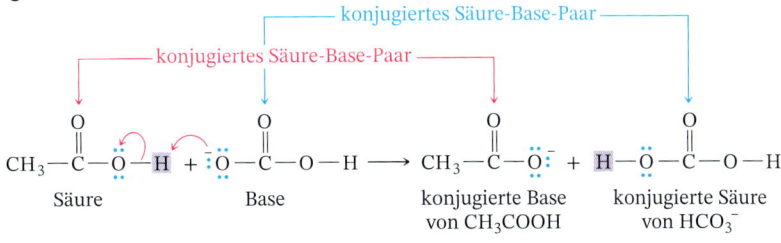

Siehe Aufgaben 2.1 und 2.2.

2.3 Wie bestimmt man die Stärke von Säuren und Basen?

Eine **starke Säure** ist eine Säure, die in wässriger Lösung vollständig dissoziiert vorliegt und eine **starke Base** ist eine Base, die in wässriger Lösung vollständig protoniert vorliegt. Wird HCl in Wasser gelöst, werden die Protonen vollständig vom HCl auf Wassermoleküle übertragen; es bilden sich Cl^- und H_3O^+. Die umgekehrte Reaktion, also die Übertragung eines Protons vom H_3O^+ auf das Cl^- unter Bildung von HCl und H_2O, findet nicht statt. Vergleichen wir die relativen Aciditäten von HCl und H_3O^+, so stellen wir fest, dass HCl die stärkere und H_3O^+ die schwächere Säure ist. Analog können wir ableiten, dass H_2O die stärkere und Cl^- die schwächere Base ist.

Beispiele für starke Säuren in wässriger Lösung sind HCl, HBr, HI, HNO_3, $HClO_4$ und H_2SO_4. Beispiel für starke Basen in wässriger Lösung sind LiOH, NaOH, KOH, $Ca(OH)_2$ und $Ba(OH)_2$.

Eine **schwache Säure** ist eine Säure, die in wässriger Lösung nur teilweise dissoziiert vorliegt, und eine **schwache Base** ist eine Base, die in wässriger Lösung nur teilweise protoniert vorliegt. Zu den wichtigsten organischen Säuren zählen die von uns häufig genutzten Carbonsäuren, die eine Carboxygruppe (−COOH, siehe Abschn. 1.7.4) enthalten. Deren Reaktionsweise als Säure ist in der folgenden Reaktion gezeigt:

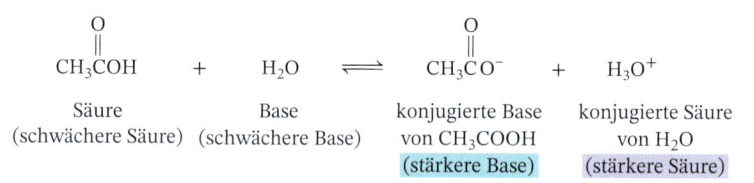

$$CH_3COOH + H_2O \rightleftharpoons CH_3COO^- + H_3O^+$$

Säure (schwächere Säure) + Base (schwächere Base) ⇌ konjugierte Base von CH_3COOH (stärkere Base) + konjugierte Säure von H_2O (stärkere Säure)

Im Folgenden sind die Gleichgewichtsreaktion, die die Dissoziation einer schwachen Säure (HA) in Wasser beschreibt, und die Säurekonstante K_S für dieses Gleichgewicht angegeben:

$$HA + H_2O \rightleftharpoons A^- + H_3O^+ \qquad K_S = K[H_2O] = \frac{[H_3O^+][A^-]}{[HA]}$$

Weil die Säuredissoziationskonstante für schwache Säuren eine Zahl mit negativem Exponenten ist, drückt man sie meist in der Form $\mathbf{pK_S} = -\log_{10} K_S$ aus. In Tab. 2.2 sind die Namen, Formeln und pK_S-Werte einiger organischer und anorganischer Säuren zusammengefasst. Man beachte, dass eine Säure umso *schwächer* ist, je *größer* der pK_S-Wert ist. Zudem sei noch einmal die reziproke Beziehung für die Stärke von konjugierten Säure-Base-Paaren in Erinnerung gerufen: Je stärker eine Säure, desto schwächer ist ihre konjugierte Base.

Hinweis: In Übungen wie in Beispielaufgabe 2.2 und Aufgabe 2.7 sollen Sie die stärkere Säure identifizieren. Bedenken Sie dabei, dass es sich bei diesen und allen anderen Säuren mit einer Dissoziationskonstante deutlich kleiner als 1 ($pK_S > 0$) trotzdem um *schwache* Säuren handelt. Die Bezeichnungen „stärkere und schwächere Säure" werden im relativen Sinn verwendet. Obwohl Essigsäure eine deutlich stärkere Säure als Wasser ist, ist sie dennoch in Wasser nur schwach dissoziiert. In einer 0.1 M Lösung von Essigsäure ist diese beispielsweise nur zu etwa 1.3 % dissoziiert; diese schwache Säure liegt daher in 0.1 M Lösung überwiegend als undissoziierte Säure vor!

Anteile in 0.1 M Essigsäure: $CH_3COOH + H_2O \rightleftharpoons CH_3COO^- + H_3O^+$
98.7 % — 1.3 %

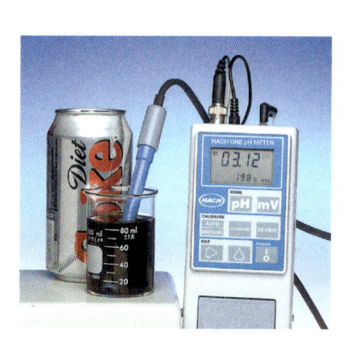

Der pH-Wert dieses Softdrinks ist 3.12. Softdrinks sind oft ziemlich sauer. [Quelle: © Charles D. Winters.]

Tab. 2.2 pK_S-Werte einiger organischer und anorganischer Säuren.

		Säure	Formel	pK_S-Wert	konjugierte Base	
Je schwächer die Säure, desto stärker ist die konjugierte Base.	schwächere Säure ↓	Ethan	CH_3CH_3	51	$CH_3CH_2^-$	stärkere Base ↑
		Ammoniak	NH_3	38	NH_2^-	
		Ethanol	CH_3CH_2OH	15.9	$CH_3CH_2O^-$	
		Wasser	H_2O	15.7	HO^-	
		Methylammonium	$CH_3NH_3^+$	10.64	CH_3NH_2	
		Hydrogencarbonat	HCO_3^-	10.33	CO_3^{2-}	
		Phenol	C_6H_5OH	9.95	$C_6H_5O^-$	
		Ammonium	NH_4^+	9.24	NH_3	
		Cyanwasserstoff	HCN	9.21	CN^-	
		Kohlensäure	H_2CO_3	6.36	HCO_3^-	
		Essigsäure	CH_3COOH	4.76	CH_3COO^-	
		Benzoesäure	C_6H_5COOH	4.19	$C_6H_5COO^-$	
		Phosphorsäure	H_3PO_4	2.1	$H_2PO_4^-$	
Je stärker die Säure, desto schwächer ist die konjugierte Base.		Oxonium-Ion	H_3O^+	−1.74	H_2O	
		Schwefelsäure	H_2SO_4	−5.2	HSO_4^-	
	stärkere Säure	Chlorwasserstoff	HCl	−7	Cl^-	schwächere Base
		Bromwasserstoff	HBr	−8	Br^-	
		Iodwasserstoff	HI	−9	I^-	

Beispiel 2.2 Berechnen Sie für jeden pK_S-Wert den entsprechenden K_S-Wert. Welche Verbindung ist die stärkere Säure?

(a) Ethanol, pK_S = 15.9
(b) Kohlensäure, pK_S = 6.36

Vorgehensweise
Die stärkere Säure hat den kleineren pK_S-Wert (den größeren K_S-Wert).

Lösung
(a) Ethanol: $K_S = 1.3 \times 10^{-16}$
(b) Kohlensäure: $K_S = 4.4 \times 10^{-7}$

Weil der pK_S-Wert für Kohlensäure kleiner ist als der für Ethanol, ist Kohlensäure die stärkere und Ethanol die schwächere Säure.

Siehe Aufgabe 2.7. ◂

2.4 Wie bestimmt man die Gleichgewichtslage in einer Säure-Base-Reaktion?

HCl reagiert mit H_2O bekanntermaßen entsprechend der folgenden Gleichgewichtsreaktion:

$$HCl + H_2O \longrightarrow Cl^- + H_3O^+$$

Wir wissen auch, dass HCl eine starke Säure ist und dass das Gleichgewicht dieser Reaktion deswegen sehr weit auf der rechten Seite liegt.

Wir haben zudem bereits besprochen, dass sich bei der Reaktion von Essigsäure mit Wasser das folgende Gleichgewicht einstellt:

$$\underset{\text{Essigsäure}}{CH_3COOH} + H_2O \rightleftharpoons \underset{\text{Acetat}}{CH_3COO^-} + H_3O^+$$

Essig (enthält Essigsäure) und Backpulver (Natriumhydrogencarbonat) reagieren unter Bildung von Natriumacetat, Kohlendioxid und Wasser. Das gasförmige Kohlendioxid füllt den Ballon. [Quelle: © Charles D. Winters.]

Essigsäure ist eine schwache Säure. Nur ein kleiner Teil der Essigsäuremoleküle reagiert mit Wasser zu Acetat- und Oxonium-Ionen, während der überwiegende Teil der Essigsäure im Gleichgewicht in wässriger Lösung tatsächlich als Essigsäure vorliegt. Das Gleichgewicht liegt in diesem Fall weit auf der linken Seite.

In den beiden zuletzt betrachteten Säure-Base-Reaktionen diente Wasser als Base (als Protonenakzeptor). Was passiert, wenn nicht Wasser, sondern eine andere Base die Rolle des Protonenakzeptors übernimmt? Wie können wir in diesem Fall feststellen, welches die im Gleichgewicht überwiegend vorliegenden Teilchen sind? Oder anders gesagt, wie können wir feststellen, ob das Gleichgewicht auf der linken oder auf der rechten Seite liegt?

Beispielhaft wollen wir uns die Säure-Base-Reaktion zwischen Essigsäure und Ammoniak unter Bildung von Acetat- und Ammonium-Ionen näher ansehen:

$$\underset{\substack{\text{Essigsäure} \\ \text{(Säure)}}}{CH_3COOH} + \underset{\substack{\text{Ammoniak} \\ \text{(Base)}}}{NH_3} \overset{?}{\rightleftharpoons} \underset{\substack{\text{Acetat} \\ \text{(konjugierte Base} \\ \text{von } CH_3COOH)}}{CH_3COO^-} + \underset{\substack{\text{Ammonium} \\ \text{(konjugierte} \\ \text{Säure von } NH_3)}}{NH_4^+}$$

Das Fragezeichen über dem Gleichgewichtspfeil zeigt an, dass wir zunächst noch nicht wissen, ob das Gleichgewicht auf der linken oder auf der rechten Seite liegen wird. Zwei Säuren sind im Gleichgewicht vorhanden: Essigsäure und das Ammonium-Ion. Zudem müssen wir zwei Basen berücksichtigen: Ammoniak und das Acetat-Ion. Aus Tab. 2.2 entnehmen wir, dass CH_3COOH ($pK_S = 4{,}76$) die stärkere Säure und somit CH_3COO^- die schwächere (konjugierte) Base ist. Umgekehrt ist NH_4^+ ($pK_S = 9{,}24$) die schwächere Säure und demzufolge NH_3 die stärkere (konjugierte) Base. Wir können nun die relative Stärke für jede im Gleichgewicht vorliegende Säure und Base zuweisen:

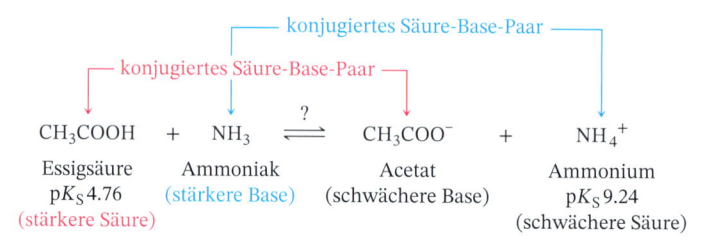

$$\underset{\substack{\text{Essigsäure} \\ pK_S\,4{,}76 \\ \text{(stärkere Säure)}}}{CH_3COOH} + \underset{\substack{\text{Ammoniak} \\ \text{(stärkere Base)}}}{NH_3} \overset{?}{\rightleftharpoons} \underset{\substack{\text{Acetat} \\ \text{(schwächere Base)}}}{CH_3COO^-} + \underset{\substack{\text{Ammonium} \\ pK_S\,9{,}24 \\ \text{(schwächere Säure)}}}{NH_4^+}$$

konjugiertes Säure-Base-Paar / konjugiertes Säure-Base-Paar

In einer Säure-Base-Reaktion reagieren die stärkere Säure und die stärkere Base unter Bildung der schwächeren Säure und der schwächeren Base. Im Gleichgewicht liegen daher hauptsächlich die schwächere Säure und die schwächere Base vor. In der Reaktion zwischen Essigsäure und Ammoniak liegt das Gleichgewicht demzufolge auf der rechten Seite und die hauptsächlich vorliegenden Teilchen sind Acetat- und Ammonium-Ionen:

$$\underset{\substack{\text{Essigsäure} \\ \text{(stärkere Säure)}}}{CH_3COOH} + \underset{\substack{\text{Ammoniak} \\ \text{(stärkere Base)}}}{NH_3} \rightleftharpoons \underset{\substack{\text{Acetat} \\ \text{(schwächere Base)}}}{CH_3COO^-} + \underset{\substack{\text{Ammonium} \\ \text{(schwächere Säure)}}}{NH_4^+}$$

Gewusst wie: 2.2 Wie man die Gleichgewichtslage in einer Säure-Base-Reaktion bestimmt

1. Man identifiziert die beiden im Gleichgewicht vorliegenden Säuren; eine steht in der Reaktionsgleichung auf der linken Seite, die andere steht rechts.
2. Unter Verwendung der Angaben aus Tab. 2.2 bestimmt man, welches die stärkere und welches die schwächere Säure ist. Hat man keine konkreten pK_S-Werte zur Verfügung, nutzt man die Konzepte zur qualitativen Bestimmung von Aciditäten, die wir in Abschn. 2.5 besprechen werden.
3. Ebenso bestimmt man die stärkere und die schwächere Base in der Gleichgewichtsreaktion. Wir erinnern uns, dass die stärkere Säure mit der schwächeren Base konjugiert ist und dass eine schwächere Säure ein konjugiertes Paar mit einer stärkeren Base bildet.
4. Die stärkere Säure und die stärkere Base reagieren unter Bildung der schwächeren Säure und der schwächeren Base; das Gleichgewicht der Reaktion liegt somit auf der Seite der schwächeren Säure und der schwächeren Base.

Beispiel 2.3 Geben Sie für jedes Säure-Base-Gleichgewicht die stärkere Säure, die stärkere Base, die schwächere Säure und die schwächere Base an. Bestimmen Sie jeweils, ob das Gleichgewicht auf der rechten oder auf der linken Seite liegt.

(a) H_2CO_3 + OH^- ⇌ HCO_3^- + H_2O
    Kohlensäure   Hydrogencarbonat

(b) C_6H_5OH + HCO_3^- ⇌ $C_6H_5O^-$ + H_2CO_3
    Phenol   Hydrogencarbonat   Phenolat   Kohlensäure

Vorgehensweise
Identifizieren Sie die beiden im Gleichgewicht vorliegenden Säuren und ihre relative Säurestärke sowie die beiden Basen und deren relative Stärke. Das Gleichgewicht liegt auf der Seite der schwächeren Säure und der schwächeren Base.

Lösung
Durch farbige Pfeile oberhalb der Gleichgewichtsreaktionen sind konjugierte Säure-Base-Paare markiert. Das Gleichgewicht in Reaktion (a) liegt rechts, das in Reaktion (b) liegt links.

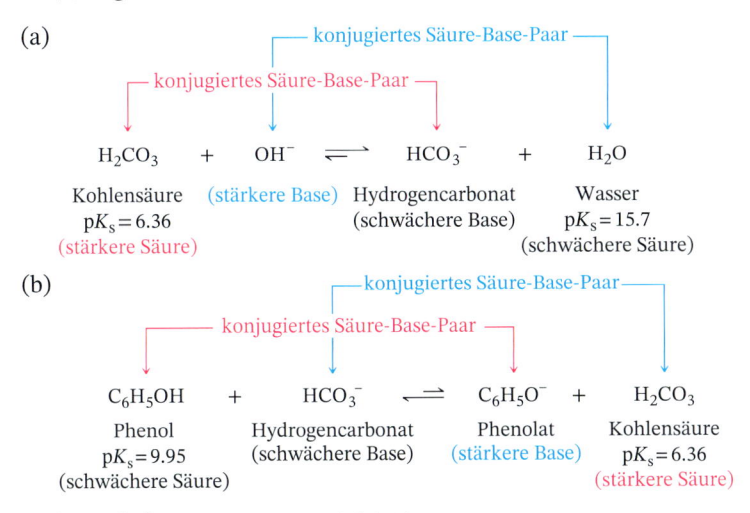

(a)
H_2CO_3 + OH^- ⇌ HCO_3^- + H_2O
Kohlensäure (stärkere Base) Hydrogencarbonat Wasser
$pK_S = 6.36$ (schwächere Base) $pK_S = 15.7$
(stärkere Säure)   (schwächere Säure)

(b)
C_6H_5OH + HCO_3^- ⇌ $C_6H_5O^-$ + H_2CO_3
Phenol   Hydrogencarbonat   Phenolat   Kohlensäure
$pK_S = 9.95$ (schwächere Base) (stärkere Base) $pK_S = 6.36$
(schwächere Säure)   (stärkere Säure)

Siehe Aufgaben 2.4, 2.8, 2.11 und 2.14.

2.5 Wie hängen Säurestärke und Molekülstruktur zusammen?

Wir wollen jetzt untersuchen, welchen Zusammenhang es zwischen der Acidität organischer Verbindungen und ihrer Molekülstruktur gibt. Am einfachsten können wir die relative Acidität einer organischen Säure bestimmen, wenn wir uns die Stabilität des Anions A$^-$ ansehen, also des Teilchens, das entsteht, wenn die Säure HA ein Proton an eine Base abgibt. Um den Zusammenhang zwischen Säurestärke und Molekülstruktur zu ermitteln, müssen wir folgende Parameter berücksichtigen: (1) die Elektronegativität des mit dem Wasserstoff verknüpften Atoms, (2) die Mesomeriestabilisierung, (3) den induktiven Effekt und (4) die Größe der konjugierten Base sowie die Delokalisierung der Ladung in A$^-$. Wir wollen uns in diesem Kapitel jeden dieser Faktoren kurz ansehen. In späteren Kapiteln werden wir uns den verschiedenen Parametern genauer widmen, wenn wir die entsprechenden funktionellen Gruppen besprechen werden.

2.5.1 Elektronegativität: Entwicklung der Acidität von HA innerhalb einer Periode des Periodensystems

Wir rufen uns in Erinnerung, dass die Elektronegativität ein Maß für die Neigung eines Atoms ist, Elektronen in einer kovalenten Bindung zu einem anderen Atom zu sich zu ziehen. Die Bindung wird dadurch polarisiert und die Abspaltung des Protons wird erleichtert. Die relative Acidität der Wasserstoffsäuren wird innerhalb einer Periode des Periodensystems durch die Stabilität von A$^-$ bestimmt, also durch die Stabilität des Anions, das aus der Säure HA entsteht, wenn sie ein Proton an eine Base abgibt. Je größer die Elektronegativität von A ist, desto leichter gibt die Säure HA ein Proton ab und desto größer ist die Stabilität des Anions A$^-$. Beispielsweise stehen Kohlenstoff und Sauerstoff in derselben Periode des Periodensystems. Weil Sauerstoff elektronegativer als Kohlenstoff ist, kommt der Sauerstoff mit der erhöhten Elektronendichte, die sich aus dem negativen Ladungszustand ergibt, besser zurecht, als dies für ein negativ geladenes Kohlenstoffatom der Fall wäre.

> Vergleicht man negativ geladene *Atome derselben Periode* des Periodensystems, dann gilt: **Je elektronegativer das Atom, desto besser kann es eine negative Ladung stabilisieren.**

	H$_3$C—H	H$_2$N—H	HO—H	F—H
pK_S	51	38	15.7	3.5
Elektronegativität von A in A–H	2.5	3.0	3.5	4.0

zunehmende Säurestärke →

Hinweis: Elektronegativität ist der maßgebliche Faktor, wenn man die Stabilität negativ geladener Atome derselben Periode des Periodensystems vergleicht. Wenn man Atome derselben Gruppe des Periodensystems vergleicht, sind andere Einflussfaktoren von Bedeutung, die wir in Abschn. 2.5.4 und in späteren Kapiteln besprechen werden.

2.5.2 Mesomere Effekte: Delokalisierung der Ladung in A⁻

Carbonsäuren sind schwache Säuren: Die pK_S-Werte der meisten unsubstituierten Carbonsäuren liegen zwischen 4 und 5; der pK_S-Wert von Essigsäure beträgt beispielsweise 4.76:

$$\text{CH}_3\text{COOH} + \text{H}_2\text{O} \rightleftharpoons \text{CH}_3\text{COO}^- + \text{H}_3\text{O}^+ \quad \text{p}K_S = 4.76$$

eine Carbonsäure — ein Carboxylat

Die pK_S-Werte der meisten Alkohole, also Verbindungen mit einer OH-Gruppe, liegen im Bereich von 15 bis 18; so beträgt z. B. der pK_S-Wert von Ethanol 15.9:

$$\text{CH}_3\text{CH}_2\text{O–H} + \text{H}_2\text{O} \rightleftharpoons \text{CH}_3\text{CH}_2\text{O}^- + \text{H}_3\text{O}^+ \quad \text{p}K_S = 15.9$$

ein Alkohol — ein Alkoholat

Alkohole sind also etwas weniger sauer als Wasser und deutlich weniger sauer als Carbonsäuren.

Die größere Acidität von Carbonsäuren im Vergleich mit der von Alkoholen lässt sich mit mesomeren Effekten begründen, die zu unterschiedlichen relativen Stabilitäten der Alkoholate und der Carboxylate führen. Die hier maßgebliche Regel lautet: *Je stabiler das Anion, desto stärker ist die konjugierte Säure und umso weiter ist das Gleichgewicht nach rechts verschoben.*

Im Alkoholat-Anion ist keine Resonanzstabilisierung wirksam. Dagegen führt die Dissoziation einer Carbonsäure zu einem Anion, für das wir zwei äquivalente mesomere Grenzformeln mit delokalisierter negativer Ladung zeichnen können. Die negative Ladung ist also auf beide Sauerstoffatome verteilt:

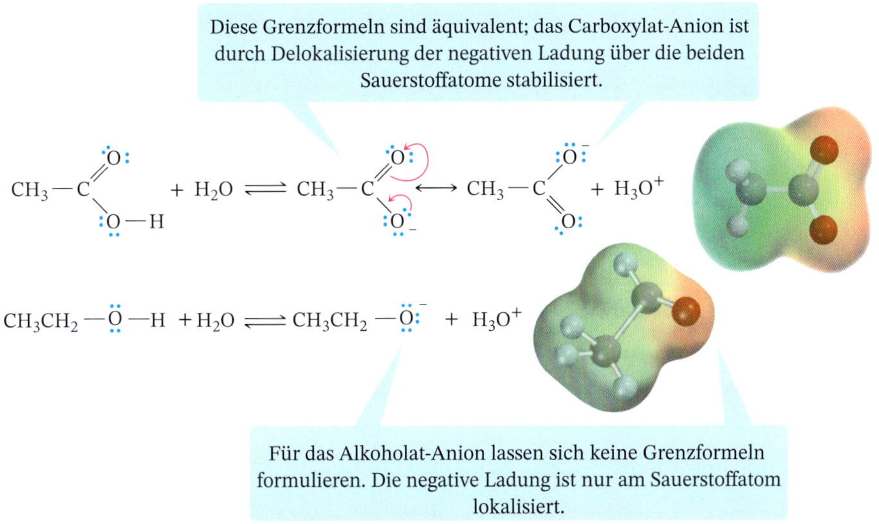

Diese Grenzformeln sind äquivalent; das Carboxylat-Anion ist durch Delokalisierung der negativen Ladung über die beiden Sauerstoffatome stabilisiert.

Für das Alkoholat-Anion lassen sich keine Grenzformeln formulieren. Die negative Ladung ist nur am Sauerstoffatom lokalisiert.

Weil seine Ladung delokalisiert ist, ist ein Carboxylat-Anion durch Mesomerie deutlich besser stabilisiert als ein Alkoholat-Anion. Das Gleichgewicht für die Dissoziation einer Carbonsäure ist daher im Vergleich mit dem für die Dissoziation eines Alkohols deutlich nach rechts verschoben: Eine Carbonsäure ist eine stärkere Säure als ein Alkohol.

2.5.3 Der induktive Effekt: Schwächung der HA-Bindung durch Verschiebung von Elektronendichte

Der **induktive Effekt** bewirkt die Verschiebung von Elektronendichte entlang einer oder mehrerer kovalenter Bindungen und führt damit zur Polarisation von Bindungen. Er wird z. B. durch die Nachbarschaft von Atomen mit höherer Elektronegativität hervorgerufen. Die Wirkung des induktiven Effekts lässt sich sehr gut verstehen, wenn wir die Aciditäten von Essigsäure ($pK_S = 4.76$) und Trifluoressigsäure ($pK_S = 0.23$) vergleichen. Fluor ist elektronegativer als Kohlenstoff und bewirkt eine Polarisation der C–F-Bindungen mit einer positiven Partialladung auf dem Kohlenstoff der CF_3-Gruppe. Diese positive Partialladung zieht nun ihrerseits Elektronendichte aus der negativ geladenen CO_2^--Gruppe ab. Durch diese elektronenziehende Wirkung wird die negative Ladung delokalisiert und die entsprechende Verbindung stabilisiert. Die konjugierte Base von Trifluoressigsäure ist somit stabiler als die konjugierte Base von Essigsäure. Die Delokalisierung der negativen Ladung wird offensichtlich, wenn wir uns die Elektronendichteverteilung in den beiden konjugierten Basen ansehen:

Ein induktiver Effekt delokalisiert die Ladung eines Ions und führt zur Stabilisierung des Ions.

Hier fällt auf, dass die Elektronendichte an den Sauerstoffatomen im Trifluoracetat geringer ist, dass sie also eine kleinere negative Partialladung tragen (sichtbar an der schwächeren Rotschattierung). Das Gleichgewicht der Dissoziation von Trifluoressigsäure ist somit weiter nach rechts verschoben als das der Dissoziation von Essigsäure; Trifluoressigsäure ist folglich acider (saurer) als Essigsäure.

2.5.4 Die Größe der korrespondierenden Base und die Delokalisierung der Ladung in A⁻

Der wichtigste Parameter, der die Acidität einer undissoziierten Säure HA bestimmt, ist die Stabilität der konjugierten, durch Deprotonierung der Säure entstehenden Base A^-. Je stabiler das Anion, desto größer ist die Acidität der Säure. So steht beispielsweise die relative Acidität der Halogenwasserstoffe HX mit der Größe des Atoms in Zusammenhang, das als Anion die negative Ladung trägt (hier des Halogenids X^-). Die Grundprinzipien der Physik lehren uns, das ein geladenes System (egal, ob es eine positive oder negative Ladung trägt) stabiler ist, wenn die Ladung über ein größeres Gebiet verteilt ist. Je größer das Volumen, über das die Ladung eines Anions (oder Kations) delokalisiert ist, desto stabiler ist das Anion (oder Kation).

Wir erinnern uns aus dem Studium der Allgemeinen Chemie, dass die Atomgröße eine periodische Eigenschaft der Elemente ist.

1. **Die Atomradien der Hauptgruppenelemente nehmen deutlich zu, wenn wir im Periodensystem innerhalb einer Gruppe nach unten gehen.** Die Atomradien nehmen von oben nach unten in einer Gruppe des Periodensystems zu, weil die Elektronen Orbitale besetzen, die mit steigender Hauptquantenzahl n von oben nach unten größer werden. Je größer aber das Atom ist, desto leichter kann es eine negative Ladung unterbringen. Unter den Halogenen, den Atomen der 7. Hauptgruppe, hat somit Iod den größten und Fluor den kleinsten Atomradius (I > Br > Cl > F).
2. **Anionen sind immer größer als die zugehörigen ungeladenen Atome.** In einem Anion bleibt die Kernladung unverändert, aber die Elektronenhülle enthält ein oder mehrere zusätzliche Elektronen. Diese stoßen einander stärker ab und die Elektronenwolke verteilt sich auf ein größeres Volumen. Unter den Halogeniden hat daher das I^- den größten und F^- den kleinsten Ionenradius ($I^- > Br^- > Cl^- > F^-$).

Wenn wir also die relativen Aciditäten der Halogenwasserstoffe ermitteln wollen, müssen wir uns die relativen Stabilitäten der durch Dissoziation aus den Säuren entstehenden Halogenide ansehen. Wir wissen bereits, dass HI die stärkste und dass HF die schwächste Säure in dieser Gruppe ist. Diesen Trend können wir damit erklären, dass die negative Ladung im Iodid über ein größeres Volumen delokalisiert ist als im Bromid. Die negative Ladung im Bromid ist ihrerseits über ein größeres Volumen verteilt als im Chlorid, usw. Weil das Iodid-Ion das stabilste Anion ist, ist HI somit die stärkste Säure in dieser Reihe; HF ist entsprechend die schwächste Säure, weil das Fluorid-Ion am wenigsten stabilisiert ist.

Beispiel 2.4

(a) Ordnen Sie die folgenden Verbindungen entsprechend ihrer Acidität, beginnend mit der acidesten Verbindung.

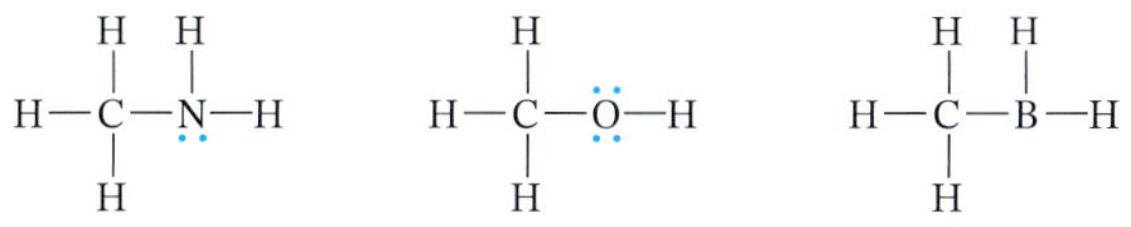

(b) Ordnen Sie die folgenden Verbindungen entsprechend ihrer Basizität, beginnend mit der basischsten Verbindung.

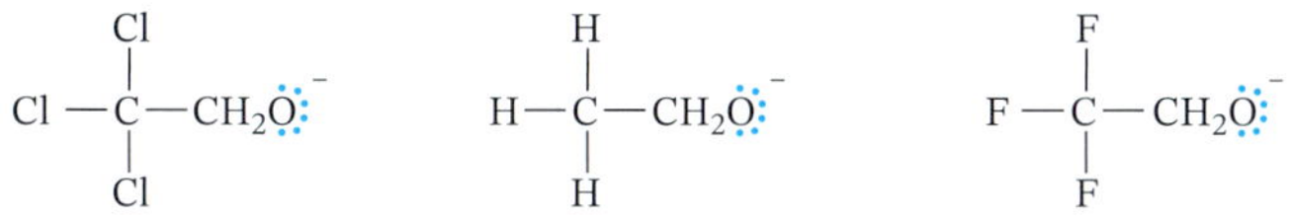

Vorgehensweise

Bewerten Sie zur Ermittlung der Acidität die Stabilität der konjugierten Base, also des Anions, das entsteht, wenn die Säure ein Proton an eine Base abgegeben hat. Jede Eigenschaft, die die konjugierte Base stabilisiert (Elektronegativität, Mesomeriestabilisierung, induktiver Effekt oder Ionenradius des Anions), führt zu einer erhöhten Acidität der zugehörigen Säure. Wenn Sie die Basizität einer negativ geladenen Verbindung ermitteln wollen, bewerten Sie die Stabilität der Base. Jede Eigenschaft (Elektronegativität, Mesomeriestabilisierung oder induktiver Effekt), die die Base stabilisiert, macht diese weniger basisch. Kurz gesagt, je stabiler eine Base ist, desto weniger basisch ist sie.

Lösung

(a) Weil die in diesem Beispiel verglichenen Elemente (B, C und O) alle zu derselben Periode des Periodensystems gehören, kann die Stabilität der korrespondierenden Base basierend auf der Elektronegativität des die negative Ladung tragenden Atoms abgeschätzt werden. Sauerstoff, das elektronegativste Element, kann die negative Ladung und damit die Elektronendichte am leichtesten unterbringen. Bor, das am wenigsten elektronegative Element, ist am wenigsten in der Lage, zusätzliche Elektronendichte aus einer negativen Ladung bei sich zu stabilisieren.

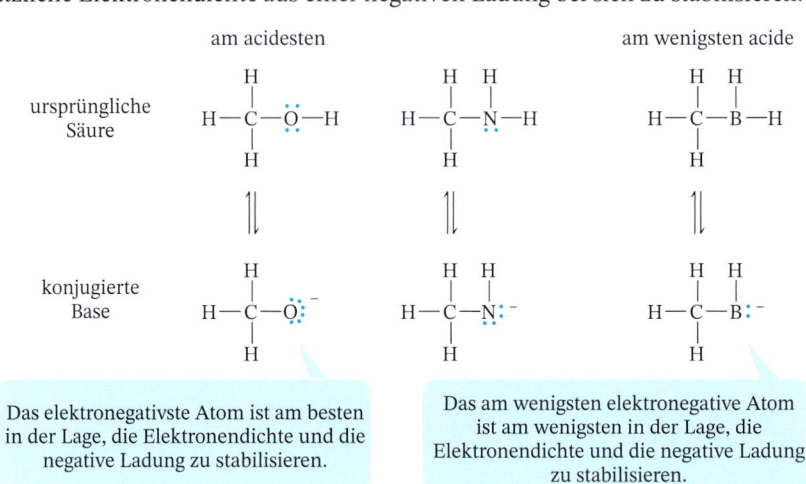

	am acidesten		am wenigsten acide
ursprüngliche Säure	H₃C–Ö–H	H₃C–N̈–H (H)	H₃C–B̈–H (H)
konjugierte Base	H₃C–Ö:⁻	H₃C–N̈:⁻ (H)	H₃C–B̈:⁻ (H)

Das elektronegativste Atom ist am besten in der Lage, die Elektronendichte und die negative Ladung zu stabilisieren.

Das am wenigsten elektronegative Atom ist am wenigsten in der Lage, die Elektronendichte und die negative Ladung zu stabilisieren.

(b) Die Stabilität der Basen kann man ermitteln, indem man die Größe der induktiven Effekte innerhalb der Verbindungen abschätzt. Fluor, das elektronegativste Element, übt einen starken induktiven Effekt auf das negativ geladene Sauerstoffatom aus und führt dadurch zu einer deutlichen Delokalisierung der negativen Ladung. Die Delokalisierung der negativen Ladung führt zu einer signifikanten Stabilisierung des $F_3CCH_2O^-$-Ions im Vergleich zu den beiden anderen Alkoholaten. Chlor hat ebenfalls einen induktiven Effekt auf das negativ geladene Sauerstoffatom, allerdings ist dieser wegen der geringeren Elektronegativität von Chlor nicht so stark ausgeprägt wie der des Fluors; die Stabilisierung fällt somit geringer aus.

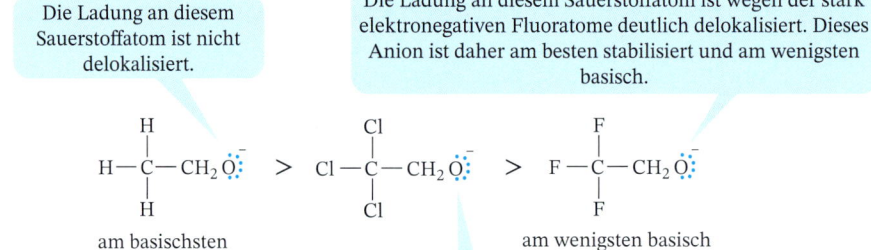

Die Ladung an diesem Sauerstoffatom ist nicht delokalisiert.

Die Ladung an diesem Sauerstoffatom ist wegen der stark elektronegativen Fluoratome deutlich delokalisiert. Dieses Anion ist daher am besten stabilisiert und am wenigsten basisch.

$H_3C-CH_2\ddot{O}:^-$ > $Cl_3C-CH_2\ddot{O}:^-$ > $F_3C-CH_2\ddot{O}:^-$

am basischsten   am wenigsten basisch

Die Ladung an diesem Sauerstoffatom ist wegen der elektronegativen Chloratome etwas delokalisiert.

Siehe Aufgaben 2.10 und 2.16.

2.6 Was sind Lewis-Säuren und -Basen?

Gilbert Lewis, von dem auch die Idee stammt, dass kovalente Bindungen durch die gemeinsame Nutzung eines oder mehrerer Elektronenpaare entstehen (Abschn. 1.2), formulierte eine erweiterte Säure-Base-Theorie, die auch Verbindungen einschließt, die vom Brønsted-Lowry-Konzept nicht erfasst werden. Eine **Säure** ist nach der Definition von Lewis eine Verbindung, die durch Aufnahme eines Elektronenpaars eine neue kovalente Bindung eingehen kann (ein **Elektronenpaarakzeptor**); eine **Base** ist dementsprechend eine Verbindung, die eine neue kovalente Bindung bilden kann, indem sie ein Elektronenpaar zur Verfügung stellt (ein **Elektronenpaardonator**). In der folgenden allgemeinen Reaktionsgleichung nimmt die Lewis-Säure A ein Elektronenpaar auf und bildet damit eine neue kovalente Bindung; dabei wird sie gleichzeitig formal negativ geladen. Die Lewis-Base :B stellt dieses zur Bildung der kovalenten Bindung genutzte Elektronenpaar zur Verfügung und wird dadurch formal positiv geladen:

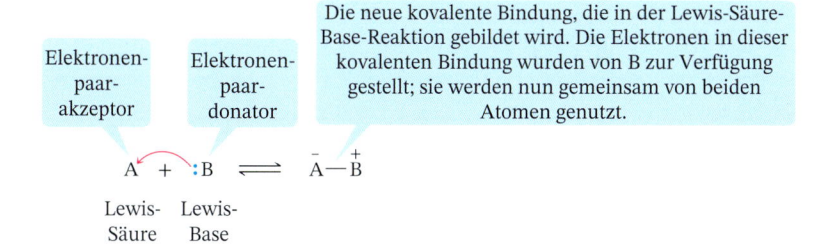

$$A + :B \rightleftharpoons \overset{-}{A}-\overset{+}{B}$$

Elektronenpaarakzeptor — Elektronenpaardonator

Die neue kovalente Bindung, die in der Lewis-Säure-Base-Reaktion gebildet wird. Die Elektronen in dieser kovalenten Bindung wurden von B zur Verfügung gestellt; sie werden nun gemeinsam von beiden Atomen genutzt.

Lewis-Säure   Lewis-Base

Man beachte aber, dass die Bezeichnung einer Lewis-Base als Elektronenpaardonator nicht ganz korrekt ist. Der Begriff „Donator" soll hier nicht unterstellen, dass das betreffende Elektronenpaar vollständig aus der Valenzschale von B entfernt wird. Tatsächlich ist gemeint, dass das Elektronenpaar zur gemeinsamen Nutzung mit einem anderen Atom in einer kovalenten Bindung bereitgestellt wird.

Wie wir in den folgenden Kapiteln sehen werden, können sehr viele organische Reaktionen als Lewis-Säure-Base-Reaktionen gedeutet werden. Die möglicherweise wichtigste (aber selbstverständlich längst nicht die einzige) Lewis-Säure ist das Proton. Isolierte Protonen existieren in Lösung natürlich nicht; sie lagern sich vielmehr an die stärkste verfügbare Lewis-Base an. Wird z. B. HCl in Wasser gelöst, ist die stärkste verfügbare Lewis-Base das H_2O, sodass die folgende Protonenübertragung stattfindet:

$$H-\overset{..}{\underset{H}{O}}: + H-\overset{..}{\underset{..}{Cl}}: \longrightarrow H-\overset{..}{\underset{H}{\overset{+}{O}}}-H + :\overset{..}{\underset{..}{Cl}}:^{-}$$

Oxonium-Ion

Wird HCl in Methanol gelöst, ist die stärkste verfügbare Lewis-Base das CH_3OH-Molekül und die nachfolgend gezeigte Protonenübertragung findet statt. Ein **Oxonium-Ion** ist allgemein ein Ion, das ein positiv geladenes Sauerstoffatom mit drei daran gebundenen Atomen oder Atomgruppen enthält. Den einfachsten Vertreter, den mit drei Wasserstoffatomen verknüpften Grundkörper, bezeichnet man als *das* Oxonium-Ion.

$$CH_3-\overset{..}{\underset{H}{O}}: + H-\overset{..}{\underset{..}{Cl}}: \longrightarrow CH_3-\overset{..}{\underset{H}{\overset{+}{O}}}-H + :\overset{..}{\underset{..}{Cl}}:^{-}$$

Methanol (eine Lewis-Base) — Methyloxonium-Ion

Tab. 2.3 Einige organische Lewis-Basen und ihre relativen Basenstärken in der Reaktion mit einem Proton.

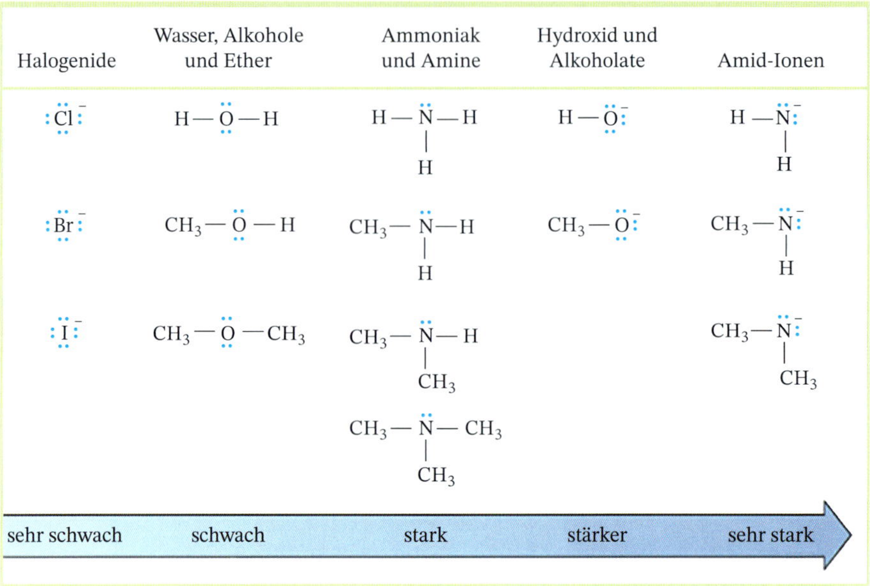

Halogenide	Wasser, Alkohole und Ether	Ammoniak und Amine	Hydroxid und Alkoholate	Amid-Ionen
:Cl:⁻	H—O—H	H—N(H)—H	H—O:⁻	H—N:⁻—H
:Br:⁻	CH₃—O—H	CH₃—N(H)—H	CH₃—O:⁻	CH₃—N:⁻—H
:I:⁻	CH₃—O—CH₃	CH₃—N(H)—H, mit CH₃		CH₃—N:⁻—CH₃
		CH₃—N(CH₃)—CH₃		

sehr schwach → schwach → stark → stärker → sehr stark

In Tab. 2.3 sind Beispiele für die wichtigsten Stoffklassen aufgeführt, die als Lewis-Basen reagieren können und denen wir in diesem Lehrbuch begegnen werden – geordnet nach aufsteigender Tendenz, mit Protonen zu reagieren. Man beachte, dass jede dieser Lewis-Basen mindestens ein Atom mit einem oder mehreren freien Elektronenpaaren enthält. Dieses Atom ist für die Lewis-Basizität verantwortlich. Ether sind organische Derivate des Wassers, in denen beide Wasserstoffatome durch Alkylgruppen ersetzt sind. Diese Stoffklasse werden wir in Kap. 8 besprechen. Mit den Eigenschaften der Amine werden wir uns in Kap. 10 befassen.

Beispiel 2.5 Vervollständigen Sie die folgende Säure-Base-Reaktionsgleichung. Verwenden Sie Elektronenflusspfeile, um den Elektronenfluss in dieser Reaktion zu verdeutlichen. Machen Sie zudem eine Aussage darüber, ob das Gleichgewicht eher links oder eher rechts liegt.

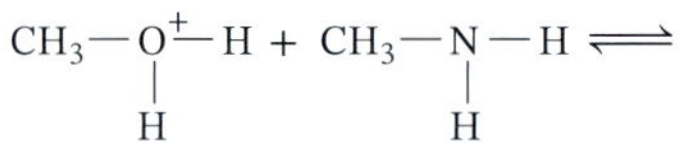

$$CH_3-\overset{+}{O}(H)-H \ + \ CH_3-N(H)-H \ \rightleftharpoons$$

Vorgehensweise
Fügen Sie an den reagierenden Atomen zunächst freie Elektronenpaare hinzu, um das Elektronenoktett zu vervollständigen. Identifizieren Sie die Lewis-Base (den Elektronenpaardonator) und die Lewis-Säure (den Elektronenpaarakzeptor). Das Gleichgewicht liegt auf der Seite der schwächeren Säure und der schwächeren Base.

Lösung
Es findet ein Protonentransfer unter Bildung eines Alkohols und eines Ammonium-Ions statt. Aus Tab. 2.3 entnehmen wir, dass Amine stärkere Basen als Alkohole sind. Zudem wissen wir, dass eine schwache Base mit einer starken konjugierten Säure einhergeht und umgekehrt. Hieraus können wir schlussfolgern, dass das Gleichgewicht auf der rechten Seite liegt, auf der Seite der schwächeren Säure und der schwächeren Base.

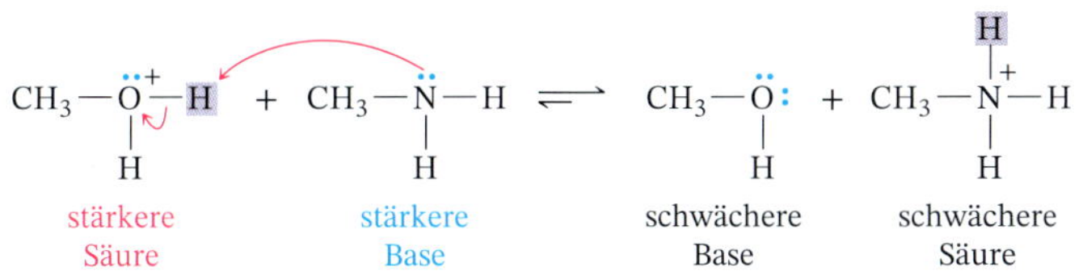

$$CH_3-\overset{+}{\underset{H}{\overset{..}{O}}}-H + CH_3-\underset{H}{\overset{H}{\underset{|}{N}}}-H \rightleftharpoons CH_3-\underset{H}{\overset{..}{\underset{..}{O}}}: + CH_3-\underset{H}{\overset{H}{\underset{|}{\overset{|+}{N}}}}-H$$

stärkere Säure   stärkere Base   schwächere Base   schwächere Säure

Siehe Aufgaben 2.1, 2.4, 2.15, 2.17 und 2.19–2.21.

In späteren Kapiteln werden wir einen weiteren Typ von Lewis-Säuren kennenlernen – organische Kationen, in denen das Kohlenstoffatom an drei Atome gebunden ist und eine positive Formalladung trägt. Solche Kohlenstoffkationen bezeichnet man als Carbokationen. Schauen wir uns die Reaktion zwischen einem Carbokation und einem Bromid-Ion an:

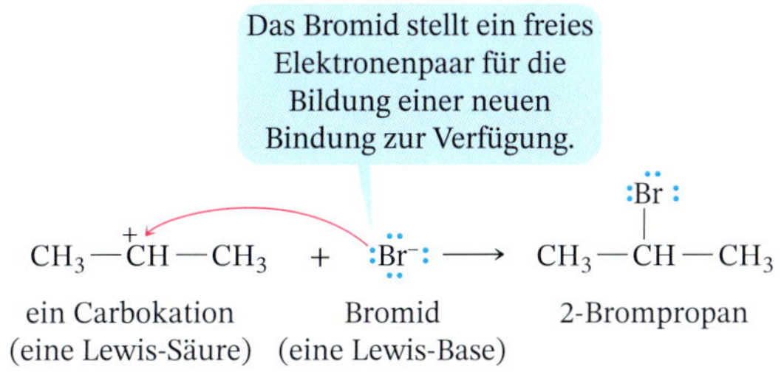

Das Bromid stellt ein freies Elektronenpaar für die Bildung einer neuen Bindung zur Verfügung.

$$CH_3-\overset{+}{CH}-CH_3 + :\overset{..}{\underset{..}{Br}}: \longrightarrow CH_3-\underset{\overset{|}{:\overset{..}{\underset{..}{Br}}:}}{CH}-CH_3$$

ein Carbokation   Bromid   2-Brompropan
(eine Lewis-Säure)   (eine Lewis-Base)

In dieser Reaktion ist das Carbokation der Elektronenpaarakzeptor (die Lewis-Säure) und das Bromid der Elektronenpaardonator (die Lewis-Base).

Beispiel 2.6   Vervollständigen Sie die folgende Säure-Base-Reaktionsgleichung. Zeichnen Sie alle Elektronenpaare an den reagierenden Atomen und verwenden Sie Elektronenflusspfeile, um den Elektronenfluss in dieser Reaktion zu verdeutlichen.

$$CH_3-\overset{+}{CH_2}-CH_3 + H_2O \longrightarrow$$

Vorgehensweise
Bestimmen Sie, welche Verbindung als Elektronenpaardonator und welche als Elektronenpaarakzeptor reagiert. *Hinweis:* Verbindungen mit leeren Orbitalen in ihrer Valenzschale reagieren in der Regel als Lewis-Säuren.

Lösung
Das dreiwertige Kohlenstoffatom im Carbokation enthält ein leeres Orbital in seiner Valenzschale und ist demzufolge eine Lewis-Säure. Wasser ist die Lewis-Base.

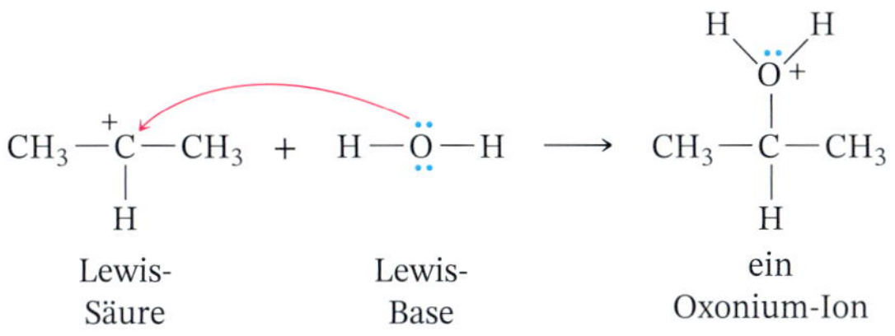

$$CH_3-\underset{H}{\overset{+}{\underset{|}{C}}}-CH_3 + H-\overset{..}{\underset{..}{O}}-H \longrightarrow CH_3-\underset{H}{\overset{\overset{H \ \ H}{\underset{|}{\overset{+}{O}}}}{\underset{|}{C}}}-CH_3$$

Lewis-Säure   Lewis-Base   ein Oxonium-Ion

Siehe Aufgaben 2.19–2.21.

Zusammenfassung

2.1 Was sind Arrhenius-Säuren und -Basen?
- Eine **Arrhenius-Säure** ist eine Verbindung, die sich in Wasser unter Abgabe von H^+-Ionen löst.
- Eine **Arrhenius-Base** ist eine Verbindung, die sich in Wasser unter Abgabe von OH^--Ionen löst.

2.2 Was sind Brønsted-Lowry-Säuren und -Basen?
- Eine **Brønsted-Lowry-Säure** ist ein Protonendonator.
- Eine **Brønsted-Lowry-Base** ist ein Protonenakzeptor.
- Die Neutralisation einer Säure durch eine Base ist eine **Protonenübertragung**, in der die Säure in die konjugierte Base und die Base in die konjugierte Säure überführt wird.

2.3 Wie bestimmt man die Stärke von Säuren und Basen?
- Eine **starke Säure** ist eine Säure, die in wässriger Lösung vollständig dissoziiert vorliegt und eine **starke Base** ist eine Base, die in wässriger Lösung vollständig protoniert vorliegt.
- Eine **schwache Säure** ist eine Säure, die in wässriger Lösung nur teilweise dissoziiert vorliegt und eine **schwache Base** ist eine Base, die in wässriger Lösung nur teilweise protoniert vorliegt.
- Die Stärke einer schwachen Säure wird durch ihre **Säurekonstante** K_S ausgedrückt.
- Je größer der K_S-Wert bzw. je kleiner der pK_S-Wert, desto stärker ist die Säure; es gilt p$K_S = -\log K_S$.

2.4 Wie bestimmt man die Gleichgewichtslage in einer Säure-Base-Reaktion?
- In einer Säure-Base-Reaktion reagiert die stärkere Säure mit der stärkeren Base unter Bildung der schwächeren Säure und der schwächeren Base. Das **Gleichgewicht** liegt auf der Seite der schwächeren Säure und der schwächeren Base.

2.5 Wie hängen Säurestärke und Molekülstruktur zusammen?
- Die relativen Aciditäten von organischen Säuren HA werden bestimmt durch
  - die Elektronegativität von A,
  - eine **Mesomeriestabilisierung** der konjugierten Base A^-,
  - einen elektronenziehenden **induktiven Effekt**, der ebenfalls zur Stabilisierung der konjugierten Base führt und
  - die Größe des negativ geladenen Atoms in der konjugierten Base.

2.6 Was sind Lewis-Säuren und -Basen?
- Eine **Lewis-Säure** ist ein Teilchen, das durch Aufnahme eines Elektronenpaars eine neue kovalente Bildung ausbilden kann (ein **Elektronenpaarakzeptor**).
- Eine **Lewis-Base** ist ein Teilchen, das eine neue kovalente Bildung bilden kann, indem es ein Elektronenpaar zur Verfügung stellt (ein **Elektronenpaardonator**).

Wichtige Reaktionen

1. **Protonenübertragung (Abschn. 2.2)**

   In dieser Reaktion erfolgt die Übertragung eines Protons von einem Protonendonator (einer Brønsted-Lowry-Säure) auf einen Protonenakzeptor (eine Brønsted-Lowry-Base):

   $$CH_3-C(=O)-O-H + :NH_3 \rightleftharpoons CH_3-C(=O)-O^- + H-NH_3^+$$

   Essigsäure (Protonen-Donator) + Ammoniak (Protonen-Akzeptor) ⇌ Acetat + Ammonium

2. **Gleichgewichtslage in einer Säure-Base-Reaktion (Abschn. 2.4)**

   Im Gleichgewicht ist die Reaktion der stärkeren Säure mit der stärkeren Base begünstigt; es entstehen die schwächere Säure und die schwächere Base:

   $$CH_3COOH + NH_3 \rightleftharpoons CH_3COO^- + NH_4^+$$

   Essigsäure (stärkere Säure) $pK_S = 4.76$ + Ammoniak (stärkere Base) ⇌ Acetat (schwächere Base) + Ammonium (schwächere Säure) $pK_S = 9.24$

3. **Lewis-Säure-Base-Reaktion (Abschn. 2.6)**

   In einer Lewis-Säure-Base-Reaktion teilen sich ein Elektronenpaardonator (eine Lewis-Base) und ein Elektronenpaarakzeptor (eine Lewis-Säure) ein Elektronenpaar:

   $$CH_3-CH^+-CH_3 + H-\ddot{O}-H \longrightarrow CH_3-CH(O^+H_2)-CH_3$$

   eine Lewis-Säure + eine Lewis-Base → ein Oxonium-Ion

Quiz

Sind die folgenden Aussagen richtig oder falsch? Hier können Sie testen, ob Sie die wichtigsten Fakten aus diesem Kapitel parat haben. Wenn Sie mit einer der Fragestellungen Probleme haben, sollten Sie den jeweiligen in Klammern angegebenen Abschnitt in diesem Kapitel noch einmal durcharbeiten, bevor Sie sich an die weiteren, meist etwas schwierigeren Aufgaben zu diesem Kapitel machen.

1. Wenn NH_3 als Säure wirkt, dann ist NH_2^- die konjugierte Base (2.2).
2. Die Delokalisierung von Elektronendichte hat eine stabilisierende Wirkung (2.5).
3. H_3O^+ ist eine stärkere Säure als NH_4^+ und deswegen ist NH_3 eine stärkere Base als H_2O (2.3).
4. Negative induktive Effekte beschreiben die Delokalisierung von Elektronen (2.6).
5. Das Gleichgewicht einer Säure-Base-Reaktion liegt auf der Seite der stärkeren Säure und der stärkeren Base (2.4).
6. Die konjugierte Base von CH_3CH_2OH ist $CH_3CH_2O^-$ (2.2).
7. Wird eine Säure (HA) in Wasser gelöst, dann wird die Lösung wegen der Anwesenheit von H^+-Ionen sauer (2.1).
8. Im Vergleich einer starken und einer schwachen Säure korrespondiert die schwache Säure mit der stärkeren konjugierten Base (2.4).
9. H_2O kann als Säure (Protonendonator) und als Base (Protonenakzeptor) reagieren (2.2).
10. Die stärkste Base, die in wässriger Lösung existieren kann, ist OH^- (2.4).
11. Eine starke Säure ist eine Säure, die in wässriger Lösung vollständig dissoziiert vorliegt (2.3).
12. Eine Brønsted-Lowry-Säure ist ein Protonendonator (2.2).
13. Vergleicht man die relativen Aciditäten von Säuren, dann hat die jeweils stärkere Säure den kleineren K_S-Wert (2.3).
14. Die Strukturformeln eines korrespondierenden Säure-Base-Paars unterscheiden sich nur durch ein Proton (2.2).
15. Essigsäure (CH_3COOH) ist eine stärkere Säure als Kohlensäure (H_2CO_3) und deswegen ist das Acetat-Ion (CH_3COO^-) eine stärkere Base als das Hydrogencarbonat-Ion (HCO_3^-) (2.2).
16. Die stärkste Säure, die in wässriger Lösung existieren kann, ist H_3O^+ (2.4).
17. Eine Lewis-Säure-Base-Reaktion führt zu Bildung einer neuen kovalenten Bindung zwischen der Lewis-Säure und der Lewis-Base (2.6).
18. Wird ein Metallhydroxid (MOH) in Wasser gelöst, wird die Lösung wegen der Anwesenheit von Hydroxid-Ionen (OH^-) basisch (2.1).
19. Eine Lewis-Säure ist ein Protonenakzeptor (2.6).
20. Mesomere Effekte beschreiben die Delokalisierung von Elektronen (2.5).
21. In allen Lewis-Säure-Base-Reaktionen finden Protonenübertragungen von der Säure auf die Base statt (2.6).
22. BF_3 ist eine Lewis-Säure (2.6).
23. Wenn HCl in Wasser gelöst wird, liegen als Ionen hauptsächlich H^+ und Cl^- vor (2.3).
24. Säure-Base-Reaktionen finden nur in wässriger Lösung statt (2.6).

Ausführliche Erklärungen zu vielen dieser Antworten finden sich im Arbeitsbuch.

Antworten: (1) R (2) R (3) R (4) F (5) F (6) R (7) F (8) R (9) R (10) R (11) R (12) R (13) F (14) R (15) F (16) R (17) R (18) R (19) F (20) R (21) F (22) R (23) F (24) F

Aufgaben

Arrhenius-Säuren und -Basen

2.1 Vervollständigen Sie die folgenden Gleichungen für die Umsetzung verschiedener Basen in Wasser. Verwenden Sie Elektronenflusspfeile, um die Umverteilung der Elektronen in den Reaktionen zu verdeutlichen. Nutzen Sie die in Tab. 2.2 für die entsprechenden Protonensäuren aufgelisteten pK_S-Werte, um eine Aussage über die Gleichgewichtslage der Reaktionen zu machen. (Siehe Beispielaufgaben 2.1 und 2.5)

(a) $CH_3NH_2 + H_2O \rightleftharpoons$

(b) $HSO_4^- + H_2O \rightleftharpoons$

(c) $Br^- + H_2O \rightleftharpoons$

(d) $CO_3^{2-} + H_2O \rightleftharpoons$

(e) $CN^- + H_2O \rightleftharpoons$

Brønsted-Lowry-Säuren und -Basen

2.2 Formulieren Sie jede der folgenden Säure-Base-Reaktionen als Protonenübertragung. Welcher der Reaktionspartner ist eine Säure, welcher ist eine Base? Welches Produkt ist die konjugierte Base welcher Säure bzw. welches Produkt ist die konjugierte Säure welcher Base? Verwenden Sie Elektronenflusspfeile, um die Umverteilung der Elektronen in den Reaktionen zu verdeutlichen. (Siehe Beispielaufgabe 2.1)

(a) $CH_3SH + OH^- \longrightarrow CH_3S^- + H_2O$

(b) $CH_3OH + NH_2^- \longrightarrow CH_3O^- + NH_3$

(c) $H_2O + C_6H_5OH \longrightarrow H_3O^+ + C_6H_5O^-$

2.3 Geben Sie für die folgenden Verbindungen die Strukturformeln der konjugierten Säuren an:

(a) $CH_3-CH_2-\overset{\overset{H}{|}}{N}-H$

(b) CH_3CH_2SH

(c) $H-\overset{\overset{H}{|}}{\underset{..}{N}}-CH_2-CH_2-\underset{..}{\overset{..}{O}}H$

(d) $H_2C=\overset{..}{N}-CH_3$

(e) $CH_3CH_2\overset{..}{\underset{..}{C}}H_2^-$

(f) CH_3OCH_3

2.4 Vervollständigen Sie die folgenden Reaktionsgleichungen für Protonenübertragungen. Verwenden Sie Elektronenflusspfeile, um die Umverteilung der Elektronen in den Reaktionen zu verdeutlichen. Geben Sie zudem von allen Ausgangsverbindungen und Produkten Lewis-Formeln an. Bezeichnen Sie die eingesetzte Säure und die konjugierte Base sowie die eingesetzte Base und deren konjugierte Säure. Nutzen Sie falls erforderlich die in Tab. 2.2 aufgelisteten pK_S-Werte von Protonsäuren, um die Protonendonatoren zu identifizieren. (Siehe Beispielaufgaben 2.3 und 2.5)

(a) $NH_3 + HCl \longrightarrow$

(b) $C_6H_5O^- + HCl \longrightarrow$

(c) $HCO_3^- + OH^- \longrightarrow$

(d) $CH_3COO^- + NH_4^+ \longrightarrow$

(e) $NH_4^+ + OH^- \longrightarrow$

(f) $CH_3COO^- + CH_3NH_3^+ \longrightarrow$

(g) $CH_3CH_2O^- + NH_4^+ \longrightarrow$

(h) $CH_3NH_3^+ + OH^- \longrightarrow$

2.5 Die folgenden Verbindungen und Ionen können als Base reagieren. Geben Sie für jede Base und für jede in der Reaktion mit HCl entstehende konjugierte Säure eine Lewis-Formel an.

(a) CH_3CH_2OH

(b) $\overset{\overset{O}{\|}}{HCH}$

(c) $HC\equiv C^-$

(d) $(CH_3)_2NH$

(e) HCO_3^-

(f) N_3^-

2.6 Welches ist jeweils das acideste Proton in den folgenden Verbindungen?

(a) $CH_3-\overset{\overset{O}{\|}}{C}-CH_2-\overset{\overset{O}{\|}}{C}-CH_3$

(b) $H-\overset{\overset{O}{\|}}{C}-CH_3$

Quantitative Messung der Säurestärke

2.7 Berechnen Sie für jeden K_S-Wert den entsprechenden pK_S-Wert. Welche Verbindung ist die stärkere Säure? (Siehe Beispielaufgabe 2.2)

(a) Essigsäure, $K_S = 1.74 \times 10^{-5}$

(b) Wasser, $K_S = 2.00 \times 10^{-16}$

2.8 Geben Sie für jede Teilaufgabe die jeweils stärkere Säure an. (Siehe Beispielaufgabe 2.3)
(a) Brenztraubensäure ($pK_S = 2.49$) oder Milchsäure ($pK_S = 3.85$)
(b) Zitronensäure ($pK_S = 3.08$) oder Phosphorsäure ($pK_S = 2.10$)
(c) Nicotinsäure (Niacin, $K_S = 1.4 \times 10^{-5}$) oder Acetylsalicylsäure (Aspirin®, $K_S = 3.3 \times 10^{-4}$)
(d) Phenol ($K_S = 1.12 \times 10^{-10}$) oder Essigsäure ($K_S = 1.74 \times 10^{-5}$)

2.9 Ordnen Sie die Verbindungen in jeder Teilaufgabe nach steigender Basenstärke. Ziehen Sie die in Tab. 2.2 für die konjugierten Säuren der Basen angegebenen pK_S-Werte zu Rate. (*Hinweis:* Je stärker die Säure, desto schwächer die konjugierte Base und umgekehrt.)

(a) NH_3 $HOCO^-$ $CH_3CH_2O^-$

(b) OH^- $HOCO^-$ CH_3CO^-

(c) H_2O NH_3 CH_3CO^-

(d) NH_2^- CH_3CO^- OH^-

2.10 Nutzen Sie ausschließlich das Periodensystem, um zu entscheiden, welches jeweils die stärkere Säure ist. (Siehe Beispielaufgabe 2.4)
(a) H_2Se oder HBr
(b) H_2Se oder H_2Te
(c) CH_3OH oder CH_3SH
(d) HCl oder HBr

Die Gleichgewichtslage in einer Säure-Base-Reaktion

2.11 Geben Sie für beide Säure-Base-Gleichgewichte jeweils die stärkere Säure, die stärkere Base, die schwächere Säure und die schwächere Base an. Bestimmen Sie jeweils, ob das Gleichgewicht auf der rechten oder auf der linken Seite liegt. (Siehe Beispielaufgabe 2.3)

(a) $H_2CO_3 + OH^- \rightleftharpoons HCO_3^- + H_2O$
   Kohlensäure   Hydrogencarbonat

(b) $C_6H_5OH + HCO_3^- \rightleftharpoons C_6H_5O^- + H_2CO_3$
   Phenol   Hydrogencarbonat   Phenolat   Kohlensäure

2.12 Solange kein Druck angelegt wird, zerfällt Kohlensäure in wässriger Lösung in Kohlendioxid und Wasser; das Kohlendioxid entweicht in Form von Gasblasen. Formulieren Sie die Reaktionsgleichung für den Zerfall von Kohlensäure.

2.13 Welche der folgenden Verbindungen führen zur Bildung von Kohlendioxid, wenn sie in wässriger Lösung mit Natriumhydrogencarbonat umgesetzt werden?
(a) H_2SO_4
(b) CH_3CH_2OH
(c) NH_4Cl

2.14 Essigsäure (CH_3COOH) ist eine schwache organische Säure ($pK_S = 4.76$). Formulieren Sie die Gleichgewichtsreaktionen für die Umsetzung von Essigsäure mit den folgenden Basen. Welche Gleichgewichte liegen deutlich auf der linken, welche deutlich auf der rechten Seite? (Siehe Beispielaufgabe 2.3)
(a) $NaHCO_3$
(b) NH_3
(c) H_2O
(d) $NaOH$

2.15 Welche Teilchen im Gleichgewicht einer Säure-Base-Reaktion bevorzugt vorliegen, kann man auch durch einen Pfeil angeben, der in Richtung der Säure mit dem höheren pK_S-Wert zeigt, beispielsweise (siehe Beispielaufgabe 2.5)

$NH_4^+ + H_2O \longleftarrow NH_3 + H_3O^+$
$pK_s = 9.24 \qquad\qquad pK_s = -1.74$

$NH_4^+ + OH^- \longrightarrow NH_3 + H_2O$
$pK_s = 9.24 \qquad\qquad pK_s = 15.7$

Erklären Sie, warum dies zutreffend ist.

Zusammenhang zwischen Säurestärke und Molekülstruktur

2.16
(a) Ordnen Sie die folgenden Verbindungen in absteigender Reihenfolge nach ihrer Acidität. (Siehe Beispielaufgabe 2.4)

$CH_2{=}CH{-}\overset{H}{\underset{..}{N}}{-}H \qquad O{=}CH{-}\overset{H}{\underset{..}{N}}{-}H \qquad CH_3CH_2{-}\overset{H}{\underset{..}{N}}{-}H$

(b) Ordnen Sie die folgenden Verbindungen in absteigender Reihenfolge nach ihrer Basizität.

$CH_3{=}CH_2{-}\overset{-}{\underset{..}{N}}{-}H \qquad CH_3CH_2{-}\overset{..}{\underset{..}{O}}{:}^- \qquad CH_3{=}CH_2{-}\overset{H}{\underset{H}{C}}{-}H$

2.17 Geben Sie jeweils an, welche der farbig hinterlegten Atome basischer sind und begründen Sie Ihre Antwort. (Siehe Beispielaufgabe 2.5)

(a)

CH₃—C(=O)—OH

(b)

CH₃—C(=NH)—OH

(c) ⁻C̈H=CHC̈H₂⁻

(d) HOCH₂CH₂NH₂

Lewis-Säuren und -Basen

2.18 Vervollständigen Sie die folgenden Säure-Base-Reaktionsgleichungen. Ergänzen Sie an den reagierenden Atomen zunächst die freien Elektronenpaare, damit jeweils ein vollständiges Elektronenoktett entsteht. Verwenden Sie Elektronenflusspfeile, um den Elektronenfluss in diesen Reaktionen zu verdeutlichen. Machen Sie zudem eine Aussage darüber, ob das Gleichgewicht eher links oder eher rechts liegen wird. (Siehe Beispielaufgabe 2.5)

(a) CH₃—O⁻ + CH₃—N⁺H(CH₃)—CH₃ ⇌

(b) CH₃—C(=O)—O—H + Cl⁻ ⇌

2.19 Vervollständigen Sie die folgenden Säure-Base-Reaktionsgleichungen. Verwenden Sie Elektronenflusspfeile, um die Umverteilung der Elektronen in dieser Reaktion zu verdeutlichen. (*Hinweis:* Aluminium steht in der 3. Hauptgruppe – direkt unter Bor. Das Aluminiumatom in AlCl₃ enthält nur sechs Elektronen in seiner Valenzschale und hat daher kein vollständiges Elektronenoktett.) (Siehe Beispielaufgabe 2.6)

(a) Cl⁻ + AlCl₃ ⟶

(b) CH₃Cl + AlCl₃ ⟶

2.20 Vervollständigen Sie die folgenden Säure-Base-Reaktionen. Verwenden Sie Elektronenflusspfeile, um die Umverteilung der Elektronen in den Reaktionen zu verdeutlichen. Hierzu ist es erforderlich, alle Valenzelektronen für die an der Reaktion beteiligten Atome anzugeben. (Siehe Beispielaufgaben 2.5 und 2.6)

(a) BF₃ + (Tetrahydrofuran-Ring: H₂C–O–CH₂–CH₂–CH₂) ⟶

(b) (CH₃)₃C—Cl + Al(Cl)₂—Cl ⟶

2.21 Verwenden Sie Elektronenflusspfeile, um die Umverteilung der Elektronen in den folgenden Lewis-Säure-Base-Reaktionen zu verdeutlichen. Geben Sie für die an den Reaktionen beteiligten Atome alle Valenzelektronen an. (Siehe Beispielaufgaben 2.5 und 2.6)

(a)

CH₃—C(=O)—CH₃ + :CH₃⁻ ⟶ CH₃—C(O⁻)(CH₃)—CH₃

(b)

CH₃—C(=O⁺H)—CH₃ + :CN⁻ ⟶ CH₃—C(OH)(CN)—CH₃

(c) CH₃O⁻ + H₃C—Br ⟶ H₃C—O—CH₃ + Br⁻

Ausblick

2.22 Alkohole (Kap. 8) sind schwache organische Säuren (pK_S = 15–18). Der pK_S-Wert von Ethanol (CH₃CH₂OH) beträgt 15,9. Formulieren Sie die Gleichgewichtsreaktionen für die Umsetzung von Ethanol mit den folgenden Basen. Welche der Gleichgewichte liegen deutlich auf der rechten, welche deutlich auf der linken Seite?

(a) NaHCO₃
(b) NaOH
(c) NaNH₂
(d) NH₃

2.23 Phenole (Kap. 9) sind schwache Säuren, die typischerweise nicht in Wasser löslich sind. Phenol (C₆H₅OH, pK_S = 9,95) beispielsweise ist kaum wasserlöslich, sein Natriumsalz (C₆H₅O⁻Na⁺) dagegen relativ gut. In welchen der folgenden Lösungen wird sich Phenol lösen?

(a) wässrige NaOH-Lösung
(b) wässrige NaHCO₃-Lösung
(c) wässrige Na₂CO₃-Lösung

2.24 In Kap. 15 werden wir sehen, dass die einer Carbonylgruppe benachbarten Wasserstoffatome deutlich acider sind als Wasserstoffatome, die nicht in Nachbarschaft zu einer Carbonylgruppe stehen. Das farbig hinterlegte H in Propanon ist beispielsweise deutlich acider als das markierte H in Ethan:

CH₃C(=O)CH₂—H   CH₃CH₂—H
Propanon   Ethan
pK_s = 22   pK_s = 51

Erklären Sie die größere Acidität von Propanon mithilfe von
(a) induktiven Effekten und
(b) mesomeren Effekten.

2.25 Erklären Sie, warum Dimethylether (CH₃—O—CH₃) nicht sehr acide ist.

2.26 Alanin ist eine der 20 Aminosäuren (es enthält eine Amino- und eine Carboxygruppe), aus denen Proteine aufgebaut sind (Kap. 18). Ist die Darstellung des Alanins in Formel A oder in Formel B realistischer? Warum?

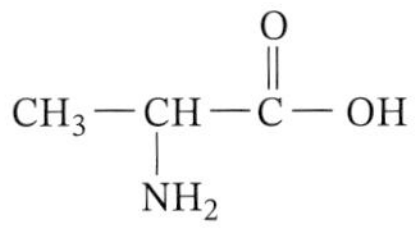

$$\underset{A}{CH_3-\underset{\underset{NH_2}{|}}{CH}-\overset{\overset{O}{\|}}{C}-OH} \qquad \underset{B}{CH_3-\underset{\underset{NH_3^+}{|}}{CH}-\overset{\overset{O}{\|}}{C}-O^-}$$

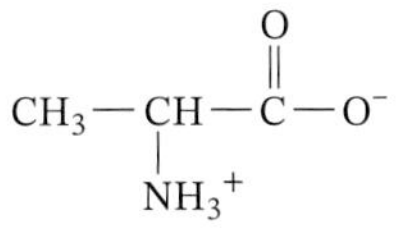

Gasgrills verwenden Autogas als Brennstoff. Autogas besteht zum großen Teil aus Propan; die entsprechenden Tanks werden daher oft als „Propantanks" bezeichnet. Autogas enthält aber auch kleinere Anteile von Ethan, Propen und Butan.
Rechts: Ein Molekülmodell von Propan.

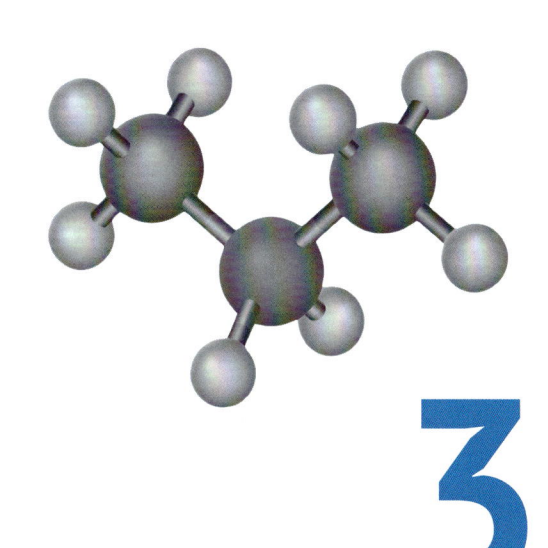

[Quelle: © Lauri Patterson/iStockphoto.]

3

Alkane und Cycloalkane

Inhalt
3.1 Was sind Alkane?
3.2 Was sind Konstitutionsisomere?
3.3 Wie benennt man Alkane?
3.4 Was sind Cycloalkane?
3.5 Wie wendet man die IUPAC-Regeln auf Verbindungen mit funktionellen Gruppen an?
3.6 Was sind Konformationen in Alkanen und Cycloalkanen?
3.7 Was sind cis/trans-Isomere in Cycloalkanen?
3.8 Welche physikalischen Eigenschaften haben Alkane und Cycloalkane?
3.9 Was sind die charakteristischen Reaktionen von Alkanen?
3.10 Woher bekommt man Alkane?

Gewusst wie
3.1 Wie man Skelettformeln interpretiert
3.2 Wie man Newman-Projektionen zeichnet
3.3 Wie man die beiden Sesselkonformationen des Cyclohexans zeichnet

Exkurse
3.A Der giftige Kugelfisch
3.B Die Oktanzahl: Was bedeutet diese Zahl auf der Zapfsäule?

Vielleicht haben Sie schon einmal von Kohlenwasserstoffen gehört? Sie werden in den Medien oft im Zusammenhang mit Erdöl und anderen fossilen Brennstoffen genannt. Abbildung 3.1 zeigt, dass zu den Kohlenwasserstoffen tatsächlich mehrere Verbindungsklassen gehören, die alle ausschließlich aus Kohlenstoff und Wasserstoff aufgebaut sind. Die Bezeichnung „gesättigt" ist ein weiterer häufig genutzter Begriff – auch in der Lebensmittelindustrie (denken Sie an „gesättigte" und „ungesättigte" Fettsäuren). **Gesättigte** Verbindungen enthalten in ihren Kohlenstoffketten ausschließlich Kohlenstoff-Kohlenstoff-Einfachbindungen. Sie werden in dieser Weise klassifiziert, weil „gesättigte" Kohlenstoffatome – also Kohlenstoffatome, die die maximal mögliche Anzahl an gebundenen Wasserstoffatomen tragen – relativ reaktionsträge sind. Das ist auch der Grund, weswegen gesättigte Fette als ungesund gelten; der Körper braucht mehr Energie, um ihre Kohlenwasserstoffketten aufzubrechen oder zu verdauen.

Ungesättigte Kohlenwasserstoffe hingegen enthalten mindestens eine Kohlenstoff-Kohlenstoff-π-Bindung. Alkene, Alkine und Aromaten sind die Stoffklassen, die zu den ungesättigten Kohlenwasserstoffen gehören. Erinnern Sie sich aus Kap. 1, dass Kohlenstoff-Kohlenstoff-π-Bindungen schwächer sind als Kohlenstoff-Kohlenstoff-σ-Bindungen. Wegen der schwächeren π-Bindungen sind sie reaktiver; wir werden später sehen, dass sie sich wegen ihrer spezifischen Strukturmerkmale deutlich von den **Alkanen** absetzen, die wir in diesem Kapitel besprechen wollen.

Einführung in die Organische Chemie, Erste Auflage. William H. Brown und Thomas Poon.
© 2021 WILEY-VCH GmbH. Published 2021 by WILEY-VCH GmbH.

3 Alkane und Cycloalkane

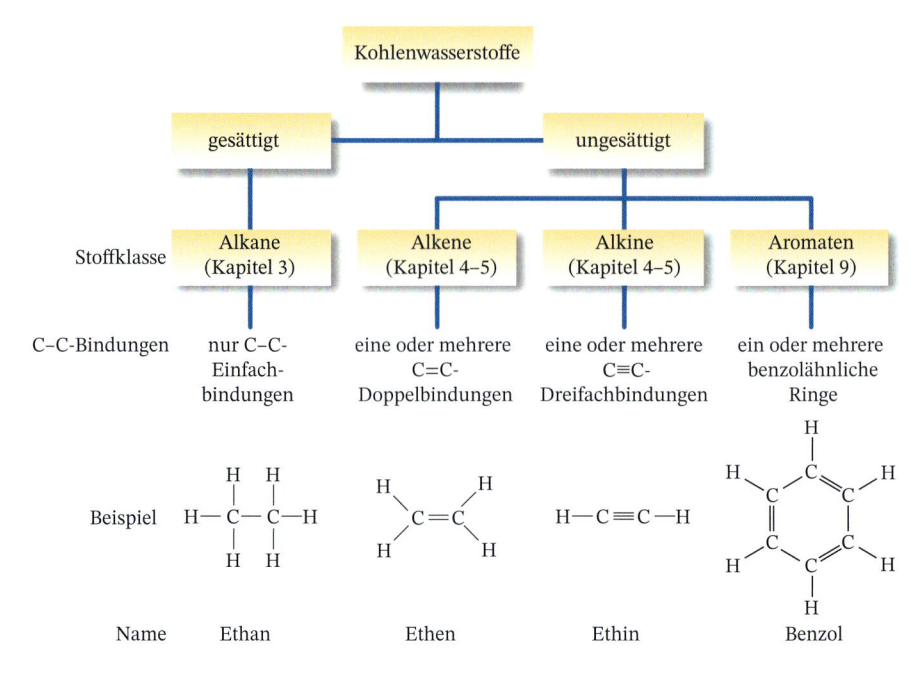

Abb. 3.1 Die vier Klassen von Kohlenwasserstoffen.

3.1 Was sind Alkane?

Alkane sind gesättigte Kohlenwasserstoffe, deren Kohlenstoffatome in einer offenen Kette angeordnet sind. Methan (CH_4) und Ethan (C_2H_6) sind die kleinsten Vertreter der Stoffklasse der Alkane. In Abb. 3.2 sind für beide Verbindungen die Summenformeln, Lewis-Formeln und Kugel-Stab-Modelle dargestellt. Methan hat eine tetraedrische Gestalt und alle H−C−H-Winkel betragen 109.5°. Im Ethan sind die Kohlenstoffatome ebenfalls tetraedrisch von Bindungen umgeben; auch hier betragen alle Winkel etwa 109.5°.

Auch wenn die dreidimensionale Gestalt der größeren Alkane deutlich komplexer ist als die von Methan oder Ethan, so sind dennoch auch hier die vier Bindungen um jedes Kohlenstoffatom tetraedrisch angeordnet und alle Bindungswinkel betragen nach wie vor etwa 109.5°.

Die nächsten Vertreter der Stoffklasse der Alkane sind das Propan, das Butan und das Pentan. In den folgenden Darstellungen sind diese Kohlenwasserstoffe zunächst in einer Halbstrukturformel abgebildet, in der alle Kohlenstoff- und Wasserstoffatome gezeigt sind. Darüber hinaus sind sie auch in einer nochmals einfacheren Schreibweise dargestellt, die man als **Skelettformel** bezeichnet. In dieser Darstellung repräsentiert jede Linie eine Kohlenstoff-Kohlenstoff-Bindung und jeder Eckpunkt ein Kohlenstoffatom; jeder Endpunkt der Kette bedeutet eine CH_3-Gruppe. Obwohl Wasserstoffatome in Skelettformeln nicht dargestellt werden, sind sie implizit dennoch in ausreichender Zahl vorhanden, um jedes Kohlenstoffatom mit vier Bindungen abzusättigen.

Abb. 3.2 Methan und Ethan.

Tab. 3.1 Namen, Summenformeln und Halbstrukturformeln für die ersten 20 unverzweigten Alkane.

Name	Summenformel	Halbstrukturformel	Name	Summenformel	Halbstrukturformel
Methan	CH_4	CH_4	Undecan	$C_{11}H_{24}$	$CH_3(CH_2)_9CH_3$
Ethan	C_2H_6	CH_3CH_3	Dodecan	$C_{12}H_{26}$	$CH_3(CH_2)_{10}CH_3$
Propan	C_3H_8	$CH_3CH_2CH_3$	Tridecan	$C_{13}H_{28}$	$CH_3(CH_2)_{11}CH_3$
Butan	C_4H_{10}	$CH_3(CH_2)_2CH_3$	Tetradecan	$C_{14}H_{30}$	$CH_3(CH_2)_{12}CH_3$
Pentan	C_5H_{12}	$CH_3(CH_2)_3CH_3$	Pentadecan	$C_{15}H_{32}$	$CH_3(CH_2)_{13}CH_3$
Hexan	C_6H_{14}	$CH_3(CH_2)_4CH_3$	Hexadecan	$C_{16}H_{34}$	$CH_3(CH_2)_{14}CH_3$
Heptan	C_7H_{16}	$CH_3(CH_2)_5CH_3$	Heptadecan	$C_{17}H_{36}$	$CH_3(CH_2)_{15}CH_3$
Octan	C_8H_{18}	$CH_3(CH_2)_6CH_3$	Octadecan	$C_{18}H_{38}$	$CH_3(CH_2)_{16}CH_3$
Nonan	C_9H_{20}	$CH_3(CH_2)_7CH_3$	Nonadecan	$C_{19}H_{40}$	$CH_3(CH_2)_{17}CH_3$
Decan	$C_{10}H_{22}$	$CH_3(CH_2)_8CH_3$	Eicosan	$C_{20}H_{42}$	$CH_3(CH_2)_{18}CH_3$

Ein Propangastank. [Quelle: © Media Bakery.]

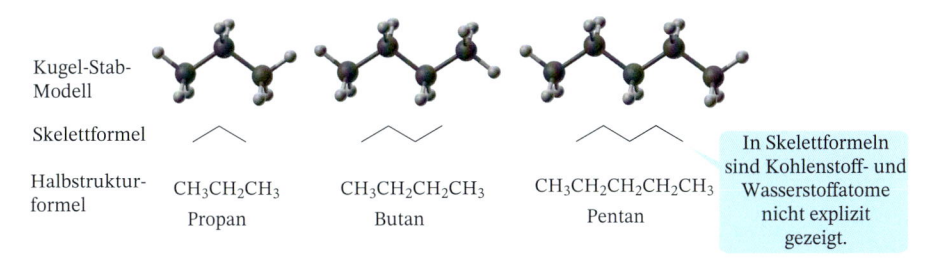

	Propan	Butan	Pentan
Kugel-Stab-Modell			
Skelettformel			
Halbstrukturformel	$CH_3CH_2CH_3$	$CH_3CH_2CH_2CH_3$	$CH_3CH_2CH_2CH_2CH_3$

In Skelettformeln sind Kohlenstoff- und Wasserstoffatome nicht explizit gezeigt.

Wir können zur Formulierung von Strukturformel von Alkanen auch eine andere abkürzende Schreibweise verwenden. Die Strukturformel von Pentan enthält in der Mitte der Kette drei CH_2-Gruppen (Methylengruppen). Wir können diese Gruppen zusammenfassen und die Strukturformel als $CH_3(CH_2)_3CH_3$ schreiben. In Tab. 3.1 sind die Namen und die Summenformeln der ersten 20 Alkane zusammengestellt. Wir sehen, dass die Namen aller Alkane auf *-an* enden. Mit der Benennung von Alkanen werden wir uns in Abschn. 3.3 noch genauer befassen.

Alkane haben die allgemeine Summenformel C_nH_{2n+2}. Für eine gegebene Zahl von Kohlenstoffatomen ist daher leicht auszurechnen, wie viele Wasserstoffatome ein Molekül enthält und wie die Summenformel lautet. So muss z. B. Decan mit 10 Kohlenstoffatomen $(2 \times 10) + 2 = 22$ Wasserstoffatome enthalten und folglich die Summenformel $C_{10}H_{22}$ haben.

3.2 Was sind Konstitutionsisomere?

Konstitutionsisomere sind Verbindungen mit identischen Summenformeln, aber unterschiedlichen Strukturformeln. Das bedeutet, dass sie sich in der Art der vorhandenen Bindungen (Einfach-, Doppel- oder Dreifachbindungen) oder in der Art der Verknüpfung der beteiligten Atome unterscheiden.

Für die Summenformeln CH_4, C_2H_6 und C_3H_8 gibt es jeweils nur eine Möglichkeit zur Verknüpfung der Atome. Für die Summenformel C_4H_{10} gibt es aber bereits zwei mögliche Anordnungen der Atome. In einer davon, dem Butan, sind die vier Kohlenstoffatome in einer unverzweigten linearen Kette angeordnet, in der anderen, die man als 2-Methylpropan bezeichnet, bilden drei der Kohlenstoffatome eine Kette und das vierte ist als Verzweigung an das mittlere Kohlenstoffatom gebunden.

In diesem Feuerzeug ist Butan als Brennstoff enthalten; es liegt hier in flüssigem und gasförmigem Zustand vor. [Quelle: © Charles D. Winters.]

3 Alkane und Cycloalkane

Gewusst wie: 3.1 Wie man Skelettformeln interpretiert

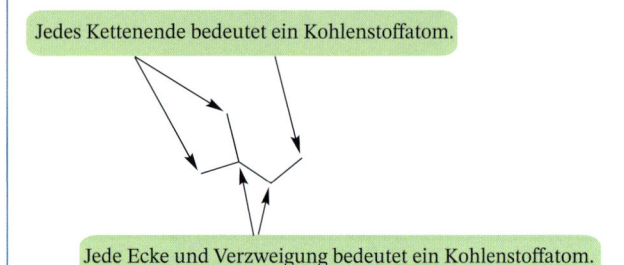

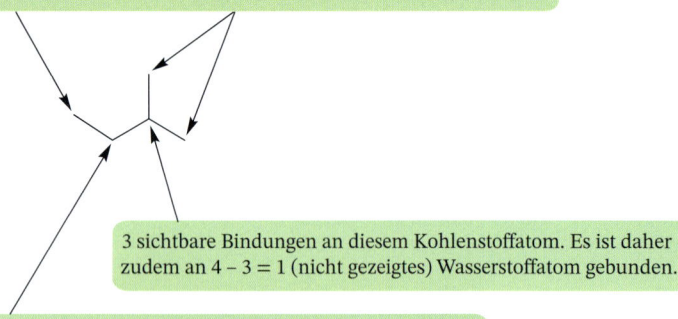

Jedes Kettenende bedeutet ein Kohlenstoffatom.

Jede Ecke und Verzweigung bedeutet ein Kohlenstoffatom.

1 sichtbare Bindung an diesen Kohlenstoffatomen. Jedes ist daher zudem an 4 − 1 = 3 (nicht gezeigte) Wasserstoffatome gebunden.

3 sichtbare Bindungen an diesem Kohlenstoffatom. Es ist daher zudem an 4 − 3 = 1 (nicht gezeigtes) Wasserstoffatom gebunden.

2 sichtbare Bindungen an diesem Kohlenstoffatom. Es ist daher zudem an 4 − 2 = 2 (nicht gezeigte) Wasserstoffatome gebunden.

Kohlenstoff benötigt vier Bindungen, um seine Valenzen abzusättigen. Man zählt daher für jedes Kohlenstoffatom die sichtbaren Bindungen und zieht diese Zahl von 4 ab, um die Anzahl an Wasserstoffatomen zu ermitteln, die an das betreffende Kohlenstoffatom gebunden, in dieser Schreibweise aber nicht dargestellt sind.

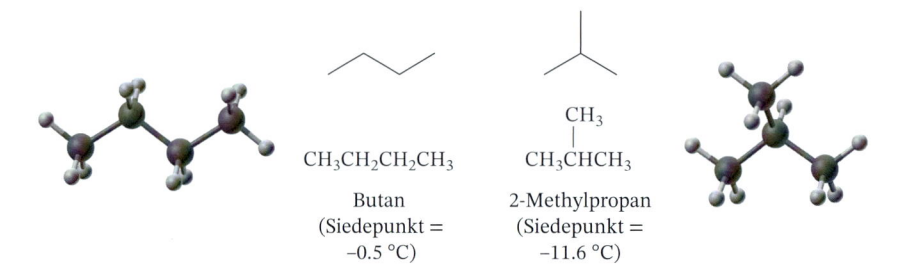

$CH_3CH_2CH_2CH_3$
Butan
(Siedepunkt = −0.5 °C)

CH_3
|
CH_3CHCH_3
2-Methylpropan
(Siedepunkt = −11.6 °C)

Butan und 2-Methylpropan sind Konstitutionsisomere; es handelt sich um unterschiedliche Verbindungen mit unterschiedlichen physikalischen und chemischen Eigenschaften. So unterscheiden sich beispielsweise ihre Siedepunkte um etwa 11 °C. Wie man Alkane benennt, werden wir im nächsten Kapitel besprechen.

In Abschn. 1.7 sind wir zahlreichen Beispielen für Konstitutionsisomere begegnet, auch wenn wir sie dort nicht so genannt haben. Wir haben dort gesehen, dass es zwei Alkohole mit der Summenformel C_3H_8O, zwei Aldehyde mit der Summenformel C_4H_8O und zwei Carbonsäuren mit der Summenformel $C_4H_8O_2$ gibt.

Um festzustellen, ob es sich bei zwei oder mehr Strukturformeln um Konstitutionsisomere handelt, stellt man zunächst ihre Summenformeln auf und vergleicht diese. Alle Verbindungen mit gleichen Summen-, aber unterschiedlichen Strukturformeln sind Konstitutionsisomere.

Die Fähigkeit des Kohlenstoffatoms, mehrere starke und stabile Bindungen zu anderen Kohlenstoffatomen einzugehen, führt zu einer atemberaubenden Zahl von möglichen Konstitutionsisomeren. Die folgende Tabelle zeigt, dass es für die Summenformel C_5H_{12} drei Konstitutionsisomere gibt, für die Summenformel $C_{10}H_{22}$ bereits 75 und für die Summenformel $C_{25}H_{52}$ fast 37 Millionen:

Kohlenstoffatome	Konstitutionsisomere
1	1
5	3
10	75
15	4 347
25	36 797 588

Selbst wenn in einer Verbindung nur relativ wenige Kohlenstoff- und Wasserstoffatome vorhanden sind, ergibt sich eine sehr große Zahl von möglichen Konstitutionsisomeren. Tatsächlich gibt es faktisch unbegrenzte Möglichkeiten, auf der Basis einer sehr kleinen Anzahl von Bausteinen wie Kohlenstoff, Wasserstoff, Stickstoff und Sauerstoff organische Verbindungen mit individuellen Strukturen und unzähligen unterschiedlichen Anordnungen von funktionellen Gruppen zu realisieren.

Beispiel 3.1 Stellen die beiden Paare von Strukturformeln jeweils dieselbe Verbindung dar oder handelt es sich um Konstitutionsisomere?

(a) $CH_3CH_2CH_2CH_2CH_2CH_3$ und $CH_3CH_2CH_2$
                                            $|$
                                            $CH_2CH_2CH_3$ (jeweils C_6H_{14})

(b) CH_3 CH_3 CH_3
          $|$ $|$ $|$
    CH_3CHCH_2CH und $CH_3CH_2CHCHCH_3$ (jeweils C_7H_{16})
                $|$ $|$
               CH_3 CH_3

Vorgehensweise

Um festzustellen, ob die Strukturformeln dieselbe Verbindung darstellen oder ob es sich um Konstitutionsisomere handelt, identifiziert man zunächst die jeweils längste Kohlenstoffkette. Beachten Sie, dass es unerheblich ist, ob die Kette geradlinig oder abgewinkelt dargestellt ist. Anschließend wird die Kette von dem Ende aus durchnummeriert, das der ersten Verzweigungsstelle am nächsten ist. Vergleichen Sie zum Schluss die Länge der beiden Hauptketten und die Längen und die Positionen der angehängten Seitenketten. Strukturformeln mit einer identischen Verknüpfung der Atome stellen identische Verbindungen dar; sind die Atome unterschiedlich verknüpft, handelt es sich um Konstitutionsisomere.

Lösung

(a) Beide Strukturformeln bestehen aus einer unverzweigten Kette aus sechs Kohlenstoffatomen. Die beiden Strukturen sind identisch und repräsentieren die gleiche Verbindung:

> Man lasse sich nicht von der Richtung, in der die Kette oder die Substituenten gezeichnet sind, täuschen. Maßgeblich für die Identifizierung von Konstitutionsisomeren ist nur die Verknüpfung der Atome.

$\overset{1}{C}H_3\overset{2}{C}H_2\overset{3}{C}H_2\overset{4}{C}H_2\overset{5}{C}H_2\overset{6}{C}H_3$ und $\overset{1}{C}H_3\overset{2}{C}H_2\overset{3}{C}H_2$
                                                                                                                                    $|$
                                                                                                                          $\overset{4}{C}H_2\overset{5}{C}H_2\overset{6}{C}H_3$

(b) Beide Strukturformeln bestehen aus einer Kette aus fünf Kohlenstoffatomen, an die jeweils zwei CH$_3$-Seitenketten angehängt sind. Die Seitenketten sind zwar identisch, sie befinden sich aber an unterschiedlichen Positionen der Hauptkette. Diese beiden Strukturformeln zeigen daher Konstitutionsisomere.

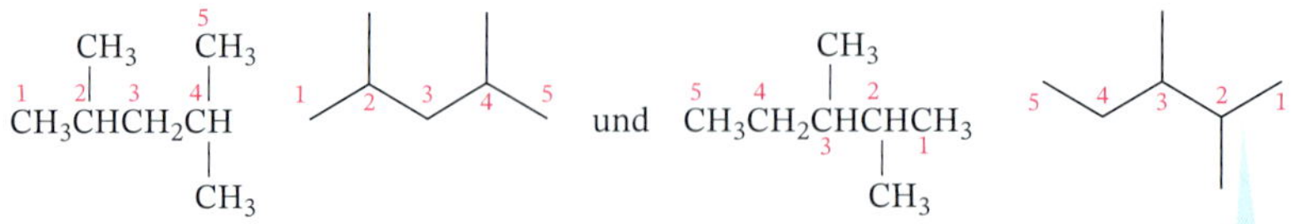

> Man lasse sich nicht von der Richtung, in der die Substituenten gezeichnet sind, täuschen. Maßgeblich für die Identifizierung von Konstitutionsisomeren ist nur die Verknüpfung der Atome.

Siehe Aufgaben 3.2, 3.5 und 3.6.

Beispiel 3.2 Zeichnen Sie Strukturformeln der fünf Konstitutionsisomere mit der Summenformel C$_6$H$_{14}$.

Vorgehensweise

Um Aufgaben dieses Typs zu lösen, sollte man zunächst eine Strategie entwickeln und diese dann konsequent verfolgen. Eine mögliche Strategie ist diese: Zeichnen Sie zunächst eine Skelettformel für das Konstitutionsisomer mit allen sechs Kohlenstoffatomen in einer unverzweigten Kette. Zeichnen Sie anschließend Skelettformeln für alle Konstitutionsisomere mit fünf Atomen in einer Kette und einem Atom in einer Seitenkette. Schließlich zeichnen Sie noch Skelettformeln für alle Konstitutionsisomere mit vier Atomen in einer Kette und zwei Atomen in Seitenketten.

Lösung

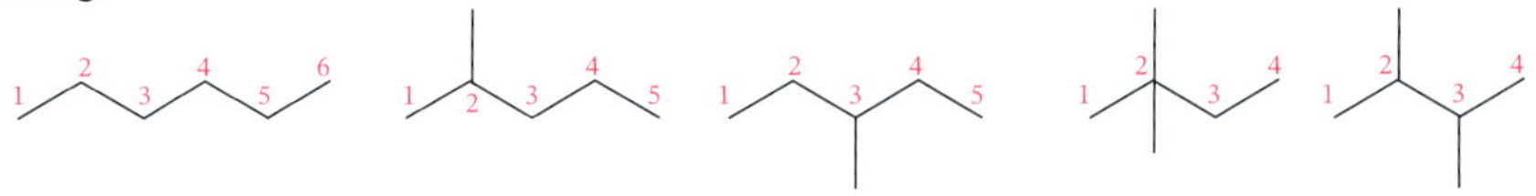

sechs Kohlenstoffatome in einer unverzweigten Kette

fünf Kohlenstoffatome in einer Kette; eines in einer Seitenkette

vier Kohlenstoffatome in einer Kette; zwei in Seitenketten

Für C$_6$H$_{14}$ sind keine Konstitutionsisomere mit nur drei Kohlenstoffatomen in der längsten Kette möglich.

Siehe Aufgaben 3.3 und 3.7.

3.3 Wie benennt man Alkane?

3.3.1 Das IUPAC-Nomenklatursystem zur Benennung organischer Verbindungen

Im Idealfall sollte jede organische Verbindung einen eindeutigen Namen haben, aus dem auch seine Strukturformel eindeutig abgeleitet werden kann. Zu diesem Zweck haben Chemiker ein **Nomenklatursystem** aufgestellt, also ein Regelwerk zur Benennung organischer Verbindungen, das von der *International Union of Pure and Applied Chemistry* (IUPAC; deutsch: Internationale Union für reine und angewandte Chemie) festgelegt und weiterentwickelt wird.

Der IUPAC-Name eines Alkans mit einer unverzweigten Kette von Kohlenstoffatomen besteht aus zwei Teilen: (1) einem Präfix, das die Zahl der Kohlenstoffatome in der Kette angibt, und (2) der Endsilbe **-an**, die anzeigt, dass es sich bei der Verbindung um einen gesättigten Kohlenwasserstoff handelt. In Tab. 3.2 sind die Präfixe für die Verbindungen mit 1–20 Kohlenstoffatomen in unverzweigten Ketten zusammengestellt.

Die ersten vier in Tab. 3.2 aufgeführten Präfixe wurden von der IUPAC beibehalten, weil sie bereits eingeführt waren, bevor deutlich wurde, welche Ordnungs- und Bauprinzipien der Vielfalt der organisch-chemischen Verbindungen zugrunde liegen. So ist das Präfix *But-* beispielsweise von der Buttersäure (engl.: *butyric acid*) abgeleitet, einer Verbindung aus vier Kohlenstoffatomen, die sich bei der Oxidation von Butterfett mit Luft bildet (lat.: *butyrum*, Butter). Die Präfixe für Verbindungen mit fünf oder mehr Kohlenstoffatomen sind von griechischen oder lateinischen Zahlwörtern abgeleitet. (Siehe Tab. 3.1 für die Namen, Summenformeln und Halbstrukturformeln der ersten 20 unverzweigten Alkane.)

Der IUPAC-Name für verzweigte Alkane besteht aus einem **Stammnamen**, der die längste Kohlenstoffkette (die **Hauptkette**) in der Verbindung bezeichnet, und Substituentennamen, die für die an das Stammsystem gebundenen Gruppen stehen.

Tab. 3.2 Im IUPAC-System genutzte Präfixe für Verbindungen mit 1 bis 20 Kohlenstoffatomen in unverzweigten Ketten.

Präfix	Kohlenstoffzahl	Präfix	Kohlenstoffzahl
Meth-	1	Undec-	11
Eth-	2	Dodec-	12
Prop-	3	Tridec-	13
But-	4	Tetradec-	14
Pent-	5	Pentadec-	15
Hex-	6	Hexadec-	16
Hept-	7	Heptadec-	17
Oct-	8	Octadec-	18
Non-	9	Nonadec-	19
Dec-	10	Eicos-	20

4-Methyloctan

Einen Substituenten, der sich durch Entfernung eines Wasserstoffatoms aus einem Alkan ergibt, nennt man eine **Alkylgruppe**; er wird üblicherweise mit dem Symbol **R**– abgekürzt. Alkylgruppen benennt man, indem man die Endsilbe *-yl* anstelle der im zugrunde liegenden Alkan verwendeten Endsilbe *-an* anhängt. In Tab. 3.3 sind die Namen und die Strukturformeln von acht häufig vorkommenden Alkylgruppen aufgeführt. Das Präfix *sec-* ist die Abkürzung für sekundär (engl.: *secondary*) und steht für ein Kohlenstoffatom, an das zwei weitere Kohlenstoffatome gebunden sind. Das

Tab. 3.3 Namen der gebräuchlichsten Alkylgruppen.

Name	Halbstrukturformel	Name	Halbstrukturformel
Methyl	—CH$_3$	Isobutyl	—CH$_2$CHCH$_3$ | CH$_3$
Ethyl	—CH$_2$CH$_3$	*sec*-Butyl	—CHCH$_2$CH$_3$ | CH$_3$
Propyl	—CH$_2$CH$_2$CH$_3$	*tert*-Butyl	CH$_3$ | —CCH$_3$ | CH$_3$
Isopropyl	—CHCH$_3$ | CH$_3$		
Butyl	—CH$_2$CH$_2$CH$_2$CH$_3$		

Abkürzung für „sekundär"

Abkürzung für „tertiär"

Präfix *tert-* ist die Abkürzung für tertiär und bezeichnet ein Kohlenstoffatom, an das drei weitere Kohlenstoffatome gebunden sind. Beachten Sie, dass diese beiden Präfixe als Teil eines Namens stets kursiv gesetzt werden.

Die IUPAC-Regeln zur Benennung von Alkanen sind im Folgenden aufgeführt:

1. Der Name eines unverzweigten Alkans besteht aus einem Präfix, das die Anzahl der Kohlenstoffatome in der Kette angibt, und dem Suffix *-an*.
2. Zur Benennung von verzweigten Alkanen nimmt man die längste Kohlenstoffkette (die Hauptkette) als das Stammsystem; ihr Name wird zum Stammnamen.
3. Jedem Substituenten an der Hauptkette geben wir einen Namen und weisen ihm eine Nummer (einen Lokanten) zu. Die Nummer gibt an, an welcher Stelle der Hauptkette der Substituent gebunden ist. Nummer und Name werden durch einen Bindestrich verbunden:

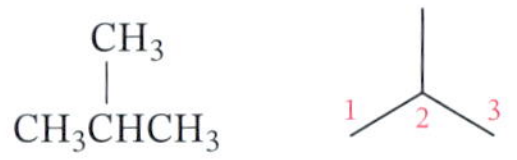

$$\text{CH}_3\text{CHCH}_3 \quad \overset{\text{CH}_3}{|}$$

2-Methylpropan

4. Wenn nur ein Substituent vorhanden ist, wird die Hauptkette von dem Ende ausgehend durchnummeriert, das dem Substituenten näher liegt:

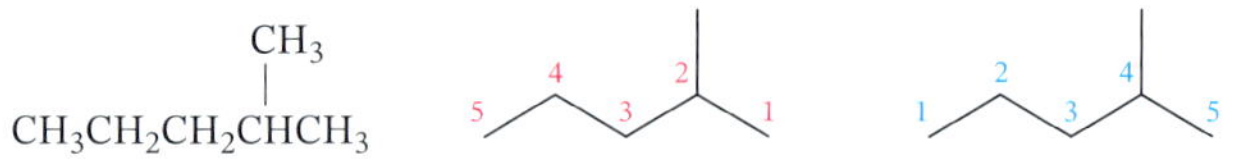

2-Methylpentan   (nicht 4-Methylpentan)

5. Sind zwei oder mehr identische Substituenten vorhanden, wird von dem Ende aus nummeriert, das dem ersten der Substituenten näher liegt. Wie oft der Substituent vorliegt, wird durch die multiplizierenden Präfixe *di-*, *tri-*, *tetra-*, *penta-*, *hexa-* usw. angegeben. Mehrere Lokanten werden durch Kommata getrennt:

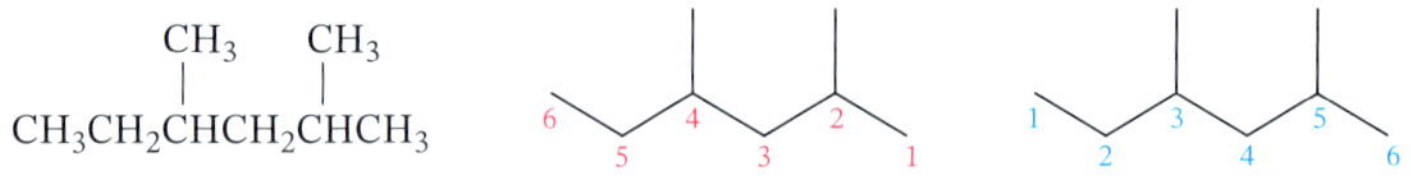

2,4-Dimethylhexan   (nicht 3,5-Dimethylhexan)

6. Sind zwei oder mehr verschiedene Substituenten vorhanden, werden diese alphabetisch sortiert aufgeführt und die Hauptkette wird von dem Ende aus nummeriert, das dem ersten der Substituenten näher liegt. Wenn verschiedene Substituenten an den entgegengesetzten Enden der Hauptkette in äquivalenten Positionen liegen, wird dem im Alphabet zuerst kommenden Substituenten die niedrigere Nummer zugewiesen:

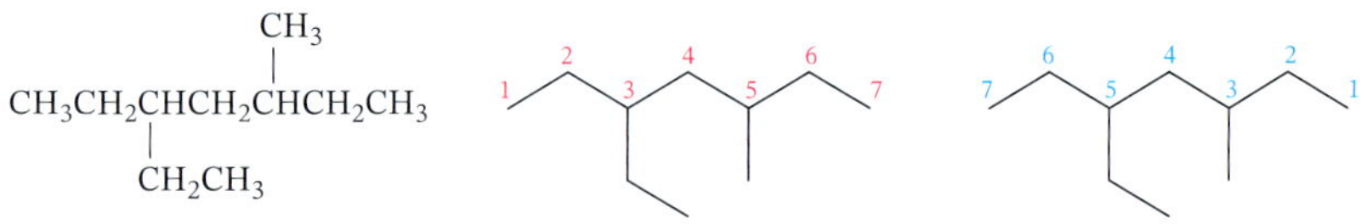

3-Ethyl-5-methylheptan   (nicht 3-Methyl-5-ethylheptan)

7. Die multiplizierenden Präfixe *di-*, *tri-*, *tetra-* usw. sowie die mit Bindestrich abgetrennten Vorsilben *sec-* und *tert-* werden für die Bestimmung der alphabetischen Reihenfolge nicht berücksichtigt. („Iso" wie in Isopropyl wird jedoch berücksichtigt.) Man bestimmt also zuerst die alphabetische Reihenfolge der Substituenten und ergänzt dann diese Präfixe. Im folgenden Beispiel sind die für die alphabeti-

sche Reihenfolge relevanten Teile „Ethyl" und „Methyl", nicht „Ethyl" und „Dimethyl":

4-Ethyl-2,2-dimethylhexan
(nicht 2,2-Dimethyl-4-ethylhexan)

Beispiel 3.3 Ermitteln Sie die IUPAC-Bezeichnungen der folgenden Alkane:

(a)   (b)   (c)   (d)

Vorgehensweise

Ermitteln Sie zunächst den Stammnamen (die Hauptkette) des jeweiligen Alkans. Benennen Sie die Substituenten und stellen Sie diese in alphabetischer Reihenfolge voran. Nummerieren Sie die Hauptkette beginnend an dem Ende, das einem Substituenten näher liegt. Wenn Substituenten an äquivalenten Positionen liegen, wird die niedrigere Nummer dem im Alphabet zuerst kommenden Substituenten zugewiesen.

Lösung

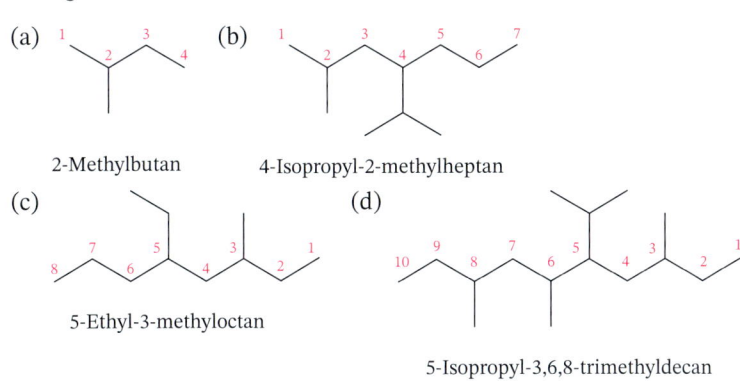

(a) 2-Methylbutan

(b) 4-Isopropyl-2-methylheptan

(c) 5-Ethyl-3-methyloctan

(d) 5-Isopropyl-3,6,8-trimethyldecan
(nicht 6-Isopropyl-3,5,8-trimethyldecan)

Siehe Aufgaben 3.8 und 3.12.

3.3.2 Trivialnamen

Früher wurden Alkane entsprechend der Gesamtzahl an Kohlenstoffatomen benannt, ungeachtet eventuell auftretender Verzweigungen. Es entstanden zum Teil heute noch gebräuchliche, sogenannte Trivialnamen. Die ersten drei Alkane sind Methan, Ethan und Propan. Alle Alkane mit der Summenformel C_4H_{10} wurden nach dem alten System als Butane bezeichnet, die mit der Summenformel C_5H_{12} als Pentane und die mit der Summenformel C_6H_{14} als Hexane. In Alkanen jenseits des Propans bedeutet die Vorsilbe *Iso-*, dass eines der Enden einer ansonsten unverzweigten Kette als $(CH_3)_2CH$-Gruppe vorliegt. Im Folgenden sind einige Beispiele für solche Trivialnamen aufgeführt:

$$\underset{\text{Butan}}{\text{CH}_3\text{CH}_2\text{CH}_2\text{CH}_3} \qquad \underset{\text{Isobutan}}{\text{CH}_3\overset{\overset{\text{CH}_3}{|}}{\text{CH}}\text{CH}_3} \qquad \underset{\text{Pentan}}{\text{CH}_3\text{CH}_2\text{CH}_2\text{CH}_2\text{CH}_3} \qquad \underset{\text{Isopentan}}{\text{CH}_3\text{CH}_2\overset{\overset{\text{CH}_3}{|}}{\text{CH}}\text{CH}_3}$$

Diese Trivialnamen erlauben jedoch keine eindeutige Benennung von Verbindungen mit anderem Verzweigungsmuster; Alkane höherer Komplexität müssen daher notwendigerweise nach dem flexibleren IUPAC-Nomenklatursystem benannt werden.

In diesem Lehrbuch werden wir hauptsächlich die IUPAC-Namen verwenden. Gelegentlich nutzen wir aber auch Trivialnamen, vor allem dann, wenn diese Trivialnamen in der täglichen Diskussion zwischen Chemikern oder Biochemikern fast ausschließlich Verwendung finden. Wenn in diesem Lehrbuch sowohl der IUPAC- als auch der Trivialname genannt sind, dann wird der IUPAC-Name zuerst erwähnt und der Trivialname in Klammern angefügt. So sollte stets zweifelsfrei zu erkennen sein, welcher Name welcher ist.

3.3.3 Die Klassifikation von Kohlenstoff- und Wasserstoffatomen

Wir können ein Kohlenstoffatom näher beschreiben, indem wir es als primäres, sekundäres, tertiäres oder quartäres Kohlenstoffatom klassifizieren, je nachdem, wie viele weitere Kohlenstoffatome daran gebunden sind. Ein Kohlenstoffatom, das nur an ein weiteres Kohlenstoffatom gebunden ist, wird folglich als primäres Kohlenstoffatom bezeichnet, ein Kohlenstoffatom, das Bindungen zu zwei anderen Kohlenstoffatomen hat, ist ein sekundäres Kohlenstoffatom usw. Die folgenden Strukturen verdeutlichen dies:

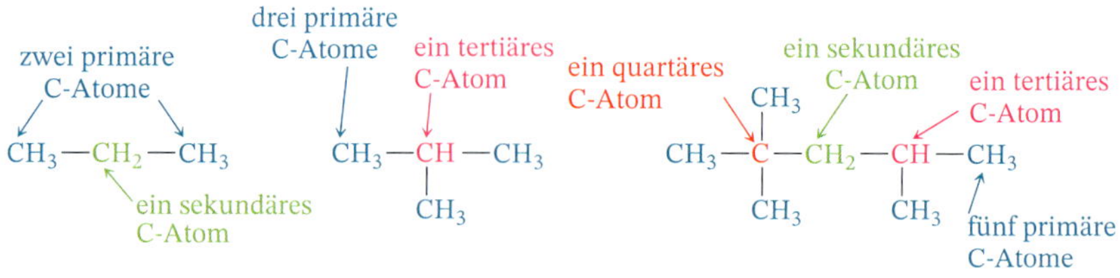

Ebenso kann man auch die Wasserstoffatome als primäre, sekundäre und tertiäre Wasserstoffatome klassifizieren, je nachdem, an welche Art von Kohlenstoffatom sie gebunden sind. Wasserstoffatome, die an ein primäres Kohlenstoffatom gebunden sind, werden demzufolge als primäre Wasserstoffatome bezeichnet, solche, die an sekundäre Kohlenstoffatome gebunden sind, als sekundäre Wasserstoffatome und die an tertiäre Kohlenstoffatome gebundenen Wasserstoffatome heißen tertiäre Wasserstoffatome.

Beispiel 3.4 Klassifizieren Sie jedes Kohlenstoffatom der folgenden Verbindungen als primär, sekundär, tertiär oder quartär.

(a) (b)

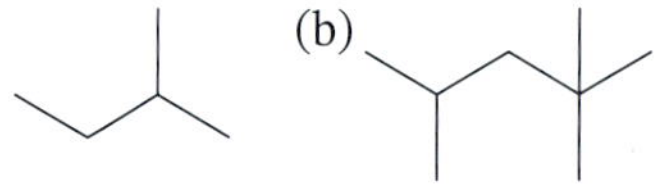

Vorgehensweise
Bestimmen Sie zur Klassifizierung von Kohlenstoffatomen, ob diese an ein Kohlenstoffatom (primär, p), zwei Kohlenstoffatome (sekundär, s), drei Kohlenstoffatome (tertiär, t) oder vier Kohlenstoffatome (quartär, q) gebunden sind.

Lösung

(a) [Skelettformel mit Markierungen: p, p, t, p, s]

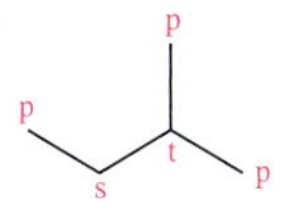

(b) [Skelettformel mit Markierungen: p, p, t, s, p, q, p, p]

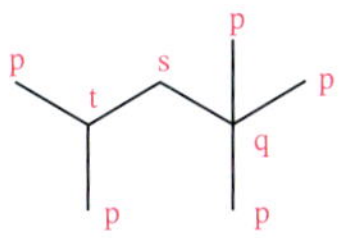

Siehe Aufgaben 3.9 und 3.13.

3.4 Was sind Cycloalkane?

Einen Kohlenwasserstoff, in dem die Kohlenstoffatome zu einem Ring zusammengefügt sind, bezeichnet man als *cyclischen Kohlenwasserstoff* und wenn alle Kohlenstoffatome des Rings gesättigt sind, spricht man von einem **Cycloalkan**. Cycloalkane mit Ringgrößen von 3 bis über 30 kommen in der Natur sehr häufig vor, aber prinzipiell gibt es für die Ringgröße keine Obergrenze. Fünfringe (Cyclopentan) und Sechsringe (Cyclohexan) kommen in der Natur besonders häufig vor und verdienen daher besondere Aufmerksamkeit.

In Abb. 3.3 sind die Strukturformeln von Cyclobutan, Cyclopentan und Cyclohexan gezeigt. In den Strukturformeln von Cycloalkanen werden die Kohlenstoff- und Wasserstoffatome in der Regel nicht explizit gezeichnet. Man verwendet zur Darstellung meist die entsprechenden Skelettformeln, in denen der Ring durch ein regelmäßiges Vieleck dargestellt wird, das so viele Ecken hat wie das Cycloalkan Kohlenstoffatome im Ring. So wird z. B. Cyclobutan als Quadrat, Cyclopentan als Fünfeck und Cyclohexan als Sechseck gezeichnet.

Cycloalkane enthalten zwei Wasserstoffatome weniger als Alkane mit derselben Kohlenstoffzahl. So ist die Summenformel von Cyclohexan C_6H_{12}, während die Summenformel von Hexan C_6H_{14} ist. Die allgemeine Summenformel von Cycloalkanen lautet C_nH_{2n}.

Zur Benennung von Cycloalkanen wird das Präfix *Cyclo-* vor den Namen des entsprechenden offenkettigen Kohlenwasserstoffs gestellt; davor kommen ggf. die Ringsubstituenten. Wenn ein Ring nur einen Substituenten trägt, ist es nicht notwendig (und damit auch nicht zulässig), die Position durch eine Nummer anzugeben. Sind zwei Substituenten vorhanden, wird der Ring beginnend an der Position des im Alphabet zuerst kommenden Substituenten nummeriert. Wenn drei oder mehr Substituenten vorhanden sind, wird der Ring so nummeriert, dass die Substituenten die kleinstmöglichen Nummern bekommen. Wie bei der Benennung von Alkanen werden die Substituenten in alphabetischer Reihenfolge vorangestellt.

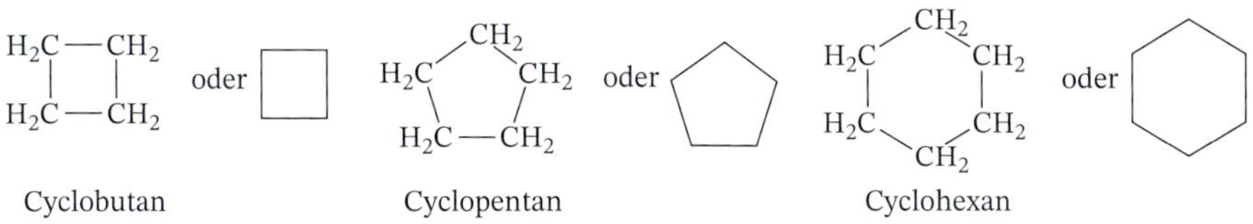

H_2C-CH_2
H_2C-CH_2 oder ☐

Cyclobutan

H_2CCH_2 (mit CH_2 oben), H_2C-CH_2 oder ⬠

Cyclopentan

H_2CCH_2 (mit CH_2 oben und CH_2 unten) oder ⬡

Cyclohexan

Abb. 3.3 Beispiele für Cycloalkane.

Beispiel 3.5 Bestimmen Sie für die folgenden Cycloalkane die Summenformeln und benennen Sie sie nach den IUPAC-Regeln.

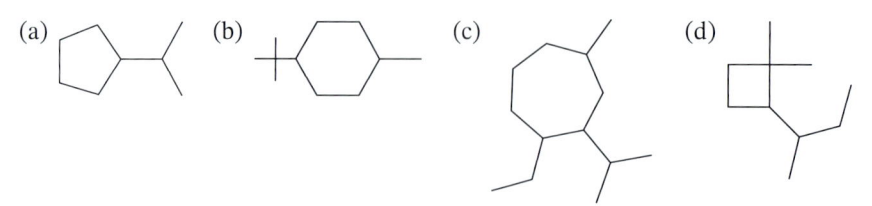

(a) (b) (c) (d)

Vorgehensweise

Ermitteln Sie zunächst den Stammnamen der Cycloalkane, benennen Sie die Substituenten und stellen Sie diese in alphabetischer Reihenfolge voran. Nummerieren Sie den Ring an einem Substituenten beginnend so, dass die Substituenten die kleinstmöglichen Nummern bekommen. Gibt es mehrere äquivalente Möglichkeiten der Nummerierung, wird dem im Alphabet zuerst kommenden Substituenten die niedrigere Nummer zugewiesen.

Lösung

(a) Die Summenformel dieses Cycloalkans lautet C_8H_{16}. Der Ring trägt nur einen Substituenten; es ist daher nicht notwendig, den Ring zu nummerieren und eine Positionsbezeichnung für den Substituenten anzugeben. Der IUPAC-Name der Verbindung ist Isopropylcyclopentan.

(b) Nummerieren Sie die Atome des Cyclohexans beginnend bei der *tert*-Butylgruppe, dem Substituenten, der im Alphabet zuerst kommt. Der Verbindungsname lautet 1-*tert*-Butyl-4-methylcyclohexan und die Summenformel lautet $C_{11}H_{22}$. (Denken Sie daran, dass das Präfix *tert* bei der Ermittlung der alphabetischen Reihenfolge nicht berücksichtigt wird.)

(c) Die Summenformel dieses Cycloalkans ist $C_{13}H_{26}$ und sein Name ist 1-Ethyl-2-isopropyl-4-methylcycloheptan. Die Ethylgruppe bekommt die Nummer 1, weil so die Isopropylgruppe eine kleinere Nummer erhält, als wenn wir der Methylgruppe die Nummer 1 zugewiesen hätten. (Das Präfix „Iso" wird bei der Ermittlung der alphabetischen Reihenfolge berücksichtigt. Die Nummern 1,2,4 sind günstiger als 1,3,4 oder 1,5,7.)

(d) Dieses Cycloalkan hat die Summenformel $C_{10}H_{20}$ und sein Name ist 2-*sec*-Butyl-1,1-dimethylcyclobutan. In diesem Beispiel sehen wir, dass die Vorsilben „*sec*-" und „di-" (genau wie „*tert*-") bei der Ermittlung der alphabetischen Reihenfolge nicht berücksichtigt werden.

Siehe Aufgaben 3.10 und 3.12.

3.5 Wie wendet man die IUPAC-Regeln auf Verbindungen mit funktionellen Gruppen an?

Bei der Benennung von Alkanen und Cycloalkanen in den Abschn. 3.3 und 3.4 haben wir die Regeln der IUPAC-Nomenklatur für diese beiden Stoffklassen kennengelernt. Nun wollen wir uns ansehen, wie wir zu einer Anwendung des IUPAC-Systems auf beliebige Verbindungen kommen können. Jede beliebige auf einer Kohlenstoffkette basierende Verbindung führt zu einem aus drei Teilen bestehenden Stammnamen für die Hauptkette: einem Präfix, einer Zwischensilbe und einem Suffix. Jeder Teil trägt spezifische Informationen zur Struktur der Verbindung bei.

1. Das Präfix gibt an, wie viele Kohlenstoffatome im Stammsystem vorliegen. Die Präfixe für Stammsysteme mit 1 bis 20 Kohlenstoffatomen in einer Kette sind in Tab. 3.2 aufgeführt.
2. Die Zwischensilbe gibt an, welche Kohlenstoff-Kohlenstoff-Bindungen in der Hauptkette vorliegen:

Zwischen-silbe	Art der Kohlenstoff-Kohlenstoff-Bindungen in der Hauptkette
-an-	nur Einfachbindungen
-en-	eine oder mehrere Doppelbindungen
-in-	eine oder mehrere Dreifachbindungen

> Denken Sie daran, dass sich die Zwischensilbe nur auf die Art der C–C-Bindungen in der Hauptkette bezieht.

3. Das Suffix gibt an, zu welcher Stoffklasse die Verbindung gehört:

Suffix	Verbindungsklasse
kein Suffix	Kohlenwasserstoff
-ol	Alkohol
-al	Aldehyd
-on	Keton
-säure	Carbonsäure

> Wir werden in späteren Kapiteln Suffixe für weitere Stoffklassen kennenlernen.

Beispiel 3.6 Im Folgenden sind die IUPAC-Namen und Strukturformeln von vier Verbindungen angegeben.

(a) $H_2C=CHCH_3$
Propen

(b) CH_3CH_2OH
Ethanol

(c) $CH_3CH_2CH_2CH_2\overset{\overset{O}{\|}}{C}OH$
Pentansäure

(d) $HC\equiv CH$
Ethin

Teilen Sie die Namen in Präfix, Zwischensilbe und Suffix auf und geben Sie an, welche Informationen diese Teile des Namens zur Struktur der Verbindung beitragen.

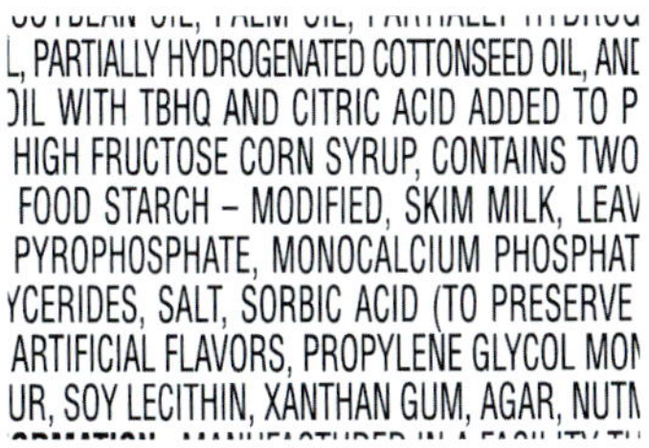

Vorgehensweise
Die ersten Buchstaben jedes Namens (Meth, Eth, Prop, But usw.) sind die Präfixe; sie geben an, wie viele Kohlenstoffatome in der Hauptkette enthalten sind. Die sich anschließenden Zwischensilben -an-, -en- oder -in- geben an, welcher Art die Kohlenstoff-Kohlenstoff-Bindungen in der Hauptkette sind. Die letzten Buchstaben sind die Suffixe; sie legen fest, zu welcher Stoffklasse die Verbindung gehört.

Lösung
(a) Prop**en**
 - Prop: drei Kohlenstoffatome
 - en: eine Kohlenstoff-Kohlenstoff-Doppelbindung
 - kein Suffix: ein Kohlenwasserstoff

(b) Ethan**ol**
 - Eth: zwei Kohlenstoffatome
 - an: nur Kohlenstoff-Kohlenstoff-Einfachbindungen
 - ol: ein Alkohol

Mithilfe der Nomenklatur können wir organische Verbindungen leicht identifizieren, z. B. in Zutatenlisten von Nahrungsmitteln. [Quelle: © Martin Shields/Alamy Inc.]

(c) nur Kohlenstoff-Kohlenstoff-Einfachbindungen

Pentansäure ← eine Carbonsäure

fünf Kohlenstoffatome

(d) eine Kohlenstoff-Kohlenstoff-Dreifachbindung

Ethin ← kein Suffix: ein Kohlenwasserstoff

zwei Kohlenstoffatome

Siehe Aufgaben 3.11, 3.14 und 3.15.

3.6 Was sind Konformationen in Alkanen und Cycloalkanen?

Strukturformeln liefern zwar wertvolle Informationen über die Verknüpfung der Atome, sie sagen uns aber nichts über die dreidimensionale Struktur der Verbindungen. Für Chemiker ist es von großem Interesse, möglichst viel über die Zusammenhänge zwischen der Struktur chemischer Verbindungen einerseits und deren chemischen und physikalischen Eigenschaften andererseits zu erfahren und diese Zusammenhänge möglichst umfassend zu verstehen. Es ist daher eminent wichtig, die dreidimensionale Gestalt von Molekülen in allen Details zu kennen.

In diesem Abschnitt werden wir vor allem Möglichkeiten zur Darstellung von Molekülen in ihrer dreidimensionalen Gestalt kennenlernen und dabei nicht nur Bindungswinkel, sondern auch Abstände zwischen nicht miteinander verbundenen Atomen und Atomgruppen sichtbar machen. Darüber hinaus wird das Konzept der Spannung beschrieben, für das wir drei Typen unterscheiden werden: Torsionsspannung, Winkelspannung und sterische Spannung. Den größten Lernerfolg wird man hier erzielen können, wenn man Molekülbaukästen verwendet, um damit Molekülmodelle zusammenzustecken, sie zu untersuchen und zu variieren. Organische Moleküle sind dreidimensionale Objekte und man sollte sich daran gewöhnen, sie jederzeit auch als solche wahrzunehmen.

3.6.1 Alkane

Alkane mit zwei oder mehr Kohlenstoffatomen können durch Rotation um eine oder mehrere Kohlenstoff-Kohlenstoff-Bindungen in sich verdreht werden, wobei eine Vielzahl verschiedener räumlicher Anordnungen der Atome entstehen kann. Jede dieser aus einer Drehung um eine Einfachbindung resultierenden dreidimensionalen Atomanordnungen bezeichnet man als **Konformation** und eine Anordnung der Atome, die einem energetischen Minimum im Verlauf einer solchen Rotation entspricht, nennt man **Konformer**. In Abb. 3.4a ist ein Kugel-Stab-Modell der **gestaffelten Konformation** des Ethans gezeigt. In dieser Konformation sind die drei C–H-Bindungen des einen Kohlenstoffatoms so weit wie möglich von den drei C–H-Bindungen des benachbarten Kohlenstoffatoms entfernt. Abbildung 3.4b zeigt eine **Newman-Projektion**, eine vereinfachende Darstellungsweise für Moleküle, in der die Konformation – in diesem Fall die gestaffelte Konformation – leichter erkennbar ist. In einer Newman-Projektion schaut man entlang einer C–C-Bindung auf das Molekül. Die drei dem Betrachter zugewandten Atome oder Atomgruppen erscheinen auf Linien, die vom Zentrum eines Kreises ausgehen und 120°-Winkel zueinander einnehmen. Die drei Atome oder Atomgruppen an dem vom Betrachter abgewandten

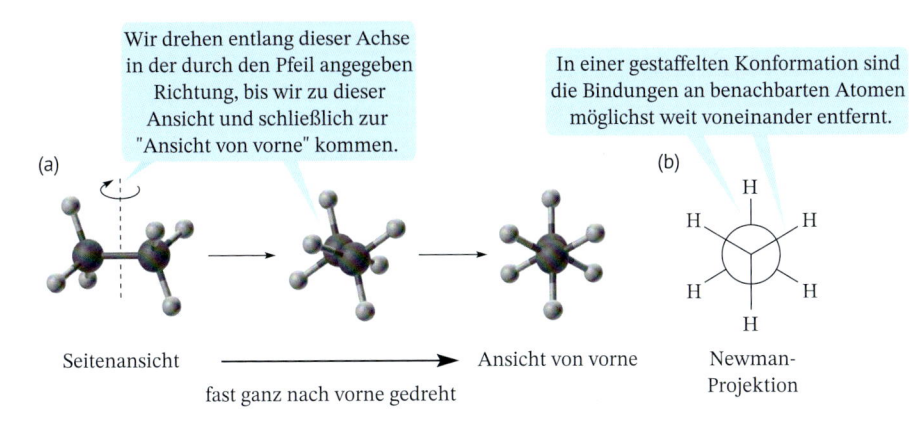

Abb. 3.4 Eine gestaffelte Konformation von Ethan. (a) Kugel-Stab-Modell und (b) Newman-Projektion.

Abb. 3.5 Eine ekliptische Konformation von Ethan. (a, b) Kugel-Stab-Modelle und (c) Newman-Projektion.

Kohlenstoff werden als Linien dargestellt, die von der Kreislinie ausgehen und ebenfalls 120°-Winkel einschließen. Wohlgemerkt betragen die Bindungswinkel an den Kohlenstoffatomen des Ethans nach wie vor etwa 109.5°, aber aus der Richtung, aus der wir für die Newman-Projektion blicken, erscheinen sie als 120°-Winkel.

Abbildung 3.5 zeigt das Kugel-Stab-Modell und die Newman-Projektion der **ekliptischen Konformation** von Ethan. In dieser Konformation sind die drei C−H-Bindungen des einen Kohlenstoffatoms den drei C−H-Bindungen des benachbarten Kohlenstoffatoms so nah wie möglich. Anders ausgedrückt: Die Wasserstoffatome am hinteren Kohlenstoffatom werden durch die Wasserstoffatome am vorderen Kohlenstoffatom verdeckt (Eklipse: Verdeckung).

Lange Zeit wurde angenommen, dass die Rotation um die C−C-Bindung im Ethan völlig ungehindert erfolgen kann. Genauere Untersuchungen zum Ethan und weiteren Verbindungen haben aber gezeigt, dass zwischen gestaffelter und ekliptischer Konformation ein Energieunterschied besteht, die Rotation also nicht völlig frei ist. Im Ethan ist die potentielle Energie in der ekliptischen Konformation maximal und in der gestaffelten Konformation minimal. Der energetische Unterschied zwischen diesen beiden Konformationen beträgt etwa 12.6 kJ/mol (3.0 kcal/mol).

Die Spannung, die sich aus der ekliptischen Konformation im Ethan ergibt, ist ein Beispiel für eine Torsionsspannung, die auch als ekliptische Spannung bezeichnet wird. **Torsionsspannung** ist die Spannung, die resultiert, wenn nicht-gebundene, durch drei Bindungen voneinander getrennte Atome oder Atomgruppen von einer gestaffelten in eine ekliptische Konformation gezwungen werden.

Beispiel 3.7 Zeichnen sie Newman-Projektionen für eine gestaffelte und eine ekliptische Konformation von Propan.

Vorgehensweise
Zeichnen Sie eine Skelettformel von Propan und wählen Sie eine Bindung, entlang derer wir für die Newman-Projektion blicken. Achten Sie darauf, den Überblick über

Gewusst wie: 3.2 Wie man Newman-Projektionen zeichnet

Eine Newman-Projektion ist die zweidimensionale Darstellung eines dreidimensionalen Moleküls, das entlang einer Kohlenstoff-Kohlenstoff-Bindung betrachtet wird. Wir erklären schrittweise, wie man Newman-Projektionen von Molekülen zeichnet:

1. **Man wählt die C−C-Bindung, entlang derer man blicken möchte.** Wir wählen Butan als Beispiel und hier die C_2-C_3-Bindung.

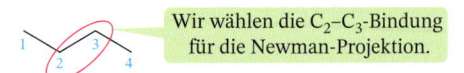

   Wir wählen die C_2-C_3-Bindung für die Newman-Projektion.

2. **Man zeichnet die Wasserstoffatome** mit gestrichelten Keilen, um Bindungen anzudeuten, die hinter die Papierebene ragen, und mit ausgefüllten Keilen, um nach vorne ragende Bindungen anzugeben. Wasserstoffatome und Gruppen, die nicht an der ausgewählten Bindung ansetzen, können wir in abgekürzter Form schreiben.

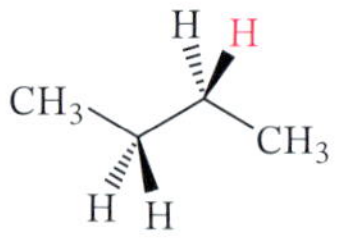

3. **Man entscheidet, aus welcher Richtung man auf die Bindung blickt.** Hier wollen wir von rechts nach links auf die Bindung schauen. Das rechte aus der Papierebene herausragende Wasserstoffatom ist rot markiert, um uns die Orientierung zu erleichtern.

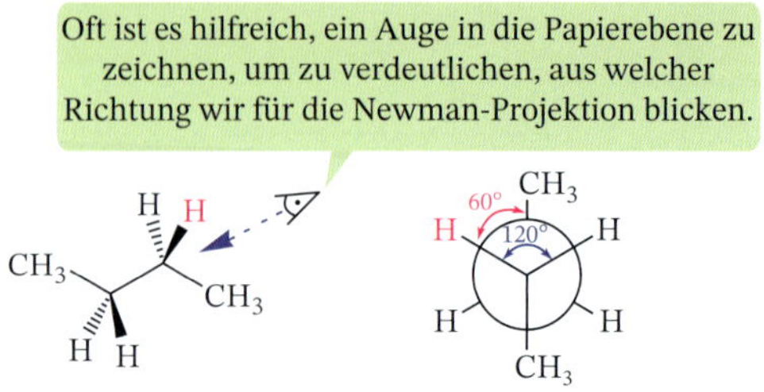

   Oft ist es hilfreich, ein Auge in die Papierebene zu zeichnen, um zu verdeutlichen, aus welcher Richtung wir für die Newman-Projektion blicken.

4. **Man platziert die Atome und Atomgruppen in der Newman-Projektion.** Hierzu ermittelt man, welche Orientierung die Gruppen bezogen auf das gezeichnete Auge einnehmen. Hier ist das rote Wasserstoffatom links und leicht diagonal oberhalb des Auges; es muss daher in der Newman-Projektion an der nach links und oben ragenden Bindung platziert werden. Die rechte Methylgruppe ragt relativ zum gezeichneten Auge nach unten und kommt deshalb in der Newman-Projektion an die vertikal nach unten zeigende Bindung. Entsprechend werden auch die anderen Atome und Atomgruppen platziert. Es stellt sich heraus, dass das Molekül in einer gestaffelten Konformation vorliegt.

die Kohlenstoffatome nicht zu verlieren (weswegen es hilfreich sein kann, diese zu nummerieren). Zeichnen Sie die gestaffelte und die ekliptische Newman-Projektion und vervollständigen Sie beide, indem Sie die Kohlenstoff- und Wasserstoffatome ergänzen.

Lösung

Im Folgenden sind Newman-Projektionen und Kugel-Stab-Modelle der beiden Konformationen gezeigt:

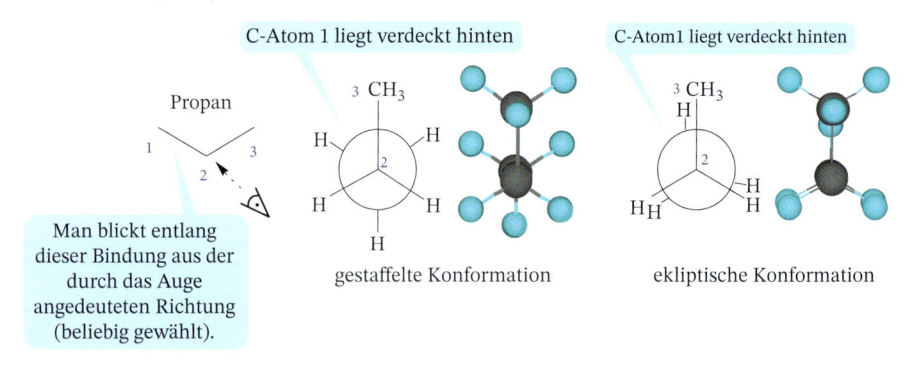

Propan

Man blickt entlang dieser Bindung aus der durch das Auge angedeuteten Richtung (beliebig gewählt).

C-Atom 1 liegt verdeckt hinten

gestaffelte Konformation

C-Atom 1 liegt verdeckt hinten

ekliptische Konformation

Siehe Aufgaben 3.16 und 3.22.

3.6.2 Cycloalkane

Wir wollen die Diskussion auf die Konformationen von Cyclopentanen und Cyclohexanen beschränken, da sie die in der Natur am weitesten verbreiteten Cycloalkane sind.

Cyclopentan

Wir können Cyclopentan (Abb. 3.6a) als planare Konformation zeichnen, in der alle C−C−C-Winkel 108° betragen (Abb. 3.6b). Die Winkel weichen somit nur wenig vom idealen Tetraederwinkel (109.5°) ab; in der planaren Konformation von Cyclopentan liegt daher nur eine kleine Winkelspannung vor. Allgemein tritt eine **Winkelspannung** auf, wenn die Bindungswinkel in einer Verbindung gegenüber ihrem idealen Wert aufgeweitet oder verengt sind. Allerdings stehen in der ebenen Konformation von Cyclopentan zehn C−H-Bindungen paarweise vollständig ekliptisch, was zu einer Torsionsspannung von etwa 42 kJ/mol (10 kcal/mol) führt. Um diese Spannung zumindest zum Teil abzubauen, verdrehen sich die Ringatome etwas und bilden eine sogenannte „Briefumschlag"-Konformation (Abb. 3.6c). Hier liegen vier der Kohlenstoffatome in einer Ebene und das fünfte ragt aus der Ebene heraus, ähnlich wie die Umschlagklappe eines offenen Briefumschlags.

In der Briefumschlag-Konformation treten weniger Wechselwirkungen zwischen ekliptischen Wasserstoffatomen auf und die Torsionsspannung ist folglich reduziert. Gleichzeitig sind aber die C−C−C-Winkel kleiner, wodurch sich die Ringspannung vergrößert. Die tatsächlich beobachteten C−C−C-Winkel im Cyclopentan betragen 105°, die Konformation mit der niedrigsten Energie ist also leicht gefaltet. Die Ringspannung im Cyclopentan beträgt etwa 23.4 kJ/mol (5.6 kcal/mol).

Cyclohexan

Cyclohexan kann mehrere gefaltete Konformationen einnehmen, von denen die **Sesselkonformation** die stabilste ist. In ihr (Abb. 3.7) betragen alle C−C−C-Winkel 109.5° (es tritt also keine Winkelspannung auf) und alle Wasserstoffatome an benachbarten Kohlenstoffatomen stehen gestaffelt (auch die Torsionsspannung ist somit minimiert). In Cyclohexan tritt daher so gut wie keine Ringspannung auf.

In einer Sesselkonformation nehmen die C−H-Bindungen von Cyclohexan zwei verschiedene Orientierungen ein. Sechs der C−H-Bindungen sind sogenannte **äquatoriale Bindungen**, die anderen sechs sind **axiale Bindungen**. Um die unterschiedlichen Orientierungen dieser beiden Typen von C−H-Bindungen zu verdeutlichen, kann man sich eine senkrecht zum Boden stehende Achse durch den Sessel vorstellen (Abb. 3.8a). Äquatoriale Bindungen liegen in etwa senkrecht auf der imaginären Achse, wobei sie von C-Atom zu C-Atom abwechselnd leicht nach oben und leicht nach

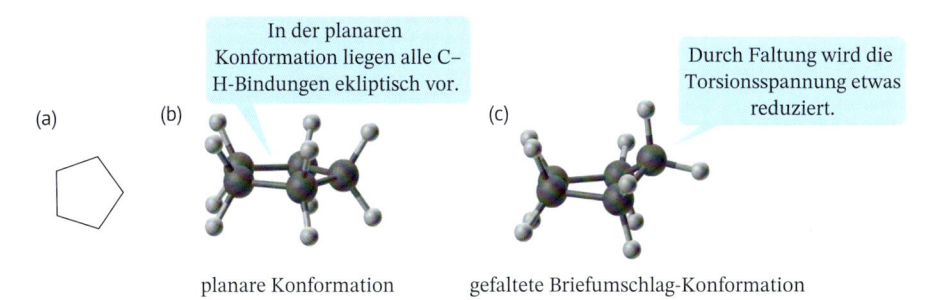

Abb. 3.6 Cyclopentan. (a) Strukturformel. (b) In der planaren Konformation würden 10 ekliptische Wechselwirkungen auftreten. (c) Die stabilste Konformation ist eine gefaltete „Briefumschlag"-Konformation.

Skelettformel mit
Wasserstoffatomen

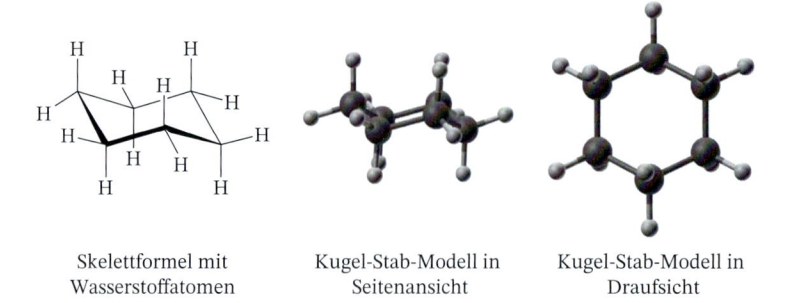

Kugel-Stab-Modell in
Seitenansicht

Kugel-Stab-Modell in
Draufsicht

Abb. 3.7 Cyclohexan. Die stabilste Konformation ist die gefaltete Sesselkonformation.

(a) Kugel-Stab-Modell mit allen 12 H-Atomen

(b) die sechs äquatorialen C–H-Bindungen in rot

(c) die sechs axialen C–H-Bindungen in blau

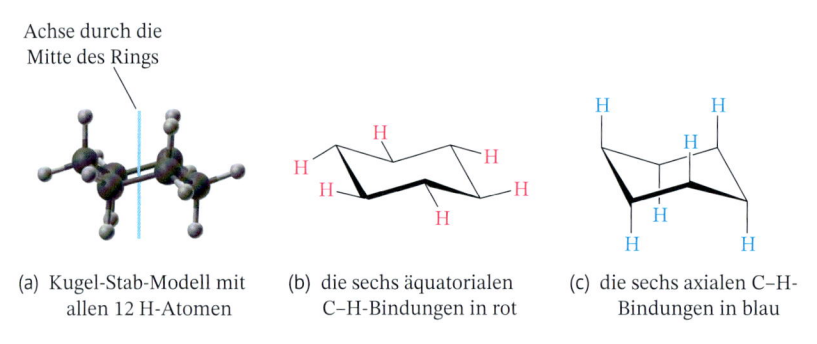

Abb. 3.8 Die Sesselkonformation des Cyclohexans mit axialen und äquatorialen C—H-Bindungen.

unten ragen. Axiale Bindungen verlaufen dagegen parallel zu der gedachten Achse. Drei von ihnen ragen nach oben und drei nach unten, wobei auch hier abwechselnd eine Bindung senkrecht nach oben und eine Bindung senkrecht nach unten weist. Man beachte zudem, dass die äquatoriale Bindung leicht nach unten zeigt, wenn die axiale Bindung an dem Kohlenstoffatom nach oben ragt, und entsprechend umgekehrt.

Es gibt viele weitere nicht-planare Konformationen des Cyclohexans; eine davon ist die **Wannenkonformation**, in der die Ring-Kohlenstoffatome 1 und 4 zueinander gedreht sind. Man kann sich den Übergang von der Sessel- in die Wannenkonformation vorstellen, wenn man eine Verdrehung des Rings nachvollzieht, wie sie in Abb. 3.9 dargestellt ist. Die Wannenkonformation ist deutlich weniger stabil als die Sesselkonformation. In der Wannenkonformation stehen acht Wasserstoffatome paarweise ekliptisch und bewirken eine deutliche Torsionsspannung. Zudem führt die Wechselwir-

(a) **Sessel**

Dieses C-Atom wird nach oben gedreht.

(b) **Wanne**

Wechselwirkung der Flaggenmast-Atome

Wechselwirkung zwischen zwei ekliptisch stehenden H-Atomen

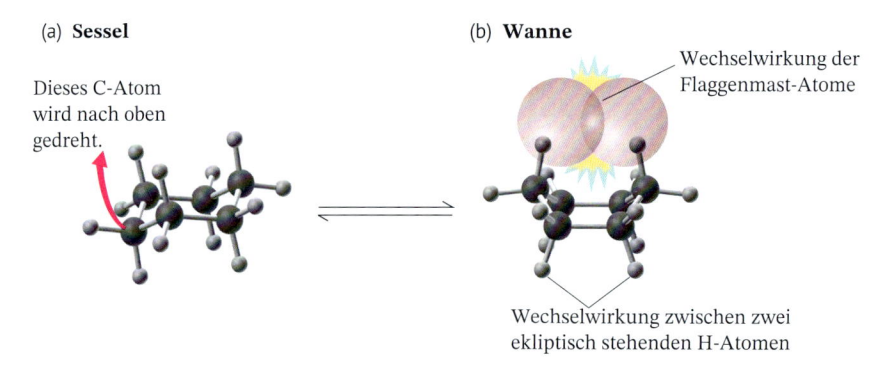

Abb. 3.9 Umwandlung einer (a) Sesselkonformation in eine (b) Wannenkonformation. In der Wannenkonformation treten wegen der vier Paare ekliptischer Wasserstoffatome eine Torsionsspannung sowie wegen der Wechselwirkung der beiden Flaggenmast-Wasserstoffatome eine sterische Spannung auf. Die Sesselkonformation ist aus diesen Gründen stabiler als die Wannenkonformation.

Gewusst wie: 3.3 Wie man die beiden Sesselkonformationen des Cyclohexans zeichnet

Häufig muss man perspektivische Darstellungen der Sesselkonformationen von Cyclohexan zeichnen und dabei die räumliche Anordnung der an den Ring gebundenen Atome und Atomgruppen möglichst realistisch wiedergeben. Hier folgt eine schrittweise Anleitung, die bei der Erstellung solcher Zeichnungen helfen kann. Mit ein bisschen Übung werden Sie es bald als leicht empfinden, Sesselkonformationen zu zeichnen.

1. Schritt: Man zeichnet wie gezeigt zwei leicht gegeneinander verschobene parallele Linien.

2. Schritt: Man ergänzt Kopf- und Fußteil des „Sessels" – einen nach oben, den anderen nach unten ragend. Man achte darauf, einander gegenüberliegende Linien des Rings immer parallel zu zeichnen.

3. Schritt: Man zeichnet die äquatorialen Bindungen, wobei man Bindungen im Ring als Anhaltspunkte nutzt. Jede äquatoriale Bindung ist parallel zu zwei Ringbindungen und äquatoriale Bindungen an gegenüberliegenden Atom sind ebenfalls zueinander parallel. Die paarweise parallelen äquatorialen Bindungen sind farbig hervorgehoben.

äquatoriale Bindungen

4. Schritt: Man zeichnet die axialen Bindungen als vertikale Linien. Auch hier muss man darauf achten, dass alle axialen Bindungen parallel zueinander sind. Die axialen Bindungen sind wieder farbig hervorgehoben.

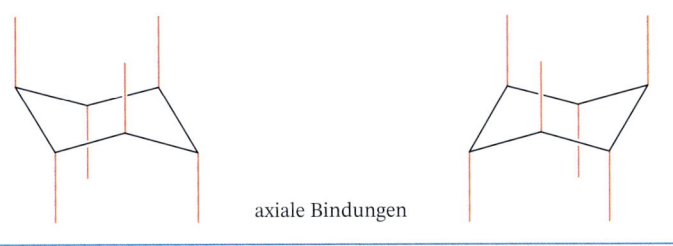

axiale Bindungen

kung der zwei sogenannten Flaggenmast-Wasserstoffatome zu sterischer Spannung. **Sterische Spannung** (manchmal auch als sterische Hinderung bezeichnet) tritt auf, wenn durch vier oder mehr Bindungen voneinander getrennte Atome gezwungen sind, sich unnatürlich nahe zu kommen – wenn sie sich also näher kommen, als ihre Atomradien eigentlich zulassen. Der Energieunterschied zwischen Sessel- und Wannenkonformation beträgt etwa 27 kJ/mol (6.5 kcal/mol). Im Gleichgewicht bei Raumtemperatur liegen daher etwa 99.99 % aller Cyclohexanmoleküle in der Sesselkonformation vor.

Die beiden äquivalenten Sesselkonformationen von Cyclohexan können ineinander übergehen, indem sich zunächst aus dem einen Sessel eine Wanne bildet und diese dann in den anderen Sessel umklappt. Wenn sich ein Sessel in den anderen umwandelt, findet auch ein Wechsel der räumlichen Anordnung aller an die Ringkohlenstoffatome gebundenen Wasserstoffatome statt: Alle äquatorialen Wasserstoffatome des einen Sessels werden im anderen Sessel zu axialen Wasserstoffatomen und umgekehrt (Abb. 3.10). Das Umklappen von der einen in die andere Sesselkonformation findet bei Raumtemperatur sehr rasch statt.

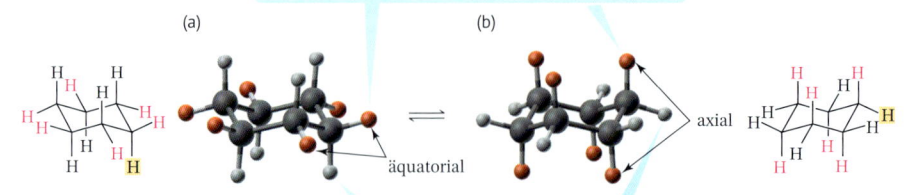

Abb. 3.10 Das Umklappen der Cyclohexansessel. Alle C–H-Bindungen, die im einen Sessel äquatorial sind, sind in der anderen Konformation axial und umgekehrt.

Wenn wir ein Wasserstoffatom in Cyclohexan durch eine Methylgruppe ersetzen, nimmt diese Gruppe in der einen Sesselkonformation eine äquatoriale und in der anderen eine axiale Position ein. Die beiden Sesselkonformationen sind aus diesem Grund nicht mehr äquivalent und haben auch nicht länger die gleiche Energie.

Zur einfachen Beschreibung der relativen Stabilitäten von Sesselkonformationen mit äquatorialen oder axialen Substituenten können wir einen Sonderfall der sterischen Spannung heranziehen, die sogenannte **diaxiale Wechselwirkung**. Die diaxiale Wechselwirkung beschreibt die sterische Spannung, die zwischen einem axialen Substituenten und einem axialen Wasserstoffatom (oder einer anderen axialen Gruppe) auf derselben Seite des Rings auftritt. Betrachten wir dazu Methylcyclohexan (Abb. 3.11). Wenn die CH$_3$-Gruppe äquatorial steht, nimmt sie eine gestaffelte Orientierung zu allen anderen Gruppen an den benachbarten Kohlenstoffatomen ein. Wenn sie axial steht, liegt sie parallel zu den beiden axialen C–H-Bindungen an den C-Atomen 3 und 5. Im axialen Methylcyclohexan beobachten wir also zwei ungünstige diaxiale Wechselwirkungen zwischen der Methylgruppe und den beiden Wasserstoffatomen. Im Methylcyclohexan ist die äquatoriale Stellung der Methylgruppe gegenüber der axialen Stellung um etwa 7.28 kJ/mol (1.74 kcal/mol) begünstigt. Im Gleichgewicht stehen die Methylgruppen bei Raumtemperatur in etwa 95 % der Methylcyclohexan-Moleküle äquatorial und in weniger als 5 % axial. Mit zunehmender Größe der Substituenten nimmt der Anteil der Konformation mit einer äquatorialen Gruppe weiter zu. Mit der besonders voluminösen *tert*-Butylgruppe ist die äquatoriale Konformation bei Raumtemperatur etwa 4000-mal häufiger als die axiale Konformation.

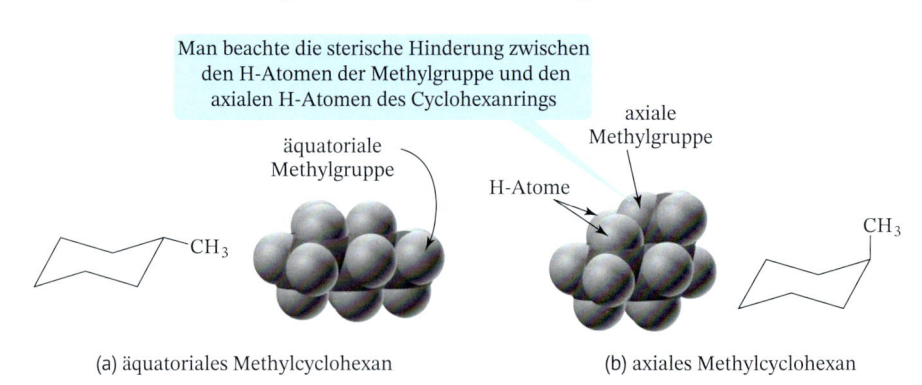

Abb. 3.11 Die beiden Sesselkonformationen von Methylcyclohexan. Die beiden diaxialen Wechselwirkungen führen zu einer sterischen Spannung und zu einer um etwa 7.28 kJ/mol (1.74 kcal/mol) geringeren Stabilität von Konformation (b) im Vergleich zu Konformation (a).

Man nennt die *tert*-Butylgruppe deshalb auch einen Konformationsanker – sie hält das *tert*-Butylcyclohexan in der äquatorialen Konformation fest.

Beispiel 3.8 Im Folgenden ist eine Sesselkonformation des Cyclohexans mit einer Methylgruppe und einem Wasserstoffatom gezeigt.

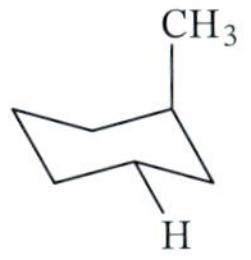

(a) Geben Sie an, welche der Gruppen äquatorial und welche axial stehen.
(b) Zeichen sie die andere Sesselkonformation und bezeichnen sie die Gruppen wiederum mit äquatorial bzw. axial.

Vorgehensweise
Die Umwandlung der einen in die andere Sesselkonformation des Cyclohexans erreicht man am leichtesten, indem man die Positionen des rechten und des linken Kohlenstoffatoms ändert (von oben nach unten bzw. von unten nach oben klappt). Denken Sie daran, dass alle ursprünglich axialen Substituenten nach dem Umklappen äquatorial vorliegen und alle vorher äquatorialen zu axialen Substituenten werden.

Lösung

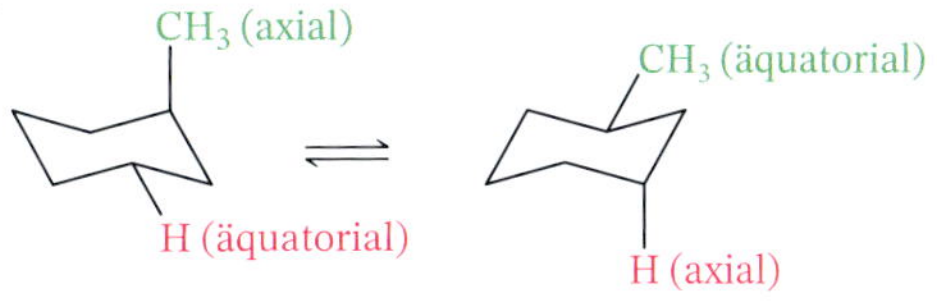

Siehe Aufgaben 3.17 und 3.23.

Beispiel 3.9 Markieren Sie in der folgenden Sesselkonformation alle diaxialen Wechselwirkungen.

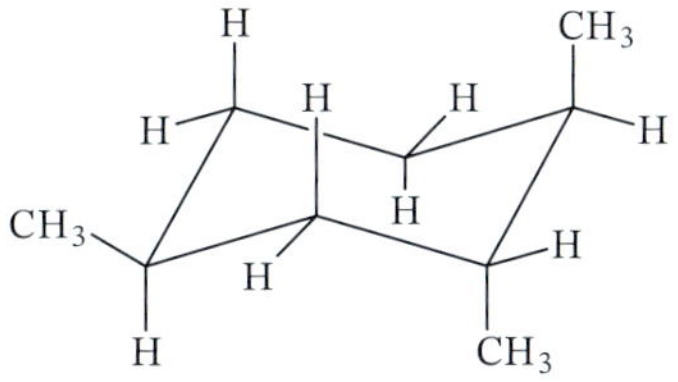

Vorgehensweise
Identifizieren Sie die axialen Gruppen. Gruppen auf derselben Seite des Rings (oberhalb oder unterhalb) gehen diaxiale Wechselwirkungen ein. Äquatoriale Substituenten nehmen nicht an diaxialen Wechselwirkungen teil.

Lösung
Es gibt vier diaxiale Wechselwirkungen: Jede der beiden axialen Methylgruppen kann mit den beiden parallel liegenden H-Atomen auf derselben Seite des Rings diaxiale Wechselwirkungen eingehen. Die äquatoriale Methylgruppe geht keine diaxialen Wechselwirkungen ein.

Exkurs: 3.A Der giftige Kugelfisch

Die Natur beschränkt sich in Sechsringen keineswegs auf Kohlenstoffatome. Tetrodotoxin, eines der stärksten bekannten Toxine, ist aus mehreren miteinander verknüpften Sechsringen aufgebaut, die alle in der Sesselkonformation vorliegen. Bis auf einen enthalten alle Ringe auch andere Atome als Kohlenstoff. Tetrodotoxin wird vermutlich von Bakterien produziert, die in der Leber und den Eierstöcken vieler *Tetraodontidae*-Arten, insbesondere des Kugelfischs, vorkommen. Diesen Namen trägt er, weil er sich zu einer nahezu kugelrunden Gestalt aufbläst, wenn er sich angegriffen fühlt. Der Kugelfisch ist ganz offensichtlich ein auf sehr effiziente Verteidigung spezialisierter Fisch, was aber viele Japaner nicht abzuschrecken scheint. Für sie ist der Kugelfisch, der in Japan *Fugu* heißt, eine Delikatesse. Damit der Fisch in öffentlichen Restaurants angeboten werden darf, muss der Küchenchef eine Prüfung abgelegt haben, die ihn zuverlässig befähigt, die überaus giftigen Innereien so zu entfernen, dass das Muskelfleisch gefahrlos verzehrt werden kann.

Die ersten Symptome einer Tetrodotoxinvergiftung sind Schwächeattacken, gefolgt von vollständiger Lähmung und schließlich dem Tod. Tetrodotoxin blockiert Na$^+$-Ionenkanäle in erregbaren Membranen (z. B. in Neuronen), indem seine =NH$_2^+$-Gruppe in die Öffnungen des Natriumkanals ragt und so den Transport von Na$^+$-Ionen durch den Kanal verhindert. Die Folge sind die beobachteten extremen Vergiftungserscheinungen.

Aufgabe
Wie viele Sechsringe in Sesselkonformation liegen im Tetrodotoxin vor? Welche Substituenten gehen eine diaxiale Wechselwirkung ein?

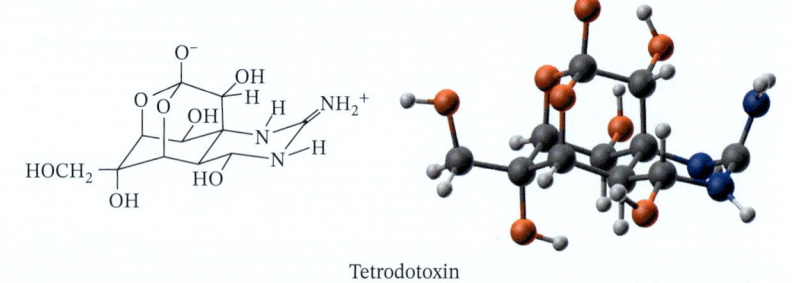

Ein aufgeblähter Kugelfisch. [Quelle: © Greg Elms/Getty Images.]

Tetrodotoxin

Weil äquatoriale Gruppen keine diaxialen Wechselwirkungen eingehen, ist für einen Substituenten die äquatoriale Position günstiger als die axiale.

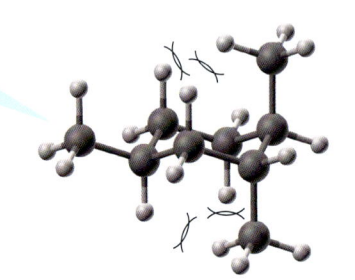

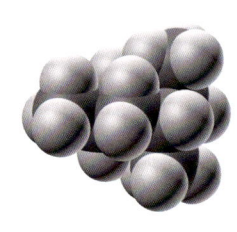

Siehe Aufgaben 3.18 und 3.23.

3.7 Was sind *cis/trans*-Isomere in Cycloalkanen?

Cycloalkane, die Substituenten an zwei oder mehr Kohlenstoffatomen des Rings tragen, zeigen eine Form der Isomerie, die man als ***cis/trans*-Isomerie** bezeichnet. *cis/trans*-Isomere haben (1) die gleiche Summenformel und weisen (2) die gleiche Reihenfolge und Verknüpfung der Atome, aber (3) unterschiedliche räumliche Anordnungen der Atome auf und können (unter gewöhnlichen Bedingungen) nicht durch Rotation um Einfachbindungen ineinander überführt werden. Dabei bedeutet die Vorsilbe **trans**, dass die Substituenten auf entgegengesetzten Seiten des Rings liegen, während **cis** Substituenten auf der gleichen Seite des Rings beschreibt. Die Energiebarriere zwischen Konformeren ist vergleichsweise niedrig, sodass diese bei Raumtemperatur durch Rotation um Einfachbindungen ineinander übergehen können, während die gegenseitige Umwandlung von *cis/trans*-Isomeren nur bei extrem hohen Temperaturen oder gar nicht erreicht werden kann.

Die *cis/trans*-Isomerie in Cycloalkanen können wir am einfachsten an einem Beispiel verdeutlichen, dem 1,2-Dimethylcyclopentan. In der folgenden Darstellung ist der Cyclopentanring vereinfachend als ebenes Fünfeck gezeichnet, auf das wir schräg von der Seite blicken. (Wenn man die *cis/trans*-Isomerie in substituierten Cycloalkanen veranschaulichen möchte, ist die Darstellung als planares Fünfeck durchaus zulässig.)

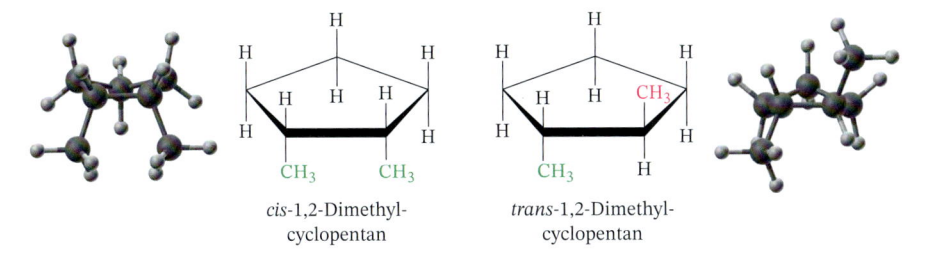

cis-1,2-Dimethyl-cyclopentan

trans-1,2-Dimethyl-cyclopentan

Nach vorne ragende Kohlenstoff-Kohlenstoff-Bindungen des Ringes sind als fette Linien gezeichnet. Wenn man aus diesem Blickwinkel auf die Verbindung schaut, ragen die Substituenten am Cyclopentan über oder unter die Ringebene. Im einen Isomer von 1,2-Dimethylcyclopentan liegen beide Methylgruppen auf derselben Seite des Ringes (je nachdem, wie man das Molekül dreht, beide oberhalb oder beide unterhalb der Ringebene), im anderen Isomer liegen sie auf unterschiedlichen Seiten des Rings (eine oberhalb und eine unterhalb der Ringebene).

Alternativ kann man auch von oben auf den Cyclopentanring schauen; der Ring liegt jetzt in der Papierebene. Substituenten am Ring zeigen dann entweder in Richtung des Betrachters (also vor die Papierebene) und werden mit fetten Keilen für die Bindungen dargestellt oder vom Betrachter weg (hinter die Papierebene) und werden mit gestrichelten Keilen angezeigt. In den folgenden Strukturformeln sind nur die beiden Methylgruppen gezeigt, die Wasserstoffatome am Ring sind nicht explizit dargestellt:

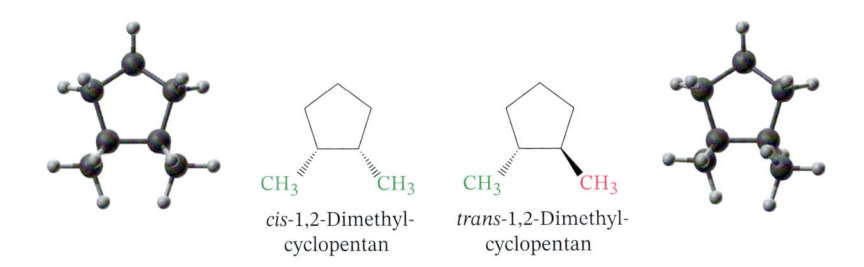

cis-1,2-Dimethyl-cyclopentan

trans-1,2-Dimethyl-cyclopentan

Beispiel 3.10 Welche dieser Cycloalkane zeigen *cis/trans*-Isomerie? Zeichnen Sie gegebenenfalls beide Isomere.

(a) Methylcyclopentan
(b) 1,1-Dimethylcyclobutan
(c) 1,3-Dimethylcyclobutan

Vorgehensweise

Damit eine cyclische Verbindung *cis/trans*-Isomerie zeigen kann, muss sie mindestens zwei Substituenten am Ring aufweisen und es muss für jedes Substituentenpaar zwei mögliche Anordnungen (*cis* und *trans*) geben.

Lösung

(a) Methylcyclopentan zeigt keine *cis/trans*-Isomerie: Es ist nur ein Substituent am Ring vorhanden.

(b) 1,1-Dimethylcyclobutan zeigt keine *cis/trans*-Isomerie: Es ist nur eine Anordnung für die beiden Methylgruppen am Ring möglich, die notwendigerweise *trans* ist.

(c) 1,3-Dimethylcyclobutan zeigt *cis/trans*-Isomerie. Beachten Sie, dass in diesen Strukturformeln nur die Wasserstoffatome gezeichnet sind, die an Kohlenstoffatomen mit Methylgruppen gebunden sind.

cis-1,3-Dimethylcyclobutan   *trans*-1,3-Dimethylcyclobutan

Siehe Aufgaben 3.24, 3.28 und 3.29.

Auch für 1,4-Dimethylcyclohexan existieren zwei *cis/trans*-Isomere. Um die *cis/trans*-Isomere darzustellen und zu bestimmen, wie viele Isomere es in einem substituierten Cycloalkan gibt, ist es günstig, die Cycloalkane wie in der folgenden Darstellung zweifach substituierter Cyclohexane als planare Vielecke zu zeichnen:

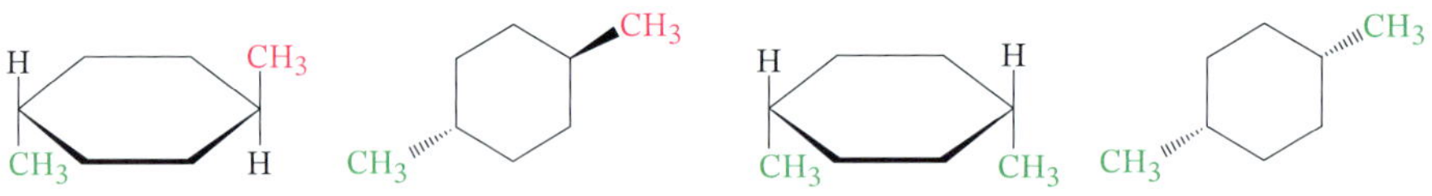

trans-1,4-Dimethylcyclohexan   *cis*-1,4-Dimethylcyclohexan

Wir können die *cis*- und *trans*-Isomere von 1,4-Dimethylcyclohexan auch als nichtplanare Sesselkonformere darstellen. Wenn wir mit den beiden alternativen Sesselkonformationen arbeiten, ist es nützlich, sich noch einmal in Erinnerung zu rufen, dass alle axialen Gruppen des einen Sessels zu äquatorialen Gruppen im anderen Sessel werden und umgekehrt. In der einen Sesselkonformation von 1,4-Dimethylcyclohexan stehen beide Methylgruppen axial, in der anderen äquatorial. Die zweite Konformation, in der beide Methylgruppen äquatorial stehen, ist deutlich stabiler.

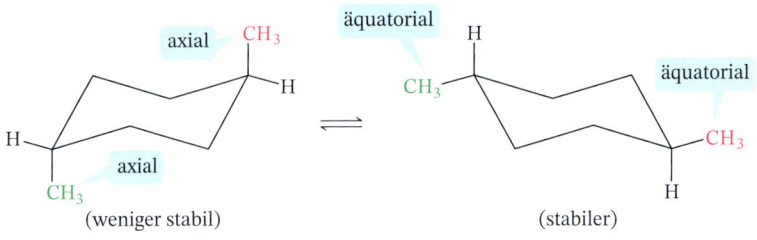

(weniger stabil)   (stabiler)

trans-1,4-Dimethylcyclohexan

Die beiden Sesselkonformationen von *cis*-1,4-Dimethylcyclohexan haben dieselbe Energie. (Tatsächlich sind sie identisch, da sie durch eine einfache Drehung ineinander überführt werden können.) In jeder dieser Konformationen steht eine Methylgruppe äquatorial, die andere axial.

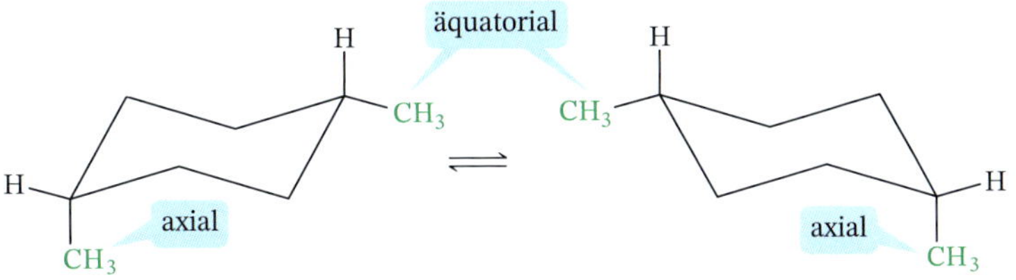

cis-1,4-Dimethylcyclohexan
(diese Konformationen haben die gleiche Energie)

Beispiel 3.11 Im Folgenden ist eine Sesselkonformation von 1,3-Dimethylcyclohexan abgebildet.

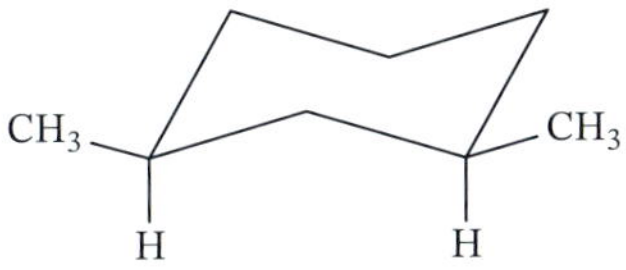

(a) Handelt es sich um *cis*-1,3-Dimethylcyclohexan oder um *trans*-1,3-Dimethylcyclohexan?
(b) Zeichnen Sie die alternative Sesselkonformation. Welche der beiden Sesselkonformationen ist stabiler?
(c) Zeichnen Sie eine planare Sechseckdarstellung des oben abgebildeten Isomers.

Vorgehensweise
Bestimmen Sie zunächst, ob die Substituenten auf derselben oder auf unterschiedlichen Seiten des Rings liegen, und leiten Sie daraus ab, ob es sich um das *cis*- oder *trans*-Isomer handelt. Ändern Sie zur Umwandlung der einen in die andere Sesselkonformation des Cyclohexans die Positionen des rechten und des linken Kohlenstoffatoms (sie werden hierzu von oben nach unten bzw. von unten nach oben geklappt). Denken Sie daran, dass alle ursprünglich axialen Substituenten nach dem Umklappen äquatorial liegen und alle vorher äquatorialen zu axialen Substituenten werden. Wenn man eine ebene Darstellung wählt, werden Substituenten oberhalb des Rings so gezeichnet, dass sie aus der Papierebene herausragen (fette Keile) und Substituenten unterhalb des Rings so, dass sie hinter die Papierebene zeigen (gestrichelte Keile).

Lösung
(a) Das abgebildete Isomer ist *cis*-1,3-Dimethylcyclohexan; beide Methylgruppen liegen auf derselben Seite des Rings.
(b)

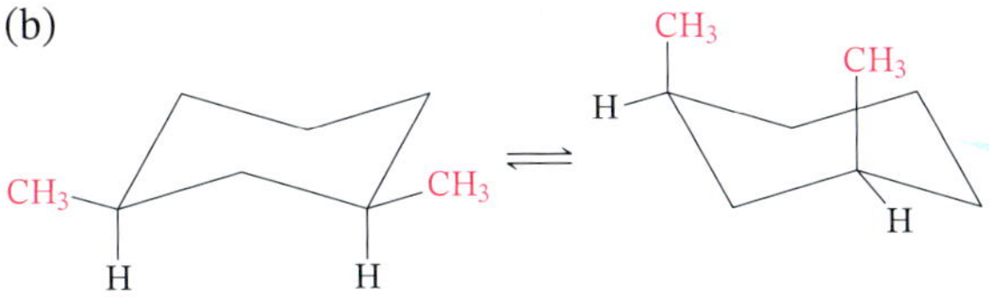

(stabiler)   (weniger stabil)

Beim Umklappen zwischen den beiden Sesselkonformationen wird sich die *cis*- oder *trans*-Beziehung zwischen den beiden Substituenten niemals ändern: *cis* bleibt *cis* und *trans* bleibt *trans*.

(c)

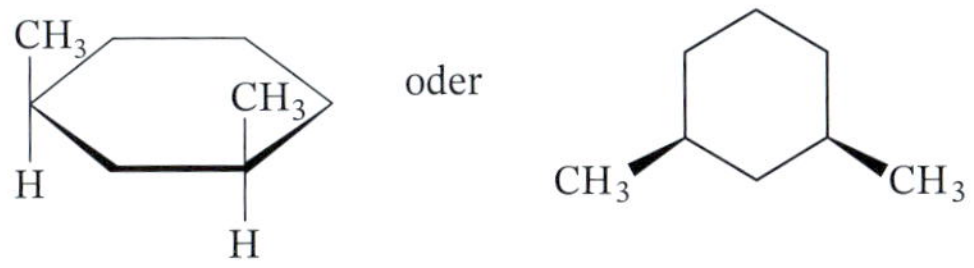

oder

Siehe Aufgaben 3.25, 3.28 und 3.29.

3.8 Welche physikalischen Eigenschaften haben Alkane und Cycloalkane?

Die wichtigste Eigenschaft von Alkanen und Cycloalkanen ist, dass sie nahezu vollständig unpolar sind. Wie wir in Abschn. 1.2.3 gesehen haben, ist der Unterschied zwischen den Elektronegativitäten von Kohlenstoff und Wasserstoff 2.5 − 2.1 = 0.4 auf der Pauling-Skala; gemessen an diesem kleinen Unterschied klassifizieren wir die C−H-Bindung als unpolar kovalent. Alkane sind demzufolge unpolare Verbindungen, weshalb zwischen verschiedenen Alkanmolekülen nur sehr schwache Wechselwirkungen auftreten.

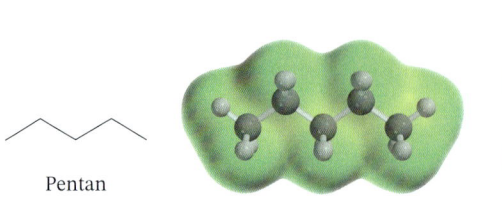

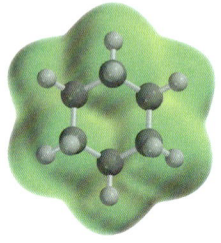

Pentan und Cyclohexan. Die Elektronendichteverteilungen geben keinerlei Hinweise auf Polarität in Alkanen und Cycloalkanen.

Pentan

Cyclohexan

3.8.1 Siedepunkte

Die Siedepunkte der Alkane sind bei gleicher molarer Masse niedriger als die von nahezu allen anderen Verbindungstypen. Ganz generell nehmen sowohl Siedepunkte als auch Schmelzpunkte der Alkane mit steigender Molmasse zu (Tab. 3.4).

Alkane mit 1–4 Kohlenstoffatomen sind bei Raumtemperatur gasförmig und Alkane mit 5–17 Kohlenstoffatomen sind farblose Flüssigkeiten. Hochmolekulare Alkane (mit 18 und mehr C-Atomen) sind weiße, wachsartige Feststoffe. Tatsächlich sind zahlreiche Pflanzenwachse hochmolekulare Alkane. Das Wachs, das man in der Schale von Äpfeln findet, ist beispielsweise ein unverzweigtes Alkan mit der Summenformel $C_{27}H_{56}$. Paraffin, eine Mischung hochmolekularer Alkane, wird zur Herstellung von Kerzenwachs, in Schmiermitteln und zur Versiegelung von Gefäßen für hausgemachte Marmeladen, Gelees und andere eingemachte Lebensmittel verwendet. Vaseline, die bei der Erdölaufbereitung anfällt, ist eine halbfeste Mischung hochmolekularer Alkane. Sie dient als Salbengrundlage in Pharmazeutika und Kosmetika und wird als Schmiermittel und als Rostschutzmittel eingesetzt.

Tab. 3.4 Physikalische Eigenschaften einiger unverzweigter Alkane.

Name	Halbstrukturformel	Schmelzpunkt (°C)	Siedepunkt (°C)	Dichte der Flüssigkeit (g/mL bei 0 °C)[a]
Methan	CH_4	−182	−164	(gasförmig)
Ethan	CH_3CH_3	−183	−88	(gasförmig)
Propan	$CH_3CH_2CH_3$	−190	−42	(gasförmig)
Butan	$CH_3(CH_2)_2CH_3$	−138	0	(gasförmig)
Pentan	$CH_3(CH_2)_3CH_3$	−130	36	0.626
Hexan	$CH_3(CH_2)_4CH_3$	−95	69	0.659
Heptan	$CH_3(CH_2)_5CH_3$	−90	98	0.684
Octan	$CH_3(CH_2)_6CH_3$	−57	126	0.703
Nonan	$CH_3(CH_2)_7CH_3$	−51	151	0.718
Decan	$CH_3(CH_2)_8CH_3$	−30	174	0.730

a) Zum Vergleich: Bei 4 °C beträgt die Dichte von H_2O 1 g/mL.

3.8.2 Dispersionskräfte und die Wechselwirkung zwischen Alkanmolekülen

Methan ist bei Raumtemperatur und Normaldruck ein Gas. Durch Kühlen auf −164 °C wird es flüssig, beim weiteren Kühlen auf −182 °C wird es fest. Dass Methan (oder auch jede andere Verbindung) als Flüssigkeit oder als Festkörper vorliegen kann, liegt an attraktiven (anziehenden) Kräften zwischen den Teilchen der Reinsubstanz. Obwohl alle anziehenden Kräfte zwischen Teilchen elektrostatischer Natur sind, unterscheiden sie sich deutlich in ihrer Stärke. Die stärksten attraktiven Wechselwirkungen treten zwischen Ionen auf – z. B. zwischen Na^+ und Cl^- in NaCl (787 kJ/mol, 188 kcal/mol). Wasserstoffbrückenbindungen sind etwas schwächere attraktive Kräfte (8–42 kJ/mol, 2–10 kcal/mol); über sie wird es mehr zu sagen geben, wenn wir in Kap. 8 die physikalischen Eigenschaften der Alkohole, also von Verbindungen mit polaren O−H-Bindungen diskutieren werden. Eine nochmals schwächere Anziehung, die zwischen Verbindungen mit permanenten Dipolmomenten auftritt, wird als Dipol-Dipol-Wechselwirkung bezeichnet (2–8 kJ/mol, 0.5–2 kcal/mol).

Dispersionskräfte sind mit 0.08–8 kJ/mol (0.02–2 kcal/mol) die schwächsten intermolekularen anziehenden Kräfte. Sie sind dafür verantwortlich, dass niedermolekulare, unpolare Verbindungen wie Methan überhaupt verflüssigt werden können. Wenn wir beispielsweise Methan bei −164 °C aus dem flüssigen in den gasförmigen Zustand überführen wollen, erfordert die Trennung der Moleküle nur die Energie, die zur Überwindung der sehr schwachen Dispersionswechselwirkungen erforderlich ist. Um die Ursache für die Dispersionskräfte zu verstehen, ist es erforderlich, eher im Sinne einer momentanen als einer durchschnittlichen Elektronenverteilung zu argumentieren. Im zeitlichen Mittel ist die Elektronendichte in einem Methanmolekül homogen (Abb. 3.12a); es existiert keine Ladungstrennung. Zu jedem Zeitpunkt gibt es jedoch eine von null verschiedene Wahrscheinlichkeit dafür, dass die Elektronendichte in Richtung einer Seite des Moleküls polarisiert (verschoben) ist. Diese kurzzeitige Polarisierung führt zu partiell positiven und negativen Ladungen, die ihrerseits positive und negative Partialladungen in einem benachbarten Methanmolekül induzieren (Abb. 3.12b). **Dispersionskräfte** sind somit schwache elektrostatische Anziehungskräfte zwischen kurzzeitig auftretenden partiell positiven und negativen Ladungen in benachbarten Atomen oder Molekülen.

Weil zwischen Alkanmolekülen nur die sehr schwachen Dispersionskräfte als Wechselwirkungen auftreten können, sind die Siedepunkte der Alkane bei vergleichbarer Molmasse niedriger als die von nahezu jeder anderen Verbindungsklasse. Mit zunehmender Zahl von Kohlenstoffatomen und damit steigender Molmasse nimmt die Stärke der Dispersionskräfte zwischen den Alkanmolekülen zu und die Siedepunkte steigen.

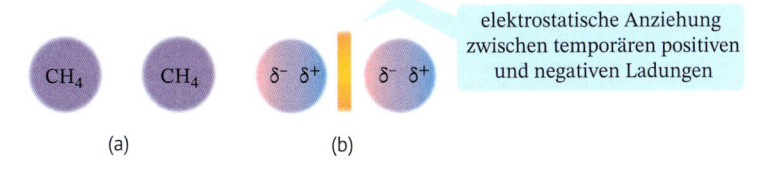

Abb. 3.12 Dispersionskräfte. (a) Die zeitlich gemittelte Elektronenverteilung in einem Methanmolekül ist symmetrisch; es liegt keine Polarisierung vor. (b) Eine kurzzeitige Polarisierung in einem Molekül induziert eine kurzzeitige Polarisation in einem benachbarten Molekül. Elektrostatische Anziehungen zwischen temporären positiven und negativen Partialladungen nennt man *Dispersionskräfte*.

3.8.3 Schmelzpunkte und Dichte

Die Schmelzpunkte der Alkane steigen mit zunehmender Molmasse, wenn auch die Zunahme nicht ganz so gleichmäßig erfolgt, wie es für die Siedepunkte beobachtet wird: Je nach Molekülgröße und Molekülgestalt können die Verbindungen unterschiedlich gepackt vorliegen, was zu einem unregelmäßigen Verlauf der Schmelzpunkte führt.

Die durchschnittliche Dichte der in Tab. 3.4 aufgeführten Alkane liegt bei etwa 0.7 g/mL, die der höhermolekularen Alkane beträgt etwa 0.8 g/mL. Alle flüssigen und festen Alkane besitzen eine geringere Dichte als Wasser (1.0 g/mL), sie schwimmen daher auf Wasser.

3.8.4 Konstitutionsisomere haben unterschiedliche physikalische Eigenschaften

Konstitutionsisomere Alkane sind unterschiedliche Verbindungen mit unterschiedlichen physikalischen Eigenschaften. In Tab. 3.5 sind Siedepunkte, Schmelzpunkte und Dichten der fünf Konstitutionsisomere mit der Summenformel C_6H_{14} aufgelistet. Die Siedepunkte der verzweigten Isomere sind niedriger als die des unverzweigten Hexans, wobei der Siedepunkt umso niedriger ist, je verzweigter das entsprechende Isomer ist. Die Unterschiede der Siedepunkte hängen mit der Molekülgestalt zusammen: Die einzigen anziehenden Kräfte zwischen Alkanen sind Dispersionskräfte. Bei gleicher molarer Masse nehmen die Alkanmoleküle mit zunehmendem Verzweigungsgrad eine kompaktere Form an und ihre Oberfläche wird kleiner. Mit der abnehmenden Oberfläche werden auch die Dispersionskräfte geringer und die Siedepunkte sinken. Innerhalb einer Gruppe von konstitutionsisomeren Alkanen wird also das am wenigsten verzweigte Isomer den höchsten und das am stärksten verzweigte Isomer den niedrigsten Siedepunkt aufweisen. Die Entwicklung innerhalb der Schmelzpunkte ist nicht so offensichtlich; wie schon erwähnt, korrelieren diese mit der Fähigkeit der Moleküle, im Festkörper eine geordnete Molekülpackung anzunehmen.

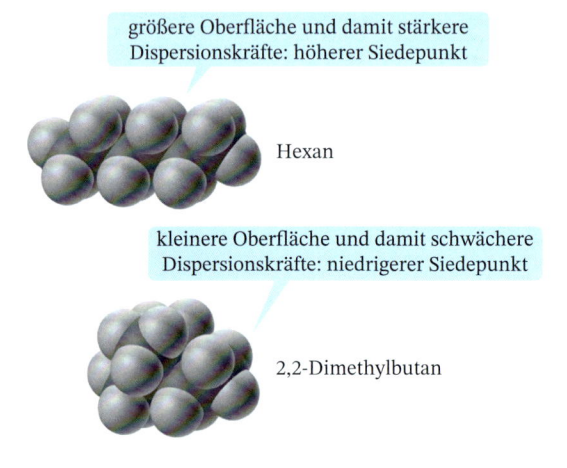

größere Oberfläche und damit stärkere Dispersionskräfte: höherer Siedepunkt

Hexan

kleinere Oberfläche und damit schwächere Dispersionskräfte: niedrigerer Siedepunkt

2,2-Dimethylbutan

Beispiel 3.12 Ordnen Sie die Alkane in jeder Teilaufgabe nach zunehmenden Siedepunkten:

(a) Butan, Decan und Hexan
(b) 2-Methylheptan, Octan und 2,2,4-Trimethylpentan

Tab. 3.5 Physikalische Eigenschaften der isomeren Alkane mit der Summenformel C_6H_{14}.

Name	Schmelzpunkt (°C)	Siedepunkt (°C)	Dichte (g/mL)
Hexan	−95	69	0.659
3-Methylpentan	−118	64	0.664
2-Methylpentan	−154	62	0.653
2,3-Dimethylbutan	−129	58	0.662
2,2-Dimethylbutan	−100	50	0.649

Vorgehensweise

Zur Bestimmung der relativen Abfolge der Siedepunkte erinnern wir uns daran, dass die Dispersionskräfte zwischen den Molekülen mit zunehmender Anzahl von Kohlenstoffatomen in der Kette stärker werden und dass damit auch die Siedepunkte steigen. Darüber hinaus werden die Siedepunkte auch vom Verzweigungsgrad bestimmt. In Konstitutionsisomeren haben hochverzweigte Isomere die kleinste Oberfläche und damit den niedrigsten Siedepunkt.

Lösung

(a) Alle Verbindungen sind unverzweigte Alkane. Mit zunehmender Kohlenstoffzahl in der Kette nehmen die Dispersionskräfte zwischen den Molekülen zu und die Siedepunkte steigen. Decan hat den höchsten Siedepunkt, Butan den niedrigsten.

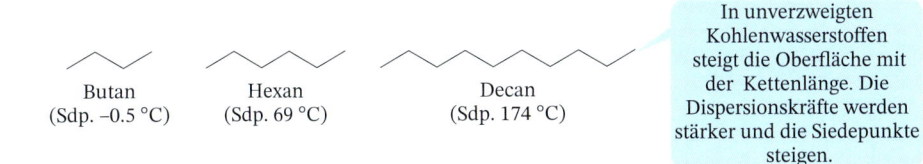

Butan (Sdp. −0.5 °C) Hexan (Sdp. 69 °C) Decan (Sdp. 174 °C)

> In unverzweigten Kohlenwasserstoffen steigt die Oberfläche mit der Kettenlänge. Die Dispersionskräfte werden stärker und die Siedepunkte steigen.

(b) Diese drei Alkane sind Konstitutionsisomere mit der Summenformel C_8H_{18}. Ihre relativen Siedepunkte werden vom Verzweigungsgrad bestimmt. 2,2,4-Trimethylpentan, das am stärksten verzweigte Isomer, hat die kleinste Oberfläche und damit den niedrigsten Siedepunkt. Octan, das unverzweigte Isomer, hat die größte Oberfläche und demzufolge den höchsten Siedepunkt.

> Je größer die Verzweigung, desto niedriger ist die Oberfläche. Dadurch werden die Dispersionskräfte schwächer und der Siedepunkt nimmt ab.

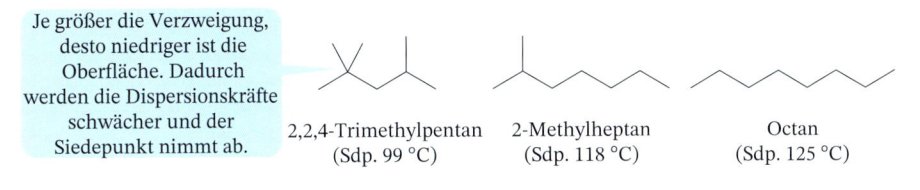

2,2,4-Trimethylpentan (Sdp. 99 °C)   2-Methylheptan (Sdp. 118 °C)   Octan (Sdp. 125 °C)

Siehe Aufgabe 3.30.

3.9 Was sind die charakteristischen Reaktionen von Alkanen?

Die herausragende chemische Eigenschaft der Alkane und Cycloalkane ist ihre Reaktionsträgheit. Bedingt dadurch, dass es sich um unpolare Verbindungen handelt, die ausschließlich aus besonders starken σ-Bindungen bestehen, sind sie weitgehend unreaktiv gegenüber den meisten Reagenzien. Unter bestimmten Bedingungen können Alkane und Cycloalkane aber mit Sauerstoff (O_2) reagieren. Die mit Abstand wichtigste Reaktion mit Sauerstoff ist die Verbrennung unter Bildung von Kohlendioxid und Wasser. Die Verbrennung gesättigter Kohlenwasserstoffe ist die Grundlage für deren Verwendung als Energiequelle zum Heizen (Erdgas, Autogas und Erdöl) und als Kraftstoff (Benzin, Dieselkraftstoff und Flugbenzin). Im Folgenden sind stöchiometrisch ausgeglichene Gleichungen für die vollständige Verbrennung von Methan, der Hauptkomponente von Erdgas, und von Propan, der Hauptkomponente von Autogas (LPG), angegeben:

> Beim Ausgleichen von chemischen Gleichungen zur Verbrennung von Kohlenwasserstoffen gleicht man zunächst die Kohlenstoffatome, dann die Wasserstoffatome und schließlich die Sauerstoffatome aus. Wenn die Gleichung dann noch nicht ausgeglichen ist, kann eventuell die Verdopplung aller Koeffizienten auf beiden Seiten des Reaktionspfeils helfen.

$$CH_4 + 2\,O_2 \longrightarrow CO_2 + 2\,H_2O \quad \Delta H° = -886 \text{ kJ/mol } (-212 \text{ kcal/mol})$$
Methan

$$CH_3CH_2CH_3 + 5\,O_2 \longrightarrow 3\,CO_2 + 4\,H_2O \quad \Delta H° = -2\,220 \text{ kJ/mol } (-530 \text{ kcal/mol})$$
Propan

3.10 Woher bekommt man Alkane?

Die drei wesentlichen Quellen für Alkane sind die fossilen Energieträger Erdgas, Erdöl und Kohle. Fossile Brennstoffe machten noch im Jahre 2015 etwa 85 % des weltweiten Energieverbrauchs aus. Weitere 11 % entfielen auf die Kernenergie und die Wasserkraft. Darüber hinaus sind fossile Energieträger die Grundstoffe für den Großteil aller weltweit produzierten organischen Chemikalien.

3.10.1 Erdgas

Erdgas besteht zu etwa 90–95 % aus Methan, zu 5–10 % aus Ethan und zu kleinen Anteilen aus weiteren niedrigsiedenden Alkanen, hauptsächlich Propan, Butan und 2-Methylpropan. Der derzeitige riesige Verbrauch von Ethen (Ethylen), dem wichtigsten Ausgangsmaterial in der organisch-chemischen Industrie, ist vor allem dadurch begründet, dass Ethan leicht aus dem Erdgas abgetrennt und zu Ethen gecrackt werden kann. Das Cracken ist ein Prozess, in dem ein gesättigter Kohlenwasserstoff unter gleichzeitiger Bildung von Wasserstoff (H_2) in einen ungesättigten Kohlenwasserstoff überführt wird. Wird Ethan innerhalb einiger Sekundenbruchteile durch ein auf 800 bis 900 °C erhitztes Rohr geleitet, wird es gecrackt. Im Jahre 2013 betrug die weltweite Produktion an Ethen 155 Millionen Tonnen, womit es nach Masse die meistproduzierte organische Verbindung ist. Der größte Teil des produzierten Ethens wird für die Herstellung organischer Polymere verwendet, die wir uns in Kap. 16 näher ansehen werden.

$$CH_3CH_3 \xrightarrow[\text{(thermisches Cracken)}]{800-900\,°C} H_2C=CH_2 + H_2$$
Ethan $\qquad\qquad\qquad\qquad$ Ethen

3.10.2 Erdöl

Erdöl ist eine zähe Flüssigkeit, die buchstäblich aus Tausenden von Verbindungen besteht. Die meisten davon sind Kohlenwasserstoffe, die aus der anaeroben Zersetzung mariner Pflanzen und Tiere entstanden sind. Erdöl und Erdölderivate dienen als Kraftstoffe für Autos, Flugzeuge und Schiffe und als Quelle für die Schmierstoffe und Öle für den Maschinenpark unserer hochindustrialisierten Gesellschaft. Darüber hinaus ist Erdöl zusammen mit dem Erdgas der Grundstoff für nahezu 90 % aller organischen Rohstoffe, die in der Synthese und Produktion von Kunstfasern, Kunststoffen, Detergenzien, Medikamenten, Farbstoffen und unzähligen anderen Produkten benötigt werden.

In einer Erdölraffinerie werden aus den Tausenden von Verbindungen, die im Erdöl in der flüssigen Mischung vorliegen, unter weitgehender Vermeidung von Abfallstoffen vielfältig nutzbare Produkte. Die verschiedenen physikalischen und chemischen Prozesse, die hier Anwendung finden, gehören im Wesentlichen zu zwei Kategorien: Trennprozesse, in denen die komplexen Mischungen in zahlreiche Fraktionen aufgetrennt werden, und Reformingprozesse, in denen sich die molekulare Struktur der Kohlenwasserstoffkomponenten ändert.

Das grundlegende Trennverfahren, das in den Raffinationsverfahren Anwendung findet, ist die fraktionierende Destillation (Abb. 3.13). Nahezu das gesamte Rohöl, das in die Raffinerie kommt, wird zunächst in Destillationskolonnen auf Temperaturen im Bereich von 370 bis 425 °C erhitzt und in einzelne Fraktionen aufgetrennt. Jede Fraktion besitzt einen bestimmten Siedebereich und enthält eine spezifische Mischung von Kohlenwasserstoffen:

1. Gase, die unterhalb von 20 °C sieden, werden am Kolonnenkopf abgenommen. Diese Fraktion ist eine Mischung niedermolekularer Kohlenwasserstoffe – hauptsächlich Propan, Butan und 2-Methylbutan, also Verbindungen, die bei Raumtemperatur unter Druck verflüssigt werden können. Die verflüssigte Mischung ist als Autogas (engl.: *liquefied petroleum gas*, LPG) bekannt, kann in Metalltanks gelagert und verschifft werden und ist somit eine einfach handhabbare Quelle gasförmiger Brennstoffe zum Heizen, Kochen und Grillen.

2. Naphtha (Sdp. 20–200 °C) ist eine Mischung aus C_5- bis C_{12}-Alkanen und Cycloalkanen, die zudem kleinere Mengen von Benzol, Toluol, Xylol und anderen aromatischen Kohlenwasserstoffen enthält (Kap. 9). Die Leichtbenzinfraktion (Sdp. 20–150 °C) ist die Quelle für Rohbenzin; sie macht durchschnittlich etwa 25 % des Rohöls aus. In gewisser Weise ist Naphtha die wertvollste Siedefraktion, weil sie nicht nur Kraftstoffe, sondern auch die Ausgangsmaterialien für die organisch-chemische Industrie liefert.

3. Kerosin (Sdp. 175–275 °C) ist eine Mischung aus C_9- bis C_{15}-Kohlenwasserstoffen.

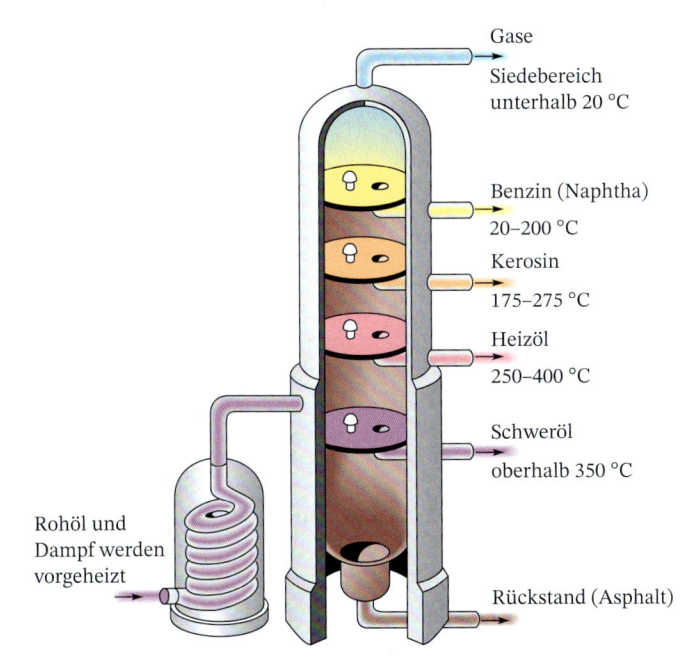

Eine Erdölraffinerie. [Quelle: © George Clerk/ Getty Images.]

Abb. 3.13 Fraktionierende Destillation von Erdöl. Die leichten, flüchtigeren Fraktionen werden weiter oben an der Kolonne abgenommen und die schweren, weniger flüchtigen Fraktionen weiter unten.

Exkurs: 3.B Die Oktanzahl: Was bedeutet diese Zahl auf der Zapfsäule?

Benzin ist eine komplexe Mischung aus C_6- bis C_{12}-Kohlenwasserstoffen. Die Eignung des Benzins als Kraftstoff für Verbrennungsmotoren wird durch die *Oktanzahl* ausgedrückt. Das Klopfen von Motoren tritt auf, wenn ein Teil des Benzin-Luft-Gemisches zu früh zündet (für gewöhnlich wegen der Hitzeentwicklung während der Kompression) und nicht erst dann, wenn es durch die Zündkerze gezündet wird. Zwei Verbindungen wurden in diesem Zusammenhang als Referenzkraftstoffe ausgewählt. Die eine, 2,2,4-Trimethylpentan (meist mit dem Trivialnamen Isooctan bezeichnet), weist eine sehr hohe Klopffestigkeit auf (das Benzin-Luft-Gemisch verbrennt sehr gleichmäßig im Brennraum); ihr wurde die Oktanzahl 100 zugewiesen. (Der Name *Isooctan* ist hier ein Trivialname – die Substanz mit der halbsystematischen Bezeichnung „Isooctan" hat nichts mit dem hier angesprochenen Isooctan = 2,2,4-Trimethylpentan zu tun, außer dass beide ein verzweigtes Isomer von Octan bezeichnen.) Heptan, die andere Referenzsubstanz, besitzt eine sehr geringe Klopffestigkeit; für sie wurde die Oktanzahl 0 festgelegt.

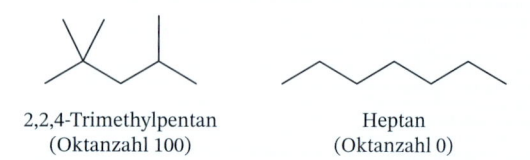

2,2,4-Trimethylpentan (Oktanzahl 100)   Heptan (Oktanzahl 0)

Die Oktanzahl eines Kraftstoffs gibt an, welcher Prozentsatz Isooctan in einer Mischung aus Isooctan und Heptan enthalten

Typische Oktanzahlen gängiger Benzinkraftstoffe. [Quelle: © M. Bär.]

sein muss, damit diese die gleiche Klopffestigkeit aufweist wie der zu prüfende Kraftstoff. So entspricht z. B. die Klopffestigkeit von 2-Methylhexan der einer Mischung aus 42 % Isooctan und 58 % Heptan. Die Oktanzahl von 2-Methylhexan ist daher 42. Octan selbst hat eine Oktanzahl von −20; es hat also noch ungünstigere Klopfeigenschaften als Heptan. Ethanol, das z. B. dem Ethanol-Kraftstoff E10 zugesetzt ist (10 % Ethanol in Benzin), hat eine Oktanzahl von 105. Benzol und Toluol haben Oktanzahlen von 106 bzw. 120.

Aufgabe

Würden Sie für Octan oder für 2,2,4-Trimethylpentan den höheren Siedepunkt erwarten?

4. Heizöl (Sdp. 250–400 °C) ist eine Mischung aus C_{15}- bis C_{18}-Kohlenwasserstoffen. Auch Dieselkraftstoff wird aus dieser Fraktion gewonnen.
5. Schweröl und Schmieröle werden oberhalb 350 °C abdestilliert.
6. Asphalt ist der schwarze, teerige Rückstand, der nach der Entfernung aller flüchtigen Fraktionen zurückbleibt.

Die zwei wichtigsten Reformingprozesse sind das Cracken, das am Beispiel der thermischen Umwandlung von Ethan in Ethen bereits besprochen wurde (Abschn. 3.10.1), und das katalytische Reforming, hier gezeigt am Beispiel der Umwandlung von Hexan zunächst in Cyclohexan und dann in Benzol:

$$CH_3CH_2CH_2CH_2CH_2CH_3 \xrightarrow[-H_2]{\text{Katalysator}} \text{Cyclohexan} \xrightarrow[-3H_2]{\text{Katalysator}} \text{Benzol}$$

Hexan   Cyclohexan   Benzol

3.10.3 Kohle

Um verstehen zu können, wie man Kohle als Rohstoff für die Produktion organischer Verbindungen nutzen kann, muss man zunächst über Synthesegas sprechen. Synthesegas ist eine Mischung aus Kohlenmonoxid und Wasserstoff in unterschiedlichen, von den Herstellungsbedingungen abhängigen Zusammensetzungen. Synthesegas entsteht, wenn Dampf über Kohle geleitet wird; es kann aber auch durch partielle Oxidation von Methan mit Sauerstoff hergestellt werden.

$$\underset{\text{Kohle}}{C} + H_2O \xrightarrow{\text{Hitze}} CO + H_2$$

$$\underset{\text{Methan}}{CH_4} + \frac{1}{2}O_2 \xrightarrow{\text{Katalysator}} CO + 2H_2$$

Zwei wichtige organische Verbindungen, die heute fast ausschließlich aus Kohlenmonoxid und Wasserstoff synthetisiert werden, sind Methanol und Essigsäure. In der Herstellung von Methanol wird eine 1 : 2-Mischung aus Kohlenmonoxid und Wasserstoff bei erhöhter Temperatur und unter Druck über einen Katalysator geleitet:

$$CO + 2H_2 \xrightarrow{\text{Katalysator}} \underset{\text{Methanol}}{CH_3OH}$$

In der weiteren Umsetzung mit Kohlenmonoxid in Gegenwart eines anderen Katalysators entsteht aus dem Methanol Essigsäure:

$$\underset{\text{Methanol}}{CH_3OH} + CO \xrightarrow{\text{Katalysator}} \underset{\text{Essigsäure}}{CH_3\overset{\overset{O}{\|}}{C}OH}$$

Weil sich die Herstellungsprozesse für die Synthese von Methanol und Essigsäure aus Kohlenmonoxid kommerziell bewährt haben, ist es durchaus wahrscheinlich, dass in den nächsten Dekaden auch Prozesse zur Herstellung anderer organischer Verbindungen entwickelt werden, die Methanol als Ausgangsmaterial nutzen und damit letztlich von Kohle ausgehen.

Zusammenfassung

3.1 Was sind Alkane?
- Ein **Kohlenwasserstoff** ist eine Verbindung, die nur aus Kohlenstoff und Wasserstoff besteht. Ein Alkan ist ein **gesättigter Kohlenwasserstoff**, der nur aus Einfachbindungen aufgebaut ist. **Alkane** haben die allgemeine Summenformel C_nH_{2n+2}.

3.2 Was sind Konstitutionsisomere?
- **Konstitutionsisomere** haben die gleiche Summenformel, aber eine unterschiedliche Anordnung und Verknüpfung der Atome.

3.3 Wie benennt man Alkane?
- Alkane werden mithilfe eines Regelwerks benannt, das von der **International Union of Pure and Applied Chemistry (IUPAC)** entwickelt wurde.
- Ein Kohlenstoffatom wird als **primär**, **sekundär**, **tertiär** oder **quartär** klassifiziert, je nachdem, wie viele andere Kohlenstoffatome daran gebunden sind.
- Ein Wasserstoffatom wird als **primär**, **sekundär** oder **tertiär** klassifiziert, je nachdem, an welche Klasse von Kohlenstoffatomen es gebunden ist.

3.4 Was sind Cycloalkane?
- Ein **Cycloalkan** ist ein Alkan, in dem die Kohlenstoffatome zu einem Ring verknüpft sind.

- Zur Benennung eines Cycloalkans stellt man dem Namen für den entsprechenden offenkettigen Kohlenwasserstoff das Präfix *Cyclo-* voran.
- Fünfringe (Cyclopentane) und Sechsringe (Cyclohexane) kommen in der Natur besonders häufig vor.

3.5 Wie wendet man die IUPAC-Regeln auf Verbindungen mit funktionellen Gruppen an?

- Das IUPAC-System ist ein **Nomenklatursystem**.
- Ein IUPAC-Name besteht aus drei Teilen:
  1. einem **Präfix**, das die Anzahl der Kohlenstoffatome im **Stammsystem** (der Hauptkette) angibt,
  2. einer **Zwischensilbe**, die angibt, welche Kohlenstoff-Kohlenstoff-Bindungen in der Hauptkette vorliegen, und
  3. einem **Suffix**, das angibt, um welche Stoffklasse es sich handelt.
- **Substituenten**, die sich von Alkanen durch Entfernung eines Wasserstoffatoms ableiten, nennt man **Alkylgruppen**; sie werden mit dem Symbol **–R** abgekürzt. Der Name einer Alkylgruppe wird aus dem entsprechenden Alkan abgeleitet, indem die Endsilbe *-an* durch die Endsilbe *-yl* ersetzt wird.

3.6 Was sind Konformationen in Alkanen und Cycloalkanen?

- Eine **Konformation** ist eine räumliche Anordnung der Atome in einem Molekül, die aus der Drehung um Einfachbindungen resultiert.
- Die **Newman-Projektion** ist eine Möglichkeit, eine Konformation darzustellen. **Gestaffelte Konformationen** sind energetisch günstiger (stabiler) als **ekliptische Konformationen**.
- Es gibt drei Arten **molekularer Spannung**:
  - **Torsionsspannung** (auch ekliptische Spannung) entsteht, wenn durch drei Bindungen voneinander getrennte Atome von einer gestaffelten in eine ekliptische Konformation gezwungen werden.
  - **Winkelspannung** entsteht, wenn ein Bindungswinkel größer oder kleiner als der ideale Wert ist.
  - **Sterische Spannung** (auch **sterische Hinderung**) tritt auf, wenn sich durch vier oder mehr Bindungen getrennte Atome unnatürlich nah kommen – also näher, als ihre **Atomradien** eigentlich zulassen.
- Cyclopentane, Cyclohexane und alle größeren Cycloalkane liegen in einem dynamischen Gleichgewicht verschiedener **gefalteter Konformationen** vor. Die energetisch niedrigste Konformation von Cyclopentan ist die **Briefumschlag-Konformation**. Die energetisch niedrigsten Konformationen von Cyclohexan sind zwei ineinander überführbare **Sesselkonformationen**. In einer Sesselkonformation befinden sich sechs Bindungen in **axialer** und sechs Bindungen in **äquatorialer** Position. Bindungen, die im einen Sessel axial sind, sind im anderen Sessel äquatorial und umgekehrt. Eine **Wannenkonformation** hat eine höhere Energie als die Sesselkonformationen. Die stabilere Konformation eines substituierten Cyclohexans ist die, in der **diaxiale Wechselwirkungen** minimiert sind.

3.7 Was sind *cis/trans*-Isomere in Cycloalkanen?

- *cis/trans*-Isomere haben die gleiche Summenformel und die gleiche Reihenfolge und Verknüpfung der Atome, weisen aber unterschiedliche Atomanordnungen auf; sie können nicht durch Rotation um Einfachbindungen ineinander überführt werden. ***cis*** bedeutet, dass die Substituenten auf derselben Seite des Rings liegen, ***trans*** bedeutet, dass die Substituenten auf gegenüberliegenden Seiten des Rings stehen. Die meisten Cycloalkane, die Substituenten an zwei oder mehr Kohlenstoffatomen des Rings enthalten, zeigen *cis/trans*-Isomerie.

3.8 Welche physikalischen Eigenschaften haben Alkane und Cycloalkane?

- Alkane sind **unpolare Verbindungen**. Die einzigen attraktiven Kräfte, die zwischen Alkanmolekülen wirken, sind **Dispersionskräfte**, also schwache elektrostatische Wechselwirkungen zwischen temporären positiven und negativen Partialladungen in Atomen oder Molekülen. Niedermolekulare Alkane wie Methan, Ethan und Propan sind bei Raumtemperatur und Normaldruck Gase.
- Höhermolekulare Alkane wie die in Benzin oder **Kerosin** sind Flüssigkeiten.
- Sehr hochmolekulare Alkane wie die in **Paraffin** sind wachsartige Feststoffe.
- Innerhalb einer Gruppe von konstitutionsisomeren Alkanen weist das am wenigsten verzweigte Isomer den höchsten und das am stärksten verzweigte Isomer den niedrigsten Siedepunkt auf.

3.9 Was sind die charakteristischen Reaktionen von Alkanen?

- Die herausragende chemische Eigenschaft der Alkane und Cycloalkane ist ihre Reaktionsträgheit. Als unpolare Verbindungen, die nur aus starken σ-Bindungen bestehen, sind sie weitgehend unreaktiv gegenüber den meisten Reagenzien.
- Die wichtigste Reaktion mit Sauerstoff ist die **Verbrennung** unter Bildung von Kohlendioxid und Wasser. Die Verbrennung gesättigter Kohlenwasserstoffe ist die Grundlage für deren Verwendung als Energiequelle zum Heizen und als Kraftstoff.

3.10 Woher bekommt man Alkane?

- **Erdgas** besteht zu etwa 90–95 % aus Methan und kleineren Anteilen von Ethan und anderen niedrigsiedenden Kohlenwasserstoffen.
- **Erdöl** ist eine flüssige Mischung aus buchstäblich Tausenden von verschiedenen Kohlenwasserstoffen.
- **Synthesegas**, eine Mischung aus Kohlenmonoxid und Wasserstoff, kann aus Erdgas oder aus Kohle hergestellt werden.

Wichtige Reaktionen

1. **Oxidation von Alkanen (Abschn. 3.9)**
   Die Oxidation von Alkanen zu Kohlendioxid und Wasser ist die Grundlage für ihre Verwendung als Kraftstoff und als Energiequelle zum Heizen:

   $$CH_3CH_2CH_3 + 5\,O_2 \longrightarrow 3\,CO_2 + 4\,H_2O + \text{Energie}$$

Quiz

Sind die folgenden Aussagen richtig oder falsch? Hier können Sie testen, ob Sie die wichtigsten Fakten aus diesem Kapitel parat haben. Wenn Sie mit einer der Fragestellungen Probleme haben, sollten Sie den jeweiligen, in Klammern angegebenen Abschnitt in diesem Kapitel noch einmal durcharbeiten, bevor Sie sich an die weiteren, meist etwas schwierigeren Aufgaben zu diesem Kapitel machen.

1. Die Verbrennung von Alkanen ist ein endothermer Prozess (3.9).
2. Alle Alkane, die bei Raumtemperatur flüssig sind, sind dichter als Wasser (3.8).
3. Die beiden weltweit wichtigsten Quellen für Alkane sind Erdöl und Erdgas (3.10).
4. Es gibt vier Alkylgruppen mit der Summenformel C_4H_9 (3.3).
5. Konstitutionsisomere haben die gleiche Summenformel und die gleichen physikalischen Eigenschaften (3.2).
6. Ein Kohlenwasserstoff besteht nur aus Kohlenstoff und Wasserstoff (3.1).
7. Cycloalkane sind gesättigte Kohlenwasserstoffe (3.4).
8. Die Produkte der vollständigen Verbrennung eines Alkans sind Kohlendioxid und Wasser (3.9).
9. Alkane und Cycloalkane können als *cis/trans*-Isomere vorliegen (3.6).

3 Alkane und Cycloalkane

10. Alkene und Alkine sind ungesättigte Kohlenwasserstoffe (3.1).
11. Es gibt zwei Konstitutionsisomere mit der Summenformel C_4H_{10} (3.2).
12. Hexan und Cyclohexan sind Konstitutionsisomere (3.4).
13. Die Siedepunkte von unverzweigten Alkanen nehmen mit der Anzahl an Kohlenstoffatomen in der Kette zu (3.8).
14. Wenn sich die axiale Bindung an einem der Kohlenstoffatome eines Cyclohexansessels oberhalb der Ringebene befindet, dann liegen die beiden axialen Bindungen an den benachbarten Kohlenstoffatomen unterhalb der Ringebene (3.5).
15. Unter den Konstitutionsisomeren eines Alkans hat im Allgemeinen das am wenigsten verzweigte Isomer den niedrigsten Siedepunkt (3.8).
16. Octan und 2,2,4-Trimethylpentan sind Konstitutionsisomere und haben die gleiche Oktanzahl (3.10).
17. Flüssige Alkane und Cycloalkane sind ineinander löslich (3.8).
18. Die stabilere Sesselkonformation eines substituierten Cyclohexans weist die größere Anzahl an Substituenten in äquatorialen Positionen auf (3.5).
19. Der Stammname eines Alkans ist der Name der längsten Kohlenstoffkette (3.3).
20. Die allgemeine Summenformel eines Alkans ist C_nH_{2n}, wobei n die Anzahl der Kohlenstoffatome im Alkan ist (3.1).
21. Die Oktanzahl eines bestimmten Kraftstoffs gibt an, wie viel Gramm Octan pro Liter enthalten sind (3.10).
22. Ein *cis*-Isomer eines disubstituierten Cycloalkans kann durch Rotation um eine geeignete Kohlenstoff-Kohlenstoff-Einfachbindung in das *trans*-Isomer überführt werden (3.6).
23. Alle Cycloalkane mit zwei Substituenten am Ring können als *cis/trans*-Isomere vorliegen (3.6).
24. Konformationen haben die gleiche Summenformel und die gleiche Verknüpfung, unterscheiden sich aber in der dreidimensionalen Anordnung ihrer Atome im Raum (3.5).

Ausführliche Erklärungen zu vielen dieser Antworten finden sich im Arbeitsbuch.

Antworten: (1) F (2) F (3) R (4) R (5) F (6) R (7) R (8) R (9) F (10) R (11) R (12) F (13) R (14) R (15) F (16) F (17) R (18) R (19) R (20) F (21) F (22) F (23) F (24) R

Aufgaben

Struktur von Alkanen

3.1 Zeichnen Sie Halbstrukturformeln und Summenformeln der folgenden Alkane:

(a)

(b)

(c)

(d)

Konstitutionsisomerie

3.2 Stellen die beiden Paare von Strukturformeln jeweils dieselbe Verbindung dar oder handelt es sich um Konstitutionsisomere? (Siehe Beispielaufgabe 3.1)

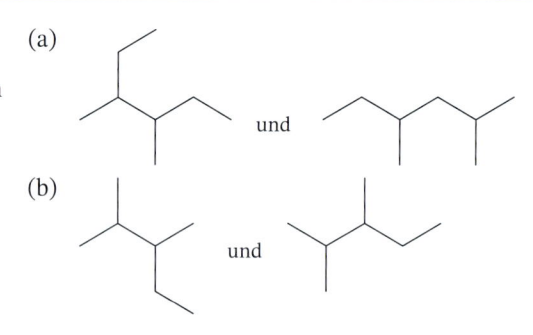

(a) und

(b) und

3.3 Zeichnen Sie Strukturformeln der drei Konstitutionsisomere mit der Summenformel C_5H_{12}. (Siehe Beispielaufgabe 3.2)

3.4 Welche der folgenden Aussagen zu Konstitutionsisomeren sind zutreffend?
(a) Sie haben die gleiche Summenformel.
(b) Sie haben dieselbe Molmasse.
(c) Sie weisen die gleiche Verknüpfung der Atome auf.
(d) Sie haben die gleichen physikalischen Eigenschaften.
(e) Konformere sind keine Konstitutionsisomere.

3.5 Jede der folgenden Verbindungen ist ein Alkohol, enthält also eine OH-Gruppe (eine Hydroxygruppe, siehe Abschn. 1.7.1). (Siehe Beispielaufgabe 3.1)

(a)

(b) ⌬—OH

(c) △—CH₂OH

(d) (CH₃)₂CHCH₂OH (Skelett)

(e) HO-CH₂-CH(CH₃)₂

(f) HO—CH₂CH₂CH₂CH₂—OH (Skelett mit OH an beiden Enden)

(g) CH₃-CH(OH)-CH₂-CH₃

(h) 1-Hydroxycyclohexyl (mit CH₃)

Welche der Strukturformeln stehen (1) für dieselbe Verbindung, (2) für unterschiedliche Verbindungen, die Konstitutionsisomere sind, oder (3) für unterschiedliche Verbindungen, die keine Konstitutionsisomere sind?

3.6 Welche der in jeder Teilaufgabe angegeben Strukturformeln stehen (1) für dieselbe Verbindung, (2) für unterschiedliche Verbindungen, die Konstitutionsisomere sind, oder (3) für unterschiedliche Verbindungen, die keine Konstitutionsisomere sind? (Siehe Beispielaufgabe 3.1)

(a) □ und (Isobutan-Skelett)

(b) (Isopren) und (3-Methyl-1-butin)

(c) (Tetrahydrofuran) und (Butanon)

(d) (Tetrahydrofuran) und (Diethylether)

(e) (3-Methylpyrrolidin) und (Cyclopentylamin)

(f) (Tetrahydrofuran) und (3-Buten-1-ol)

3.7 Zeichnen Sie jeweils Skelettformeln für (siehe Beispielaufgabe 3.2)
(a) die vier Alkohole mit der Summenformel $C_4H_{10}O$,
(b) die zwei Aldehyde mit der Summenformel C_4H_8O,
(c) das Keton mit der Summenformel C_4H_8O,
(d) die drei Ketone mit der Summenformel $C_5H_{10}O$,
(e) die vier Carbonsäuren mit der Summenformel $C_5H_{10}O_2$ und
(f) die vier Amine mit der Summenformel C_3H_9N.

Nomenklatur von Alkanen und Cycloalkanen

3.8 Ermitteln Sie IUPAC-Namen für die folgenden Alkane. (Siehe Beispielaufgabe 3.3)

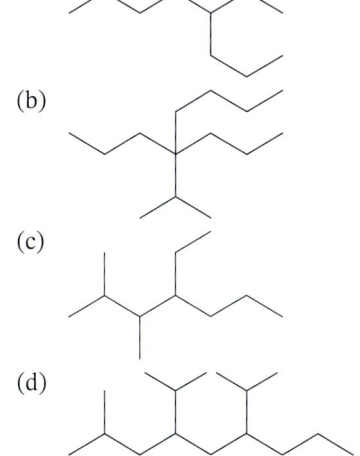

(a)

(b)

(c)

(d)

3.9 Klassifizieren Sie jedes Wasserstoffatom der folgenden Verbindungen als primär (p), sekundär (s) oder tertiär (t). (Siehe Beispielaufgabe 3.4)

(a)
$$CH_3CH(CH_3)CH_2CH_2CH_3$$

(b)
$$CH_3-CH_2-C(CH_3)_2-CH(CH_3)_2$$

3.10 Ermitteln Sie für die folgenden Cycloalkane die Summenformeln und benennen Sie sie nach den IUPAC-Regeln. (Siehe Beispielaufgabe 3.5)

(a)

(b)

(c)

(d)

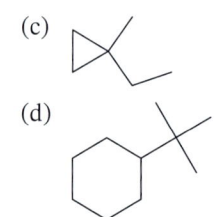

3.11 Kombinieren Sie die richtigen Präfixe, Zwischensilben und Suffixe und bestimmen Sie den IUPAC-Namen jeder der folgenden Verbindungen. (Siehe Beispielaufgabe 3.6)

(a) CH_3CCH_3 mit O doppelt gebunden

(b) $\text{CH}_3\text{CH}_2\text{CH}_2\text{CH}_2\text{CH}$ mit O doppelt gebunden

(c) Cyclopentanon-Struktur

(d) Cyclohepten-Struktur

3.12 Zeichnen Sie Skelettformeln für die folgenden Alkane. (Siehe Beispielaufgaben 3.3 und 3.5)
(a) 2,2,4-Trimethylhexan
(b) 2,2-Dimethylpropan
(c) 3-Ethyl-2,4,5-trimethyloctan
(d) 5-Butyl-2,2-dimethylnonan
(e) 4-Isopropyloctan
(f) 3,3-Dimethylpentan
(g) *trans*-1,3-Dimethylcyclopentan
(h) *cis*-1,2-Diethylcyclobutan

3.13 Im Folgenden ist die Struktur von Limonen abgebildet, dem Bestandteil der Orangen, der unter anderen für deren Zitrusduft verantwortlich ist. Zeichnen Sie alle Wasserstoffatome und klassifizieren Sie die an sp^3-hybridisierte Kohlenstoffatome gebundenen als primäre, sekundäre oder tertiäre Wasserstoffatome. (Siehe Beispielaufgabe 3.4)

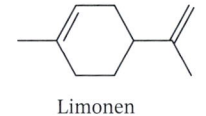

Limonen

3.14 Zeichnen Sie Strukturformeln der folgenden Verbindungen. (Siehe Beispielaufgabe 3.6)
(a) Ethanol
(b) Ethanal
(c) Ethansäure
(d) Butanon
(e) Butanal
(f) Butansäure
(g) Propanal
(h) Cyclopropanol
(i) Cyclopentanol
(j) Cyclopenten
(k) Cyclopentanon
(l) Heptansäure

3.15 Geben Sie IUPAC-Namen für die folgenden Verbindungen an. (Siehe Beispielaufgabe 3.6)

(a) CH_3CCH_3 mit O doppelt gebunden

(b) $\text{CH}_3(\text{CH}_2)_3\text{CH}$ mit O doppelt gebunden

(c) $\text{CH}_3(\text{CH}_2)_8\text{COH}$ mit O doppelt gebunden

(d) Cyclohexen-Struktur

(e) Cyclohexanon-Struktur

(f) Cyclobutanol-Struktur

Konformationen von Alkanen und Cycloalkanen

3.16 Zeichnen sie Newman-Projektionen von zwei gestaffelten und zwei ekliptischen Konformationen von 1,2-Dichlorethan. (Siehe Beispielaufgabe 3.7)

3.17 Im Folgenden ist eine Sesselkonformation des Cyclohexans gezeichnet, in der die Kohlenstoffatome von 1 bis 6 durchnummeriert sind. (Siehe Beispielaufgabe 3.8)

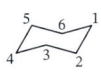

(a) Zeichnen Sie die Wasserstoffatome, die an den C-Atomen 1 und 2 oberhalb des Rings liegen, und das Wasserstoffatom an Kohlenstoffatom 4 unterhalb des Rings.
(b) Welche dieser Wasserstoffatome sind äquatorial, welche axial?
(c) Zeichnen sie die andere Sesselkonformation. Welche der Wasserstoffatome sind nun äquatorial, welche axial? Welche sind oberhalb und welche unterhalb des Rings gebunden?

3.18 Die Konformationsgleichgewichte von Methyl-, Ethyl- und Isopropylcyclohexan liegen jeweils zu etwa 95 % auf der Seite der äquatorialen Konformation, während das Konformationsgleichgewicht von *tert*-Butylcyclohexan fast vollständig auf der äquatorialen Seite liegt. Erklären Sie, warum die Konformationsgleichgewichte der ersten drei Verbindungen vergleichbar sind, das für *tert*-Butylcyclohexan aber noch stärker in Richtung der äquatorialen Konformation verschoben ist. (Siehe Beispielaufgabe 3.9)

3.19 Wie viele *verschiedene* gestaffelte Konformationen gibt es von 2-Methylpropan? Wie viele *verschiedene* ekliptische Konformationen gibt es?

3.20 Erklären Sie, warum es sich bei den folgenden Strukturen nicht um Konformere von 3-Hexen handelt.

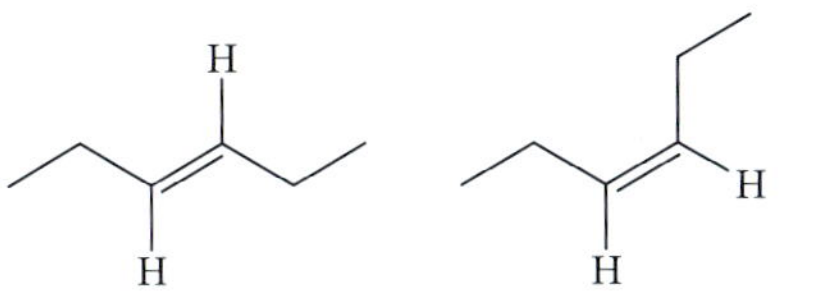

3.21 Welche der folgenden beiden Konformationen ist stabiler? (*Hinweis:* Verwenden Sie zum Vergleich der beiden Konformationen Molekülmodelle oder zeichnen Sie Newman-Projektionen, in denen Sie entlang der gedrehten Bindung blicken.)

3.22 Zeichnen Sie die jeweils stabilste Konformation in einer Newman-Projektion, in der Sie entlang der bezeichneten Bindung blicken. (Siehe Beispielaufgabe 3.7)
(a) 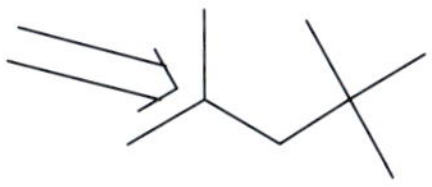
(b) 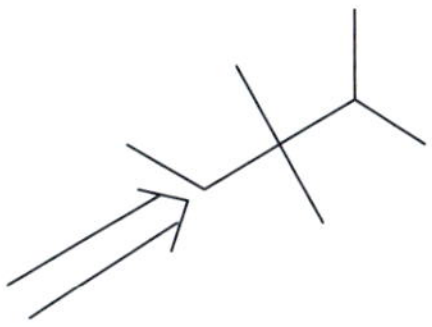
(c) 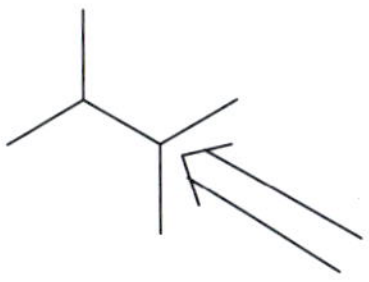
(d)

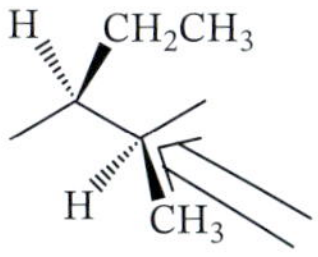

3.23 Zeichnen Sie die folgenden Verbindungen in beiden Sesselkonformationen und geben Sie an, welche jeweils die stabilere ist. (Siehe Beispielaufgaben 3.8 und 3.9)
(a) 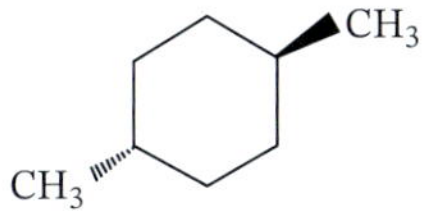
(b) 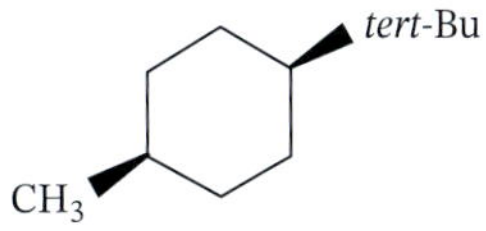
(c) 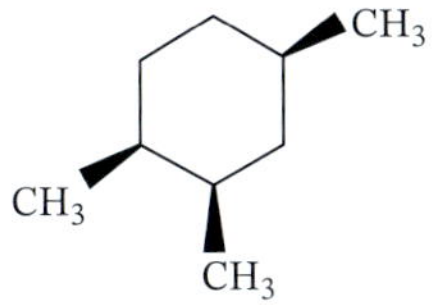
(d)

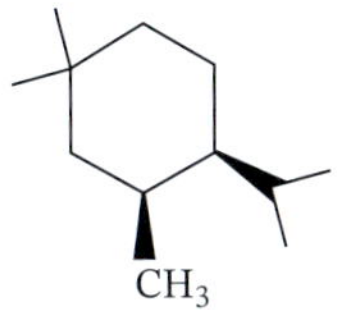

cis/trans-Isomerie in Cycloalkanen

3.24 Welche dieser Cycloalkane zeigen *cis/trans*-Isomerie? Zeichnen Sie gegebenenfalls beide Isomere. (Siehe Beispielaufgabe 3.10)
(a) 1,3-Dimethylcyclopentan
(b) Ethylcyclopentan
(c) 1-Ethyl-2-methylcyclobutan

3.25 Im Folgenden ist eine planare Sechsringdarstellung eines Isomers von 1,2,4-Trimethylcyclohexan abgebildet. Zeichnen Sie beide Sesselkonformationen und geben Sie an, welche stabiler ist. (Siehe Beispielaufgabe 3.11)

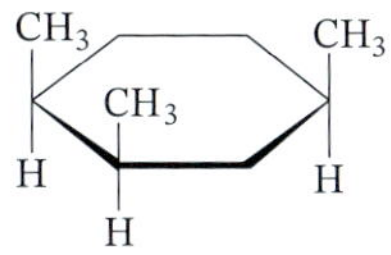

3.26 Welches Strukturmerkmal von Cycloalkanen ermöglicht das Vorliegen von *cis/trans*-Isomeren?

3.27 Können in Alkanen *cis/trans*-Isomere vorliegen?

3.28 Zeichnen und benennen Sie alle Cycloalkane mit der Summenformel C_5H_{10}. Nennen Sie sowohl die Konstitutionsisomere als auch die *cis/trans*-Isomere. (Siehe Beispielaufgaben 3.10 und 3.11)

3.29 Für 2-Isopropyl-5-methylcyclohexanol lassen sich vier *cis/trans*-Isomere formulieren. (Siehe Beispielaufgaben 3.10 und 3.11)

2-Isopropyl-5-methylcyclohexanol

(a) Zeichnen Sie diese vier Isomere in Darstellungen, in denen der Cyclohexanring jeweils als planarer Sechsring gezeichnet ist.
(b) Zeichnen Sie für jedes der Isomere aus Teilaufgabe (a) die stabilere Sesselkonformation.
(c) Welches von den vier *cis/trans*-Isomeren ist das stabilste? Wenn Sie diese Frage richtig beantworten, haben Sie das natürliche, als Menthol bezeichnete Isomer identifiziert.

Die Pfefferminze (*Mentha* × *piperita*), aus der das Menthol gewonnen wird, ist eine mehrjährige Gewürzpflanze, die zur Aromatisierung von heißen und kalten Getränken, von Süßigkeiten und Kaugummis sowie zur Dekoration von Desserts und Cocktails verwendet wird. [Quelle: © Jose Antonio Santiso Fernández/Getty Images.]

Physikalische Eigenschaften von Alkanen und Cycloalkanen

3.30 Ordnen Sie die Alkane in jeder Teilaufgabe nach zunehmenden Siedepunkten. (Siehe Beispielaufgabe 3.12)
(a) 2-Methylbutan, 2,2-Dimethylpropan und Pentan
(b) 3,3-Dimethylheptan, 2,2,4-Trimethylhexan und Nonan

3.31 Was lässt sich über die Dichte von Alkanen im Vergleich mit der von Wasser sagen?

3.32 Welches unverzweigte Alkan hat etwa denselben Siedepunkt wie Wasser (siehe Tab. 3.4)? Berechnen Sie die molare Masse dieses Alkans und vergleichen Sie sie mit der von Wasser. Erklären Sie, warum Wasser bei derselben Temperatur wie das Alkan siedet, obwohl es eine kleinere Molmasse besitzt.

3.33 In Abschn. 3.8.1 wurde das in der Haut von Äpfeln enthaltene Wachs erwähnt, ein unverzweigtes Alkan mit der Summenformel $C_{27}H_{56}$. Erklären Sie, warum durch die Gegenwart dieses Alkans der Feuchtigkeitsverlust im Apfel reduziert wird.

Reaktionen von Alkanen

3.34 Stellen Sie stöchiometrisch korrekte Reaktionsgleichungen für die Verbrennung der folgenden Kohlenwasserstoffe auf. Nehmen Sie dabei an, dass es jeweils zur vollständigen Umwandlung in Kohlendioxid und Wasser kommt.
(a) Hexan
(b) Cyclohexan
(c) 2-Methylpentan

3.35 Im Folgenden sind die Verbrennungswärmen von Methan und Propan angegeben:

Kohlenwasserstoff	Bestandteil von	$\Delta H°$ [kJ/mol (kcal/mol)]
CH_4	Erdgas	−886 (−212)
$CH_3CH_2CH_3$	Autogas	−2220 (−530)

Welcher der beiden Kohlenwasserstoffe hat die größere gravimetrische Energiedichte (Energie pro Masse)?

3.36 Wird Benzin mit Ethanol versetzt (z. B. im Kraftstoff E10), so begünstigt das Ethanol die vollständige Verbrennung des Benzins und erhöht die Oktanzahl (siehe Abschn. 3.10.2). Vergleichen Sie die Verbrennungswärmen von 2,2,4-Trimethylpentan (5460 kJ/mol, 1304 kcal/mol) und Ethanol (1369 kJ/mol, 327 kcal/mol). Welche Verbindung weist die höhere Verbrennungswärme (in kJ/mol), welche die höhere gravimetrische Energiedichte (in kJ/g) auf?

Ausblick

3.37 Im Folgenden ist Glucose abgebildet (deren Struktur und Chemie wir in Kap. 17 behandeln werden).

Glucose

(a)　　　　　　(b)

(a) Zeichnen Sie Glucose in einer Darstellung mit planarem Sechsring.
(b) Zeichnen Sie Glucose in einer Sesselkonformation. Welche der Substituenten stehen in der Sesselkonformation äquatorial und welche stehen axial?

3.38 Im Folgenden sind eine Skelettformel und ein Kugel-Stab-Modell von Cholestanol abgebildet.

Cholestanol

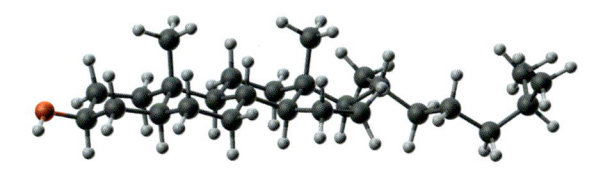

Der einzige Unterschied zwischen dieser Verbindung und Cholesterin (Abschn. 19.4.1) ist die Kohlenstoff-Kohlenstoff-Doppelbindung in Ring B von Cholesterin.

(a) Beschreiben Sie die Konformationen in den Ringen A, B, C und D von Cholestanol.
(b) Steht die Hydroxygruppe in Ring A axial oder äquatorial?
(c) Steht die Methylgruppe an der Verknüpfung zwischen den Ringen A und B in Ring A axial oder äquatorial? Steht sie in Ring B axial oder äquatorial?
(d) Steht die Methylgruppe an der Verknüpfung zwischen den Ringen C und D in Ring C axial oder äquatorial?

3.39 Wir haben in Abschn. 3.4 das IUPAC-Nomenklatursystem besprochen, nach dem ein Verbindungsname aus einem Präfix (das die Kohlenstoffzahl angibt), einer Zwischensilbe (die die Gegenwart von Kohlenstoff-Kohlenstoff-Einfach-, Zweifach- oder Dreifachbindungen angibt) und einem Suffix (das einen Alkohol, ein Amin, einen Aldehyd, ein Keton oder eine Carbonsäure bezeichnet) gebildet wird. Liegt kein Suffix vor, handelt es sich um einen Kohlenwasserstoff. In dieser Aufgabe wollen wir annehmen, dass es für das Vorliegen eines Alkohols (–OH) oder eines Amins (–NH$_2$) erforderlich ist, dass die Hydroxy- oder Aminogruppe an ein tetraedrisches, sp^3-hybridisiertes Kohlenstoffatom gebunden ist.

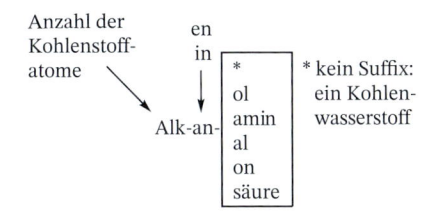

Anzahl der Kohlenstoffatome → Alk-an- | en in | * ol amin al on säure
* kein Suffix: ein Kohlenwasserstoff

Geben Sie auf der Basis dieser Informationen Strukturformeln für Verbindungen mit einer unverzweigten Kette aus vier Kohlenstoffatomen an, die zu den folgenden Stoffklassen gehören:

(a) Alkan
(b) Alken
(c) Alkin
(d) Alkanol
(e) Alkenol
(f) Alkinol
(g) Alkanamin
(h) Alkenamin
(i) Alkinamin
(j) Alkanal
(k) Alkenal
(l) Alkinal
(m) Alkanon
(n) Alkenon
(o) Alkinon
(p) Alkansäure
(q) Alkensäure
(r) Alkinsäure

(*Hinweis:* Für einige dieser Teilaufgaben ist nur eine Strukturformel möglich, für andere sind zwei oder mehrere Strukturen möglich. Wenn mehrere Strukturen möglich sind, werden wir in den Kapiteln zu den jeweiligen Stoffklassen lernen, wie diese im Rahmen des IUPAC-Systems eindeutig benannt und unterschieden werden können.)

Carotin und Carotinoide sind natürlich vorkommende Alkene, die den Lichtsammelprozess im Zusammenhang mit der Photosynthese unterstützen. Die rote Farbe der Tomaten wird durch Lycopin hervorgerufen, eine dem Carotin sehr ähnliche Verbindung. Siehe Aufgaben 4.24 und 4.25. Unten: Ein Molekülmodell von β-Carotin.

[Quelle: © Charles D. Winters.]

4
Alkene und Alkine

Inhalt
4.1 Welche Struktur haben Alkene und Alkine?
4.2 Wie benennt man Alkene und Alkine?
4.3 Welche physikalischen Eigenschaften haben Alkene und Alkine?
4.4 Warum sind 1-Alkine (terminale Alkine) schwache Säuren?

Gewusst wie
4.1 Wie man Alkene benennt

Exkurse
4.A Ethen als Regulator des Pflanzenwachstums
4.B *cis/trans*-Isomerie im Sehprozess
4.C Warum emittieren Pflanzen Isopren?

In diesem Kapitel wollen wir uns mit ungesättigten Kohlenwasserstoffen beschäftigen, also mit Verbindungen aus Kohlenstoff und Wasserstoff, die mindestens eine π-Bindung enthalten. Im Folgenden sind zwei einfache Vertreter dieser Stoffklasse abgebildet. Ethen ist ein **Alken**, also ein Kohlenwasserstoff mit einer oder mehreren Kohlenstoff-Kohlenstoff-Doppelbindungen, und Ethin ist ein **Alkin**, also ein Kohlenwasserstoff mit einer oder mehreren Kohlenstoff-Kohlenstoff-Dreifachbindungen.

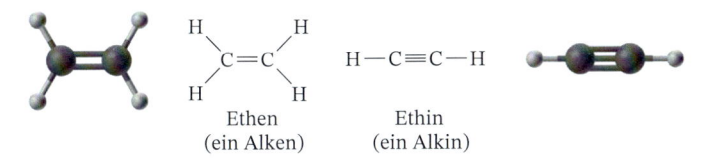

Ethen
(ein Alken)

Ethin
(ein Alkin)

Aromatische Verbindungen (Aromaten) sind eine dritte Klasse ungesättigter Kohlenwasserstoffe, mit Benzol als ihrem wichtigsten Vertreter. In welcher Hinsicht ähnelt die Struktur von Benzols der von Ethen oder Ethin? Worin liegen die Unterschiede? Ein nicht auf den ersten Blick offensichtlicher, aber dennoch sehr wichtiger Unterschied besteht darin, dass sich die Chemie des Benzols sehr stark von der der Alkene und Alkine unterscheidet. Wir werden die Chemie der aromatischen Verbindungen aus diesem Grund getrennt von der der Alkene und Alkine erst in Kap. 9 besprechen, aber wir werden auch vorher schon vielen Verbindungen begegnen, die Benzolringe enthalten. Wir sollten zunächst in Erinnerung behalten, dass ein Benzolring unter den Reaktionsbedingungen, die wir in den Kap. 4–8 betrachten werden, keine chemische Reaktivität zeigt. Die π-Bindungen in aromatischen Verbindungen bleiben also unverändert (zumindest so lange, bis wir in Kap. 9 die Besonderheiten dieser Stoffklasse kennenlernen werden).

Einführung in die Organische Chemie, Erste Auflage. William H. Brown und Thomas Poon.
© 2021 WILEY-VCH GmbH. Published 2021 by WILEY-VCH GmbH.

Exkurs: 4.A Ethen als Regulator des Pflanzenwachstums

Ethen (Ethylen) kommt in der Natur nur in Spurenmengen vor. Untersuchungen haben aber gezeigt, dass dieses kleine Molekül ein natürliches Reifungspheromon für Früchte ist. Dank dieser Erkenntnis können Obstbauern die Früchte ernten, solange sie noch grün und damit weniger stoßempfindlich sind. Wenn die Früchte zum Verschiffen fertig verpackt sind, werden sie mit Ethen begast, um ihre weitere Reifung anzuregen. Alternativ können die Früchte auch mit Ethephon (2-Chlorethylphosphonsäure) behandelt werden, einer Verbindung, die Ethen freisetzt und damit ebenfalls die Reifung anregt.

$$\text{Ethephon} \quad Cl-CH_2-CH_2-\overset{\overset{O}{\|}}{\underset{\underset{OH}{|}}{P}}-OH$$

Wenn Sie das nächste Mal reife Bananen im Supermarkt sehen, sollten Sie darüber nachdenken, wann sie gepflückt wurden und ob ihre Reifung wohl künstlich eingeleitet wurde.

Aufgabe
Erklären Sie die wissenschaftliche Grundlage des Spruchs „Ein fauler Apfel verdirbt den ganzen Korb."

Obwohl Benzol und andere Aromaten in dieser Darstellung C=C-Doppelbindungen enthalten, behalten wir im Kopf, dass diese Doppelbindungen nicht die Reaktivität zeigen, der wir in den Kapiteln 4–8 begegnen werden (d. h. sie bleiben in den dort behandelten Reaktionen unverändert).

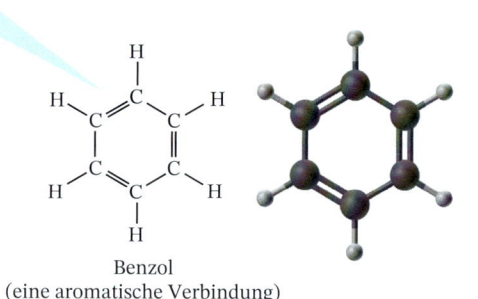

Benzol
(eine aromatische Verbindung)

Verbindungen, die Kohlenstoff-Kohlenstoff-Doppelbindungen enthalten, kommen in der Natur überaus häufig vor. So produzieren beispielsweise alle höheren Pflanzen Ethen. Darüber hinaus haben einige niedermolekulare Alkene, vor allem Ethen und Propen, eine enorme kommerzielle Bedeutung für unsere moderne Industriegesellschaft. Die chemische Industrie produziert weltweit größere Mengen an Ethen als von jeder anderen Substanz – im Jahr 2013 betrug die weltweite Produktion 155 Millionen Tonnen!

In der Natur kommt Ethen nur in verschwindend geringen Mengen vor. Der gewaltige Bedarf der weltweiten chemischen Industrie kann jedoch durch thermisches Cracken von Kohlenwasserstoffen bedient werden. In den Vereinigten Staaten und in anderen Ländern der Welt mit reichen Vorkommen an Erdgas ist der Hauptprozess zur Herstellung von Ethen das thermische Cracken der geringen Anteile an Ethan im Erdgas. Beim **thermischen Cracken** wird ein gesättigter Kohlenwasserstoff unter gleichzeitiger Bildung von Wasserstoff (H_2) in einen ungesättigten Kohlenwasserstoff überführt. Ethan wird dabei innerhalb einiger Sekundenbruchteile durch ein auf 800 bis 900 °C erhitztes Rohr geleitet und dabei in Ethen und Wasserstoff gespalten.

$$\underset{\text{Ethan}}{CH_3CH_3} \xrightarrow[\text{(thermisches Cracken)}]{800-900\,°C} \underset{\text{Ethen}}{CH_2=CH_2} + H_2$$

In Europa, Japan und anderen Regionen mit nur geringen Erdgasvorkommen wird Ethen fast vollständig durch thermisches Cracken von Erdöl gewonnen.

Der entscheidende Punkt ist aber, dass Ethen und alles, was daraus an Konsumgütern und industriellen Produkten hergestellt wird, letztlich entweder aus Erdgas oder aus Erdöl, also ausschließlich aus nicht-erneuerbaren natürlichen Ressourcen, gewonnen wird.

4.1 Welche Struktur haben Alkene und Alkine?

4.1.1 Struktur von Alkenen

Mithilfe des VSEPR-Modells (Abschn. 1.3) sagen wir für die Kohlenstoffatome einer Doppelbindung Bindungswinkel von 120° vorher. Der tatsächlich beobachtete H−C−C-Winkel in Ethen beträgt 121.7°, was dem durch das VSEPR-Modell prognostizierten Wert ziemlich genau entspricht. In höheren Alkenen ist die Abweichung vom idealen 120°-Winkel teilweise etwas größer, was auf die sterische Abstoßung zwischen den an die beiden C-Atome der Doppelbindung gebundenen Gruppen zurückzuführen ist. In Propen beträgt der C=C−C-Winkel beispielsweise 124.7°.

Ethen   Propen

4.1.2 Orbitalmodell für Kohlenstoff-Kohlenstoff-Doppelbindungen

In Abschn. 1.6.5 haben wir besprochen, wie Kohlenstoff-Kohlenstoff-Doppelbindungen durch Überlappung von Atom- und Hybridorbitalen entstehen. Eine Kohlenstoff-Kohlenstoff-Doppelbindung besteht aus einer σ- und einer π-Bindung. Zum Öffnen der π-Bindung in Ethen werden etwa 264 kJ/mol (63 kcal/mol) benötigt; diese Energie müsste man also aufwenden, um eine der beiden CH_2-Einheiten um 90° gegen die andere zu verdrehen. Bei dieser Verdrillung wäre zwischen den beiden 2p-Orbitalen an den benachbarten Kohlenstoffatomen keine Überlappung mehr möglich (Abb. 4.1). Dieser Energiebetrag ist deutlich größer, als bei Raumtemperatur an thermischer Energie verfügbar ist – die Rotation um eine Kohlenstoff-Kohlenstoff-Doppelbindung ist daher so gut wie unmöglich. Ganz anders die Rotation um eine Kohlenstoff-Kohlenstoff-Einfachbindung: Im Ethan beträgt die Energiebarriere für die Rotation um diese Bindung nur 13 kJ/mol (Abschn. 3.6.1).

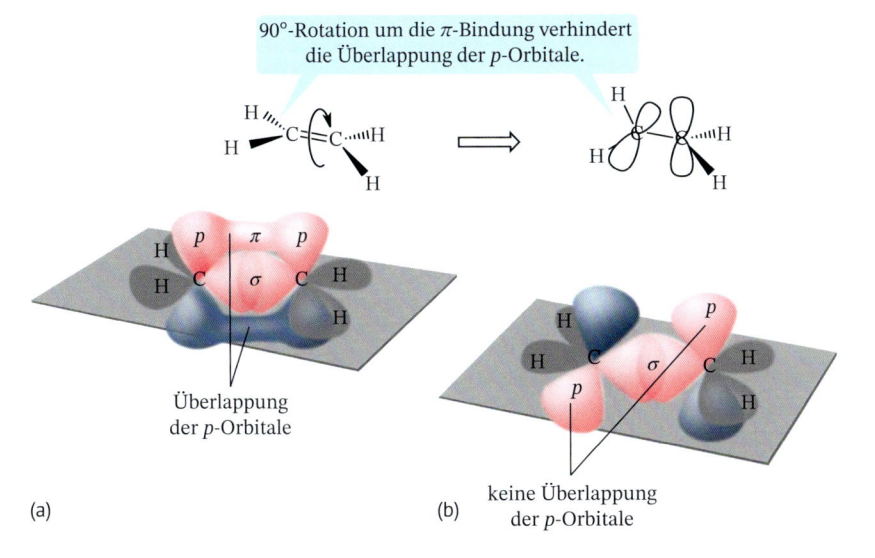

Abb. 4.1 Die eingeschränkte Rotation um die Kohlenstoff-Kohlenstoff-Doppelbindung im Ethen. (a) Orbitalmodell mit der π-Bindung. (b) Durch Rotation einer der H−C−H-Ebenen um 90° gegen die andere H−C−H-Ebene ist die π-Bindung gebrochen.

4.1.3 cis/trans-Isomerie in Alkenen

Wegen der stark eingeschränkten Rotation um eine Kohlenstoff-Kohlenstoff-Doppelbindung treten in Alkenen, in denen an beide C-Atom der Doppelbindung jeweils eine Alkylgruppe gebunden ist, **cis/trans-Isomere** auf.

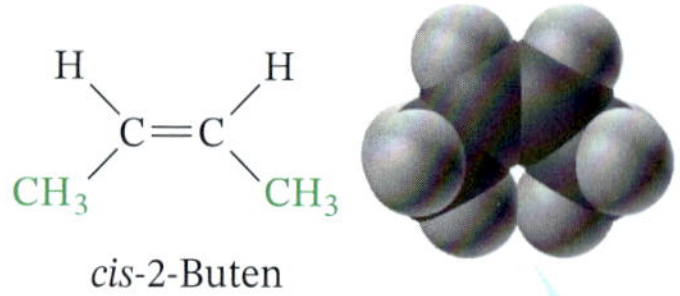

cis-2-Buten
Schmp. –139 °C, Sdp. 4 °C

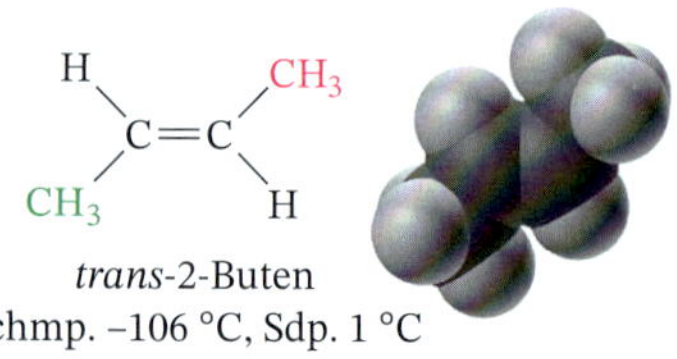

trans-2-Buten
Schmp. –106 °C, Sdp. 1 °C

cis-2-Buten ist wegen der sterischen Spannung (sterische Hinderung) weniger stabil als trans-2-Buten.

Betrachten wir beispielsweise 2-Buten: In cis-2-Buten liegen die beiden Methylgruppen auf derselben Seite der Doppelbindung, in trans-2-Buten auf gegenüberliegenden Seiten. Bei Raumtemperatur können diese beiden Verbindungen wegen der eingeschränkten Rotation um die Doppelbindung nicht ineinander überführt werden; es handelt sich um verschiedene Verbindungen mit unterschiedlichen physikalischen und chemischen Eigenschaften.

cis-Alkene sind wegen der sterischen Spannung (sterischen Hinderung) zwischen den auf derselben Seite der Doppelbindung liegenden Alkylsubstituenten etwas weniger stabil als die entsprechenden trans-Alkene. In einem Kalottenmodell von cis-2-Buten kann man die sterische Hinderung gut erkennen; sie tritt im trans-2-Buten

---

Exkurs: 4.B cis/trans-Isomerie im Sehprozess

Die Netzhaut, die lichtempfindliche Schicht an der Innenseite unseres Augapfels, enthält rötliche Substanzen, die sogenannten *Sehpigmente*. Eines von ihnen ist *Rhodopsin* (früher auch Sehpurpur genannt), dessen Name sich von den griechischen Wörtern *rhódon* (Rose) und *ópsis* (Sehen) ableitet. Rhodopsin besteht aus einem Protein namens Opsin und aus 11-cis-Retinal, einem Derivat von Vitamin A, in dem die CH_2OH-Gruppe in der oxidierten Form als Aldehydgruppe (–CHO) vorliegt und die Doppelbindung zwischen den C-Atomen 11 und 12 der Seitenkette die weniger stabile cis-Konfiguration einnimmt (siehe Abschn. 19.6.1). Eine photochemische Anregung von Rhodopsin überführt diese Doppelbindung in die stabilere trans-Anordnung. Durch diese Isomerisierung ändert sich die räumliche Struktur des Rhodopsins, was die Neuronen des Sehnervs veranlasst, zu feuern und so einen Reiz und damit einen Seheindruck an das Gehirn zu senden.

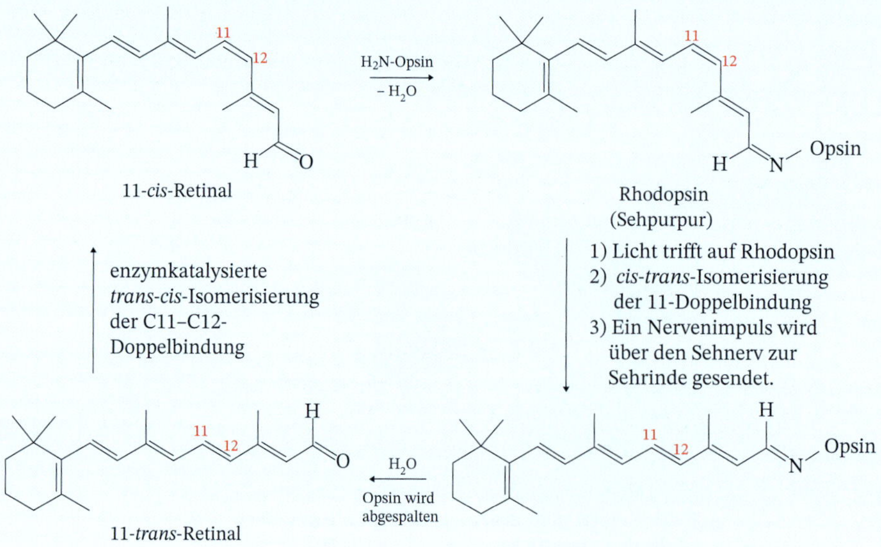

11-cis-Retinal

$\xrightarrow{H_2N\text{-Opsin}}_{-H_2O}$

Rhodopsin
(Sehpurpur)

1) Licht trifft auf Rhodopsin
2) cis-trans-Isomerisierung der 11-Doppelbindung
3) Ein Nervenimpuls wird über den Sehnerv zur Sehrinde gesendet.

↑ enzymkatalysierte trans-cis-Isomerisierung der C11–C12-Doppelbindung

11-trans-Retinal

$\xleftarrow{H_2O}$ Opsin wird abgespalten

> **Exkurs: 4.B** *cis/trans*-Isomerie im Sehprozess (Fortsetzung)
>
> Die Netzhaut von Wirbeltieren enthält zwei Arten von rhodopsinhaltigen Zellen, die Stäbchen und die Zapfen. Zapfen sind nur aktiv, wenn ausreichend Licht in das Auge fällt; sie ermöglichen das Farbensehen. Sie sind in der zentralen Region der Netzhaut, der *Makula*, konzentriert und erlauben scharfes Sehen. Die übrigen Bereiche der Netzhaut bestehen hauptsächlich aus Stäbchen, die peripheres Sehen und das Sehen bei Nacht oder Dämmerung ermöglichen. 11-*cis*-Retinal kommt sowohl in Stäbchen als auch in Zapfen vor. Während Stäbchen nur eine Variante von Opsin enthalten, gibt es in den Zapfen gleich drei davon – je eine für die Wahrnehmung von blauem, grünem und rotem Licht.
>
> *Aufgabe*
> Die vier *trans*-Doppelbindungen in der Seitenkette von Retinal sind mit a–d bezeichnet. Doppelbindung c (zwischen den C-Atomen 11 und 12) wird im Körper enzymkatalysiert zur *cis*-Form isomerisiert. Welches der drei Isomere, die bei der *trans*-zu-*cis*-Isomerisierung jeweils einer der drei anderen Doppelbindungen in der Seitenkette entstehen können, wäre das am wenigsten stabile? (*Hinweis:* Denken Sie an sterische Hinderung.)
>
> 11-*trans*-Retinal

nicht auf. Ein sehr ähnlicher Typ von sterischer Spannung ist dafür verantwortlich, dass äquatoriales Methylcyclohexan energetisch günstiger als axiales Methylcyclohexan ist (Abschn. 3.6.2).

4.1.4 Struktur von Alkinen

Die funktionelle Gruppe eines Alkins ist die **Kohlenstoff-Kohlenstoff-Dreifachbindung**. Das einfachste Alkin ist das Ethin (Trivialname Acetylen, C_2H_2), eine lineare Verbindung, in der alle Bindungswinkel 180° betragen (Abb. 1.10). Die allgemeine Summenformel der Alkine lautet C_nH_{2n-2}.

Die Bindungssituation in einer Dreifachbindung lässt sich wieder mit überlappenden Atom- und Hybridorbitalen beschreiben (Abschn. 1.6.6): Die Überlappung von *sp*-Hybridorbitalen führt zur Bildung einer σ-Bindung zwischen zwei Kohlenstoffatomen. Durch Überlappung zweier paralleler $2p_y$-Orbitale entsteht die erste π-Bindung und die Überlappung von zwei parallelen $2p_z$-Orbitalen führt zu einer zweiten π-Bindung. Darüber hinaus gehen beide C-Atome noch Bindungen zu jeweils einem Wasserstoffatom ein, die durch Überlappung von *sp*-Hybridorbitalen mit jeweils einem 1*s*-Atomorbital des Wasserstoffatoms zustande kommen.

Bei der Verbrennung von Ethin (Acetylen) wird sehr viel Energie frei. Sie wird in Schneidbrennern genutzt, um sehr hohe Temperaturen zu erreichen. [Quelle: © Charles D. Winters.]

4.2 Wie benennt man Alkene und Alkine?

Alkene werden mithilfe des IUPAC-Systems benannt; wie wir aber sehen werden, existieren für viele dieser Verbindungen auch gebräuchliche Trivialnamen.

4.2.1 IUPAC-Namen

IUPAC-Namen für Alkene werden gebildet, indem man die Endsilbe **-an** des zugrundeliegenden Alkans durch **-en** ersetzt (Abschn. 3.5). $CH_2=CH_2$ heißt folglich Ethen und $CH_3CH=CH_2$ wird als Propen bezeichnet. In höheren Alkenen, für die es Isomere mit unterschiedlichen Doppelbindungspositionen gibt, gibt man die entsprechende Position durch eine Zahl an. Hierzu nummeriert man die längste die Doppelbindung enthaltende Kette so durch, dass die C-Atome der Doppelbindung möglichst niedrige Nummern erhalten. Wir verwenden die erste der beiden Nummern, um die Position der Doppelbindung anzugeben. Alkene mit Verzweigungen und anderen Substituenten werden in ähnlicher Weise benannt, wie wir es für die Alkane gelernt haben (Abschn. 3.3). Wir nummerieren die Hauptkette (mit der Doppelbindung), legen die Position der Doppelbindung und der Substituenten fest und benennen die Substituenten und die Hauptkette.

$CH_3CH_2CH_2CH_2CH=CH_2$ $CH_3CH_2CHCH_2CH=CH_2$ $CH_3CH_2CHC=CH_2$
                                           | |
                                          CH_3 CH_3
                                                                      |
                                                                   CH_2CH_3

1-Hexen   4-Methyl-1-hexen   2-Ethyl-3-methyl-1-penten

> Die Hauptkette eines Alkens ist die längste Kette, die die Doppelbindung vollständig enthält, auch wenn eine andere, die Doppelbindung nicht enthaltende Kette länger ist.

Man beachte, dass in 2-Ethyl-3-methyl-1-penten auch eine durchgehende Kette aus sechs Kohlenstoffatomen enthalten ist. Da die längste die Doppelbindung enthaltende Kette aber nur aus fünf C-Atomen besteht, ist das Stammsystem (die Hauptkette) das Pentan und wir benennen die Verbindung als ein disubstituiertes 1-Penten.

IUPAC-Namen für Alkine werden gebildet, indem die Endsilbe *-an* des zugrundeliegenden Alkans durch *-in* ersetzt wird (Abschn. 3.5). HC≡CH heißt somit Ethin und der Name von $CH_3C≡CH$ ist Propin. Das IUPAC-System erlaubt auch den Trivialnamen *Acetylen*; es gibt also zwei korrekte Namen für HC≡CH – *Ethin* und *Acetylen*, wobei der Name *Acetylen* zumindest außerhalb der Chemie sehr viel häufiger verwendet wird. Zur Benennung längerer Alkine nummeriert man die längste die Dreifachbindung enthaltende Kette so durch, dass die C-Atome der Dreifachbindung möglichst niedrige Nummern erhalten. Wir geben die Position der Dreifachbindung durch die Nummer des ersten Kohlenstoffatoms der Dreifachbindung an.

$CH_3CHC≡CH$ $CH_3CH_2C≡CCH_2CCH_3$
       | |
      CH_3 CH_3

3-Methyl-1-butin   6,6-Dimethyl-3-heptin

Beispiel 4.1 Ermitteln Sie die IUPAC-Namen der folgenden ungesättigten Kohlenwasserstoffe.

(a) $CH_2=CH(CH_2)_5CH_3$

(b)
$$\begin{array}{c} CH_3 \\ \\ CH_3 \end{array} C=C \begin{array}{c} CH_3 \\ \\ H \end{array}$$

(c) $CH_3(CH_2)_2C≡CCH_3$

Vorgehensweise

Suchen Sie zunächst nach der längsten Kohlenstoffkette, die die Mehrfachbindung enthält; sie bestimmt den Stammnamen. Nummerieren Sie die Kette so durch, dass die Kohlenstoffatome der Mehrfachbindung möglichst niedrige Nummern bekommen. Ermitteln Sie die Substituenten, geben Sie jedem einen Namen und weisen Sie jedem eine Positionsnummer zu. Die Position der Mehrfachbindung wird durch die Nummer des ersten der beiden C-Atome angegeben.

Lösung

(a) 1-Octen

(b) 2-Methyl-2-buten
(c) 2-Hexin

Siehe Aufgaben 4.5, 4.7 und 4.8.

4.2.2 Trivialnamen

Obwohl IUPAC-Namen eindeutig und bestens akzeptiert sind, werden einige Alkene – insbesondere diejenigen mit niedriger molarer Masse – überwiegend oder sogar fast ausschließlich mit ihren Trivialnamen bezeichnet. Beispielhaft sind im Folgenden einige Alkene mit ihren Trivialnamen aufgeführt:

	$CH_2=CH_2$	$CH_3CH=CH_2$	$CH_3C(CH_3)=CH_2$
IUPAC-Name:	Ethen	Propen	2-Methylpropen
Trivialname:	Ethylen	Propylen	Isobuten

Darüber hinaus stehen die Trivialnamen **Methylen** (eine =CH_2-Gruppe), **Vinyl** und **Allyl** für die folgenden häufig vorkommenden Alkenylgruppen:

Alkenylgruppe	Trivialname	Beispiel	Trivialname
$CH_2=CH-$	Vinyl	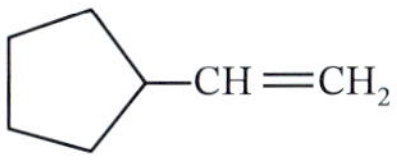 Cyclopentan-$CH=CH_2$	Vinylcyclopentan
$CH_2=CHCH_2-$	Allyl	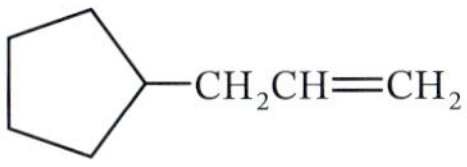 Cyclopentan-$CH_2CH=CH_2$	Allylcyclopentan
$CH_2=$	Methylen	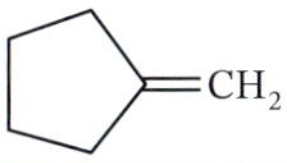 Cyclopentan=CH_2	Methylencyclopentan

4.2.3 Deskriptoren zur Bezeichnung der Konfiguration in Alkenen

Die *cis/trans*-Deskriptoren

Häufig wird die Konfiguration disubstituierter Alkene mithilfe der Deskriptoren *cis* und *trans* angegeben. Nach diesem System gibt die Orientierung der an die Doppelbindung gebundenen Atome der Hauptkette an, ob das Alken *cis*- oder *trans*-konfiguriert ist. Im Folgenden sind die *cis*- und *trans*-Isomere von 4-Methyl-2-penten gezeigt:

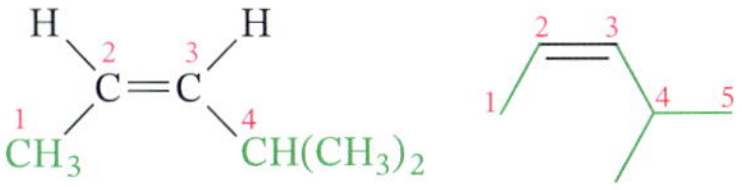

cis-4-Methyl-2-penten 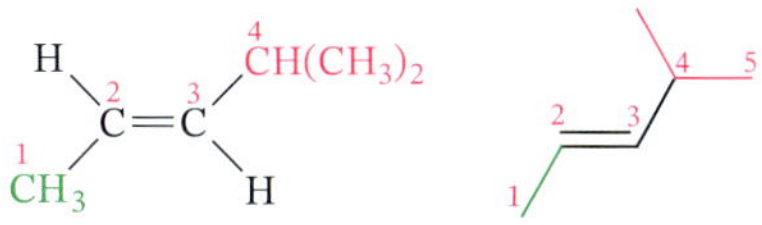   *trans*-4-Methyl-2-penten

Im *cis*-Isomer dieses Beispiels liegen die Kohlenstoffatome der Hauptkette (C-Atome 1 und 4) auf derselben Seite der Doppelbindung; im *trans*-Isomer liegen die C-Atome der Hauptkette auf gegenüberliegenden Seiten der Doppelbindung.

Beispiel 4.2 Benennen Sie beide Alkene und geben Sie jeweils die Konfiguration der Doppelbindung unter Verwendung der Deskriptoren *cis* und *trans* an.

(a) 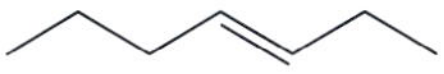   (b)

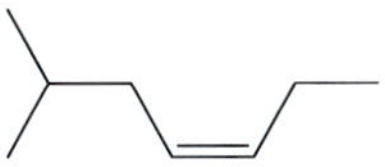

Vorgehensweise

Suchen Sie zunächst nach der längsten Kohlenstoffkette, die die Mehrfachbindung enthält, und nummerieren Sie diese so durch, dass die C-Atome der Mehrfachbindung möglichst niedrige Nummern bekommen. Die Position der Mehrfachbindung wird durch die Nummer des ersten der beiden C-Atome bestimmt. Die Konfiguration einer Kohlenstoff-Kohlenstoff-Doppelbindung (*cis* oder *trans*) wird ermittelt, indem wir die relative Orientierung der Kohlenstoffatome in der Hauptkette bestimmen. Wenn Sie Schwierigkeiten haben, die Orientierung der Kohlenstoffatome zu erkennen, zeichnen Sie die Wasserstoffatome an der C=C-Bindung und ermitteln Sie deren Orientierung relativ zueinander.

Lösung

(a) Die Hauptkette enthält sieben Kohlenstoffatome und wird von dem Ende ausgehend nummeriert, das der Doppelbindung näher liegt, also von rechts. Die Atome der Hauptkette liegen auf gegenüberliegenden Seiten der Doppelbindung. Der Name der Verbindung lautet *trans*-3-Hepten.

(b) Die längste Kette enthält sieben Kohlenstoffatome und wird von rechts ausgehend nummeriert; der erste Kohlenstoff der Doppelbindung ist das Kohlenstoffatom 3. Die Kohlenstoffatome der Hauptkette liegen auf derselben Seite der Doppelbindung. Bei dieser Verbindung handelt es sich um *cis*-6-Methyl-3-hepten.

Siehe Aufgaben 4.9 und 4.13.

Die Deskriptoren *E* und *Z*

Für drei- und vierfach substituierte Alkene müssen auf jeden Fall die **E- und Z-Deskriptoren** zur Beschreibung der Konfiguration genutzt werden, die von der IUPAC auch für disubstituierte Alkene empfohlen wird. Hierzu wenden wir eine Reihe von Regeln an, mit deren Hilfe die Prioritäten aller Substituenten an der Doppelbindung bestimmt werden können. Wenn die Substituenten höherer Priorität auf derselben Seite der Doppelbindung liegen, handelt es sich um eine **Z**-Konfiguration (Z für zusammen); wenn die Substituenten höherer Priorität auf gegenüberliegenden Seiten der Doppelbindung liegen, liegt eine **E**-Konfiguration vor (E für entgegen).

$$\underset{\text{niedriger}}{\text{höher}}\diagdown C=C\diagup\underset{\text{niedriger}}{\text{höher}} \qquad \underset{\text{niedriger}}{\text{höher}}\diagdown C=C\diagup\underset{\text{höher}}{\text{niedriger}}$$

Z (zusammen) **E** (entgegen)

Um die Konfiguration einer Doppelbindung in diesem Sinn zu bestimmen, muss zunächst die Prioritätsreihenfolge der Gruppen an jedem Kohlenstoffatom ermittelt werden. Hierzu werden die sogenannten CIP-Regeln (Cahn-Ingold-Prelog-Regeln) verwendet, die auch noch einmal wichtig werden, wenn wir in Abschn. 6.3 untersuchen, wie man die Konfiguration eines Stereozentrums bestimmt.

Prioritätsregeln (CIP-Regeln)

1. Die Priorität wird anhand der Ordnungszahl des an die Doppelbindung gebundenen Atoms bestimmt: Je höher seine Ordnungszahl, desto höher seine Priorität. Im Folgenden sind einige Substituenten mit ansteigender Priorität aufgeführt. Die Ordnungszahl des prioritätsbestimmenden Atoms ist jeweils in Klammern angegeben:

$$\overset{(1)}{-\text{H}}, \overset{(6)}{-\text{CH}_3}, \overset{(7)}{-\text{NH}_2}, \overset{(8)}{-\text{OH}}, \overset{(16)}{-\text{SH}}, \overset{(17)}{-\text{Cl}}, \overset{(35)}{-\text{Br}}, \overset{(53)}{-\text{I}}$$

zunehmende Priorität →

2. Wenn die Prioritätsreihenfolge nicht auf Basis der direkt an die Doppelbindung geknüpften Atome entschieden werden kann, schaut man auf die (an diese Atome gebundenen) nächsten Atome (die nächste Sphäre) und fährt in analoger Weise so lange fort, bis eine Prioritätsentscheidung möglich wird. Die Prioritätsreihenfolge entscheidet sich an der ersten unterschiedlichen Position. Im Folgenden ist wieder eine Reihe von Substituenten mit steigender Priorität angegeben. Auch hier ist jeweils die Ordnungszahl des für die Priorität relevanten Atoms in Klammern angegeben:

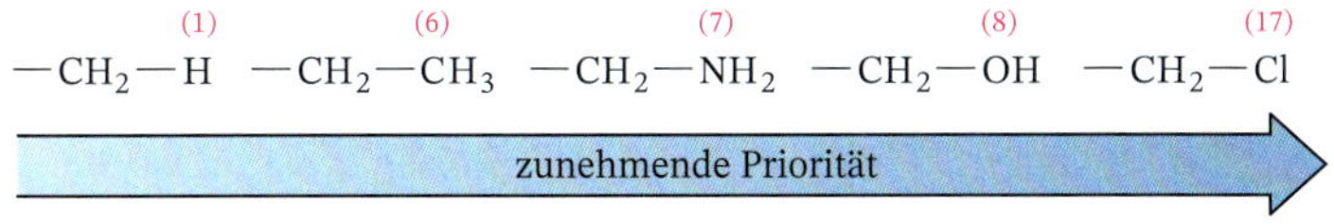

$$\underset{(1)}{-CH_2-H} \quad \underset{(6)}{-CH_2-CH_3} \quad \underset{(7)}{-CH_2-NH_2} \quad \underset{(8)}{-CH_2-OH} \quad \underset{(17)}{-CH_2-Cl}$$

⟶ zunehmende Priorität

3. Um Gruppen vergleichen zu können, deren Atome nicht sp^3-hybridisiert sind, muss man die Gruppen gedanklich etwas verändern und die Anzahl der gebundenen Atome maximieren. Wir behandeln hierzu die Atome einer Doppel- oder Dreifachbindung so, als wären es zwei bzw. drei gleiche, über Einfachbindungen verbundene Atome. Aus einem über eine Doppelbindung verbundenen Atom werden also zwei gleiche Atome, gebunden jeweils über eine Einfachbindung. Die folgenden Beispiele sollen dies verdeutlichen:

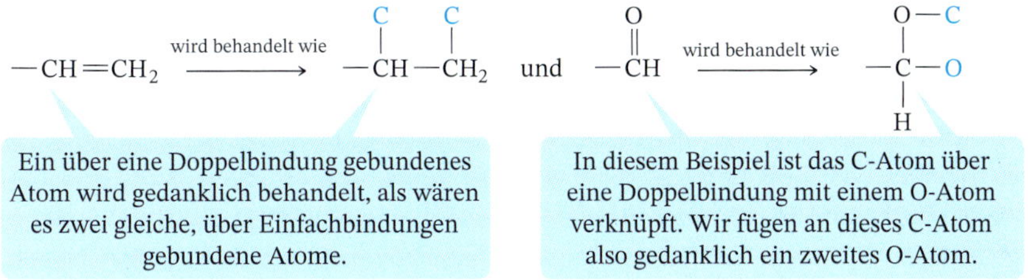

$-CH=CH_2$ wird behandelt wie $\underset{|}{-CH}-\underset{|}{CH_2}$ und $-CH=O$ wird behandelt wie $-\underset{H}{\underset{|}{C}}\overset{O-C}{\underset{|}{-O}}$
              C C

Ein über eine Doppelbindung gebundenes Atom wird gedanklich behandelt, als wären es zwei gleiche, über Einfachbindungen gebundene Atome.

In diesem Beispiel ist das C-Atom über eine Doppelbindung mit einem O-Atom verknüpft. Wir fügen an dieses C-Atom also gedanklich ein zweites O-Atom.

Beispiel 4.3 Legen Sie für jede Teilaufgabe die Prioritäten der beiden Gruppen fest:

(a) $-\overset{O}{\overset{\|}{C}}OH$ und $-\overset{O}{\overset{\|}{C}}H$

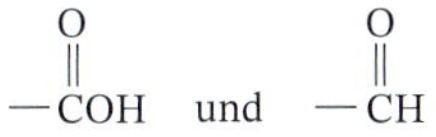

(b) $-CH_2NH_2$ und $-\overset{O}{\overset{\|}{C}}OH$

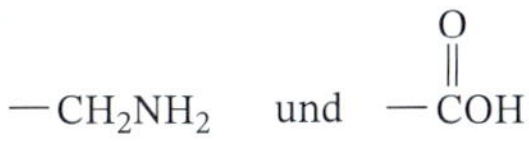

Vorgehensweise

Die Priorität wird anhand der Ordnungszahl festgelegt; je höher die Ordnungszahl, desto höher die Priorität. Wenn die Priorität nicht basierend auf den direkt gebundenen Atomen der ersten Sphäre bestimmt werden kann, fährt man mit den Atomen der nächsten Sphären fort und bestimmt deren Ordnungszahlen – so lange, bis eine Priorität ermittelt werden kann.

Lösung

(a) Die ersten unterschiedlichen Atome sind das O im –OH der Carboxygruppe einerseits und das H in der Aldehydgruppe andererseits. Die Carboxygruppe hat somit die höhere Priorität:

$-\overset{O}{\overset{\|}{C}}-\boxed{O}-H$ $\quad -\overset{O}{\overset{\|}{C}}-\boxed{H}$

Carboxygruppe (höhere Priorität) $\quad$ Aldehydgruppe (niedrigere Priorität)

(b) Sauerstoff hat eine höhere Priorität (höhere Ordnungszahl) als Stickstoff. Die Carboxygruppe hat demzufolge eine höhere Priorität als die primäre Aminogruppe:

$$-CH_2NH_2 \qquad -\overset{\overset{O}{\|}}{C}OH$$

niedrigere Priorität höhere Priorität

Siehe Aufgaben 4.14, 4.17 und 4.18.

Beispiel 4.4 Benennen Sie jedes Alken und ermitteln Sie jeweils die E/Z-Konfiguration:

(a) 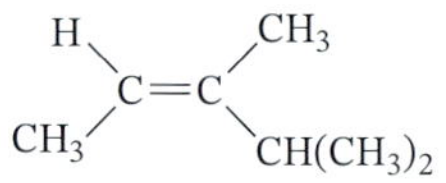
$$\underset{CH_3}{\overset{H}{\diagdown}}C=C\underset{CH(CH_3)_2}{\overset{CH_3}{\diagup}}$$

(b) 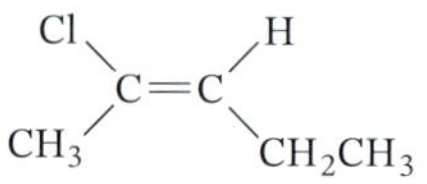
$$\underset{CH_3}{\overset{Cl}{\diagdown}}C=C\underset{CH_2CH_3}{\overset{H}{\diagup}}$$

Vorgehensweise
Ermitteln Sie die Priorität für jedes Atom oder jede Atomgruppe an den Doppelbindungen. Wenn die Gruppen höherer Priorität auf derselben Seite der Doppelbindun-

---

Gewusst wie: 4.1 Wie man Alkene benennt

Wir wollen die Benennung von Alkenen schrittweise an dem folgenden, als Skelettformel dargestellten Beispiel besprechen:

1) **Zuerst bestimmt man die Hauptkette**, also die längste Kohlenstoffkette, die die funktionelle Gruppe (hier die Doppelbindung) enthält. In diesem Beispiel besteht die Hauptkette aus fünf Kohlenstoffatomen; es handelt sich um ein disubstituiertes Penten.
2) **Nun nummeriert man die Hauptkette** von dem Ende aus beginnend, das den C-Atomen der Doppelbindung näher liegt. Die Beispielverbindung ist ein disubstituiertes 2-Penten.

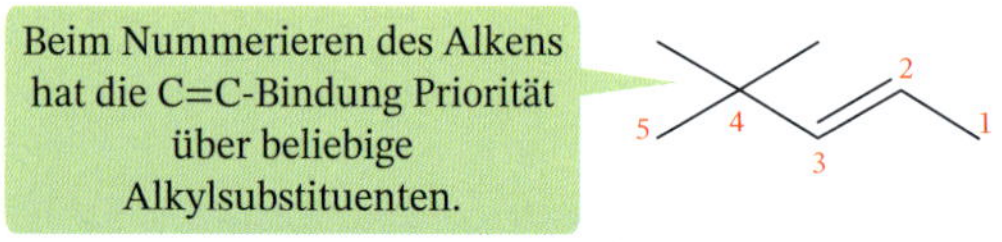

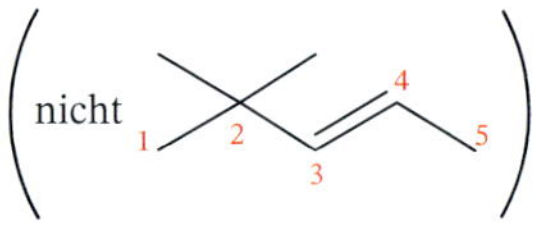

> Beim Nummerieren des Alkens hat die C=C-Bindung Priorität über beliebige Alkylsubstituenten.

3) **Dann benennt man die Substituenten und ordnet ihnen Positionsnummern zu.** An Position 4 der Hauptkette sind zwei Methylgruppen gebunden. Einschließlich der Positionsnummern lautet ihre Bezeichnung daher 4,4-Dimethyl- und der Konstitutionsname der Verbindung ist folglich 4,4-Dimethyl-2-penten.
4) **Schließlich bestimmt man, ob für die Verbindung *cis/trans*-Isomere möglich sind.** Wenn ja, nutzt man entweder *cis/trans*- oder E/Z-Deskriptoren, um die Konfiguration an der Doppelbindung anzugeben. In diesem Beispiel sind *cis/trans*-Isomere möglich; es liegt eine *trans*- bzw. *E*-Konfiguration vor. Der vollständige IUPAC-Name der Verbindung lautet somit: (*E*)- oder *trans*-4,4-Dimethyl-2-penten.

Für die Angabe des Doppelbindungslokators gibt es zwei Möglichkeiten – entweder vor dem Stammnamen oder unmittelbar vor der Endsilbe, durch die die Doppelbindung angegeben wird. Die folgenden Namen sind daher zulässig:

trans-4,4-Dimethyl-2-penten	*trans*-4,4-Dimethylpent-2-en
(*E*)-4,4-Dimethyl-2-penten	(*E*)-4,4-Dimethylpent-2-en

gen liegen, hat das Alken die *Z*-Konfiguration, liegen sie auf unterschiedlichen Seiten, liegt eine *E*-Konfiguration vor.

Lösung

(a) Die Gruppe höherer Priorität an C-Atom 2 ist die Methylgruppe; an C-Atom 3 hat die Isopropylgruppe die höhere Priorität. Weil die Gruppen höherer Priorität auf derselben Seite der Kohlenstoff-Kohlenstoff-Doppelbindung liegen, ist das Alken *Z*-konfiguriert. Sein Name lautet somit (*Z*)-3,4-Dimethyl-2-penten.

(b) Die Gruppen höherer Priorität an den C-Atomen 2 und 3 sind die Cl- bzw. die CH_2CH_3-Gruppe. Weil diese Gruppen auf unterschiedlichen Seiten der Doppelbindung liegen, liegt eine *E*-Konfiguration vor; der Name ist (*E*)-2-Chlor-2-penten.

Siehe Aufgaben 4.10, 4.14, 4.17 und 4.18.

4.2.4 Benennung von Cycloalkenen

Zur Benennung von substituierten **Cycloalkenen** erhalten die Kohlenstoffatome der Doppelbindung im Ring die Nummern 1 und 2, und zwar in der Weise, dass Substituenten möglichst niedrige Nummern erhalten. Wir benennen die Substituenten, weisen ihnen Positionsnummern zu und stellen sie in alphabetischer Reihenfolge voran. Hier zwei Beispiele:

3-Methylcyclopenten
(nicht 5-Methylcyclopenten)

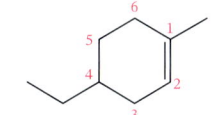

4-Ethyl-1-methylcyclohexen
(nicht 5-Ethyl-2-methylcyclohexen)

Beispiel 4.5 Ermitteln Sie die IUPAC-Namen der folgenden Cycloalkene.

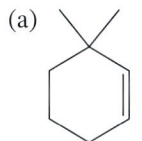

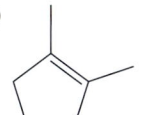

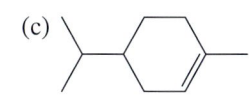

(a)   (b)   (c)

Vorgehensweise

Der Stammname eines Cycloalkens leitet sich vom Namen des entsprechenden Alkens mit derselben Zahl von C-Atomen ab. Der Stammname eines Cycloalkens mit sechs Atomen lautet beispielsweise Cyclohexen. Nummerieren Sie die Kohlenstoffatome der Doppelbindung mit 1 und 2 in der Richtung, die für die Substituenten zu kleineren Positionsnummern führt. Benennen Sie abschließend die Substituenten, weisen Sie ihnen Positionsnummern zu und stellen Sie die Substituentennamen in alphabetischer Reihenfolge voran.

Lösung

(a) 3,3-Dimethylcyclohexen
(b) 1,2-Dimethylcyclopenten
(c) 4-Isopropyl-1-methylcyclohexen

Siehe Aufgaben 4.6–4.8.

4.2.5 *cis/trans*-Isomerie in Cycloalkenen

Im Folgenden sind die Strukturen von vier Cycloalkenen gezeigt.

Cyclopenten   Cyclohexen   Cyclohepten   Cycloocten

In diesen Darstellungen sind alle Doppelbindungen *cis*-konfiguriert. Wegen der ansonsten auftretenden Winkelspannung können Cycloalkene mit sieben oder weniger C-Atomen nicht *trans*-konfiguriert vorliegen. Das kleinste *trans*-Cycloalken, das in reiner Form synthetisiert werden konnte und bei Raumtemperatur stabil ist, ist *trans*-Cycloocten. Allerdings weist auch *trans*-Cycloocten eine erhebliche Ringspannung auf; *cis*-Cycloocten ist um 38 kJ/mol (9.1 kcal/mol) stabiler als *trans*-Cycloocten.

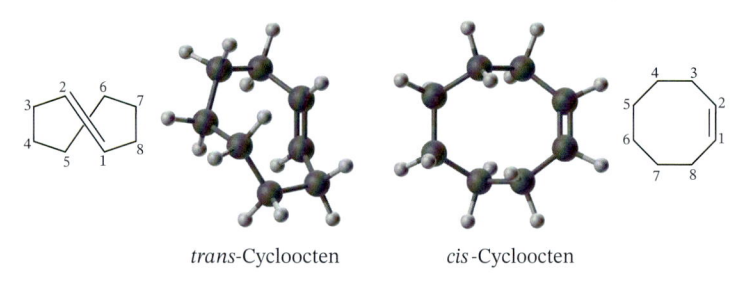

trans-Cycloocten   *cis*-Cycloocten

4.2.6 Diene, Triene und Polyene

Alkene, die mehr als eine Doppelbindung enthalten, werden als Alkadiene, Alkatriene usw. bezeichnet; man spricht allgemein von Polyenen (griech.: *polý*, viele). Im Folgenden sind drei Beispiel für Diene gezeigt.

$CH_2=CHCH_2CH=CH_2$ $CH_2=CCH=CH_2$ (mit CH_3 an C2)

1,4-Pentadien   2-Methyl-1,3-butadien (Isopren)   1,3-Cyclopentadien

4.2.7 *cis/trans*-Isomerie in Dienen, Trienen und Polyenen

Bislang haben wir *cis/trans*-Isomerie nur in Alkenen mit *einer* Kohlenstoff-Kohlenstoff-Doppelbindung betrachtet. Für ein Alken mit einer Kohlenstoff-Kohlenstoff-Doppelbindung, die in unterschiedlichen Konfigurationen vorliegen kann, sind zwei *cis/trans*-Isomere möglich. Für ein Alken mit **n** Kohlenstoff-Kohlenstoff-Doppelbindungen, die jeweils in zwei Konfigurationen vorliegen können, sind 2^n *cis/trans*-Isomere möglich.

Vitamin A ist ein Beispiel für einen wichtigen Naturstoff, für den zahlreiche E/Z-Isomere möglich sind. Die an den Cyclohexenring gebundene Kohlenstoffkette enthält vier Kohlenstoff-Kohlenstoff-Doppelbindungen; jede davon kann E- oder Z-konfiguriert vorliegen. Es sind also $2^4 = 16$ E/Z-Isomere für diese Konstitution möglich. In

Vitamin A liegen alle Doppelbindungen der Kohlenstoffkette E-konfiguriert vor. Die enzymkatalysierte Oxidation von Vitamin A überführt die primäre Hydroxygruppe in die Carbonylgruppe eines Aldehyds; es entsteht Retinal, die biologisch aktive Form des Vitamins:

die primäre Hydroxygruppe wird in eine Aldehydfunktion überführt

Vitamin A (Retinol) → enzymkatalysierte Oxidation → Vitamin A-Aldehyd (Retinal)

Beispiel 4.6 Wie viele *cis/trans*-Isomere sind für 2,4-Heptadien möglich?

Vorgehensweise
Ermitteln Sie, welche der Kohlenstoff-Kohlenstoff-Doppelbindungen *cis/trans*-Isomerie zeigen können. Die Anzahl der insgesamt möglichen *cis/trans*-Isomere ist 2^n, wobei n die Zahl der Doppelbindungen ist, die in unterschiedlichen Konfigurationen vorliegen können.

Lösung
Die Verbindung enthält zwei Kohlenstoff-Kohlenstoff-Doppelbindungen, die beide jeweils in *cis*- oder *trans*-Konfiguration vorliegen können. Der folgenden Tabelle entnehmen wir, dass $2^2 = 4$ *cis/trans*-Isomere möglich sind. Nachfolgend sind für zwei dieser Isomere Skelettformeln abgebildet.

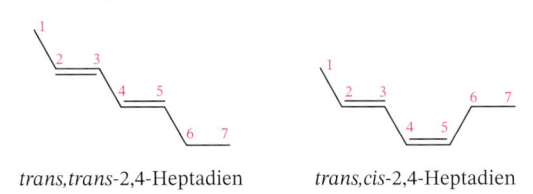

Doppelbindung	
C_2-C_3	C_4-C_5
trans	trans
trans	cis
cis	trans
cis	cis

trans,trans-2,4-Heptadien   *trans,cis*-2,4-Heptadien

Siehe Aufgaben 4.11 und 4.23.

Beispiel 4.7 Zeichnen Sie alle möglichen E/Z-Isomere des folgenden ungesättigten Alkohols:

$$CH_3C(CH_3)=CHCH_2CH_2C(CH_3)=CHCH_2OH$$

Vorgehensweise
Ermitteln Sie die Anzahl n der C=C-Doppelbindungen, die E/Z-Isomerie zeigen können. Die Anzahl der insgesamt möglichen E/Z-Isomere ist dann 2^n. Doppelbindungen, die an einem der C-Atome zwei identische Substituenten tragen, zeigen keine E/Z-Isomerie.

Lösung
E/Z-Isomerie ist nur für die Doppelbindung zwischen den C-Atomen 2 und 3 der Kette möglich. Die andere Doppelbindung zeigt keine E/Z-Isomerie, weil an C-Atom 7 zwei identische Gruppen gebunden sind. Somit sind $2^1 = 2$ E/Z-Isomere möglich.

das *E*-Isomer   das *Z*-Isomer

Das *E*-Isomer dieses Alkohols ist das Geraniol, einer der Hauptinhaltsstoffe in Rosenöl, Palmarosaöl und Citronellaöl.

Siehe Aufgaben 4.12 und 4.23.

4.3 Welche physikalischen Eigenschaften haben Alkene und Alkine?

Alkene und Alkine sind unpolare Verbindungen; die einzigen attraktiven Kräfte zwischen ihren Molekülen sind Dispersionskräfte (Abschn. 3.8.2). Ihre physikalischen Eigenschaften ähneln daher bei gleichem Kohlenstoffgerüst denen der entsprechenden Alkane (Abschn. 3.8). Bei Raumtemperatur flüssige Alkene und Alkine haben Dichten kleiner als 1.0 g/mL, also eine geringere Dichte als Wasser. Die unpolaren Alkene und Alkine sind untereinander und auch in den ebenso unpolaren Alkanen löslich, lösen sich aber nicht in Wasser, da Wasser eine viel höhere Polarität aufweist. Tatsächlich bilden sich beim Mischen mit Wasser oder mit einer polaren organischen Verbindung wie Ethanol zwei Phasen.

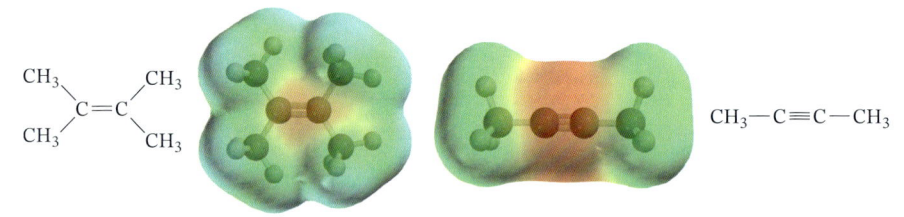

2,3-Dimethyl-2-buten (Tetramethylethylen) und 2-Butin (Dimethylacetylen). Sowohl Kohlenstoff-Kohlenstoff-Doppelbindungen als auch -Dreifachbindungen sind Bereiche hoher Elektronendichte; an ihnen finden daher chemische Reaktionen statt.

Beispiel 4.8 Was beobachten Sie, wenn Sie 1-Nonen zu einer der folgenden Verbindungen geben:

(a) Wasser
(b) 8-Methyl-1-nonin

Vorgehensweise
Ermitteln Sie die Polaritäten des Lösungsmittels und der gelösten Verbindung. Wenden Sie die allgemeine Regel an: „Gleiches löst sich in Gleichem."

Lösung
(a) 1-Nonen ist ein Alken und daher unpolar; es wird sich in einer polaren Substanz wie Wasser nicht lösen. Hier bilden sich zwei Phasen, wobei Wasser als die Flüssigkeit mit größerer Dichte die untere Phase bildet und 1-Nonen die obere Phase.
(b) Sowohl Alkene als auch Alkine sind unpolare Verbindungen, sie werden sich ineinander lösen.

Exkurs: 4.C Warum emittieren Pflanzen Isopren?

Die *Blue Ridge Mountains* im Osten der USA, der *Blue Mountain Peak* auf Jamaika und die *Blue Mountains* in Australien nehmen mit ihren Namen Bezug auf den bläulichen Dunst, der im Sommer oft über den Hügellandschaften liegt. In den 1950er Jahren fand man heraus, dass dieser Dunst reich an Isopren ist und dass Isopren weitaus häufiger in der Atmosphäre vorkommt als vermutet. Der blaue Dunst entsteht durch Lichtstreuung an Aerosolen, die sich bei der Photooxidation von Isopren und anderen Kohlenwasserstoffen bilden. Die globale Emission von Isopren wird auf 3×10^8 Tonnen/Jahr geschätzt und entspricht damit etwa 2 % des gesamten durch Photosynthese fixierten Kohlenstoffs.

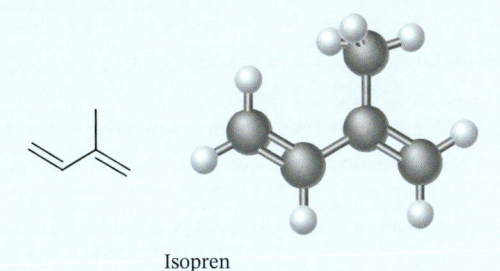

Isopren

Eine kürzlich durchgeführte Untersuchung zur Kohlenwasserstoffemission im Bundesstaat Atlanta hat ergeben, dass Pflanzen die mit Abstand größten Emitter von Kohlenwasserstoffen sind, wobei das von Pflanzen emittierte Isopren fast 60 % der Gesamtmenge ausmacht.

Warum emittieren Pflanzen so viel Isopren in die Atmosphäre, anstatt es für die Synthese anderer Naturstoffe zu verwenden? Tom Starkey, ein Pflanzenphysiologe an der Universität Wisconsin, fand heraus, dass die Isoprenemission stark von der Temperatur abhängt. Bei 20 °C emittieren Pflanzen kein Isopren, beginnen aber mit der Emission, sobald die Temperatur ihrer Blätter auf 30 °C steigt. In manchen Pflanzen nimmt die Isoprenemission auf das 10-Fache zu, wenn die Blatttemperatur um 10 °C steigt. Starkey untersuchte den Zusammenhang zwischen den bei hohen Temperaturen auftretenden Schäden an Blättern und der Isoprenkonzentration in den Blättern der Kudzu-Pflanze, einer in Amerika nicht heimischen, invasiven Kletterpflanze. Er stellte fest, dass in Abwesenheit von Isopren schon bei 37.5 °C Verletzungen an den Blättern auftreten (anhand des Chlorophyllabbaus beobachtet), dass es bei Vorhandensein von Isopren aber bis 45 °C keine Verletzungen gibt. Er schloss daraus, das sich das Isopren in den Blattmembranen löst und auf unbekannte Weise deren Toleranz gegenüber Hitze erhöht. Weil Isopren schnell gebildet und auch schnell wieder abgegeben wird, korreliert seine Konzentration mit dem tageszeitlichen Temperaturverlauf.

Der blaue Dunst über den *Great Smoky Mountains* im Südosten der USA entsteht durch Lichtstreuung an Aerosolen, die sich bei der Photooxidation von Isopren und anderen Kohlenwasserstoffen bilden. [Quelle: © Digital Vision.]

Aufgabe
Was können Sie auf der Grundlage der Informationen aus diesem Exkurs über die physikalischen Eigenschaften von Zellmembranen in Blättern sagen?

4.4 Warum sind 1-Alkine (terminale Alkine) schwache Säuren?

Ein wesentlicher Unterschied zwischen der Chemie der Alkine einerseits und der der Alkene und Alkane andererseits besteht darin, dass ein Wasserstoffatom, das an ein C-Atom einer terminalen Dreifachbindung gebunden ist, ausreichend sauer ist ($pK_S = 25$), um von einer starken Base wie Natriumamid ($NaNH_2$) unter Bildung eines Alkinyl-Anions deprotoniert zu werden.

$$H-C\equiv C-H \; + \; :\!\ddot{N}H_2^- \; \rightleftharpoons \; H-C\equiv C:^- \; + \; \ddot{N}H_3 \qquad K = 10^{13}$$

Acetylen / Amid-Anion / Acetylid-Anion / Ammoniak
$pK_S = 25$ / / / $pK_S = 38$
(stärkere Säure) / (stärkere Base) / (schwächere Base) / (schwächere Säure)

Tab. 4.1 Aciditäten von Alkanen, Alkenen und Alkinen.

schwache Säure		konjugierte Base	pK_S-Wert
Wasser	HO—H	HO$^-$	15.7
Alkin	HC≡C—H	HC≡C$^-$	25
Alken	CH$_2$=CH—H	CH$_2$=CH$^-$	44
Alkan	CH$_3$CH$_2$—H	CH$_3$CH$_2^-$	51

(zunehmende Säurestärke →)

In diesem Gleichgewicht ist Ethin die stärkere Säure und Natriumamid die stärkere Base; das Gleichgewicht liegt deutlich auf der rechten Seite zu Gunsten der Bildung des Ethinyl-Anions und von Ammoniak (Abschn. 2.4). In Tab. 4.1 sind die pK_S-Werte eines Alkans, eines Alkens und eines Alkins gegenübergestellt. Der pK_S-Wert von Wasser ist zum Vergleich ebenfalls angegeben.

Wasser (pK_S = 15.7) ist eine stärkere Säure als Ethin (pK_S = 25), das Hydroxid-Ion ist daher keine ausreichend starke Base zur Deprotonierung eines terminalen Alkins zum Alkinyl-Anion. Das Gleichgewicht für diese Säure-Base-Reaktion liegt deutlich auf der linken Seite:

$$\text{H—C≡C—H} + {}^-\!\ddot{\text{O}}\text{H} \rightleftharpoons \text{H—C≡C}{:}^- + \text{H—}\ddot{\text{O}}\text{H} \qquad K = 5 \times 10^{-10}$$

pK_S = 25 (schwächere Säure) (schwächere Base) (stärkere Base) pK_S = 15.7 (stärkere Säure)

Die pK_S-Werte für Alkene (pK_S ≈ 44) und Alkane (pK_S ≈ 51) sind so groß (sie sind dermaßen schwache Säuren), dass weder die üblicherweise genutzten Alkalimetallhydroxide noch Natriumamid ausreichend starke Basen sind, um sie deprotonieren zu können.

Warum ist die Acidität von Wasserstoffatomen an einer Dreifachbindung so viel höher als die der Wasserstoffatome eines Alkens oder eines Alkans? Die unterschiedlichen Aciditäten lassen sich folgendermaßen verstehen: Das freie Elektronenpaar eines Kohlenstoff-Anions ist in einem Hybridorbital enthalten – in einem sp^3-Hybridorbital, wenn es sich um ein Alkyl-Anion handelt, in einem sp^2-Hybridorbital, wenn es ein Alkenyl-Anion ist, und in einem sp-Hybridorbital, wenn ein Alkinyl-Anion vorliegt. Ein sp-Hybridorbital hat 50 % s-Charakter, ein sp^2-Hybridorbital hat 33 % s-Charakter und ein sp^3-Hybridorbital hat 25 % s-Charakter. Wir erinnern uns aus der Ausbildung in Allgemeiner Chemie und aus Kap. 1 dieses Lehrbuchs, dass ein $2s$-Orbital eine niedrigere Energie als ein $2p$-Orbital besitzt und sich näher am Kern befindet als dieses. Infolgedessen werden die Elektronen in einem $2s$-Orbital vom Kern stärker angezogen als die in einem $2p$-Orbital. Je größer der s-Charakter eines Kohlenstoff-Hybridorbitals ist, desto größer ist die Elektronegativität des C-Atoms. Das entsprechende Anion ist somit besser stabilisiert und die konjugierte Säure besitzt eine höhere Acidität. Unter den drei Stoffklassen der Alkane, Alkene und Alkine haben die C-Atome der Alkine (sp-hybridisiert mit 50 % s-Charakter) die größte Elektronegativität. Das Alkinyl-Anion ist in dieser Reihe am besten stabilisiert und daher sind Alkine die stärksten Säuren. Entsprechend weisen die Kohlenstoffatome in Alkanen (sp^3-hybridisiert und 25 % s-Charakter) die niedrigste Elektronegativität auf; die Alkane sind daher in dieser Gruppe die schwächsten Säuren. Alkene mit 33 % s-Charakter liegen in Elektronegativität und Acidität zwischen den Alkinen und den Alkanen. Abschließend sei noch erwähnt, dass im Einklang mit dieser Argumentation nur die terminalen Wasserstoffatome in 1-Alkinen die beschriebene Acidität zeigen – kein anderes Wasserstoffatom in einem Alkin hat eine vergleichbare Acidität, kein anderes Wasserstoffatom wird von $NaNH_2$ deprotoniert.

> Diese H-Atome haben eine deutlich geringere Acidität; sie werden von $NaNH_2$ nicht deprotoniert.

> Nur dieses Wasserstoffatom ist ausreichend acide, um von $NaNH_2$ deprotoniert zu werden.

$$CH_3-CH_2-CH_2-C\equiv C-H$$

Zusammenfassung

4.1 Welche Struktur haben Alkene und Alkine?
- Ein **Alken** ist ein **ungesättigter Kohlenwasserstoff**, der eine Kohlenstoff-Kohlenstoff-Doppelbindung enthält.
- Alkene haben die allgemeine Summenformel C_nH_{2n}.
- Ein Alkin ist ein ungesättigter Kohlenwasserstoff, der eine Kohlenstoff-Kohlenstoff-Dreifachbindung enthält.
- **Alkine** haben die allgemeine Summenformel C_nH_{2n-2}.
- Nach dem **Orbitalmodell** besteht eine Kohlenstoff-Kohlenstoff-Doppelbindung aus einer σ-Bindung, die durch Überlappung von sp^2-Hybridorbitalen zustande kommt, und einer π-Bindung, die durch seitliche Überlappung von parallelen $2p$-Atomorbitalen entsteht. Um die π-Bindung in Ethen zu brechen, sind etwa 264 kJ/mol (63 kcal/mol) erforderlich.
- Eine Kohlenstoff-Kohlenstoff-Dreifachbindung besteht aus einer σ-Bindung, die durch Überlappung von sp-Hybridorbitalen zustande kommt, und zwei π-Bindungen, die sich durch seitliche Überlappung von zwei Paaren paralleler $2p$-Atomorbitale bilden.
- Da die Rotation um die zwei Kohlenstoffatome einer Doppelbindung eingeschränkt ist, können Alkene als *cis/trans*-**Isomere** vorliegen.
- Das kleinste *trans*-Cycloalken, das in reiner Form synthetisiert werden konnte und bei Raumtemperatur stabil ist, ist das *trans*-Cycloocten.

4.2 Wie benennt man Alkene und Alkine?
- Nach den IUPAC-Regeln wird eine **Kohlenstoff-Kohlenstoff-Doppelbindung** im Namen der Verbindung dadurch angezeigt, dass man die Endsilbe **-an** des zugrundeliegenden Alkans durch **-en** ersetzt.
- Für die Gruppen $CH_2=CH-$ und $CH_2=CHCH_2-$ verwendet man üblicherweise die Bezeichnungen Vinyl und Allyl.
- Eine **Kohlenstoff-Kohlenstoff-Dreifachbindung** wird angezeigt, indem man die Endsilbe **-an** des zugrundeliegenden Alkans durch **-in** ersetzt.
- Je nachdem, wie die Kohlenstoffatome der Hauptkette um eine Doppelbindung orientiert sind, liegt ein *cis*- oder ein *trans*-Alken vor. Wenn die Atome der Hauptkette auf derselben Seite der Doppelbindung liegen, ist das Alken *cis*-konfiguriert, liegen sie auf unterschiedlichen Seiten, liegt eine *trans*-Konfiguration vor.
- Mithilfe von Prioritätsregeln kann man die Konfiguration einer Kohlenstoff-Kohlenstoff-Doppelbindung auch mit *E/Z*-**Deskriptoren** angeben.
- Wenn die Substituenten höherer Priorität auf derselben Seite der Doppelbindung liegen, handelt es sich um eine **Z-Konfiguration** (Z für zusammen), und wenn die

Substituenten höherer Priorität auf gegenüberliegenden Seiten liegen, dann ist das Alken ***E*-konfiguriert** (*E* für entgegen).
- Zur Benennung eines Alkens mit zwei oder mehr Doppelbindungen nutzt man die Endsilben *-adien*, *-atrien* usw. Verbindungen mit mehreren Doppelbindungen bezeichnet man als Polyene.

4.3 Welche physikalischen Eigenschaften haben Alkene und Alkine?
- Alkene und Alkine sind unpolare Verbindungen; die einzigen Kräfte, die zwischen ihren Molekülen wirken, sind **Dispersionskräfte**.
- Die physikalischen Eigenschaften der Alkene und Alkine sind denen der Alkane ähnlich.

4.4 Warum sind 1-Alkine (terminale Alkine) schwache Säuren?
- Terminale Alkine sind schwache Säuren (p$K_S \approx 25$), die mit starken Basen wie Natriumamid (NaNH$_2$) in Alkinyl-Anionen überführt werden können.

Quiz

Sind die folgenden Aussagen richtig oder falsch? Hier können Sie testen, ob Sie die wichtigsten Fakten aus diesem Kapitel parat haben. Wenn Sie mit einer der Fragestellungen Probleme haben, sollten Sie den jeweiligen in Klammern angegebenen Abschnitt in diesem Kapitel noch einmal durcharbeiten, bevor Sie sich an die weiteren, meist etwas schwierigeren Aufgaben zu diesem Kapitel machen.

1. Alkane, die bei Raumtemperatur flüssig sind, sind in Wasser unlöslich und schwimmen auf dem Wasser (4.3).
2. Der größte Teil des weltweit in der chemischen Industrie genutzten Ethens wird aus nicht erneuerbaren Ressourcen gewonnen (4.1).
3. Alkene und Alkine sind unpolare Verbindungen (4.3).
4. Der IUPAC-Name von CH$_3$CH=CHCH$_3$ ist 1,2-Dimethylethen (4.2).
5. Cyclohexan und 1-Hexen sind Konstitutionsisomere (4.1).
6. Der IUPAC-Name eines Alkens leitet sich von dem Namen für die längste die Doppelbindung enthaltende Kohlenstoffkette ab (4.2).
7. Es gibt zwei Typen von ungesättigten Kohlenwasserstoffen, Alkene und Alkine (4.1).
8. 1,2-Dimethylcyclohexen zeigt *cis/trans*-Isomerie (4.2).
9. 2-Methyl-2-buten zeigt *cis/trans*-Isomerie (4.2).
10. Ethen und Ethin sind planare Verbindungen (4.1).
11. Die physikalischen Eigenschaften der Alkene sind denen der Alkane mit dem gleichen Kohlenstoffgerüst ähnlich (4.3).

Ausführliche Erklärungen zu vielen dieser Antworten finden sich im Arbeitsbuch.

Antworten: (1) R (2) R (3) R (4) F (5) R (6) R (7) F (8) F (9) F (10) R (11) R

Aufgaben

Struktur von Alkenen und Alkinen

4.1 Was geschieht, wenn Sie *trans*-3-Hepten mit den folgenden Verbindungen mischen:
(a) Cyclohexan
(b) Ammoniak (l)

4.2 Welche Bindungswinkel erwarten Sie an den hervorgehobenen Kohlenstoffatomen?
(a)
(b)
(c)
(d)

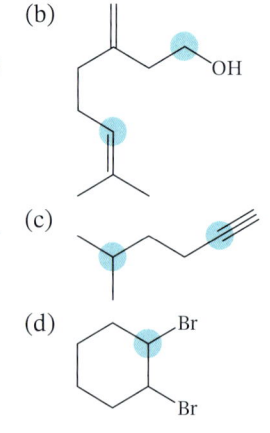

4.3 Geben Sie für die hervorgehobenen Kohlenstoffatome in Aufgabe 4.2 an, aus welchen Orbitalen die jeweiligen σ- und π-Bindungen gebildet werden.

4.4 Im Folgenden ist das 1,2-Propadien (Allen) abgebildet. In dieser Verbindung steht die durch die CH$_2$-Einheit an C-Atom 1 aufgespannte Ebene senkrecht auf die durch die CH$_2$-Einheit an C-Atom 3 aufgespannte Ebene.

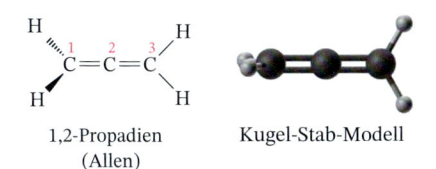

1,2-Propadien (Allen)   Kugel-Stab-Modell

(a) Geben Sie die Hybridisierung aller Kohlenstoffatome in Allen an.
(b) Erklären Sie, wie sich die Molekülgeometrie von Allen aus der Überlappung von Hybrid- und Atomorbitalen ergibt. Erklären Sie insbesondere, warum die vier Wasserstoffatome nicht in einer Ebene liegen.

Nomenklatur von Alkenen und Alkinen

4.5 Ermitteln Sie die IUPAC-Namen der folgenden ungesättigten Kohlenwasserstoffe. (Siehe Beispielaufgabe 4.1)
(a)
(b)
(c)
(d)
(e)

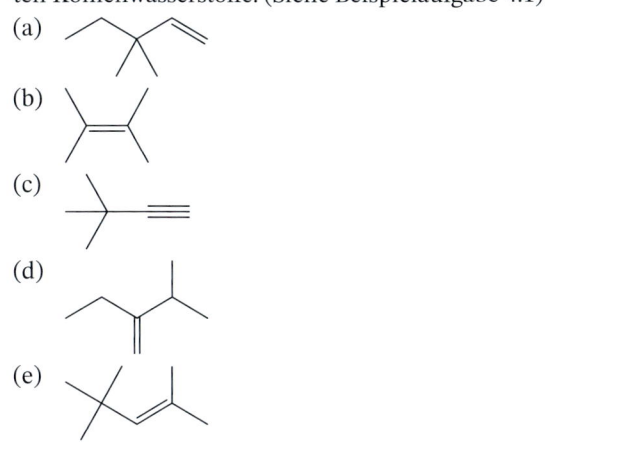

4.6 Ermitteln Sie die IUPAC-Namen der folgenden Cycloalkene. (Siehe Beispielaufgabe 4.5)
(a)
(b)
(c)
(d)

4.7 Zeichnen Sie Strukturformeln für die folgenden Verbindungen. (Siehe Beispielaufgaben 4.1 und 4.5)
(a) 1-Isopropyl-4-methylcyclohexen
(b) (6E)-2,6-Dimethyl-2,6-octadien
(c) trans-1,2-Diisopropylcyclopropan
(d) 2-Methyl-3-hexin
(e) 2-Chlorpropen
(f) Tetrachlorethen

4.8 Warum sind die folgenden Namen nicht korrekt? Geben Sie stattdessen die richtigen Namen an. (Siehe Beispielaufgaben 4.1 und 4.5)
(a) 1-Methylpropen
(b) 3-Penten
(c) 2-Methylcyclohexen
(d) 3,3-Dimethylpenten
(e) 4-Hexin
(f) 2-Isopropyl-2-buten

cis/trans- und E/Z-Isomerie in Alkenen und Cycloalkenen

4.9 Benennen Sie beide Alkene und geben Sie jeweils die Konfiguration der Doppelbindung unter Verwendung der Deskriptoren cis und trans an. (Siehe Beispielaufgabe 4.2)
(a)
(b)

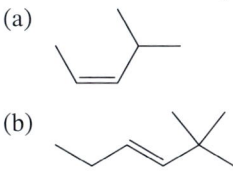

4.10 Benennen Sie jedes Alken und ermitteln Sie jeweils die E/Z-Konfiguration. (Siehe Beispielaufgabe 4.4)
(a)
(b)
(c)
(d)

4.11 Zeichnen Sie Strukturformeln für die beiden noch fehlenden cis/trans-Isomere des in Beispielaufgabe 4.6 genannten Diens.

4.12 Wie viele *E/Z*-Isomere sind für den folgenden ungesättigten Alkohol möglich? (Siehe Beispielaufgabe 4.7)

$$CH_3\underset{\underset{CH_3}{|}}{C}=CHCH_2CH_2\underset{\underset{CH_3}{|}}{C}=CHCH_2CH_2\underset{\underset{CH_3}{|}}{C}=CHCH_2OH$$

4.13 Welche der folgenden Alkene können als *cis/trans*-Isomere vorliegen? Zeichnen Sie für die entsprechenden Verbindungen die Strukturformeln beider Isomere. (Siehe Beispielaufgabe 4.2)
(a) 1-Penten
(b) 2-Penten
(c) 3-Ethyl-2-penten
(d) 2,3-Dimethyl-2-penten
(e) 2-Methyl-2-penten
(f) 2,4-Dimethyl-2-penten

4.14 Welche der folgenden Alkene können als *E/Z*-Isomere vorliegen? Zeichnen Sie für die entsprechenden Verbindungen die Strukturformeln beider Isomere. (Siehe Beispielaufgaben 4.3 und 4.4)
(a) CH$_2$=CHBr
(b) CH$_3$CH=CHBr
(c) (CH$_3$)$_2$C=CHCH$_3$
(d) (CH$_3$)$_2$CHCH=CHCH$_3$

4.15 Es gibt drei Verbindungen mit der Summenformel C$_2$H$_2$Br$_2$. Zwei davon haben ein von null verschiedenes Dipolmoment; eine besitzt kein Dipolmoment. Zeichnen Sie Strukturformeln der drei Verbindungen und erklären Sie, warum zwei der Verbindungen ein Dipolmoment zeigen, die dritte dagegen nicht.

4.16 Zeichnen und benennen Sie alle Alkene mit der Summenformel C$_6$H$_{12}$ und den folgenden Kohlenstoffgerüsten. Denken Sie an *cis/trans*-Isomere.
(a) C—C—C—C—C mit C an Position 2
(b) C—C—C—C mit C an Positionen 2 und 3
(c) C—C—C—C mit zwei C an Position 2
(d) C—C—C—C—C mit C an Position 3

4.17 Ordnen Sie die Gruppen in jeder Teilaufgabe nach steigender Priorität im Sinne der CIP-Regeln. (Siehe Beispielaufgaben 4.3 und 4.4)
(a) —CH$_3$, —Br, —CH$_2$CH$_3$
(b) —OCH$_3$, —CH(CH$_3$)$_2$, —CH$_2$CH$_2$NH$_2$
(c) —CH$_2$OH, —COOH, —OH
(d) —CH=CH$_2$, —CH=O, —CH(CH$_3$)$_2$

4.18 Benennen Sie jedes der folgenden Alkene und geben Sie die Konfigurationen nach dem *E/Z*-System an. (Siehe Beispielaufgaben 4.3 und 4.4)
(a)
(b)
(c)
(d)

4.19 Ist *cis/trans*-Isomerie in Alkanen möglich? In Alkinen? Begründen Sie.

4.20 Zeichnen Sie für jede der folgenden Verbindungen, die als *cis/trans*-Isomere vorliegen können, das *cis*-Isomer.
(a)
(b)
(c)
(d)

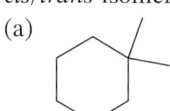

4.21 Zeichnen Sie von allen Verbindungen mit der Summenformel C$_5$H$_{10}$ die folgenden Isomere:
(a) Die Alkene, die keine *cis/trans*-Isomerie zeigen.
(b) Die Alkene, die *cis/trans*-Isomerie zeigen.
(c) Die Cycloalkane, die keine *cis/trans*-Isomerie zeigen.
(d) Die Cycloalkane, die *cis/trans*-Isomerie zeigen.

4.22 Das Trien β-Ocimen ist ein Duftstoff der Baumwollblüten und kommt zudem in zahlreichen ätherischen Ölen vor. Sein IUPAC-Name lautet (3*Z*)-3,7-Dimethyl-1,3,6-octatrien. Zeichnen Sie eine Strukturformel dieser Verbindung.

4.23 Handelt es sich bei den Verbindungspaaren in den folgenden Teilaufgaben jeweils um identische Verbindungen, um *cis/trans*-Isomere oder um Konstitutionsisomere? Wenn es Darstellungen der gleichen Verbindung sind, ermitteln Sie, ob es sich um gleiche oder unterschiedliche Konformationen handelt. (Siehe Beispielaufgaben 4.6 und 4.7)

(a) [Strukturformeln] und [Strukturformel]

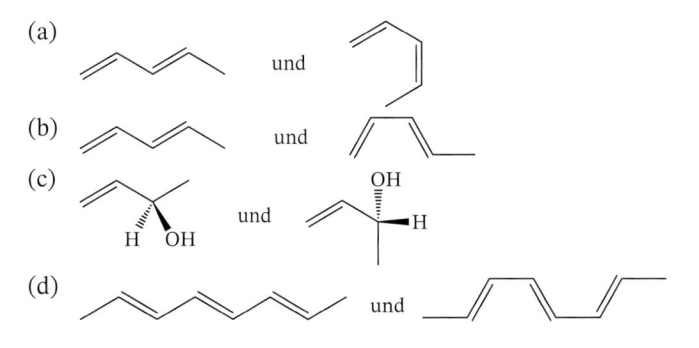

(b) [Strukturformeln] und [Strukturformel]

(c) [Strukturformel mit H, OH] und [Strukturformel mit OH, H]

(d) [Strukturformeln] und [Strukturformel]

4.24 Im Folgenden ist die Strukturformel von Lycopin abgebildet, einer tiefroten Verbindung, die für die rote Farbe vieler reifer Früchte, insbesondere aber von Tomaten, verantwortlich ist. Aus 1 kg frischer, reifer Tomaten kann man etwa 20 mg Lycopin isolieren:

[Strukturformel Lycopin]

An wie vielen der Kohlenstoff-Kohlenstoff-Doppelbindungen kann E/Z-Isomerie vorliegen? Bestimmen Sie für diese Doppelbindungen die Konfiguration mithilfe des E/Z-Systems.

4.25 Wie man sich leicht denken kann, wurde das β-Carotin, eine Vorstufe von Vitamin A, zuerst aus Karotten isoliert. Die gelbe Farbe verdünnter Lösungen von β-Carotin wird zum Anfärben von Lebensmitteln verwendet. Es kommt in nahezu allen Pflanzen zusammen mit Chlorophyll vor und unterstützt den Lichtsammelprozess im Zusammenhang mit der Photosynthese. Wenn die Blätter von Bäumen im Herbst absterben, wird das Chlorophyll aus den Blättern abgezogen, das Grün verschwindet und die gelben und roten Farben von Carotin und Carotinoiden bleiben zurück.

(a) Vergleichen Sie die Kohlenstoffgerüste von β-Carotin und Lycopin (Aufgabe 4.24). Welche Unterschiede bestehen, welche Gemeinsamkeiten gibt es?

(b) Bestimmen Sie die E/Z-Konfiguration aller diesbezüglich relevanten Doppelbindungen.

[Strukturformel β-Carotin]

β-Carotin

Ausblick

4.26 Erklären Sie, warum die zentrale Kohlenstoff-Kohlenstoff-Einfachbindung in 1,3-Butadien etwas kürzer ist als in 1-Buten:

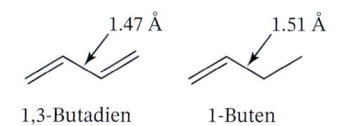

1,47 Å   1,51 Å

1,3-Butadien   1-Buten

4.27 Welchen Einfluss könnte die Ringgröße der folgenden Cycloalkene auf die Reaktivität der jeweiligen C=C-Doppelbindungen haben?

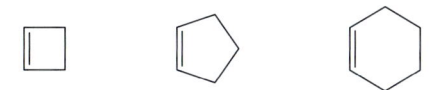

[Cyclobuten, Cyclopenten, Cyclohexen]

[Quelle: © Fabrizio Bensch/Reuters.]

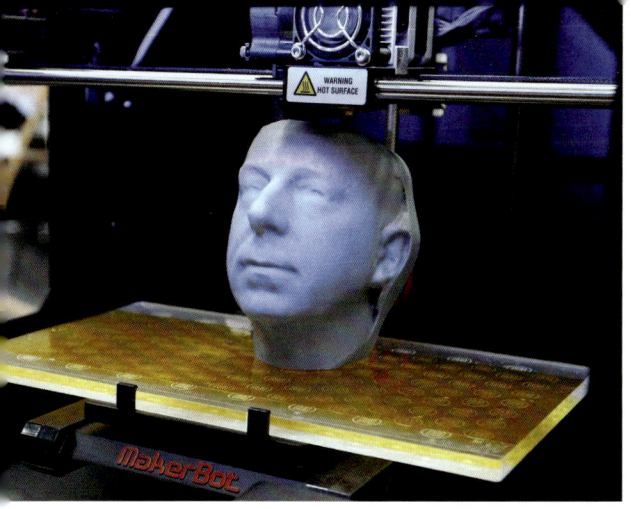

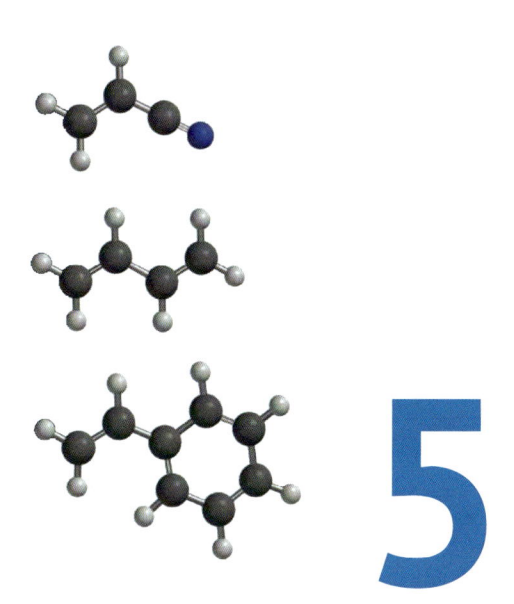

3D-Drucker nutzen „Tinte" aus Acrylnitril-Butadien-Styrol-Copolymer (ABS), einem Kunststoff, der durch Reaktion der Doppelbindungen dreier verschiedener Alkene entsteht.
Rechts: Molekülmodelle von Acrylnitril, Butadien und Styrol.

Reaktionen von Alkenen und Alkinen

5

Inhalt
5.1 Was sind die charakteristischen Reaktionen von Alkenen?
5.2 Was ist ein Reaktionsmechanismus?
5.3 Nach welchen Mechanismen verläuft die elektrophile Addition an Alkene?
5.4 Was sind Carbokation-Umlagerungen?
5.5 Wie verläuft die Hydroborierung/Oxidation von Alkenen?
5.6 Wie kann man Alkene zu Alkanen reduzieren?
5.7 Wie kann man Acetylid-Anionen nutzen, um neue Kohlenstoff-Kohlenstoff-Bindungen zu knüpfen?
5.8 Wie kann man Alkine zu Alkenen und Alkanen reduzieren?

Gewusst wie
5.1 Wie man Reaktionsmechanismen zeichnet

Exkurse
5.A Katalytisches Cracken und die Bedeutung von Alkenen

In den vorangegangenen Kapiteln haben wir mit den Alkenen und Alkinen Verbindungen kennengelernt, die eine Kohlenstoff-Kohlenstoff-π-Bindung enthalten. Warum finden Kohlenstoff-Kohlenstoff-π-Bindungen so breite Anwendung in der organischen Chemie? Warum sind sie von so großer Bedeutung in biologischen und industriellen Prozessen? Wie kann man als Chemiker ihre speziellen chemischen Eigenschaften ausnützen? Diese Fragen wollen wir in dem vorliegenden Kapitel beantworten und uns dafür mit der spannenden Aufgabe beschäftigen, wie man organische Reaktionen und ihre Reaktionsmechanismen systematisch untersuchen kann. Ein Reaktionsmechanismus, also die schrittweise und detaillierte Beschreibung eines Reaktionsablaufs, ist ein generell anwendbares und wichtiges Konzept in der organischen Chemie. Wir werden diese Herangehensweise an das Verständnis von Reaktionsabläufen am Beispiel der Reaktionen von Alkenen und Alkinen kennenlernen, um sie später auch für andere Stoffklassen nutzen zu können.

Einführung in die Organische Chemie, Erste Auflage. William H. Brown und Thomas Poon.
© 2021 WILEY-VCH GmbH. Published 2021 by WILEY-VCH GmbH.

5.1 Was sind die charakteristischen Reaktionen von Alkenen?

Die charakteristischste Reaktion der Alkene ist die **Addition an die Kohlenstoff-Kohlenstoff-Doppelbindung**; sie findet unter Bruch der π-Bindung bei gleichzeitiger Neubildung von σ-Bindungen zu zwei neuen Atomen oder Atomgruppen statt. Tabelle 5.1 zeigt einige Beispiele für Reaktionen der Kohlenstoff-Kohlenstoff-Doppelbindung zusammen mit der Bezeichnung für den jeweiligen Reaktionstyp.

Aus Sicht der chemischen Industrie ist die wichtigste Reaktion des Ethens und anderer niedermolekularer Alkene die Herstellung von **Kettenpolymeren** (griech.: *polý*, viele; *méros*, Teil). In Gegenwart von bestimmten Verbindungen, sogenannten *Initiatoren*, bilden sich aus den Alkenen Polymere, indem sich die **Monomere** (griech.: *monos*, ein; *méros*, Teil) in einer wachsenden Polymerkette aneinanderlagern. Die Bildung von Polyethen (Polyethylen) aus Ethen soll das verdeutlichen:

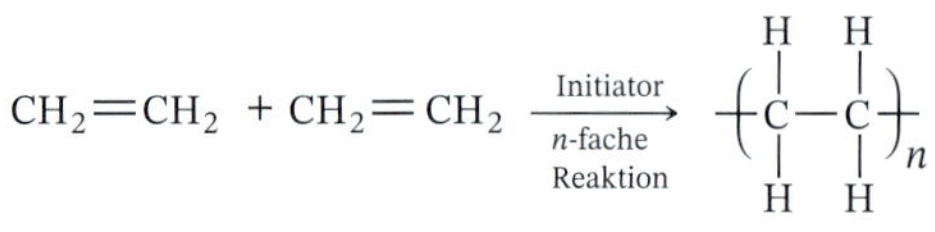

$$CH_2=CH_2 + CH_2=CH_2 \xrightarrow[\substack{n\text{-fache} \\ \text{Reaktion}}]{\text{Initiator}} \left(\begin{array}{cc} H & H \\ | & | \\ C-C \\ | & | \\ H & H \end{array} \right)_n$$

Polyethylen

Tab. 5.1 Charakteristische Reaktion von Alkenen.

Reaktion	Reaktionstyp
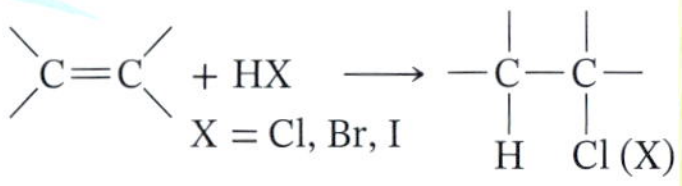 $\diagdown C=C \diagup$ + HX ⟶ —C—C— ; X = Cl, Br, I ; H Cl (X)	Hydrochlorierung (Hydrohalogenierung)
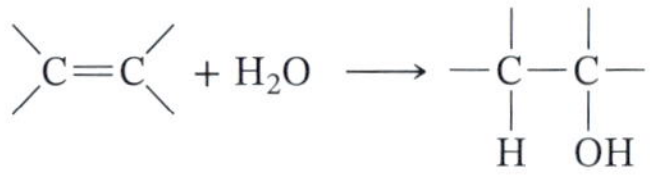 $\diagdown C=C \diagup$ + H₂O ⟶ —C—C— ; H OH	Hydratisierung
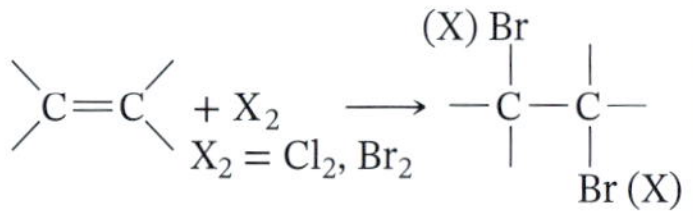 $\diagdown C=C \diagup$ + X₂ ⟶ (X) Br —C—C— Br (X) ; X₂ = Cl₂, Br₂	Bromierung (Halogenierung)
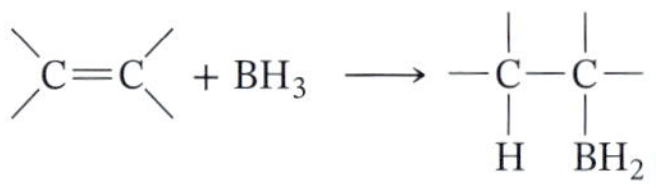 $\diagdown C=C \diagup$ + BH₃ ⟶ —C—C— ; H BH₂	Hydroborierung
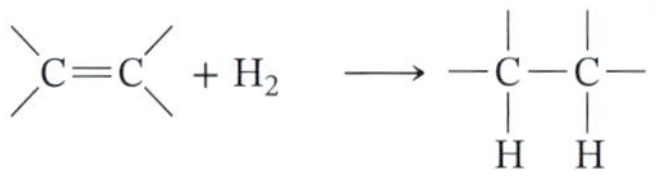 $\diagdown C=C \diagup$ + H₂ ⟶ —C—C— ; H H	Hydrierung (Reduktion)

In jeder dieser Reaktionen wird die π-Bindung gebrochen; gleichzeitig werden zwei σ-Bindungen zwischen den beiden C-Atomen der ehemaligen π-Bindung und neuen Atomen oder Atomgruppen gebildet.

In Abschnitt 5.5 werden wir sehen, wie die BH₂-Gruppe durch eine OH-Gruppe ersetzt werden kann, um zum gewünschten Produkt zu gelangen.

In wirtschaftlich relevanten Alkenpolymeren ist *n* üblicherweise sehr groß, typischerweise mehrere Tausend. Diesen Reaktionstyp werden wir in Kap. 16 ausführlich besprechen.

5.2 Was ist ein Reaktionsmechanismus?

Ein **Reaktionsmechanismus** beschreibt den Ablauf einer chemischen Reaktion im Detail. Er gibt an, welche Bindungen wann gebrochen oder neu gebildet werden, er beschreibt die relativen Geschwindigkeiten der verschiedenen bindungsbrechenden und bindungsbildenden Schritte und er erläutert, welche Rollen das Lösungsmittel (sofern die Reaktion in Lösung stattfindet) und gegebenenfalls Katalysatoren spielen. Neben Reaktionsmechanismen verwenden Chemiker auch andere Hilfsmittel, um verschiedene Merkmale einer chemischen Reaktion zu verdeutlichen. So bedient man sich oft auch sogenannter Energiediagramme.

5.2.1 Energiediagramme und Übergangszustände

Um den Zusammenhang zwischen einer chemischen Reaktion und der Energie des Systems zu verstehen, kann man sich eine chemische Bindung als Spiralfeder vorstellen. Wenn die Feder aus ihrer Ruheposition heraus gedehnt wird, nimmt ihre Energie zu und die beiden Enden der Feder verändern ihre Lage. Wenn sie in die Ruheposition zurückkehrt, nimmt ihre Energie wieder ab. Der gesamte Prozess ist in der folgenden Abbildung dargestellt – ausgehend vom Startpunkt auf der linken Seite der Kurve bis zum Endpunkt auf der rechten Seite der Kurve.

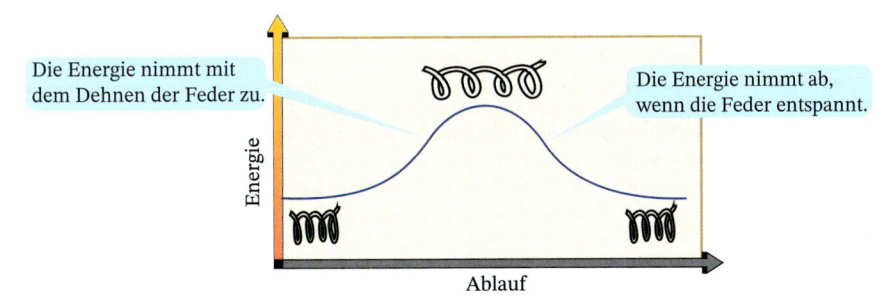

Analog finden während einer chemischen Reaktion Bindungsbrüche unter Zunahme der Energie und Bindungsbildungen unter Abnahme der Energie statt. Wie für die Spiralfeder können wir ein **Energiediagramm** verwenden, um die beim Übergang von Reaktanten zu Produkten stattfindenden Energieänderungen darzustellen. Die Energie wird dabei auf der vertikalen Achse (der *y*-Achse) aufgetragen und die Veränderung der Atompositionen auf der horizontalen Achse (der *x*-Achse), der sogenannten **Reaktionskoordinate**. Die Reaktionskoordinate gibt an, wie weit die Reaktion fortgeschritten ist – vom Beginn der Reaktion bis zur abgeschlossenen Reaktion.

In Abb. 5.1 ist beispielhaft die Reaktion ausgehend von C + A−B unter Bildung von C−A + B in einem Energiediagramm dargestellt, wobei Zahlen einige spezielle Punkte im Reaktionsablauf markieren. Die Reaktion verläuft einstufig, d. h. die Bindungsbrüche in den Ausgangsverbindungen und die Bindungsbildungen zu den Produkten erfolgen gleichzeitig.

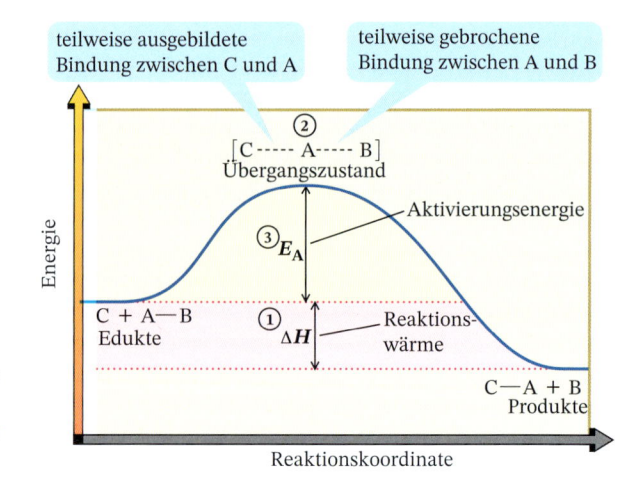

Abb. 5.1 Ein Energiediagramm für die einstufige Reaktion zwischen C und A—B. Die gestrichelten Linien im Übergangszustand sollen verdeutlichen, dass die neue Bindung C—A bereits teilweise gebildet und die A—B-Bindung teilweise gebrochen vorliegt. Wenn wie in diesem Fall die Energie der Reaktanten höher ist als die der Produkte, ist die Reaktion exotherm.

1. Die Energiedifferenz zwischen Produkten und Edukten nennt man die **Reaktionswärme ΔH**. In diesem Beispiel ist die Energie der Produkte niedriger als die der Edukte, es wird also Wärme freigesetzt; es handelt sich um eine **exotherme Reaktion**. Wenn die Energie der Produkte höher ist als die der Edukte, muss Energie zugeführt werden; man spricht dann von einer **endothermen Reaktion**.
2. Ein **Übergangszustand** ist ein Punkt auf der Reaktionskoordinate, in der die Energie ein Maximum annimmt. Im Übergangszustand ist genug Energie vorhanden, um einen Bindungsbruch zu bewirken. Mit dem Bindungsbruch wird die Energie neu verteilt und es entstehen neue Bindungen; das Produkt entsteht. Nachdem der Übergangszustand durchlaufen wurde, schreitet die Reaktion unter Produktbildung und Freisetzung von Energie voran. Ein Übergangszustand hat eine festgelegte Geometrie, eine eindeutige Anordnung der bindenden und freien Elektronenpaare und eine klare Elektronendichte- und Ladungsverteilung. Weil ein Übergangszustand ein Energiemaximum darstellt, kann er weder isoliert noch seine Struktur experimentell bestimmt werden. Seine Lebenszeit liegt in der Größenordnung einer Pikosekunde, also der Zeit, die ein Molekül für eine einzelne Schwingung braucht. Wir werden aber sehen, dass wir – auch wenn Übergangszustände durch kein Experiment direkt beobachtbar sind – sehr oft aus anderen experimentellen Beobachtungen Informationen über ihre wahrscheinliche Struktur ableiten können.
3. Der Energieunterschied zwischen dem Übergangszustand und den Edukten nennt man die **Aktivierungsenergie**. Die Aktivierungsenergie stellt die Energiebarriere einer Reaktion dar – die minimale Energie, die eine Reaktion zum Ablaufen benötigt – und legt die Reaktionsgeschwindigkeit einer Reaktion fest. Wenn die Aktivierungsenergie hoch ist, werden nur selten Molekülkollisionen mit genügend Energie stattfinden, sodass der Übergangszustand erreicht werden kann, und die Reaktionsgeschwindigkeit bleibt demzufolge gering. Ist die Aktivierungsenergie dagegen niedrig, werden zahlreiche Molekülkollisionen mit ausreichender Energie zum Erreichen des Übergangszustandes stattfinden und die Reaktion läuft schnell ab.

In einer Reaktion, die in zwei oder mehr Schritten abläuft, hat jeder der Schritte seinen eigenen Übergangszustand und seine eigene Aktivierungsenergie. In Abb. 5.2 ist ein Energiediagramm dargestellt, dass die Umsetzung von Reaktanten in zwei Schritten beschreibt. Eine **Zwischenstufe** (ein Intermediat) ist ein Zustand in einem energetischen Minimum zwischen zwei Übergangszuständen, im vorliegenden Fall zwischen den Übergangszuständen 1 und 2. Weil Zwischenstufen eine höhere Energie haben als die Edukte und die Produkte, sind sie sehr reaktiv und können – wenn überhaupt – nur selten isoliert werden.

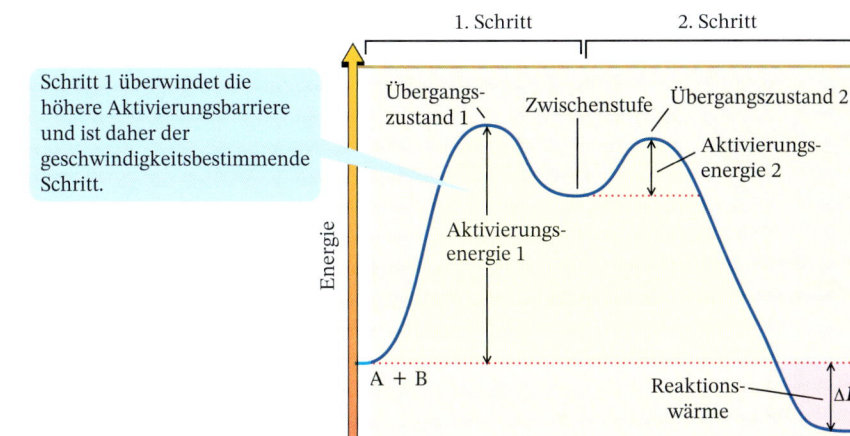

Abb. 5.2 Energiediagramm für eine zweistufige Reaktion, in der intermediär eine Zwischenstufe auftritt. Die Energie der Edukte ist höher als die der Produkte; bei der Umsetzung von A + B zu C + D wird Energie frei.

Der langsamste Schritt in einer mehrstufigen Reaktion, der sogenannte **geschwindigkeitsbestimmende Schritt**, ist der Schritt, in dem die höchste Aktivierungsbarriere überwunden wird. In der Reaktion in Abb. 5.2 überwindet Schritt 1 die höhere Aktivierungsbarriere und ist damit der geschwindigkeitsbestimmende Schritt.

Beispiel 5.1 Zeichnen sie ein Energiediagramm für eine zweistufige exotherme Reaktion, in der der zweite Schritt geschwindigkeitsbestimmend ist.

Vorgehensweise
In einer zweistufigen Reaktion wird eine Zwischenstufe durchlaufen. Damit die Reaktion exotherm ist, müssen die Produkte eine niedrigere Energie haben als die Edukte. Damit der zweite Schritt geschwindigkeitsbestimmend ist, muss für ihn die höhere Energiebarriere vorliegen.

Lösung

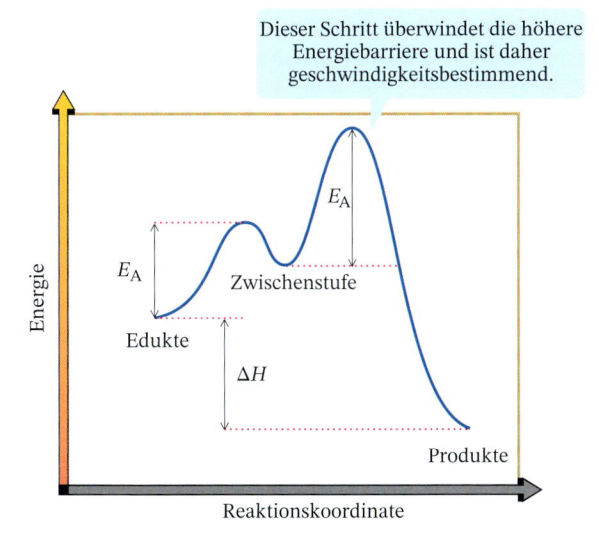

Siehe Aufgaben 5.1 und 5.2.

Exkurs: 5.A Katalytisches Cracken und die Bedeutung von Alkenen

Die mit Abstand ergiebigste Quelle für Kohlenwasserstoffe ist Rohöl, das zum größten Teil aus Alkanen besteht. Das ist eigentlich ungünstig: Wie wir in Kap. 3 gelernt haben, sind Alkane relativ reaktionsträge und eignen sich daher nicht gut als Ausgangsmaterialien für die organischen Reaktionen, mit denen man die Myriaden an verschiedenen Verbindungen synthetisieren möchte, die unsere Gesellschaft heute benötigt. Glücklicherweise lässt sich Rohöl durch den Prozess des katalytischen Crackens leicht in Alkene überführen, also in Verbindungen mit einer reaktiven funktionellen Gruppe (der C=C-Doppelbindung). Beim katalytischen Cracken werden die Kohlenwasserstoffe im Rohöl mit festen Katalysatoren gemischt und auf Temperaturen von mehr als 500 °C erhitzt. Unter diesen Bedingungen werden C–C-Einfachbindungen gebrochen und es bilden sich reaktive Intermediate, die schließlich zu kleineren Alkanen und Alkenen reagieren.

$$CH_3CH_2CH_2CH_2CH_2CH_3 \xrightarrow[\text{Katalysator}]{\text{Hitze}} CH_3CH_2CH_2CH_3 + CH_2\!=\!CH_2 \text{ Ethylen}$$

Die in der ersten Reaktion gebildeten kleineren Kohlenwasserstoffe reagieren erneut und bilden noch kleinere Kohlenwasserstoffe. Nach mehreren Durchläufen dieses Crackingprozesses liegt als Hauptprodukt Ethen vor, das kleinstmögliche Alken.

$$CH_3CH_2CH_2CH_3 \xrightarrow[\text{Katalysator}]{\text{Hitze}} CH_3CH_3 + CH_2\!=\!CH_2 \text{ Ethen}$$

$$CH_3CH_3 \xrightarrow[\text{Katalysator}]{\text{Hitze}} H_2 + CH_2\!=\!CH_2 \text{ Ethen}$$

Das Ethen wird aufgefangen und in weiteren Reaktionen eingesetzt, z. B. für eine Hydratisierung unter Bildung von Ethanol.

$$CH_2\!=\!CH_2 \xrightarrow{\text{Hydratisierung}} CH_3CH_2OH \text{ Ethanol}$$

Durch diesen Prozess wird das Rohöl in funktionalisierte organische Verbindungen überführt, die ihrerseits als Ausgangsmaterialien in vielen der organischen Reaktionen eingesetzt werden können, die in diesem Lehrbuch beschrieben sind.

Aufgabe
Würden Sie erwarten, dass die beim katalytischen Cracken ablaufenden Reaktionen exotherm oder endotherm sind?

5.2.2 Entwickeln von Reaktionsmechanismen

Chemiker ermitteln einen Reaktionsmechanismus, indem sie Experimente entwerfen, durch die Details der entsprechenden chemischen Reaktionen erkennbar werden. Mit einer Kombination aus Erfahrung und Intuition schlagen sie einen oder mehrere Reaktionsabläufe oder Mechanismen vor, wobei jeder Reaktionsablauf im Prinzip die Gesamtreaktion erklären könnte. Anschließend prüfen sie für jeden der vorgeschlagenen Mechanismen, ob er mit den experimentellen Beobachtungen im Einklang steht, und verwerfen die Mechanismen, die mit den Fakten nicht übereinstimmen. Ein Mechanismus gilt dann als plausibel und allgemein akzeptiert, wenn alle sinnvollen Alternativen ausgeschlossen werden konnten und wenn er mit jedem denkbaren Überprüfungsergebnis konsistent ist. Es ist sehr wichtig im Kopf zu behalten, dass es mit dem Aufkommen neuer experimenteller Beweise notwendig werden kann, einen allgemein akzeptierten Mechanismus abzuändern oder möglicherweise ganz zu verwerfen und von vorne zu beginnen.

Man mag sich fragen, ob der Aufwand für die Aufstellung eines Reaktionsmechanismus gerechtfertigt ist und ob es sich zeitlich lohnt, so viele Details über sie zu besprechen. Eine Rechtfertigung dafür ist eher praktischer Art: Mechanismen stellen uns den theoretischen Rahmen zur Verfügung, innerhalb dessen wir einen großen Teil der beobachteten chemischen Reaktionen ordnen und beschreiben können. Wenn wir beispielsweise wissen, wie Reagenzien an ein bestimmtes Alken addieren, können wir diese Kenntnisse verallgemeinern und Voraussagen darüber treffen, wie diese Reagenzien an andere Alkene addieren könnten. Ein weiterer Grund liegt in der intellektuellen Genugtuung, die es uns bereiten kann, ein Modell aufzustellen, das das Verhalten chemischer Verbindungen zuverlässig wiedergibt. Schlussendlich ist ein Reaktionsmechanismus für einen kreativen Chemiker ein Hilfsmittel bei der Suche nach neuer Erkenntnis und neuem Verständnis: Einen Mechanismus, der mit allem in Einklang steht, was über eine Reaktion bekannt ist, können wir nutzen, um Vorhersagen über bislang unentdeckte Reaktionen zu machen und um Experimente zu entwerfen, mit deren Hilfe diese Vorhersagen überprüft werden können. Reaktionsmechanismen sind also nicht nur eine Möglichkeit, das vorhandene Wissen zu ordnen, sondern sie erlauben auch, unsere Kenntnisse zu erweitern.

5.2.3 Wiederkehrende Muster in Reaktionsmechanismen

An dieser Stelle wollen wir uns zur Vorbereitung zunächst einige der typischen Reaktionsmuster in Reaktionsmechanismen ansehen, denen wir in diesem und den folgenden Kapiteln immer wieder begegnen werden. Versuchen Sie, die nicht immer sofort offensichtlichen Gemeinsamkeiten und die feinen Unterschiede zu erkennen, aber machen Sie sich keine Sorgen, wenn Ihnen dies nicht auf Anhieb gelingt. In diesem Lehrbuch werden wir sehr viele Reaktionsmechanismen besprechen; Ihre Fähigkeit, die verschiedenen Reaktionsmuster zu erkennen, wird dabei kontinuierlich zunehmen.

Reaktionsmuster 1: *Protonierung*

In Abschn. 2.2 haben wir gelernt, dass eine Säure ein Protonendonator ist, eine Base ein Elektronenakzeptor und eine Säure-Base-Reaktion eine Protonenübertragung. Wir haben auch gelernt, wie man Elektronenflusspfeile zur Verdeutlichung eines Protonentransfers nutzen kann, hier beispielhaft in der Säure-Base-Reaktion zwischen Essigsäure und Ammoniak unter Bildung eines Acetat- und eines Ammonium-Ions gezeigt. In diesem Beispiel wird ein *freies Elektronenpaar für die Protonierung* der entsprechenden Verbindung verwendet:

> Erinnern Sie sich, dass ein Elektronenflusspfeil immer von einer Bindung oder von einem freien Elektronenpaar ausgeht.

> Das freie Elektronenpaar hat ein Proton aus der Säure übernommen; der Stickstoff wurde dadurch **protoniert.**

Hier ein anderes Beispiel für eine **Protonierung** (die Addition eines Protons), in der die π-Bindung einer C=C-Doppelbindung *protoniert* wird. Die im Beispiel angegebenen Verbindungen sind mit „Protonendonator" und „Protonenakzeptor" gekennzeichnet, Bezeichnungen, mit denen wir Brønsted-Säuren und -Basen beschreiben. Man kann sie auch nach der Lewis-Säure-Base-Theorie als „Elektrophile" und „Nukleophile" bezeichnen (siehe Reaktionsmuster 3).

> Das Elektronenpaar dieser Einfachbindung war vorher das π-Bindungselektronenpaar, das durch das Oxonium-Ion protoniert wurde.

ein Alken (Protonenakzeptor oder Nukleophil)   Oxonium-Ion (Protonendonator oder Elektrophil)   ein Carbokation

Dieses Reaktionsmuster ist für alle Reaktionen typisch, die durch Säuren katalysiert werden. Denken Sie daran, dass sich die zwei Kohlenstoffatome in einer Kohlenstoff-Kohlenstoff-Doppelbindung zwei Elektronenpaare teilen. Eine Säure-Base-Reaktion, in der die Doppelbindung ein Elektronenpaar (die π-Bindung) für den

Protonentransfer zur Verfügung stellt, führt zu einem Carbokation. Auch wenn streng genommen nur die oben gezeigte Reaktionsgleichung den Protonentransfer in wässriger Lösung korrekt beschreibt, werden wir dennoch meist auf eine vereinfachende Schreibweise zurückgreifen, in der nur das Proton gezeigt ist, mit dem die neue Bindung gebildet wird:

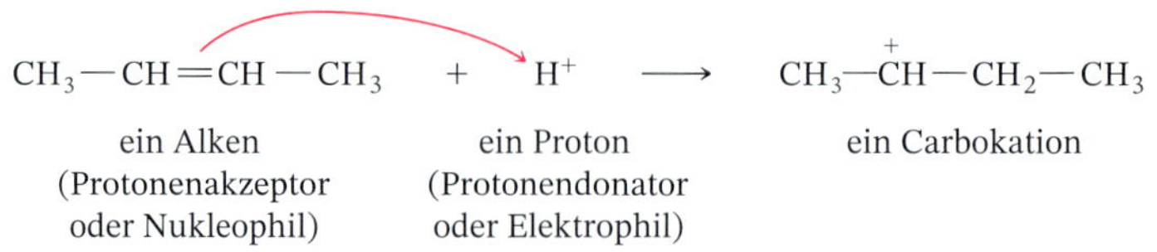

$$CH_3-CH=CH-CH_3 + H^+ \longrightarrow CH_3-\overset{+}{C}H-CH_2-CH_3$$

ein Alken (Protonenakzeptor oder Nukleophil)   ein Proton (Protonendonator oder Elektrophil)   ein Carbokation

Gleichwohl sei nochmal daran erinnert, dass ein Proton in wässriger Lösung nicht frei existiert (Abschn. 2.2) – es reagiert sofort mit Wasser unter Bildung eines Oxonium-Ions.

Reaktionsmuster 2: *Deprotonierung*

Wenn wir die Rückreaktion einer Protonierung betrachten, kommen wir zu einer Deprotonierung (Abgabe eines Protons). Im Beispiel entfernen wir ein Proton aus dem Ammonium-Ion und übertragen es auf das Acetat. Auch hier können wir Elektronenflusspfeile verwenden, um den Reaktionsablauf zu verdeutlichen. Der Mechanismus einer Deprotonierung entspricht weitestgehend dem einer Protonierung, nur dass wir diesmal unseren Fokus auf die Verbindung legen, die das Proton abgibt.

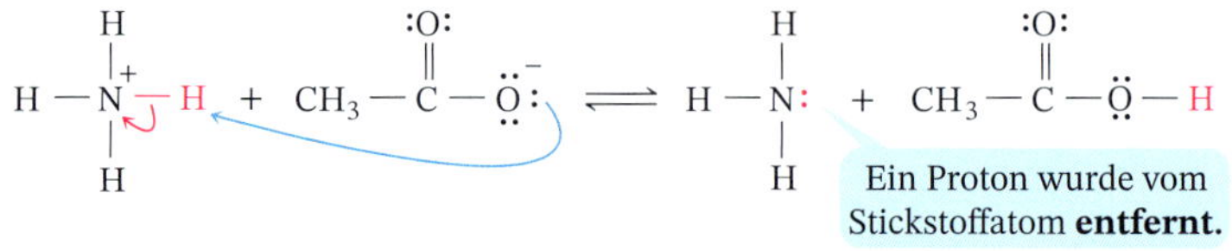

Ein Proton wurde vom Stickstoffatom **entfernt**.

Reaktionsmuster 3: *Reaktion eines Nukleophils mit einem Elektrophil unter Bildung einer neuen kovalenten Bindung*

Ein weiteres charakteristisches Reaktionsmuster ist die Reaktion eines **Nukleophils** (einer elektronenreichen Verbindung, die unter Ausbildung einer neuen kovalenten Bindung ein Elektronenpaar abgeben kann) mit einem **Elektrophil** (einer elektronenarmen Verbindung, die unter Ausbildung einer neuen kovalenten Bindung ein Elektronenpaar aufnehmen kann). Ein Nukleophil ist damit immer auch eine Lewis-Base und ein Elektrophil ist eine Lewis-Säure (Abschn. 2.6). Ein Beispiel für die Reaktion eines Elektrophils mit einem Nukleophil ist die Reaktion eines Carbokations mit einem Halogenid. Die treibende Kraft hinter dieser Reaktion ist einerseits die starke Anziehung der positiven und der negativen Ladungen und andererseits die mit der Bildung der kovalenten Bindung einhergehende Freisetzung von Energie. In der folgenden Reaktionsgleichung verdeutlicht der Elektronenflusspfeil den Reaktionsverlauf in diesem Reaktionstyp:

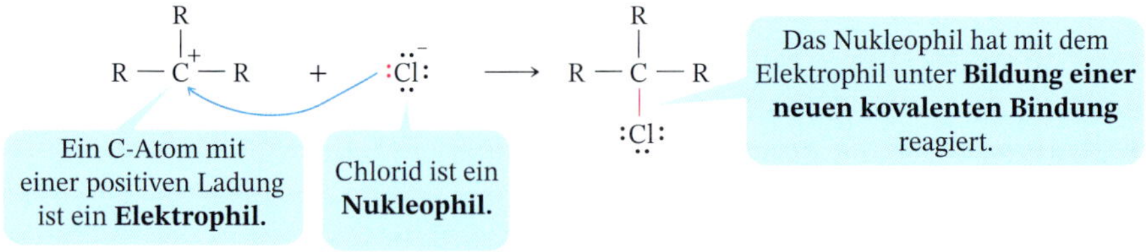

Ein C-Atom mit einer positiven Ladung ist ein **Elektrophil**.

Chlorid ist ein **Nukleophil**.

Das Nukleophil hat mit dem Elektrophil unter **Bildung einer neuen kovalenten Bindung** reagiert.

Reaktionsmuster 4: *Wanderung einer Bindung in einer Umlagerung*

Eine in Carbokationen häufig auftretende Reaktion ist die Wanderung eines H-Atoms oder einer Alkylgruppe unter gleichzeitiger Verschiebung der positiven Ladung in eine günstigere Position. In einer solchen Umlagerung werden die Elektronen einer σ-Bindung von einem C-Atom abgelöst und zu einem anderen C-Atom verschoben, wie es durch den Elektronenflusspfeil im folgenden Beispiel verdeutlicht wird. Die Triebkraft dieser Reaktion ist die Bildung eines stabileren Carbokations (verglichen mit dem ursprünglichen). In Abschn. 5.4 werden wir mehr über diese Art von Umlagerungen erfahren.

Die Elektronen in dieser Einfachbindung werden verschoben und bilden eine Bindung zwischen dem H-Atom und dem benachbarten C-Atom.

$$CH_3 - \overset{+}{C}H - \underset{|}{C} - CH_3 \longrightarrow CH_3 - CH - \overset{+}{\underset{|}{C}} - CH_3$$
$$\phantom{CH_3 - \overset{+}{C}H - }CH_3 \phantom{\longrightarrow CH_3 - CH - \overset{+}{C} -} CH_3$$

ein Carbokation $\qquad$ ein stabileres Carbokation

Reaktionsmuster 5: *Bindungsbruch unter Bildung eines stabilen Ions oder Moleküls*

Ein Carbokation kann sich auch bilden, wenn sich ein Atom oder eine Atomgruppe aus einem Molekül löst und dabei die Elektronen der ehemaligen Einfachbindung mit sich nimmt. Ein solches abgelöstes Teilchen nennt man Austrittsgruppe. Diese Reaktion kann trotz der Bildung des relativ instabilen Carbokations ablaufen, wenn die Austrittsgruppe ein sehr stabiles Ion oder Molekül ist. In Abschn. 7.5.3 werden wir mehr über Austrittsgruppen erfahren.

$$CH_3 - \underset{\underset{CH_3}{|}}{\overset{\overset{CH_3}{|}}{C}} - \ddot{B}\ddot{r}: \longrightarrow CH_3 - \underset{\underset{CH_3}{|}}{\overset{\overset{CH_3}{|}}{C}}{}^+ + :\ddot{B}\ddot{r}:^-$$

Die Austrittsgruppe Bromid ist in Lösung sehr stabil.

5.3 Nach welchen Mechanismen verläuft die elektrophile Addition an Alkene?

Wir beginnen unsere Einführung in die Chemie der Alkene mit der Besprechung von drei Typen von Additionsreaktionen: der Addition von Halogenwasserstoffen (HCl, HBr und HI), der Addition von Wasser (H_2O) und der Addition von Halogenen (Cl_2, Br_2). Wir schauen uns zunächst die experimentellen Beobachtungen für jede dieser Additionsreaktionen an und besprechen dann die zugehörigen Mechanismen. Durch die Diskussion dieser speziellen Reaktionen werden wir uns ein allgemeines Verständnis dafür erarbeiten, wie Additionsreaktionen an Alkenen ablaufen können.

Für Additionsreaktionen an Alkenen, aber auch für viele andere Reaktionen weiterer Stoffklassen gilt ganz allgemein, dass Regionen hoher Elektronendichte in Molekülen oder Ionen mit Regionen niedriger Elektronendichte in anderen Molekülen oder Ionen reagieren, was sehr oft zur Bildung einer neuen kovalenten Bindung führt. Wir bezeichnen ein elektronenreiches Teilchen als **Nukleophil** („kernliebend"); also als ein Teilchen, das zu Regionen niedriger Elektronendichte strebt. Ein elektronenarmes Teilchen, ein sogenanntes **Elektrophil** („elektronenliebend"), interagiert bevorzugt mit Regionen hoher Elektronendichte. Man beachte, dass Nukleophile zugleich Lewis-Basen und Elektrophile Lewis-Säuren sind (Abschn. 2.6).

5.3.1 Addition von Halogenwasserstoffen

Die Halogenwasserstoffe HCl, HBr und HI können unter Bildung von Halogenalkanen (Alkylhalogeniden) an Alkene addiert werden. Diese Additionen können entweder mit den reinen Reagenzien oder gelöst in einem polaren Lösungsmittel wie Essigsäure durchgeführt werden. Die Addition von HCl an Ethen ergibt Chlorethan (Ethylchlorid):

$$CH_2=CH_2 + HCl \longrightarrow \underset{\text{Chlorethan}}{CH_2-CH_2} \text{ (mit H und Cl)}$$

Ethen

Die Addition von HCl an Propen ergibt 2-Chlorpropan (Isopropylchlorid); das H-Atom wird also an das C-Atom 1 des Propens gebunden und das Chloratom an das C-Atom 2. Würde die Addition anders herum stattfinden, wäre 1-Chlorpropan (Propylchlorid) das Resultat. Beobachtet wird jedoch ausschließlich die Bildung von 2-Chlorpropan; 1-Chlorpropan entsteht so gut wie gar nicht:

$$CH_3CH=CH_2 + HCl \longrightarrow CH_3CH(Cl)-CH_3 + CH_3CH_2-CH_2Cl$$

Propen → 2-Chlorpropan + 1-Chlorpropan (wird nicht beobachtet)

Man spricht in diesem Fall von einer hohen Regioselektivität der Addition von HCl an Propen und davon, dass 2-Chlorpropan das Hauptprodukt dieser Reaktion ist. Eine **regioselektive Reaktion** ist eine Reaktion, in der eine Bindungsbildung oder ein Bindungsbruch bevorzugt oder ausschließlich an einer von mehreren möglichen Stellen einer Verbindung stattfindet.

Wladimir Markownikow fiel diese Regioselektivität erstmals auf und er formulierte hierfür eine allgemeine Regel, die **Markownikow-Regel**, wonach die Addition von HX an Alkene in der Weise erfolgt, dass das Wasserstoffatom an dasjenige Kohlenstoffatom gebunden wird, das bereits die größere Anzahl von H-Atomen trägt. Mit dieser Regel ist zwar für die meisten Alkenadditionen eine Voraussage darüber möglich, welche Produkte bevorzugt entstehen; sie erklärt aber nicht, *warum* ein Produkt bevorzugt ist.

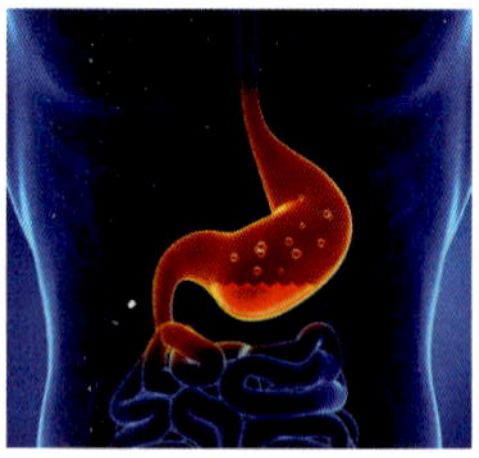

Salzsäure, eine wässrige Lösung von Chlorwasserstoff, ist eine in Alkenadditionen häufig genutzte Säure; sie ist auch Bestandteil der Magensäure: $[HCl]_{Magen} = 0.1$ M. [Quelle: © Private Micro Stock/Shutterstock.]

Beispiel 5.2 Zeichnen und benennen Sie die Hauptprodukte, die aus den folgenden Alkenadditionen entstehen:

(a) $CH_3\underset{|}{\overset{CH_3}{C}}=CH_2 + HI \longrightarrow$

(b) 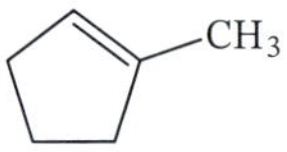 1-Methylcyclopenten + HCl $\longrightarrow$

Vorgehensweise
Wenden Sie die Markownikow-Regel an, welche besagt, dass die Bindung des H-Atoms an das niedriger substituierte C-Atom der Doppelbindung erfolgt und die Bindung des Halogenatoms an das höher substituierte.

Lösung

(a) 2-Iod-2-methylpropan: $CH_3\underset{\underset{I}{|}}{\overset{\overset{CH_3}{|}}{C}}CH_3$

(b) 1-Chlor-1-methylcyclopentan (Cyclopentanring mit Cl und CH₃ am selben C-Atom)

Das H-Atom aus dem HCl wurde an dieses C-Atom gebunden, ist aber in dieser Skelettformel nicht gezeigt.

Siehe Aufgaben 5.4, 5.12 und 5.13.

Wir können die Addition von HX an ein Alken durch einen zweistufigen Mechanismus beschreiben, der im Folgenden am Beispiel der Reaktion von 2-Buten mit Chlorwasserstoff unter Bildung von 2-Chlorbutan näher ausgeführt ist. Wir wollen uns diesen zweistufigen Mechanismus zuerst in der Übersicht ansehen und anschließend jeden Teilschritt genauer betrachten. Die beiden Schritte repräsentieren eine ganze Reihe wichtiger Prinzipien der Organischen Chemie; es ist daher sehr wichtig, dass Sie alle Details vollständig verstehen.

Mechanismus: **Elektrophile Addition von HCl an 2-Buten**

1. Schritt: *Protonierung*

Die Reaktion beginnt mit der Protonenübertragung von HCl auf 2-Buten, die durch die beiden Elektronenflusspfeile auf der linken Seite der folgenden Reaktionsgleichung verdeutlicht wird:

$$CH_3CH=CHCH_3 + H-Cl \underset{\text{bestimmend}}{\overset{\text{langsam, geschwindigkeits-}}{\rightleftharpoons}} CH_3\overset{+}{C}H-CH_2CH_3 + :\overset{..}{\underset{..}{Cl}}:^-$$

(ein Nukleophil) (ein Elektrophil)   *sec*-Butylkation (ein sekundäres Carbokation)

Der erste Elektronenflusspfeil beschreibt den Bruch der π-Bindung im Alken. Das Bindungselektronenpaar wird für eine neue kovalente Bindung mit dem Wasserstoffatom von HCl verwendet. In diesem Schritt agiert die Kohlenstoff-Kohlenstoff-Doppelbindung des Alkens als Nukleophil (eine elektronenreiche, „kernliebende" Spezies) und das Proton in HCl als Elektrophil (eine elektronenarme, „elektronenliebende" Spezies). Der zweite Elektronenflusspfeil verdeutlicht den Bruch der kovalenten Bindung in HCl, die vollständige Verschiebung des Elektronenpaars zum Chlor und damit die Bildung eines Chlorid-Ions. Im ersten Schritt dieses Reaktionsmechanismus werden ein organisches Kation und ein Chlorid-Ion gebildet.

2. Schritt: *Reaktion eines Nukleophils mit einem Elektrophil unter Bildung einer neuen kovalenten Bindung*

Die Reaktion des *sec*-Butylkations (Elektrophil und Lewis-Säure) mit dem Chlorid-Ion (Nukleophil und Lewis-Base) füllt die Valenzschale des C-Atoms wieder auf; es entsteht 2-Chlorbutan:

$$:\overset{..}{\underset{..}{Cl}}:^- + CH_3\overset{+}{C}HCH_2CH_3 \overset{\text{schnell}}{\longrightarrow} CH_3\underset{\underset{..}{\overset{|}{\underset{..}{Cl}:}}}{\overset{:\overset{..}{Cl}:}{|}}CHCH_2CH_3$$

Chlorid   *sec*-Butylkation   2-Chlorbutan
(eine Lewis-Base) (eine Lewis-Säure)
(ein Nukleophil) (ein Elektrophil)

Im ersten Schritt entsteht ein organisches Kation. Das Kohlenstoffatom in diesem Kation hat nur sechs Elektronen in der Valenzschale und trägt eine Ladung von +1. Ein Teilchen mit einem positiv geladenen Kohlenstoffatom nennt man **Carbokation**. Man klassifiziert diese als primäre, sekundäre oder tertiäre Carbokationen, je nachdem, wie viele Kohlenstoffatome direkt an das C-Atom mit der positiven Ladung gebunden sind. Alle Carbokationen sind Lewis-Säuren (Abschn. 2.6) und Elektrophile.

Gewusst wie: 5.1 Wie man Reaktionsmechanismen zeichnet

Reaktionsmechanismen zeigen Schritt für Schritt, wie Bindungen gebrochen und gebildet werden. In der graphischen Darstellung können zwar einzelne Atome ihren Platz ändern, die Elektronenflusspfeile werden aber ausschließlich zur Verdeutlichung der *Elektronenbewegung* genutzt. Denken Sie daher immer daran, dass ein Elektronenflusspfeil stets an einer Bindung oder einem freien Elektronenpaar beginnt und keinesfalls an einem Atom.

Richtige Anwendung von Elektronenflusspfeilen …

Falsche Anwendung von Elektronenflusspfeilen …

Häufig wird der Fehler gemacht, mit einem Elektronenflusspfeil die Bewegung von *Atomen* anstatt die von *Elektronen* anzuzeigen.

In einem Carbokation ist das C-Atom mit der positiven Ladung an drei weitere Atome gebunden, daher können wir auf der Grundlage des VSEPR-Modells vorhersagen, dass die drei Bindungen um den Kohlenstoff in einer Ebene liegen und Winkel von etwa 120° zueinander einnehmen werden. Das elektronenarme Kohlenstoffatom des Carbokations verwendet seine drei sp^2-Hybridorbitale, um σ-Bindungen zu den drei gebundenen Atomen auszubilden. Das nichthybridisierte $2p$-Atomorbital steht senkrecht zu diesem σ-Bindungsgerüst und enthält keine Elektronen. Abbildung 5.3 zeigt eine Lewis-Formel und ein Orbitalmodell des *tert*-Butylkations.

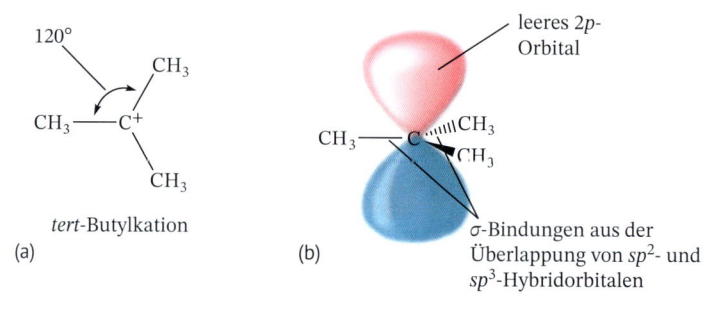

Abb. 5.3 Die Struktur des *tert*-Butylkations. (a) Lewis-Formel und (b) ein Orbitalbild.

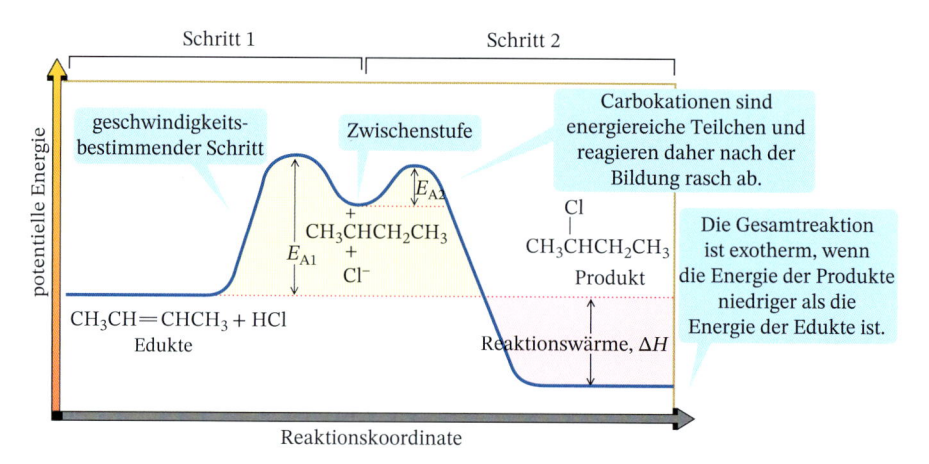

Abb. 5.4 Energiediagramm der zweistufigen Addition von HCl an 2-Buten. Die Reaktion ist exotherm.

Abbildung 5.4 zeigt ein Energiediagramm für die zweistufige Reaktion von 2-Buten mit HCl. Schritt 1 ist der langsamere, geschwindigkeitsbestimmende Schritt (in dem die höhere Aktivierungsbarriere überwunden wird); in ihm bildet sich das sekundäre Carbokation. Dieses Intermediat liegt in einem relativen Minimum zwischen den Übergangszuständen für die Schritte 1 und 2. Sobald sich das Carbokation (eine Lewis-Säure) gebildet hat, reagiert es mit dem Chlorid (einer Lewis-Base) in einer Lewis-Säure-Base-Reaktion unter Bildung von 2-Chlorbutan. Wir erkennen, dass das 2-Chlorbutan energetisch niedriger liegt als die Edukte 2-Butan und HCl. Demzufolge wird in dieser Addition Wärme frei, es handelt sich um eine exotherme Reaktion.

Relative Stabilitäten von Carbokationen: Regioselektivität und die Markownikow-Regel
Die Umsetzung von HX mit einem Alken kann zumindest prinzipiell zu zwei verschiedenen Carbokationen führen – je nachdem, an welchem der beiden Kohlenstoffatome der Doppelbindung das Proton angreift. Dies ist an der folgenden Reaktion von Propen mit HCl verdeutlicht:

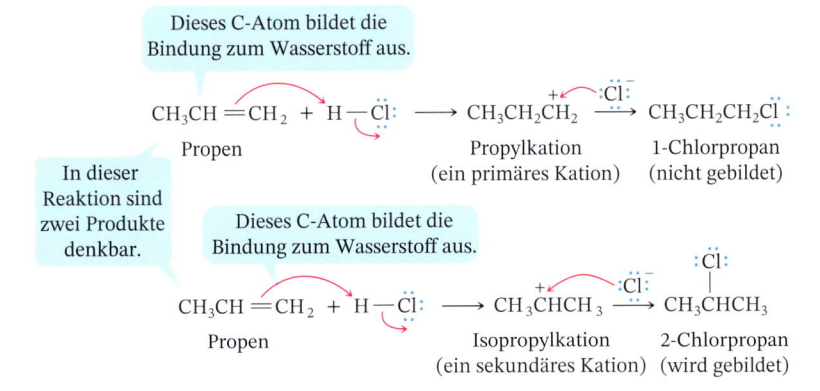

Tatsächlich wird in dieser Reaktion nur die Bildung von 2-Chlorpropan beobachtet. Weil Carbokationen mit Chlorid-Ionen sehr rasch weiterreagieren, lässt die ausschließliche Bildung von 2-Chlorpropan den Schluss zu, dass nur das sekundäre Carbokation als Intermediat gebildet wurde, nicht aber das primäre Carbokation.

Setzt man in analoger Weise 2-Methylpropen mit HCl um, kann die Übertragung des Protons auf die Kohlenstoff-Kohlenstoff-Doppelbindung entweder so erfolgen, dass das Isobutylkation (ein primäres Carbokation) gebildet wird, oder so, dass das *tert*-Butylkation (ein tertiäres Carbokation) entsteht:

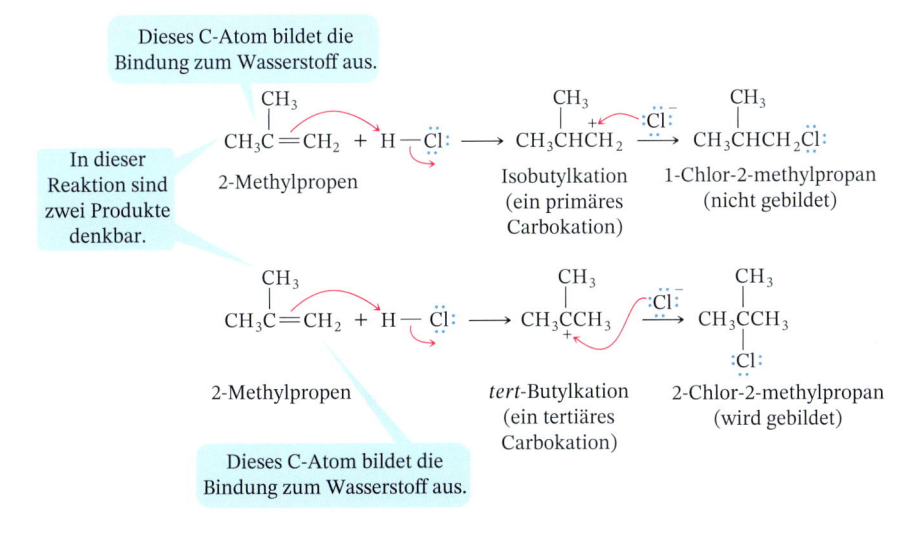

Da in dieser Reaktion nur 2-Chlor-2-methylpropan entsteht, liegt die Schlussfolgerung nahe, dass intermediär nur das tertiäre Carbokation, nicht aber das primäre Carbokation gebildet wird.

Aus diesen und einer Vielzahl weiterer experimenteller Hinweise können wir ableiten, dass tertiäre Carbokationen stabiler sind und eine niedrigere Aktivierungsenergie für ihre Bildung benötigen als sekundäre Carbokationen. Sekundäre Carbokationen ihrerseits sind stabiler und benötigen eine niedrigere Aktivierungsenergie für ihre Bildung als primäre Carbokationen. Tatsächlich sind primäre Carbokationen so instabil und benötigen so viel Energie für ihre Bildung, dass sie so gut wie nie in Lösung beobachtet werden können. Man sollte sie niemals als Zwischenstufe formulieren, wenn alternativ andere, stabilere Carbokationen möglich sind. Wir können also schließen, dass ein stabiles Carbokation schneller als ein weniger stabiles Carbokation gebildet wird. Im Folgenden ist die Stabilitätsreihenfolge für vier Typen von Alkylkationen angegeben:

| Methylkation | Ethylkation (primär) | Isopropylkation (sekundär) | tert-Butylkation (tertiär) |

→ zunehmende Stabilität der Carbokationen

Obwohl man zu Markownikows Zeiten nichts über Carbokationen oder deren relative Stabilitäten wusste, sind doch genau diese relativen Stabilitäten die Grundlage für die Markownikow-Regel. Das Proton aus dem Halogenwasserstoff H−X wird an den niedriger substituierten Kohlenstoff der Doppelbindung addiert, weil dieser Reaktionsweg zum stabileren Carbokation führt.

Nun kennen wir also die relativen Stabilitäten von Carbokationen – aber wie können wir sie erklären? Die Grundlagen der Physik lehren uns, dass ein geladenes System (egal ob es sich um eine positive oder eine negative Ladung handelt) umso stabiler ist, je weiträumiger die Ladung verteilt ist. Diesem Grundsatz folgend können wir die Reihenfolge der beobachteten Stabilitäten der Carbokationen mit der Annahme erklären, dass Alkylgruppen, die an positiv geladene Kohlenstoffatome gebunden sind, Elektronen in Richtung des kationischen C-Atoms schieben und damit zur Delokalisierung der Ladung des Kations beitragen. Die elektronenschiebende Eigenschaft von Alkylgruppen, die an ein kationisches Kohlenstoffatom gebunden sind, kann man mit einem **induktiven Effekt** erklären (Abschn. 2.5.3).

Der induktive Effekt kommt folgendermaßen zustande: Der Elektronenmangel am Kohlenstoffatom mit der positiven Ladung übt einen elektronenziehenden induktiven Effekt aus und polarisiert die Elektronen in der benachbarten σ-Bindung in seine Richtung. In Folge dessen liegt die positive Ladung des Kations nicht nur am dreiwertigen Kohlenstoff vor, sondern ist tatsächlich auch über die benachbarten Atome delokalisiert. Je größer das Volumen, über das die positive Ladung delokalisiert ist, desto besser ist das Kation stabilisiert. Mit zunehmender Zahl an Alkylgruppen, die an den kationischen Kohlenstoff gebunden sind, steigt somit auch die Stabilität des Kations. Abbildung 5.5 verdeutlicht den elektronenziehenden induktiven Effekt des positiv geladenen Kohlenstoffatoms und die sich daraus ergebende Delokalisierung der Ladung. Nach quantenmechanischen Rechnungen ist die Ladung am Kohlenstoffatom im Methylkation ungefähr +0.645 und die Ladung an jedem der Wasserstoffatome etwa +0.118. Nicht einmal im Methylkation ist also die Ladung ausschließlich am Kohlenstoff lokalisiert. Tatsächlich ist sie über den gesamten Raum verteilt, den das Ion einnimmt. Im tert-Butylkation sind die Polarisation der Elektronendichte und die Delokalisierung der Ladung noch deutlich stärker ausgeprägt.

Die Methylgruppe schiebt Elektronendichte zum C-Atom des Carbokations und delokalisiert dadurch die positive Ladung.

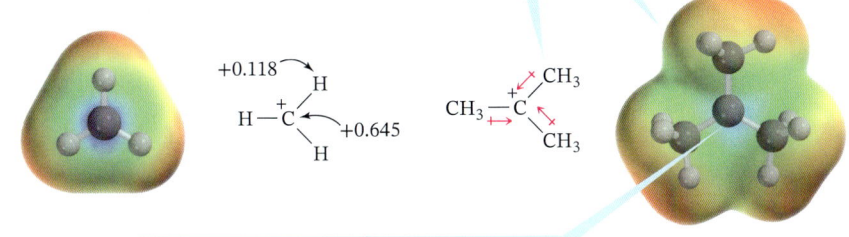

Berechnungen zeigen, dass die positive Ladung in höher substituierten Carbokationen stärker delokalisiert ist (in der Elektronendichteverteilung ist das Blau schwächer).

Abb. 5.5 Das Methyl- und das *tert*-Butylkation. Molekülorbitalrechnungen belegen, dass die positive Ladung des dreiwertigen, positiv geladenen Kohlenstoffatoms durch den elektronenschiebenden induktiven Effekt der Methylgruppen delokalisiert wird.

Beispiel 5.3 Ordnen Sie diese Carbokationen nach steigender Stabilität:

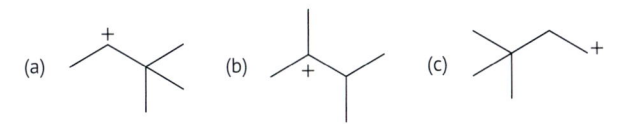

Vorgehensweise

Bestimmen Sie den Substitutionsgrad an den positiv geladenen Kohlenstoffatomen und berücksichtigen Sie, dass die Stabilität alkylsubstituierter Carbokationen von tertiären über sekundäre zu primären Carbokationen abnimmt.

Lösung

Verbindung (a) ist ein sekundäres, (b) ein tertiäres und (c) ein primäres Carbokation. Nach ansteigender Stabilität gilt also: (c) < (a) < (b).

Siehe Aufgaben 5.5 und 5.11.

Beispiel 5.4 Machen Sie einen Vorschlag für den Mechanismus der Addition von HI an Methylencyclohexan unter Bildung von 1-Iod-1-methylcyclohexan.

Methylencyclohexan   1-Iod-1-methylcyclohexan

Welcher Schritt ist geschwindigkeitsbestimmend?

Vorgehensweise

Entwerfen Sie einen zweistufigen Mechanismus, der dem vorgeschlagenen Mechanismus für die Addition von HCl an Propen entspricht. Die Bildung des Carbokations ist geschwindigkeitsbestimmend.

Lösung

1. Schritt: *Protonierung*

Die geschwindigkeitsbestimmende Protonenübertragung von HI auf die Kohlenstoff-Kohlenstoff-Doppelbindung führt zu einem tertiären Carbokation:

$$\text{Methylencyclohexan} + H-I: \xrightarrow{\text{langsam, geschwindigkeitsbestimmend}} \text{[tertiäres Carbokation]}-CH_3 + :I:^-$$

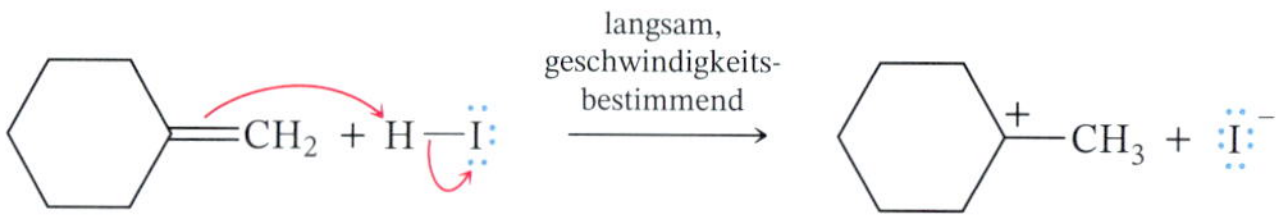

Methylencyclohexan → ein tertiäres Carbokation

2. Schritt: *Reaktion eines Nukleophils mit einem Elektrophil unter Bildung einer neuen kovalenten Bindung*

Die Reaktion des tertiären Carbokations (einer Lewis-Säure) mit dem Iodid (einer Lewis-Base) vervollständigt die Valenzschale des C-Atoms und führt zur Bildung des Produkts.

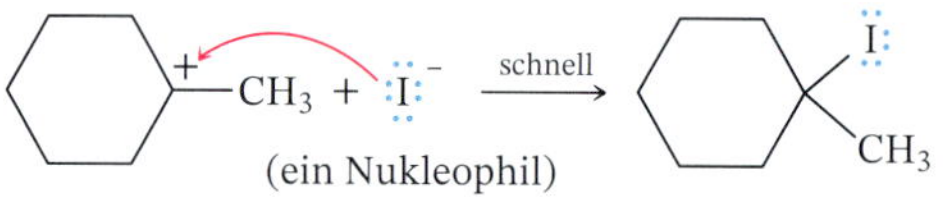

$$[\text{Carbokation}]^+-CH_3 + :I:^- \xrightarrow{\text{schnell}} \text{1-Iod-1-methylcyclohexan}$$

(ein Elektrophil) (ein Nukleophil) → 1-Iod-1-methylcyclohexan

Siehe Aufgabe 5.6.

5.3.2 Addition von Wasser: Säurekatalysierte Hydratisierung

In Gegenwart eines Säurekatalysators – meist verwendet man konzentrierte Schwefelsäure – wird Wasser an die Kohlenstoff-Kohlenstoff-Doppelbindung eines Alkens unter Bildung eines Alkohols addiert. Die Addition von Wasser nennt man **Hydratisierung**. In einfachen Alkenen wird dabei das Wasserstoffatom an das C-Atom der Doppelbindung gebunden, an das mehr Wasserstoffatome gebunden sind, und die OH-Gruppe bindet an das Kohlenstoffatom, das weniger Wasserstoffatome trägt. Die Addition von H–OH an Alkene folgt somit der Markownikow-Regel:

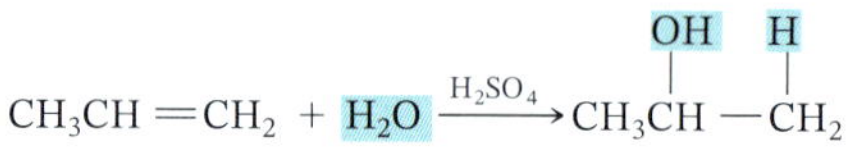

$$CH_3CH=CH_2 + H_2O \xrightarrow{H_2SO_4} CH_3CH(OH)-CH_2H$$

Propen → 2-Propanol

$$CH_3\underset{CH_3}{C}=CH_2 + H_2O \xrightarrow{H_2SO_4} CH_3\underset{HO}{\overset{CH_3}{C}}-CH_2H$$

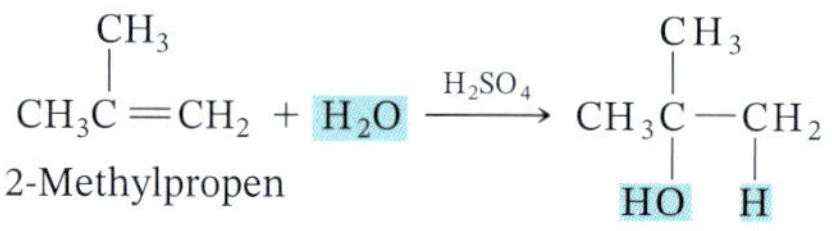

2-Methylpropen → 2-Methyl-2-propanol

Beispiel 5.5 Zeichnen Sie eine Strukturformel des Produkts, das aus der säurekatalysierten Hydratisierung von 1-Methylcyclohexen entsteht.

Vorgehensweise

Nach der Regel von Markownikow bindet das H-Atom an dasjenige Kohlenstoffatom der Kohlenstoff-Kohlenstoff-Doppelbindung, das bereits mehr Wasserstoffatome trägt, und die OH-Gruppe wird an das C-Atom geknüpft, an das weniger H-Atome gebunden sind.

Lösung

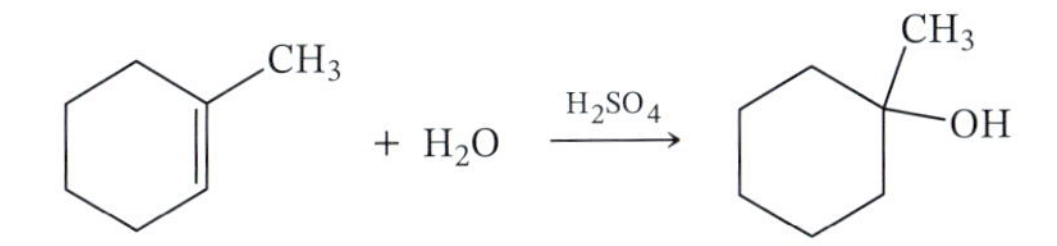

1-Methylcyclohexen + H₂O →(H₂SO₄) 1-Methylcyclohexanol

Siehe Aufgaben 5.7, 5.13 und 5.20.

Der Mechanismus für die säurekatalysierte Addition von Wasser an Alkene ist dem bereits besprochenen Mechanismus für die Addition von HCl, HBr oder HI an Alkene sehr ähnlich; wir wollen ihn am Beispiel der Hydratisierung von Propen zu 2-Propanol besprechen. In diesem Mechanismus wird auch deutlich, dass die Säure als Katalysator wirkt. Im ersten Schritt wird zwar ein Äquivalent H_3O^+ verbraucht; in Schritt drei wird aber auch wieder ein Äquivalent freigesetzt.

Mechanismus: Die säurekatalysierte Addition von Wasser an Propen

1. **Schritt:** *Protonierung*
   Die Übertragung des Protons vom Säurekatalysator auf Propen führt zu einem sekundären Carbokation (einer Lewis-Säure). Der Säurekatalysator ist in diesem Fall ein Oxonium-Ion, das sich bildet, wenn ein Proton aus der starken Säure H_2SO_4 auf Wasser übertragen wird.
   In diesem Schritt reagiert die Kohlenstoff-Kohlenstoff-Doppelbindung des Alkens als Nukleophil und das Oxonium-Ion als Elektrophil.

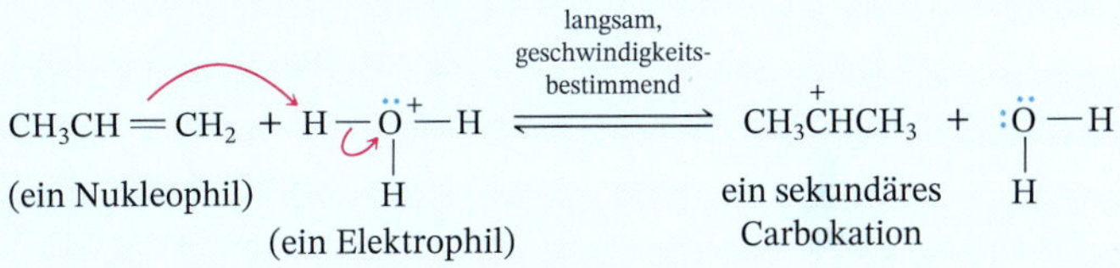

2. **Schritt:** *Reaktion eines Nukleophils mit einem Elektrophil unter Entstehung einer neuen kovalenten Bindung*
   Die Reaktion des intermediären Carbokations (einer Lewis-Säure) mit Wasser (einer Lewis-Base) füllt die Valenzschale des C-Atoms wieder auf; es bildet sich ein Alkyloxonium-Ion.

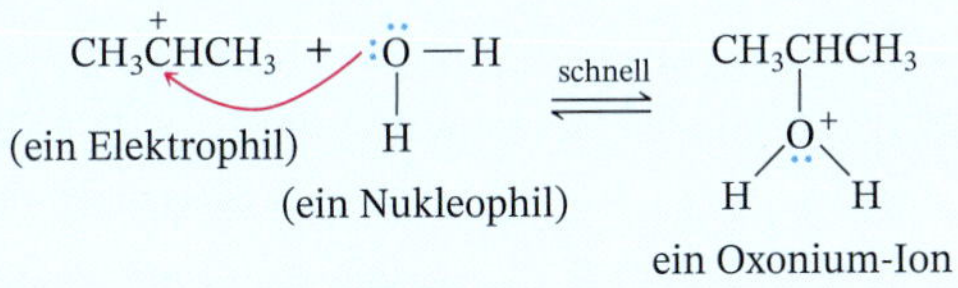

3. **Schritt:** *Deprotonierung*
   Durch Protonentransfer von dem Alkyloxonium-Ion auf Wasser bildet sich der Alkohol und ein Äquivalent des Katalysators wird wieder freigesetzt.

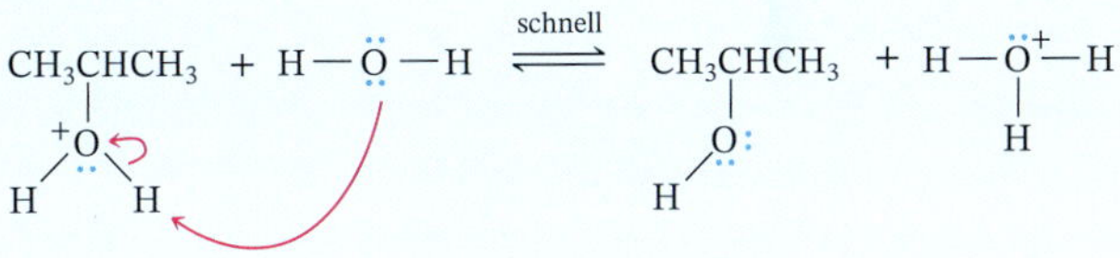

Beispiel 5.6 Machen Sie einen Vorschlag für den Mechanismus der säurekatalysierten Hydratisierung von Methylencyclohexan unter Bildung von 1-Methylcyclohexanol. Welcher Schritt ist geschwindigkeitsbestimmend?

Vorgehensweise
Schlagen Sie einen Mechanismus vor, der dem der säurekatalysierten Hydratisierung von Propen entspricht.

Lösung
Die Bildung des intermediär auftretenden tertiären Carbokations in Schritt 1 ist geschwindigkeitsbestimmend.

1. Schritt: *Protonierung*

Die Protonenübertragung vom Säurekatalysator auf das Alken führt zu einem tertiären Carbokation (einer Lewis-Säure).

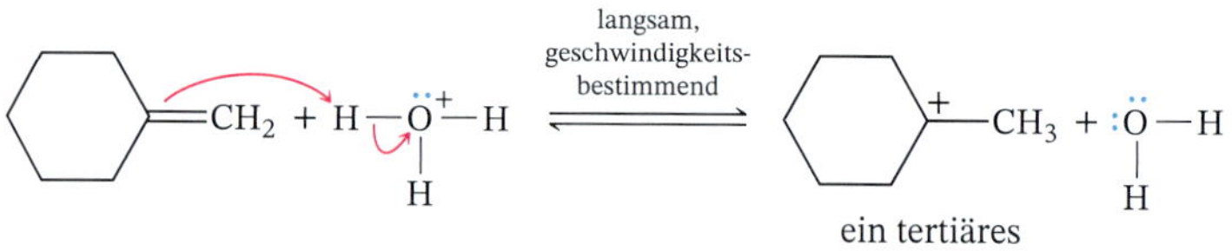

[Reaktionsschema: Methylencyclohexan + H–OH₂⁺ ⇌ (langsam, geschwindigkeitsbestimmend) 1-Methylcyclohexyl-Kation (ein tertiäres Carbokation) + :OH₂]

2. Schritt: *Reaktion eines Nukleophils mit einem Elektrophil unter Bildung einer neuen kovalenten Bindung*

Die Reaktion des Carbokations (einer Lewis-Säure) mit Wasser (einer Lewis-Base) füllt die Valenzschale des C-Atoms wieder auf, es bildet sich ein Alkyloxonium-Ion.

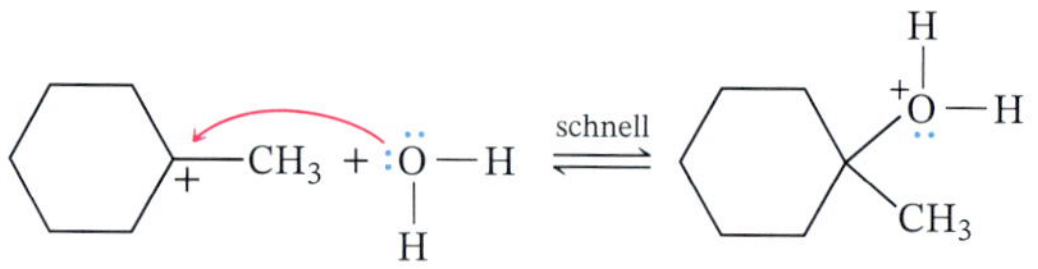

[Reaktionsschema: Carbokation + :O–H (H) ⇌ (schnell) Cyclohexyl–O⁺H₂ mit CH₃ (ein Oxonium-Ion)]

3. Schritt: *Deprotonierung*

Der Protonentransfer vom Alkyloxonium-Ion auf ein Wassermolekül ergibt den Alkohol und bildet den Katalysator zurück.

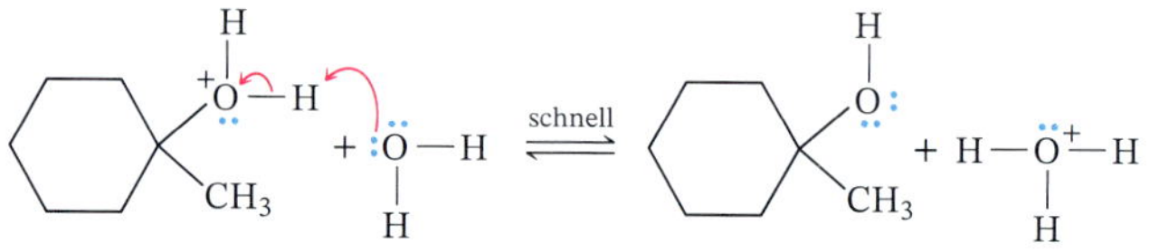

[Reaktionsschema: Oxonium-Ion + :O–H (H) ⇌ (schnell) 1-Methylcyclohexanol + H–O⁺H₂]

Siehe Aufgaben 5.8, 5.19, 5.20 und 5.24.

5.3.3 Addition von Brom und Chlor

Chlor (Cl₂) und Brom (Br₂) reagieren mit Alkenen bei Raumtemperatur unter Addition der Halogenatome an die beiden Kohlenstoffatome der Doppelbindung und unter Bildung von zwei neuen Kohlenstoff-Halogen-Bindungen:

$$CH_3CH=CHCH_3 + Br_2 \xrightarrow{CH_2Cl_2} CH_3CH(Br)-CH(Br)CH_3$$

2-Buten → 2,3-Dibrombutan

Fluor (F₂) wird ebenfalls an Alkene addiert; weil die entsprechenden Reaktionen aber sehr schnell und daher kaum zu kontrollieren sind, werden sie in chemischen Laboratorien in der Regel nicht verwendet. Auch Iod (I₂) kann an Alkene addiert werden; diese Reaktion ist aber von geringem präparativem Nutzen.

Die Addition von Brom oder Chlor an Cycloalkene ergibt *trans*-dihalogenierte Cycloalkane. So erhält man aus der Addition von Brom an Cyclohexen *trans*-1,2-Dibromcyclohexan; das entsprechende *cis*-Isomer wird nicht gebildet. Die Addition von Halogenen an Cycloalkane ist also stereoselektiv. Eine **stereoselektive Reaktion** ist eine Reaktion, in der eines von mehreren möglichen Stereoisomeren bevorzugt gebildet oder umgesetzt wird. Die Addition von Brom an Alkene erfolgt mit sogenannter *anti*-**Selektivität**; beide Bromatome werden von unterschiedlichen Seiten an das Alken addiert.

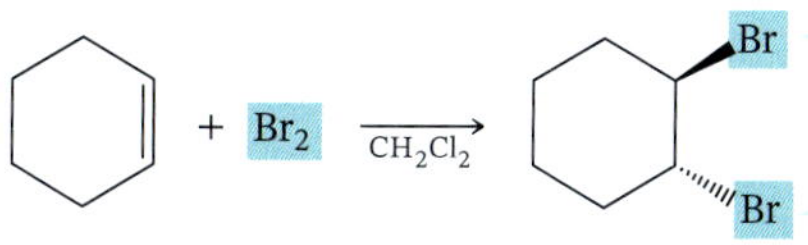

Cyclohexen + Br$_2$ $\xrightarrow{CH_2Cl_2}$ trans-1,2-Dibromcyclohexan

In einer *anti*-selektiven Reaktion werden die Reaktanten an unterschiedliche Seiten der ehemaligen C=C-Doppelbindung addiert. Wir zeichnen daher ein Bromatom mit einem ausgefüllten Keil als Bindung, das andere mit einem gestrichelten Keil.

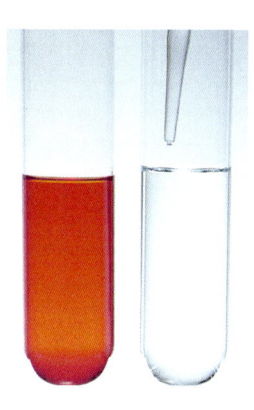

Eine Lösung von Brom in Dichlormethan ist rötlich. Fügt man ein paar Tropfen eines Alkens hinzu, entfärbt sich die Lösung. [Quelle: © Charles D. Winters.]

Als qualitativen Nachweis bezeichnet man in der Chemie eine Methode, mit der das Ablaufen einer Reaktion mit bloßem Auge verfolgt werden kann. Die Reaktion von Brom mit einem Alken ist beispielsweise nützlich für den qualitativen Nachweis auf das Vorliegen einer Kohlenstoff-Kohlenstoff-Doppelbindung. Sowohl Alkene als auch Dibromalkane sind farblos. Löst man Brom in Dichlormethan, erhält man eine rötliche Lösung. Wenn wir nun ein paar Tropfen der Bromlösung mit einem Alken mischen, bildet sich ein Dibromalkan und die Lösung entfärbt sich.

Beispiel 5.7 Vervollständigen Sie die folgenden Reaktionsgleichungen insbesondere auch unter Berücksichtigung der Stereochemie:

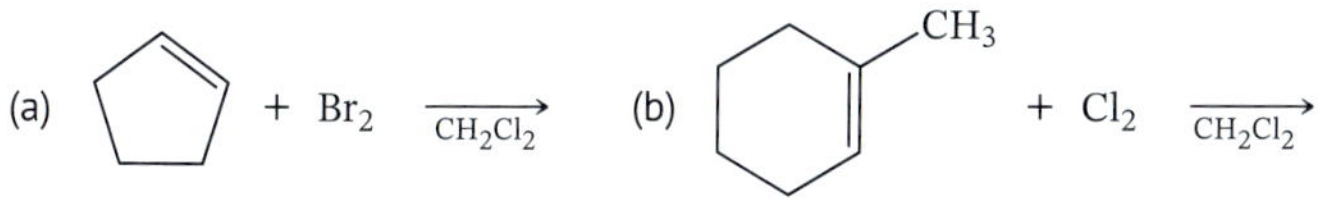

(a) Cyclopenten + Br$_2$ $\xrightarrow{CH_2Cl_2}$

(b) 1-Methylcyclohexen + Cl$_2$ $\xrightarrow{CH_2Cl_2}$

Vorgehensweise
Die Addition von Br$_2$ oder Cl$_2$ an Cycloalkene erfolgt mit *anti*-Stereoselektivität; die beiden Halogenatome stehen in den Produkten jeweils *trans* zueinander.

Lösung

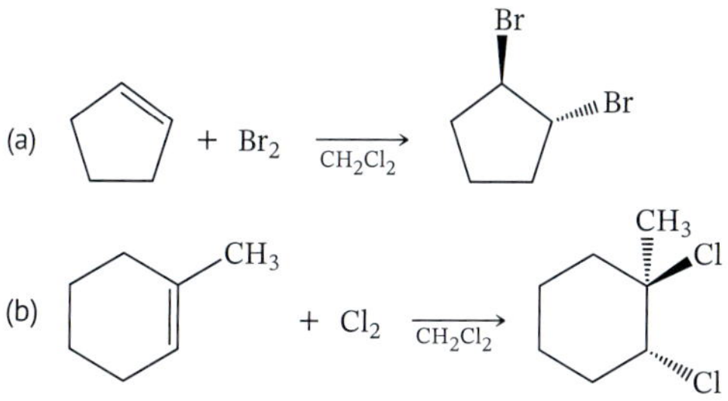

(a) Cyclopenten + Br$_2$ $\xrightarrow{CH_2Cl_2}$ trans-1,2-Dibromcyclopentan

(b) 1-Methylcyclohexen + Cl$_2$ $\xrightarrow{CH_2Cl_2}$ trans-1,2-Dichlor-1-methylcyclohexan

Siehe Aufgaben 5.9 und 5.15.

Stereoselektivität und cyclische Halonium-Intermediate
Wir können die Addition von Brom oder Chlor an Cycloalkene auch bezüglich ihres stereochemischen Verlaufs (die Addition der Halogenatome an die Doppelbindung erfolgt stets in *trans*-Stellung) mit einem zweistufigen Mechanismus erklären, in dem eine Zwischenstufe mit einem positiv geladenen Halogenatom auftritt, einem sogenannten **Halonium-Ion**. Die hier gebildete verbrückte Struktur nennt man ein **cyclisches Halonium-Ion**. Das cyclische Bromonium-Ion, das im folgenden Mechanismus auftritt, macht zunächst einen ungewohnten Eindruck; es handelt sich aber um eine korrekte Lewis-Formel. Die Berechnung der Formalladungen erfordert für das Bromatom eine positive Ladung. Im zweiten Schritt greift ein Bromid an der cyclischen Bromonium-Zwischenstufe von der dem Bromatom *gegenüberliegenden* Seite an und das Dibromalkan wird gebildet. Aus dem Reaktionsverlauf ergibt sich, dass die Bromatome im Produkt auf entgegengesetzten Seiten der ehemaligen Kohlenstoff-Kohlenstoff-Doppelbindung gebunden sind.

Mechanismus: Die Addition von Brom mit *anti*-Selektivität

1. Schritt: *Reaktion eines Nukleophils mit einem Elektrophil unter Bildung einer neuen kovalenten Bindung*
Die Reaktion der π-Elektronen der Kohlenstoff-Kohlenstoff-Doppelbindung (eines Nukleophils) mit Brom (einem Elektrophil) führt zur Entstehung eines cyclischen Bromonium-Intermediats, in dem das Bromatom eine positive Ladung trägt.

2. Schritt: *Reaktion eines Nukleophils mit einem Elektrophil unter Bildung einer neuen kovalenten Bindung*
Das Bromid (Nukleophil und Lewis-Base) greift von der dem Bromonium-Ion gegenüberliegenden Seite an einem der C-Atome an und öffnet dadurch den Dreiring.

Die Addition von Chlor oder Brom an Cyclohexen oder ein Cyclohexenderivat führt zunächst zum diaxialen Produkt, weil nur die axialen Positionen an zwei benachbarten Kohlenstoffatomen eines Cyclohexanrings *anti* und coplanar stehen. Das Produkt mit der zunächst gebildeten *trans*-diaxialen Konformation steht im Gleichgewicht mit dem *trans*-diäquatorialen Konformer, das zumindest in einfachen Cyclohexanderivaten das stabilere Konformer ist und im Gleichgewicht überwiegt.

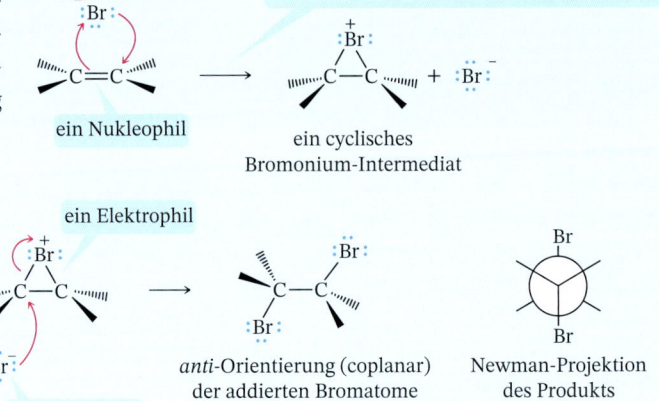

5.4 Was sind Carbokation-Umlagerungen?

Aus der vorangegangenen Diskussion wissen wir, dass bei der elektrophilen Addition an eine Kohlenstoff-Kohlenstoff-Doppelbindung ein Produkt zu erwarten ist, in dem ein Bruch der π-Bindung stattgefunden hat und zwei neue σ-Bindungen gebildet wurden. Bei der Addition von HCl an 3,3-Dimethyl-1-buten beobachtet man aber das eigentlich erwartete Produkt 2-Chlor-3,3-dimethylbutan nur zu 17%. Das Hauptprodukt der Reaktion ist hingegen 2-Chlor-2,3-dimethylbutan, also eine Verbindung mit einer anderen Verknüpfung der Kohlenstoffatome als im Ausgangsmaterial. Man spricht davon, dass bei der Bildung von 2-Chlor-2,3-dimethylbutan eine **Umlagerung** stattgefunden hat. In einer solchen Reaktion wandert typischerweise eine Alkylgruppe oder ein Wasserstoffatom zusammen mit dem entsprechenden Bindungselektronenpaar von einem Atom zu einem benachbarten Atom mit Elektronenmangel. In den Umlagerungen, die wir in diesem Kapitel besprechen werden, findet die Wanderung zu einem benachbarten Kohlenstoffatom statt, das eine positive Ladung trägt, also zu dem positiv geladenen C-Atom eines Carbokations.

3,3-Dimethyl-1-buten + HCl → 2-Chlor-3,3-dimethylbutan (das erwartete Produkt, 17%) + 2-Chlor-2,3-dimethylbutan (das Hauptprodukt, 83%)

Die Bildung des umgelagerten Produkts in dieser Umsetzung kann mit einem Mechanismus erklärt werden, in dem eine auch als **1,2-Verschiebung** bezeichnete Umlagerung auftritt. In der im zweiten Schritt stattfindenden Umlagerung wandert eine Methylgruppe mit ihrem Bindungselektronenpaar.

Die Triebkraft dieser 1,2-Methylverschiebung ist die Überführung des weniger stabilen sekundären Kations in ein stabileres, tertiäres Kation. Aus der Untersuchung dieser und vieler anderer Kation-Umlagerungen weiß man, dass sekundäre Carbokationen sich zu tertiären umlagern können. Primäre Carbokationen werden in Reaktionen, die in Lösung ablaufen, niemals gebildet und sollten daher nicht als Zwischenstufen formuliert werden.

Solche Umlagerungen treten auch bei der säurekatalysierten Addition von Wasser an Alkene auf, insbesondere, wenn das im ersten Schritt gebildete Carbokation sich zu einem stabileren Carbokation umlagern kann. So entsteht beispielsweise bei der säurekatalysierten Hydratisierung von 3-Methyl-1-buten als Produkt 2-Methyl-2-butanol. In diesem Beispiel wandert ein Wasserstoffatom mit seinem Bindungselektronenpaar, also ein Hydrid-Ion (H^-).

$$\underset{\text{3-Methyl-1-buten}}{CH_3CHCH=CH_2} \;+\; H_2O \;\longrightarrow\; \underset{\text{2-Methyl-2-butanol}}{\underset{|}{\overset{CH_3}{\underset{OH}{\overset{|}{CH_3CCH_2CH_3}}}}}$$

Dieses H-Atom wandert zum benachbarten C-Atom.

Zusammenfassend kann man sagen, dass eine Umlagerung immer dann auftritt, wenn zunächst ein sekundäres Carbokation entsteht und dieses sich durch eine 1,2-Verschiebung in ein stabileres tertiäres Carbokation umwandeln kann.

Mechanismus: Umlagerung durch 1,2-Verschiebung

1. Schritt: *Protonierung*

Die Protonenübertragung von HCl (einem Elektrophil) auf das Alken (ein Nukleophil) führt zu einem sekundären Carbokation.

3,3-Dimethyl-1-buten (ein Elektrophil)
(ein Nukleophil)   + H—Cl: ⟶   ein sekundäres Carbokation   +   :Cl:⁻

2. Schritt: *Umlagerung durch 1,2-Verschiebung*

Die Wanderung einer an ein benachbartes C-Atom gebundenen Methylgruppe mit ihrem Elektronenpaar führt zu einem stabileren tertiären Carbokation. In erster Linie wandert hier das Bindungselektronenpaar; die Methylgruppe folgt diesem nach.

Die zwei Elektronen der Bindung wandern zum positiv geladenen C-Atom.

ein sekundäres Carbokation   ⟶   ein tertiäres Carbokation

Die Triebkraft dieser Umlagerung ist die Bildung des stabileren Carbokations.

3. Schritt: *Reaktion eines Nukleophils mit einem Elektrophil unter Bildung einer neuen kovalenten Bindung*

Die Reaktion des tertiären Carbokations (Elektrophil und Lewis-Säure) mit einem Chlorid-Ion (Nukleophil und Lewis-Base) führt zum umgelagerten Produkt.

:Cl:⁻   +   ein tertiäres Carbokation (ein Elektrophil)   ⟶   :Cl:
(ein Nukleophil)

Beispiel 5.8 Schlagen Sie einen Mechanismus für die säurekatalysierte Addition von Wasser an 3-Methyl-1-buten unter Bildung von 2-Methyl-2-butanol vor.

Vorgehensweise
Machen Sie auf Basis des für die säurekatalysierte Addition von Wasser an Alkene vorgestellten Mechanismus einen Vorschlag, der einen Protonentransfer vom Säurekatalysator auf das Alken unter Bildung eines Carbokations, eine Umlagerung des Carbokations zu einem stabileren Carbokation, eine Reaktion dieses stabileren Carbokations mit Wasser unter Entstehung eines Alkyloxonium-Ions und eine abschließende Protonenübertragung vom Oxonium-Ion auf ein Wassermolekül unter Rückbildung des Säurekatalysators vorsieht. Damit Sie nicht in Versuchung geraten, H$^+$ zur Einleitung der Reaktion zu verwenden, seien Sie nochmal daran erinnert, dass die Dissoziation einer starken Säure in Wasser zu einem Oxonium-Ion und einem Anion führt. Das Oxonium-Ion und nicht H$^+$ ist der eigentliche Katalysator in dieser Reaktion.

Lösung
1. Schritt: *Protonierung*

Die Protonenübertragung vom Oxonium-Ion (Säurekatalysator und Elektrophil) auf die Kohlenstoff-Kohlenstoff-Doppelbindung (ein Nukleophil) ergibt ein sekundäres Carbokation.

3-Methyl-1-buten (ein Nukleophil) + Oxonium-Ion (ein Elektrophil) ⟶ ein sekundäres Carbokation + H$_2$O

An dieses C-Atom des Carbokations ist ein nicht gezeichnetes H-Atom gebunden.

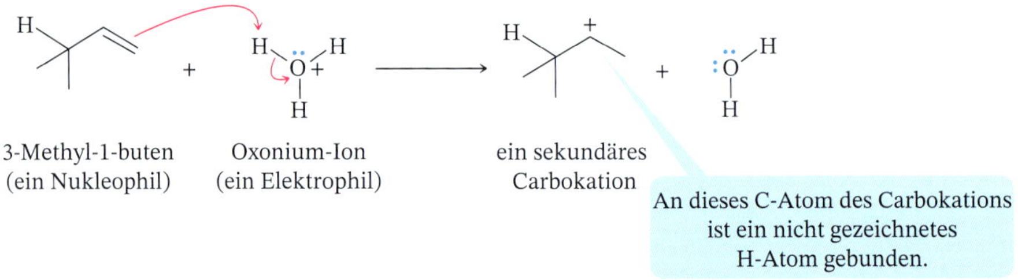

2. Schritt: *Umlagerung durch 1,2-Verschiebung*

Die 1,2-Hydridverschiebung eines Wasserstoffatoms mit seinem Bindungselektronenpaar von einem benachbarten C-Atom zum positiv geladenen C-Atom führt zu einem stabileren tertiären Carbokation.

ein sekundäres Carbokation ⟶ ein tertiäres Carbokation

3. Schritt: *Reaktion eines Nukleophils mit einem Elektrophil unter Bildung einer neuen kovalenten Bindung*

Die Reaktion des tertiären Carbokations (Elektrophil und Lewis-Säure) mit Wasser (Nukleophil und Lewis-Base) vervollständigt die Valenzschale des C-Atoms und ergibt ein Alkyloxonium-Ion.

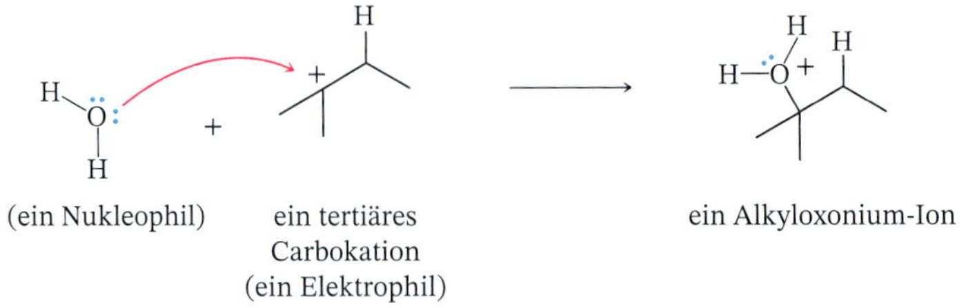

(ein Nukleophil) + ein tertiäres Carbokation (ein Elektrophil) ⟶ ein Alkyloxonium-Ion

4. Schritt: *Deprotonierung*

Die Protonenübertragung vom Alkyloxonium-Ion auf Wasser setzt den Alkohol frei und bildet den Säurekatalysator zurück.

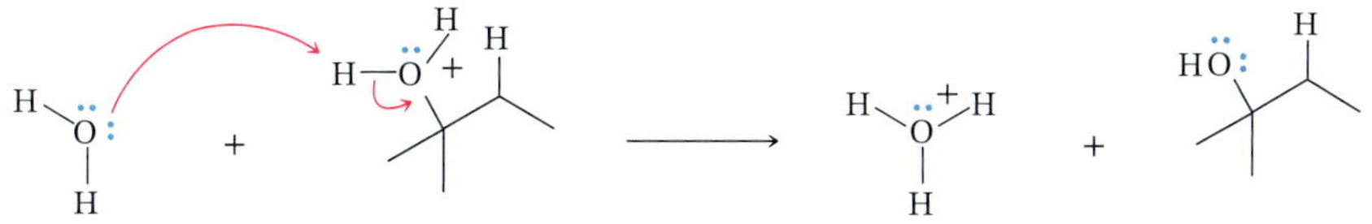

ein Alkyloxonium-Ion   *ein Oxonium-Ion*   *2-Methyl-2-butanol*

Siehe Aufgaben 5.10, 5.19, 5.20 und 5.24.

5.5 Wie verläuft die Hydroborierung/Oxidation von Alkenen?

Wird ein Alken einer Hydroborierung und nachfolgend einer Oxidation unterworfen, dann beobachtet man insgesamt die Hydratisierung der Kohlenstoff-Kohlenstoff-Doppelbindung. Dies ist hier am Beispiel der Umsetzung von 1-Hexen zu 1-Hexanol gezeigt:

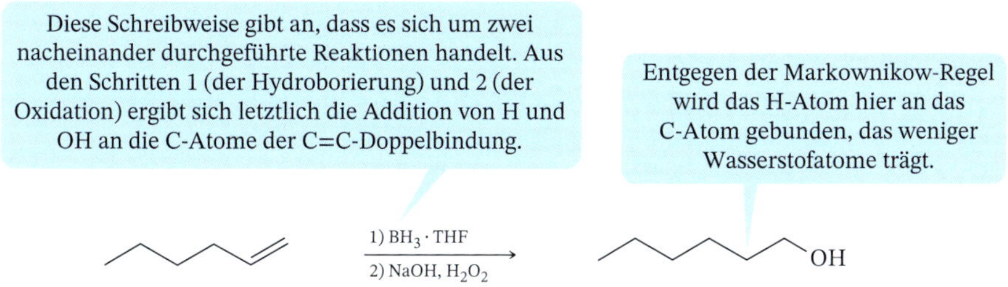

> Diese Schreibweise gibt an, dass es sich um zwei nacheinander durchgeführte Reaktionen handelt. Aus den Schritten 1 (der Hydroborierung) und 2 (der Oxidation) ergibt sich letztlich die Addition von H und OH an die C-Atome der C=C-Doppelbindung.

> Entgegen der Markownikow-Regel wird das H-Atom hier an das C-Atom gebunden, das weniger Wasserstofatome trägt.

1) $BH_3 \cdot THF$
2) $NaOH, H_2O_2$

Weil in diesem Fall das Wasserstoffatom an das höher substituierte Kohlenstoffatom und die OH-Gruppe an das niedriger substituierte Kohlenstoffatom der Doppelbindung gebunden wird, sprechen wir bei der sich aus Hydroborierung und nachfolgender Oxidation ergebenden Regiochemie von einer **anti-Markownikow-Addition**.

Bei dieser Gelegenheit sei noch einmal erwähnt, dass die säurekatalysierte Addition von Wasser an 1-Hexen der Markownikow-Regel folgt und zur Bildung von 2-Hexanol führt.

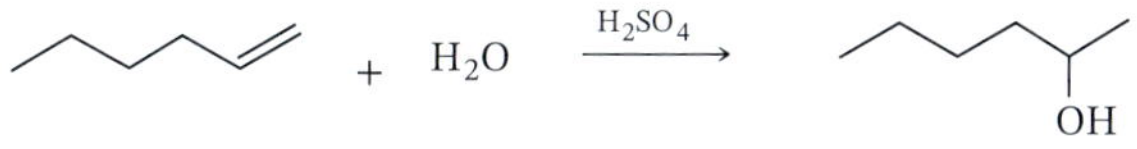

1-Hexen   + H_2O $\xrightarrow{H_2SO_4}$ 2-Hexanol

Die Tatsache, dass die Hydratisierung eines Alkens über eine Kombination aus Hydroborierung und Oxidation mit umgekehrter Regioselektivität als die säurekatalysierte Addition von Wasser erfolgt, macht den besonderen Wert dieser Reaktion aus.

Eine **Hydroborierung** ist die Addition von Boran (BH_3) an ein Alken unter Bildung eines Trialkylborans. Boran ist als monomere Reinsubstanz nicht präparativ zugänglich, weil es mit sich selbst unter Bildung von Diboran reagiert ($2\,BH_3 \rightarrow B_2H_6$), einem toxischen Gas, das sich an Luft spontan entzündet. BH_3 bildet aber stabile Lewis-Säure-Base-Addukte mit Ethern und wird daher meist als Lösung von BH_3 in Tetrahydrofuran (THF) eingesetzt.

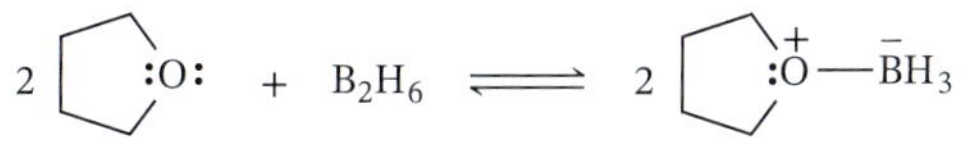

Tetrahydrofuran (THF)   + B_2H_6 $\rightleftharpoons$ $BH_3 \cdot THF$

Die Gesamtreaktion der Addition von BH$_3$ an eine C=C-Doppelbindung läuft dreistufig ab. Zunächst reagiert Boran mit einem Äquivalent des Alkens unter Bildung eines Alkylborans, dieses reagiert mit einem zweiten Äquivalent zu einem Dialkylboran und schließlich entsteht mit einem dritten Äquivalent Alken das Trialkylboran als Endprodukt. Obwohl das Boran also mit drei Äquivalenten des Alkens zum Trialkylboran reagiert, wollen wir uns dennoch nur mit dem ersten Schritt genauer befassen und hieraus die Regioselektivität der Reaktion ableiten.

Wir wollen zur Erklärung der Selektivität in der Hydroborierung nur die erste Teilreaktion betrachten.

Die Valenzschale von Bor (Ordnungszahl 5) enthält drei Elektronen. Um Bindungen zu drei anderen Atomen einzugehen, nutzt Bor sp^2-Hybridorbitale. Die Orbitaltypen im BH$_3$ und deren geometrische Anordnung kann man in dem folgenden Orbitalmodell erkennen. Wegen des leeren $2p$-Orbitals in der Valenzschale von Bor sind BH$_3$, BF$_3$ und andere dreiwertige Borverbindungen Elektrophile und ähneln in gewisser Weise den Carbokationen, nur dass sie elektrisch neutral sind.

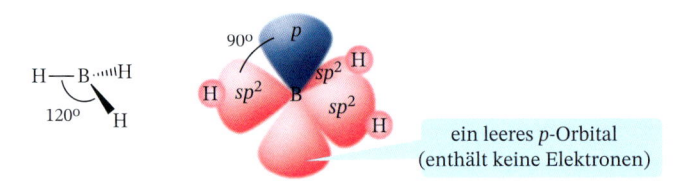

Die Addition von Boran an ein Alken erfolgt regioselektiv und stereoselektiv:

- Regioselektiv: Die Addition von Boran an ein unsymmetrisches Alken erfolgt so, dass die Bindung zum Boratom vorzugsweise am niedriger substituierten Kohlenstoffatom der Doppelbindung entsteht.
- Stereoselektiv: Wasserstoff und Bor greifen von derselben Seite der Doppelbindung aus an; die Reaktion erfolgt also **syn-selektiv** (von derselben Seite).

Sowohl die Regioselektivität als auch die syn-Selektivität lassen sich am Beispiel der Hydroborierung von 1-Methylcyclopenten verdeutlichen.

Mechanismus: Die Hydroborierung eines Alkens

1. Schritt: *Reaktion eines Nukleophils mit einem Elektrophil unter Bildung einer neuen kovalenten Bindung*

Die Addition von Boran an ein Alken wird durch Koordination des leeren 2p-Orbitals am Bor (einem Elektrophil) mit dem Elektronenpaar der π-Bindung (einem Nukleophil) im Sinne eines Lewis-Säure-Base-Addukts eingeleitet. Man kann die Stereoselektivität der Hydroborierung erklären, wenn man die Bildung eines cyclischen, viergliedrigen Übergangszustands annimmt. Bor und Wasserstoff werden gleichzeitig und von derselben Seite an die Doppelbindung addiert, wobei das Boratom an das niedriger substituierte C-Atom der Doppelbindung gebunden wird. Das macht die *syn*-Selektivität der Reaktion verständlich. Im Mechanismus ist auch die leichte Polarität (etwa 5 %) der B–H-Bindung durch Partialladungen angedeutet; diese ist darauf zurückzuführen, dass Wasserstoff (2.1) etwas elektronegativer als Bor (2.0) ist.

Dieser Übergangszustand mit der positiven Ladung am höher substituierten C-Atom hat die niedrigere Energie und ist daher im Reaktionsmechanismus begünstigt.

zwei mögliche Übergangszustände (in beiden Übergangszuständen liegt etwas Carbokation-Charakter vor)

Im Wesentlichen wird die Regioselektivität aber durch sterische Faktoren begründet. Bor als die größere Komponente des Reagenzes bindet selektiv an das sterisch weniger beanspruchte C-Atom der Doppelbindung, während das H-Atom wesentlich kleiner ist und deshalb am stärker gehinderten C-Atom angreift.

2. Schritt und darüber hinaus Im ersten Schritt dieses Mechanismus wird verständlich, warum das Wasserstoffatom an das niedriger substituierte Kohlenstoffatom der ehemaligen C=C-Doppelbindung gebunden wird und warum Bor und Wasserstoff mit *syn*-Selektivität addiert werden. Die im zweiten Schritt erfolgende Oxidation mit Wasserstoffperoxid ist relativ kompliziert und soll in diesem Lehrbuch nicht vertieft besprochen werden; jedenfalls wird das Bor durch diese Oxidation in eine OH-Gruppe überführt.

Die Borgruppe wird durch –OH ersetzt, wobei die syn-Stellung zum anfänglich gebundenen H-Atom erhalten bleibt.

(Produkt nach zwei Stufen)   (Produkt nach drei Stufen)

Beispiel 5.9 Zeichnen Sie Strukturformeln der Alkohole, die bei der Hydroborierung/Oxidation der folgenden Alkene entstehen.

(a) $CH_3C(CH_3)=CHCH_3$ (b) 1-Methylcyclohexen

Vorgehensweise

Die Hydroborierung/Oxidation ist ein regioselektiver Prozess, da die OH-Gruppe an das niedriger substituierte C-Atom der Kohlenstoff-Kohlenstoff-Doppelbindung und das Wasserstoffatom an das höher substituierte C-Atom gebunden wird. Zudem ist die Reaktion stereoselektiv; die Bindung zu –H und –OH erfolgt auf derselben Seite der Doppelbindung.

Lösung

(a) 3-Methyl-2-butanol

(b) *trans*-2-Methylcylohexanol

Siehe Aufgaben 5.11 und 5.23.

5.6 Wie kann man Alkene zu Alkanen reduzieren?

Die meisten Alkene reagieren problemlos zu Alkanen, wenn sie in Gegenwart eines geeigneten Katalysators mit molekularem Wasserstoff (H_2) umgesetzt werden. Meistens werden für diesen Zweck Platin-, Palladium-, Ruthenium- oder Nickelkatalysatoren eingesetzt; es werden in der Regel quantitative Ausbeuten erzielt. Weil es sich bei der Umsetzung von Alkenen zu Alkanen um eine Reduktion in Gegenwart eines Katalysators handelt, spricht man von einer **katalytischen Reduktion** oder von einer **katalytischen Hydrierung**.

Cyclohexen + H_2 $\xrightarrow{\text{Pd}, 25\,°C,\, 3\,\text{bar}}$ Cyclohexan

Der Metallkatalysator wird als feiner, gepulverter Feststoff eingesetzt, sehr häufig auf einem Trägermaterial wie Aktivkohle- oder Aluminiumoxidpulver. Man führt die Reaktion durch, indem man das Alken in Ethanol oder einem anderen unreaktiven organischen Lösungsmittel löst, den festen Katalysator zugibt und die Mischung dann einer Wasserstoffatmosphäre aussetzt, wobei Wasserstoffdrucke von 1 bis 100 bar genutzt werden. Alternativ kann das Metall auch durch geeignete Liganden komplexiert und so in löslicher Form eingesetzt werden.

Die katalytische Hydrierung ist ein stereoselektiver Prozess, wobei bevorzugt eine ***syn*-Addition** des Wasserstoffatoms an die Kohlenstoff-Kohlenstoff-Doppelbindung erfolgt. So führt die katalytische Reduktion von 1,2-Dimethylcyclohexen hauptsächlich zu *cis*-1,2-Dimethylcyclohexan; *trans*-1,2-Dimethylcyclohexan wird nur zu einem kleineren Teil gebildet.

1,2-Dimethyl-cyclohexen + H_2 $\xrightarrow{\text{Pt}}$ *cis*-1,2-Dimethyl-cyclohexan (70–85 %) + *trans*-1,2-Dimethyl-cyclohexan (30–15 %)

In einer Schüttelhydrierapparatur kann man Gasdrucke von bis zu 100 bar erreichen. [Quelle: © Parr Instrument Company.]

Die in der katalytischen Hydrierung eingesetzten Übergangsmetalle sind in der Lage, große Mengen an Wasserstoff auf ihren Oberflächen zu adsorbieren – sehr wahrscheinlich durch Bildung von σ-Bindungen zwischen Metall und Wasserstoff. Gleichzeitig können die Übergangsmetalle auch Alkene auf ihrer Oberfläche adsorbieren, indem sie Metall-Kohlenstoff-Bindungen ausbilden (Abb. 5.6a). Die Wasserstoffatome werden dann in einem zweistufigen Prozess an das adsorbierte Alken gebunden.

(a)　　　　　　　　　(b)　　　　　　　　　(c)

Metalloberfläche

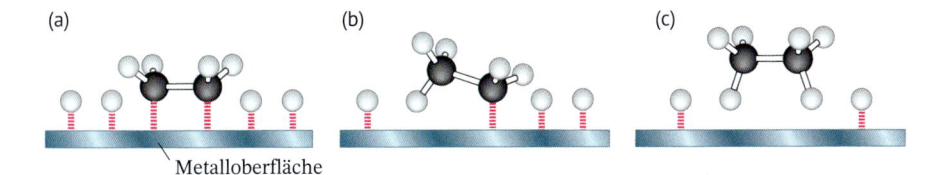

Abb. 5.6 Die übergangsmetallkatalysierte *syn*-Addition von Wasserstoff an Alkene. (a) Wasserstoff und Alken werden an der Metalloberfläche adsorbiert. (b) Ein Wasserstoffatom wird unter Bildung einer neuen C—H-Bindung auf das Alken übertragen. Das andere Kohlenstoffatom bleibt noch auf der Metalloberfläche adsorbiert. (c) Es bildet sich eine zweite C–H-Bindung und das entstandene Alkan wird desorbiert.

Hydrierwärme und die relative Stabilität von Alkenen

Die **Hydrierwärme** eines Alkens ist definiert als die Reaktionsenthalpie $\Delta H°$ für die Hydrierung des Alkens zum entsprechenden Alkan. In Tab. 5.2 sind Hydrierwärmen für einige Alkene aufgeführt.

Aus den in Tab. 5.2 aufgeführten Daten lassen sich drei wichtige Schlussfolgerungen ziehen:

1. Die Reduktion eines Alkens zu einem Alkan ist ein exothermer Prozess. Diese Beobachtung steht im Einklang mit der Tatsache, dass bei der Hydrierung letztlich eine schwächere π-Bindung durch eine stärkere σ-Bindung ersetzt wird; genauer gesagt, eine σ-Bindung (H—H) und eine π-Bindung (C=C) werden gebrochen und zwei neue σ-Bindungen (C—H) werden gebildet.
2. Die Hydrierwärme hängt vom Substitutionsgrad der Kohlenstoff-Kohlenstoff-Doppelbindung ab: Je höher der Substitutionsgrad, desto kleiner ist die Hydrierwärme. Man vergleiche zum Beispiel die Hydrierwärmen von Ethen (keine Substituenten), Propen (ein Substituent), 1-Buten (ein Substituent) und von den *cis*- und *trans*-Isomeren des 2-Butens (jeweils zwei Substituenten).

Tab. 5.2 Hydrierwärmen einiger Alkene.

Name	Strukturformel	$\Delta H°$ [kJ/mol (kcal/mol)]
Ethen	$CH_2{=}CH_2$	−137 (−32.8)
Propen	$CH_3CH{=}CH_2$	−126 (−30.1)
1-Buten	$CH_3CH_2CH{=}CH_2$	−127 (−30.3)
cis-2-Buten	$\underset{H}{\overset{CH_3}{}}C{=}C\underset{H}{\overset{CH_3}{}}$	−120 (−28.6)
trans-2-Buten	$\underset{H}{\overset{CH_3}{}}C{=}C\underset{CH_3}{\overset{H}{}}$	−115 (−27.6)
2-Methyl-2-buten	$\underset{CH_3}{\overset{CH_3}{}}C{=}C\underset{H}{\overset{CH_3}{}}$	−113 (−26.9)
2,3-Dimethyl-2-buten	$\underset{CH_3}{\overset{CH_3}{}}C{=}C\underset{CH_3}{\overset{CH_3}{}}$	−111 (−26.6)

Ethen

trans-2-Buten

2,3-Dimethyl-2-buten

Abb. 5.7 Hydrierwärmen von *cis*-2-Buten und *trans*-2-Buten. *trans*-2-Buten ist um 4.2 kJ/mol (1.0 kcal/mol) stabiler als *cis*-2-Buten.

Durch die *cis*-Geometrie kommen sich die Methylgruppen des Alkens näher, es kommt zur sterischen Hinderung.

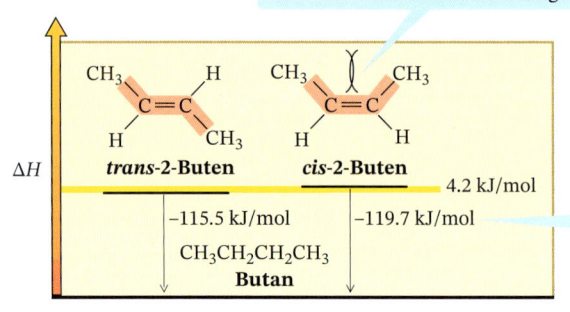

Eine größere Hydrierwärme bedeutet, dass mehr Wärme frei wird; das *cis*-Alken liegt auf einem höheren Energieniveau (es ist weniger stabil als das *trans*-Alken).

trans-2-Buten −115.5 kJ/mol
cis-2-Buten −119.7 kJ/mol
4.2 kJ/mol
$CH_3CH_2CH_2CH_3$ Butan

3. Die Hydrierwärme eines *trans*-Alkens ist kleiner als die des entsprechenden isomeren *cis*-Alkens. Vergleichen wir zum Beispiel die Hydrierwärmen von *cis*-2-Buten und *trans*-2-Buten: Weil bei der Reduktion jedes dieser Alkene Butan entsteht, muss der Unterschied in den Hydrierwärmen auf den Unterschied der relativen Energien der beiden Alkene zurückgehen (Abb. 5.7). Das Alken mit dem kleineren (weniger negativen) Wert für $\Delta H°$ ist das stabilere Alken.

Die Erkenntnisse aus den Hydrierungen erlauben uns, Stabilitäten und Reaktivitäten von zwei beliebigen Alkenen zu vergleichen, wenn sie bei der Hydrierung dasselbe Produkt ergeben. So können wir die größere Stabilität der *trans*-Alkene im Vergleich mit den *cis*-Alkenen mit sterischen Gründen erklären. Im *cis*-2-Buten kommen sich die beiden CH_3-Gruppen so nahe, dass eine nennenswerte Abstoßung zwischen ihren Elektronenwolken auftritt. Diese Abstoßung schlägt sich in einer größeren Hydrierwärme (einer geringeren Stabilität) für *cis*-2-Buten verglichen mit *trans*-2-Buten nieder (etwa 4.2 kJ/mol).

5.7 Wie kann man Acetylid-Anionen nutzen, um neue Kohlenstoff-Kohlenstoff-Bindungen zu knüpfen?

In diesem Abschnitt wollen wir eine weitere für die organische Synthese überaus wichtige Reaktion der Alkine besprechen. In Abschn. 4.4 haben wir bereits gesehen, dass ein Acetylid-Anion eine starke Base ist. Darüber hinaus ist es auch ein Nukleophil – es weist am Kohlenstoff ein freies Elektronenpaar auf, mit dessen Hilfe es mit einem Elektrophil unter Bildung einer neuen Kohlenstoff-Kohlenstoff-Doppelbindung reagieren kann.

Um zu verstehen, wie wir ein Acetylid-Anion für die Bildung einer neuen Kohlenstoff-Kohlenstoff-Doppelbindung nutzen können, wollen wir uns zunächst Chlormethan (CH_3Cl) etwas näher ansehen. Die C−Cl-Bindung in Chlormethan ist polar kovalent; wegen des Elektronegativitätsunterschieds zwischen Kohlenstoff und Chlor trägt das C-Atom eine positive Partialladung.

Das freie Elektronenpaar des Acetylid-Anions kann also an dem Kohlenstoffatom von Chlormethan angreifen und das Halogenatom ersetzen. Man beachte, dass dieser Mechanismus einem der bereits besprochenen Muster folgt, der **Reaktion eines Nukleophils mit einem Elektrophil unter Bildung einer neuen kovalenten Bindung**.

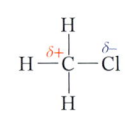

5.7 Wie kann man Acetylid-Anionen nutzen, um neue Kohlenstoff-Kohlenstoff-Bindungen zu knüpfen?

$$H-C\equiv C:^- Na^+ + H-\overset{H}{\underset{H}{C}}-Cl \longrightarrow H-C\equiv C-CH_3 + Na^+Cl^-$$

(ein Nukleophil) (ein Elektrophil)   Eine neue C–C-Bindung wurde gebildet.

Das entscheidende Ergebnis dieser Reaktion ist die Bildung der neuen Kohlenstoff-Kohlenstoff-Bindung. Wie auch in zahllosen anderen organischen Reaktionen wird die Reaktion hier durch die Wechselwirkung positiver und negativer Ladungen in den interagierenden Molekülen eingeleitet.

Weil das ursprüngliche Alkin dabei mit einer Alkylgruppe verknüpft wird, bezeichnet man diesen Reaktionstyp als **Alkylierung**. Die Details und viele weitere Beispiele für diese Art von Reaktion, der nukleophilen Substitution, wollen wir ausführlich in Kap. 7 besprechen. Aus ebenfalls dort zu besprechenden Gründen ist die Alkylierung der nukleophilen Acetylid-Anionen im Wesentlichen nur auf Methylhalogenide und primäre Halogenide anwendbar. Mit Einschränkungen kann sie auch mit sekundären Halogenalkanen durchgeführt werden; die Umsetzung von tertiären Halogenalkanen in dieser Reaktion ist jedoch unmöglich.

Weil Ethin (Acetylen) eine einfach verfügbare Ausgangsverbindung ist, die zudem durch Deprotonierung sehr einfach in ein Nukleophil überführt werden kann, ist die Alkylierung von Acetylid-Anionen eine sehr praktikable Methode zur Synthese anderer Alkine. Man kann diesen Prozess wiederholen und das so entstandene terminale Alkin in ein internes Alkin überführen. Die Bedeutung dieser Reaktion liegt darin begründet, dass durch sie eine Kohlenstoff-Kohlenstoff-Verknüpfung erzielt wird, die den Aufbau größerer Kohlenstoffgerüste aus kleineren zulässt. Im folgenden Schema ist die Synthese von 3-Heptin gezeigt, wobei das Kohlenstoffgerüst von Heptin aus Ethin und zwei niedermolekularen Halogenalkanen aufgebaut wird.

$$HC\equiv CH \xrightarrow[\text{2) CH}_3\text{CH}_2\text{Br}]{\text{1) NaNH}_2} CH_3CH_2C\equiv CH \xrightarrow[\text{4) CH}_3\text{CH}_2\text{CH}_2\text{Br}]{\text{3) NaNH}_2} CH_3CH_2C\equiv CCH_2CH_2CH_3$$

Acetylen   1-Butin   3-Heptin

Beispiel 5.10 Schlagen Sie ausgehend von Ethin und allen darüber hinaus notwendigen organischen und anorganischen Reagenzien Synthesen für die folgenden Alkine vor:

(a) Cyclohexyl-CH$_2$-C≡C-H   (b) $CH_3C\equiv CCH_2\overset{CH_3}{\underset{|}{C}}HCH_3$ (c) $CH_3C\equiv CCH_2CH_2CH_2CH_3$

Vorgehensweise

Jedes dieser Alkine kann durch Alkylierung eines geeigneten Alkinyl-Anions synthetisiert werden. Entscheiden Sie zunächst, welche neue Kohlenstoff-Kohlenstoff-Bindung durch die Alkylierung gebildet werden soll und welches Alkinyl-Anion und welches Halogenalkan jeweils für die Synthese des Produktes gebraucht werden. Für die Synthese eines terminalen Alkins aus Ethin wird nur eine nukleophile Substitution benötigt, während für die Synthese eines internen Alkins aus Ethin zwei nukleophile Substitutionen erforderlich sind.

Lösung

(a) $HC\equiv CH \xrightarrow[\text{2) Cyclohexyl-CH}_2\text{Br}]{\text{1) NaNH}_2}$ Cyclohexyl-CH$_2$-C≡C-H

(b) $HC\equiv CH \xrightarrow[2)\ BrCH_3]{1)\ NaNH_2} CH_3C\equiv CH \xrightarrow[\substack{CH_3\\|\\4)\ BrCH_2CHCH_3}]{3)\ NaNH_2} CH_3C\equiv CCH_2\overset{\overset{CH_3}{|}}{C}HCH_3$

(c) $HC\equiv CH \xrightarrow[2)\ BrCH_3]{1)\ NaNH_2} CH_3C\equiv CH \xrightarrow[4)\ BrCH_2CH_2CH_2CH_3]{3)\ NaNH_2} CH_3C\equiv CCH_2CH_2CH_2CH_3$

Siehe Aufgabe 5.27. ◢

5.8 Wie kann man Alkine zu Alkenen und Alkanen reduzieren?

Im letzten Abschnitt haben wir gesehen, wie man terminale Alkine verwenden kann, um C−C-Bindungen zu knüpfen und dadurch längere Alkine aufzubauen. Hier wollen wir uns ansehen, wie diese Alkine zu Alkenen und Alkanen reduziert werden können. Wegen der Vielzahl an Reaktionen, die ausgehend von Alkenen möglich sind, können wir die folgende Reaktionssequenz zur Synthese zahlreicher Verbindungen verwenden:

$$R-C\equiv C-H \xrightarrow{NaNH_2} R-C\equiv C\mathbin{:}^-Na^+ \xrightarrow{R-X} R-C\equiv C-R$$

$$\xrightarrow{\text{Reduktion}} R-CH=CH-R \xrightarrow{\substack{\text{verschiedene}\\\text{Reaktionen}}} \begin{array}{l}\text{Alkohole,}\\\text{Halogenalkane,}\\\text{Dihalogenalkane,}\\\text{Alkane etc.}\end{array}$$

Setzt man ein Alkin in Gegenwart eines Übergangsmetallkatalysators (meist Pd, Pt oder Ni) mit Wasserstoff um, werden zwei Äquivalente H_2 an das Alkin addiert und man erhält das entsprechende Alkan. Die katalytische Hydrierung von Alkanen kann man bei Temperaturen etwas oberhalb der Raumtemperatur und bereits mit moderatem Überdruck des Wasserstoffgases erreichen.

$$\underset{\text{2-Butin}}{CH_3C\equiv CCH_3} + 2\ H_2 \xrightarrow[\text{3 bar}]{\text{Pd, Pt oder Ni}} \underset{\text{Butan}}{CH_3CH_2CH_2CH_3}$$

Die Hydrierung eines Alkins erfolgt zweistufig: Zuerst wird ein Äquivalent H_2 unter Bildung eines Alkens addiert und ein zweites Äquivalent H_2 reduziert das Alken zum Alkan. Normalerweise ist es nicht möglich, die Reaktion auf der Stufe des Alkens anzuhalten. Wenn man aber sorgfältig präparierte Katalysatoren einsetzt, kann die Reaktion nach der Addition des ersten Äquivalents H_2 angehalten werden. Meistens verwendet man zu diesem Zweck fein verteiltes Palladiummetall, das auf Calciumcarbonat aufgebracht wurde, welches in spezieller Weise mit Bleisalzen modifiziert wurde. Der so erhaltene Katalysator ist als **Lindlar-Katalysator** bekannt; er ist ein „vergifteter", also in seiner Reaktivität herabgesetzter Katalysator. Die Reduktion (Hydrierung) von Alkinen am Lindlar-Katalysator erfolgt stereoselektiv: Die **syn-Addition** des Wasserstoffatoms an die Kohlenstoff-Kohlenstoff-Dreifachbindung ergibt cis-Alkene:

$$\underset{\text{2-Pentin}}{CH_3-C\equiv C-CH_2CH_3} \xrightarrow[\text{Lindlar-Katalysator}]{H_2} \underset{cis\text{-2-Penten}}{\underset{HH}{\overset{CH_3CH_2-CH_3}{\diagdownC=C\diagup}}}$$

Weil die Addition von Wasserstoff am Lindlar-Katalysator *syn*-selektiv erfolgt, wurde vorgeschlagen, dass die Reduktion durch gleichzeitige oder zumindest nahezu gleichzeitige Übertragung der beiden Wasserstoffatome von der Oberfläche des Metallkatalysators auf das Alkin erfolgt. Wir haben in Abschn. 5.6 einen sehr ähnlichen Mechanismus für die katalytische Hydrierung von Alkenen zu Alkanen besprochen.

Die Organische Chemie ist die Grundlage für die Synthese neuer Verbindungen, die als Arzneimittel, Agrochemikalien oder Kunststoffe Anwendung finden – um nur eine kleine Auswahl zu nennen. Um diese Substanzen herstellen zu können, sind organische Chemiker auf ein sehr großes Repertoire an Reaktionen angewiesen. Bereits mit den wenigen Reaktionen, die wir in diesem Kapitel kennengelernt haben, können wir komplexe Verbindungen herstellen, die zum Teil mehrere Syntheseschritte erfordern. In den folgenden Kapiteln werden wir viele weitere Reaktionen besprechen – genau die Reaktionen, die zur Herstellung der unzähligen Verbindungen verwendet werden, die den Fortschritt und die hohe Lebensqualität in unserer Zivilisation sicherstellen.

Zusammenfassung

5.1 Was sind die charakteristischen Reaktionen von Alkenen?
- Eine charakteristische Reaktion der Alkene ist die **Addition**, bei der eine π-Bindung gebrochen wird und neue σ-Bindungen zu zwei Atomen oder Atomgruppen entstehen. Zu den Alkenadditionen zählen die Addition von Halogenwasserstoffen (H–X), die säurekatalysierte Addition von Wasser unter Bildung von Alkoholen, die Addition von Halogenen (X_2), die Hydroborierung mit nachfolgender Oxidation zu Alkoholen und die übergangsmetallkatalysierte Addition von H_2 unter Bildung von Alkanen.

5.2 Was ist ein Reaktionsmechanismus?
- Ein **Reaktionsmechanismus** beschreibt, (1) wie und warum eine chemische Reaktion abläuft, (2) welche Bindungen dabei gebrochen und welche geknüpft werden, (3) die Reihenfolge und die relativen Reaktionsgeschwindigkeiten der verschiedenen Bindungsbrüche und -knüpfungen und (4) die Wirkungsweise des Katalysators (sofern ein solcher beteiligt ist).
- Die **Theorie des Übergangszustands** erlaubt ein Verständnis für die Zusammenhänge zwischen Reaktionsgeschwindigkeiten, Molekülstruktur und Energetik der Reaktion.
- Die Kernaussage der Theorie des Übergangszustands ist, dass in jeder Reaktion mindestens ein **Übergangszustand** durchlaufen wird.
- Den Energieunterschied zwischen dem Übergangszustand und den Edukten bezeichnet man als **Aktivierungsenergie**.
- Eine **Zwischenstufe** ist eine Spezies, die in einem Energieminimum zwischen zwei Übergangszuständen liegt.
- Der langsamste Schritt in einer mehrstufigen Reaktion, der sogenannte **geschwindigkeitsbestimmende Schritt**, ist der, in dem die höchste Energiebarriere überwunden wird.
- Es gibt einige Reaktionsmuster, die in organischen Reaktionsmechanismen sehr häufig auftreten, beispielsweise die **Protonierung**, die **Deprotonierung**, die **Reaktion eines Nukleophils mit einem Elektrophil unter Bildung einer neuen Bindung** oder die **Umlagerung**, bei der eine Bindung wandert.

5.3 Nach welchen Mechanismen verläuft die elektrophile Addition an Alkene?

- Ein **Elektrophil** ist ein Molekül oder ein Ion, das ein Elektronenpaar unter Bildung einer neuen kovalenten Bindung aufnehmen kann. Alle Elektrophile sind Lewis-Säuren.
- Ein **Nukleophil** ist eine elektronenreiche Spezies, die ein Elektronenpaar unter Bildung einer neuen kovalenten Bindung abgeben kann. Alle Nukleophile sind Lewis-Basen.
- Der geschwindigkeitsbestimmende Schritt in einer **elektrophilen Addition** an ein Alken ist die Reaktion des Elektrophils mit der Kohlenstoff-Kohlenstoff-Doppelbindung unter Bildung eines **Carbokations**, also eines Ions, in dem ein C-Atom nur sechs Elektronen in der Valenzschale enthält und demzufolge eine positive Ladung trägt.
- Carbokationen sind planar, mit Bindungswinkeln von 120° um das C-Atom mit der positiven Ladung.
- Die Stabilitätsreihenfolge der Carbokationen ist tertiär > sekundär > primär > Methyl. Primäre Carbokationen sind allerdings so instabil und weisen eine so hohe Aktivierungsenergie für ihre Bildung auf, dass sie unter normalen Umständen in Lösung nicht gebildet werden.
- In der **elektrophilen Addition eines Halogenwasserstoffs** an ein Alken werden das Halogen (Cl, Br oder I) und das H-Atom an die beiden C-Atome der Doppelbindung gebunden. Die Addition erfolgt mit **Markownikow-Regioselektivität**, d. h. das H-Atom wird an das niedriger substituierte Kohlenstoffatom gebunden.
- In der **säurekatalysierten Addition von Wasser** werden OH und H an die Doppelbindung gebunden. Die Addition erfolgt mit Markownikow-Regioselektivität.
- In der **Addition von Brom oder Chlor** an ein Alken werden zwei Halogenatome an die Kohlenstoff-Kohlenstoff-Doppelbindung gebunden. Der Reaktionsmechanismus verläuft über eine **cyclische Halonium-Zwischenstufe**; die Reaktion verläuft mit *anti*-Selektivität.

5.4 Was sind Carbokation-Umlagerungen?

- Die Triebkraft einer **Carbokation-Umlagerung** ist die Überführung eines im Reaktionsverlauf gebildeten Carbokations in ein stabileres (sekundäres oder tertiäres) Carbokation.
- Die Umlagerung erfolgt durch eine **1,2-Verschiebung**, in der ein Atom oder eine Atomgruppe mit den Bindungselektronen zu einem benachbarten, elektronenarmen Kohlenstoffatom wandert.

5.5 Wie verläuft die Hydroborierung/Oxidation von Alkenen?

- In einer **Hydroborierung** werden BH_2 und ein H-Atom an die C=C-Doppelbindung gebunden.
- Die Hydroborierung erfolgt mit **anti-Markownikow**-Regioselektivität; das Wasserstoffatom wird an das höher substituierte C-Atom gebunden.
- Durch nachfolgende **Oxidation** des Produkts der Hydroborierung wird die Borgruppe in eine OH-Gruppe überführt.
- Die **Hydroborierung/Oxidation** erfolgt *syn*-stereoselektiv.

5.6 Wie kann man Alkene zu Alkanen reduzieren?

- Die Reaktion eines Alkens mit H_2 in Gegenwart eines Übergangsmetallkatalysators überführt alle C=C-Doppelbindungen des Alkens in C–C-Einfachbindungen. Die Addition von Wasserstoff an alle C-Atome der ehemaligen Doppelbindungen erfolgt **syn**-stereoselektiv.
- Die **Hydrierwärme ($\Delta H°$)** der **Hydrierung** kann man heranziehen, um die relative Stabilität von Alkenen zu ermitteln.

5.7 Wie kann man Acetylid-Anionen nutzen, um neue Kohlenstoff-Kohlenstoff-Bindungen zu knüpfen?

- **Acetylid-Anionen** sind sowohl starke Basen als auch gute Nukleophile. Als Nukleophile können sie durch Umsetzung mit einem Halogenmethan oder einem primären oder sekundären Halogenalkan alkyliert werden. Ethin (Acetylen) kann durch diesen Reaktionstyp als C_2-Baustein für die Synthese längerer Kohlenstoffgerüste genutzt werden.

5.8 Wie kann man Alkine zu Alkenen und Alkanen reduzieren?

- Die Umsetzung von Alkinen mit H_2 in Gegenwart eines Übergangsmetallkatalysators (meist Pd, Pt oder Ni) führt zur Addition zweier H_2-Äquivalente und damit zur Überführung des Alkins in ein Alkan.
- Führt man die Reduktion eines Alkins an einem **Lindlar-Katalysator** durch, so wird ein Äquivalent H_2 *syn*-selektiv an die Dreifachbindung addiert. Mit dieser Reaktionsführung werden disubstituierte Alkine in *cis*-Alkene überführt.

Wichtige Reaktionen

1. **Addition von H−X an Alkene (Abschn. 5.3.1)**
   Die Regioselektivität der Addition von H−X an Alkene wird durch die Regel von Markownikow beschrieben. Die Reaktion erfolgt zweistufig; es wird eine Carbokation-Zwischenstufe durchlaufen:

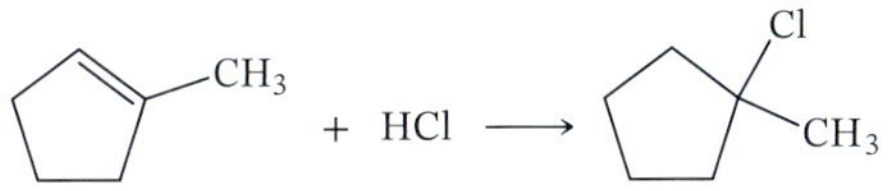

2. **Säurekatalysierte Hydratisierung von Alkenen (Abschn. 5.3.2)**
   Die Regioselektivität der Hydratisierung von Alkenen wird durch die Regel von Markownikow beschrieben. Die Reaktion erfolgt zweistufig; es wird eine Carbokation-Zwischenstufe durchlaufen:

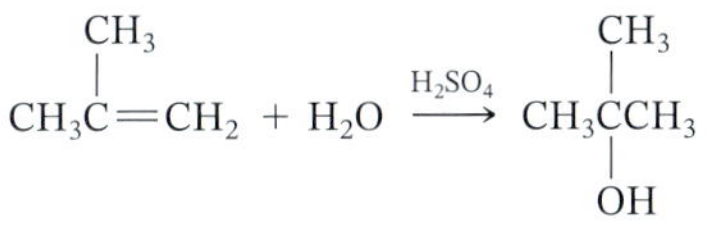

3. **Addition von Brom oder Chlor an Alkene (Abschn. 5.3.3)**
   Die Addition von Halogenen erfolgt *anti*-stereoselektiv. In der zweistufigen Reaktion wird eine dreigliedrige Bromonium- oder Chloronium-Zwischenstufe durchlaufen:

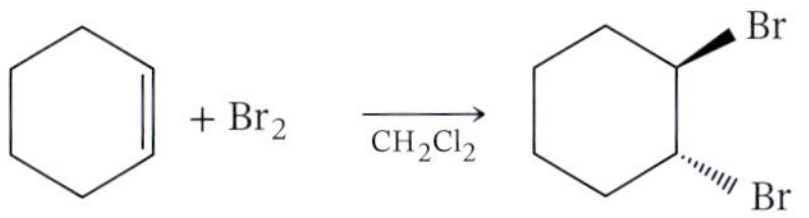

4. **Carbokation-Umlagerungen (Abschn. 5.4)**
   Die Umlagerung eines weniger stabilen zu einem stabileren Carbokation erfolgt über eine 1,2-Verschiebung. Diese Umlagerungen erfolgen häufig im Zuge von Hydrohalogenierungen oder säurekatalysierten Hydratisierungen von Alkenen:

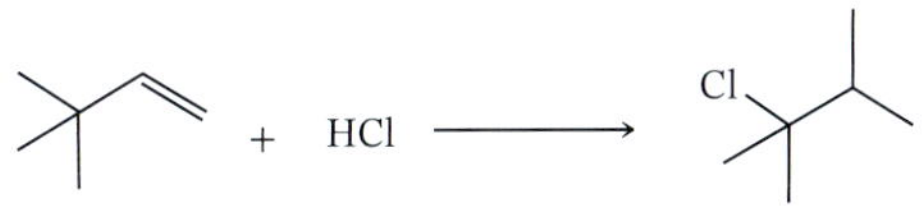

   3,3-Dimethyl-1-buten → 2-Chlor-2,3-dimethylbutan

5. **Hydroborierung/Oxidation von Alkenen**
   Die Addition von BH_3 an Alkene erfolgt *syn*-stereoselektiv und regioselektiv: Das Bor bindet an das weniger substituierte Kohlenstoffatom der Doppelbindung und das Wasserstoffatom an das höher substituierte Kohlenstoffatom. Die Hydroborierung/Oxidation erfolgt als anti-Markownikow-Hydratisierung von Alkenen:

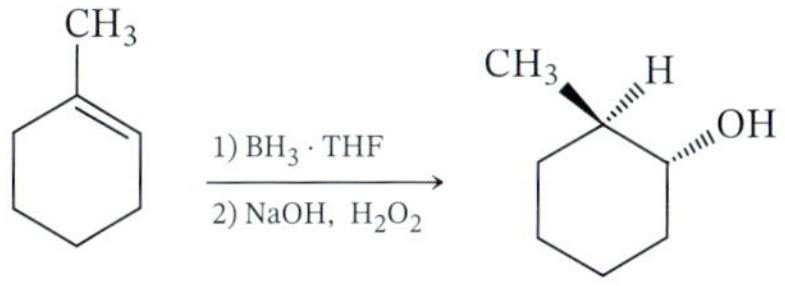

6. Reduktion von Alkenen: Bildung von Alkanen (Abschn. 5.6)

Die katalytische Reduktion erfolgt überwiegend als *syn*-selektive Addition von Wasserstoff:

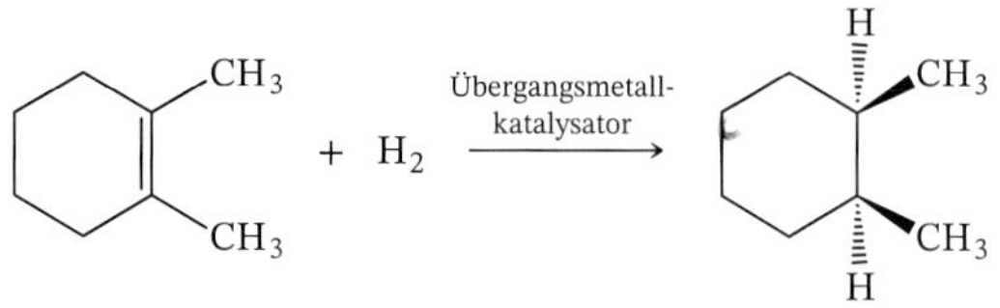

7. Alkylierung eines Acetylid-Anions (Abschn. 5.7)

Acetylid-Anionen sind Nukleophile und können das Halogenid in einem Methylhalogenid oder in einem primären Halogenalkan substituieren. Die Alkylierung von Acetylid-Anionen ist eine nützliche Methode, um größere Kohlenstoffgerüste aufzubauen:

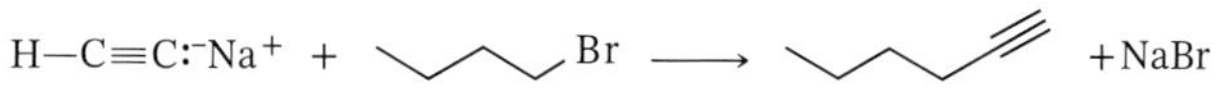

8. Reduktion von Alkinen (Abschn. 5.8)

Alkine können durch verschiedene Reagenzien reduziert werden. Die katalytische Reduktion mit einem Übergangsmetallkatalysator führt zu Alkanen. Die katalytische Reduktion an einem speziell hergestellten Katalysator, den man als Lindlar-Katalysator bezeichnet, führt zu *cis*-Alkenen:

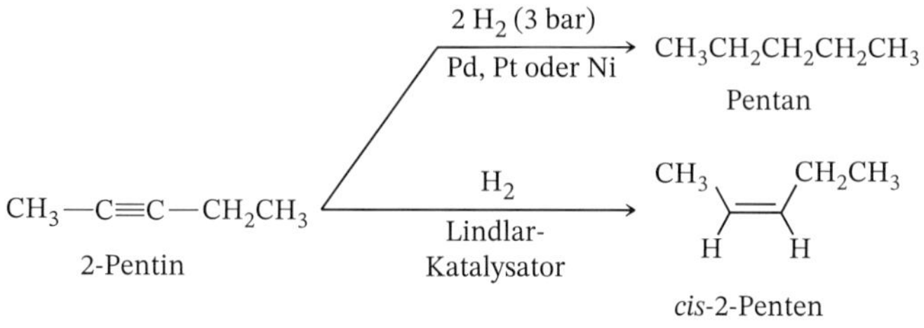

Quiz

Sind die folgenden Aussagen richtig oder falsch? Hier können Sie testen, ob Sie die wichtigsten Fakten aus diesem Kapitel parat haben. Wenn Sie mit einer der Fragestellungen Probleme haben, sollten Sie den jeweiligen, in Klammern angegebenen Abschnitt in diesem Kapitel noch einmal durcharbeiten, bevor Sie sich an die weiteren, meist etwas schwierigeren Aufgaben zu diesem Kapitel machen.

1. Die katalytische Reduktion eines Alkens verläuft *syn*-selektiv (5.6).
2. Boran (BH_3) ist eine Lewis-Säure (5.5).
3. Alle Elektrophile sind positiv geladen (5.3).
4. Bei der katalytischen Hydrierung von Cyclohexen entsteht Hexan (5.6).
5. In der Reaktion von 2-Methyl-2-penten mit HBr findet eine Umlagerung statt (5.4).
6. Alle Nukleophile sind negativ geladen (5.3).
7. In einer Hydroborierung verhält sich BH_3 wie ein Elektrophil (5.5).
8. Bei einer katalytischen Hydrierung eines Alkens ist der Übergangsmetallkatalysator das Reduktionsmittel (5.6).
9. In Additionen an Alkene werden eine π-Bindung gebrochen und zwei σ-Bindungen neu gebildet (5.3).
10. Die Grundlage für die Regel von Markownikow ist die relative Stabilität der intermediären Carbokationen (5.3).
11. Im Mechanismus der Addition von HBr an ein Alken werden ein Übergangszustand und zwei reaktive Zwischenstufen durchlaufen (5.3).
12. Die Hydroborierung eines Alkens erfolgt regio- und stereoselektiv (5.5).
13. Die säurekatalysierte Addition von H_2O an Alkene wird als *Hydratisierung* bezeichnet (5.3).
14. Die Addition von Br_2 oder Cl_2 an Cyclohexen erfolgt *anti*-stereoselektiv (5.3).
15. In einem Carbokation liegt ein Kohlenstoffatom mit vier gebundenen Substituenten und einer positiven Ladung vor (5.3).
16. Die Geometrie um das positiv geladene Kohlenstoffatom eines Carbokations wird am besten als trigonal planar beschrieben (5.3).
17. Das Carbokation, das bei der Protonierung von Ethen entsteht, ist $CH_3CH_2^+$ (5.3).
18. Alkylkationen werden durch den elektronenziehenden induktiven Effekt des positiv geladenen Kohlenstoffatoms im Carbokation stabilisiert (5.3).
19. Das Sauerstoffatom eines Oxonium-Ions genügt der Oktettregel (5.3).
20. In der Umsetzung von 3-Methyl-1-penten mit HCl findet eine Umlagerung, eine Hydridverschiebung, statt (5.4).
21. Bei der säurekatalysierten Hydratisierung von 1-Buten entsteht 1-Butanol und bei der säurekatalysierten Hydratisierung von 2-Buten entsteht 2-Butanol (5.3).
22. Alkene sind gute Ausgangsmaterialien für Reaktionen, in denen C–C-Bindungen gebildet werden sollen (5.7).
23. Alkine können zu *cis*-Alkenen reduziert werden (5.8).

Ausführliche Erklärungen zu vielen dieser Antworten finden sich im Arbeitsbuch.

Antworten: (1) R (2) R (3) F (4) F (5) F (6) F (7) R (8) F (9) R (10) R (11) F (12) R (13) R (14) R (15) F (16) R (17) R (18) R (19) R (20) F (21) F (22) R (23) R

Aufgaben

Energiediagramme

5.1 Wie müsste man das Energiediagramm in Beispielaufgabe 5.1 zeichnen, damit es eine endotherme Reaktion beschreibt?

5.2 Zeichnen Sie ein Energiediagramm für eine zweistufige Reaktion, die im ersten Schritt endotherm, im zweiten Schritt exotherm und insgesamt exotherm ist. Wie viele Übergangszustände gibt es in dieser zweistufigen Reaktion, wie viele Zwischenstufen? (Siehe Beispielaufgabe 5.1)

5.3 Welche der folgenden Aussagen sind richtig, welche falsch? Begründen Sie Ihre Antworten.
(a) Ein Übergangszustand kann niemals eine niedrigere Energie haben als die Reaktanten, aus denen er hervorgeht.
(b) In einer endothermen Reaktion kann nicht mehr als eine Zwischenstufe durchlaufen werden.
(c) In einer exothermen Reaktion kann nicht mehr als eine Zwischenstufe durchlaufen werden.
(d) Der geschwindigkeitsbestimmende Schritt ist der Schritt, der den größten Energieunterschied zwischen Produkten und Reaktanten aufweist.
(e) Übergangszustände haben eine lange Lebensdauer und können einfach isoliert werden.

Elektrophile Additionen an Alkene, Umlagerungen und Hydroborierung/Oxidation

5.4 Zeichnen und benennen Sie die Hauptprodukte der folgenden Alkenadditionen. (Siehe Beispielaufgabe 5.2)
(a) $CH_3CH=CH_2 + HI \longrightarrow$
(b) cyclohexyl$=CH_2 + HI \longrightarrow$

5.5 Ordnen Sie diese Carbokationen nach steigender Stabilität. (Siehe Beispielaufgabe 5.3)
(a) cyclohexyl$^+$—CH_3
(b) cyclohexyl—$\overset{+}{C}H$—CH_3
(c) cyclohexyl—$\overset{+}{C}H_2$

5.6 Machen Sie einen Vorschlag für den Mechanismus der Addition von HI an 1-Methylcyclohexen unter Bildung von 1-Iod-1-methylcyclohexan. Welcher Schritt ist geschwindigkeitsbestimmend? (Siehe Beispielaufgabe 5.4)

5.7 Zeichnen Sie Strukturformeln der Produkte, die in den folgenden Hydratisierungen von Alkenen entstehen. (Siehe Beispielaufgabe 5.5)

(a) $+ H_2O \xrightarrow{H_2SO_4}$

(b) $+ H_2O \xrightarrow{H_2SO_4}$

5.8 Machen Sie einen Vorschlag für den Mechanismus der säurekatalysierten Hydratisierung von 1-Methylcyclohexen unter Bildung von 1-Methylcyclohexanol. Welcher Schritt ist geschwindigkeitsbestimmend? (Siehe Beispielaufgabe 5.6)

5.9 Vervollständigen Sie die folgenden Reaktionsgleichungen. (Siehe Beispielaufgabe 5.7)

(a) $(CH_3)_3CCH=CH_2 + Br_2 \xrightarrow{CH_2Cl_2}$

(b) cyclohexyl$=CH_2 + Cl_2 \xrightarrow{CH_2Cl_2}$

5.10 Bei der säurekatalysierten Hydratisierung von 3,3-Dimethyl-1-buten entsteht 2,3-Dimethyl-2-butanol als Hauptprodukt. Schlagen Sie einen Mechanismus für die Bildung dieses Alkohols vor. (Siehe Beispielaufgabe 5.8)

$$CH_2=CH-\underset{\underset{CH_3}{|}}{\overset{\overset{CH_3}{|}}{C}}-CH_3 + H_2O \xrightarrow{H_2SO_4} CH_3-\underset{\underset{}{}}{\overset{\overset{CH_3}{|}}{CH}}-\underset{\underset{CH_3}{|}}{\overset{\overset{CH_3}{|}}{C}}-OH$$

3,3-Dimethyl-1-buten $\qquad$ 2,3-Dimethyl-2-butanol

5.11 Zeichnen Sie Strukturformeln der Alkohole, die sich bei der Hydroborierung mit nachfolgender Oxidation aus den folgenden Alkenen bilden. (Siehe Beispielaufgabe 5.9)

(a) $CH_3\underset{\underset{}{}}{\overset{\overset{CH_3}{|}}{C}}=CHCH_3$

(b) cyclohexenyl—CH_3

5.12 Welches ist jeweils das stabilere Carbokation? (Siehe Beispielaufgabe 5.3)

(a) $CH_3CH_2CH_2^+$ oder $CH_3\overset{+}{C}HCH_3$

(b) $CH_3\underset{+}{C}H\overset{CH_3}{|}CHCH_3$ oder $CH_3\underset{+}{\overset{CH_3}{\overset{|}{C}}}CH_2CH_3$

5.13 Welche der Verbindungen wird jeweils schneller mit HI reagieren? Zeichnen Sie für jede der Verbindungen das sich daraus bildende Hauptprodukt und geben Sie eine Begründung für Ihre Entscheidung an. (Siehe Beispielaufgabe 5.2)

(a) [Strukturformel] und [Strukturformel]

(b) [Strukturformel] und [Strukturformel]

5.14 Die Reaktion von 2-Methyl-2-penten mit jedem der folgenden Reagenzien ist regioselektiv. Zeichnen Sie jeweils das Produkt der Reaktion und erklären Sie die beobachtete Regioselektivität. (Siehe Beispielaufgaben 5.2, 5.5 und 5.9)

(a) HI
(b) H_2O in Gegenwart von H_2SO_4
(c) BH_3 gefolgt von H_2O_2/NaOH

5.15 Die Addition von Brom oder Chlor an Cycloalkene erfolgt stereoselektiv. Welche Stereochemie erwarten Sie für die Produkte der folgenden Reaktionen? (Siehe Beispielaufgabe 5.7)

(a) 1-Methylcyclohexen + Br_2
(b) 1,2-Dimethylcyclopenten + Cl_2

5.16 Zeichnen Sie die Strukturformel des Alkens mit der angegebenen Summenformel, das die rechte Verbindung als Hauptprodukt ergibt. Beachten Sie, dass sich diese Verbindung unter Umständen aus verschiedenen Alkenen als Hauptprodukt bilden kann.

(a) $C_5H_{10} + H_2O \xrightarrow{H_2SO_4}$ [Strukturformel mit OH]

(b) $C_5H_{10} + Br_2 \longrightarrow$ [Strukturformel mit Br, Br]

(c) $C_7H_{12} + HCl \longrightarrow$ [Strukturformel mit Cl]

5.17 Zeichnen Sie die Strukturformel des Alkens mit der Summenformel C_5H_{10}, das mit HCl zu den jeweils angegebenen Chloralkanen als Hauptprodukt reagiert.

(a) [Strukturformel mit Cl]
(b) [Strukturformel mit Cl]
(c) [Strukturformel mit Cl]

5.18 Zeichnen Sie die Strukturformel des Alkens, das in einer säurekatalysierten Hydratisierung zu den jeweils angegebenen Alkoholen als Hauptprodukt reagiert. *Hinweis:* Möglicherweise bilden sich aus mehr als einem Alken die jeweiligen Alkohole als Hauptprodukt.

(a) 3-Hexanol
(b) 1-Methylcyclobutanol
(c) 2-Methyl-2-butanol
(d) 2-Propanol

5.19 Schlagen Sie einen Mechanismus für die folgende säurekatalysierte Dehydratisierung vor: (Siehe Beispielaufgaben 5.6 und 5.8)

[Strukturformel: Cyclohexan mit OH, CH₃, CH₃] $\xrightarrow{H_2SO_4}$ [Strukturformel: Cyclohexen mit CH₃, CH₃] + H_2O

5.20 Schlagen Sie Mechanismen für die folgenden Transformationen vor: (Siehe Beispielaufgaben 5.4, 5.5 und 5.8)

(a) [Strukturformel] + HBr $\longrightarrow$ [Strukturformel mit Br]

(b) [Strukturformel] + H_2O $\xrightarrow{H_2SO_4}$ [Strukturformel mit HO]

Aufgaben

5.21 Terpin wird im großen Maßstab durch säurekatalysierte Hydratisierung von Limonen gewonnen: (Siehe Beispielaufgabe 5.5)

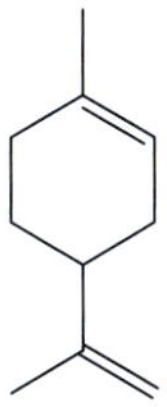

Limonen + 2 H$_2$O $\xrightarrow{H_2SO_4}$ C$_{10}$H$_{20}$O$_2$ (Terpin)

(a) Schlagen Sie eine Strukturformel für Terpin und einen Mechanismus für dessen Bildung vor.
(b) Wie viele *cis/trans*-Isomere sind für die von Ihnen vorgeschlagene Struktur möglich?
(c) Das Isomer des Terpins, in dem der Substituent mit einem C-Atom und der Substituent mit drei C-Atomen *cis* zueinander stehen, wird in Form von Terpinhydrat als Schleimlöser in Hustenmitteln verwendet. Zeichnen Sie beide Sesselkonformationen dieses Isomers und geben Sie an, welche die stabilere ist.

5.22 Schlagen Sie einen Mechanismus für die folgende Reaktion vor und begründen Sie die beobachtete Regioselektivität.

CH$_3$–C(CH$_3$)=CH$_2$ + ICl ⟶ CH$_3$–C(CH$_3$)(Cl)–CH$_2$I

5.23 Zeichnen Sie die Strukturformeln der Alkohole, die aus den im Folgenden angegebenen Alkenen durch Umsetzung mit Boran in Tetrahydrofuran (THF), gefolgt von Wasserstoffperoxid in wässrigem Natriumhydroxid, entstehen und geben Sie gegebenenfalls die Stereochemie an. (Siehe Beispielaufgabe 5.9)

(a) 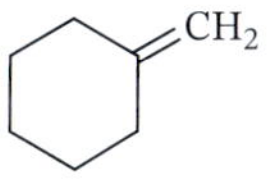 Methylencyclohexan
(b) 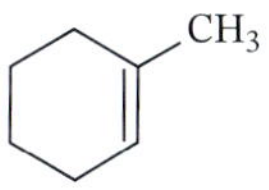 1-Methylcyclohexen
(c) 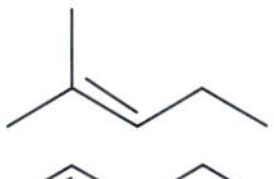 2-Methyl-2-penten
(d)  1-Hepten
(e) 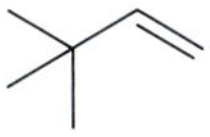 3,3-Dimethyl-1-buten

5.24 *cis*-3-Hexen und *trans*-3-Hexen sind unterschiedliche Verbindungen mit unterschiedlichen physikalischen und chemischen Eigenschaften. Wenn Sie aber mit H$_2$O/H$_2$SO$_4$ behandelt werden, entsteht beide Male derselbe Alkohol. Um welchen Alkohol handelt es sich und wie erklären Sie die Tatsache, dass aus beiden Alkenen der gleiche Alkohol entsteht? (Siehe Beispielaufgaben 5.6 und 5.8)

Reduktionen

5.25 Zeichnen Sie die Produkte, die bei der Umsetzung der folgenden Alkene mit H$_2$/Ni entstehen:

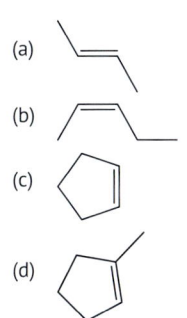

(a) 2-Buten
(b) 2-Penten
(c) Cyclopenten
(d) 1-Methylcyclopenten

5.26 Zwei Alkene A und B haben die Summenformel C$_5$H$_{10}$. Beide reagieren mit H$_2$/Pt und mit HBr zu jeweils denselben Produkten. Um welche Alkene handelt es sich?

Reaktionen von Alkinen

5.27 Schlagen Sie ausgehend von Ethin und allen darüber hinaus notwendigen organischen und anorganischen Reagenzien Synthesen für die folgenden Alkine vor. (Siehe Beispielaufgabe 5.10)

(a) 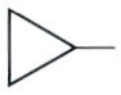 Cyclopropyl–CH$_2$–C≡CH
(b) 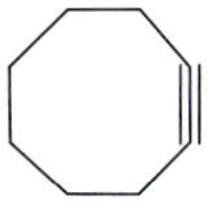 Cyclooctin

5.28 Vervollständigen Sie die folgenden Reaktionsgleichungen, indem Sie das jeweilige Hauptprodukt angeben. Wenn zwei Produkte zu etwa gleichen Anteilen entstehen werden, geben Sie beide an.

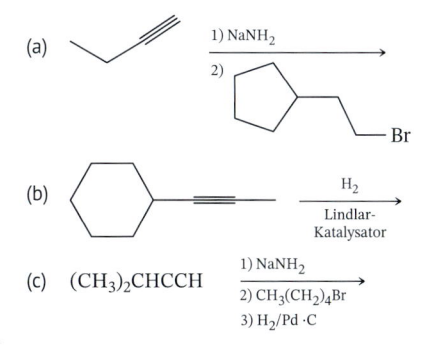

(a) 1-Butin $\xrightarrow[\text{2) Cyclopentyl-CH}_2\text{-Br}]{\text{1) NaNH}_2}$

(b) Cyclohexyl–C≡CH $\xrightarrow[\text{Lindlar-Katalysator}]{H_2}$

(c) (CH$_3$)$_2$CHCCH $\xrightarrow[\text{3) H}_2\text{/Pd·C}]{\text{1) NaNH}_2 \text{ 2) CH}_3(CH_2)_4Br}$

5.29 Welches Alkin ist jeweils das Ausgangsmaterial in den folgenden Reaktionen?

(a) ? $\xrightarrow[\text{3) H}_2\text{/Lindlar-Kat.}]{\text{1) NaNH}_2 \text{ 2) CH}_3CHBrCH_3}$ (cis-4-Methyl-2-penten)

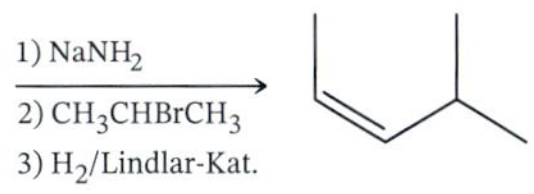

170 | 5 Reaktionen von Alkenen und Alkinen

(b) ? $\xrightarrow{\begin{array}{l}1)\ NaNH_2\\2)\ CH_3I\\3)\ H_2/Ni\end{array}}$

(c) ? $\xrightarrow{\begin{array}{l}1)\ NaNH_2\\2)\ CH_3I\\3)\ NaNH_2\\4)\ (CH_3)_2CHCH_2Br\\5)\ H_2/Pd\cdot C\end{array}}$

Synthesen

5.30 Wie kann Ethen (Ethylen) in die folgenden Verbindungen überführt werden?
(a) Ethan
(b) Ethanol
(c) Bromethan
(d) 1,2-Dibromethan
(e) Chlorethan
(f) 1-Buten

5.31 Wie lassen sich die folgenden Verbindungen in guten Ausbeuten aus Alkenen synthetisieren?

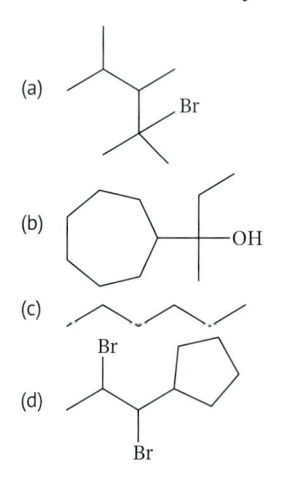

(a)
(b)
(c)
(d)

5.32 Überprüfen Sie Ihre bisher erworbenen Kenntnisse zu chemischen Reaktionen, indem Sie die folgenden Reaktionsgleichungen vervollständigen. *Hinweis:* Einige der Umsetzungen erfordern mehr als einen Schritt.

(a)
(b) H—≡—H ⟶
(c)
(d)
(e)

(f)

Ausblick

5.33 Jedes der unter (a) bis (c) angegebenen sekundären Kationen ist stabiler als das *tert*-Butylkation.

ein tertiäres Carbokation

(a)
(b)
(c)

Geben Sie für jedes der sekundären Kationen eine Erklärung für dessen erhöhte Stabilität an.

5.34 Rufen Sie sich in Erinnerung, dass in Alkenen eine π-Elektronenwolke oberhalb *und* unterhalb der C=C-Bindung vorliegt. Reagenzien können daher prinzipiell auf beiden Seiten der Doppelbindungen angreifen. Bestimmen Sie, ob der Angriff der folgenden Reagenzien von der Oberseite von *cis*-2-Buten zum selben Produkt führt wie der Angriff von der Unterseite. (*Tipp:* Machen Sie sich Molekülmodelle der Produkte und vergleichen Sie diese.)

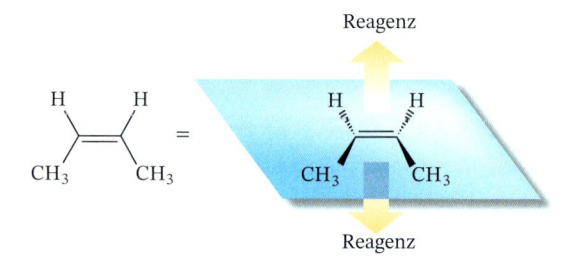

(a) H_2/Pt

(b) $\xrightarrow{\begin{array}{l}1)\ BH_3\cdot THF\\2)\ NaOH,\ HOOH\end{array}}$

(c) Br_2/CH_2Cl_2

5.35 Bei der folgenden Reaktion entstehen zwei Produkte zu unterschiedlichen Anteilen:

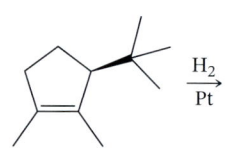

$\xrightarrow{H_2/Pt}$

Zeichnen Sie beide Produkte und entscheiden Sie, welches bevorzugt gebildet wird.

2-Methylpentansäuremethylester ist ein Geruchsstoff, der zum fruchtigen Geruch von Äpfeln beiträgt. Er kann in zwei spiegelbildlichen Formen vorliegen, von denen nur eine fruchtig riecht, die andere dagegen für Menschen nahezu geruchslos ist. Abgebildet sind die beiden spiegelbildlichen Formen von 2-Methylpentansäuremethylester.

[Quelle: © Valentyn Volkov/Shutterstock.]

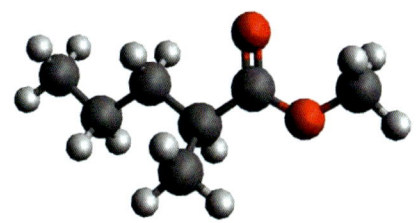

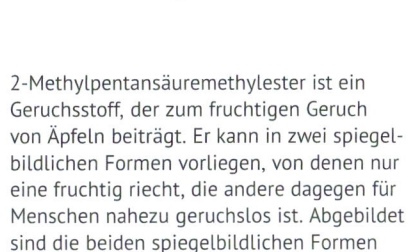

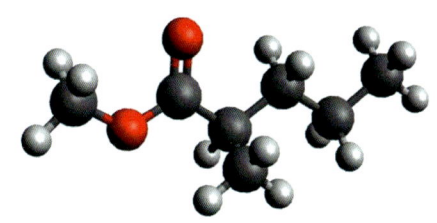

6

Chiralität: Die Händigkeit von Molekülen

Inhalt
6.1 Was sind Stereoisomere?
6.2 Was sind Enantiomere?
6.3 Wie bestimmt man die Konfiguration eines Stereozentrums?
6.4 Was besagt die 2^n-Regel?
6.5 Wie beschreibt man die Chiralität von cyclischen Verbindungen mit zwei Stereozentren?
6.6 Wie beschreibt man die Chiralität von Verbindungen mit drei oder mehr Stereozentren?
6.7 Welche Eigenschaften haben Stereoisomere?
6.8 Wie kann man Chiralität im Labor nachweisen?
6.9 Welche Bedeutung hat Chiralität in der biologischen Welt?
6.10 Wie kann man Enantiomere trennen?

Gewusst wie
6.1 Wie man Enantiomere zeichnet
6.2 Wie man die *R/S*-Konfiguration bestimmt, ohne das Molekül zu drehen
6.3 Wie man feststellt, ob zwei Verbindungen identisch, Enantiomere oder Diastereomere sind, ohne ihre räumliche Darstellung zu verändern

Exkurse
6.A Chirale Medikamente

In diesem Kapitel wollen wir uns mit den Beziehungen zwischen dreidimensionalen Objekten und ihren Spiegelbildern beschäftigen. Blickt man in einen Spiegel, sieht man ein zurückgeworfenes Bild von sich selbst, das **Spiegelbild**. Nun nehmen wir an, dass dieses Spiegelbild als reales dreidimensionales Objekt vorliegt. Wir könnten uns nun fragen, welche strukturelle Beziehung es zwischen dem Original und seinem Spiegelbild gibt. Insbesondere interessiert uns, ob das Spiegelbild mit seinem Original so zur Deckung gebracht werden kann, dass jedes Detail des Spiegelbilds exakt mit dem des Originals übereinstimmt? Wir und unsere Spiegelbilder sind bei genauer Betrachtung natürlich nicht deckungsgleich. Hat man zum Beispiel einen Ring am Ringfinger der linken Hand, dann trägt das Spiegelbild den Ring an der rechten Hand. Trägt man das Haar nach rechts gescheitelt, dann ist es im Spiegelbild nach links gescheitelt. Kurz gesagt: Wir und unser Spiegelbild sind strukturell unterschiedliche Objekte. Man kann beide nicht zur Deckung bringen.

Es ist für das Verständnis der Organischen Chemie und der Biochemie von essentieller Bedeutung, Beziehungen dieses Typs zu kennen und zu erkennen. Man kann sogar sagen, dass die Fähigkeit, sich Moleküle als dreidimensionale Objekte vorstellen zu können, eine unverzichtbare Voraussetzung für das Beherrschen der Organischen Chemie und Biochemie ist. Wir empfehlen Ihnen, sich einen Molekülbaukasten zuzulegen (oder vielleicht haben Sie auch Zugriff auf ein Computerprogramm, mit dem sich Molekülmodelle erstellen lassen). Sie sollten so oft wie möglich Molekülmodelle nutzen, um sich die in diesem und den nächsten Kapiteln besprochenen Konzepte räumlich vorstellen zu können.

Einführung in die Organische Chemie, Erste Auflage. William H. Brown und Thomas Poon.
© 2021 WILEY-VCH GmbH. Published 2021 by WILEY-VCH GmbH.

6.1 Was sind Stereoisomere?

Stereoisomere haben wie alle Isomere die gleiche Summenformel und weisen zudem die gleiche Verknüpfung der Atome auf (sie haben die gleiche Konstitution), unterscheiden sich aber in der dreidimensionalen Anordnung der Atome im Raum. Wir haben bislang erst einen Typ von Stereoisomeren kennengelernt, die *cis/trans*-Isomere in Cycloalkanen (Abschn. 3.7) und in Alkenen (Abschn. 4.1.3).

cis-1,2-Dimethyl-cyclohexan   und   *trans*-1,2-Dimethyl-cyclohexan   *cis*-2-Buten oder Z-2-Buten   und   *trans*-2-Buten oder E-2-Buten

Wir werden uns in diesem Kapitel mit zwei weiteren Typen von Stereoisomeren beschäftigen, den Enantiomeren und den Diastereomeren (Abb. 6.1).

Isomere
unterschiedliche Verbindungen mit der gleichen Summenformel

Konstitutionsisomere
Isomere mit unterschiedlicher Verknüpfung der Atome

Stereoisomere
Isomere mit gleichen Atomverknüpfungen, aber mit unterschiedlicher Anordnung der Atome im Raum

Enantiomere
Spiegelbildliche Stereoisomere, die nicht zur Deckung zu bringen sind

Diastereomere
Stereoisomere, die sich nicht wie Bild und Spiegelbild verhalten

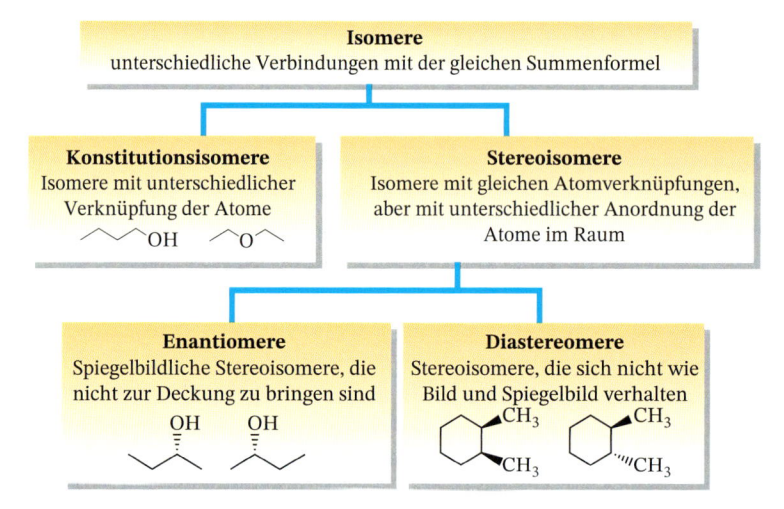

Abb. 6.1 Übersicht über verschiedene Arten von Isomerie mit einigen Beispielen.

6.2 Was sind Enantiomere?

Enantiomere sind paarweise auftretende Stereoisomere, die spiegelbildlich sind, aber nicht zur Deckung gebracht werden können. Spiegelbildisomerie ist von eminenter Bedeutung, da die überwiegende Mehrheit aller Verbindungen der biologischen Welt (mit Ausnahme von anorganischen und einigen einfachen organischen Verbindungen) diese Isomerie aufweisen, darunter die Kohlenhydrate (Kap. 17), die Lipide (Kap. 19), die Aminosäuren und Proteine (Kap. 18) und die Nukleinsäuren (DNA und RNA, Kap. 20). Außerdem ist etwa die Hälfte aller Arzneimittel, die für die Anwendung am Menschen entwickelt wurden, chiral.

Schauen wir uns ein Beispiel für eine Verbindung an, die chiral ist und daher in zwei enantiomeren Formen vorliegen kann: 2-Butanol. Wir wollen uns hier vor allem das C-Atom 2 näher ansehen, das die OH-Gruppe trägt.

An dieses C-Atom sind vier verschiedene „Gruppen" gebunden: –H, –OH, –CH$_3$ und –CH$_2$CH$_3$

CH$_3$CHCH$_2$CH$_3$
2-Butanol

Die dargestellte Strukturformel lässt keine Aussage über die Gestalt des Moleküls oder die räumliche Anordnung der Atome zu. Eine solche Aussage ist erst möglich, wenn wir uns das Molekül als dreidimensionales Objekt vorstellen. In der folgenden Abbildung sind links ein Kugel-Stab-Modell und eine perspektivische Darstellung von 2-Butanol in der räumlichen Anordnung abgebildet, die wir als das „Originalmolekül" bezeichnen wollen. In Tab. 1.7 können Sie nochmal die Bedeutung der gestrichelten und gekeilten Bindungen in perspektivischen Darstellungen rekapitulieren.

Auf der rechten Seite zeigt die Abbildung das Spiegelbild des Originalmoleküls. Jedes Molekül und tatsächlich jedes denkbare Objekt hat ein Spiegelbild. Die Frage, die wir uns nun stellen wollen, lautet: „Welche Beziehung besteht zwischen der Originaldarstellung von 2-Butanol und seinem Spiegelbild?" Zur Beantwortung dieser Frage muss man sich vorstellen, man würde das Spiegelbild beliebig im Raum so verschieben und drehen, dass es an der Position des Originals zu liegen kommt. Wenn man es so verschieben kann, dass jedes Atom, jede Bindung und jedes weitere Detail an exakt den entsprechenden Positionen im Original zu liegen kommt, dann sind beide Darstellungen **deckungsgleich**. In diesem Fall sind das Spiegelbild und das Original nur unterschiedliche Darstellungen ein und desselben Moleküls, sie unterscheiden sich nur durch ihre Lage im Raum. Wenn es aber keine Möglichkeit gibt, die Moleküle mit jedem Detail exakt übereinander zu legen, egal wie man das Spiegelbild bewegt, dann sind sie **nicht deckungsgleich**; es handelt sich um unterschiedliche Verbindungen.

Der springende Punkt ist also die Frage, ob ein Objekt mit seinem Spiegelbild deckungsgleich ist oder nicht. Wir wollen uns das 2-Butanol und sein Spiegelbild ansehen und uns also fragen: „Sind sie deckungsgleich oder nicht?"

Die folgenden Darstellungen verdeutlichen, wie wir vorgehen können, um festzustellen, ob das Spiegelbild von 2-Butanol mit dem Originalmolekül deckungsgleich ist.

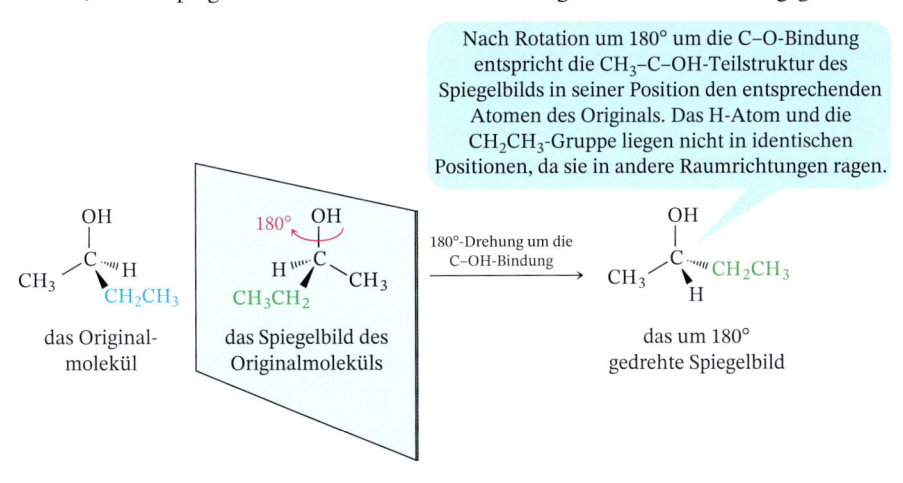

Wenn das Spiegelbild entsprechend obiger Darstellung gedreht wird, können die OH- und die CH_3-Gruppe mit den OH- und CH_3-Gruppen des Originals zur Deckung gebracht werden. Das H-Atom und die CH_2CH_3-Gruppen von Spiegelbild und Original haben aber nicht die gleichen Positionen: Das H-Atom zeigt im Original von uns weg,

Die Hörner dieser afrikanischen Gazelle sind chiral und zueinander spiegelbildlich. [Quelle: © William H. Brown.]

Rechts- und linksgängige Muscheln. Die helikale Struktur in einer Muschel ist rechtsgängig, wenn sie sich vom Betrachter weg im Uhrzeigersinn windet. [Quelle: © Charles D. Winters.]

im Spiegelbild aber auf uns zu. Die CH_2CH_3-Gruppe des Originals zeigt zu uns, im Spiegelbild aber von uns weg. Wir können also festhalten, dass das Original und das Spiegelbild von 2-Butanol nicht deckungsgleich sind; es handelt sich um unterschiedliche Verbindungen.

Zusammenfassend lässt sich sagen, dass wir das Spiegelbild von 2-Butanol beliebig im Raum verschieben oder rotieren können – so lange wir keine Bindung brechen oder neu knüpfen, können nur zwei der vier Bindungen an C-Atom 2 im Spiegelbild mit den entsprechenden Bindungen des Originals zur Deckung gebracht werden. Weil 2-Butanol und sein Spiegelbild nicht deckungsgleich sind, handelt es sich um Enantiomere. Wie Handschuhe gibt es Enantiomere immer paarweise.

Objekte, die nicht deckungsgleich mit ihrem Spiegelbild sind, sind **chiral** (griech.: *cheir*, Hand); man sagt, dass sie Händigkeit zeigen. Ganz unterschiedliche dreidimensionale Objekte können Chiralität zeigen. Eine linke Hand ist chiral und eine rechte Hand ist es ebenso. Die Spiralbindung eines Spiralblocks ist chiral. Eine Schraube (egal, ob rechtsgängig oder linksgängig) ist chiral. Eine Schiffsschraube ist chiral. Geht man aufmerksam durch die Welt, wird man überall einer großen Zahl von chiralen Objekten begegnen.

Bevor wir uns das Original und das Spiegelbild von 2-Butanol angesehen haben, hatten wir bereits erwähnt, dass der übliche Grund für das Vorliegen von Enantiomeren in organischen Verbindungen das Vorliegen eines Kohlenstoffatoms mit vier verschiedenen daran gebundenen Gruppen ist. Wir wollen uns nun 2-Propanol ansehen, in dem kein an vier verschiedene Gruppen gebundenes Kohlenstoffatom vorliegt. In dieser Verbindung ist das C-Atom 2 nur an drei verschiedene Gruppen gebunden. Die Frage lautet wieder: „Ist das Spiegelbild von 2-Propanol mit seinem Original deckungsgleich oder nicht?"

Im folgenden Bild ist links eine dreidimensionale Darstellung von 2-Propanol abgebildet und rechts davon das entsprechende Spiegelbild:

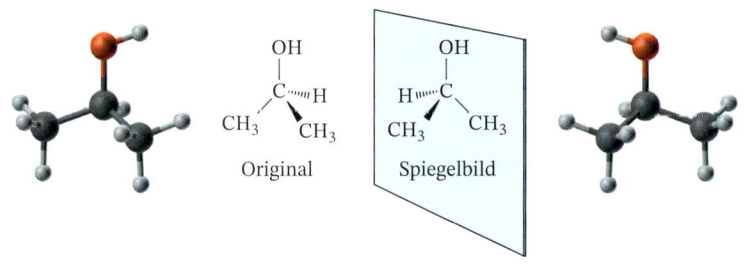

Welche Beziehung besteht also zwischen dem Spiegelbild und dem Original? Dieses Mal wollen wir das Spiegelbild um 60° um die C−OH-Bindung drehen und dann mit dem Original vergleichen. Wir erkennen, dass nach dieser Drehung alle Atome und Bindungen des Spiegelbilds exakt mit denen des Originals übereinstimmen. Das bedeutet, dass es sich bei der Verbindung in der ursprünglichen Darstellung und ihrem Spiegelbild tatsächlich um dasselbe Molekül handelt, nur aus unterschiedlichen Blickwinkeln betrachtet:

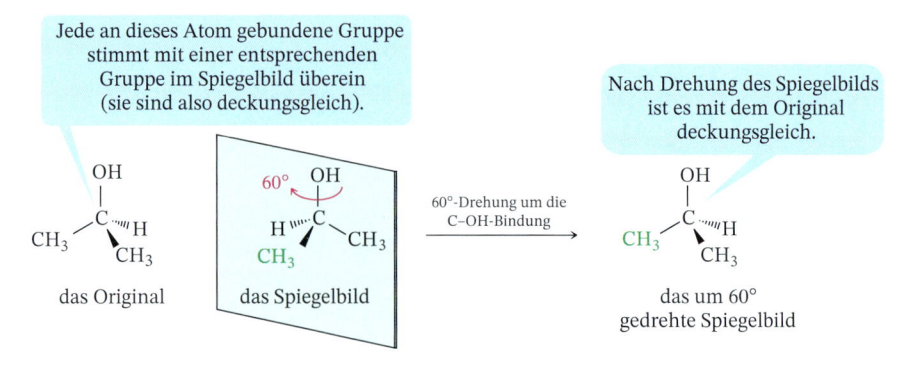

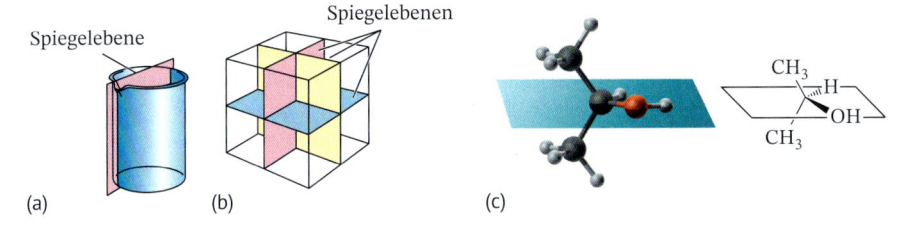

Abb. 6.2 Spiegelebenen in (a) einem Becherglas, (b) einem Würfel und (c) in 2-Propanol. Das Becherglas und 2-Propanol haben jeweils nur eine Symmetrieebene, während ein Würfel mehrere Spiegelebenen aufweist; drei davon sind hier gezeigt.

Wenn ein Objekt und sein Spiegelbild deckungsgleich sind, dann sind Objekt und Spiegelbild identisch und es handelt sich nicht um Enantiomere. In diesem Fall ist das Objekt **achiral**, weist also keine Chiralität auf.

Ein achirales Objekt enthält mindestens eine Spiegelebene. Eine **Spiegelebene** (oder Symmetrieebene) ist eine imaginäre Ebene, die ein Objekt so teilt, dass jede der Hälften das Spiegelbild der jeweils anderen Hälfte ist. Das in Abb. 6.2 gezeigte Becherglas hat nur eine Symmetrieebene, während ein Würfel mehrere Spiegelebenen aufweist. Auch 2-Propanol besitzt nur eine Spiegelebene.

Es sei nochmals gesagt, dass Chiralität in organischen Verbindungen sehr häufig dann vorliegt, wenn ein Kohlenstoffatom an vier verschiedene Substituenten gebunden ist. Ein solches Kohlenstoffatom bezeichnet man als **Chiralitätszentrum**. Ein Chiralitätszentrum ist eine Möglichkeit für das Vorliegen eines **Stereozentrums** (auch als stereogenes Zentrum bezeichnet). Damit bezeichnet man ein Atom, an dem das Vertauschen zweier Substituenten zu einem anderen Stereoisomer führt. 2-Butanol hat ein Stereozentrum; 2-Propanol hat keines.

Abschließend wollen wir uns noch eine weitere Verbindung mit einem Stereozentrum ansehen, die 2-Hydroxypropansäure, besser bekannt unter dem Namen Milchsäure. Milchsäure entsteht als Produkt der anaeroben Glykolyse und ist im Sauerrahm für dessen säuerlichen Geschmack verantwortlich. In Abb. 6.3 sind dreidimensionale Darstellungen von Milchsäure und ihrem Spiegelbild gezeigt. In diesen Darstellungen nehmen alle Bindungswinkel um das Zentralatom etwa 109.5° ein; die vier Bindungen ragen vom Kohlenstoff ausgehend in die Ecken eines regulären Tetraeders. Milchsäure zeigt Spiegelbildisomerie; die Milchsäure und ihr Spiegelbild können nicht zur Deckung gebracht werden, da es sich um verschiedene Verbindungen, um Enantiomere handelt.

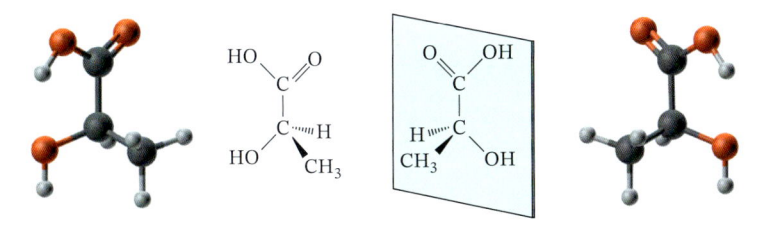

Abb. 6.3 Dreidimensionale Darstellungen von Milchsäure und ihrem Spiegelbild.

6 Chiralität: Die Händigkeit von Molekülen

> **Gewusst wie: 6.1   Wie man Enantiomere zeichnet**
>
> Da wir nun wissen, was Enantiomere sind, können wir darüber nachdenken, wie wir ihre dreidimensionale Struktur zweidimensional darstellen können. Schauen wir uns beispielsweise eines der Enantiomere von 2-Butanol an. Im Folgenden sind vier verschiedene Darstellungen dieses Enantiomers abgebildet.
>
> (1)   (2)   (3)   (4)
>
> In der bisherigen Diskussion zu 2-Butanol haben wir Darstellung (1) verwendet, um die tetraedrische Geometrie um das Stereozentrum zu verdeutlichen. Hier liegen zwei der Substituenten in der Papierebene, ein dritter zeigt aus der Ebene heraus auf uns zu und der vierte liegt hinter der Papierebene von uns abgewandt. Dreht man die Darstellung (1) ein kleines bisschen im Raum und kippt sie etwas, dann liegt das Kohlenstoffgerüst in der Papierebene und wir kommen zu Darstellung (2). Auch hier liegen zwei der Substituenten in der Papierebene, ein weiterer ragt in unsere Richtung und der vierte liegt abgewandt nach hinten. Um eine vereinfachte Darstellung dieses Enantiomers von 2-Butanol zu erhalten, können wir (2) in eine Skelettformel überführen. Normalerweise werden Wasserstoffatome in Skelettformeln nicht gezeichnet, eines ist in (3) trotzdem explizit gezeigt, um klar zu machen, dass tatsächlich ein vierter Substituent am Stereozentrum vorliegt und dass es sich dabei um ein Wasserstoffatom handelt. Eine nochmalige Vereinfachung der Darstellung von 2-Butanol führt zur Skelettformel (4). Das H-Atom am Stereozentrum ist nun zwar nicht mehr gezeichnet, wir wissen aber trotzdem, dass es vorhanden ist (weil Kohlenstoff vierbindig ist). Wir wissen auch, dass das Wasserstoffatom hinter der Papierebene liegen muss. Ganz offensichtlich sind die Darstellungen (3) und (4) am einfachsten zu zeichnen und – mit ein bisschen Übung – auch am einfachsten zu erfassen. In weiteren Diskussionen werden wir daher vornehmlich diese Schreibweisen nutzen. Wenn Sie dreidimensionale Darstellungen von Stereozentren zeichnen müssen, versuchen Sie das Kohlenstoffgerüst in die Papierebene zu legen und die zwei weiteren Substituenten an jedem Stereozentrum nach vorne bzw. hinten ragen zu lassen. Ausgehend von (4) können wir auch Darstellungen des entsprechenden Enantiomers zeichnen:
>
> ein Enantiomer   alternative Darstellungen
> von 2-Butanol   seines Spiegelbilds
>
> Man beachte, dass das Kohlenstoffgerüst in der ersten der beiden alternativen Darstellungen des Spiegelbilds gedreht vorliegt.

Beispiel 6.1   Jedes der folgenden Moleküle enthält ein Stereozentrum.

(a) $CH_3CHClCH_2CH_3$ (mit Cl am mittleren C)

(b)   3-Chlorcyclohex-1-en

Identifizieren Sie die Stereozentren und zeichnen Sie jeweils räumliche Darstellungen beider Enantiomere.

Vorgehensweise

Um Stereozentren zu identifizieren, ist es meistens hilfreich, die Verbindungen als Skelettformeln zu zeichnen. Kohlenstoffatome, von denen ausgehend nur ein oder zwei Bindungen gezeichnet sind, oder solche, die sp^2- oder sp-hybridisiert sind, muss man nicht weiter berücksichtigen. Hat man die Stereozentren identifiziert, werden die Bindungen zu Substituenten als ausgefüllte und gestrichelte Keile gezeichnet.

Lösung

Es ist hier sehr zu empfehlen, sich jedes der Enantiomerenpaare mithilfe von Molekülmodellen aus unterschiedlichen Blickwinkeln anzusehen. Mithilfe solcher Modelle werden Sie leicht erkennen können, dass jedes Enantiomer ein Kohlenstoffatom enthält, das vier verschiedene Substituenten trägt und das Molekül so chiral macht.

Was Sie bei Betrachtung der Modelle sehen, können Sie dann in eine perspektivische Darstellung übertragen. Das H-Atom am Stereozentrum ist für die Enantiomere der Teilaufgabe (a) gezeigt, nicht aber für (b).

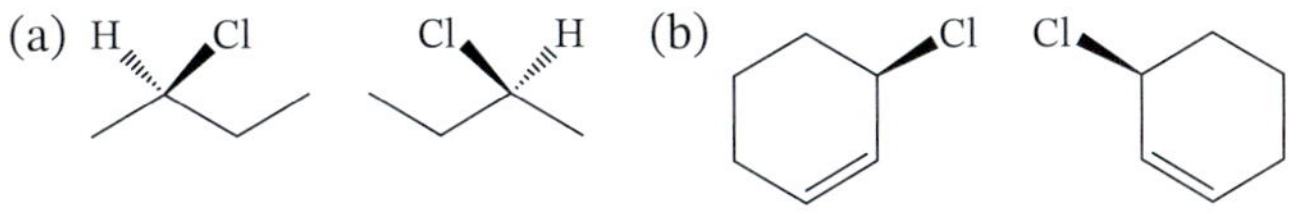

(a) [Strukturformeln] (b) [Strukturformeln]

Siehe Aufgaben 6.6, 6.7 und 6.10. ◂

6.3 Wie bestimmt man die Konfiguration eines Stereozentrums?

Weil es sich bei Enantiomeren um verschiedene Substanzen handelt, müssen sie sich auch in ihrem Namen unterscheiden. Das rezeptfreie Schmerzmittel Ibuprofen zeigt Spiegelbildisomerie und kann in zwei enantiomeren Formen vorliegen:

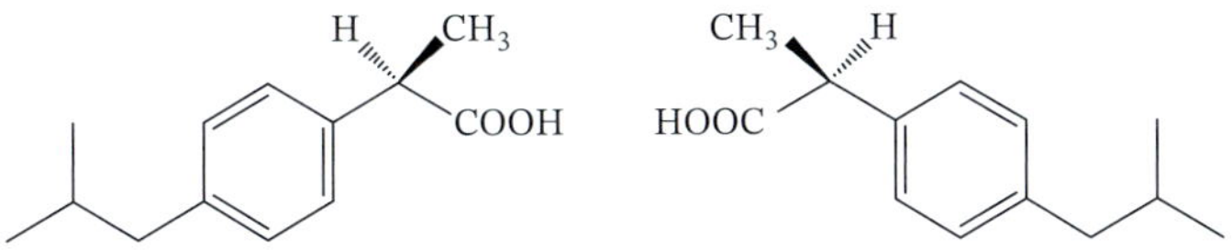

das inaktive Enantiomer von Ibuprofen   das aktive Enantiomer

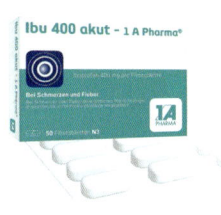

Das rezeptfreie Schmerzmittel Ibuprofen wird als Mischung beider Enantiomere vertrieben.

Nur eines der beiden Enantiomere von Ibuprofen ist biologisch aktiv. Dieses Enantiomer erreicht im menschlichen Körper innerhalb von etwa 12 Minuten therapeutisch relevante Konzentrationen. Dennoch ist das inaktive Enantiomer nicht nutzlos. Es wird im Körper in das aktive Enantiomer überführt, braucht dafür aber Zeit.

Wir brauchen also eine Methode zur Benennung der Enantiomere von Ibuprofen (oder eines beliebigen Enantiomerenpaares). Nur so haben wir die Möglichkeit, eindeutig auf sie Bezug zu nehmen, wenn wir über sie schreiben oder sprechen wollen. Hierzu wurde das **R/S-Nomenklatursystem** entwickelt. Um einem Stereozentrum eine R- oder S-Konfiguration zuzuordnen, müssen wir zunächst die daran gebundenen Substituenten in der Reihenfolge ihrer Prioritäten anordnen. Hierzu verwenden wir die gleichen **Prioritätsregeln**, die wir schon in Abschn. 4.2.3 zur Festlegung der E/Z-Konfiguration genutzt haben.

Um einem Stereozentrum eine R- oder eine S-Konfiguration zuzuordnen, geht man wie folgt vor:

1. Man identifiziert das Stereozentrum, ermittelt die vier daran gebundenen Substituenten und legt für jeden eine Priorität von 1 (höchste Priorität) bis 4 (niedrigste Priorität) fest.
2. Man orientiert das Molekül so im Raum, dass der Substituent niedrigster Priorität (4) vom Betrachter abgewandt ist (so wie die Lenksäule eines Autos vom Fahrer abgewandt ist). Die drei Substituenten höherer Priorität (1–3) zeigen nun auf den Betrachter zu (wie die Speichen des Lenkrads).
3. Man folgt nun den drei zum Betrachter gewandten Substituenten in der Reihenfolge ihrer Prioritäten, von der höchsten (1) über (2) zur niedrigsten (3).
4. Wenn die Substituenten in dieser Reihenfolge im Uhrzeigersinn angeordnet sind, wird dem Stereozentrum die Konfiguration **R** (lat.: *rectus*, rechts) zugewiesen, wenn sie gegen den Uhrzeigersinn angeordnet sind, liegt eine **S**-Konfiguration vor (lat.: *sinister*, links). Man kann sich auch vorstellen, man würde das imaginäre Lenkrad mit den Speichen (entsprechend den Substituenten) nach rechts (also R) oder nach links (also S) drehen.

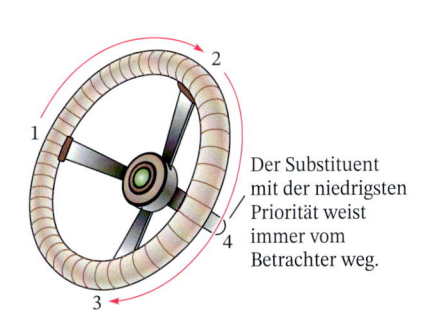

Der Substituent mit der niedrigsten Priorität weist immer vom Betrachter weg.

Beispiel 6.2 Bestimmen Sie für jedes Stereozentrum, ob es *R*- oder *S*-konfiguriert ist:

(a) [Struktur mit Cl, H an Stereozentrum] (b) [Cyclohexen mit H, OH an Stereozentrum]

Vorgehensweise
Bestimmen Sie die Priorität für alle Substituenten am Stereozentrum. Richten Sie (falls notwendig) das Molekül so aus, dass der Substituent mit der niedrigsten Priorität nach hinten weist. Ermitteln Sie die *R/S*-Konfiguration, indem Sie den drei vorderen Substituenten von der höchsten zur niedrigsten Priorität folgen.

Lösung
Betrachten Sie das Molekül durch das Stereozentrum und entlang der Bindung vom Stereozentrum zum Substituenten mit der niedrigsten Priorität.

(a) Die Prioritätsreihenfolge ist $-Cl > -CH_2CH_3 > -CH_3 > -H$. Der Substituent mit der niedrigsten Priorität ($-H$) weist vom Betrachter weg. Folgt man den Substituenten in der Prioritätsreihenfolge von 1 über 2 nach 3, ergibt sich eine Drehrichtung entgegen dem Uhrzeigersinn; es handelt sich somit um eine *S*-Konfiguration.

Das H-Atom weist nach hinten und ist daher verdeckt.

(b) Die Prioritätsreihenfolge ist $-OH > -CH=CH > -CH_2-CH_2 > -H$. Mit dem H-Atom (dem Substituenten niedrigster Priorität) nach hinten, folgt man den Substituenten in der Prioritätsreihenfolge 1, 2, 3 im Uhrzeigersinn; das Stereozentrum ist folglich *R*-konfiguriert.

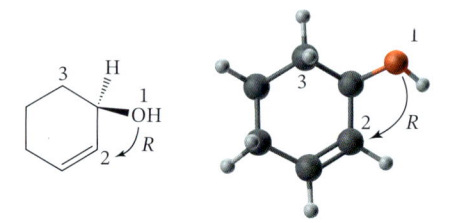

Siehe Aufgaben 6.12–6.15, 6.21 und 6.25.

Wir wollen noch einmal auf die dreidimensionalen Darstellungen der Ibuprofen-Enantiomere zurückkommen und diesen eine *R*- oder *S*-Konfiguration zuweisen. In absteigender Prioritätsreihenfolge sind die an das Stereozentrum gebundenen Substituenten: $-COOH > -C_6H_4 > -CH_3 > -H$. Im linken Enantiomer folgen wir den Substituenten am Stereozentrum in der Reihenfolge der Prioritäten im Uhrzeigersinn. Dieses Enantiomer ist also das (*R*)-Ibuprofen, sein Spiegelbild ist das (*S*)-Ibuprofen.

(*R*)-Ibuprofen (das inaktive Enantiomer)

(*S*)-Ibuprofen (das aktive Enantiomer)

Gewusst wie: 6.2 Wie man die R/S-Konfiguration bestimmt, ohne das Molekül zu drehen

Wenn man Schwierigkeiten hat, sich die Drehung einer perspektivischen Darstellung im Raum vorzustellen, kann man sich der folgenden Techniken bedienen:

Fall 1: *Der Substituent mit der niedrigsten Priorität ist bereits vom Betrachter weg gerichtet.*

Wenn der Substituent mit der niedrigsten Priorität in einer räumlichen Darstellung bereits mit einem gestrichelten Keil gebunden gezeichnet ist, kann man die Konfiguration einfach ablesen, indem man den restlichen drei Substituenten von der höchsten zur niedrigsten Priorität folgt.

Der Substituent mit der niedrigsten Priorität weist bereits nach hinten.

(*R*)-2-Fluorpentan

Die R/S-Konfiguration kann ohne die Notwendigkeit räumlicher Anpassungen abgelesen werden.

Fall 2: *Der Substituent mit der niedrigsten Priorität zeigt zum Betrachter.*

Wenn der Substituent mit der niedrigsten Priorität in einer räumlichen Darstellung mit einem ausgefüllten Keil gebunden gezeichnet ist, folgt man den restlichen drei Substituenten von der höchsten zur niedrigsten Priorität und kehrt die hierbei ermittelte Konfiguration einfach um.

Der Substituent mit der niedrigsten Priorität zeigt zum Betrachter.

(*S*)-2-Fluorpentan

Die R/S-Konfiguration wird abgelesen und anschließend umgedreht. In diesem Beispiel scheint eine R-Konfiguration vorzuliegen; diese wird aber in eine S-Konfiguration umgewandelt, weil der Substituent mit der niedrigsten Priorität zum Betrachter zeigt.

Fall 3: *Der Substituent mit der niedrigsten Priorität liegt in der Papierebene.*

Wenn der Substituent mit der niedrigsten Priorität in der perspektivischen Darstellung in der Papierebene liegt, blickt man entlang der Bindung, die das Stereozentrum mit diesem Substituenten verbindet und zeichnet eine Newman-Projektion (Abschn. 3.6.1).

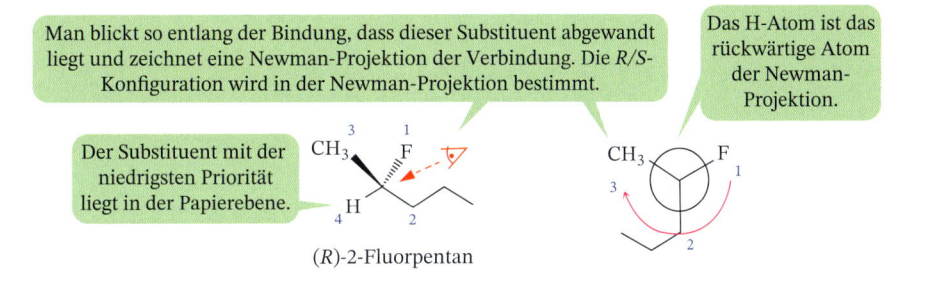

Man blickt so entlang der Bindung, dass dieser Substituent abgewandt liegt und zeichnet eine Newman-Projektion der Verbindung. Die R/S-Konfiguration wird in der Newman-Projektion bestimmt.

Das H-Atom ist das rückwärtige Atom der Newman-Projektion.

Der Substituent mit der niedrigsten Priorität liegt in der Papierebene.

(*R*)-2-Fluorpentan

6.4 Was besagt die 2^n-Regel?

Wir wollen uns jetzt Verbindungen mit zwei Stereozentren ansehen. Ganz allgemein können wir feststellen, dass für eine Verbindung mit **n** Stereozentren maximal 2^n Stereoisomere möglich sind. Wir haben bereits gesehen, dass für eine Verbindung mit einem Stereozentrum $2^1 = 2$ Stereoisomere (ein Enantiomerenpaar) möglich sind. Eine Verbindung mit zwei Stereozentren kann in $2^2 = 4$ Stereoisomeren vorliegen, für eine Verbindung mit drei Stereoisomeren sind $2^3 = 8$ Stereoisomere möglich usw.

6.4.1 Enantiomere und Diastereomere

Wir beginnen unsere Überlegungen zu Verbindungen mit zwei Stereozentren mit 2,3,4-Trihydroxybutanal, dessen zwei Stereozentren in der nachfolgenden Darstellung durch Sterne markiert sind:

$$\text{HOCH}_2 - \overset{*}{\text{CH}} - \overset{*}{\text{CH}} - \text{CH} = \text{O}$$
$$\qquad\qquad\; |\qquad\; |$$
$$\qquad\qquad \text{OH}\;\; \text{OH}$$

2,3,4-Trihydroxybutanal

Die maximale Anzahl an möglichen Stereoisomeren für diese Verbindung ist $2^2 = 4$; alle Stereoisomere sind in Abb. 6.4 dargestellt.

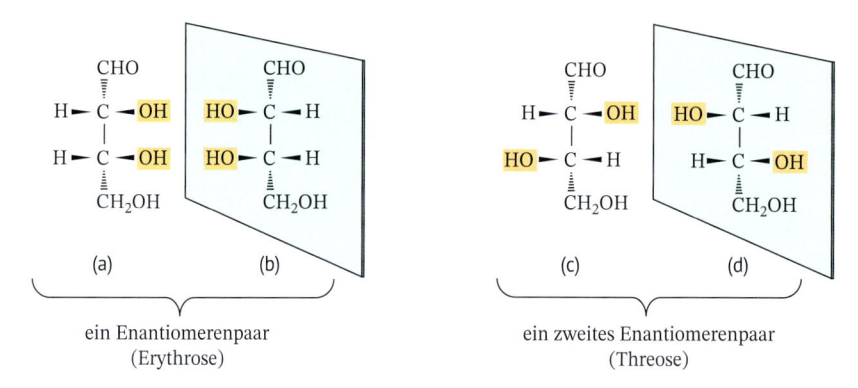

Abb. 6.4 Die vier Stereoisomere von 2,3,4-Trihydroxybutanal, einer Verbindung mit zwei Stereozentren. Die Verbindungen (a) und (b) sind ($2R,3R$)- bzw. ($2S,3S$)-konfiguriert, (c) und (d) haben die ($2R,3S$)- bzw. ($2S,3R$)-Konfiguration.

Die Stereoisomere (a) und (b) sind nicht deckungsgleiche Spiegelbilder und damit ein Enantiomerenpaar. Auch die Stereoisomere (c) und (d) sind nicht zur Deckung zu bringende Spiegelbilder und bilden somit ein zweites Enantiomerenpaar. Die vier Stereoisomere von 2,3,4-Trihydroxybutanal bestehen also aus zwei Paaren von Enantiomeren. Die Enantiomere (a) und (b) tragen den Namen **Erythrose** und werden in den Erythrozyten (den roten Blutkörperchen) gebildet (daher der Name). Die Enantiomere (c) und (d) heißen **Threose**. Sowohl Erythrose als auch Threose gehören zur selben Naturstoffklasse, den Kohlenhydraten, die wir in Kap. 17 besprechen werden.

Wir konnten also die Beziehung zwischen (a) und (b) sowie zwischen (c) und (d) ermitteln. In welcher Beziehung stehen aber (a) zu (c), (a) zu (d), (b) zu (c) oder (b) zu (d)? Es handelt sich um Diastereomere. **Diastereomere** sind Stereoisomere, die nicht spiegelbildlich, also nicht enantiomer zueinander sind. Genauso wie mit der Bezeichnung *Enantiomere* wird mit dem Begriff *Diastereomere* eine Beziehung zwischen zwei Objekten definiert.

Beispiel 6.3 Im Folgenden sind räumliche Darstellungen der vier Stereoisomere von 1,2,3-Butantriol abgebildet. Für die Stereoisomere (1) und (4) sind auch die Konfigurationen angegeben:

(a) Welche Verbindungen bilden Enantiomerenpaare?
(b) Welche Verbindungen sind zueinander diastereomer?

Vorgehensweise

Bestimmen Sie für alle Verbindungen die *R/S*-Konfiguration jedes Stereozentrums, vergleichen Sie die korrespondierenden Stereozentren und ermitteln Sie daraus die Beziehungen zwischen den Verbindungen (siehe hierzu die Rubrik Gewusst wie 6.3).

Lösung

(a) Die Verbindungen (1) und (4) bilden ein Enantiomerenpaar, die Verbindungen (2) und (3) ein zweites. Beachten Sie, dass die Konfigurationen aller Stereozentren in (1) denen in (4) gegensätzlich sind, dass es sich also um Enantiomere handelt.

(b) Die Verbindungen (1) und (2), (1) und (3), (2) und (4) sowie (3) und (4) sind zueinander diastereomer.

Siehe Aufgaben 6.11 und 6.16.

Gewusst wie: 6.3 Wie man feststellt, ob zwei Verbindungen identisch, Enantiomere oder Diastereomere sind, ohne ihre räumliche Darstellung zu verändern

Wenn man Schwierigkeiten hat, sich die Drehung einer perspektivischen Darstellung im Raum vorzustellen, kann man sich der folgenden Techniken bedienen:

1. Schritt: *Man überprüft, ob die Verbindungen Stereoisomere sind.*

Man stelle zunächst sicher, dass die zu untersuchenden Verbindungen die gleiche Summenformel und die gleiche Atomverknüpfung aufweisen.

Summenformel jeweils: $C_6H_{13}BrO$;
in beiden liegt eine C_6-Kette mit Br an der 5-Position und OH an der 2-Position vor.

2. Schritt: *Man weist für beide Verbindungen jedem Stereozentrum seine R/S-Konfiguration zu.*

In der Rubrik Gewusst wie 6.2 sind die Details hierzu beschrieben.

3. Schritt: *Man vergleicht die Konfiguration der korrespondierenden Stereozentren.*

Wenn alle Konfigurationen übereinstimmen, handelt es sich um identische Verbindungen. Wenn alle Konfigurationen an korrespondierenden Stereozentren gegensätzlich sind, sind die Verbindungen Enantiomere. In allen anderen Fällen handelt es sich um Diastereomere.

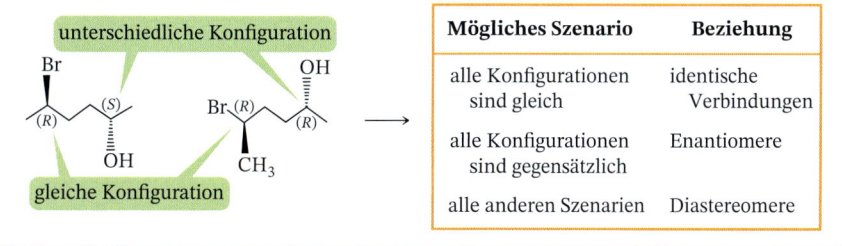

Mögliches Szenario	Beziehung
alle Konfigurationen sind gleich	identische Verbindungen
alle Konfigurationen sind gegensätzlich	Enantiomere
alle anderen Szenarien	Diastereomere

6.4.2 *meso*-Verbindungen

Bestimmte Verbindungen mit zwei oder mehr Stereozentren haben spezielle Symmetrieeigenschaften, durch die sich die Zahl der Stereoisomere reduziert, sodass die maximale durch die 2^n-Regel gegebene Anzahl nicht erreicht wird. 2,3-Dihydroxybutandisäure, meist als Weinsäure bezeichnet, ist ein Beispiel für eine solche Verbindung:

$$\text{HOC}\overset{\text{O}}{\underset{}{\|}}-\overset{*}{\text{CH}}-\overset{*}{\text{CH}}-\overset{\text{O}}{\underset{}{\|}}\text{COH}$$
$$\text{OH}\text{OH}$$

2,3-Dihydroxybutandisäure
(Weinsäure)

Weinsäure ist eine farblose, kristalline Verbindung, die in vielen Obst- und Gemüsearten, vor allem aber in Weintrauben vorkommt. Während der Gärung von Traubensaft setzt sich Kaliumhydrogentartrat (das Monokaliumsalz der Weinsäure, in dem eine COOH-Gruppe durch das Kaliumcarboxylat $-\text{COO}^-\text{K}^+$ ersetzt ist) als Kruste am Boden von Weinfässern ab. Es wird gesammelt, umkristallisiert und als Weinstein verkauft.

Die Kohlenstoffatome 2 und 3 der Weinsäure sind Stereozentren, woraus wir mit der 2^n-Regel eine maximale Zahl von $2^2 = 4$ Stereoisomeren erhalten. In Abb. 6.5 sind die beiden spiegelbildlichen Stereoisomerenpaare für diese Verbindung gezeigt. Die Isomere (a) und (b) lassen sich nicht zur Deckung bringen, es handelt sich also um ein Enantiomerenpaar. Die Strukturen (c) und (d) sind ebenfalls spiegelbildlich zueinander, sie lassen sich aber zur Deckung bringen. Um das zu erkennen, drehen wir die Darstellung (d) um 180° in der Papierebene, heben sie aus der Papierebene heraus und platzieren sie genau über (c). Wenn man dieses Gedankenexperiment richtig durchgeführt hat, erkennt man, dass (c) und (d) deckungsgleich sind. Die Darstellungen (c) und (d) zeigen daher *keine* unterschiedlichen Verbindungen, sondern dieselbe Verbindung in unterschlichen Orientierungen. Weil (c) und sein Spiegelbild deckungsgleich sind, ist (c) achiral.

Dass (c) eine achirale Verbindung ist, erkennt man auch an der Spiegelebene, die man so in die Mitte des Moleküls legen kann, dass die obere Hälfte auf die untere Hälfte abgebildet wird. Obwohl Stereoisomer (c) also zwei Stereozentren aufweist, ist es achiral. Das Stereoisomer von Weinsäure, das durch (c) oder (d) dargestellt wird, nennt man eine **meso-Verbindung**. Eine *meso*-Verbindung ist eine achirale Verbindung, die zwei oder mehr Stereozentren enthält.

Wie viele Stereoisomere gibt es also von Weinsäure? Es gibt ein Enantiomerenpaar und eine *meso*-Verbindung; Für Weinsäure sind also drei verschiedene Stereoisomere

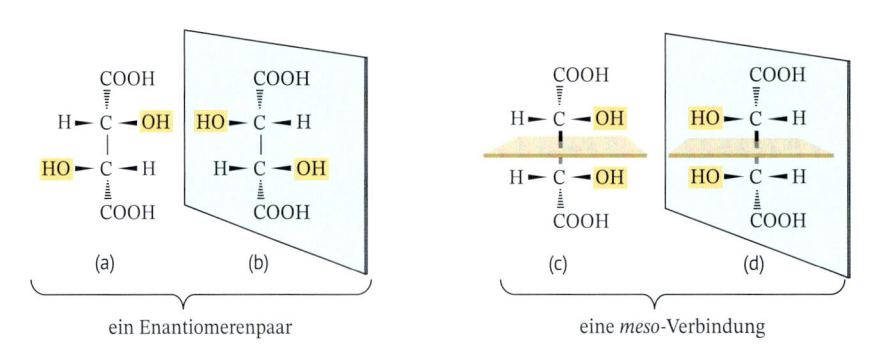

Abb. 6.5 Stereoisomere der Weinsäure. Ein Enantiomerenpaar und eine *meso*-Verbindung. Die Spiegelebene in der *meso*-Verbindung belegt, dass es sich um eine achirale Verbindung handelt.

möglich. Abschließend sei noch erwähnt, dass eine *meso*-Verbindung diastereomer zu jedem der anderen Stereoisomere ist.

Beispiel 6.4 Im Folgenden sind räumliche Darstellungen der drei Stereoisomere von 2,3-Butandiol abgebildet:

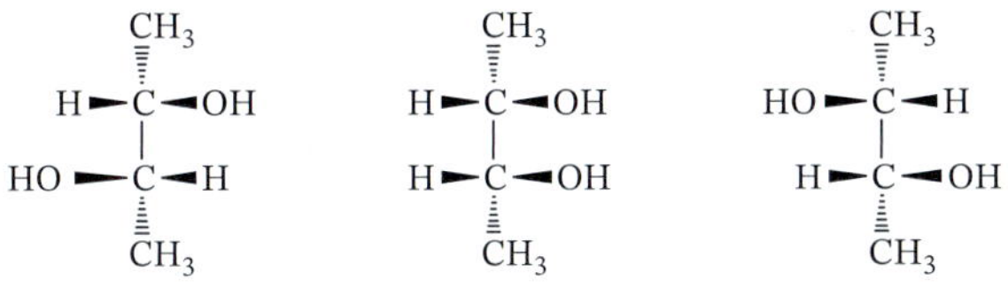

$$
\begin{array}{ccc}
\text{CH}_3 & \text{CH}_3 & \text{CH}_3 \\
\text{H—C—OH} & \text{H—C—OH} & \text{HO—C—H} \\
\text{HO—C—H} & \text{H—C—OH} & \text{H—C—OH} \\
\text{CH}_3 & \text{CH}_3 & \text{CH}_3 \\
(1) & (2) & (3)
\end{array}
$$

(a) Welche bilden Enantiomerenpaare?
(b) Welches ist die *meso*-Verbindung?
(c) Welche sind zueinander diastereomer?

Vorgehensweise
Enantiomere sind nicht deckungsgleiche Spiegelbilder. Eine *meso*-Verbindung ist eine achirale Verbindung mit zwei oder mehr Stereozentren, also eine Verbindung mit zwei oder mehr Stereozentren, die mit ihrem Spiegelbild zur Deckung gebracht werden kann.

Lösung
(a) Verbindungen (1) und (3) sind Enantiomere.
(b) Stereoisomer (2) verfügt über eine Spiegelebene, ist also eine *meso*-Verbindung.
(c) Die Stereoisomere (1) und (2) sowie (2) und (3) sind zueinander diastereomer.

Siehe Aufgaben 6.11, 6.17 und 6.23.

6.5 Wie beschreibt man die Chiralität von cyclischen Verbindungen mit zwei Stereozentren?

In diesem Abschnitt wollen wir uns mit Cyclopentan- und Cyclohexanderivaten beschäftigen, die zwei Stereozentren enthalten. Wir können die Chiralität in diesen cyclischen Substraten genauso analysieren, wie wir es für die acyclischen Substrate gemacht haben.

6.5.1 Disubstituierte Derivate von Cyclopentan

Wir wollen mit 2-Methylcyclopentanol beginnen, einer Verbindung mit zwei Stereozentren. Mithilfe der 2^n-Regel ermitteln wir, dass maximal $2^2 = 4$ Stereoisomere möglich sind. Sowohl das *cis*- als auch das *trans*-Isomer sind chiral; beide können daher als Enantiomerenpaare vorliegen:

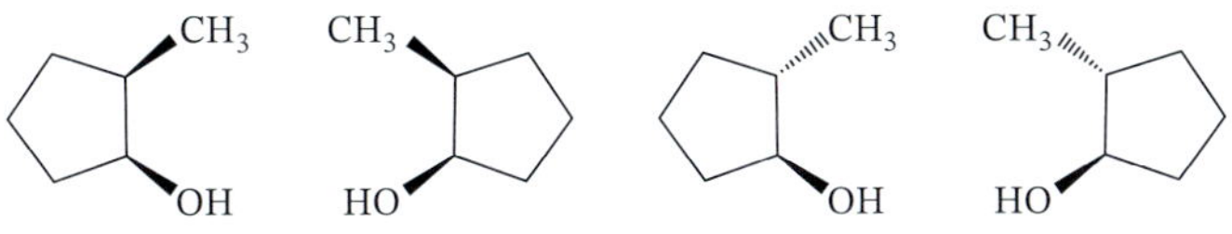

cis-2-Methylcyclopentanol
(ein Enantiomerenpaar)

trans-2-Methylcyclopentanol
(ein Enantiomerenpaar)

1,2-Cyclopentandiol enthält ebenfalls zwei Stereozentren und auch hier ergibt die 2^n-Regel, dass maximal $2^2 = 4$ Stereoisomere möglich sind. Den folgenden Darstellungen entnehmen wir aber, dass es für diese Verbindung tatsächlich nur drei Stereoisomere gibt:

cis-1,2-Cyclopentandiol
(eine *meso*-Verbindung)

trans-1,2-Cyclopentandiol
(ein Enantiomerenpaar)

Das *cis*-Isomer ist achiral (*meso*), weil es mit seinem Spiegelbild deckungsgleich ist. Das *cis*-Isomer ist auch deswegen achiral, weil es eine Spiegelebene aufweist, die das Molekül in zwei spiegelbildliche Hälften teilt. Das *trans*-Isomer ist dagegen chiral und kann als Enantiomerenpaar vorliegen.

Beispiel 6.5 Wie viele Stereoisomere gibt es für 3-Methylcyclopentanol?

Vorgehensweise
Identifizieren Sie zunächst alle Stereozentren, zeichnen Sie alle möglichen spiegelbildlichen Paare von Stereoisomeren und stellen Sie dann fest, bei welchen der Stereoisomerenpaare es sich gegebenenfalls um eine *meso*-Verbindung handelt.

Lösung
In dieser Verbindung liegen zwei Stereozentren vor; es gibt daher bis zu vier Stereoisomere. Das *cis*-Isomer kann als Enantiomerenpaar vorliegen und auch für das *trans*-Isomer sind zwei Enantiomere möglich.

cis-3-Methylcyclopentanol
(ein Enantiomerenpaar)

trans-3-Methylcyclopentanol
(ein Enantiomerenpaar)

Siehe Aufgaben 6.18 und 6.25.

6.5.2 Disubstituierte Derivate von Cyclohexan

Beispiele für disubstituierte Cyclohexane sind die Methylcyclohexanole. Für 4-Methylcyclohexanol sind zwei Stereoisomere möglich, das *cis*- und das *trans*-Isomer:

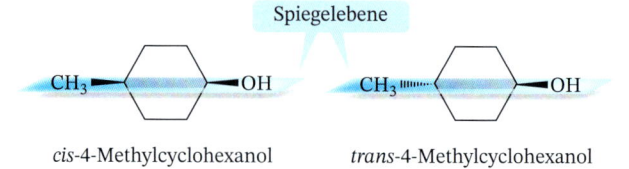

cis-4-Methylcyclohexanol

trans-4-Methylcyclohexanol

Sowohl das *cis*- als auch das *trans*-Isomer sind achiral, da in beiden eine Spiegelebene durch die CH_3-Gruppe, die OH-Gruppe und die beiden Ringkohlenstoffatome an den Substituenten gelegt werden kann.

3-Methylcyclohexanol enthält zwei Stereozentren, sodass $2^2 = 4$ Stereoisomere möglich sind; sowohl für das *cis*- als auch für das *trans*-Isomer existieren jeweils zwei Enantiomere:

cis-3-Methylcyclohexanol
(ein Enantiomerenpaar)

trans-3-Methylcyclohexanol
(ein Enantiomerenpaar)

Auch in 2-Methylcyclohexanol liegen zwei Stereozentren vor und es existieren $2^2 = 4$ Stereoisomere – zwei enantiomere *cis*-Isomere und zwei enantiomere *trans*-Isomere:

cis-2-Methylcyclohexanol
(ein Enantiomerenpaar)

trans-2-Methylcyclohexanol
(ein Enantiomerenpaar)

Beispiel 6.6 Wie viele Stereoisomere gibt es für 1,3-Cyclohexandiol?

Vorgehensweise

Identifizieren Sie zunächst alle Stereozentren, nutzen Sie die 2^n-Regel, um die maximale Anzahl an Stereoisomeren zu ermitteln, und stellen Sie dann fest, welche der Stereoisomere gegebenenfalls *meso*-Verbindungen sind.

Lösung

In 1,3-Cyclohexandiol liegen zwei Stereozentren vor; es sind daher nach der 2^n-Regel maximal vier Stereoisomere möglich. Das *trans*-Isomer dieser Verbindung bildet ein Enantiomerenpaar. Das *cis*-Isomer enthält eine Spiegelebene und ist daher eine *meso*-Verbindung. Obwohl also nach der 2^n-Regel maximal vier Stereozentren möglich sind, gibt es nur drei Stereoisomere von 1,3-Cyclohexandiol – ein Enantiomerenpaar und eine *meso*-Verbindung.

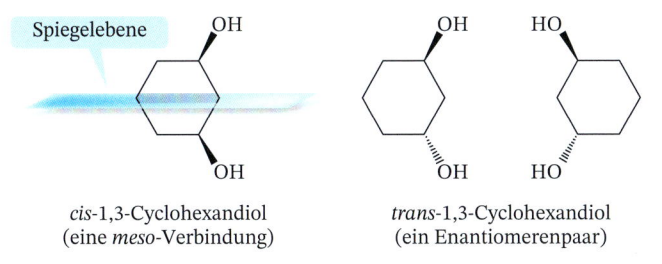

Spiegelebene

cis-1,3-Cyclohexandiol
(eine *meso*-Verbindung)

trans-1,3-Cyclohexandiol
(ein Enantiomerenpaar)

Siehe Aufgaben 6.19 und 6.25.

6.6 Wie beschreibt man die Chiralität von Verbindungen mit drei oder mehr Stereozentren?

Die 2^n-Regel lässt sich gleichermaßen auf Verbindungen mit drei oder mehr Stereozentren anwenden. Im nachfolgend abgebildeten disubstituierten Cyclohexanol sind die drei Stereozentren durch Sterne markiert:

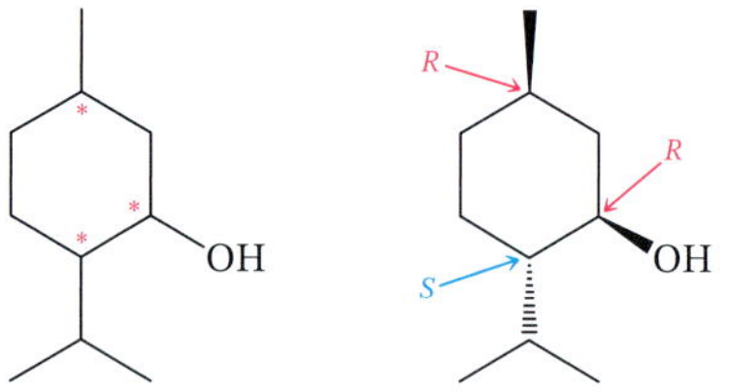

2-Isopropyl-5-methyl-
cyclohexanol

Menthol

Für diese Verbindung sind $2^3 = 8$ Stereoisomere möglich. Eines dieser acht Stereoisomere ist Menthol; seine Struktur mit der Konfiguration jedes Stereozentrums ist rechts abgebildet. Menthol ist in Pfefferminzöl und in anderen Minzölen enthalten.

Cholesterin, eine deutlich komplexere Verbindung, enthält acht Stereozentren:

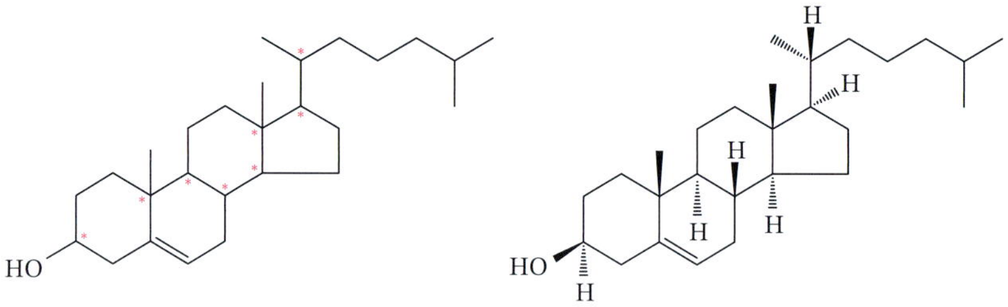

Cholesterin hat 8 Stereozentren;
256 Stereoisomere sind möglich

dieses Stereoisomer findet sich im
menschlichen Metabolismus

Zur Identifikation der Stereoisomere kann es hilfreich sein, an jedem C-Atom, das als Stereozentrum in Betracht kommt, Wasserstoffatome bis zur Vierbindigkeit des Kohlenstoffatoms zu ergänzen (rechte Darstellung).

6.7 Welche Eigenschaften haben Stereoisomere?

Enantiomere haben in einer achiralen Umgebung identische physikalische und chemische Eigenschaften. Die Enantiomere der Weinsäure (Tab. 6.1) haben beispielsweise identische Schmelzpunkte, identische Siedepunkte, zeigen die gleiche Löslichkeit in Wasser und anderen üblichen Lösungsmitteln, weisen die gleichen pK_S-Werte auf und gehen die gleichen Säure-Base-Reaktionen ein. Die Enantiomere der Weinsäure unterscheiden sich aber in ihrer optischen Aktivität (der Fähigkeit, die Schwingungsebene von linear polarisiertem Licht zu drehen), einer Eigenschaft, die wir im nächsten Abschnitt besprechen werden.

Diastereomere haben dagegen auch in achiraler Umgebung unterschiedliche physikalische und chemische Eigenschaften. Beispielsweise hat *meso*-Weinsäure andere physikalische Eigenschaften als die beiden enantiomeren Weinsäuren.

6.8 Wie kann man Chiralität im Labor nachweisen?

Wir haben bereits gesehen, dass Enantiomere verschiedene Verbindungen sind, und wir müssen daher erwarten, dass sie sich in mindestens einer Eigenschaft unterscheiden. Eine Eigenschaft, in der sich Enantiomere unterscheiden, ist ihre Interaktion mit linear polarisiertem Licht. Jedes Stereoisomer eines Enantiomerenpaares dreht die Schwingungsebene von linear polarisiertem Licht; man spricht daher davon, dass Enantiomere **optisch aktiv** sind. Um zu verstehen, wie man optische Aktivität im

Tab. 6.1 Einige physikalische Eigenschaften der Stereoisomere von Weinsäure.

	COOH H—C—OH HO—C—H COOH	COOH HO—C—H H—C—OH COOH	COOH H—C—OH H—C—OH COOH
Eigenschaft	(R,R)-Weinsäure	(S,S)-Weinsäure	meso-Weinsäure
Spezifische Drehung[a]	+12.7	−12.7	0
Schmelzpunkt (°C)	171–174	171–174	146–148
Dichte bei 20 °C (g/cm³)	1.7598	1.7598	1.660
Löslichkeit in Wasser bei 20 °C (g/100 mL)	139	139	125
pK_{S1}	2.98	2.98	3.23
pK_{S2}	4.34	4.34	4.82

a) Die spezifische Drehung wird im nächsten Abschnitt besprochen.

Labor messen kann, müssen wir zunächst verstehen, was linear polarisiertes Licht ist und wie ein Polarimeter funktioniert, also das Gerät, mit dem optische Aktivität nachgewiesen werden kann.

6.8.1 Linear polarisiertes Licht

Normales (unpolarisiertes) Licht besteht aus Wellen, die in allen denkbaren Ebenen senkrecht zur Ausbreitungsrichtung schwingen (Abb. 6.6). Bestimmte Materialien wie Calcit oder Polarisationsfilter (z. B. Plastikfolien, in die exakt ausgerichtete Kristalle bestimmter organischer Verbindungen eingelagert sind) lassen nur Licht durch, das ausschließlich in parallelen Ebenen schwingt. Elektromagnetische Strahlung, die nur in parallelen Ebenen schwingt, bezeichnet man als **linear polarisierte** Strahlung.

6.8.2 Polarimeter

Ein **Polarimeter** ist ein Instrument, mit dem man messen kann, wie stark eine Verbindung die Schwingungsebene von linear polarisiertem Licht dreht. Es besteht aus einer Lichtquelle, einem Polarisationsfilter (Polarisator), einem Analysefilter (Analysator), die beide aus Calcit oder einem anderen Polarisationsfiltermaterial bestehen, und einer Küvette (Abb. 6.6). Wenn die Küvette leer ist, trifft das Licht genau dann mit maximaler Intensität am Detektor (hier in unserem Auge) ein, wenn beide Filter parallel stehen. Wird der Analysator gedreht, wird weniger Licht durchgelassen. Steht der Analysator senkrecht zum Polarisator, tritt gar kein Licht mehr durch. Diese Position des Analysators ist auf der Skala mit 0° markiert.

Mit einem Polarimeter kann man die Fähigkeit von Verbindungen, die **Schwingungsebene von linear polarisiertem Licht zu drehen**, wie folgt messen: Zunächst wird eine mit reinem Lösungsmittel gefüllte Küvette in das Polarimeter eingesetzt und der Analysator so eingestellt, dass kein Licht zum Betrachter durchtritt; diese Einstellung wird als 0° markiert. Anschließend füllt man eine Lösung der optisch aktiven Verbindung in die Küvette und setzt diese erneut in das Polarimeter ein. Man beobachtet, dass das Licht den Analysator nun zu einem bestimmten Anteil passieren kann; anscheinend wurde die Schwingungsebene des linear polarisierten

Mit einem Polarimeter misst man die Drehung von linear polarisiertem Licht beim Durchtritt durch eine Probe. [Quelle: © Richard Megna, 1992/Fundamental Photographs.]

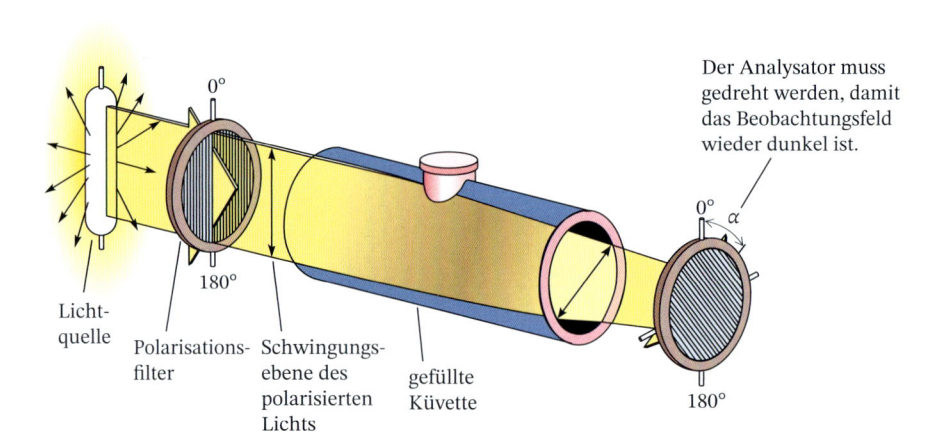

Abb. 6.6 Schematische Darstellung eines Polarimeters mit einer Küvette, die eine Lösung einer optisch aktiven Substanz enthält. Der Analysator wurde um α Grad gedreht, damit das Beobachtungsfeld wieder dunkel ist.

Lichts gedreht und steht nun nicht mehr im 90°-Winkel zum Analysator. Wir müssen daher den Analysator so nachjustieren, dass im Beobachtungsfeld wieder absolute Dunkelheit herrscht. Den Winkel α, um den wir den Analysator drehen müssen, damit wieder völlige Dunkelheit beobachtet wird, nennt man den **gemessenen Drehwinkel**. Wenn wir den Analysator nach rechts (im Uhrzeigersinn) drehen müssen, damit es im Beobachtungsfeld wieder dunkel ist, spricht man von einer **rechtsdrehenden** Verbindung; wenn wir nach links (gegen den Uhrzeigersinn) drehen müssen, ist die Verbindung **linksdrehend**.

Der gemessene Drehwinkel für eine bestimmte Verbindung hängt von der Konzentration, von der Küvettenlänge, von der Temperatur, vom Lösungsmittel und von der Wellenlänge des verwendeten Lichts ab. Die **spezifische Drehung** $[\alpha]$ (auch als spezifischer Drehwinkel bezeichnet) wird als der gemessene Drehwinkel bei einer bestimmten Küvettenlänge (in dm) und bei einer bestimmten Konzentration (in Gramm pro Milliliter) definiert. Konventionsgemäß wird die spezifische Drehung meistens ohne Einheit angegeben; es gilt:

$$\text{Spezifische Drehung} = [\alpha]_\lambda^T = \frac{\text{gemessener Drehwinkel (Grad)}}{\text{Länge (dm)} \times \text{Konzentration (g/mL)}}$$

Die Standard-Küvettenlänge ist 1 dm (1 dm = 0.1 m). Für eine reine flüssige Substanz wird die Konzentration in Gramm pro Milliliter (g/mL; Dichte) angegeben. Die Temperatur (T in °C) und die Wellenlänge (λ in nm, Nanometer) des Lichts werden als hochgestellte bzw. tiefgestellte Werte angegeben. Die in Polarimetern genutzte Lichtquelle ist meistens die Natrium-D-Linie (λ = 589 nm, meist abgekürzt mit D), die gleiche Wellenlänge, die für die gelbe Farbe von Natriumdampflampen verantwortlich ist.

Zur Angabe der gemessenen oder spezifischen Drehung ist es üblich, eine rechtsdrehende Verbindung durch ein in Klammern gesetztes Plus (+) und eine linksdrehende Verbindung durch ein Minus (−) zu kennzeichnen. In einem Enantiomerenpaar ist immer ein Enantiomer rechtsdrehend, das andere linksdrehend. Der Betrag der spezifischen Drehungen ist für beide Enantiomere exakt gleich, nur ihre Vorzeichen unterscheiden sich. Im Folgenden sind die spezifischen Drehungen der beiden Enantiomere von 2-Butanol bei 25 °C angegeben, gemessen mit der D-Linie des Natriums.

(S)-(+)-2-Butanol   (R)-(−)-2-Butanol
$[\alpha]_D^{25} = +13.52$ $[\alpha]_D^{25} = -13.52$

6.8.3 Racemate

Eine äquimolare Mischung zweier Enantiomere nennt man ein **Racemat** (auch racemisches Gemisch), abgeleitet von *acidum racemicum* (lat.: *racemus*, Traube – insgesamt also Traubensäure), womit man ursprünglich eine äquimolare Mischung der beiden Weinsäure-Enantiomere (Tab. 6.1) bezeichnete. Weil ein Racemat gleiche Anteile des rechts- und des linksdrehenden Enantiomers enthält, ist seine spezifische Drehung null. Man spricht daher davon, dass ein Racemat **optisch inaktiv** ist. Ein Racemat kann durch das Präfix (±) vor dem Verbindungsnamen gekennzeichnet werden.

6.9 Welche Bedeutung hat Chiralität in der biologischen Welt?

Mit Ausnahme anorganischer Salze und einer relativ kleinen Anzahl niedermolekularer organischer Substanzen sind alle Verbindungen in lebenden pflanzlichen und tierischen Systemen chiral. Obwohl diese Verbindungen in mehreren stereoisomeren Formen vorkommen können, wird fast durchweg nur jeweils eines der Stereoisomere in der Natur beobachtet. Zwar kommen in einigen Fällen auch beide Stereoisomere in der Natur vor, aber dann normalerweise nicht im gleichen biologischen Organismus.

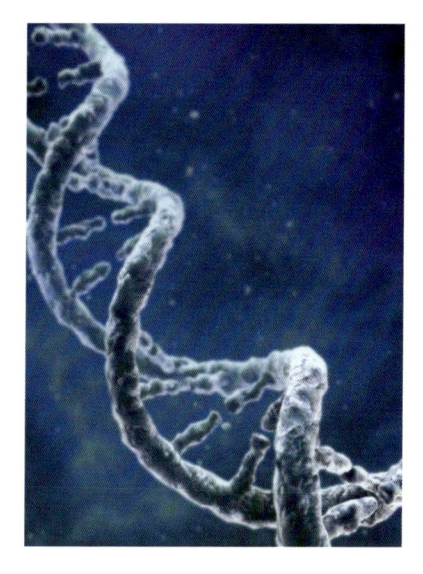

6.9.1 Chiralität in Biomolekülen

Ein klassisches Beispiel für Chiralität in biologischen Verbindungen sind Enzyme, die immer zahlreiche Stereozentren enthalten. Chymotrypsin ist beispielsweise ein Enzym aus dem Darm von Tieren, wo es die Verdauung von Proteinen katalysiert (Abschn. 19.5). Chymotrypsin enthält 251 Stereozentren und könnte daher in 2^{251} stereoisomeren Formen vorliegen – einer atemberaubend großen Zahl jenseits aller Vorstellung. Glücklicherweise verschleudert die Natur ihre wertvollen Ressourcen und die zur Verfügung stehende Energie jedoch nicht unnötig: Nur eines dieser Stereoisomere von Chymotrypsin wird gebildet und in den betreffenden Organismen genutzt.

Weil Enzyme chirale Verbindungen sind, sind sie sehr selektiv; in den meisten Fällen katalysieren sie nur die Synthese oder die Reaktion von Verbindungen, die ihren stereochemischen Voraussetzungen genau entsprechen.

DNA ist ein Beispiel für einen Naturstoff, der nur in einer stereoisomeren Form vorkommt. [Quelle: © Hybrid Medical Animation/Science Source.]

6.9.2 Wie unterscheidet ein Enzym zwischen einem Molekül und seinem Enantiomer?

Ein Enzym katalysiert die biologische Reaktion einer Verbindung, indem sie diese zunächst in einer wohldefinierten Orientierung an seiner **Bindungsstelle** auf der Enzymoberfläche positioniert. Ein Enzym, das eine für drei der vier Substituenten eines Stereozentrums spezifische Bindungsstelle aufweist, kann zwischen einer Verbindung und deren Enantiomer oder auch einem der Diastereomere unterscheiden. Nehmen wir zum Beispiel an, dass ein Enzym für die katalysierte Umsetzung von Glycerinaldehyd auf seiner Oberfläche eine Bindungsstelle hat, die spezifisch für −H ist, eine zweite, die −OH spezifisch bindet, und eine dritte spezifische Bindungsstelle für −CHO. Nehmen wir weiter an, dass diese drei Stellen so auf der Enzymoberfläche angeordnet sind, wie es in Abb. 6.7 dargestellt ist. Das Enzym könnte dann zwischen dem (*R*)-(+)-Glycerinaldehyd (der natürlichen oder biologisch aktiven Form) und seinem Enantiomer unterscheiden, da nur das natürliche Enantiomer gebunden werden könnte. Nur dieses würde mit den drei zur Bindung vorgesehenen Gruppen an den entsprechenden spezifischen Bindungsstellen interagieren können, während das S-Enantiomer besten-

(R)-(+)-Glycerinaldehyd

(S)-(−)-Glycerinaldehyd

Enzymoberfläche

Enzymoberfläche

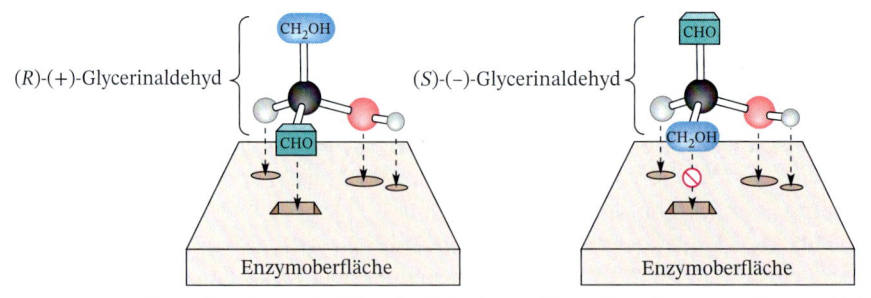

Dieses Enantiomer des Glycerinaldehyds passt in die drei spezifischen Bindungsstellen auf der Enzymoberfläche.

Dieses Enantiomer von Glycerinaldehyd passt nicht in dieselben Bindungsstellen.

Abb. 6.7 Schematische Darstellung einer Enzymoberfläche, die an drei Bindungsstellen zur Wechselwirkung mit (R)-(+)-Glycerinaldehyd befähigt wäre, während (S)-(−)-Glycerinaldehyd nur mit zwei dieser Stellen interagieren könnte.

falls mit zwei seiner Gruppen eine Wechselwirkung mit passenden Bindungsstellen eingehen könnte.

Weil die Wechselwirkungen zwischen Verbindungen in lebenden Organismen in einer chiralen Umgebung auftreten, überrascht es nicht, dass eine Substanz andere physiologische Antworten hervorruft als ihr Enantiomer oder eines ihrer Diastereomere. Wir haben schon besprochen, dass (S)-Ibuprofen ein Schmerzmittel ist und fiebersenkend wirkt, sein R-Enantiomer aber inaktiv ist. Das S-Enantiomer des relativ ähnlichen Naproxens ist ebenfalls ein Schmerzmittel, während das R-Enantiomer dieser Verbindung lebertoxisch wirkt!

(S)-Ibuprofen

(S)-Naproxen

6.10 Wie kann man Enantiomere trennen?

Die Trennung eines Racemats in seine Enantiomere nennt man **Racematspaltung**. Weil zwei Enantiomere die gleichen physikalischen Eigenschaften haben, ist ihre Trennung normalerweise nicht einfach. Es konnten aber dennoch Methoden hierfür entwickelt werden, wobei wir in diesem Abschnitt nur die Enantiomerentrennung mithilfe von Enzymen als chiralen Katalysatoren besprechen wollen.

Enzyme zur Racematspaltung

Eine Enzymklasse, die in dieser Hinsicht von besonderem Interesse ist, sind die Esterasen; sie katalysieren die Hydrolyse von Estern unter Bildung eines Alkohols und einer Carbonsäure (Abschn. 14.1.3). Wir wollen die hier genutzte Methode am Beispiel der Racematspaltung von (R,S)-Naproxen verdeutlichen. Die Ethylester von (R)- und von (S)-Naproxen sind in Wasser kaum lösliche Feststoffe. In einer basischen Lösung wird selektiv der (S)-Ester von einer Esterase hydrolysiert und bildet das lösliche Natriumsalz der (S)-Carbonsäure. Der (R)-Ester bleibt unter diesen Bedingungen unverändert und seine Kristalle können von der basischen Lösung durch Filtration abgetrennt werden. Nach der Abtrennung der Kristalle kann man die basische Lösung ansäuern, woraufhin das reine (S)-Naproxen ausfällt. Der abgetrennte (R)-Ester kann

Exkurs: 6.A Chirale Medikamente

Einige in der Humanmedizin häufig genutzte Wirkstoffe wie z. B. Aspirin (Abschn. 14.4.2) sind achiral. Andere sind chiral und werden als enantiomerenreine Substrate vertrieben. Die Penicillin- und Erythromycinantibiotika oder auch Captopril sind Beispiele für chirale Wirkstoffe. Captopril, ein hochwirksames Medikament gegen Bluthochdruck und Herzinsuffizienz, entstammt einem Forschungsprojekt zur Entwicklung wirksamer Inhibitoren gegen das Angiotensin-konvertierende Enzym (ACE). Captopril wird als (S,S)-Stereoisomer hergestellt und vertrieben. Zahlreiche chirale Medikamente werden aber auch als Racemate eingesetzt. Das unter unzähligen Handelsnamen vertriebene Schmerzmittel Ibuprofen ist hierfür ein Beispiel; hier ist nur das S-Enantiomer biologisch wirksam.

Captopril

(S)-Ibuprofen

In racemischen Medikamenten hat meistens nur eines der Enantiomere einen nutzbringenden Effekt, während das andere Enantiomer entweder keine Wirkung oder sogar einen nachteiligen Effekt hat. In den meisten Fällen sind enantiomerenreine Medikamente daher wirksamer als ihre racemischen Entsprechungen. Ein typisches Beispiel ist 3,4-Dihydroxyphenylalanin, das bei der Behandlung der Parkinson-Krankheit eingesetzt wird. Der biologisch aktive Wirkstoff ist Dopamin, das jedoch die Blut-Hirn-Schranke nicht überwinden und somit seinen Wirkort im Gehirn nicht erreichen kann. Stattdessen wird daher ein sogenanntes Prodrug verabreicht, eine Verbindung, die selbst keine Wirkung zeigt, im Körper aber in eine wirksame Verbindung umgewandelt wird. 3,4-Dihydroxyphenylalanin ist so ein Prodrug; es kann die Blut-Hirn-Schranke überwinden und wird in einer Reaktion, die durch das Enzym Dopamin-Decarboxylase katalysiert wird, zu Dopamin decarboxyliert. Eine Decarboxylierung ist die Abspaltung von Kohlendioxid aus einer Carboxygruppe ($R-CO_2H$).

$R-CO_2H \xrightarrow{\text{Decarboxylierung}} R-H + CO_2$

(S)-(−)-3,4-Dihydroxyphenylalanin
(L-DOPA)
$[\alpha]_D^{13} = -13.1$

Dopamin

Dopamin-Decarboxylase setzt spezifisch nur das S-Enantiomer um, das unter dem Namen L-DOPA bekannt ist. Es ist daher wichtig, nur das enantiomerenreine Prodrug zu verabreichen. Würde DOPA als Racemat eingenommen, könnte sich das R-Enantiomer in gefährlichem Maße anreichern, da es von den Enzymen im Gehirn nicht metabolisiert wird.

Aufgabe
Im Folgenden sind die Strukturformeln von drei weiteren Wirkstoffen abgebildet, die das Angiotensin-konvertierende Enzym (ACE) hemmen und zur Arzneimittelklasse der „Prile" gehören. Welche sind chiral? Bestimmen Sie für jeden chiralen Vertreter die Anzahl der möglichen Stereoisomere. Welche strukturellen Gemeinsamkeiten gibt es in diesen vier Arzneimitteln?

Quinapril (Accupro)

Ramipril (Delix)

Enalapril (Xanef)

zur R,S-Mischung racemisiert werden und erneut mit einer Esterase umgesetzt werden. Durch Wiederholung dieses Vorgangs kann das Racemat somit nach und nach vollständig in (S)-Naproxen überführt werden.

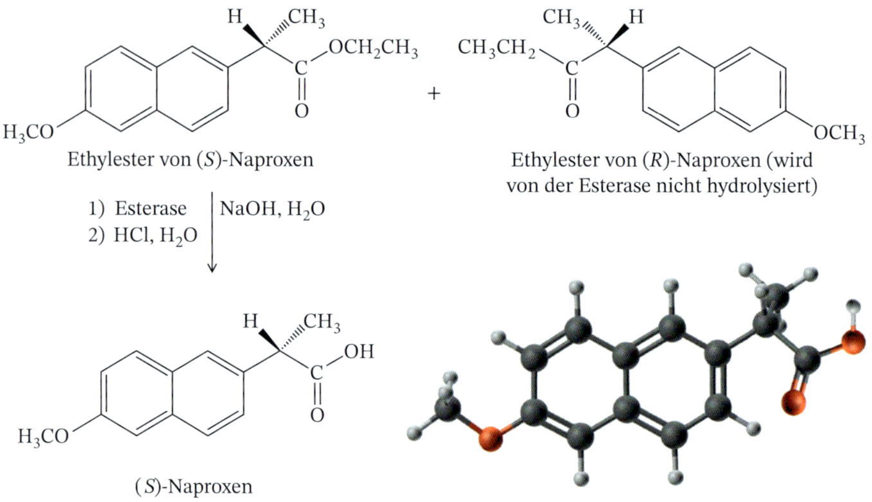

Ethylester von (S)-Naproxen + Ethylester von (R)-Naproxen (wird von der Esterase nicht hydrolysiert)

1) Esterase | NaOH, H₂O
2) HCl, H₂O

(S)-Naproxen

Das Natriumsalz von (S)-Naproxen ist der aktive Wirkstoff in zahlreichen rezeptfreien Schmerzmitteln und nichtsteroidalen Antirheumatika.

Seit einiger Zeit gibt es neue Regularien für die Testung und den Vertrieb von chiralen Wirkstoffen in Medikamenten. Viele Arzneimittelfirmen haben sich wegen dieser Bestimmungen entschlossen, nur noch Medikamente zu entwickeln, die enantiomerenreine Wirkstoffe enthalten. Die Firmen reagieren dadurch auf den bestehenden regulatorischen Druck, haben aber auch patentrechtliche Vorteile: Ein Patent auf einen racemischen Wirkstoff könnte durch eine konkurrierende Firma gebrochen werden, wenn diese ein neues Patent auf das reine Enantiomer einreicht.

Zusammenfassung

6.1 Was sind Stereoisomere?
- **Stereoisomere** weisen die gleiche Verknüpfung der Atome auf, unterscheiden sich aber in der dreidimensionalen Anordnung der Atome im Raum.
- Ein **Spiegelbild** ist das von einem Spiegel zurückgeworfene Bild eines Objekts.

6.2 Was sind Enantiomere?
- **Enantiomere** sind zwei spiegelbildliche Stereoisomere, die nicht zur Deckung gebracht werden können. Eine Verbindung, die nicht deckungsgleich mit ihrem Spiegelbild ist, ist **chiral**.
- **Chiralität** ist die Eigenschaft eines Objekts als Ganzes, nicht die eines darin enthaltenen Atoms.
- Ein **achirales** Objekt besitzt eine **Spiegelebene**, also eine imaginäre Ebene, die das Objekt in zwei spiegelbildliche Hälften teilt.
- Ein **Stereozentrum** ist ein Atom, an dem der Austausch zweier daran gebundener Substituenten zu einem anderen Stereoisomer führt.
- Der am häufigsten auftretende Typ von Stereozentren ist das **Chiralitätszentrum**, ein tetraedrisches Kohlenstoffatom, an das vier verschiedene Substituenten gebunden sind.

6.3 Wie bestimmt man die Konfiguration eines Stereozentrums?
- Die **Konfiguration** an einem Stereozentrum wird mithilfe der ***R/S*-Nomenklaturregeln** bestimmt.
- Nach diesen Regeln wird (1) für jeden an das Stereozentrum gebundenen Substituenten eine Priorität bestimmt. Die Substituenten werden von der höchsten zur

niedrigsten Priorität durchnummeriert. (2) Das Molekül wird im Raum so orientiert, dass der Substituent mit der niedrigsten Priorität vom Betrachter abgewandt ist. (3) Den verbleibenden Substituenten folgt man in absteigender Prioritätsreihenfolge. Folgt man den Substituenten im Uhrzeigersinn, ist die Konfiguration *R* (lat.: *rectus*, rechts), folgt man ihnen gegen den Uhrzeigersinn, ist das Stereozentrum *S*-konfiguriert (lat.: *sinister*, links).

6.4 Was besagt die 2^n-Regel?
- Die maximale Anzahl möglicher Stereoisomere für eine Verbindung mit *n* Stereozentren ist 2^n.
- **Diastereomere** sind Stereoisomere, die sich nicht wie Bild und Spiegelbild verhalten.
- Manche Verbindungen haben spezielle Symmetrieeigenschaften, sodass die Anzahl an Stereoisomeren kleiner ist als mithilfe der 2^n-**Regel** errechnet.
- Eine *meso*-Verbindung ist eine achirale Verbindung mit zwei oder mehr Stereozentren.

6.5 Wie beschreibt man die Chiralität von cyclischen Verbindungen mit zwei Stereozentren?
- Wenn man die Symmetrie von cyclischen Verbindungen wie Cyclopentanen oder Cyclohexanen untersucht, ist es nützlich, planare Darstellungen zu verwenden.

6.6 Wie beschreibt man die Chiralität von Verbindungen mit drei oder mehr Stereozentren?
- Die maximale Anzahl möglicher Stereoisomere für eine Verbindung mit *n* Stereozentren ist 2^n.

6.7 Welche Eigenschaften haben Stereoisomere?
- Enantiomere haben in achiraler Umgebung identische physikalische und chemische Eigenschaften.
- Diastereomere haben unterschiedliche physikalische und chemische Eigenschaften.

6.8 Wie kann man Chiralität im Labor nachweisen?
- Licht, das nur in parallelen Ebenen schwingt, nennt man **linear polarisiertes Licht**.
- Ein **Polarimeter** ist ein Instrument, mit dem man die optische Aktivität messen kann. Der **gemessene Drehwinkel** ist der Winkel α, um den eine Verbindung die Schwingungsebene von linear polarisiertem Licht dreht.
- Die **spezifische Drehung** ist der gemessene Drehwinkel einer Probe mit einer Konzentration von 1.0 g/mL in einer Küvette mit einer Länge von 1.0 dm.
- Wenn wir den Analysator im Uhrzeigersinn drehen müssen, damit es im Beobachtungsfeld wieder dunkel ist, ist die Verbindung **rechtsdrehend**, wenn wir gegen den Uhrzeigersinn drehen müssen, ist sie **linksdrehend**.
- Eine Verbindung ist **optisch aktiv**, wenn es die Schwingungsebene von linear polarisiertem Licht dreht. Für zwei Enantiomere ist der Betrag der spezifischen Drehungen exakt gleich, nur die Vorzeichen unterscheiden sich.
- Ein **Racemat** ist eine äquimolare Mischung zweier Enantiomere, seine spezifische Drehung ist null.
- Eine *meso*-Verbindung ist optisch inaktiv.

6.9 Welche Bedeutung hat Chiralität in der biologischen Welt?
- Ein Enzym katalysiert biologische Reaktionen von Verbindungen, indem es diese zunächst an Bindungsstellen auf der Enzymoberfläche positioniert. Ein Enzym, das für drei der vier Substituenten eines Stereozentrums spezifische Bindungsstellen hat, kann zwischen der gewünschten Verbindung und ihrem Enantiomer oder ihren Diastereomeren unterscheiden.

6.10 Wie kann man Enantiomere trennen?
- **Racematspaltung** ist die Trennung eines Racemats in seine Enantiomeren.
- Eine Methode zur Racematspaltung ist die Umsetzung des Racemats mit einem Enzym, das die Umsetzung des einen Enantiomers katalysiert, des anderen aber nicht.

Quiz

Sind die folgenden Aussagen richtig oder falsch? Hier können Sie testen, ob Sie die wichtigsten Fakten aus diesem Kapitel parat haben. Wenn Sie mit einer der Fragestellungen Probleme haben, sollten Sie den jeweiligen in Klammern angegebenen Abschnitt in diesem Kapitel noch einmal durcharbeiten, bevor Sie sich an die weiteren, meist etwas schwierigeren Aufgaben zu diesem Kapitel machen.

1. Enantiomere sind immer chiral (6.2).
2. Stereozentren werden mit den Deskriptoren *E* und *Z* bezeichnet (6.3).
3. Zu einer chiralen Verbindung gibt es immer auch ein Diastereomer (6.2).
4. Von jedem natürlichen Objekt gibt es ein Spiegelbild (6.1).
5. Ein Molekül, das eine Symmetrieebene enthält, kann nicht chiral sein (6.2).
6. Enantiomerenpaare weisen dieselbe Verknüpfung der Atome auf (6.1).
7. Enantiomere treten wie Handschuhe immer paarweise auf (6.2).
8. Eine cyclische Verbindung mit zwei Stereozentren kann nur in drei stereoisomeren Formen auftreten (6.5).
9. Die *cis*- und *trans*-Isomere von 2-Buten sind chiral (6.1).
10. Von einer Verbindung mit *n* Stereozentren gibt es immer 2^n Stereoisomere (6.4).
11. Eine Verbindung mit drei oder mehr Stereozentren kann keine *meso*-Verbindung sein (6.6).
12. In einem Enantiomerenpaar haben beide Verbindungen denselben Siedepunkt (6.7).
13. Konstitutionsisomere weisen die gleiche Atomverknüpfung auf (6.1).
14. Enantiomere können getrennt werden, indem man sie mit derselben chiralen Umgebung oder demselben chiralen Reagenz wechselwirken lässt (6.10).
15. *cis*- und *trans*-Stereoisomere einer cyclischen Verbindung lassen sich als Diastereomere klassifizieren (6.5).
16. 3-Pentanol ist das Spiegelbild von 2-Pentanol (6.2).
17. Der häufigste Grund dafür, dass eine Verbindung chiral ist, ist das Vorliegen eines tetraedrischen Atoms mit vier verschiedenen daran gebundenen Substituenten (6.1).
18. Die Carbonylgruppe eines Aldehyds oder Ketons kann kein Stereozentrum sein (6.1).
19. Diastereomere können durch konventionelle Methoden wie Destillation getrennt werden (6.10).
20. Eine racemische Mischung ist optisch inaktiv (6.8).
21. 2-Pentanol und 3-Pentanol sind chiral und können jeweils als Enantiomerenpaare vorliegen (6.2).
22. Das Diastereomer einer chiralen Verbindung muss ebenfalls chiral sein (6.2).
23. Um die Konfiguration eines Stereozentrums zu bestimmen, positioniert man den Substituenten mit der niedrigsten Priorität in Richtung des Betrachters und folgt der Prioritätsreihenfolge der drei übrigen Gruppen im Uhrzeigersinn oder gegen den Uhrzeigersinn (6.3).
24. Jeder Vertreter eines Diastereomerenpaares hat den gleichen Schmelzpunkt (6.7).
25. Wenn eine Verbindung linksdrehend ist, dann ist ihr Enantiomer rechtsdrehend mit dem gleichen Betrag für den spezifischen Drehwinkel (6.8).
26. Alle Stereoisomere sind optisch aktiv (6.8).
27. In einem lebenden Organismus liegen die beiden Enantiomere einer chiralen biologischen Verbindung typischerweise in gleichen Mengen vor (6.9).

Ausführliche Erklärungen zu vielen dieser Antworten finden sich im Arbeitsbuch.

Antworten: (1) R (2) F (3) F (4) R (5) R (6) R (7) R (8) F (9) F (10) F (11) F (12) R (13) F (14) R (15) R (16) F (17) R (18) R (19) R (20) R (21) F (22) F (23) F (24) F (25) R (26) F (27) F

Aufgaben

Chiralität

6.1 Definieren Sie den Begriff *Stereoisomer*. Nennen Sie vier Typen von Stereoisomeren.

6.2 Wie unterscheiden sich Konstitutionsisomere von Stereoisomeren? Was haben beide gemeinsam?

6.3 Vergleichen Sie die Begriffe *Konformation* und *Konfiguration*. Welche Gemeinsamkeiten und Unterschiede gibt es in ihren Bedeutungen?

6.4 Welche der folgenden Objekte sind chiral (gehen Sie davon aus, dass diese keine Markierungen oder Beschriftungen aufweisen)?
(a) Eine Schere
(b) Ein Tennisball
(c) Eine Büroklammer
(d) Ein Becherglas
(e) Der Ablaufstrudel, der beim Ablassen des Wassers aus einem Spülbecken oder einer Badewanne entsteht.

6.5 Stellen Sie sich die Spiralbindung eines Kollegblocks vor und nehmen Sie an, dass Sie beim Blick von der einen Seite entlang der Spirale eine linksgängige Helix erkennen. Wenn Sie nun von der anderen Seite auf die Spirale blicken, liegt dann wieder eine linksgängige oder diesmal eine rechtsgängige Helix vor?

Enantiomere

6.6 Jede der folgenden Verbindungen enthält ein Stereozentrum. (Siehe Beispielaufgabe 6.1)
(a)
(b)
(c)
(d)

Identifizieren Sie die Stereozentren und zeichnen Sie jeweils räumliche Darstellungen beider Enantiomere.

6.7 Welche der folgenden Verbindungen enthalten Stereozentren? (Siehe Beispielaufgabe 6.1)
(a) 2-Chlorpentan
(b) 3-Chlorpentan
(c) 3-Chlor-1-penten
(d) 1,2-Dichlorpropan

6.8 Zeichnen Sie für jede der folgenden Stoffklassen die chirale Verbindung mit der kleinstmöglichen molaren Masse und verwenden Sie hierfür nur die Elemente C, H und O:
(a) Alkan
(b) Alkohol
(c) Aldehyd
(d) Keton
(e) Carbonsäure
(f) Carbonsäureester

6.9 Welche Alkohole mit der Summenformel $C_5H_{12}O$ sind chiral?

6.10 Markieren Sie die Stereozentren in den folgenden Verbindungen mit einem Stern (*Hinweis:* Nicht alle der Moleküle enthalten Stereozentren). (Siehe Beispielaufgabe 6.1)
(a)
(b)
(c)
(d)

6.11 Im Folgenden sind acht dreidimensionale Darstellungen von Milchsäure abgebildet. (Siehe Beispielaufgaben 6.3 und 6.4)
(a)
(b)
(c)

6 Chiralität: Die Händigkeit von Molekülen

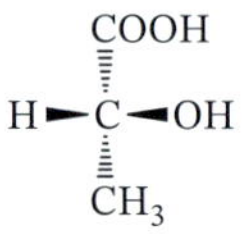

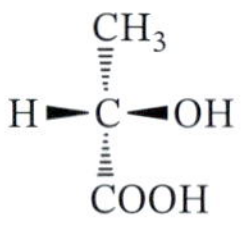

(d) 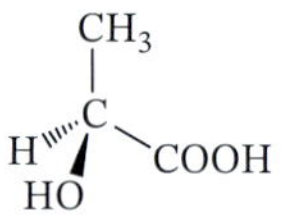 CH₃ mit H, COOH, HO

(e) COOH mit H, OH, CH₃

(f) CH₃ mit H, OH, COOH

(g) OH mit CH₃, COOH, H

(h) CH₃ mit H, COOH, OH

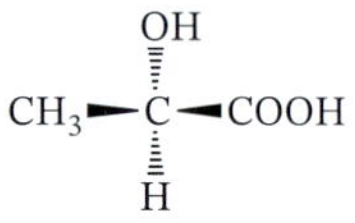

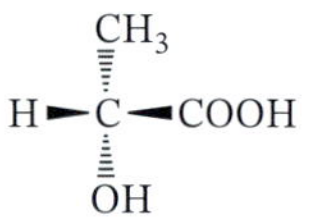

Beziehen Sie sich auf die Darstellung (a). Welche Darstellungen sind mit (a) identisch und welche sind Spiegelbilder von (a)?

Bestimmung der Konfiguration: *R/S*-Deskriptoren

6.12 Bestimmen Sie für jedes Stereozentrum, ob es *R*- oder *S*-konfiguriert ist. (Siehe Beispielaufgabe 6.2)

(a) 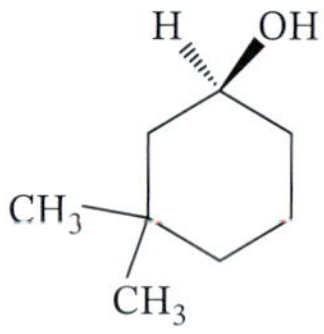 Cyclohexan mit H, OH, CH₃, CH₃

(b) 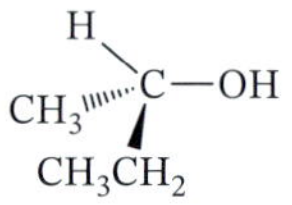 H, CH₃, OH, CH₃CH₂

(c) 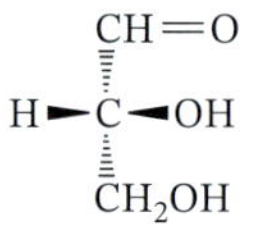 CH=O, H, OH, CH₂OH

(d) 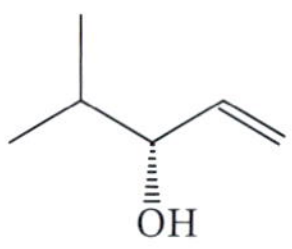 Isopropyl-CH(OH)-CH=CH₂

6.13 Ermitteln Sie in jeder Teilaufgabe die Prioritäten der Gruppen. (Siehe Beispielaufgabe 6.2)
(a) −H, −CH₃, −OH, −CH₂OH
(b) −CH₂CH=CH₂, −CH=CH₂, −CH₃, −CH₂COOH
(c) −CH₃, −H, −COO⁻, −NH₄⁺
(d) −CH₃, −CH₂SH, −NH₄⁺, −COO⁻
(e) −CH(CH₃)₂, −CH=CH₂, −C(CH₃)₃, −C≡CH

6.14 Im Folgenden sind die beiden Enantiomere von Carvon abgebildet. (Siehe Beispielaufgabe 6.2)

(−)-Carvon (Minzöl)   (+)-Carvon (Kümmel- und Dillsamenöl)

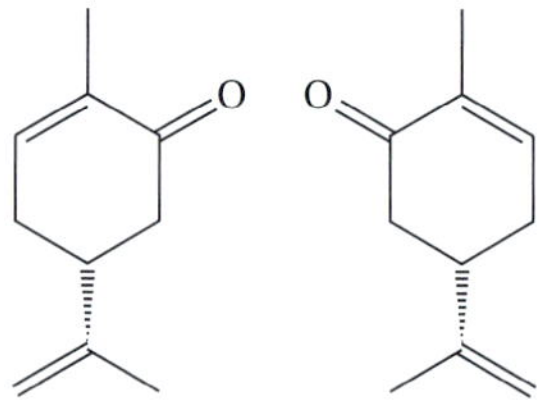

Jedes der Enantiomere hat einen markanten und charakteristischen Geruch nach den Pflanzen, aus denen es isoliert wird. Ordnen Sie den Stereozentren in beiden Enantiomeren die *R*- und *S*-Konfiguration zu. Warum haben Sie so unterschiedliche Eigenschaften, obwohl sie sich strukturell so ähnlich sind?

6.15 Im Folgenden ist die gestaffelte Konformation eines der beiden Enantiomere von 2-Butanol abgebildet: (Siehe Beispielaufgabe 6.2)

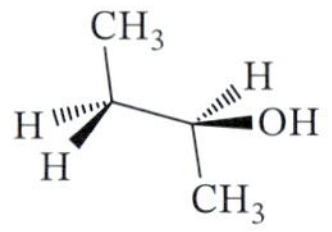

(a) Handelt es sich um (*R*)- oder (*S*)-2-Butanol?
(b) Zeichnen Sie für diese gestaffelte Konformation eine Newman-Projektion, in der Sie entlang der Bindung zwischen den C-Atomen 2 und 3 blicken.
(c) Zeichnen Sie die Newman-Projektion einer weiteren gestaffelten Konformation dieser Verbindung. Welche der Konformationen ist stabiler? Gehen Sie davon aus, dass die OH- und die CH₃-Gruppe vergleichbare Größe haben.
(d) Gibt es Diastereomere von 2-Butanol? Falls ja, zeichnen Sie diese.
(e) Handelt es sich um die rechts- oder die linksdrehende Form von 2-Butanol?

Verbindungen mit zwei oder mehr Stereozentren

6.16 Im Folgenden sind räumliche Darstellungen der vier Stereoisomere von 3-Chlor-2-butanol abgebildet. (Siehe Beispielaufgabe 6.3)

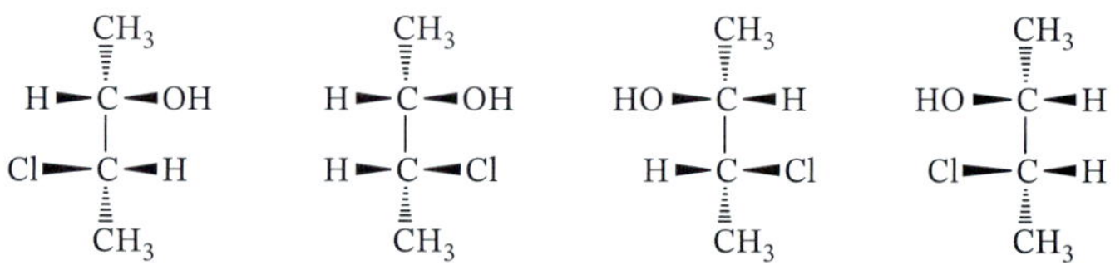

(1) CH₃, H−C−OH, Cl−C−H, CH₃
(2) CH₃, H−C−OH, H−C−Cl, CH₃
(3) CH₃, HO−C−H, H−C−Cl, CH₃
(4) CH₃, HO−C−H, Cl−C−H, CH₃

(a) Bei welchen Molekülen handelt es sich um Enantiomerenpaare?
(b) Welche Moleküle sind zueinander diastereomer?

6.17 Im Folgenden sind Newman-Projektionen von Weinsäure abgebildet. (Siehe Beispielaufgabe 6.4)

(1) (2) (3) (4)

(a) Welche sind Darstellungen derselben Verbindung?
(b) Welche bilden Enantiomerenpaare?
(c) Welche sind *meso*-Verbindungen?
(d) Welche sind diastereomer zueinander?

6.18 Wie viele Stereoisomere gibt es für 1,3-Cyclopentandiol? (Siehe Beispielaufgabe 6.5)

6.19 Wie viele Stereoisomere gibt es für 1,4-Cyclohexandiol? (Siehe Beispielaufgabe 6.6)

6.20 Zeichnen Sie die Strukturformel eines Alkohols mit der Summenformel $C_6H_{14}O$, der zwei Stereozentren enthält.

6.21 In der traditionellen chinesischen Medizin werden zur Behandlung von Asthma seit Jahrhunderten Extrakte von *Ephedra sinica* aus der Gattung Meerträubel verwendet. Genauere Untersuchungen zu dessen Inhaltsstoffen führten zur Isolierung von Ephedrin, einem potenten bronchienerweiternden Wirkstoff. Das natürlich vorkommende Stereoisomer ist linksdrehend und hat die folgende Struktur (siehe Beispielaufgabe 6.2):

Ephedrin

Bestimmen Sie die *R/S*-Konfiguration aller Stereozentren.

Der bronchienerweiternde Wirkstoff Ephedrin kann aus *Ephedra sinica* isoliert werden. [Quelle: © Scott Camazine/ Alamy Limited.]

6.22 Markieren Sie die vier Stereozentren in Amoxicillin, einem semisynthetischen Antibiotikum aus der Gruppe der Penicilline.

Amoxicillin

6.23 Bei welchen der folgenden Verbindungen handelt es sich um *meso*-Verbindungen? (Siehe Beispielaufgabe 6.4)

(a)
(b)
(c)
(d)
(e)
(f)

6.24 Zeichnen Sie sowohl für die stabilste als auch für die am wenigsten stabile Konformation der *meso*-Weinsäure Newman-Projektionen, in denen man entlang der Bindung zwischen den C-Atomen C-2 und C3 blickt.

$$HOOC-\underset{OH}{CH}-\underset{OH}{CH}-COOH$$

6.25 In Aufgabe 3.37 sollten Sie die stabilere Sesselkonformation von Glucose zeichnen – die Konformation, in der alle Substituenten am Sechsring äquatorial stehen. (Siehe Beispielaufgaben 6.2, 6.5 und 6.6)

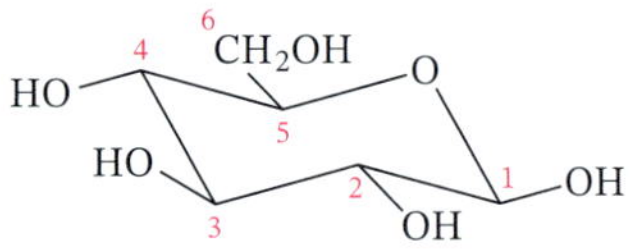

(a) Identifizieren Sie alle Stereozentren in dieser Verbindung.
(b) Wie viele Stereoisomere sind möglich?
(c) Wie viele Enantiomerenpaare sind möglich?
(d) Welche Konfigurationen (*R* oder *S*) liegen in dem abgebildeten Stereoisomer an den C-Atomen 1 und 5 vor?

Synthesen

6.26 Nutzen Sie Ihre in den bisherigen Kapiteln gesammelten Kenntnisse zu den besprochenen Reaktionen und geben Sie an, wie die folgenden Umsetzungen zu realisieren sind. Achten Sie vor allem auch auf die Stereochemie der Produkte. Wenn sich mehr als ein Stereoisomer bilden kann, geben Sie alle Stereoisomere an. *Hinweis:* Einige Umsetzungen erfordern mehr als einen Schritt.

(a)

(b) CH_3CH_2Br ⟶

(c)

(d)

(e)

(f)

(g)

(h)

(i)

(j) $CH_2{=}CH_2$ ⟶

(k)

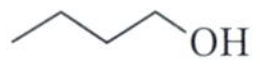

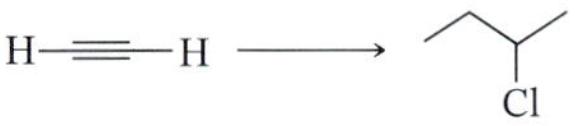

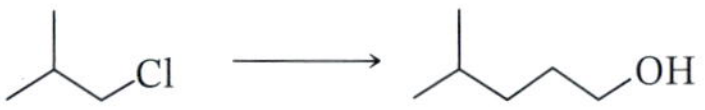

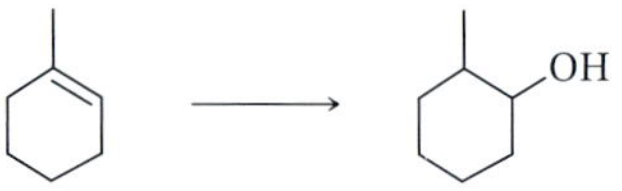

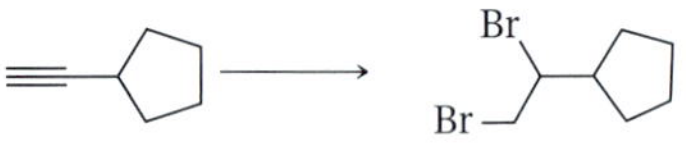

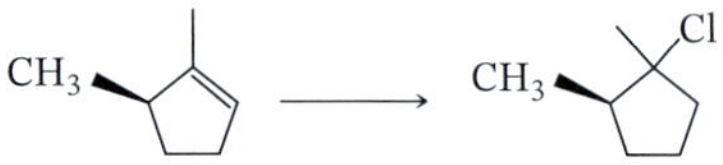

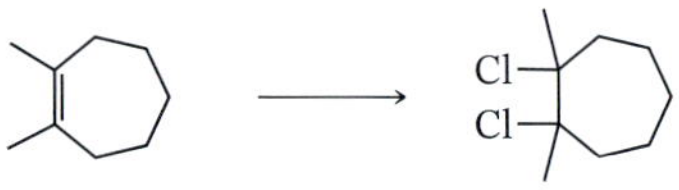

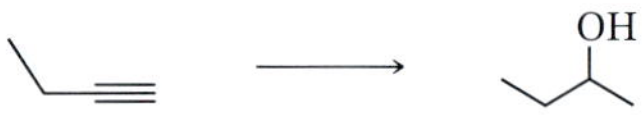

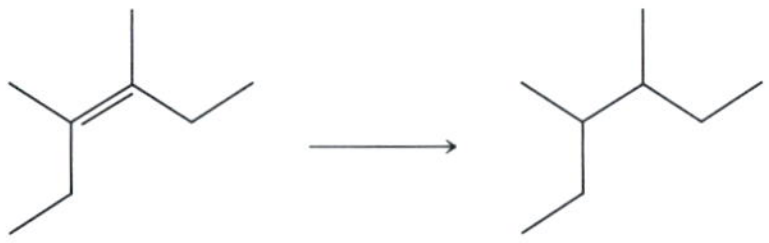

Ausblick

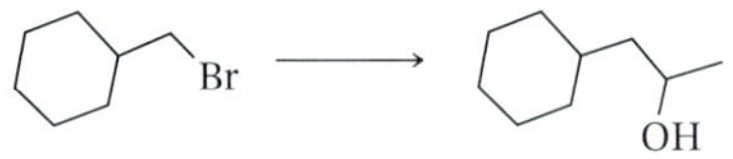

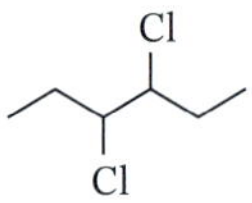

6.27 Welches Alken wählen Sie in jeder der beiden Teilaufgaben, um bei der Umsetzung mit H_2/Pd das jeweils angegebene Produkt mit vollständiger Stereoselektivität zu erhalten?

(a)

(b)

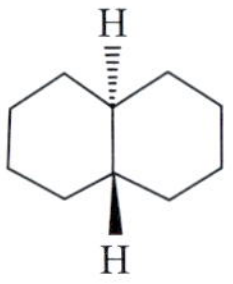

6.28 In welchen der folgenden Reaktionen entsteht ein racemisches Produkt?

(a)

(b)

(c)

(d)

(e)

(f)

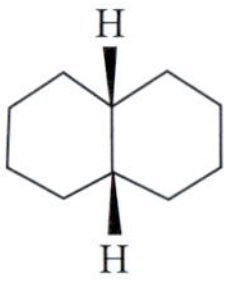

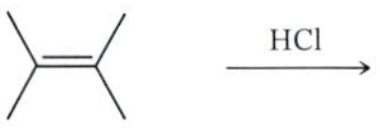

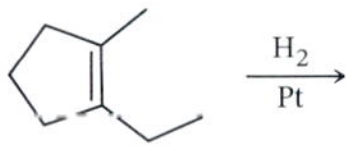

6.29 Zeichnen Sie alle Stereoisomere, die in der folgenden Reaktion entstehen können:

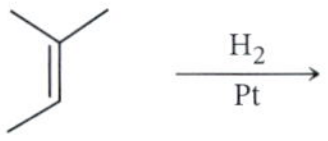

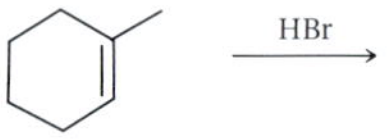

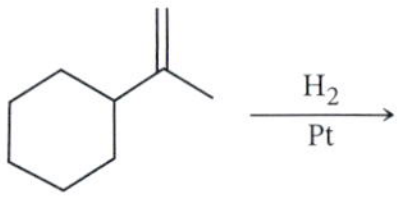

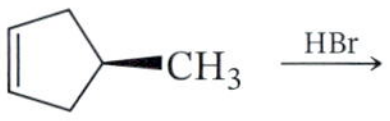

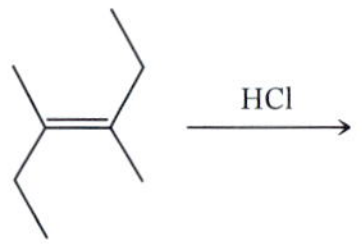

Handelt es sich bei dieser Reaktion um eine nützliche Synthesemethode?

Asthmapatienten verwenden Inhalatoren, um das Medikament Salbutamol einzuatmen. Zur Freisetzung dieses bronchienerweiternden Wirkstoffs verwendet man Halogenalkane wie 1,1,1,2-Tetrafluorethan als Treibgase. Rechts: Ein Molekülmodell von 1,1,1,2-Tetrafluorethan (R-134A).

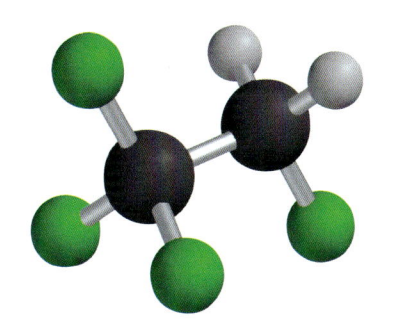

[Quelle: © Carolyn A. McKeone/Photo Researchers, Inc.]

7 Halogenalkane

Inhalt

7.1 Wie werden Halogenalkane benannt?
7.2 Was sind die charakteristischen Reaktionen der Halogenalkane?
7.3 Welche Produkte entstehen in einer nukleophilen aliphatischen Substitution?
7.4 Was sind die S_N2- und S_N1-Mechanismen von nukleophilen Substitutionen?
7.5 Was entscheidet, ob ein S_N1- oder ein S_N2-Mechanismus abläuft?
7.6 Wie kann man aus den experimentellen Bedingungen ableiten, ob eine S_N1- oder S_N2-Reaktion abläuft?
7.7 Welche Produkte entstehen bei einer β-Eliminierung?
7.8 Was unterscheidet die Mechanismen E1 und E2 der β-Eliminierung?
7.9 Wann konkurrieren nukleophile Substitutionen und β-Eliminierungen?

Gewusst wie

7.1 Wie man cyclische Halogenalkane benennt
7.2 Woran man eine Substitution und eine β-Eliminierung erkennt
7.3 Wie man die Reaktionsgleichung einer Substitution vervollständigt
7.4 Woran man erkennt, nach welchem Mechanismus ein Halogenalkan substituiert wird
7.5 Wie man die Reaktionsgleichung einer Eliminierung vervollständigt
7.6 Wie man Mechanismen formuliert
7.7 Woran man erkennt, nach welchem Mechanismus die β-Eliminierung eines Halogenalkans abläuft

Exkurse

7.A Die Schädigung der Ozonschicht durch Fluorchlorkohlenstoffe
7.B Was bedeutet die FCKW-Gesetzgebung für Asthmatiker?

Fluorchlorkohlenwasserstoffe (FCKW) sind eine Verbindungsklasse, die immer wieder im Fokus der Öffentlichkeit steht, weil sie in besonderem Maße klimaschädlich ist. Die Fluorchlorkohlenwasserstoffe gehören zu einer größeren Stoffklasse, den **Halogenalkanen**, die man in einer Trivialnomenklatur häufig auch als *Alkylhalogenide* bezeichnet. Sie enthalten mindestens ein Halogenatom, das kovalent an ein sp^3-hybridisiertes Kohlenstoffatom gebunden ist. Abkürzend schreibt man Alkylhalogenide oft in der Form R–X, wobei X für F, Cl, Br oder I stehen kann.

$$R-\ddot{\underset{..}{X}}:$$
ein Halogenalkan (oder Alkylhalogenid)

In diesem Kapitel wollen wir uns mit den charakteristischen Reaktionen der Halogenalkane beschäftigen: der nukleophilen Substitution und der β-Eliminierung. Wie wir sehen werden, sind Halogenalkane sehr nützliche und vielseitige Verbindungen, weil sie leicht in Alkohole, Ether, Thiole, Amine und Alkene überführt werden können. Tatsächlich werden Halogenalkane sehr häufig als Ausgangsmaterialien für die Synthese von Verbindungen genutzt, die in der Medizin, der Lebensmittelchemie, in der Landwirtschaft und in unzähligen weiteren Bereichen eingesetzt werden.

Einführung in die Organische Chemie, Erste Auflage. William H. Brown und Thomas Poon.
© 2021 WILEY-VCH GmbH. Published 2021 by WILEY-VCH GmbH.

7.1 Wie werden Halogenalkane benannt?

7.1.1 IUPAC-Namen

Die IUPAC-Namen für Halogenalkane leiten sich entsprechend den in Abschn. 3.3.1 besprochenen Regeln von den Namen der zugrundeliegenden Alkane ab:

- Man identifiziert und nummeriert die Hauptkette so, dass die zuerst auftretenden Substituenten die kleineren Nummern bekommen.
- Halogensubstituenten werden mit den Präfixen *Fluor-*, *Chlor-*, *Brom-* und *Iod-* zusammen mit anderen Substituenten in alphabetischer Reihenfolge vorangestellt.
- Die Position der Halogene wird durch Nummern angegeben, die den Präfixen vorangestellt werden.
- In Halogenalkenen bestimmt die Position der Doppelbindung die Nummerierung der Hauptkette. In Verbindungen, die einen Prioritätssubstituenten enthalten, der durch ein Suffix (z. B. *-ol*, *-al*, *-on* oder *-säure*) angegeben wird, bestimmt die Position dieses Substituenten die Nummerierung:

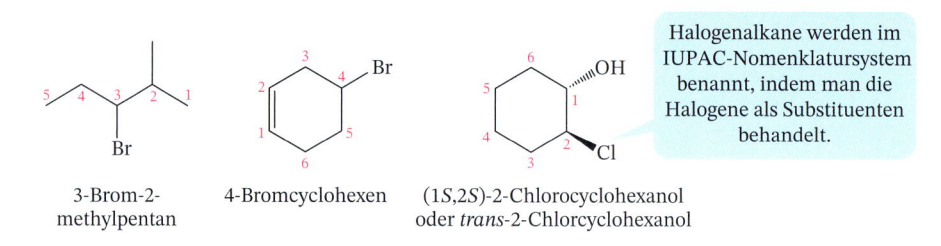

3-Brom-2-methylpentan   4-Bromcyclohexen   (1*S*,2*S*)-2-Chlorocyclohexanol oder *trans*-2-Chlorcyclohexanol

> Halogenalkane werden im IUPAC-Nomenklatursystem benannt, indem man die Halogene als Substituenten behandelt.

7.1.2 Trivialnamen

Trivialnamen von Halogenalkanen bestehen aus dem Trivialnamen der Alkylgruppe (mit der Endung *-yl*) gefolgt vom Namen des Halogenids, entsprechend dem Trivialnamen *Alkylhalogenid* für die ganzen Stoffklasse. In den folgenden Beispielen sind zunächst die jeweiligen IUPAC-Namen und dann in Klammern die Trivialnamen angegeben.

$CH_3CHCH_2CH_3$ (mit F) $CH_2=CHCl$
2-Fluorbutan   Chlorethen
(*sec*-Butylfluorid) (Vinylchlorid)

Die Polyhalogenmethane sind häufig verwendete Lösungsmittel, die fast ausschließlich mit Trivialnamen benannt werden. Dichlormethan (Methylenchlorid) ist das am häufigsten genutzte halogenierte Lösungsmittel. Verbindungen des Typs CHX_3 bezeichnet man als **Haloforme**. Der Trivialname von $CHCl_3$ lautet beispielsweise *Chloroform*. CH_3CCl_3 hat den Trivialnamen *Methylchloroform*. Methylchloroform, Trichlorethylen („Tri") und Tetrachlorethylen ($Cl_2C=CCl_2$, „Per") werden häufig als Lösungs- und Reinigungsmittel in chemischen Reinigungen eingesetzt.

CH_2Cl_2 $CHCl_3$ CH_3CCl_3 $Cl_2C=CCl_2$
Dichlormethan   Trichlormethan   1,1,1-Trichlorethan   Tetrachlorethen
(Methylenchlorid) (Chloroform)   (Methylchloroform)   (Tetrachlorethylen)

[Quelle: © moodboard/Alamy Inc.]

Gewusst wie: 7.1 Wie man cyclische Halogenalkane benennt

a) Zunächst bestimmt man den Stammnamen des Cycloalkans.

Der Stammname eines Fünfring-Alkans ist „Cyclopentan".

Cyclopentan

b) Dann benennt man die Halogensubstituenten und weist ihnen Nummern zu.

Mehrere Halogene werden alphabetisch sortiert aufgeführt und nummeriert.

1-Brom-2-chlorcyclopentan

c) Die Stereochemie nicht vergessen!

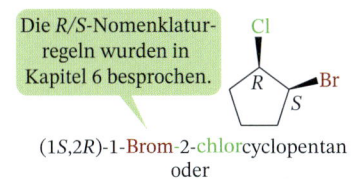

Die R/S-Nomenklaturregeln wurden in Kapitel 6 besprochen.

(1S,2R)-1-Brom-2-chlorcyclopentan
oder
cis-1-Brom-2-chlorcyclopentan

Beispiel 7.1 Ermitteln Sie für jede Verbindung den IUPAC-Namen:

(a) [Struktur mit Br] (b) [Struktur mit Br] (c) [Struktur mit H, Br] (d) [Struktur mit F, I]

Vorgehensweise
Ermitteln Sie zunächst die längste Kohlenstoffkette und hieraus den Stammnamen der Verbindung. Identifizieren Sie anschließend alle Atome oder Atomgruppen, die nicht Teil der Kohlenstoffkette sind, also die Substituenten. Geben Sie gegebenenfalls auch die Konfiguration an, entweder mit E/Z- oder mit R/S-Deskriptoren.

Lösung
(a) 1-Brom-2-methylpropan, Trivialname Isobutylbromid.
(b) (E)-4-Brom-3-methyl-2-penten.
(c) (S)-2-Bromhexan.
(d) (1R,2S)-1-Fluor-2-iodcyclopentan oder cis-1-Fluor-2-iodcyclopentan.

Siehe Aufgaben 7.1–7.4.

Große Aufmerksamkeit haben zudem die **Fluorchlorkohlenwasserstoffe (FCKW)** erlangt, die auch unter dem Handelsnamen Freon bekannt sind. Wenn in diesen Verbindungen alle Wasserstoffatome durch Chlor- oder Fluoratome ersetzt sind, spricht man auch von perfluorierten oder perchlorierten bzw. allgemein perhalogenierten Kohlenwasserstoffen oder präziser auch von Chlorfluorkohlenstoffen (CFK oder FCK). FCKW sind ungiftig, nicht entflammbar, geruchlos und nicht korrosiv. Insofern schienen sie zur Zeit ihrer Entdeckung die idealen Ersatzstoffe für in vielerlei Hinsicht gefährlicheren Verbindungen wie Ammoniak oder Schwefeldioxid zu sein, die zuvor als Wärmeübertragungsmittel in Kühlsystemen oder Kühlschränken eingesetzt worden waren. Die am häufigsten zu diesem Zweck eingesetzten CFK waren Trichlorfluormethan (CCl_3F, R-11) und Dichlordifluormethan (CCl_2F_2, R-12). Darüber hinaus fanden FCKW auch breite Anwendung als industrielle Reinigungsmittel, um Oberflächen für die Beschichtung vorzubereiten oder um beim Bohren und Fräsen verwendete Kühlschmieröle und -wachse sowie Schutzbeschichtungen von

R-410A ist ein Kühlmittel, das nicht zum Ozonabbau beiträgt. Es besteht aus einer Mischung von CH_2F_2 und CHF_2CF_3. [Quelle: © Judith Collins/Alamy Inc.]

Exkurs: 7.A Die Schädigung der Ozonschicht durch Fluorchlorkohlenstoffe

In den 1970er Jahren stellte man fest, dass Chlorfluorkohlenstoffe (CFK), von denen damals 4.5×10^5 kg/Jahr in die Atmosphäre emittiert wurden, einen nachteiligen Effekt auf die Umwelt haben – insbesondere auf die Ozonschicht. 1974 stellten Sherwood Rowland und Mario Molina eine (inzwischen unzweifelhaft bestätigte) Theorie vor, wonach die CFK den Abbau der Ozonschicht in der Stratosphäre katalysierten. Die CFK werden nach ihrer Verwendung in der unteren Atmosphäre freigesetzt, dort aber – weil sie chemisch sehr inert sind – nicht zersetzt. Sie gelangen letztlich bis in die Stratosphäre, wo sie nach Absorption von ultravioletter Strahlung aus der Sonne abgebaut werden. Die dabei entstehenden Molekülfragmente leiten chemische Reaktionen ein, die zum Abbau der Ozonschicht in der Stratosphäre führen. Diese ist jedoch außerordentlich wichtig, weil sie die Erde vor kurzwelliger UV-Strahlung von der Sonne schützt. Diese kurzwellige Strahlung erreicht nun vermehrt die Erdoberfläche und wird unter anderem für schädigende Wirkungen auf Getreide und andere landwirtschaftliche Produkte verantwortlich gemacht; vor allem führt sie jedoch zu vermehrtem Auftreten von Hautkrebs bei hellhäutigen Personen.

Die Besorgnis über die steigenden CFK-Konzentrationen in der Atmosphäre führte zur Einberufung zweier Versammlungen, 1985 in Wien und 1987 in Montreal, die vom Umweltprogramm der Vereinten Nationen veranstaltet wurden. 1987 wurde das Montreal-Protokoll verabschiedet, das die Produktion und die Nutzung der ozonschädlichen CFK begrenzte und stufenweise auf eine vollständige Ächtung bis zum Jahr 1996 drängte. Nur zwei UN-Mitglieder ratifizierten dieses Protokoll in der Folge nicht.

Rowland, Molina und Paul Crutzen (ein niederländischer Chemiker, der am Max-Planck-Institut für Chemie in Mainz tätig war) wurden für ihre Forschungen zu diesem Thema im Jahr 1995 mit dem Nobelpreis für Chemie geehrt. Die Königlich Schwedische Akademie der Wissenschaften schrieb in der entsprechenden Pressemitteilung, "Durch ihre Klarlegung der chemischen Mechanismen, die die Konzentration des atmosphärischen Ozons bestimmen, [...] haben die drei Wissenschaftler dazu beigetragen, uns alle vor einem globalen Umweltproblem zu bewahren, das katastrophale Konsequenzen bekommen könnte."

Die chemische Industrie reagierte auf die drohende Katastrophe, indem sie Alternativen zu den etablierten Kühlmitteln entwickelte, die deutlich weniger ozonschädigend sind. Die wichtigsten Ersatzstoffe sind die Fluorkohlenwasserstoffe (FKW) und die „teilhalogenierten" Fluorchlorkohlenwasserstoffe (H-FCKW), für die im Folgenden jeweils ein Vertreter gezeigt ist.

$$\begin{array}{cc}
\text{F} \quad \text{F} & \text{H} \quad \text{Cl} \\
| \quad | & | \quad | \\
\text{F}-\text{C}-\text{C}-\text{H} \quad\quad \text{H}-\text{C}-\text{C}-\text{F} \\
| \quad | & | \quad | \\
\text{F} \quad \text{H} & \text{H} \quad \text{Cl} \\
\text{R-134a} & \text{R-141b}
\end{array}$$

Diese Verbindungen zeigen in der Atmosphäre eine deutlich höhere chemische Reaktivität als CFK und werden daher abgebaut, bevor sie die Stratosphäre erreichen. Leider können sie in Klimaanlagen und Autos, die vor 1994 produziert wurden, nicht eingesetzt werden.

Die gute Nachricht ist, dass die erwähnten Abkommen erste Erfolge zeigen; es gibt deutliche Anzeichen dafür, dass sich die Ozonschicht inzwischen wieder erholt.

Aufgabe
Wie lauten die IUPAC-Namen für R-134a und R-141b?

Oberflächen zu entfernen. Zudem wurden sie als Treibgase in Sprühdosen eingesetzt. Heute ist ihre Anwendung in den meisten Industrieländern durch internationale Abkommen verboten; sie werden seitdem durch Fluorkohlenwasserstoffe (FKW) ersetzt (siehe hierzu Exkurs 7.A).

7.2 Was sind die charakteristischen Reaktionen der Halogenalkane?

Ein **Nukleophil** (ein „kernliebendes" Reagenz) ist ein Teilchen, das ein freies Elektronenpaar zur Bildung einer kovalenten Bindung zur Verfügung stellt, und eine **nukleophile Substitution** ist eine Reaktion, in der ein Nukleophil durch ein anderes ersetzt (substituiert) wird. In der folgenden allgemeinen Reaktionsgleichung ist Nu⁻ das Nukleophil und X⁻ die Austrittsgruppe (auch als Fluchtgruppe oder Nukleofug bezeichnet); die Substitution findet an einem sp^3-hybridisierten Kohlenstoffatom statt.

$$\text{Nu}:^- + -\underset{|}{\overset{|}{\text{C}}}-\text{X} \xrightarrow{\text{nukleophile Substitution}} -\underset{|}{\overset{|}{\text{C}}}-\text{Nu} + :\text{X}^-$$

Nukleophil — Austrittsgruppe

Die Halogenide gehören zu den besten und damit auch wichtigsten Austrittsgruppen. Wir rufen uns aus Abschn. 5.7 in Erinnerung, dass die Alkylierung von Acetylid-Anionen eine nukleophile Substitution ist.

Das negativ geladene C-Atom des Acetylid-Anions wirkt als Nukleophil.

Die Chlorid-Austrittsgruppe wurde durch das Acetylid-Ion ersetzt.

$$\text{H}-\text{C}\equiv\text{C}:^- \text{Na}^+ + \text{H}-\underset{\text{H}}{\overset{\text{H}}{\text{C}}}-\text{Cl}: \longrightarrow \boxed{\text{H}-\text{C}\equiv\text{C}-\text{CH}_3} + \text{Na}^+\text{Cl}^-$$

Eine **β-Eliminierung** ist die Entfernung von Atomen oder Atomgruppen von zwei benachbarten Kohlenstoffatomen unter Bildung einer Kohlenstoff-Kohlenstoff-Doppelbindung, beispielsweise die Entfernung von H und X aus einem Alkylhalogenid oder von H und OH aus einem Alkohol. Weil alle Nukleophile auch mehr oder weniger starke Basen sind, sind nukleophile Substitutionen und die durch Basen eingeleiteten β-Eliminierungen Konkurrenzreaktionen. So hat zum Beispiel das Ethanolat-Ion sowohl nukleophile als auch basische Eigenschaften. Mit Bromcyclohexan reagiert es als Nukleophil (der in Rot angegebene Reaktionspfad) zu Ethoxycyclohexan und als Base (der blaue Reaktionspfad) unter Bildung von Cyclohexen und Ethanol.

Ethanolat greift als Nukleophil an diesem Kohlenstoffatom an.

Als Base greift das Ethanolat an diesem Wasserstoffatom an.

Cyclohexyl-Br + CH₃CH₂O⁻Na⁺ (ein Nukleophil und eine Base)

→ nukleophile Substitution (Ethanol) → Cyclohexyl-OCH₂CH₃ + Na⁺Br⁻

→ β-Eliminierung (Ethanol) → Cyclohexen + CH₃CH₂OH + Na⁺Br⁻

In diesem Kapitel wollen wir uns mit beiden Reaktionstypen beschäftigen. Mithilfe dieser Reaktionen können wir Halogenalkane in Verbindungen mit anderen funktionellen Gruppen überführen, beispielsweise in Alkohole, Ether, Thiole, Sulfide, Amine, Nitrile, Alkene oder Alkine. Ein grundlegendes Verständnis der nukleophilen Substitution und der β-Eliminierung eröffnet uns daher ganz neue und weite Bereiche der Organischen Chemie.

Gewusst wie: 7.2 Woran man eine Substitution und eine β-Eliminierung erkennt

a) Bei einer Substitution wird ein Atom oder eine Atomgruppe in der Ausgangsverbindung durch ein anderes Atom oder eine andere Atomgruppe ersetzt.

b) Bei einer β-Eliminierung werden immer ein Wasserstoffatom und ein weiteres Atom oder eine Atomgruppe von benachbarten C-Atomen entfernt, wodurch eine Kohlenstoff-Kohlenstoff-Doppelbindung entsteht.

Beispiel 7.2 Ermitteln Sie, ob die Halogenalkane in den folgenden Reaktionen eine Substitution, eine Eliminierung oder sowohl Substitution als auch Eliminierung eingehen:

(a) (CH₃)₂CHCH₂Br + Na⁺SH⁻ →[H₂S] (CH₃)₂CHCH₂SH + Na⁺Br⁻

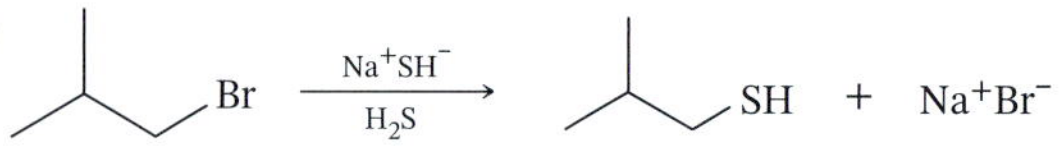

(b) CH₃CH=CHCH(Cl)CH₃ →[CH₃CH₂OH] CH₃CH=CHCH(OCH₂CH₃)CH₃ + CH₃CH=CHCH(OCH₂CH₃)CH₃ + HCl

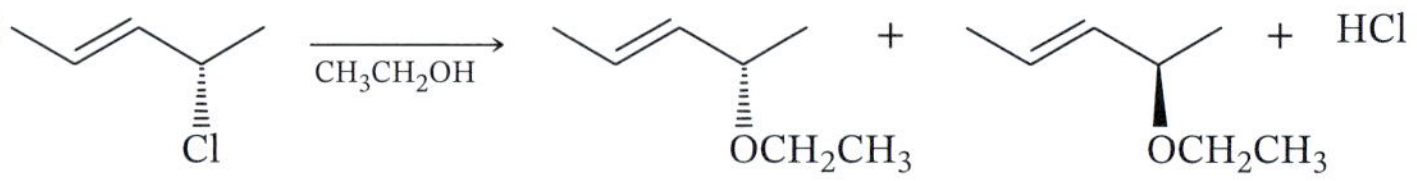

(c) 1-Methyl-2-iodcyclopentan + Na⁺OH⁻ →[Aceton] 1-Methylcyclopenten + H₂O + Na⁺I⁻

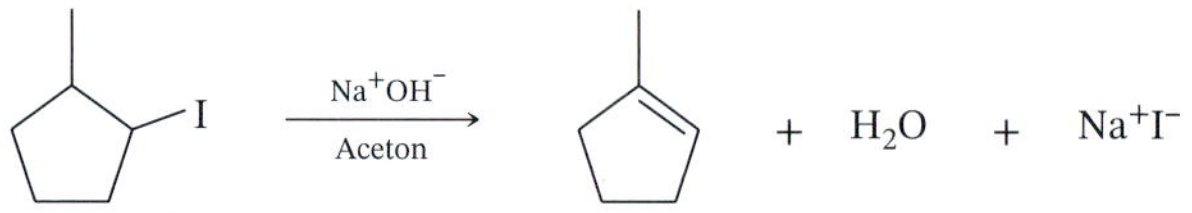

Vorgehensweise

Legen Sie ihr Augenmerk auf das Halogen im Edukt. Ist es im Produkt (oder in den Produkten) durch ein anderes Atom oder eine Atomgruppe ersetzt? In diesem Fall hat eine Substitution stattgefunden. Wenn das C-Atom, an das das Halogen gebunden war, im Produkt (oder in den Produkten) Teil einer Doppelbindung ist, hat eine Eliminierung stattgefunden.

Lösung

(a) Substitution; das Brom wurde durch eine Thiolgruppe ersetzt.
(b) Substitution; in beiden Produkten wurde das Chlor durch eine Ethoxygruppe ersetzt.
(c) β-Eliminierung; ein Wasserstoff- und ein Iodatom wurden entfernt, ein Alken ist entstanden.

Siehe Aufgabe 7.6. ◢

7.3 Welche Produkte entstehen in einer nukleophilen aliphatischen Substitution?

Die nukleophile Substitution ist eine der wichtigsten Reaktionen von Halogenalkanen; sie kann zur Synthese von Verbindungen mit den verschiedensten neuen funktionellen Gruppen genutzt werden, von denen einige in Tab. 7.1 aufgeführt sind. Wenn Sie die Einträge dieser Tabelle durchgehen, achten Sie vor allem auch auf Folgendes:

1. Wenn das Nukleophil negativ geladen ist wie beispielsweise OH⁻ oder RS⁻, ist das Atom, das das freie Elektronenpaar zur Verfügung stellt, im Produkt ungeladen.
2. Wenn das Nukleophil ungeladen ist wie NH₃ oder CH₃OH, dann trägt das Atom mit dem freien Elektronenpaar im Produkt eine positive Ladung. Diese Produkte geben dann häufig in einem zweiten Schritt ein Proton ab und bilden letztlich ebenfalls neutrale Substitutionsprodukte.

Beispiel 7.3 Vervollständigen Sie die folgenden Reaktionsgleichungen für nukleophile Substitutionen:

(a) CH₃CH₂CH₂Br + Na⁺OH⁻ ⟶

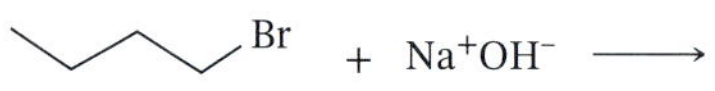

(b) CH₃CH₂CH₂Cl + NH₃ ⟶

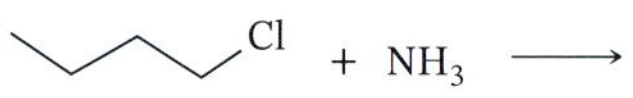

Tab. 7.1 Einige nukleophile Substitutionen.

Reaktion: Nu:⁻ + CH₃X ⟶ CH₃Nu + :X⁻		
Nukleophil	**Produkt**	**gebildete Verbindungsklasse**
HÖ:⁻ ⟶	CH₃ÖH	ein Alkohol
RÖ:⁻ ⟶	CH₃ÖR	ein Ether
HS̈:⁻ ⟶	CH₃S̈H	ein Thiol (ein Mercaptan)
RS̈:⁻ ⟶	CH₃S̈R	ein Sulfid (ein Thioether)
:Ï:⁻ ⟶	CH₃Ï:	ein Alkyliodid
:NH₃ ⟶	CH₃NH₃⁺	ein Alkylammonium-Ion
HÖH ⟶	CH₃Ö⁺—H | H	ein Alkohol (nach Deprotonierung)
CH₃ÖH ⟶	CH₃Ö⁺—CH₃ | H	ein Ether (nach Deprotonierung)

Ein Nukleophil muss nicht unbedingt negativ geladen sein.

Gewusst wie: 7.3 Wie man die Reaktionsgleichung einer Substitution vervollständigt

a) Man identifiziert die Austrittsgruppe.

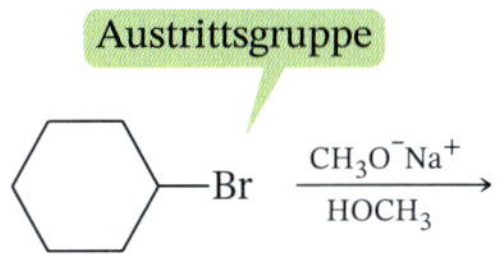

⟨Cyclohexyl⟩—Br $\xrightarrow[\text{HOCH}_3]{\text{CH}_3\text{O}^-\text{Na}^+}$

Austrittsgruppe

b) Man identifiziert das Nukleophil und dessen nukleophiles (angreifendes) Atom. Das nukleophile Atom ist manchmal negativ geladen, trägt aber in jedem Fall ein freies Elektronenpaar, das es bereitstellen kann. Wenn sowohl ein negativ geladenes Atom als auch ein gleiches, aber ungeladenes Atom mit einem freien Elektronenpaar vorhanden sind, ist das negativ geladene Atom das nukleophilere Atom. Im folgenden Beispiel ist CH₃O⁻ ein stärkeres Nukleophil als CH₃OH.

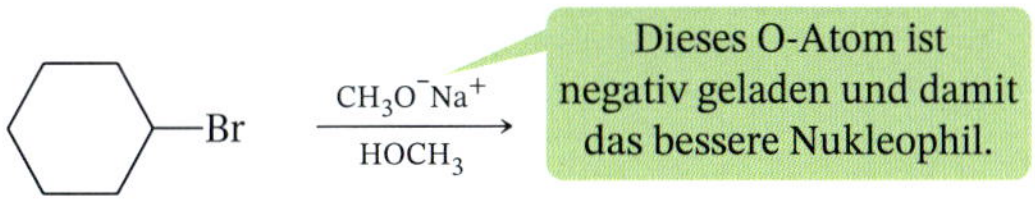

⟨Cyclohexyl⟩—Br $\xrightarrow[\text{HOCH}_3]{\text{CH}_3\text{O}^-\text{Na}^+}$

Dieses O-Atom ist negativ geladen und damit das bessere Nukleophil.

c) Man ersetzt die Austrittsgruppe in der Ausgangsverbindung durch das nukleophile Atom oder die nukleophile Atomgruppe. Alle an das nukleophile Atom kovalent gebundenen Gruppen bleiben auch im Produkt an dieses Atom gebunden. Unbeteiligte Gegenionen werden normalerweise als Teil von Ionenpaaren mit der negativ geladenen Austrittsgruppe gezeigt.

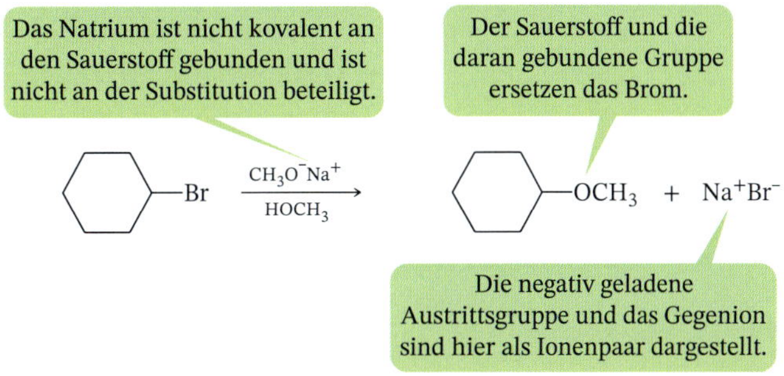

⟨Cyclohexyl⟩—Br $\xrightarrow[\text{HOCH}_3]{\text{CH}_3\text{O}^-\text{Na}^+}$ ⟨Cyclohexyl⟩—OCH₃ + Na⁺Br⁻

Das Natrium ist nicht kovalent an den Sauerstoff gebunden und ist nicht an der Substitution beteiligt.

Der Sauerstoff und die daran gebundene Gruppe ersetzen das Brom.

Die negativ geladene Austrittsgruppe und das Gegenion sind hier als Ionenpaar dargestellt.

Vorgehensweise

Identifizieren Sie das Nukleophil. Brechen Sie die Bindung zwischen dem Halogen und dem daran gebundenen C-Atom und knüpfen Sie eine neue Bindung zwischen dem C-Atom und dem Nukleophil.

Lösung

(a) Hydroxid ist das Nukleophil und Bromid ist die Austrittsgruppe:

$$\text{1-Brombutan} + \text{Na}^+\text{OH}^- \longrightarrow \text{1-Butanol} + \text{Na}^+\text{Br}^-$$
$$\text{Natriumhydroxid} \qquad\qquad\qquad\qquad \text{Natriumbromid}$$

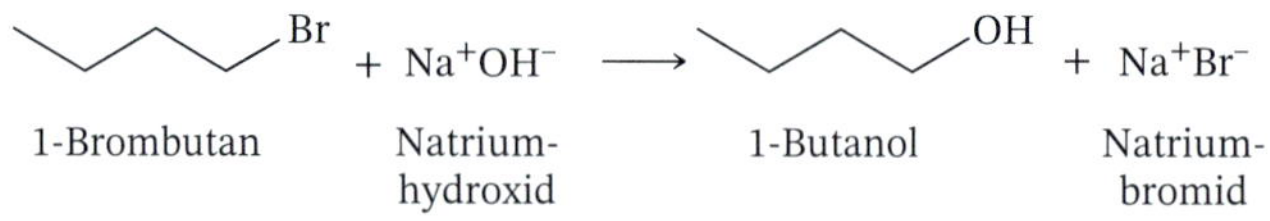

(b) Ammoniak ist das Nukleophil und Chlorid ist die Austrittsgruppe:

$$\text{1-Chlorbutan} + \text{NH}_3 \longrightarrow \text{Butylammoniumchlorid (NH}_3^+\text{Cl}^-\text{)}$$

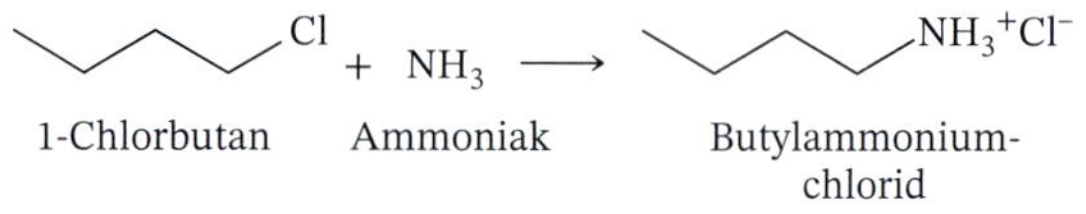

Siehe Aufgaben 7.7 und 7.14.

7.4 Was sind die S_N2- und S_N1-Mechanismen von nukleophilen Substitutionen?

Auf der Basis umfangreicher experimenteller Beobachtungen, die in den vergangenen 90 Jahren gemacht werden konnten, wurden zwei mechanistische Grenzfälle für nukleophile Substitutionen identifiziert. Der grundlegende Unterschied zwischen beiden ergibt sich vor allem aus dem zeitlichen Ablauf, nach dem der Bindungsbruch zwischen Kohlenstoff und Austrittsgruppe einerseits und die Bindungsbildung zwischen Kohlenstoff und Nukleophil andererseits erfolgen.

7.4.1 Mechanismus der S_N2-Reaktion

Im Mechanismus einer S_N2-Reaktion finden zwei Prozesse statt: (1) die Reaktion eines Nukleophils mit einem Elektrophil unter Bildung einer kovalenten Bindung und (2) ein Bindungsbruch unter Bildung eines stabilen Ions oder Moleküls. Im diesem mechanistischen Grenzfall laufen die beiden Prozesse *konzertiert* ab, das heißt, Bindungsbruch und -neubildung erfolgen gleichzeitig. Der Austritt der Fluchtgruppe wird dabei durch das eintretende Nukleophil unterstützt. Dieser Mechanismus wird als S_N2-Reaktion bezeichnet, wobei *S* für *S*ubstitution, *N* für *n*ukleophil und die *2* für eine *bi*molekulare Reaktion steht. Dieser Substitutionstyp wird deswegen als bimolekular bezeichnet, weil sowohl das Halogenalkan als auch das Nukleophil (also insgesamt zwei Teilchen) am geschwindigkeitsbestimmenden Schritt beteiligt sind. Beide Teilchen sind somit im Geschwindigkeitsgesetz dieser Reaktion zu berücksichtigen:

k ist die Geschwindigkeitskonstante dieser Reaktion

$$\text{Reaktionsgeschwindigkeit} = k[\text{Halogenalkan}][\text{Nukleophil}]$$

Im Folgenden ist der Mechanismus für eine S_N2-Reaktion zwischen einem Hydroxid-Ion und Brommethan unter Bildung von Methanol und Bromid gezeigt.

7.4 Was sind die S_N2- und S_N1-Mechanismen von nukleophilen Substitutionen? | 207

Mechanismus: Die S_N2-Reaktion

Das Nukleophil greift von der der Austrittsgruppe gegenüberliegenden Seite am Reaktionszentrum an; in der S_N2-Reaktion erfolgt also ein *Rückseitenangriff* durch das Nukleophil. (1) Die Reaktion eines Nukleophils mit einem Elektrophil unter Bildung einer kovalenten Bindung und (2) der Bindungsbruch unter Bildung eines stabilen Ions oder Moleküls erfolgen *gleichzeitig*. Die Substituenten am Reaktionszentrum klappen dabei um; wenn das Substrat chiral ist, kommt es dabei zu einer Inversion der Konfiguration.

Am Reaktionszentrum findet eine Inversion statt.

$$HO^- + \underset{H}{\overset{H}{C}}-Br \longrightarrow \left[HO \cdots \underset{H\ H}{\overset{H}{C}} \cdots Br \right]^{\delta-,\delta-} \longrightarrow HO-\underset{H}{\overset{H}{C}}_{H} + :Br:^-$$

Edukte — Übergangszustand, in dem Bindungsbildung und Bindungsbruch gleichzeitig erfolgen — Produkte

Abbildung 7.1 zeigt das Energiediagramm einer S_N2-Reaktion. In diesem einstufigen Mechanismus wird nur ein Übergangszustand durchlaufen; es treten keine Zwischenstufen auf.

der negativ geladene (rote) Sauerstoff wird vom partiell positiv geladenen (blauen) Kohlenstoffatom angezogen

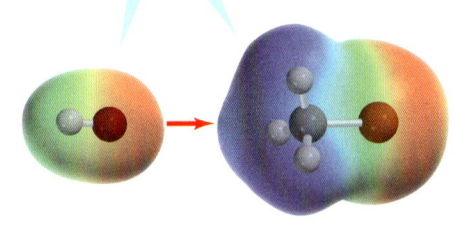

Nukleophiler Angriff von der der Austrittsgruppe abgewandten Seite

Die Triebkraft einer S_N2-Reaktion ist die Wechselwirkung der negativen Ladung des Nukleophils (in diesem Fall des negativen Sauerstoffs im Hydroxid-Ion) und des positiven Ladungsschwerpunkts im Elektrophil (hier der partiell positiven Ladung des Kohlenstoffs, der die Austrittsgruppe, das Bromid, trägt).

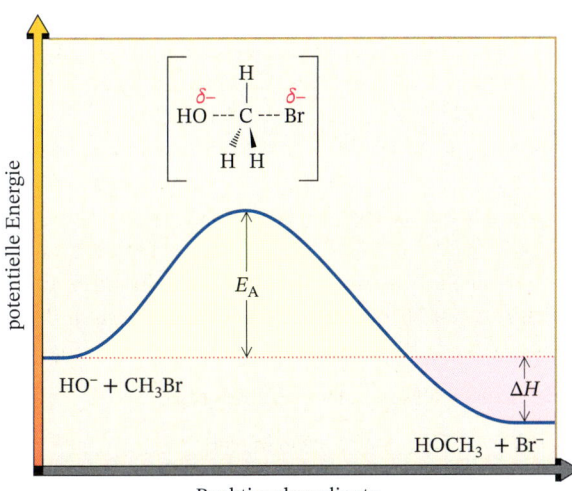

Abb. 7.1 Das Energiediagramm einer S_N2-Reaktion. Es wird nur ein Übergangszustand durchlaufen; eine Zwischenstufe tritt nicht auf.

7.4.2 Mechanismus der S_N1-Reaktion

Im anderen mechanistischen Grenzfall, der sogenannten S_N1-Reaktion, wird zunächst der Bindungsbruch zwischen dem C-Atom und der Austrittsgruppe abgeschlossen, bevor die Bindungsbildung mit dem Nukleophil beginnt. In der Bezeichnung **S_N1** steht S wieder für *S*ubstitution, N auch hier für *n*ukleophil und die *1* für eine ***uni*molekulare Reaktion**. Dieser Reaktionstyp wird als unimolekular klassifiziert, weil nur das Halogenalkan am geschwindigkeitsbestimmenden Schritt (der Bildung des Carbokations) beteiligt ist. Auch im Geschwindigkeitsgesetz erscheint daher nur die Konzentration des Halogenalkans:

$$\text{Reaktionsgeschwindigkeit} = k[\text{Halogenalkan}]$$

Ein typisches Beispiel für eine S_N1-Reaktion ist die **Solvolyse** von 2-Brom-2-methylpropan (*tert*-Butylbromid) in Methanol unter Bildung von 2-Methoxy-2-methylpropan (*tert*-Butylmethylether). Eine Solvolyse ist eine nukleophile Substitution, in der das Lösungsmittel das Nukleophil ist. Auffallend ist hier, dass der zweite Schritt in diesem Mechanismus mit dem zweiten Schritt im Mechanismus der Halogenwasserstoffaddition (H−X-Addition) an Alkene (Abschn. 5.3.1) und der säurekatalysierten Wasseraddition an Alkene (Abschn. 5.3.2) übereinstimmt.

Mechanismus: Die S_N1-Reaktion

1. Schritt: *Bindungsbruch unter Bildung eines stabilen Ions oder Moleküls*

Die Dissoziation der C−X-Bindung führt zu einem tertiären Carbokation:

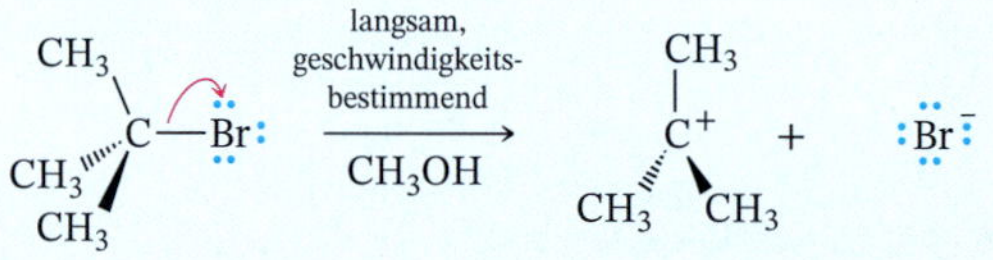

ein Carbokation
der Kohlenstoff ist trigonal planar

2. Schritt: *Reaktion eines Nukleophils mit einem Elektrophil unter Bildung einer neuen kovalenten Bindung*

Die Reaktion des intermediären Carbokations (eines Elektrophils) mit Methanol (einem Nukleophil) führt zu einem Alkyloxonium-Ion. Der Angriff des Nukleophils erfolgt mit gleicher Wahrscheinlichkeit von beiden Seiten des planaren Carbokations.

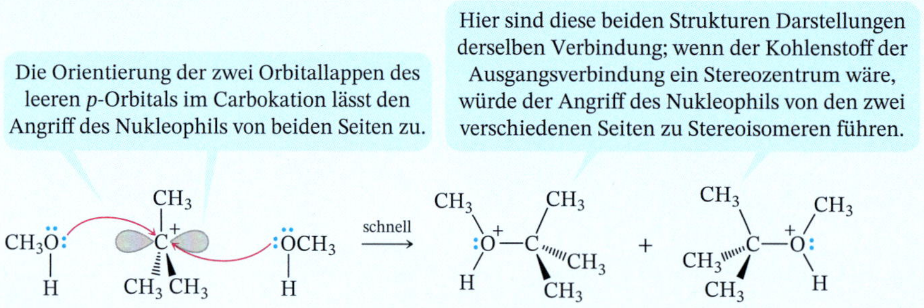

Die Orientierung der zwei Orbitallappen des leeren *p*-Orbitals im Carbokation lässt den Angriff des Nukleophils von beiden Seiten zu.

Hier sind diese beiden Strukturen Darstellungen derselben Verbindung; wenn der Kohlenstoff der Ausgangsverbindung ein Stereozentrum wäre, würde der Angriff des Nukleophils von den zwei verschiedenen Seiten zu Stereoisomeren führen.

3. Schritt: *Deprotonierung*

Ein Protonentransfer vom Alkyloxonium-Ion auf Methanol (das Lösungsmittel) schließt die Reaktion ab und ergibt den *tert*-Butylmethylether.

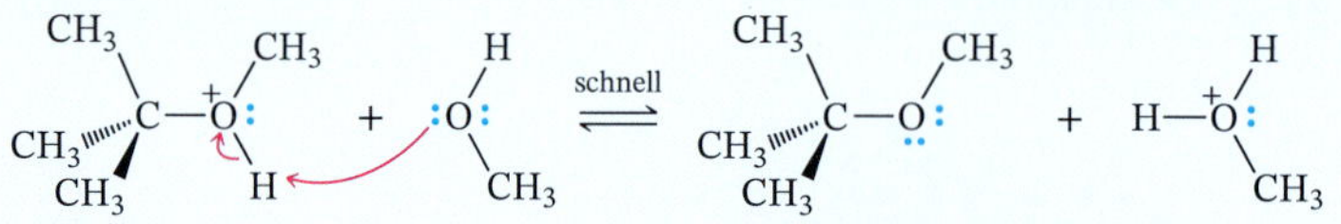

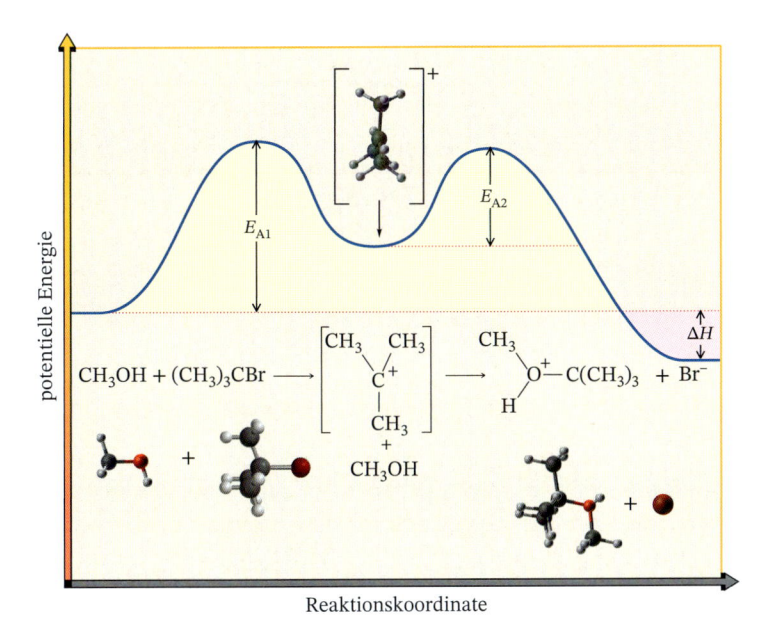

Abb. 7.2 Ein Energiediagramm für die S_N1-Reaktion von 2-Brom-2-methylpropan mit Methanol. Ein erster Übergangszustand führt zur Bildung des Carbokations; dieses reagiert im 2. Schritt mit Methanol über einen zweiten Übergangszustand. Im 1. Schritt wird die höhere Energiebarriere überwunden; dieser Schritt ist daher geschwindigkeitsbestimmend.

Abbildung 7.2 zeigt das Energiediagramm für die S_N1-Reaktion von 2-Brom-2-methylpropan mit Methanol. Im ersten Schritt wird über den ersten Übergangszustand das Carbokation gebildet und im zweiten Schritt, der Reaktion des Carbokations mit Methanol, wird ein zweiter Übergangszustand durchlaufen; es bildet sich das Alkyloxonium-Ion. Im ersten Schritt wird bei der Bildung des intermediären Carbokations eine höhere Energiebarriere durchlaufen als im zweiten Schritt; der erste Schritt ist daher geschwindigkeitsbestimmend.

Wenn eine S_N1-Reaktion mit einem sekundären Halogenalkan durchgeführt wird, bildet sich intermediär ein sekundäres Carbokation. Wir erinnern uns aus Abschn. 5.4, dass ein sekundäres Carbokation eine Umlagerung unter Bildung eines tertiären Carbokations eingehen kann. Dies ist in Folgenden am Beispiel der Solvolyse von 2-Brom-3,3-dimethylbutan in Ethanol gezeigt.

Wenn die S_N1-Reaktion am Stereozentrum einer enantiomerenreinen chiralen Verbindung durchgeführt wird, entsteht ein Racemat als Produkt. Wir können das an folgendem Beispiel verdeutlichen: Aus dem R-Enantiomer entsteht bei der Dissoziation ein achirales Carbokation. Angriff des Nukleophils von der linken Seite des Carbokations führt zum S-Enantiomer, während beim Angriff von rechts das R-Enantiomer gebildet wird. Weil der Angriff von beiden Seiten des Carbokations mit der gleichen Wahrscheinlichkeit erfolgt, werden das R- und das S-Enantiomer in gleichen Anteilen gebildet und das Produkt ist ein Racemat.

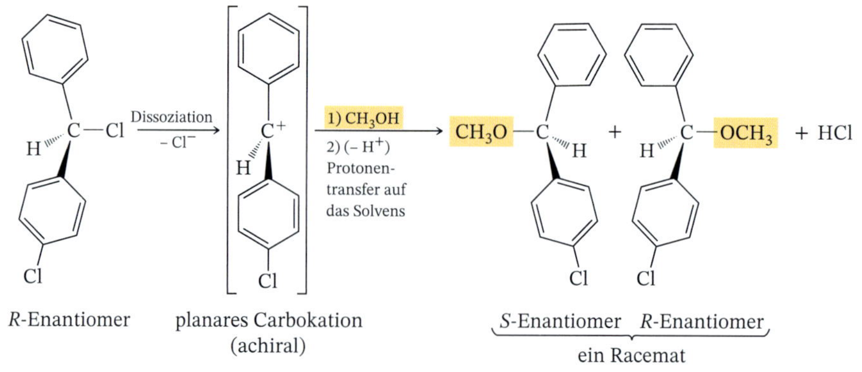

7.5 Was entscheidet, ob ein S_N1- oder ein S_N2-Mechanismus abläuft?

Wir wollen uns nun die experimentellen Befunde etwas näher ansehen, auf denen die beiden unterschiedlichen Mechanismen beruhen. Dabei interessieren uns vor allem die folgenden Fragen:

1. Welchen Einfluss hat die Art des Nukleophils auf die Reaktionsgeschwindigkeit?
2. Welchen Einfluss hat die Struktur des Halogenalkans auf die Reaktionsgeschwindigkeit?
3. Welchen Effekt hat die Art der Austrittsgruppe auf die Reaktionsgeschwindigkeit?
4. Welche Rolle spielt das Lösungsmittel?

7.5.1 Das Nukleophil

Nukleophilie ist ein kinetischer Parameter, mit dem wir die relative Reaktionsgeschwindigkeit einer Reaktion abschätzen können. Wir können die relative Nukleophilie einer Reihe von Nukleophilen ermitteln, indem wir die Reaktionsgeschwindigkeiten für die Substitution der Austrittsgruppe in einem Halogenalkan messen und vergleichen – zum Beispiel die Reaktionsgeschwindigkeiten, mit denen das Brom in Bromethan bei 25 °C in Ethanol ersetzt wird:

$$CH_3CH_2Br + NH_3 \longrightarrow CH_3CH_2NH_3^+ + Br^-$$

Auf der Grundlage derartiger Untersuchungen können wir strukturelle und elektronische Eigenschaften eines Nukleophils mit seiner **relativen Nukleophilie** korrelieren. In Tab. 7.2 sind einige typische Nukleophile aufgelistet, denen wir auch in diesem Lehrbuch begegnen werden.

Weil das Nukleophil am geschwindigkeitsbestimmenden Schritt einer S_N2-Reaktion beteiligt ist, läuft die Reaktion mit größerer Wahrscheinlichkeit nach diesem Mechanismus ab, wenn es sich um ein gutes Nukleophil handelt. Im geschwindigkeitsbestimmenden Schritt der S_N1-Reaktion ist das Nukleophil dagegen nicht beteiligt. Eine S_N1-Reaktion kann daher im Prinzip mit jedem Nukleophil ablaufen; die Reaktionsgeschwindigkeit wird in diesem Fall unabhängig von dessen relativer Nukleophilie immer in etwa gleich sein.

Tab. 7.2 Beispiele für typische Nukleophile und ihre relative Nukleophilie.

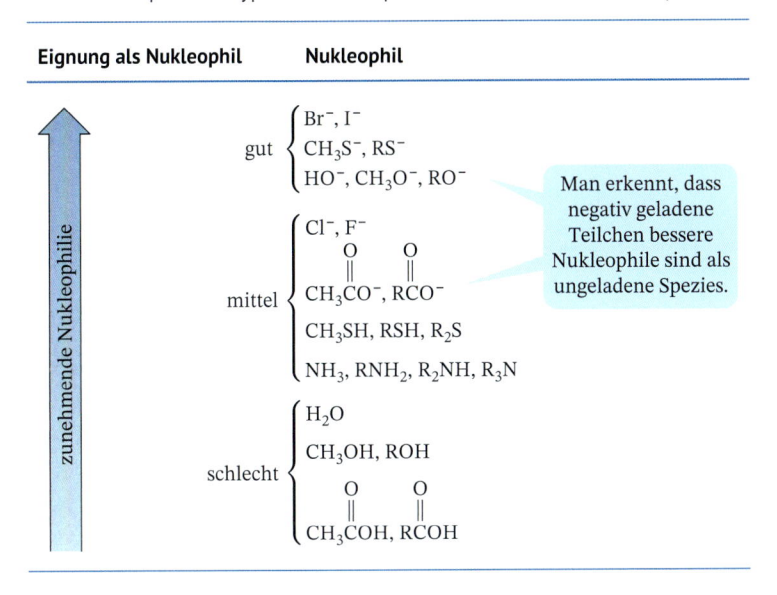

Eignung als Nukleophil	Nukleophil
gut (zunehmende Nukleophilie ↑)	Br^-, I^- CH_3S^-, RS^- HO^-, CH_3O^-, RO^-
mittel	Cl^-, F^- CH_3COO^-, $RCOO^-$ CH_3SH, RSH, R_2S NH_3, RNH_2, R_2NH, R_3N
schlecht	H_2O CH_3OH, ROH CH_3COOH, $RCOOH$

Man erkennt, dass negativ geladene Teilchen bessere Nukleophile sind als ungeladene Spezies.

7.5.2 Die Struktur des Halogenalkans

Die Geschwindigkeit von S_N1-Reaktionen wird hauptsächlich von **elektronischen Faktoren** bestimmt, insbesondere von der relativen Stabilität der intermediär gebildeten Carbokationen. S_N2-Reaktionen werden dagegen vor allem von **sterischen Faktoren** beeinflusst, also von Einflüssen, die mit der Größe der Substituenten zusammenhängen, weil diese den Zugang zum Reaktionszentrum der Verbindung erschweren. Sterische Hinderung hat einen besonders nachteiligen Einfluss auf den Übergangszustand der S_N2-Reaktion.

Im Folgenden sind die wesentlichen Kriterien aufgeführt:

1. *Relative Stabilität der Carbokationen.* Wie bereits in Abschn. 5.3.1 besprochen sind tertiäre Carbokationen am stabilsten und ihre Bildung erfordert die geringste Aktivierungsenergie. Primäre Carbokationen sind am wenigsten stabil; für ihre Bildung muss die höchste Aktivierungsbarriere überwunden werden. Tatsächlich sind primäre Carbokationen so instabil, dass ihre Bildung in Lösung unter üblichen Bedingungen ausgeschlossen ist. Die Bildung von Carbokationen ist daher am wahrscheinlichsten, wenn man von tertiären Halogenalkanen ausgeht. Mit sekundären Halogenalkanen ist eine derartige Reaktion weniger wahrscheinlich und mit primären Halogenalkanen ist dieser Reaktionspfad ausgeschlossen.
2. *Sterische Hinderung.* Damit eine Substitution ablaufen kann, muss sich das Nukleophil dem Reaktionszentrum nähern und mit diesem eine neue kovalente Bindung eingehen. Vergleicht man die Annäherung eines Nukleophils an das Reaktionszentrum eines primären Halogenalkans mit der an das eines tertiären Halogenalkans, stellt man sofort fest, dass die Annäherung an das primäre Halogenalkan wesentlich leichter erfolgen kann. In einem primären Substrat verdecken zwei Wasserstoffatome und eine Alkylgruppe die Rückseite des Reaktionszentrums, während die Rückseite eines tertiären Halogenalkans von drei Alkylgruppen blockiert wird. Dem Reaktionszentrum von Bromethan kann sich ein Nukleophil daher nahezu ungehindert nähern, während es auf der Rückseite des Reaktionszentrums von 2-Brom-2-methylpropan einer starken sterischen Hinderung begegnet:

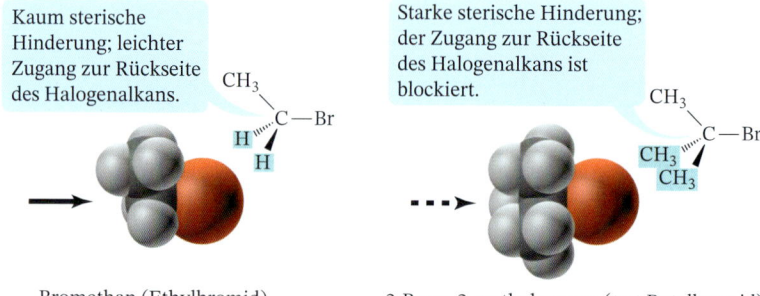

Kaum sterische Hinderung; leichter Zugang zur Rückseite des Halogenalkans.

Starke sterische Hinderung; der Zugang zur Rückseite des Halogenalkans ist blockiert.

Bromethan (Ethylbromid)

2-Brom-2-methylpropan (*tert*-Butylbromid)

Im Wechselspiel elektronischer und sterischer Faktoren stellt sich heraus, dass tertiäre Halogenalkane nach einem S_N1-Mechanismus reagieren, weil tertiäre Carbokationen besonders stabil sind und weil der Rückseitenangriff des Nukleophils am Reaktionszentrum eines tertiären Halogenalkans durch die drei dort gebundenen Substituenten behindert wird; tertiäre Halogenalkane reagieren niemals nach einem S_N2-Mechanismus. In Halogenmethanen und primären Halogenalkanen ist die sterische Hinderung am Reaktionszentrum gering und die Reaktion erfolgt deshalb nach einem S_N2-Mechanismus; sie reagieren niemals nach einem S_N1-Mechanismus, weil Methylkationen und primäre Carbokationen sehr instabil sind. Sekundäre Halogenalkane können je nach verwendetem Nukleophil und Lösungsmittel entweder nach einem S_N1- oder nach einem S_N2-Mechanismus reagieren. Die Konkurrenz zwischen elektronischen und sterischen Faktoren und ihr Einfluss auf die relativen Reaktionsgeschwindigkeiten in nukleophilen Substitutionen an Halogenalkanen sind in Abb. 7.3 zusammengefasst.

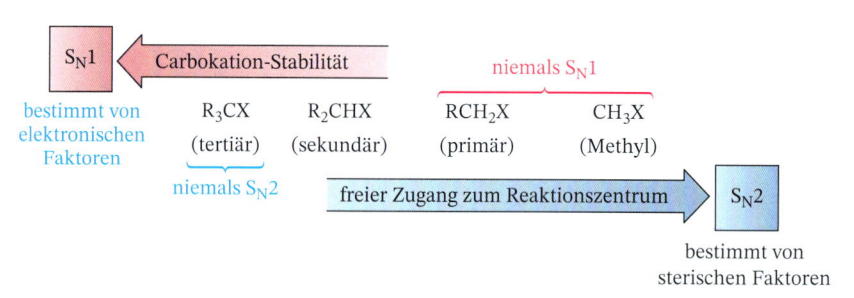

Abb. 7.3 Der Einfluss der elektronischen und sterischen Faktoren auf die Konkurrenz zwischen S_N1- und S_N2-Reaktion von Halogenalkanen.

7.5.3 Die Austrittsgruppe

Im Übergangszustand einer nukleophilen Substitution an einem Halogenalkan bildet sich sowohl in der S_N1- als auch in der S_N2-Reaktion an der Halogenid-Austrittsgruppe eine partielle negative Ladung. Die Austrittstendenz einer Gruppe steht in direktem Zusammenhang mit ihrer Stabilität. Die Halogenide Cl^-, Br^- und I^- sind gute Austrittsgruppen, weil die resultierende negative Ladung durch ihre Größe und durch ihre Elektronegativität gut stabilisiert ist. Die stabilsten Anionen und damit auch die besten Austrittsgruppen sind die konjugierten Basen starker Säuren. Um festzustellen, welche Anionen die besten Austrittsgruppen sind, können wir uns daher auf die in Tab. 2.1 zusammengefassten Informationen zur relativen Stärke organischer und anorganischer Säuren beziehen.

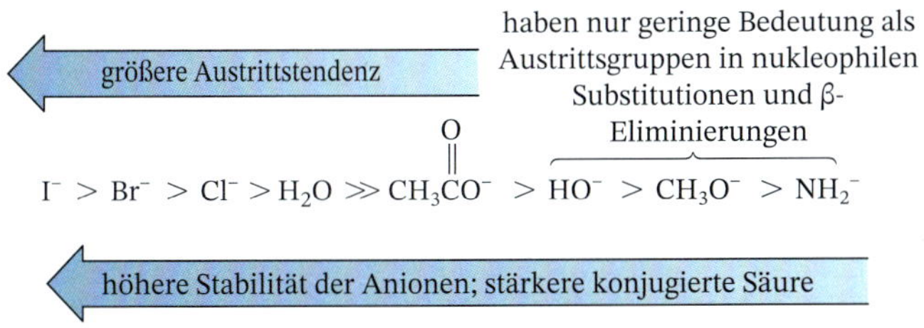

7.5 Was entscheidet, ob ein S_N1- oder ein S_N2-Mechanismus abläuft? | 213

⬅ größere Austrittstendenz

haben nur geringe Bedeutung als Austrittsgruppen in nukleophilen Substitutionen und β-Eliminierungen

$$I^- > Br^- > Cl^- > H_2O \gg CH_3\overset{O}{\underset{\|}{C}}O^- > HO^- > CH_3O^- > NH_2^-$$

⬅ höhere Stabilität der Anionen; stärkere konjugierte Säure

Die Halogenide I^-, Br^- und Cl^- sind die besten Austrittsgruppen. Hydroxid (OH^-), Methanolat (CH_3O^-) und das Amid-Anion (NH_2^-) sind deutlich schlechtere Austrittsgruppen; sie werden in nukleophilen Substitutionen so gut wie nie substituiert. H_2O ist eine gute Fluchtgruppe, die austreten kann, wenn die OH-Gruppe eines Alkohols zunächst durch eine Säure protoniert wird. Auch die Eignung dieser Austrittsgruppe wird durch die oben erwähnte Merkregel erfasst: Die konjugierte Säure von Wasser ist das Oxonium-Ion (H_3O^+), eine sehr starke Säure; ihre konjugierte Base H_2O ist daher eine gute Austrittsgruppe.

> Eine OH-Gruppe ist eine schlechte Austrittsgruppe und kann nicht substituiert werden.

> Eine starke Säure kann die OH-Gruppe protonieren.

> H_2O ist eine gute Austrittsgruppe, weil es ein stabiles, neutrales Molekül ist.

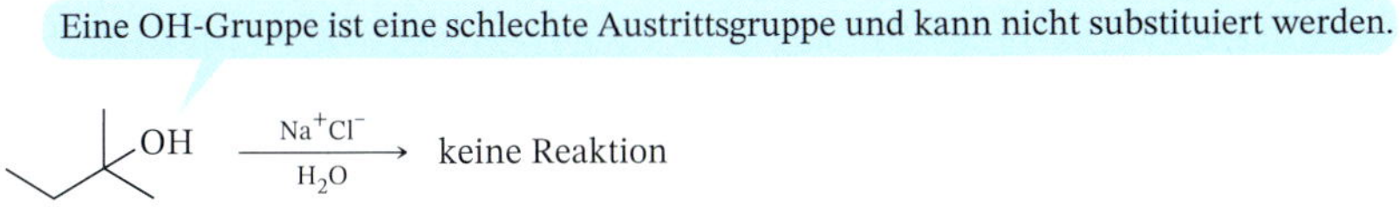

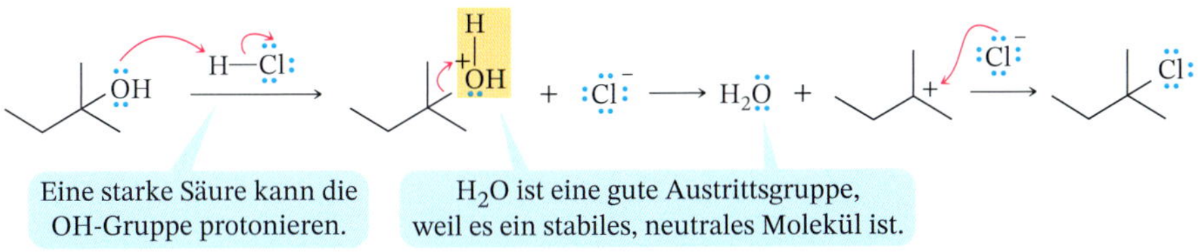

Ein wichtiges Beispiel, das die Stabilität von Austrittsgruppen veranschaulicht, bietet die Methylierung von DNA, eine Reaktion, die in allen Säugetieren häufig vorkommt und die an einer Vielzahl biologischer Prozesse wie der Inaktivierung von X-Chromosomen in weiblichen Individuen, der Vererbung oder der Karzinogenese entscheidend beteiligt ist. Dabei katalysiert ein Enzym den Angriff einer Cytosin-Einheit in der DNA an der Methylgruppe im *S*-Adenosylmethionin (SAM). Das gesamte Molekül mit Ausnahme der Methylgruppe ist hier die Austrittsgruppe, die deswegen eine hohe Austrittstendenz hat, weil das zu Beginn der Reaktion an der Methylgruppe gebundene positive Schwefelatom nach der Reaktion ungeladen und damit stabiler als vorher ist.

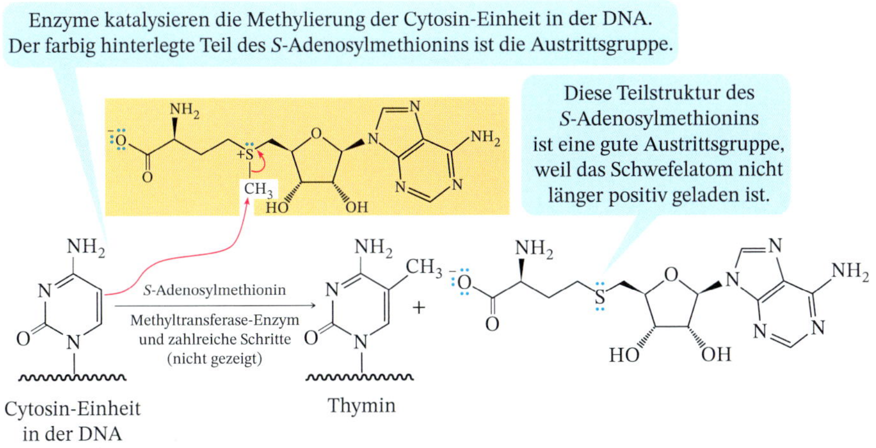

> Enzyme katalysieren die Methylierung der Cytosin-Einheit in der DNA. Der farbig hinterlegte Teil des *S*-Adenosylmethionins ist die Austrittsgruppe.

> Diese Teilstruktur des *S*-Adenosylmethionins ist eine gute Austrittsgruppe, weil das Schwefelatom nicht länger positiv geladen ist.

In späteren Kapiteln werden wir mehr über andere Austrittsgruppen außer Halogeniden erfahren.

7.5.4 Das Lösungsmittel

Lösungsmittel bilden das Medium, in dem die Edukte gelöst werden und in dem die nukleophilen Substitutionen stattfinden. Typische Lösungsmittel für diese Reaktionen lassen sich in zwei Gruppen unterteilen: **protische** und **aprotische** Lösungsmittel.

Protische Lösungsmittel (polar protische Lösungsmittel) enthalten OH-Gruppen oder andere Wasserstoffbrücken-Donatoren, also wasserstoffhaltige Gruppen, die sich an Wasserstoffbrücken beteiligen können. Typische Lösungsmittel für nukleophile Substitutionen sind Wasser, niedermolekulare Alkohole und niedermolekulare Carbonsäuren (Tab. 7.3). Diese können sowohl die anionischen als auch die kationischen Komponenten der ionischen Verbindungen solvatisieren. Die Solvatisierung erfolgt durch elektrostatische Wechselwirkungen, zum einen zwischen Sauerstoffatomen mit negativer Partialladung und dem Kation, zum anderen (und hauptsächlich) zwischen Wasserstoffatomen mit positiver Partialladung und dem Anion. Diese Eigenschaften unterstützen auch die Dissoziation von C–X-Bindungen zu einem X^--Anion und einem Carbokation. Protische Lösungsmittel sind geeignete Lösungsmittel für S_N1-Reaktionen.

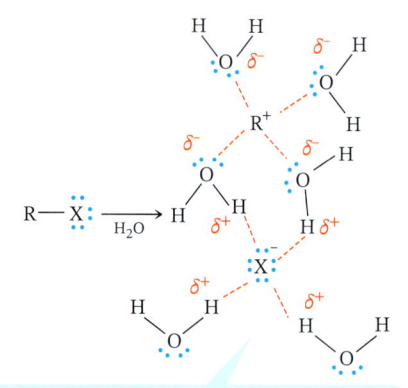

Polar protische Lösungsmittel können in S_N1-Reaktionen sowohl das Anion als auch das Kation solvatisieren.

Aprotische Lösungsmittel (polar aprotische Lösungsmittel) enthalten keine OH-Gruppen und sind daher keine Wasserstoffbrücken-Donatoren. Sie können die Bildung von Carbokationen nicht unterstützen, weil sie die Austrittsgruppe nicht solvatisieren können. Infolgedessen sind aprotische Lösungsmittel für S_N1-Reaktionen ungeeignet. In Tab. 7.4 sind die für nukleophile Substitutionen am häufigsten verwendeten

Tab. 7.3 Typische protische Lösungsmittel.

Protisches Lösungsmittel	Formel	Polarität des Lösungsmittels	Bemerkungen
Wasser	H_2O	ansteigend	Diese Lösungsmittel begünstigen S_N1-Reaktionen. Je größer die Polarität des Lösungsmittels, desto günstiger ist die Bildung des Carbokations, weil sowohl das Carbokation als auch die negativ geladene Austrittsgruppe solvatisiert werden können.
Ameisensäure	HCOOH		
Methanol	CH_3OH		
Ethanol	CH_3CH_2OH		
Essigsäure	CH_3COOH		

Tab. 7.4 Typische aprotische Lösungsmittel.

Aprotisches Lösungsmittel	Formel	Polarität des Lösungsmittels	Bemerkungen
Dimethylsulfoxid (DMSO)	$\underset{\underset{\parallel}{O}}{CH_3SCH_3}$	ansteigend ↑	Diese Lösungsmittel begünstigen S_N2-Reaktionen. Obwohl die beiden oberen Lösungsmittel polar sind, ist in ihnen im Vergleich zu protischen Lösungsmitteln die Bildung von Carbokationen deutlich erschwert, da die anionischen Austrittsgruppen in diesen Lösungsmitteln nicht solvatisiert werden.
Aceton	$\underset{\underset{\parallel}{O}}{CH_3CCH_3}$		
Dichlormethan	CH_2Cl_2		
Diethylether	$(CH_3CH_2)_2O$		

aprotischen Lösungsmittel aufgeführt. Dimethylsulfoxid und Aceton sind polar aprotische Lösungsmittel; Dichlormethan und Diethylether sind weniger polare aprotische Lösungsmittel. Die in der Tabelle aufgeführten Lösungsmittel eignen sich besonders gut, um darin S_N2-Reaktionen durchzuführen. Weil polar aprotische Lösungsmittel nur Kationen, nicht aber Anionen gut solvatisieren, liegen in ihnen „nackte" und damit sehr reaktive Anionen als Nukleophile vor, wenn man ionische Nukleophile wie Na^+CN^-, Na^+OH^- usw. einsetzt.

> Polar aprotische Lösungsmittel wie Aceton können nur Kationen effektiv solvatisieren. Dadurch ist der Bindungsbruch zwischen dem Kohlenstoff und der Austrittsgruppe nach einem S_N1-Mechanismus erschwert.

> Polar aprotische Lösungsmittel wie Aceton können das Kation eines Ionenpaars effektiv solvatisieren, belassen aber das Anion „nackt" und somit als hochreaktives Nukleophil.

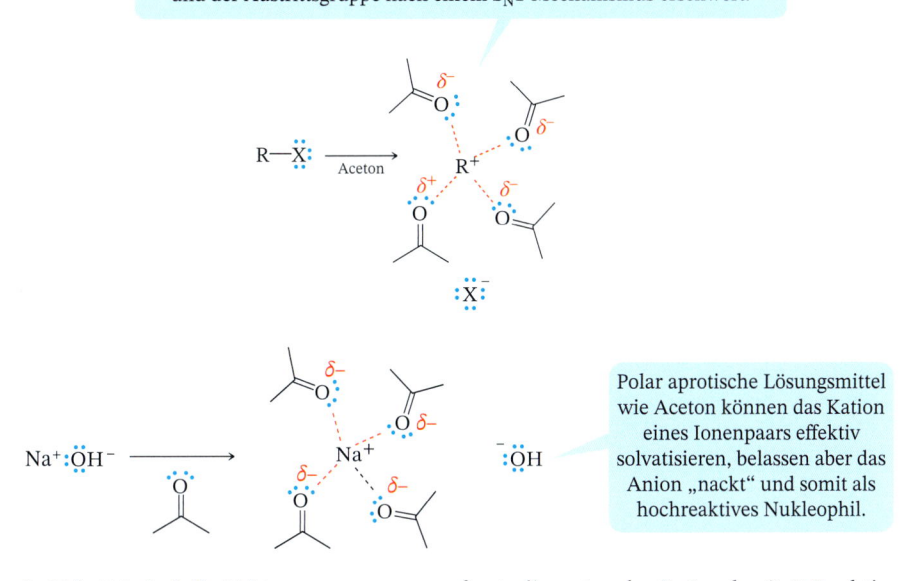

In Tab. 7.5 sind die Faktoren zusammengefasst, die entweder S_N1- oder S_N2-Reaktionen begünstigen. Darüber hinaus ist auch aufgeführt, wie sich die Konfiguration an einem Stereozentrum ändert, an dem die nukleophile Substitution stattfindet.

Beispiel 7.4 Beantworten Sie die folgenden Fragen:

(a) Die Reaktionsgeschwindigkeit der Substitution eines Halogenalkans ändert sich nicht, wenn man als Nukleophil einmal Hydroxid und einmal Ammoniak einsetzt. Nach welchem Mechanismus läuft die Substitution dieses Halogenalkans vermutlich ab?

(b) Wenn (R)-2-Brombutan mit Diethylamin [$(CH_3CH_2)_2NH$] umgesetzt wird, geht die optische Aktivität im Laufe der Reaktion langsam verloren. Welcher Substitutionsmechanismus wird hier vermutlich durchlaufen?

Tab. 7.5 S_N1- und S_N2-Reaktionen von Halogenalkanen.

Typ des Halogenalkans	S_N2	S_N1
Methyl (CH_3X)	S_N2 ist begünstigt.	S_N1 findet nicht statt. Das Methylkation ist so instabil, dass es in Lösung nicht beobachtet wird.
primär (RCH_2X)	S_N2 ist begünstigt.	S_N1 findet nicht statt. Primäre Carbokationen sind so instabil, dass sie in Lösung nicht beobachtet werden.
sekundär (R_2CHX)	S_N2 ist begünstigt in aprotischen Lösungsmitteln mit guten Nukleophilen.	S_N1 ist begünstigt in protischen Lösungsmitteln mit schlechten Nukleophilen.
tertiär (R_3CX)	S_N2 findet nicht statt, weil die sterische Hinderung am Reaktionszentrum den Angriff verhindert.	S_N1 ist begünstigt, weil sich tertiäre Carbokationen leicht bilden.
Substitution an einem Stereozentrum	**Inversion der Konfiguration.** Das Nukleophil greift das Stereozentrum von der Seite an, die der Austrittsgruppe gegenüber liegt.	**Racemisierung.** Das Carbokation ist planar und der Angriff des Nukleophils ist von beiden Seiten gleich wahrscheinlich.

Vorgehensweise

Hier ist es wichtig, sich die Details der beiden Mechanismen in Erinnerung zu rufen. In einer S_N1-Reaktion hängt die Reaktionsgeschwindigkeit nicht von der Nukleophilie und der Konzentration des Nukleophils ab und es bilden sich zwei Stereoisomere, wenn das Reaktionszentrum ein Stereozentrum ist. In einer S_N2-Reaktion hängt die Reaktionsgeschwindigkeit von der Nukleophilie und von der Konzentration des Nukleophils ab und es bildet sich nur ein Stereoisomer (ggf. mit umgekehrter Konfiguration).

Lösung

(a) S_N1. Das Hydroxid-Ion und Ammoniak sind unterschiedlich gute Nukleophile. Nur im S_N1-Mechanismus spielt die Qualität der Nukleophile keine Rolle. Wenn die Substitution als S_N2-Reaktion ablaufen würde, würde sie mit dem besseren Nukleophil schneller ablaufen.

(b) S_N1. Diethylamin ist ein mäßig gutes Nukleophil, das einen S_N1-Mechanismus begünstigt. Dies wird durch den stereochemischen Verlauf der Reaktion bestätigt – in einer S_N2-Reaktion würden wir nur das S-Enantiomer erwarten, das aus einem Rückseitenangriff entsteht. Der Verlust der optischen Aktivität ist sehr wahrscheinlich auf das intermediäre Auftreten eines Carbokations zurückzuführen, das anschließend vom Nukleophil unter Bildung äquimolarer Anteile der beiden Enantiomere angegriffen wird.

$$\underset{(R)\text{-2-Brombutan}}{\overset{Br}{\bigwedge}} \xrightarrow{(CH_3CH_2)_2NH} \underset{(R)}{\overset{N(CH_2CH_3)_2}{\bigwedge}} + \underset{(S)}{\overset{N(CH_2CH_3)_2}{\bigwedge}}$$

Siehe Aufgabe 7.8.

7.6 Wie kann man aus den experimentellen Bedingungen ableiten, ob eine S_N1- oder S_N2-Reaktion abläuft?

Um für eine bestimmte nukleophile Substitution zu entscheiden, nach welchem der beiden Mechanismen sie abläuft, muss man die Struktur des Halogenalkans, die Art

Gewusst wie: 7.4 Woran man erkennt, nach welchem Mechanismus ein Halogenalkan substituiert wird

a) Zuerst identifiziert man die potentielle Austrittsgruppe und bestimmt ihre Stabilität. Eine Substitution kann nur stattfinden, wenn eine gute Austrittsgruppe vorhanden ist.
b) Nun bestimmt man die Struktur des Halogenalkans. Halogenmethane und primäre Halogenalkane gehen keine S_N1-Reaktion ein und an tertiären Halogenalkanen sind keine S_N2-Reaktionen möglich.

$$\text{Methyl} \quad\quad \text{primär} \quad\quad \text{sekundär} \quad\quad \text{tertiär}$$

$$H-\underset{H}{\overset{H}{C}}-X \quad H-\underset{R}{\overset{H}{C}}-X \quad R-\underset{R}{\overset{H}{C}}-X \quad R-\underset{R}{\overset{R}{C}}-X$$

$$S_N2 \text{ begünstigt} \quad\quad \text{sowohl } S_N2 \text{ als auch } S_N1 \quad\quad S_N1 \text{ begünstigt}$$

c) Dann identifiziert man das Nukleophil und schätzt seine relative Nukleophilie ab. S_N2-Reaktionen sind mit guten Nukleophilen begünstigt und laufen mit schlechten Nukleophilen kaum ab. S_N1-Reaktionen können sowohl mit guten als auch mit schlechten Nukleophilen ablaufen; mit guten Nukleophilen kann aber konkurrierend auch eine S_N2-Reaktion stattfinden.
d) Schließlich identifiziert und klassifiziert man das Lösungsmittel. Für eine S_N1-Reaktion wird ein polar protisches Lösungsmittel benötigt. Polar aprotische Lösungsmittel begünstigen S_N2-Reaktionen; diese können aber auch in protischen Lösungsmitteln ablaufen.
e) Wenn einzelne Faktoren kein klares Bild für oder gegen einen der Mechanismen liefern, versucht man festzustellen, ob die relevanten Faktoren in der Gesamtschau einen Mechanismus gegenüber dem anderen begünstigen.

des Nukleophils und das Lösungsmittel in Betracht ziehen. Im Folgenden sind drei Analysen zu exemplarischen Reaktionen aufgeführt.

Nukleophile Substitution – Beispiel 1

Bevor Sie weiterlesen: Wagen Sie eine Vorhersage, ob die Reaktion nach einem S_N1- oder S_N2-Mechanismus abläuft.

$$\text{2-Chlorbutan (R-Enantiomer)} + CH_3OH \longrightarrow \text{2-Methoxybutan} + HCl$$

Methanol ist ein polar protisches Lösungsmittel, das die Bildung von Carbokationen begünstigt. 2-Chlorbutan dissoziiert in Methanol unter Bildung eines sekundären Carbokations. Methanol ist zudem ein schlechtes Nukleophil. Hieraus können wir schließen, dass die Reaktion nach einem S_N1-Mechanismus ablaufen wird. Das sekundäre Carbokation (ein Elektrophil) reagiert mit dem Nukleophil Methanol und bildet nach abschließendem Protonentransfer das beobachtete Produkt. Das Produkt wird als 50:50-Mischung der *R*- und *S*-Enantiomeren gebildet, also als Racemat.

Nukleophile Substitution – Beispiel 2

$$\text{Isobutylbromid} + Na^+I^- \xrightarrow{DMSO} \text{Isobutyliodid} + Na^+Br^-$$

Hier reagiert ein primäres Bromalkan mit dem guten Nukleophil Iodid. Weil primäre Carbokationen sehr instabil sind, werden sie in Lösung nicht gebildet; eine S_N1-Reaktion ist daher ausgeschlossen. Dimethylsulfoxid (DMSO) ist ein polar aprotisches Lösungsmittel, das sich sehr gut für die Durchführung von S_N2-Reaktionen eignet. Die Reaktion läuft folglich über einen S_N2-Mechanismus ab.

Nukleophile Substitution – Beispiel 3

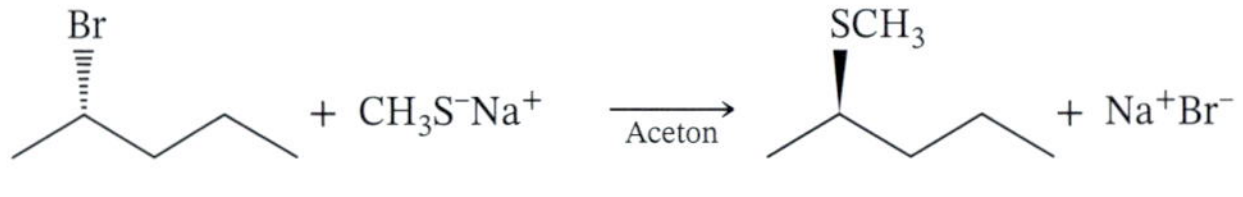

$$\text{S-Enantiomer (2-Brompentan)} + CH_3S^-Na^+ \xrightarrow{\text{Aceton}} \text{2-(Methylthio)pentan} + Na^+Br^-$$

Bromid ist eine gute Austrittsgruppe, die hier mit einem sekundären C-Atom verknüpft ist. Methylthiolat ist ein sehr gutes Nukleophil. Aceton, ein polar aprotisches Lösungsmittel, eignet sich sehr gut für S_N2-Reaktionen, ist aber ein schlechtes Lösungsmittel für S_N1-Reaktionen. Wir schließen daraus, dass die Reaktion nach einem S_N2-Mechanismus ablaufen wird und das Produkt nach Inversion seiner Konfiguration R-konfiguriert ist.

Beispiel 7.5 Welches Produkt erwarten Sie in den folgenden nukleophilen Substitutionen und nach welchem Mechanismus wird es jeweils gebildet?

(a) 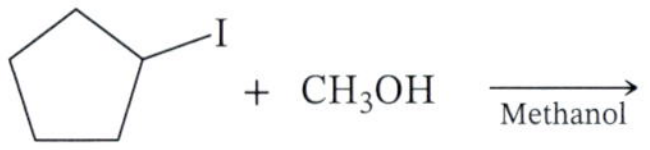 Iodcyclopentan + $CH_3OH \xrightarrow{\text{Methanol}}$

(b) 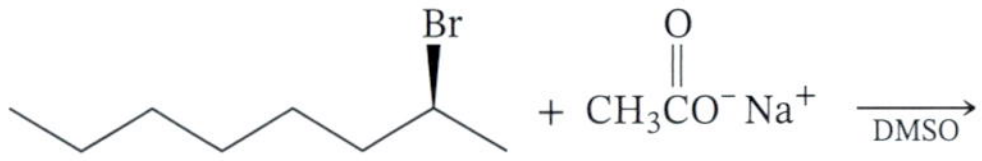 2-Bromoctan + $CH_3CO^-_2 Na^+ \xrightarrow{\text{DMSO}}$

Vorgehensweise
Ermitteln Sie für die Reaktionszentren der Elektrophile, ob sie primär, sekundär oder tertiär sind, und bestimmen Sie die Nukleophilie des jeweiligen Nukleophils. Wenn es schlechte Nukleophile sind, wird die Reaktion wahrscheinlich über einen S_N1-Mechanismus ablaufen, vorausgesetzt, sie findet in einem polar protischen Lösungsmittel statt und das Reaktionszentrum ist sekundär oder tertiär. Wenn ein gutes Nukleophil eingesetzt wird, ist ein S_N2-Mechanismus wahrscheinlich – zumindest, wenn der Angriff an einem primären oder sekundären Kohlenstoffatom erfolgt. Handelt es sich um ein mittelmäßiges Nukleophil, so schauen sie vor allem auf die Lösungsmittelpolarität und auf das elektrophile Reaktionszentrum. Denken Sie daran, dass S_N1-Reaktionen nur in polar protischen Lösungsmitteln ablaufen.

Lösung
(a) Methanol ist ein schlechtes Nukleophil und ein polar protisches Lösungsmittel, das Carbokationen gut solvatisiert. Die Dissoziation der Kohlenstoff-Iod-Bindung führt zu einem sekundären Carbokation. Wir schließen daraus, dass ein S_N1-Mechanismus wahrscheinlich ist.

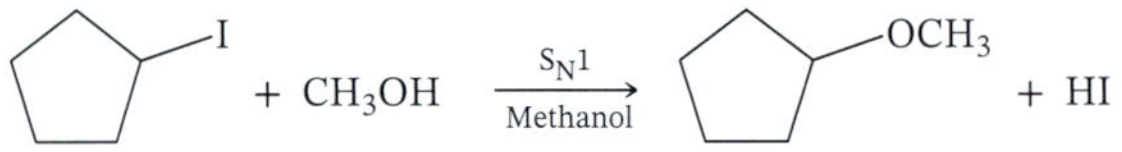

$$\text{Iodcyclopentan} + CH_3OH \xrightarrow[\text{Methanol}]{S_N1} \text{Methoxycyclopentan} + HI$$

(b) Bromid ist eine gute Austrittsgruppe, die hier an ein sekundäres Kohlenstoffatom gebunden ist. Acetat ist ein recht gutes Nukleophil und DMSO ein ausgezeichnetes Lösungsmittel für S_N2-Reaktionen. Folglich läuft die Reaktion nach einem S_N2-Mechanismus mit Inversion der Konfiguration am Stereozentrum ab.

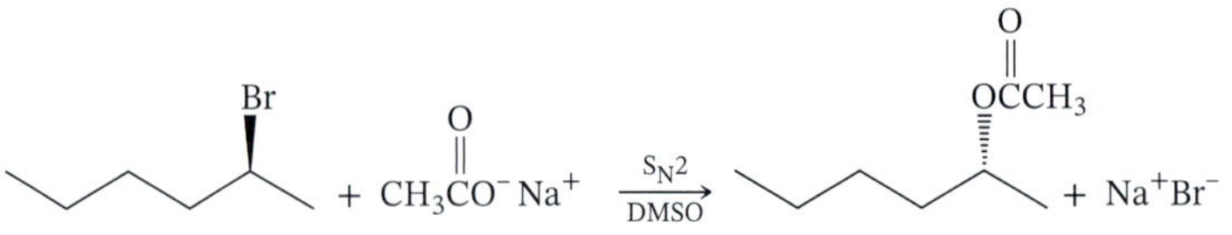

$$\text{2-Bromoctan} + CH_3CO^-_2 Na^+ \xrightarrow[\text{DMSO}]{S_N2} \text{2-Acetoxyoctan} + Na^+Br^-$$

Siehe Aufgaben 7.9, 7.16, 7.17 und 7.22.

7.7 Welche Produkte entstehen bei einer β-Eliminierung?

In diesem Kapitel wollen wir uns mit einem Typ der β-Eliminierung, der **Dehydrohalogenierung** beschäftigen. In Gegenwart einer starken Base wie Hydroxid oder Ethanolat können ein Halogenatom von einem C-Atom und ein Wasserstoffatom von einem benachbarten C-Atom unter Bildung einer C=C-Doppelbindung abgespalten werden:

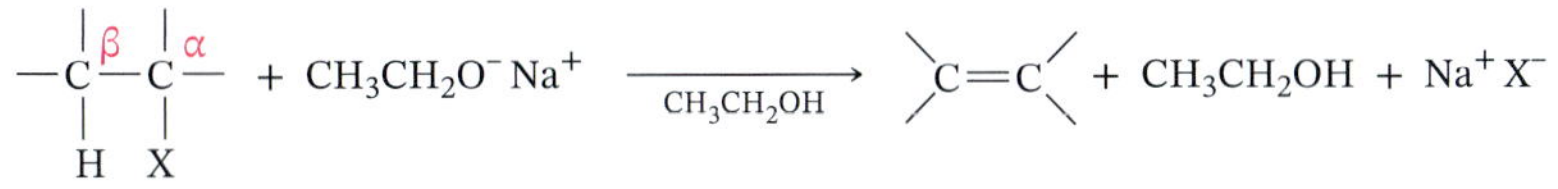

$$-\overset{\beta}{\underset{H}{C}}-\overset{\alpha}{\underset{X}{C}}- \ + \ CH_3CH_2O^- \ Na^+ \ \xrightarrow{CH_3CH_2OH} \ \text{\Large>}C=C\text{\Large<} \ + \ CH_3CH_2OH \ + \ Na^+X^-$$

ein Halogenalkan   Base   ein Alken

Wie in der Reaktionsgleichung gezeigt, bezeichnen wir das C-Atom, welches das Halogen trägt, als α-Kohlenstoffatom und das benachbarten C-Atom als β-Kohlenstoffatom.

Weil die meisten Nukleophile auch als Base wirken können (und umgekehrt), ist es wichtig, in Erinnerung zu behalten, dass β-Eliminierungen und nukleophile Substitutionen in Konkurrenz zueinander stehen. In diesem Abschnitt wollen wir uns auf β-Eliminierungen konzentrieren und die Betrachtung der Konkurrenz zwischen beiden Reaktionen auf Abschn. 7.9 verschieben.

Typische in β-Eliminierungen eingesetzte starke Basen sind OH^-, OR^- und NH_2^-. Im Folgenden sind drei Beispiele für baseninduzierte β-Eliminierungen gezeigt:

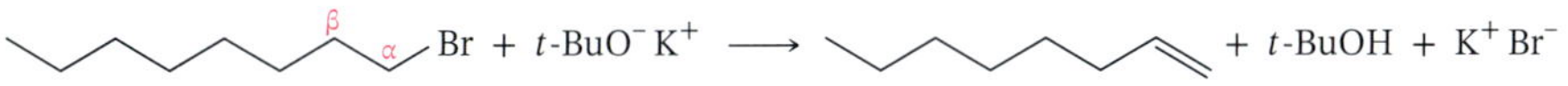

1-Bromoctan   Kalium-*tert*-butanolat   1-Octen

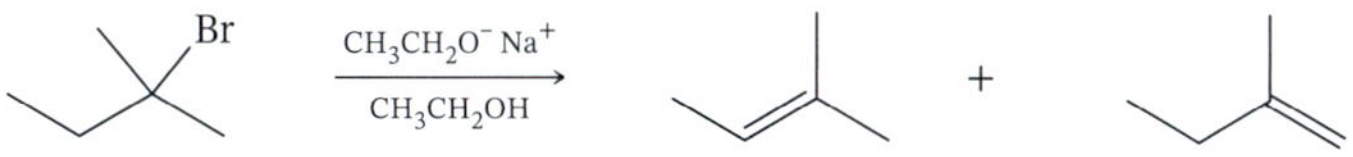

2-Brom-2-methylbutan   2-Methyl-2-buten (Hauptprodukt)   2-Methyl-1-buten

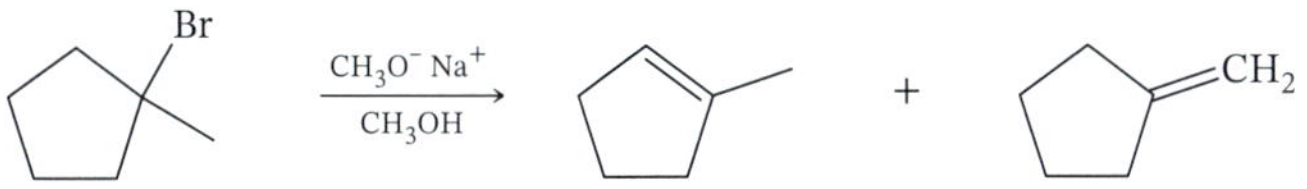

1-Brom-1-methyl-cyclopentan   1-Methylcyclopenten (Hauptprodukt)   Methylencyclopentan

In allen drei Beispielen wird eine Base als Reagenz genutzt, wobei sie im zweiten und dritten Beispiel über dem Reaktionspfeil genannt wird. Im den letzten beiden Beispielen werden zudem Substrate mit nicht-äquivalenten β-Kohlenstoffatomen umgesetzt, sodass jeweils zwei verschiedene Produkte aus der β-Eliminierung entstehen können. In diesen und den meisten anderen β-Eliminierungen entstehen als Hauptprodukte die höher substituierten und damit stabileren Alkene (siehe Abschn. 5.6). Um den Chemiker zu ehren, der diese allgemeine Regel erstmals formuliert hat, sagt man, diese Reaktionen folgen der **Saytzeff-Regel** oder die Substrate gehen eine Saytzeff-Eliminierung ein.

7 Halogenalkane

Gewusst wie: 7.5 Wie man die Reaktionsgleichung einer Eliminierung vervollständigt

a) Zuerst identifiziert und bewertet man die Austrittsgruppe. Wenn keine gute Austrittsgruppe vorliegt, findet keine Eliminierung statt.

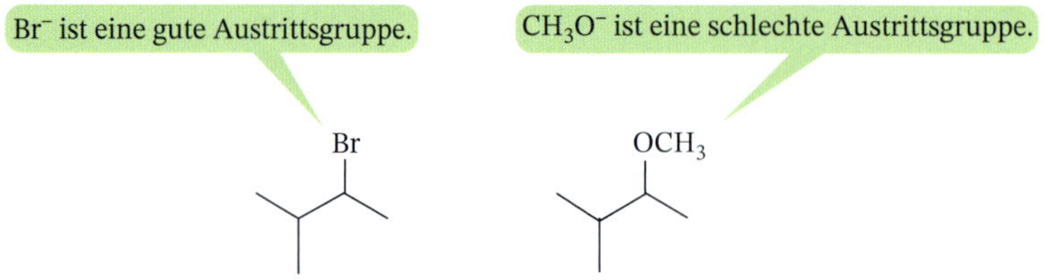

> Br⁻ ist eine gute Austrittsgruppe.

> CH_3O^- ist eine schlechte Austrittsgruppe.

b) Dann kennzeichnet man das Kohlenstoffatom, das die Austrittsgruppe trägt, mit „α" (alpha).
c) Alle an das α-Kohlenstoffatom gebundenen C-Atome bezeichnet man mit „β" (beta), sofern sie auch H-Atome tragen.

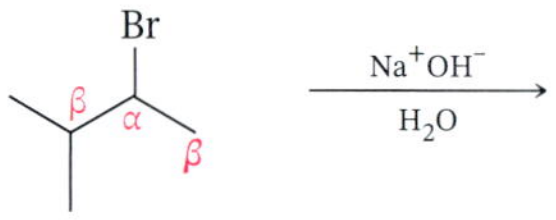

d) Nun entfernt man die Austrittsgruppe und ein β-Wasserstoffatom aus der Verbindung und zeichnet eine neue Doppelbindung zwischen dem α- und dem β-Kohlenstoffatom. Die so erhaltene Verbindung ist das Produkt der β-Eliminierung.

> Das ehemalige α-Kohlenstoffatom.

> Das ehemalige β-Kohlenstoffatom.

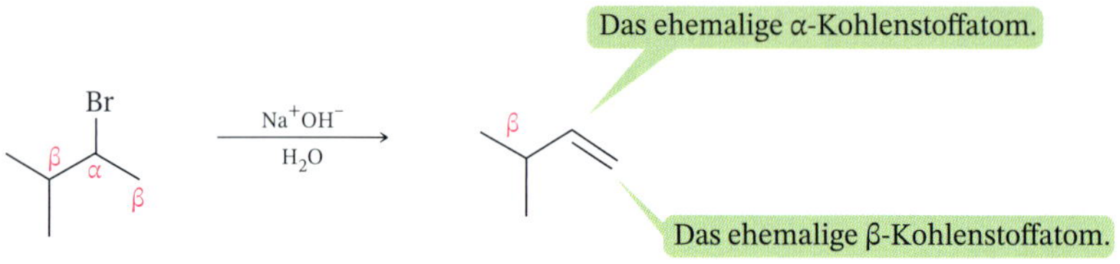

e) Man wiederholt Schritt d) für alle weiteren β-Kohlenstoffatome und bildet so weitere Produkte der β-Eliminierung.

> Das ehemalige α-Kohlenstoffatom.

> Das ehemalige β-Kohlenstoffatom.

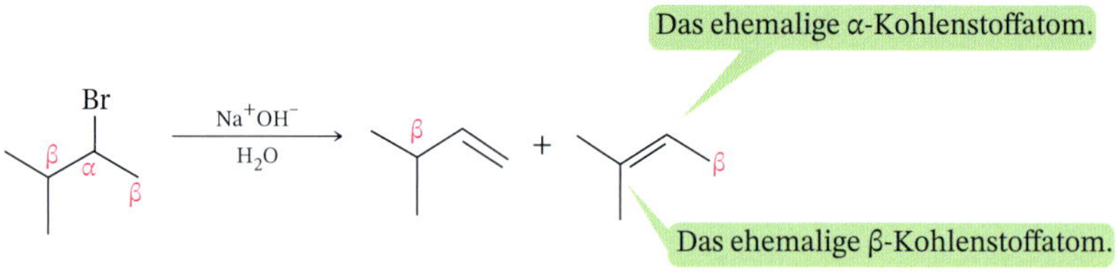

Beispiel 7.6 Welche(s) Produkt(e) der β-Eliminierung erwarten Sie jeweils, wenn die folgenden Bromalkane mit Natriummethanolat in Ethanol umgesetzt werden. Wenn zwei Produkte gebildet werden können, geben Sie an, welches das Hauptprodukt sein wird.

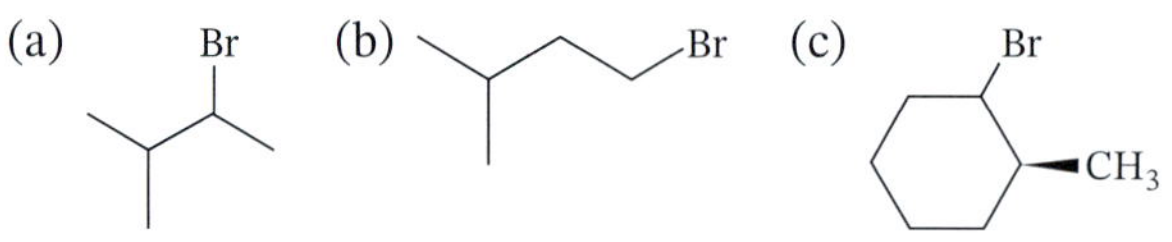

(a)   (b)   (c)

Vorgehensweise

Kennzeichnen Sie das C-Atom, an welches das Halogen gebunden ist, mit α, und die benachbarten C-Atome mit β. Wenn an ein β-Kohlenstoffatom mindestens ein Wasserstoffatom gebunden ist, spalten sie dieses und das Halogenatom ab und zeichnen Sie eine C=C-Doppelbindung zwischen die α- und β-Kohlenstoffatome. Wiederholen Sie diesen Prozess für jedes β-Kohlenstoffatom, das die genannten Voraussetzungen erfüllt. Aus jedem dieser Prozesse erhalten Sie ein Produkt der β-Eliminierung.

Lösung

(a) Dieses Bromalkan enthält zwei nicht-äquivalente β-Kohlenstoffatome; es können sich somit zwei verschiedene Alkene bilden. 2-Methyl-2-buten enthält die höher substituierte Doppelbindung und ist daher das Hauptprodukt.

Br · CH(CH₃)CH(CH₃)₂ →[EtO⁻Na⁺ / EtOH] 2-Methyl-2-buten (Hauptprodukt) + 3-Methyl-1-buten

(b) In diesem Bromalkan liegt nur ein β-Kohlenstoffatom vor; es kann nur ein Alken entstehen.

(CH₃)₂CHCH₂Br →[EtO⁻Na⁺ / EtOH] 3-Methyl-1-buten

(c) Dieses cyclische Bromalkan enthält zwei nicht-äquivalente β-Kohlenstoffatome; es können sich daher zwei Alkene bilden. In 1-Methylcyclohexen ist die Doppelbindung höher substituiert; es ist demzufolge das Hauptprodukt.

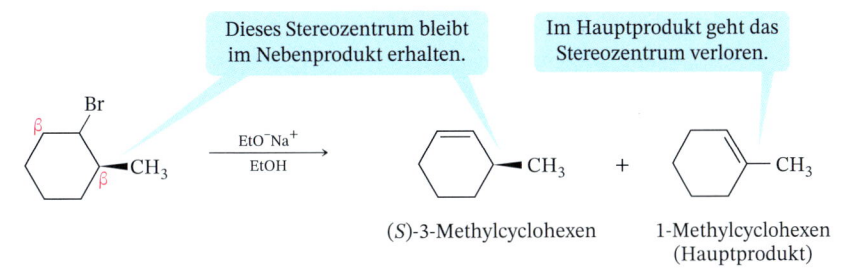

Dieses Stereozentrum bleibt im Nebenprodukt erhalten.
Im Hauptprodukt geht das Stereozentrum verloren.

Br-Cyclohexan-CH₃ →[EtO⁻Na⁺ / EtOH] (S)-3-Methylcyclohexen + 1-Methylcyclohexen (Hauptprodukt)

Siehe Aufgaben 7.23 und 7.25.

7.8 Was unterscheidet die Mechanismen E1 und E2 der β-Eliminierung?

β-Eliminierungen können nach zwei Grenzmechanismen ablaufen, wobei sich der grundlegende Unterschied zwischen diesen aus dem zeitlichen Ablauf der bindungsbildenden und bindungsbrechenden Schritte ergibt. Wir erinnern uns, dass wir in Abschn. 7.4 die gleiche Aussage auch über die beiden Grenzmechanismen der nukleophilen Substitution gemacht haben.

7.8.1 Der E1-Mechanismus

Im einen mechanistischen Extrem ist der Bruch der C−X-Bindung abgeschlossen, bevor die Base in einem weiteren Reaktionsschritt ein Proton übernimmt und damit die Kohlenstoff-Kohlenstoff-Doppelbindung bildet. Dieser Mechanismus wird mit **E1** abgekürzt, wobei *E* für *E*liminierung steht und die *1* eine *uni*molekulare Reaktion bezeichnet; nur *ein* Teilchen – hier das Halogenalkan – ist am geschwindigkeitsbestimmenden Schritt beteiligt. Das Geschwindigkeitsgesetz für eine E1-Reaktion hat die gleiche Form wie das für die S_N1-Reaktion:

$$\text{Reaktionsgeschwindigkeit} = k[\text{Halogenalkan}]$$

Gewusst wie: 7.6 Wie man Mechanismen formuliert

Wir rufen uns in Erinnerung, dass Elektronenflusspfeile immer von einer Bindung oder einem freien Elektronenpaar ausgehen.

Korrekte Anwendung von Elektronenflusspfeilen ...

$$H_3N: \quad H-\underset{\underset{H}{|}}{\overset{\overset{CH_3}{|}}{C}}-\underset{\underset{H}{|}}{\overset{\overset{H}{|}}{C}}-\ddot{\underset{\cdot\cdot}{Cl}}: \longrightarrow NH_4^+Cl^- + \underset{H}{\overset{CH_3}{\diagdown}}C=C\underset{H}{\overset{H}{\diagup}}$$

Inakzeptable Anwendung von Elektronenflusspfeilen ...

$$H_3N: \quad H-\underset{\underset{H}{|}}{\overset{\overset{CH_3}{|}}{C}}-\underset{\underset{H}{|}}{\overset{\overset{H}{|}}{C}}-\ddot{\underset{\cdot\cdot}{Cl}}: \longrightarrow NH_4^+Cl^- + \underset{H}{\overset{CH_3}{\diagdown}}C=C\underset{H}{\overset{H}{\diagup}}$$

Der Mechanismus einer E1-Eliminierung ist im Folgenden exemplarisch für die Reaktion von 2-Brom-2-methylpropan unter Bildung von 2-Methylpropen beschrieben. In diesem zweistufigen Mechanismus ist der geschwindigkeitsbestimmende Schritt die Dissoziation der Kohlenstoff-Halogen-Bindung, wobei wie in der S_N1-Reaktion intermediär ein Carbokation entsteht.

Mechanismus: Die E1-Reaktion von 2-Brom-2-methylpropan

1. Schritt: *Bindungsbruch*

Geschwindigkeitsbestimmende Dissoziation der C−Br-Bindung zu einem Carbokation:

$$CH_3-\underset{\underset{:\ddot{B}r:}{|}}{\overset{\overset{CH_3}{|}}{C}}-CH_3 \xrightarrow[\text{bestimmend}]{\text{langsam, geschwindigkeits-}} CH_3-\underset{+}{\overset{\overset{CH_3}{|}}{C}}-CH_3 + :\ddot{\underset{\cdot\cdot}{Br}}:$$

ein Carbokation

> In E1-Reaktionen treten nur sekundäre oder (wie hier) tertiäre Carbokationen auf.

2. Schritt: *Deprotonierung*

Nach Protonentransfer vom Carbokation auf Methanol (das in diesem Fall Lösungsmittel *und* Reagenz ist) entsteht das Alken:

$$\underset{CH_3}{\overset{H}{\diagdown}}\ddot{\underset{\cdot\cdot}{O}}: + H-CH_2-\underset{+}{\overset{\overset{CH_3}{|}}{C}}-CH_3 \xrightarrow{\text{schnell}} \underset{CH_3}{\overset{H}{\diagdown}}\overset{+}{\underset{\cdot\cdot}{O}}-H + CH_2=\overset{\overset{CH_3}{|}}{C}-CH_3$$

7.8.2 Der E2-Mechanismus

Das andere mechanistische Extrem ist ein konzertierter Prozess, der als **E2**-Reaktion bezeichnet wird. *E* steht wieder für *E*liminierung und die *2* gibt an, dass es sich um eine *bi*molekulare Reaktion handelt. Weil die Deprotonierung durch eine Base zeitgleich mit der Spaltung der C−X-Bindung unter Austritt eines Halogenids erfolgt, enthält das Geschwindigkeitsgesetz für den geschwindigkeitsbestimmenden Schritt sowohl die Konzentration des Halogenalkans als auch die der Base:

$$\text{Reaktionsgeschwindigkeit} = k[\text{Halogenalkan}][\text{Base}]$$

Je stärker die Base ist, desto wahrscheinlicher läuft eine Reaktion nach einem E2-Mechanismus ab. Die Reaktion von 1-Brompropan mit Natriumethanolat soll im Folgenden als Beispiel für einen E2-Mechanismus dienen.

Mechanismus: Die E2-Reaktion von 1-Brompropan

Im E2-Mechanismus wird (1) ein Proton abgespalten und (2) eine Bindung unter Bildung eines stabilen Ions oder Moleküls gebrochen. Die Protonenübertragung auf die Base, die Bildung der Kohlenstoff-Kohlenstoff-Doppelbindung und der Austritt des Bromids finden gleichzeitig statt; alle bindungsbildenden und -brechenden Schritte erfolgen also simultan.

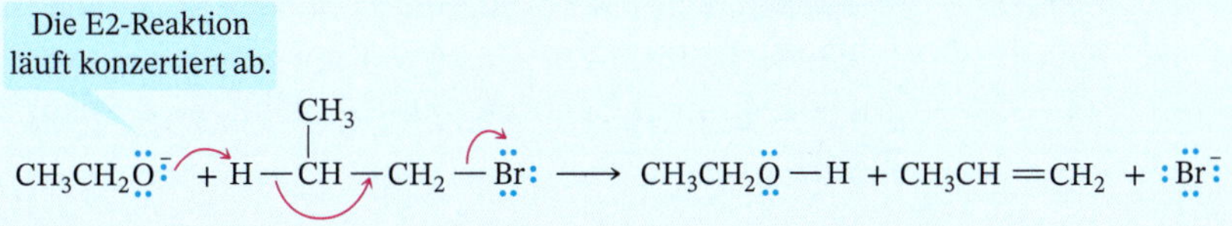

Die E2-Reaktion läuft konzertiert ab.

$$CH_3CH_2\ddot{O}{:}^- + H-CH(CH_3)-CH_2-\ddot{Br}{:} \longrightarrow CH_3CH_2\ddot{O}-H + CH_3CH=CH_2 + {:}\ddot{Br}{:}^-$$

Sowohl in der E1- als auch in der E2-Reaktion wird das Hauptprodukt durch die Saytzeff-Regel (Abschn. 7.7) bestimmt. Das folgende Beispiel einer E2-Reaktion verdeutlicht dies:

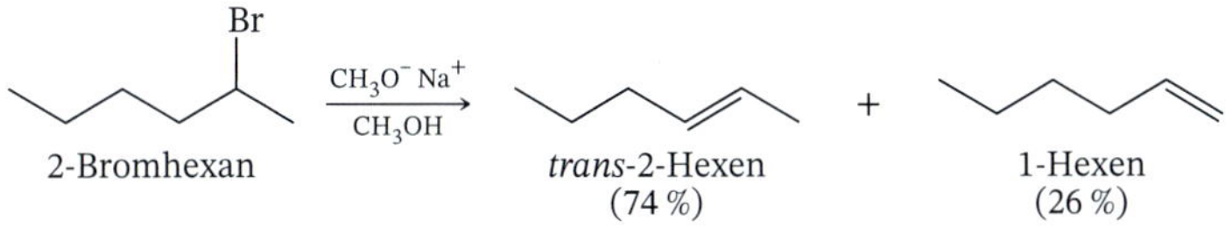

2-Bromhexan $\xrightarrow{\text{CH}_3\text{O}^- \text{Na}^+ / \text{CH}_3\text{OH}}$ *trans*-2-Hexen (74 %) + 1-Hexen (26 %)

Tabelle 7.6 fasst noch einmal alle wichtigen Punkte zu β-Eliminierungen in Halogenalkanen zusammen.

Tab. 7.6 E1- und E2-Eliminierungen in Halogenalkanen.

Halogenalkan	E1	E2
primär, RCH_2X	E1 tritt nicht auf; primäre Carbokationen sind so instabil, dass sie in Lösung nicht beobachtet werden.	E2 ist begünstigt.
sekundär, R_2CHX	Der wesentliche Reaktionspfad mit schwachen Basen wie H_2O oder ROH.	Der wesentliche Reaktionspfad mit starken Basen wie OH^- oder OR^-.
tertiär, R_3CX	Der wesentliche Reaktionspfad mit schwachen Basen wie H_2O oder ROH.	Der wesentliche Reaktionspfad mit starken Basen wie OH^- oder OR^-.

Gewusst wie: 7.7 Woran man erkennt, nach welchem Mechanismus die β-Eliminierung eines Halogenalkans abläuft

a) Welcher Strukturtyp liegt im Halogenalkan vor? Primäre Halogenalkane gehen keine E1-Reaktion ein, sekundäre und tertiäre Halogenalkane können über E1- und E2-Mechanismen ablaufen.

b) Identifizieren und bewerten Sie die Base. E2-Reaktionen sind mit starken Basen begünstigt und werden mit schwachen Basen nur selten beobachtet. E2-Reaktionen können in beliebigen Lösungsmitteln auftreten. E1-Reaktionen können sowohl mit starken wie mit schwachen Basen ablaufen, erfordern aber polar protische Lösungsmittel, um das im ersten Reaktionsschritt gebildete Carbokation zu stabilisieren.

Beispiel 7.7 Geben Sie an, ob die folgenden β-Eliminierungen nach einem E1- oder einem E2-Mechanismus ablaufen, und geben Sie die Hauptprodukte der Reaktionen an.

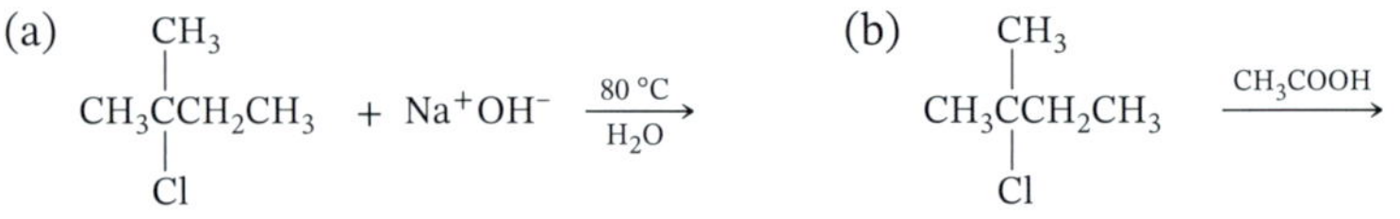

(a) $CH_3\underset{Cl}{\overset{CH_3}{C}}CH_2CH_3 + Na^+OH^- \xrightarrow[H_2O]{80\ °C}$

(b) $CH_3\underset{Cl}{\overset{CH_3}{C}}CH_2CH_3 \xrightarrow{CH_3COOH}$

Vorgehensweise

Identifizieren Sie das Lösungsmittel und die Base. Wenn eine starke Base vorliegt, ist ein E2-Mechanismus begünstigt. Wenn die Base schwach ist und die Reaktion in einem polar protischen Lösungsmittel abläuft, wird vorzugsweise ein E1-Mechanismus ablaufen.

Lösung

(a) Ein tertiäres Chloralkan wird mit NaOH, einer starken Base, erhitzt. Die Eliminierung wird vorzugsweise nach einem E2-Mechanismus unter Bildung von 2-Methyl-2-buten als Hauptprodukt ablaufen:

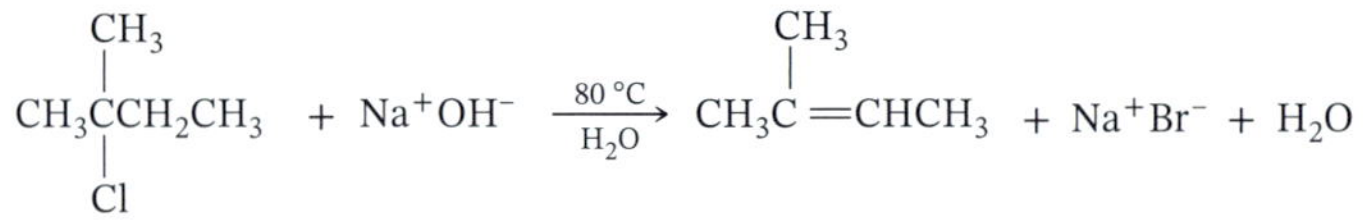

$CH_3\underset{Cl}{\overset{CH_3}{C}}CH_2CH_3 + Na^+OH^- \xrightarrow[H_2O]{80\ °C} CH_3\overset{CH_3}{C}=CHCH_3 + Na^+Br^- + H_2O$

(b) Ein tertiäres Chloralkan wird in Essigsäure gelöst, einem Lösungsmittel, das die Bildung von Carbokationen begünstigt. Es bildet sich ein tertiäres Carbokation, das abschließend zu 2-Methyl-2-buten als Hauptprodukt deprotoniert wird. Die Reaktion läuft nach einem E1-Mechanismus ab:

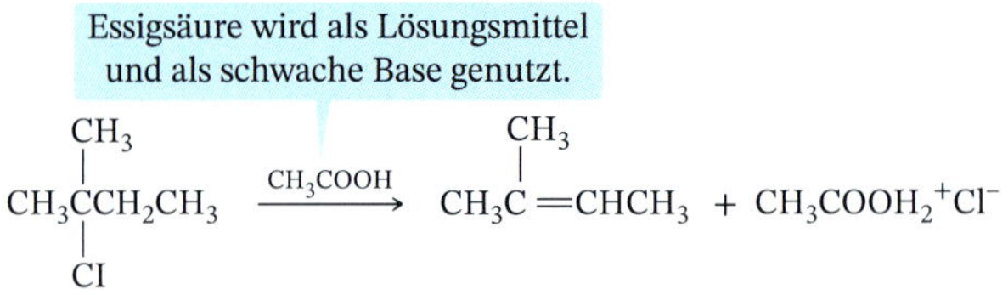

> Essigsäure wird als Lösungsmittel und als schwache Base genutzt.

$CH_3\underset{Cl}{\overset{CH_3}{C}}CH_2CH_3 \xrightarrow{CH_3COOH} CH_3\overset{CH_3}{C}=CHCH_3 + CH_3COOH_2^+Cl^-$

Siehe Aufgaben 7.24 und 7.25. ◢

7.9 Wann konkurrieren nukleophile Substitutionen und β-Eliminierungen?

Wir haben bislang zwei Reaktionstypen kennengelernt, die Halogenalkane eingehen können: die nukleophile Substitution und die β-Eliminierung. Viele der dabei eingesetzten Nukleophile wie zum Beispiel das Hydroxid-Ion oder Alkoholat-Anionen sind auch starke Basen. Aus diesem Grund konkurrieren nukleophile Substitutionen und β-Eliminierungen und das Verhältnis der aus diesen Reaktionen entstehenden Produkte hängt von den relativen Reaktionsgeschwindigkeiten beider ab.

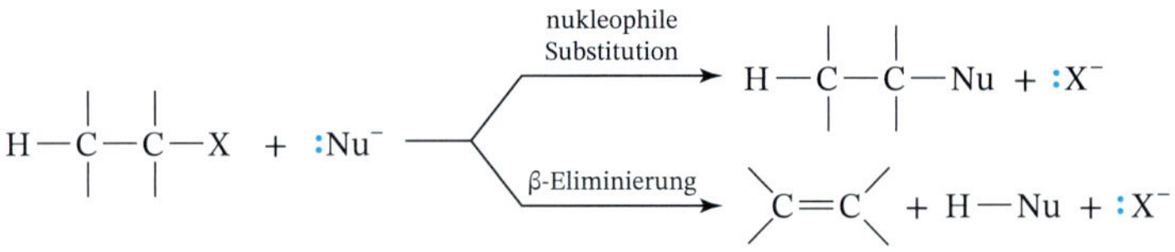

$H-\overset{|}{\underset{|}{C}}-\overset{|}{\underset{|}{C}}-X + :Nu^- \begin{array}{c} \xrightarrow{\text{nukleophile Substitution}} H-\overset{|}{\underset{|}{C}}-\overset{|}{\underset{|}{C}}-Nu + :X^- \\ \xrightarrow{\text{β-Eliminierung}} \diagup C=C\diagdown + H-Nu + :X^- \end{array}$

7.9.1 S$_N$1- und E1-Reaktionen

Aus der Reaktion von sekundären und tertiären Halogenalkanen in polar protischen Lösungsmitteln können Mischungen von Substitutions- und Eliminierungsprodukten entstehen. In beiden Reaktionen bildet sich im ersten Schritt zunächst ein Carbokation. Daran schließt sich entweder (1) eine Deprotonierung zum Alken (E1) oder (2) die Reaktion mit dem Solvens zum Substitutionsprodukt (S$_N$1) an. In polar protischen Lösungsmitteln bestimmt nur die Struktur des jeweiligen Carbokations, welches Produkt gebildet wird. So reagieren in 80%igem wässrigem Ethanol sowohl *tert*-Butylchlorid als auch *tert*-Butyliodid mit dem Lösungsmittel unter Bildung des gleichen Mischungsverhältnisses aus Substitutions- und Eliminierungsprodukten:

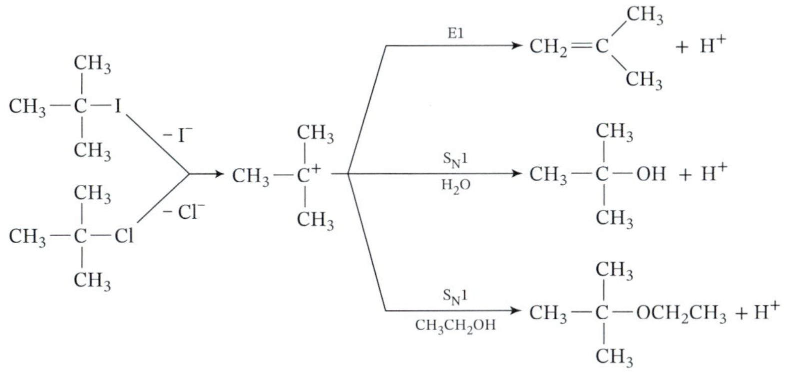

Weil Iodid eine bessere Austrittsgruppe als Chlorid ist, reagiert *tert*-Butyliodid über 100-mal schneller als *tert*-Butylchlorid; gleichwohl ist das Produktverhältnis in beiden Fällen identisch.

7.9.2 S$_N$2- und E2-Reaktionen

Wenn Halogenalkane mit Reagenzien reagieren, die sowohl als Nukleophil als auch als Base wirken können, ist das Verhältnis von Substitutions- zu Eliminierungsprodukten deutlich einfacher vorherzusagen. Folgende Leitprinzipien lassen sich anwenden:

1. Verzweigungen an den α- und/oder β-Kohlenstoffatomen erhöhen die sterische Hinderung im Umfeld des α-Kohlenstoffatoms und verlangsamen S$_N$2-Reaktionen deutlich. Umgekehrt werden E2-Reaktionen durch Verzweigungen an diesen C-Atomen beschleunigt, weil die in diesen Fällen gebildeten Alkene stabiler sind.
2. Je größer die Nukleophilie des angreifenden Reagenzes, desto größer ist das Verhältnis von S$_N$2 zu E2. Je basischer dagegen das Reagenz ist, desto größer ist das Verhältnis E2/S$_N$2.

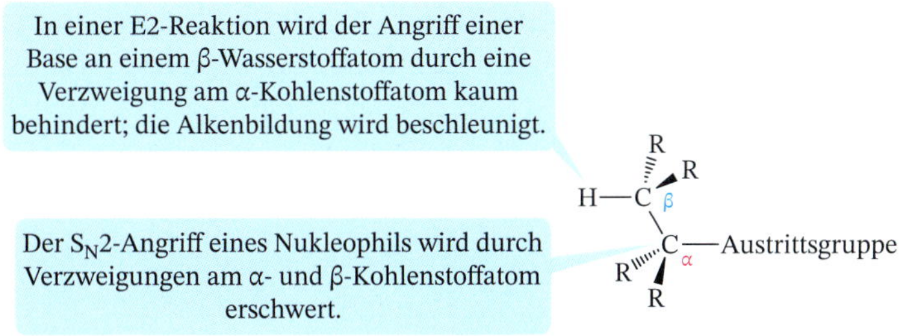

> In einer E2-Reaktion wird der Angriff einer Base an einem β-Wasserstoffatom durch eine Verzweigung am α-Kohlenstoffatom kaum behindert; die Alkenbildung wird beschleunigt.

> Der S$_N$2-Angriff eines Nukleophils wird durch Verzweigungen am α- und β-Kohlenstoffatom erschwert.

Primäre Halogenalkane reagieren mit Basen/Nukleophilen hauptsächlich zu Substitutionsprodukten. Mit starken Basen wie dem Hydroxid-Ion oder Alkoholat-Anionen wird auch ein kleiner Anteil des E2-Produkts erhalten, dieser ist aber im Allgemeinen

Tab. 7.7 Zusammenfassung zu Substitutionen und Eliminierungen von Halogenalkanen.

Halogenid	Reaktion	Kommentar
Methyl CH$_3$X	S$_N$2	Der einzige beobachtete Substitutionstyp.
	~~S$_N$1~~	S$_N$1-Reaktionen von Methylhalogeniden werden nie beobachtet. Das Methylkation ist so instabil, dass es in Lösung nicht gebildet wird.
Primär RCH$_2$X	S$_N$2	Die Hauptreaktion mit starken Basen wie OH$^-$ oder EtO$^-$. Auch mit starken Nukleophilen/schwachen Base wie I$^-$ oder CH$_3$COO$^-$ ist dies die Hauptreaktion.
	E2	Die Hauptreaktion mit starken, sterisch anspruchsvollen Basen wie *tert*-Butanolat.
	~~S$_N$1/E1~~	Primäre Carbokationen werden in Lösung nicht gebildet; S$_N$1- und E1-Reaktionen von primären Halogeniden treten daher nicht auf.
Sekundär R$_2$CHX	S$_N$2	Die Hauptreaktion mit schwachen Basen/guten Nukleophilen wie I$^-$ oder CH$_3$COO$^-$.
	E2	Die Hauptreaktion mit starken Basen/guten Nukleophilen wie OH$^-$ oder EtO$^-$.
	S$_N$1/E1	Tritt häufig in Reaktionen mit schlechten Nukleophilen/schwachen Basen in polar protischen Lösungsmitteln wie Wasser, Methanol oder Ethanol auf.
Tertiär R$_3$CX	~~S$_N$2~~	S$_N$2-Reaktionen an tertiären Halogeniden werden wegen der extremen sterischen Hinderung um das tertiäre Reaktionszentrum nie beobachtet.
	E2	Die Hauptreaktion mit starken Basen wie OH$^-$ oder EtO$^-$.
	S$_N$1/E1	Die Hauptreaktion mit schlechten Nukleophilen/schwachen Basen.

deutlich kleiner als der Anteil an S$_N$2-Produkt. Mit starken, sterisch anspruchsvollen Basen wie *tert*-Butanolat wird das E2-Produkt zum Hauptprodukt. Tertiäre Halogenalkane reagieren mit allen starken Basen bzw. guten Nukleophilen ausschließlich zu den Eliminierungsprodukten.

Reaktionen von sekundären Halogenalkanen sind Grenzfälle, in denen Substitutions- oder Eliminierungsprodukte begünstigt sein können, je nachdem, welche Base/welches Nukleophil verwendet, welches Lösungsmittel eingesetzt und bei welcher Temperatur die Reaktion durchgeführt wird. Mit starken Basen/guten Nukleophilen, zum Beispiel mit dem Hydroxid- oder dem Ethanolat-Ion, sind Eliminierungen begünstigt. Mit schwachen Basen/schlechten Nukleophilen wie dem Acetat-Ion werden bevorzugt Substitutionen beobachtet. In Tab. 7.7 sind nochmals alle Faktoren zusammengestellt, die das Verhältnis von Substitution zu Eliminierung beeinflussen.

Beispiel 7.8 Geben Sie für jede Reaktion an, ob vorzugsweise eine Substitution (S$_N$1 oder S$_N$2) oder eine Eliminierung (E1 oder E2) stattfindet oder ob beide Reaktionen in Konkurrenz stehen, und ergänzen Sie die Reaktionsgleichungen um das (die) organische(n) Hauptprodukt(e):

(a) (CH$_3$)$_2$C(Cl)CH$_3$ + Na$^+$OH$^-$ $\xrightarrow[\text{H}_2\text{O}]{80\,°\text{C}}$

(b) (CH$_3$)$_2$CHCH$_2$CH$_2$Br + (C$_2$H$_5$)$_3$N $\xrightarrow[\text{CH}_2\text{Cl}_2]{30\,°\text{C}}$

Vorgehensweise

Ermitteln Sie zunächst, ob das Reagenz vorzugsweise als Base oder als Nukleophil wirkt. Liegt eine schwache Base, aber ein gutes Nukleophil vor, tritt vermutlich eine Substitution auf. Ist das Reagenz eine starke Base, aber ein schlechtes Nukleophil, ist eine Eliminierung wahrscheinlicher. Wenn das Reagenz sowohl als Base als auch als Nukleophil wirken kann, müssen andere Faktoren berücksichtigt werden, um zu entscheiden, ob eine Substitution oder eine Eliminierung bevorzugt sein wird. Hierzu zählen der Substitutionsgrad am Reaktionszentrum (primäre Halogenalkane gehen weder E1- noch S_N1-Reaktionen ein, tertiäre Halogenalkane können nicht nach S_N2 reagieren) oder der Charakter des Lösungsmittels (E1- und S_N1-Reaktionen erfordern polar protische Lösungsmittel).

Lösung

(a) Ein tertiäres Halogenid wird mit einer starken Base/einem guten Nukleophil erhitzt. Hier wird die Eliminierung über einen E2-Mechanismus unter Bildung von 2-Methyl-2-buten als Hauptprodukt dominieren:

> Eine starke Base/ein gutes Nukleophil begünstigt E2/S_N2. Ein tertiäres Halogenid kann keine S_N2-Reaktion eingehen.

$$\text{(CH}_3\text{)}_2\text{C(Cl)CH}_2\text{CH}_3 + \text{Na}^+\text{OH}^- \xrightarrow[\text{H}_2\text{O}]{80\,°\text{C}} \text{(CH}_3\text{)}_2\text{C=CHCH}_3 + \text{Na}^+\text{Cl}^- + \text{H}_2\text{O}$$

(b) Umsetzung eines primären Halogenids mit Triethylamin, einem mäßigen Nukleophil/einer schwachen Base, führt zur Substitution nach einem S_N2-Mechanismus:

> Primäre Halogenide können keine E1/S_N1-Reaktionen eingehen. Die Base ist nicht stark genug für eine E2- Reaktion.

$$\text{R-Br} + (\text{C}_2\text{H}_5)_3\text{N} \xrightarrow[\text{CH}_2\text{Cl}_2]{30\,°\text{C}} \text{R-}\overset{+}{\text{N}}(\text{C}_2\text{H}_5)_3\text{Br}^-$$

Siehe Aufgaben 7.26 und 7.28.

Exkurs: 7.B Was bedeutet die FCKW-Gesetzgebung für Asthmatiker?

Das Montreal-Protokoll über ozonabbauende Substanzen wurde 1987 angenommen und trat 1989 in Kraft. Eine Konsequenz dieses Vertrags und seiner zahlreichen Änderungen war in den meisten industrialisierten Ländern die stufenweise Ächtung von CFK (FCKW) und anderen die Ozonschicht schädigenden Substanzen. Dennoch sah das Montreal-Protokoll Ausnahmen für Produkte vor, in denen CFK unverzichtbar waren, weil es keine praktikablen Alternativen gab. Eines dieser Produkte waren Salbutamol-Inhalatoren, in denen CFK als Treibmittel für die Freisetzung des Medikaments eingesetzt und die weltweit von Asthmatikern genutzt wurden. In den USA lief diese Ausnahme vom Montreal-Protokoll im Dezember 2008 wegen der Luftreinhalteverordnung sowie der Verfügbarkeit alternativer Treibgase, die als Hydrofluoralkane (HFA) bezeichnet werden, aus. Ein Nachteil von Inhalatoren, die mit HFA betrieben werden, waren jedoch die Kosten: HFA-Inhalatoren kosteten drei- bis sechsmal so viel wie CFK-Inhalatoren, weil es lange Zeit keine Nachahmerpräparate (Generika) gab. Dies führte bei Patienten, Medizinern und Patientenvertretungen zu der Sorge, ob die etwa 23 Millionen Asthmatiker in den USA noch angemessen medikamentös behandelt werden könnten. Andere Punkte, in denen sich die neuen Treibmittel unterscheiden, sind Geschmack und Geruch, die Temperatur des Inhalats nach dem Aussprühen und die Wirksamkeit in kälteren Klimazonen und größeren Höhen (HFA haben unter diesen Bedingungen eine bessere Wirkung als CFK). Diese in der praktischen Anwendung relevanten Unterschiede sind vor allem darauf zurückzuführen, dass in HFA im Gegensatz zu CFK kein Chlor enthalten ist. Dieser Fall ist ein ausgezeichnetes Beispiel dafür, wie Änderungen in der chemischen Struktur einen Einfluss auf die Eigenschaften von Verbindungen und auf deren Anwendbarkeit in unserer Gesellschaft haben.

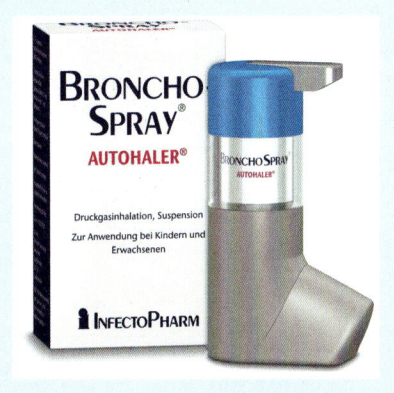

[Quelle: © Infectopharm Arzneimittel und consilium GmbH, Heppenheim.]

R-134a: $\text{F}_3\text{C-CFH}_2$ (F-C(F)(F)-C(F)(H)-H)

R-227ea: $\text{F}_3\text{C-CFH-CF}_3$ (F-C(F)(F)-C(F)(H)-C(F)(F)-F)

Hydrofluoralkane, die in CFK-freien medizinischen Inhalatoren verwendet werden.

Aufgabe

Würden Sie erwarten, dass R-134a oder R-227ea eine S_N1-Reaktion eingehen? Eine S_N2-Reaktion? Warum bzw. warum nicht?

Zusammenfassung

7.1 Wie werden Halogenalkane benannt?
- Im IUPAC-System werden Halogenatome als Fluor-, Chlor-, Brom- oder Iodsubstituenten behandelt und zusammen mit anderen Substituenten in alphabetischer Reihenfolge aufgeführt.
- **Halogenalkane** können auch mit Trivialnamen als **Alkylhalogenide** bezeichnet werden.
- Verbindungen des Typs CHX_3 nennt man **Haloforme**.

7.2 Was sind die charakteristischen Reaktionen der Halogenalkane?
- Halogenalkane gehen nukleophile Substitutionen und β-Eliminierungen ein.
- In nukleophilen Substitutionen wird das Halogen durch ein Teilchen ersetzt, das man als Nukleophil bezeichnet. Ein Nukleophil ist ein Molekül oder ein Ion, das ein Elektronenpaar unter Bildung einer neuen kovalenten Bindung an ein anderes Atom oder eine andere Atomgruppe abgeben kann. Ein Nukleophil ist zudem auch eine Lewis-Base.
- In einer Eliminierung werden ein Halogen- und ein Wasserstoffatom an benachbarten Kohlenstoffatomen unter Bildung eines Alkens abgespalten.

7.3 Welche Produkte entstehen in einer nukleophilen aliphatischen Substitution?
- Je nach verwendetem Nukleophil können aus nukleophilen Substitutionen verschiedene Produkte entstehen. Wird als Nukleophil zum Beispiel Hydroxid (HO^-) eingesetzt, entsteht ein Alkohol (ROH) als Produkt.
- Eine nukleophile Substitution kann man nutzen, um Halogenalkane unter anderem in Alkohole, Ether, Thiole, Sulfide, Alkyliodide und Alkylammonium-Ionen zu überführen.

7.4 Was sind die S_N2- und S_N1-Mechanismen von nukleophilen Substitutionen?
- Eine S_N2-Reaktion läuft einstufig ab. Die Abspaltung der Austrittsgruppe wird durch das eintretende Nukleophil eingeleitet; sowohl Nukleophil als auch Austrittsgruppe sind am Übergangszustand beteiligt. S_N2-Reaktionen sind stereoselektiv; die Reaktion an einem Stereozentrum erfolgt unter **Inversion der Konfiguration**.
- Eine S_N1-Reaktion verläuft zweistufig. Der erste Schritt ist die langsame, geschwindigkeitsbestimmende Dissoziation der C—X-Bindung unter Bildung eines intermediären Carbokations. In einem zweiten, schnelleren Schritt reagiert das Carbokation mit einem Nukleophil zum Produkt der Substitution. S_N1-Reaktionen, die an einem Stereozentrum stattfinden, führen zur weitgehenden **Racemisierung** im Produkt.

7.5 Was entscheidet, ob ein S_N1- oder ein S_N2-Mechanismus abläuft?
- Die **Stabilität der Austrittsgruppe**. Die Austrittstendenz einer Gruppe ist umso größer, je stabiler das austretende Teilchen ist. Die stabilsten Teilchen und damit die besten Austrittsgruppen sind die konjugierten Basen starker Säuren.
- Die **Nukleophilie** des Reagenzes. Die Nukleophilie wird anhand der Geschwindigkeit gemessen, mit der das Nukleophil mit einem Referenzelektrophil reagiert.
- Die Struktur des Halogenalkans. S_N1-Reaktionen werden durch **elektronische Faktoren** bestimmt, insbesondere durch die relative Stabilität der Carbokationen. S_N2-Reaktionen werden von **sterischen Faktoren** dominiert, vor allem von der sterischen Hinderung am Reaktionszentrum.
- Die Art des Lösungsmittels. **Protische Lösungsmittel** enthalten OH-Gruppen, wechselwirken stark mit polaren Molekülen und Ionen und begünstigen damit die Bildung von Carbokationen. Protische Lösungsmittel begünstigen S_N1-Reaktionen.

Polar aprotische Lösungsmittel enthalten keine OH-Gruppen. Typische Vertreter sind **Dimethylsulfoxid**, Aceton, Diethylether und Dichlormethan. Aprotische Lösungsmittel wechselwirken nicht so stark mit polaren Molekülen und Ionen; Carbokationen bilden sich in ihnen weniger leicht. Polar aprotische Lösungsmittel begünstigen daher S_N2-Reaktionen.
- Eine nicht-halogenierte Verbindung mit einer guten Austrittsgruppe kann ebenso wie ein Halogenalkan Substitutionen eingehen.
- Halogenide sind gute Austrittsgruppen wegen ihrer Größe (wie in I^- oder Br^-) oder wegen ihrer Elektronegativität (Cl^-), weil beide Faktoren die negative Ladung stabilisieren. F^- ist keine gute Austrittsgruppe, weil HF eine schwache Säure ist. HCl, HBr und HI sind starke Säuren, die entsprechenden Halogenide sind demzufolge schwache Basen.

7.6 Wie kann man aus den experimentellen Bedingungen ableiten, ob eine S_N1- oder S_N2-Reaktion abläuft?
- Eine Voraussage über den Mechanismus einer bestimmten nukleophilen Substitution basiert auf der Struktur des Halogenalkans, der Art des Nukleophils, der Natur der Austrittsgruppe und dem Charakter des Lösungsmittels.

7.7 Welche Produkte entstehen bei einer β-Eliminierung?
- Eine **Dehydrohalogenierung** ist eine β-Eliminierung, in der ein H- und ein X-Atom von benachbarten Kohlenstoffatomen abgespalten werden und eine Kohlenstoff-Kohlenstoff-Doppelbindung entsteht.
- Eine β-Eliminierung, bei der das am höchsten substituierte Alken entsteht, ist eine **Saytzeff-Eliminierung**.

7.8 Was unterscheidet die Mechanismen E1 und E2 der β-Eliminierung?
- Eine E1-Reaktion verläuft zweistufig: Bruch der C—X-Bindung unter Bildung eines Carbokations und dessen anschließende Deprotonierung zum Alken.
- Eine E2-Reaktion ist ein einstufiger Prozess: Die Deprotonierung durch eine Base, die Bildung der Doppelbindung und die Abspaltung der Austrittsgruppe erfolgen gleichzeitig.

7.9 Wann konkurrieren nukleophile Substitutionen und β-Eliminierungen?
- Viele der Nukleophile, die wir kennengelernt haben (zum Beispiel das Hydroxid-Ion und Alkoholat-Anionen), sind auch starke Basen. Daher sind nukleophile Substitutionen und β-Eliminierungen oft Konkurrenzreaktionen und das Produktverhältnis aus diesen beiden Reaktionen entspricht dem Verhältnis der jeweiligen Reaktionsgeschwindigkeiten.

Wichtige Reaktionen

1. **Nukleophile aliphatische Substitution: S_N2** (Abschn. 7.4.1)
   S_N2-Reaktionen erfolgen einstufig und sowohl das Nukleophil als auch die Austrittsgruppe spielen im Übergangszustand des geschwindigkeitsbestimmenden Schritts eine wichtige Rolle. Das Nukleophil kann negativ geladen oder neutral sein. S_N2-Reaktionen erfolgen unter Inversion der Konfiguration am Reaktionszentrum, wenn dieses chiral ist. Sie laufen in polar aprotischen Lösungsmitteln rascher ab als in polar protischen Lösungsmitteln. S_N2-Reaktionen werden durch sterische Faktoren beeinflusst, insbesondere durch die sterische Hinderung am Reaktionszentrum.

$$I^- + \underset{\underset{CH_3}{|}}{\overset{\overset{CH_3CH_2}{|}}{\underset{H}{C}}}-Cl \longrightarrow I-\underset{\underset{CH_3}{|}}{\overset{\overset{CH_2CH_3}{|}}{\underset{H}{C}}} + Cl^-$$

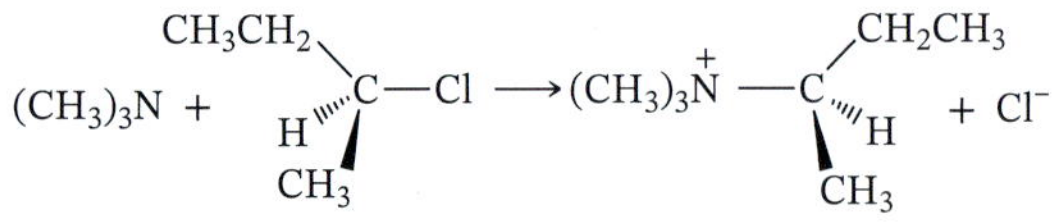

2. Nukleophile aliphatische Substitution: S_N1 (Abschn. 7.4.2)

S_N1-Reaktionen erfolgen zweistufig. Der erste Schritt ist die langsame, geschwindigkeitsbestimmende Dissoziation der C–X-Bindung unter Ausbildung eines Carbokations; im zweiten Schritt reagiert dieses in einer schnellen Reaktion mit einem Nukleophil zum Substitutionsprodukt. Die Reaktion an einem Stereozentrum führt zu einem racemischen Produkt. S_N1-Reaktionen werden durch elektronische Faktoren bestimmt, im Wesentlichen durch die relativen Stabilitäten der intermediären Carbokationen.

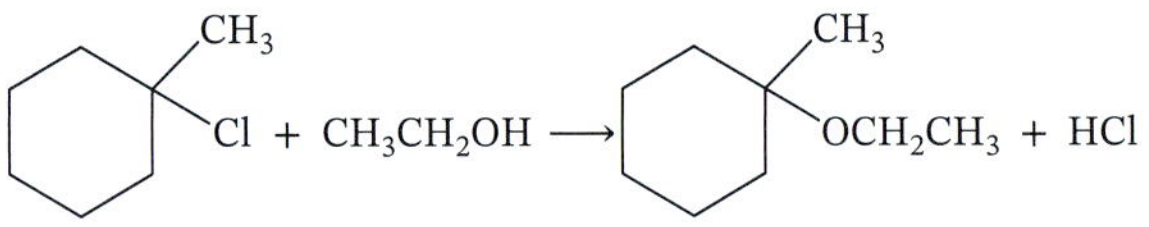

3. β-Eliminierung: E1 (Abschn. 7.8.1)

In einer E1-Reaktion werden Atome oder Atomgruppen von benachbarten Kohlenstoffatomen eliminiert. Die Reaktion erfolgt zweistufig und verläuft über ein intermediäres Carbokation:

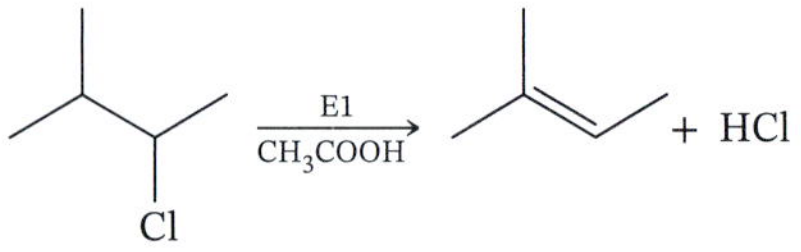

4. β-Eliminierung: E2 (Abschn. 7.8.2)

E2-Reaktionen erfolgen einstufig: In einer konzertierten Reaktion werden gleichzeitig durch eine Base ein Proton entfernt, eine Doppelbildung gebildet und eine Austrittsgruppe entfernt:

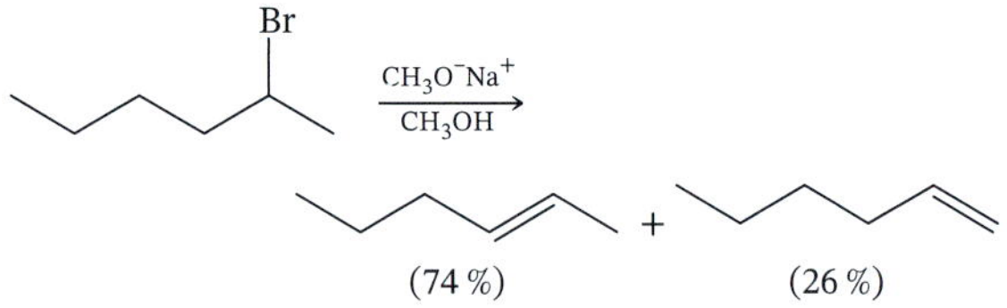

Quiz

Sind die folgenden Aussagen richtig oder falsch? Hier können Sie testen, ob Sie die wichtigsten Fakten aus diesem Kapitel parat haben. Wenn Sie mit einer der Fragestellungen Probleme haben, sollten Sie den jeweiligen in Klammern angegebenen Abschnitt in diesem Kapitel noch einmal durcharbeiten, bevor Sie sich an die weiteren, meist etwas schwierigeren Aufgaben zu diesem Kapitel machen.

1. Eine S_N1-Reaktion kann zur Bildung zweier stereoisomerer Produkte führen (7.4).
2. Bei der Benennung von halogenierten Verbindungen ist „Halogenalkan" der IUPAC-Name und „Alkylhalogenid" ein Trivialname (7.1).
3. In einer Substitution bildet sich ein Alken (7.3).
4. Ethanolat ($CH_3CH_2O^-$) kann als Base oder als Nukleophil reagieren, wenn es mit Bromcyclohexan umgesetzt wird (7.2).
5. In das Geschwindigkeitsgesetz einer E2-Reaktion geht nur die Konzentration des Halogenalkans ein (7.8).
6. Im Mechanismus einer S_N1-Reaktion tritt eine Carbokation-Zwischenstufe auf (7.4).
7. E1- oder S_N1-Reaktionen können nur in polar protischen Lösungsmitteln stattfinden (7.9).
8. OH^- ist eine bessere Austrittsgruppe als Cl^- (7.5).
9. Bei der Benennung von Halogenalkanen, in denen verschiedene Halogene vorliegen, wird die Nummerierung so durchgeführt, dass das Halogen mit der größeren Ordnungszahl die kleinere Nummer bekommt (7.1).
10. S_N2-Reaktionen finden bevorzugt mit guten Nukleophilen statt, während eine S_N1-Reaktion mit nahezu jedem Nukleophil abläuft (7.5).
11. Je stärker eine Base, desto besser ist sie als Austrittsgruppe geeignet (7.5).
12. S_N2-Reaktionen finden eher mit sekundären als mit primären Halogenalkanen statt (7.9).
13. Eine Solvolyse ist eine Reaktion, die ohne Lösungsmittel durchgeführt wird (7.4).
14. Der Substitutionsgrad am Reaktionszentrum beeinflusst die Reaktionsgeschwindigkeit einer S_N1-Reaktion, aber nicht die einer S_N2-Reaktion (7.5).
15. Damit ein Reagenz als Nukleophil reagieren kann, muss es negativ geladen sein (7.3).
16. In einer Eliminierung ist die Bildung des höher substituierten Alkens begünstigt (7.7).
17. In einer S_N2-Reaktion greift das Nukleophil von der Seite am Reaktionszentrum an, die der Austrittsgruppe gegenüberliegt (7.4).
18. Nur Halogenalkane können Substitutionen eingehen (7.5).
19. Aceton, DMSO und Ethanol sind polar aprotische Lösungsmittel (7.5).

Ausführliche Erklärungen zu vielen dieser Antworten finden sich im Arbeitsbuch.

Antworten: (1) R (2) R (3) F (4) R (5) F (6) R (7) R (8) F (9) F (10) R (11) F (12) F (13) F (14) F (15) F (16) R (17) R (18) F (19) F

Aufgaben

Nomenklatur

7.1 Ermitteln Sie für jede Verbindung den IUPAC-Namen.

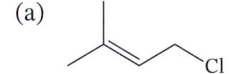

(a)
(b)
(c)
(d)
(e)

7.2 Geben Sie IUPAC-Namen der folgenden Verbindungen an und denken Sie gegebenenfalls an die Angabe der Konfiguration. (Siehe Beispielaufgabe 7.1)

(a)
(b)
(c)
(d)
(e)
(f)

7.3 Zeichnen Sie die Strukturformeln der folgenden durch ihre IUPAC-Namen beschriebenen Verbindungen. (Siehe Beispielaufgabe 7.1)

(a) 3-Brompropen
(b) (R)-2-Chlorpenten
(c) meso-3,4-Dibromhexan
(d) trans-1-Brom-3-isopropylcyclohexan
(e) 1,2-Dichlorethan
(f) Bromcyclobutan

7.4 Zeichnen Sie Strukturformeln der folgenden als Trivialnamen angegebenen Verbindungen. (Siehe Beispielaufgabe 7.1)

(a) Isopropylchlorid
(b) sec-Butylbromid
(c) Allyliodid
(d) Methylenchlorid
(e) Chloroform
(f) tert-Butylchlorid
(g) Isobutylchlorid

Wiederholung – Synthese von Alkylhalogeniden

7.5 Welches Alken oder welche Alkene und welche Reaktionsbedingungen ergeben die folgenden Alkylhalogenide in guten Ausbeuten (Hinweis: Konsultieren Sie hierzu Kap. 5). (Siehe Beispielaufgabe 5.2)

(a)
(b)
(c)
(d) racemisch

Nukleophile aliphatische Substitution

7.6 Gehen die Halogenalkane in den folgenden Reaktionen eine Substitution, eine Eliminierung oder beide Reaktionen ein?

(a)
(b)

7.7 Vervollständigen Sie die folgenden Reaktionsgleichungen für nukleophile Substitutionen.

(a)
(b)

7.8 Beantworten Sie die folgenden Fragen.
(a) Kaliumcyanid (KCN) reagiert mit 1-Chlorpentan schneller als Trimethylamin [(CH$_3$)$_3$N]. Nach welchem Mechanismus läuft die Substitution dieses Halogenalkans vermutlich ab?
(b) Verbindung A reagiert schneller mit Dimethylamin [(CH$_3$)$_2$NH] als Verbindung B. Was sagt das über die relative Neigung der beiden Halogenalkane aus, eine S$_N$1- bzw. eine S$_N$2-Reaktion einzugehen?

7.9 Welches Produkt erwarten Sie jeweils in den folgenden nukleophilen Substitutionen und nach welchem Mechanismus wird es gebildet?
(a)
(b) CH$_3$CHClCH$_2$CH$_3$ (R) + HCOOH →(Ameisensäure)

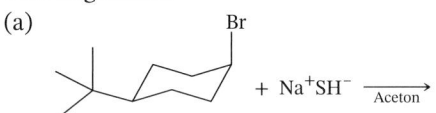

7.10 Zeichnen Sie Strukturformeln der folgenden, häufig eingesetzten Lösungsmittel.
(a) Dichlormethan
(b) Aceton
(c) Ethanol
(d) Diethylether
(e) Dimethylsulfoxid
(f) *tert*-Butylalkohol

7.11 Ordnen Sie die folgenden protischen Lösungsmittel nach zunehmender Polarität.
(a) H$_2$O
(b) CH$_3$CH$_2$OH
(c) CH$_3$OH
(d) CH$_3$NH$_2$

7.12 Ordnen Sie die folgenden aprotischen Lösungsmittel nach zunehmender Polarität.
(a) Aceton
(b) Pentan
(c) Diethylether

7.13 Wählen Sie in jeder Teilaufgabe das bessere Nukleophil aus.
(a) H$_2$O oder OH$^-$
(b) CH$_3$COO$^-$ oder OH$^-$
(c) CH$_3$SH oder CH$_3$S$^-$

7.14 Vervollständigen Sie diese S$_N$2-Reaktionen. (Siehe Beispielaufgaben 7.3 und 7.5)
(a) Na$^+$I$^-$ + CH$_3$CH$_2$CH$_2$Cl →(Aceton)
(b) NH$_3$ + Cyclohexyl-Br →(Ethanol)
(c) CH$_3$CH$_2$O$^-$Na$^+$ + H$_2$C=CHCH$_2$Cl →(Ethanol)

7.15 In den folgenden Reaktionen wird Methyliodid mit Verbindungen umgesetzt, die zwei nukleophile Positionen aufweisen. Entscheiden Sie, welches jeweils die nukleophilere Position ist und geben Sie das Produkt der entsprechenden S$_N$2-Reaktion an.
(a) HOCH$_2$CH$_2$NH$_2$ + CH$_3$I →(Ethanol)
(b) Morpholin + CH$_3$I →(Ethanol)
(c) HOCH$_2$CH$_2$SH + CH$_3$I →(Ethanol)

7.16 Welche der folgenden Aussagen treffen auf S$_N$1-Reaktionen von Halogenalkanen zu? (Siehe Beispielaufgabe 7.5)
(a) Sowohl das Halogenalkan als auch das Nukleophil sind im geschwindigkeitsbestimmenden Schritt an der Bildung des Übergangszustands beteiligt.
(b) Die Reaktion an einem Stereozentrum verläuft unter Retention der Konfiguration.
(c) Die Reaktion an einem Stereozentrum erfolgt unter Verlust der optischen Aktivität.
(d) Die Reaktivitätsreihenfolge der Halogenalkane ist: tertiär > sekundär > primär > Methyl.
(e) Je größer die sterische Hinderung im Bereich des Reaktionszentrums, desto langsamer verläuft die Reaktion.
(f) Die Reaktionsgeschwindigkeit ist mit guten Nukleophilen größer als mit schlechten Nukleophilen.

7.17 Welche der beiden Verbindungen jeder Teilaufgabe reagiert in einer nukleophilen Substitution in wässrigem Ethanol schneller? (Siehe Beispielaufgabe 7.5)

7.18 Schlagen Sie einen Mechanismus vor, der die Bildung der folgenden Produkte (ohne Beachtung der Produktverteilung) erklärt:

$$CH_3CCl(CH_3)_2 \xrightarrow[25\,°C]{20\,\%\ H_2O,\ 80\,\%\ CH_3CH_2OH}$$

$$\underbrace{CH_3COCH_2CH_3(CH_3)_2 + CH_3COH(CH_3)_2}_{85\,\%} + \underbrace{CH_3C=CH_2(CH_3)}_{15\,\%} + HCl$$

7.19 Die Reaktion in Aufgabe 7.18 läuft in 80 % Wasser/20 % Ethanol 140-mal so schnell ab wie in 40 % Wasser/60 % Ethanol. Erklären Sie diesen Unterschied.

7.20 Welche Hybridisierung beschreibt das C-Atom im Übergangszustand einer S_N2-Reaktion am besten?

7.21 Halogenalkane wie Vinylbromid ($CH_2=CHBr$) gehen weder eine S_N1- noch eine S_N2-Reaktion ein. Durch welche Faktoren lässt sich diese fehlende Reaktivität erklären?

7.22 Wie lassen sich die folgenden Verbindungen jeweils aus einem Halogenalkan und einem Nukleophil synthetisieren? (Siehe Beispielaufgabe 7.5)
(a) Cyclohexyl-NH_2
(b) Cyclohexyl-CH_2NH_2
(c) Cyclohexyl-OC(O)CH_3
(d) Propyl-S-propyl
(e) trans-3-Methylcyclopentylacetat
(f) $(CH_3CH_2CH_2CH_2)_2O$

β-Eliminierungen

7.23 Welche β-Eliminierungsprodukte bilden sich, wenn die folgenden Chloralkane in Ethanol mit Natriummethanolat umgesetzt werden? Wenn zwei Produkte gebildet werden können, geben Sie das erwartete Hauptprodukt an. (Siehe Beispielaufgabe 7.6)

(a) 1-Chlor-1-methylcyclohexan
(b) Cyclohexyl-CH_2Cl
(c) trans-1-Chlor-3-methylcyclohexan
(d) 3-Brom-3-methylpentan

7.24 Geben Sie an, ob die folgenden β-Eliminierungen nach einem E1- oder einen E2-Mechanismus ablaufen und geben Sie die organischen Hauptprodukte der Reaktionen an. (Siehe Beispielaufgabe 7.7)

(a) 2-Brombutan + $CH_3O^- Na^+$ $\xrightarrow{Methanol}$

(b) trans-1-Chlor-4-methylcyclohexan + Na^+OH^- $\xrightarrow{Aceton}$

7.25 Wie viele Isomere (inklusive *cis/trans*-Isomere) können sich in der Dehydrohalogenierung der folgenden Halogenalkane bilden? (Siehe Beispielaufgabe 7.7)
(a) 3-Chlor-3-methylhexan
(b) 3-Bromhexan

Synthesen

7.26 Geben Sie für jede Reaktion an, ob vorzugsweise eine Substitution (S_N1 oder S_N2) oder eine Eliminierung (E1 oder E2) stattfindet oder ob beide Reaktionen in Konkurrenz stehen. Ergänzen Sie die Reaktionsgleichungen und geben Sie das (die) organischen Hauptprodukt(e) an. (Siehe Beispielaufgabe 7.8)

(a) 3-Brompentan + $CH_3O^-Na^+$ $\xrightarrow{Methanol}$

(b) trans-1-Chlor-4-methylcyclohexan + Na^+OH^- $\xrightarrow{Aceton}$

7.27 Wie lassen sich die folgenden Umsetzungen realisieren? (*Hinweis:* Einige der Synthesen erfordern nur einen Schritt, andere zwei oder mehr Stufen.)

(a) Isobutylchlorid → Isobuten
(b) Isobuten → tert-Butylbromid

234 | 7 Halogenalkane

(c) 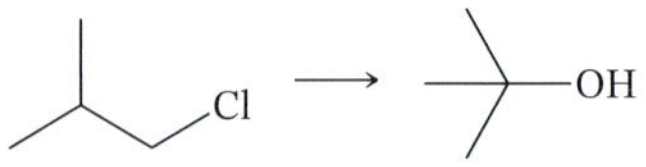 [structure: isobutyl chloride → tert-butanol]

(d) 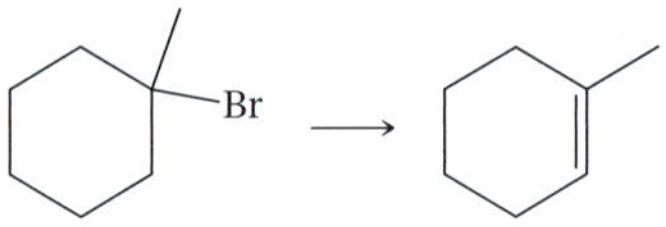 [structure: 1-bromo-1-methylcyclohexane → 1-methylcyclohexene]

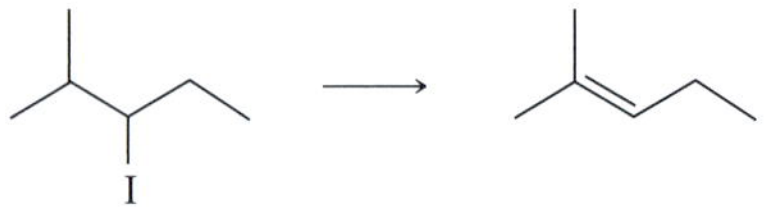

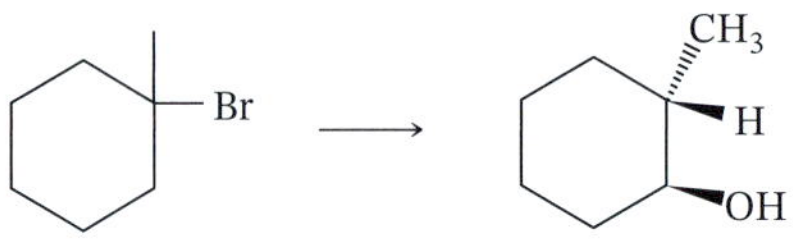

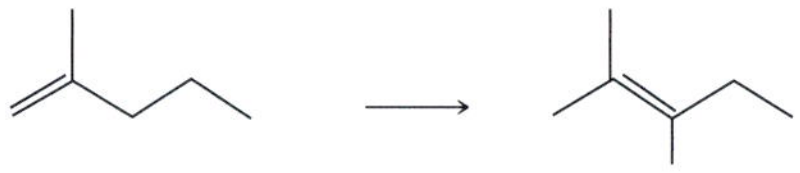

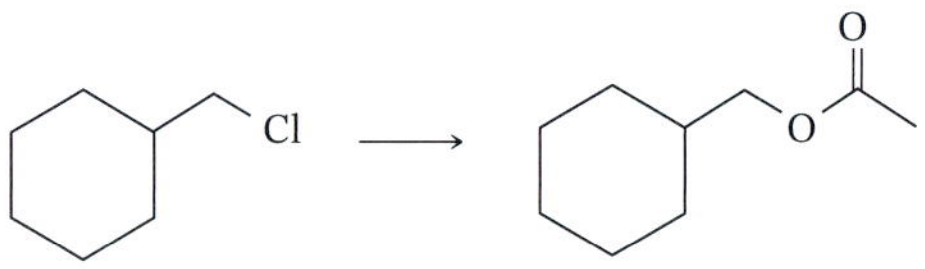

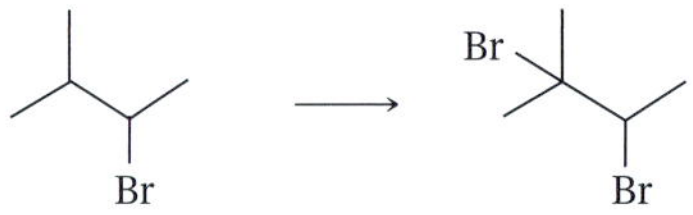

(e) 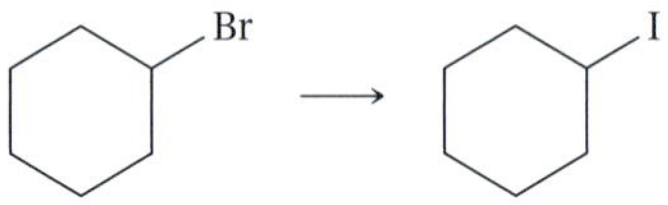 [structure: bromocyclohexane → iodocyclohexane]

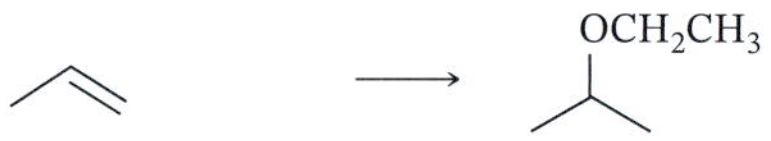

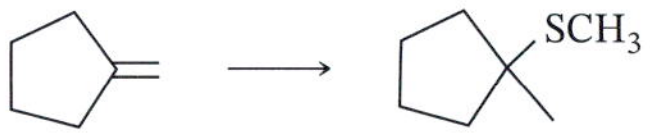

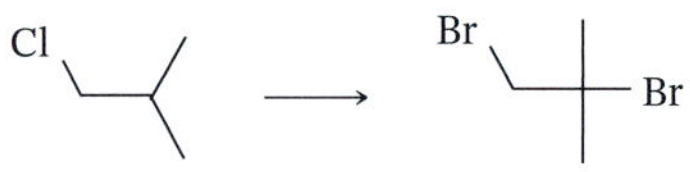

(f) 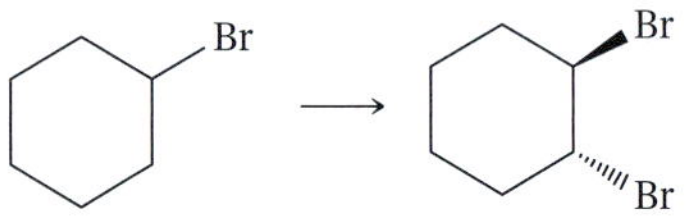 [structure: bromocyclohexane → trans-1,2-dibromocyclohexane]
racemisch

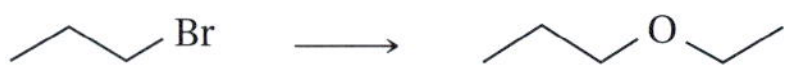

7.28 Vervollständigen Sie die folgenden Reaktionen und geben Sie den jeweiligen Reaktionstyp an (S_N1, S_N2, E1 oder E2). (Siehe Beispielaufgabe 7.8)

(a) 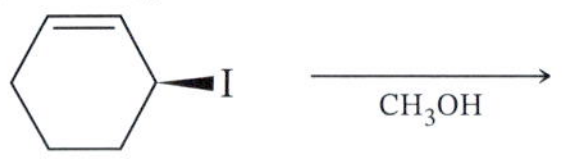 [structure: iodocyclohexene] $\xrightarrow{CH_3OH}$

(b) 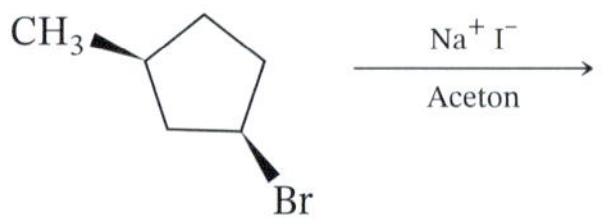 CH_3 [cyclopentane with Br] $\xrightarrow[\text{Aceton}]{Na^+ I^-}$

(c) [structure: tertiary iodide] + $Na^+ OH^-$ $\xrightarrow[H_2O]{80\,°C}$

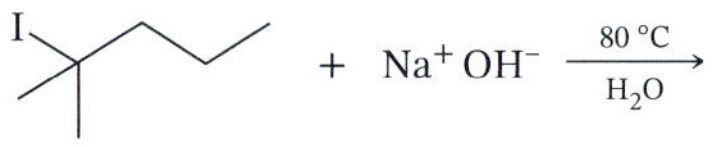

(d) 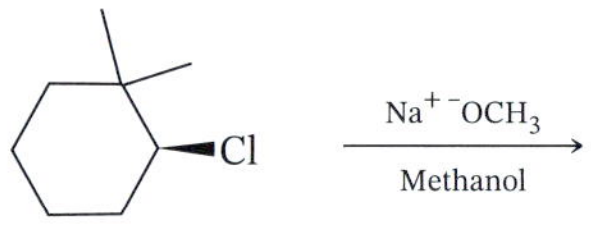 [structure: 1-chloro-1,2-dimethylcyclohexane] $\xrightarrow[\text{Methanol}]{Na^+\,{}^-OCH_3}$

(e) 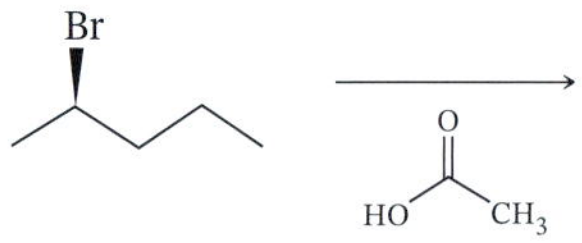 [structure: 2-bromopentane] $\xrightarrow{\text{HO-C(O)-CH}_3\text{ (Essigsäure)}}$

(f) 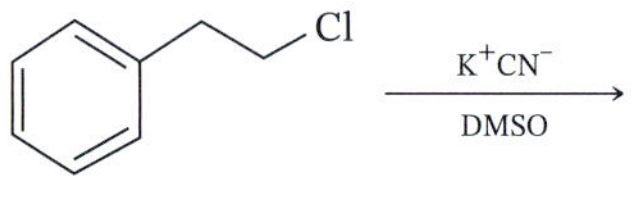 [structure: 2-phenylethyl chloride] $\xrightarrow[DMSO]{K^+CN^-}$

7.29 Nutzen Sie Ihre in den bisherigen Kapiteln gesammelten Kenntnisse zu den besprochenen Reaktionen und geben Sie an, wie die folgenden Umsetzungen zu realisieren sind. (*Hinweis*: Einige Umsetzungen erfordern mehr als einen Schritt.)

(a)  [propyl chloride → dipropyl ether]

(b) 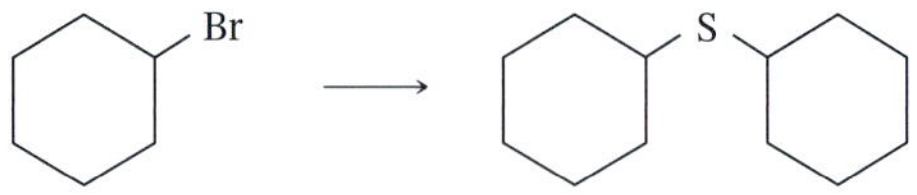 [bromocyclohexane → dicyclohexyl sulfide]

(c)  [3-iodo-2-methylpentane → 3-bromo-2,2-dimethylpentane]

(d)  [3-methyl-1-butene → 2-methyl-2-butene]

(e) [bromocyclopentene → methoxycyclopentene (inversion)]

(f) [1-chlorobutane → 2-butanol]
racemisch

(g) [3-methyl-2-iodopentane → 3-methyl-2-pentene]

(h) [neopentyl chloride → neopentyl bromide (rearranged)]

(i) [bromocyclohexane → trans-2-methylcyclohexanol]
racemisch

(j) [4-methyl-1-pentene → 3-methyl-2-pentene]

(k) [isopropyl iodide → 1-propanol]

(l) [chlorocycloheptane → cycloheptene]

(m) [cyclohexylmethyl chloride → cyclohexylmethyl acetate]

(n) [2-bromo-3-methylbutane → 2,3-dibromo-2-methylbutane]
racemisch

(o) [ethylene → isopropyl ethyl ether]

(p) [methylenecyclopentane → 1-methyl-1-(methylthio)cyclopentane]

(q) [isobutyl chloride → 2-bromo-2-methylpropyl bromide]

(r) [propyl bromide → propyl ethyl ether]

Ausblick

7.30 In einer Williamson-Ethersynthese wird ein Halogenalkan mit einem Metallalkoholat umgesetzt. Im Folgenden sind zwei Reaktionen angegeben, in denen Benzyl-*tert*-butylether entstehen soll. In einer der Reaktionen entsteht der Ether in guten Ausbeuten, in der anderen nicht. In welcher der Reaktionen wird der Ether gebildet? Was entsteht in der anderen Reaktion und wie erklären Sie die Bildung dieses Produkts?

(a) CH₃C(CH₃)₂O⁻ K⁺ + C₆H₅–CH₂Cl $\xrightarrow{\text{DMSO}}$ (CH₃)₃C–OCH₂–C₆H₅ + KCl

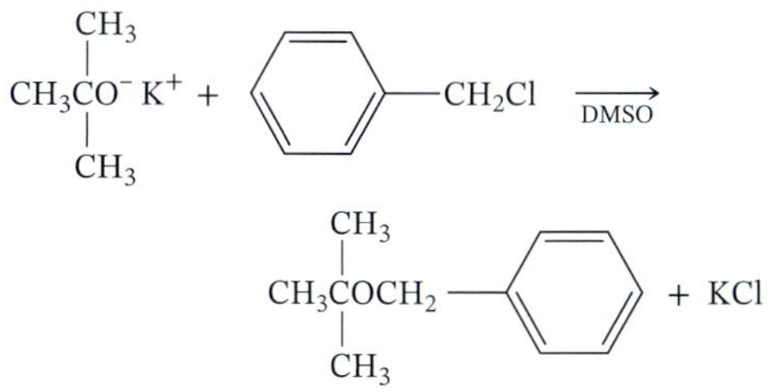

(b) C₆H₅–CH₂O⁻ K⁺ + (CH₃)₃CCl $\xrightarrow{\text{DMSO}}$ (CH₃)₃C–OCH₂–C₆H₅ + KCl

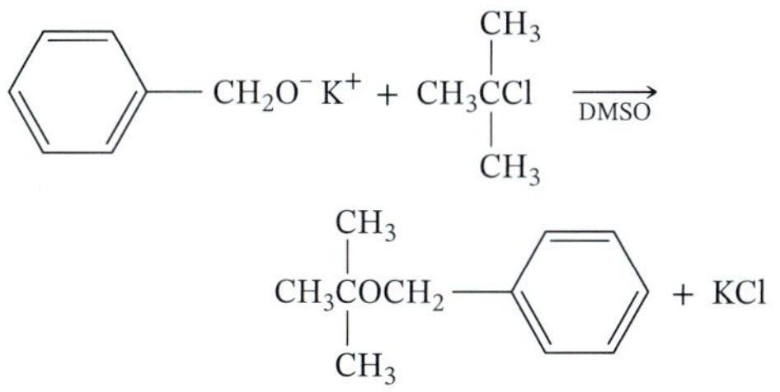

7.31 Schlagen Sie einen Mechanismus für die folgende Reaktion vor:

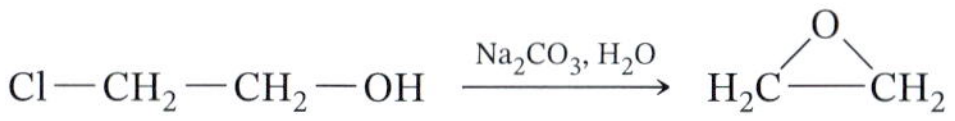

Cl–CH₂–CH₂–OH $\xrightarrow{\text{Na}_2\text{CO}_3,\ \text{H}_2\text{O}}$ H₂C–CH₂ (Epoxid)
2-Chlorethanol → Ethylenoxid

7.32 Erklären Sie, warum aus (S)-2-Brombutan ein optisch inaktives Produkt entsteht, wenn es mit Natriumbromid in Dimethylsulfoxid (DMSO) umgesetzt wird:

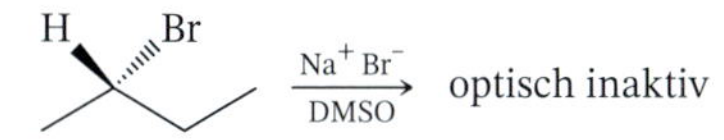

(S)-2-Brombutan $\xrightarrow[\text{DMSO}]{\text{Na}^+\text{Br}^-}$ optisch inaktiv

optisch aktiv

7.33 In Ethern ist das Sauerstoffatom in beide Richtungen Teil einer OR-Gruppe, also einer schlechten Austrittsgruppe. Epoxide sind dreigliedrige, cyclische Ether. Erklären Sie, warum ein Epoxid im Gegensatz zu einem offenkettigen Ether leicht mit einem Nukleophil reagiert.

R—O—R + :Nu⁻ ⟶ keine Reaktion
ein Ether

Epoxid + :Nu⁻ ⟶ ⁻O–CH₂–CH₂–Nu
ein Epoxid

Würden Sie für die entsprechenden fünf- und sechsgliedrigen cyclischen Ether erwarten, dass diese ebenso leicht mit Nukleophilen reagieren wie die Epoxide? Begründen Sie!

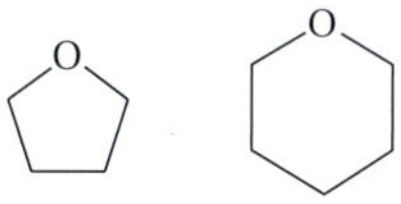

(Tetrahydrofuran) (Tetrahydropyran)

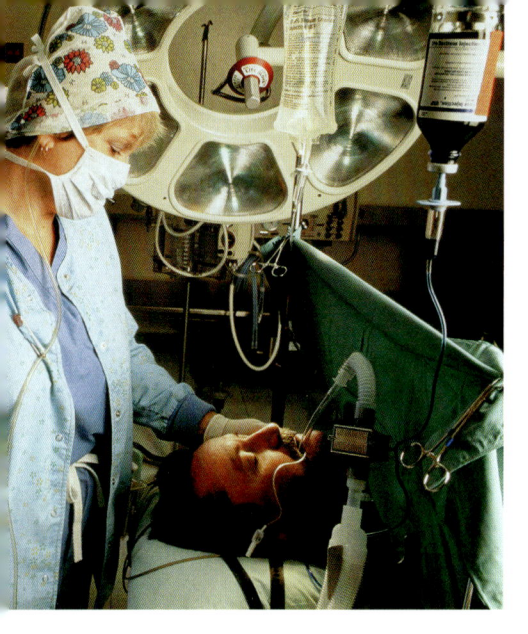

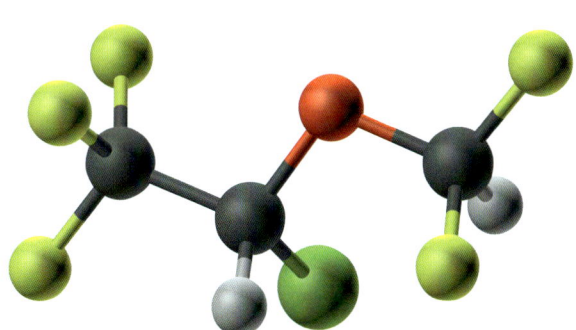

Ein Anästhesist verabreicht einem Patienten vor einer Operation Isofluran. Die Entdeckung, dass die Inhalation von Ethern zur Narkotisierung von Patienten genutzt werden kann, revolutionierte die Medizin. Rechts: Ein Molekülmodell von Isofluran, $CF_3CHClOCHF_2$, einem halogenierten Ether, der in der Human- wie auch in der Veterinärmedizin häufig als Inhalationsanästhetikum eingesetzt wird.

[Quelle: © Alan Levenson/Stone/Getty Images.]

8

Alkohole, Ether und Thiole

Inhalt
8.1 Was sind Alkohole?
8.2 Was sind die charakteristischen Reaktionen der Alkohole?
8.3 Was sind Ether?
8.4 Was sind Epoxide?
8.5 Was sind Thiole?
8.6 Was sind die charakteristischen Reaktionen der Thiole?

Gewusst wie
8.1 Wie man cyclische Alkohole benennt
8.2 Wie man die relativen Siedepunkte von Verbindungen mit ähnlicher Molmasse abschätzt
8.3 Wie man die Gleichgewichtslage in Säure-Base-Reaktionen abschätzt
8.4 Wie man die Reaktionsgleichung einer Dehydratisierung vervollständigt

8.5 Wie man das Produkt einer Epoxidierung ermittelt

Exkurse
8.A Nitroglycerin – Sprengstoff und Medikament
8.B Die Bestimmung des Blutalkoholspiegels
8.C Ethylenoxid – ein chemisches Sterilisationsmittel

Mit der Enteisungsflüssigkeit Propylenglykol, die bei Temperaturen unterhalb des Gefrierpunkts auf Flugzeuge gesprüht wird, dem Betäubungsmittel Diethylether, das die Chirurgie im 19. Jahrhundert revolutioniert hat, und der geruchsintensiven Substanz Ethanthiol, die dem Erdgas zur Erkennung von Gaslecks an Pipelines zugesetzt wird, sehen wir je einen Vertreter der Alkohole, der Ether und der Thiole vor uns; drei Verbindungsklassen, mit denen wir uns in diesem Kapitel beschäftigen wollen.

Alkohole enthalten eine OH-Gruppe.

Ether (R–O–R) enthalten ein Sauerstoffatom, gebunden an zwei Kohlenstoffatome, die Bestandteil einer Kohlenstoffkette oder eines Kohlenstoffrings sind.

Thiole sind den Alkoholen ähnlich, nur dass sie eine SH- anstelle einer OH-Gruppe enthalten.

$$CH_3CH_2CH_3OH$$
Propylenglykol
(ein Alkohol)

$$CH_3CH_2OCH_2CH_3$$
Diethylether
(ein Ether)

$$CH_3CH_2SH$$
Ethanthiol
(ein Thiol)

Alkohole sind eine Stoffklasse, die sowohl im Labor als auch in biochemischen Reaktionen organischer Verbindungen von großer Bedeutung ist. Sie können leicht in andere Verbindungklassen wie Alkene, Halogenalkane, Aldehyde, Ketone, Carbonsäuren und Ester umgewandelt werden. Alkohole können aber nicht nur in diese Stoffklassen überführt werden, sie können aus diesen auch hergestellt werden. Die Herstellung von Alkoholen aus Alkenen (Abschn. 5.3.2) und aus Halogenalkanen (Abschn. 7.4) haben wir bereits besprochen. Alkohole spielen bei der wechselseitigen Umwandlung funktioneller Gruppen eine zentrale Rolle und ermöglichen damit die Synthese von vielen lebensnotwendigen und unser Leben bereichernden organischen Verbindungen.

Einführung in die Organische Chemie, Erste Auflage. William H. Brown und Thomas Poon.
© 2021 WILEY-VCH GmbH. Published 2021 by WILEY-VCH GmbH.

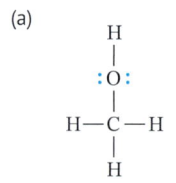

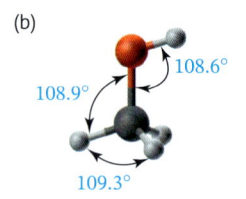

8 Alkohole, Ether und Thiole

(a)

```
      H
      |
     :O:
      |
  H—C—H
      |
      H
```

(b)

108.9° 108.6°
109.3°

Abb. 8.1 Methanol, CH₃OH. (a) Lewis-Formel und (b) Kugel-Stab-Modell. Der H–O–C-Winkel in Methanol wurde zu 108.6° bestimmt, liegt also sehr nahe am idealen Tetraederwinkel von 109.5°.

8.1 Was sind Alkohole?

8.1.1 Struktur

Die funktionelle Gruppe der **Alkohole** ist die an ein sp^3-hybridisiertes Kohlenstoffatom gebundene **OH-Gruppe (Hydroxygruppe**, Abschn. 1.7.1). Auch das Sauerstoffatom der OH-Gruppe ist sp^3-hybridisiert. Zwei der sp^3-Hybridorbitale des Sauerstoffatoms gehen σ-Bindungen zu einem Kohlenstoff- und einem Wasserstoffatom ein; die beiden anderen enthalten jeweils ein freies Elektronenpaar. In Abb. 8.1 sind eine Lewis-Formel und ein Kugel-Stab-Modell von Methanol (CH₃OH) gezeigt, dem einfachsten Alkohol.

8.1.2 Nomenklatur

Die IUPAC-Namen von Alkoholen leiten sich von denen der Alkane ab, nur dass wir dem Namen des zugrunde liegenden Alkans die Endsilbe *-ol* anhängen, die anzeigt, dass es sich bei der Verbindung um einen Alkohol handelt. Insgesamt geht man wie folgt vor:

1. Man bestimmt die längste die OH-Gruppe enthaltende Kohlenstoffkette und nummeriert die Kette von einem der Enden ausgehend so, dass die OH-Gruppe die kleinere Nummer erhält. Bei der Nummerierung der Hauptkette hat die Position der OH-Gruppe Vorrang über Alkylgruppen und Halogensubstituenten.
2. Man hängt an die Bezeichnung des Alkans das Suffix *-ol* (Abschn. 3.5) an und kennzeichnet die Position der OH-Gruppe durch die vorangestellte Nummer des Kohlenstoffatoms, an das sie gebunden ist. In cyclischen Alkoholen beginnt die Nummerierung an dem Kohlenstoffatom, das die OH-Gruppe träg.
3. Man benennt und nummeriert weitere Substituenten und stellt diese in alphabetischer Reihenfolge voran.

Trivialnamen für Alkohole werden gebildet, indem man an den Namen der Alkylgruppe, die an die OH-Gruppe gebunden ist, das Wort *-alkohol* hängt. Im Folgenden sind die IUPAC- und (in Klammern) Trivialnamen von acht häufig vorkommenden einfachen Alkoholen angegeben:

Ethanol (Ethylalkohol) 1-Propanol (Propylalkohol) 2-Propanol (Isopropylalkohol) 1-Butanol (Butylalkohol)

2-Butanol (sec-Butylalkohol) 2-Methyl-1-propanol (Isobutylalkohol) 2-Methyl-2-propanol (tert-Butylalkohol) Cyclohexanol (Cyclohexylalkohol)

Alkohole können in **primäre**, **sekundäre** und **tertiäre** Alkohole unterteilt werden, je nachdem, ob die OH-Gruppe an ein primäres, sekundäres oder tertiäres C-Atom gebunden ist (Abschn. 1.7.1).

Eine Verbindung mit zwei Hydroxygruppen wird als **Diol** bezeichnet, bei drei OH-Gruppen spricht man von einem **Triol** usw. In der IUPAC-Nomenklatur werden die Endsilben *-diol*, *-triol* usw. an den Namen des entsprechenden Alkans gehängt. Verbindungen, die zwei Hydroxygruppen enthalten, werden oft auch als **Glykole** bezeichnet, wobei dieser Begriff fast ausschließlich auf Dialkohole mit Hydroxygruppen an zwei

Ethylenglykol ist eine polare Verbindung, die sich leicht in dem polaren Lösungsmittel Wasser löst. [Quelle: © Charles D. Winters.]

benachbarten Kohlenstoffatomen verwendet wird. Ethylenglykol und Propylenglykol können aus Ethylen und Propylen hergestellt werden – daher die entsprechenden Trivialnamen.

$$\begin{array}{c} CH_2CH_2 \\ |\ \ \ | \\ OH\ \ OH \end{array} \qquad \begin{array}{c} CH_3CHCH_2 \\ |\ \ \ | \\ HO\ \ OH \end{array} \qquad \begin{array}{c} CH_2CHCH_2 \\ |\ \ \ |\ \ \ | \\ HO\ HO\ OH \end{array}$$

1,2-Ethandiol   1,2-Propandiol   1,2,3-Propantriol
(Ethylenglykol) (Propylenglykol)   (Glycerin)

Gewusst wie: 8.1   Wie man cyclische Alkohole benennt

a) Zunächst ermittelt man den Stammnamen des Cycloalkans und hängt das Suffix *-ol* an.

> Der Stammname eines Fünfrings lautet „Cyclopentan".

> Weil es sich um einen Alkohol handelt, wird an Cyclopentan ein *ol* gehängt.

Cyclopentan**ol**

b) Man benennt die Substituenten und ermittelt ihre Positionen. Die Nummerierung beginnt an dem C-Atom mit der OH-Gruppe und folgt der Richtung, in der der nächste Substituent gebunden ist. Sind nach links und rechts im gleichen Abstand Substituenten gebunden, geht man zum nächsten Substituenten und prüft wiederum, welcher näher liegt. Dies wiederholt man gegebenenfalls so lange, bis man zu einer Entscheidung kommt.

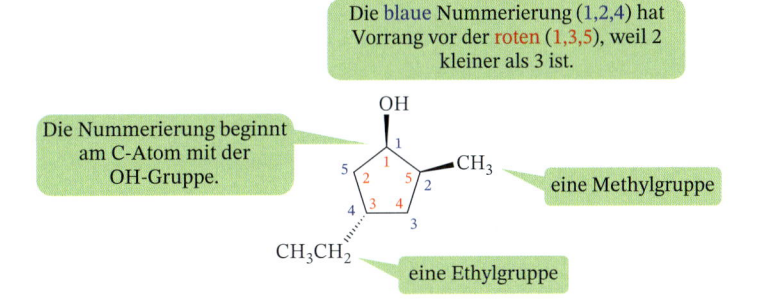

> Die blaue Nummerierung (1,2,4) hat Vorrang vor der roten (1,3,5), weil 2 kleiner als 3 ist.

> Die Nummerierung beginnt am C-Atom mit der OH-Gruppe.

> eine Methylgruppe

> eine Ethylgruppe

c) Man stellt die Substituenten mit ihren Lokanten in alphabetischer Reigenfolge voran. Die Position 1 für die OH-Gruppe wird nicht explizit genannt.

4-Ethyl-2-methylcyclopentanol

d) Die Stereochemie darf man natürlich auch nicht vergessen.

> *Frage*: Ist diese Verbindung chiral oder achiral?
> *Antwort*: Chiral. Die Verbindung ist mit ihrem Spiegelbild nicht deckungsgleich.

(1*R*,2*S*,4*S*)-4-Ethyl-2-methylcyclopentanol

Wir werden es häufig mit Verbindungen zu tun haben, die OH- *und* C=C-Gruppen enthalten. Zur Benennung eines solchen ungesättigten Alkohols geht man folgendermaßen vor:

1. Man nummeriert das zugrundeliegende Alkan so, dass die OH-Gruppe eine möglichst niedrige Nummer bekommt.
2. Die Doppelbindung zeigt man an, indem man die Zwischensilbe *-an-* durch *-en-* ersetzt (Abschn. 3.5); dass eine Alkoholfunktion enthalten ist, wird durch das Suffix *-ol* angegeben.
3. Sowohl die Position der Kohlenstoff-Kohlenstoff-Doppelbindung als auch die der Hydroxygruppe werden durch Nummern bezeichnet. Nicht vergessen, dass die Hydroxygruppe Vorrang bei der Nummerierung der Stammkette hat!

Beispiel 8.1   Ermitteln Sie für jeden Alkohol den IUPAC-Namen:

(a) $CH_3(CH_2)_6CH_2OH$

(b) 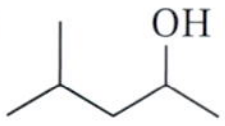 [Struktur: 4-Methyl-2-pentanol mit OH]

(c) 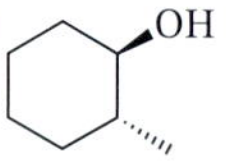 [Cyclohexan mit OH]

(d) $(CH_3CH_2CH_2)_2CHCH_2OH$

Vorgehensweise

Ermitteln Sie zunächst die längste die OH-Gruppe enthaltende Kohlenstoffkette und bestimmen Sie den sich daraus ergebenden Stammnamen. Alle Atome und Atomgruppen, die nicht Teil dieser Kohlenstoffkette sind, sind die Substituenten.

Lösung

(a) 1-Octanol
(b) 4-Methyl-2-pentanol
(c) (1*R*,2*R*)-2-Methylcyclohexanol oder *trans*-2-Methylcyclohexanol (der zweite Name beschreibt die Konfiguration nicht vollständig und lässt daher keine Aussage darüber zu, um welches Enantiomer dieser chiralen Verbindung es sich handelt).
(d) 2-Propyl-1-pentanol

Siehe Aufgaben 8.1 und 8.6.

Beispiel 8.2   Handelt es sich im Folgenden um primäre, sekundäre oder tertiäre Alkohole?

(a) 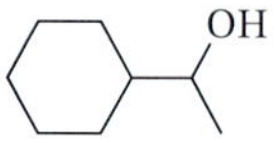 [Cyclohexyl-CH(OH)-CH3]   (b) 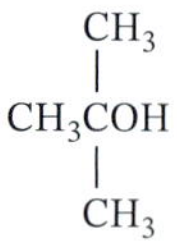 $CH_3\overset{\overset{CH_3}{|}}{\underset{\underset{CH_3}{|}}{C}}OH$ (c) [Cyclopentyl-CH_2OH]

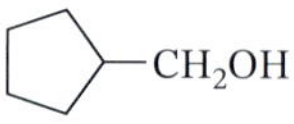

Vorgehensweise

Stellen Sie fest, wie viele Kohlenstoffatome an das Atom mit der OH-Gruppe gebunden sind (1 C-Atom: primär; 2 C-Atome: sekundär; 3 C-Atome: tertiär).

Lösung

(a) sekundär
(b) tertiär
(c) primär

Siehe Aufgabe 8.2.

Beispiel 8.3 Wie lauten die IUPAC-Namen der folgenden Alkohole?

(a) $CH_2=CHCH_2OH$ (b) HO⟋⟍⟋OH   (c) ⬡-OH   (d) HO⟋⟍=⟋⟍

Vorgehensweise
Ermitteln Sie zunächst die längste Kohlenstoffkette und bestimmen Sie daraus den Stammnamen. Wenn der Alkohol ungesättigt ist, folgt der Name der allgemeinen Form #-Alken-#-ol (# steht für die entsprechenden Lokanten). Ist der Alkohol gesättigt und enthält zwei OH-Gruppen, ist es ein #,#-Alkandiol; ist er ungesättigt, ein #-Alken-#,#-diol.

Lösung
(a) 2-Propen-1-ol. Meistens wird der Trivialname Allylalkohol verwendet.
(b) 2,2-Dimethyl-1,4-butandiol.
(c) 2-Cyclohexenol (in diesem cyclischen Alkohol ist impliziert, dass sich die OH-Gruppe an Position C-1 befindet.)
(d) *cis*-3-Hexen-1-ol. Dieser ungesättigte Alkohol trägt auch den Trivialnamen Blätteralkohol, weil er in Blättern duftender Pflanzen, darunter auch in Bäumen und Sträuchern vorkommt.

Siehe Aufgaben 8.3 und 8.6.

Exkurs: 8.A Nitroglycerin – Sprengstoff und Medikament

1847 entdeckte Ascanio Sobrero (1812–1888), dass 1,2,3-Propantriol – besser bekannt als Glycerin – mit Salpetersäure in Gegenwart von Schwefelsäure eine gelbliche, ölige Flüssigkeit ergibt, die er als Nitroglycerin bezeichnete.

$$\begin{array}{c} CH_2-OH \\ | \\ CH-OH \\ | \\ CH_2-OH \end{array} + 3\,HNO_3 \xrightarrow{H_2SO_4} \begin{array}{c} CH_2-ONO_2 \\ | \\ CH-ONO_2 \\ | \\ CH_2-ONO_2 \end{array} + 3\,H_2O$$

1,2,3-Propantriol (Glycerin) → 1,2,3-Propantrioltrinitrat (Nitroglycerin)

Sobrero entdeckte auch die explosiven Eigenschaften dieser Verbindung: Wird eine kleine Menge dieser Substanz erhitzt, explodiert sie! Schon bald fand Nitroglycerin beim Bau von Kanälen, Tunnels, Straßen und Minen und natürlich auch in der Kriegsführung breite Anwendung als Sprengstoff.
Ein großer Nachteil von Nitroglycerin stellte sich schnell heraus: Es ist kaum sicher handhabbar, da es wegen seiner Stoßempfindlichkeit sehr häufig auch unbeabsichtigt explodiert. Der schwedische Chemiker Alfred Nobel (1833–1896) konnte dieses Problem lösen: Er stellte fest, dass die tonartige, aus fossilen Diatomeen bestehende Substanz Kieselgur in der Lage ist, Nitroglycerin zu absorbieren und dabei soweit zu stabilisieren, dass es ohne Initialzündung nicht mehr explodiert. Die von ihm hergestellte Mischung aus Nitroglycerin, Kieselgur und Natriumcarbonat nannte er *Dynamit*.

Erstaunlicherweise wird Nitroglycerin aber auch in der Medizin zur Behandlung der *Angina Pectoris* eingesetzt, einer Krankheit, die sich durch einen stechenden Brustschmerz äußert, hervorgerufen durch eine Durchblutungsstörung in den Herzkranzgefäßen. Nitroglycerin, das als Flüssigkeit (als alkoholische Lösung, damit es nicht explosiv ist), in Form von Tabletten oder als Salbe eingesetzt werden kann, entspannt die glatte Muskulatur der Blutgefäße und führt damit zur Aufweitung der Koronararterien. Dadurch wird das Herz wieder besser durchblutet.

Als Nobel an einem Herzleiden erkrankte, rieten ihm seine Ärzte, zur Linderung seiner Brustschmerzen Nitroglycerin zu nehmen. Dies lehnte er ab; er könne nicht einsehen, dass ein Sprengstoff bei Brustschmerzen hilfreich sein könne. Erst mehr als 100 Jahre später fand die Wissenschaft eine Erklärung für diese Wirkung. Heute wissen wir, dass Stickstoffmonoxid (NO), das sich aus den Nitratgruppen des Nitroglycerins bildet, den Schmerz lindert.

Aus dem Vermögen, das Alfred Nobel (1833–1896) mit der Herstellung von Dynamit verdient hat, werden heute die Nobelpreise finanziert. [Quelle: © Bettmann/Corbis.]

Aufgabe
Stellen Sie für jede Hydroxygruppe in Glycerin fest, ob es sich um eine primäre, sekundäre oder tertiäre OH-Gruppe handelt.

8.1.3 Physikalische Eigenschaften

Die wichtigste physikalische Eigenschaft der Alkohole ist die Polarität ihrer OH-Gruppen. Wegen des großen Elektronegativitätsunterschieds (Tab. 1.5) zwischen Sauerstoff und Kohlenstoff (3.5 − 2.5 = 1.0) bzw. zwischen Sauerstoff und Wasserstoff (3.5 − 2.1 = 1.4) sind sowohl die C–O- als auch die O–H-Bindungen in Alkoholen polar kovalent; Alkohole sind daher, wie in Abb. 8.2 für das Methanol dargestellt, polare Verbindungen.

Tabelle 8.1 zeigt die Siedepunkte und Wasserlöslichkeiten von fünf Gruppen von Alkoholen und Alkanen mit jeweils ähnlichen Molmassen. Man erkennt, dass der Alkohol in jeder Vergleichsgruppe einen höheren Siedepunkt und eine bessere Löslichkeit in Wasser aufweist.

Alkohole haben höhere Siedepunkte als Alkane mit vergleichbarer Molmasse, weil Alkohole polare Verbindungen sind, deren Assoziation im flüssigen Zustand durch eine besondere Art intermolekularer Dipol-Dipol-Wechselwirkung begünstigt wird, die man als **Wasserstoffbrückenbindung** bezeichnet (Abb. 8.3). Eine Wasserstoffbrücke ist die anziehende Kraft zwischen der positiven Partialladung eines Wasserstoffatoms und der negativen Partialladung eines nahegelegenen Sauerstoff-, Stickstoff- oder Fluoratoms. Die Stärke der intermolekularen Wasserstoffbrückenbindungen in Alkoholen beträgt etwa 8.4 bis 21 kJ/mol (2 bis 5 kcal/mol). Zum Vergleich: Die kovalente O−H-Bindung in einem Alkohol ist etwa 460 kJ/mol (110 kcal/mol) stark. Diesen Zahlen können wir entnehmen, dass eine O−H-Wasserstoffbrückenbindung deutlich schwächer ist als eine kovalente O−H-Bindung. Dennoch ist sie ausreichend stark, um einen signifikanten Einfluss auf die physikalischen Eigenschaften der Alkohole (oder auch von Wasser) zu haben.

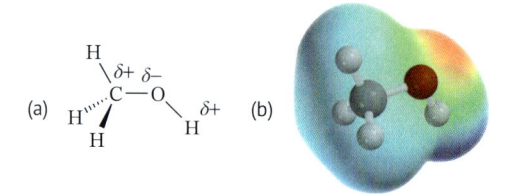

Abb. 8.2 Polarität der C−O- und der O−H-Bindung in Methanol. (a) Kohlenstoff und Wasserstoff sind partiell positiv geladen, wohingegen Sauerstoff eine negative Partialladung trägt. (b) Die Elektronendichteverteilung zeigt die negative Ladungsdichte (rot) um das O-Atom und die positive Partialladung (blau) am H-Atom der OH-Gruppe.

Tab. 8.1 Siedepunkte und Wasserlöslichkeiten von Alkoholen und Alkanen, gruppiert nach ähnlichen molaren Massen.

Strukturformel	Name	Molmasse (g/mol)	Siedepunkt (°C)	Löslichkeit in Wasser
CH_3OH	Methanol	32	65	unbegrenzt
CH_3CH_3	Ethan	30	−89	unlöslich
CH_3CH_2OH	Ethanol	46	78	unbegrenzt
$CH_3CH_2CH_3$	Propan	44	−42	unlöslich
$CH_3CH_2CH_2OH$	1-Propanol	60	97	unbegrenzt
$CH_3CH_2CH_2CH_3$	Butan	58	0	unlöslich
$CH_3CH_2CH_2CH_2OH$	1-Butanol	74	117	8 g/100 g
$CH_3CH_2CH_2CH_2CH_3$	Pentan	72	36	unlöslich
$CH_3CH_2CH_2CH_2CH_2OH$	1-Pentanol	88	138	2.3 g/100 g
$HOCH_2CH_2CH_2CH_2OH$	1,4-Butandiol	90	230	unbegrenzt
$CH_3CH_2CH_2CH_2CH_2CH_3$	Hexan	86	69	unlöslich

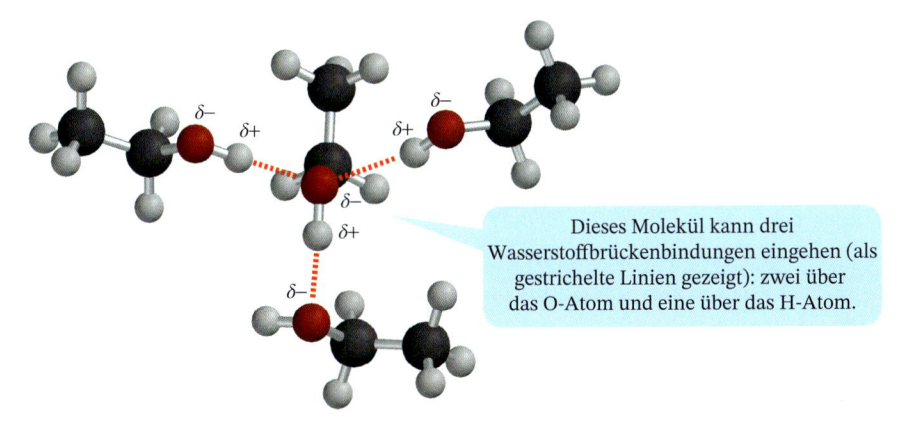

Abb. 8.3 Die Assoziation von Ethanolmolekülen in der flüssigen Phase. Jede OH-Gruppe kann an bis zu drei Wasserstoffbrückenbindungen teilhaben (eine über das Wasserstoff- und zwei über das Sauerstoffatom).

Dieses Molekül kann drei Wasserstoffbrückenbindungen eingehen (als gestrichelte Linien gezeigt): zwei über das O-Atom und eine über das H-Atom.

Wegen der Wasserstoffbrückenbindungen zwischen Alkoholmolekülen im flüssigen Zustand wird zusätzliche Energie benötigt, um ein Alkoholmolekül von seinen Nachbarn zu trennen. Dies ist der Grund für die relativ hohen Siedepunkte der Alkohole im Vergleich zu denen der Alkane. Die Gegenwart weiterer Hydroxygruppen in einer Verbindung ermöglicht zusätzliche Wasserstoffbrückenbindungen, wie wir aus dem Vergleich von 1-Pentanol (Sdp. 138 °C) und 1,4-Butandiol (Sdp. 230 °C) erkennen können – zwei Verbindungen mit etwa derselben molaren Masse.

Weil Dispersionskräfte (Abschn. 3.8.2) zwischen längeren Molekülen größer sind als zwischen kleineren Molekülen, nehmen die Siedepunkte von allen Verbindungsklassen und damit auch der Alkohole mit zunehmender Molmasse zu. (Man vergleiche zum Beispiel die Siedepunkte von Ethanol, 1-Propanol, 1-Butanol und 1-Pentanol.)

Alkohole sind in Wasser deutlich besser löslich als Alkane, Alkene oder Alkine mit vergleichbarer Molmasse. Auch die erhöhte Löslichkeit ist auf Wasserstoffbrücken zwischen Alkohol- und Wassermolekülen zurückzuführen. Methanol, Ethanol und 1-Propanol sind mit Wasser unbegrenzt mischbar. Mit zunehmender Molmasse wer-

---

Gewusst wie: 8.2   Wie man die relativen Siedepunkte von Verbindungen mit ähnlicher Molmasse abschätzt

(a) Man prüft, ob Strukturmerkmale vorliegen, die den Siedepunkt einer Verbindung im Vergleich zu anderen erhöhen – etwa eine größere Polarität, die Fähigkeit der Verbindung, Wasserstoffbrückenbindungen auszubilden (wie es in Verbindungen mit N–H- oder O–H-Bindungen der Fall ist) oder eine größere Moleküloberfläche.

(b) Die Siedepunkte werden dann dem hier gezeigten Trend folgen:

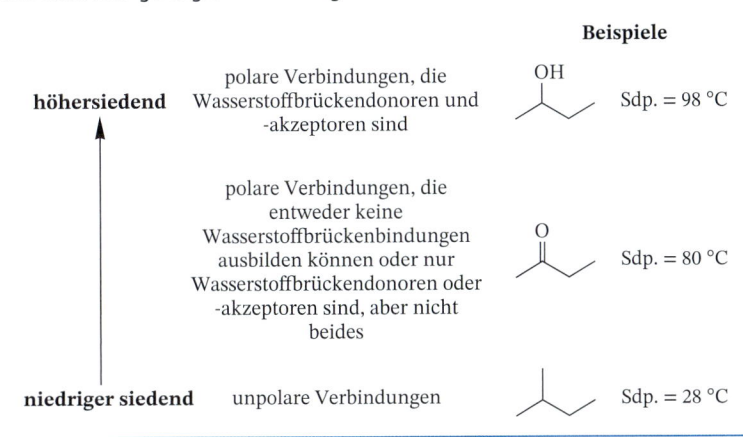

Beispiele

höhersiedend — polare Verbindungen, die Wasserstoffbrückendonoren und -akzeptoren sind — Sdp. = 98 °C

polare Verbindungen, die entweder keine Wasserstoffbrückenbindungen ausbilden können oder nur Wasserstoffbrückendonoren oder -akzeptoren sind, aber nicht beides — Sdp. = 80 °C

niedriger siedend   unpolare Verbindungen — Sdp. = 28 °C

den die physikalischen Eigenschaften der Alkohole denen der Alkane mit vergleichbarer molarer Masse ähnlicher; sie lösen sich nicht mehr so gut in Wasser, weil der unpolare Anteil der Verbindungen zunimmt.

8.2 Was sind die charakteristischen Reaktionen der Alkohole?

In diesem Abschnitt wollen wir uns mit der Acidität und Basizität von Alkoholen, ihrer Dehydratisierung zu Alkenen, ihrer Überführung in Halogenalkane und der Oxidation von Alkoholen zu Aldehyden, Ketonen oder Carbonsäuren beschäftigen.

8.2.1 Die Acidität von Alkoholen

Da Alkohole in etwa den gleichen pK_S-Wert wie Wasser (pK_S = 15.7) haben, hat eine wässrige Lösung eines Alkohols etwa den gleichen pH-Wert wie Wasser. Beispielsweise beträgt der pK_S-Wert von Methanol 15.5.

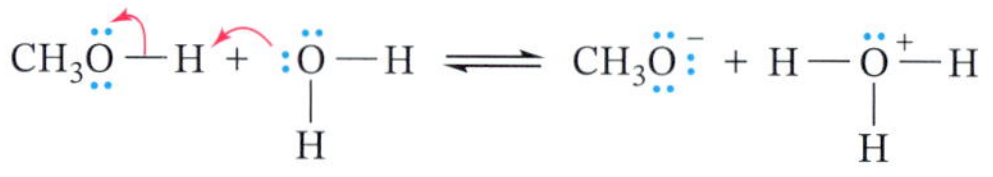

$$CH_3\ddot{O}-H + :\ddot{O}-H \rightleftharpoons CH_3\ddot{O}:^- + H-\overset{+}{\ddot{O}}-H$$
$$\phantom{CH_3\ddot{O}-H + :}|\phantom{\ddot{O}-H \rightleftharpoons CH_3\ddot{O}:^- + H-\overset{+}{\ddot{O}}}|$$
$$\phantom{CH_3\ddot{O}-H + :}H\phantom{\ddot{O}-H \rightleftharpoons CH_3\ddot{O}:^- + H-\overset{+}{\ddot{O}}}H$$

(pK_S = 15.5) (pK_S = 15.7)

$$K_S = \frac{[CH_3O^-][H_3O^+]}{[CH_3OH]} = 3.2 \times 10^{-16}$$

$$pK_S = 15.5$$

Tabelle 8.2 zeigt die pK_S-Werte einiger niedermolekularer Alkohole. Methanol und Ethanol sind etwa so acide wie Wasser, während höhermolekulare, wasserlösliche Alkohole etwas weniger acide sind. Auch wenn Alkohole eine gewisse Acidität besitzen, sind sie nicht acide genug, um mit schwachen Basen wie Natriumhydrogencarbonat oder Natriumcarbonat zu reagieren. (An dieser Stelle kann es lohnend sein, noch einmal Abschn. 2.4 über Säure-Base-Gleichgewichte zu Rate zu ziehen.) Man beachte: Obwohl Essigsäure als „schwache Säure" (im Vergleich zu Säuren wie HCl) klassifiziert wird, ist sie immer noch 10^{10}-mal acider als Alkohole.

Tab. 8.2 pK_S-Werte ausgewählter Alkohole in verdünnter wässriger Lösung.[a]

Verbindung	Strukturformel	pK_S	
Chlorwasserstoff	HCl	–7	stärkere Säure
Essigsäure	CH_3COOH	4.8	
Methanol	CH_3OH	15.5	
Wasser	H_2O	15.7	
Ethanol	CH_3CH_2OH	15.9	
2-Propanol	$(CH_3)_2CHOH$	17	
2-Methyl-2-propanol	$(CH_3)_3COH$	18	schwächere Säure

a) Zum Vergleich sind auch die pK_S-Werte von Wasser, Essigsäure und Chlorwasserstoff angegeben.

8.2.2 Die Basizität von Alkoholen

Das Sauerstoffatom von Alkoholen ist eine schwache Base und kann von starken Säuren unter Bildung eines Alkyloxonium-Ions protoniert werden:

$$CH_3CH_2-\overset{..}{\underset{..}{O}}-H + H-\overset{+}{\underset{H}{\overset{..}{O}}}-H \xrightleftharpoons{H_2SO_4} CH_3CH_2-\overset{+}{\underset{H}{\overset{..}{O}}}-H + :\overset{..}{\underset{H}{O}}-H$$

Ethanol   Oxonium-Ion   Ethyloxonium-Ion
           ($pK_S = -1.7$)   ($pK_S = -2.4$)

Alkohole können also nicht nur als schwache Säuren, sondern auch als schwache Basen reagieren.

8.2.3 Reaktion mit aktiven Metallen

Genauso wie Wasser können auch Alkohole mit Li, Na, K, Mg und anderen unedlen, **aktiven Metallen** unter Freisetzung von Wasserstoff und Bildung von Metallalkoholaten reagieren. In der folgenden Redoxreaktion wird Na zu Na$^+$ oxidiert und H$^+$ zu H$_2$ reduziert:

$$2\ CH_3OH + 2\ Na \longrightarrow 2\ CH_3O^-Na^+ + H_2$$
Natriummethanolat

Die Namen von Metallalkoholaten (die auch als Metallalkoxide bezeichnet werden) lassen sich aus dem Namen des Kations und dem des Anions konstruieren. Der Name eines Alkoholat-Anions leitet sich vom entsprechenden Alkohol, gefolgt vom Suffix *-at* ab.

Alkoholate sind etwas stärkere Basen als das Hydroxid-Ion. In organischen Reaktionen, in denen eine starke Base in einem nichtwässrigen Lösungsmittel benötigt wird, werden daher neben dem Natriummethanolat häufig auch Natriumethanolat in Ethanol oder Kalium-*tert*-butanolat in 2-Methyl-2-propanol (*tert*-Butylalkohol) eingesetzt:

$$CH_3CH_2O^-Na^+ \qquad\qquad CH_3\underset{\underset{CH_3}{|}}{\overset{\overset{CH_3}{|}}{C}}O^-K^+$$

Natriumethanolat   Kalium-*tert*-butanolat

Wie wir bereits in Kap. 7 gesehen haben, können Alkoholate auch als Nukleophile in Substitutionsreaktionen eingesetzt werden.

Beispiel 8.4 Stellen Sie stöchiometrisch korrekte Gleichungen für die folgenden Reaktionen auf. Wenn es sich um eine Säure-Base-Reaktion handelt, bestimmen Sie die Gleichgewichtslage.

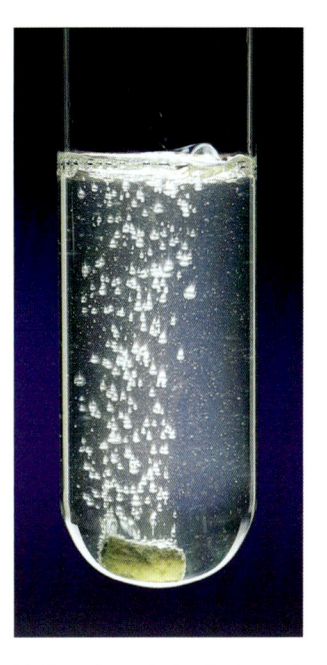

(a) C$_6$H$_{11}$—OH + Na ⟶

(b) Na$^+$NH$_2^-$ + (CH$_3$)$_2$CH—OH ⇌

(c) CH$_3$CH$_2$O$^-$Na$^+$ + CH$_3$—C(=O)—OH ⇌

Methanol reagiert mit elementarem Natrium unter Bildung von Natriummethanolat und Freisetzung von gasförmigem Wasserstoff. [Quelle: © Charles D. Winters.]

246 | 8 Alkohole, Ether und Thiole

Gewusst wie: 8.3 Wie man die Gleichgewichtslage in Säure-Base-Reaktionen abschätzt

In der Rubrik Gewusst wie 2.2 finden sich Regeln zur Bestimmung relativer Aciditäten. Rechts sind relative Aciditäten einiger Stoffklassen aufgeführt, die in der organischen Chemie häufig Anwendung finden.

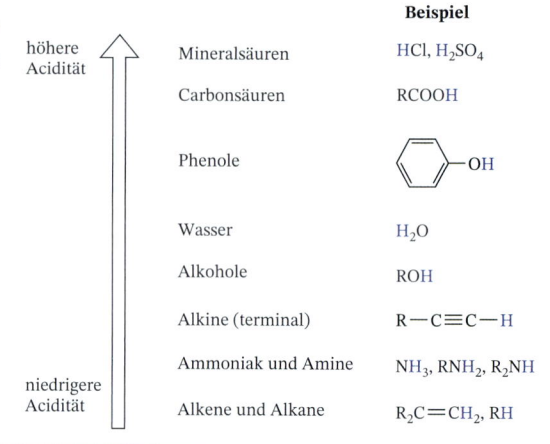

		Beispiel
höhere Acidität ↑	Mineralsäuren	HCl, H_2SO_4
	Carbonsäuren	RCOOH
	Phenole	C$_6$H$_5$—OH
	Wasser	H_2O
	Alkohole	ROH
	Alkine (terminal)	R—C≡C—H
	Ammoniak und Amine	NH_3, RNH_2, R_2NH
niedrigere Acidität	Alkene und Alkane	$R_2C=CH_2$, RH

Vorgehensweise

Bestimmen Sie zunächst den Reaktionstyp. Wenn elementares Natrium eingesetzt wird, findet eine Redoxreaktion unter Bildung eines Alkoholats und Freisetzung von gasförmigem Wasserstoff statt. In einer Säure-Base-Reaktion liegt das Gleichgewicht auf der Seite der schwächeren Säure und der schwächeren Base (d. h. auf Seiten der stabileren Spezies).

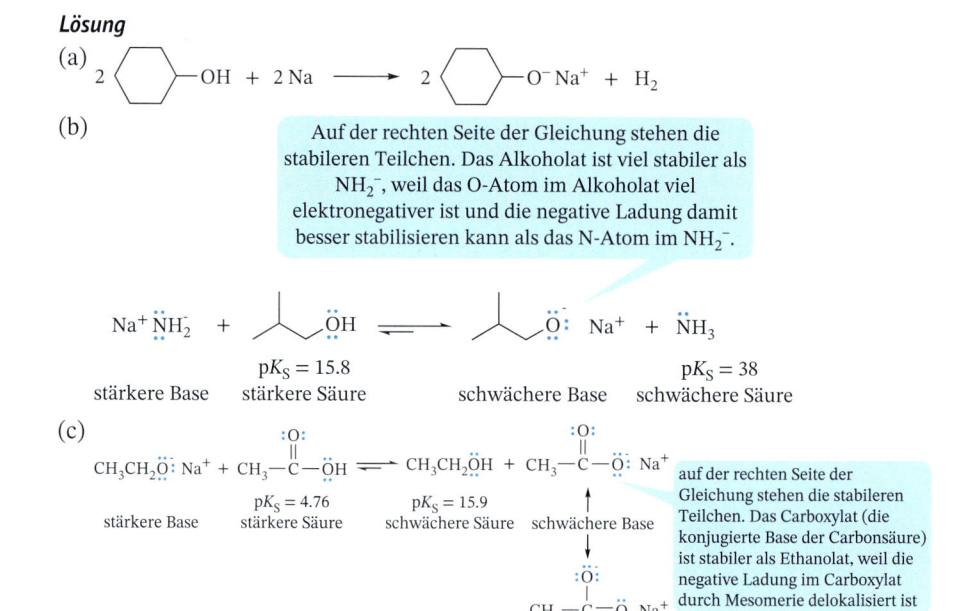

Lösung

(a) $2\ C_6H_{11}\text{—OH} + 2\ Na \longrightarrow 2\ C_6H_{11}\text{—}O^-\ Na^+ + H_2$

(b) $Na^+\ NH_2^- + (CH_3)_2CH\text{—OH} \rightleftharpoons (CH_3)_2CH\text{—}O^-\ Na^+ + NH_3$

$pK_S = 15.8$ (stärkere Säure), $pK_S = 38$ (schwächere Säure)

stärkere Base — stärkere Säure — schwächere Base — schwächere Säure

> Auf der rechten Seite der Gleichung stehen die stabileren Teilchen. Das Alkoholat ist viel stabiler als NH_2^-, weil das O-Atom im Alkoholat viel elektronegativer ist und die negative Ladung damit besser stabilisieren kann als das N-Atom im NH_2^-.

(c) $CH_3CH_2\ddot{\underset{..}{O}}^-\ Na^+ + CH_3\text{—}\overset{\overset{:O:}{\|}}{C}\text{—}\ddot{\underset{..}{O}}H \rightleftharpoons CH_3CH_2\ddot{\underset{..}{O}}H + CH_3\text{—}\overset{\overset{:O:}{\|}}{C}\text{—}\ddot{\underset{..}{O}}{:}^-\ Na^+$

$pK_S = 4.76$, $pK_S = 15.9$

stärkere Base — stärkere Säure — schwächere Säure — schwächere Base

$\updownarrow$

$CH_3\text{—}\overset{\overset{:\ddot{O}:^-}{|}}{C}{=}\ddot{O}\ Na^+$

> auf der rechten Seite der Gleichung stehen die stabileren Teilchen. Das Carboxylat (die konjugierte Base der Carbonsäure) ist stabiler als Ethanolat, weil die negative Ladung im Carboxylat durch Mesomerie delokalisiert ist

Siehe Aufgaben 8.16, 8.18 und 8.22.

8.2.4 Umwandlung in Halogenalkane

Die Umwandlung eines Alkohols in ein Alkylhalogenid erfordert die Substitution einer OH-Gruppe an einem gesättigten Kohlenstoff durch ein Halogen. Die hierfür am häufigsten verwendeten Reagenzien sind die Halogenwasserstoffsäuren und $SOCl_2$.

Reaktion mit HCl, HBr und HI

Wasserlösliche tertiäre Alkohole reagieren sehr schnell mit HCl, HBr und HI. Mischt man den tertiären Alkohol einige Minuten bei Raumtemperatur mit konzentrierter Salzsäure, so wird der Alkohol in ein wasserunlösliches Chloralkan überführt, das sich aus der wässrigen Phase abscheidet.

$$\text{CH}_3\text{COH}(\text{CH}_3)_2 + \text{HCl} \xrightarrow{25\,°C} \text{CH}_3\text{CCl}(\text{CH}_3)_2 + \text{H}_2\text{O}$$

2-Methyl-2-propanol → 2-Chlor-2-methylpropan

Niedermolekulare wasserlösliche primäre oder sekundäre Alkohole reagieren unter diesen Bedingungen nicht.

Wasserunlösliche tertiäre Alkohole können in tertiäre Halogenide überführt werden, indem gasförmiges HX durch eine Lösung des Alkohols in Diethylether oder Tetrahydrofuran (THF) geleitet wird:

$$\text{1-Methylcyclohexanol} + \text{HCl} \xrightarrow[\text{Ether}]{0\,°C} \text{1-Chlor-1-methylcyclohexan} + \text{H}_2\text{O}$$

Wasserunlösliche primäre und sekundäre Alkohole reagieren unter diesen Bedingungen nur langsam.

Primäre und sekundäre Alkohole können durch Behandlung mit konzentrierter Brom- oder Iodwasserstoffsäure zu Brom- bzw. Iodalkanen umgesetzt werden. Zum Beispiel entsteht beim Erhitzen von 1-Butanol mit konzentrierter Bromwasserstoffsäure 1-Brombutan:

$$\text{1-Butanol} + \text{HBr} \longrightarrow \text{1-Brombutan (Butylbromid)} + \text{H}_2\text{O}$$

Die relativen Reaktionsgeschwindigkeiten der Umsetzungen von Alkoholen mit HX (tertiär > sekundär > primär) lassen den Schluss zu, dass die Reaktionen der tertiären und sekundären Alkohole mit konzentrierten Halogenwasserstoffsäuren HX zu Halogenalkanen nach einem S_N1-Mechanismus (Abschn. 7.4) und damit über Carbokationen erfolgen. Wir behalten aber immer im Kopf, dass sekundäre Carbokationen leicht Umlagerungen zu den stabileren tertiären Carbokationen eingehen können (Abschn. 5.4).

Mechanismus: Die Reaktion eines tertiären Alkohols mit HCl: S_N1-Reaktion

1. Schritt: *Protonierung*

Der rasche und reversible Protonentransfer von einer Säure auf die OH-Gruppe führt zu einem Alkyloxonium-Ion. Durch diese Protonierung wird die schlechte Austrittsgruppe OH^- in das bessere Nukleofug H_2O überführt:

Durch Protonierung wird die OH-Gruppe in eine bessere Austrittsgruppe überführt.

$$\text{CH}_3-\underset{\underset{\text{CH}_3}{|}}{\overset{\overset{\text{CH}_3}{|}}{\text{C}}}-\ddot{\text{O}}-\text{H} + \text{H}-\overset{+}{\underset{\text{H}}{\text{O}}}-\text{H} \xrightleftharpoons[]{\text{rasch und reversibel}} \text{CH}_3-\underset{\underset{\text{CH}_3}{|}}{\overset{\overset{\text{CH}_3}{|}}{\text{C}}}-\overset{+}{\underset{\text{H}}{\text{O}}}{}^{\text{H}} + :\ddot{\text{O}}-\text{H}$$

2-Methyl-2-propanol (*tert*-Butanol) → ein Oxonium-Ion

2. Schritt: Bindungsbruch unter Abspaltung eines stabilen Moleküls oder Ions

Die Abspaltung von Wasser aus dem Alkyloxonium-Ion ergibt ein tertiäres Carbokation:

H$_2$O ist eine gute Austrittsgruppe.

$$CH_3-\underset{\underset{CH_3}{|}}{\overset{\overset{CH_3}{|}}{C}}-\overset{+}{\underset{H}{\overset{H}{O}}}: \quad \xrightarrow[S_N1]{\text{langsam, geschwindigkeitsbestimmend}} \quad CH_3-\underset{\underset{CH_3}{|}}{\overset{\overset{CH_3}{|}}{C^+}} + :\underset{H}{\overset{H}{O}}-H$$

ein Oxonium-Ion   ein tertiäres Carbokation

3. Schritt: Reaktion eines Elektrophils mit einem Nukleophil unter Bildung einer neuen kovalenten Bindung

Die Reaktion des tertiären Carbokations (eines Elektrophils) mit Chlorid (einem Nukleophil) liefert das Produkt:

Das Chlorid wird bei der zu Beginn erfolgenden Reaktion von H$_2$O mit HCl gebildet.

$$H-\underset{H}{\overset{..}{O}}: + H-\overset{..}{\underset{..}{Cl}}: \longrightarrow H-\overset{+}{\underset{H}{\overset{..}{O}}}-H + :\overset{..}{\underset{..}{Cl}}:$$

$$CH_3-\underset{\underset{CH_3}{|}}{\overset{\overset{CH_3}{|}}{C^+}} + :\overset{..}{\underset{..}{Cl}}: \quad \xrightarrow{\text{schnell}} \quad CH_3-\underset{\underset{CH_3}{|}}{\overset{\overset{CH_3}{|}}{C}}-\overset{..}{\underset{..}{Cl}}:$$

2-Chlor-2-methylpropan (*tert*-Butylchlorid)

Primäre Alkohole reagieren mit HX nach einem S_N2-Mechanismus. Im geschwindigkeitsbestimmenden Schritt substituiert das Halogenid das H$_2$O an dem Kohlenstoffatom, das an das Oxonium-Sauerstoffatom gebunden ist. Der Austritt von H$_2$O und die Bildung der C–X-Bindung erfolgen gleichzeitig.

Mechanismus: Die Reaktion eines primären Alkohols mit HBr: S_N2-Reaktion

1. Schritt: *Protonierung*

Die rasche und reversible Protonenübertragung auf die OH-Gruppe überführt die schlechte Austrittsgruppe OH$^-$ in das gute Nukleofug H$_2$O.

$$CH_3CH_2CH_2CH_2-\overset{..}{\underset{..}{O}}H + H-\overset{+}{\underset{H}{\overset{..}{O}}}-H \quad \underset{\text{reversibel}}{\overset{\text{rasch und}}{\rightleftharpoons}} \quad CH_3CH_2CH_2CH_2-\overset{+}{\underset{H}{\overset{H}{O}}}: + :\underset{H}{\overset{..}{O}}-H$$

ein Oxonium-Ion

2. Schritt: *Reaktion eines Nukleophils mit einem Elektrophil unter Bildung einer kovalenten Bindung und Bindungsbruch unter Austritt eines stabilen Moleküls oder Ions*

Bromid greift in einer nukleophilen Substitution an, H$_2$O tritt aus und es bildet sich das Bromalkan:

$$:\overset{..}{\underset{..}{Br}}:^- + CH_3CH_2CH_2CH_2-\overset{+}{\underset{H}{\overset{H}{O}}} \quad \xrightarrow[S_N2]{\text{langsam, geschwindigkeitsbestimmend}} \quad CH_3CH_2CH_2CH_2-\overset{..}{\underset{..}{Br}}: + :\underset{H}{\overset{H}{O}}$$

Warum reagieren tertiäre Alkohole mit HX unter Bildung von intermediären Carbokationen, während die OH-Gruppen (genauer, die OH$_2^+$-Gruppen) in primären Alkoholen in einer konzertierten Reaktion substituiert werden? Die Antwort hierauf berücksichtigt dieselben Faktoren, die auch schon bei der nukleophilen Substitution an Halogenalkanen maßgeblich waren (Abschn. 7.5.2):

1. *Elektronische Faktoren:* Tertiäre Carbokationen sind die stabilsten Carbokationen (und ihre Bildung erfordert die geringste Aktivierungsenergie), wohingegen primäre Carbokationen die am wenigsten stabilen Carbokationen sind; für ihre Bildung muss die höchste Aktivierungsbarriere überwunden werden. Tertiäre Alkohole reagieren daher bevorzugt über Carbokationen, sekundäre Alkohole haben

hierfür eine mittlere Neigung, während primäre Alkohole, wenn überhaupt, nur selten über Carbokationen reagieren.

2. *Sterische Faktoren:* Um eine neue Kohlenstoff-Halogen-Bindung bilden zu können, muss sich das Halogenid dem Substitutionszentrum nähern und zu diesem Kontakt aufnehmen. Es ist offensichtlich, dass die Annäherung an das weitgehend ungeschützte Substitutionszentrum eines primären Alkyloxonium-Ions wesentlich leichter erfolgen kann als die Annäherung an das sterisch stark abgeschirmte Reaktionszentrum eines tertiären Alkyloxonium-Ions.

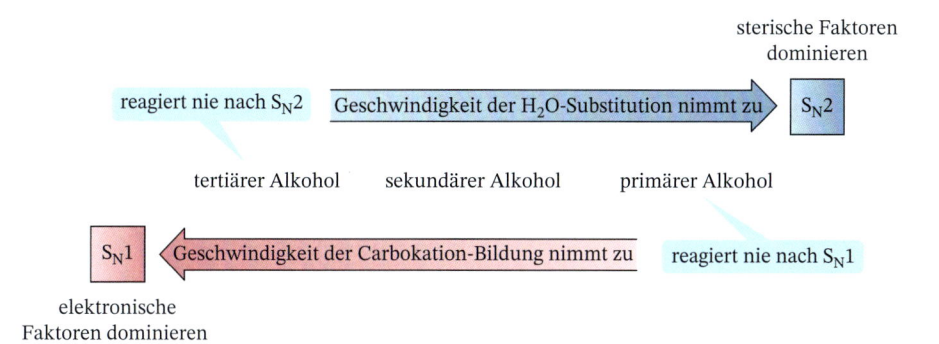

sterische Faktoren dominieren

reagiert nie nach S_N2 → Geschwindigkeit der H_2O-Substitution nimmt zu → S_N2

tertiärer Alkohol   sekundärer Alkohol   primärer Alkohol

S_N1 ← Geschwindigkeit der Carbokation-Bildung nimmt zu   reagiert nie nach S_N1

elektronische Faktoren dominieren

Reaktion mit Thionylchlorid

Das am häufigsten genutzte Reagenz für die Überführung primärer und sekundärer Alkohole in Alkylchloride ist Thionylchlorid ($SOCl_2$). Die Nebenprodukte dieser nukleophilen Substitution sind HCl und SO_2, die beide als Gase entweichen. Oft wird aber auch eine organische Base wie Pyridin (Abschn. 10.1) zugesetzt, die mit dem entstehenden HCl reagiert und dieses neutralisiert:

$$\text{R-OH} + SOCl_2 \xrightarrow{\text{Pyridin}} \text{R-Cl} + SO_2 + HCl$$

1-Heptanol   Thionyl-   1-Chlorheptan
              chlorid

8.2.5 Säurekatalysierte Dehydratisierung

Ein Alkohol kann durch **Dehydratisierung**, also durch die Eliminierung eines Äquivalents Wasser von zwei benachbarten Kohlenstoffatomen, in ein Alken überführt werden. Im Labormaßstab erreicht man die Dehydratisierung eines Alkohols meist durch Erhitzen mit 85%iger Phosphorsäure oder mit konzentrierter Schwefelsäure. Aus primären Alkoholen ist die Wasserabspaltung am schwierigsten zu erreichen und erfordert die Umsetzung mit Schwefelsäure bei Temperaturen von bis zu 180 °C. Die säurekatalysierte Dehydratisierung von sekundären Alkoholen gelingt bereits bei etwas tieferen Temperaturen und mit tertiären Alkoholen kommt man oft schon bei Temperaturen leicht oberhalb der Raumtemperatur zum Erfolg:

$$CH_3CH_2OH \xrightarrow[180\,°C]{H_2SO_4} CH_2=CH_2 + H_2O$$

$$\text{Cyclohexanol} \xrightarrow[140\,°C]{H_2SO_4} \text{Cyclohexen} + H_2O$$

$$\underset{\substack{\text{2-Methyl-2-propanol}\\(\textit{tert}\text{-Butanol})}}{\text{CH}_3\underset{\underset{\text{CH}_3}{|}}{\overset{\overset{\text{CH}_3}{|}}{\text{C}}}\text{OH}} \xrightarrow[50\,°C]{\text{H}_2\text{SO}_4} \underset{\substack{\text{Methylpropen}\\(\text{Isobuten})}}{\text{CH}_3\overset{\overset{\text{CH}_3}{|}}{\text{C}}=\text{CH}_2} + \text{H}_2\text{O}$$

Die Neigung von Alkoholen, säurekatalysierte Dehydratisierungen einzugehen, folgt der bereits bekannten Reihenfolge:

primärer Alkohol < sekundärer Alkohol < tertiärer Alkohol

> zunehmend leichtere Dehydratisierung von Alkoholen ⟶

Wenn bei der säurekatalysierten Wasserabspaltung aus Alkoholen isomere Alkene gebildet werden können, wird vorzugsweise das stabilere Alken (das mit der höher substituierten Doppelbindung, siehe Abschn. 5.3.2) gebildet. Auch die säurekatalysierte Dehydratisierung folgt somit der Saytzeff-Regel (Abschn. 7.7):

$$\underset{\text{2-Butanol}}{\text{CH}_3\text{CH}_2\overset{\overset{\text{OH}}{|}}{\text{CH}}\text{CH}_3} \xrightarrow[\text{Hitze}]{85\%\,\text{H}_3\text{PO}_4} \underset{\substack{\text{2-Buten}\\(80\,\%)}}{\text{CH}_3\text{CH}=\text{CHCH}_3} + \underset{\substack{\text{1-Buten}\\(20\,\%)}}{\text{CH}_3\text{CH}_2\text{CH}=\text{CH}_2}$$

Die Beobachtung, dass die Dehydratisierung substituierter Alkohole unterschiedlich leicht erfolgt (tertiär > sekundär > primär), lässt den Schluss zu, dass die säurekatalysierte Wasserabspaltung aus sekundären und tertiären Alkoholen über einen dreistufigen Mechanismus erfolgt. In diesem erfolgt im geschwindigkeitsbestimmenden Schritt die intermediäre Bildung eines Carbokations; es handelt sich somit um einen E1-Mechanismus.

Mechanismus: **Die säurekatalysierte Dehydratisierung von 2-Butanol: E1-Mechanismus**

1. Schritt: *Protonierung*
Die Protonenübertragung von H_3O^+ auf die OH-Gruppe des Alkohols ergibt ein Alkyloxonium-Ion. Durch diesen Schritt wird das schlechte Nukleofug OH^- in die gute Austrittsgruppe H_2O überführt:

$$\text{CH}_3\overset{\overset{\text{H}\ddot{\text{O}}:}{|}}{\text{CH}}\text{CH}_2\text{CH}_3 + \text{H}-\overset{\overset{+}{\text{O}}}{\underset{\underset{\text{H}}{|}}{|}}-\text{H} \underset{\text{reversibel}}{\overset{\text{rasch und}}{\rightleftharpoons}} \underset{\text{ein Oxonium-Ion}}{\text{CH}_3\overset{\overset{\overset{+}{\text{O}}\overset{\text{H}}{\diagup}\text{H}}{|}}{\text{CH}}\text{CH}_2\text{CH}_3} + :\ddot{\text{O}}-\text{H}\;\;\;\;\underset{\text{H}}{}$$

2. Schritt: *Bindungsbruch unter Austritt eines stabilen Moleküls oder Ions*
Durch Bruch der C−O-Bindung entstehen ein sekundäres Carbokation und H_2O:

> H_2O ist eine gute Austrittsgruppe.

$$\text{CH}_3\overset{\overset{\overset{+}{\text{O}}\overset{\text{H}}{\diagup}\text{H}}{|}}{\text{CH}}\text{CH}_2\text{CH}_3 \underset{\text{keitsbestimmend}}{\overset{\text{langsam, geschwindig-}}{\rightleftharpoons}} \underset{\substack{\text{ein sekundäres}\\\text{Carbokation}}}{\text{CH}_3\overset{+}{\text{CH}}\text{CH}_2\text{CH}_3} + \text{H}_2\ddot{\text{O}}:$$

3. Schritt: *Deprotonierung*
Durch Protonenübertragung von dem C-Atom, das dem positiv geladenen Kohlenstoffatom benachbart ist, auf H_2O entsteht das Alken und der Katalysator wird zurückgebildet. Die σ-Elektronen der entsprechenden C−H-Bindung werden zu den π-Elektronen der Kohlenstoff-Kohlenstoff-Doppelbindung:

$$CH_3-\overset{+}{C}H-\overset{\overset{H}{|}}{C}H-CH_3 + :\overset{\overset{\cdot\cdot}{|}}{\underset{H}{O}}-H \xrightarrow{\text{rasch}} CH_3-CH=CH-CH_3 + H-\overset{+}{\underset{H}{O}}-H$$

Die Säure wird zurückgebildet; es handelt sich also um eine katalytische Reaktion.

Weil die Bildung des Carbokations der geschwindigkeitsbestimmende Schritt in der säurekatalysierten Dehydratisierung von sekundären und tertiären Alkoholen ist, findet die Wassereliminierung aus diesen Alkoholen umso leichter statt, je leichter das entsprechende Carbokation gebildet wird.

Primäre Alkohole reagieren über einen zweistufigen Mechanismus, in dem der zweite Schritt geschwindigkeitsbestimmend ist.

Mechanismus: **Säurekatalysierte Dehydratisierung eines primären Alkohols: E2-Mechanismus**

1. Schritt: *Protonierung*

Die Protonenübertragung von H_3O^+ auf die OH-Gruppe des Alkohols ergibt ein Alkyloxonium-Ion:

$$CH_3CH_2-\overset{\cdot\cdot}{\underset{\cdot\cdot}{O}}-H + H-\overset{+}{\underset{H}{O}}-H \xrightleftharpoons[\text{reversibel}]{\text{rasch und}} CH_3CH_2-\overset{+}{\underset{H}{O}}\overset{H}{} + :\overset{\cdot\cdot}{\underset{H}{O}}-H$$

2. Schritt: *Deprotonierung und Bindungsbruch unter Austritt eines stabilen Moleküls oder Ions*

Der Protonentransfer auf das Lösungsmittel, die Bildung der Doppelbindung und der Austritt von H_2O erfolgen gleichzeitig und führen zur Bildung des Alkens:

$$H-\overset{\cdot\cdot}{\underset{H}{O}}: + H-\overset{\overset{H}{|}}{\underset{\underset{H}{|}}{C}}-CH_2-\overset{+}{\underset{H}{O}}\overset{H}{} \xrightarrow[\text{E2}]{\text{langsam, geschwindig-keitsbestimmend}} H-\overset{+}{\underset{H}{O}}-H + \overset{H}{\underset{H}{}}C=C\overset{H}{\underset{H}{}} + :\overset{\cdot\cdot}{\underset{H}{O}}-H$$

der zurückgebildete Säurekatalysator

Wasser ist die Austrittsgruppe

In Abschn. 5.3.2 haben wir die säurekatalysierte Hydratisierung von Alkenen zu Alkoholen besprochen; die hier besprochene säurekatalysierte Dehydratisierung von Alkoholen zu Alkenen ist die zugehörige Rückreaktion. Tatsächlich sind Hydratisierungen von Alkenen und Dehydratisierungen von Alkoholen reversible und konkurrierende Reaktionen, die durch das folgende Gleichgewicht beschrieben werden:

$$\underset{\text{ein Alken}}{>C=C<} + H_2O \xrightleftharpoons[]{\text{Säure-katalysator}} \underset{\text{ein Alkohol}}{-\underset{\underset{H}{|}}{C}-\underset{\underset{OH}{|}}{C}-}$$

Wie können wir hierbei kontrollieren, welches der möglichen Produkte gebildet wird? Wir rufen uns Le Chateliers Prinzip vom kleinsten Zwang in Erinnerung, welches besagt, dass ein im Gleichgewicht befindliches System einem äußeren Zwang durch Neueinstellung des Gleichgewichts ausweicht. Dieses Prinzip erlaubt uns, die Reaktionen so zu steuern, dass vorzugsweise oder ausschließlich das gewünschte Produkt entsteht. Durch große Mengen an Wasser (durch den Einsatz verdünnter wässriger Säure leicht erreichbar) wird die Bildung des Alkohols begünstigt; liegt nur wenig Wasser im Gleichgewicht vor (durch den Einsatz konzentrierter Säure) oder nutzt man ex-

Gewusst wie: 8.4 Wie man die Reaktionsgleichung einer Dehydratisierung vervollständigt

1) Eine Dehydratisierung entspricht fast exakt einer Dehydrohalogenierung (Abschn. 7.7), nur dass die Hydroxygruppe zuerst durch Protonierung in eine gute Austrittsgruppe überführt werden muss.

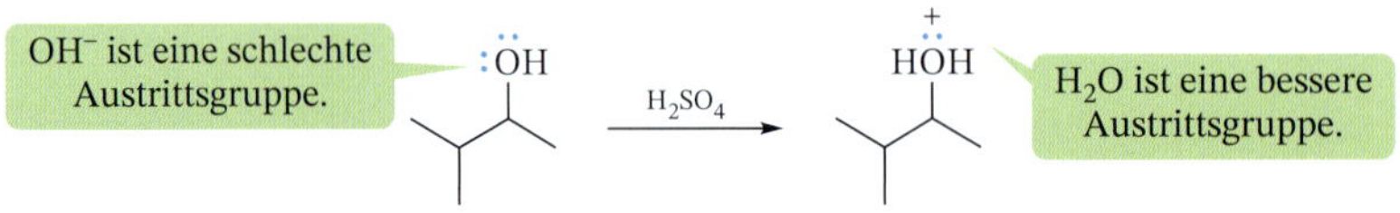

   OH⁻ ist eine schlechte Austrittsgruppe. → :ÖH — H_2SO_4 → HÖH⁺ — H_2O ist eine bessere Austrittsgruppe.

b) Man kennzeichnet zunächst das mit der Austrittsgruppe verbundene C-Atom mit „α" (alpha).
c) Dann kennzeichnet man alle an das α-Kohlenstoffatom gebundenen C-Atome mit „β" (beta), sofern sie Wasserstoffatome tragen.

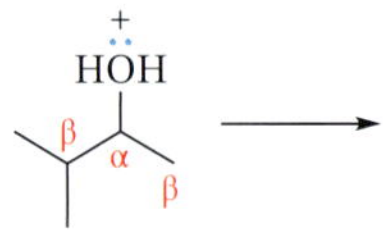

d) Nun entfernt man die Austrittsgruppe (H_2O) und das β-Wasserstoffatom aus dem Molekül, zeichnet eine neue Doppelbindung zwischen dem α- und dem β-Kohlenstoffatom und stellt so das Produkt der Dehydratisierung fertig.

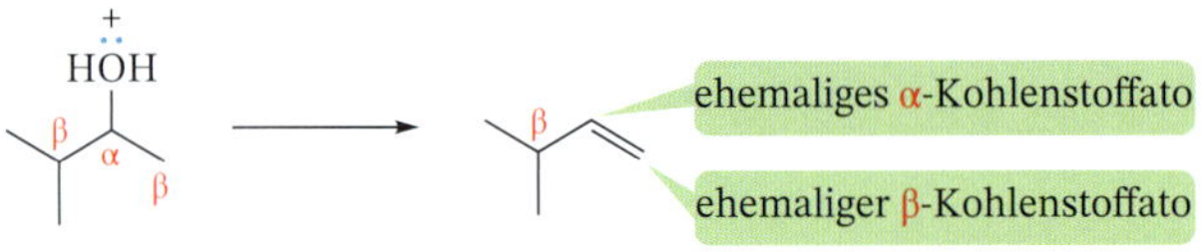

   ehemaliges α-Kohlenstoffato
   ehemaliger β-Kohlenstoffato

e) Man wiederholt Schritt d) für alle anderen β-Kohlenstoffatome, falls sich auf diesem Weg andere Produkte ergeben.

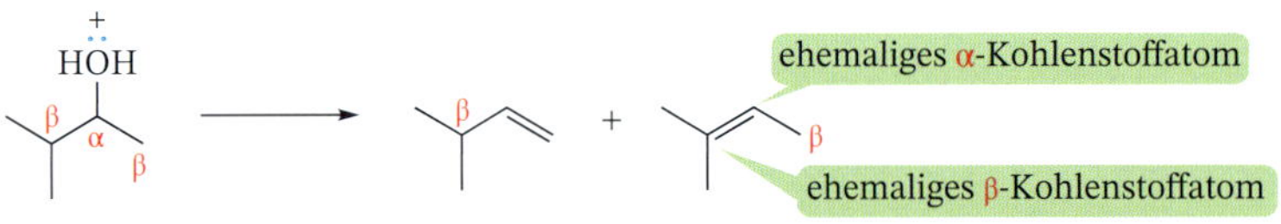

   ehemaliges α-Kohlenstoffatom
   ehemaliges β-Kohlenstoffatom

f) Man muss auch daran denken, dass die in einer E1-Eliminierung entstehenden Alkene gegebenenfalls als cis/trans- bzw. als E/Z-Isomere auftreten können.

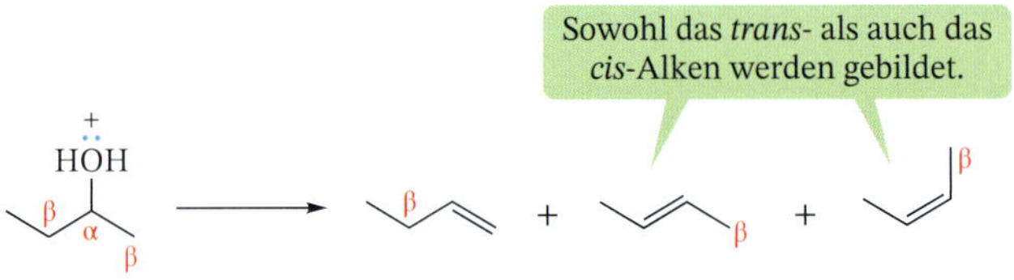

   Sowohl das trans- als auch das cis-Alken werden gebildet.

---

perimentelle Bedingungen, durch die das Wasser entfernt wird (zum Beispiel durch Reaktionstemperaturen oberhalb 100 °C), wird die Bildung des Alkens begünstigt. Je nach den gewählten experimentellen Bedingungen kann man das Gleichgewicht zwischen Hydratisierung und Dehydratisierung so einstellen, dass sich in hohen Ausbeuten entweder der Alkohol oder das Alken bildet.

Beispiel 8.5 Vervollständigen Sie die folgenden Reaktionsgleichungen von säurekatalysierten Dehydratisierungen von Alkoholen durch Angabe der gebildeten Alkene und geben Sie jeweils an, welches Alken als Hauptprodukt entsteht. Denken Sie daran, dass die intermediär gebildeten Carbokationen eventuell Umlagerungen eingehen können.

8.2 Was sind die charakteristischen Reaktionen der Alkohole?

(a) [Struktur: 2-Pentanol] $\xrightarrow{\text{H}_2\text{SO}_4, \text{Hitze}}$

(b) [Struktur: 3-Methylcyclopentanol] $\xrightarrow{\text{H}_2\text{SO}_4, \text{Hitze}}$

(c) [Struktur: 3-Methyl-2-butanol-artig] $\xrightarrow{\text{H}_2\text{SO}_4, \text{Hitze}}$

Vorgehensweise

Kennzeichnen Sie das an die OH-Gruppe gebundene Kohlenstoffatom mit α. Dieses C-Atom wird im Laufe der Reaktion zum Carbokation-Kohlenstoffatom. Prüfen Sie, ob eine Umlagerung stattfinden wird (Abschn. 5.4), und falls ja, kennzeichnen Sie das neue Carbokation-Kohlenstoffatom mit α. Markieren Sie alle dem α-Kohlenstoffatom benachbarten C-Atome mit β. Wenn ein β-Kohlenstoffatom wenigstens ein H-Atom trägt, entfernen Sie dieses und die OH-Gruppe und zeichnen Sie eine C=C-Doppelbindung zwischen dem α- und dem β-Kohlenstoffatom. Wiederholen Sie diesen Prozess für alle anderen β-Kohlenstoffatome, die die entsprechenden Voraussetzungen erfüllen. Es wird sich jedes Mal ein mögliches Eliminierungsprodukt ergeben.

Lösung

(a) Die Wasserabspaltung von den C-Atomen 2 und 3 führt zu 2-Penten, das als *cis*- und als *trans*-Isomer vorliegen kann. Die Eliminierung von Wasser von den C-Atomen 1 und 2 führt zu 1-Penten. *trans*-2-Penten ist das Hauptprodukt, weil hier zwei Alkylgruppen (eine Ethyl- und eine Methylgruppe) an die Doppelbindung gebunden sind und *trans*-Alkene stabiler sind als *cis*-Alkene (Abschn. 5.6). In 1-Penten ist nur eine Alkylgruppe (eine Propylgruppe) an die Doppelbindung gebunden; es entsteht als Nebenprodukt.

2-Pentanol $\xrightarrow{\text{H}_2\text{SO}_4, \text{Hitze}}$ *trans*-2-Penten (Hauptprodukt) + *cis*-2-Penten + 1-Penten + H_2O

(b) Die Wasserabspaltung von den C-Atomen 1 und 2 ergibt 3-Methylcyclopenten und die Eliminierung von H_2O von den C-Atomen 1 und 5 führt zu 4-Methylcyclopenten. Weil beide Produkte je eine Alkylgruppe an den C-Atomen der Doppelbindung tragen, werden sie etwa zu gleichen Anteilen gebildet. Man beachte, dass das Stereozentrum in 4-Methylcyclopentan verloren gegangen ist.

3-Methylcyclopentanol $\xrightarrow{\text{H}_2\text{SO}_4, \text{Hitze}}$ 3-Methylcyclopenten + 4-Methylcyclopenten

(c) In dieser Reaktion bildet sich zunächst ein sekundäres Carbokation, das sich über eine 1,2-Hydridverschiebung (Abschn. 5.4) zu einem stabileren tertiären Carbokation umlagert. Dieses neue Carbokation hat drei verschiedene β-Positionen; die C=C-Doppelbindung kann sich also in drei Richtungen ausbilden. 2,3-Dimethyl-2-penten ist das Produkt mit der am höchsten substituierten Doppelbindung; es ist daher am stabilsten und wird als Hauptprodukt gebildet.

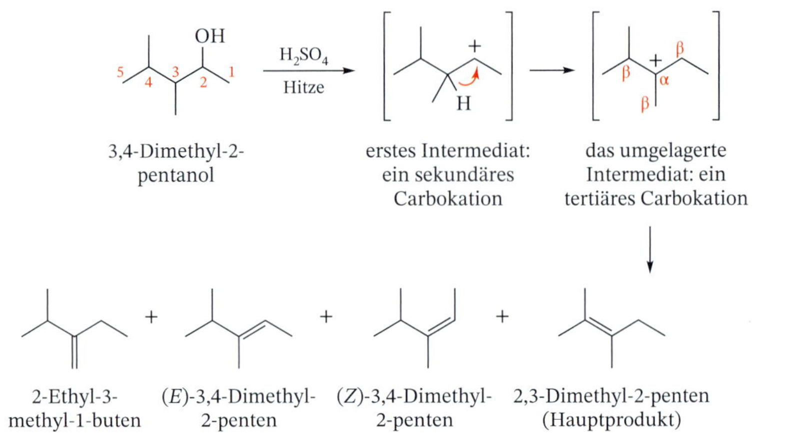

<!-- Reaction scheme: 3,4-Dimethyl-2-pentanol → sekundäres Carbokation → umgelagertes tertiäres Carbokation → Alkenprodukte -->

3,4-Dimethyl-2-pentanol → (H$_2$SO$_4$, Hitze) erstes Intermediat: ein sekundäres Carbokation → das umgelagerte Intermediat: ein tertiäres Carbokation

Produkte:
- 2-Ethyl-3-methyl-1-buten
- (E)-3,4-Dimethyl-2-penten
- (Z)-3,4-Dimethyl-2-penten
- 2,3-Dimethyl-2-penten (Hauptprodukt)

Siehe Aufgaben 8.19 und 8.29–8.32.

8.2.6 Die Oxidation von primären und sekundären Alkoholen

Bei der Oxidation primärer Alkohole entstehen je nach den experimentellen Bedingungen Aldehyde oder Carbonsäuren. Sekundäre Alkohole werden zu Ketonen oxidiert, während tertiäre Alkohole nicht oxidiert werden können. Im Folgenden ist eine Reaktionssequenz gezeigt, in der ein primärer Alkohol zunächst zu einem Aldehyd und dann zu einer Carbonsäure oxidiert wird. Dass jeder Teilschritt oxidative Reaktionsbedingungen erfordert, wird über dem Reaktionspfeil jeweils durch den Buchstaben „O" in eckigen Klammern angedeutet:

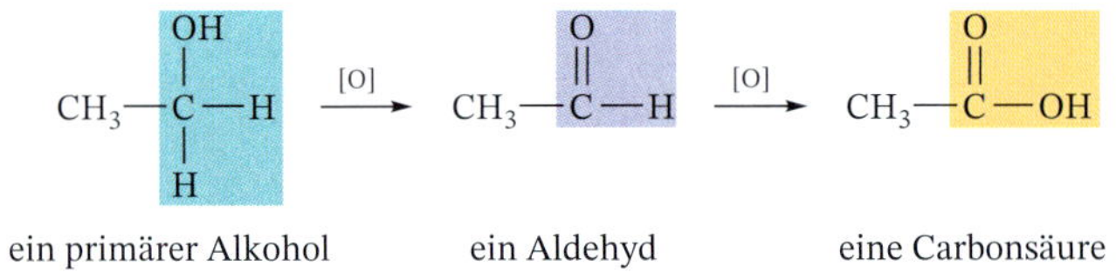

$$CH_3-CH_2-OH \xrightarrow{[O]} CH_3-CHO \xrightarrow{[O]} CH_3-COOH$$

ein primärer Alkohol → ein Aldehyd → eine Carbonsäure

Im Labormaßstab wird häufig Chromsäure (H$_2$CrO$_4$) zur Oxidation von primären Alkoholen zu Carbonsäuren und von sekundären Alkoholen zu Ketonen eingesetzt. Chromsäure bildet sich, wenn Chrom(VI)-oxid oder Kaliumdichromat in wässriger Schwefelsäure gelöst werden:

$$CrO_3 + H_2O \xrightarrow{H_2SO_4} H_2CrO_4$$

Chrom(VI)-oxid → Chromsäure

$$K_2Cr_2O_7 \xrightarrow{H_2SO_4} H_2Cr_2O_7 \xrightarrow{H_2O} 2\ H_2CrO_4$$

Kaliumdichromat → Chromsäure

Bei der Oxidation von 1-Octanol durch Chromsäure in wässriger Schwefelsäure entsteht in hohen Ausbeuten Octansäure. Die hier verwendeten experimentellen Bedingungen sind mehr als ausreichend, um auch den intermediär gebildeten Aldehyd zur Carbonsäure zu oxidieren:

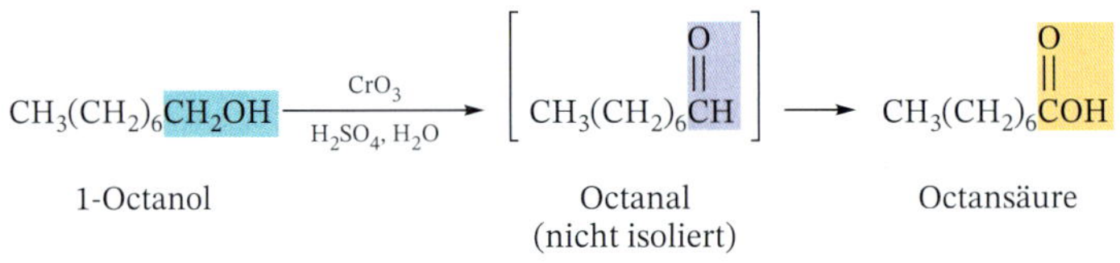

$$CH_3(CH_2)_6CH_2OH \xrightarrow[H_2SO_4,\ H_2O]{CrO_3} [CH_3(CH_2)_6CHO] \longrightarrow CH_3(CH_2)_6COOH$$

1-Octanol → Octanal (nicht isoliert) → Octansäure

Für die Oxidation primärer Alkohole zu Aldehyden wird üblicherweise eine spezielle Chrom(VI)-Verbindung genutzt. Hierzu wird Pyridin in eine Lösung von CrO_3 in Salzsäure getropft; es fällt **Pyridiniumchlorochromat (PCC)** als Festkörper aus. Oxidationen mit PCC werden in aprotischen Lösungsmitteln durchgeführt, vor allem in Dichlormethan (CH_2Cl_2).

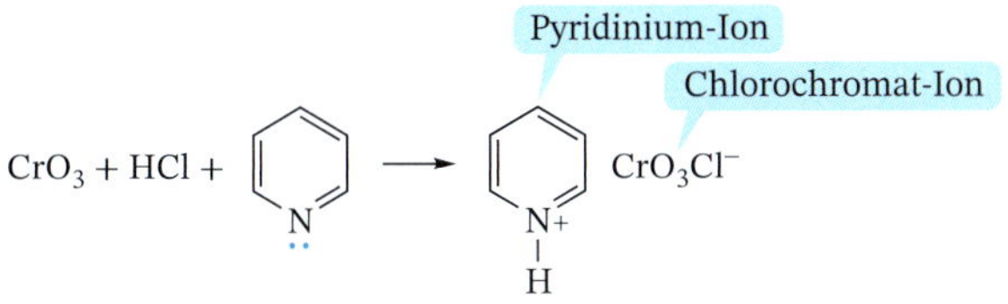

CrO_3 + HCl + Pyridin ⟶ Pyridiniumchlorochromat (PCC)

Pyridinium-Ion / Chlorochromat-Ion (CrO_3Cl^-)

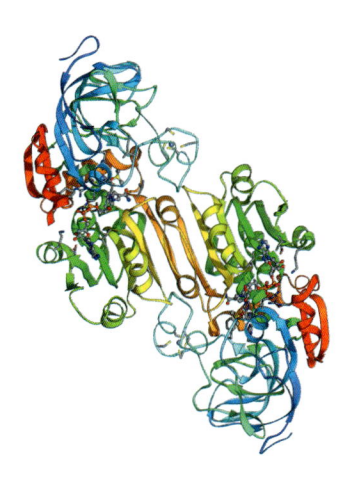

Im menschlichen Körper katalysiert das Enzym Alkoholdehydrogenase die Oxidation von Ethanol (CH_3CH_2OH) zu Acetaldehyd (CH_3CHO). [Quelle: © Laguna Design/Science Source Images.]

PCC ist ein selektives Reagenz zur Oxidation von primären Alkoholen zu Aldehyden, das weniger reaktiv als die zuvor erwähnte Chromsäure in wässriger Schwefelsäure ist. Die Reaktion wird mit stöchiometrischen Mengen an PCC durchgeführt, sodass kein PCC mehr verfügbar ist, wenn der Alkohol vollständig in den Aldehyd überführt worden ist. PCC ist gegenüber Kohlenstoff-Kohlenstoff-Doppelbindungen oder anderen leicht oxidierbaren funktionellen Gruppen kaum reaktiv. Im folgenden Beispiel wird Geraniol zu Geranial oxidiert, ohne dass dabei eine der Doppelbindungen angegriffen wird.

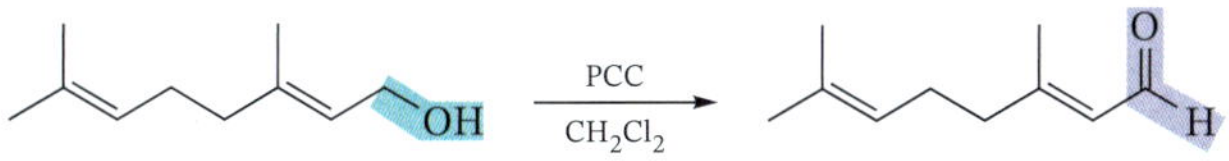

Geraniol $\xrightarrow[CH_2Cl_2]{PCC}$ Geranial

Sekundäre Alkohole werden sowohl von Chromsäure als auch von PCC zu Ketonen oxidiert.

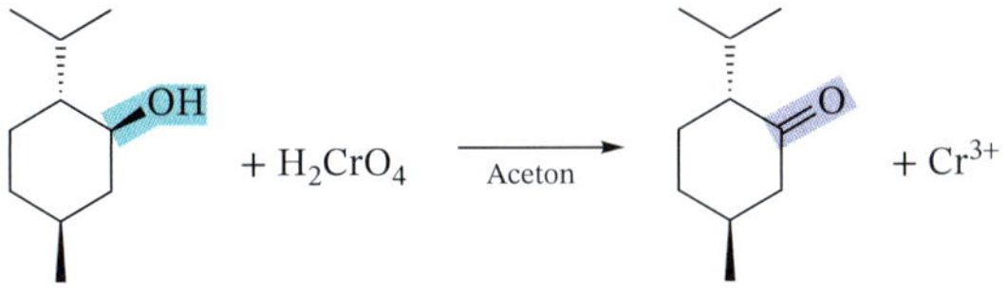

2-Isopropyl-5-methyl-cyclohexanol (Menthol) + H_2CrO_4 $\xrightarrow{Aceton}$ 2-Isopropyl-5-methyl-cyclohexanon (Menthon) + Cr^{3+}

Tertiäre Alkohole sind oxidationsstabil; das Kohlenstoffatom, das die OH-Gruppe trägt, ist an drei weitere Kohlenstoffatome gebunden und kann daher keine Kohlenstoff-Sauerstoff-Doppelbindung ausbilden.

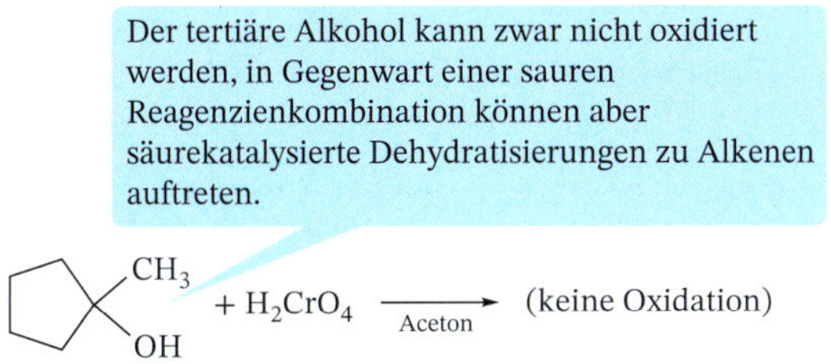

Der tertiäre Alkohol kann zwar nicht oxidiert werden, in Gegenwart einer sauren Reagenzienkombination können aber säurekatalysierte Dehydratisierungen zu Alkenen auftreten.

1-Methylcyclopentanol + H_2CrO_4 $\xrightarrow{Aceton}$ (keine Oxidation)

Wir halten also fest, dass ein Alkohol an dem Kohlenstoffatom mit der OH-Gruppe auch ein Wasserstoffatom tragen muss, damit er oxidiert werden kann. Tertiäre Alkohole enthalten kein solches Wasserstoffatom und können daher nicht oxidiert werden.

Beispiel 8.6 Zeichnen Sie die Produkte, die aus den folgenden Alkoholen durch Oxidation mit PCC entstehen:

(a) 1-Hexanol
(b) 2-Hexanol
(c) Cyclohexanol

Vorgehensweise

Um festzustellen, ob und wie Alkohole oxidiert werden, bestimmen Sie zunächst, ob es sich um einen primären, sekundären oder tertiären Alkohol handelt. Tertiäre Alkohole werden nicht oxidiert; sekundäre Alkohole werden zu Ketonen oxidiert. Primäre Alkohole werden durch das Oxidationsmittel PCC zu Aldehyden und durch Chromsäure zu Carbonsäuren oxidiert.

Lösung

Der primäre Alkohol 1-Hexanol wird zu Hexanal oxidiert. 2-Hexanol ist ein sekundärer Alkohol, der zu 2-Hexanon oxidiert wird. Cyclohexanol, ebenfalls ein sekundärer Alkohol, wird zu Cyclohexanon oxidiert.

(a) Hexanal (b) 2-Hexanon (c) Cyclohexanon

Siehe Aufgaben 8.20, 8.22 und 8.29–8.32.

8.3 Was sind Ether?

8.3.1 Struktur

Die funktionelle Gruppe eines **Ethers** ist ein Sauerstoffatom, das an zwei Kohlenstoffatome gebunden ist, die Teil einer Kohlenwasserstoffkette oder eines Rings sind. Abbildung 8.4 zeigt die Lewis-Formel und ein Kugel-Stab-Modell von Dimethylether (CH_3OCH_3), dem einfachsten Ether. In Dimethylether bilden zwei sp^3-Hybridorbitale des Sauerstoffs je eine σ-Bindung zu einem Kohlenstoffatom und die beiden anderen sp^3-Hybridorbitale des Sauerstoffatoms enthalten je ein freies Elektronenpaar. Der C—O—C-Winkel in Dimethylether beträgt 110.3° und liegt damit nahe am idealen Tetraederwinkel von 109.5°.

Im Ethylvinylether ist das Sauerstoffatom mit je einem sp^3- und einem sp^2-hybridisierten C-Atom verbunden.

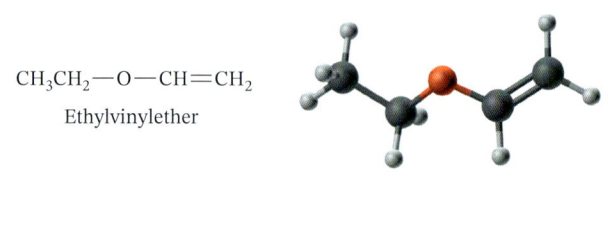

CH_3CH_2—O—CH=CH_2
Ethylvinylether

Abb. 8.4 Dimethylether, CH_3OCH_3. (a) Lewis-Formel und (b) Kugel-Stab-Modell.

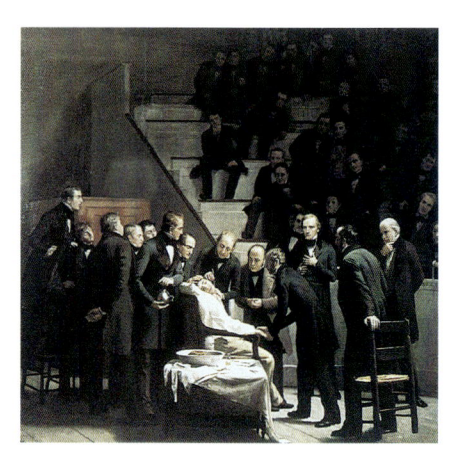

Diesem Gemälde von Robert Hinckley zeigt die erste öffentliche Anwendung von Diethylether als Anästhetikum im Jahre 1846. Der Chirurg Dr. John Collins Warren entfernte dabei einen Tumor aus dem Hals des Patienten und der Zahnarzt W.T.G. Morton, der zuvor schon mit Diethylether als Narkotikum experimentiert hatte, verabreichte den Ether. [Quelle: © Boston Medical Library in the Francis A. Countway Library of Medicine.]

8.3.2 Nomenklatur

Nach der IUPAC-Nomenklatur werden Ether benannt, indem man die längste Kohlenstoffkette als Stammalkan auswählt und die daran gebundene OR-Gruppe, die **Alkoxygruppe**, als *Alkyloxy*-Gruppe benennt (Pentyloxy, Hexyloxy usw.). Für einige kurzkettige OR-Gruppen sind auch abgekürzte Bezeichnungen erlaubt und gebräuchlich (Methoxy, Ethoxy, Propoxy und Butoxy). Trivialnamen werden gebildet, indem man die an den Sauerstoff gebundenen Alkylgruppen in alphabetischer Reihenfolge nennt und das Wort -*ether* anfügt.

Exkurs: 8.B Die Bestimmung des Blutalkoholspiegels

Die Oxidation von Ethanol mit Kaliumdichromat zu Essigsäure ist die chemische Grundlage für das Testverfahren zur Atemalkoholbestimmung unter Verwendung von Prüfröhrchen, wie sie früher von Strafverfolgungsbehörden zur Bestimmung des Blutalkoholspiegels verwendet wurden. Der Test beruht auf dem Farbunterschied zwischen dem Dichromat (rötlich-orange) im Reagenz und dem Chrom(III)-Ion (grün) im Produkt. Diese Farbänderung kann zur halbquantitativen Messung des Ethanolgehalts in der Atemluft genutzt werden.

$$CH_3CH_2OH + Cr_2O_7^{2-} \xrightarrow[H_2O]{H_2SO_4}$$

Ethanol   Dichromat
(rötlich-orange)

$$CH_3\overset{\overset{O}{\|}}{C}OH + Cr^{3+}$$

Essigsäure   Chrom(III)-Ion (grün)

In seiner einfachsten Form besteht ein Test zur Atemalkoholbestimmung aus einem beidseitig abgeschmolzenen Glasrohr, das mit dem auf Kieselgel aufgezogenen Kaliumdichromat/Schwefelsäure-Reagenz gefüllt ist. Zur Durchführung des Tests werden die Enden des Glasrohrs abgebrochen, am einen Ende ein Mundstück aufgesetzt und das andere Ende in den Ansatz eines Plastikbeutels eingeführt. Die Testperson bläst anschließend in das Mundstück, bis der Beutel aufgeblasen ist.

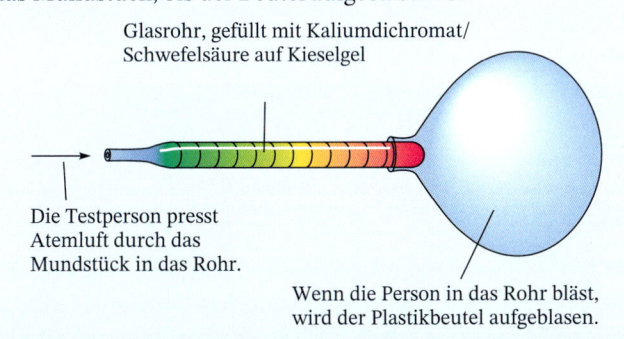

Glasrohr, gefüllt mit Kaliumdichromat/Schwefelsäure auf Kieselgel

Die Testperson presst Atemluft durch das Mundstück in das Rohr.

Wenn die Person in das Rohr bläst, wird der Plastikbeutel aufgeblasen.

Wenn ethanolhaltige Atemluft durch das Rohr strömt, wird das rötlich-orange Dichromat zu grünem Chrom(III) reduziert. Die Konzentration des Ethanols im Atem kann abgeschätzt werden, indem man misst, wie weit sich die grüne Farbe entlang des Röhrchens ausgebreitet hat. Wenn sie weiter als bis zur Hälfte vorgedrungen ist, geht man davon aus, dass der Alkoholspiegel der Testperson ausreichend hoch ist, um weitergehende, präzisere Testmethoden zu rechtfertigen.

Heute wird zur gerichtsfesten Atemalkoholbestimmung meist ein elektronisches Messgerät verwendet, das zwei Messverfahren kombiniert; ein elektrochemisches auf der Grundlage einer Brennstoffzelle und ein spektroskopisches unter Verwendung eines IR-Sensors (Abschn. 11.3).

Alle genannten Testmethoden messen den Alkoholgehalt in der Atemluft. Die rechtlichen Bestimmungen dazu, wann jemand als alkoholisiert gilt, beziehen sich allerdings nicht auf die *Atem*- sondern auf die *Blut*alkoholkonzentration. Der physiologische Zusammenhang zwischen diesen beiden Werten beruht darauf, dass die Luft tief in den Bronchien mit dem Blut in den Pulmonalarterien im Kontakt steht und sich dort ein Gleichgewicht zwischen Blut- und dem Atemalkoholgehalt einstellt. Durch Tests mit alkoholisierten Probanden wurde festgestellt, dass 2100 mL Atemluft die gleiche Menge Ethanol enthalten wie 1 mL Blut.

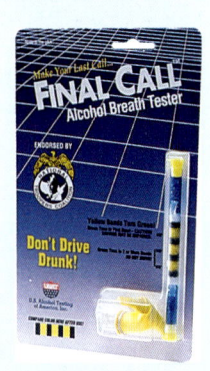

Ein Teströhrchen zur Bestimmung des Ethanolgehalts in der Atemluft. Wenn das rötlich-orange Kaliumdichromat das Ethanol oxidiert, wird es selbst zu Chrom(III) reduziert und die Farbe ändert sich nach grün. [Quelle: © Charles D. Winters.]

Aufgabe
Ungeachtet dessen, dass Methanol[a] und Isopropylalkohol wesentlich toxischer als Ethanol sind und sich daher wohl nur selten in der Atemluft finden werden – würden diese beiden Verbindungen ebenfalls einen positiven Alkoholtest liefern? Wenn ja, welche Produkte würden jeweils in der Reaktion entstehen?

---

[a] Methanol ist tatsächlich wesentlich toxischer als Ethanol, wie viele Alkoholiker während der Prohibition in den Vereinigten Staaten feststellen mussten; sie hatten ersatzweise Holzalkohol (Methanol) statt Ethanol getrunken. Methanol verursacht Schädigungen der Nerven (auch der Sehnerven); ein Symptom einer Methanolvergiftung ist daher eine starke Lichtempfindlichkeit verbunden mit starken Augenschmerzen.

CH₃CH₂OCH₂CH₃   CH₃OC(CH₃)₃   (1R,2R)-2-Ethoxycyclohexanol

Ethoxyethan 2-Methyl-2-methoxypropan (1R,2R)-2-Ethoxycyclohexanol
(Diethylether) (*tert*-Butylmethylether)

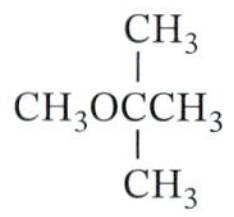

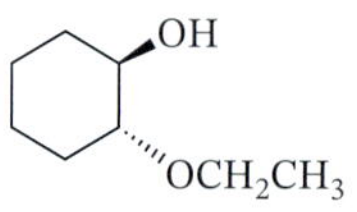

Tatsächlich werden für die niedermolekularen Ether fast ausschließlich die Trivialnamen verwendet. Obwohl also der IUPAC-Name für CH₃CH₂OCH₂CH₃ Ethoxyethan lautet, wird es meistens als Diethylether, als Ethylether und oft sogar nur als Ether bezeichnet. Die Abkürzung für *tert*-Butylmethylether, der früher als Additiv in Benzin zur Erhöhung der Oktanzahl verwendet wurde, lautet MTBE, nach dem Trivialnamen Methyl-*tert*-butylether.

Cyclische Ether sind heterocyclische Verbindungen, in denen das Ether-Sauerstoffatom eines der Ringatome ist. Im Folgenden sind drei wichtige cyclische Ether gezeigt.

Oxiran   Tetrahydrofuran (THF) 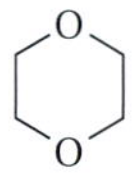   1,4-Dioxan
(Ethylenoxid)

Beispiel 8.7 Geben Sie die IUPAC-Namen und die Trivialnamen der folgenden Ether an:

(a) CH₃C(CH₃)₂OCH₂CH₃   (b) Cyclohexyl-O-Cyclohexyl

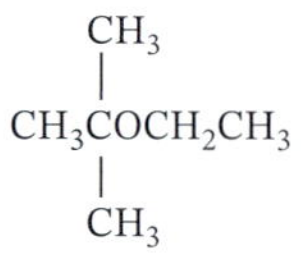

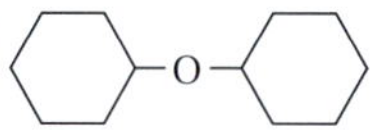

Vorgehensweise

Wie jedes Mal, wenn der Name einer Verbindung ermittelt werden soll, muss zunächst der Stammname der Verbindung bestimmt werden. Im IUPAC-System werden OR-Gruppen als Alkyloxy- bzw. als Alkoxygruppen bezeichnet. Die Trivialnamen für Ether werden konstruiert, indem die beiden an den Sauerstoff gebundenen Alkylgruppen alphabetisch aufgeführt werden, gefolgt vom Wort -*ether*.

Lösung

(a) 2-Ethoxy-2-methylpropan, Trivialname *tert*-Butylethylether.
(b) Cyclohexyloxycyclohexan, Trivialname Dicyclohexylether.

Siehe Aufgabe 8.4.

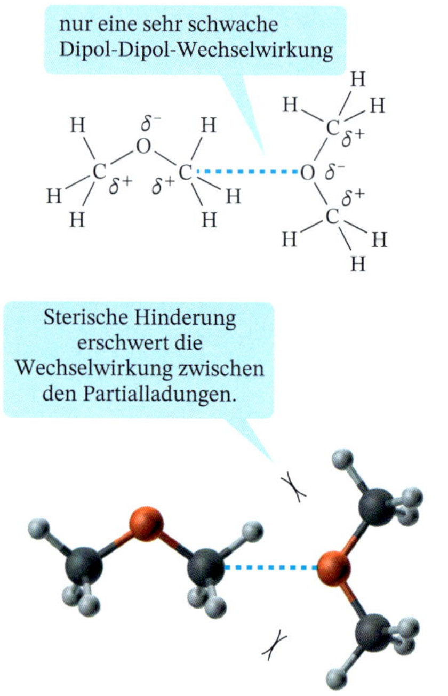

8.3.3 Physikalische Eigenschaften

Ether sind polare Verbindungen, in denen das Sauerstoffatom eine negative Partialladung trägt und die benachbarten Kohlenstoffatome positive Partialladungen (Abb. 8.5). Weil das Sauerstoffatom sterisch abgeschirmt ist, sind in der reinen Flüssigkeit dennoch nur schwache attraktive Kräfte zwischen den Molekülen möglich. Entsprechend sind die Siedepunkte der Ether deutlich niedriger als die von Alkoholen mit vergleichbarer Molmasse (Tab. 8.3) und ähneln eher denen von Kohlenwasserstoffen mit vergleichbarer Molmasse (siehe hierzu die Tab. 3.4 und 8.3).

Weil das Sauerstoffatom in einem Ethermolekül eine negative Partialladung trägt, bilden Ether Wasserstoffbrückenbindungen mit Wasser (Abb. 8.6) und sind somit z. B.

Abb. 8.5 Ether sind polare Verbindungen, in denen aber wegen der sterischen Hinderung in der reinen Flüssigkeit nur schwache attraktive Wechselwirkungen zwischen den Molekülen vorliegen.

nur eine sehr schwache Dipol-Dipol-Wechselwirkung

Sterische Hinderung erschwert die Wechselwirkung zwischen den Partialladungen.

Tab. 8.3 Siedepunkte und Wasserlöslichkeiten von Alkoholen und Ethern, gruppiert nach ähnlichen molaren Massen.

Strukturformel	Name	Molmasse (g/mol)	Siedepunkt (°C)	Löslichkeit in Wasser
CH_3CH_2OH	Ethanol	46	78	unbegrenzt
CH_3OCH_3	Dimethylether	46	–24	7.8 g/100 g
$CH_3CH_2CH_2CH_2OH$	1-Butanol	74	117	7.4 g/100 g
$CH_3CH_2OCH_2CH_3$	Diethylether	74	35	8 g/100 g
$CH_3CH_2CH_2CH_2CH_2OH$	1-Pentanol	88	138	2.3 g/100 g
$HOCH_2CH_2CH_2CH_2OH$	1,4-Butandiol	90	230	unbegrenzt
$CH_3CH_2CH_2CH_2OCH_3$	Butylmethylether	88	71	gering
$CH_3OCH_2CH_2OCH_3$	Ethylenglykoldimethylether	90	84	unbegrenzt

> Dimethylether in Wasser. Das partiell negativ geladene O-Atom des Ethers ist ein Wasserstoffbrücken-Akzeptor und das partiell positive H-Atom eines Wassermoleküls ist der Wasserstoffbrücken-Donator.

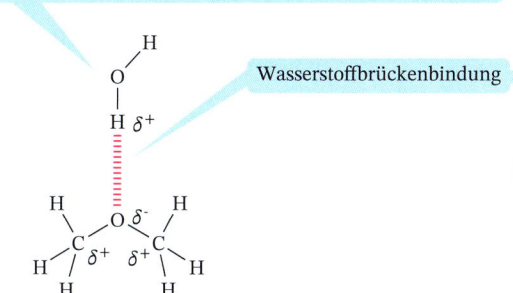

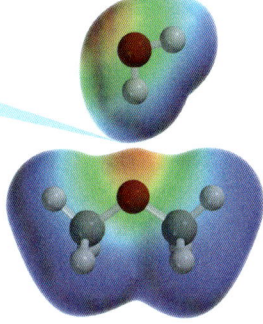

Abb. 8.6 Ether sind Wasserstoffbrücken-Akzeptoren, aber keine Wasserstoffbrücken-Donatoren.

besser in Wasser löslich als Kohlenwasserstoffe mit vergleichbarer Molmasse und ähnlicher Gestalt.

Die Auswirkungen der Wasserstoffbrückenbindungen werden beim Vergleich der Siedepunkte von Ethanol (78 °C) und dem konstitutionsisomeren Dimethylether (–24 °C) besonders deutlich. Der Unterschied der Siedepunkte dieser beiden Verbindungen ist auf die polaren O–H-Gruppen im Alkohol zurückzuführen, die intermolekulare Wasserstoffbrückenbindungen ausbilden können. Diese erhöhen die attraktiven Kräfte zwischen den Ethanolmolekülen, weshalb Ethanol einen höheren Siedepunkt besitzt als Dimethylether:

$$CH_3CH_2OH \qquad CH_3OCH_3$$
$$\text{Ethanol} \qquad \text{Dimethylether}$$
$$\text{Sdp. 78 °C} \qquad \text{Sdp. –24 °C}$$

Beispiel 8.8 Ordnen Sie diese Verbindungen nach ansteigender Löslichkeit in Wasser:

$CH_3OCH_2CH_2OCH_3$ $CH_3CH_2OCH_2CH_3$ $CH_3CH_2CH_2CH_2CH_2CH_3$
Ethylenglykol-dimethylether   Diethylether   Hexan

Vorgehensweise

Haben die Verbindungen Eigenschaften, durch die sie in Wasser besser löslich werden? Dazu zählen in der Reihenfolge abnehmender Wichtigkeit (1) die Fähigkeit zur Ausbildung von Wasserstoffbrücken mit Wasser, (2) Polarität und (3) eine geringe Molmasse.

Lösung

Wasser ist ein polares Lösungsmittel. Hexan, ein unpolarer Kohlenwasserstoff, hat die geringste Löslichkeit in Wasser. Sowohl Diethylether als auch Ethylenglykoldimethylether sind wegen der polaren C−O−C-Gruppen polare Verbindungen und können mit Wasser als Wasserstoffbrückenakzeptoren wechselwirken. Weil Ethylenglykoldimethylether gleich an zwei Positionen Wasserstoffbrücken ausbilden kann, löst er sich besser in Wasser als Diethylether.

$CH_3CH_2CH_2CH_2CH_2CH_3$	$CH_3CH_2OCH_2CH_3$	$CH_3OCH_2CH_2OCH_3$
unlöslich	8 g/100 g Wasser	unbegrenzt löslich

Siehe Aufgaben 8.7 und 8.12.

8.3.4 Reaktionen von Ethern

Ether (R−O−R) sind ähnlich wie Kohlenwasserstoffe chemisch fast völlig inert. Sie reagieren nicht mit Oxidationsmitteln wie Kaliumdichromat oder Kaliumpermanganat und werden von den meisten Säuren und Basen bei moderaten Temperaturen nicht angegriffen. Wegen ihrer guten Lösungseigenschaften und ihrer weitgehenden Reaktionsträgheit sind sie ausgezeichnete Lösungsmittel für eine Vielzahl organisch-chemischer Reaktionen.

8.4 Was sind Epoxide?

8.4.1 Struktur und Nomenklatur

Ein **Epoxid** ist ein cyclischer Ether, in dem das Sauerstoffatom Teil eines Dreirings ist:

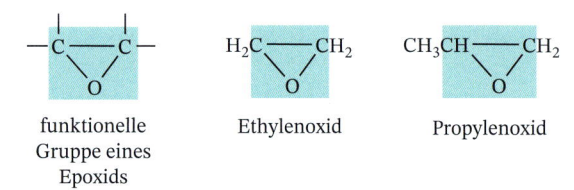

funktionelle Gruppe eines Epoxids — Ethylenoxid — Propylenoxid

Obwohl Epoxide strukturell zu den Ethern gehören, wollen wir sie getrennt diskutieren, weil sich ihre chemische Reaktivität grundlegend von der der offenkettigen Ether unterscheidet.

Die Trivialnamen der Epoxide werden aus den Trivialnamen der Alkene konstruiert, von denen die Epoxide abgeleitet sind, gefolgt vom Wort *-oxid*. Ethylenoxid ist beispielsweise das von Ethylen abgeleitete Epoxid.

8.4.2 Synthese ausgehend von Alkenen

Ethylenoxid, eines der wenigen in industriellem Maßstab produzierten Epoxide, wird hergestellt, indem eine Mischung aus Ethylen und Luft (oder Sauerstoff) über einen Silberkatalysator geleitet wird.

Gewusst wie: 8.5 Wie man das Produkt einer Epoxidierung ermittelt

Eine Besonderheit der Alken-Epoxidierung mit einer Peroxycarbonsäure ist, dass die Bildung des Epoxids unter Erhalt der Stereochemie um die an der Reaktion beteiligte C=C-Doppelbindung erfolgt. Das bedeutet, dass die relative Stereochemie aller Substituenten an der Doppelbindung in eine entsprechende, gleichartige Stereochemie im Epoxid überführt wird. Dies ist im Folgenden an einem acyclischen und einem cyclischen Beispiel verdeutlicht.

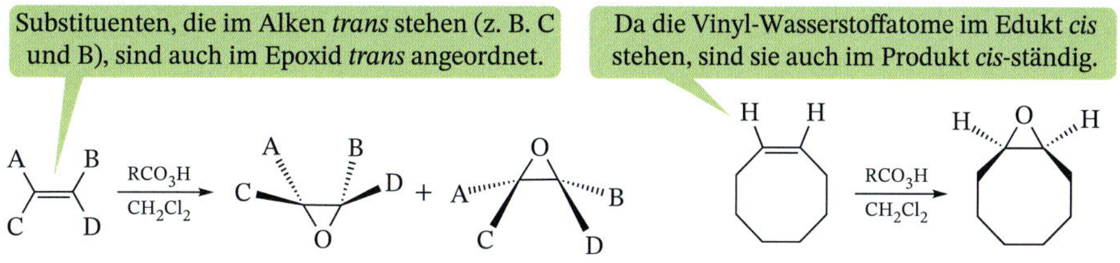

Substituenten, die im Alken *trans* stehen (z. B. C und B), sind auch im Epoxid *trans* angeordnet.

Da die Vinyl-Wasserstoffatome im Edukt *cis* stehen, sind sie auch im Produkt *cis*-ständig.

ein Enantiomerenpaar

$$2\ CH_2=CH_2 + O_2 \xrightarrow[\text{Hitze}]{\text{Ag}} 2\ H_2C-CH_2$$
$$\phantom{2\ CH_2=CH_2 + O_2 \xrightarrow[\text{Hitze}]{\text{Ag}} 2\ H_2C}\,O$$

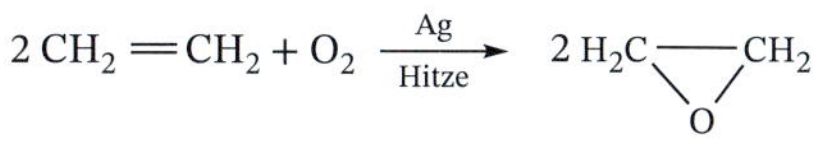

Ethylen   Ethylenoxid

Nach dieser Methode werden weltweite mehr als 20 Millionen Tonnen Ethylenoxid pro Jahr hergestellt.

Die übliche Synthese von Epoxiden im Labormaßstab nutzt Peroxycarbonsäuren (RCO_3H, eine Persäure) als Oxidationsmittel. Hierfür eignet sich z. B. Peroxyessigsäure:

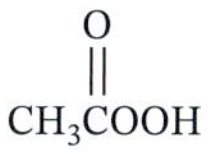

$$CH_3\overset{\overset{O}{\|}}{C}OOH$$

Peroxyessigsäure
(Peressigsäure)

Im Folgenden ist eine stöchiometrisch ausgeglichene Reaktionsgleichung für die Epoxidierung von Cyclohexen mit einer Peroxycarbonsäure angegeben. Im Zuge dieser Oxidation wird die Peroxycarbonsäure selbst zur Carbonsäure reduziert.

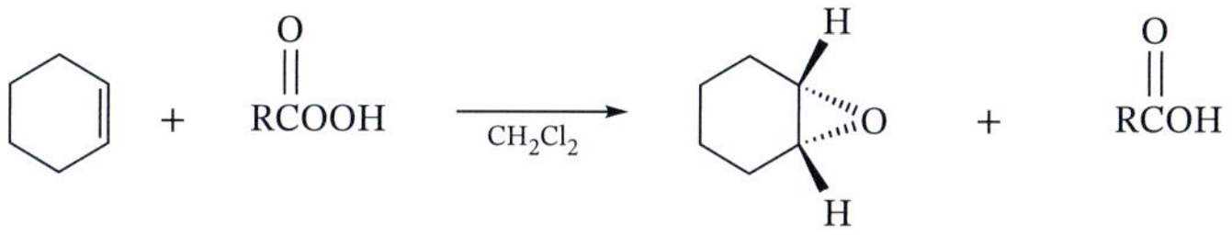

Cyclohexen   eine Peroxy-   1,2-Epoxycyclohexan   eine Carbonsäure
             carbonsäure   (Cyclohexenoxid)

Die Epoxidierung von Alkenen verläuft stereoselektiv. Aus der Epoxidierung von *cis*-2-Buten entsteht beispielsweise nur *cis*-2-Butenoxid:

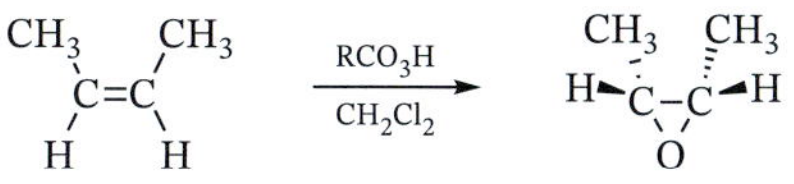

cis-2-Buten   *cis*-2-Butenoxid

Beispiel 8.9 Zeichnen sie eine Strukturformel des Epoxids, das aus der Umsetzung von *trans*-2-Buten mit einer Peroxycarbonsäure entsteht.

Vorgehensweise

Das Produkt aus der Reaktion eines Alkens mit einer Peroxycarbonsäure ist am einfachsten zu zeichnen, indem man aus der C=C-Doppelbindung des Alkens eine C–C-Einfachbindung macht und beide C-Atome mit dem Epoxid-Sauerstoffatom zu einem Dreiring verbindet.

Lösung

Die beiden Kohlenstoff-Sauerstoff-Bindungen bilden sich von den beiden C-Atomen zum Epoxid-Sauerstoffatom auf derselben Seite der Kohlenstoff-Kohlenstoff-Doppelbindung.

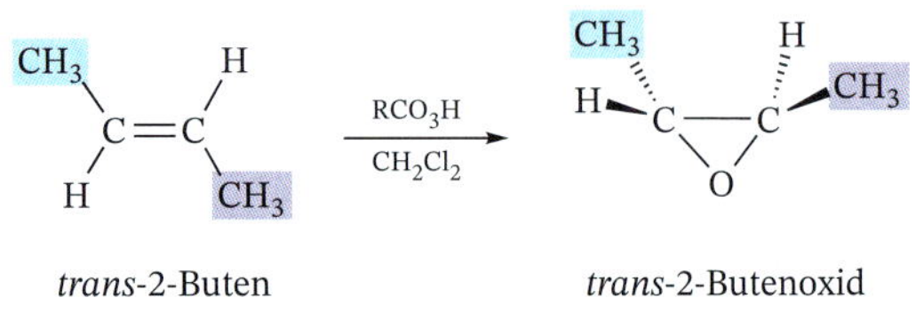

trans-2-Buten → *trans*-2-Butenoxid

Siehe Aufgaben 8.28 und 8.30–8.32.

8.4.3 Ringöffnung von Epoxiden

Gewöhnliche offenkettige Ether werden von wässriger Säure normalerweise nicht angegriffen (Abschn. 8.3.4). Epoxide sind dagegen sehr reaktiv, weil durch eine Ringöffnung die Winkelspannung im Dreiring aufgelöst wird. Der ideale Bindungswinkel um ein sp^3-hybridisiertes C- oder O-Atom beträgt 109,5°. Wegen der Spannung, die sich aus der Verengung der Bindungswinkel im Dreiring von 109,5° auf 60° ergibt, gehen Epoxide mit einer Reihe von nukleophilen Reagenzien sehr leicht ringöffnende Reaktionen ein.

In Gegenwart eines Säurekatalysators – häufig Perchlorsäure – werden Epoxide zu Glykolen hydrolysiert. Beispielhaft sei hier die säurekatalysierte Hydrolyse von Ethylenoxid zu 1,2-Ethandiol genannt.

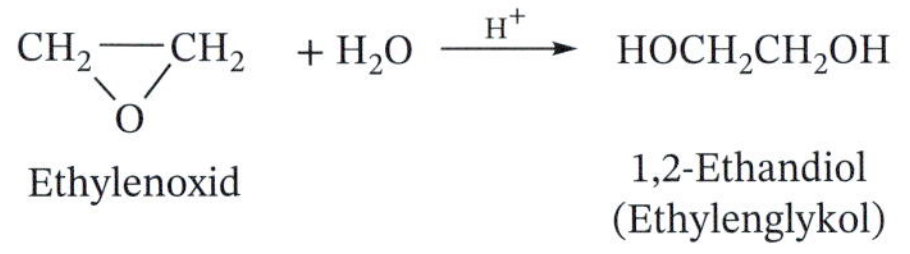

Ethylenoxid + H_2O $\xrightarrow{H^+}$ $HOCH_2CH_2OH$ (1,2-Ethandiol, Ethylenglykol)

Die weltweite Produktion von Ethylenglykol beläuft sich auf etwa 20 Millionen Tonnen pro Jahr. Zwei wichtige Anwendungen dieser Grundchemikalie sind die Nutzung als Frostschutzmittel in Autos und ihre Verwendung als eines von zwei Ausgangsmaterialien für die Herstellung von Polyethylenterephthalat (PET), einem Polymer, das zum Beispiel für Getränkeflaschen, Polyesterfolien (Handelsname Hostaphan®) oder Textilfasern verwendet wird (Abschn. 16.4.2).

Die säurekatalysierte Ringöffnung von Epoxiden erfolgt mit einer Stereoselektivität, die wir aus S_N2-Reaktionen kennen: Das Nukleophil greift von der Rückseite der austretenden Hydroxygruppe an; die beiden OH-Gruppen im fertigen Glykol stehen folglich *anti* zueinander. So entsteht zum Beispiel in der säurekatalysierten Hydrolyse eines Epoxycycloalkans das *trans*-1,2-Cycloalkandiol.

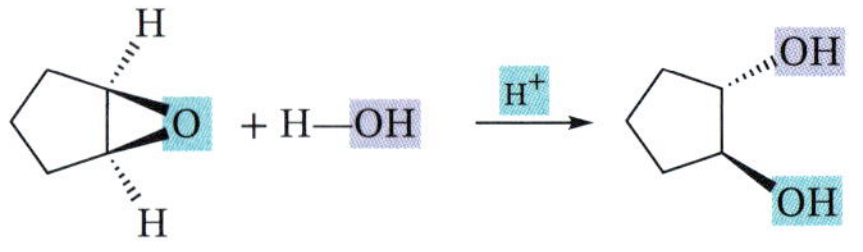

Mit Wasser werden Epoxide aber normalerweise nicht reagieren, weil Wasser ein schlechtes Nukleophil ist. Der im Folgenden angegebene Mechanismus zeigt, wie die Reaktion mit Wasser unter Säurekatalyse dennoch ablaufen kann.

Mechanismus: Die säurekatalysierte Ringöffnung von Epoxiden

1. Schritt: *Protonierung*
Die Reaktion wird dadurch ermöglicht, dass der Säurekatalysator das Sauerstoffatom des Epoxids protoniert und damit ein hochreaktives cyclisches Oxonium-Ion erzeugt.

2. Schritt: *Reaktion eines Nukleophils mit einem Elektrophil unter Bildung einer neuen kovalenten Bindung*
Durch die positive Ladung am Sauerstoffatom des dreigliedrigen Rings kann eines der beiden Kohlenstoffatome im Epoxid durch das Nukleophil Wasser angegriffen werden. Der Epoxidring wird unter Inversion der Konfiguration am angegriffenen Kohlenstoffatom geöffnet.

3. Schritt: *Deprotonierung*
Abschließend wird ein Proton von der gebildeten Zwischenstufe auf ein Wassermolekül übertragen; es entsteht das *trans*-Glykol und der Säurekatalysator wird zurückgebildet.

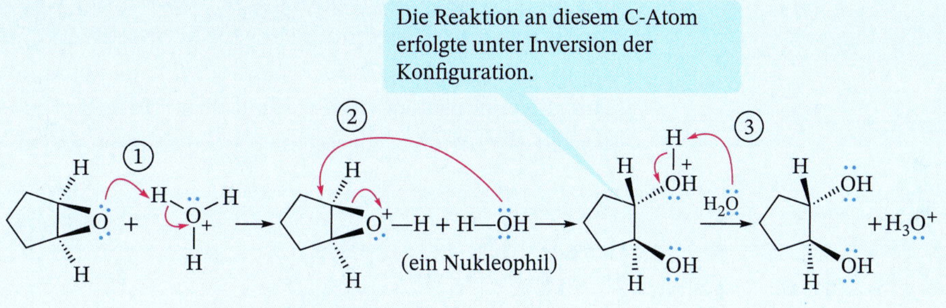

Beispiel 8.10 Zeichnen Sie die Strukturformel des Produkts, das aus der Reaktion von Cyclohexen mit wässriger Säure entsteht. Achten Sie vor allem auch auf die korrekte Stereochemie im Produkt.

Vorgehensweise
Die säurekatalysierte Ringöffnung von Epoxiden führt immer zu einem *trans*-1,2-Diol, wobei die Hydroxygruppen an die beiden Kohlenstoffatome des ehemaligen Epoxids gebunden sind.

Lösung
Die säurekatalysierte Hydrolyse eines Epoxids ergibt ein *trans*-Glykol:

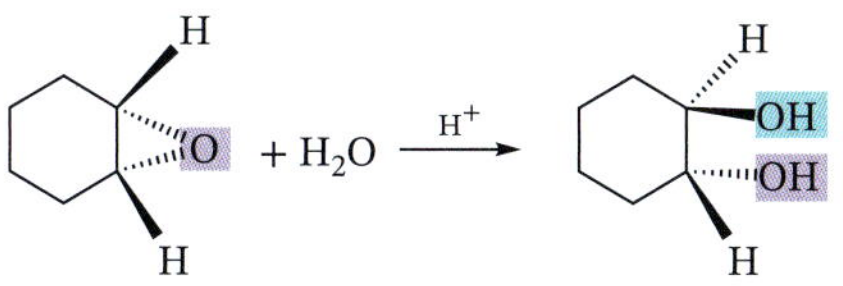

trans-1,2-Cyclohexandiol

Siehe Aufgaben 8.13, 8.14 und 8.30–8.32.

Ether gehen normalerweise weder mit Elektrophilen noch mit Nukleophilen Reaktionen ein. Im Gegensatz dazu sind Epoxide wegen der in den Dreiringen auftretenden Ringspannung sehr wohl in der Lage, unter Ringöffnung mit Nukleophilen wie Ammoniak oder Aminen (Kap. 10), mit Alkoholaten oder mit Thiolen und ihren An-

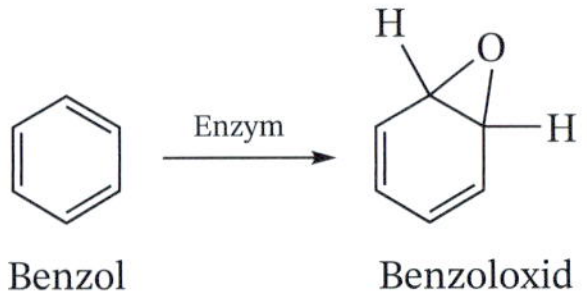

8 Alkohole, Ether und Thiole

Benzol → Benzoloxid

Wenn Benzol in den menschlichen Körper gelangt, wird es durch ein Enzym zu Benzoloxid oxidiert. Dieses Epoxid ist hochreaktiv; ein nukleophiler Angriff durch die DNA kann zu gravierenden gesundheitlichen Problemen führen.

ionen (Abschn. 8.6) zu reagieren. Gute Nukleophile können den Ring in einem S_N2-Mechanismus öffnen, wobei der Angriff des Nukleophils regioselektiv am sterisch weniger gehinderten Kohlenstoffatom des Dreirings erfolgt. Dabei bildet sich ein Alkohol, in dem das eingetretene Nukleophil an dem C-Atom in β-Stellung zur neu gebildeten Hydroxygruppe gebunden ist. Dies sei beispielhaft an der Reaktion von 1-Methylcyclohexenoxid mit Ammoniak unter Bildung von 2-Amino-1-methylcyclohexanol erklärt, wobei in dieser Reaktion nur das Stereoisomer entsteht, in dem die Hydroxy- und die Aminogruppe *trans* angeordnet sind.

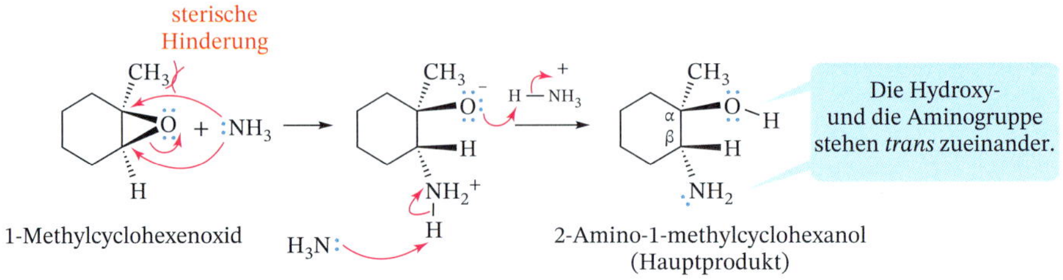

sterische Hinderung

1-Methylcyclohexenoxid → 2-Amino-1-methylcyclohexanol (Hauptprodukt)

Die Hydroxy- und die Aminogruppe stehen *trans* zueinander.

Epoxide sind von großer synthetischer Bedeutung, weil sie von einer Vielzahl von Nukleophilen unter Ringöffnung angegriffen werden können, wodurch viele Kombinationen funktioneller Gruppen synthetisch zugänglich werden. Die folgende Übersicht führt die wichtigsten nukleophilen Ringöffnungen auf, wobei die sich aus der Ringöffnung ergebende maßgebliche Struktureinheit jeweils farblich hervorgehoben ist.

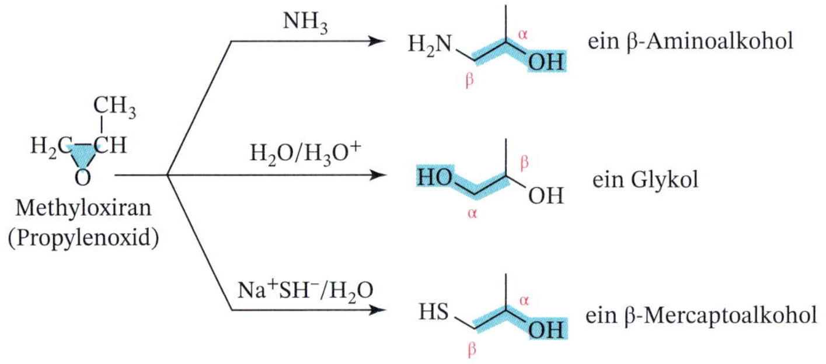

Methyloxiran (Propylenoxid):
- + NH_3 → H_2N–CH–CH(OH)–… ein β-Aminoalkohol
- + H_2O/H_3O^+ → HO–CH–CH(OH)–… ein Glykol
- + Na^+SH^-/H_2O → HS–CH–CH(OH)–… ein β-Mercaptoalkohol

Ethylenoxid und substituierte Ethylenoxide sind wertvolle Bausteine für die Synthese größerer organischer Verbindungen. Im Folgenden sind die Strukturformeln zweier wichtiger Medikamente abgebildet, in denen Teile jeweils aus Ethylenoxid synthetisiert werden können.

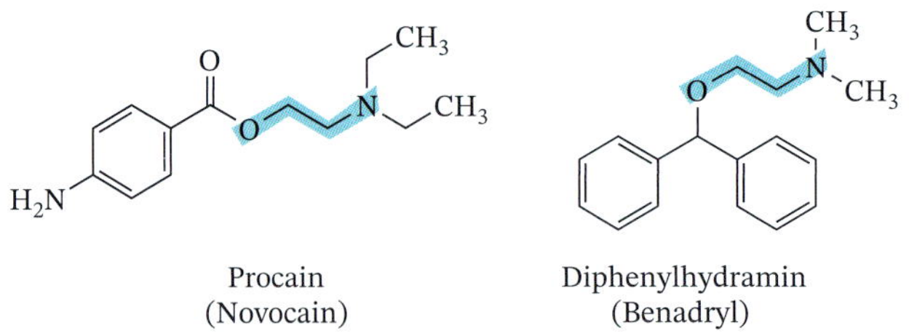

Procain (Novocain)

Diphenylhydramin (Benadryl)

Novocain war das erste injizierbare Lokalanästhetikum und Benadryl das erste synthetische Antihistaminikum. Der Teil des Kohlenstoffgerüsts, der aus der Reaktion von Ethylenoxid mit einem Stickstoff-Nukleophil resultiert, ist jeweils farblich hinterlegt.

Wenn wir in späteren Kapiteln die Details der Chemie weiterer funktioneller Gruppen besprochen haben, werden wir uns ansehen, wie Novocain und Benadryl aus leicht verfügbaren Ausgangsmaterialien hergestellt werden können. Für den Moment wollen wir uns mit der Information begnügen, dass die O–C–C–Nu-Einheit durch die nukleophile Ringöffnung von Ethylenoxid bzw. eines substituierten Ethylenoxids zugänglich ist.

Exkurs: 8.C Ethylenoxid – ein chemisches Sterilisationsmittel

Weil Ethylenoxid ein hochgespanntes Molekül ist, reagiert es auch mit den nukleophilen Gruppen biologischer Verbindungen. In ausreichend hohen Konzentrationen reagiert Ethylenoxid mit so vielen Molekülen in den Zellen, dass dies beispielsweise Mikroorganismen töten kann. Diese toxische Eigenschaft ist die Grundlage für die Verwendung von Ethylenoxid als chemisches Sterilisationsmittel. Heutzutage werden Operationsbesteck und andere wiederverwendete Geräte in Krankenhäusern durch Begasung mit Ethylenoxid sterilisiert.

Aufgabe
Einer der Mechanismen, die zu der Toxizität von Ethylenoxid für Mikroorganismen führen, beruht auf einem nukleophilen Angriff von Adenin aus der DNA an Ethylenoxid; die maßgebliche nukleophile Position ist in Rot hervorgehoben. Schlagen Sie einen Mechanismus für die Bildung des primär gebildeten Produkts vor. *Hinweis:* Zeichnen Sie zuerst die freien Elektronenpaare im Adenin ein.

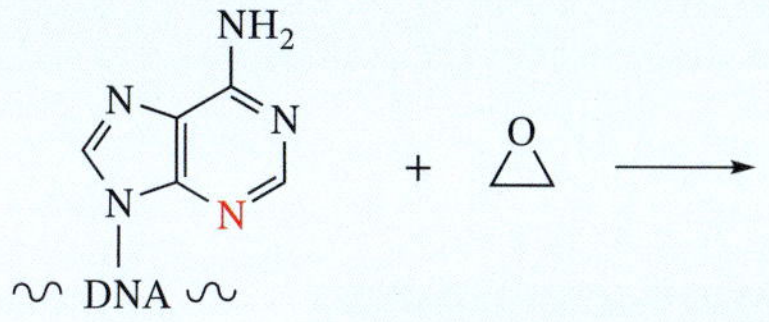

8.5 Was sind Thiole?

8.5.1 Struktur

Die funktionelle Gruppe eines **Thiols** ist die SH-Gruppe, die man nach IUPAC als Sulfanylgruppe oder (immer noch) als Mercaptogruppe bezeichnet. Abbildung 8.7 zeigt die Lewis-Formel und ein Kugel-Stab-Modell von Methanthiol (CH_3SH), dem einfachsten Thiol.

Die sofort auffallende Eigenschaft von niedermolekularen Thiolen ist ihr Gestank. Sie sind für den unangenehmen Geruch von Stinktieren, verfaulten Eiern und von Abwasser in der Kanalisation verantwortlich. Der Gestank des Abwehrsekrets von Stinktieren wird vor allem von zwei Thiolen hervorgerufen:

$CH_3CH=CHCH_2SH$ 2-Buten-1-thiol

$CH_3CHCH_2CH_2SH$ mit CH_3-Substituent 3-Methyl-1-butanthiol

Der Gestank des Drüsensekrets von Stinktieren ist unter anderem auf die Thiole 3-Methyl-1-butanthiol und 2-Buten-1-thiol zurückzuführen. [Quelle: © Stephen J. Krasemann/Science Source.]

Erdgas wird eine Mischung niedermolekularer Thiole als Odorierungsmittel zugesetzt, um Lecks in Gasleitungen sofort über den Geruch erkennbar zu machen. Der hierfür am häufigsten eingesetzte Geruchsstoff ist 2-Methyl-2-propanthiol (*tert*-Butylmercaptan); es ist oxidationsstabil und dringt kaum in das Erdreich ein. 2-Propanthiol

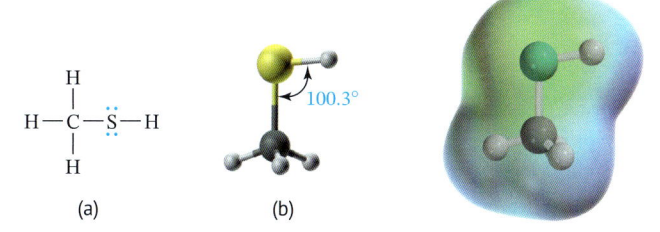

Abb. 8.7 Methanthiol, CH_3SH. (a) Lewis-Formel und (b) Kugel-Stab-Modell. Der C—S—H-Winkel beträgt 100.3° und ist damit etwas kleiner als der Tetraederwinkel von 109.5°. Die Elektronegativitäten von Kohlenstoff und Schwefel sind praktisch identisch (jeweils 2.5), aber Schwefel ist etwas elektronegativer als Wasserstoff (2.5 gegenüber 2.1). Die Elektronendichteverteilung zeigt eine geringe positive Partialladung auf dem H-Atom der S—H-Bindung und eine geringe negative Partialladung auf dem Schwefelatom.

wird ebenfalls für diesen Zweck eingesetzt, meist in einer Mischung mit *tert*-Butylmercaptan.

$$\text{Odorierungsmittel für Erdgas:} \quad \underset{\substack{\text{2-Methyl-2-propanthiol}\\(\textit{tert}\text{-Butylmercaptan})}}{CH_3-\underset{\underset{CH_3}{|}}{\overset{\overset{CH_3}{|}}{C}}-SH} \quad \underset{\substack{\text{2-Propanthiol}\\(\text{Isopropylmercaptan})}}{CH_3-\overset{\overset{SH}{|}}{CH}-CH_3}$$

8.5.2 Nomenklatur

Das Schwefelanalogon eines Alkohols bezeichnet man als **Thiol** (*thi-* aus dem Griechischen *theīon*, Schwefel) oder – vor allem in der älteren Literatur – als **Mercaptan** (lat.: *mercurium captans*, Quecksilber fangend). In wässriger Lösung reagieren Thiole mit Hg^{2+}-Ionen unter Bildung unlöslicher Quecksilberthiolate. Thiophenol (C_6H_5SH) bildet zum Beispiel ($C_6H_5S)_2Hg$.

Im IUPAC-System werden Thiole benannt, indem man die längste die SH-Gruppe enthaltende Kette identifiziert und nach dem Stammalkan benennt. Durch Anhängen des Suffix *-thiol* wird gekennzeichnet, dass es sich um ein Thiol handelt. Die Nummerierung der Stammverbindung erfolgt so, dass die SH-Gruppe die kleinere Nummer erhält.

Trivialnamen der einfachen Thiole werden aus dem Namen der die SH-Gruppe tragenden Alkylgruppe gebildet, ergänzt um das Suffix *-mercaptan*. In Verbindungen mit höherwertigen funktionellen Gruppen wird eine SH-Gruppe durch das Präfix **Sulfanyl-** angezeigt. Häufig wird aber auch noch das veraltete Präfix **Mercapto-** verwendet. Im IUPAC-System hat eine OH-Gruppe bei der Benennung und auch bei der Nummerierung Priorität vor der SH-Gruppe:

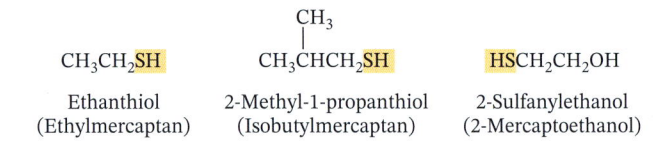

$$\underset{\substack{\text{Ethanthiol}\\(\text{Ethylmercaptan})}}{CH_3CH_2SH} \quad \underset{\substack{\text{2-Methyl-1-propanthiol}\\(\text{Isobutylmercaptan})}}{CH_3\overset{\overset{CH_3}{|}}{CH}CH_2SH} \quad \underset{\substack{\text{2-Sulfanylethanol}\\(\text{2-Mercaptoethanol})}}{HSCH_2CH_2OH}$$

Schwefelanaloga von Ethern (Thioether; oft auch als Sulfide bezeichnet) werden benannt, indem den Namen der beiden Kohlenstoffgruppen das Suffix *-sulfid* angehängt wird. Die im Folgenden angegebenen Trivialnamen zweier Thioether verdeutlichen diese Nomenklatur:

$$\underset{\text{Dimethylsulfid}}{CH_3SCH_3} \quad \underset{\text{Ethylisopropylsulfid}}{CH_3CH_2S\overset{\overset{CH_3}{|}}{CH}CH_3}$$

Beispiel 8.11 Ermitteln Sie IUPAC-Namen der folgenden Verbindungen:

(a) ∼∼∼SH (b) ⋎SH (c) OH CH₃ ⋎⋎∼SH

Vorgehensweise

Ermitteln Sie die Stammnamen der Verbindungen. Wenn die Verbindung eine SH-Gruppe enthält, wird sie als Alkanthiol bezeichnet. Wenn die Verbindung sowohl eine OH- als auch eine SH-Gruppe enthält, wird sie als Alkohol mit einem Sulfanyl- (oder Mercapto-) Substituenten bezeichnet. Denken Sie daran, dass in diesem Fall die

[Quelle: © Charles D. Winters.]

Pilze, Zwiebeln, Knoblauch und Kaffee enthalten Schwefelverbindungen. Eine der in Kaffee enthaltenen Verbindungen ist

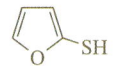

(Furan-2-yl-SH Struktur)

Priorität der OH-Gruppe die Richtung bestimmt, in der die Verbindung nummeriert wird.

Lösung
(a) Das zugrundeliegende Alkan ist Pentan. Das Vorliegen einer SH-Gruppe wird durch Anhängen von *-thiol* an den Namen des Alkans angezeigt. Der IUPAC-Name des Thiols ist 1-Pentanthiol und der Trivialname lautet Pentylmercaptan.
(b) Das Stammsystem ist das Butan. Der IUPAC-Name dieses Thiols ist 2-Butanthiol, sein Trivialname *sec*-Butylmercaptan. Es handelt sich um eine chirale Verbindung mit einem Stereozentrum an C-2; die Konfiguration ist in diesem Beispiel allerdings nicht gezeigt.
(c) Das zugrundeliegende Alkan ist auch hier Pentan. Weil –OH Priorität vor –SH hat, wird die Verbindung als Alkohol benannt und die Nummerierung so gewählt, dass die –OH-Gruppe die kleinere Nummer bekommt.

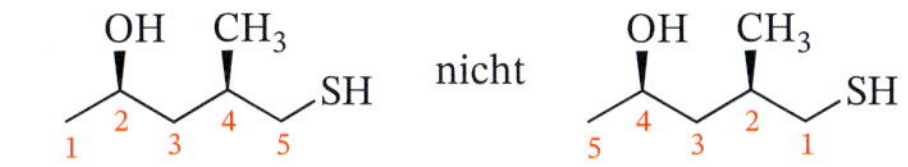

(2*R*,4*R*)-5-Sulfanyl-4-methyl-2-pentanol

Siehe Aufgaben 8.5 und 8.6.

8.5.3 Physikalische Eigenschaften

Wegen der kleinen Elektronegativitätsdifferenz zwischen Schwefel und Wasserstoff (2.5 − 2.1 = 0.4) ist die S−H-Bindung unpolar kovalent; sie ist daher kaum befähigt, Wasserstoffbrückenbindungen einzugehen. Thiole haben infolgedessen niedrigere Siedepunkte und sind weniger in Wasser und anderen polaren Lösungsmitteln löslich als Alkohole mit vergleichbarer Molmasse. In Tab. 8.4 sind die Siedepunkte von drei niedermolekularen Thiolen aufgeführt, zum Vergleich ergänzt um die Siedepunkte der Alkohole mit gleichem Kohlenstoffgerüst.

Der Einfluss von Wasserstoffbrücken auf den Siedepunkt wurde bereits diskutiert; beim Vergleich der Siedepunkte von Ethanol (78 °C) und dem konstitutionsisomeren Dimethylether (24 °C) tritt er deutlich zu Tage. Ganz anders fällt der Vergleich der Siedepunkte von Ethanthiol und Dimethylsulfid aus:

CH_3CH_2SH CH_3SCH_3
Ethanthiol Dimethylsulfid
Sdp. 35 °C Sdp. 37 °C

Aus den nahezu identischen Siedepunkten dieser Konstitutionsisomeren lässt sich schließen, dass intermolekulare Wasserstoffbrückenbindungen in Thiolen keine oder zumindest fast keine Rolle spielen.

Tab. 8.4 Siedepunkte von Thiolen und Alkoholen mit jeweils gleichem Kohlenstoffgerüst.

Thiol	Siedepunkt (°C)	Alkohol	Siedepunkt (°C)
Methanthiol	6	Methanol	65
Ethanthiol	35	Ethanol	78
1-Butanthiol	98	1-Butanol	117

8.6 Was sind die charakteristischen Reaktionen der Thiole?

In diesem Kapitel wollen wir die Acidität von Thiolen, ihre Reaktion mit starken Basen wie Natriumhydroxid und ihre Oxidation durch molekularen Sauerstoff diskutieren.

8.6.1 Acidität

Schwefelwasserstoff ist eine stärkere Säure als Wasser:

$$H_2O + H_2O \rightleftharpoons HO^- + H_3O^+ \qquad pK_S = 15.7$$
$$H_2S + H_2O \rightleftharpoons HS^- + H_3O^+ \qquad pK_S = 7.0$$

Entsprechend sind Thiole auch stärkere Säuren als Alkohole, wie aus dem Vergleich der pK_S-Werte von Ethanol und Ethanthiol in verdünnter wässriger Lösung hervorgeht:

> Thiole sind acider als Alkohole, weil Thiolate besser stabilisierte konjugierte Basen sind als Alkoholate. Die Valenzelektronen um das negative Schwefelatom sind über einen größeren Raum delokalisiert als im Alkoholat.

$$CH_3CH_2OH + H_2O \rightleftharpoons CH_3CH_2O^- + H_3O^+ \qquad pK_S = 15.9$$
$$CH_3CH_2SH + H_2O \rightleftharpoons CH_3CH_2S^- + H_3O^+ \qquad pK_S = 8.5$$

Thiole sind als Säuren stark genug, um in wässriger Natriumhydroxidlösung vollständig zum Alkylthiolat deprotoniert vorzuliegen:

$$CH_3CH_2SH + Na^+OH^- \longrightarrow CH_3CH_2S^-Na^+ + H_2O$$

$pK_S = 8.5$ ………………………… $pK_S = 15.7$

stärkere Säure … stärkere Base … schwächere Base … schwächere Säure

Zur Benennung der Salze von Thiolen gibt man zunächst das Kation an, gefolgt von der Zwischensilbe *-thio-*, dem Namen der Alkylgruppe und dem Suffix *-olat*. Das Natriumsalz des Ethanthiols wird beispielsweise als Natriumthioethanolat benannt.

8.6.2 Oxidation zu Disulfiden

Viele der chemischen Eigenschaften von Thiolen hängen damit zusammen, dass das Schwefelatom eines Thiols leicht oxidierbar ist, wodurch Verbindungen mit höheren Oxidationszuständen des Schwefels zugänglich werden. Eine vor allem auch in biologischen Systemen häufige Reaktion von Thiolen ist ihre Oxidation zu Disulfiden mit der **Disulfidbindung** (—S—S—) als funktioneller Gruppe. Thiole werden leicht von molekularem Sauerstoff zu Disulfiden oxidiert. Tatsächlich erfolgt diese Oxidation so leicht, dass Thiole unter sorgfältigem Sauerstoffausschluss gelagert werden müssen. Disulfide können ihrerseits aber auch leicht mit einer Vielzahl von Reagenzien zu Thiolen reduziert werden. Wie wir in Kap. 18 sehen werden, spielt diese einfache gegenseitige Umwandlung von Thiolen und Disulfiden in der Proteinchemie eine wichtige Rolle.

$$2\ HOCH_2CH_2SH \underset{\text{Reduktion}}{\overset{\text{Oxidation}}{\rightleftharpoons}} HOCH_2CH_2S\text{—}SCH_2CH_2OH$$

ein Thiol ………………………… ein Disulfid

Trivialnamen einfacher Disulfide werden konstruiert, indem man die an die Schwefelatome gebundenen Alkylgruppen um das Wort *-disulfid* ergänzt. CH₃S–SCH₃ wird zum Beispiel als Dimethyldisulfid benannt.

Beispiel 8.12 Welche Produkte erwarten Sie in den folgenden Reaktionen? Wenn es sich um eine Säure-Base-Reaktion handelt, geben Sie die Gleichgewichtslage an.

(a) ⌬–SH + CH₃O⁻Na⁺ ⇌

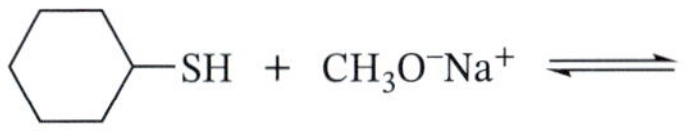

(b) [Struktur mit S–S und S–S Disulfidbindungen] → Reduktion →

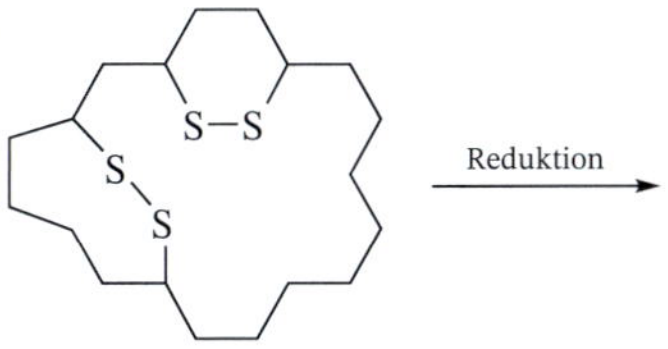

Vorgehensweise

Stellen Sie zunächst fest, um welchen Reaktionstyp es sich handelt. Die Oxidation eines Thiols führt zu einem Disulfid mit einer Disulfidbindung (–S–S–). Bei der Reduktion einer Disulfidbindung entstehen zwei Sulfanylgruppen. Thiole können zudem als schwache Säuren reagieren (tatsächlich sind sie mit einem pK_S-Wert von etwa 8.5 für eine organische Säure bereits relativ stark).

Lösung

(a) ⌬–SH + CH₃O⁻Na⁺ ⇌ ⌬–S⁻Na⁺ + HOCH₃
   (Gleichgewicht liegt fast vollständig auf der rechten Seite)

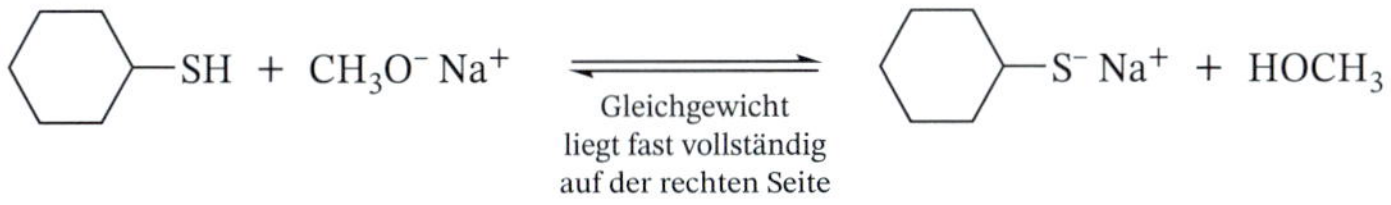

(b) [Disulfid-Struktur] → Reduktion → [Struktur mit vier SH-Gruppen]

Siehe Aufgabe 8.17. ◢

Zusammenfassung

8.1 Was sind Alkohole?

- Die funktionelle Gruppe eines **Alkohols** ist die OH-Gruppe (**Hydroxygruppe**), die an ein sp^3-hybridisiertes Kohlenstoffatom gebunden ist.
- Alkohole werden in primäre, sekundäre und tertiäre Alkohole unterteilt, je nachdem ob die OH-Gruppe an ein primäres, sekundäres oder tertiäres C-Atom gebunden ist.
- Die IUPAC-Namen werden aus dem Namen des zugrundeliegenden Alkans gebildet, gefolgt vom Suffix *-ol*. Die Kette wird so nummeriert, dass das C-Atom mit der OH-Gruppe die kleinere Nummer bekommt.
- Trivialnamen für Alkohole entstehen aus dem Namen der Alkylgruppe, an die das –OH gebunden ist, gefolgt vom Wort *-alkohol*.
- Alkohole sind polare Verbindungen, in denen das O-Atom eine negative Partialladung trägt und sowohl das daran gebundene C- als auch das H-Atom positive Partialladungen tragen.
- Alkohole können intermolekulare Wasserstoffbrückenbindungen ausbilden und haben daher höhere Siedepunkte als Kohlenwasserstoffe mit vergleichbarer Molmasse.

- Weil Dispersionskräfte mit der molaren Masse zunehmen, nehmen auch die Siedepunkte der Alkohole mit ihrer Größe zu.
- Alkohole können mit Wasser **Wasserstoffbrückenbindungen** ausbilden und sind daher deutlich besser in Wasser löslich als Kohlenwasserstoffe mit vergleichbarer Molmasse.

8.2 Was sind die charakteristischen Reaktionen der Alkohole?

- Alkohole gehen Säure-Base-Reaktionen ein, wobei sie sowohl als schwache Säuren als auch als schwache Basen agieren können. Die beiden kleinsten Alkohole, Methanol und Ethanol, haben eine dem Wasser vergleichbare Acidität, während die meisten sekundären und tertiären Alkohole weniger acide sind als Wasser.
- Alkohole reagieren mit **aktiven Metallen** (z. B. Li, Na, K) unter Bildung von **Alkoholaten**.
- Alkohole reagieren mit Halogenwasserstoffen (HCl, HBr und HI) über Substitutionsreaktionen zu Halogenalkanen. Je nachdem, ob es sich um primäre, sekundäre oder tertiäre Alkohole handelt, können diese Reaktionen über einen S_N1- oder S_N2-Mechanismus ablaufen.
- Alkohole reagieren mit **Thionylchlorid** ($SOCl_2$) unter Bildung von Chloralkanen.
- Alkohole gehen mit konzentrierter Schwefelsäure oder Phosphorsäure **Dehydratisierungen** ein. Diese Eliminierungen folgen der Regel von Saytzeff, wonach die Alkene mit der höher substituierten Doppelbindung als Hauptprodukte gebildet werden.
- Alkohole können zu Ketonen, Aldehyden oder Carbonsäuren **oxidiert** werden. **Chromsäure** oder **Pyridiniumchlorochromat** (PCC) oxidieren sekundäre Alkohole zu Ketonen. PCC oxidiert primäre Alkohole zu Aldehyden, während primäre Alkohole von Chromsäure zu Carbonsäuren oxidiert werden. Tertiäre Alkohole werden nicht oxidiert.

8.3 Was sind Ether?

- Die funktionelle Gruppe eines **Ethers** ist ein an zwei Kohlenstoffatome gebundenes Sauerstoffatom. Ether werden als Lösungsmittel verwendet und in der Medizin als Inhalationsanästhetika eingesetzt.
- Der IUPAC-Name eines Ethers wird gebildet, indem das Stammalkan benannt und die OR-Gruppe als Alkoxysubstituent vorangestellt wird. Trivialnamen ergeben sich durch Benennung der beiden an das Sauerstoffatom gebundenen Alkylgruppen, gefolgt vom Wort -ether.
- Ether sind **wenig polare** Verbindungen. Ihre Siedepunkte ähneln denen von Kohlenwasserstoffen mit vergleichbarer Molmasse. Weil Ether Wasserstoffbrücken-Akzeptoren sind, sind sie besser in Wasser löslich als Kohlenwasserstoffe mit vergleichbarer Molmasse.
- Ether sind sehr reaktionsträge und werden daher häufig als **Lösungsmittel** in chemischen Reaktionen eingesetzt.

8.4 Was sind Epoxide?

- Ein **Epoxid** ist ein dreigliedriger, cyclischer Ether, in dem das Sauerstoffatom eines der Ringatome ist.
- Epoxide können durch Reaktion mit **Peroxycarbonsäuren** (RCO_3H) aus Alkenen hergestellt werden. Die Reaktion erfolgt so, dass die relative Stereochemie um die C=C-Doppelbindung im Epoxid erhalten bleibt.
- Epoxide gehen wegen der Ringspannung im Dreiring leicht **Ringöffnungen** ein. In einer säurekatalysierten Hydrolyse reagieren aus cyclischen Alkenen hergestellte Epoxide zu trans-**Glykolen**. Gute Nukleophile öffnen den Epoxidring durch nukleophilen Angriff am sterisch weniger gehinderten Kohlenstoffatom des Dreirings.

8.5 Was sind Thiole?
- Ein **Thiol** ist das Schwefelanalogon eines Alkohols; es enthält eine SH-Gruppe (**Sulfanylgruppe**) anstelle der OH-Gruppe. Thiole sind wichtige Verbindungen in zahlreichen biologischen Prozessen.
- Thiole werden ähnlich benannt wie Alkohole; das Suffix ist hier *-thiol*. Trivialnamen werden aus dem Namen der an das –SH gebundenen Alkylgruppe gebildet, gefolgt vom Wort ***-mercaptan***. In Verbindungen mit funktionellen Gruppen höherer Priorität wird der SH-Substituent durch das Präfix **Sulfanyl-** (veraltet, aber immer noch gebräuchlich auch *Mercapto-*) angegeben. Die Bezeichnungen der Thioether ergeben sich aus der Nennung der beiden an das Schwefelatom gebundenen Alkylgruppen gefolgt vom Suffix *–sulfid*.
- Die S—H-Bindung ist unpolar kovalent; die physikalischen Eigenschaften der Thiole ähneln denen von Kohlenwasserstoffen mit vergleichbarer Molmasse.

8.6 Was sind die charakteristischen Reaktionen der Thiole?
- Thiole ($pK_S \approx 8.5$) sind stärkere Säuren als Alkohole und werden von Hydroxidbasen quantitativ deprotoniert.
- Thiole können zu **Disulfiden** mit einer Disulfidbindung (—S—S—) oxidiert werden. Dieser Prozess ist durch Reduktion umkehrbar.

Wichtige Reaktionen

1. **Acidität von Alkoholen (Abschn. 8.2.1)**
   Methanol und Ethanol haben in verdünnter wässriger Lösung eine ähnliche Acidität wie Wasser. Sekundäre und tertiäre Alkohole sind schwächere Säuren als Wasser:

   $$CH_3OH + H_2O \rightleftharpoons CH_3O^- + H_3O^+ \quad pK_S = 15.5$$

2. **Reaktion von Alkoholen mit aktiven Metallen (Abschn. 8.2.3)**
   Alkohole reagieren mit Li, Na, K und anderen aktiven Metallen unter Bildung von Metallalkoholaten, etwas stärkeren Basen als NaOH oder KOH:

   $$2\,CH_3CH_2OH + 2\,Na \longrightarrow 2\,CH_3CH_2O^-Na^+ + H_2$$

3. **Reaktion von Alkoholen mit HCl, HBr und HI (Abschn. 8.2.4)**
   Primäre Alkohole reagieren mit HBr und HI nach einem S_N2-Mechanismus zu den entsprechenden Halogenalkanen:

   $$CH_3CH_2CH_2CH_2OH + HBr \longrightarrow CH_3CH_2CH_2CH_2Br + H_2O$$

   Tertiäre Alkohole reagieren mit HCl, HBr und HI nach einem S_N1-Mechanismus über eine Carbokation-Zwischenstufe:

   $$(CH_3)_3COH + HCl \xrightarrow{25\,°C} (CH_3)_3CCl + H_2O$$

   Sekundäre Alkohole können mit HCl, HBr und HI je nach dem eingesetzten Alkohol und den Reaktionsbedingungen nach einem S_N2- oder S_N1-Mechanismus reagieren.

4. **Reaktion von Alkoholen mit SOCl$_2$ (Abschn. 8.2.4)**
   Dies ist oft die günstigste Methode, um einen Alkohol in ein Alkylchlorid zu überführen:

   $$CH_3(CH_2)_5OH + SOCl_2 \longrightarrow CH_3(CH_2)_5Cl + SO_2 + HCl$$

5. **Säurekatalysierte Dehydratisierung von Alkoholen (Abschn. 8.2.5)**
   Wenn bei einer Dehydratisierung verschiedene Isomere entstehen können, bildet sich in der Regel das höher substituierte Alken (Saytzeff-Regel):

   $$CH_3CH_2CH(OH)CH_3 \xrightarrow[\text{Hitze}]{H_3PO_4} \underset{\text{Hauptprodukt}}{CH_3CH=CHCH_3} + CH_3CH_2CH=CH_2 + H_2O$$

6. **Oxidation primärer Alkohole zu Aldehyden (Abschn. 8.2.6)**
   Diese Oxidation wird am einfachsten mit Pyridiniumchlorochromat (PCC) durchgeführt:

   $$\text{Cyclopentyl-}CH_2OH \xrightarrow[CH_2Cl_2]{PCC} \text{Cyclopentyl-}CHO$$

7. **Oxidation primärer Alkohol zu Carbonsäuren (Abschn. 8.2.6)**
   Ein primärer Alkohol kann durch Oxidation mit Chromsäure in eine Carbonsäure überführt werden:

   $$CH_3(CH_2)_4CH_2OH + H_2CrO_4 \xrightarrow[\text{Aceton}]{H_2O} CH_3(CH_2)_4COOH + Cr^{3+}$$

8. Oxidation sekundärer Alkohole zu Ketonen (Abschn. 8.2.6)

Ein sekundärer Alkohol kann durch Oxidation mit Chromsäure oder PCC in ein Keton überführt werden:

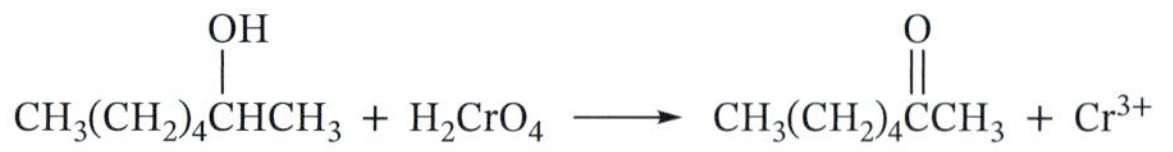

$$CH_3(CH_2)_4\overset{OH}{\underset{|}{C}}HCH_3 + H_2CrO_4 \longrightarrow CH_3(CH_2)_4\overset{O}{\underset{\|}{C}}CH_3 + Cr^{3+}$$

9. Oxidation eines Alkens zu einem Epoxid (Abschn. 8.4.2)

Die am häufigsten genutzte Methode zur Synthese von Epoxiden aus Alkenen ist die Oxidation mit einer Peroxycarbonsäure wie z. B. Peroxyessigsäure:

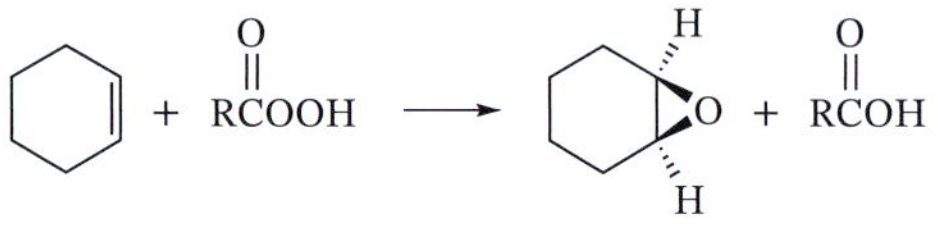

10. Säurekatalysierte Hydrolyse von Epoxiden (Abschn. 8.4.3)

Die säurekatalysierte Hydrolyse eines aus einem cyclischen Alken hergestellten Epoxids ergibt ein *trans*-Glykol (die Hydrolyse eines Cycloalkenoxids erfolgt *trans*-stereoselektiv):

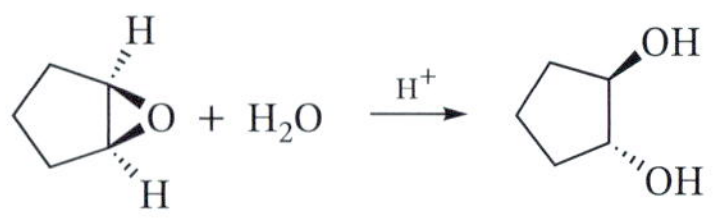

11. Nukleophile Ringöffnung von Epoxiden (Abschn. 8.4.3)

Die gespannten Epoxide können durch gute Nukleophile wie Ammoniak und Amine nach einem S_N2-Mechanismus geöffnet werden. Die Reaktion erfolgt regioselektiv in der Weise, dass das Nukleophil am sterisch weniger gehinderten C-Atom des Dreirings angreift; es bildet sich stereoselektiv das *trans*-Produkt:

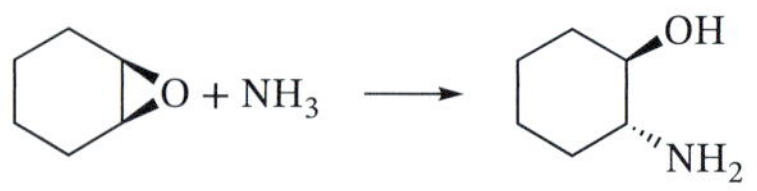

Cyclohexenoxid   *trans*-2-Aminocyclohexanol

12. Acidität von Thiolen (Abschn. 8.6.1)

Thiole sind zwar schwache Säuren ($pK_S \approx 8-9$), aber deutlich acider als Alkohole ($pK_S \approx 16-18$):

$$CH_3CH_2SH + H_2O \rightleftharpoons CH_3CH_2S^- + H_3O^+ \quad pK_S = 8.5$$

13. Oxidation von Thiolen zu Disulfiden (Abschn. 8.6.1)

Bei der Oxidation eines Thiols mit O_2 entsteht ein Disulfid:

$$2\, RSH + \tfrac{1}{2}O_2 \longrightarrow RS\text{-}SR + H_2O$$

Quiz

Sind die folgenden Aussagen richtig oder falsch? Hier können Sie testen, ob Sie die wichtigsten Fakten aus diesem Kapitel parat haben. Wenn Sie mit einer der Fragestellungen Probleme haben, sollten Sie den jeweiligen in Klammern angegebenen Abschnitt in diesem Kapitel noch einmal durcharbeiten, bevor Sie sich an die weiteren, meist etwas schwierigeren Aufgaben zu diesem Kapitel machen.

1. Die Dehydratisierung eines Alkohols erfolgt entweder nach einem E1- oder einem E2-Mechanismus (8.2).
2. Epoxide sind reaktiver als offenkettige Ether (8.3, 8.4).
3. Der Angriff eines Elektrophils am C-Atom eines Epoxidrings führt zur Ringöffnung (8.4).
4. Die Wasserstoffbrückenbindung ist ein Typ einer Dipol-Dipol-Wechselwirkung (8.1).
5. Alkohole haben höhere Siedepunkte als Thiole mit vergleichbarer Molmasse (8.1, 8.5).
6. Thiole sind acider als Alkohole (8.2, 8.5).
7. Alkohole können als Wasserstoffbrücken-Donatoren, aber nicht als Wasserstoffbrücken-Akzeptoren wirken (8.1).
8. Ether können als Wasserstoffbrücken-Donatoren, aber nicht als Wasserstoffbrücken-Akzeptoren wirken (8.3).
9. Bei der Reduktion eines Thiols entsteht ein Disulfid (8.6).
10. Ether sind reaktiver als Alkohole (8.2, 8.3).
11. $(CH_3CH_2)_2CHOH$ ist ein tertiärer Alkohol (8.1).
12. Bei der Oxidation eines sekundären Alkohols mit PCC entsteht ein Keton (8.2).
13. Bei der Oxidation eines primären Alkohols mit PCC entsteht eine Carbonsäure (8.2).
14. Bei einer Dehydratisierung entsteht ein Epoxid (8.2).
15. Alkohole können in Alkene überführt werden (8.2).
16. Alkohole können in Halogenalkane überführt werden (8.2).
17. Bei der Benennung von Alkoholen ist „Alkylalkohol" ein IUPAC-Name, während „Alkanol" einen Trivialnamen darstellt (8.1).
18. −OH ist eine schlechte Austrittsgruppe (8.2).

Ausführliche Erklärungen zu vielen dieser Antworten finden sich im Arbeitsbuch.

Antworten: (1) R (2) R (3) F (4) R (5) R (6) R (7) F (8) F (9) F (10) F (11) F (12) R (13) F (14) F (15) R (16) R (17) F (18) R

Aufgaben

Struktur und Nomenklatur

8.1 Ermitteln Sie für jeden Alkohol den IUPAC-Namen. (Siehe Beispielaufgabe 8.1)

(a) 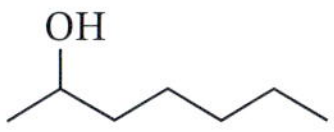 [Struktur: Hexan mit OH an C2]

(b) 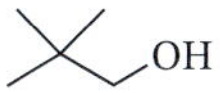 [Struktur: Neopentylalkohol-artig mit OH]

(c) 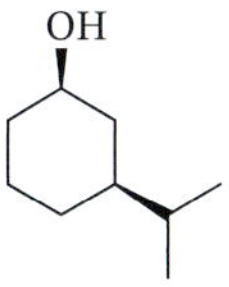 [Struktur: Cyclohexanol mit Isopropyl-Substituent]

(d) 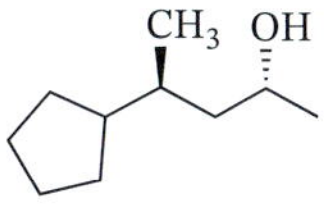 [Struktur: Cyclopentyl mit CH₃ und OH an benachbarten Kohlenstoffen]

8.2 Handelt es sich hier um primäre, sekundäre oder tertiäre Alkohole? (Siehe Beispielaufgabe 8.2)

(a)  [Struktur mit OH]

(b) 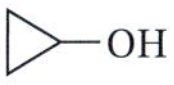 [Cyclopropyl-OH]

(c) CH₂=CHCH₂OH

(d) 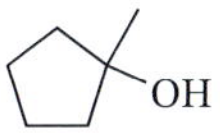 [Cyclopentan mit OH]

(e) 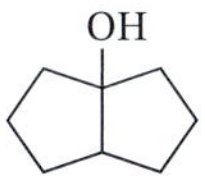 [Bicyclisches System mit OH]

8.3 Bestimmen Sie für jeden Alkohol den IUPAC-Namen. (Siehe Beispielaufgabe 8.3)

(a)  [Pentenol-Struktur]

(b) 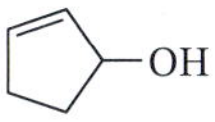 [Cyclopentenol]

(c) 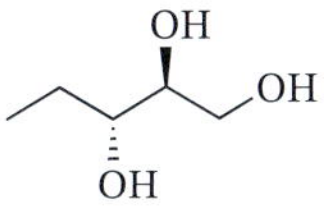 [Diol-Struktur mit zwei OH]

(d) 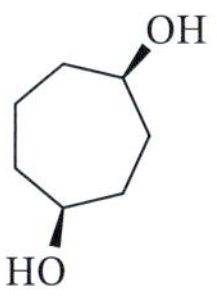 [Cycloheptan mit zwei OH]

8.4 Geben Sie die IUPAC- und die Trivialnamen der folgenden Ether an. (Siehe Beispiel 8.7)

(a) CH₃CHCH₂OCH₂CH₃
        |
        CH₃

(b) 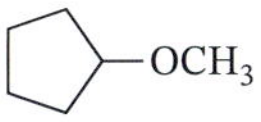 [Cyclopentyl-OCH₃]

(c) 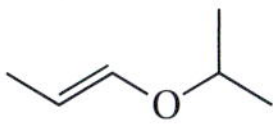 [Vinyl-O-isopropyl]

8.5 Ermitteln Sie IUPAC-Namen für die folgenden Thiole. (Siehe Beispielaufgabe 8.11)

(a) 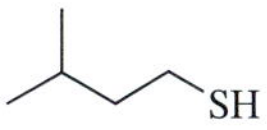 [Struktur mit SH]

(b) 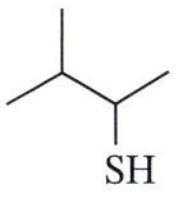 [Struktur mit SH]

(c) 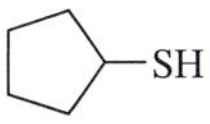 [Cyclopentyl-SH]

8.6 Zeichnen Sie für jeden der folgenden Alkohole eine Strukturformel. (Siehe Beispielaufgaben 8.1, 8.3 und 8.11)

(a) Isopropylalkohol
(b) Propylenglykol
(c) (R)-5-Methyl-2-hexanol
(d) 2-Methyl-2-propyl-1,3-propandiol
(e) 2,2-Dimethyl-1-propanol
(f) 2-Mercaptoethanol
(g) 1,4-Butandiol
(h) (Z)-5-Methyl-2-hexen-1-ol
(i) cis-3-Penten-1-ol
(j) trans-1,4-Cyclohexandiol

Physikalische Eigenschaften

8.7 Ordnen Sie diese Verbindungen nach steigendem Siedepunkt. (Siehe Beispielaufgabe 8.8)

CH₃OCH₂CH₂OCH₃   HOCH₂CH₂OH   CH₃OCH₂CH₂OH

8.8 Ordnen Sie den folgenden Verbindungen die entsprechenden Siedepunkte zu (–42 °C, 78 °C, 117 °C und 198 °C).

(a) CH₃CH₂CH₂CH₂OH
(b) CH₃CH₂OH
(c) HOCH₂CH₂OH
(d) CH₃CH₂CH₃

8.9 Propansäure und Essigsäuremethylester sind Konstitutionsisomere, die beide bei Raumtemperatur flüssig sind.

$$\underset{\text{Propansäure}}{CH_3CH_2\overset{O}{\underset{\|}{C}}OH} \qquad \underset{\text{Essigsäuremethylester}}{CH_3\overset{O}{\underset{\|}{C}}OCH_3}$$

Eine der Verbindungen hat einen Siedepunkt von 141 °C, die andere von 57 °C. Ordnen Sie zu.

8.10 Zeichnen Sie alle gestaffelten Konformationen von Ethylenglykol (HOCH₂CH₂OH). Warum ist die Konformation, in der sich die beiden OH-Gruppen am nächsten sind, um 4.2 kJ/mol

(1 kcal/mol) stabiler als die, in der sie am weitesten voneinander entfernt sind? (Siehe Beispielaufgabe 3.7)

8.11 Im Folgenden sind die Strukturformeln von 1-Butanol und 1-Butanthiol abgebildet.

$$\text{\textasciitilde\textasciitilde OH} \qquad \text{\textasciitilde\textasciitilde SH}$$
1-Butanol   1-Butanthiol

Ordnen Sie den Verbindungen die Siedepunkte 98.5 °C und 117 °C zu.

8.12 Bestimmen Sie jeweils die besser wasserlösliche Verbindung. (Siehe Beispielaufgabe 8.8)

(a) CH_2Cl_2 oder CH_3OH

(b) $CH_3\overset{O}{\underset{\|}{C}}CH_3$ oder $CH_3\overset{CH_2}{\underset{\|}{C}}CH_3$

(c) CH_3CH_2Cl oder $NaCl$

(d) $CH_3CH_2CH_2SH$ oder $CH_3CH_2CH_2OH$

(e) $CH_3CH_2\overset{OH}{\underset{|}{C}H}CH_2CH_3$ oder $CH_3CH_2\overset{O}{\underset{\|}{C}}CH_2CH_3$

Synthese von Alkoholen

8.13 Wie kann 1,2-Dimethylcyclohexen in *trans*-1,2-Dimethylcyclohexan-1,2-diol überführt werden? (Siehe Beispielaufgabe 8.10)

trans-1,2-Dimethylcyclohexan-1,2-diol

8.14 Geben Sie jeweils die Strukturformeln des Alkens oder der Alkene an, aus denen die folgenden Alkohole und Glykole hergestellt werden können. (Siehe Beispielaufgaben 5.5 und 8.10)

(a) 2-Butanol
(b) 1-Methylcyclohexanol
(c) 3-Hexanol
(d) 2-Methyl-2-pentanol
(e) Cyclopentanol
(f) 1,2-Propandiol

8.15 Sowohl die Addition von Brom an Cyclopenten als auch die säurekatalysierte Hydrolyse von Cyclopentenoxid erfolgen stereoselektiv – es entsteht jeweils ein *trans*-Produkt. Vergleichen Sie die Mechanismen beider Reaktionen und erklären Sie, warum sich jeweils die *trans*-Produkte bilden.

Acidität von Alkoholen und Thiolen

8.16 Geben Sie stöchiometrisch ausgeglichene Gleichungen für die folgenden Reaktionen an. Wenn es sich um eine Säure-Base-Reaktion handelt, bestimmen Sie die Gleichgewichtslage. (Siehe Beispielaufgabe 8.4)

(a) Cyclopentanol + $HO-\overset{O}{\underset{\|}{C}}-OH$ ⇌

(b) $\text{\textasciitilde\textasciitilde OH}$ + Na ⟶

(c) $CH_3CH_2OH + CH_3-\overset{O}{\underset{\|}{C}}-O^-Na^+$ ⇌

(d) $\text{\textasciitilde\textasciitilde}\!-\!\!\equiv\!\!-\!H$ + $Na^+\;^-OCH_3$ ⇌

8.17 Welche Produkte erwarten Sie in den folgenden Reaktionen? Wenn es sich um eine Säure-Base-Reaktion handelt, geben Sie die Gleichgewichtslage an. (Siehe Beispielaufgabe 8.12)

(a) $\text{\textasciitilde}\overset{S^-\,K^+}{\underset{|}{CH}}\text{\textasciitilde}$ + $CH_3-\overset{O}{\underset{\|}{C}}-OH$ ⇌

(b) $HS\text{\textasciitilde\textasciitilde}OH$ + NaOH (1 Äquiv.) ⇌

(c) $\text{\textasciitilde}\overset{}{\underset{SH}{}}\text{\textasciitilde}\overset{}{\underset{SH}{}}\text{\textasciitilde}$ $\xrightarrow{\text{Oxidation}}$

(d) $\text{\textasciitilde}S^{\text{\textasciitilde}}S\text{\textasciitilde}$ $\xrightarrow{\text{Reduktion}}$

8.18 Geben Sie in den folgenden Gleichgewichtsreaktionen jeweils die stärkere Säure, die stärkere Base, die schwächere Säure und die schwächere Base an und leiten Sie daraus die Gleichgewichtslagen ab (die pK_S-Werte entnehmen Sie Tab. 2.2). (Siehe Beispielaufgabe 8.4)

(a) $CH_3CH_2O^- + HCl$ ⇌ $CH_3CH_2OH + Cl^-$

(b) $CH_3\overset{O}{\underset{\|}{C}}OH + CH_3CH_2O^-$ ⇌ $CH_3\overset{O}{\underset{\|}{C}}O^- + CH_3CH_2OH$

Reaktionen von Alkoholen

8.19 Vervollständigen Sie die folgenden Reaktionsgleichungen von säurekatalysierten Dehydratisierungen von Alkoholen durch Angabe der gebildeten Alkene und geben Sie an, welches Alken jeweils das Hauptprodukt ist. (Siehe Beispielaufgabe 8.5)

(a) 3-Methyl-2-butanol $\xrightarrow[\text{Hitze}]{H_2SO_4}$

(b) Cyclopentanol-Derivat $\xrightarrow[\text{Hitze}]{H_2SO_4}$

(c) $\xrightarrow[\text{Hitze}]{H_2SO_4}$

8.20 Zeichnen Sie die Produkte, die bei der Oxidation der folgenden Alkohole mit Chromsäure entstehen. (Siehe Beispielaufgabe 8.6)
(a) 1-Hexanol
(b) 2-Hexanol
(c) Cyclohexanol

8.21 Zeigen Sie, wie man mithilfe einer einfachen chemischen Testreaktion zwischen Cyclohexanol und Cyclohexen unterscheiden kann. (*Hinweis:* Versetzen Sie beide Verbindungen mit Br_2 in CCl_4 und beobachten Sie, was passiert.)

8.22 Stellen Sie Reaktionsgleichungen für die Reaktion von 1-Butanol (einem primären Alkohol) mit den folgenden Reagenzien auf. (Siehe Beispielaufgaben 8.4 und 8.6)
(a) Na-Metall
(b) HBr, Hitze
(c) $K_2Cr_2O_7$, H_2SO_4, Hitze
(d) $SOCl_2$
(e) Pyridiniumchlorochromat (PCC)

8.23 Wenn (R)-2-Butanol mit wässriger Säure umgesetzt wird, verliert es langsam seine optische Aktivität. Werden die organischen Verbindungen aus der wässrigen Lösung isoliert, findet sich nur 2-Butanol. Wie lässt sich die Racemisierung erklären?

8.24 Was ist der wahrscheinlichste Mechanismus für die folgende Reaktion?

Zeichnen Sie Strukturformeln der in dieser Reaktion auftretenden Zwischenstufen.

8.25 In der industriellen Synthese von *tert*-Butylmethylether (MTBE), das früher als Antiklopfmittel in Kraftstoffen (als Additiv zur Verbesserung der Oktanzahl) eingesetzt wurde, werden 2-Methylpropen und Methanol über einen sauren Katalysator geleitet und zum Ether umgesetzt. Schlagen Sie einen Mechanismus für diese Reaktion vor. (Siehe Beispielaufgaben 5.5 und 5.6)

$$CH_3C=CH_2 + CH_3OH \xrightarrow{\text{Säure-katalysator}} CH_3COCH_3$$

2-Methylpropen (Isobuten)   Methanol   2-Methoxy-2-methylpropan (Methyl-*tert*-butylether, MTBE)

8.26 Cyclische Bromalkohole gehen bei Umsetzung mit einer Base gelegentlich eine S_N2-Reaktion unter Bildung eines Ethers ein. Schlagen Sie für die Reaktionen (a) und (b) einen Mechanismus vor. Warum findet in Fall (c) keine vergleichbare Reaktion statt? Was geschieht in Fall (d)?

(a)–(d) [Reaktionsschemata]
(d) Welches Produkt entsteht? Geben Sie einen Mechanismus für die Reaktion an.

8.27 Geben Sie Mechanismen für die folgenden Reaktionen an, mit einem besonderen Augenmerk auf die Verwendung vollständiger und korrekter Elektronenflusspfeile:

(a) [Reaktionsschema mit H_2SO_4, Δ]
(b) [Reaktionsschema mit H_2SO_4, Δ]

Synthesen

8.28 Zeichnen sie eine Strukturformel des Epoxids, das aus der Umsetzung von 1,2-Dimethylcyclopenten mit einer Peroxycarbonsäure entsteht. (Siehe Beispielaufgabe 8.9)

8.29 Wie lassen sich die folgenden Umsetzungen realisieren? (Siehe Beispielaufgaben 8.5, 8.6 und 8.10)
(a) 1-Propanol in 2-Propanol in zwei Schritten.
(b) Cyclohexen in Cyclohexanon in zwei Schritten.
(c) Cyclohexanol in *trans*-1,2-Cyclohexandiol in drei Schritten.
(d) Propen in Propanon (Aceton) in zwei Schritten.

8.30 Geben Sie geeignete Reagenzien und Reaktionsbedingungen an, um die folgenden Verbindungen aus 1-Propanol herzustellen. (Jedes Produkt, dass in den ersten Teilaufgaben entsteht, kann in den folgenden Teilaufgaben als Ausgangsmaterial eingesetzt werden.) (Siehe Beispielaufgaben 8.5, 8.6, 8.9 und 8.10)
(a) Propanal
(b) Propansäure
(c) Propen
(d) 2-Propanol
(e) 2-Brompropan
(f) 1-Chlorpropan
(g) Propanon
(h) 1,2-Propandiol

8.31 Wie können die folgenden Verbindungen aus 2-Methyl-1-propanol (Isobutylalkohol) hergestellt werden? Falls mehr als ein Schritt erforderlich ist, geben Sie auch die Zwischenprodukte an. (Siehe Beispielaufgaben 8.5, 8.6, 8.9 und 8.10)

(a) 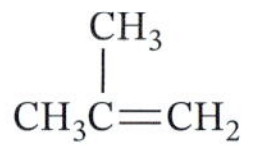 $\quad$ CH$_3$
$\qquad$ |
$\quad$ CH$_3$C=CH$_2$

(b) $\quad$ CH$_3$
$\qquad$ |
$\quad$ CH$_3$CCH$_3$
$\qquad$ |
$\qquad$ OH

(c) $\quad$ CH$_3$
$\qquad$ |
$\quad$ CH$_3$C—CH$_2$
$\qquad$ |$\quad\;$|
$\qquad$ HO$\;$ OH

(d) 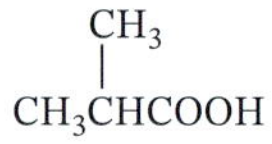 $\quad$ CH$_3$
$\qquad$ |
$\quad$ CH$_3$CHCOOH

8.32 Wie lassen sich die folgenden Verbindungen aus 2-Methylcyclohexanol herstellen? Falls mehr als ein Schritt erforderlich ist, geben Sie auch die Zwischenprodukte an. (Siehe Beispielaufgaben 8.5, 8.6, 8.9 und 8.10)

(a)

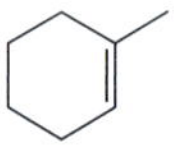

(b)

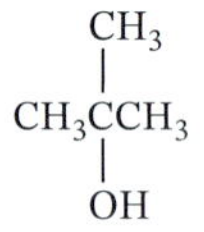

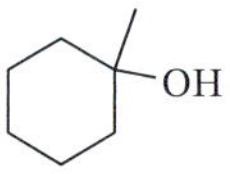

(c)

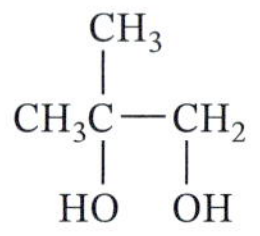

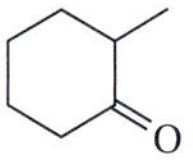

(d)

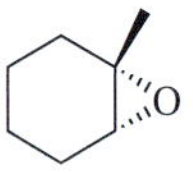

(e) 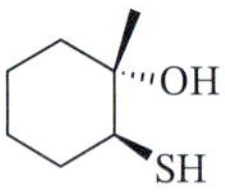 racemisch

(f) 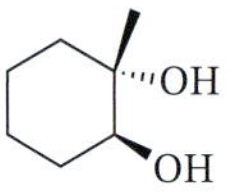 racemisch

8.33 Nutzen Sie Ihre in den bisherigen Kapiteln gesammelten Kenntnisse zu den besprochenen Reaktionen und geben Sie an, wie die folgenden Umsetzungen zu realisieren sind. Achten Sie vor allem auch auf die Stereochemie der Produkte. Wenn sich mehr als ein Stereoisomer bilden kann, geben Sie alle Stereoisomere an. *Hinweis:* Einige Umsetzungen erfordern mehr als einen Schritt.

(a)

(b)

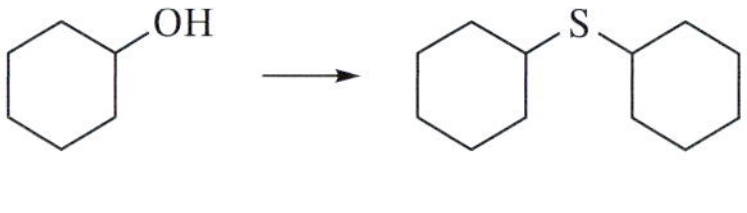

(c)

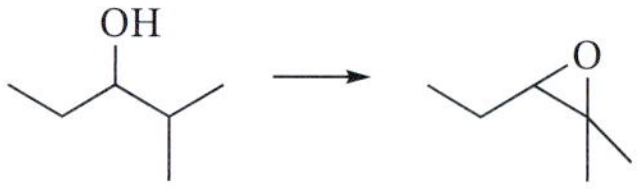

(d)

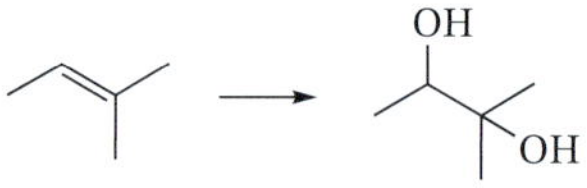

(e)

(f)

(g)

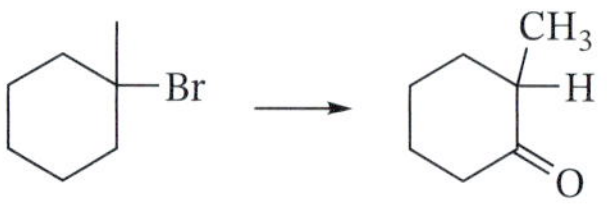

(h)

(i)

(j)

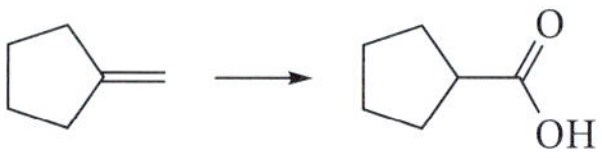

(k)

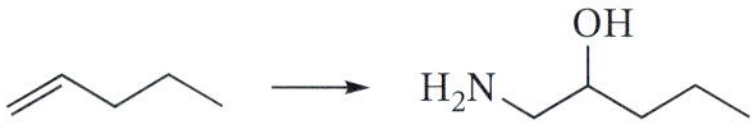

(l) 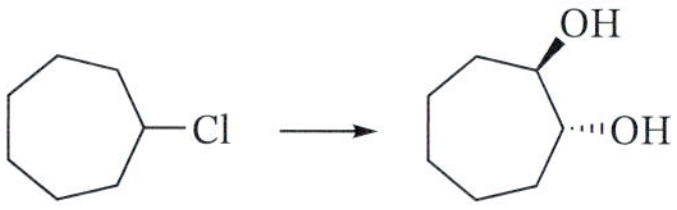 racemisch

(m) 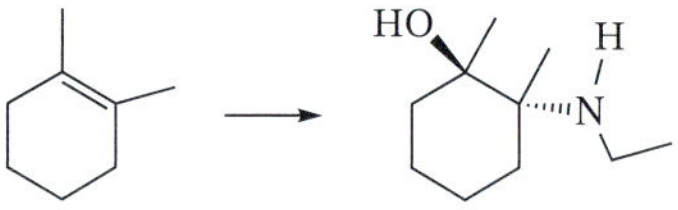 racemisch

(n)

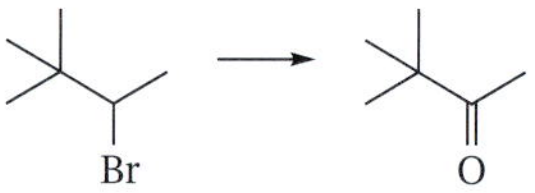

(o)

(p)

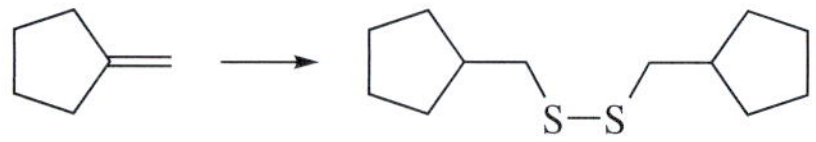

(q)

(r)

Ausblick

8.34 Auch Verbindungen mit N–H-Gruppen können Wasserstoffbrückenbindungen eingehen.

(a) Würden Sie erwarten, dass diese Bindungen stärker sind als die, an denen O–H-Gruppen beteiligt sind?

(b) Wird also 1-Butanol oder 1-Butanamin den höheren Siedepunkt haben?

$\text{CH}_3\text{CH}_2\text{CH}_2\text{CH}_2\text{OH}$ $\text{CH}_3\text{CH}_2\text{CH}_2\text{CH}_2\text{NH}_2$

1-Butanol   1-Butanamin

8.35 In Kap. 14 werden wir sehen, dass die Reaktivität der folgenden Carbonylverbindungen gegenüber Nukleophilen umso größer ist, je besser die Austrittsgruppe stabilisiert ist. Ordnen Sie die Carbonylverbindungen basierend auf den Stabilitäten der jeweils farbig hinterlegten Austrittsgruppe nach ihrer Reaktivität (von der reaktivsten zur unreaktivsten).

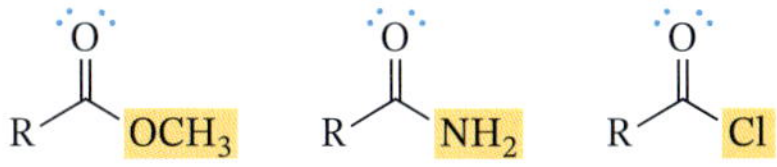

$\text{R}-\text{CO}-\text{OCH}_3$ $\text{R}-\text{CO}-\text{NH}_2$ $\text{R}-\text{CO}-\text{Cl}$

A   B   C

[Quelle: © Courtesy Douglas Brown.]

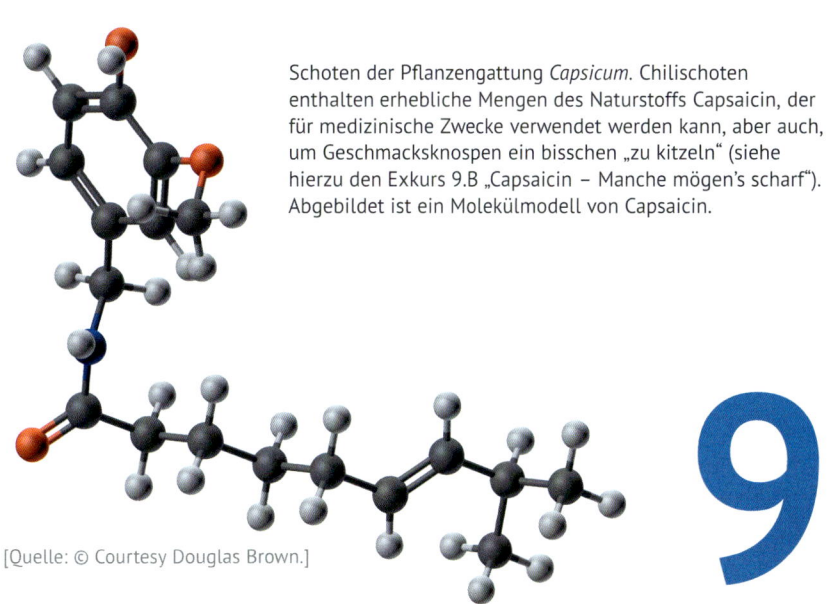

Schoten der Pflanzengattung *Capsicum*. Chilischoten enthalten erhebliche Mengen des Naturstoffs Capsaicin, der für medizinische Zwecke verwendet werden kann, aber auch, um Geschmacksknospen ein bisschen „zu kitzeln" (siehe hierzu den Exkurs 9.B „Capsaicin – Manche mögen's scharf"). Abgebildet ist ein Molekülmodell von Capsaicin.

9
Benzol und seine Derivate

Inhalt
9.1 Welche Struktur hat Benzol?
9.2 Was ist Aromatizität?
9.3 Wie benennt man Benzolderivate und welche physikalischen Eigenschaften haben sie?
9.4 Was ist eine benzylische Position und welchen Anteil hat sie an der Reaktivität von Aromaten?
9.5 Was ist die elektrophile aromatische Substitution?
9.6 Wie läuft eine elektrophile aromatische Substitution mechanistisch ab?
9.7 Welchen Einfluss haben Substituenten am Benzol auf die elektrophile aromatische Substitution?
9.8 Was sind Phenole?

Gewusst wie
9.1 Wie man feststellt, ob ein Elektronenpaar Teil eines aromatischen π-Systems ist oder nicht
9.2 Wie man feststellt, ob ein Substituent am Benzol elektronenziehend ist

Exkurse
9.A Karzinogene polycyclische Aromaten und Krebs
9.B Capsaicin – Manche mögen's scharf

Benzol, eine farblose Flüssigkeit, wurde erstmals im Jahr 1825 von Michael Faraday aus den öligen Rückständen in den Leuchtgasleitungen von London isoliert. Die Summenformel des Benzols, C_6H_6, wies auf eine mehrfach ungesättigte Verbindung hin. Zum Vergleich: Ein Alkan mit sechs C-Atomen hat die Summenformel C_6H_{14} und die Summenformel eines Cycloalkans mit sechs C-Atomen ist C_6H_{12}. Aus diesem deutlich ungesättigten Charakter des Benzols könnte man schließen, dass es viele der für Alkene bekannten Reaktionen eingeht. Tatsächlich zeigte sich aber, dass Benzol bemerkenswert *unreaktiv* ist! Es geht keine Additionen ein, keine Oxidationen und keine Reduktionen – alles Reaktionen, die für Alkene typisch sind. Benzol reagiert weder mit Brom noch mit Chlorwasserstoff oder anderen Reagenzien, die normalerweise an Kohlenstoff-Kohlenstoff-Doppelbindungen addiert werden können. Auch wird Benzol unter Bedingungen, unter denen Alkene normalerweise oxidiert werden, nicht von Persäuren angegriffen. *Wenn* Benzol reagiert, dann in einer Substitution, in der ein Wasserstoffatom durch ein anderes Atom oder eine Atomgruppe ersetzt wird.

Der Begriff *aromatisch* wurde ursprünglich benutzt, um Benzol und seine Derivate durch ihren typischen Geruch zu charakterisieren. Es wurde allerdings rasch deutlich, dass eine tragfähigere Klassifizierung erforderlich war – eine, die auf strukturellen Eigenschaften oder der chemischen Reaktivität basiert. In der heute verwendeten Bedeutung beschreibt der Begriff **aromatisch** die Tatsache, dass Benzol und seine Derivate unerwartet stabil gegenüber Reagenzien sind, mit denen Alkene reagieren würden.

Aus Gaslampen wie dieser gewann Faraday erstmalig Benzol. [Quelle: © Presselect/Alamy Stock Photo.]

Einführung in die Organische Chemie, Erste Auflage. William H. Brown und Thomas Poon.
© 2021 WILEY-VCH GmbH. Published 2021 by WILEY-VCH GmbH.

Wir nutzen die Bezeichnung **aromatische Verbindungen** (oft auch nur kurz Aromaten) für aromatische Kohlenwasserstoffe. Benzol ist der Grundkörper aller aromatischen Verbindungen. So wie eine Gruppe, die durch Entfernen eines H-Atoms aus einem Alkan entsteht, als Alkylgruppe bezeichnet wird und mit –R abgekürzt wird, wird eine Gruppe, die durch Entfernen eines H-Atoms aus einer aromatischen Verbindung entsteht, als **Arylgruppe** bezeichnet und mit dem Symbol **–Ar** abgekürzt.

9.1 Welche Struktur hat Benzol?

Wir wollen uns kurz in die Mitte des 19. Jahrhunderts zurückversetzen und uns die Beweislage ansehen, auf deren Grundlage damals Strukturvorschläge für Benzol gemacht wurden. Da C_6H_6 als Summenformel bestätigt war, war es offensichtlich, dass die Verbindung mehrfach ungesättigt sein musste, obwohl Benzol keine der charakteristischen Eigenschaften der Alkene aufwies, der einzigen damals bekannten ungesättigten Kohlenwasserstoffe. Benzol geht durchaus chemische Reaktionen ein, aber die charakteristische Reaktion ist die Substitution und nicht die Addition. Wird Benzol in Gegenwart katalytischer Mengen Eisen(III)-bromid mit Brom umgesetzt, entsteht beispielsweise nur *eine* Verbindung mit der Summenformel C_6H_5Br:

$$\underset{\text{Benzol}}{C_6H_6} + Br_2 \xrightarrow{FeBr_3} \underset{\text{Brombenzol}}{C_6H_5Br} + HBr$$

Hieraus schloss man, dass alle Kohlenstoffatome und auch alle Wasserstoffatome in Benzol äquivalent sein mussten. Wird das erhaltene Brombenzol nochmals mit Brom und dem Katalysator Eisen(III)-bromid umgesetzt, entstehen drei isomere Dibrombenzole:

$$\underset{\text{Brombenzol}}{C_6H_5Br} + Br_2 \xrightarrow{FeBr_3} \underset{\substack{\text{Dibrombenzol} \\ \text{(als Mischung dreier} \\ \text{Konstitutionsisomere)}}}{C_6H_4Br_2} + HBr$$

Mitte des 19. Jahrhunderts stand man damit vor dem Problem, diese Beobachtungen mit der etablierten Vierbindigkeit des Kohlenstoffatoms in Einklang bringen und auf dieser Grundlage eine Struktur für das Molekül finden zu müssen. Bevor wir uns die entsprechenden Vorschläge ansehen wollen, sollte man anmerken, dass das Strukturproblem des Benzols und anderer aromatischer Kohlenwasserstoffe die Bemühungen der Chemiker länger als ein Jahrhundert in Anspruch genommen hat. Erst in den 1930er Jahren wurde ein Modell entwickelt, das ein Verständnis der einzigartigen Struktur und der besonderen chemischen Reaktivität von Benzol und seinen Derivaten ermöglichte.

9.1.1 Kekulés Strukturvorschlag für Benzol

Die von August Kekulé im Jahr 1872 vorgeschlagene Struktur für Benzol bestand aus einem Sechsring aus C-Atomen mit alternierenden Einfach- und Doppelbindungen, in dem an jedes Kohlenstoffatom ein Wasserstoffatom gebunden war. Kekulé schlug darüber hinaus vor, dass die drei Doppelbindungen und die drei Einfachbindungen im Ring sehr rasch ihre Positionen wechseln sollten – zu schnell, als dass eine Trennung der beiden Strukturen möglich sei. Diese Strukturen wurden als **Kekulé-Strukturen** bekannt.

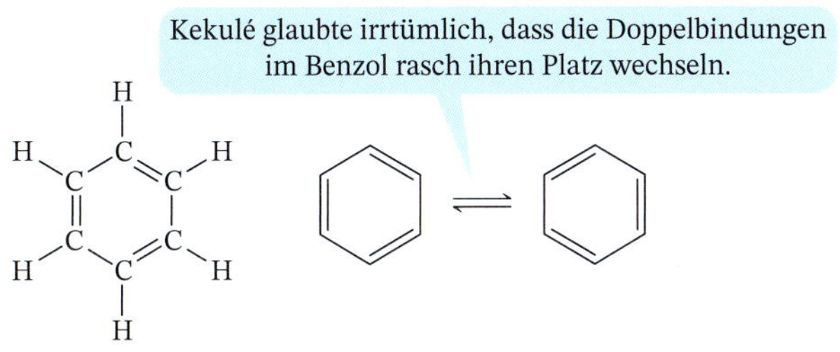

Kekulé glaubte irrtümlich, dass die Doppelbindungen im Benzol rasch ihren Platz wechseln.

eine Kekulé-Struktur, in der alle Atome gezeigt sind

Kekulé-Strukturen als Skelettformeln

Weil in Kekulés Struktur alle Kohlenstoff- und alle Wasserstoffatome äquivalent sind, führt die Substitution eines H-Atoms durch Brom immer zu derselben Verbindung. Kekulés Strukturvorschlag war also damit vereinbar, dass die Reaktion von Benzol mit Brom in Gegenwart von Eisen(III)-bromid nur *ein* Produkt mit der Summenformel C_6H_5Br liefert.

Darüber hinaus berücksichtigte sein Vorschlag auch, dass die Bromierung von Brombenzol zu drei (und nur drei) isomeren Dibrombenzolen führt.

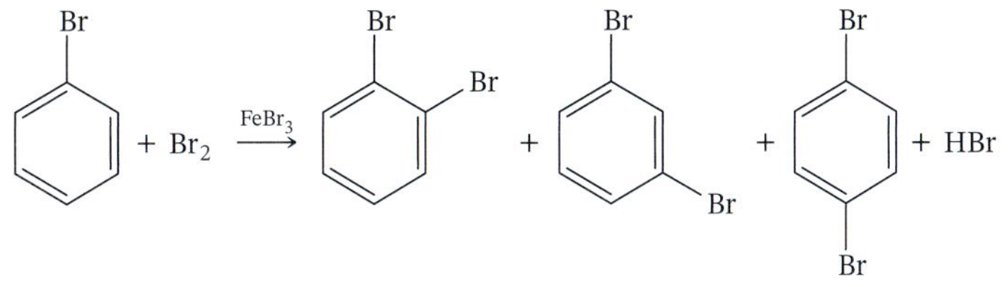

die drei isomeren Dibrombenzole

Obwohl Kekulés Vorschlag mit vielen experimentellen Beobachtungen konsistent war, wurde er jahrelang in Frage gestellt. Der wesentliche Kritikpunkt war dabei, dass er die ungewöhnliche chemische Reaktivität des Benzols nicht erklären konnte. Wenn Benzol drei Doppelbindungen enthält, warum – so fragten die Kritiker – zeigt es dann nicht die für Alkene typischen Reaktionen? Warum werden nicht drei Äquivalente Brom unter Bildung von 1,2,3,4,5,6-Hexabromcyclohexan addiert? Warum finden an Benzol Substitutionen statt und keine Additionen?

Im Folgenden sind vier Strukturen abgebildet, die ebenfalls für das Benzol vorgeschlagen wurden.

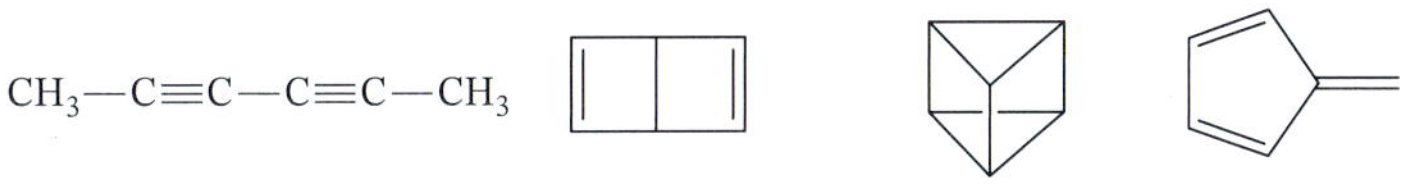

$CH_3-C\equiv C-C\equiv C-CH_3$

Hexa-2,4-diin   Dewar-Benzol   Prisman (Ladenburg-Benzol)   Fulven

Welche dieser Verbindungen würden die typischen Reaktionen von Alkenen nicht zeigen? Welche würden nur ein mögliches Produkt liefern, wenn ein Wasserstoff- gegen ein Bromatom ausgetauscht wird? Welche dieser Verbindungen wären wegen ungünstiger Bindungswinkel oder Bindungslängen sehr gespannt und daher reaktiv?

9.1.2 Das Orbitalmodell des Benzolmoleküls

Die Konzepte zur **Hybridisierung von Atomorbitalen** und die **Resonanztheorie**, die Linus Pauling in den 1930er Jahren entwickelte, erlaubten erstmals eine angemessene Beschreibung der Struktur von Benzol. Demnach entsteht das Kohlenstoffgerüst im Benzolmolekül durch Überlappung von sp^2-Hybridorbitalen der C-Atome als reguläres Sechseck mit C−C−C- und H−C−C-Winkeln von jeweils 120° (Abschn. 1.6.5).

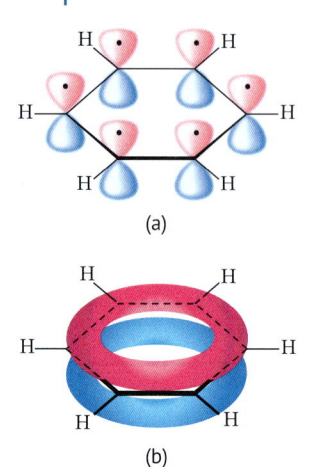

Abb. 9.1 Orbitalmodell der Bindungen in Benzol. (a) Das Kohlenstoff-Wasserstoff-Gerüst. Die sechs jeweils mit einem Elektron gefüllten 2p-Orbitale sind ohne Überlappung dargestellt. (b) Durch Überlappung der zueinander parallelen 2p-Orbitale entsteht eine kontinuierliche π-Wolke, dargestellt als ein Torus oberhalb und ein zweiter Torus unterhalb der Ringebene.

Jedes Kohlenstoffatom geht durch wechselseitige Überlappung von sp^2-Hybridorbitalen σ-Bindungen mit zwei benachbarten C-Atomen und durch Überlappung des dritten sp^2-Hybridorbitals mit dem 1s-Orbital des Wasserstoffatoms eine σ-Bindung zu einem H-Atom ein. Experimentell konnte nachgewiesen werden, dass alle Kohlenstoff-Kohlenstoff-Bindungen in Benzol dieselbe Bindungslänge von 139 pm besitzen – ein Wert, der zwischen den typischen Werten für Einfachbindungen zwischen sp^3-hybridisierten C-Atomen (154 pm) und denen für Doppelbindungen zwischen sp^2-hybridisierten C-Atomen (133 pm) liegt.

Damit ist an jedem C-Atom noch ein unhybridisiertes 2p-Orbital übrig, jeweils gefüllt mit einem Elektron. Diese sechs 2p-Orbitale stehen senkrecht auf der Ringebene und überlappen seitlich unter Bildung einer kontinuierlichen π-Wolke, die alle sechs Kohlenstoffatome ober- und unterhalb der Ringebene umgibt. Die Elektronendichte des π-Systems in einem Benzolring liegt in einem Torus (in einem donutförmigen Bereich) oberhalb der Ringebene und in einem zweiten Torus unterhalb der Ringebene (Abb. 9.1).

9.1.3 Das Resonanzmodell des Benzolmoleküls

Können für eine Verbindung zwei oder mehr Grenzformeln gezeichnet werden, so kann das betreffende Molekül nicht angemessen durch eine einzige Struktur dargestellt werden – so eine Kernaussage der Resonanztheorie. Wir müssen Benzol daher als Resonanzhybrid zweier äquivalenter Grenzformeln darstellen, die oft als *Kekulé-Strukturen* bezeichnet werden.

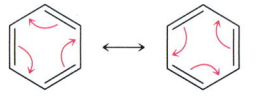

Benzol als Resonanzhybrid zweier äquivalenter Grenzformeln

Jede Kekulé-Struktur trägt gleichberechtigt zu diesem Resonanzhybrid bei; die C—C-Bindungen sind daher weder Einfach- noch Doppelbindungen, sondern irgendetwas dazwischen. Dabei ist uns klar, dass keine der Grenzformeln in der jeweiligen Form tatsächlich existiert (es sind lediglich alternative Möglichkeiten, die 2p-Orbitale paarweise zu gruppieren, ohne dass es einen Grund geben könnte, die eine gegenüber der anderen zu bevorzugen), sondern dass die tatsächliche Struktur als Mischung der beiden Grenzformeln zu verstehen ist. Oft stellt man das Benzolmolekül (und ähnliche Verbindungen) trotzdem durch nur eine der Grenzformeln dar, weil dies der korrekten Struktur so nahe kommt, wie es innerhalb der Beschränkungen, die einem die klassische Lewis-Formel zusammen mit der Vierbindigkeit von Kohlenstoff auferlegt, nur möglich ist.

9.1.4 Die Resonanzenergie von Benzol

Die **Resonanzenergie** ist die Energiedifferenz zwischen einem Resonanzhybrid und der stabilsten hypothetischen Grenzstruktur (der durch *eine* Grenzformel festgelegten Struktur). Eine Möglichkeit zur Abschätzung der Resonanzenergie von Benzol ist, die Hydrierwärmen von Cyclohexen und Benzol zu vergleichen (Benzol kann – unter drastischen Bedingungen – einer Hydrierung unterworfen werden). In Gegenwart eines Übergangsmetallkatalysators reduziert Wasserstoff Cyclohexen leicht zu Cyclohexan (Abschn. 5.6):

$$\text{Cyclohexen} + H_2 \xrightarrow[\text{1–2 bar}]{\text{Ni}} \text{Cyclohexan} \qquad \Delta H^\circ = -120 \text{ kJ/mol} \\ (-28.6 \text{ kcal/mol})$$

Im Gegensatz dazu wird Benzol unter diesen Bedingungen nur sehr langsam zu Cyclohexan reduziert. Die Reduktion erfolgt rascher, wenn die Reaktion bei erhöhter Temperatur und unter einem Wasserstoffdruck von mehreren hundert bar durchgeführt wird.

> Weil Benzol unter den Bedingungen, die zur Hydrierung von Alkenen genutzt werden, nicht reagiert, muss die Reduktion mit extremem H_2-Druck durchgeführt werden.

$$\text{Benzol} + 3 H_2 \xrightarrow[\text{200–300 bar}]{\text{Ni}} \text{Cyclohexan} \qquad \Delta H^\circ = -209 \text{ kJ/mol} \\ (-49.8 \text{ kcal/mol})$$

Die katalytische Reduktion eines Alkens ist eine exotherme Reaktion (Abschn. 5.6). Die Hydrierwärme pro Doppelbindung variiert je nach Substitutionsmuster an der Doppelbindung etwas; für Cyclohexen ist $\Delta H^\circ = -120$ kJ/mol (-28.6 kcal/mol). Stellen wir uns nun Benzol als Verbindung vor, in der die $2p$-Elektronen nur innerhalb der C=C-Doppelbindungen einer Grenzformel überlappen (also als ein hypothetisches Cyclohexatrien mit alternierenden Einfach- und Doppelbindungen), dann sollten wir erwarten, dass die Hydrierwärme für diese Verbindung $3 \times -120 = -360$ kJ/mol (-86 kcal/mol) betrüge. Tatsächlich ergibt die Messung der Hydrierwärme des Benzols aber einen Wert von -209 kJ/mol (-49.8 kcal/mol). Die Differenz von 151 kJ/mol (36.1 kcal/mol) zwischen der erwarteten und der gemessenen Hydrierwärme ist die **Resonanzenergie** des Benzols. Abb. 9.2 zeigt diese Zusammenhänge graphisch.

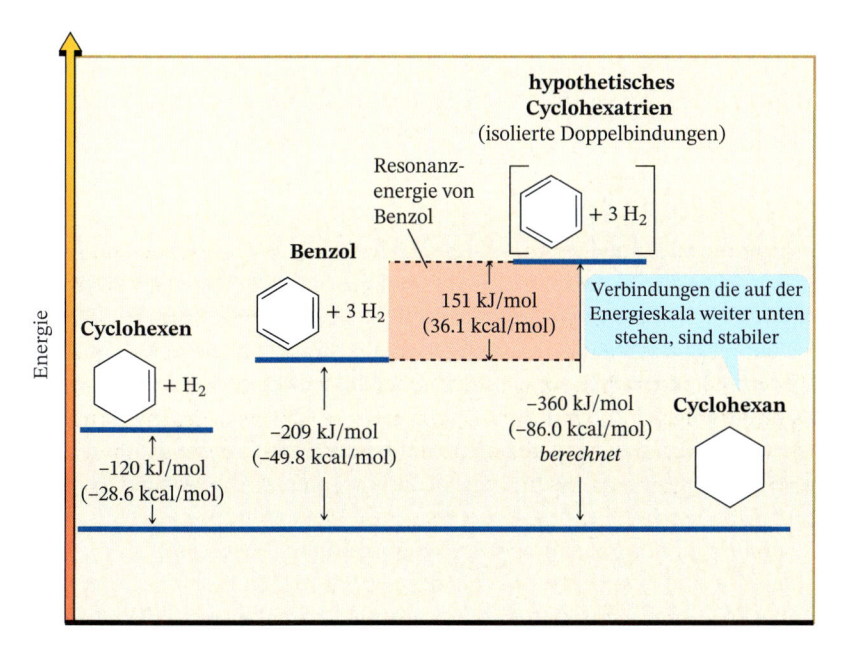

Abb. 9.2 Die Resonanzenergie des Benzols, bestimmt durch Vergleich der Hydrierwärmen von Cyclohexen, Benzol und dem hypothetischen Cyclohexatrien.

Zum Vergleich: Die Stärke einer Kohlenstoff-Kohlenstoff-Einfachbindung beträgt etwa 333–418 kJ/mol (80–100 kcal/mol) und die Wasserstoffbrückenbindung zwischen Wasser und einem niedermolekularen Alkohol liegt bei etwa 8.4–21 kJ/mol (2–5 kcal/mol). Obwohl also die Resonanzenergie von Benzol kleiner ist als die Bindungsenergie einer Kohlenstoff-Kohlenstoff-Doppelbindung, ist sie doch deutlich größer als die Stärke einer Wasserstoffbrücke zwischen Wasser und einem Alkohol. In Abschn. 8.1.3 haben wir gesehen, dass Wasserstoffbrücken einen deutlichen Einfluss auf die physikalischen Eigenschaften von Alkoholen im Vergleich zu denen der Alkane haben. In diesem Kapitel werden wir feststellen, dass die Resonanzenergie von Benzol und anderen aromatischen Kohlenwasserstoffen einen ebenso deutlichen Effekt auf deren chemische Reaktivität hat.

Im Folgenden sind die Resonanzenergien von Benzol und einigen anderen aromatischen Verbindungen aufgeführt.

Resonanzenergie [kJ/mol (kcal/mol)]	Benzol 150 (35.8)	Naphthalin 255 (60.9)	Anthracen 347 (82.9)	Phenanthren 381 (91.0)

9.2 Was ist Aromatizität?

Außer Benzol und seinen Derivaten zeigen auch andere Verbindungen aromatischen Charakter, d. h. sie sind zwar mehrfach ungesättigt, gehen aber nicht die für Alkene typischen Additionsreaktionen ein und lassen sich nicht einfach oxidieren oder reduzieren. Es war über lange Zeit ein zentrales Anliegen vieler Chemiker, zu verstehen, wie der aromatische Charakter von Verbindungen zustande kommt. Der deutsche Physikochemiker Erich Hückel konnte dieses Problem in den 1930er Jahren lösen.

Die von ihm aufgestellten Kriterien lassen sich wie folgt zusammenfassen: Damit eine Verbindung aromatisch ist, muss der Ring

1. an jedem seiner Atome ein $2p$-Orbital aufweisen,
2. eben sein (oder zumindest nahezu eben), damit eine durchgehende Überlappung (oder zumindest eine nahezu ideale Überlappung) zwischen allen $2p$-Orbitalen im Ringe möglich ist, und
3. eine Gesamtzahl von 2, 6, 10, 14, 18 usw. π-Elektronen in der cyclischen Anordnung der $2p$-Orbitale enthalten.

Das letzte Kriterium wird auch als **$4n + 2$-Regel** (Hückel-Regel) bezeichnet, weil sich aus diesem Ausdruck die für aromatische Verbindungen erlaubte Zahl von π-Elektronen errechnen lässt, wenn man für n eine ganze Zahl (inklusive der Null) einsetzt.

Benzol erfüllt diese Kriterien. Es ist cyclisch, planar, besitzt an jedem Kohlenstoffatom ein $2p$-Orbital und enthält sechs π-Elektronen (ein aromatisches Sextett) in der cyclischen Anordnung der $2p$-Orbitale.

Wir wollen diese Kriterien auch auf einige **heterocyclische Verbindungen** (Heterocyclen) anwenden, also auf Verbindungen, die auch andere Atome außer Kohlenstoff im Ring enthalten. Die hier besprochenen Verbindungen sind alle aromatisch; es handelt sich daher um **heteroaromatische Verbindungen** (Heteroaromaten). Pyridin und Pyrimidin sind heterocyclische Analoga des Benzols. In Pyridin ist eine CH-Einheit des Benzols durch ein Stickstoffatom ersetzt, in Pyrimidin zwei CH-Einheiten.

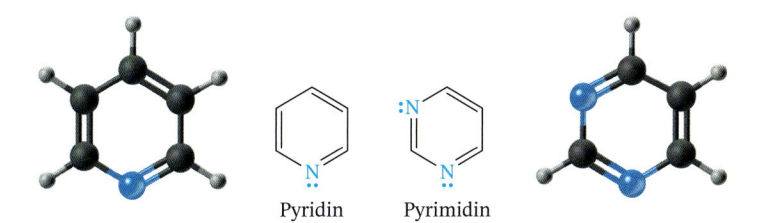

9.2 Was ist Aromatizität?

Pyridin **Pyrimidin**

Beide Verbindungen erfüllen die Hückel-Kriterien für Aromatizität: Sie sind cyclisch und planar, besitzen ein $2p$-Orbital an jedem Atom des Rings und enthalten insgesamt sechs Elektronen in ihrem π-System. In Pyridin ist das Stickstoffatom sp^2-hybridisiert und das freie Elektronenpaar besetzt ein sp^2-Orbital, das senkrecht auf der Richtung der $2p$-Orbitale des π-Systems steht und deshalb kein Teil des π-Systems ist. In Pyrimidin ist keines der beiden freien Elektronenpaare Teil des π-Systems. Die Resonanzenergie von Pyridin beträgt 134 kJ/mol (32.0 kcal/mol), also etwas weniger als die von Benzol. Die Resonanzenergie von Pyrimidin beträgt 109 kJ/mol (26.0 kcal/mol).

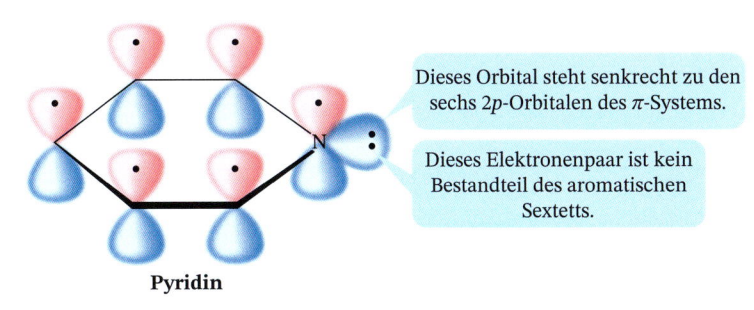

Dieses Orbital steht senkrecht zu den sechs $2p$-Orbitalen des π-Systems.

Dieses Elektronenpaar ist kein Bestandteil des aromatischen Sextetts.

Pyridin

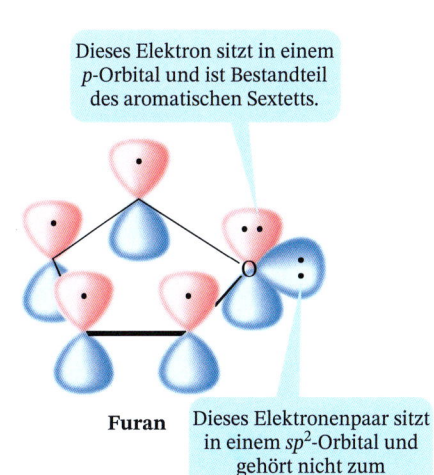

Dieses Elektron sitzt in einem p-Orbital und ist Bestandteil des aromatischen Sextetts.

Furan   Dieses Elektronenpaar sitzt in einem sp^2-Orbital und gehört nicht zum aromatischen Sextett.

Die Fünfringe Furan, Pyrrol und Imidazol sind ebenfalls aromatisch:

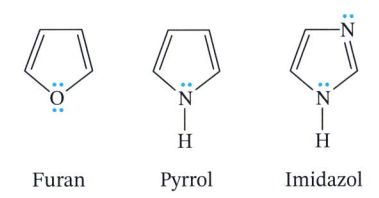

Furan   **Pyrrol**   **Imidazol**

In diesen planaren Verbindungen sind alle Heteroatome sp^2-hybridisiert und deren nicht hybridisierte $2p$-Orbitale sind Teil einer durchgehenden Anordnung aus fünf parallelen $2p$-Orbitalen. In Furan befindet sich ein Elektronenpaar des Heteroatoms im nicht hybridisierten $2p$-Orbital und ist damit Bestandteil des π-Systems (Abb. 9.3). Das andere (freie) Elektronenpaar sitzt in einem sp^2-Hybridorbital, das senkrecht zu den $2p$-Orbitalen steht und damit kein Bestandteil des π-Systems sein kann. In Pyrrol ist das Elektronenpaar am Stickstoffatom Teil des aromatischen Sextetts und in Imidazol ist das Elektronenpaar am einen Stickstoffatom (dem, das auch das Wasserstoffatom trägt) Teil des aromatischen Sextetts, das andere (freie) Elektronenpaar steht senkrecht zum π-System.

Es gibt unzählige heterocyclische aromatische Naturstoffe, darunter auch solche, in denen die heteroaromatischen Ringe zu polycyclischen System kondensiert sind. Indol und Purin sind zwei Heteroaromaten, die von besonderer Bedeutung in der Natur sind.

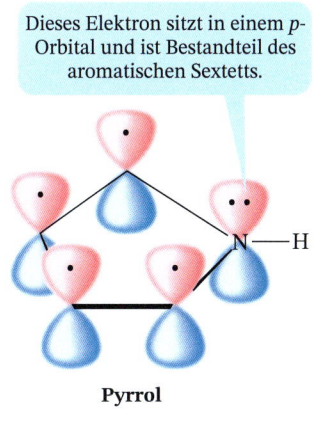

Dieses Elektron sitzt in einem p-Orbital und ist Bestandteil des aromatischen Sextetts.

Pyrrol

Abb. 9.3 Der Ursprung der sechs π-Elektronen des aromatischen Sextetts in Furan und Pyrrol. Die Resonanzenergie von Furan beträgt 67 kJ/mol (16 kcal/mol) und die von Pyrrol 88 kJ/mol (21 kcal/mol).

Gewusst wie: 9.1 Wie man feststellt, ob ein Elektronenpaar Teil eines aromatischen π-Systems ist oder nicht

a) Finden Sie zunächst heraus, ob das Atom mit dem Elektronenpaar Teil einer Doppelbindung ist. Wenn es Teil einer Doppelbindung ist, kann das Elektronenpaar nicht Teil des aromatischen π-Systems sein; es muss ein freies Elektronenpaar sein.

Dieses Elektronenpaar kann nicht Teil des π-Systems sein, weil das N-Atom bereits zwei Elektronen in einer π-Bindung mit einem Kohlenstoffatom teilt.

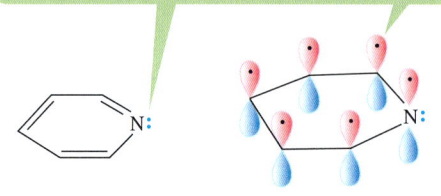

b) Wenn das Atom mit dem Elektronenpaar nicht an einer Doppelbindung liegt, *kann* das Elektronenpaar Teil des π-Systems sein. Um herauszufinden, ob das so ist, zeichnet man das Atom in einem Hybridisierungszustand, durch den das Elektronenpaar in einem *p*-Orbital zu liegen kommt. Wird die Gesamtzahl der π-Elektronen im Ring hierdurch auf 2, 6, 10, 14 usw. erhöht, dann ist das Elektronenpaar Teil des aromatischen π-Systems. Erreicht die Gesamtzahl an π-Elektronen durch dieses Elektronenpaar eine beliebige andere Zahl (z. B. 3–5 oder 7–9 usw.), ist das Elektronenpaar kein Bestandteil des π-Systems.

Ein Stickstoffatom mit drei Einfachbindungen ist normalerweise sp^3-hybridisiert. Um festzustellen, ob das Elektronenpaar zum π-System gehört, ändern wir die Hybridisierung am Stickstoff zu sp^2, damit die Elektronen in einem p-Orbital liegen.

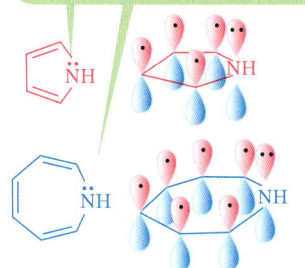

Mit dem Elektronenpaar am Stickstoff liegen im π-System sechs Elektronen vor. Das N-Atom Stickstoff muss daher sp^2-hybridisiert sein.

Mit dem Elektronenpaar am Stickstoff enthielte das π-System acht Elektronen. Das N-Atom ist daher nicht sp^2-hybridisiert.

Indol   Serotonin (ein Neurotransmitter)   Purin   Adenin

Indol besteht aus einem Pyrrolring, der mit einem Benzolring kondensiert ist. Von Indol abgeleitete Verbindungen sind zum Beispiel die Aminosäure L-Tryptophan (siehe Abschn. 18.2.3) und der Neurotransmitter Serotonin. In Purin ist ein sechsgliedriger Pyrimidinring mit einem fünfgliedrigen Imidazolring verknüpft. Adenin ist einer der Bausteine der Desoxyribonukleinsäure (DNA) und der Ribonukleinsäure (RNA), die in Kap. 20 besprochen werden. Außerdem ist es auch Bestandteil des biologischen Oxidationsmittels Nicotinamid-Adenin-Dinukleotid, NAD^+ (Abschn. 21.1.2).

Beispiel 9.1 Welche der folgenden Verbindungen sind aromatisch?

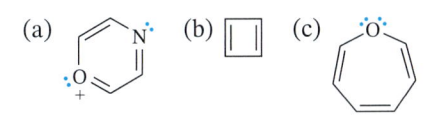

(a) [Struktur mit O⁺ und N im Ring] (b) [Vierring] (c) [Siebenring mit O]

Vorgehensweise

Stellen Sie fest, ob jedes der Ringatome ein $2p$-Orbital besitzt und ob die Verbindung planar ist. Sind diese Kriterien erfüllt, dann bestimmen Sie die Anzahl der π-Elektronen. Sind es 2, 6, 10, 14 etc. Elektronen, dann ist die Verbindung aromatisch.

Lösung

(a) Diese Verbindung ist planar und jedes Atom im Ring enthält ein $2p$-Orbital. Mit insgesamt sechs π-Elektronen ist die Verbindung aromatisch.
(b) Die Verbindung ist planar und jedes Atom im Ring enthält ein $2p$-Orbital. Da der Ring insgesamt vier π-Elektronen enthält, ist die Verbindung kein Aromat.
(c) Um festzustellen, ob die Verbindung planar ist, tun wir zunächst so, als sei sie planar und als besäße jedes Ringatom ein $2p$-Orbital. Wir betrachten das Sauerstoffatom also als sp^2-hybridisiert, sodass eines seiner Elektronenpaare zum π-System gehört. (Wenn wir nicht so vorgehen, kann die Verbindung prinzipiell nicht aromatisch sein, weil ein O-Atom mit zwei freien Elektronenpaaren und zwei Einfachbindungen normalerweise sp^3-hybridisiert ist.) Ungeachtet dieser einschränkenden Betrachtungen erhalten wir so für diese Verbindung acht π-Elektronen, sie ist also nicht aromatisch. Weil sie nicht aromatisch ist, gibt es für das Sauerstoffatom auch keinen Grund, sp^2-hybridisiert vorzuliegen; er ist daher tatsächlich sp^3-hybridisiert. Auch liegt kein Grund für eine planare Anordnung vor; die Verbindung ist tatsächlich nicht eben.

Siehe Aufgaben 9.1 und 9.2.

9.3 Wie benennt man Benzolderivate und welche physikalischen Eigenschaften haben sie?

9.3.1 Monosubstituierte Benzole

Monosubstituierte Alkylbenzole werden als Derivate des Benzols benannt (z. B. Ethylbenzol). Im IUPAC-System werden für einige der einfacheren monosubstituierten Alkylbenzole Trivialnamen beibehalten; Beispiele hierfür sind **Toluol** (anstatt Methylbenzol) oder **Styrol** (statt Phenylethen):

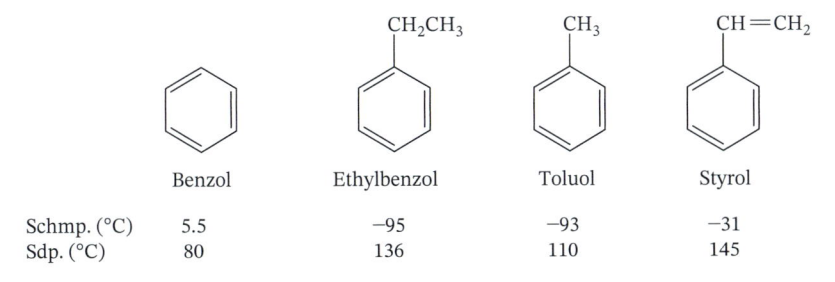

	Benzol	Ethylbenzol	Toluol	Styrol
Schmp. (°C)	5.5	−95	−93	−31
Sdp. (°C)	80	136	110	145

Auch die Trivialnamen **Phenol**, **Anilin**, **Benzaldehyd**, **Benzoesäure** und **Anisol** werden im IUPAC-System beibehalten.

Styroporbecher werden aus der aromatischen Verbindung Styrol (PhCH=CH$_2$) hergestellt. [Quelle: © Roderick Chen/Alamy Stock Photo.]

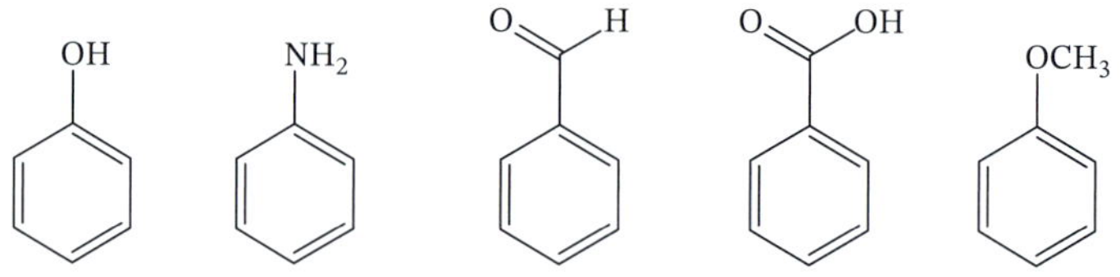

	Phenol	Anilin	Benzaldehyd	Benzoesäure	Anisol
Schmp. (°C)	41	−6	−26	123	−37
Sdp. (°C)	182	184	178	249	154

Die physikalischen Eigenschaften der substituierten Benzole hängen stark von der Art der Substituenten ab. Alkylbenzole sind genau wie andere Kohlenwasserstoffe unpolar und haben daher niedrigere Siedepunkte als Benzolderivate mit polaren Substituenten wie Phenol, Anilin oder Benzoesäure. Die Schmelzpunkte substituierter Benzole hängen davon ab, ob ihre Moleküle im Festkörper gut gepackt werden können oder nicht. Benzol enthält keine Substituenten und ist flach. Es kann sehr dicht gepackt werden, weshalb sein Schmelzpunkt deutlich höher liegt als der vieler substituierter Benzole.

Der Substituent, der entsteht, wenn man aus Benzol ein Wasserstoffatom entfernt, ist die **Phenylgruppe** (–Ph). Durch Entfernung eines H-Atoms aus der Methylgruppe von Toluol entsteht eine **Benzylgruppe** (–Bn).

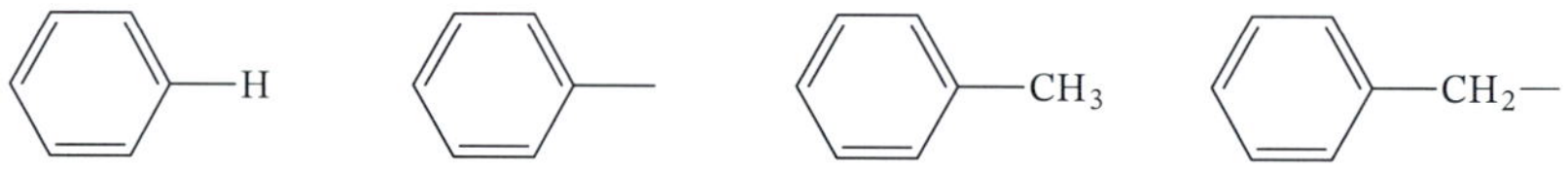

Benzol   Phenylgruppe (–Ph)   Toluol   Benzylgruppe (–Bn)

In Verbindungen, die andere funktionelle Gruppen enthalten, werden Phenyl- und Benzylgruppen oft als Substituenten benannt.

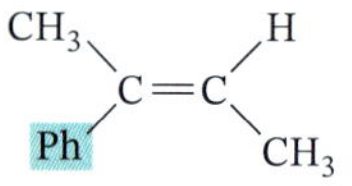

(Z)-2-Phenyl-2-buten   2-Phenylethanol   Benzylchlorid

9.3.2 Disubstituierte Benzole

Wenn zwei Substituenten im Benzol vorliegen, sind drei Konstitutionsisomere möglich. Die Position der Substituenten wird entweder über die Nummerierung der Atome im Ring oder mithilfe der Vorsilben **ortho-**, **meta-** und **para-** angegeben. Die Nummern 1,2- entsprechen dabei dem Präfix *ortho-* (griech.: gerade), 1,3- entspricht *meta-* (griech.: nach) und die 1,4-Substitution entspricht *para-* (griech.: gegenüber). Wenn einer der zwei Substituenten des Rings bereits einen speziellen Namen begründet wie zum Beispiel in Toluol, Phenol oder Anilin, dann wird die Verbindung als ein Derivat dieses Grundkörpers benannt. In diesem Fall wird die Position des speziellen Substituenten mit 1 nummeriert. Im IUPAC-System wird der Trivialname **Xylol** für die drei isomeren Dimethylbenzole beibehalten. Wenn keine der Gruppen einen speziellen Namen begründet, ermitteln wir die Positionen der Substituenten, stellen sie in alphabetischer Reihenfolge voran und fügen die Endung *-benzol* an. Das C-Atom des Benzolrings, an dem der im Alphabet zuerst kommende Substituent gebunden ist, bekommt die Nummer 1.

4-Bromtoluol 3-Chloranilin 1,3-Dimethylbenzol 1-Chlor-4-ethylbenzol
(*p*-Bromtoluol) (*m*-Chloranilin) (*m*-Xylol) (*p*-Chlorethylbenzol)

9.3.3 Polysubstituierte Benzole

Wenn drei oder mehr Substituenten im Ring vorliegen, geben wir deren Positionen durch Nummern an. Wenn einer der Substituenten des Rings bereits einen speziellen Namen begründet, wird die Verbindung als Derivat dieses Grundkörpers benannt. Wenn keiner der Substituenten einen speziellen Namen begründet, ermitteln wir für die Substituenten die kleinstmöglichen Positionsnummern, stellen sie in alphabetischer Reihenfolge voran und fügen die Endung *-benzol* an. Das erste der folgenden Beispiele ist ein Toluolderivat, das zweite ein Derivat des Phenols. Da es für die dritte Verbindung keinen speziellen Namen gibt, führen wir die drei Substituenten in alphabetischer Reihenfolge an und hängen das Wort *-benzol* an.

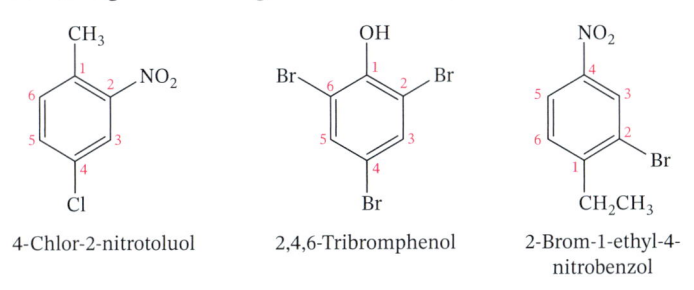

4-Chlor-2-nitrotoluol   2,4,6-Tribromphenol   2-Brom-1-ethyl-4-nitrobenzol

Beispiel 9.2 Benennen Sie die folgenden Verbindungen.

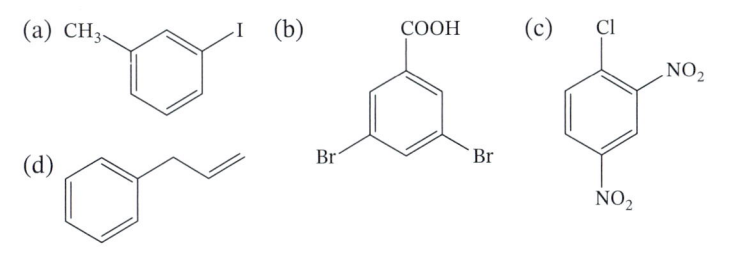

(a) (b) (c)

(d)

Vorgehensweise

Ermitteln Sie zunächst, ob einer der Substituenten einen speziellen Namen für das entsprechende Benzolderivat begründet (z. B. Toluol, Phenol oder Anilin). Benennen Sie alle Substituenten und führen Sie diese in alphabetischer Reihenfolge an. Verwenden Sie Nummern, um die relativen Positionen anzugeben. Für disubstituierte Benzole können die Präfixe *ortho-*, *meta-* und *para-* verwendet werden.

Lösung

(a) 3-Iodtoluol oder *m*-Iodtoluol
(b) 3,5-Dibrombenzoesäure
(c) 1-Chlor-2,4-dinitrobenzol
(d) 3-Phenylpropen

Siehe Aufgaben 9.4 und 9.5.

Exkurs: 9.A Karzinogene polycyclische Aromaten und Krebs

Ein **Karzinogen** ist eine Substanz, die Krebs verursacht. Die ersten Karzinogene, die identifiziert wurden, waren polycyclische Aromaten, die alle aus zumindest vier aromatischen Ringen aufgebaut sind, darunter auch Benzo[a]pyren, eine der am stärksten karzinogenen aromatischen Verbindungen. Es bildet sich bei der unvollständigen Verbrennung von organischen Verbindungen und findet sich daher zum Beispiel in Zigarettenrauch, in Autoabgasen und in Grillfleisch.

Die krebserzeugende Wirkung von Benzo[a]pyren beruht auf folgendem Mechanismus: Wenn es mit der Nahrung oder anderweitig aufgenommen wird, versucht der Körper, es in eine besser lösliche Verbindung zu überführen, die leichter ausgeschieden werden kann. Hierzu wird das Benzo[a]pyren in einer Reihe von enzymkatalysierten Reaktionen in ein **Dihydroxyepoxid** überführt, eine Verbindung, die an die DNA binden kann, indem sie mit einer DNA-Aminogruppe reagiert. Dadurch wird die Struktur der DNA verändert und es kommt zu einer krebsverursachenden Mutation:

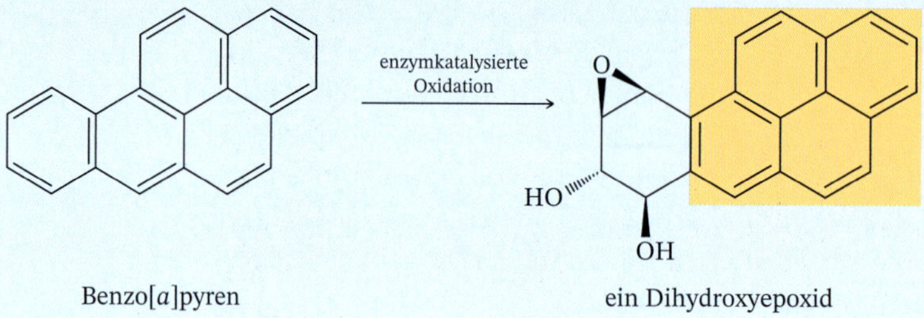

Benzo[a]pyren → (enzymkatalysierte Oxidation) → ein Dihydroxyepoxid

Aufgabe

Zeigen Sie, dass der äußere Kohlenstoffring in Benzo[a]pyren die Hückel-Kriterien für Aromatizität erfüllt. Ist der äußere Kohlenstoffring im farblich hervorgehobenen Teil des Dihydroxyepoxids ebenfalls aromatisch?

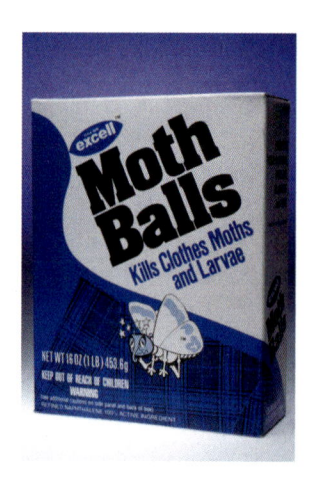

Manche Mottenkugeln bestehen überwiegend aus *para*-Dichlorbenzol. [Quelle: © Charles D. Winters/Science Source Images.]

Polycyclische aromatische Kohlenwasserstoffe (PAK) enthalten zwei oder mehr aromatische Ringe, die sich paarweise zwei benachbarte Ringkohlenstoffatome teilen. Naphthalin, Anthracen und Phenanthren, die wichtigsten PAK, und ihre Derivate finden sich in Steinkohlenteer und in hochsiedenden Erdöl-Destillationsrückständen. Früher fand Naphthalin Anwendung als Mottenrepellent und als Insektizid zum Schutz von Wollstoffen und Pelzen; heutzutage werden hierfür aber fast ausschließlich chlorierte Kohlenwasserstoffe wie *p*-Dichlorbenzol verwendet. In Steinkohlenteer sind auch kleinere Mengen von Benzo[a]pyren enthalten. Diese Verbindung findet sich darüber hinaus auch in den Abgasen von benzinbetriebenen Verbrennungsmotoren (zum Beispiel von Automotoren) und in Zigarettenrauch. Benzo[a]pyren ist ein überaus starkes Karzinogen und Mutagen (siehe hierzu Exkurs 9.A).

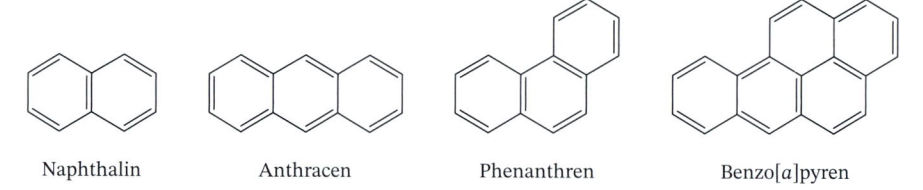

Naphthalin   Anthracen   Phenanthren   Benzo[a]pyren

9.4 Was ist eine benzylische Position und welchen Anteil hat sie an der Reaktivität von Aromaten?

Wie schon erwähnt ist die Aromatizität von Benzol der Grund, dass es viele der typischen Reaktionen von Alkenen nicht eingeht. Benzol kann aber in anderer Weise zur Reaktion gebracht werden. Dies ist sehr nützlich, denn Benzolringe kommen in den

9.4 Was ist eine benzylische Position und welchen Anteil hat sie an der Reaktivität von Aromaten?

verschiedensten Verbindungen vor, die für unser Leben und unsere Gesellschaft von Bedeutung sind, unter anderem in vielen Arzneimitteln, Kunststoffen und in Konservierungsmitteln für Lebensmittel. Wir wollen die Diskussion der Aromatenchemie mit Reaktionen beginnen, die nicht am Benzolring selbst, sondern an einem direkt an den Benzolring gebundenen Kohlenstoffatom stattfinden. Dieses Kohlenstoffatom wird als **benzylisches Kohlenstoffatom** bezeichnet; ein Substituent an diesem C-Atom befindet sich in benzylischer Position.

Benzol wird selbst von starken Oxidationsmitteln wie H_2CrO_4 oder $KMnO_4$ nicht angegriffen. Wenn wir aber Toluol unter harschen Bedingungen mit diesen Oxidationsmitteln umsetzen, wird die Methylseitenkette zur Carboxygruppe oxidiert – es entsteht Benzoesäure:

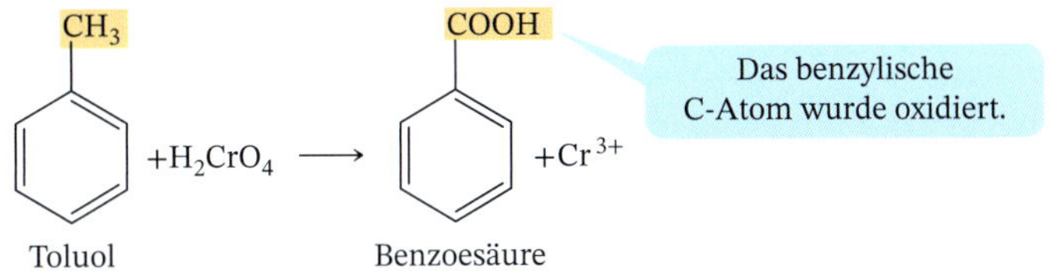

Toluol + H_2CrO_4 → Benzoesäure + Cr^{3+}

Das benzylische C-Atom wurde oxidiert.

Die Tatsache, dass die Methylgruppe unter diesen Bedingungen oxidiert wird, der Benzolring selbst aber unverändert bleibt, bestätigt noch einmal eindrucksvoll die bemerkenswerte Stabilität aromatischer Ringe. Halogen- und Nitrosubstituenten am aromatischen Ring bleiben in dieser Oxidation unberührt. So wird beispielsweise 2-Chlor-4-nitrotoluol von Chromsäure zu 2-Chlor-4-nitrobenzoesäure oxidiert.

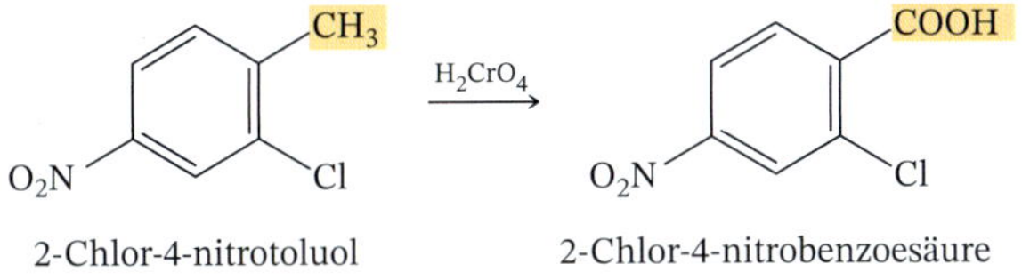

2-Chlor-4-nitrotoluol $\xrightarrow{H_2CrO_4}$ 2-Chlor-4-nitrobenzoesäure

Ethylbenzol und Isopropylbenzol werden unter diesen Bedingungen ebenfalls zu Benzoesäure oxidiert, während die Seitenkette von *tert*-Butylbenzol, die kein benzylisches Wasserstoffatom enthält, unverändert bleibt.

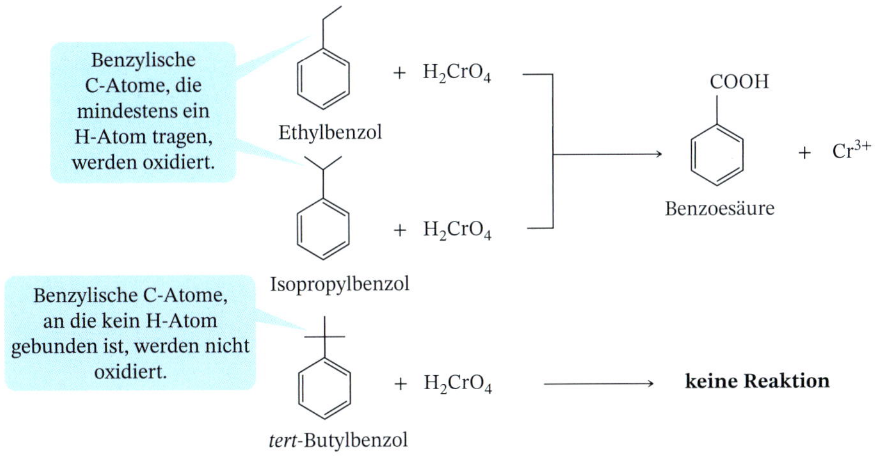

Benzylische C-Atome, die mindestens ein H-Atom tragen, werden oxidiert.

Ethylbenzol + H_2CrO_4 → Benzoesäure + Cr^{3+}
Isopropylbenzol + H_2CrO_4 →

Benzylische C-Atome, an die kein H-Atom gebunden ist, werden nicht oxidiert.

tert-Butylbenzol + H_2CrO_4 ⟶ **keine Reaktion**

Aus diesen Beobachtungen können wir schließen, dass benzylische Kohlenstoffatome, an die mindestens ein Wasserstoffatom gebunden ist, zu Carboxygruppen oxidiert werden, wobei alle anderen C-Atome in der Seitenkette verloren gehen. Wenn wie in *tert*-Butylbenzol kein benzylisches H-Atom vorhanden ist, wird die Seitenkette nicht oxidiert.

Wenn mehr als eine Alkylseitenkette vorliegt, wird jede zu einer COOH-Gruppe oxidiert. So führt die Oxidation von *m*-Xylol zur 1,3-Benzoldicarbonsäure, die besser unter ihrem Trivialnamen Isophthalsäure bekannt ist.

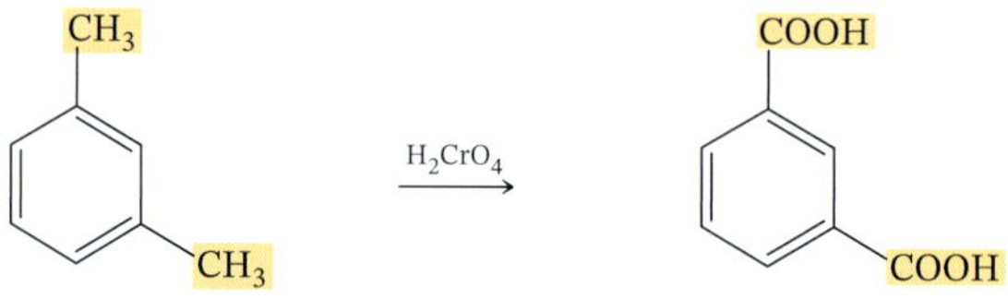

m-Xylol →(H₂CrO₄) 1,3-Benzoldicarbonsäure (Isophthalsäure)

Beispiel 9.3 Welche Produkte erwarten Sie bei der Oxidation der folgenden Verbindungen mit H_2CrO_4? Die bei einer benzylischen Oxidation entstehenden Nebenprodukte werden normalerweise nicht angegeben.

(a) 1,4-Dimethylbenzol (*p*-Xylol)

(b) [Struktur: Benzol mit tert-Amyl-Seitenkette und Methylgruppe in ortho-Position]

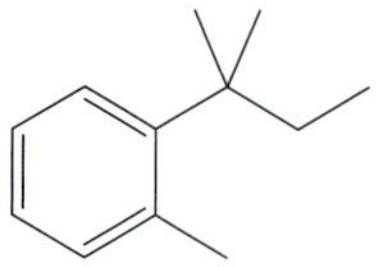

Vorgehensweise
Identifizieren Sie alle Alkylsubstituenten in den Ausgangsverbindungen. Wenn eine Alkylgruppe ein benzylisches H-Atom enthält, wird sie durch Chromsäure zur COOH-Gruppe oxidiert.

Lösung

(a) Chromsäure oxidiert beide Alkylgruppen zu COOH-Gruppen. Es entsteht Terephthalsäure, eine der zwei Verbindungen, die zur Synthese der Polymere Dacron und Hostaphan benötigt werden (Abschnitt 16.4.2).

CH_3—⟨ ⟩—CH_3 →(H₂CrO₄) HOOC—⟨ ⟩—COOH

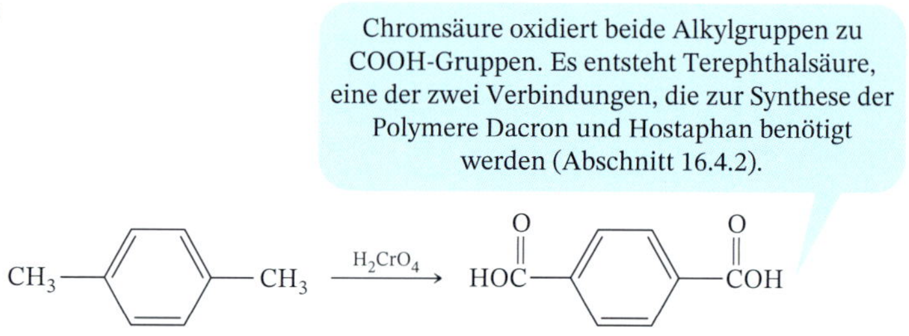

1,4-Dimethylbenzol (*p*-Xylol) → 1,4-Benzoldicarbonsäure (Terephthalsäure)

(b) →(H₂CrO₄) [Produkt mit COOH-Gruppe]

Diese Alkylgruppe enthält kein benzylisches H-Atom und wird nicht oxidiert.

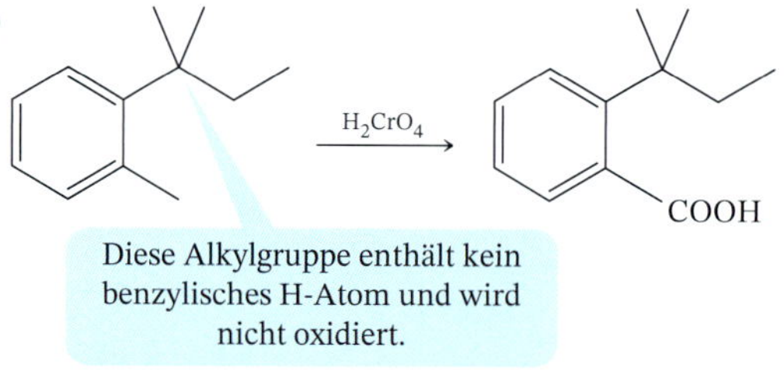

Siehe Aufgabe 9.12. ◢

9.5 Was ist die elektrophile aromatische Substitution?

Obwohl Benzol keine der bislang vorgestellten typischen Alkenreaktionen eingeht, ist es nicht völlig unreaktiv. Die mit Abstand wichtigste Reaktion aromatischer Verbindungen ist die Substitution an einem Ring-Kohlenstoffatom. Einige der Gruppen, die auf diese Weise direkt am Ring eingeführt werden können, sind die Halogene, die Nitrogruppe (−NO$_2$), die Sulfonsäuregruppe (−SO$_3$H), Alkylgruppen (−R) und Acylgruppen (−COR):

Halogenierung:

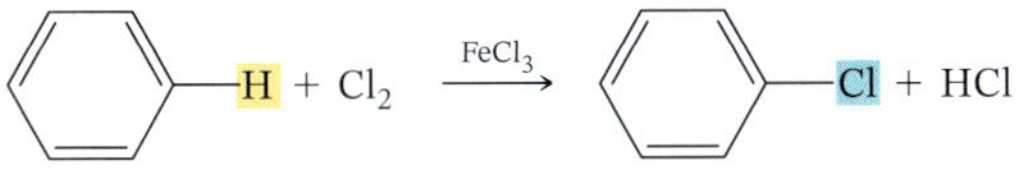

$$\text{C}_6\text{H}_5\text{–H} + \text{Cl}_2 \xrightarrow{\text{FeCl}_3} \text{C}_6\text{H}_5\text{–Cl} + \text{HCl}$$

Chlorbenzol

Nitrierung:

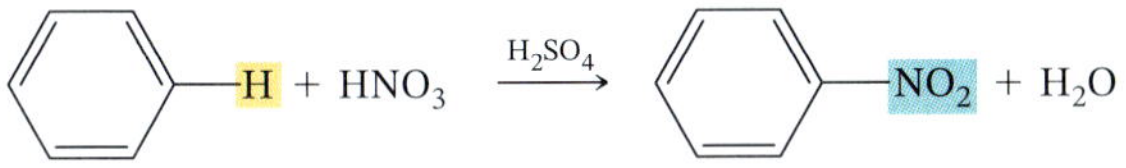

$$\text{C}_6\text{H}_5\text{–H} + \text{HNO}_3 \xrightarrow{\text{H}_2\text{SO}_4} \text{C}_6\text{H}_5\text{–NO}_2 + \text{H}_2\text{O}$$

Nitrobenzol

Sulfonierung:

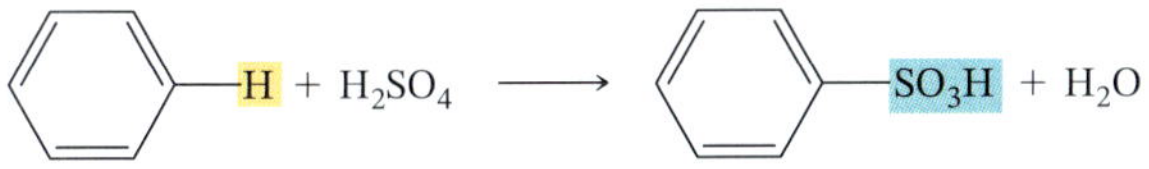

$$\text{C}_6\text{H}_5\text{–H} + \text{H}_2\text{SO}_4 \longrightarrow \text{C}_6\text{H}_5\text{–SO}_3\text{H} + \text{H}_2\text{O}$$

Benzolsulfonsäure

Alkylierung:

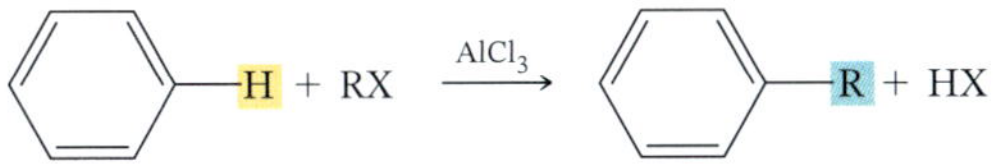

$$\text{C}_6\text{H}_5\text{–H} + \text{RX} \xrightarrow{\text{AlCl}_3} \text{C}_6\text{H}_5\text{–R} + \text{HX}$$

ein Alkylbenzol

Acylierung:

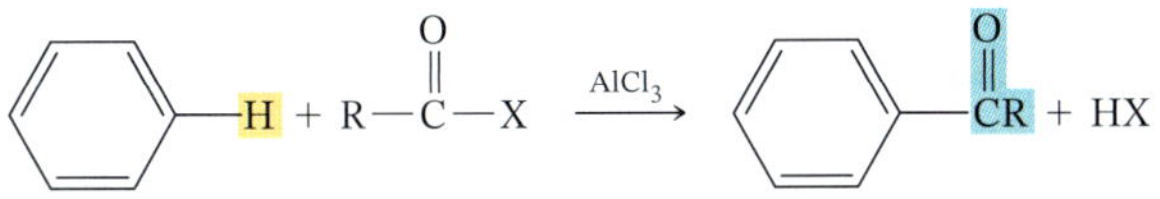

$$\text{C}_6\text{H}_5\text{–H} + \text{R–CO–X} \xrightarrow{\text{AlCl}_3} \text{C}_6\text{H}_5\text{–COR} + \text{HX}$$

ein Säurehalogenid   ein Acylbenzol

9.6 Wie läuft eine elektrophile aromatische Substitution mechanistisch ab?

In diesem Abschnitt wollen wir uns mit einigen Varianten von **elektrophilen aromatischen Substitutionen** beschäftigen, also mit Reaktionen, in denen ein Wasserstoffatom an einem aromatischen Ring durch ein Elektrophil (E$^+$) ersetzt wird. Die Mechanismen dieser Varianten sind sich alle sehr ähnlich und man kann sie immer in drei Schritte zerlegen:

1. Schritt: *Bildung des Elektrophils*

Dieser Reaktionsschritt ist für jede Variante der elektrophilen aromatischen Substitutionen spezifisch:

$$\text{Reagenzien} \longrightarrow \text{E}^+$$

2. Schritt: *Reaktion eines Nukleophils mit einem Elektrophil unter Bildung einer neuen kovalenten Bindung*

Der Angriff des Elektrophils am aromatischen Ring führt zu einer mesomeriestabilisierten kationischen Zwischenstufe, dem sogenannten σ-Komplex:

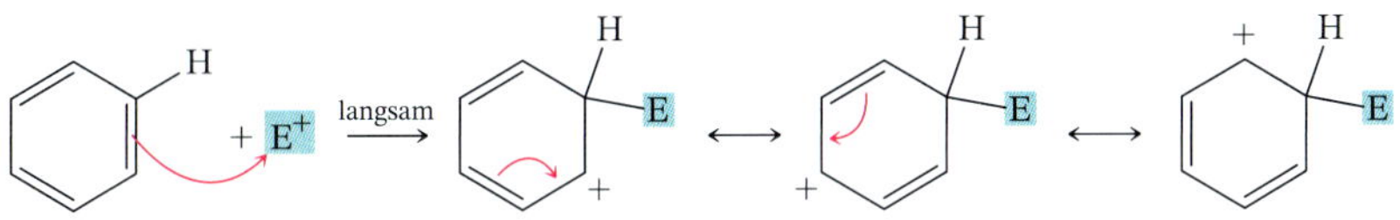

$$\text{C}_6\text{H}_6 + \text{E}^+ \xrightarrow{\text{langsam}} \text{[σ-Komplex Resonanzstrukturen]}$$

(das Nukleophil)   mesomeriestabilisierte kationische Zwischenstufe (σ-Komplex)

3. Schritt: *Deprotonierung*

Die Übertragung eines Protons auf eine Base bildet den aromatischen Ring zurück:

$$\text{Ar-H-E}^+ + :\text{Base} \xrightarrow{\text{schnell}} \text{Ar-E} + \text{Base-H}^+$$

Die Reaktionen, die wir uns im Folgenden näher ansehen wollen, unterscheiden sich nur darin, wie das Elektrophil gebildet wird, sowie in der Base, die das Proton übernimmt und so den neutralen aromatischen Ring erzeugt. Den allgemeinen mechanistischen Ablauf sollten wir immer im Hinterkopf haben, wenn wir uns jetzt die Details jeder Art von Reaktion ansehen wollen.

9.6.1 Chlorierung und Bromierung

Anders als Cyclohexen (Abschn. 5.3.3), an dem die Addition von Chlor augenblicklich erfolgt, reagiert Benzol nicht mit Chlor. Werden allerdings katalytische Mengen einer Lewis-Säure wie Eisen(III)-chlorid oder Aluminium(III)-chlorid zugesetzt, reagiert Chlor auch mit Benzol unter Bildung von Chlorbenzol und HCl. Dieser Reaktionstyp läuft nach dem im Folgenden beschriebenen dreistufigen Mechanismus ab.

Mechanismus: Die elektrophile aromatische Substitution: Chlorierung

An diesem C-Atom hat die Substitution stattgefunden.

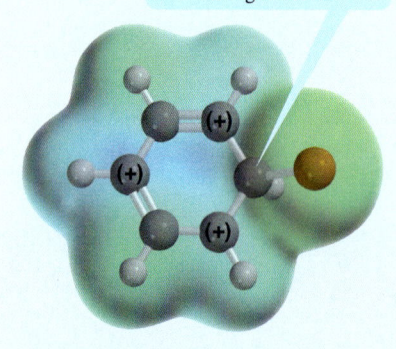

Die positive Ladung ist in der mesomeriestabilisierten Zwischenstufe zu etwa gleichen Anteilen auf die Kohlenstoffatome 2, 4 und 6 des Rings (relativ zur Substitutionsposition) verteilt.

1. Schritt: *Bildung des Elektrophils*

Bei der Umsetzung von Chlor (das hier als Lewis-Base reagiert) mit katalytischen Mengen FeCl$_3$ (einer Lewis-Säure) bildet sich ein Ionenpaar mit einem Chloronium-Ion (einem Elektrophil):

$$:\ddot{\text{Cl}}-\ddot{\text{Cl}}: + \text{FeCl}_3 \rightleftharpoons :\ddot{\text{Cl}}-\overset{+}{\text{Cl}}-\text{FeCl}_3^- \rightleftharpoons :\overset{+}{\ddot{\text{Cl}}} \quad :\ddot{\text{Cl}}-\text{FeCl}_3^-$$

Chlor (eine Lewis-Base) | Eisen(III)-chlorid (eine Lewis-Säure) | ein Komplex mit einer positiven Formalladung auf dem Chlor- und einer negativen Formalladung auf dem Eisenatom | ein Ionenpaar mit einem Chloronium-Ion

das Elektrophil

2. Schritt: *Reaktion eines Nukleophils mit einem Elektrophil unter Bildung einer neuen kovalenten Bindung*

Der Angriff der π-Elektronenwolke des aromatischen Rings an dem Cl$_2$–FeCl$_3$-Ionenpaar ergibt den σ-Komplex, der hier als Resonanzhybrid dreier Grenzformeln dargestellt ist:

$$\text{C}_6\text{H}_6 + \text{Cl}^+ \xrightarrow[\text{bestimmend}]{\text{langsam, geschwindigkeits-}} \left[\begin{array}{c} \text{σ-Komplex} \end{array} \right]$$

(das Nukleophil) — mesomeriestabilisierter σ-Komplex

3. Schritt: *Deprotonierung*

Die Protonenübertragung vom σ-Komplex auf $FeCl_4^-$ setzt HCl frei, bildet den Lewis-Säure-Katalysator zurück und liefert das Substitutionsprodukt Chlorbenzol:

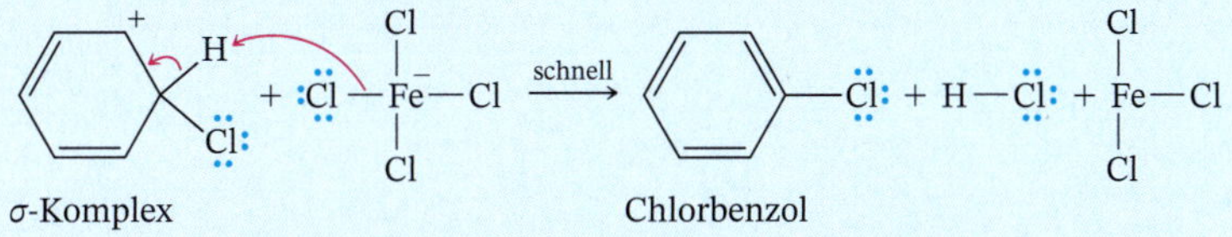

σ-Komplex → Chlorbenzol

Die Umsetzung von Benzol mit Brom in Gegenwart katalytischer Mengen von Eisen(III)-bromid (oft *in situ* erzeugt aus Eisenspänen und dem Brom) oder Aluminium(III)-bromid ergibt Brombenzol und HBr. Der Mechanismus dieser Reaktion entspricht vollständig dem für die Chlorierung von Benzol.

Der wesentliche Unterschied zwischen der Addition eines Halogens an ein Alken und der Substitution eines H-Atoms durch ein Halogen an einem aromatischen Ring besteht im weiteren Schicksal des kationischen Intermediats, das nach der Addition des Halogens an das Substrat entsteht. Aus Abschn. 5.3.3 erinnern wir uns, dass die Addition von Chlor an ein Alken ein zweistufiger Prozess ist, wobei im ersten, langsamen Schritt eine verbrückte Chloronium-Zwischenstufe entsteht. Dieses Intermediat reagiert mit Chlorid unter Bildung des Additionsprodukts. Bei der Reaktion aromatischer Verbindungen verliert das kationische Intermediat ein Proton, wodurch der Ring mit dem intakten aromatischen Sextett und seiner besonderen Stabilität zurückgebildet wird. Anders als in einer aromatischen Verbindung existiert in einem Alken kein vergleichbar stabilisierter Zustand, der durch Deprotonierung zurückgebildet werden könnte.

9.6.2 Nitrierung und Sulfonierung

Der Reaktionsablauf der Nitrierung bzw. der Sulfonierung von Benzol entspricht weitgehend dem Mechanismus einer Chlorierung oder Bromierung. Bei der Nitrierung ist das Elektrophil das **Nitronium-Ion** (NO_2^+), das sich aus der Reaktion von Salpetersäure mit Schwefelsäure bildet. In den folgenden Gleichungen ist die Salpetersäure als $HONO_2$ formuliert, um die Bildung des Nitronium-Ions leichter erkennbar zu machen.

Mechanismus: Die Bildung des Nitronium-Ions

1. Schritt: *Protonierung*

Durch Protonenübertragung von der Schwefelsäure auf die OH-Gruppe der Salpetersäure bildet sich die konjugierte Säure von Salpetersäure:

Salpetersäure → konjugierte Säure von Salpetersäure

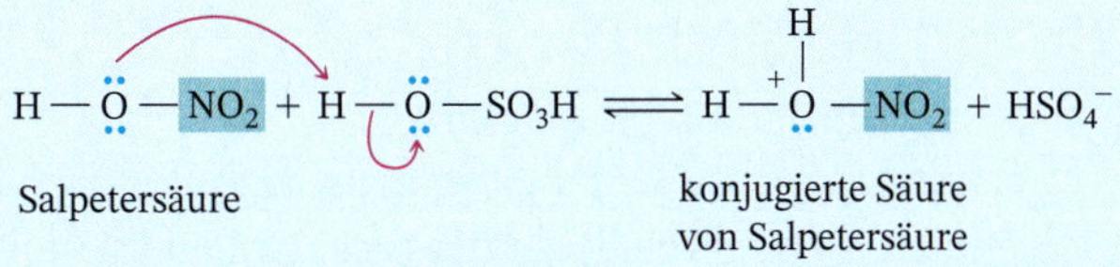

2. Schritt: *Bindungsbruch unter Bildung eines stabilen Ions oder Moleküls*

Die Abspaltung von Wasser aus der konjugierten Säure ergibt das Nitronium-Ion NO_2^+:

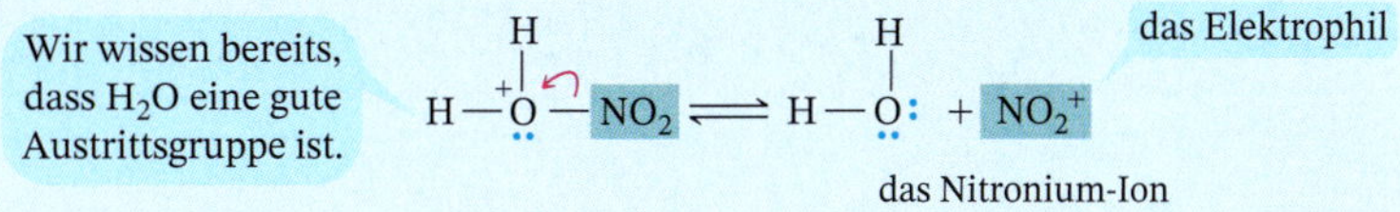

Wir wissen bereits, dass H_2O eine gute Austrittsgruppe ist.

das Elektrophil — das Nitronium-Ion

Mechanismus: Die Bildung des Sulfonium-Ions

Die Sulfonierung von Benzol wird mit heißer, konzentrierter Schwefelsäure durchgeführt. Je nach den experimentellen Bedingungen ist das Elektrophil entweder SO_3 oder HSO_3^+. Das Elektrophil HSO_3^+ entsteht wie folgt aus Schwefelsäure:

1. Schritt: *Protonierung*

Durch Protonenübertragung von einem Schwefelsäuremolekül auf die OH-Gruppe eines weiteren Schwefelsäuremoleküls (Autoprotolyse) entsteht die konjugierte Säure der Schwefelsäure:

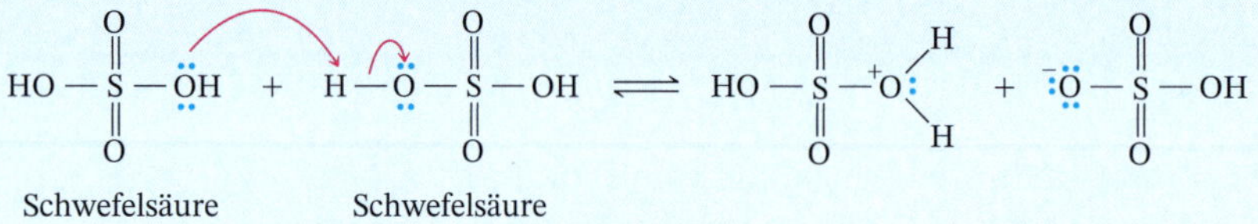

$$HO-S(=O)(=O)-OH + H-O(H)-S(=O)(=O)-OH \rightleftharpoons HO-S(=O)(=O)-{^+O}H_2 + {^-O}-S(=O)(=O)-OH$$

Schwefelsäure   Schwefelsäure

2. Schritt: *Bindungsbruch unter Bildung eines stabilen Ions oder Moleküls*

Durch Abspaltung von Wasser aus der konjugierten Säure entsteht das Sulfonium-Ion HSO_3^+:

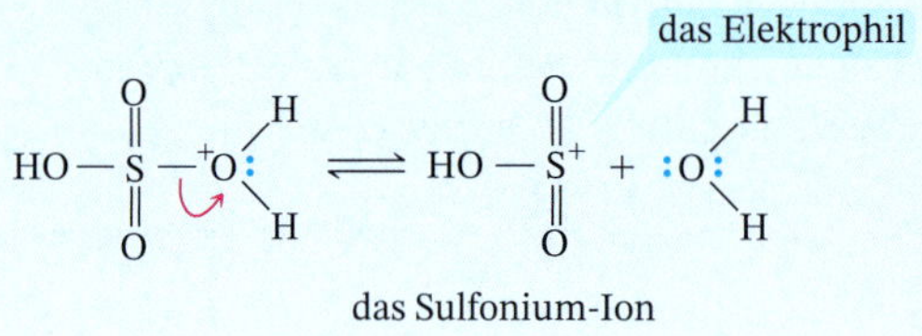

$$HO-S(=O)(=O)-{^+O}H_2 \rightleftharpoons \underbrace{HO-S^+(=O)(=O)}_{\text{das Sulfonium-Ion}} + :OH_2 \text{ (das Elektrophil)}$$

Beispiel 9.4 Formulieren Sie einen schrittweisen Mechanismus für die Nitrierung von Benzol.

Vorgehensweise

Rufen Sie sich in Erinnerung, dass alle Mechanismen von elektrophilen aromatischen Substitutionen sehr ähnlich sind. Das Elektrophil wird gebildet und greift dann unter Bildung einer mesomeriestabilisierten kationischen Zwischenstufe (des σ-Komplexes) am aromatischen Ring an. Der letzte Schritt ist eine Protonenübertragung auf eine Base unter Rückbildung des aromatischen Rings. Bei der Nitrierung von Benzol ist die Base Wasser (das bei der Bildung des Elektrophils entstanden ist).

Lösung

1. Schritt: *Reaktion eines Nukleophils mit einem Elektrophil unter Bildung einer neuen kovalenten Bindung*

    Die Reaktion des Nitronium-Ions (eines Elektrophils) mit Benzol (einem Nukleophil) ergibt den σ-Komplex:

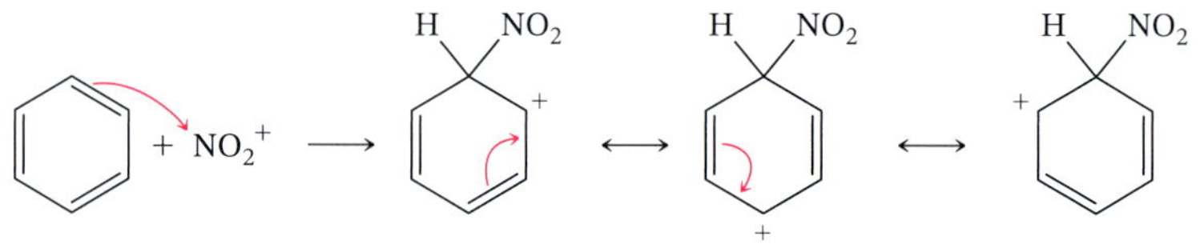

2. Schritt: *Deprotonierung*

    Durch Übertragung eines Protons von dem σ-Komplex auf Wasser bildet sich das aromatische Sextett im Ring zurück und es entsteht Nitrobenzol:

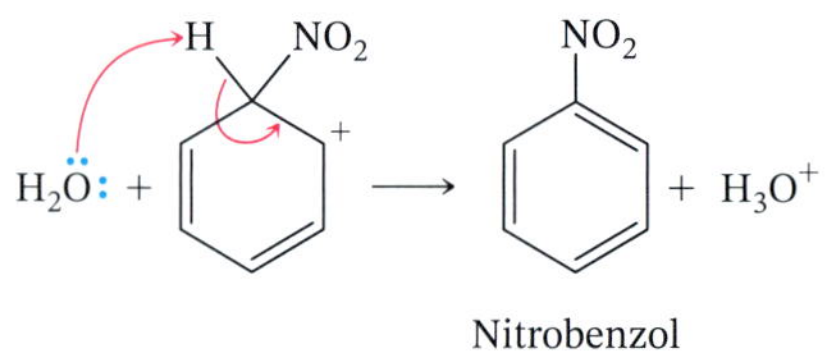

Siehe Aufgabe 9.7.

9.6.3 Friedel-Crafts-Alkylierung

Die Alkylierung von aromatischen Verbindungen wurde 1877 von dem französischen Chemiker Charles Friedel und einem amerikanischen Gastwissenschaftler, James Crafts, entdeckt. Sie fanden heraus, dass bei der Umsetzung von Benzol mit einem Halogenalkan und katalytischen Mengen AlCl$_3$ ein Alkylbenzol und HX entsteht. In dieser sogenannten **Friedel-Crafts-Alkylierung** wird eine neue Kohlenstoff-Kohlenstoff-Bindung zwischen Benzol und der Alkylgruppe gebildet. Im folgenden Beispiel ist exemplarisch die Umsetzung von Benzol mit 2-Chlorpropan in Gegenwart von Aluminiumchlorid dargestellt:

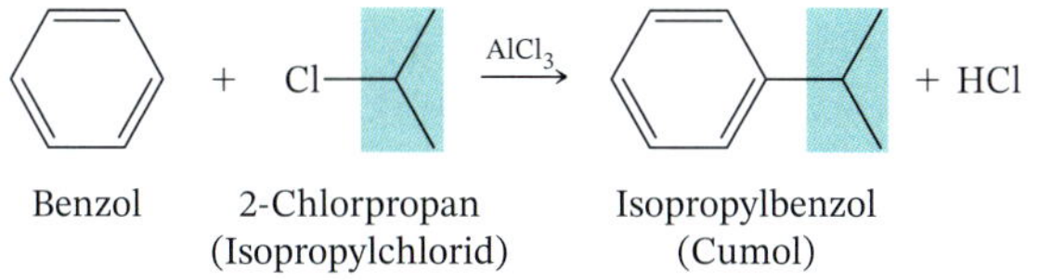

$$\text{Benzol} + \text{2-Chlorpropan (Isopropylchlorid)} \xrightarrow{\text{AlCl}_3} \text{Isopropylbenzol (Cumol)} + \text{HCl}$$

Die Friedel-Crafts-Alkylierung gehört zu den wichtigsten Methoden zum Knüpfen neuer Kohlenstoff-Kohlenstoff-Bindungen in aromatischen Verbindungen.

Mechanismus: Die Friedel-Crafts-Alkylierung

1. Schritt: *Bildung des Elektrophils*

Bei der Reaktion eines Halogenalkans (das am Chloratom Lewis-basisch ist) mit katalytischen Mengen Aluminiumchlorid (einer Lewis-Säure) entsteht ein Komplex, in dem das Aluminium eine negative und das Halogen des Halogenalkans eine positive Formalladung trägt. Durch Umverteilung der Elektronen in diesem Komplex liegt ein Alkylkation als Teil eines Ionenpaars vor.

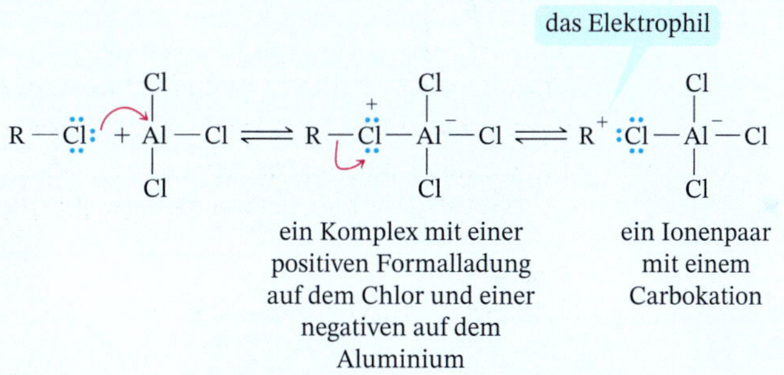

$$R-\ddot{\underset{..}{Cl}}: + Al-Cl \rightleftharpoons R-\overset{+}{\underset{..}{Cl}}-\overset{-}{Al}-Cl \rightleftharpoons R^+ \; :\ddot{\underset{..}{Cl}}-\overset{-}{Al}-Cl$$

ein Komplex mit einer positiven Formalladung auf dem Chlor und einer negativen auf dem Aluminium

ein Ionenpaar mit einem Carbokation (das Elektrophil)

2. Schritt: *Reaktion eines Nukleophils mit einem Elektrophil unter Bildung einer neuen kovalenten Bindung*

Die Reaktion des Alkylkations mit den π-Elektronen des aromatischen Rings führt zu dem kationischen σ-Komplex.

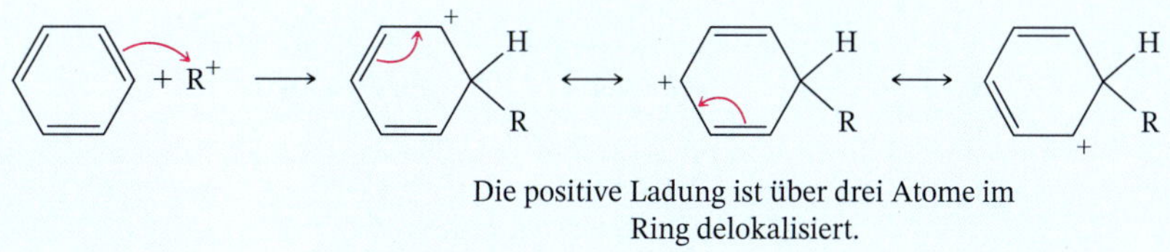

Die positive Ladung ist über drei Atome im Ring delokalisiert.

3. Schritt: *Deprotonierung*

Die Übertragung eines Protons stellt den aromatischen Charakter des Rings wieder her und bildet den Lewis-Säure-Katalysator zurück.

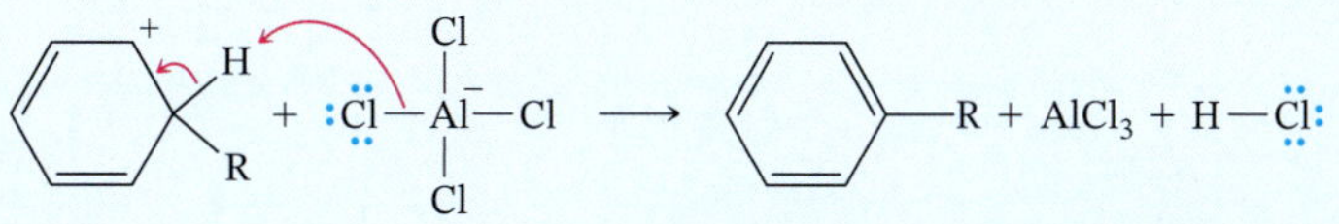

Für die Friedel-Crafts-Alkylierung gelten zwei wichtige Einschränkungen. Die erste besteht darin, dass sie nur gut funktioniert, wenn die intermediären Carbokationen keine Umlagerungen eingehen können (Abschn. 5.4), also mit tertiären, resonanzstabilisierten oder sekundären Carbokationen. Mit primären Carbokationen finden Umlagerungen statt und es bilden sich häufig Produktgemische mit Verbindungen, in denen die Verknüpfung mit dem Benzolring an unerwarteten Positionen stattgefunden hat. Mit Methylhalogeniden ist die Friedel-Crafts-Alkylierung allerdings gut möglich. Hier treten aber keine freien Methylkationen auf, sondern der Lewis-Säure-Base-Komplex aus dem Halogenmethan und der Lewis-Säure wird in einer S_N2-Reaktion von dem nukleophilen Benzolkern angegriffen.

Die zweite Einschränkung ist, dass die Friedel-Crafts-Alkylierung nicht mit Benzolderivaten gelingt, die einen oder mehrere elektronenziehende Substituenten enthalten. Einige dieser Substituenten sind in der folgenden Tabelle abgebildet:

Wenn Y einer dieser Substituenten ist, findet keine Friedel-Crafts-Alkylierung am Benzolring statt

$-\overset{O}{\overset{\|}{C}}H$	$-\overset{O}{\overset{\|}{C}}R$	$-\overset{O}{\overset{\|}{C}}OH$	$-\overset{O}{\overset{\|}{C}}OR$	$-\overset{O}{\overset{\|}{C}}NH_2$
$-SO_3H$	$-C\equiv N$	$-NO_2$	$-NR_3^+$	
$-CF_3$	$-CCl_3$			

Allen in dieser Tabelle aufgeführten Substituenten ist gemeinsam, dass sie entweder eine positive Partialladung oder sogar eine volle positive Ladung an dem Atom tragen, das an den Benzolring gebunden ist. Für die Verbindungen mit einer Carbonylgruppe ergibt sich die positive Partialladung aus dem Elektronegativitätsunterschied zwischen dem Carbonyl-Sauerstoffatom und dem Kohlenstoffatom. Für die CF_3- und die CCl_3-Gruppe sind die partiell positiven Ladungen mit dem Unterschied der Elektronegativitäten zwischen Kohlenstoff und den daran gebundenen Halogenen zu begründen. Sowohl in der Nitrogruppe als auch in der Trialkylammoniumgruppe liegt eine positive Formalladung am Stickstoff vor.

> Wir erinnern uns, dass ein Stickstoffatom mit vier Bindungen eine Formalladung von +1 trägt.

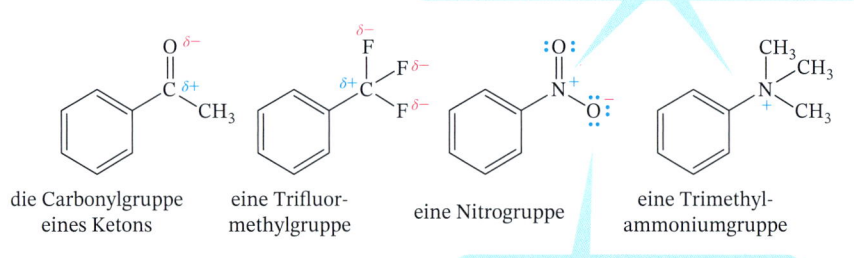

die Carbonylgruppe eines Ketons

eine Trifluormethylgruppe

eine Nitrogruppe

eine Trimethylammoniumgruppe

> Ein Sauerstoffatom mit einer Bindung und drei freien Elektronenpaaren trägt eine Formalladung von −1.

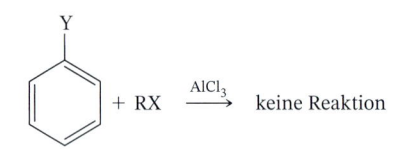

Gewusst wie: 9.2 Wie man feststellt, ob ein Substituent am Benzol elektronenziehend ist

Ermitteln Sie die Ladung bzw. Partialladung an dem Atom, das direkt an den Benzolring gebunden ist. Wenn dieses Atom eine höhere Elektronegativität besitzt als Kohlenstoff oder positiv geladen ist bzw. eine positive Partialladung trägt, ist der Substituent elektronenziehend. Ein Atom ist dann partiell positiv geladen, wenn es an ein oder mehrere Atome gebunden ist, die eine höhere Elektronegativität aufweisen.

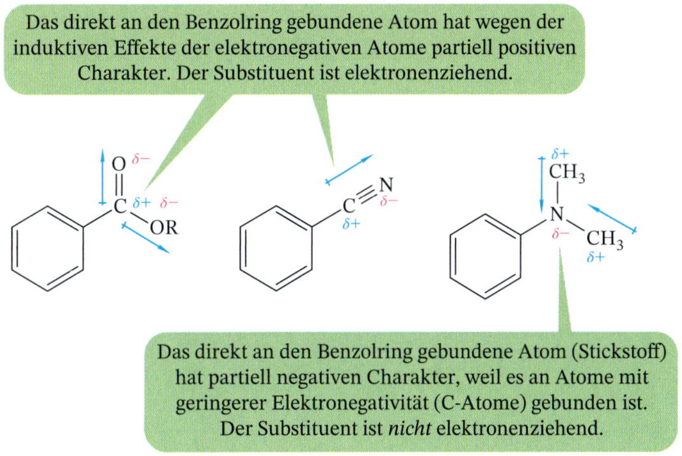

> Das direkt an den Benzolring gebundene Atom hat wegen der induktiven Effekte der elektronegativen Atome partiell positiven Charakter. Der Substituent ist elektronenziehend.

> Das direkt an den Benzolring gebundene Atom (Stickstoff) hat partiell negativen Charakter, weil es an Atome mit geringerer Elektronegativität (C-Atome) gebunden ist. Der Substituent ist *nicht* elektronenziehend.

9.6.4 Friedel-Crafts-Acylierung

Friedel und Crafts entdeckten auch, dass die Umsetzung eines Aromaten mit einem Säurechlorid in Gegenwart von Aluminiumchlorid zur Bildung eines Ketons führt. Ein **Säurechlorid** ist ein Carbonsäurederivat, in dem die OH-Gruppe der Carboxygruppe durch ein Halogen (meist Chlor) ersetzt ist. Die RCO-Gruppe wird als Acylgruppe bezeichnet und die Reaktion eines Säurechlorids mit aromatischen Verbindungen ist unter dem Namen **Friedel-Crafts-Acylierung** bekannt. Im folgenden Beispiel ist die Reaktion von Benzol mit Essigsäurechlorid (Acetylchlorid) in Gegenwart von Aluminiumchlorid unter Bildung von Acetophenon gezeigt:

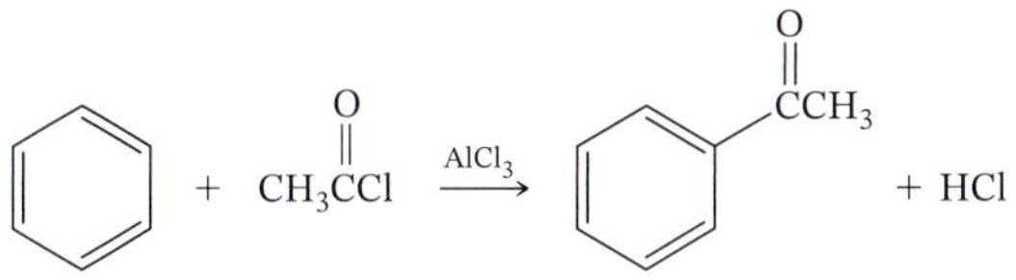

Benzol + Essigsäurechlorid (Acetylchlorid) $\xrightarrow{AlCl_3}$ Acetophenon (ein Keton) + HCl

Bei der Friedel-Crafts-Acylierung ist das aktive Elektrophil ein Acylium-Ion (oder auch Acylkation), das wie im Folgenden beschrieben gebildet wird.

Mechanismus: Die Friedel-Crafts-Acylierung: Bildung eines Acylium-Ions

1. Schritt: *Bildung des Elektrophils*

Die Reaktion des Halogenatoms im Säurehalogenid (am Chloratom eine Lewis-Base) mit dem Aluminiumchlorid (einer Lewis-Säure) führt zu einem Komplex. Durch Umverteilung der Valenzelektronen kann hieraus ein Ionenpaar mit einem **Acylium-Ion** entstehen:

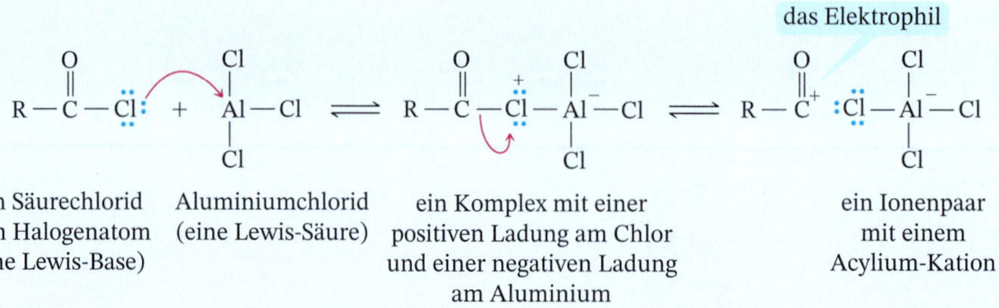

ein Säurechlorid (am Halogenatom eine Lewis-Base)   Aluminiumchlorid (eine Lewis-Säure)   ein Komplex mit einer positiven Ladung am Chlor und einer negativen Ladung am Aluminium   ein Ionenpaar mit einem Acylium-Kation (das Elektrophil)

Die Schritte 2 und 3 sind mit denen der Friedel-Crafts-Alkylierung identisch (Abschn. 9.6.3). Weil das Aluminiumchlorid nach der Reaktion am Carbonyl-Sauerstoffatom bis zur Aufarbeitung in einem Lewis-Säure-Base-Komplex gebunden bleibt (und damit nicht unverändert aus der Reaktion hervorgeht), sind hier allerdings stöchiometrische Mengen der Lewis-Säure erforderlich.

Beispiel 9.5 Welche Produkte entstehen, wenn Benzol in einer Friedel-Crafts-Alkylierung oder -Acylierung mit den folgenden Reagenzien umgesetzt wird?

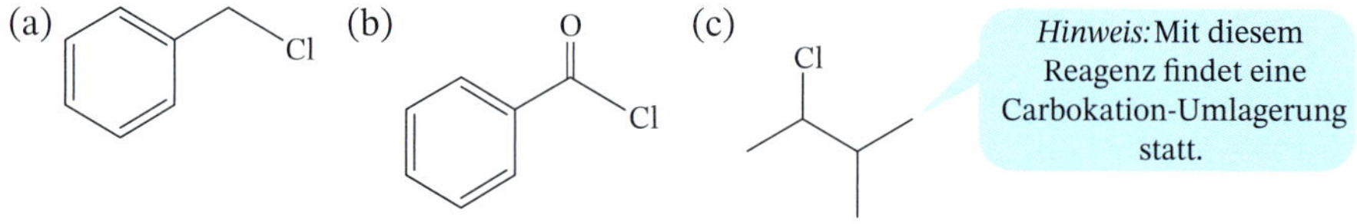

(a)   (b)   (c)

Hinweis: Mit diesem Reagenz findet eine Carbokation-Umlagerung statt.

Vorgehensweise

Normalerweise bildet das halogenhaltige Reagenz in einer Friedel-Crafts-Reaktion eine Bindung zwischen dem an das Halogen (Cl oder Br) gebundenen C-Atom und dem Benzolring. Das Produkt der Reaktion ergibt sich, indem man das Halogenatom des Halogenalkans oder des Säurehalogenids durch eine (substituierte) Phenylgruppe ersetzt. Man muss allerdings im Auge behalten, dass unter Umständen eine Umlagerung des intermediären Carbokations stattfindet.

Lösung

(a) Wird Benzylchlorid mit Aluminiumchlorid umgesetzt, entsteht das mesomeriestabilisierte Benzylkation. Die Reaktion dieses Kations (eines Elektrophils) mit Benzol (einem Nukleophil) führt (nach abschließender Deprotonierung) zur Bildung von Diphenylmethan:

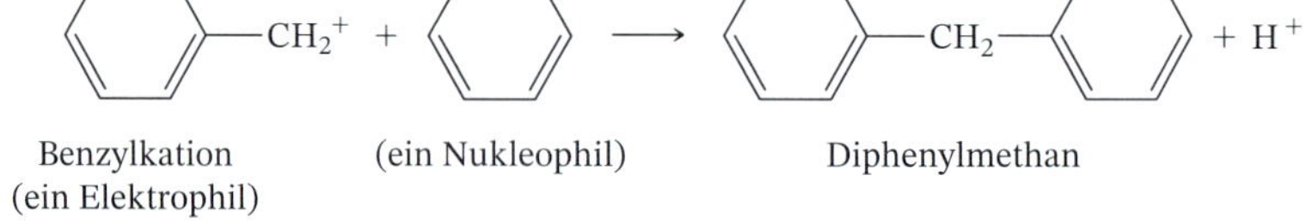

Benzylkation (ein Elektrophil)   (ein Nukleophil)   Diphenylmethan

(b) Die Umsetzung von Benzoesäurechlorid (Benzoylchlorid) mit Aluminiumchlorid führt zu einem Acylkation, dessen Reaktion mit Benzol nach abschließender Deprotonierung Benzophenon ergibt:

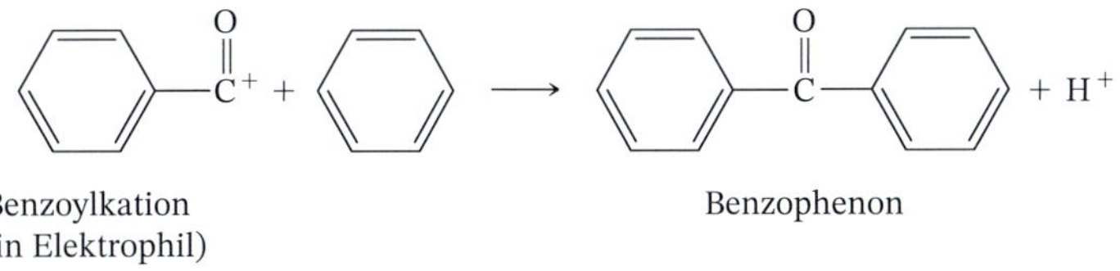

Benzoylkation
(ein Elektrophil)

Benzophenon

(c) In der Reaktion von 2-Chlor-3-methylbutan mit Aluminiumchlorid bildet sich ein sekundäres Carbokation. Das H-Atom am benachbarten tertiären C-Atom kann in einer 1,2-Hydridwanderung zum positiv geladenen Kohlenstoffatom des Carbokations wandern und es bildet sich in einer sehr schnellen Reaktion ein stabileres tertiäres Carbokation. Dieses greift am Benzol an, ein Proton wird abgespalten und das Produkt 2-Methyl-2-phenylbutan entsteht.

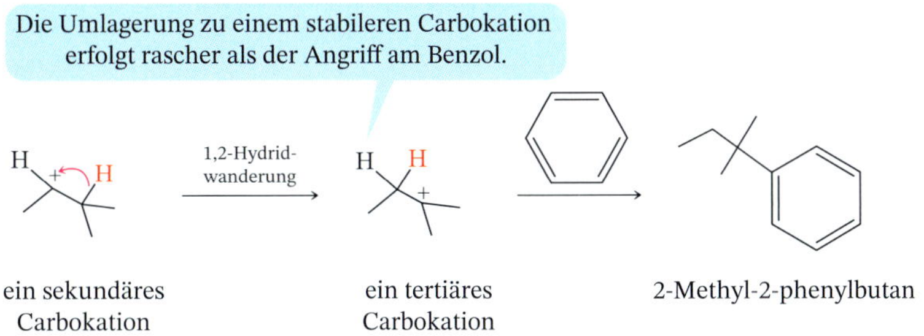

> Die Umlagerung zu einem stabileren Carbokation erfolgt rascher als der Angriff am Benzol.

ein sekundäres Carbokation → ein tertiäres Carbokation → 2-Methyl-2-phenylbutan

Siehe Aufgaben 9.8 und 9.10.

9.6.5 Andere elektrophile aromatische Alkylierungen

Nachdem bekannt wurde, dass Friedel-Crafts-Alkylierungen und -Acylierungen über kationische Intermediate ablaufen, konnte man davon ausgehen, dass auch andere Kombinationen aus Reagenzien und Katalysatoren zu den gleichen Produkten führen sollten. Wir wollen uns in diesem Abschnitt zwei Reaktionen ansehen, in denen die Bildung der intermediären Carbokationen einmal aus Alkenen und einmal aus Alkoholen erfolgt.

Wie wir in Abschn. 5.3.2 gesehen haben, entsteht bei Behandlung eines Alkens mit einer starken Säure (meist H_2SO_4 oder H_3PO_4) ein Carbokation. Isopropylbenzol wird industriell hergestellt, indem man Benzol mit Propen in Gegenwart eines Säurekatalysators umsetzt.

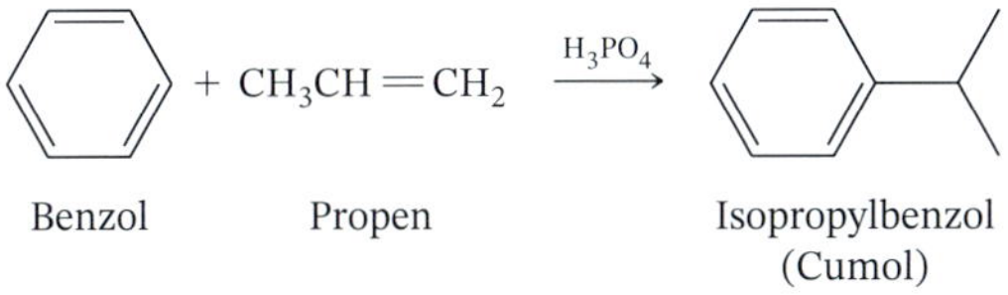

Benzol + $CH_3CH=CH_2$ $\xrightarrow{H_3PO_4}$ Isopropylbenzol (Cumol)

Carbokationen können auch aus Alkoholen entstehen, wenn diese mit H_2SO_4 oder H_3PO_4 umgesetzt werden (Abschn. 8.2.5).

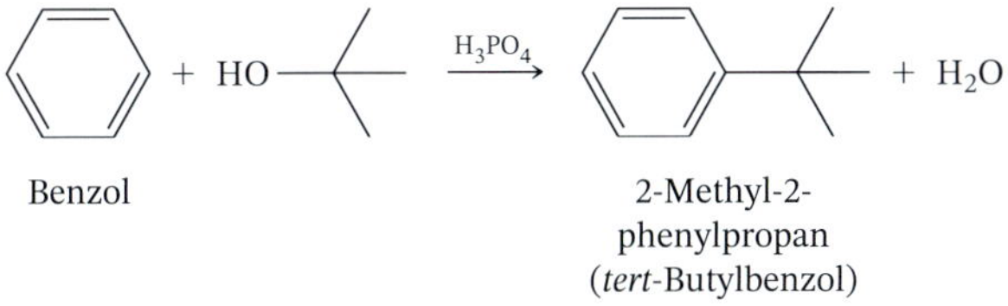

Benzol + HO–C(CH₃)₃ $\xrightarrow{H_3PO_4}$ 2-Methyl-2-phenylpropan (*tert*-Butylbenzol) + H_2O

Beispiel 9.6 Formulieren Sie einen Mechanismus für die Synthese von Isopropylbenzol aus Benzol und Propen in Gegenwart von Phosphorsäure.

Vorgehensweise

Formulieren Sie zunächst einen Mechanismus für die Bildung des Carbokations. Dieser Schritt beschreibt die Bildung des Elektrophils. Die verbleibenden mechanistischen Schritte sind immer die Gleichen: Angriff des Elektrophils am Benzolring und Deprotonierung unter Rückbildung des aromatischen Systems.

Lösung

1. Schritt: *Protonierung*

Protonentransfer von der Phosphorsäure auf das Propen ergibt das Isopropylkation:

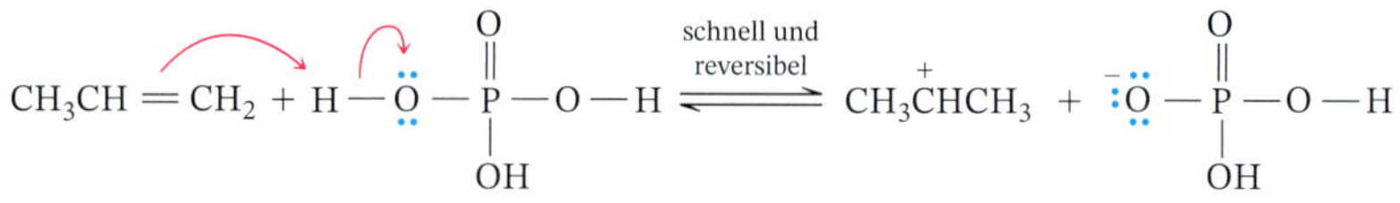

$$CH_3CH=CH_2 + H-O-\underset{OH}{\overset{O}{\underset{\|}{P}}}-O-H \underset{\text{reversibel}}{\overset{\text{schnell und}}{\rightleftharpoons}} CH_3\overset{+}{C}HCH_3 + {}^-\!O-\underset{OH}{\overset{O}{\underset{\|}{P}}}-O-H$$

2. Schritt: *Reaktion eines Nukleophils mit einem Elektrophil unter Bildung einer neuen kovalenten Bindung*

Bei der Reaktion des Isopropylkations mit Benzol entsteht der intermediäre σ-Komplex:

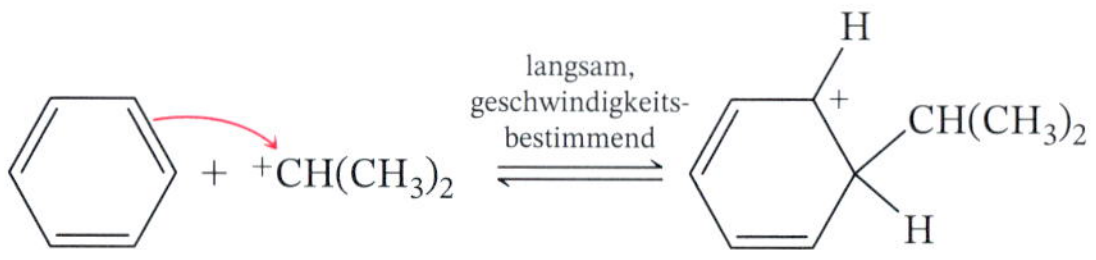

$$C_6H_6 + {}^+CH(CH_3)_2 \underset{\text{bestimmend}}{\overset{\text{langsam, geschwindigkeits-}}{\rightleftharpoons}} [\sigma\text{-Komplex}]$$

3. Schritt: *Deprotonierung*

Die Protonenübertragung von diesem Intermediat auf Dihydrogenphosphat setzt das Isopropylbenzol frei:

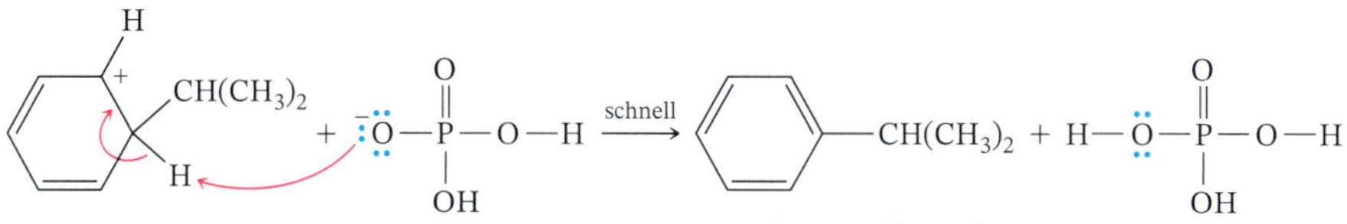

$$[\sigma\text{-Komplex}] + {}^-\!O-\underset{OH}{\overset{O}{\underset{\|}{P}}}-O-H \overset{\text{schnell}}{\longrightarrow} C_6H_5-CH(CH_3)_2 + H-O-\underset{OH}{\overset{O}{\underset{\|}{P}}}-O-H$$

Isopropylbenzol

Siehe Aufgaben 9.9, 9.10 und 9.21.

9.6.6 Vergleich der Addition an Alkene und der elektrophilen aromatischen Substitution (S_EAr)

Mit der elektrophilen aromatischen Substitution haben wir ein zweites Beispiel für eine Reaktion kennengelernt, in der eine C=C-Doppelbindung an einem Elektrophil angreift. Das erste Beispiel war die in Abschn. 5.3 besprochene elektrophile Addition an Alkene. Der erste Schritt ist in beiden Reaktionen ähnlich – eine C=C-Doppelbindung greift an einem Elektrophil an (H^+ bzw. E^+). Bei der Alkenaddition ist der zweite Schritt die Reaktion des Carbokations mit einem Nukleophil, wohingegen in der S_EAr-Reaktion eine Deprotonierung durch eine Base erfolgt. In der einen Reaktion wird im Ergebnis die C=C-Doppelbindung gebrochen, während in der anderen die π-Bindung zurückgebildet wird.

Addition an ein Alken

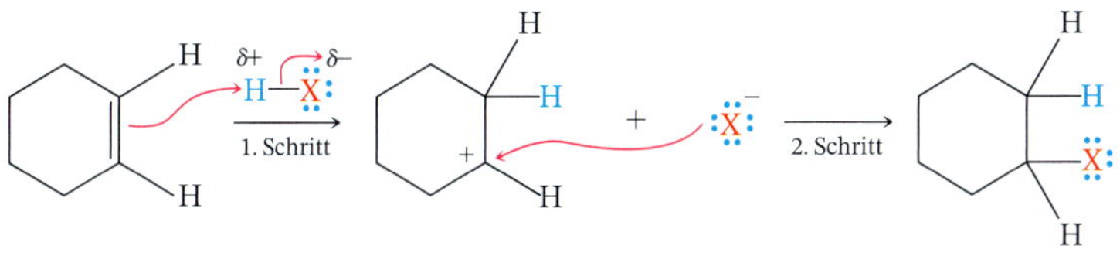

Elektrophile aromatische Substitution

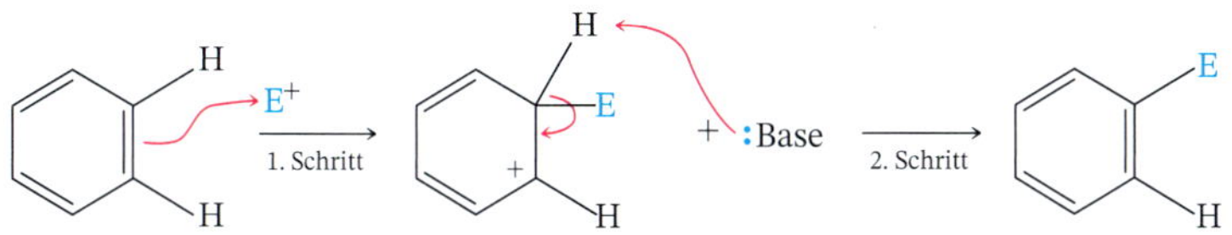

9.7 Welchen Einfluss haben Substituenten am Benzol auf die elektrophile aromatische Substitution?

9.7.1 Der Einfluss eines Substituenten auf die Zweitsubstitution

Bei der elektrophilen aromatischen Substitution an einem monosubstituierten Benzolderivat können drei isomere Produkte entstehen: Der neue Substituent kann in *ortho*-, *meta*- oder *para*-Stellung zu der bereits existierenden Gruppe eintreten. Auf der Basis unzähliger experimenteller Beobachtungen konnten die folgenden allgemeinen Regeln aufgestellt werden, die den Einfluss existierender Substituenten auf eine weitere elektrophile aromatische Substitution beschreiben:

1. *Bereits vorhandene Substituenten beeinflussen die Orientierung neu eintretender Substituenten.* Bestimmte Substituenten dirigieren eine Zweitsubstitution bevorzugt in die *ortho*- und *para*-Positionen; andere in die *meta*-Positionen. Wir können die Substituenten am Benzol also in **ortho/para-dirigierende** und **meta-dirigierende** Substituenten unterteilen.
2. *Substituenten beeinflussen die Reaktionsgeschwindigkeit einer Zweitsubstitution.* Bestimmte Substituenten bewirken eine Beschleunigung der Zweitsubstitution im Vergleich mit der Substitution an Benzol, während andere Substituenten zu einer Verlangsamung der Reaktion im Vergleich mit der Substitution an Benzol führen. Wir können die Substituenten am Benzol bezüglich einer Zweitsubstitution also darüber hinaus in **aktivierende** und in **deaktivierende** Substituenten einteilen.

Um ein Gefühl dafür zu bekommen, welche Bedeutung solche dirigierenden und aktivierenden/deaktivierenden Effekte haben können, wollen wir die Produkte und die Reaktionsgeschwindigkeiten der Bromierung von Anisol (Methylphenylether) und der von Nitrobenzol vergleichen. Die Bromierung von Anisol läuft 1.8×10^8-mal so schnell wie die von Benzol ab (die Methoxygruppe wirkt stark aktivierend) und es entsteht eine Mischung aus *o*- und *p*-Bromanisol (die Methoxygruppe ist *ortho/para*-dirigierend).

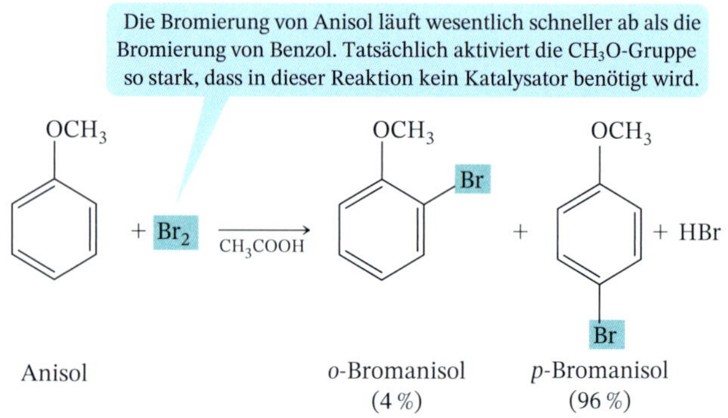

9 Benzol und seine Derivate

> Die Bromierung von Anisol läuft wesentlich schneller ab als die Bromierung von Benzol. Tatsächlich aktiviert die CH₃O-Gruppe so stark, dass in dieser Reaktion kein Katalysator benötigt wird.

Anisol + Br₂ →(CH₃COOH) o-Bromanisol (4 %) + p-Bromanisol (96 %) + HBr

Einer völlig anderen Situation begegnen wir in der Nitrierung von Nitrobenzol, die 10 000-mal langsamer als die Nitrierung von Benzol abläuft (eine Nitrogruppe wirkt stark deaktivierend). In der Reaktion entstehen etwa 93 % des *meta*-Isomers und zusammen weniger als 7 % der *ortho*- und *para*-Isomere (die Nitrogruppe ist *meta*-dirigierend).

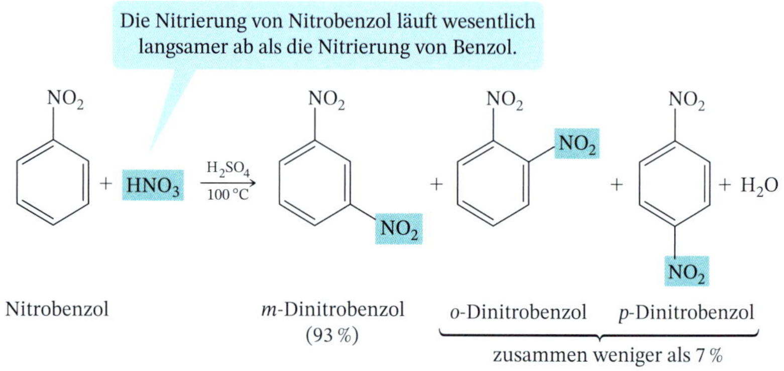

> Die Nitrierung von Nitrobenzol läuft wesentlich langsamer ab als die Nitrierung von Benzol.

Nitrobenzol + HNO₃ →(H₂SO₄, 100 °C) m-Dinitrobenzol (93 %) + o-Dinitrobenzol + p-Dinitrobenzol + H₂O
zusammen weniger als 7 %

Tabelle 9.1 zeigt die dirigierenden und aktivierenden bzw. deaktivierenden Effekte der wichtigsten in diesem Lehrbuch behandelten funktionellen Gruppen.

Tab. 9.1 Die Wirkung von Substituenten auf die elektrophile aromatische Zweitsubstitution.

ortho/para-dirigierend	stark aktivierend	—NH₂	—NHR	—NR₂	—OH	—OR
	mäßig stark aktivierend	—NHCR (=O)	—NHCAr (=O)	—OCR (=O)	—OCAr (=O)	
	schwach aktivierend	—R 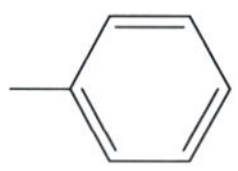	C₆H₅—			
	schwach deaktivierend	—F	—Cl	—Br	—I	
meta-dirigierend	mäßig stark deaktivierend	—CH (=O)	—CR (=O)	—COH (=O)	—COR (=O)	—CNH₂ (=O), —SOH (=O)(=O)
	stark deaktivierend	—NO₂	—NH₃⁺	—CF₃	—CCl₃	

zunehmende dirigierende Wirkung auf die Zweitsubstitution

zunehmende Reaktivität (relativ zu Benzol)

abnehmende Reaktivität (relativ zu Benzol)

Wenn wir innerhalb der Gruppe der *ortho/para*-dirigierenden bzw. innerhalb der Gruppe der *meta*-dirigierenden Substituenten nach strukturellen Übereinstimmungen und Unterschieden suchen, können wir folgende allgemeine Prinzipien ableiten:

1. Alkyl- und Phenylgruppen sowie Substituenten, in denen das an den Ring gebundene Atom ein freies Elektronenpaar besitzt, sind *ortho/para*-dirigierend. Alle anderen Gruppen sind *meta*-dirigierend.
2. Alle *ortho/para*-dirigierenden Substituenten (mit Ausnahme der Halogene) sind bezüglich einer Zweitsubstitution aktivierend; die Halogene sind schwach deaktivierend.
3. Alle *meta*-dirigierenden Substituenten tragen an dem Atom, das an den Ring gebunden ist, eine partielle oder eine ganze positive Ladung. Alle *meta*-dirigierenden Gruppen sind deaktivierend.

Diese allgemein gültigen Regeln sind ausgesprochen nützlich, wie sich in der folgenden Analyse der Synthese zweier disubstituierter Benzolderivate zeigen wird. Will man beispielsweise *m*-Bromnitrobenzol aus Benzol synthetisieren, sind zwei Schritte erforderlich: eine Nitrierung und eine Bromierung. Werden diese beiden Syntheseschritte in der angegebenen Reihenfolge durchgeführt, entsteht als Hauptprodukt tatsächlich *m*-Bromnitrobenzol. Die Nitrogruppe ist *meta*-dirigierend und lenkt die Bromierung somit wie gewünscht in die *meta*-Position:

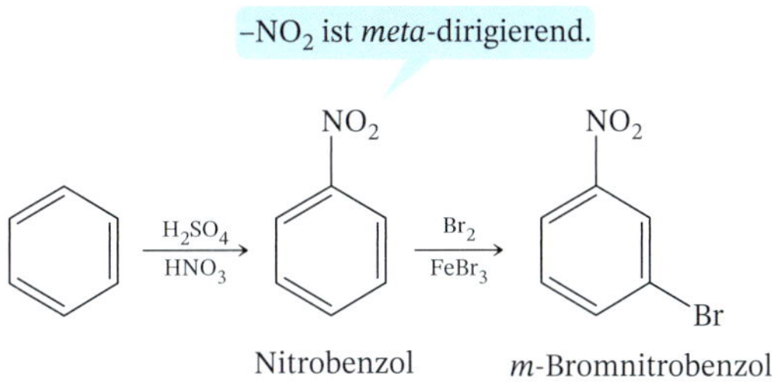

Kehrt man die Reihenfolge der Syntheseschritte aber um und stellt zuerst das Brombenzol her, so liegt nach dem ersten Schritt eine *ortho/para*-dirigierende Gruppe im Ring vor. Die Nitrierung des Brombenzols wird also vorzugsweise in den *ortho*- und *para*-Positionen stattfinden, wobei aus sterischen Gründen hauptsächlich das *para*-Produkt gebildet wird.

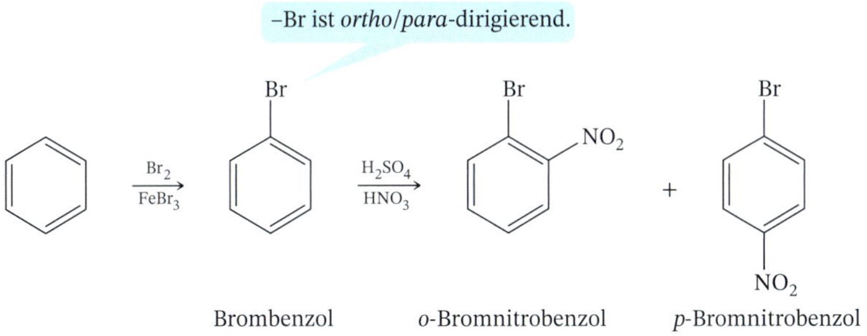

Ein anderes Beispiel, das die Wichtigkeit der Reaktionsreihenfolge in einer mehrstufigen elektrophilen aromatischen Substitution verdeutlicht, ist die Synthese von Nitrobenzoesäure aus Toluol. Die Nitrogruppe kann mit einer nitrierenden Mischung aus Salpetersäure und Schwefelsäure eingeführt werden; die Carboxygruppe entsteht durch Oxidation der Methylgruppe (Abschn. 9.4).

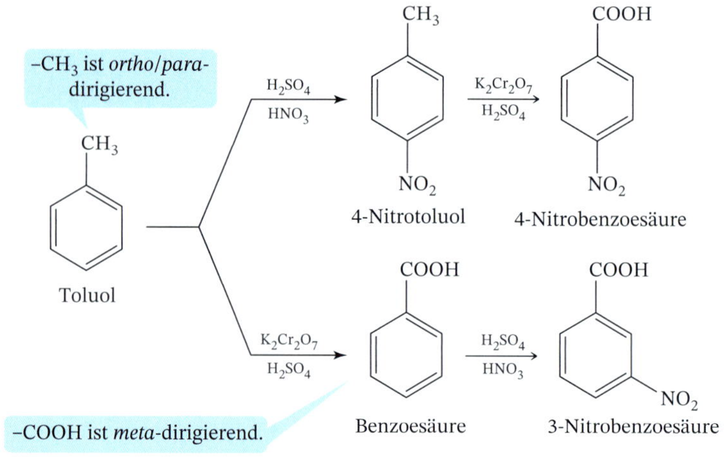

−CH₃ ist *ortho/para*-dirigierend.

−COOH ist *meta*-dirigierend.

Toluol → (H₂SO₄, HNO₃) → 4-Nitrotoluol → (K₂Cr₂O₇, H₂SO₄) → 4-Nitrobenzoesäure

Toluol → (K₂Cr₂O₇, H₂SO₄) → Benzoesäure → (H₂SO₄, HNO₃) → 3-Nitrobenzoesäure

Bei der Nitrierung von Toluol entsteht das Produkt, in dem die beiden Substituenten *para* zueinander stehen, während bei der Nitrierung von Benzoesäure das Produkt gebildet wird, das die beiden Substituenten in *meta*-Stellung zueinander enthält. Auch in diesem Beispiel ist also die Reihenfolge der Reaktionsschritte von entscheidender Bedeutung.

Im letzten Beispiel haben wir für die Nitrierung von Toluol nur die Bildung des *para*-Produkts angegeben. Weil die Methylgruppe *ortho/para*-dirigierend ist, entstehen in Wirklichkeit sowohl das *ortho*- als auch das *para*-Produkt. In Aufgaben zu diesem Kapitel, in denen nach der Herstellung des einen oder des anderen Produkts gefragt wird, können Sie stets davon ausgehen, dass zwar immer beide Produkte entstehen, dass es aber physikalische Methoden gibt, die deren Trennung erlauben, sodass man am Schluss die gewünschte Verbindung in Händen hält.

Beispiel 9.7 Vervollständigen Sie die folgenden Reaktionsgleichungen elektrophiler aromatischer Substitutionen. Wenn Sie eine *meta*-Substitution erwarten, zeichnen Sie nur das *meta*-Produkt; erwarten Sie eine *ortho/para*-Substitution, zeichnen Sie sowohl das *ortho*- als auch das *para*-Produkt.

(a) Anisol (OCH₃) + 2-Chlorpropan → (AlCl₃)

(b) Benzolsulfonsäure (SO₃H) + HNO₃ → (H₂SO₄)

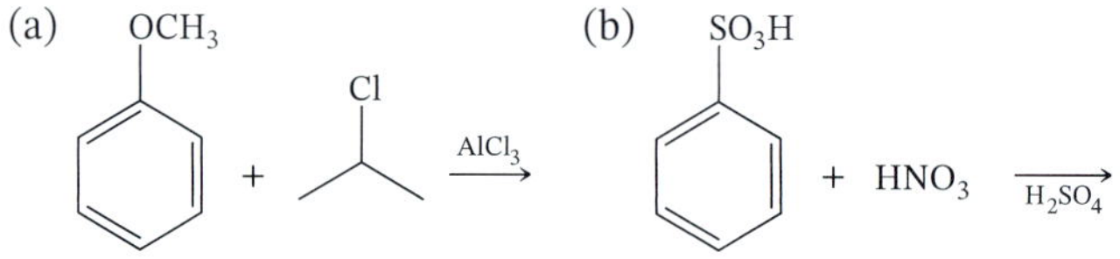

Vorgehensweise
Bestimmen Sie, ob die bereits vorhandenen Substituenten am Benzol *ortho/para*- oder *meta*-dirigierend sind, bevor Sie die Reaktionsgleichungen vervollständigen.

Lösung
Die Methoxygruppe in (a) ist *ortho/para*-dirigierend und stark aktivierend. Die Sulfonsäuregruppe in (b) ist *meta*-dirigierend und mäßig deaktivierend.

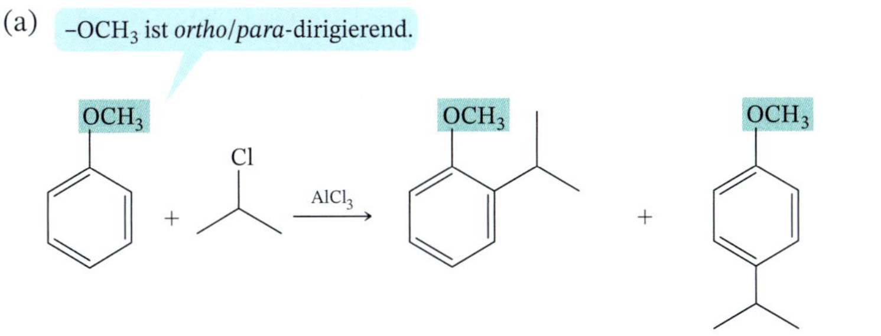

(a) -OCH₃ ist *ortho/para*-dirigierend.

2-Isopropylanisol
(*ortho*-Isopropylanisol)

4-Isopropylanisol
(*para*-Isopropylanisol)

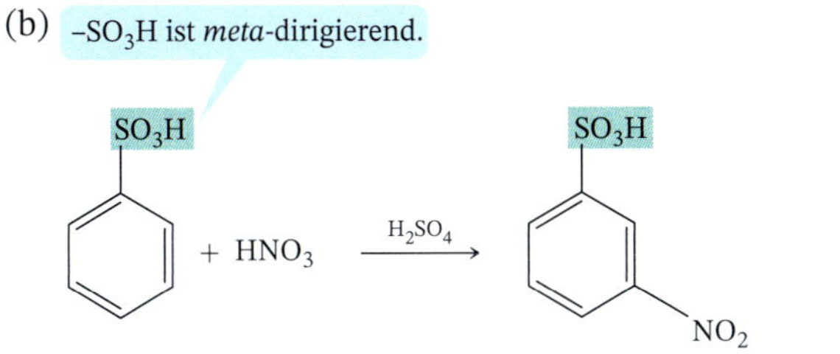

(b) -SO₃H ist *meta*-dirigierend.

3-Nitrobenzolsulfonsäure
(*meta*-Nitrobenzolsulfonsäure)

Siehe Aufgaben 9.13, 9.16, 9.20, 9.27, 9.28 und 9.30.

9.7.2 Dirigierende Effekte in der Zweitsubstitution

Wie wir gerade gesehen haben, hat ein Substituent am Aromaten einen starken Einfluss auf den Ablauf einer Zweitsubstitution. Wir können diesen Einfluss mithilfe des allgemeinen Mechanismus für die elektrophile aromatische Substitution erklären, den wir in Abschn. 9.5 kennengelernt haben. Wir wollen diesen Mechanismus noch etwas genauer in Augenschein nehmen, um so verstehen zu können, wie ein im Benzol vorhandener Substituent die relative Stabilität des während der Zweitsubstitution gebildeten σ-Komplexes beeinflusst.

Zunächst einmal rufen wir uns in Erinnerung, dass die Reaktionsgeschwindigkeit einer elektrophilen aromatischen Substitution durch den langsamsten Schritt im Mechanismus bestimmt wird, also so gut wie immer von der Reaktion des Elektrophils mit dem aromatischen Ring unter Bildung der mesomeriestabilisierten kationischen Zwischenstufe, des σ-Komplexes. Wir müssen also ermitteln, welcher der alternativen σ-Komplexe (der für die *ortho/para*- oder der für die *meta*-Substitution) der stabilere ist bzw. welcher der möglichen σ-Komplexe die kleinste Aktivierungsenergie besitzt.

Nitrierung von Anisol

Bei einer Nitrierung ist der geschwindigkeitsbestimmende Schritt die Reaktion des Nitronium-Ions mit dem aromatischen Ring unter Bildung des mesomeriestabilisierten σ-Komplexes. Abb. 9.4 zeigt oben den σ-Komplex, der beim Angriff in *meta*-Stellung zur Methoxygruppe entsteht, und unten den σ-Komplex für den *para*-Angriff (analoge Grenzstrukturen erhält man auch für den Angriff in *ortho*-Stellung). Der σ-Komplex für den Angriff in der *meta*-Position ist ein Resonanzhybrid aus den drei Grenzformeln (a), (b) und (c), die für eine elektrophile aromatische Substitution stets formuliert werden können. Für den Angriff in *meta*-Position bestimmen tatsächlich nur diese drei Grenzformeln die Stabilität des σ-Komplexes.

Für den σ-Komplex, der bei einem *para*-Angriff entsteht, können wir die vier Grenzformeln (d), (e), (f) und (g) formulieren (dasselbe gilt analog auch für den Angriff in

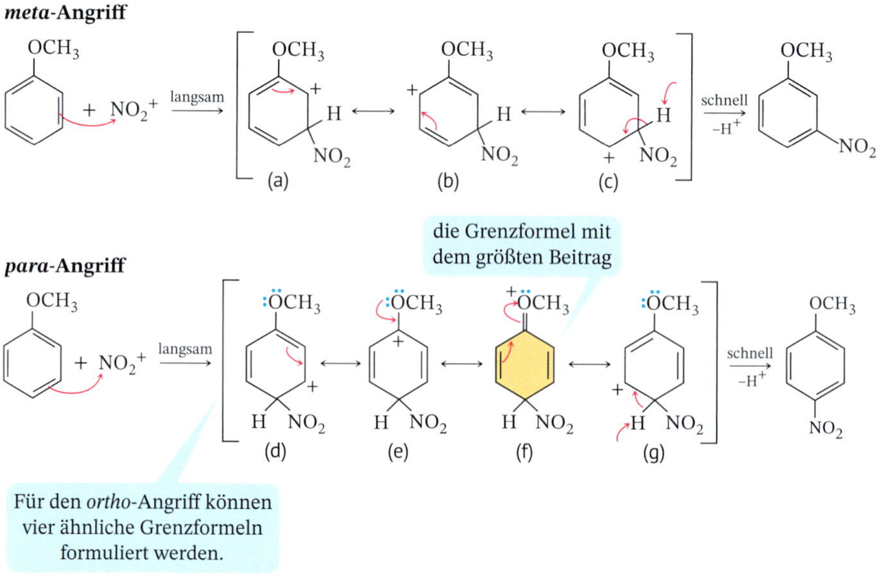

Abb. 9.4 Die Nitrierung von Anisol. Gezeigt ist der Angriff des Elektrophils in *meta*- bzw. *para*-Stellung zur Methoxygruppe. Die Rückbildung des aromatischen Systems ist jeweils durch Elektronenflusspfeile in der rechten Grenzformel verdeutlicht.

ortho-Stellung). Grenzformel (f) ist dabei von besonderer Bedeutung, da in ihr an allen Atomen ein vollständiges Oktett vorliegt; diese Grenzformel liefert daher einen deutlich größeren Beitrag zur Stabilität des Resonanzhybrids als die Grenzformeln (d), (e) und (g). Weil der σ-Komplex, der beim Angriff an der *ortho*- oder *para*-Position von Anisol entsteht, besser mesomeriestabilisiert ist, liegt auch die Aktivierungsbarriere für seine Bildung niedriger. Aus diesem Grund verläuft die *ortho*- und *para*-Nitrierung von Anisol schneller als die *meta*-Nitrierung und die *ortho/para*-Produkte werden bevorzugt gebildet.

Nitrierung von Nitrobenzol

Abbildung 9.5 zeigt die mesomeriestabilisierten σ-Komplexe, die beim Angriff des Nitronium-Ions in *meta*- bzw. *para*-Stellung zur Nitrogruppe entstehen.

Jeder dieser σ-Komplexe ist ein Resonanzhybrid aus drei Grenzformeln; weitere Grenzformeln lassen sich nicht formulieren. Auch hier müssen wir nun die relativen Resonanzstabilisierungen beider Resonanzhybride vergleichen. In der Lewis-Formel einer Nitrogruppe trägt das Stickstoffatom eine positive Formalladung, die in Grenzformel (e) direkt benachbart zu einer zweiten positiven Ladung an einem C-Atom des Rings liegt.

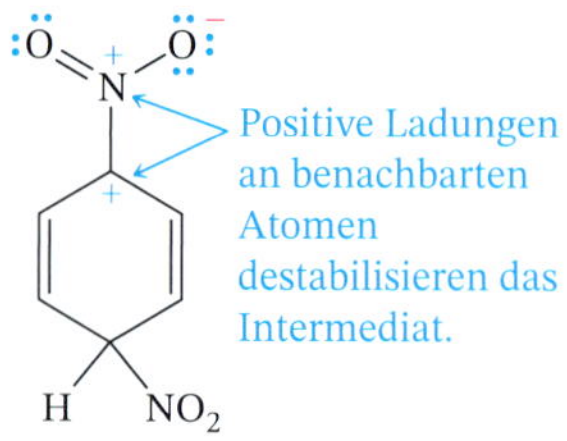

Wegen der ungünstigen elektrostatischen Abstoßung in dieser Grenzformel (e) liefert sie nur einen vernachlässigbaren Beitrag zum Resonanzhybrid. Dagegen liegen in keiner der Grenzformeln, die für den Angriff an der *meta*-Position formuliert werden können, positive Ladungen an zwei benachbarten Atomen vor. Entsprechend ist die

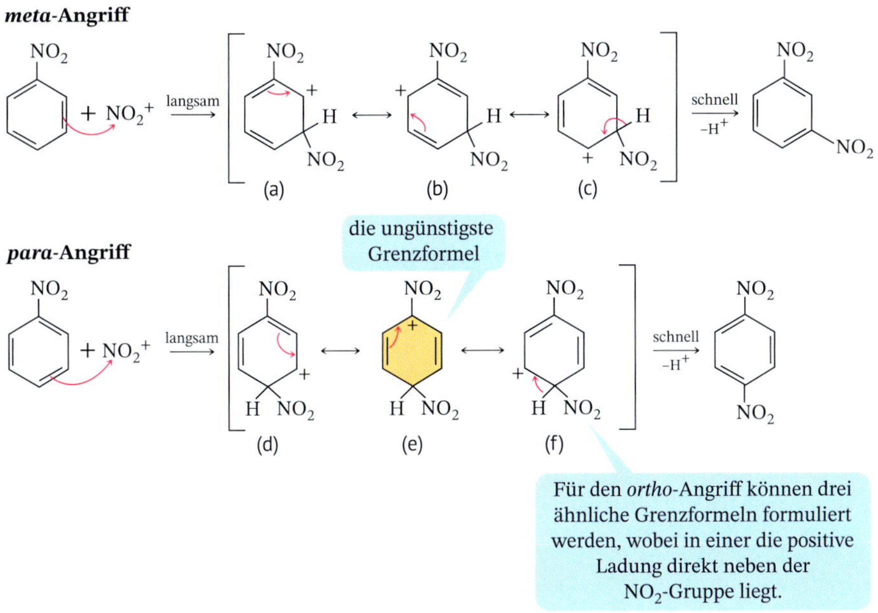

meta-Angriff

[Reaktionsschema: Nitrobenzol + NO₂⁺ → langsam → drei Grenzformeln (a), (b), (c) des σ-Komplexes → schnell, −H⁺ → 1,3-Dinitrobenzol]

para-Angriff

[Reaktionsschema: Nitrobenzol + NO₂⁺ → langsam → drei Grenzformeln (d), (e), (f) des σ-Komplexes, wobei (e) die ungünstigste Grenzformel ist → schnell, −H⁺ → 1,4-Dinitrobenzol]

die ungünstigste Grenzformel

Für den *ortho*-Angriff können drei ähnliche Grenzformeln formuliert werden, wobei in einer die positive Ladung direkt neben der NO₂-Gruppe liegt.

Abb. 9.5 Die Nitrierung von Nitrobenzol mit Angriff des Elektrophils in *meta*- bzw. *para*-Stellung zur Nitrogruppe. Die Rückbildung des aromatischen Systems ist jeweils durch Elektronenflusspfeile in der rechten Grenzformel verdeutlicht.

Resonanzstabilisierung des Kations, das durch einen *meta*-Angriff entsteht, größer als die des Kations, das durch Angriff an der *para*-Position (oder an den *ortho*-Positionen) entsteht. Entsprechend ist auch die Aktivierungsbarriere für den *meta*-Angriff niedriger als die für den *para*-Angriff.

Ein Vergleich der Einträge in Tab. 9.1 zeigt, dass nahezu alle *ortho/para*-dirigierenden Substituenten ein freies Elektronenpaar an dem Atom aufweisen, das an den Ring gebunden ist. Der dirigierende Effekt der meisten dieser Gruppen ist also vor allem auf die Fähigkeit des an den Ring gebundenen Atoms zurückzuführen, die positive Ladung im σ-Komplex zusätzlich zu delokalisieren.

Auch Alkylgruppen sind *ortho/para*-dirigierend, weil sie ebenfalls dazu beitragen, die kationische Zwischenstufe zu stabilisieren. In Abschn. 5.3.1 haben wir gesehen, dass Alkylgruppen Carbokationen stabilisieren und dass die Stabilisierung von tertiären Carbokationen über sekundäre und primäre Carbokationen bis zu Methylkationen abnimmt. So wie Alkylgruppen die Carbokationen stabilisieren, die bei der Protonierung von Alkenen entstehen, stabilisieren sie auch die intermediären Carbokationen, die in elektrophilen aromatischen Substitutionen auftreten.

Zusammenfassend lässt sich sagen, dass jeder Substituent an einem aromatischen Ring, der den σ-Komplex stabilisiert, *ortho/para*-dirigierend ist, und jeder Substituent, der den σ-Komplex destabilisiert, *meta*-dirigierend ist.

Beispiel 9.8 Zeichnen Sie die Grenzformeln des σ-Komplexes für die *para*-Nitrierung von Chlorbenzol und zeigen Sie, dass der Chlorsubstituent den Angriff des Nitronium-Ions an den *ortho*- und *para*-Positionen unterstützt.

Vorgehensweise

Zeichnen Sie das Intermediat, das aus dem *para*-Angriff des Elektrophils entsteht. Zeichnen Sie die Grenzformeln, indem sie die Elektronen der π-Bindung in Nachbarschaft zur positiven Ladung verschieben. Wiederholen Sie die Elektronenverschiebung so oft, bis keine weiteren Grenzformeln mehr möglich sind. Denken Sie aber daran, auch außerhalb des Rings nach Möglichkeiten zur Resonanzstabilisierung zu suchen.

Lösung

In den Grenzformeln (a), (b) und (d) ist die positive Ladung an Ringatomen lokalisiert, während sie in der All-Oktett-Grenzformel (c) am Chloratom liegt. Durch die Grenzformel (c) ergibt sich eine zusätzliche Resonanzstabilisierung für den σ-Komplex.

Siehe Aufgaben 9.14 und 9.19.

9.7.3 Aktivierende und deaktivierende Effekte in der Zweitsubstitution

Die aktivierenden bzw. deaktivierenden Effekte von Substituenten auf die elektrophile aromatische Substitution kann mit einer Kombination aus mesomeren und induktiven Effekten erklärt werden:

1. Ein Resonanzeffekt wie der von $-NH_2$, $-OH$ oder $-OR$, der die positive Ladung des σ-Komplexes delokalisiert, verringert die Aktivierungsbarriere für dessen Bildung und hat daher eine aktivierende Wirkung auf die elektrophile aromatische Substitution. Diese verläuft damit schneller als die Reaktion an unsubstituiertem Benzol. Diese Substituenten haben einen positiven mesomeren Effekt, einen +M-Effekt.
2. Ein Resonanzeffekt oder induktiver Effekt wie der von $-NO_2$, $-CO-$, $-SO_3H$, $-NR_3^+$, $-CCl_3$ oder $-CF_3$, der die Elektronendichte am Ring verringert, deaktiviert den Ring für eine weitere Substitution. Diese Substituenten verlangsamen die Reaktionsgeschwindigkeit für eine elektrophile aromatische Zweitsubstitution im Vergleich mit einer Reaktion an unsubstituiertem Benzol. Diese Substituenten haben einen negativen induktiven Effekt (–I-Effekt); Substituenten, die ausgehend von dem an den Ring gebundenen Atom eine Doppelbindung zu einem Heteroatom enthalten, haben zudem einen negativen mesomeren Effekt (–M-Effekt).
3. Induktive Effekte wie die durch $-CH_3$ oder andere Alkylgruppen schieben Elektronendichte in den aromatischen Ring und aktivieren ihn für eine Zweitsubstitution. In diesem Fall spricht man von einem positiven induktiven Effekt (+I-Effekt).

Halogensubstituenten sind Grenzfälle, weil in ihnen +M-Effekte und –I-Effekt gegeneinander wirken und sich in etwa die Waage halten. Aus Tab. 9.1 geht hervor, dass Halogene *ortho/para*-dirigierend sind, aber anders als andere *ortho/para*-dirigierende Substituenten einen schwach deaktivierenden Effekt haben. Diese Beobachtungen kann man wie folgt erklären:

1. *Der induktive Effekt von Halogenen.* Halogen sind elektronegativer als Kohlenstoff und haben daher einen elektronenziehenden induktiven Effekt (–I-Effekt). Arylhalogenide reagieren daher in einer elektrophilen aromatischen Substitution langsamer als unsubstituiertes Benzol.
2. *Der mesomere Effekt von Halogenen.* Ein Halogen in *ortho*- oder *para*-Stellung zur Position eines elektrophilen Angriffs stabilisiert den σ-Komplex durch Delokalisierung der positiven Ladung (+M-Effekt):

Beispiel 9.9 Welche Produkte entstehen bei den folgenden elektrophilen aromatischen Substitutionen?

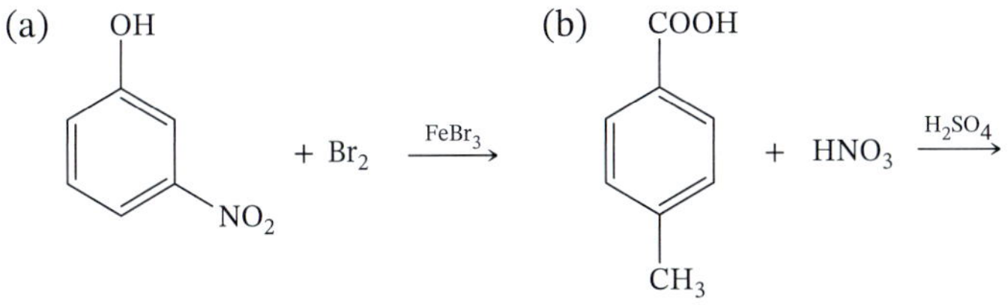

(a) 3-Nitrophenol + Br$_2$ $\xrightarrow{\text{FeBr}_3}$

(b) 4-Methylbenzoesäure + HNO$_3$ $\xrightarrow{\text{H}_2\text{SO}_4}$

Vorgehensweise

Bestimmen Sie die aktivierenden und deaktivierenden Einflüsse aller Substituenten. Der Schlüssel zur Vorhersage der Orientierung in einer weiteren Substitution an einem disubstituierten Aromaten ist, dass der dirigierende Effekt *ortho/para*-dirigierender Substituenten über den von *meta*-dirigierenden Substituenten dominiert. Wenn es also eine Konkurrenz zwischen *ortho/para*- und *meta*-dirigierenden Gruppen gibt, gewinnt die *ortho/para*-dirigierende Gruppe.

Lösung

(a) Die *ortho/para*-dirigierende und aktivierende OH-Gruppe bestimmt die Position der Bromierung. Die Bromierung zwischen der OH- und der NO$_2$-Gruppe ist wegen der sterischen Hinderung erschwert; das entsprechende Produkt wird kaum gebildet werden.

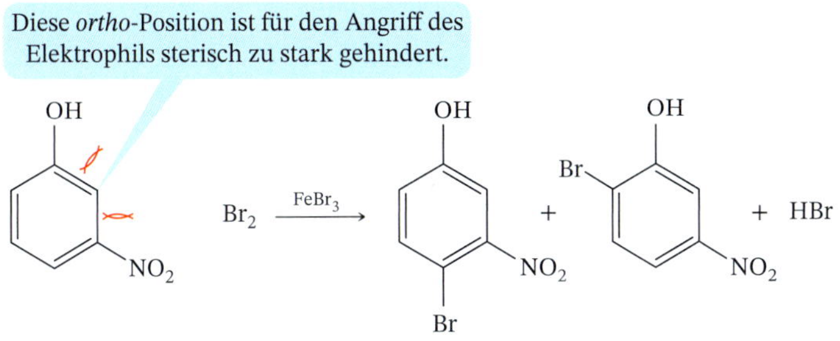

Diese *ortho*-Position ist für den Angriff des Elektrophils sterisch zu stark gehindert.

3-Nitrophenol + Br$_2$ $\xrightarrow{\text{FeBr}_3}$ 2-Brom-5-nitrophenol + 4-Brom-3-nitrophenol + HBr

(b) Die *ortho/para*-dirigierende und aktivierende CH$_3$-Gruppe bestimmt die Position der Nitrierung.

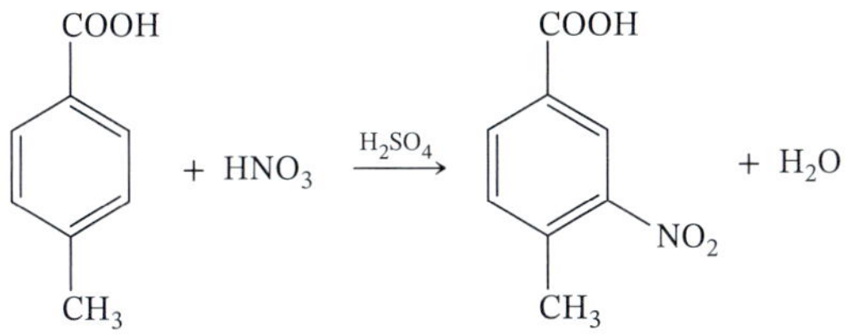

4-Methylbenzoesäure + HNO$_3$ $\xrightarrow{\text{H}_2\text{SO}_4}$ 4-Methyl-3-nitrobenzoesäure + H$_2$O

Siehe Aufgaben 9.15, 9.16, 9.20, 9.27, 9.28 und 9.30. ◂

9.8 Was sind Phenole?

9.8.1 Struktur und Nomenklatur

Die funktionelle Gruppe eines **Phenols** ist eine Hydroxygruppe, die an einen Benzolring gebunden ist. Substituierte Phenole werden entweder als Derivate des Phenols oder mit Trivialnamen benannt:

Phenol   3-Methylphenol   1,2-Dihydroxybenzol   1,3-Dihydroxybenzol   Benzol-1,4-diol
         (*m*-Kresol)   (Brenzcatechin)   (Resorcin)   (Hydrochinon)

Phenole sind in der Natur weit verbreitet. Phenol und die isomeren Kresole (*o*-, *m*- und *p*-Kresol) finden sich in Steinkohlenteer. Thymol und Vanillin sind wichtige Inhaltsstoffe von Thymian bzw. von Vanilleschoten:

2-Isopropyl-5-methylphenol   4-Hydroxy-3-methoxy-
       (Thymol)   benzaldehyd
                                         (Vanillin)

Phenol (früher auch Karbolsäure genannt) ist ein niedrig schmelzender Festkörper, der nur wenig in Wasser löslich ist. In ausreichend hohen Konzentrationen hat es eine schädliche Wirkung auf alle Arten von Zellen. In verdünnter Lösung hat Phenol antiseptische Eigenschaften und wurde von Joseph Lister für die Wunddesinfektion eingeführt; er demonstrierte die Durchführung keimfreier Operationen erstmals 1865 im Operationssaal der Universität Glasgow. Heute werden anstelle von Phenol wirksamere Antiseptika mit weniger unerwünschten Nebenwirkungen eingesetzt, beispielsweise Hexylresorcin, das breite Anwendung als nicht verschreibungspflichtiges Antiseptikum und Desinfektionsmittel findet.

Hexylresorcin   Eugenol   Urushiol

Eugenol kann aus den Blütenknospen (Gewürznelken) von *Eugenia aromatica* isoliert werden und wird als zahnmedizinisches Antiseptikum und Analgetikum verwendet. Urushiol ist die Hauptkomponente des kontaktallergenen Öls aus dem Giftsumach (Giftefeu).

9.8.2 Die Acidität von Phenolen

Phenole enthalten wie Alkohole eine OH-Gruppe. Dennoch behandeln wir die Phenole als eigene Stoffklasse, weil ihre chemischen Eigenschaften sich deutlich von denen der Alkohole unterscheiden. Einer der wichtigsten Unterschiede ist, dass Phenole deutlich acider als Alkohole sind – die Dissoziationskonstante von Phenol ist um einen Faktor 10^6 größer als die von Ethanol!

Tab. 9.2 Relative Aciditäten von 0.1 M Lösungen von Ethanol, Phenol und HCl.

Dissoziationsgleichgewicht	[H$^+$]	pH
CH$_3$CH$_2$OH + H$_2$O $\rightleftharpoons$ CH$_3$CH$_2$O$^-$ + H$_3$O$^+$	1×10^{-7}	7.0
C$_6$H$_5$OH + H$_2$O $\rightleftharpoons$ C$_6$H$_5$O$^-$ + H$_3$O$^+$	3.3×10^{-8}	5.4
HCl + H$_2$O $\rightleftharpoons$ Cl$^-$ + H$_3$O$^+$	0.1	1.0

C$_6$H$_5$–ÖH + H$_2$O $\rightleftharpoons$ C$_6$H$_5$–Ö:$^-$ + H$_3$O$^+$ $K_S = 1.1 \times 10^{-10}$ pK_S = 9.95

Phenol   Phenolat

CH$_3$CH$_2$ÖH + H$_2$O $\rightleftharpoons$ CH$_3$CH$_2$Ö:$^-$ + H$_3$O$^+$ $K_S = 1.3 \times 10^{-16}$ pK_S = 15.9

Ethanol   Ethanolat

Die relativen Säurestärken von Ethanol und Phenol kann man auch vergleichen, indem man die Protonenkonzentration und damit den pH-Wert 0.1-molarer wässriger Lösungen beider Verbindungen bestimmt (Tab. 9.2). Zum Vergleich sind auch die Protonenkonzentration und der pH-Wert von 0.1-molarer Salzsäure angegeben.

Alkohole sind in wässriger Lösung neutrale Verbindungen – die Protonenkonzentration einer 0.1-molaren wässrigen Ethanollösung ist dieselbe wie die in reinem Wasser. Eine 0.1-molare Lösung von Phenol ist dagegen leicht sauer und hat einen pH-Wert von 5.4. Im Gegensatz dazu ist 0.1 M HCl stark sauer (die Säure liegt vollständig dissoziiert vor) und hat einen pH-Wert von 1.0.

Die größere Säurestärke von Phenol im Vergleich zu Ethanol lässt sich damit erklären, dass das Phenolat-Ion besser als das Ethanolat-Ion stabilisiert ist, weil die negative Ladung im Phenolat durch Mesomerie delokalisiert ist. In den beiden Grenzformeln links ist die negative Ladung am Sauerstoffatom lokalisiert, während sie in den drei rechten Grenzformeln an den beiden *ortho*-Positionen bzw. der *para*-Position liegt. Die negative Ladung ist im Resonanzhybrid des Phenolat-Ions also über vier Atome delokalisiert; es ist damit deutlich besser stabilisiert als Ethanolat, in dem keine Delokalisierung der negativen Ladung möglich ist.

Diese beiden Kekulé-Strukturen sind äquivalent.   In diesen drei Grenzformeln ist die negative Ladung auf Kohlenstoffatome des Rings delokalisiert.

Die Tatsache, dass eine Resonanzstabilisierung vorliegt, erlaubt allerdings nur die qualitative Festzustellung, dass Phenol eine stärkere Säure als Ethanol ist; eine quantitative Aussage darüber, wieviel stärker die eine Säure als die andere ist, ist auf diese Weise nicht möglich. Um hierzu eine Aussage treffen zu können, ist es erforderlich, die pK_S-Werte experimentell zu bestimmen und zu vergleichen.

Substituenten am Benzolring, vor allem Halogene und Nitrogruppen, haben durch ihre induktiven und mesomeren Effekte einen starken Einfluss auf die Acidität von Phenolen. Weil Halogene elektronegativer als Kohlenstoff sind, ziehen sie in der konjugierten Base Elektronendichte vom negativ geladenen Sauerstoffatom ab und stabilisieren damit das Phenolat. Nitrogruppen ziehen durch ihren deutlich stärkeren negativen mesomeren Effekt (–M-Effekt) Elektronendichte aus dem Phenolat-Ion ab, weswegen Nitrophenol nochmals deutlich acider als Chlorphenol ist.

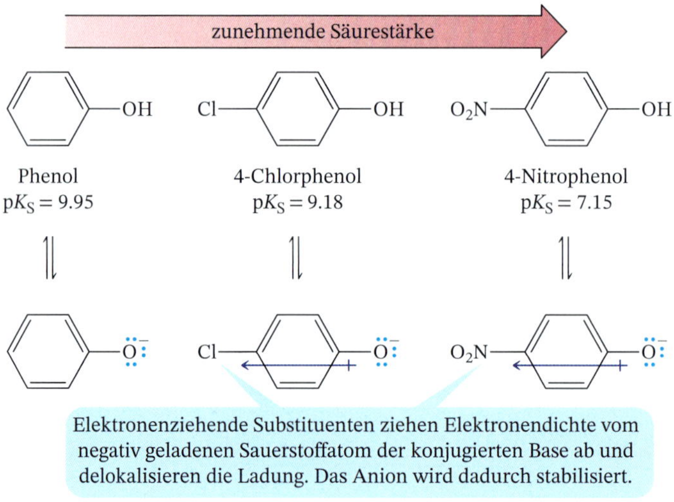

zunehmende Säurestärke

Phenol
pK_S = 9.95

4-Chlorphenol
pK_S = 9.18

4-Nitrophenol
pK_S = 7.15

Elektronenziehende Substituenten ziehen Elektronendichte vom negativ geladenen Sauerstoffatom der konjugierten Base ab und delokalisieren die Ladung. Das Anion wird dadurch stabilisiert.

Beispiel 9.10 Ordnen Sie diese Verbindungen nach steigender Acidität: 2,4-Dinitrophenol, Phenol und Benzylalkohol.

Vorgehensweise
Zeichnen Sie jeweils die konjugierte Base. Ermitteln Sie anschließend, welche der konjugierten Basen durch mesomere und/oder induktive Effekte stabilisiert wird. Je stabiler die konjugierte Base, desto acider ist die Säure, aus der sie gebildet wurde.

Lösung
Benzylalkohol, ein primärer Alkohol, hat einen pK_S-Wert von etwa 16–18 (Abschn. 8.2.1). Der pK_S-Wert von Phenol beträgt 9.95. Nitrogruppen sind durch einen negativen mesomeren Effekt (–M-Effekt) elektronenziehend und erhöhen dadurch die Acidität der phenolischen OH-Gruppe. Hier sind die drei Verbindungen in der Reihenfolge zunehmender Acidität aufgeführt:

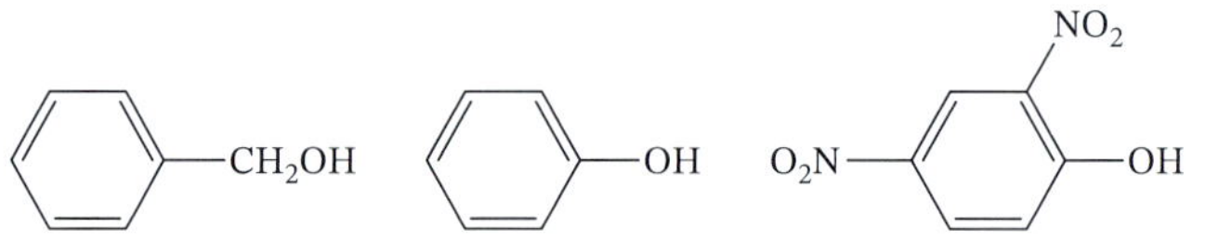

Benzylalkohol
pK_S = 16–18

Phenol
pK_S = 9.95

2,4-Dinitrophenol
pK_S = 3.96

Siehe Aufgaben 9.22 und 9.23.

9.8.3 Säure-Base-Reaktionen von Phenolen

Phenole sind schwache Säuren und reagieren mit starken Basen wie NaOH zu wasserlöslichen Salzen:

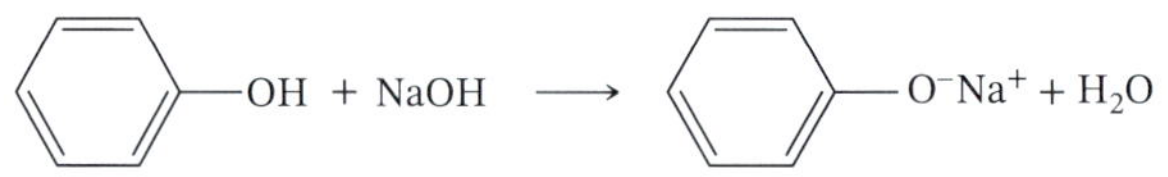

Phenol
pK_S = 9.95
(stärkere Säure)

Natriumhydroxid
(stärkere Base)

Natriumphenolat
(schwächere Base)

Wasser
pK_S = 15.7
schwächere Säure

Mit schwächeren Basen wie z. B. Natriumhydrogencarbonat reagieren die meisten Phenole dagegen nicht und sie lösen sich daher auch nicht in wässriger Natriumhydrogencarbonat-Lösung. Kohlensäure ist eine stärkere Säure als die meisten Phenole; das Gleichgewicht für die Reaktion eines Phenols mit Natriumhydrogencarbonat liegt weit auf der linken Seite (siehe Abschn. 2.4).

$$\text{C}_6\text{H}_5-\text{OH} + \text{NaHCO}_3 \rightleftharpoons \text{C}_6\text{H}_5-\text{O}^-\text{Na}^+ + \text{H}_2\text{CO}_3$$

Phenol	Natrium-	Natrium-	Kohlensäure
pK_S = 9.95	hydrogencarbonat	phenolat	pK_S = 6.36
(schwächere Säure)	(schwächere Base)	(stärkere Base)	(stärkere Säure)

Die Tatsache, dass Phenole schwach sauer und Alkohole neutral sind, eröffnet einen bequemen Weg, um Phenole von wasserunlöslichen Alkoholen zu trennen. Nehmen wir beispielsweise an, wir wollten 4-Methylphenol von Cyclohexanol trennen. Beide Verbindungen sind in Wasser nur wenig löslich, man kann sie daher nicht auf Basis ihrer Wasserlöslichkeiten trennen. Die Trennung gelingt aber leicht, wenn man den Unterschied ihrer Aciditäten ausnutzt. Hierzu werden die beiden Verbindungen zunächst in Diethylether oder einem anderen mit Wasser nicht mischbaren Lösungsmittel gelöst. Diese Lösung wird in einen Scheidetrichter gefüllt und mit verdünnter wässriger NaOH-Lösung ausgeschüttelt. Unter diesen Bedingungen reagiert 4-Methylphenol mit NaOH zu Natrium-4-methylphenolat, einem wasserlöslichen Salz. Die obere Etherphase (Dichte 0.74 g/mL) im Scheidetrichter enthält nun nur noch das gelöste Cyclohexanol, in der unteren, wässrigen Phase liegt das gelöste Natrium-4-methylphenolat vor. Die Phasen werden getrennt, aus der organischen Phase wird der Ether (Sdp. 35 °C) abdestilliert und man erhält das reine Cyclohexanol (Sdp. 161 °C). Die wässrige Phase wird mit 1 M HCl oder einer anderen starken Säure angesäuert, wodurch das Natrium-4-methylphenolat wieder zum wasserunlöslichen 4-Methylphenol wird, das mit Ether extrahiert werden und ebenfalls in reiner Form gewonnen werden kann. Im Folgenden ist der Ablauf dieses Prozesses noch einmal zusammengefasst:

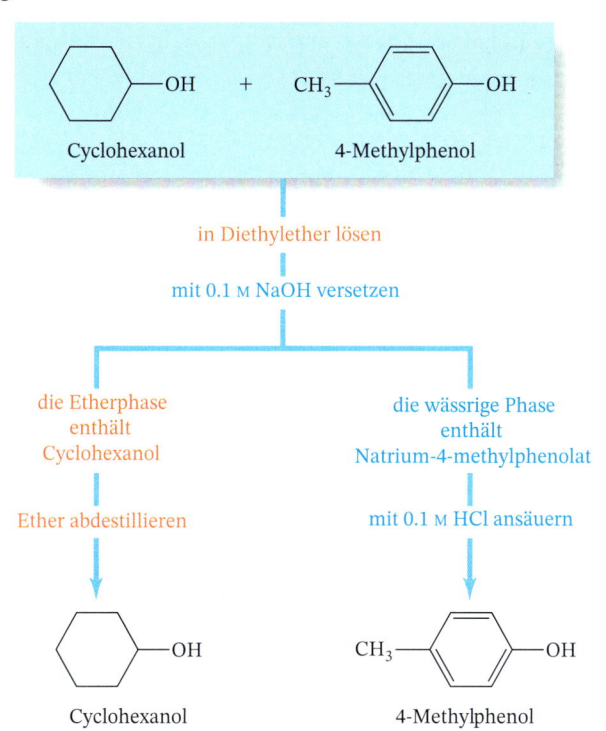

Exkurs: 9.B Capsaicin – Manche mögen's scharf

Capsaicin, der Scharfstoff in den Früchten verschiedener Paprika- und Chiliarten (*Capsicum* und *Solanaceae*), wurde 1876 erstmals isoliert; seine Struktur wurde 1919 bestimmt:

Capsaicin
(aus verschiedenen Paprikaarten)

Capsaicin hat selbst in kleinsten Mengen stark reizende Eigenschaften; die menschliche Zunge kann es bereits in einer Verdünnung von 1 : 16 Millionen schmecken. Vielen dürfte das brennende Gefühl im Mund und das plötzliche Tränen der Augen bekannt sein, das man beim Abbeißen von einer scharfen Chilischote erlebt. Capsaicinhaltige Extrakte dieser feurigen Lebensmittel sind auch in Abwehrsprays enthalten, die man gegen Hunde und andere Tiere einsetzen kann, wenn diese einem beim Laufen oder Radfahren zu dicht auf den Pelz rücken. Paradoxerweise verursacht Capsaicin zwar Schmerz, lindert ihn aber auch. Capsaicinhaltige Cremes können zur Behandlung der intensiven Schmerzen eingesetzt werden, die im Zusammenhang mit Post-Zoster-Neuralgie auftreten, einer Komplikation der Gürtelrose. Sie werden darüber hinaus auch bei Diabetes verschrieben, um anhaltende Fuß- und Beinschmerzen zu lindern.

Der Mechanismus, nach dem Capsaicin die Schmerzen unterdrückt, ist nicht gänzlich verstanden. Es wird vermutet, dass die Applikation von Capsaicin an den für die Schmerzweiterleitung verantwortlichen Nervenendungen zu einer temporären Taubheit führt. Capsaicin bleibt an spezifische Rezeptoren der Neuronen gebunden und verhindert daher die Schmerzweiterleitung. Irgendwann wird das Capsaicin wieder vom Rezeptor freigesetzt, hat aber in der Zwischenzeit für die ersehnte Schmerzlinderung gesorgt.

Aufgabe
Entscheiden Sie, ob Capsaicin besser in Wasser oder in 1-Octanol löslich ist Wie ändert sich das Lösungsverhalten, wenn Capsaicin zuerst mit einem Äquivalent NaOH umgesetzt wird?

Molekularer Sauerstoff ist ein Diradikal (mit zwei ungepaarten Elektronen) und zeigt auch eine entsprechende Reaktivität. Dies bringt man oft durch die ungewöhnliche Lewis-Formel in (a) zum Ausdruck. Gelegentlich findet man auch die Lewis-Formel aus (b), die den diradikalischen Charakter ebenfalls zeigt, aber die hohe Bindungsenergie des O_2-Moleküls nicht angemessen wiedergibt.

9.8.4 Phenole als Antioxidantien

Eine wichtige Reaktion in lebenden Systemen, Lebensmitteln und anderen Verbindungen und Materialien mit Kohlenstoff-Kohlenstoff-Doppelbindungen ist die **Autoxidation**, also die Oxidation mit Luftsauerstoff ohne Verwendung weiterer Reagenzien. Wenn man eine lange Zeit nicht genutzte Flasche mit Speiseöl öffnet, kann man manchmal ein leises Zischen von einströmender Luft hören. Dieses Geräusch tritt auf, weil der Sauerstoff im Inneren der Flasche bei der Autoxidation des Öls verbraucht wurde und somit ein leichter Unterdruck in der Flasche entstand.

Speiseöle enthalten Ester mehrfach ungesättigter Fettsäuren. Was ein Ester ist, braucht uns im Moment nicht zu kümmern; das werden wir in Kap. 14 besprechen. Der hier entscheidende Punkt ist, dass alle Pflanzenöle Fettsäuren mit langen Kohlenstoffketten enthalten, von denen viele eine oder mehrere Kohlenstoff-Kohlenstoff-Doppelbindungen aufweisen. (Tab. 19.1 zeigt die Strukturen einiger ungesättigter Fettsäuren.) Die Autoxidation findet an einem C-Atom in Nachbarschaft einer Doppelbindung statt, also an einem **allylischen Kohlenstoffatom**.

Die Autoxidation verläuft nach einem Radikalkettenmechanismus, in dem eine R–H-Gruppe in eine R–O–O–H-Gruppe überführt wird; es entsteht ein *Hydroperoxid*. Der Prozess wird dadurch eingeleitet, dass eine Verbindung mit einer schwachen Bindung durch Energie in Form von Hitze oder Licht in zwei **Radikale** gespalten wird, also in Atome oder Verbindungen mit einem ungepaarten Elektron; dieser Schritt wird als **Kettenstart** bezeichnet. Im Labor nutzt man kleine Mengen einer Substanz wie z. B. eines Peroxids (ROOR) als Radikalstarter, weil diese sehr leicht durch Hitze oder Licht in Radikale (RO·) gespalten werden können. Tatsächlich konnte bislang noch nicht zweifelsfrei geklärt werden, welche Verbindungen in der Natur als Initiatoren wirken. Wenn aber erst einmal ein Radikal entstanden ist – auf welchem Weg auch immer –, kann dieses mit einer Verbindung reagieren und ein Wasserstoffatom mit einem seiner Elektronen (H·) von einem allylischen Kohlenstoffatom übernehmen.

Dieses C-Atom hat dann nun nur noch sieben Elektronen in seiner Valenzschale, von denen eines zwangsläufig ungepaart ist.

Die beiden nun folgenden Kettenfortpflanzungsschritte laufen zyklisch immer und immer wieder ab. Das in Schritt 2B (siehe Kasten) gebildete Allylradikal reagiert in Schritt 2A wieder mit einem Sauerstoffmolekül unter Bildung eines neuen Hydroperoxylradikals, das erneut mit einer weiteren Kohlenwasserstoffkette reagiert und damit Schritt 2B wiederholt usw. Diesen Zyklus der beiden sich wiederholenden Schritte nennt man eine **Kettenreaktion**. Wenn also in Schritt 1 erst einmal ein Radikal gebildet wurde, werden die Kettenfortpflanzungsschritte viele tausend Male durchlaufen, wobei Tausende von Hydroperoxidmolekülen entstehen. Die Anzahl der Zyklen, die in einer Kettenreaktion durchlaufen werden, wird als **Kettenlänge** der Kettenreaktion bezeichnet.

Mechanismus: Autoxidation

Schritt 1: *Kettenstart – Bildung eines Radikals aus einer nicht-radikalischen Verbindung*

Das Radikal, das mithilfe von Licht oder Hitze aus einem Radikalstarter freigesetzt wird, entfernt ein Wasserstoffatom (H·) aus der Nachbarschaft einer C=C-Doppelbindung; es entsteht ein Allylradikal:

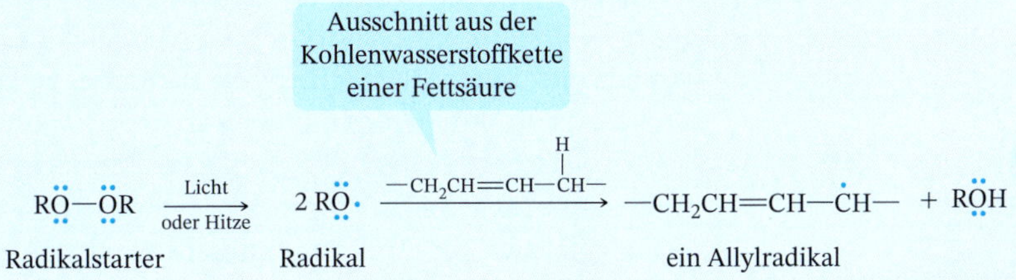

$$RO-OR \xrightarrow{\text{Licht oder Hitze}} 2\,RO\cdot \xrightarrow{-CH_2CH=CH-CH(H)-} -CH_2CH=CH-\overset{\cdot}{C}H- + ROH$$

Radikalstarter — Radikal — Ausschnitt aus der Kohlenwasserstoffkette einer Fettsäure — ein Allylradikal

Schritt 2A: *Erster Kettenfortpflanzungsschritt – Reaktion eines Radikals mit Sauerstoff unter Bildung eines neuen Radikals*

Das Allylradikal reagiert mit molekularem Sauerstoff (einem Diradikal) unter Bildung eines Hydroperoxylradikals. Die neue kovalente Bindung des Hydroperoxylradikals bildet sich durch Kombination des einzelnen Elektrons aus dem Allylradikal und einem der Elektronen aus dem Sauerstoff-Diradikal:

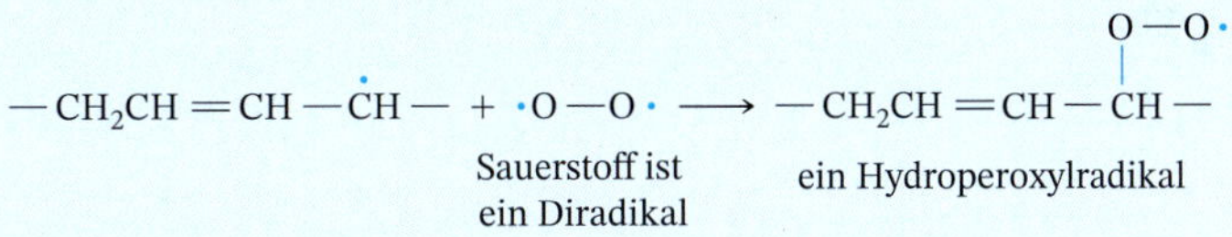

$$-CH_2CH=CH-\overset{\cdot}{C}H- + \cdot O-O\cdot \longrightarrow -CH_2CH=CH-CH(O-O\cdot)-$$

Sauerstoff ist ein Diradikal — ein Hydroperoxylradikal

Schritt 2B: *Zweiter Kettenfortpflanzungsschritt – Reaktion eines Radikals mit einem Molekül unter Bildung eines neuen Radikals*

Das Hydroperoxylradikal übernimmt ein allylisches Wasserstoffatom (H·) aus der Kohlenwasserstoffkette einer weiteren Fettsäure und wird damit zum Endprodukt, dem Hydroperoxid; gleichzeitig wird ein neues Allylradikal gebildet:

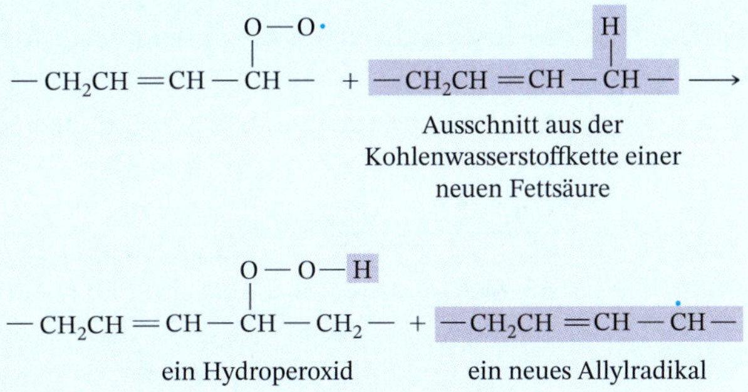

$$-CH_2CH=CH-CH(O-O\cdot)- + -CH_2CH=CH-CH(H)- \longrightarrow$$

Ausschnitt aus der Kohlenwasserstoffkette einer neuen Fettsäure

$$-CH_2CH=CH-CH(O-O-H)-CH_2- + -CH_2CH=CH-\overset{\cdot}{C}H-$$

ein Hydroperoxid — ein neues Allylradikal

Hydroperoxide sind nicht stabil und werden unter physiologischen Bedingungen zu kurzkettigen Aldehyden und Carbonsäuren mit unangenehmem, „ranzigem" Geruch abgebaut. Diese Gerüche dürften jedem bekannt sein, der jemals altes Speiseöl oder verdorbene Lebensmittel gerochen hat, die mehrfach ungesättigte Fette oder Öle enthielten. Eine ähnliche Synthese von Hydroperoxiden in Low-density Lipoproteinen (siehe Abschn. 19.4), die an den Wänden von Arterien abgelagert werden, führt bei Menschen zu Herz-Kreislauf-Erkrankungen. Darüber hinaus werden viele Alterserscheinungen auf die Bildung und den nachfolgenden Abbau von Hydroperoxiden zurückgeführt.

Glücklicherweise hat die Natur eine Reihe von Abwehrstoffen gegen die Bildung der schädlichen Hydroperoxide vorgesehen, darunter das Phenol Tocopherol (besser bekannt als Vitamin E), die Ascorbinsäure (Vitamin C) und das Glutathion. Diese Verbindungen, die im Organismus die Verteidigung gegen die Hydroperoxide übernehmen, sind die „Straßenreiniger im menschlichen Körper". Vitamin E schiebt sich zum Beispiel in die Schritte 2A oder 2B ein, übergibt ein H· aus seiner phenolischen OH-Gruppe an das Allylradikal und überführt das Allylradikal dadurch wieder in die ursprüngliche Kohlenwasserstoffkette. Weil das dabei gebildete Radikal des Vitamins E sehr stabil ist und nicht weiterreagiert, wird die Radikalkettenreaktion unterbrochen und die weitere Bildung der schädlichen Hydroperoxide unterbunden. Zwar ist dennoch die Bildung einzelner Hydroperoxidmoleküle möglich; diese wenigen Moleküle können aber leicht durch einen von mehreren verfügbaren enzymkatalysierten Prozessen zu harmlosen Verbindungen abgebaut werden.

Bedauerlicherweise geht Vitamin E bei der Verarbeitung vieler Lebensmittel, insbesondere prozessierter Lebensmittel, verloren. Um diesen Verlust auszugleichen, werden Phenole wie BHT und BHA als Lebensmittelzusatzstoffe zugesetzt. Sie können die Veränderung der Produkte durch Luftsauerstoff (das Ranzigwerden) verlangsamen.

Butylhydroxytoluol (BHT) wird häufig Backwaren als Antioxidans zugesetzt, um das Ranzigwerden zu verhindern. [Quelle: © Charles D. Winters.]

Tocopherol
(Vitamin E)

Butyl*h*ydroxytoluol
(BHT)

Butyl*h*ydroxyanisol
(BHA)

Ähnliche Verbindungen werden auch anderen Materialien wie Kunststoffen und Gummi zugesetzt, um sie gegen Autoxidationsprozesse zu schützen. Die schützenden Eigenschaften der Phenole sind die Ursache für günstige gesundheitliche Effekte von so verschiedenen Lebensmitteln wie grünem Tee, Wein oder Heidelbeeren (die alle große Mengen an phenolischen Verbindungen enthalten), die daher von Ernährungswissenschaftlern und Medizinern immer wieder empfohlen werden.

Zusammenfassung

9.1 Welche Struktur hat Benzol?
- **Benzol** ist eine mehrfach ungesättigte Verbindung mit der Summenformel C_6H_6. Jedes Kohlenstoffatom enthält ein unhybridisiertes $2p$-Orbital, gefüllt mit einem Elektron. Die sechs $2p$-Orbitale stehen senkrecht auf der Ringebene und überlappen unter Bildung einer durchgehenden π-Wolke, die alle sechs C-Atome umgibt.
- Benzol und seine alkylierten Derivate bilden die **aromatischen Kohlenwasserstoffe**, die **aromatischen Verbindungen (Aromaten)**.

9.2 Was ist Aromatizität?

- Nach den **Hückel-Kriterien für Aromatizität** ist eine cyclische Verbindung aromatisch, wenn sie (1) an jedem ihrer Atome ein $2p$-Orbital aufweist, (2) planar ist, damit sich eine durchgehende Überlappung zwischen allen $2p$-Orbitalen ergeben kann, und (3) eine Gesamtzahl von 2, 6, 10, 14 usw. (also $4n + 2$) π-Elektronen in der cyclischen Anordnung der $2p$-Orbitale enthält.
- Eine **heterocyclische aromatische Verbindung** (ein Heteroaromat) enthält im Ring auch ein oder mehrere andere Atome außer Kohlenstoff.

9.3 Wie benennt man Benzolderivate und welche physikalischen Eigenschaften haben sie?

- Aromatische Verbindungen werden nach dem IUPAC-System benannt, wobei die Trivialnamen **Toluol**, **Xylol**, **Phenol**, **Anilin**, **Benzaldehyd** und **Benzoesäure** beibehalten werden.
- Die C_6H_5-Gruppe heißt **Phenylgruppe**, die $C_6H_5CH_2$-Gruppe **Benzylgruppe**.
- Zur Angabe der Positionen zweier Substituenten nummeriert man entweder die Ringatome durch oder benutzt die Bezeichner *ortho* (*o*), *meta* (*m*) und *para* (*p*).
- **Mehrkernige aromatische Kohlenwasserstoffe** enthalten zwei oder mehrere kondensierte Benzolringe.

9.4 Was ist eine benzylische Position und welchen Anteil hat sie an der Reaktivität von Aromaten?

- Die **benzylische Position** ist das unmittelbar an den Benzolring gebundene Kohlenstoffatom eines Alkylsubstituenten.
- Die benzylische Position eines Benzolrings kann durch Chromsäure oxidiert werden, ohne dass der Benzolring angegriffen wird.

9.5 Was ist die elektrophile aromatische Substitution?

- Eine charakteristische Reaktion aromatischer Verbindungen ist die **elektrophile aromatische Substitution**, in der ein Wasserstoffatom am Benzolring durch ein elektrophiles Reagenz ersetzt wird.
- Die in diesem Kapitel diskutierten fünf Arten elektrophiler aromatischer Substitutionen sind die **Halogenierung**, die **Nitrierung**, die **Sulfonierung**, die **Friedel-Crafts-Alkylierung** und die **Friedel-Crafts-Acylierung**.

9.6 Wie läuft eine elektrophile aromatische Substitution mechanistisch ab?

- Der Mechanismus der elektrophilen aromatischen Substitution kann in drei Schritte zerlegt werden: (1) Bildung des Elektrophils, (2) Angriff des Elektrophils am aromatischen Ring unter Bildung eines mesomeriestabilisierten σ-Komplexes und (3) Deprotonierung durch eine Base mit Rückbildung des aromatischen Rings.
- Die fünf hier behandelten elektrophilen aromatischen Substitutionen unterscheiden sich in der Bildung des jeweiligen Elektrophils (1. Schritt) und in der Base, die zum Protonentransfer unter Rückbildung des aromatischen Rings genutzt wird (3. Schritt).

9.7 Welchen Einfluss haben Substituenten am Benzol auf die elektrophile aromatische Substitution?

- Substituenten am aromatischen Ring beeinflussen sowohl die Reaktionsgeschwindigkeit als auch die Angriffspunkte der Zweitsubstitution.
- Substituenten, die eine eintretende Gruppe vorzugsweise in die *ortho*- und *para*-Positionen lenken, bezeichnet man als ***ortho/para*-dirigierend**. Substituenten, die eine Gruppe vorzugsweise in die *meta*-Positionen lenken, bezeichnet man als ***meta*-dirigierend**.

- **Aktivierende Substituenten** bewirken, dass eine Zweitsubstitution schneller erfolgt als die Substitution am Benzol; **deaktivierende Substituenten** bewirken eine langsamere Zweitsubstitution.
- Die mechanistische Begründung für die dirigierenden Effekte basiert auf der Mesomeriestabilisierung der möglichen σ-Komplexe, die durch Reaktion des aromatischen Rings mit dem Elektrophil gebildet werden.
- Substituenten, die den σ-Komplex stabilisieren, sind aktivierend und *ortho/para*-dirigierend, destabilisierende Substituenten sind deaktivierend und *meta*-dirigierend.

9.8 Was sind Phenole?
- Die funktionelle Gruppe eines **Phenols** ist eine OH-Gruppe, die an einen Benzolring gebunden ist.
- Phenol und seine Derivate sind schwach sauer mit pK_S-Werten von etwa 10 und somit deutlich acider als Alkohole ($pK_S = 16-18$).
- Phenole werden zur Unterdrückung von Autoxidationen verwendet, also von Radikalkettenreaktionen, die eine R−H-Gruppe in eine R−O−O−H-Gruppe (Hydroperoxidgruppe) überführen und zum Verderben von Lebensmitteln führen.

Wichtige Reaktionen

1. **Oxidation an einer benzylischen Position (Abschn. 9.4)**
   Ein benzylisches Kohlenstoffatom, das mindestens ein Wasserstoffatom trägt, kann zu einer Carboxygruppe oxidiert werden:

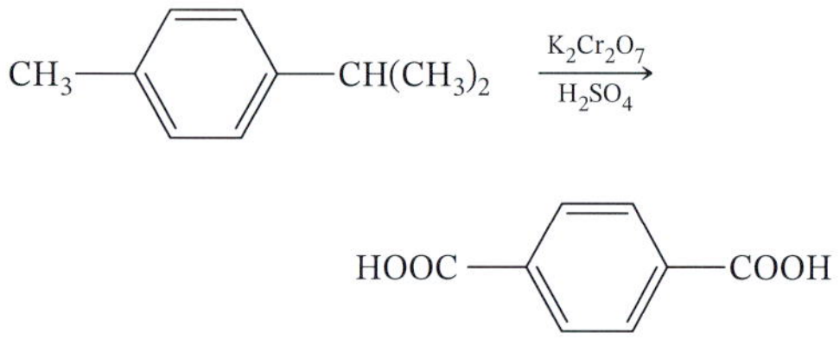

2. **Chlorierung und Bromierung (Abschn. 9.6.1)**
   Als Elektrophil reagiert hier ein Halonium-Ion (Cl^+ oder Br^+), das bei der Umsetzung von Cl_2 oder Br_2 mit katalytischen Mengen von $AlCl_3$ oder $FeCl_3$ bzw. $AlBr_3$ oder $FeBr_3$ entsteht:

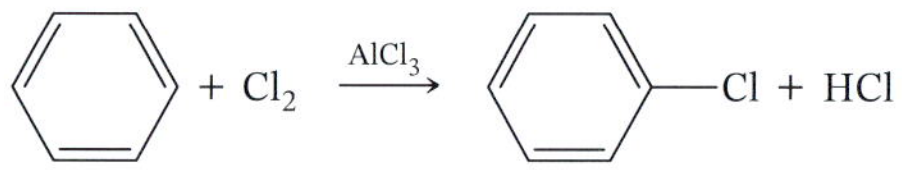

3. **Nitrierung (Abschn. 9.6.2)**
   Das angreifende Elektrophil ist das Nitronium-Ion (NO_2^+); es entsteht bei der Reaktion von Salpetersäure mit Schwefelsäure:

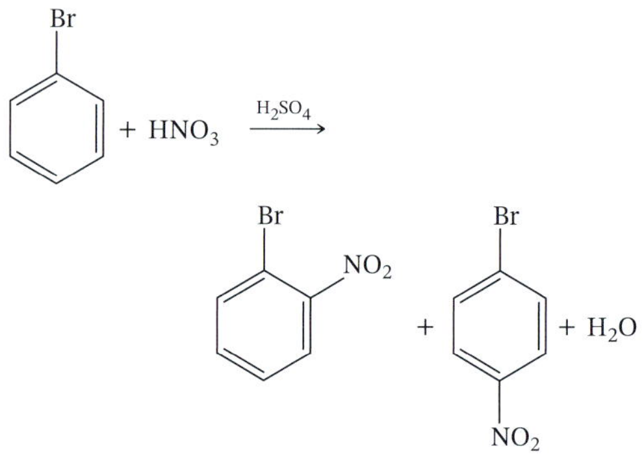

4. **Sulfonierung (Abschn. 9.6.2)**
   Das Elektrophil ist hier HSO_3^+:

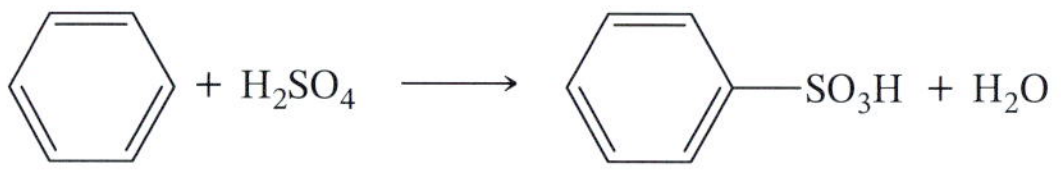

5. **Friedel-Crafts-Alkylierung (Abschn. 9.6.3)**
   Als Elektrophil reagiert ein Alkylkation, das bei der Umsetzung eines Alkylhalogenids mit katalytischen Mengen einer Lewis-Säure entsteht:

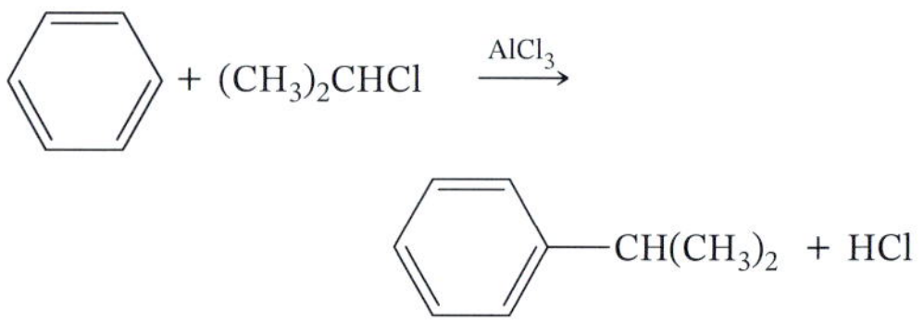

6. **Friedel-Crafts-Acylierung (Abschn. 9.6.4)**

   Das Elektrophil ist ein Acylkation, das bei der Umsetzung eines Säurechlorids mit stöchiometrischen Mengen einer Lewis-Säure gebildet wird:

   $$\text{C}_6\text{H}_6 + \text{CH}_3\text{COCl} \xrightarrow{\text{AlCl}_3} \text{C}_6\text{H}_5\text{COCH}_3 + \text{HCl}$$

7. **Alkylierung unter Verwendung eines Alkens (Abschn. 9.6.5)**

   Hierbei ist das Elektrophil ein Carbokation, das bei der Protonierung des Alkens mit H_2SO_4 oder H_3PO_4 entsteht:

8. **Alkylierung unter Verwendung eines Alkohols (Abschn. 9.6.5)**

   Das Elektrophil ist ein Carbokation, das aus dem Alkohol bei der Behandlung mit H_2SO_4 oder H_3PO_4 entsteht:

   $$\text{C}_6\text{H}_6 + (\text{CH}_3)_3\text{COH} \xrightarrow{\text{H}_3\text{PO}_4} \text{C}_6\text{H}_5\text{C}(\text{CH}_3)_3 + \text{H}_2\text{O}$$

9. **Acidität von Phenolen (Abschn. 9.8.2)**

   Phenole sind schwache Säuren:

   $$\text{Phenol} + \text{H}_2\text{O} \rightleftharpoons \text{Phenolat} + \text{H}_3\text{O}^+$$

   $K_S = 1.1 \times 10^{-10}$
   $pK_S = 9.95$

   Durch Substitution der Phenole mit elektronenziehenden Gruppen wie Halogenen oder der Nitrogruppe wird ihre Acidität erhöht.

10. **Reaktion von Phenolen mit starken Basen (Abschn. 9.8.3)**

    Die wasserunlöslichen Phenole werden von starken Basen vollständig zu wasserunlöslichen Salzen deprotoniert:

    $$\text{C}_6\text{H}_5\text{OH} + \text{NaOH} \longrightarrow \text{C}_6\text{H}_5\text{O}^-\text{Na}^+ + \text{H}_2\text{O}$$

Phenol	Natriumhydroxid	Natriumphenolat	Wasser
$pK_S = 9.95$	(stärkere Base)	(schwächere Base)	$pK_S = 15.7$
(stärkere Säure)			(schwächere Säure)

Quiz

Sind die folgenden Aussagen richtig oder falsch? Hier können Sie testen, ob Sie die wichtigsten Fakten aus diesem Kapitel parat haben. Wenn Sie mit einer der Fragestellungen Probleme haben, sollten Sie den jeweiligen in Klammern angegebenen Abschnitt in diesem Kapitel noch einmal durcharbeiten, bevor Sie sich an die weiteren, meist etwas schwierigeren Aufgaben zu diesem Kapitel machen.

1. Der Mechanismus einer elektrophilen aromatischen Substitution besteht aus drei Schritten: Bildung des Elektrophils, Angriff des Elektrophils am Benzol und Protonenübertragung und Rückbildung des aromatischen Rings (9.6).
2. Die C=C-Doppelbindungen in Benzol gehen nicht die gleichen Additionen ein wie die C=C-Doppelbindungen in Alkenen (9.1).
3. Eine aromatische Verbindung ist planar, enthält ein $2p$-Orbital an jedem Ringatom und eine Gesamtzahl von 4, 8, 12, 16 usw. π-Elektronen (9.3).
4. Bei der Benennung von disubstituierten Benzolen bedeuten die Bezeichner *para*, *meta* und *ortho*, dass die Substituenten in 1,2-, 1,3- bzw. 1,4-Stellung stehen (9.3).
5. Das Elektrophil bei der Chlorierung oder Bromierung von Benzol ist ein Ionenpaar, das ein Chloronium- bzw. Bromonium-Ion enthält (9.6).
6. Eine Ammoniumgruppe ($-NH_3^+$) an einem Benzolring dirigiert ein Elektrophil in die *meta*-Position (9.7).
7. Bei der Reaktion von Chromsäure (H_2CrO_4) mit einem substituierten Benzol wird jede Alkylgruppe an der benzylischen Position zur Carboxygruppe oxidiert (9.4).
8. Benzol besteht aus zwei Grenzformeln, die sich sehr rasch ineinander umwandeln (9.1).
9. Ein Benzolring mit einer OH-Gruppe wird als „Phenyl" bezeichnet (9.3).
10. Bei der Friedel-Crafts-Alkylierung von Benzol mit einem primären Alkylhalogenid wird immer eine neue Bindung zwischen dem Benzol und dem C-Atom gebildet, an welches das Halogen gebunden war (9.5).
11. Die Resonanzenergie ist die Energie, um die ein Ring aufgrund der Beiträge der verschiedenen Grenzformeln stabilisiert ist (9.1).
12. Ein Phenol reagiert quantitativ mit NaOH (9.8).
13. Die Umsetzung von Benzol mit einem Halogenalkan und einer Lewis-Säure ist die einzige Möglichkeit zur Synthese eines Alkylbenzols (9.6).
14. Phenole sind acider als Alkohole (9.8).
15. Substituenten in einem polysubstituierten Benzol erhalten Positionsnummern entsprechend dem Abstand, den diese

von dem Substituenten haben, der einen speziellen Namen des Benzolderivats begründet (9.3).
16. Wenn ein Benzolring sowohl eine schwach aktivierende als auch eine stark deaktivierende Gruppe enthält, wird der Angriff eines Elektrophils durch die stark deaktivierende Gruppe dirigiert (9.7).
17. Das Resonanzhybrid, das aus dem *ortho*-Angriff eines Elektrophils am Anilin entsteht, ist stabiler als dasjenige, das sich bei einem *meta*-Angriff bildet (9.7).
18. Wenn ein Benzolring eine deaktivierende Gruppe trägt, reagiert er langsamer als das unsubstituierte Benzol (9.7).
19. Eine Friedel-Crafts-Alkylierung wird durch die Gegenwart elektronenziehender Gruppen am Benzolring begünstigt (9.5).
20. Eine Autoxidation findet an Kohlenstoffatomen in allylischer Position statt (9.8).

Ausführliche Erklärungen zu vielen dieser Antworten finden sich im Arbeitsbuch.

Antworten: (1) R (2) R (3) F (4) F (5) R (6) R (7) F (8) F (9) F (10) F (11) F (12) R (13) F (14) R (15) F (16) R (17) R (18) R (19) F (20) R

Aufgaben

Aromatizität

9.1 Welche der folgenden Verbindungen sind aromatisch? (Siehe Beispielaufgabe 9.1)

(a), (b), (c), (d)

(e), (f), (g), (h), (i), (j), (k), (l)

9.2 Welche der folgenden Verbindungen oder Ionen sind aromatisch? (Siehe Beispielaufgabe 9.1)

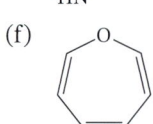

(a), (b), (c), (d)

9.3 Warum ist Cyclopentadien (pK_S = 16) um viele Größenordnungen acider als Cyclopentan (pK_S > 50)?

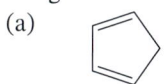

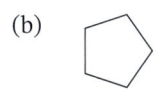

(a) Cyclopentadien

(b) Cyclopentan

(*Hinweis:* Zeichnen Sie die Anionen, die entstehen, wenn Sie ein Proton aus der CH$_2$-Gruppe entfernen, und wenden Sie die Hückel-Kriterien für Aromatizität an.)

Nomenklatur und Strukturformeln

9.4 Benennen Sie die folgenden Verbindungen. (Siehe Beispielaufgabe 9.2)

(a) [Struktur: Phenyl-C(CH₃)₂-OH]

(b) [Struktur: Alken mit Phenyl- und Ethyl-Gruppen]

(c) [Struktur: m-Methylbenzoesäure]

(d) [Struktur: 3-Brom-5-chlorbenzaldehyd]

(e) [Struktur: Ethyl-, Chlor-, Methoxy-substituiertes Benzol]

9.5 Zeichnen Sie Strukturformeln der folgenden Verbindungen. (Siehe Beispielaufgabe 9.2)
(a) 1-Brom-2-chlor-4-ethylbenzol
(b) 4-Iod-1,2-dimethylbenzol
(c) 2,4,6-Trinitrotoluol (TNT)
(d) 4-Phenyl-2-pentanol
(e) *p*-Kresol
(f) 2,4-Dichlorphenol
(g) 1-Phenylcyclopropanol
(h) Styrol (Phenylethen)
(i) *m*-Bromphenol
(j) 2,4-Dibromanilin
(k) Isobutylbenzol
(l) *m*-Xylol
(m) 4-Brom-1,2-dichlorbenzol
(n) 5-Fluor-2-methylphenol
(o) 1-Cyclohexyl-3-ethylbenzol
(p) *m*-Phenylanilin
(q) 3-Methyl-2-vinylbenzoesäure
(r) 2,5-Dimethylanisol

9.6 Zeigen Sie, dass man Naphthalin durch ein Resonanzhybrid dreier Grenzformeln darstellen kann. Zeigen Sie zudem unter Verwendung von Elektronenflusspfeilen, wie sich die Grenzformeln ineinander überführen lassen.

Elektrophile aromatische Substitution: Monosubstitution

9.7 Formulieren Sie einen schrittweisen Mechanismus für die Sulfonierung von Benzol. Verwenden Sie HSO$_3^+$ als Elektrophil. (Siehe Beispielaufgabe 9.4)

9.8 Welche Produkte entstehen jeweils, wenn Benzol in einer Friedel-Crafts-Alkylierung oder -Acylierung mit den folgenden Reagenzien umgesetzt wird? (Siehe Beispielaufgabe 9.5)

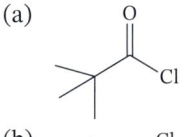

(a) [Struktur: Pivaloylchlorid]

(b) [Struktur: Cyclohexylchlorid]

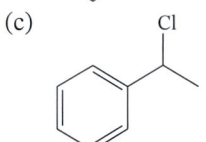

(c) [Struktur: 1-Phenylethylchlorid]

(d) *Hinweis:* Mit diesem Reagenz finden Carbokation-Umlagerungen statt.
[Struktur: 2-Chlor-3,3-dimethylbutan]

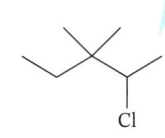

(e) *Hinweis:* Mit diesem Reagenz finden Carbokation-Umlagerungen statt.
[Struktur: 1-(1-Chlorethyl)-1-methylcyclopentan]

9.9 Formulieren Sie einen Mechanismus für die Synthese von *tert*-Butylbenzol aus Benzol und *tert*-Butylalkohol in Gegenwart von Phosphorsäure. (Siehe Beispielaufgabe 9.6)

9.10 Geben Sie drei Kombinationen von Reagenzien an, mit denen sich Benzol in Isopropylbenzol überführen lässt. (Siehe Beispielaufgaben 9.5 und 9.6)

9.11 Wie viele monochlorierte Produkte können aus der Reaktion von Naphthalin mit $Cl_2/AlCl_3$ entstehen?

Elektrophile aromatische Substitution: Substituenteneffekte

9.12 Welche Produkte erwarten Sie bei der harschen Oxidation der folgenden Verbindungen mit H_2CrO_4? (Siehe Beispielaufgabe 9.3)
(a) 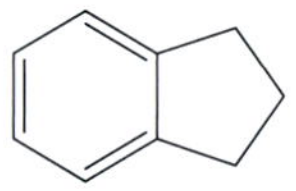
(b) 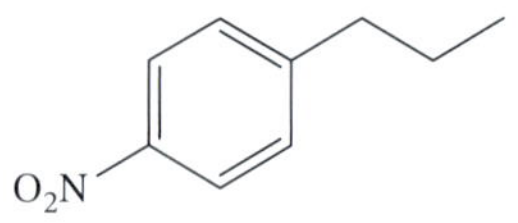
(c)

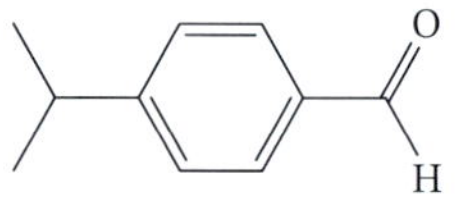

9.13 Vervollständigen Sie die folgenden Reaktionsgleichungen elektrophiler aromatischer Substitutionen. Wenn Sie eine *meta*-Substitution erwarten, zeichnen Sie nur das *meta*-Produkt; erwarten Sie eine *ortho/para*-Substitution, zeichnen Sie sowohl das *ortho*- als auch das *para*-Produkt. (Siehe Beispielaufgabe 9.7)
(a) 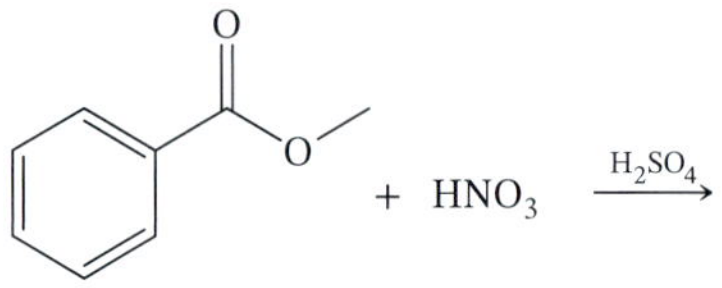
(b)

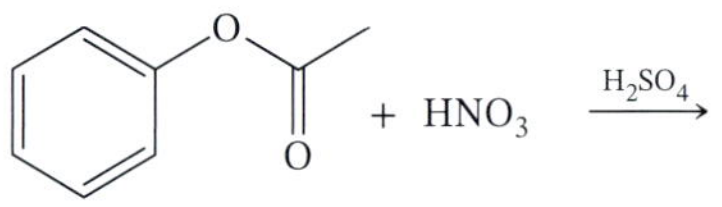

9.14 Das C-Atom einer Carbonylgruppe trägt eine positive, das O-Atom eine negative Partialladung, weil die Elektronegativität von Sauerstoff größer ist als die von Kohlenstoff. Zeigen Sie mithilfe dieser Information, dass eine Carbonylgruppe *meta*-dirigierend ist. (Siehe Beispielaufgabe 9.8)

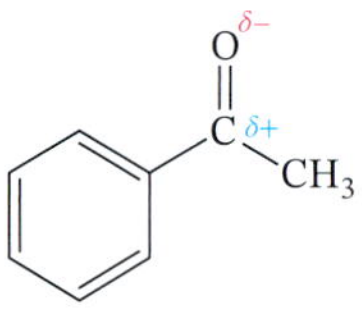

9.15 Welche Produkte entstehen bei der Umsetzung der folgenden Verbindungen mit HNO_3/H_2SO_4? (Siehe Beispielaufgabe 9.9)
(a) 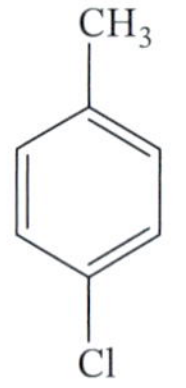
(b) 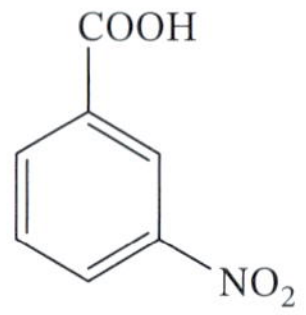
(c)

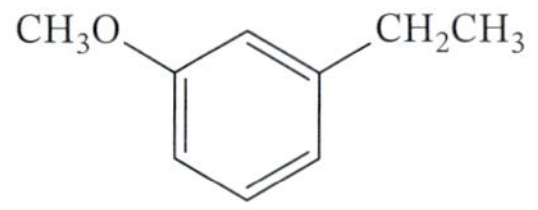

9.16 Wie viele monosubstituierte Produkte sind möglich, wenn 1,4-Dimethylbenzol (*p*-Xylol) mit $Cl_2/AlCl_3$ umgesetzt wird? Wie viele entstehen aus *m*-Xylol? (Siehe Beispielaufgaben 9.7 und 9.9)

9.17 Reagiert Chlorbenzol oder Toluol schneller, wenn es in einer elektrophilen aromatischen Substitution mit $Cl_2/AlCl_3$ umgesetzt wird? Zeichnen Sie jeweils die Strukturformel(n) des/der Hauptprodukt(e) und begründen Sie deren Bildung.

9.18 Ordnen Sie die Verbindungen in jeder Teilaufgabe nach abnehmender Reaktivität in einer elektrophilen aromatischen Substitution.
(a) 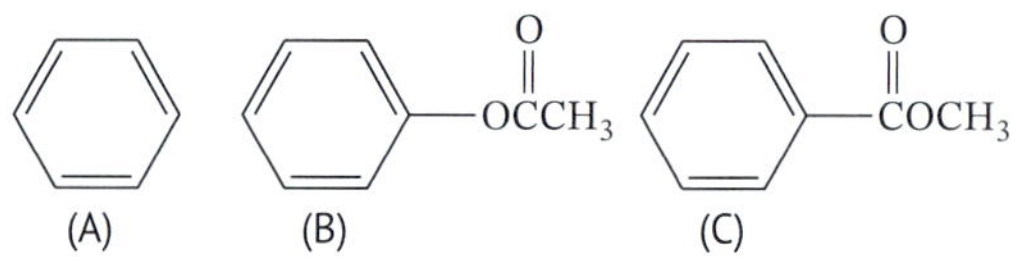
(b) 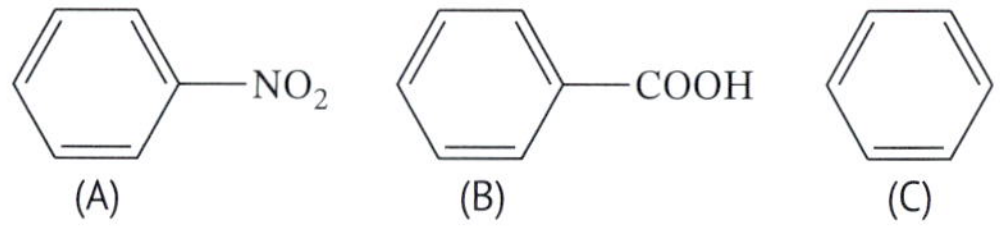
(c) 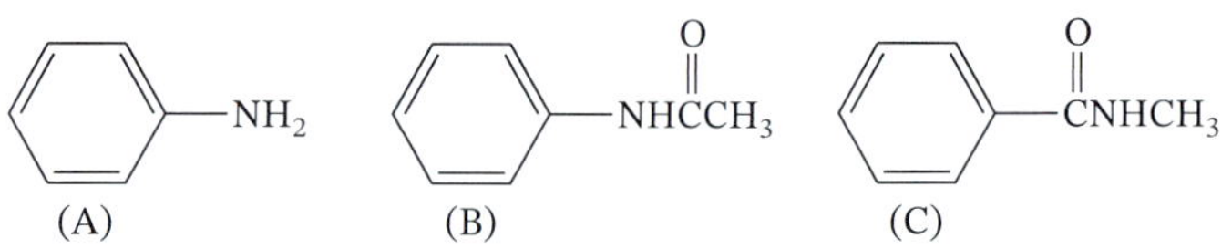
(d)

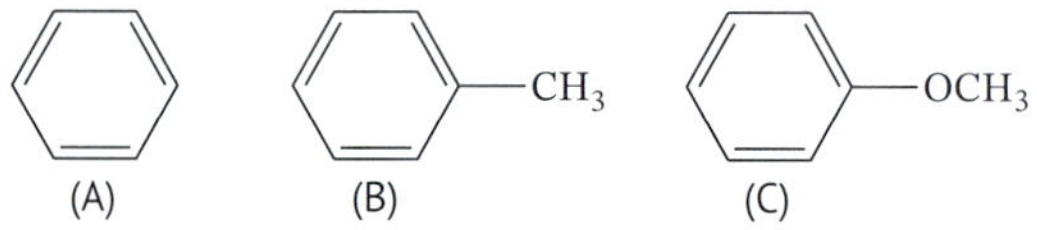

9.19 Begründen Sie, warum die Trifluormethylgruppe wie im folgenden Beispiel gezeigt *meta*-dirigierend ist. (Siehe Beispielaufgabe 9.8)

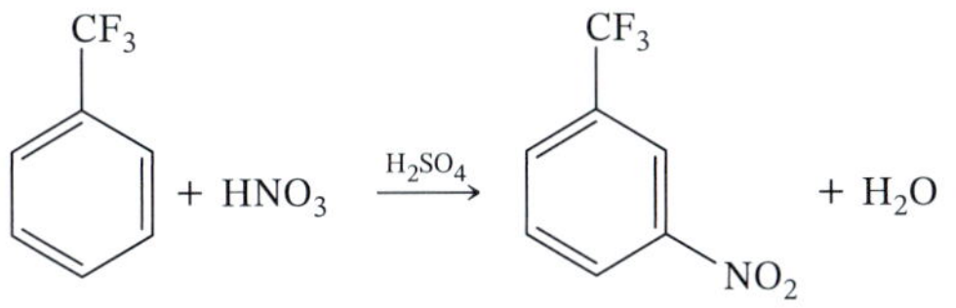

PhCF$_3$ + HNO$_3$ $\xrightarrow{H_2SO_4}$ 3-NO$_2$-C$_6$H$_4$-CF$_3$ + H$_2$O

9.20 Mit welchen Reagenzien und Reaktionsbedingungen lassen sich die folgenden Umsetzungen realisieren? (Siehe Beispielaufgaben 9.7 und 9.9)

(a) Toluol → 4-Methylphenyl-ethylketon (p-CH$_3$-C$_6$H$_4$-COCH$_2$CH$_3$)

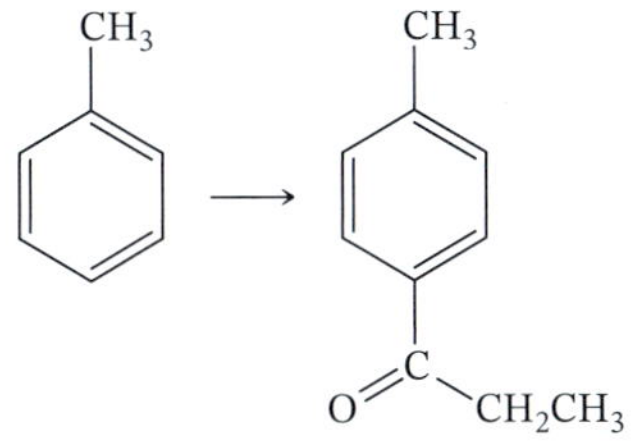

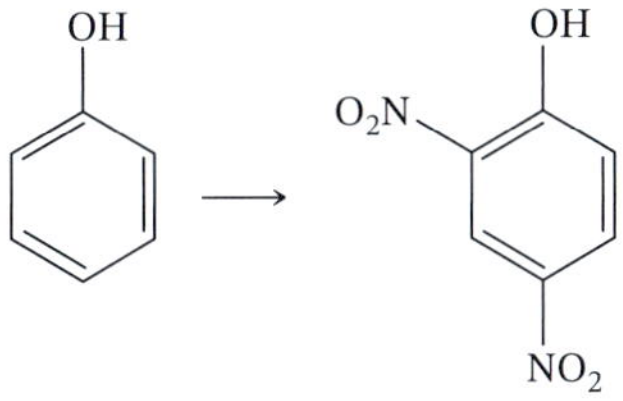

(b) Phenol → 2,4-Dinitrophenol

(c) Anisol → 4-Methoxyacetophenon

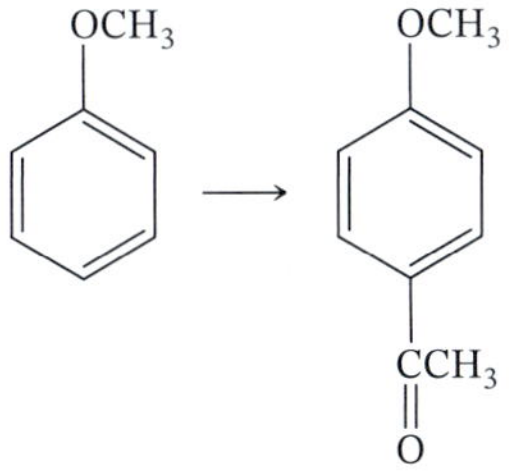

(d) Phenylacetat → 2-Chlor-4-nitrophenylacetat

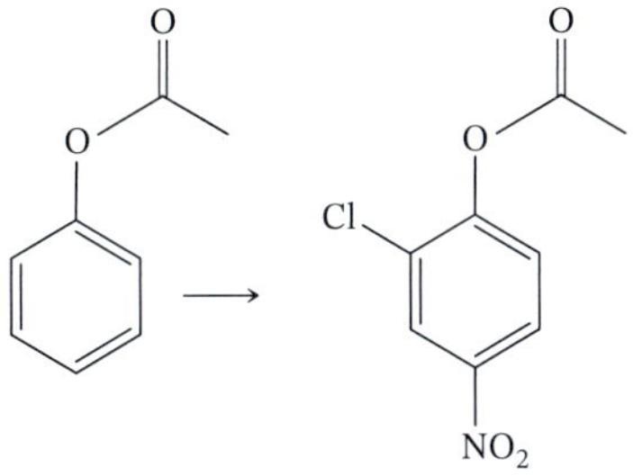

9.21 Wird Phenol mit Aceton in Gegenwart eines Säurekatalysators umgesetzt, entsteht Bisphenol A, eine Verbindung, die zur Herstellung von Polycarbonaten und Epoxidharzen genutzt werden kann (Abschn. 16.4.3 und 16.4.5). (Siehe Beispielaufgabe 9.6

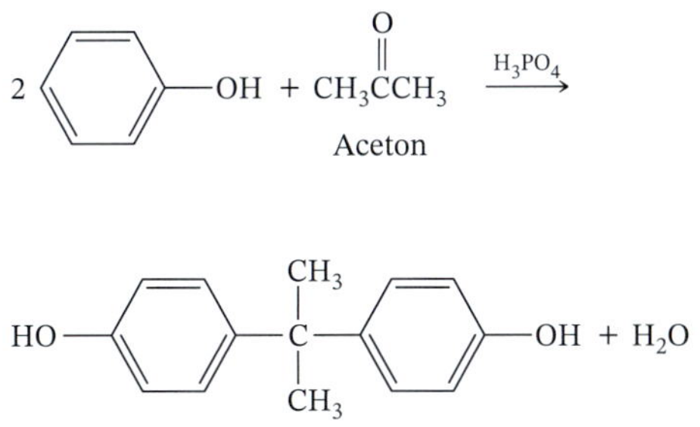

2 PhOH + CH$_3$COCH$_3$ $\xrightarrow{H_3PO_4}$ Bisphenol A + H$_2$O

Schlagen Sie einen Mechanismus für die Bildung von Bisphenol A vor. (*Hinweis:* Im ersten Schritt wird ein Proton von der Phosphorsäure auf das Sauerstoffatom der Carbonylgruppe im Aceton übertragen.)

Acidität von Phenolen

9.22 Ordnen Sie diese Verbindungen nach steigender Acidität: 2,4-Dichlorphenol, Phenol und Cyclohexanol. (Siehe Beispielaufgabe 9.10)

9.23 Geben Sie in jeder Teilaufgabe die stärkere Säure an. (Siehe Beispielaufgabe 9.10)

(a) PhO$^-$ oder OH$^-$

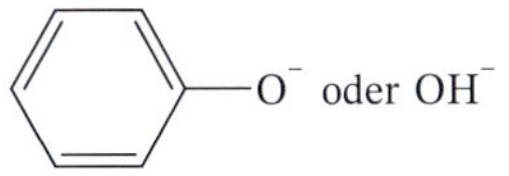

(b) PhO$^-$ oder Cyclohexyl-O$^-$

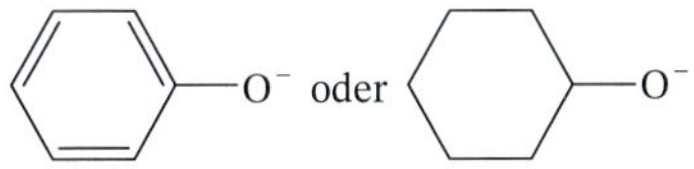

(c) PhO$^-$ oder HCO$_3^-$

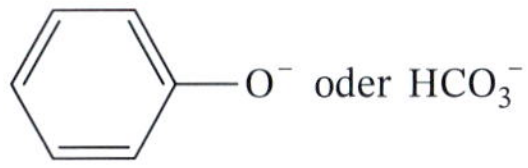

(d) PhO$^-$ oder CH$_3$COO$^-$

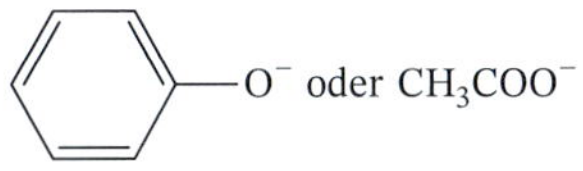

9.24 Erklären Sie, warum sich die wasserunlöslichen Carbonsäuren (pK_S = 4–5) in 10%iger Natriumcarbonat-Lösung unter Gasentwicklung lösen, die wasserunlöslichen Phenole (pK_S = 9.5–10.5) dagegen nicht.

9.25 Beschreiben Sie eine Vorgehensweise zur Trennung einer Mischung aus 1-Hexanol und 2-Methylphenol (*o*-Kresol) und zur Isolierung beider Verbindungen in reiner Form. Beide Substanzen sind in Wasser unlöslich, in Diethylether dagegen löslich.

Synthesen

9.26 Wie lassen sich die folgenden Verbindungen herstellen, wenn Styrol (PhCH=CH$_2$) als einziges aromatisches Edukt eingesetzt wird. Verwenden Sie darüber hinaus beliebige organische und anorganische Reagenzien. Verbindungen, die als Produkte in den Teilaufgaben gebildet werden, können als Startmaterialien für andere Teilaufgaben genutzt werden.

(a) C₆H₅–COOH

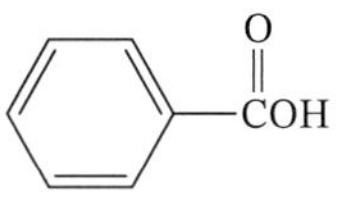

(b) C₆H₅–CHBrCH₃

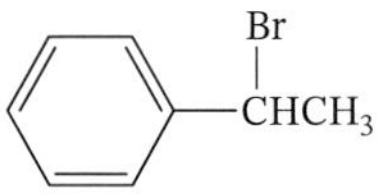

(c) C₆H₅–CH(OH)CH₃

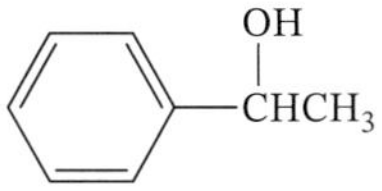

(d) C₆H₅–COCH₃

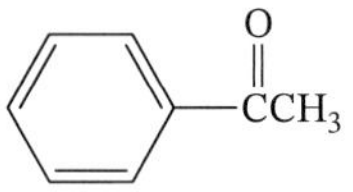

(e) C₆H₅–CH₂CH₃

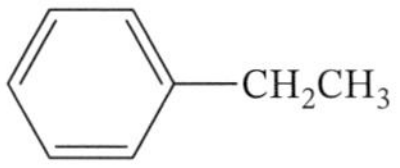

(f) C₆H₅–CH(OH)CH₂OH

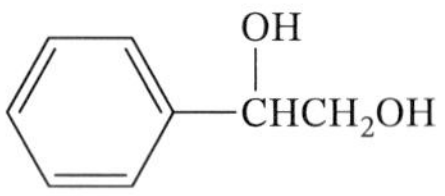

9.27 Wie lassen sich die folgenden Verbindungen ausgehend von Benzol, Toluol oder Phenol als einzige aromatische Ausgangsmaterialien herstellen? Gehen Sie davon aus, dass Mischungen von *ortho/para*-Produkten getrennt werden können, sodass die gewünschten Isomere in reiner Form zugänglich werden. (Siehe Beispielaufgaben 9.7 und 9.9)

(a) *m*-Bromnitrobenzol
(b) 1-Brom-4-nitrobenzol
(c) 2,4,6-Trinitrotoluol (TNT)
(d) *m*-Brombenzoesäure
(e) *p*-Brombenzoesäure
(f) *p*-Dichlorbenzol
(g) *m*-Nitrobenzolsulfonsäure
(h) 1-Chlor-3-nitrobenzol

9.28 Wie lassen sich die folgenden aromatischen Ketone ausgehend von Benzol oder Toluol als einzigen aromatischen Ausgangsverbindungen synthetisieren? Gehen Sie davon aus, dass Mischungen von *ortho/para*-Produkten getrennt werden können, sodass die gewünschten Isomere in reiner Form zugänglich werden. (Siehe Beispielaufgaben 9.7 und 9.9)

(a) 4-Methylacetophenon
(b) 4-Bromacetophenon
(c) 3-Bromacetophenon
(d) 2-Chlorbenzoesäure

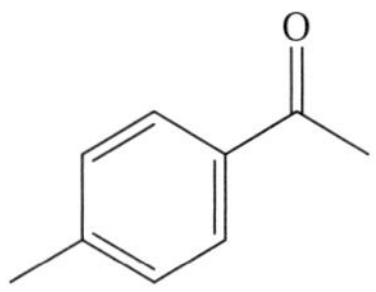

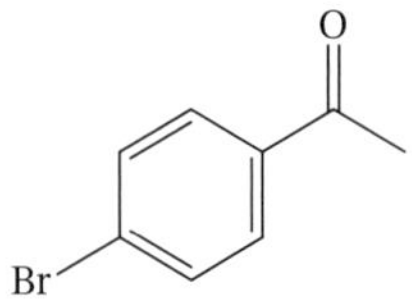

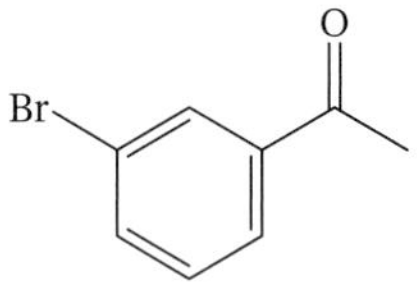

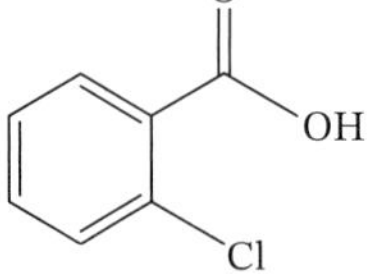

9.29 Der Bombardierkäfer setzt *p*-Chinon frei, eine giftige Chemikalie, die durch die enzymkatalysierte Oxidation von Hydrochinon mit Wasserstoffperoxid als Oxidationsmittel gebildet wird. Durch die in dieser Oxidation entstehende Wärme bildet sich überhitzter Dampf, der zusammen mit dem *p*-Chinon explosionsartig freigesetzt wird.

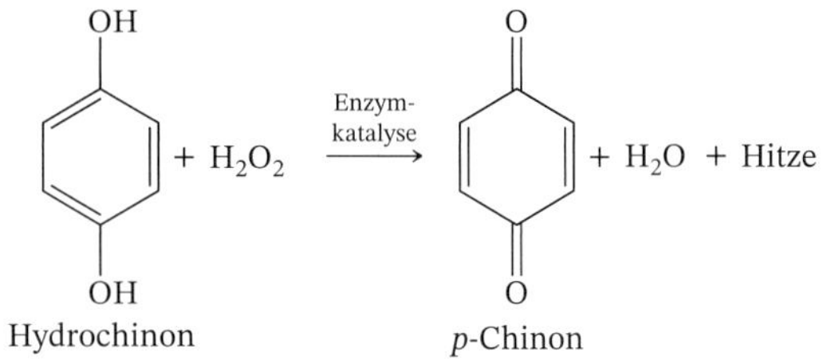

Hydrochinon + H_2O_2 →(Enzymkatalyse) *p*-Chinon + H_2O + Hitze

(a) Gleichen Sie die Reaktionsgleichung aus.
(b) Zeigen Sie, dass es sich bei der Umsetzung von Hydrochinon um eine Oxidation handelt.

9.30 Im Folgenden ist die Strukturformel von Moschus-Ambrette abgebildet, einem synthetischen Moschus, der früher in Parfüms zur Verstärkung und Fixierung der Duftwirkung eingesetzt wurde, der in der EU aber inzwischen verboten ist. (Siehe Beispielaufgaben 9.7 und 9.9)

m-Kresol → Moschus-Ambrette

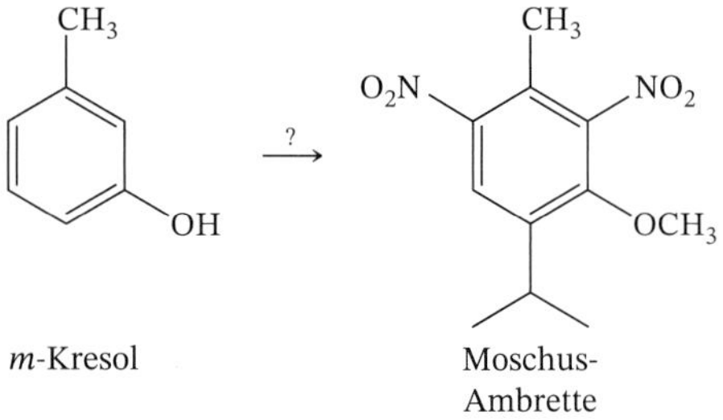

Schlagen Sie eine Synthese für Moschus-Ambrette ausgehend von *m*-Kresol vor.

9.31 Nutzen Sie Ihre in den bisherigen Kapiteln gesammelten Kenntnisse zu den besprochenen Reaktionen und geben Sie an, wie die folgenden Umsetzungen zu realisieren sind. *Hinweis:* Einige Umsetzungen erfordern mehr als einen Schritt.

(a) 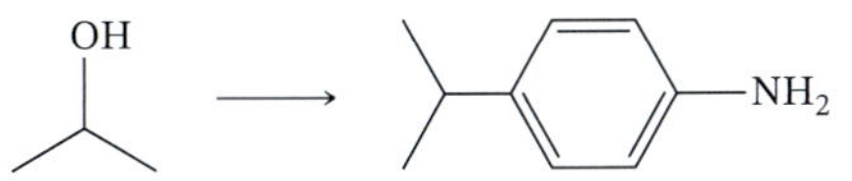 – (n) 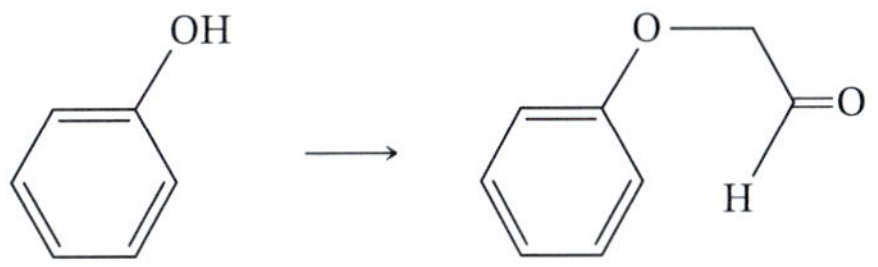 [Reaktionsschemata]

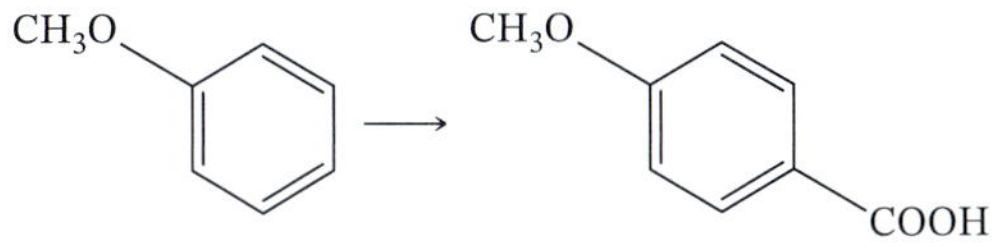

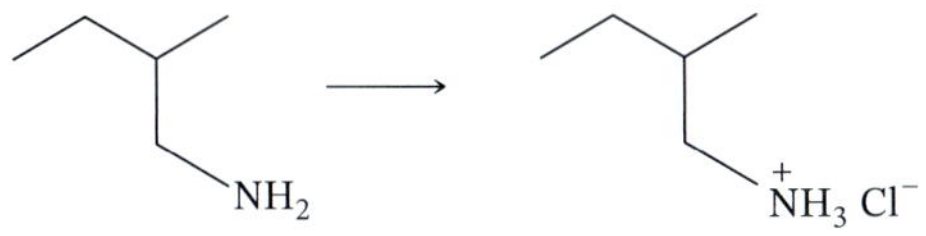

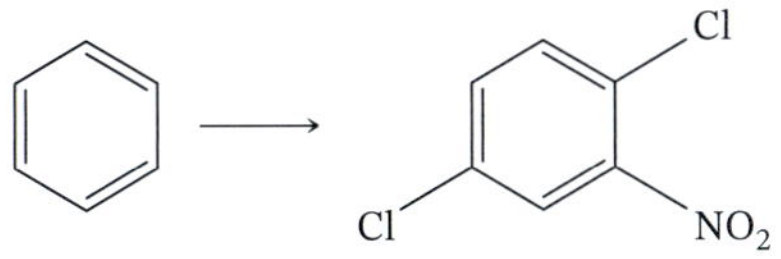

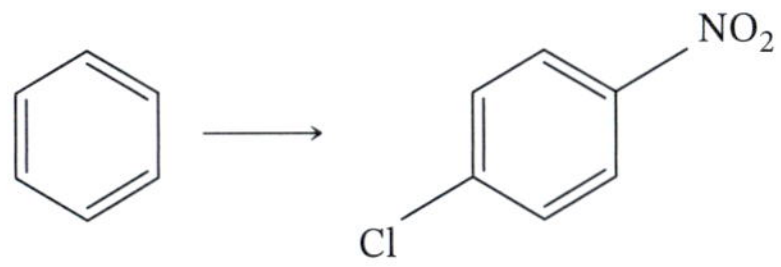

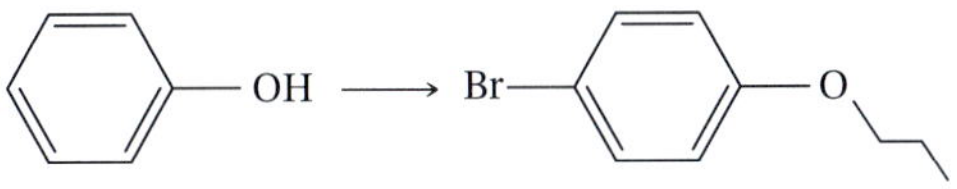

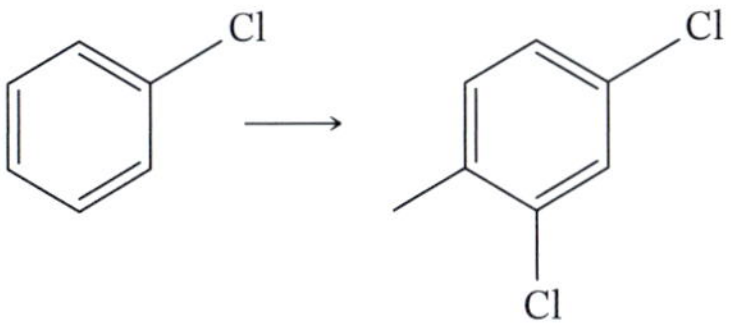

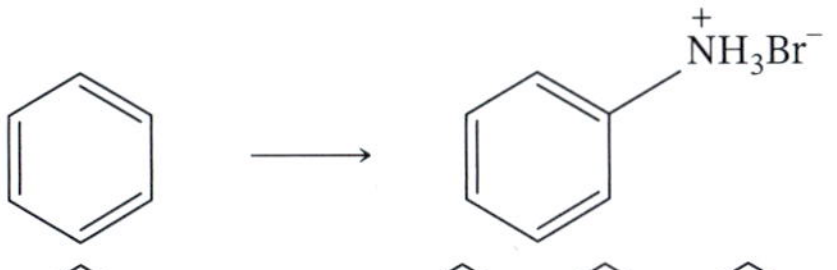

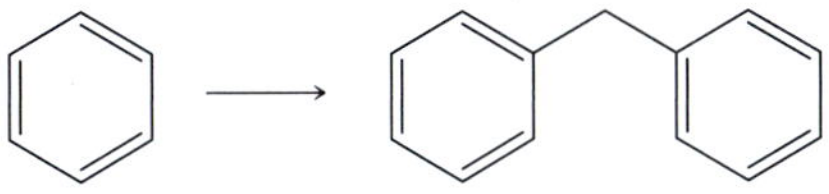

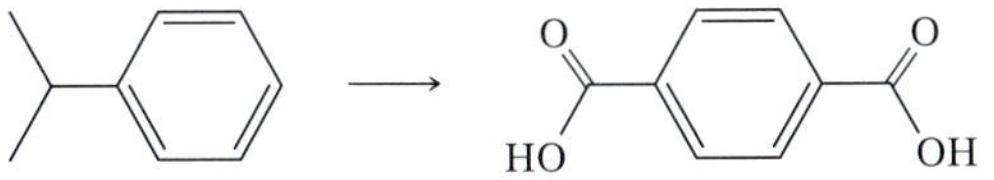

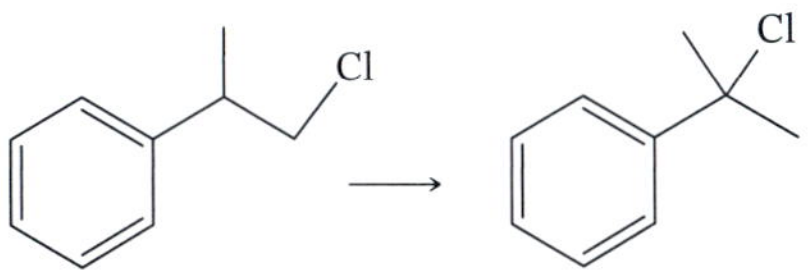

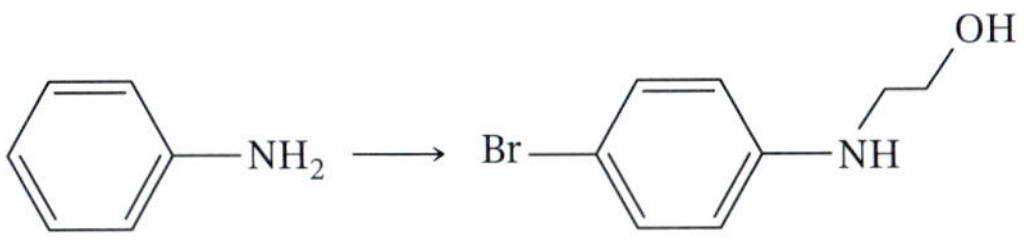

Ausblick

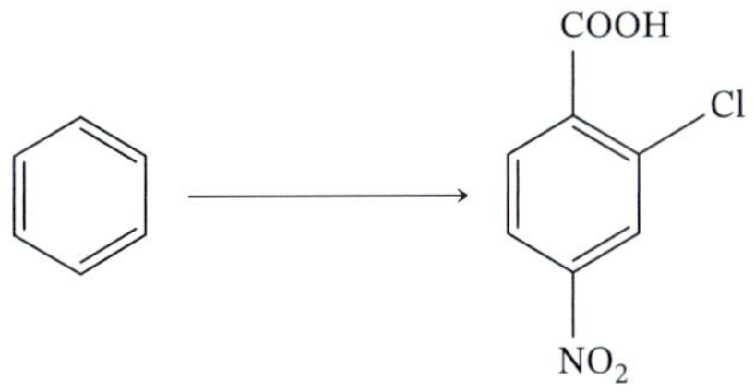

9.32 Welche der folgenden Verbindungen können direkt über eine elektrophile aromatische Substitution hergestellt werden?

(a) 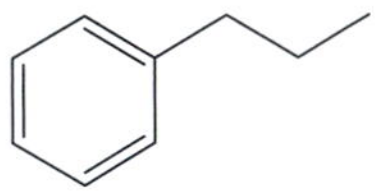 Ethylbenzol (Phenyl-CH$_2$CH$_3$)

(b) 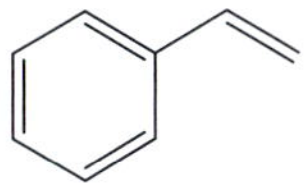 Styrol (Phenyl-CH=CH$_2$)

(c) 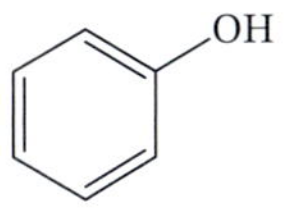 Phenol (Phenyl-OH)

(d) 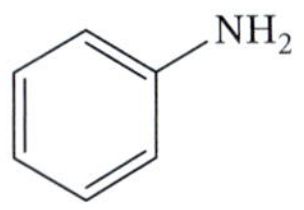 Anilin (Phenyl-NH$_2$)

9.33 Geben Sie das Produkt der folgenden Säure-Base-Reaktion an:

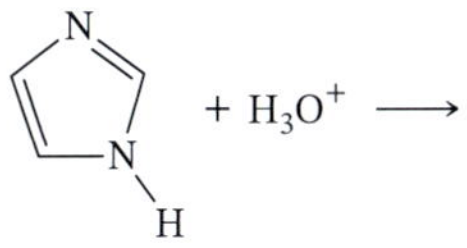

Imidazol + H$_3$O$^+$ ⟶

9.34 Welches der folgenden Halogenalkane wird in einer S$_N$1-Reaktion schneller umgesetzt?

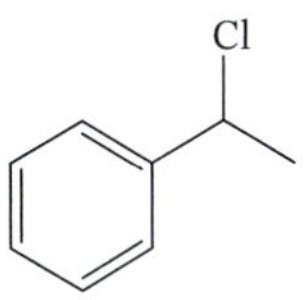

1-Phenyl-1-chlorethan oder 1-Cyclohexyl-1-chlorethan

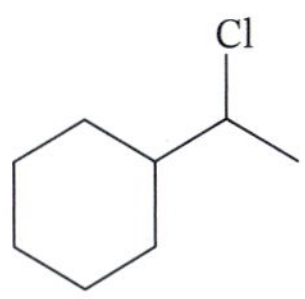

Das Antihistaminikum Chlorphenamin, ein Amin, kann einigen Symptomen von Allergien vorbeugen. Rechts: Ein Molekülmodell von Chlorphenamin.

[Quelle: © mandygodbehear/iStockphoto.]

10 Amine

Inhalt
10.1 Was sind Amine?
10.2 Wie benennt man Amine?
10.3 Welche charakteristischen physikalischen Eigenschaften haben Amine?
10.4 Welche Säure-Base-Eigenschaften haben Amine?
10.5 Wie reagieren Amine mit Säuren?
10.6 Wie synthetisiert man Arylamine?
10.7 Wie können Amine als Nukleophile reagieren?

Gewusst wie
10.1 Wie man die relative Basizität von Aminen bestimmt

Exkurse
10.A Morphin als Grundlage für das Design und die Entwicklung von Medikamenten
10.B Amine als tödliche Waffe – Pfeilgiftfrösche in Südamerika

Viele organische Verbindungen sind, wie wir gesehen haben, aus den Elementen Kohlenstoff, Wasserstoff und Sauerstoff aufgebaut. In der biologischen Welt ist aber auch Stickstoff weit verbreitet und reiht sich auf Platz vier der häufigsten Elemente in organischen Verbindungen ein. DNA, Proteine und 75 % aller pharmazeutischen Wirkstoffe auf dem Markt enthalten Stickstoff, oft als funktionelle Gruppe in der Stoffklasse der Amine. In diesem Kapitel wollen wir uns mit den Eigenschaften und der chemischen Reaktivität der Amine beschäftigen, wobei wir ein besonderes Augenmerk auf ihre Basizität und ihre Nukleophilie legen werden.

10.1 Was sind Amine?

Amine sind Derivate des Ammoniaks (NH_3), in denen ein oder mehrere Wasserstoffatome durch Alkyl- oder Arylgruppen ersetzt sind. Amine werden als primäre, sekundäre und tertiäre Amine bezeichnet, je nachdem, wie viele Wasserstoffatome des Ammoniaks durch Alkyl- oder Arylgruppen ersetzt sind (Abschn. 1.7.2). Genauso wie in Ammoniak nehmen auch die drei Atome bzw. Gruppen, die an das N-Atom eines Amins gebunden sind, eine trigonal pyramidale Geometrie mit dem Stickstoffatom an der Spitze ein.

$:NH_3$ $CH_3—\ddot{N}H_2$ $CH_3—\ddot{N}H$ $CH_3—\ddot{N}—CH_3$
                                                   CH_3 CH_3

Ammoniak   Methylamin   Dimethylamin   Trimethylamin
                (ein primäres Amin)   (ein sekundäres Amin)   (ein tertiäres Amin)

Einführung in die Organische Chemie, Erste Auflage. William H. Brown und Thomas Poon.
© 2021 WILEY-VCH GmbH. Published 2021 by WILEY-VCH GmbH.

Amine lassen sich zudem in aliphatische und aromatische Amine unterteilen. In **aliphatischen Aminen** gehören alle direkt an das Stickstoffatom gebundenen Kohlenstoffatome zu Alkylgruppen, während in **aromatischen Aminen** eine oder mehrere der direkt an das Stickstoffatom gebundenen Gruppen Arylgruppen sind.

> Dies ist kein aromatisches Amin, weil die Arylgruppe nicht *direkt* an das Stickstoffatom gebunden ist.

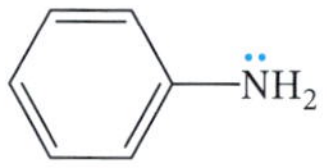

Anilin
(ein primäres aromatisches Amin)

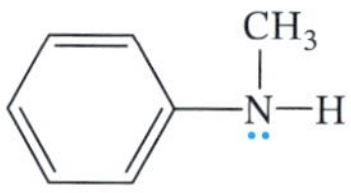

N-Methylanilin
(ein sekundäres aromatisches Amin)

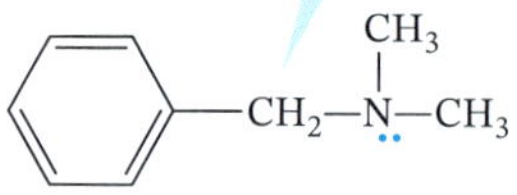

Benzyldimethylamin
(ein tertiäres aliphatisches Amin)

Ein Amin, in dem das Stickstoffatom Teil eines Rings ist, wird als **heterocyclisches Amin** bezeichnet; wenn das Stickstoffatom Teil eines aromatischen Rings ist, handelt es sich um ein heterocyclisches aromatisches oder kurz **heteroaromatisches Amin**. Im Folgenden sind Strukturformeln von zwei heterocyclischen und zwei heteroaromatischen Aminen gezeigt.

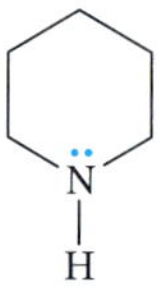

Pyrrolidin   Piperidin
(heterocyclische Amine)

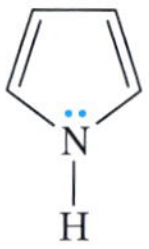

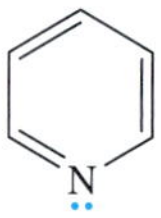

Pyrrol   Pyridin
(heteroaromatische Amine)

Exkurs: 10.A Morphin als Grundlage für das Design und die Entwicklung von Medikamenten

Die schmerzlindernde, narkotisierende und euphorisierende Eigenschaft des getrockneten Opiumsafts, den man aus den unreifen Samenkapseln des Schlafmohns (*Papaver somniferum*) erhält, ist seit Jahrtausenden bekannt. Zu Beginn des neunzehnten Jahrhunderts gelang die Isolierung und Strukturaufklärung des aktiven Bestandteils – des Morphins –, das landläufig auch als Morphium bezeichnet wird:

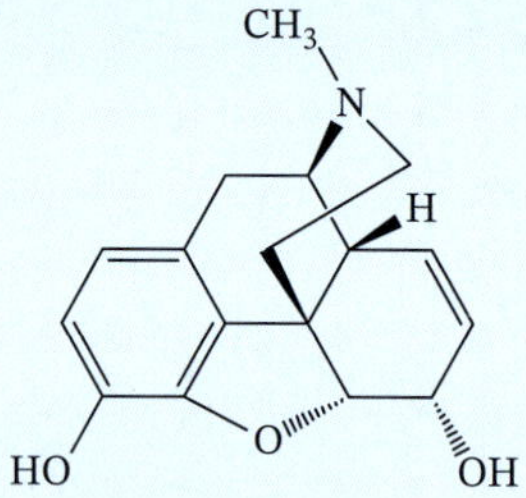

Morphin (Morphium)

Im Opiumsaft ist außerdem Codein enthalten, ein Monomethylether von Morphin, der als Hustenstiller wirkt:

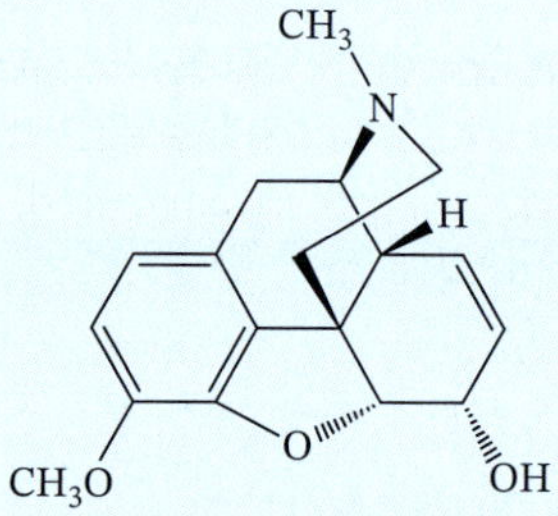

Codein

Auch wenn Morphin eines der wirksamsten Schmerzmittel der Medizin ist, hat es doch zwei schwerwiegende Nebenwirkungen: Es macht süchtig und es lähmt das Atemzentrum des zentralen Nervensystems. Eine Überdosierung von Morphin kann zum Tod durch Atemlähmung führen. Eine häufig verfolgte Strategie bei der Entwicklung von neuen Schmerzmitteln besteht darin, Verbindungen mit ähnlicher Struktur wie Morphin zu synthetisieren und darauf zu hoffen, dass in diesen die analgetische (schmerzlindernde) Wirkung erhalten bleibt, die Nebenwirkungen aber harmlos sind. Im Folgenden sind Strukturformeln für drei entsprechende Verbindungen aufgeführt, die sich in klinischen Untersuchungen als brauchbar erwiesen haben.

Exkurs: 10.A Morphin als Grundlage für das Design und die Entwicklung von Medikamenten (Fortsetzung)

Die rot markierten Atome sind in allen drei Verbindungen strukturell identisch.

(−)-Enantiomer = Levomethorphan
(+)-Enantiomer = Dextromethorphan

Pethidin
(Dolantin)

Levomethorphan ist ein wirksames Analgetikum. Interessanterweise hat sein Enantiomer, das Dextromethorphan, keine analgetische Wirkung, aber etwa dieselbe hustenstillende Wirkung wie Morphin und wird deshalb in zahlreichen antitussiven Arzneimitteln eingesetzt.

Es stellte sich heraus, dass die Struktur des Morphins noch stärker vereinfacht werden kann, ohne ihre analgetische Wirkung zu verlieren. Eine dieser strukturellen Vereinfachungen findet sich im Pethidin, dessen Hydrochlorid weltweit eingesetzt wird. Natürlich hoffte man, dass Pethidin und ähnliche synthetische Medikamente keine unerwünschten Nebenwirkungen hätten. Inzwischen weiß man, dass dies leider nicht der Fall ist. Pethidin macht beispielsweise ebenfalls abhängig. Obwohl in diesem Bereich weiterhin intensiv geforscht wird, gibt es bislang immer noch keinen Wirkstoff, der es im Hinblick auf die schmerzlindernde Wirkung mit Morphin aufnehmen kann, aber nicht abhängig macht.

In welchen Hirnregionen und vor allem wie wirkt Morphin? Im Jahr 1979 fand man heraus, dass es spezifische Rezeptoren für Morphin und andere Opiate gibt und dass sich diese Rezeptoren im limbischen System des Gehirns häufen, also in der Hirnregion, die an der Verarbeitung von Gefühlen und am Schmerzempfinden beteiligt ist. Man fragte sich daraufhin, weshalb es im menschlichen Gehirn spezifische Rezeptoren für Morphin gibt. Könnte es sein, dass der menschliche Organismus seine eigenen Opiate synthetisiert? Bereits 1974 fand man in der Tat heraus, dass im Gehirn opiatähnliche Verbindungen vorkommen, die man als *Enkephaline* bezeichnete (griech.: *enképhalos*, Gehirn). Die Enkephaline haben jedoch eine völlig andere Struktur als Morphin und seine Derivate; sie bestehen aus einer Sequenz aus fünf Aminosäuren (Abschn. 18.4). Die genaue Rolle dieser natürlichen Opiate im Gehirn ist noch nicht in allen Details geklärt. Wenn wir aber irgendwann einmal die genauen biochemischen Details dieser Verbindungen und ihrer Wirkungsweise verstehen, können wir sie vielleicht als Schlüssel für die Entwicklung und Synthese wirksamer, aber weniger suchterregender Analgetika nutzen.

Aufgabe
Identifizieren Sie die funktionellen Gruppen im Morphin und im Pethidin. Liegen die Aminogruppen in diesen Opiaten als primäre, sekundäre oder tertiäre Amine vor?

Beispiel 10.1 **Alkaloide** sind basische, stickstoffhaltige Naturstoffe pflanzlichen Ursprungs, von denen viele bei Menschen eine physiologische Aktivität zeigen. Die Aufnahme von Coniin, das im gefleckten Schierling enthalten ist, führt zu Schwächeanfällen, Atembeschwerden, Lähmung und schließlich zum Tod. Coniin war die toxische Substanz in dem „Schierlingsbecher", der zum Tod von Sokrates führte. Nicotin ist in geringer Dosis ein suchterregendes Stimulans. Bei Überdosierung führt es zu Depressionen, Übelkeit und Brechreiz und bei noch höherer Dosierung ist es ein tödliches Gift. Wässrige Lösungen von Nicotin werden als Insektizid verwendet. Cocain, das aus den Blättern des Cocastrauchs gewonnen wird, wirkt im zentralen Nervensystem als Aufputschmittel.

Geben Sie für jede Aminogruppe in diesen Alkaloiden an, ob es sich um eine primäre, sekundäre, tertiäre, heterocyclische, aliphatische oder aromatische Aminogruppe handelt.

(a) (S)-Coniin
(b) (S)-Nicotin
(c) Cocain

Vorgehensweise

Identifizieren Sie jedes Stickstoffatom in diesen Verbindungen. Wenn das N-Atom Teil eines Rings ist, handelt es sich um ein heterocyclisches Amin. Wenn der Ring aromatisch ist, liegt ein heteroaromatisches Amin vor (in diesem Fall sind die Begriffe primär, sekundär und tertiär nicht relevant). Ist der Ring nicht aromatisch, handelt es sich um ein heterocyclisches aliphatisches Amin, für das noch ermittelt werden muss, ob es primär, sekundär oder tertiär ist. *Beachten Sie*: Wenn mehrere Stickstoffatome in einer Verbindung enthalten sind, sind eventuell mehrere Klassifikationen möglich, je nachdem, auf welchen Molekülteil Sie sich jeweils beziehen.

Lösung

(a) Ein sekundäres heterocyclisches aliphatisches Amin.
(b) Ein tertiäres heterocyclisches aliphatisches Amin und ein heterocyclisches aromatisches Amin.
(c) Ein tertiäres heterocyclisches aliphatisches Amin.

Siehe Aufgaben 10.1, 10.5 und 10.6.

10.2 Wie benennt man Amine?

10.2.1 Systematische Namen

Systematische Namen für aliphatische Amine werden genauso wie die von Alkoholen konstruiert. An den Namen des zugrundeliegenden Alkans wird das Suffix *-amin* gehängt; das heißt, sie werden als Alkanamine benannt:

Die Präfixe *di-*, *tri-*, *tetra-* usw. fügt man entsprechend der Anzahl an Aminogruppen ein.

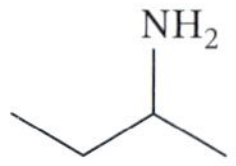

2-Butanamin 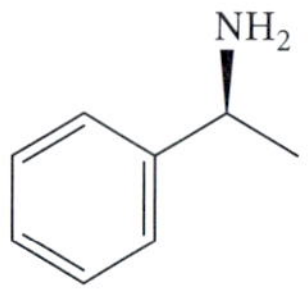   (S)-1-Phenylethanamin $H_2N(CH_2)_6NH_2$
                                          1,6-Hexandiamin

Beispiel 10.2 Ermitteln Sie die IUPAC-Namen der folgenden Verbindungen bzw. zeichnen Sie eine Strukturformel:

(a) 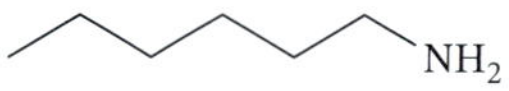 [Struktur: $CH_3(CH_2)_5NH_2$]

(b) 2-Methyl-1-propanamin

(c) 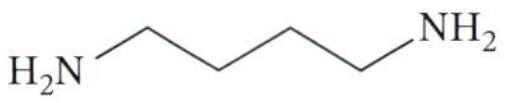 [Struktur: $H_2N(CH_2)_4NH_2$]

(d) *trans*-4-Methylcyclohexanamin

(e) 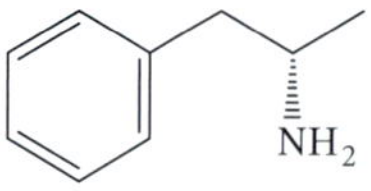 [Struktur: Phenyl-CH_2-$CH(NH_2)$-CH_3]

Vorgehensweise

Suchen Sie für die Benennung die längste Kohlenstoffkette, die die Aminogruppe enthält. Hieraus ergibt sich der Stammname. Identifizieren und benennen Sie weitere Substituenten, also Atome oder Atomgruppen, die nicht zur Hauptkette gehören.

Um einen Namen in eine Struktur zu übersetzen, ermitteln Sie aus dem Stammnamen die Kohlenstoffkette und fügen Sie die Substituenten an den richtigen Positionen an.

Lösung

(a) 1-Hexanamin

(b)

$\quad$ ⊥
$\quad$⋏⋏NH₂

(c) 1,4-Butandiamin

(d)

 ▬⟨⟩⋯NH₂

(e) Der systematische Name dieser Verbindung ist (S)-1-Phenyl-2-propanamin. Ihr Trivialname ist Amphetamin. Das hier abgebildete S-Enantiomer von Amphetamin regt das zentrale Nervensystem an und wird unter verschiedenen Handelsnamen hergestellt und vertrieben. Das Schwefelsäuresalz ist in Deutschland unter dem Handelsnamen Attentin® auf dem Markt.

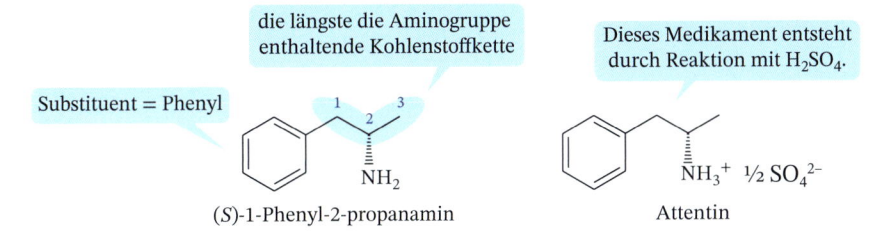

die längste die Aminogruppe enthaltende Kohlenstoffkette

Dieses Medikament entsteht durch Reaktion mit H₂SO₄.

Substituent = Phenyl

(S)-1-Phenyl-2-propanamin

Attentin

Siehe Aufgaben 10.2, 10.4 und 10.6.

In der IUPAC-Nomenklatur wird der Trivialname **Anilin** für das einfachste aromatische Amin (Summenformel C₆H₅NH₂) beibehalten. Die einfachen Derivate des Anilins werden benannt, indem man die Position eines weiteren Substituenten mithilfe der Präfixe *o-*, *m-* oder *p-* angibt. Zahlreiche Derivate des Anilins haben aber auch weithin verwendete Trivialnamen. Hierzu zählen die **Toluidine**, also die methylsubstituierten Aniline, und die als **Anisidine** benannten methoxysubstituierten Aniline.

Anilin $\quad$ 4-Nitroanilin $\quad$ 4-Methylanilin $\quad$ 3-Methoxyanilin
$\quad\quad\quad$ (*p*-Nitroanilin) $\quad$ (*p*-Toluidin) $\quad$ (*m*-Anisidin)

Sekundäre und tertiäre Amine werden üblicherweise als *N*-substituierte primäre Amine benannt. In unsymmetrischen Aminen legt man die größte Gruppe als Stamm fest und die kleineren an den Stickstoff gebundenen Gruppen werden als Substituenten benannt; ihre Position wird durch das Präfix *N*- angegeben, um anzuzeigen, dass sie an das Stickstoffatom gebunden sind.

N-Methylanilin $\quad$ *N*,*N*-Dimethylcyclopentanamin

Jasminöl, das in vielen Parfüms und als Nahrungsergänzungsmittel verwendet wird, enthält etwa 2.5 % Indol. [Quelle: © Foodcollection.com/Alamy Stock Photo.]

Im Folgenden sind Namen und Strukturformeln von vier stickstoffhaltigen Heteroaromaten angegeben, deren Namen im IUPAC-System beibehalten werden:

Indol   Purin   Chinolin   Isochinolin

Unter den verschiedenen funktionellen Gruppen, die in diesem Lehrbuch behandelt werden, hat die NH_2-Gruppe eine der niedrigsten Prioritäten. Die folgenden Verbindungen enthalten außer der NH_2-Gruppe noch eine funktionelle Gruppe höherer Priorität; die Aminogruppe wird in diesen Fällen als Substituent durch das Präfix *Amino-* angegeben.

2-Aminoethanol   2-Aminobenzoesäure

Beispiel 10.3 Ermitteln Sie die IUPAC-Namen der folgenden Amine bzw. geben Sie eine Strukturformel an:

(a)

(b) Cyclohexylmethylamin

(c)

(d) Benzylamin

Vorgehensweise
Suchen Sie für die Benennung die längste Kohlenstoffkette, die die Aminogruppe enthält; aus ihr ergibt sich der Stammname. Wenn die längste Kohlenstoffkette ein Benzolring ist, kann das Amin als Anilinderivat benannt werden. Wenn Sie die Substituenten identifizieren, denken Sie daran, dass an das N-Atom gebundene Substituenten mit dem Lokanten *N-* versehen werden.

Um einen Namen in eine Struktur zu übersetzen, ermitteln Sie die Kohlenstoffkette aus dem Stammnamen und fügen Sie die Substituenten an den richtigen Positionen an.

Lösung
(a) *N*-Ethyl-2-methyl-1-propanamin

(b)

(c) *N*-Ethyl-*N*-methylanilin

(d)

Siehe Aufgaben 10.3, 10.4 und 10.6.

10.2.2 Trivialnamen

Trivialnamen für aliphatische Amine lassen sich konstruieren, indem man die an den Stickstoff gebundenen Alkylgruppen in alphabetischer Reihenfolge aufführt und das Suffix *-amin* anhängt; man benennt sie also als **Alkylamine**:

CH_3NH_2 Methylamin   *tert*-Butylamin   Dicyclopentylamin   Triethylamin

Wenn vier Atome oder Atomgruppen an ein Stickstoffatom gebunden sind, wird die Verbindung als Salz des entsprechenden Amins benannt. Die Endung *-amin* (oder *Anilin*, *Pyridin* etc.) wird durch das Suffix *-ammonium* (oder *-anilinium*, *-pyridinium* etc.) ersetzt und der Name des Anions (-chlorid, -acetat usw.) wird angehängt. Solche ionischen Verbindungen haben die typischen Eigenschaften von Salzen wie erhöhte Wasserlöslichkeit, hohe Schmelzpunkte und hohe Siedepunkte. Im Folgenden sind drei Beispiele aufgeführt (Cetylpyridiniumchlorid wird als Antiseptikum und Konservierungsmittel eingesetzt):

$(CH_3)_4N^+Cl^-$ Tetramethylammonium-chlorid

Hexadecylpyridiniumchlorid (Cetylpyridiniumchlorid)

Benzyltrimethylammonium-hydroxid

Viele rezeptfreie Mundwasser enthalten *N*-Alkylpyridiniumchloride als antibakterielle Wirkstoffe. [Quelle: © Charles D. Winters.]

10.3 Welche charakteristischen physikalischen Eigenschaften haben Amine?

Amine sind polare Verbindungen und daher sind sowohl primäre als auch sekundäre Amine in der Lage, Wasserstoffbrückenbindungen einzugehen (Abb. 10.1).

Eine N−H···N-Wasserstoffbrückenbindung ist schwächer als eine O−H···O-Wasserstoffbrückenbindung, weil die Elektronegativitätsdifferenz zwischen Stickstoff und Wasserstoff (3,0 − 2,1 = 0,9) kleiner ist als die zwischen Sauerstoff und Wasserstoff (3,5 − 2,1 = 1,4). Die Stärke der intermolekularen Wasserstoffbrückenbindungen lässt sich durch Vergleich der Siedepunkte von Methylamin und Methanol abschätzen:

Substanz	Molmasse (g/mol)	Siedepunkt (°C)
CH_3NH_2	31,1	−6,3
CH_3OH	32,0	65,0

Beide Verbindungen sind polar und bilden im flüssigen Zustand Wasserstoffbrücken. Methanol hat einen deutlich höheren Siedepunkt, weil die Wasserstoffbrückenbindungen zwischen den Methanolmolekülen stärker sind als die zwischen den Methylaminmolekülen.

Alle Amine gehen Wasserstoffbrücken mit Wasser ein und sind dadurch besser wasserlöslich als Kohlenwasserstoffe mit vergleichbarer molarer Masse. Die meisten niedermolekularen Amine lösen sich unbegrenzt in Wasser (Tab. 10.1); höhermolekulare Amine sind nur mäßig gut in Wasser löslich.

Abb. 10.1 Intermolekulare Assoziation von primären und sekundären Aminen über Wasserstoffbrücken. Die Stickstoffatome sind in etwa tetraedrisch von vier Bindungspartnern umgeben, wobei die Achse der Wasserstoffbrückenbindung durch die vierte Ecke des Tetraeders geht.

Tab. 10.1 Physikalische Eigenschaften ausgewählter Amine.

Name	Strukturformel	Schmelzpunkt (°C)	Siedepunkt (°C)	Wasserlöslichkeit
Ammoniak	NH_3	−78	−33	sehr gut löslich
Primäre Amine				
Methylamin	CH_3NH_2	−95	−6	sehr gut löslich
Ethylamin	$CH_3CH_2NH_2$	−81	17	sehr gut löslich
Propylamin	$CH_3CH_2CH_2NH_2$	−83	48	sehr gut löslich
Butylamin	$CH_3CH_2CH_2CH_2NH_2$	−49	78	sehr gut löslich
Benzylamin	$C_6H_5CH_2NH_2$	10	185	sehr gut löslich
Cyclohexylamin	$C_6H_{11}NH_2$	−17	135	wenig löslich
Sekundäre Amine				
Dimethylamin	$(CH_3)_2NH$	−93	7	sehr gut löslich
Diethylamin	$(CH_3CH_2)_2NH$	−48	56	sehr gut löslich
Tertiäre Amine				
Trimethylamin	$(CH_3)_3N$	−117	3	sehr gut löslich
Triethylamin	$(CH_3CH_2)_3N$	−114	89	wenig löslich
Aromatische Amine				
Anilin	$C_6H_5NH_2$	−6	184	wenig löslich
Heteroaromatische Amine				
Pyridin	C_5H_5N	−42	116	sehr gut löslich

Exkurs: 10.B Amine als tödliche Waffe – Pfeilgiftfrösche in Südamerika

Die Noanamá- und die Emberá-Indianer im westkolumbianischen Dschungel verwenden Giftpfeile seit Jahrhunderten, möglicherweise seit Jahrtausenden. Die Gifte werden aus den Hautdrüsen verschiedener grell gefärbter Frösche der Gattung *Phyllobates* (*neará* und *kokoi* in der Sprache der Ureinwohner) gewonnen. Ein einziger Frosch enthält genug Gift für bis zu zwanzig Pfeile. Bei der giftigsten Art (*Phyllobates terribilis*) genügt es, den Pfeil über den Rücken den Frosches zu reiben, um den Pfeil mit ausreichend Gift zu versehen.

Eine nähere Untersuchung dieser Gifte durch Wissenschaftler des National Institute of Health ergab, dass sie auf die zellulären Ionenkanäle wirken und damit von großem Nutzen für die Grundlagenforschung im Hinblick auf den Mechanismus von Ionentransporten sein könnten. Daher wurde eine Feldstation im westlichen Kolumbien errichtet, um die dort relativ häufigen Pfeilgiftfrösche zu sammeln. Aus 5000 Fröschen konnten 11 mg Batrachotoxin und Batrachotoxinin A isoliert werden. Die Namen dieser Substanzen sind von *batrachos* abgeleitet, dem griechischen Wort für Frosch.

Batrachotoxin und Batrachotoxinin A gehören zu den tödlichsten Giften, die jemals entdeckt wurden.

Pfeilgiftfrosch, *Phyllobates terribilis*. [Quelle: © Micha L. Rieser/iStockphoto.]

Exkurs: 10.B Amine als tödliche Waffe – Pfeilgiftfrösche in Südamerika (Fortsetzung)

Man schätzt, dass nur etwa 200 µg Batrachotoxin ausreichen, um beim Menschen einen irreversiblen Herzstillstand hervorzurufen. Die Verbindungen wirken in der Weise, dass sie die spannungsaktivierten Natriumkanäle in Nerven und Muskeln offenhalten, was zu einem starken Einströmen von Natriumionen in die betroffenen Zellen führt.

Die Batrachotoxine sind ein schönes Fallbeispiel dafür, wie es zur Entdeckung neuer Wirkstoffe kommen kann. Erstens erhält man Informationen über bestimmte biologisch aktive Verbindungen und ihre Quellen oft von den Ureinwohnern einer Region. Zweitens sind die tropischen Regenwälder ein Füllhorn von strukturell komplexen, biologisch aktiven Verbindungen. Und drittens ist das gesamte Ökosystem, nicht nur die Pflanzenwelt, eine potentielle Quelle für faszinierende organische Substanzen.

Aufgabe
Ist Batrachotoxin oder Batrachotoxinin A besser wasserlöslich? Warum?
Welches Produkt erwarten Sie, wenn Batrachotoxin mit einem Äquivalent einer schwachen Säure wie Essigsäure (CH_3COOH) umgesetzt wird?

Beispiel 10.4 Erklären Sie, warum Butylamin einen höheren Siedepunkt als *tert*-Butylamin hat.

Butylamin
Sdp. 78 °C

tert-Butylamin
Sdp. 46 °C

Vorgehensweise
Identifizieren Sie die strukturellen Unterschiede, die einen Einfluss auf die intermolekularen Wechselwirkungen zwischen den Molekülen der jeweiligen Verbindung haben könnten.

Lösung
In beiden Verbindungen sind Wasserstoffbrücken zwischen den Molekülen möglich. Die *tert*-Butylgruppe ist aber größer und sperriger, was die Entstehung von intermolekularen Wasserstoffbrücken sterisch erschwert.

Siehe Aufgaben 10.8–10.11.

10.4 Welche Säure-Base-Eigenschaften haben Amine?

Ebenso wie Ammoniak sind alle Amine schwache Basen und folglich reagieren wässrige Lösungen von Aminen basisch. In der folgenden Säure-Base-Reaktion zwischen einem Amin und Wasser sind auch Elektronenflusspfeile angegeben, um die Protonenübertragung und die Bildung einer neuen kovalenten Bindung aus dem freien Elektronenpaar des Stickstoffatoms und einem Proton aus dem Wassermolekül unter Freisetzung eines Hydroxid-Ions zu verdeutlichen.

$$\text{CH}_3-\underset{\underset{H}{|}}{\overset{\overset{H}{|}}{N}}: + H-\overset{..}{\underset{..}{O}}-H \rightleftharpoons \text{CH}_3-\underset{\underset{H}{|}}{\overset{\overset{H}{|}}{N}}{\overset{+}{-}}H \quad :\overset{..}{\underset{..}{O}}-H$$

Methylamin   Methylammonium-
                                   hydroxid

Die Gleichgewichtskonstante (K) für die Reaktion eines Amins mit Wasser berechnet sich am Beispiel der Reaktion von Methylamin mit Wasser zu Methylammoniumhydroxid wie folgt:

$$K = \frac{[\text{CH}_3\text{NH}_3^+][\text{OH}^-]}{[\text{CH}_3\text{NH}_2][\text{H}_2\text{O}]}$$

Weil die Konzentration von Wasser in einer verdünnten wässrigen Lösung von Methylamin nahezu konstant bleibt ($[\text{H}_2\text{O}] = 55.5 \text{ mol/L}$), kann sie mit K zu einer neuen Konstante, der Basenkonstante K_B, zusammengefasst werden. Für Methylamin hat K_B den Wert 4.37×10^{-4} (p$K_B = 3.36$):

$$K_B = K[\text{H}_2\text{O}] = \frac{[\text{CH}_3\text{NH}_3^+][\text{OH}^-]}{[\text{CH}_3\text{NH}_2]} = 4.37 \times 10^{-4} \quad \text{p}K_B = 3.36$$

Üblicherweise diskutiert man die Basizität von Aminen (und anderen Basen), indem man die Säurekonstante der korrespondierenden konjugierten Säure angibt, hier am Beispiel der Dissoziation des Methylammonium-Ions formuliert:

$$\text{CH}_3\text{NH}_3^+ + \text{H}_2\text{O} \rightleftharpoons \text{CH}_3\text{NH}_2 + \text{H}_3\text{O}^+ \quad K_S = \frac{[\text{CH}_3\text{NH}_2][\text{H}_3\text{O}^+]}{[\text{CH}_3\text{NH}_3^+]} = 2.29 \times 10^{-11} \quad \text{p}K_S = 10.64$$

Die pK_S- und pK_B-Werte eines beliebigen korrespondierenden Säure-Base-Paars lassen sich über die folgende Gleichung ineinander umrechnen:

$$\text{p}K_S + \text{p}K_B = 14.00$$

pK_S- und pK_B-Werte ausgewählter Amine sind in Tab. 10.2 zusammengestellt.

Beispiel 10.5 Auf welcher Seite liegt das Gleichgewicht der folgenden Säure-Base-Reaktion?

$$\text{CH}_3\text{NH}_2 + \text{CH}_3\text{COOH} \rightleftharpoons \text{CH}_3\text{NH}_3^+ + \text{CH}_3\text{COO}^-$$

Vorgehensweise
Nutzen Sie die in Abschn. 2.4 vorgestellte Methode zur Bestimmung der Gleichgewichtslage in einer Säure-Base-Reaktion. Das Gleichgewicht liegt vorzugsweise auf der Seite der schwächeren Säure und der schwächeren Base. Auch wenn Ammonium-Ionen positiv geladen sind, ist es dennoch wichtig, in Erinnerung zu behalten, dass sie wesentlich schwächere Säuren als Carbonsäuren sind.

Lösung
Das Gleichgewicht liegt auf der Seite des Methylammonium- und des Acetat-Ions, also auf der Seite der schwächeren Säure und der schwächeren Base:

$$\text{CH}_3\text{NH}_2 + \text{CH}_3\text{COOH} \rightleftharpoons \text{CH}_3\text{NH}_3^+ + \text{CH}_3\text{COO}^-$$
       p$K_S = 4.76$ p$K_S = 10.64$

stärkere   stärkere   schwächere   schwächere
Base   Säure   Säure   Base

Siehe Aufgabe 10.12.

Tab. 10.2 pK_B-Werte ausgewählter Amine und pK_S-Werte ihrer konjugierten Säuren.[a]

Amin	Strukturformel	pK_B-Wert	pK_S-Wert
Ammoniak	NH_3	4.74	9.26
Primäre Amine			
Methylamin	CH_3NH_2	3.36	10.64
Ethylamin	$CH_3CH_2NH_2$	3.19	10.81
Cyclohexylamin	$C_6H_{11}NH_2$	3.34	10.66
Sekundäre Amine			
Dimethylamin	$(CH_3)_2NH$	3.27	10.73
Diethylamin	$(CH_3CH_2)_2NH$	3.02	10.98
Tertiäre Amine			
Trimethylamin	$(CH_3)_3N$	4.19	9.81
Triethylamin	$(CH_3CH_2)_3N$	3.25	10.75
Aromatische Amine			
Anilin	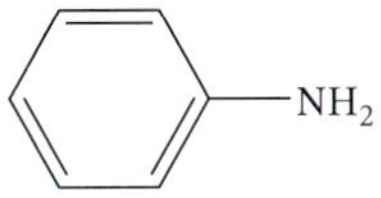 C$_6$H$_5$–NH$_2$	9.37	4.63
4-Methylanilin (p-Toluidin)	 CH$_3$–C$_6$H$_4$–NH$_2$	8.92	5.08
4-Chloranilin	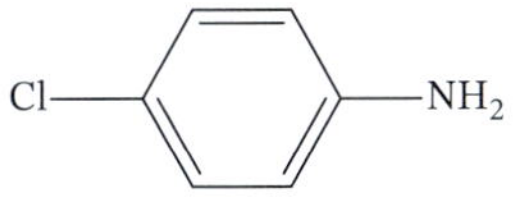 Cl–C$_6$H$_4$–NH$_2$	9.85	4.15
4-Nitroanilin	 O$_2$N–C$_6$H$_4$–NH$_2$	13.00	1.00
Heteroaromaten			
Pyridin	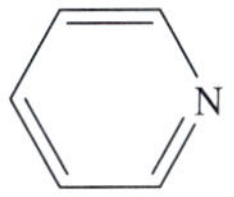 C$_5$H$_5$N	8.75	5.25
Imidazol	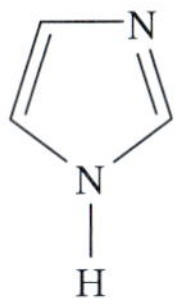 C$_3$H$_4$N$_2$	7.05	6.95

a) Für jedes Säure-Base-Paar gilt: pK_S + pK_B = 14.00.

Aus den in Tab. 10.2 zusammengestellten Informationen können wir die folgenden allgemeinen Regeln zu den Säure-Base-Eigenschaften der verschiedenen Arten von Aminen ableiten:

1. Alle aliphatischen Amine haben etwa dieselbe Basenstärke (pK_B = 3.0–4.0) und sind etwas stärker basisch als Ammoniak.

2. Aromatische Amine und Heteroaromaten sind deutlich schwächere Basen als die aliphatischen Amine. Man vergleiche z. B. die pK_B-Werte von Cyclohexylamin und Anilin:

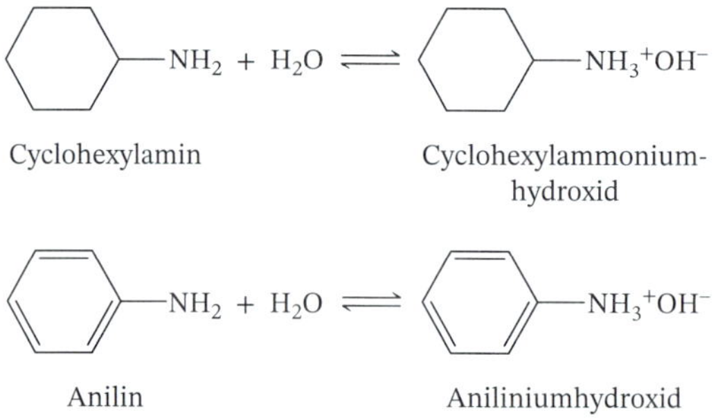

Cyclohexylamin + H_2O ⇌ Cyclohexylammoniumhydroxid $pK_B = 3.34$ $K_B = 4.5 \times 10^{-4}$

Je kleiner der pK_B-Wert, desto stärker ist die Base.

Anilin + H_2O ⇌ Aniliniumhydroxid $pK_B = 9.37$ $K_B = 4.3 \times 10^{-10}$

Die Basenkonstante von Anilin ist um einen Faktor 10^6 kleiner als die von Cyclohexylamin (je größer der pK_B-Wert, desto schwächer ist die Base).

Aromatische Amine sind schwächere Basen als aliphatische Amine, weil das freie Elektronenpaar am Stickstoffatom in Resonanz mit dem π-System des aromatischen Rings steht. Weil aliphatische Amine nicht mesomeriestabilisiert sind, ist in ihnen das freie Elektronenpaar am Stickstoffatom für die Reaktion mit einer Säure besser verfügbar.

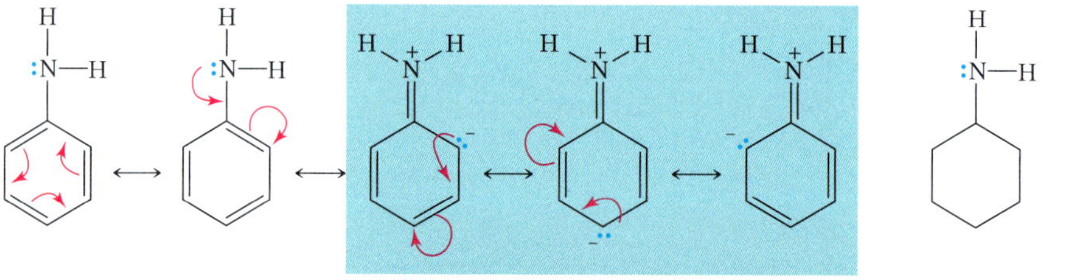

zwei Kekulé-Strukturen | Wegen der Wechselwirkung des Elektronenpaars am Stickstoff mit dem π-System des aromatischen Rings ist das Elektronenpaar für die Reaktion mit einer Säure schlechter verfügbar. | in Alkylaminen ist keine Resonanz möglich

3. Elektronenziehende Gruppen wie Halogene, Nitro- oder Carbonylgruppen verringern die Basizität der substituierten aromatischen Amine, da durch sie die Verfügbarkeit des Elektronenpaars am Stickstoff reduziert wird.

–NO_2 reduziert sowohl durch einen induktiven als auch durch einen mesomeren Effekt die Verfügbarkeit des Elektronenpaars am Stickstoff für die Reaktion mit einer Säure.

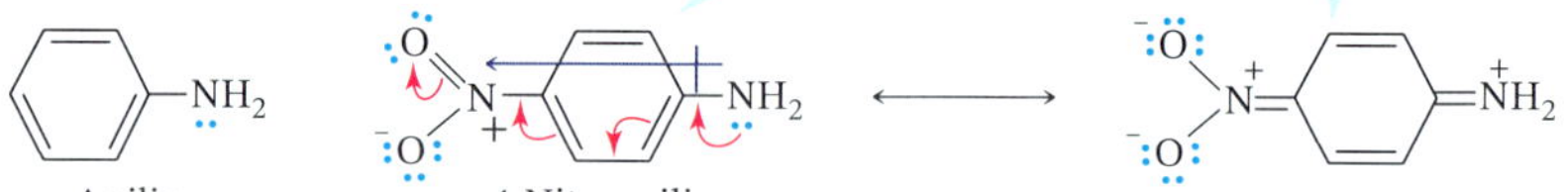

Anilin $pK_B = 9.37$ 4-Nitroanilin $pK_B = 13.0$

Wir erinnern uns, dass die gleichen Substituenten auch die Säurestärke von Phenolen erhöhen (Abschn. 9.8.2).

Gewusst wie: 10.1 Wie man die relative Basizität von Aminen bestimmt

Die Basizität eines Amins hängt davon ab, wie bereitwillig das freie Elektronenpaar am Stickstoff an einer Säure-Base-Reaktion teilnimmt. Um die Verfügbarkeit des Elektronenpaars einschätzen zu können, muss man die folgenden Effekte berücksichtigen:

1. Mesomere Effekte

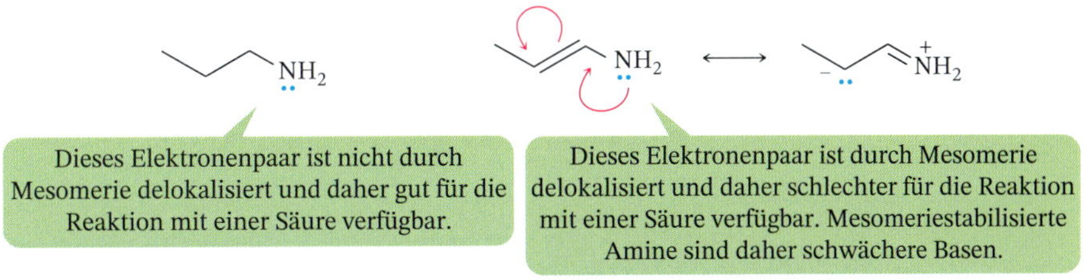

   Dieses Elektronenpaar ist nicht durch Mesomerie delokalisiert und daher gut für die Reaktion mit einer Säure verfügbar.

   Dieses Elektronenpaar ist durch Mesomerie delokalisiert und daher schlechter für die Reaktion mit einer Säure verfügbar. Mesomeriestabilisierte Amine sind daher schwächere Basen.

2. Induktive Effekte

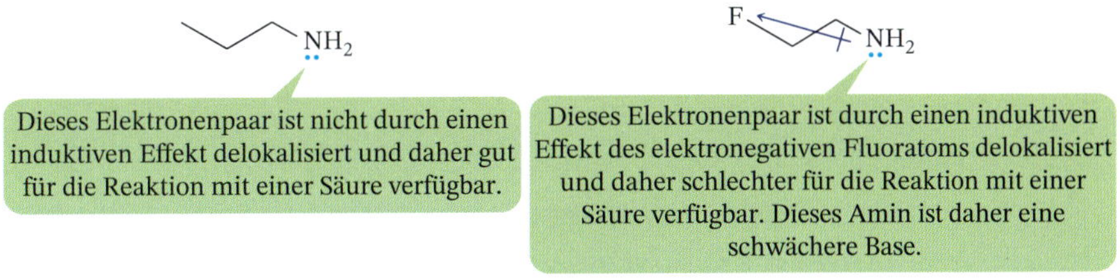

   Dieses Elektronenpaar ist nicht durch einen induktiven Effekt delokalisiert und daher gut für die Reaktion mit einer Säure verfügbar.

   Dieses Elektronenpaar ist durch einen induktiven Effekt des elektronegativen Fluoratoms delokalisiert und daher schlechter für die Reaktion mit einer Säure verfügbar. Dieses Amin ist daher eine schwächere Base.

Beispiel 10.6 Welches Amin ist jeweils die stärkere Base?

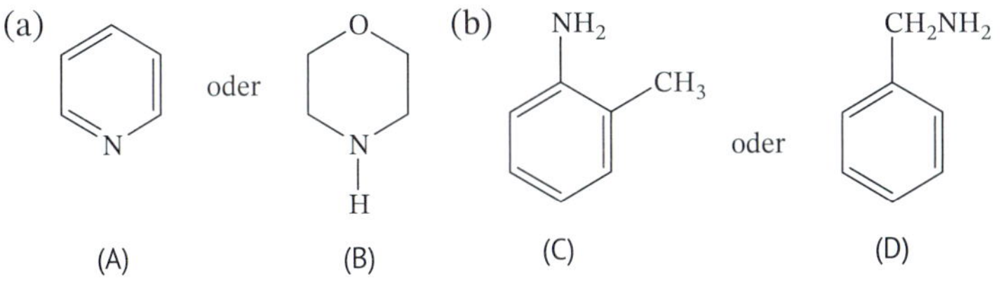

(a) (A) Pyridin oder (B) Morpholin

(b) (C) o-Toluidin oder (D) Benzylamin

Vorgehensweise

Tabelle 10.2 zeigt die jeweiligen pK_B-Werte. Sie können die relativen Basizitäten auch ermitteln, indem sie für jede Verbindung eventuelle mesomere oder induktive Effekte betrachten, die die Verfügbarkeit des freien Elektronenpaars am Stickstoff erhöhen oder reduzieren könnten.

Lösung

(a) Morpholin (B) ist die stärkere Base ($pK_B = 5.79$). Es hat eine mit sekundären Aminen vergleichbare Basizität. Pyridin (A), ein Heteroaromat, ist deutlich weniger basisch als aliphatische Amine ($pK_B = 8.75$).

(b) Benzylamin (D), ein primäres aliphatisches Amin, ist die stärkere Base ($pK_B = 4.65$). o-Toluidin (C), ein aromatisches Amin, ist die schwächere Base ($pK_B = 9.56$). Auch wenn wir nicht aus Tab. 10.2 wüssten, dass primäre aliphatische Amine deutlich stärkere Basen als aromatische Amine sind, würden wir dennoch erkennen, dass das Elektronenpaar am Stickstoffatom von o-Toluidin durch Resonanz mit dem π-System des Benzolrings delokalisiert ist, während in Benzylamin keine Mesomerie möglich ist. Das Elektronenpaar von o-Toluidin ist aus diesem Grund weniger bereit, eine Reaktion mit einer Säure einzugehen.

Siehe Aufgaben 10.13, 10.16 und 10.19.

Guanidin (pK_B = 0.4) ist eine der stärksten elektrisch neutralen Basen.

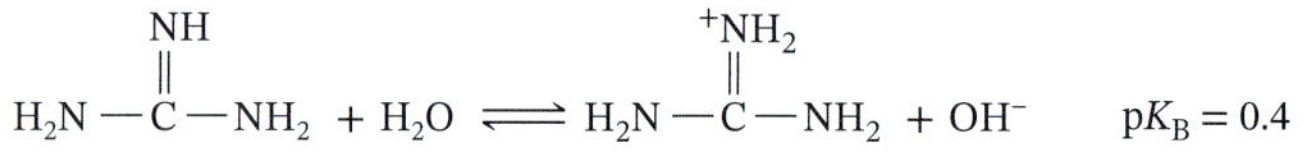

$$\underset{\text{Guanidin}}{H_2N-\underset{\underset{NH}{\|}}{C}-NH_2} + H_2O \rightleftharpoons \underset{\text{Guanidinium}}{H_2N-\underset{\underset{^+NH_2}{\|}}{C}-NH_2} + OH^- \qquad pK_B = 0.4$$

Seine bemerkenswerte Basizität ist darauf zurückzuführen, dass die positive Ladung im Guanidinium über alle drei Stickstoffatome delokalisiert ist, wie durch das folgende Resonanzhybrid aus drei gleichwertigen Grenzformeln deutlich wird:

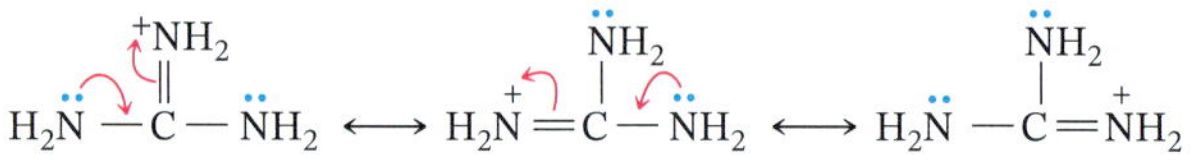

$$H_2\ddot{N}-\underset{\underset{^+NH_2}{\|}}{C}-\ddot{N}H_2 \longleftrightarrow H_2\overset{+}{N}=\underset{\underset{\ddot{N}H_2}{|}}{C}-\ddot{N}H_2 \longleftrightarrow H_2\ddot{N}-\underset{\underset{\ddot{N}H_2}{|}}{C}=\overset{+}{N}H_2$$

drei gleichwertige Grenzformeln

Das Guanidinium-Ion ist somit ein durch Mesomerie sehr gut stabilisiertes Kation. Die Guanidinogruppe in der Seitenkette der Aminosäure Arginin ist verantwortlich für die hohe Basizität dieser Aminosäure (Abschn. 18.2.1).

10.5 Wie reagieren Amine mit Säuren?

Sowohl wasserlösliche als auch wasserunlösliche Amine reagieren mit starken Säuren quantitativ unter Bildung wasserlöslicher Salze, hier am Beispiel der Reaktion von (R)-Norepinephrin (Noradrenalin) mit Salzsäure zum entsprechenden Hydrochlorid gezeigt.

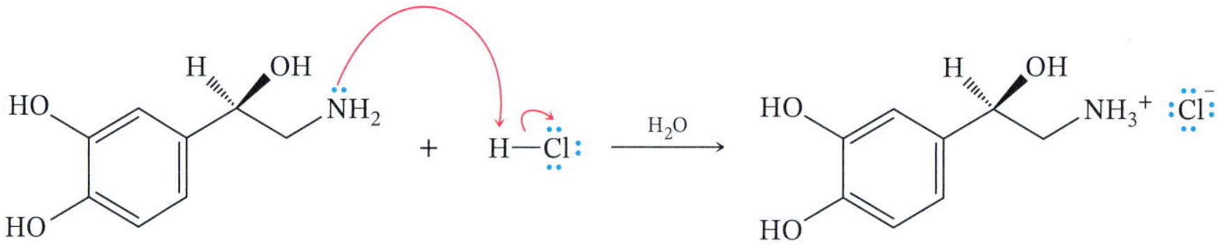

(R)-Norepinephrin
(in Wasser kaum löslich)

(R)-Norepinephrin-Hydrochlorid
(ein wasserlösliches Salz)

Das im Nebennierenmark gebildete Norepinephrin ist ein Neurotransmitter. Man geht davon aus, dass es auch in Gehirnregionen genutzt wird, die mit der Verarbeitung von Emotionen zusammenhängen.

Die Basizität der Amine und die Löslichkeit ihrer protonierten Salze kann man zur Trennung von Aminen und wasserunlöslichen nicht-basischen Verbindungen nutzen. Abbildung 10.2 illustriert eine Vorgehensweise, nach der man Anilin von Anisol abtrennen kann. Das Anilin wird abschließend durch Behandlung mit NaOH aus seinem Salz freigesetzt.

Beispiel 10.7 Vervollständigen Sie die folgenden Säure-Base-Reaktionen und benennen sie die gebildeten Salze:

(a) $(CH_3CH_2)_2NH + HCl \longrightarrow$

(b) 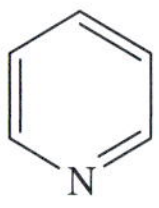 [Pyridin] $+ CH_3COOH \longrightarrow$

10.5 Wie reagieren Amine mit Säuren?

eine Mischung aus zwei Substanzen

- Anisol (C₆H₅–OCH₃)
- Anilin (C₆H₅–NH₂)

↓ in Diethylether lösen
↓ mit Salzsäure mischen

- Anisol reagiert nicht.
- Anilin reagiert an seinem basischen Stickstoffatom mit HCl und wird in ein wasserlösliches Aniliniumsalz überführt.

→ Etherphase (Anisol) → Ether abdestillieren → Anisol

→ wässrige Phase (Anilin-Hydrochlorid)
- Anilin-Hydrochlorid reagiert mit NaOH, das wasserunlösliche Anilin wird freigesetzt
→ Diethylether, NaOH, H₂O zugeben
→ Etherphase (Anilin) / wässrige Phase
→ Ether abdestillieren → Anilin

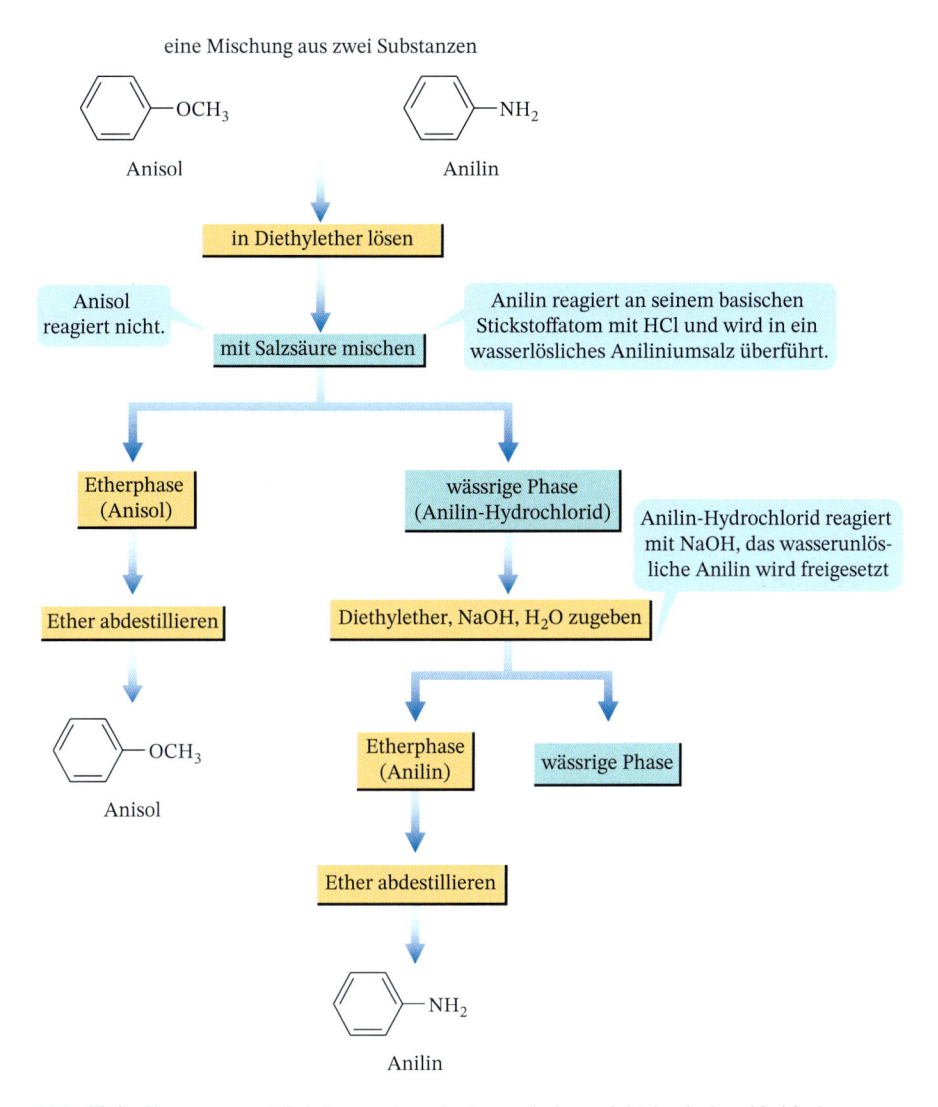

Abb. 10.2 Trennung und Reinigung eines Amins und einer nicht-basischen Verbindung (Anisol).

Vorgehensweise

Identifizieren Sie die aciden Protonen in den Säuren. Die Stickstoffatome der Amine übernehmen diese Protonen unter Bildung eines Ammoniumsalzes. Zur Benennung eines Ammoniumsalzes wird die Endung *-amin* (bzw. *Anilin*, *Pyridin* etc.) durch *-ammonium* (bzw. *-anilinium*, *-pyridinium* etc.) ersetzt und der Name des Anions (z. B. *-chlorid*, *-acetat* usw.) wird angehängt.

Lösung

(a) $(CH_3CH_2)_2NH_2^+Cl^-$
Diethylammoniumchlorid

(b) Pyridinium CH_3COO^-
Pyridiniumacetat

Siehe Aufgaben 10.14, 10.19 und 10.21.

Beispiel 10.8 Nachfolgend sind zwei Strukturformeln von Alanin (2-Aminopropansäure) abgebildet, einem der Bausteine von Proteinen (Kap. 18).

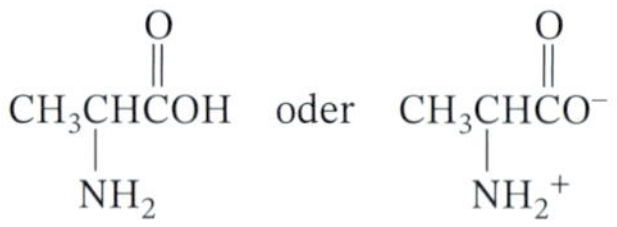

$$\underset{(A)}{\underset{NH_2}{\underset{|}{CH_3CHCOH}}\overset{O}{\overset{\|}{}}} \quad \text{oder} \quad \underset{(B)}{\underset{NH_2^+}{\underset{|}{CH_3CHCO^-}}\overset{O}{\overset{\|}{}}}$$

Welche Darstellung von Alanin entspricht eher der Realität – (A) oder (B)?

Vorgehensweise
Identifizieren Sie zunächst saure und basische funktionelle Gruppen im Alanin. Wie würden diese reagieren, wenn sie Bestandteile separater Verbindungen wären?

Lösung
Struktur (A) enthält eine Aminogruppe (eine Base) und eine Carboxygruppe (eine Säure). Die Übertragung eines Protons von der stärkeren Säure (–COOH) auf die stärkere Base (–NH$_2$) führt zu einem inneren Salz. Daher ist Strukturformel (B) die bessere Darstellung für Alanin. Innere Salze wie (B) bezeichnet man auch als Zwitterionen; sie spielen vor allem in der Aminosäurechemie eine wichtige Rolle (Kap. 18).

Siehe Aufgabe 10.15.

10.6 Wie synthetisiert man Arylamine?

Wir haben in Abschn. 9.6.2 gesehen, dass eine NO$_2$-Gruppe durch Nitrierung des aromatischen Rings in ein aromatisches System eingeführt werden kann. Nitrierungen sind auch deswegen besonders nützliche Reaktionen, weil die hierbei entstehende Nitrogruppe leicht zu einer aromatischen Aminogruppe (–NH$_2$) reduziert werden kann. Die Reduktion kann beispielsweise durch Hydrierung in Gegenwart eines Übergangsmetallkatalysators wie Nickel, Palladium oder Platin erreicht werden.

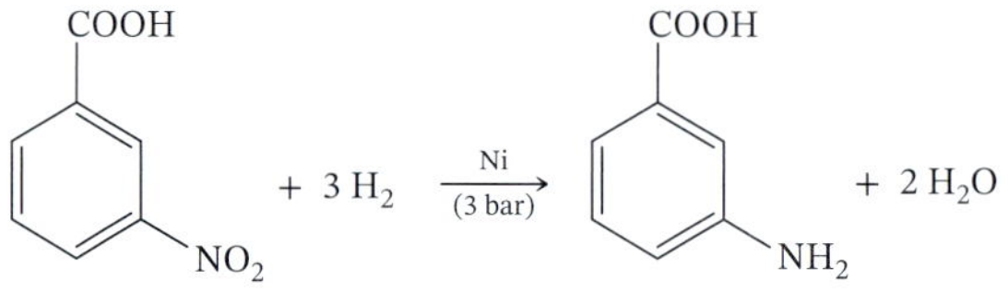

3-Nitrobenzoesäure + 3 H$_2$ $\xrightarrow[\text{(3 bar)}]{\text{Ni}}$ 3-Aminobenzoesäure + 2 H$_2$O

Diese Methode hat allerdings den Nachteil, dass auf diese Weise auch andere reaktive Gruppen wie z. B. Kohlenstoff-Kohlenstoff-Doppelbindungen oder die Carbonylgruppen von Aldehyden oder Ketonen reduziert werden können. COOH-Gruppen und aromatische Ringe werden unter den angegebenen Bedingungen jedoch nicht reduziert.

Alternativ kann eine Nitrogruppe auch durch ein Metall in Gegenwart einer Säure zur Aminogruppe reduziert werden.

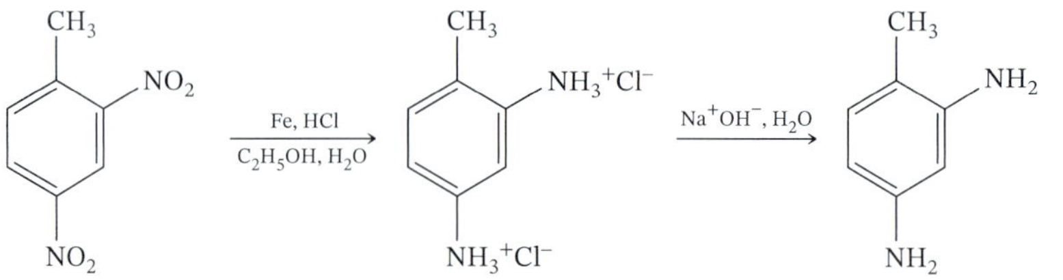

2,4-Dinitrotoluol $\xrightarrow[\text{C}_2\text{H}_5\text{OH, H}_2\text{O}]{\text{Fe, HCl}}$ [Zwischenprodukt mit NH$_3^+$Cl$^-$] $\xrightarrow{\text{Na}^+\text{OH}^-, \text{H}_2\text{O}}$ 2,4-Diaminotoluol

Die am häufigsten für solche Reduktionen verwendeten Metalle sind Eisen, Zink und Zinn, jeweils in verdünnter Salzsäure. Unter diesen Bedingungen entsteht das Amin zunächst als Hydrochlorid, aus dem das Amin mit einer starken Base freigesetzt werden kann.

Beispiel 10.9 Welche Reagenzien braucht man in jedem Schritt, um Toluol in 4-Aminobenzoesäure zu überführen?

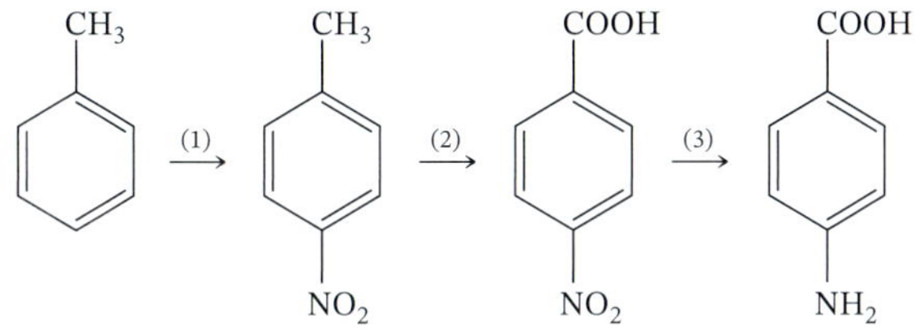

Toluol → (1) → CH₃–C₆H₄–NO₂ → (2) → COOH–C₆H₄–NO₂ → (3) → 4-Aminobenzoesäure

Vorgehensweise

Nutzen Sie eine Kombination mehrerer Reaktionen, die in diesem und den vergangenen Kapiteln besprochen wurden. Vergessen Sie nicht, die Regioselektivität bestimmter Reaktionen zu berücksichtigen.

Lösung

1. Schritt: Nitrierung von Toluol mit Salpetersäure/Schwefelsäure (Abschn. 9.6.2) und anschließende Trennung der *ortho*- und *para*-Isomere.

2. Schritt: Oxidation des benzylischen Kohlenstoffatoms mit Chromsäure (Abschn. 9.4).

3. Schritt: Reduktion der Nitrogruppe, entweder mit H_2 in Gegenwart eines Übergangsmetallkatalysators oder mit Fe, Sn oder Zn in verdünnter Salzsäure (Abschn. 10.6).

Siehe Aufgaben 10.22 und 10.24–10.27. ◂

10.7 Wie können Amine als Nukleophile reagieren?

Wie wir bereits in Kap. 7 gesehen haben, sind Amine wegen des freien Elektronenpaars am Stickstoffatom recht gute Nukleophile (Tab. 7.2). Sie gehen daher nukleophile Substitutionen mit Halogenalkanen oder anderen Verbindungen ein, die eine gute Austrittsgruppe enthalten (Abschn. 7.5).

1. Schritt: *Reaktion eines Nukleophils mit einem Elektrophil unter Bildung einer neuen kovalenten Bindung.*

Das Stickstoffatom des Amins ersetzt das Chloratom in einem Chloralkan unter Bildung eines Ammoniumsalzes.

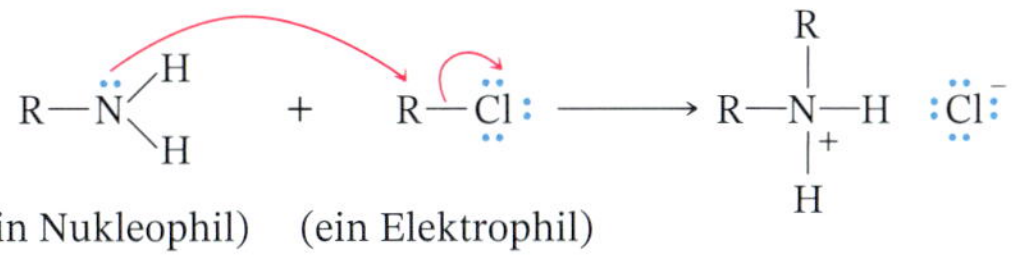

R–NH₂ + R–Cl ⟶ R–N⁺H₂R :Cl⁻

(ein Nukleophil) (ein Elektrophil)

2. Schritt: *Deprotonierung.*

Zu Beginn der Reaktion, wenn sich erst wenig Produkt gebildet hat, ist noch ausreichend von der Ausgangsverbindung (dem Amin, einer schwachen Base) vorhanden, um das Ammoniumsalz zu einem sekundären

Amin zu deprotonieren. Diese wird dabei selbst zum Ammoniumsalz protoniert.

$$R-\overset{R}{\underset{H}{\overset{|}{N^+}}}-H \quad :\!\ddot{\underset{..}{Cl}}\!:^- \;+\; R-\overset{H}{\underset{H}{N}} \longrightarrow R-\overset{R}{\underset{H}{N}}: \;+\; R-\overset{H}{\underset{H}{\overset{|}{N^+}}}-H \quad :\!\ddot{\underset{..}{Cl}}\!:^-$$

unverbrauchtes Edukt

In der Reaktionsmischung liegen nun kleine Anteile des zunächst gebildeten Produkts ($R_2NH_2^+Cl^-$) und des sekundären Amins (R_2NH) vor, zusammen mit großen Anteilen der Edukte (Amin und Halogenalkan).

3. Schritt: *Reaktion eines Nukleophils mit einem Elektrophil unter Bildung einer neuen kovalenten Bindung.*

Das sekundäre Amin ist ebenfalls ein Nukleophil und weil in dieser frühen Phase der Reaktion nur ein kleiner Anteil des Halogenalkans verbraucht wurde, ist noch eine ausreichende Menge Halogenalkan in der Reaktionsmischung vorhanden, um mit dem primären oder dem sekundären Amin zu reagieren.

Verbindungen in der Reaktionsmischung

$$\underbrace{R-\overset{H}{\underset{H}{\overset{|}{N^+}}}-H\;:\!\ddot{Cl}\!:^- \;+\; R-\overset{R}{\underset{H}{\overset{|}{N^+}}}-H\;:\!\ddot{Cl}\!:^- \;+\; R-\overset{R}{\underset{H}{N}}: \;+\; R-\overset{H}{\underset{H}{N}} \;+\; R-\ddot{Cl}\!:}_{} \longrightarrow R-\overset{R}{\underset{H}{\overset{|}{N^+}}}-R\;:\!\ddot{Cl}\!:^- \;+\; \text{alle anderen zuvor gebildeten Produkte}$$

eine kleine Menge ; eine kleine Menge ; eine kleine Menge ; eine große Menge ; eine große Menge

Dieser Prozess kann bis zur Bildung einer anderen stickstoffhaltigen Verbindung, eines quartären Ammoniumsalzes ($R_4N^+Cl^-$), fortschreiten. Die Produktmischung enthält schließlich also unterschiedliche Anteile von RNH_2, R_2NH, R_3N und $R_4N^+Cl^-$. Weil das Produktverhältnis kaum zu kontrollieren oder vorherzusagen ist, vermeidet man normalerweise die Verwendung von Aminen (oder von Ammoniak) als Nukleophile in nukleophilen aliphatischen Substitutionen.

Beispiel 10.10 Bestimmen Sie alle stickstoffhaltigen Produkte, die in der folgenden Reaktion entstehen können:

$$\diagup\!\!\!\diagdown\!\!NH_2 \;+\; CH_3CH_2Br \longrightarrow$$

Vorgehensweise

Denken Sie daran, dass die Reaktion von Aminen mit Halogenalkanen meist zu mehreren stickstoffhaltigen Produkten führt, in denen ein oder mehrere Alkylgruppen aus dem Halogenalkan eine Bindung mit dem Stickstoffatom des ursprünglich eingesetzten Amins gebildet haben.

Lösung

$$\diagup\!\!\!\diagdown\!\!NH_2 \;+\; CH_3CH_2Br \longrightarrow$$

$$\diagup\!\!\!\diagdown\!\!\underset{CH_2CH_3}{\overset{H}{N}} \;+\; \diagup\!\!\!\diagdown\!\!\underset{CH_2CH_3}{\overset{CH_2CH_3}{N}} \;+\; \diagup\!\!\!\diagdown\!\!\underset{CH_2CH_3}{\overset{H_3CH_2C\;CH_2CH_3}{\overset{|}{N^+}}}\;Br^-$$

Siehe Aufgabe 10.23. ◢

Auch wenn die Verwendung von Aminen in nukleophilen aliphatischen Substitutionen wegen der dabei meist entstehenden Produktmischungen kaum praktikabel ist, so sind sie doch ausgezeichnete Nukleophile für die Ringöffnung von Epoxiden (Abschn. 8.4.3). Der Grund hierfür ist, dass die Nukleophilie des Stickstoffatoms im Produkt durch den induktiven Effekt der Hydroxygruppe herabgesetzt ist.

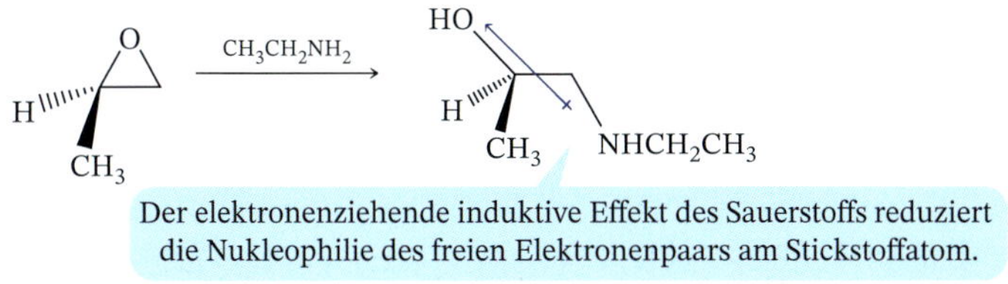

Der elektronenziehende induktive Effekt des Sauerstoffs reduziert die Nukleophilie des freien Elektronenpaars am Stickstoffatom.

Zusammenfassung

10.1 Was sind Amine?
- Amine sind Derivate des Ammoniaks (NH_3), in denen ein oder mehrere Wasserstoffatome durch Alkyl- oder Arylgruppen ersetzt sind.
- Amine werden in **primäre**, **sekundäre** und **tertiäre** Amine unterteilt, je nachdem, wie viele Wasserstoffatome von Ammoniak durch Alkyl- oder Arylgruppen ersetzt sind.
- In **aliphatischen Aminen** ist das Stickstoffatom (außer an Wasserstoff) nur an Alkylgruppen gebunden.
- In **aromatischen Aminen** ist das Stickstoffatom an eine oder mehrere Arylgruppen gebunden.
- Ein **heterocyclisches Amin** ist ein Amin, in dem das Stickstoffatom Teil eines Rings ist.
- Ein **heteroaromatisches Amin** ist ein Amin, in dem das Stickstoffatom Teil eines aromatischen Rings ist.

10.2 Wie benennt man Amine?
- In der systematischen Nomenklatur werden aliphatische Amine als **Alkanamine** benannt.
- Der Trivialname von aliphatischen Aminen lautet **Alkylamine**; die Alkylgruppen werden alphabetisch sortiert und das Suffix *-amin* wird angehängt.
- Ein Ion, in dem ein Stickstoffatom an vier Alkyl- oder Arylgruppen gebunden ist, wird als **quartäres Ammonium-Ion** bezeichnet.

10.3 Welche charakteristischen physikalischen Eigenschaften haben Amine?
- Amine sind polare Verbindungen; primäre und sekundäre Amine können intermolekulare Wasserstoffbrücken ausbilden.
- Weil N−H···N-Wasserstoffbrücken schwächer als O−H···O-Wasserstoffbrücken sind, haben Amine niedrigere Siedepunkte als Alkohole mit vergleichbarer molarer Masse und ähnlicher Gestalt.
- Alle Arten von Aminen bilden Wasserstoffbrücken mit Wasser aus und sind daher besser wasserlöslich als Kohlenwasserstoffe mit ähnlicher Molmasse.

10.4 Welche Säure-Base-Eigenschaften haben Amine?
- Amine sind schwache Basen; wässrige Lösungen von Aminen reagieren daher basisch. Die **Basenkonstante** wird mit dem Symbol K_B angegeben.
- Üblicherweise diskutiert man die Säure-Base-Eigenschaften von Aminen, indem man die **Säurekonstante** (K_S) der jeweiligen konjugierten Säure angibt.

- Die Säurekonstante eines Ammonium-Ions und die Basenkonstante des konjugierten Amins (jeweils in wässriger Lösung) hängen über die Beziehung $pK_S + pK_B = 14.0$ zusammen.

10.5 Wie reagieren Amine mit Säuren?
- Amine reagieren mit starken Säuren quantitativ unter Bildung wasserlöslicher Salze.
- Die Basizität von Aminen und die Löslichkeit der Salze in Wasser kann man zur Abtrennung der Amine von wasserunlöslichen nicht-basischen Verbindungen nutzen.

10.6 Wie synthetisiert man Arylamine?
- Arylamine kann man durch Reduktion einer Nitrogruppe an einem Benzolring herstellen.

10.7 Wie können Amine als Nukleophile reagieren?
- Amine sind recht gute Nukleophile und können **nukleophile aliphatische Substitutionen** eingehen.
- Die Reaktion von Ammoniak oder Aminen mit Halogenalkanen führt meist zu Produktmischungen unterschiedlicher Zusammensetzung.

Wichtige Reaktionen

1. **Basizitäten aliphatischer Amine (Abschn. 10.4)**
   Die meisten aliphatischen Amine haben vergleichbare Basizitäten ($pK_B \approx 3.0–4.0$) und sind etwas stärkere Basen als Ammoniak:

   $$CH_3NH_2 + H_2O \rightleftharpoons CH_3NH_3^+ + OH^- \quad pK_B = 3.36$$

2. **Basizität aromatischer Amine (Abschn. 10.4)**
   Aromatische Amine ($pK_B \approx 9.0–10.0$) sind deutlich schwächere Basen als aliphatische Amine. Mesomeriestabilisierung durch Wechselwirkung des freien Elektronenpaars am Stickstoffatom mit dem π-System des aromatischen Rings verringert die Verfügbarkeit des Elektronenpaars für die Reaktion mit einer Säure. Eine Substitution des Rings mit elektronenziehenden Gruppen reduziert die Basizität der NH₂-Gruppe weiter:

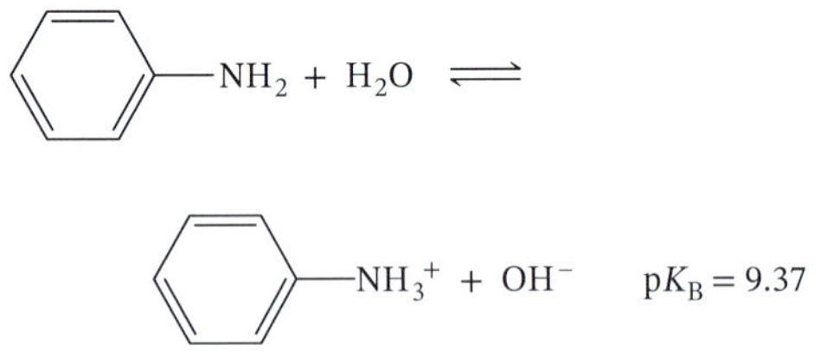

   Ph–NH₂ + H₂O ⇌ Ph–NH₃⁺ + OH⁻ $pK_B = 9.37$

3. **Reaktion von Aminen mit starken Säuren (Abschn. 10.5)**
   Alle Amine werden von starken Säuren vollständig protoniert und bilden dabei wasserlösliche Salze:

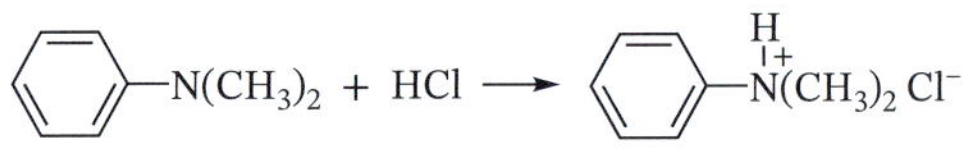

   Ph–N(CH₃)₂ + HCl ⟶ Ph–N⁺H(CH₃)₂ Cl⁻
   wasserunlöslich → ein wasserlösliches Salz

4. **Reduktion einer aromatischen NO₂-Gruppe (Abschn. 10.6)**
   Durch katalytische Hydrierung oder Behandlung mit einem Metall und Salzsäure und nachfolgender Freisetzung des Amins mit einer starken Base kann eine NO₂-Gruppe, beispielsweise an einem aromatischen Ring, zur Aminogruppe reduziert werden:

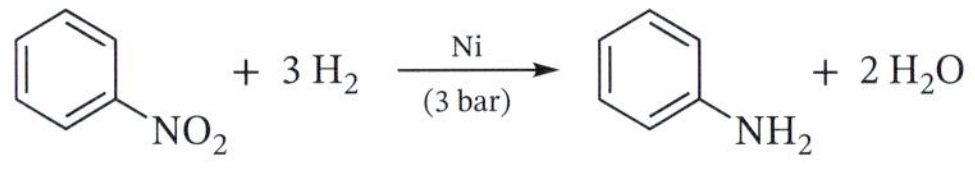

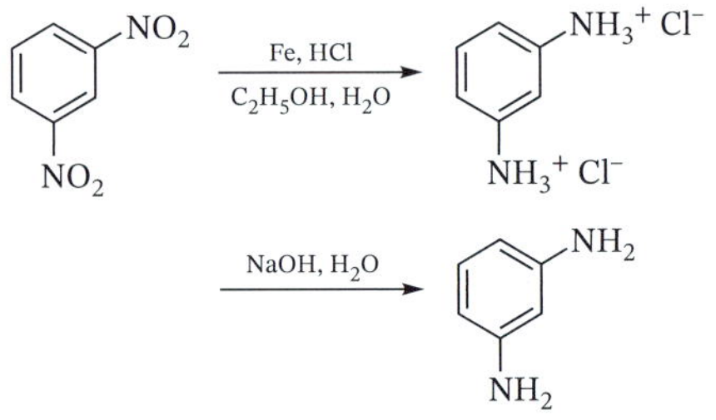

   Ph–NO₂ + 3 H₂ $\xrightarrow{\text{Ni (3 bar)}}$ Ph–NH₂ + 2 H₂O

   m-Dinitrobenzol $\xrightarrow[C_2H_5OH, H_2O]{Fe, HCl}$ m-(NH₃⁺Cl⁻)₂-Benzol $\xrightarrow{NaOH, H_2O}$ m-Phenylendiamin

Quiz

Sind die folgenden Aussagen richtig oder falsch? Hier können Sie testen, ob Sie die wichtigsten Fakten aus diesem Kapitel parat haben. Wenn Sie mit einer der Fragestellungen Probleme haben, sollten Sie den jeweiligen in Klammern angegebenen Abschnitt in diesem Kapitel noch einmal durcharbeiten, bevor Sie sich an die weiteren, meist etwas schwierigeren Aufgaben zu diesem Kapitel machen.

1. Ein Amin, in dem eine NH_2-Gruppe an ein tertiäres Kohlenstoffatom gebunden ist, wird als tertiäres Amin bezeichnet (10.1).
2. Wird ein Amin mit einem Halogenalkan umgesetzt, entsteht zunächst ein Ammoniumhalogenid (10.7).
3. Eine günstige Möglichkeit zur Herstellung von Diethylamin ist die Umsetzung von Ammoniak mit zwei Äquivalenten Chlorethan (10.7).
4. Der IUPAC-Name von $CH_3CH_2CH_2CH_2NHCH_3$ ist 2-Pentanamin (10.2).
5. Eine Aminogruppe kann direkt durch elektrophile aromatische Substitution in einen Benzolring eingeführt werden (10.6).
6. Ein tertiäres Amin ist besser wasserlöslich als ein sekundäres Amin mit gleicher Molmasse (10.3).
7. Der pK_B-Wert eines Amins kann aus dem pK_S-Wert seiner konjugierten Säure berechnet werden (10.4).
8. Je niedriger der pK_B-Wert, desto stärker ist die Base (10.4).
9. Die Basizität von Aminen und die Wasserlöslichkeit der Salze der Amine können genutzt werden, um Amine von wasserunlöslichen nicht-basischen Verbindungen zu trennen (10.5).
10. Aromatische Amine sind basischer als aliphatische Amine (10.4).
11. Guanidin ist eine starke neutrale Base, weil seine konjugierte Säure mesomeriestabilisiert ist (10.4).
12. Ammoniak ist eine etwas schwächere Base als die meisten aliphatischen Amine (10.4).
13. Eine Aminogruppe bildet stärkere Wasserstoffbrückenbindungen als eine Hydroxygruppe (10.3).
14. Ein heterocyclisches Amin muss einen Ring und ein Stickstoffatom im Ring enthalten (10.1).
15. Eine elektronenziehende Gruppe in einem Amin setzt dessen Basizität herab (10.4).

Ausführliche Erklärungen zu vielen dieser Antworten finden sich im Arbeitsbuch.

Antworten: (1) F (2) R (3) F (4) F (5) F (6) F (7) R (8) R (9) R (10) F (11) R (12) R (13) F (14) R (15) R

Aufgaben

Struktur und Nomenklatur

10.1 Identifizieren Sie alle Stereozentren im Coniin, Nicotin und Cocain (siehe Beispielaufgabe 10.1) und ermitteln Sie die R/S-Konfigurationen aller Stereozentren in Cocain.

10.2 Zeichnen Sie Strukturformeln für die folgenden Amine. (Siehe Beispielaufgabe 10.2)
(a) 2-Methyl-1-propanamin
(b) Cyclohexanamin
(c) (R)-2-Butanamin
(d) (2S,4S)-2,4-Hexandiamin

10.3 Zeichnen Sie Strukturformeln für die folgenden Amine. (Siehe Beispielaufgabe 10.3)
(a) Isobutylamin
(b) Triphenylamin
(c) Diisopropylamin
(d) Butylcyclohexylamin

10.4 Zeichnen Sie Strukturformeln der folgenden Amine. (Siehe Beispielaufgaben 10.2 und 10.3)
(a) 4-Aminobutansäure
(b) 2-Aminoethanol (Ethanolamin)
(c) 2-Aminobenzoesäure
(d) (S)-2-Aminopropansäure (Alanin)
(e) 4-Aminobutanal
(f) 4-Amino-2-butanon

10.5 Zeichnen Sie Beispiele für primäre, sekundäre und tertiäre Amine, die mindestens vier sp^3-hybridisierte Kohlenstoffatome enthalten. Zeichnen Sie zudem in analoger Weise Beispiele für primäre, sekundäre und tertiäre Alkohole. Wie unterscheiden sich die Klassifizierungssysteme beider Stoffklassen? (Siehe Beispielaufgabe 10.1)

10.6 Es gibt acht Konstitutionsisomere mit der Summenformel $C_4H_{11}N$. Geben Sie für alle Isomere Strukturformeln und IUPAC-Namen an. Geben Sie zudem jeweils an, ob es sich um ein primäres, sekundäres oder tertiäres Amin handelt. (Siehe Beispielaufgaben 10.1–10.3)

10.7 Geben Sie Strukturformeln für die folgenden Verbindungen mit den angegebenen Eigenschaften an. (Siehe Beispielaufgabe 10.3)
(a) Ein sekundäres Arylamin, C_7H_9N
(b) Ein tertiäres Arylamin, $C_8H_{11}N$

(c) Ein primäres aliphatisches Amin, C₇H₉N
(d) Ein chirales primäres Amin, C₄H₁₁N
(e) Ein tertiäres heterocyclisches Amin, C₅H₁₁N
(f) Ein trisubstituiertes primäres Arylamin, C₉H₁₃N
(g) Ein chirales quartäres Ammoniumsalz, C₉H₂₂NCl

(a) O_2N–C₆H₄–NH_3^+ (A) oder CH_3–C₆H₄–NH_3^+ (B)

(b) Pyridinium (C) oder Cyclohexyl–NH_3^+ (D)

Physikalische Eigenschaften

10.8 Erklären Sie, warum Diethylamin einen höheren Siedepunkt als Diethylether hat. (Siehe Beispielaufgabe 10.4)

Diethylamin Sdp. 55 °C   Diethylether Sdp. 34.6 °C

10.9 Propylamin, Ethylmethylamin und Trimethylamin sind Konstitutionsisomere mit der Summenformel C₃H₉N. (Siehe Beispielaufgabe 10.4)

CH₃CH₂CH₂NH₂   CH₃CH₂NHCH₃   (CH₃)₃N
Sdp. 48 °C   Sdp. 37 °C   Sdp. 3 °C
Propylamin   Ethylmethylamin Trimethylamin

Erklären Sie, warum Trimethylamin den niedrigsten und Propylamin den höchsten Siedepunkt aufweist.

10.10 Warum hat 1-Butanamin einen niedrigeren Siedepunkt als 1-Butanol? (Siehe Beispielaufgabe 10.4)

Sdp. 78 °C 1-Butanamin   Sdp. 117 °C 1-Butanol

10.11 Erklären Sie, warum Putrescin, eine faulig riechende Verbindung, die sich in verwesendem Fleisch bildet, ihren üblen Geruch verliert, wenn sie mit zwei Äquivalenten HCl behandelt wird. (Siehe Beispielaufgabe 10.4)

H₂N–(CH₂)₄–NH₂
1,4-Butandiamin (Putrescin)

Basizität von Aminen

10.12 Auf welcher Seite wird das Gleichgewicht der folgenden Säure-Base-Reaktion liegen? (Siehe Beispielaufgabe 10.5)

CH₃NH₃⁺ + H₂O ⇌ CH₃NH₂ + H₃O⁺

10.13 Welches Ammonium-Ion ist die jeweils stärkere Säure? (Siehe Beispielaufgabe 10.6)

10.14 Vervollständigen Sie die folgenden Säure-Base-Reaktionen und benennen sie die gebildeten Salze. (Siehe Beispielaufgabe 10.7)
(a) (CH₃CH₂)₃N + HCl ⟶
(b) C₆H₁₁NH + CH₃COOH ⟶
(c) C₆H₅–NH₂ + H₂SO₄ ⟶

10.15 Wie wir in Beispielaufgabe 10.8 gesehen haben, wird Alanin besser durch die dort angegebene Strukturformel (B) repräsentiert. Nehmen Sie nun an, dass das Zwitterion in Wasser gelöst wird.
(a) Wie ändert sich die Struktur von Alanin in wässriger Lösung, wenn konzentrierte HCl bis zu einem pH von 2.0 zugesetzt wird?
(b) Wie ändert sich die Struktur von Alanin in wässriger Lösung, wenn konzentrierte NaOH bis zu einem pH von 12.0 zugesetzt wird?

10.16 Erklären Sie, warum ein Nitrosubstituent ein aromatisches Amin zu einer schwächeren Base, ein Phenol dagegen zu einer stärkeren Säure macht. So ist 4-Nitroanilin eine schwächere Base als Anilin, 4-Nitrophenol hingegen ist eine stärkere Säure als Phenol. (Siehe Beispielaufgabe 10.6)

10.17 Der pK_S-Wert des Morpholinium-Ions ist 8.33.

Morpholinium-Ion + H₂O ⇌ Morpholin + H₃O⁺
pK_S = 8.33

(a) Berechnen Sie das Verhältnis zwischen Morpholin und dem Morpholinium-Ion, das in wässriger Lösung bei pH = 7.0 vorliegt.
(b) Bei welchem pH-Wert liegen Morpholin und das Morpholinium-Ion in gleichen Konzentrationen vor?

10.18 Der pK_B-Wert von Amphetamin (Beispielaufgabe 10.2e) beträgt etwa 3.2. Berechnen Sie, welches Verhältnis von Amphetamin und seiner konjugierten Säure bei pH = 7.4, dem pH-Wert des Blutplasmas, vorliegt.

10.19 Procain war eines der ersten Lokalanästhetika, das früher vor allem in der Zahnmedizin eingesetzt wurde. (Siehe Beispielaufgaben 10.6 und 10.7)

Procain

Das Hydrochlorid von Procain wird unter dem Handelsnamen Novocain® vertrieben.
(a) Welches Stickstoffatom in Procain ist die basischere Position?
(b) Zeichnen Sie eine Strukturformel des Salzes, das sich bei der Umsetzung von Procain mit einem Äquivalent HCl bildet.
(c) Ist Procain chiral? Ist eine wässrige Lösung von Novocain® optisch aktiv oder optisch inaktiv?

10.20 Beschreiben Sie eine Vorgehensweise zur Trennung einer Mischung der folgenden drei Verbindungen und zur Isolierung der Verbindungen in reiner Form. Nutzen Sie hierzu deren unterschiedliche Aciditäten und Basizitäten.

4-Nitrotoluol (*p*-Nitrotoluol)

4-Methylanilin (*p*-Toluidin)

4-Methylphenol (*p*-Kresol)

10.21 Im Folgenden ist die Strukturformel von Metformin abgebildet, dessen Hydrochloridsalz als das Antidiabetikum Glucophage® vermarktet wird. (Siehe Beispielaufgabe 10.7)

Metformin

Metformin wurde erstmals 1995 in den Vereinigten Staaten zur Behandlung von *Diabetes mellitus* Typ 2 in die klinische Medizin eingeführt. Es wurde im Jahr 2000 allein in den USA über 25 Millionen Mal verschrieben und ist auch heute noch das am häufigsten verschriebene Markenmedikament zur Behandlung von Diabetes.

(a) Zeichnen Sie eine Strukturformel von Glucophage®.
(b) Würden Sie erwarten, dass Glucophage® in Wasser löslich oder unlöslich ist? Löslich oder unlöslich im Blutplasma? Welche Löslichkeit wird es in Diethylether aufweisen? In Dichlormethan? Begründen Sie jeweils Ihre Antwort.

Synthesen

10.22 Wie können sie die Reaktionsschritte in Beispielaufgabe 10.9 in anderer Reihenfolge angewendet zur Synthese von 3-Aminobenzoesäure aus Toluol nutzen?

10.23 Bestimmen Sie alle stickstoffhaltigen Produkte, die in der folgenden Reaktion entstehen können. (Siehe Beispielaufgabe 10.10)

$$\text{Piperidin-NH} + CH_3Cl \longrightarrow$$

10.24 4-Amino-5-nitrosalicylsäure wird zur Synthese von Propoxycain benötigt, einem Vertreter der „cain"-Anästhetika. Einige andere Lokalanästhetika, die zu dieser Wirkstoffklasse gehören, sind Procain (Novocain®), Lidocain (Xylocain®) und Mepivacain (Scandicain®). 4-Amino-5-nitrosalicylsäure lässt sich in drei Stufen aus Salicylsäure herstellen. (Siehe Beispielaufgabe 10.9)

Salicylsäure → (1) → (2) →

→ (3) → 4-Amino-5-nitrosalicylsäure

Propoxycain

Welche Reagenzien werden zur Synthese von 4-Amino-5-nitrosalicylsäure benötigt?

10.25 Ein zweiter Baustein für die Synthese von Propoxycain (Aufgabe 10.24) ist 2-Diethylaminoethanol:

2-Diethylaminoethanol

10 Amine

Wie lässt sich diese Verbindung aus Ethylenoxid und Diethylamin herstellen?

10.26 Das intravenös zu verabreichende Anästhetikum Propofol lässt sich in vier Schritten aus Phenol synthetisieren. (Siehe Beispielaufgabe 10.9)

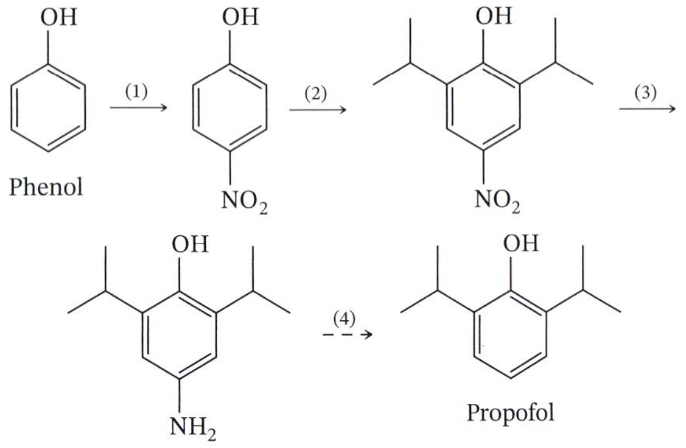

Phenol → (1) → (para-Nitrophenol, NO₂) → (2) → (2,6-Diisopropyl-4-nitrophenol) → (3) → 4-Amino-2,6-diisopropylphenol → (4) → Propofol

Geben Sie an, welche Reagenzien für die Schritte 1–3 benötigt werden.

10.27 Nutzen Sie Ihre in den bisherigen Kapiteln gesammelten Kenntnisse zu den besprochenen Reaktionen und geben Sie an, wie die folgenden Umsetzungen zu realisieren sind. *Hinweis:* Einige Umsetzungen erfordern mehr als einen Schritt. (Siehe Beispielaufgabe 10.9)

(a) 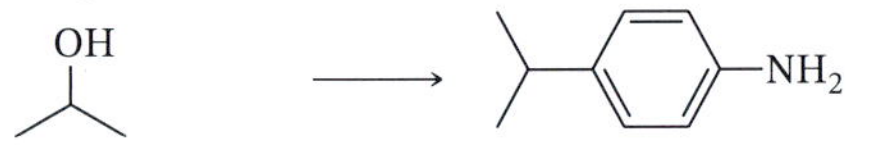 Isopropanol → 4-Isopropylanilin

(b) 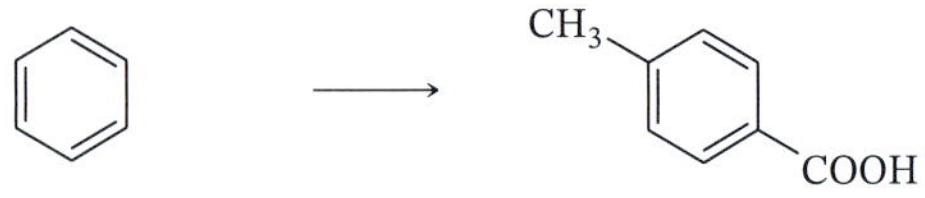 Benzol → 4-Methylbenzoesäure

(c) 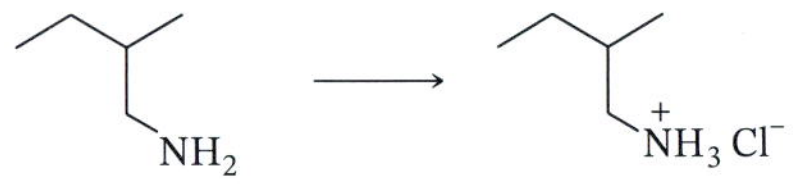 2-Methylpropylamin → 2-Methylpropylammoniumchlorid

(d)  Benzol → 3-Chloranilin

(e) 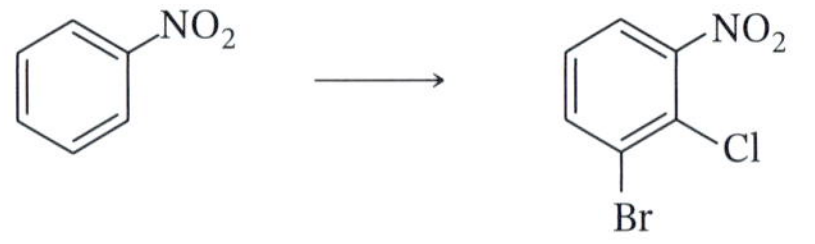 Nitrobenzol → 2-Brom-3-chlor-1-nitrobenzol

(f) 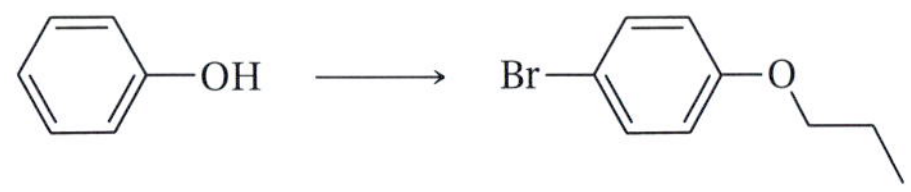 Phenol → 4-Bromphenylpropylether

(g) 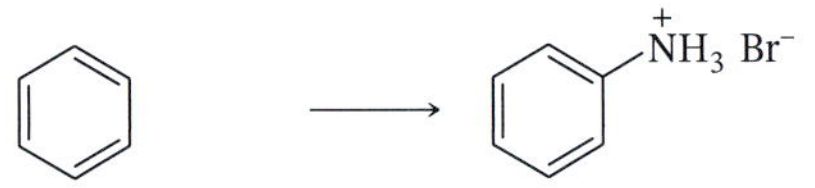 Benzol → Aniliniumbromid

(h) 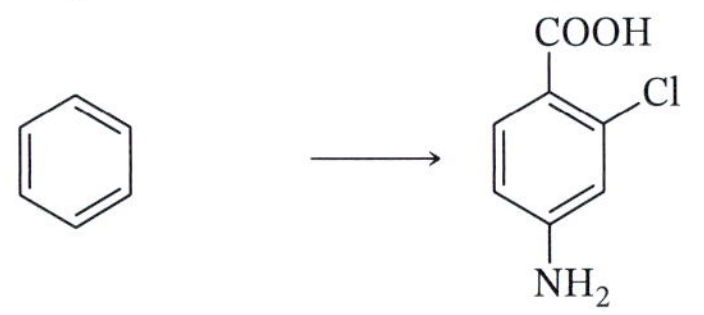 Benzol → 4-Amino-2-chlorbenzoesäure

(i) 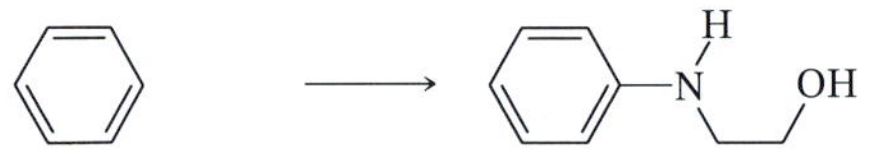 Benzol → N-(2-Hydroxyethyl)anilin

(j) 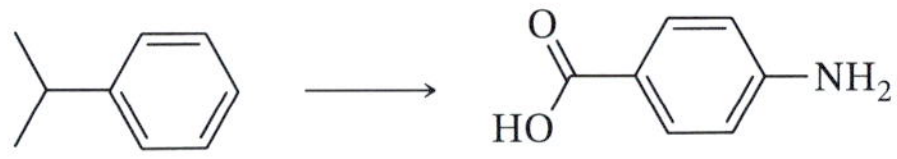 Isopropylbenzol → 4-Aminobenzoesäure

(k) 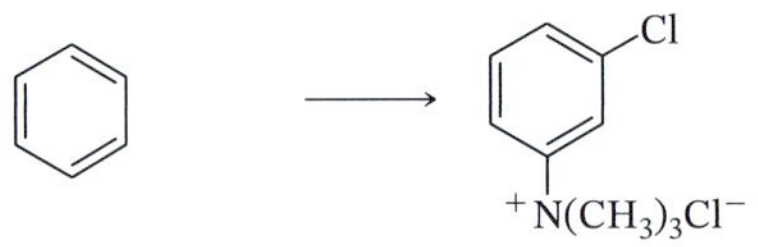 Benzol → 3-Chlor-N,N,N-trimethylaniliniumchlorid

(l) 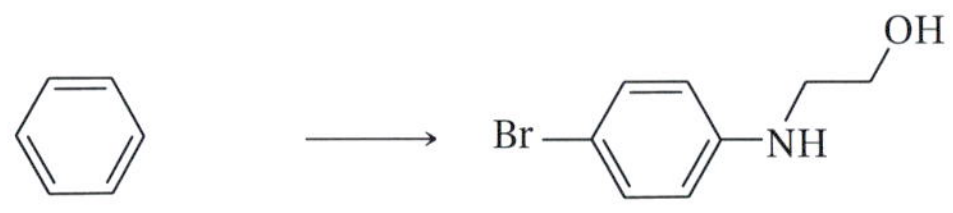 Benzol → 4-Brom-N-(2-hydroxyethyl)anilin

Ausblick

10.28 Geben Sie in den folgenden Verbindungen die Hybridisierung der Stickstoffatome an.

(a) 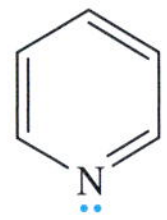 Pyridin

(b) 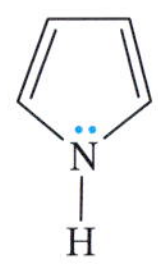 Pyrrol

(c) 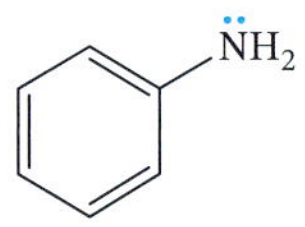 Anilin

(d) 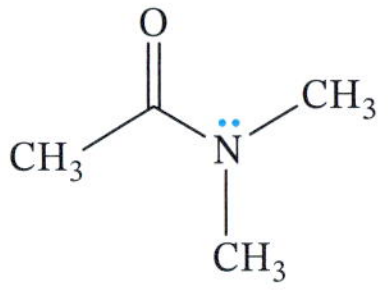 N,N-Dimethylacetamid

10.29 Amine können als Nukleophile reagieren. Geben Sie für die folgenden Verbindungen an, an welchem Atom ein Angriff durch das Stickstoffatom eines Amins am wahrscheinlichsten ist.

(a) 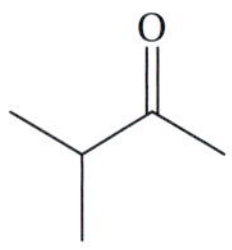 3-Methyl-2-butanon

(b) 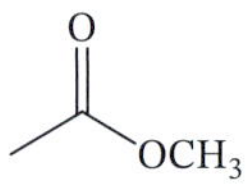 Methylacetat

(c)  1-Brom-5-chlorpentan

10.30 Ordnen Sie die hervorgehobenen Austrittsgruppen nach ihrer Austrittstendenz (von der besten zur schlechtesten Austrittsgruppe).

R—Cl   R—O—C(=O)—R   R—OCH₃   R—N(CH₃)₂

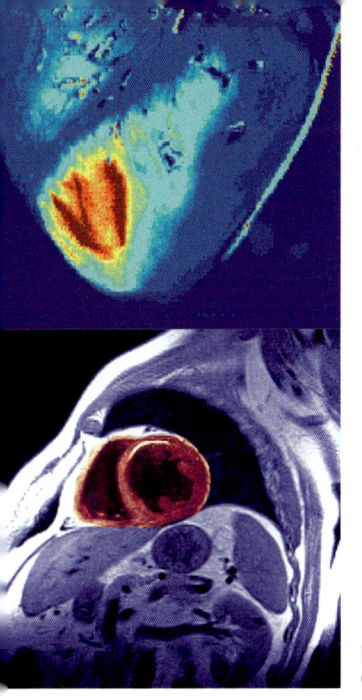

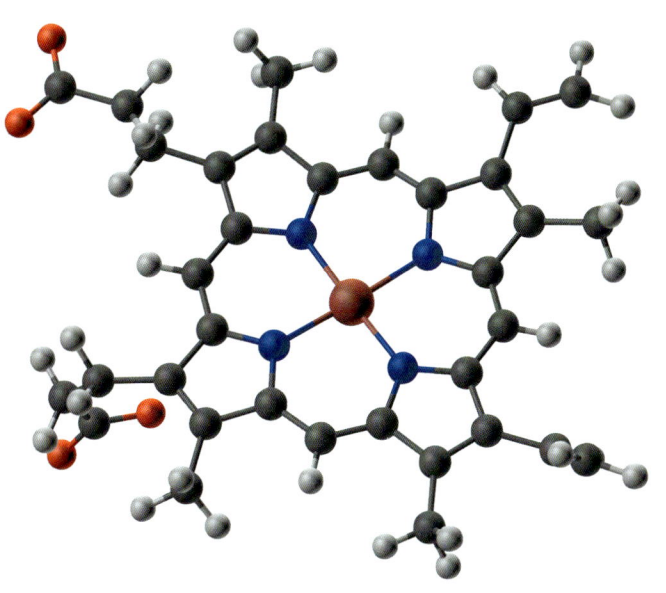

In der Medizin werden Nahinfrarotspektroskopie und Magnetresonanztomographie als nichtinvasive bildgebende Verfahren genutzt. Gezeigt sind hier das Nahinfrarotbild (oben) und das Magnetresonanztomogramm (unten) eines Herzen mit koronarer Herzkrankheit (KHK). Links: Ein Molekülmodell von Häm, dem Teil des Proteins Hämoglobin, das den Sauerstoff bindet. Mit der Infrarottechnik wird desoxygeniertes Hämoglobin nachgewiesen, das vor allem in verstopften Arterien in hohen Konzentrationen vorliegt.

[Quelle: Oben: © Image courtesy of the National Research Council Canada; Unten: © Sovereign, © ISM/Phototake-All rights reserved.]

11 Spektroskopie

Inhalt
- 11.1 Was ist elektromagnetische Strahlung?
- 11.2 Was ist Molekülspektroskopie?
- 11.3 Was ist Infrarotspektroskopie?
- 11.4 Wie wertet man Infrarotspektren aus?
- 11.5 Was ist Kernspinresonanz?
- 11.6 Was ist Abschirmung?
- 11.7 Was ist ein ^{1}H-NMR-Spektrum?
- 11.8 Wie viele Signale enthält das ^{1}H-NMR-Spektrum einer Verbindung?
- 11.9 Welche Informationen liefert die Signalintegration?
- 11.10 Was ist die chemische Verschiebung?
- 11.11 Wie kommt es zur Aufspaltung der Signale?
- 11.12 Was ist ^{13}C-NMR-Spektroskopie und wie unterscheidet sie sich von der ^{1}H-NMR-Spektroskopie?
- 11.13 Wie bestimmt man die Struktur einer Verbindung mithilfe der NMR-Spektroskopie

Gewusst wie
- 11.1 Wie man eine Strukturaufklärung mithilfe der Infrarotspektroskopie angeht
- 11.2 Wie man feststellt, ob ein Atomkern einen Spin hat (sich also wie ein kleiner Stabmagnet verhält)

Exkurse
- 11.A Infrarotspektroskopie: Ein Blick auf die Gehirnaktivität
- 11.B Infrarotspektroskopie: Ein Blick auf den Klimawandel
- 11.C Magnetresonanztomographie (MRT)

Die molekulare Struktur einer chemischen Verbindung bestimmen zu können, ist für viele Bereiche der Wissenschaft von zentraler Bedeutung. In der Medizin muss zum Beispiel die Struktur eines Wirkstoffs bekannt sein, bevor dessen Anwendung am Menschen genehmigt werden kann. In der Biotechnologie oder der pharmazeutischen Industrie kann die Kenntnis der Struktur einer Verbindung neue Hinweise auf andere vielversprechende Wirkstoffe liefern. In der organischen Chemie muss man die Struktur einer Verbindung kennen, bevor man sie als Reagenz oder Ausgangsmaterial für die Synthese anderer Substanzen einsetzen kann.

Chemiker stützen sich zur Strukturaufklärung heutzutage fast ausschließlich auf instrumentelle Analysemethoden. Viele dieser Methoden nutzen eine Art von **Spektroskopie**, also der Wechselwirkung von Materie mit elektromagnetischer Strahlung. Wir wollen uns in diesem Kapitel mit zwei Arten der Spektroskopie beschäftigen, der Infrarotspektroskopie (IR-Spektroskopie) und der Kernspinresonanzspektroskopie (NMR-Spektroskopie; engl.: *nuclear magnetic resonance spectroscopy*). Diese beiden besonders häufig eingesetzten Methoden liefern sehr viele Informationen über die Struktur einer chemischen Verbindung. Bevor wir uns mit diesen spektroskopischen Methoden beschäftigen, wollen wir aber zunächst einen grundlegenden Blick auf elektromagnetische Strahlung werfen.

Einführung in die Organische Chemie, Erste Auflage. William H. Brown und Thomas Poon.
© 2021 WILEY-VCH GmbH. Published 2021 by WILEY-VCH GmbH.

11.1 Was ist elektromagnetische Strahlung?

Gammastrahlen, Röntgenstrahlen, ultraviolettes Licht, sichtbares Licht, Infrarotstrahlung, Mikrowellen und Radiowellen sind Teile des elektromagnetischen Spektrums. Weil sich **elektromagnetische Strahlung** wie eine Welle verhält, die sich mit Lichtgeschwindigkeit ausbreitet, kann sie durch ihre Wellenlänge und ihre Frequenz charakterisiert werden. Tabelle 11.1 zeigt die Wellenlängen, Frequenzen und Energien einiger Bereiche des elektromagnetischen Spektrums.

Die **Wellenlänge** ist der Abstand zwischen zwei aufeinanderfolgenden Punkten gleicher Phase in einer Welle. Die Wellenlänge wird mit dem griechischen Buchstaben λ (Lambda) bezeichnet und typischerweise in der SI-Basiseinheit Meter angegeben. Andere davon abgeleitete Einheiten, die oft für die Wellenlänge verwendet werden, sind in Tab. 11.2 aufgeführt.

Die **Frequenz** einer Welle ist die Anzahl vollständiger Zyklen, die diese Welle pro Sekunde durchläuft. Sie wird mit dem griechischen Buchstaben ν (Ny) bezeichnet und in **Hertz** (Hz) angegeben, also in reziproken Sekunden (s^{-1}). Wellenlänge und Frequenz sind umgekehrt proportional und können über die Gleichung

$$\nu\lambda = c$$

ineinander umgerechnet werden; dabei bezeichnet ν die Frequenz in Hertz, c die Lichtgeschwindigkeit (3.00×10^8 m/s) und λ die Wellenlänge in m. Betrachten wir beispielsweise IR-Strahlung (die auch als Wärmestrahlung bezeichnet wird) mit einer Wellenlänge von 1.5×10^{-5} m. Die Frequenz dieser Strahlung errechnet sich dann zu

$$\nu = \frac{3.0 \times 10^8 \text{ m/s}}{1.5 \times 10^{-5} \text{ m}} = 2.0 \times 10^{13} \text{ Hz}$$

Tab. 11.1 Zusammenhang zwischen Wellenlänge, Frequenz und Energie für einige Bereiche des elektromagnetischen Spektrums.

Bereich	γ-Strahlen	Röntgenstrahlen	UV	Infrarot	Mikrowellen	UKW	Kurzwelle	Mittelwelle	Langwelle
Wellenlänge (m)	3×10^{-16} – 3×10^{-12}	3×10^{-10} – 3×10^{-8}	3×10^{-8}	3×10^{-6} – 3×10^{-4}	3×10^{-2} – 3	3×10^2	3×10^4	3×10^6	3×10^8
Frequenz (Hz)	10^{24} – 10^{20}	10^{18} – 10^{16}	10^{16}	10^{14} – 10^{12}	10^{10} – 10^{8}	10^6	10^4	10^2	10
Energie (kJ/mol)	4×10^{11} – 4×10^{7}	4×10^{5} – 4×10^{3}	4×10^{3}	4×10^{1} – 4×10^{-1}	4×10^{-3} – 4×10^{-5}	4×10^{-7}	4×10^{-9}	4×10^{-11}	4×10^{-13}

Sichtbares Licht: 4×10^{-7} – 7×10^{-7} m

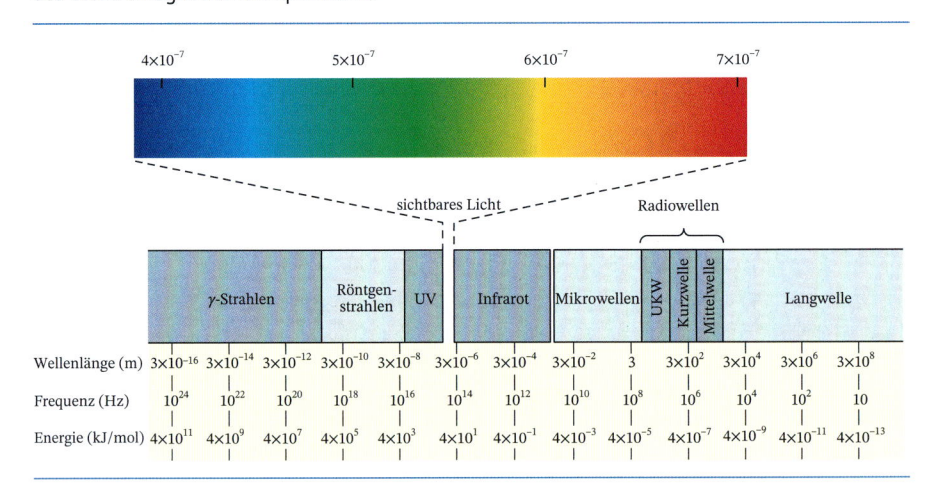

Tab. 11.2 Übliche Einheiten für die Wellenlänge λ.

Einheit	Umrechnung in Meter
Meter (m)	–
Millimeter (mm)	$1 \text{ mm} = 10^{-3}$ m
Mikrometer (μm)	$1 \text{ μm} = 10^{-6}$ m
Nanometer (nm)	$1 \text{ nm} = 10^{-9}$ m
Pikometer (pm)	$1 \text{ pm} = 10^{-12}$ m

Eine andere Alternative für die Beschreibung elektromagnetischer Strahlung ist, sie als Teilchenstrom anzusehen, wobei wir diese Teilchen als **Photonen** bezeichnen. Die Energie eines Mols Photonen hängt mit der Frequenz der Strahlung gemäß

$$E = h\nu = h\frac{c}{\lambda}$$

> In dieser Gleichung wird die Energie elektromagnetischer Strahlung berechnet. Wir werden noch sehen, dass Moleküle mit verschiedenen Formen elektromagnetischer Strahlung wechselwirken können, indem sie deren Energie absorbieren.

zusammen, wobei E die Energie der Strahlung in kJ/mol und h die plancksche Konstante bedeutet ($3.99 \cdot 10^{-13}$ kJ s mol^{-1} oder $9.54 \cdot 10^{-14}$ kcal s mol^{-1}). Aus dieser Gleichung geht hervor, dass eine hohe Energie der Strahlung mit kurzen Wellenlängen einhergeht und umgekehrt. Ultraviolettes Licht (hohe Energie) hat eine kürzere Wellenlänge (etwa 10^{-7} m) als Infrarotstrahlung (geringere Energie) mit einer Wellenlänge von etwa 10^{-5} m.

Beispiel 11.1 Berechnen Sie die Energie (in kJ/mol) einer Welle mit der Wellenlänge 2.50 μm. Um welche Art von Strahlung handelt es sich? (Siehe Tab. 11.1.)

Vorgehensweise
Nutzen Sie die Beziehung $E = hc/\lambda$. Stellen Sie sicher, dass die Einheiten konsistent sind. Wenn die Wellenlänge in Metern angegeben ist, muss auch die Lichtgeschwindigkeit in der Einheit Meter pro Sekunde eingesetzt werden.

Lösung
Rechnen Sie zuerst 2.50 μm in Meter um, indem Sie die Beziehung 1 μm = 10^{-6} m nutzen (Tab. 11.2):

$$2.50\,\mu m \times \frac{10^{-6}\,m}{1\,\mu m} = 2.50 \times 10^{-6}\,m$$

Diesen Wert können Sie anschließend in die Beziehung $E = hc/\lambda$ einsetzen.

$$E = \frac{hc}{\lambda} = 3.99 \times 10^{-13}\,\frac{\text{kJ s}}{\text{mol}} \times 3.00 \times 10^8\,\frac{m}{s} \times \frac{1}{2.50 \times 10^{-6}\,m}$$
$$= 47.7\,\text{kJ/mol}\ (11.4\,\text{kcal/mol})$$

Elektromagnetische Strahlung mit einer Energie von 47.7 kJ/mol ist Infrarotstrahlung.

Siehe Aufgaben 11.1–11.3.

11.2 Was ist Molekülspektroskopie?

Organische Moleküle sind flexible Strukturen. Sie rotieren, ihre Bindungen werden gestreckt und gebogen, Molekülteile drehen sich um Bindungen und die Elektronen in den Orbitalen können sich von einem elektronischen Energieniveau auf ein anderes begeben. Aus experimentellen Beobachtungen sowie theoretischen Untersuchungen zur Molekülstruktur weiß man, dass alle Energieänderungen in Molekülen gequantelt sind; das bedeutet, dass sich die Energie nur in kleinen, wohldefinierten Schritten ändern kann. Darüber hinaus gibt es Auswahlregeln, die in Molekülen nur bestimmte („erlaubte") Übergänge zwischen Schwingungsenergieniveaus zulassen.

Man kann ein Atom oder ein Molekül zu einem Übergang von einem Energiezustand E_1 in einen höheren Energiezustand E_2 veranlassen, indem man es mit elektromagnetischer Strahlung bestrahlt, deren Energie der Energiedifferenz zwischen E_2 und E_1 entspricht (Abb. 11.1). Kehrt das Atom oder Molekül in den Grundzustand

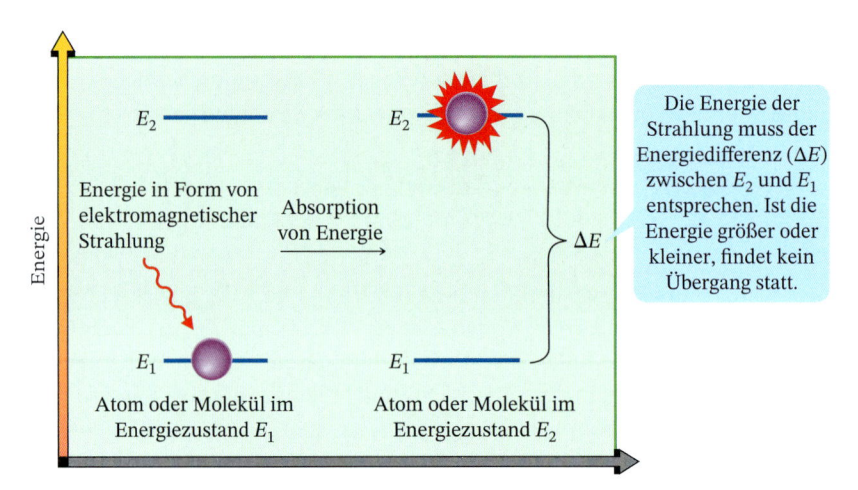

Abb. 11.1 Die Absorption von Energie in Form von elektromagnetischer Strahlung regt ein Atom oder Molekül im Energiezustand E_1 zum Übergang in den höheren Energiezustand E_2 an.

E_1 zurück, wird eine äquivalente Energiemenge wieder freigesetzt (z. B. als Strahlung derselben Frequenz, die zuvor aufgenommen wurde).

Als **Molekülspektroskopie** bezeichnet man eine Reihe von experimentellen Methoden, in denen die Frequenz der von Substanzen absorbierten oder emittierten Strahlung gemessen und mit spezifischen Strukturmotiven in Molekülen korreliert wird. Bei der **Kernspinresonanzspektroskopie** oder einfacher **Kernresonanzspektroskopie** (NMR-Spektroskopie; engl.: *nuclear magnetic resonance spectroscopy*) wird eine Substanz einem starken Magnetfeld ausgesetzt und mit Radiofrequenzstrahlung bestrahlt. Durch Absorption dieser Strahlung werden die Kerne in einen Spinzustand höherer Energie überführt. In Abschn. 11.5 werden wir mehr über die NMR-Spektroskopie erfahren.

Bei der **Infrarotspektroskopie** (IR-Spektroskopie) wird eine Substanz mit Infrarotstrahlung bestrahlt. Deren Absorption führt dazu, dass kovalente Bindungen von einem niedrigen Schwingungszustand in einen Schwingungszustand höherer Energie angehoben werden. Weil unterschiedliche funktionelle Gruppen unterschiedliche starke Bindungen aufweisen, unterscheidet sich die für diesen Übergang erforderliche Energie für die verschiedenen funktionellen Gruppen. Die Infrarotspektroskopie erlaubt daher über die Schwingungsenergie der entsprechenden Bindungen den Nachweis funktioneller Gruppen.

11.3 Was ist Infrarotspektroskopie?

11.3.1 Das Infrarot-Schwingungsspektrum

In der organischen Chemie wird ein Ausschnitt aus dem elektromagnetischen Spektrum verwendet, der sogenannte **mittlere Infrarotbereich**, der von etwa 2.5×10^{-6} bis 25×10^{-6} m (4000 bis 400 cm^{-1}) reicht und Energien von 48–4.8 kJ/mol (11–1.2 kcal/mol) entspricht. Üblicherweise charakterisiert man Strahlung im mittleren Infrarotbereich durch ihre **Wellenzahl** ($\tilde{\nu}$), d. h. die Zahl der Schwingungen einer Welle pro Zentimeter:

$$\tilde{\nu} = \frac{1}{\lambda \,(\text{cm})} = \frac{10^{-2}\,(\text{m cm}^{-1})}{\lambda\,(\text{m})}$$

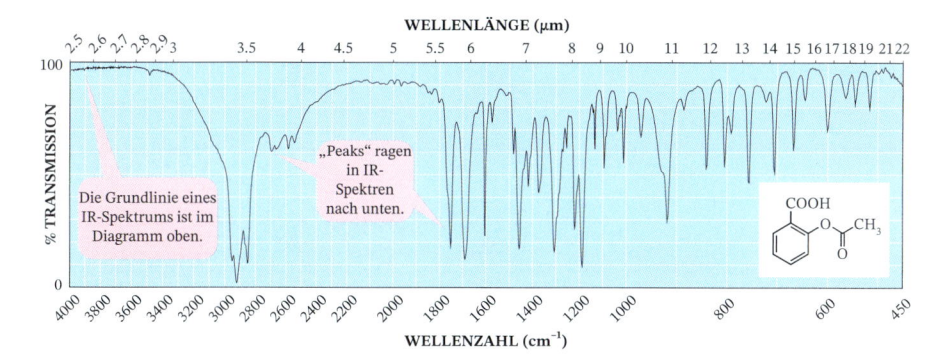

Abb. 11.2 Infrarotspektrum von Aspirin.

In Wellenzahlen ausgedrückt reicht der mittlere Infrarotbereich von 4000 bis 400 cm^{-1} (die Einheit cm^{-1} wird als „reziproke Zentimeter" gelesen):

$$\tilde{\nu} = \frac{10^{-2}\,\text{m}\,\text{cm}^{-1}}{2{,}5 \times 10^{-6}\,\text{m}} = 4000\,\text{cm}^{-1}$$

$$\tilde{\nu} = \frac{10^{-2}\,\text{m}\,\text{cm}^{-1}}{25 \times 10^{-6}\,\text{m}} = 400\,\text{cm}^{-1}$$

Wellenzahlen zu verwenden ist bequem, weil sie direkt proportional zur Energie sind und gut handhabbare Zahlenwerte liefern – je größer die Wellenzahl, desto größer ist die Energie der Strahlung.

Abbildung 11.2 zeigt das Infrarotspektrum von Aspirin. Die horizontale untere Achse des Spektrums zeigt die Wellenzahl (cm^{-1}), die Achse am oberen Rand die Wellenlänge in Mikrometern (μm). Die vertikale Achse misst die Transmission, wobei 100 % Transmission oben und 0 % Transmission unten aufgetragen sind. Die Grundlinie eines Infrarotspektrums (100 % Transmission der Strahlung durch die Probe entsprechend 0 % Absorption der Probe) befindet sich oben im Spektrum und die Absorption von Strahlung äußert sich in einer Absenkung der Grundlinie. Auch in der Infrarotspektroskopie wird eine solche Absenkung als Peak (engl.: Spitze) bezeichnet, obwohl es sich anschaulich eher um eine Art enges Tal handelt.

Menschen können Infrarotstrahlung nicht sehen. Mit Infrarotsensoren wie in Nachsichtbrillen kann man die Wärmestrahlung sichtbar machen. [Quelle: © Stocktrek Images, Inc/Alamy Stock Photo.]

11.3.2 Molekülschwingungen

Damit ein Molekül Infrarotstrahlung absorbieren kann, muss die zu einer Schwingung angeregte Bindung polar sein und die Schwingung muss zu einer periodischen Änderung des Dipolmoments führen; je größer die Polarität der Bindung ist, desto intensiver ist die Absorption. Eine Schwingung, die diese Auswahlregeln erfüllt, ist eine **infrarotaktive** Schwingung. Kovalente Bindungen in zweiatomigen Molekülen wie H_2 oder Br_2 und einige Kohlenstoff-Kohlenstoff-Mehrfachbindungen in symmetrischen Alkenen und Alkinen können keine Infrarotstrahlung absorbieren, weil sie nicht polar sind. Die Mehrfachbindungen der beiden folgenden Verbindungen haben beispielsweise kein Dipolmoment und sind daher nicht infrarotaktiv:

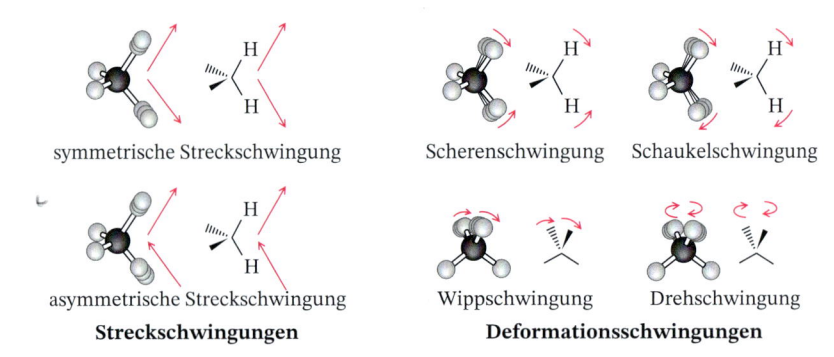

symmetrische Streckschwingung Scherenschwingung Schaukelschwingung

asymmetrische Streckschwingung Wippschwingung Drehschwingung

Streckschwingungen   **Deformationsschwingungen**

Abb. 11.3 Die grundlegenden Schwingungsmoden einer Methylengruppe.

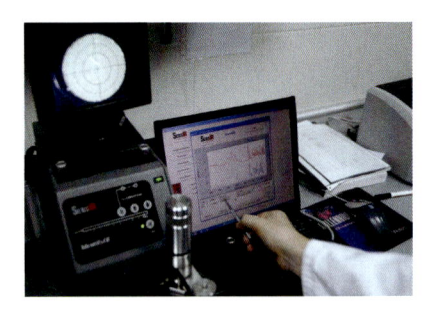

Die einfachsten durch Absorption von Infrarotstrahlung anregbaren Schwingungen in Molekülen sind **Streckschwingungen** (hier ändern sich die Bindungslängen) und **Deformationsschwingungen** (hier ändern sich die Bindungswinkel), von denen die grundlegenden Typen in Abb. 11.3 für eine Methylengruppe dargestellt sind.

Mit entsprechender Erfahrung in der Auswertung von Infrarotspektren kann man aus den Absorptionsmustern viele Informationen über die Struktur einer Verbindung ableiten. Wir haben hier allerdings weder ausreichend Zeit noch besteht die Notwendigkeit, die hierfür notwendige Erfahrung zu erwerben. Der besondere Wert von Infrarotspektren besteht für uns darin, dass wir mit ihrer Hilfe die An- oder Abwesenheit von funktionellen Gruppen in einer Verbindung erkennen können. So verraten sich beispielsweise Carbonylgruppen durch eine charakteristische starke Absorption im Bereich von etwa 1630–1800 cm^{-1}. Die genaue Lage der Absorption einer Carbonylgruppe hängt davon ab, (1) ob sie Teil eines Aldehyds, eines Ketons, einer Carbonsäure, eines Esters oder eines Amids ist sowie (2), sofern sie Bestandteil eines Rings ist, von der Ringgröße.

Ein Beckman Coulter DU 800 Infrarot-Spektrophotometer. Auf dem Monitor ist ein Spektrum sichtbar. [Quelle: © kpzfoto/Alamy Limited.]

11.3.3 Charakteristische Infrarotabsorptionen

Listen von spezifischen Absorptionen für ausgewählte funktionelle Gruppe lassen sich in Tabellen zusammenfassen. Tabelle 11.3 zeigt beispielsweise die charakteristischen Infrarotabsorptionen der Bindungstypen und der funktionellen Gruppen, mit denen wir am häufigsten zu tun haben; Anhang 2 enthält eine ausführlichere Tabelle mit charakteristischen Infrarotabsorptionen. In solchen Tabellen sind die Intensitäten einzelner Absorptionen meist mit **stark (s)**, **mittel (m)** und **schwach (w**; engl.: *weak*) angegeben.

Tab. 11.3 Charakteristische IR-Absorptionen von ausgewählten funktionellen Gruppen.

Wellenzahl (cm^{-1})	Bindung oder funktionelle Gruppe	Intensität
3500–3200	O—H Alkohol	stark und breit
3400–2400	O—H Carboxygruppe	stark und breit
3500–3100	N—H Amin	mittel
3330–3270	≡C—H Alkin	mittel
3100–3000	=C—H Alken	mittel
3000–2850	—C—H Alkan	mittel bis stark
2260–2100	C≡C Alkin	schwach
1800–1630	C=O Carbonyl	stark
1680–1600	C=C Alken	schwach
1250–1050	C—O Ether	stark

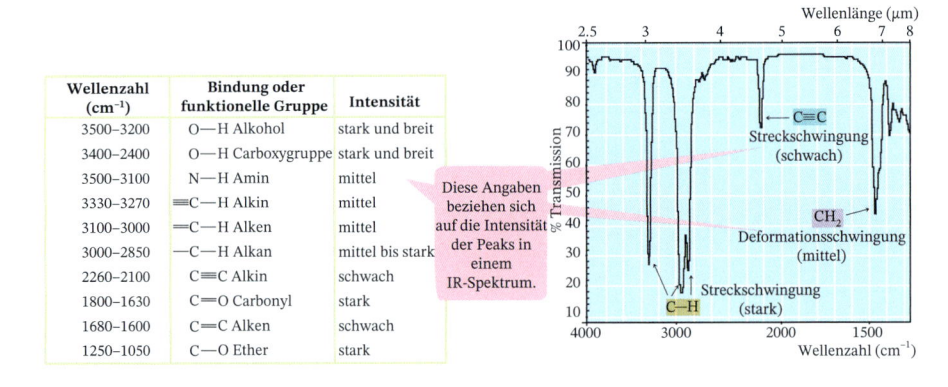

Diese Angaben beziehen sich auf die Intensität der Peaks in einem IR-Spektrum.

Normalerweise legen wir unser besonderes Augenmerk auf den Bereich zwischen 3650 und 1000 cm^{-1}, weil sich in diesem Bereich die charakteristischen Streckschwingungen der meisten funktionellen Gruppen finden. Schwingungen im Bereich von 1000 bis 400 cm^{-1} sind deutlich komplexer und schwerer auszuwerten. Dieser Bereich wird als **Fingerprintbereich** bezeichnet, weil die kleinsten Änderungen in der Molekülstruktur hier zu deutlich veränderten Absorptionsmustern führen. Unterscheiden sich zwei Verbindungen geringfügig in ihrer Struktur, so werden die Unterschiede zwischen ihren Infrarotspektren am deutlichsten im Fingerprintbereich zu Tage treten.

Beispiel 11.2 Welche funktionelle Gruppe liegt vor, wenn folgende IR-Absorption beobachtet wird?

(a) 1705 cm^{-1} (stark)
(b) 2200 cm^{-1} (schwach)

Vorgehensweise
Ziehen Sie Tab. 11.3 zu Rate. Im Laufe der Zeit und nach Bearbeitung der Aufgaben in diesem Kapitel werden Sie viele der Streckschwingungsfrequenzen und die zugehörigen Intensitäten kennen und Sie müssen nicht jedes Mal die Tabellen konsultieren.

Lösung
(a) Eine C=O-Gruppe
(b) Eine C≡C-Dreifachbindung

Siehe Aufgaben 11.4, 11.14 und 11.15.

Beispiel 11.3 Propanon und 2-Propen-1-ol sind Konstitutionsisomere. Wie lassen sich die beiden Isomere mithilfe der IR-Spektroskopie unterscheiden?

$$\underset{\underset{\text{(Aceton)}}{\text{Propanon}}}{CH_3-\overset{\overset{O}{\|}}{C}-CH_3} \qquad \underset{\underset{\text{(Allylalkohol)}}{\text{2-Propen-1-ol}}}{CH_2=CH-CH_2-OH}$$

Vorgehensweise
Weil jede *funktionelle Gruppe* in der IR-Spektroskopie zu charakteristischen Schwingungsfrequenzen führt, müssen Sie die *unterschiedlichen* funktionellen Gruppen in den beiden Verbindungen bestimmen und mithilfe von Tabellen mit charakteristischen Absorptionsbanden ermitteln, welche Schwingungsfrequenzen Sie für diese funktionellen Gruppen in einem IR-Spektrum erwarten würden.

Lösung
Von diesen beiden Verbindungen zeigt nur Propanon eine starke Absorption im Bereich für C=O-Streckschwingungen (1630–1800 cm^{-1}) und nur 2-Propen-1-ol zeigt die starke Absorption einer O–H-Streckschwingung bei 3200–3500 cm^{-1}.

Siehe Aufgaben 11.5, 11.14 und 11.15.

11.4 Wie wertet man Infrarotspektren aus?

Die Auswertung von spektroskopischen Daten ist eine Fähigkeit, die jeder durch Übung und die Bearbeitung von Beispielaufgaben erwerben kann. Einem IR-Spektrum kann man nicht nur entnehmen, welche funktionellen Gruppen in einer Probe

Exkurs: 11.A Infrarotspektroskopie: Ein Blick auf die Gehirnaktivität

Die großen Vorteile der Infrarotspektroskopie sind ihre relativ niedrigen Kosten, ihre hohe Empfindlichkeit und die große Messgeschwindigkeit. In der Medizin macht man sich diese Vorzüge gerne zu Nutze, vor allem auch, weil einige Frequenzen der infraroten Strahlung menschliches Zellgewebe und Knochen durchdringen können, ohne diese zu schädigen. Dies führte zur Entwicklung einer Technik, die als funktionelle Nahinfrarotspektroskopie (fNIRS) bezeichnet wird. Bei der fNIRS trägt ein Patient eine mit vielen Lichtwellenleitern ausgestattete Kopfbedeckung, über die infrarote Strahlung im Bereich von 700–1000 cm^{-1} durch den Schädelknochen ins Gehirn eingestrahlt wird. Andere Lichtwellenleiter sammeln die austretende Strahlung und leiten sie in ein Spektrophotometer, das die Intensität der Strahlung analysiert. Mit diesem Instrument können die Konzentrationsänderungen von oxygeniertem und desoxygeniertem Hämoglobin bestimmt werden, das IR-Strahlung im Bereich von 700–1000 cm^{-1} absorbiert. Durch die unterschiedlichen Aufgaben, die ein Gehirn ausführt, kommt es zu unterschiedlichen Mustern der Durchblutung und Sauerstoffsättigung in den entsprechenden Hirnregionen. Mit fNIRS kann man daher feststellen, welchen Einfluss kognitive und motorische Tätigkeiten auf die Hirnaktivität haben.

Aufgabe
Könnte fNIRS genutzt werden, um die Konzentration von freiem Sauerstoff (O$_2$) in der Lunge zu bestimmen? Begründen Sie Ihre Entscheidung.

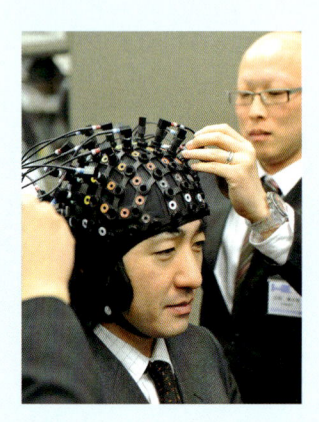

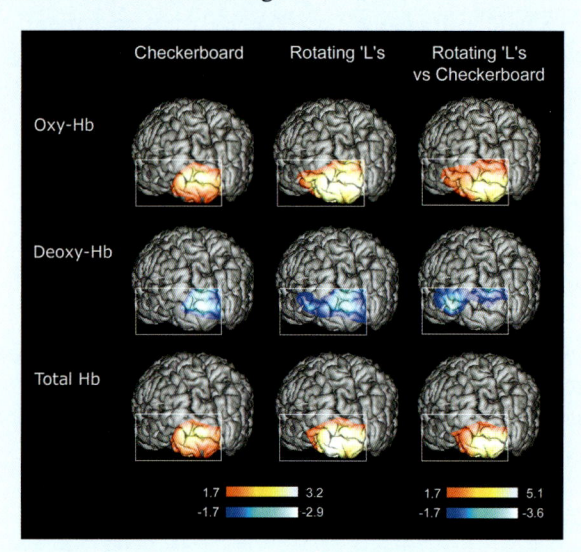

Ein Proband wird aufgefordert, bestimmte gedankliche Tätigkeiten durchzuführen (links), während die Konzentrationen von Oxy- und Desoxyhämoglobin im Blut der verschiedenen Hirnregionen mittels fNIRS gemessen werden (rechts). [Quelle: © AFP/Getty Images, Inc. (links); Matthias L. Schroeter, Markus M. Bücheler, Karsten Müller, Kâmil Uludağ, Hellmuth Obrig, Gabriele Lohmann, Marc Tittgemeyer, Arno Villringer, D. Yves von Cramon/Elsevier (rechts).]

vorliegen, sondern auch, welche nicht vorliegen können. Sehr häufig kann man die Struktur einer Verbindung allein aus den spektroskopischen Daten einer Verbindung sowie den Informationen aus Tab. 11.3 ableiten. Manchmal braucht man aber auch zusätzliche Informationen, wie zum Beispiel die Summenformel oder Kenntnis darüber, welche chemischen Reaktionen eine Verbindung eingehen kann. In diesem Abschnitt wollen wir uns aussagekräftige IR-Spektren für die verschiedenen charakteristischen funktionellen Gruppen ansehen. Wenn Sie die dabei besprochene Vorgehensweise in den Aufgaben nachvollziehen, werden Sie bald in der Lage sein, selbstständig IR-Spektren auszuwerten.

11.4.1 Alkane, Alkene und Alkine

Abbildung 11.4 zeigt das Infrarotspektrum von Decan. Der intensive Peak mit mehreren Spitzen zwischen 2850 und 3000 cm^{-1} ist charakteristisch für die C–H-

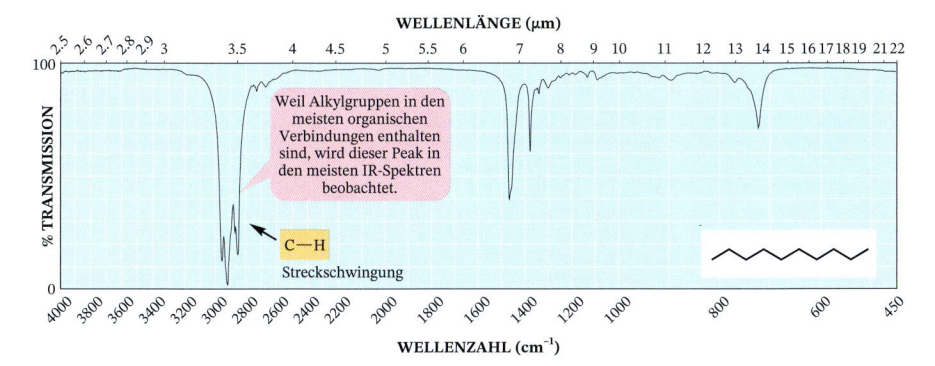

Abb. 11.4 Infrarotspektrum von Decan.

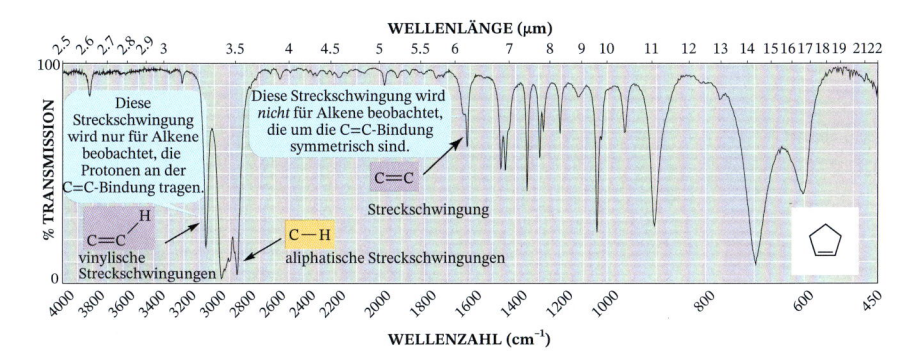

Abb. 11.5 Infrarotspektrum von Cyclopenten.

Streckschwingungen von Alkanen. Der C—H-Peak ist in diesem Spektrum deswegen so stark, weil es in der Verbindung so viele C—H-Bindungen gibt und keine anderen funktionellen Gruppen vorliegen. Weil aliphatische CH-, CH_2- und CH_3-Gruppen in den meisten organischen Verbindungen vorliegen, beobachtet man diesen Peak in Infrarotspektren so häufig wie kaum einen anderen.

Abbildung 11.5 zeigt das Infrarotspektrum von Cyclopenten, in dem die Bande für die Alken-C—H-Streckschwingungen etwas links von $3000\,cm^{-1}$ (d. h. bei etwas größeren Wellenzahlen) leicht erkennbar ist. Auch die Streckschwingung der C=C-Doppelbindungen bei $1600\,cm^{-1}$ ist für Alkene charakteristisch. Weil Cyclopenten auch Alkyl-CH_2-Gruppen enthält, werden darüber hinaus auch die charakteristischen Peaks für die Alkan-C—H-Streckschwingungen etwas unterhalb von $3000\,cm^{-1}$ beobachtet.

Terminale Alkine zeigen C≡C—H-Streckschwingungen bei $3300\,cm^{-1}$. Diese Absorptionsbande fehlt in internen Alkinen, weil die Dreifachbindung in ihnen kein Wasserstoffatom trägt. Alle (unsymmetrischen) Alkine zeigen eine schwache Absorption zwischen 2100 und $2260\,cm^{-1}$, die auf die C≡C-Streckschwingung zurückgeht; sie ist im IR-Spektrum von 1-Octin deutlich erkennbar (Abb. 11.6).

11.4.2 Alkohole

Einen Alkohol wie zum Beispiel 1-Pentanol erkennt man leicht an der charakteristischen Absorption der O—H-Streckschwingung (Abb. 11.7). Sowohl die Lage der Bande als auch ihre Intensität ist auf starke Wasserstoffbrücken zurückzuführen (Abschn. 8.1.3). Unter normalen Bedingungen, wenn zwischen den Alkoholmolekülen starke Wasserstoffbrücken vorliegen, erscheint die O—H-Streckschwingung als breiter Peak im Bereich von 3200 bis $3500\,cm^{-1}$. Die C—O-Streckschwingung von Alkoholen findet sich zwischen 1050 und $1250\,cm^{-1}$.

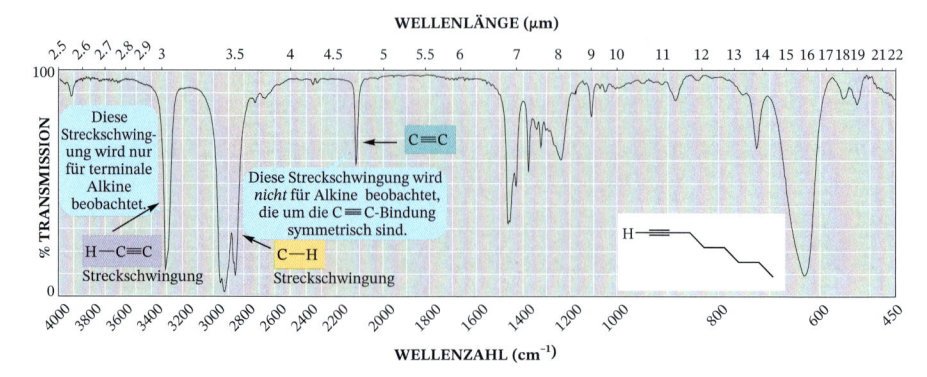

Abb. 11.6 Infrarotspektrum von 1-Octin.

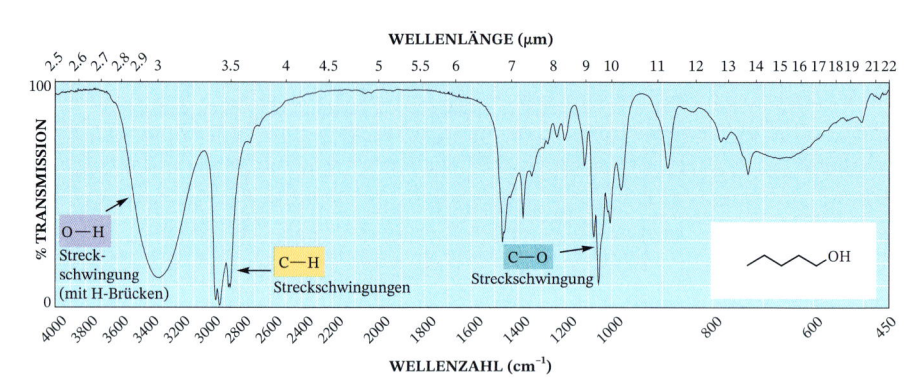

Abb. 11.7 Infrarotspektrum von 1-Pentanol.

11.4.3 Ether

Die C−O-Streckschwingung von Ethern erscheint in einem ähnlichen Bereich wie die von Alkoholen und Estern (zwischen 1070 und 1150 cm^{-1}). Zur Entscheidung, ob es sich um einen Alkohol oder einen Ether handelt, muss man nach der Bande der O−H-Streckschwingung für wasserstoffverbrückte O−H-Gruppen bei 3200−3500 cm^{-1} suchen. Die C−O-Streckschwingung findet sich auch in Estern. In diesem Fall kann man das Vorhandensein oder Fehlen der C=O-Streckschwingung heranziehen, um zwischen Estern und Ethern unterscheiden zu können. Abbildung 11.8 zeigt das Infrarotspektrum von Diethylether. Man beachte das Fehlen der O−H-Streckschwingung.

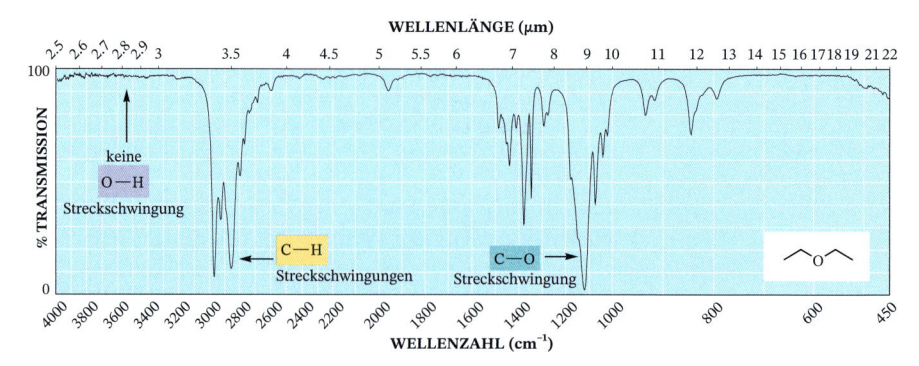

Abb. 11.8 Infrarotspektrum von Diethylether.

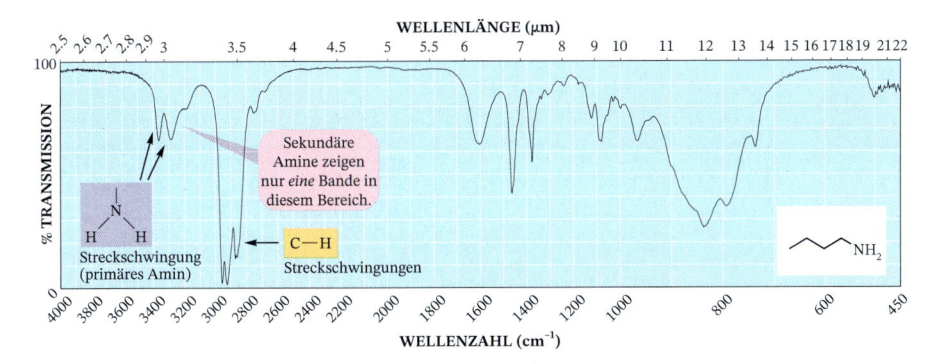

Abb. 11.9 Infrarotspektrum von Butanamin.

11.4.4 Amine

Die wichtigsten, gut erkennbaren Infrarotabsorptionen von primären und sekundären Aminen sind die der N–H-Streckschwingungen im Bereich von 3100 bis 3500 cm^{-1}. Primäre Amine zeigen zwei Banden in diesem Bereich, eine für die symmetrische und eine für die asymmetrische Streckschwingung, die beide auch im IR-Spektrum von Butanamin (Abb. 11.9) erscheinen. Sekundäre Amine zeigen nur eine Absorption in diesem Bereich. Tertiäre Amine enthalten keine N–H-Bindung und sind daher in diesem Bereich des Infrarotspektrums transparent.

11.4.5 Aldehyde und Ketone

Aldehyde und Ketone (Abschn. 1.7.3) zeigen eine charakteristische, starke Infrarotabsorption zwischen 1705 und 1780 cm^{-1}, die zur Streckschwingung der Kohlenstoff-Sauerstoff-Doppelbindung gehört. Die Streckschwingung der Carbonylgruppe von Menthon liegt bei 1705 cm^{-1} (Abb. 11.10).

Weil viele verschiedene funktionelle Gruppen eine Carbonylgruppe enthalten, lässt sich oft nicht allein auf Basis der Absorption in diesem Bereich entscheiden, ob es sich bei der Carbonylverbindung um einen Aldehyd, ein Keton, eine Carbonsäure oder um einen Ester handelt.

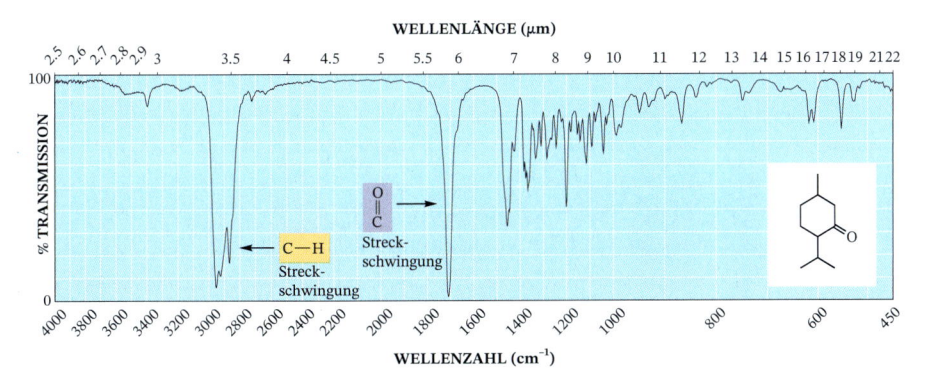

Abb. 11.10 Infrarotspektrum von Menthon.

11.4.6 Carbonsäuren und Carbonsäurederivate

Die Carboxygruppe einer Carbonsäure führt zu zwei charakteristischen Banden im Infrarotspektrum. Eine davon tritt im Bereich von 1700 bis 1725 cm^{-1} auf und gehört zur Streckschwingung der Carbonylgruppe. Im Wesentlichen ist das derselbe Bereich, in dem auch die Carbonylbanden von Aldehyden und Ketonen erscheinen. Die andere für Carboxygruppen typische Absorption ist ein Peak zwischen 2400 und

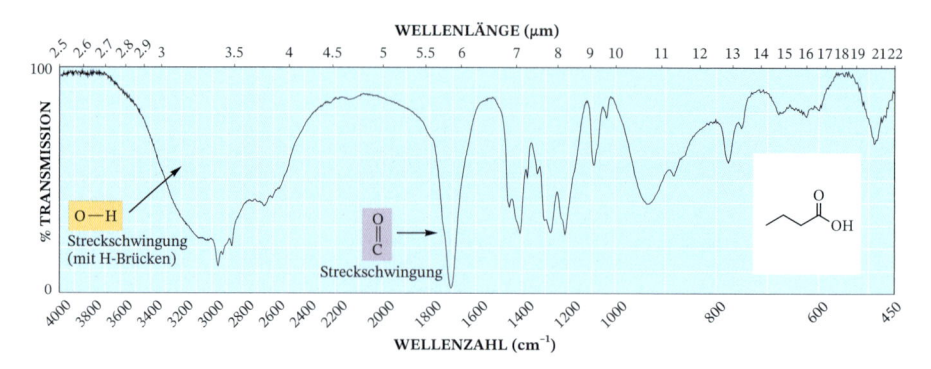

Abb. 11.11 Infrarotspektrum von Butansäure.

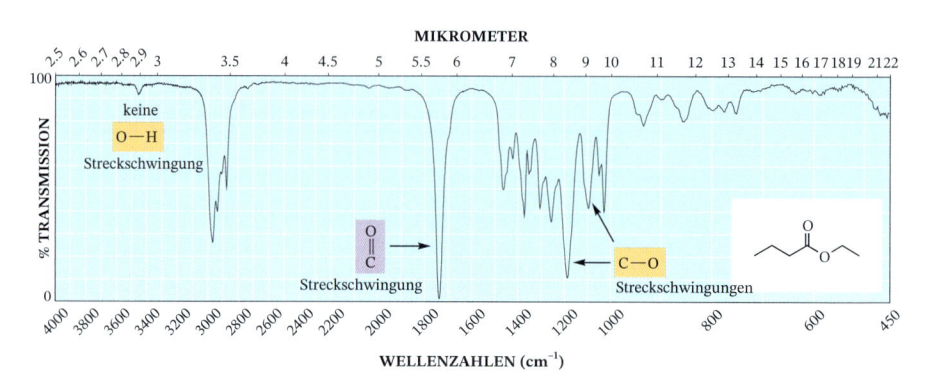

Abb. 11.12 Infrarotspektrum von Butansäureethylester.

3400 cm^{-1}, der auf der Streckschwingung der O—H-Gruppe beruht. Dieser Peak, der häufig die C—H-Streckschwingungen überlagert, ist wegen der Wasserstoffbrücken zwischen den Molekülen im Allgemeinen sehr breit. Sowohl die Bande der C=O- als auch die der O—H-Streckschwingung kann man im Infrarotspektrum von Butansäure (Buttersäure) in Abb. 11.11 erkennen.

Ester zeigen im Bereich von 1735 bis 1800 cm^{-1} eine starke Absorption der C=O-Streckschwingung; zusätzlich beobachtet man eine starke Bande der C—O-Streckschwingung zwischen 1000 und 1250 cm^{-1} (Abb. 11.12).

Die Carbonyl-Streckschwingung von Amiden führt zu einer Bande bei 1630–1680 cm^{-1}, also bei niedrigeren Wellenzahlen als für andere Carbonylverbindungen. Primäre und sekundäre Amide zeigen N—H-Streckschwingungen im Bereich von 3200 bis 3400 cm^{-1}; primäre Amide (RCONH$_2$) zeigen zwei N—H-Absorptionen, während für sekundäre Amide (RCONHR) nur eine N—H-Bande beobachtet wird. Für tertiäre Amide beobachtet man natürlich keine Bande der N—H-Streckschwingung. IR-Spektren der drei Klassen von Amiden sind in Abb. 11.13 gezeigt.

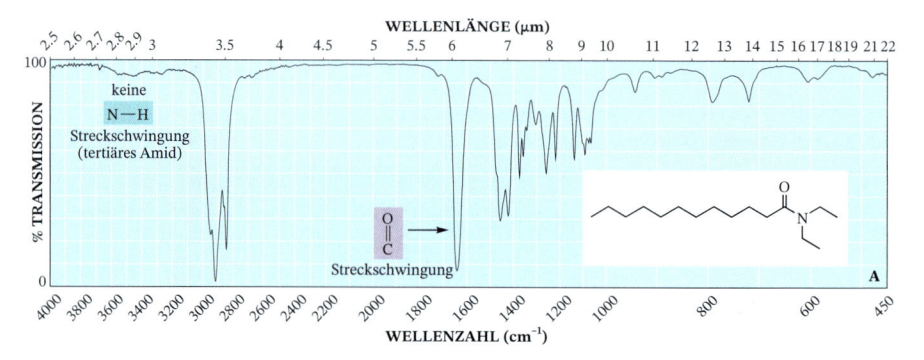

Abb. 11.13 Infrarotspektrum von *N,N*-Diethyldodecanamid (**A**, ein tertiäres Amid), *N*-Methylbenzamid (**B**, ein sekundäres Amid) und Butanamid (**C**, ein primäres Amid).

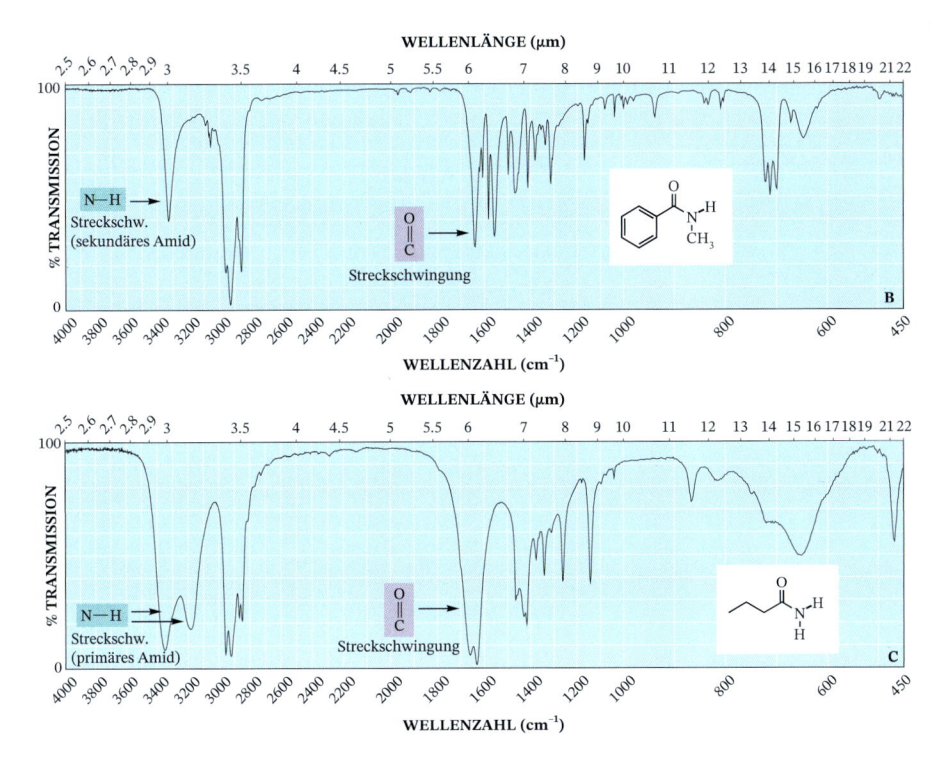

Abb. 11.13 Infrarotspektrum von *N,N*-Diethyldodecanamid (**A**, ein tertiäres Amid), *N*-Methylbenzamid (**B**, ein sekundäres Amid) und Butanamid (**C**, ein primäres Amid) (Fortsetzung).

Beispiel 11.4 Eine unbekannte Substanz mit der Summenformel $C_3H_6O_2$ liefert das folgende IR-Spektrum. Zeichnen Sie mögliche Strukturen der Verbindung.

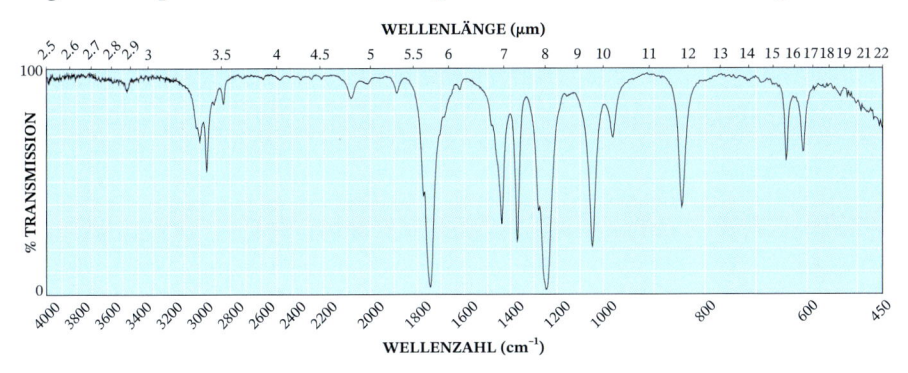

Vorgehensweise

Beginnen Sie bei $4000\,\text{cm}^{-1}$ und gehen Sie entlang der Wellenzahlskala nach rechts. Notieren Sie die charakteristischen Peaks, insbesondere die für bestimmte funktionelle Gruppen spezifischen Absorptionen. Denken Sie daran, dass das Fehlen von Banden Hinweise darauf geben kann, welche funktionellen Gruppen *nicht* vorhanden sind. Wenn sie alle möglichen funktionellen Gruppen identifiziert haben, schlagen Sie Strukturformeln vor, die diese funktionellen Gruppen enthalten und der Summenformel entsprechen. In Abschn. 11.4.7 werden wir das Konzept der Doppelbindungsäquivalente kennenlernen, das bei dieser Art von Fragestellung zur Aufklärung der Struktur unbekannter Verbindungen hilfreich sein kann.

Lösung

Das IR-Spektrum zeigt eine starke Absorption bei etwa $1750\,\text{cm}^{-1}$, die auf eine C=O-Gruppe hindeutet. Es finden sich auch intensive Banden von C–O-Valenzschwingungen bei 1250 und $1050\,\text{cm}^{-1}$. Absorptionen oberhalb von $3100\,\text{cm}^{-1}$ fehlen; O–H-

Gruppen können daher nicht vorliegen. Auf Basis dieser Informationen sind für die gegebene Summenformel drei Strukturen möglich:

Hier noch einmal das Spektrum mit den entsprechenden Beschriftungen:

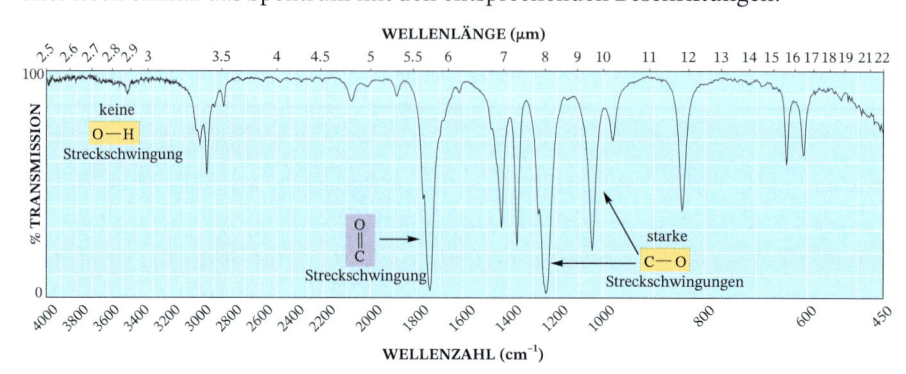

Siehe Aufgaben 11.6 und 11.11–11.13.

Exkurs: 11.B Infrarotspektroskopie: Ein Blick auf den Klimawandel

Mithilfe der Infrarotspektroskopie kann man das Treibhauspotential (GWP; engl.: *global warming potential*) von Halogenkohlenwasserstoffen und ähnlichen Substanzen in einem Punktesystem festlegen; einige Verbindungen sind in der untenstehenden Tabelle aufgeführt. In Kap. 7 hatten wir gesehen, dass der Ersatz eines Halogenatoms in einem Halogenkohlenwasserstoff durch ein Wasserstoffatom zu einer Verbindung führt, die eine höhere Reaktivität in der Atmosphäre aufweist (Exkurs 7.A). Auf der Grundlage dieser Erkenntnis wurden die teilhalogenierten Fluorchlorkohlenwasserstoffe (H-FCKW) und die Hydrofluorolefine (HFO) entwickelt, um die Chlorfluorkohlenstoffe (CFK oder Freone®) zu ersetzen. Unter diesen hat das HFO R-1234yf die kürzeste Lebensdauer in der Atmosphäre und auch das niedrigste Treibhauspotential. Es wurde damit zur ersten Wahl unter den umweltschonenden Kältemittelgasen; es kann für private und kommerzielle Kühlsysteme genutzt werden.

Das Treibhauspotential wird relativ zu CO_2 angegeben, dem der Wert 1 zugewiesen wurde.

Aufgabe
Welche Faktoren außer der Lebensdauer in der Atmosphäre und dem Treibhauspotential könnten einen Einfluss auf die schädliche Wirkung einer Substanz auf die Atmosphäre haben?

Treibhauspotential einiger Kühlmittelgase.

Verbindung	Formel	Lebensdauer in der Atmosphäre (Jahre)	20-Jahres-Treibhauspotential (GWP)	
R-11	CCl_3F	45	6730	
R-12	CCl_2F_2	100	11 000	CFK (Freone)
R-113	CCl_2FCClF_2	85	6540	
R-32	CH_2F_2	4.9	2330	
R-152a	CH_3CHF_2	1.4	437	H-FCKW
R-1234yf	$CF_3CF=CH_2$	0.03	< 1	HFO
Methan	CH_4	12.4	72	Erdgas

11.4.7 Doppelbindungsäquivalente

Auch aus der Summenformel können wir wertvolle Informationen über die Struktur einer unbekannten Verbindung ableiten. Nicht nur, dass man direkt ablesen kann, wie viele Kohlenstoff-, Wasserstoff-, Sauerstoff- und Stickstoffatome in einem Molekül der Verbindung enthalten sind, man kann hieraus auch die sogenannten **Doppelbindungsäquivalente (DBÄ)** errechnen, d. h. die Summe aus der Anzahl der Ringe und der Zahl der π-Bindungen in einer Verbindung. Für eine aus Kohlenstoff, Wasserstoff, Sauerstoff, Stickstoff und Halogenen (X) bestehende Verbindung mit der Summenformel $C_c H_h O_o N_n X_x$ lassen sich die DBÄ mit folgender Formel bestimmen:

$$DBÄ = \frac{2c - h + n - x + 2}{2}$$

Sauerstoffatome (und andere zweiwertige Atome wie Schwefel oder Selen) tauchen in der Formel nicht auf, da sie keinen Einfluss auf die Zahl der Doppelbindungsäquivalente haben. Dreiwertige Atome wie Phosphor werden wie Stickstoff behandelt.

Beispiel 11.5 Wie viele Doppelbindungsäquivalente (DBÄ) hat 1-Hexen mit der Summenformel C_6H_{12} und was bedeutet das für die Struktur dieser Verbindung?

Vorgehensweise

Errechnen Sie, wie viele DBÄ sich für eine Verbindung mit der Summenformel $C_c H_h O_o N_n X_x$ (X = Hal) ergeben; verwenden Sie die Formel

$$DBÄ = \frac{2c - h + n - x + 2}{2}$$

Lösung

$$DBÄ = \frac{2 \times 6 - 12 + 2}{2} = 1$$

1-Hexen weist ein DBÄ auf, enthält also einen Ring *oder* eine π-Bindung. In diesem Fall liegt eine π-Bindung vor.

Siehe Aufgaben 11.7 und 11.10–11.13. ◀

Beispiel 11.6 Essigsäureisopentylester, eine Verbindung mit einem Geruch nach Bananen, ist ein Bestandteil des Alarmpheromons der Honigbienen. Die Summenformel von Essigsäureisopentylester ist $C_7H_{14}O_2$. Berechnen Sie die DBÄ für diese Verbindung.

Vorgehensweise

Errechnen Sie, wie viele DBÄ sich für eine Verbindung mit der Summenformel $C_c H_h O_o N_n X_x$ (X = Hal) ergeben; verwenden Sie die Formel

$$DBÄ = \frac{2c - h + n - x + 2}{2}$$

Lösung

$$DBÄ = \frac{2 \times 7 - 14 + 2}{2} = 1$$

Essigsäureisopentylester weist ein DBÄ auf, enthält also einen Ring *oder* eine π-Bindung. In diesem Fall liegt eine π-Bindung vor, genauer eine Kohlenstoff-Sauerstoff-Doppelbindung. Im Folgenden ist die Strukturformel von Essigsäureisopentylester abgebildet:

Essigsäureisopentylester

Siehe Aufgaben 11.8 und 11.10–11.13.

Beispiel 11.7 Machen Sie Strukturvorschläge für eine Verbindung mit der Summenformel C_7H_8O, die das folgende IR-Spektrum liefert:

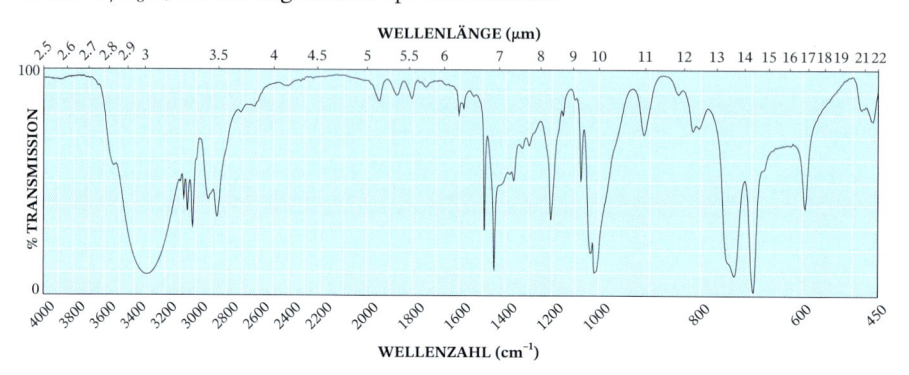

Vorgehensweise
Ermitteln Sie die DBÄ und nutzen Sie diese Zahl, um festzustellen, welche Kombinationen aus Ringen, Doppelbindungen und Dreifachbindungen möglich sind. Analysieren Sie das IR-Spektrum beginnend bei $4000\,\text{cm}^{-1}$, und gehen Sie entlang der Wellenzahlskala nach rechts. Notieren Sie die charakteristischen Peaks, insbesondere solche, die für bestimmte funktionelle Gruppen spezifisch sind. Denken Sie daran, dass das Fehlen von Banden Hinweise darauf geben kann, welche funktionellen Gruppen

---

Gewusst wie: 11.1   Wie man eine Strukturaufklärung mithilfe der Infrarotspektroskopie angeht

Will man die Struktur einer Verbindung basierend auf einer Summenformel und einem Infrarotspektrum aufklären, ist eine systematische Vorgehensweise empfehlenswert. Im Folgenden finden Sie eine Schritt-für-Schritt-Anleitung als Vorschlag zur Herangehensweise an solche Fragestellungen.

1. Schritt: *Bestimmen Sie die DBÄ*
Die Anzahl der Ringe, Doppelbindungen und/oder Dreifachbindungen in einer unbekannten Substanz zu kennen, ist für die Strukturaufklärung von großer Hilfe. Wenn die Verbindung ein DBÄ aufweist, wissen wir, dass entweder ein Ring oder eine Doppelbindung enthalten ist, aber nicht beides. Auch kann keine Dreifachbindung enthalten sein, denn dann müsste die Verbindung zwei DBÄ aufweisen.

2. Schritt: *Gehen Sie im IR-Spektrum von links nach rechts und identifizieren Sie dabei die funktionellen Gruppen*
Weil die Absorptionsbanden in einem IR-Spektrum unterhalb von $1000\,\text{cm}^{-1}$ weniger spezifisch werden, ist es am sinnvollsten, auf der linken Seite des IR-Spektrums zu beginnen. Je kürzer eine Bindung ist, bei desto größeren Wellenzahlen erscheint ihre Absorption. Die Schwingungen der O−H-, N−H- und C−H-Bindungen finden sich deshalb oberhalb von $2900\,\text{cm}^{-1}$. Wenn wir weiter nach rechts gehen, erkennen wir als nächstes die Streckschwingungen der C≡C-Dreifachbindungen. C=O-Bindungen sind kürzer als C=C-Bindungen und werden deswegen bei höheren Wellenzahlen $(1800-1650\,\text{cm}^{-1})$ als die von C=C-Bindungen $(1680-1600\,\text{cm}^{-1})$ beobachtet.

3. Schritt: *Zeichnen Sie in Frage kommende Strukturen und gleichen Sie diese mit den vorliegenden Daten ab.*
Versuchen Sie nicht, die Lösung ausschließlich im Kopf zu erarbeiten. Zeichnen Sie einfach ein paar Strukturen und gleichen Sie diese mit der Summenformel, den DBÄ und den aus dem IR-Spektrum ermittelten funktionellen Gruppen ab. Normalerweise wird es für unzutreffende Strukturen offensichtliche Widersprüche mit einem oder mehreren dieser Kriterien geben.

nicht vorhanden sind. Wenn sie alle möglichen funktionellen Gruppen identifiziert haben, schlagen Sie Strukturformeln vor, die diese funktionellen Gruppen enthalten und der Summenformel entsprechen.

Lösung

Aus der Summenformel C_7H_8O errechnen sich vier DBÄ. Wir können Dreifachbindungen ausschließen, weil weder ein Peak für die Streckschwingung einer Dreifachbindung (2100–2260 cm^{-1}) noch eine Absorption der C–H-Streckschwingung eines terminalen Alkins (3300 cm^{-1}) zu erkennen ist. Knapp oberhalb von 3000 cm^{-1} sind Banden von C–H-Streckschwingungen an C=C-Doppelbindungen sichtbar; Streckschwingungen von C=C-Doppelbindungen zwischen 1600 und 1680 cm^{-1} sind aber nicht vorhanden. Denken Sie daran, dass aromatische Kohlenwasserstoffe nicht die gleichen chemischen Eigenschaften wie Alkene aufweisen; das Vorliegen eines aromatischen Rings bleibt daher eine Möglichkeit. Benzol mit formal drei Doppelbindungen und einem Ring würde den 4 DBÄ entsprechen. (Dies ist eine häufig vorliegende funktionelle Gruppe, wenn vier oder mehr DBÄ errechnet werden.) Wenn wir das Vorliegen eines Benzolrings in Betracht ziehen, sind die weiteren strukturellen Möglichkeiten beschränkt. Weil keine starke Absorption zwischen 1630 und 1800 cm^{-1} vorhanden ist, kann eine Carbonylgruppe (C=O), für die ohnehin ein weiteres DBÄ erforderlich wäre, ausgeschlossen werden. Den letzten Beweis liefert die starke, breite O–H-Streckschwingung bei etwa 3310 cm^{-1}. Wegen dieser OH-Gruppe können wir Strukturen mit Ethergruppen (OCH_3) ausschließen. Auf Basis dieser Daten sind somit die folgenden Strukturen möglich:

Hier noch einmal das Spektrum mit den entsprechenden Beschriftungen:

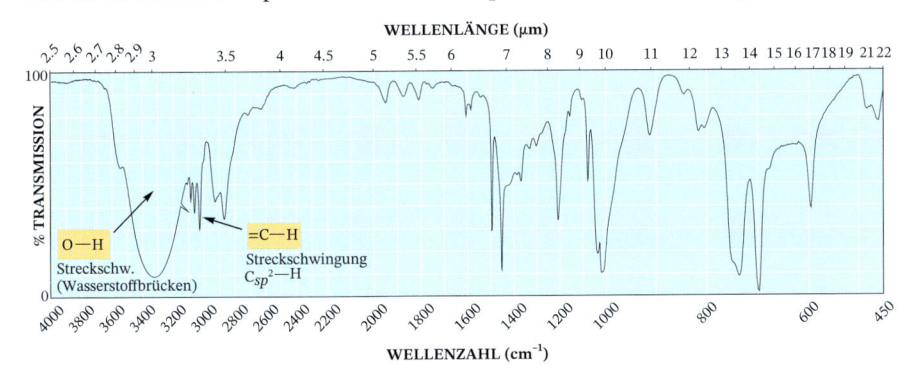

Siehe Aufgaben 11.9 und 11.11–11.13.

Dieses Beispiel verdeutlicht den Nutzen, aber auch die Grenzen der IR-Spektroskopie. Ihr Nutzen liegt darin, dass uns aus IR-Spektren Informationen über die funktionellen Gruppen einer Verbindung zugänglich werden. Die IR-Spektroskopie liefert uns aber keine Informationen darüber, wie diese funktionellen Gruppen verknüpft sind. Glücklicherweise werden Aussagen zur Verknüpfung in unbekannten Verbindungen mithilfe einer anderen spektroskopischen Methode, der Kernspinresonanz- oder NMR-Spektroskopie, möglich.

11.5 Was ist Kernspinresonanz?

Das Phänomen der Kernspinresonanz wurde 1946 von den US-amerikanischen Wissenschaftlern Felix Bloch und Edward Purcell entdeckt, die dafür im Jahre 1952 mit dem Nobelpreis für Physik geehrt wurden. Der besondere Wert der Kernspinresonanzspektroskopie (NMR-Spektroskopie; engl.: *nuclear magnetic resonance spectroscopy*) liegt darin, dass sie uns detaillierte Informationen über die Art und Zahl der Atome in einer Verbindung sowie ihre Verknüpfung liefert. So erhalten wir aus der **^{1}H-NMR-Spektroskopie** die Anzahl und die Arten der Wasserstoffatome und die **^{13}C-NMR-Spektroskopie** liefert uns die Anzahl und die Arten der Kohlenstoffatome.

Sie wissen vielleicht noch aus dem Studium der allgemeinen Chemie, dass Elektronen einen **Spin** besitzen und dass eine rotierende Ladung zu einem Magnetfeld führt. Tatsächlich verhält sich ein Elektron in mancher Hinsicht ähnlich wie ein sehr kleiner Stabmagnet. Wichtig ist nun, dass Atomkerne mit ungeraden Massenzahlen *oder* ungeraden Ordnungszahlen ebenfalls einen Spin besitzen und sich ebenfalls wie kleine Stabmagnete verhalten. Wir rufen uns in Erinnerung, dass in der genauen Bezeichnung eines Isotops die hochgestellte Zahl die Massenzahl ist.

Beispiel 11.8 Welche der folgenden Kerne verhalten sich wie winzige Stabmagnete?

(a) $^{14}_{6}$C

(b) $^{14}_{7}$N

Vorgehensweise

Jeder Kern mit entweder einer ungeraden Massenzahl oder einer ungeraden Ordnungszahl besitzt einen Spin und verhält sich daher wie ein sehr kleiner Stabmagnet.

Lösung

(a) $^{14}_{6}$C, ein radioaktives Isotop des Kohlenstoffs, hat weder eine ungerade Massenzahl noch eine ungerade Ordnungszahl und verhält sich daher nicht wie ein kleiner Stabmagnet.

(b) $^{14}_{7}$N, das häufigste natürliche Isotop des Stickstoffs (Isotopenhäufigkeit 99.63 %), besitzt eine ungerade Ordnungszahl und verhält sich daher wie ein kleiner Stabmagnet.

Siehe Aufgabe 11.16.

Innerhalb einer Gruppe von ^{1}H- und ^{13}C-Atomen sind die Kernspins (die winzigen Stabmagneten) völlig zufällig im Raum orientiert. Wenn sich die Atome aber zwischen den Polen eines starken Magnetfelds befinden, ist die Wechselwirkung ihrer Kernspins

---

Gewusst wie: 11.2 Wie man feststellt, ob ein Atomkern einen Spin hat (sich also wie ein kleiner Stabmagnet verhält)

Bestimmen Sie die Massenzahl (die Nukleonenzahl) und die Ordnungszahl des Atoms. Wenn eine dieser beiden Zahlen ungerade ist, besitzt der Atomkern einen Spin und verhält sich wie ein kleiner Stabmagnet.

$$^{m}_{n}\text{Elementsymbol}$$

- Massenzahl (unterscheidet sich für verschiedene Isotope des gleichen Elements)
- Ordnungszahl (ist für alle Isotope eines Elements identisch)

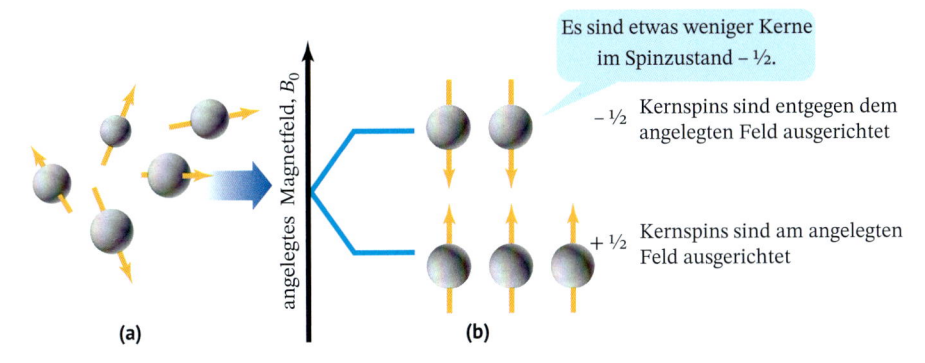

Abb. 11.14 ¹H- oder ¹³C-Atomkerne (a) in Abwesenheit eines äußeren Magnetfelds und (b) in einem angelegten Magnetfeld. ¹H- und ¹³C-Kerne mit Spin +1/2 sind parallel zu dem angelegten Magnetfeld ausgerichtet und befinden sich im energetisch niedrigeren Spinzustand; die mit Spin −1/2 sind entgegen dem angelegten Magnetfeld ausgerichtet und befinden sich im energetisch höheren Spinzustand.

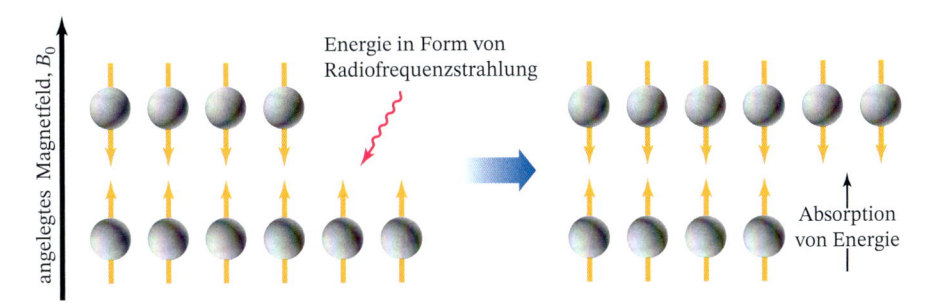

Abb. 11.15 Resonanz von Kernen mit dem Spin 1/2.

mit dem **von außen angelegten Magnetfeld** gequantelt; es sind nur noch zwei Orientierungen der Kernspins im Raum zulässig (Abb. 11.14).

Die Energiedifferenz zwischen diesen beiden Kernspinzuständen beträgt für das Proton (¹H) 0.120 J/mol (0.0286 cal/mol), was einer elektromagnetischen Strahlung mit einer Frequenz von etwa 300 MHz (300 000 000 Hz) entspricht; die Differenz zwischen den beiden Spinzuständen des ¹³C-Kerns beträgt 0.035 J/mol (0.0072 cal/mol). Beide Werte liegen im Radiofrequenzbereich des elektromagnetischen Spektrums. Bestrahlung mit Radiofrequenzstrahlung der richtigen Energie führt dazu, dass die Kerne im energetisch tieferen Spinzustand diese Strahlung absorbieren und ihr Kernspin wie in Abb. 11.15 illustriert vom energetisch tieferen in den höheren Spinzustand umklappt. In diesem Zusammenhang versteht man unter **Resonanz** die Absorption von elektromagnetischer Strahlung durch einen Kern und das dabei erfolgende Umklappen seines Kernspins. Das Gerät, das man zum Nachweis dieser Absorption und des Umklappens des Kernspins verwendet, zeichnet die Resonanz als ein **Resonanzsignal** (oder kurz als Signal) auf.

11.6 Was ist Abschirmung?

Wenn alle ¹H-Kerne (Protonen) bei derselben Frequenz der elektromagnetischen Strahlung absorbieren würden (d. h. wenn die Resonanzfrequenz für alle gleich wäre), würden alle Wasserstoffatome in einer Verbindung ein einiges NMR-Signal liefern und die NMR-Spektroskopie wäre eine zur Strukturaufklärung unbekannter Verbindungen ziemlich unbrauchbare Methode. Glücklicherweise sind die Wasserstoffatome in den meisten organischen Verbindungen von Elektronen und von anderen Atomkernen umgeben. Die Elektronen in der Umgebung eines gegebenen Protons haben selbst einen Spin und erzeugen daher ein **lokales Magnetfeld**, das dem angelegten Magnetfeld entgegengesetzt ist. Obwohl dieses durch Elektronen erzeugte lokale Magnetfeld um Größenordnungen kleiner als das angelegte Magnetfeld ist, das man in der NMR-Spektroskopie verwendet, reicht es doch aus, um die Protonen von dem angelegten äußeren Magnetfeld etwas abzuschirmen. Je größer die **Abschirmung** eines bestimmten Wasserstoffatoms bzw. Protons durch das lokale Magnetfeld ist, desto größer muss das angelegte äußere Feld sein, damit für dieses Wasserstoffatom Resonanz eintritt.

Wie wir in früheren Kapiteln gesehen haben, wird die Elektronendichte um einen Kern durch Atome in dessen Umgebung beeinflusst. Weil Fluor eine größere Elektronegativität als Chlor hat, ist beispielsweise die Elektronendichte um die Wasserstoffatome in Fluormethan kleiner als die um die Wasserstoffatome in Chlormethan. Man kann also sagen, dass die Wasserstoffatome in Chlormethan *stärker abgeschirmt* sind als die Wasserstoffatome in Fluormethan.

Chlor ist weniger elektronegativ als Fluor; es hat daher einen kleineren induktiven Effekt und die Elektronendichte um die Wasserstoffatome ist größer. Man sagt, die Wasserstoffatome in Chlormethan sind (durch ihre chemische Umgebung) stärker **abgeschirmt** als die in Fluormethan.

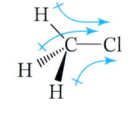

Die größere Elektronegativität des Fluors führt zu einem größeren induktiven Effekt und die Elektronendichte um jedes Wasserstoffatom ist verringert. Man sagt, diese Wasserstoffatome sind **entschirmt**.

Die durch Abschirmung hervorgerufenen Unterschiede der Resonanzfrequenzen verschiedener ^{1}H-Kerne sind grundsätzlich sehr klein. Der Unterschied zwischen den Resonanzfrequenzen der H-Atome in Chlormethan und denen in Fluormethan beträgt bei einem angelegten Feld von 7.05 Tesla beispielsweise nur 360 Hz. Berücksichtigt man, dass bei diesem äußeren Feld eine Radiofrequenzstrahlung von etwa 300 MHz (300 × 10^6 Hz) verwendet wird, dann ist der Unterschied der Resonanzfrequenzen zwischen diesen beiden Wasserstofftypen nur geringfügig größer als ein Millionstel (ppm; engl.: ***parts per million***) der eingestrahlten Frequenz.

$$\frac{360\,\text{Hz}}{300 \times 10^6\,\text{Hz}} = \frac{1.2}{10^6} = 1.2\,\text{ppm}$$

NMR-Spektrometer können diese kleinen Unterschiede in den Resonanzfrequenzen auflösen. Welche Bedeutung die Abschirmung für die Strukturaufklärung von chemischen Verbindungen hat, untersuchen wir in Abschn. 11.10.

11.7 Was ist ein ^{1}H-NMR-Spektrum?

Die Anregung von Kernen wird in einem NMR-Spektrometer durchgeführt, das aus einem sehr starken Magneten, einem Radiofrequenzgenerator, einem Radiofrequenzdetektor und einer Probenkammer besteht (Abb. 11.16). Die Vermessung einer Probe ergibt ein ^{1}H-NMR-Spektrum (Abb. 11.17), das aus einer horizontalen Achse, der δ-Skala (Delta) mit Werten von 10 (links) bis 0 (rechts) und einer vertikalen Achse für die Signalintensitäten besteht.

Üblicherweise werden die Resonanzfrequenzen einzelner Kerne relativ zur Resonanzfrequenz des gleichen Kerns in einer Referenzsubstanz gemessen. In der ^{1}H- und in der ^{13}C-NMR-Spektroskopie wird fast ausschließlich **Tetramethylsilan (TMS)** als Referenzsubstanz eingesetzt, weil es weitgehend unreaktiv ist und weil die

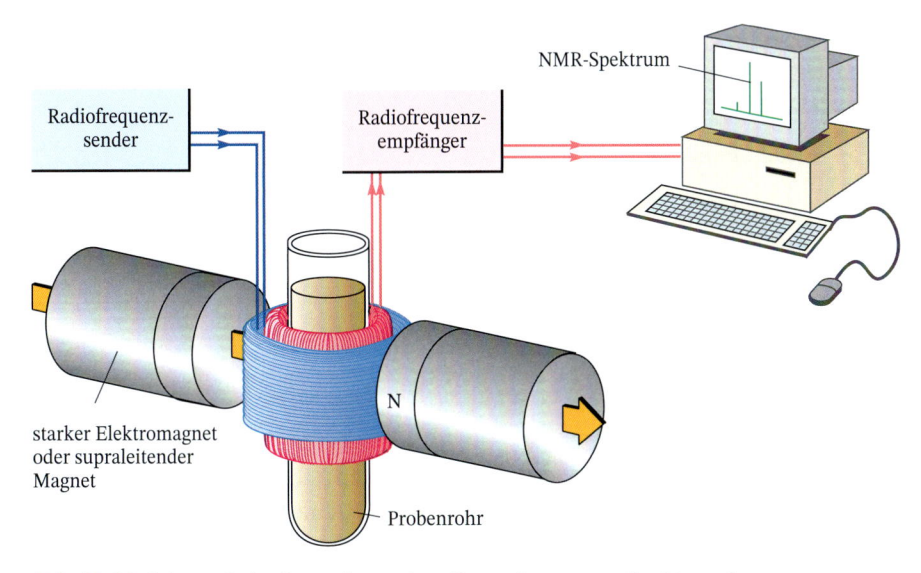

Abb. 11.16 Schematische Darstellung eines Kernspinresonanz-Spektrometers.

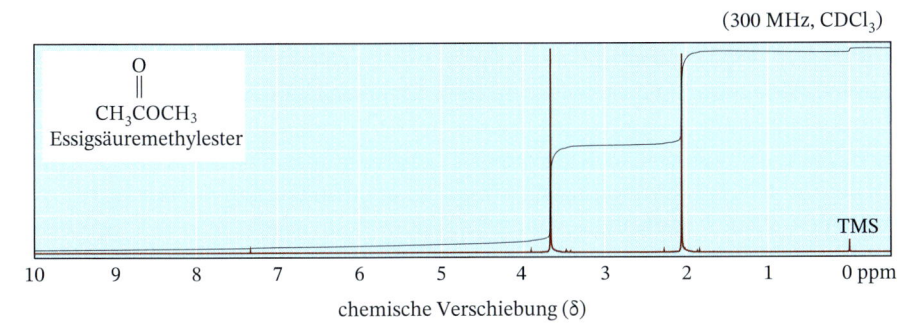

Abb. 11.17 ¹H-NMR-Spektrum von Essigsäuremethylester.

Wasserstoff- und Kohlenstoffatome aufgrund des wenig elektronegativen Siliciumatoms sehr stark abgeschirmt sind. Dieser zweite Grund stellt sicher, dass fast alle Wasserstoff- und Kohlenstoffatome in anderen Substanzen schwächer abgeschirmt sind als die Referenzatome in TMS und es daher nicht zu Überlagerungen mit dem Referenzsignal kommt.

$$CH_3-\underset{\underset{CH_3}{|}}{\overset{\overset{CH_3}{|}}{Si}}-CH_3$$

Tetramethylsilan (TMS)

Das ¹H-NMR-Spektrum einer Verbindung zeigt, wie weit die Resonanzsignale der in ihr enthaltenen Wasserstoffatome gegenüber dem Signal der H-Atome in TMS verschoben sind, und das ¹³C-NMR-Spektrum einer Verbindung gibt an, wie weit die Resonanzsignale der in ihr enthaltenen Kohlenstoffatome gegenüber dem Signal der vier Kohlenstoffatome in TMS verschoben sind.

Um die Angabe von NMR-Daten zu vereinheitlichen, verwendet man die sogenannte **chemische Verschiebung (δ)**. Die chemische Verschiebung eines gegebenen Kerns errechnet sich, indem man die Differenz zwischen seiner Resonanzfrequenz und der von TMS durch die Spektrometerfrequenz teilt. Weil NMR-Spektrometer mit MHz-Frequenzen arbeiten (d. h. Millionen Hz), wird die chemische Verschiebung δ (delta) in ppm angegeben. Im Folgenden ist eine Beispielrechnung für das Signal bei $\delta = 2.05$ ppm im ^{1}H-NMR-Spektrum von Essigsäuremethylester (Abb. 11.17) angegeben, einer Verbindung, die z. B. als Lösungsmittel für Lacke und Klebstoffe verwendet wird.

$$\delta = \frac{\text{Differenz zwischen der Frequenz eines Signals und der von TMS (Hz)}}{\text{Spektrometerfrequenz (Hz)}}$$

> Die Wasserstoffatome dieser Methylgruppe führen zu einem Signal, das in einem 300 MHz-Spektrometer 615 Hz vom TMS-Signal entfernt ist.

z. B.
$$\text{CH}_3\text{C}\overset{\overset{\text{O}}{\|}}{-}\text{OCH}_3 \qquad \frac{615 \text{ Hz}}{300 \times 10^6 \text{ Hz}} = \frac{2.05 \text{ Hz}}{10^6 \text{ Hz}} = 2.05 \text{ Millionstel (ppm)}$$

Das kleine Signal bei $\delta = 0$ in dem Spektrum aus Abb. 11.17 gehört zu den ^{1}H-Kernen der Referenzsubstanz (TMS). Der Rest des Spektrums besteht aus zwei Signalen: eines für die ^{1}H-Kerne der OCH$_3$-Gruppe und eines für die Protonen der an die Carbonylgruppe gebundenen Methylgruppe. Im Moment wollen wir uns nicht darum kümmern, warum die beiden Gruppen von Wasserstoffatomen die jeweiligen Signale liefern, sondern wollen nur die Darstellungsform eines solchen Spektrums kennenlernen und verstehen, was die Skalierung auf der horizontalen Achse bedeutet.

Noch ein Wort zur Ausdrucksweise: Wenn ein Signal auf der linken Seite des Spektrums erscheint, spricht man von einem **tieffeldverschobenen** Signal, was bedeutet, dass der zugehörige Kern weniger abgeschirmt ist und seine Resonanz daher bei einem schwächeren anliegenden Feld auftritt. Umgekehrt spricht man bei einem Signal auf der rechten Seite des Spektrums von einem **hochfeldverschobenen** Signal; der zugehörige Kern ist stärker abgeschirmt und seine Resonanz tritt erst bei einem stärkeren anliegenden Feld ein.

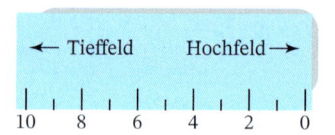

> ← Tieffeld   Hochfeld →
>
> | | | | | | | | | | | |
> 10   8   6   4   2   0

11.8 Wie viele Signale enthält das ^{1}H-NMR-Spektrum einer Verbindung?

Wie können wir aus der Strukturformel einer Verbindung ableiten, wie viele Signale im ^{1}H-NMR-Spektrum zu erwarten sind? Hierzu muss man wissen, dass **äquivalente Wasserstoffatome** nur ein Signal liefern und dass umgekehrt nicht-äquivalente Wasserstoffatome zu getrennten Signalen führen. Welche Wasserstoffatome äquivalent sind, kann einfach festgestellt werden, indem man nacheinander jedes Wasserstoffatom durch ein Testatom ersetzt, z. B. ein Halogenatom. Zwei in dieser Weise untersuchte Wasserstoffatome sind äquivalent (d. h. sie haben dieselbe chemische Umgebung), wenn es sich bei den beiden dabei entstehenden, „substituierten" Verbindungen um identische oder um zueinander enantiomere Verbindungen handelt. Wenn die beiden substituierten Verbindungen verschieden sind (also auch, wenn sie diastereomer und damit nicht enantiomer zueinander sind), sind die beiden betrachteten Wasserstoffatome nicht äquivalent.

Mithilfe dieses Substitutionstests erkennt man, dass beispielsweise Propan zwei Gruppen äquivalenter Wasserstoffatome enthält: eine aus sechs primären Wasserstoffatomen bestehende Gruppe und eine zweite aus zwei äquivalenten Atomen. Wir erwarten daher zwei Signale im NMR-Spektrum, eines für die sechs äquivalenten CH$_3$-Wasserstoffatome und eines für die beiden äquivalenten CH$_2$-Wasserstoffatome.

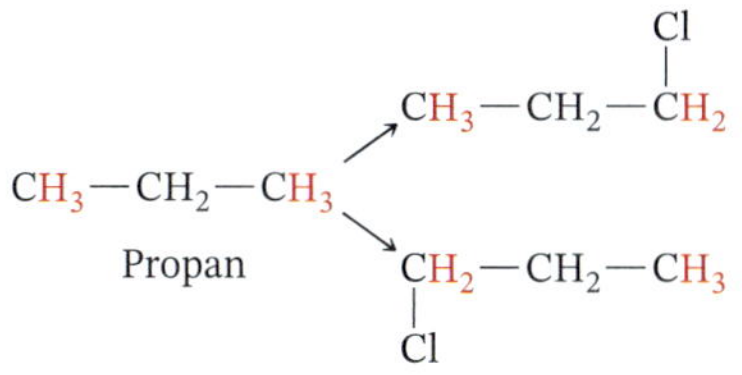

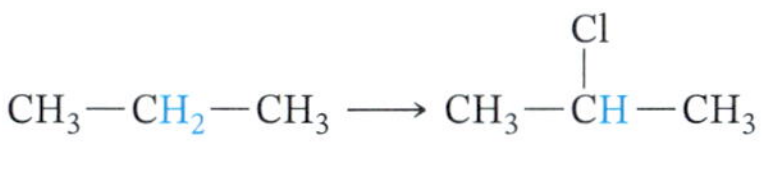

$$CH_3-CH_2-CH_3 \quad \begin{array}{c} CH_3-CH_2-CH_2-Cl \\ CH_2-CH_2-CH_3 \\ | \\ Cl \end{array}$$
Propan

$$CH_3-CH_2-CH_3 \longrightarrow CH_3-CHCl-CH_3$$
Propan

Ersatz eines der roten Wasserstoffatome durch Chlor führt zu 1-Chlorpropan; alle roten Wasserstoffatome sind **äquivalent**.

Ersatz eines der blauen Wasserstoffatome durch Chlor ergibt 2-Chlorpropan; beide blauen Wasserstoffatome sind äquivalent.

Beispiel 11.9 Geben Sie an, wie viele Gruppen äquivalenter Wasserstoffatome Sie für jede Verbindung erwarten und aus wie vielen Atomen jede Gruppe besteht?

(a)  2-Methylpropan (b) 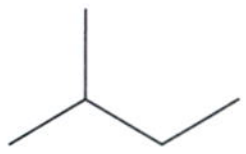 2-Methylbutan (c) 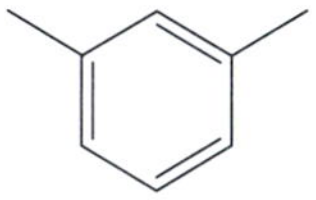 *m*-Xylol

Vorgehensweise
Welche Wasserstoffatome äquivalent sind, kann zuverlässig festgestellt werden, indem man jedes einzeln durch ein Halogenatom ersetzt und die dabei entstehende Verbindung benennt. Atome sind äquivalent, wenn die beim jeweiligen Ersetzungsvorgang entstandenen Verbindungen identisch oder enantiomer zueinander sind.

Lösung
(a) 2-Methylpropan enthält zwei Gruppen äquivalenter Wasserstoffatome – eine Gruppe aus neun primären Wasserstoffatomen und ein tertiäres Wasserstoffatom:

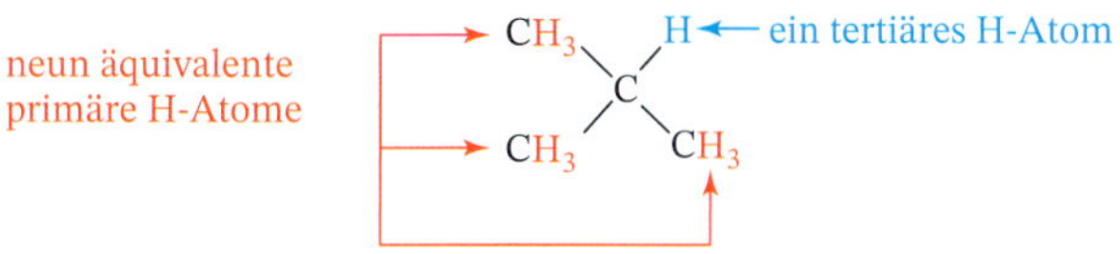

neun äquivalente primäre H-Atome → CH$_3$ H ← ein tertiäres H-Atom
                                    \C/
                                   CH$_3$ CH$_3$

Jede Substitution eines der roten Wasserstoffatome durch Chlor führt zu 1-Chlor-2-methylpropan. Substitution des blauen Wasserstoffatoms durch Chlor führt zu 2-Chlor-2-methylpropan.

(b) 2-Methylbutan enthält vier Gruppen äquivalenter Wasserstoffatome – zwei verschiedene Gruppen primärer H-Atome, eine Gruppe sekundärer H-Atome und eine mit einem tertiären H-Atom:

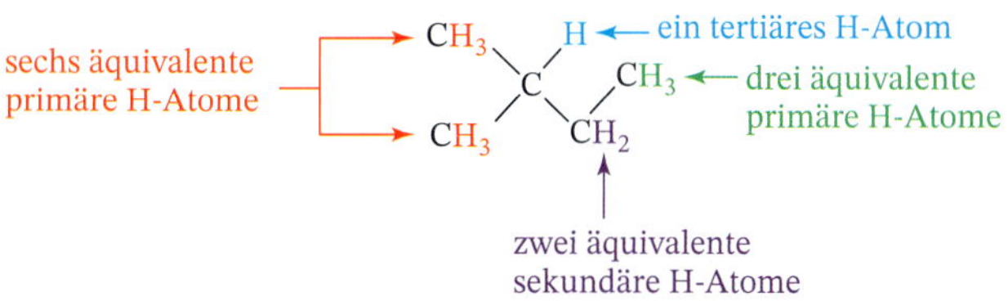

sechs äquivalente primäre H-Atome → CH$_3$ H ← ein tertiäres H-Atom
                                    \C/ CH$_3$ ← drei äquivalente
                                   CH$_3$ CH$_2$ primäre H-Atome
                                          ↑
                                   zwei äquivalente
                                   sekundäre H-Atome

Jede Substitution eines der roten Wasserstoffatome durch Chlor führt zu 1-Chlor-2-methylbutan. Substitution des blauen Wasserstoffatoms durch Chlor führt zu 2-Chlor-2-methylbutan. Ersatz der violetten H-Atome durch Chlor ergibt 2-Chlor-3-methylbutan. Wird ein grünes H-Atom durch Chlor substituiert, entsteht 1-Chlor-3-methylbutan.

(c) *m*-Xylol enthält vier Gruppen äquivalenter Wasserstoffatome – eine Gruppe mit den sechs H-Atomen der Methylgruppen, eine Gruppe mit den beiden H-Atomen am Benzolring, die *ortho* zu *einer* Methylgruppe stehen, ein H-Atom am Benzolring, das *ortho* zu *beiden* Methylgruppen steht, und ein H-Atom am Benzolring, das in *meta*-Stellung zu beiden Methylgruppen steht. In der folgenden Darstellung wird die Äquivalenz der jeweiligen Wasserstoffatome durch eine Spiegelebene verdeutlicht:

sechs äquivalente primäre H-Atome
ein H-Atom am Benzolring

In den Gruppen der roten und blauen H-Atome liegen die äquivalenten H-Atome auf gegenüberliegenden Seiten der Spiegelebene.

zwei äquivalente H-Atome am Benzolring
ein H-Atom am Benzolring
Spiegelebene

Siehe Aufgabe 11.19.

In symmetrischen Verbindungen liegen tendenziell mehr äquivalente Wasserstoffatome vor und es sind weniger Resonanzsignale in den entsprechenden ^{1}H-NMR-Spektren zu erwarten. Im Folgenden sind einige symmetrische organische Verbindungen aufgeführt, die jeweils nur eine Gruppe von äquivalenten H-Atomen enthalten und daher nur ein Signal im ^{1}H-NMR-Spektrum zeigen.

Propanon (Aceton)   1,2-Dichlorethan   Cyclopentan   2,3-Dimethyl-2-buten

Verbindungen mit zwei oder mehr Gruppen äquivalenter Wasserstoffatome liefern ein Signal für jede Gruppe. 1,1-Dichlorethan enthält zum Beispiel drei äquivalente primäre Wasserstoffatome (a) und ein weiteres Wasserstoffatom (b); das ^{1}H-NMR-Spektrum zeigt zwei Signale.

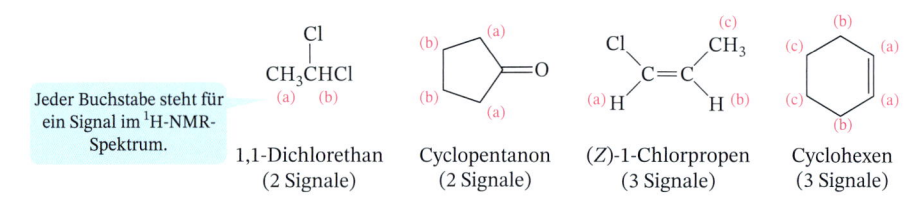

Jeder Buchstabe steht für ein Signal im ^{1}H-NMR-Spektrum.

1,1-Dichlorethan (2 Signale)   Cyclopentanon (2 Signale)   (*Z*)-1-Chlorpropen (3 Signale)   Cyclohexen (3 Signale)

Man kann also einfach durch Abzählen der Signale zwischen den Konstitutionsisomeren 1,2-Dichlorethan und 1,1-Dichlorethan unterscheiden.

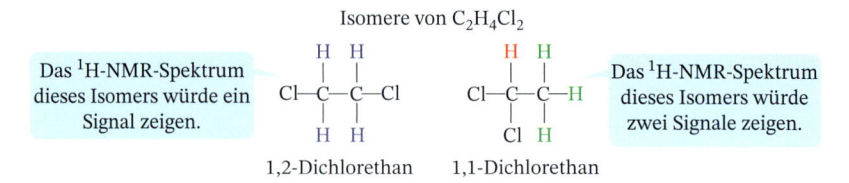

Isomere von $C_2H_4Cl_2$

Das ^{1}H-NMR-Spektrum dieses Isomers würde ein Signal zeigen.

Das ^{1}H-NMR-Spektrum dieses Isomers würde zwei Signale zeigen.

1,2-Dichlorethan   1,1-Dichlorethan

Beispiel 11.10 Jede der folgenden Verbindungen zeigt im ^{1}H-NMR-Spektrum nur ein Signal. Machen Sie für jede Verbindung einen Strukturvorschlag.

(a) C_2H_6O
(b) $C_3H_6Cl_2$
(c) C_6H_{12}

Vorgehensweise

Nutzen Sie die DBÄ und die Zahl der Signale im ^{1}H-NMR-Spektrum, um einen Strukturvorschlag zu erarbeiten. Zeigt eine Verbindung weniger Signale im ^{1}H-NMR-Spektrum, als sie Wasserstoffatome enthält, dann ist sie symmetrisch.

Lösung

Im Folgenden sind die Strukturformeln der Verbindungen angegeben. Beachten Sie, dass für jede der Verbindungen die Substitution eines beliebigen Wasserstoffatoms durch Chlor immer zum gleichen Derivat führt.

(a) CH_3OCH_3

(b) $CH_3\underset{Cl}{\overset{Cl}{\underset{|}{\overset{|}{C}}}}CH_3$

(c) Cyclohexan oder $(CH_3)_2C=C(CH_3)_2$

Siehe Aufgabe 11.20.

11.9 Welche Informationen liefert die Signalintegration?

Im letzten Abschnitt haben wir gesehen, dass die Anzahl der Signale in einem ^{1}H-NMR-Spektrum Aufschluss darüber gibt, wie viele Gruppen äquivalenter Wasserstoffatome in einer Verbindung vorliegen. Mithilfe einer mathematischen Operation, der *Integration*, kann man die Fläche unter den Signalen in einem ^{1}H-NMR-Spektrum messen. Die in diesem Lehrbuch abgebildeten Spektren enthalten die so gewonnene Information in Form von **Integrationslinien**, die über das eigentliche Spektrum gelegt sind. Die Regel dafür ist einfach: Der vertikale Anstieg der Integrationslinie an jedem Signal ist proportional zur Fläche unter diesem Signal, die wiederum proportional zur Zahl der Wasserstoffatome ist, die dieses Signal verursachen.

Abbildung 11.18 zeigt ein integriertes ^{1}H-NMR-Spektrum des Treibstoffzusatzes Essigsäure-*tert*-butylester ($C_6H_{12}O_2$). Man erkennt darin Signale bei $\delta = 1.44$ und 1.95. Das Integral des Hochfeldsignals (auf der rechten Seite) ist etwa dreimal so groß wie das Integral des Tieffeldsignals (links). (Man kann die Höhe relativ genau bestimmen, wenn man für den Abstand zweier horizontaler Gitterlinien 10 Einheiten annimmt.) Hieraus lässt sich ein **Integrationsverhältnis** von 3 : 1 ermitteln. Aus der Summenformel wissen wir, dass die Verbindung zwölf H-Atome enthält. Das aus der Integration erhaltene Verhältnis legt folglich nahe, dass eine Gruppe aus neun äquivalenten H-Atomen und eine zweite Gruppe aus drei äquivalenten H-Atomen vorliegt. Wir werden uns zur Beschreibung eines NMR-Spektrums häufig einer Kurzschreibweise bedienen. Hierzu nennen wir zunächst die chemische Verschiebung jedes Signals, wobei wir mit dem am stärksten entschirmten Signal beginnen wollen, und geben dahinter in Klammern die Anzahl der Protonen an, die dem Signal gemäß der Integration zu-

(300 MHz, CDCl$_3$)

$$\underset{a}{CH_3}\underset{\parallel}{\overset{O}{C}}O-\underset{\underset{CH_3^b}{\vert}}{\overset{\overset{CH_3^b}{\vert}}{C}}-CH_3^b$$

Essigsäure-tert-butylester

Diese Werte entsprechen den relativen Flächen unter den Signalen. Ihr ungefähres Verhältnis gibt die Anzahl der H-Atome an, die jedem Signal zugrunde liegen; hier ist das Verhältnis zwischen den Signalen b und a etwa 3:1.

b: 67
a: 23

chemische Verschiebung (δ)

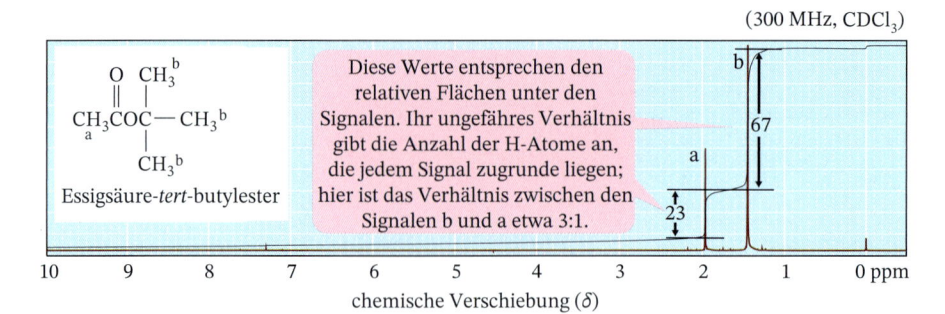

Abb. 11.18 ^{1}H-NMR-Spektrum von Essigsäure-tert-butylester ($C_6H_{12}O_2$) mit der Integrationslinie. Das Verhältnis der Flächen unter den Signalen ist 3:1. Da die Verbindung 12 H-Atome enthält, entspricht die eine Gruppe 9 äquivalenten H-Atomen und die andere Gruppe 3 äquivalenten H-Atomen.

grunde liegen. Die Kurzschreibweise zur Beschreibung des Spektrums von Essigsäure-tert-butylester (Abb. 11.18) lautet dann: $\delta = 1.95$ (3H) und $\delta = 1.44$ (9H).

Beispiel 11.11 Im Folgenden ist das ^{1}H-NMR-Spektrum einer Verbindung mit der Summenformel $C_9H_{10}O_2$ abgebildet. Ermitteln Sie aus der Analyse der Integrationslinie, wie viele Wasserstoffatome jedes der Signale hervorruft.

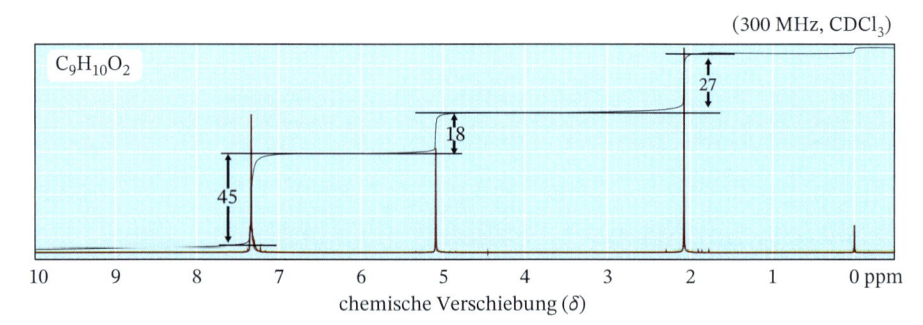

(300 MHz, CDCl$_3$)

$C_9H_{10}O_2$

27
18
45

chemische Verschiebung (δ)

Vorgehensweise
Wenn Sie die Höhen der Integrationslinien für alle Signale ermittelt haben, teilen Sie diese durch ihren größten gemeinsamen Teiler, sodass sich das kleinstmögliche ganzzahlige Verhältnis ergibt. Wenn die Integralhöhen beispielsweise 4, 12 und 8 wären, wäre das kleinstmögliche Verhältnis (4 : 12 : 8)/4 = 1 : 3 : 2. Die Zahlen in diesem reduzierten Verhältnis entsprechen der tatsächlichen Zahl der H-Atome, wenn sie in der Summe die Gesamtzahl aller Wasserstoffatome in der Summenformel ergeben. Wenn die Summenformel mehr Wasserstoffatome anzeigt als die Summe der Zahlen aus dem reduzierten Verhältnis, dann müssen die Zahlen aus dem Verhältnis mit einem Faktor multipliziert werden, sodass die Summe der Zahlen der Gesamtzahl an Wasserstoffatomen entspricht. Wenn zum Beispiel das reduzierte Verhältnis 1 : 3 : 2 und die Gesamtzahl an Wasserstoffatomen 12 ist, muss das reduzierte Verhältnis mit dem Faktor 2 skaliert werden, sodass ein reales Verhältnis 2 : 6 : 4 entsteht.

Lösung
Das Verhältnis der relativen Signalhöhen ist 5 : 2 : 3 (von Tieffeld zu Hochfeld). Die Summenformel zeigt an, dass zehn H-Atome vorliegen. Das Signal bei $\delta = 7.34$ entspricht also fünf H-Atomen, das Signal bei $\delta = 5.08$ entspricht zwei H-Atomen und dem Signal bei $\delta = 2.06$ entsprechen drei H-Atome. Die Signale und die Zahlen der jeweiligen H-Atome sind also $\delta = 7.34$ (5H), $\delta = 5.08$ (2H) und $\delta = 2.06$ (3H).

Siehe Aufgabe 11.17.

Tab. 11.4 Chemische Verschiebungen für verschiedene Arten von Wasserstoffatomen.

H-Atom (R = Alkyl, Ar = Aryl)	Chemische Verschiebung (δ)[a]	H-Atom (R = Alkyl, Ar = Aryl)	Chemische Verschiebung (δ)[a]
$(CH_3)_4Si$	0 (definitionsgemäß)	$RCOCH_3$ (O=C)	3.7–3.9
RCH_3	0.8–1.0	$RCOCH_2R$ (O=C)	4.1–4.7
RCH_2R	1.2–1.4	RCH_2I	3.1–3.3
R_3CH	1.4–1.7	RCH_2Br	3.4–3.6
$R_2C=CRCH_2$	1.6–2.6	RCH_2Cl	3.6–3.8
$RC\equiv CH$	2.0–3.0	RCH_2F	4.4–4.5
$ArCH_3$	2.2–2.5	$ArOH$	4.5–4.7
$ArCH_2R$	2.3–2.8	$R_2C=CH_2$	4.6–5.0
ROH	0.5–6.0	$R_2C=CHR$	5.0–5.7
RCH_2OH	3.4–4.0	ArH	6.5–8.5
RCH_2OR	3.3–4.0	RCH (O=C)	9.5–10.1
R_2NH	0.5–5.0	$RCOH$ (O=C)	10–13
$RCCH_3$ (O=C)	2.1–2.3		
$RCCH_2R$ (O=C)	2.2–2.6		

a) Es handelt sich um typische Bereiche. Zusätzliche in den Verbindungen vorliegende Substituenten können bewirken, dass die Signale außerhalb dieser Bereiche liegen.

11.10 Was ist die chemische Verschiebung?

Die Position eines Signals auf der *x*-Achse eines NMR-Spektrums bezeichnet man als die **chemische Verschiebung** dieses Signals (Abschn. 11.7). Aus der chemischen Verschiebung eines Signals in einem ^{1}H-NMR-Spektrum können wir wertvolle Informationen über die Art der Wasserstoffatome ableiten, die dieses Signal hervorrufen. H-Atome von Methylgruppen, die an ein *sp*^{3}-hybridisiertes Kohlenstoffatom gebunden sind, haben beispielsweise eine chemische Verschiebung im Bereich $\delta = 0.8-1.0$ (siehe Abb. 11.18). Wasserstoffatome in Methylgruppen, die an ein Carbonyl-Kohlenstoffatom gebunden sind, liefern ein Signal bei $\delta = 2.1-2.3$ (siehe die Abb. 11.17 und 11.18) und H-Atome in Methylgruppen, die an ein Sauerstoffatom gebunden sind, führen zu einem Signal bei $\delta = 3.7-3.9$ (siehe Abb. 11.17). Tabelle 11.4 zeigt die typischen Bereiche der chemischen Verschiebungen für die meisten Arten von Wasserstoffatomen, denen wir in diesem Lehrbuch begegnen werden.

Es fällt auf, das alle angegebenen δ-Werte in einem recht engen Bereich zwischen 0 und 13 ppm liegen. In der Tabelle sind chemische Verschiebungen einer Vielzahl funktioneller Gruppen und daran gebundener Wasserstoffatome aufgeführt, die man zur Auswertung von ^{1}H-NMR-Spektren heranziehen kann. Für viele Fälle reicht es aber aus, die chemischen Verschiebungen der verschiedenen Wasserstofftypen der folgenden, groben Klassifizierung zu entnehmen:

Chemische Verschiebung (δ)	Art des H-Atoms
0–2	H gebunden an ein sp^3-Kohlenstoffatom
2–2.8	H gebunden an ein sp^3-Kohlenstoffatom in allylischer oder benzylischer Position (d. h. benachbart zu einer C=C-Doppelbindung oder einem Benzolring)
2–4.5	H gebunden an ein sp^3-Kohlenstoffatom nahe bei einem elektronegativen Element wie N, O oder Hal. Je elektronegativer das Element oder je näher das elektronegative Atom, desto größer ist die chemische Verschiebung.
4.6–5.7	H gebunden an ein sp^2-Kohlenstoffatom in einem Alken
6.5–8.5	H gebunden an ein sp^2-Kohlenstoffatom in einer aromatischen Verbindung
9.5–10.1	H gebunden an eine C=O-Gruppe (Wasserstoff eines Aldehyds)
10–13	H einer Carboxygruppe (COOH)

Für die Auswertung der meisten ^{1}H-NMR-Spektren reicht diese grobe Einteilung aus.

Beispiel 11.12 Im Folgenden sind zwei Konstitutionsisomere mit der Summenformel $C_6H_{12}O_2$ abgebildet:

$$\begin{array}{cc} \text{O CH}_3 & \text{O CH}_3 \\ \| \; | & \| \; | \\ \text{CH}_3\,\text{COCCH}_3 & \text{CH}_3\,\text{OC CCH}_3 \\ | & | \\ \text{CH}_3 & \text{CH}_3 \\ (1) & (2) \end{array}$$

(a) Wie viele Signale erwarten Sie im ^{1}H-NMR-Spektrum jedes Isomers?
(b) Welches Verhältnis der Signalintegrale erwarten Sie für jedes Spektrum?
(c) Wie kann man die beiden Isomere auf Basis der chemischen Verschiebungen unterscheiden?

Vorgehensweise

In diesem Beispiel folgen wir einem Ablauf, den wir immer dann wiederholen werden, wenn wir das ^{1}H-NMR-Spektrum einer Verbindung vorhersagen wollen. Stellen Sie zunächst fest, wie viele Gruppen äquivalenter Wasserstoffatome in der Verbindung vorliegen, wie viele Signale also zu erwarten sind (Abschn. 11.8). Bestimmen Sie anschließend die Integralverhältnisse für die Signale, indem Sie die zu jedem Signal gehörenden H-Atome zählen. Wenn die das Verhältnis angebenden Zahlen weiter reduziert (gekürzt) werden können, teilen Sie die Zahlen durch den Wert, der zum kleinstmöglichen ganzzahligen Verhältnis führt. Ermitteln Sie am Schluss für jede Gruppe äquivalenter Wasserstoffatome ihre zu erwartende chemische Verschiebung. Wenn die grobe Klassifizierung zur Vorhersage der chemischen Verschiebung nicht ausreicht, nutzen Sie die Wertebereiche aus Tab. 11.4.

Lösung

(a) Beide Verbindungen enthalten eine Gruppe von neun äquivalenten Wasserstoffatomen in Methylgruppen sowie eine zweite Gruppe von drei äquivalenten H-Atomen ebenfalls in einer Methylgruppe.
(b) Die ^{1}H-NMR-Spektren beider Verbindungen bestehen aus zwei Signalen im Integralverhältnis von 9 : 3 bzw. 3 : 1.
(c) Die zwei Konstitutionsisomere können durch die chemische Verschiebung der einzelnen CH_3-Gruppe unterschieden werden, also des Signals mit dem kleineren Integral (jeweils in Rot gezeigt). Der groben Klassifizierung entnehmen wir, dass die Wasserstoffatome einer CH_3O-Gruppe weniger abgeschirmt (stärker tieffeld-

verschoben) sind als die H-Atome einer CH$_3$C=O-Gruppe. In Tab. 11.4 finden Sie ungefähre Werte für die chemischen Verschiebungen. Die tatsächlich gemessenen Werte sind im Folgenden angegeben:

$$\delta = 1.95 \rightarrow \underset{\underset{CH_3}{|}}{CH_3\overset{O}{\overset{\|}{C}}O\overset{CH_3}{\overset{|}{C}}CH_3} \leftarrow \delta = 1.44 \quad \delta = 3.67 \rightarrow \underset{\underset{CH_3}{|}}{CH_3\overset{O\,CH_3}{\overset{|}{O}}C\overset{}{C}CH_3} \leftarrow \delta = 1.20$$

(1)   (2)

Siehe Aufgabe 11.17. ◂

11.11 Wie kommt es zur Aufspaltung der Signale?

Bisher haben wir drei Arten von Informationen kennengelernt, die sich aus der Auswertung von ^{1}H-NMR-Spektren ergeben:

1. An der Zahl der Signale können wir erkennen, wie viele Gruppen äquivalenter Wasserstoffatome in einer Verbindung vorliegen.
2. Durch Integration der Flächen unter den Signalen kann man ermitteln, wie viele Wasserstoffatome jedem Signal zugrunde liegen.
3. Aus der chemischen Verschiebung jedes Signals erhalten wir Informationen darüber, um welche Arten von Wasserstoffatomen es sich jeweils handelt.

Darüber hinaus können wir aus den *Aufspaltungsmustern* der Signale noch eine vierte Art von Informationen ableiten. Schauen wir uns zum Beispiel das ^{1}H-NMR-Spektrum von 1,1,2-Trichlorethan (Abb. 11.19) an, einer Verbindung, die als Lösungsmittel für Wachse und natürliche Harze verwendet wird. Das Molekül enthält zwei sekundäre und ein tertiäres Wasserstoffatom. Aus dem bisher Besprochenen lässt sich ableiten, dass wir im ^{1}H-NMR-Spektrum zwei Signale mit einem Flächenverhältnis von 2 : 1 zu erwarten haben, die zu den beiden H-Atomen der CH$_2$-Gruppe bzw. dem einzelnen H-Atom der CHCl$_2$-Gruppe gehören. Im Spektrum erkennt man tatsächlich aber fünf **Peaks** (Signalspitzen). Wie kann das sein, wenn wir doch nur zwei Signale vorhergesagt haben? Tatsächlich kann die Resonanzfrequenz eines Wasserstoffatoms durch die winzigen Magnetfelder benachbarter H-Atome beeinflusst werden. Diese Magnetfelder führen dazu, dass die entsprechenden Signale in mehrere Peaks **aufgespalten** werden.

Wasserstoffatome spalten ihre Signale gegenseitig auf, wenn sie durch höchstens drei Bindungen voneinander getrennt sind – z. B. in den Strukturmotiven H−C−C−H oder H−C=C−H (hier sind es jeweils drei Bindungen). Sind sie wie in H−C−C−C−H durch mehr als drei Bindungen getrennt, dann beobachtet man normalerweise keine

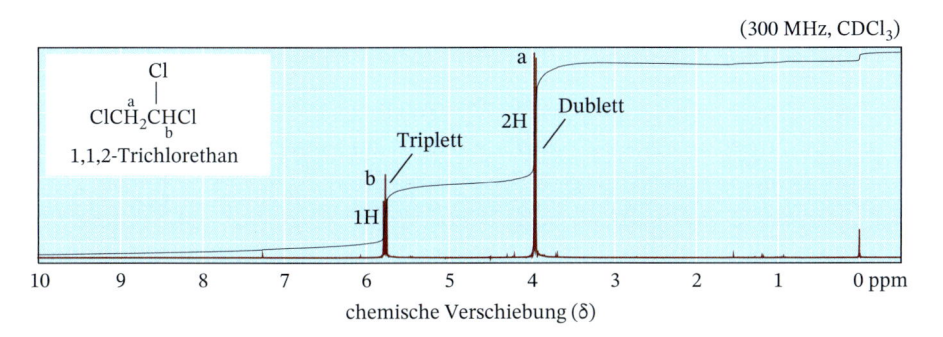

Abb. 11.19 ^{1}H-NMR-Spektrum von 1,1,2-Trichlorethan.

Aufspaltung mehr. Ein Signal, das nur als einzelner Peak erscheint, nennt man ein **Singulett**. Ein Signal, das in zwei Peaks aufgespalten ist, ist ein **Dublett**. In drei und vier Peaks aufgespaltene Signale werden als **Triplett** bzw. **Quartett** bezeichnet.

Die beiden Peaks (das Dublett) bei $\delta = 3.96$ im ^{1}H-NMR-Spektrum von 1,1,2-Trichlorethan gehören zum Signal der H-Atome in der CH_2-Gruppe und die Dreiergruppe von Peaks (das Triplett) bei $\delta = 5.77$ ist das Signal des einzelnen H-Atoms der $CHCl_2$-Gruppe. Man sagt, das CH_2-Signal bei $\delta = 3.96$ ist in ein Dublett aufgespalten und das CH-Signal bei $\delta = 5.77$ erscheint als Triplett. Durch dieses als **Signalaufspaltung** bezeichnete Phänomen wird das ^{1}H-NMR-Signal einer Gruppe von äquivalenten Wasserstoffatomen durch den Einfluss benachbarter, zu dieser Gruppe nicht äquivalenter Wasserstoffatome aufgespalten.

In wie viele Peaks ein Signal aufgespalten wird, kann durch die **($n + 1$)-Regel** vorhergesagt werden: Wenn ein Wasserstoffatom n nicht äquivalente benachbarte H-Atome (die aber ihrerseits untereinander äquivalent sind) an demselben oder (einem) benachbarten Atom(en) hat, dann ist das ^{1}H-NMR-Signal dieses Wasserstoffatoms in ($n + 1$) Peaks aufgespalten.

Wir wollen die ($n + 1$)-Regel für die Analyse des Spektrums von 1,1,2-Trichlorethan nutzen. Die zwei Wasserstoffatome der CH_2-Gruppe haben ein nicht äquivalentes Wasserstoffatom ($n = 1$) als Nachbar; ihr Signal ist daher zu einem Dublett ($1 + 1 = 2$) aufgespalten. Das einzelne Wasserstoffatom der $CHCl_2$-Gruppe hat zwei nicht äquivalente H-Atome ($n = 2$) als Nachbarn; sein Signal ist folglich in ein Triplett ($2 + 1 = 3$) aufgespalten.

Für diese H-Atome ist $n = 1$; ihr Signal ist in $1 + 1 = 2$ Peaks aufgespalten – ein **Dublett**.

Für dieses H-Atom ist $n = 2$; sein Signal ist in $2 + 1 = 3$ Peaks aufgespalten – ein **Triplett**.

$$Cl-CH_2-CH-Cl$$
$$|$$
$$Cl$$

Es ist wichtig, in Erinnerung zu behalten, dass die ($n + 1$)-Regel für die Signalaufspaltung nur für Wasserstoffatome mit *untereinander äquivalenten* Wasserstoffatomen als Nachbarn anwendbar ist. Wenn mehr als ein Satz benachbarter H-Atome vorhanden ist, kann die ($n + 1$)-Regel nicht angewendet werden. Das ^{1}H-NMR-Spektrum von 1-Chlorpropan kann zum Beispiel nicht auf der Basis der ($n + 1$)-Regel analysiert werden. Die beiden H-Atome an C-2 (eine CH_2-Gruppe) von 1-Chlorpropan werden einerseits von einer Gruppe aus zwei H-Atomen an C-1 und andererseits von einer Gruppe aus drei H-Atomen an C-3 flankiert. Weil die Gruppen von H-Atomen an C-1 und C-3 nicht zueinander (und auch nicht zu den H-Atomen an C-2) äquivalent sind, wird das Signal der CH_2-Gruppe an C-2 in ein komplexes Muster aufgespalten, das wir einfach als **Multiplett** bezeichnen wollen.

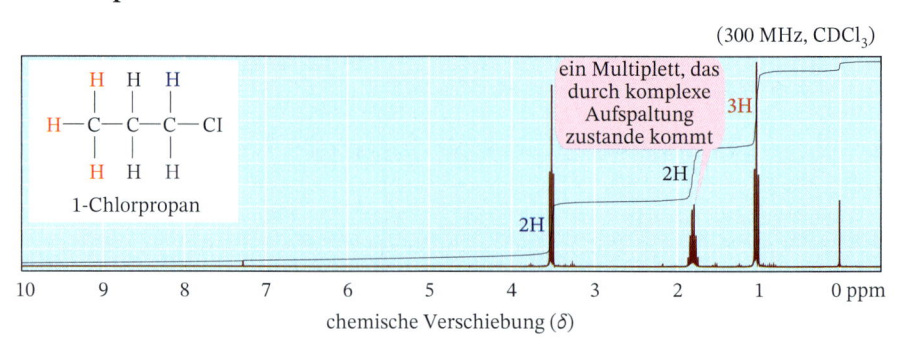

Beispiel 11.13 Wie viele Signale und welches Aufspaltungsmuster für jedes der Signale erwarten Sie in den ¹H-NMR-Spektren der folgenden Verbindungen?

(a) $\underset{\text{CH}_3\text{CCH}_2\text{CH}_3}{\overset{\overset{\displaystyle O}{\|}}{}}$ (b) $\underset{\text{CH}_3\text{CH}_2\text{CCH}_2\text{CH}_3}{\overset{\overset{\displaystyle O}{\|}}{}}$ (c) $\underset{\text{CH}_3\text{CCH(CH}_3)_2}{\overset{\overset{\displaystyle O}{\|}}{}}$

Vorgehensweise

Bestimmen Sie die Zahl der Signale, indem Sie ermitteln, wie viele Gruppen äquivalenter Wasserstoffatome vorliegen (Abschn. 11.8). Ermitteln Sie für jede Gruppe äquivalenter Wasserstoffatome, wie viele zueinander äquivalente H-Atome in der Nachbarschaft vorliegen (n), und wenden Sie die (n + 1)-Regel zur Vorhersage des Aufspaltungsmusters an.

Lösung

Die Gruppen äquivalenter Wasserstoffatome sind farblich codiert. In Verbindung (a) ist das Signal der roten Methylgruppe nicht aufgespalten (ein Singulett), weil diese Gruppe von anderen H-Atomen zu weit entfernt ist (> 3 Bindungen). Die blaue CH₂-Gruppe hat drei H-Atome als Nachbarn ($n = 3$) und spaltet daher in ein Quartett (3 + 1 = 4) auf. Die grüne Methylgruppe hat zwei benachbarte H-Atome ($n = 2$); ihr Signal erscheint als Triplett. Für die Signale ist ein Integrationsverhältnis von 3 : 2 : 3 zu erwarten. Die Analyse der Verbindungen (b) und (c) erfolgt analog. Verbindung (b) zeigt ein Triplett und ein Quartett im Verhältnis 3 : 2. Verbindung (c) zeigt ein Singulett, ein Septett (6 + 1 = 7) und ein Dublett im Verhältnis 3 : 1 : 6.

(a) Singulett Quartett Triplett   (b) Triplett Quartett

$\text{CH}_3 - \overset{\overset{\displaystyle O}{\|}}{\text{C}} - \text{CH}_2 - \text{CH}_3$ $\text{CH}_3 - \text{CH}_2 - \overset{\overset{\displaystyle O}{\|}}{\text{C}} - \text{CH}_2 - \text{CH}_3$

(c) Singulett Septett Dublett

$\text{CH}_3 - \overset{\overset{\displaystyle O}{\|}}{\text{C}} - \text{CH(CH}_3)_2$

Siehe Aufgabe 11.21.

11.12 Was ist ¹³C-NMR-Spektroskopie und wie unterscheidet sie sich von der ¹H-NMR-Spektroskopie?

Das Isotop ¹²C, das häufigste (98.89 %) natürliche Isotop des Kohlenstoffs, besitzt keinen Kernspin und kann daher nicht für die NMR-Spektroskopie genutzt werden. Kerne des Isotops ¹³C (natürliche Häufigkeit 1.11 %) besitzen dagegen einen Kernspin und können in der NMR-Spektroskopie ebenso detektiert werden wie Protonen. Man kann die NMR-Spektroskopie daher nutzen, um Informationen über 1.11 % der Kohlenstoffatome in einer Probe zu erhalten. Genau wie bei der ¹H-NMR-Spektroskopie erhält man auch bei der ¹³C-NMR-Spektroskopie ein Signal für jede Gruppe äquivalenter Kohlenstoffatome.

Weil sowohl die Isotope ¹³C als auch ¹H Kernspins besitzen und daher ein Magnetfeld erzeugen, koppeln ¹³C-Kerne mit jedem daran gebundenen ¹H-Atom und führen entsprechend der (n + 1)-Regel zu einer Signalaufspaltung. Bei den meisten üblicherweise verwendeten Messmethoden zur Aufnahme von ¹³C-NMR-Spektren wird diese Aufspaltung allerdings durch instrumentelle Techniken unterdrückt, um die Spektren zu vereinfachen. In diesen **protonenentkoppelten Spektren** erscheinen daher alle ¹³C-Signale als Singuletts. Das protonenentkoppelte ¹³C-NMR-Spektrum von Zi-

(75 MHz, DMSO-d_6)

$$\begin{array}{c} ^b\text{CH}_2-\text{COOH}^d \\ \text{HO}-\underset{a}{\overset{c}{\text{C}}}-\text{COOH}^d \\ ^b\text{CH}_2-\text{COOH}^d \end{array}$$
Zitronensäure

chemische Verschiebung (δ)

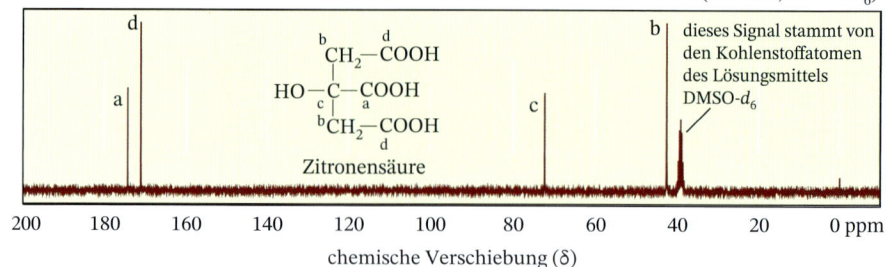

Abb. 11.20 Protonenentkoppeltes ^{13}C-NMR-Spektrum von Zitronensäure.

tronensäure (Abb. 11.20), einer Verbindung, die zur Erhöhung der Wasserlöslichkeit vieler Arzneimittelwirkstoffe genutzt wird, besteht aus vier Singuletts. Denken Sie daran, dass äquivalente Kohlenstoffatome genau wie äquivalente Wasserstoffatome in der ^{1}H-NMR-Spektroskopie nur ein Signal ergeben.

Tabelle 11.5 zeigt die Bereiche der chemischen Verschiebungen in der ^{13}C-NMR-Spektroskopie. Wie in der ^{1}H-NMR-Spektroskopie kommen wir aber auch in der ^{13}C-NMR-Spektroskopie häufig mit der folgenden groben Einteilung der chemischen Verschiebungen aus:

> Zur Auswertung der meisten ^{13}C-NMR-Spektren reicht diese grobe Einteilung aus.

Chemische Verschiebung (δ)	Kohlenstofftypen
0–50	sp^3-Kohlenstoffatome (tertiär > sekundär > primär)
50–80	sp^3-Kohlenstoffatome, gebunden an ein elektronegatives Atom wie N, O oder Hal. Je elektronegativer das Element, desto größer ist die chemische Verschiebung.
100–160	sp^2-Kohlenstoffatome von Alkenen oder aromatischen Verbindungen
160–180	Carbonyl-Kohlenstoffatome von Carbonsäuren und Carbonsäurederivaten (Kapitel 13 und 14)
180–210	Carbonyl-Kohlenstoffatome von Ketonen und Aldehyden (Kapitel 12)

Es fällt auf, dass der Bereich der chemischen Verschiebungen in der ^{13}C-NMR-Spektroskopie (0–210 ppm) deutlich größer ist als in der ^{1}H-NMR-Spektroskopie (0–13 ppm). Wegen der erweiterten Skala ist es sehr selten, dass zwei nicht-äquivalente Kohlenstoffatome in einer Verbindung identische chemische Verschiebungen aufweisen. In den meisten Fällen sieht man für jede unterschiedliche Art von Kohlenstoffatom in einer Verbindung ein klar aufgelöstes Signal, das von allen anderen Signalen deutlich getrennt erkennbar ist. Es fällt zudem auf, das die chemischen Verschiebungen von Carbonyl-Kohlenstoffatomen sich deutlich von denen der sp^3-hybridisierten und anderen sp^2-hybridisierten Kohlenstoffatomen unterscheiden. Das Vorliegen oder aber Fehlen einer Carbonylgruppe ist in einem ^{13}C-NMR-Spektrum daher sehr leicht zu erkennen.

Ein großer Vorteil der ^{13}C-NMR-Spektroskopie ist, dass man normalerweise sehr einfach abzählen kann, wie viele unterschiedliche Arten von Kohlenstoffatomen in einer Verbindung vorliegen. Eines muss man dabei allerdings beachten: Wegen der speziellen Charakteristik, nach der ^{13}C-Kerne mit umgeklapptem Spin in den energetisch niedrigeren Spinzustand zurückkehren, steht die Fläche unter den Signalen normalerweise in keinem verlässlichen Zusammenhang mit der Anzahl der zugrun-

Tab. 11.5 Chemische Verschiebungen in der ^{13}C-NMR-Spektroskopie.

Art des C-Atoms	Chemische Verschiebung (δ)	Art des C-Atoms	Chemische Verschiebung (δ)
R**C**H$_3$	0–40	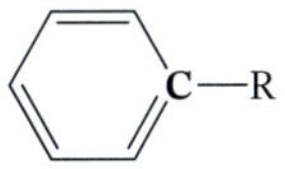 Ar–**C**–R (aromatisch)	110–160
R**C**H$_2$R	15–55	R**C**OR (Ester, O=C–OR)	160–180
R$_3$**C**H	20–60	R**C**NR$_2$ (Amid, O=C–NR$_2$)	165–180
R**C**H$_2$I	0–40	R**C**OH (Carbonsäure, O=C–OH)	175–185
R**C**H$_2$Br	25–65	R**C**H, R**C**R (Aldehyd, Keton)	180–210
R**C**H$_2$Cl	35–80		
R$_3$**C**OH	40–80		
R$_3$**C**OR	40–80		
R$_2$**C**≡**C**R	65–85		
R$_2$**C**=**C**R$_2$	100–150		

deliegenden Kohlenstoffatome. Die Anzahl der Kohlenstoffatome kann daher *nicht* durch Integration der Flächen ermittelt werden.

Beispiel 11.14 Wie viele Signale erwarten Sie für jede dieser Verbindungen in einem protonenentkoppelten ^{13}C-NMR-Spektrum?

(a) CH$_3$COCH$_3$ (b) CH$_3$CH$_2$CH$_2$CCH$_3$ (mit C=O) (c) CH$_3$CH$_2$CCH$_2$CH$_3$ (mit C=O)

Vorgehensweise
In der ^{1}H-NMR-Spektroskopie haben wir jedes Wasserstoffatom durch Chlor ersetzt, um festzustellen, welche Atome äquivalent sind. Da es nicht möglich ist, die Kohlenstoffatome durch Chlor zu ersetzen (Chlor ist nur einwertig), wollen wir stattdessen auf Symmetriekriterien zurückgreifen.

Lösung
Aus der Farbcodierung der Atome ergibt sich die Anzahl der beobachteten Signale. Die jeweilige chemische Verschiebung ist in den zugehörigen Farben ebenfalls angegeben. Die chemischen Verschiebungen der Carbonyl-Kohlenstoffatome sind unverwechselbar (Tab. 11.5); sie erscheinen in diesen Beispielen bei δ = 171.37, 208.85 und 211.97.

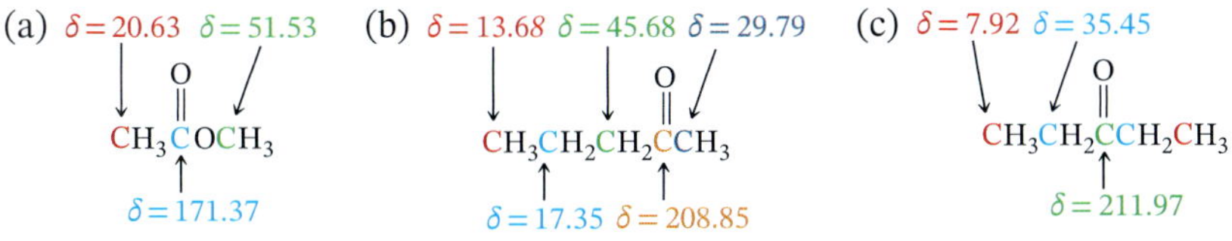

(a) δ = 20.63 δ = 51.53
CH$_3$COCH$_3$
δ = 171.37

(b) δ = 13.68 δ = 45.68 δ = 29.79
CH$_3$CH$_2$CH$_2$CCH$_3$
δ = 17.35 δ = 208.85

(c) δ = 7.92 δ = 35.45
CH$_3$CH$_2$CCH$_2$CH$_3$
δ = 211.97

Siehe Aufgabe 11.22.

Exkurs: 11.C   Magnetresonanztomographie (MRT)

Die Kernspinresonanz wurde in den 1950er Jahren durch Physiker entdeckt und beschrieben und entwickelte sich seit den 1960ern zu einem unverzichtbaren analytischen Werkzeug für sehr viele Bereiche der Chemie. In den frühen 1970er Jahren stellte man fest, dass die Bildgebung von Körperteilen mithilfe von NMR-Methoden eine wertvolle Ergänzung für die medizinische Diagnostik sein kann. Weil der Begriff *kernmagnetische Resonanz* (engl.: *nuclear magnetic resonance*) für viele einen Zusammenhang mit radioaktiven Materialien anklingen ließ, wählte man stattdessen die Bezeichnung Magnetresonanztomographie (MRT) für diese Technik.

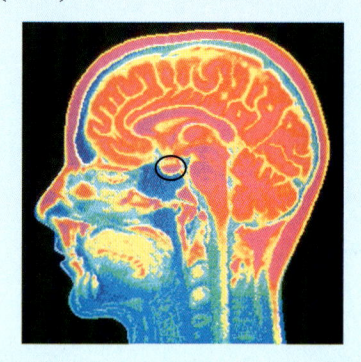

Computeroptimierte MRT-Aufnahme eines gesunden menschlichen Gehirns (die Hirnanhangdrüse ist eingekreist). [Quelle: © Mehau Kulyk/Science Source.]

Im Körper sind verschiedene Atomkerne vorhanden, die im Prinzip für die MRT genutzt werden können. Unter diesen liefert Wasserstoff, der vor allem in Wasser, in Triglyceriden (Fetten) und Membranphospholipiden enthalten ist, die am vielseitigsten nutzbaren Signale. Darüber hinaus wird in der medizinischen Diagnostik aber auch Phosphor-MRT verwendet.
Wir erinnern uns, dass Atomkerne in der Probe bei der NMR-Spektroskopie Energie in Form von Radiofrequenzstrahlung absorbieren. Die Relaxationszeit ist die charakteristische Zeit, innerhalb derer die angeregten Kerne diese Energie wieder abgeben und in ihren Grundzustand zurückkehren.
1971 entdeckte Raymond Damadian, dass die Relaxation der Protonen von Wasser in bestimmten Krebstumorzellen länger dauert als in normalen Zellen. Wenn man die Relaxationszeiten in einem bildgebenden Verfahren für den Körper darstellen könnte, sollte es demzufolge möglich sein, Tumore in einem frühen Stadium zu erkennen. Es zeigte sich tatsächlich, dass viele Tumore auf diese Weise identifiziert werden können. In einer anderen wichtigen Anwendung der MRT werden das Gehirn und das Rückenmark untersucht. Die weiße und die graue Substanz, die zwei unterschiedlichen Schichten im Gehirn, können durch MRT leicht unterschieden werden; dies kann für die Untersuchung von Krankheiten wie der multiplen Sklerose genutzt werden. Magnetresonanztomographie und Röntgenaufnahmen sind in vielerlei Hinsicht komplementäre Methoden: Die harte, äußere Schicht von Knochen ist in der MRT im Wesentlichen unsichtbar, dafür aber in Röntgenaufnahmen deutlich erkennbar; das weiche Gewebe ist hingegen für Röntgenstrahlen transparent, in der MRT aber gut sichtbar.

Der wesentliche Punkt bei jeder Art von bildgebendem Verfahren in der Medizin ist, zu verstehen, welcher Teil des Körpers welche Art von Signal ergibt. Bei der MRT wird der Patient in einem Magnetfeldgradienten platziert, der ortsaufgelöst variiert werden kann. Kerne in einem schwächeren Magnetfeld absorbieren die Strahlung bei kleinerer Frequenz. Kerne in einem Bereich höherer Magnetfeldstärke absorbieren die Strahlung dagegen bei höherer Frequenz. Weil ein Magnetfeldgradient entlang einer Achse eine Ebene innerhalb des Körpers abbildet, kann man mithilfe der MRT Schnittbilder von beliebigen Körperteilen erzeugen. 2003 erhielten Paul Lauterbur und Sir Peter Mansfield den Nobelpreis für Physiologie und Medizin für ihre Entdeckungen, die zur Entwicklung dieser bildgebenden Technik führten.

Aufgabe
In der konventionellen ^{1}H-NMR-Spektroskopie wird das Probenrohr in schnelle Rotation um seine Längsachse versetzt, um sicherzustellen, dass alle Teile der Probe einem homogenen äußeren Feld ausgesetzt sind. Homogenität ist auch in der MRT erforderlich. Mit dem Wissen, dass die Probe in der MRT ein Mensch ist – wie kann das wohl erreicht werden?

11.13 Wie bestimmt man die Struktur einer Verbindung mithilfe der NMR-Spektroskopie?

Wenn man die molekulare Struktur einer chemischen Verbindung bestimmen möchte, ist einer der ersten Schritte die Ermittlung der Summenformel. Früher geschah das meist mithilfe einer Elementaranalyse, in der die prozentuale Zusammensetzung einer Substanz durch Verbrennung und Analyse der Verbrennungsgase festgestellt wurde. Heute werden die Molmasse und die Summenformel meistens durch eine Technik ermittelt, die man als *Massenspektrometrie* bezeichnet (eine Besprechung dieser Methode ist im Rahmen dieses Lehrbuchs nicht möglich). In den folgenden Beispielen wollen wir davon ausgehen, dass die Summenformel einer unbekannten Verbindung bereits bestimmt wurde; ausgehend davon wollen wir die Strukturformel durch spektroskopische Methoden ermitteln.

Die folgenden Schritte können genutzt werden, um die Struktur einer Verbindung in einem systematischen Ansatz basierend auf einem ^{1}H-NMR-Spektrum zu bestimmen:

1. Schritt: *Summenformel und DBÄ*
Ermitteln Sie die DBÄ aus der Summenformel (Abschn. 11.4.7) und leiten Sie daraus ab, was man über das Vorliegen oder das Fehlen von Ringen oder π-Bindungen sagen kann.

2. Schritt: *Anzahl der Signale*
Zählen Sie die Signale im ^{1}H-NMR-Spektrum und ermitteln Sie, wie viele Gruppen äquivalenter Wasserstoffatome in der Verbindung mindestens vorliegen.

3. Schritt: *Integration*
Nutzen Sie die Signalintegration und die Summenformel, um festzustellen, wie viele Wasserstoffatome sich hinter jedem Signal verbergen.

4. Schritt: *Chemische Verschiebungen*
Ermitteln Sie, welche Signale im ^{1}H-NMR-Spektrum chemische Verschiebungen zeigen, die für bestimmte Arten von H-Atomen typisch sind (siehe hierzu die grobe Klassifizierung chemischer Verschiebungen in der ^{1}H-NMR-Spektroskopie in Abschn. 11.10). Beachten Sie aber, dass die in diesen ungefähren Regeln angegebenen Bereiche sehr breit sind und dass die H-Atome auch weiter hoch- oder tieffeldverschoben sein können, je nachdem, wie die tatsächliche Molekülstruktur im Detail aussieht.

5. Schritt: *Aufspaltungsmuster*
Untersuchen Sie die Aufspaltungsmuster und leiten Sie hieraus ab, wie viele nicht-äquivalente Nachbarn jede Gruppe von Wasserstoffatomen hat.

6. Schritt: *Strukturformel*
Schlagen Sie eine Strukturformel vor, die mit den in den Schritten 1–5 ermittelten Informationen konsistent ist.

Beispiel 11.15 Im Folgenden ist das ^{1}H-NMR-Spektrum einer farblosen Flüssigkeit mit der Summenformel $C_5H_{10}O$ abgebildet. Schlagen Sie eine Strukturformel für die Verbindung vor.

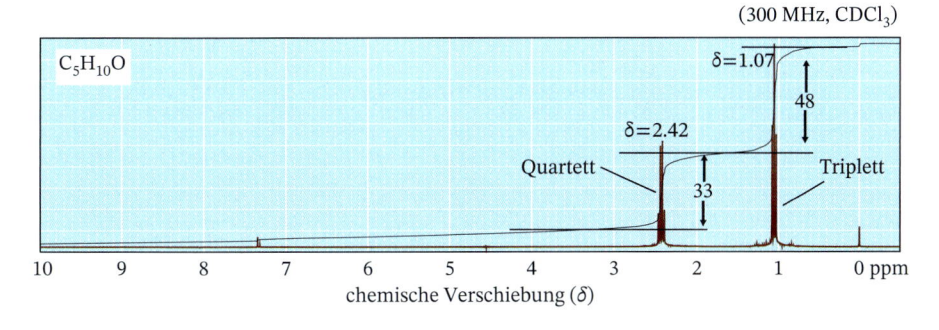

Vorgehensweise
Einem ^{1}H-NMR-Spektrum kann man sich nähern, indem man (1) die DBÄ ermittelt und daraus ableitet, was man über das Vorliegen oder Fehlen von Ringen oder π-Bindungen sagen kann, (2) die Signale zählt und daraus bestimmt, wie viele Gruppen äquivalenter Wasserstoffatome in der Verbindung mindestens vorliegen, (3) die Signalintegration und die Summenformel nutzt, um festzustellen, wie viele H-Atome zu

jedem Signal gehören, (4) ermittelt, welche Signale im ^{1}H-NMR-Spektrum chemische Verschiebungen aufweisen, die für bestimmte Arten von Wasserstoffatomen typisch sind, (5) die Aufspaltungsmuster untersucht und daraus ableitet, wie viele nicht-äquivalente Nachbarn jede Gruppe von Wasserstoffatomen hat, und (6) eine Strukturformel vorschlägt, die mit den in den Schritten 1–5 ermittelten Informationen konsistent ist.

Lösung

1. Schritt: *Summenformel und DBÄ*

Für die Verbindung ergibt sich ein Doppelbindungsäquivalent; sie enthält also *einen* Ring oder *eine* Doppelbindung.

2. Schritt: *Anzahl der Signale*

Das Spektrum zeigt zwei Signale (ein Triplett und ein Quartett); die Verbindung enthält daher zwei Gruppen äquivalenter Wasserstoffatome.

3. Schritt: *Integration*

Aus der Signalintegration ergibt sich, dass die Zahlen der H-Atome, die zu den beiden Signalen führen, im Verhältnis 3 : 2 stehen. Da die Verbindung 10 Wasserstoffatome enthält, gilt für die beiden Signale: $\delta = 1.07$ (6H) und $\delta = 2.42$ (4H).

4. Schritt: *Die chemischen Verschiebungen*

Das Signal bei $\delta = 1.07$ liegt im Alkylbereich; die chemische Verschiebung deutet darauf hin, dass es sich vermutlich um eine Methylgruppe handelt. Im Bereich von $\delta = 4.6$ bis 5.7 findet sich kein Signal; ein vinylisches Wasserstoffatom liegt also nicht vor. (Falls doch eine Kohlenstoff-Kohlenstoff-Doppelbindung in der Verbindung vorliegen sollte, dann müsste sie – da kein Wasserstoff daran gebunden ist – tetrasubstituiert sein.)

5. Schritt: *Aufspaltungsmuster*

Das Methylsignal bei $\delta = 1.07$ ist in ein Triplett (t) aufgespalten und muss daher zwei benachbarte H-Atome haben. Das deutet auf eine CH_3CH_2-Gruppe hin. Das Signal bei $\delta = 2.42$ ist in ein Quartett (q) aufgespalten und hat daher drei H-Atome als Nachbarn. Das bestätigt die Hypothese, dass eine CH_3CH_2-Gruppe vorliegt. Es handelt sich also um die beiden Signale einer Ethylgruppe. Da keine anderen Signale im Spektrum auftreten, liegen in der Verbindung keine weiteren Arten von Wasserstoffatomen vor.

6. Schritt: *Strukturformel*

Nutzt man alle bisher ermittelten Informationen, kann man die im Folgenden angegebene Strukturformel erstellen. Die chemische Verschiebung der Methylengruppe ($-CH_2-$) entspricht der, die man für eine Alkylgruppe neben einer Carbonylgruppe erwarten würde.

$$CH_3-CH_2-\underset{\underset{\text{3-Pentanon}}{}}{\overset{\overset{O}{\|}}{C}}-CH_2-CH_3$$

$\delta = 2.42$ (q) $\delta = 1.07$ (t)

Siehe Aufgaben 11.23, 11.27 und 11.29–11.38.

Beispiel 11.16 Im Folgenden ist das ^{1}H-NMR-Spektrum einer farblosen Flüssigkeit mit der Summenformel $C_7H_{14}O$ abgebildet. Schlagen Sie eine Strukturformel für die Verbindung vor.

11.13 Wie bestimmt man die Struktur einer Verbindung mithilfe der NMR-Spektroskopie

(300 MHz, CDCl$_3$)

C$_7$H$_{14}$O

9H

3H

2H

chemische Verschiebung (δ)

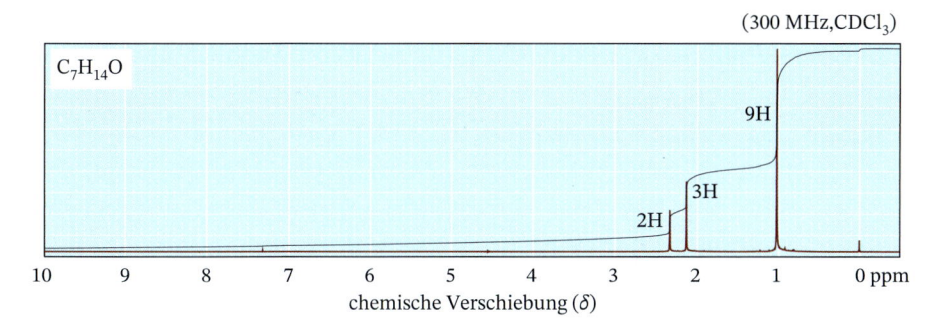

Vorgehensweise
Einem ^{1}H-NMR-Spektrum kann man sich nähern, indem man (1) die DBÄ ermittelt und daraus ableitet, was man über das Vorliegen oder Fehlen von Ringen oder π-Bindungen sagen kann, (2) die Signale zählt und daraus bestimmt, wie viele Gruppen äquivalenter Wasserstoffatome in der Verbindung mindestens vorliegen, (3) die Signalintegration und die Summenformel nutzt, um festzustellen, wie viele H-Atome zu jedem Signal gehören, (4) ermittelt, welche Signale im ^{1}H-NMR-Spektrum chemische Verschiebungen aufweisen, die für bestimmte Arten von Wasserstoffatomen typisch sind, (5) die Aufspaltungsmuster untersucht und daraus ableitet, wie viele nicht-äquivalente Nachbarn jede Gruppe von Wasserstoffatomen hat, und (6) eine Strukturformel vorschlägt, die mit den in den Schritten 1–5 ermittelten Informationen konsistent ist.

Lösung
1. Schritt: *Summenformel und DBÄ*
Für die Verbindung ergibt sich ein Doppelbindungsäquivalent; sie enthält also *einen* Ring oder *eine* Doppelbindung.

2. Schritt: *Anzahl der Signale*
Das Spektrum zeigt drei Signale; die Verbindung enthält daher drei Gruppen äquivalenter Wasserstoffatome.

3. Schritt: *Integration*
Aus der Signalintegration ergibt sich, dass die Zahlen der H-Atome, die zu jedem der Signale führen, von links nach rechts im Verhältnis 2 : 3 : 9 stehen.

4. Schritt: *Die chemischen Verschiebungen*
Das Signal bei $\delta = 1.01$ ist charakteristisch für eine Methylgruppe, die an ein *sp^3*-hybridisiertes Kohlenstoffatom gebunden ist. Die chemischen Verschiebungen der Singuletts bei $\delta = 2.11$ und 2.32 sind typisch für Alkylgruppen, die an Carbonylgruppen gebunden sind.

5. Schritt: *Aufspaltungsmuster*
Alle Signale sind Singuletts (s); keine der Wasserstoffgruppen ist daher höchstens drei Bindungen von einer anderen entfernt.

6. Schritt: *Strukturformel*
Es handelt sich um 4,4-Dimetyl-2-pentanon:

$\delta = 1.01$ (s) $\delta = 2.32$ (s) $\delta = 2.11$ (s)

$$CH_3-\underset{\underset{CH_3}{|}}{\overset{\overset{CH_3}{|}}{C}}-CH_2-\overset{\overset{O}{\|}}{C}-CH_3$$

4,4-Dimethyl-2-pentanon

Siehe Aufgaben 11.24, 11.27 und 11.29–11.38.

Die folgenden Schritte können genutzt werden, um die Struktur einer Verbindung in einem systematischen Ansatz basierend auf einem ^{13}C-NMR-Spektrum zu bestimmen:

1. Schritt: *Summenformel und DBÄ*
Ermitteln Sie die DBÄ aus der Summenformel (Abschn. 11.4.7) und leiten Sie daraus ab, was man über das Vorliegen oder Fehlen von Ringen oder π-Bindungen sagen kann.

2. Schritt: *Anzahl der Signale*
Zählen Sie die Signale und ermitteln Sie, wie viele Gruppen äquivalenter Kohlenstoffatome in der Verbindung mindestens vorliegen.

3. Schritt: *Die chemischen Verschiebungen*
Ermitteln Sie, welche Signale im ^{13}C-NMR-Spektrum chemische Verschiebungen zeigen, die für bestimmte Arten von Kohlenstoffatomen typisch sind (siehe hierzu die grobe Kategorisierung chemischer Verschiebungen in der ^{13}C-NMR-Spektroskopie; Abschn. 11.12). Beachten Sie aber, dass die in diesen ungefähren Regeln angegebenen Bereiche sehr breit sind und dass die Signale durchaus auch weiter hoch- oder tieffeldverschoben sein können, je nachdem, wie die tatsächliche Molekülstruktur im Detail aussieht.

4. Schritt: *Strukturformel*
Schlagen Sie eine Strukturformel vor, die mit den in den Schritten 1–3 ermittelten Informationen konsistent ist. *Achtung:* Weil aus einem ^{13}C-NMR-Spektrum keine Informationen über benachbarte Wasserstoffatome abgeleitet werden können, kann es schwierig sein, die Struktur einer Verbindung ausschließlich aus ^{13}C-NMR-Daten zu ermitteln.

Beispiel 11.17 Im Folgenden ist das ^{13}C-NMR-Spektrum einer farblosen Flüssigkeit mit der Summenformel C_7H_7Cl abgebildet. Schlagen Sie eine Strukturformel für die Verbindung vor.

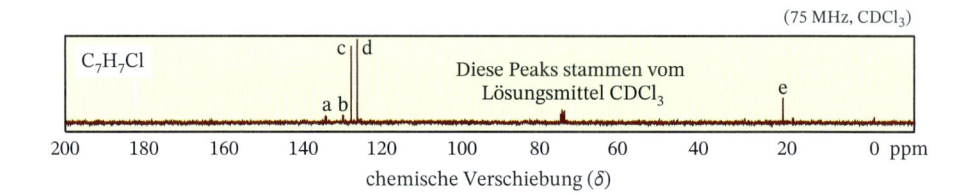

Vorgehensweise
Einem ^{13}C-NMR-Spektrum kann man sich nähern, indem man (1) die DBÄ ermittelt und daraus ableitet, was man über das Vorliegen oder Fehlen von Ringen oder π-Bindungen sagen kann, (2) die Signale zählt und daraus ermittelt, wie viele Gruppen äquivalenter Kohlenstoffatome in der Verbindung mindestens vorliegen, (3) ermittelt, welche Signale im ^{13}C-NMR-Spektrum chemische Verschiebungen zeigen, die für bestimmte Arten von Kohlenstoffatomen typisch sind, und (4) eine Strukturformel vorschlägt, die mit den in den Schritten 1–3 ermittelten Informationen konsistent ist.

Lösung
1. Schritt: *Summenformel und DBÄ*
Die Verbindung weist vier Doppelbindungsäquivalente auf, wodurch zahlreiche Kombinationen an Ringen und π-Bindungen möglich sind.

2. Schritt: *Anzahl der Signale*

Das Spektrum zeigt fünf Signale; die Verbindung enthält daher fünf Gruppen äquivalenter C-Atome. Weil die Verbindung insgesamt sieben C-Atome enthält, muss die Verbindung ein Symmetrieelement aufweisen.

3. Schritt: *Die chemischen Verschiebungen*

Das Signal (e) bei $\delta = 23$ ist charakteristisch für ein sp^3-hybridisiertes Kohlenstoffatom. Die vier Signale (a–d) zwischen $\delta = 120$ und 140 sind charakteristisch für sp^2-hybridisierte C-Atome. Weil es nicht sehr wahrscheinlich ist, dass eine Verbindung mit nur sieben C-Atomen vier π-Bindungen enthält (4 DBÄ), handelt es sich vermutlich um eine Verbindung mit einem Benzolring.

4. Schritt: *Strukturformel*

Weil die Verbindung symmetrisch ist, handelt es sich sehr wahrscheinlich um 4-Chlortoluol:

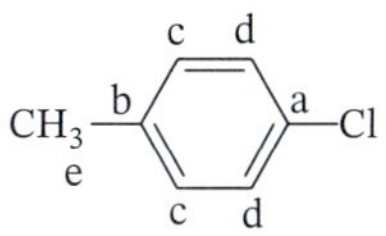

$$CH_3 \underset{e}{\overset{b}{-}} \underset{c \quad d}{\overset{c \quad d}{\bigcirc}} \overset{a}{-} Cl$$

4-Chlortoluol

Siehe Aufgaben 11.25, 11.26, 11.28, 11.31, 11.34 und 11.35.

Zusammenfassung

11.1 Was ist elektromagnetische Strahlung?

- **Elektromagnetische Strahlung** ist eine sich mit Lichtgeschwindigkeit fortbewegende Welle, die durch ihre **Wellenlänge** (λ) und ihre **Frequenz** (ν) beschrieben werden kann.
- Die Frequenz wird in **Hertz (Hz)** angegeben, die Wellenlänge in Metern (m).
- Die elektromagnetische Strahlung kann alternativ über ihre Energie charakterisiert werden; dabei gilt $E = h\nu$.

11.2 Was ist Molekülspektroskopie?

- **Molekülspektroskopie** ist eine Bezeichnung für verschiedene experimentelle Techniken, bei denen gemessen wird, welche Wellenlängen oder Frequenzen die von Molekülen absorbierte oder emittierte Strahlung hat. Die daraus erhaltenen Ergebnisse können mit der Molekülstruktur korreliert werden.

11.3 Was ist Infrarotspektroskopie?

- **Infrarot-** oder **Schwingungsspektroskopie** ist eine Molekülspektroskopie, die mit Infrarotstrahlung arbeitet.
- Durch die Wechselwirkung von Molekülen mit **Infrarotstrahlung** werden kovalente Bindungen in höhere Schwingungszustände angeregt.
- **Infrarotspektren** reichen von 4000 bis 400 cm^{-1}. Strahlung in diesem Bereich wird über die Wellenzahl ($\tilde{\nu}$) definiert und in reziproken Zentimetern (cm^{-1}) angegeben.
- Nur polare Bindungen sind **infrarotaktiv**; je polarer eine Bindung, desto stärker ist die Absorption von IR-Strahlung.
- Die einfachsten Schwingungen, die zur Absorption von Infrarotstrahlung führen, sind **Streck-** und **Deformationsschwingungen**.
- Streckschwingungen können symmetrisch oder antisymmetrisch sein.

- Typische Absorptionen von funktionellen Gruppen sind in Tabellen zusammengestellt, wobei die Intensitäten von Peaks mit **stark (s)**, **mittel (m)** und **schwach (w)** angegeben werden. Die Streckschwingungen der meisten funktionellen Gruppen finden sich im Bereich von 3400 bis 1000 cm^{-1}.
- Der Bereich zwischen 1000 und 400 cm^{-1} im IR-Spektrum wird als **Fingerprintbereich** bezeichnet; die Absorptionsbanden in diesem Bereich sind für jede Verbindung einzigartig.

11.4 Wie wertet man Infrarotspektren aus?
- Die Gesamtzahl von Ringen und π-Bindungen in einer Verbindung, d. h. die Zahl der sogenannten **Doppelbindungsäquivalente** (DBÄ), lässt sich aus der Summenformel errechnen.
- Basierend auf den DBÄ und der Kenntnis der charakteristischen IR-Absorptionen für die verschiedenen funktionellen Gruppen kann man mögliche Strukturen einer Verbindung vorschlagen, wenn ihre Summenformel bekannt ist.

11.5 Was ist Kernspinresonanz?
- Ein Atomkern mit ungerader Massen- oder Ordnungszahl besitzt einen **Spin** und verhält sich wie ein kleiner Stabmagnet.
- Werden ^{1}H- oder ^{13}C-Atome zwischen die Pole eines starken Magneten gebracht, ist die Wechselwirkung ihrer Kernspins mit dem angelegten Magnetfeld gequantelt und es sind nur noch zwei Orientierungen der Kernspins im Raum möglich.
- Wenn die Kernspins zwischen den Polen eines starken Magneten liegen, richten sie sich entweder mit dem oder entgegengesetzt zum angelegten Feld aus.
- Kernspins, die mit dem angelegten Feld ausgerichtet sind, haben eine geringere Energie; die entgegengesetzt zum angelegten Feld ausgerichteten Spins befinden sich in einem Zustand höherer Energie.
- **Resonanz** ist die Absorption elektromagnetischer Strahlung durch einen Kern und das daraus resultierende „Umklappen" des Kernspins von einem energetisch niedrigeren in einen höheren Spinzustand.

11.6 Was ist Abschirmung?
- Die Frequenz, bei der ein Kern angeregt wird, wird durch die lokale chemische und magnetische Umgebung beeinflusst.
- Auch die Elektronen eines Wasserstoffatoms haben einen Spin; sie bewirken ein lokales Magnetfeld, das die Protonen vom angelegten Feld **abschirmt**.

11.7 Was ist ein ^{1}H-NMR-Spektrum?
- Ein **NMR-Spektrometer** zeichnet Resonanzen als Signale auf; alle Resonanzsignale einer Probe werden in einem **NMR-Spektrum** abgebildet.

11.8 Wie viele Signale enthält das ^{1}H-NMR-Spektrum einer Verbindung?
- **Äquivalente Wasserstoffatome** in einer Verbindung haben identische chemische Verschiebungen.

11.9 Welche Informationen liefert die Signalintegration?
- Die Fläche unter einem ^{1}H-NMR-Signal ist proportional zur Anzahl der äquivalenten Wasserstoffatome, die diesem **Signal** zugrunde liegen. Die Bestimmung der Fläche bezeichnet man als **Integration**.

11.10 Was ist die chemische Verschiebung?
- In einem ^{1}H-NMR-Spektrum beschreibt man die Lage eines Signals, indem man angibt, wie weit es gegenüber dem Referenzsignal der zwölf äquivalenten Wasserstoffatome in **Tetramethylsilan (TMS)** verschoben ist.
- In einem ^{13}C-NMR-Spektrum beschreibt man die Lage eines Signals, indem man angibt, wie weit es gegenüber dem Referenzsignal der vier äquivalenten Kohlenstoffatome im TMS verschoben ist.
- Die **chemische Verschiebung** (δ) ist die Frequenzverschiebung relativ zu TMS, geteilt durch die Spektrometerfrequenz. Sie wird in **ppm** angegeben.

11.11 Wie kommt es zur Aufspaltung der Signale?
- Die **Signalaufspaltung** des ^{1}H-NMR-Signals eines H-Atoms oder einer Gruppe äquivalenter H-Atome kommt durch den Einfluss nicht-äquivalenter H-Atome an demselben oder benachbarten Kohlenstoffatomen zustande.
- Die **($n + 1$)-Regel** besagt: Wenn ein Wasserstoffatom n nicht äquivalente H-Atome (die aber ihrerseits untereinander äquivalent sind) als Nachbarn an demselben oder an (einem) benachbarten Atom(en) hat, dann ist das ^{1}H-NMR-Signal dieses Wasserstoffatoms in ($n + 1$) Peaks aufgespalten.
- **Komplexe Aufspaltungsmuster** ergeben sich, wenn ein H-Atom von zwei oder mehr Gruppen von H-Atomen umgeben ist, die untereinander nicht äquivalent sind.
- Die aufgespaltenen Signale werden als **Singuletts**, **Dubletts**, **Tripletts**, **Quartetts**, **Quintetts** oder **Multipletts** bezeichnet.

11.12 Was ist ^{13}C-NMR-Spektroskopie und wie unterscheidet sie sich von der ^{1}H-NMR-Spektroskopie?
- ^{13}C-NMR-Spektren erstrecken sich normalerweise über den Bereich von $\delta = 0$–210 ppm, während ^{1}H-NMR-Spektren nur den Bereich $\delta = 0$–13 ppm abdecken.
- ^{13}C-NMR-Spektren werden normalerweise **protonenentkoppelt** aufgenommen. Bei dieser Technik erscheinen alle ^{13}C-Signale als Singuletts.

11.13 Wie bestimmt man die Struktur einer Verbindung mithilfe der NMR-Spektroskopie
- Einem ^{1}H-NMR-Spektrum kann man sich nähern, indem man (1) die DBÄ ermittelt und daraus ableitet, was man über das Vorliegen oder Fehlen von Ringen oder π-Bindungen sagen kann, (2) die Signale zählt und daraus bestimmt, wie viele Gruppen äquivalenter Wasserstoffatome in der Verbindung mindestens vorliegen, (3) die Signalintegration und die Summenformel nutzt, um festzustellen, wie viele H-Atome zu jedem Signal gehören, (4) ermittelt, welche Signale im ^{1}H-NMR-Spektrum chemische Verschiebungen aufweisen, die für bestimmte Arten von Wasserstoffatomen typisch sind, (5) die Aufspaltungsmuster untersucht und daraus ableitet, wie viele nicht-äquivalente Nachbarn jede Gruppe von Wasserstoffatomen hat, und (6) eine Strukturformel vorschlägt, die mit den in den Schritten 1–5 ermittelten Informationen konsistent ist.
- Einem ^{13}C-NMR-Spektrum kann man sich nähern, indem man (1) die DBÄ ermittelt und daraus ableitet, was man über das Vorliegen oder Fehlen von Ringen oder π-Bindungen sagen kann, (2) die Signale zählt und daraus ermittelt, wie viele Gruppen äquivalenter Kohlenstoffatome in der Verbindung mindestens vorliegen, (3) ermittelt, welche Signale im ^{13}C-NMR-Spektrum chemische Verschiebungen zeigen, die für bestimmte Arten von Kohlenstoffatomen typisch sind, und (4) eine Strukturformel vorschlägt, die mit den in den Schritten 1–3 ermittelten Informationen konsistent ist.

Quiz

Sind die folgenden Aussagen richtig oder falsch? Hier können Sie testen, ob Sie die wichtigsten Fakten aus diesem Kapitel parat haben. Wenn Sie mit einer der Fragestellungen Probleme haben, sollten Sie den jeweiligen in Klammern angegebenen Abschnitt in diesem Kapitel noch einmal durcharbeiten, bevor Sie sich an die weiteren, meist etwas schwierigeren Aufgaben zu diesem Kapitel machen.

1. Eine schwache Absorptionsbande in einem IR-Spektrum kann zum Beispiel auf eine Bindung mit geringer Polarität zurückzuführen sein (11.13).
2. Durch Integration in einem ^{1}H-NMR-Spektrum kann man feststellen, wie viele benachbarte Wasserstoffatome vorliegen (11.11).
3. Wellenlänge und Frequenz sind direkt proportional. Nimmt die Wellenlänge zu, steigt auch die entsprechende Frequenz (11.1).
4. Ein Alken-Wasserstoffatom (ein vinylisches H-Atom) kann durch ^{1}H-NMR-Spektroskopie von einem Wasserstoffatom an einem Benzolring unterschieden werden (11.10).
5. IR-Spektroskopie kann verwendet werden, um zwischen einem terminalen und einem internen Alkin zu unterscheiden (11.4).
6. Das NMR-Signal eines abgeschirmten Kerns erscheint hochfeldverschoben im Vergleich mit dem eines entschirmten Kerns (11.7).
7. Der Übergang zwischen zwei Zuständen E_1 und E_2 kann durch Licht bewirkt werden, das die gleiche oder eine höhere Energie hat wie die Energiedifferenz zwischen E_1 und E_2 (11.2).
8. Eine Verbindung mit der Summenformel $C_5H_{10}O$ könnte eine Dreifachbindung, zwei C=O-Bindungen oder zwei Ringe enthalten (11.4).
9. Ein Keton kann durch ^{13}C-NMR-Spektroskopie von einem Aldehyd unterschieden werden (11.12).
10. Eine Verbindung mit der Summenformel $C_7H_{12}O$ weist zwei DBÄ auf (11.4).
11. Ein ^{1}H-NMR-Spektrum mit einem Integrationsverhältnis von 3:1:2 könnte für eine Verbindung mit der Summenformel C_5H_9O stehen (11.9).
12. Elektromagnetische Strahlung kann man als Welle, als Teilchen oder auf Grundlage ihrer Energie beschreiben (11.1).
13. Eine Gruppe von Wasserstoffatomen ist äquivalent, wenn der Ersatz jedes einzelnen H-Atoms durch ein Halogen jeweils zur selben Verbindung führt (11.8).
14. Die Gesamtheit aller IR-Absorptionsbanden zwischen 1000 und 400 cm^{-1} ist für jede Verbindung einzigartig (d. h. keine zwei Verbindungen zeigen in diesem Bereich das gleiche Spektrum) (11.3).
15. Alle Atomkerne besitzen einen Spin und können daher durch NMR-Spektroskopie analysiert werden (11.5).
16. C−H-Streckschwingungen treten bei höheren Wellenzahlen auf als C−C-Streckschwingungen (11.4).
17. Die Resonanzfrequenz eines Kerns hängt davon ab, wie stark dieser abgeschirmt ist (11.6).
18. Die IR-Spektroskopie kann nicht zur Unterscheidung eines Ketons von einer Carbonsäure verwendet werden (11.4).
19. Die Wellenzahl ($\tilde{\nu}$) ist zur Frequenz direkt proportional (11.3).
20. IR-Spektroskopie kann nicht zur Unterscheidung eines Alkohols von einem Ether genutzt werden (11.4).
21. Mit der Infrarotspektroskopie misst man Übergänge zwischen elektronischen Energieniveaus (11.2).
22. Eine Gruppe von Wasserstoffatomen, die ein Dublett zeigt, besitzt zwei benachbarte H-Atome (11.11).
23. TMS (Tetramethylsilan) ist ein Solvens, das in der NMR-Spektroskopie häufig genutzt wird (11.7).
24. Licht mit einer Wellenlänge von 400 nm hat eine höhere Energie als Licht der Wellenlänge 600 nm (11.1).
25. Das Signal der Methylgruppe in 1-Chlorbutan erscheint im ^{1}H-NMR-Spektrum als Triplett (11.11).

Ausführliche Erklärungen zu vielen dieser Antworten finden sich im Arbeitsbuch.

Antworten: (1) R (2) F (3) F (4) R (5) R (6) R (7) F (8) F (9) F (10) R (11) F (12) R (13) R (14) R (15) F (16) R (17) R (18) F (19) R (20) F (21) F (22) F (23) F (24) R (25) R

Aufgaben

Elektromagnetische Strahlung

11.1 Berechnen Sie die Energie (in kJ/mol) von rotem Licht (680 nm). Welche Art von Strahlung ist energiereicher – infrarote Strahlung mit einer Wellenlänge von 2.50 μm oder rotes Licht mit einer Wellenlänge von 680 nm? (Siehe Beispielaufgabe 11.1)

11.2 Welcher Laserpointer sendet Lichtstrahlen höherer Energie aus – ein roter oder ein grüner? (Siehe Beispielaufgabe 11.1)

11.3 In einer Verbindung liegen zwei Molekülorbitale vor, die einen Energieunterschied von 343 kJ/mol (82 kcal/mol) haben. Welche Wellenlänge muss eingestrahlt werden, um einen Übergang zwischen den beiden Energieniveaus zu erreichen? Welchem Bereich des elektromagnetischen Spektrums entspricht diese Energie? (Siehe Beispielaufgabe 11.1)

Interpretation von IR-Spektren

11.4 Eine Verbindung zeigt eine starke, sehr breite IR-Absorption im Bereich von 3200 bis 3500 cm^{-1} und eine starke Absorption bei 1715 cm^{-1}. Welche funktionelle Gruppe könnte hier vorliegen? (Siehe Beispielaufgabe 11.2)

11.5 Propansäure und Ethansäuremethylester sind Konstitutionsisomere. Wie lassen sich beide mithilfe der IR-Spektroskopie unterscheiden? (Siehe Beispielaufgabe 11.3)

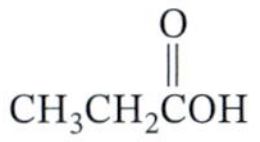

$$\underset{\text{(Propionsäure)}}{\underset{\text{Propansäure}}{CH_3CH_2\overset{\overset{O}{\|}}{C}OH}} \qquad \underset{\text{(Essigsäuremethylester)}}{\underset{\text{Ethansäuremethylester}}{CH_3\overset{\overset{O}{\|}}{C}OCH_3}}$$

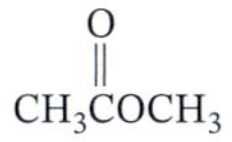

11.6 Was sagt die Wellenzahl, bei der die Streckschwingung einer bestimmten funktionellen Gruppe beobachtet wird, über die Bindungsstärke in dieser funktionellen Gruppe aus? (Siehe Beispielaufgabe 11.4)

11.7 Wie viele DBÄ weist Cyclohexen mit der Summenformel C_6H_{10} auf und was bedeutet das für die Struktur dieser Verbindung? (Siehe Beispielaufgabe 11.5)

11.8 Für Niacin werden fünf DBÄ ermittelt. Erklären Sie mithilfe der Strukturformel von Niacin, was das bedeutet. (Siehe Beispielaufgabe 11.6)

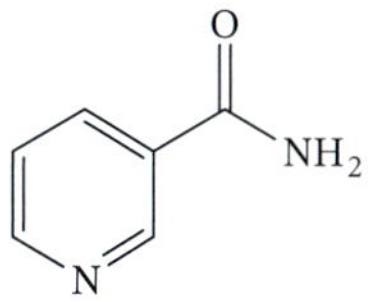

Nicotinamid
(Niacin)

11.9 Ermitteln Sie, welche Verbindungen mit der Summenformel $C_8H_{10}O$ das in Beispielaufgabe 11.7 abgebildete Spektrum ergeben würden. Was können sie also über die Grenzen der IR-Spektroskopie für die Strukturaufklärung unbekannter Verbindungen sagen, wenn Sie Beispielaufgabe 11.7 und diese Aufgabe zugrunde legen?

11.10 Berechnen Sie die DBÄ der folgenden Verbindungen. (Siehe Beispielaufgaben 11.5 und 11.6)
(a) Aspirin, $C_9H_8O_4$
(b) Ascorbinsäure (Vitamin C), $C_6H_8O_6$
(c) Pyridin, C_5H_5N
(d) Harnstoff, CH_4N_2O
(e) Cholesterin, $C_{27}H_{46}O$
(f) Trichloressigsäure, $C_2HCl_3O_2$

11.11 Von Verbindung A mit der Summenformel C_6H_{10} ist das IR-Spektrum gezeigt; sie reagiert mit H_2/Ni zu Verbindung B mit der Summenformel C_6H_{12}. Bestimmen Sie auf Basis dieser Informationen (siehe Beispielaufgaben 11.4–11.7)
(a) die DBÄ von Verbindung A,
(b) die Anzahl der Ringe oder π-Bindungen (oder beides) in Verbindung A.
(c) Mit welchen Strukturmerkmalen lassen sich die DBÄ von Verbindung A erklären?

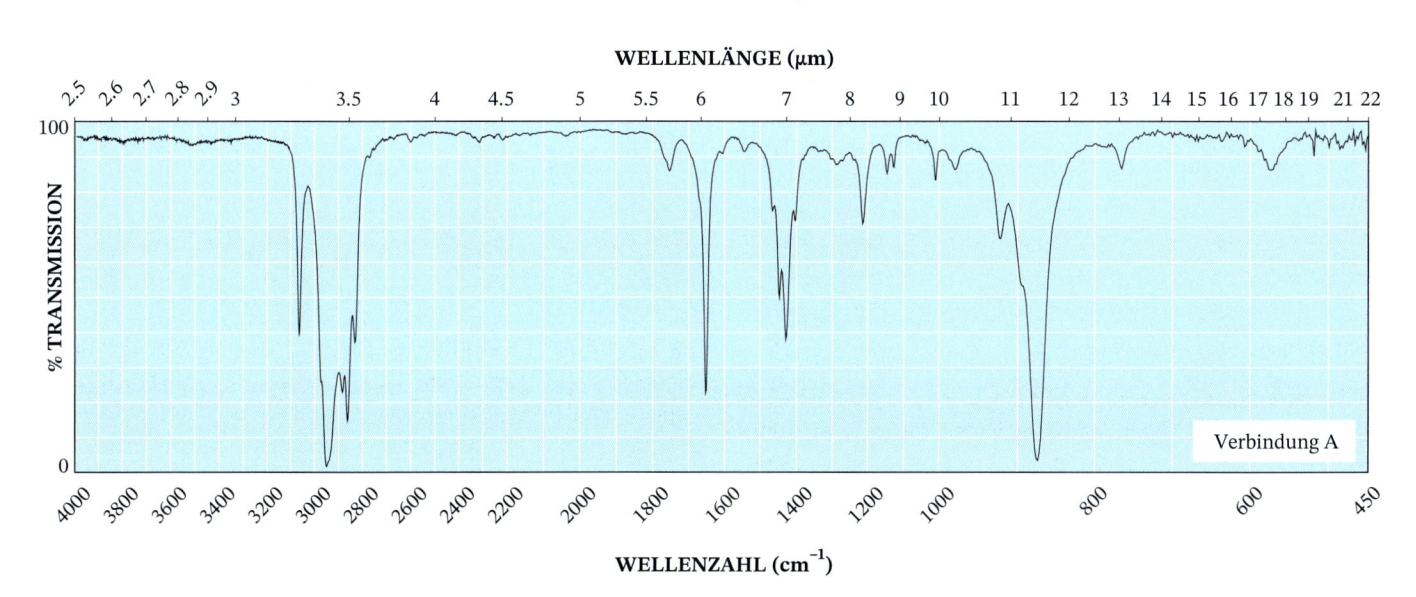

11.12 Von Verbindung C mit der Summenformel C₅H₁₃N ist das IR-Spektrum gezeigt. Ermitteln Sie auf Basis dieser Informationen (siehe Beispielaufgaben 11.4–11.7)
(a) die DBÄ von Verbindung C,
(b) die Anzahl der Ringe oder π-Bindungen (oder beides) in Verbindung C.
(c) Welche stickstoffhaltige(n) funktionelle(n) Gruppe(n) könnte(n) in Verbindung C enthalten sein?

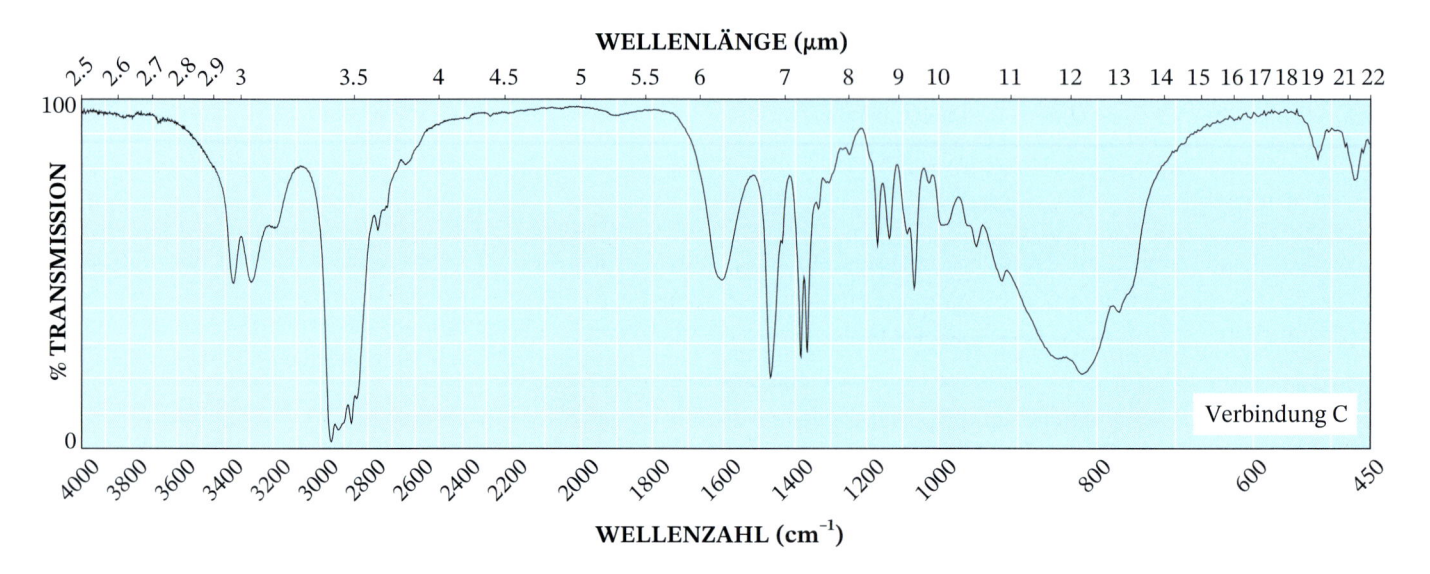

11.13 Von Verbindung D mit der Summenformel C₆H₁₂O ist das IR-Spektrum gezeigt. Ermitteln Sie auf Basis dieser Informationen (siehe Beispielaufgaben 11.4–11.7)
(a) die DBÄ von Verbindung D,
(b) die Anzahl der Ringe oder π-Bindungen (oder beides) in Verbindung D.
(c) Mit welchen Strukturmerkmalen lassen sich die DBÄ von Verbindung D erklären?

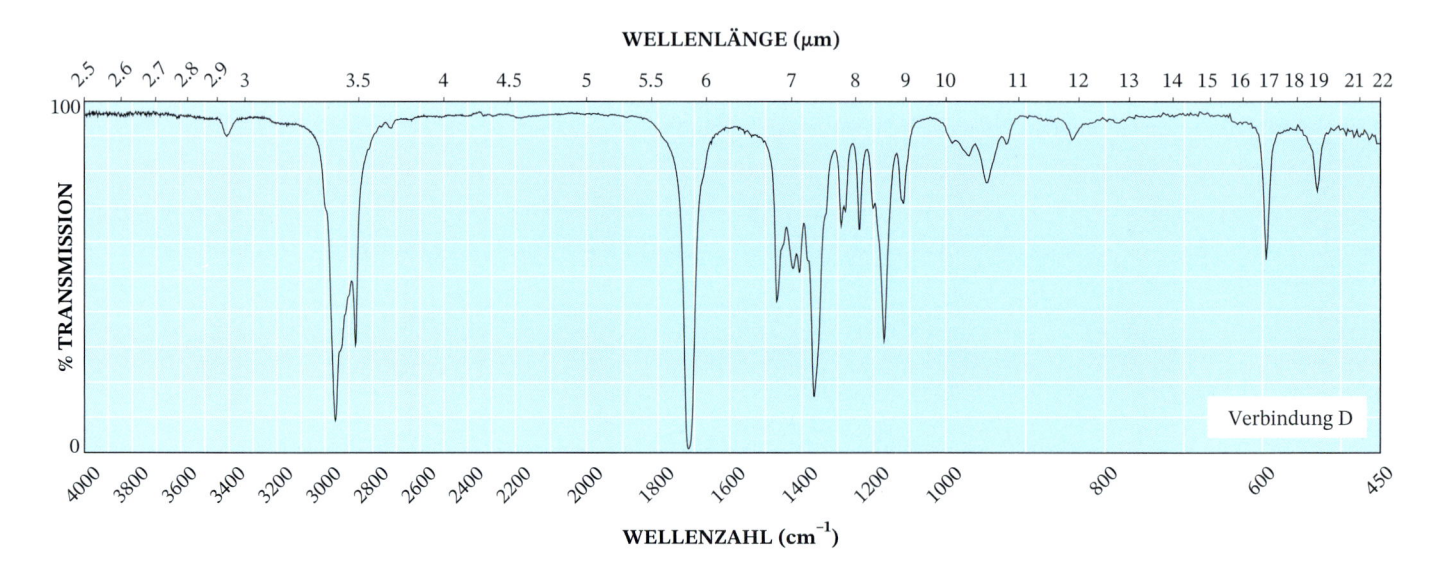

11.14 Wie lassen sich die Verbindungen jeder Teilaufgabe mithilfe der IR-Spektroskopie unterscheiden? (Siehe Beispielaufgaben 11.2 und 11.3)
(a) 1-Butanol und Diethylether
(b) Butansäure und 1-Butanol
(c) Butansäure und 2-Butanon
(d) Butanal und 1-Buten
(e) 2-Butanon und 2-Butanol
(f) Butan und 2-Buten

11.15 Im Folgenden sind das Infrarotspektrum und eine Strukturformel von Salicylsäuremethylester angegeben, der duftenden Komponente des Wintergrünöls. Identifizieren Sie die angegebenen Absorptionsbanden im IR-Spektrum. (Siehe Beispielaufgaben 11.2 und 11.3)
(a) Die O−H-Streckschwingung der wasserstoffbrückengebundenen OH-Gruppe (sehr breit und von mittlerer Intensität).
(b) Die aromatischen C−H-Streckschwingungen (scharf und von geringer Intensität).
(c) Die C=O-Streckschwingung der Estergruppe (scharf und von hoher Intensität).
(d) Die aromatischen C=C-Streckschwingungen (scharf und von mittlerer Intensität).

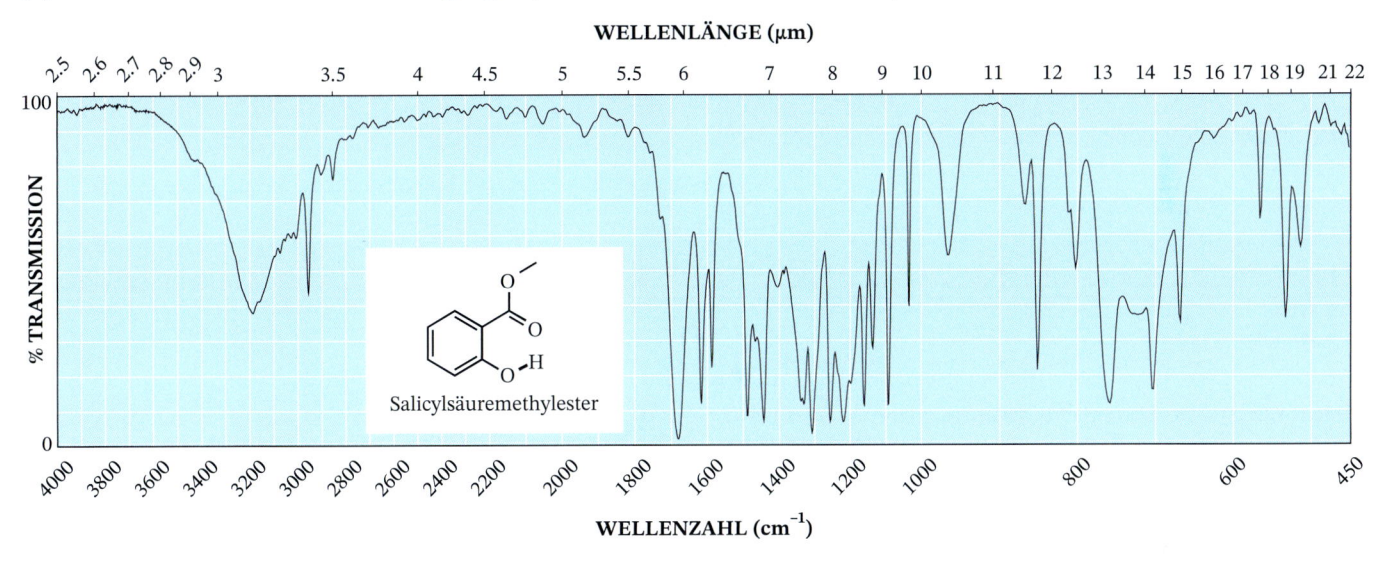

NMR-Spektroskopie

11.16 Welche der folgenden Kerne können sich wie winzige Stabmagnete verhalten? (Siehe Beispielaufgabe 11.8)
(a) $^{31}_{15}P$
(b) $^{195}_{78}Pt$

11.17 Die Integrationslinie der beiden Signale im ^{1}H-NMR-Spektrum eines Ketons mit der Summenformel $C_7H_{14}O$ erstreckt sich vertikal über 62 bzw. über 10 Abschnitte der Gitternetzlinien. Errechnen Sie, wie viele H-Atome jedem Signal zugrunde liegen und schlagen Sie eine Strukturformel für das Keton vor. (Siehe Beispielaufgabe 11.11)

11.18 Im Folgenden sind zwei Konstitutionsisomere mit der Summenformel $C_4H_8O_2$ abgebildet. (Siehe Beispielaufgabe 11.12)

$$\underset{(1)}{CH_3CH_2O\overset{\overset{O}{\|}}{C}CH_3} \qquad \underset{(2)}{CH_3CH_2\overset{\overset{O}{\|}}{C}OCH_3}$$

(a) Wie viele Signale erwarten Sie im ^{1}H-NMR-Spektrum jedes Isomers?
(b) Welches Verhältnis der Signalintegrationen erwarten Sie für jedes Spektrum?
(c) Wie kann man die beiden Isomere auf Basis der chemischen Verschiebungen unterscheiden?

Äquivalente Wasserstoff- und Kohlenstoffatome

11.19 Geben Sie an, wie viele Gruppen äquivalenter H-Atome Sie für jede Verbindung erwarten und aus wie vielen H-Atomen jede Gruppe besteht? (Siehe Beispielaufgabe 11.9)

(a) 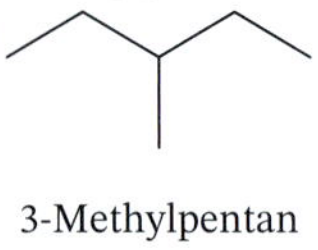 3-Methylpentan

(b) 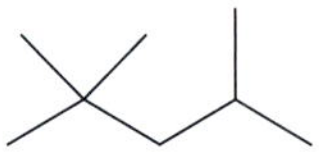 2,2,4-Trimethylpentan

(c) 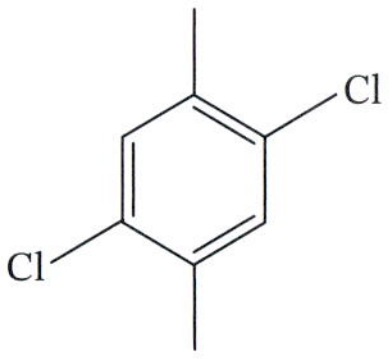 2,5-Dichlor-4-methyltoluol

11.20 Jede der folgenden Verbindungen ergibt im ^{1}H-NMR-Spektrum nur ein Signal. Machen Sie jeweils einen Strukturvorschlag. (Siehe Beispielaufgabe 11.10)

(a) C_3H_6O
(b) C_5H_{10}
(c) C_5H_{12}
(d) $C_4H_6Cl_4$

11.21 Im Folgenden sind Paare von Konstitutionsisomeren abgebildet. Wie viele Signale und welches Aufspaltungsmuster für jedes Signal erwarten Sie im ^{1}H-NMR-Spektrum jedes der Isomere? (Siehe Beispielaufgabe 11.13)

(a) $CH_3OCH_2\overset{O}{\overset{\|}{C}}CH_3$ und $CH_3CH_2\overset{O}{\overset{\|}{C}}OCH_3$

(b) $CH_3\overset{Cl}{\underset{Cl}{\overset{|}{\underset{|}{C}}}}CH_3$ und $ClCH_2CH_2CH_2Cl$

11.22 Erläutern Sie, wie Sie die paarweise angegebenen Konstitutionsisomere unterscheiden können, indem Sie die Anzahl der in den ^{13}C-NMR-Spektren auftretenden Signale für jedes Isomer ermitteln. (Siehe Beispielaufgabe 11.14)

(a) 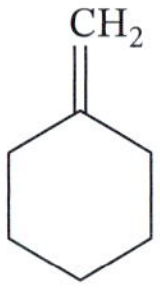 Methylencyclohexan und 1-Methylcyclohexen

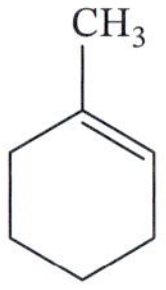

(b)  1-Penten-Isomer und 2-Penten-Isomer

Interpretation von ^{1}H- und ^{13}C-NMR-Spektren

11.23 Im Folgenden ist das ^{1}H-NMR-Spektrum von Prenol abgebildet, einer Verbindung mit fruchtigem Geruch, die häufig in Parfümen verwendet wird. Prenol hat die Summenformel $C_5H_{10}O$. Schlagen Sie eine Strukturformel für Prenol vor. (Siehe Beispielaufgabe 11.15)

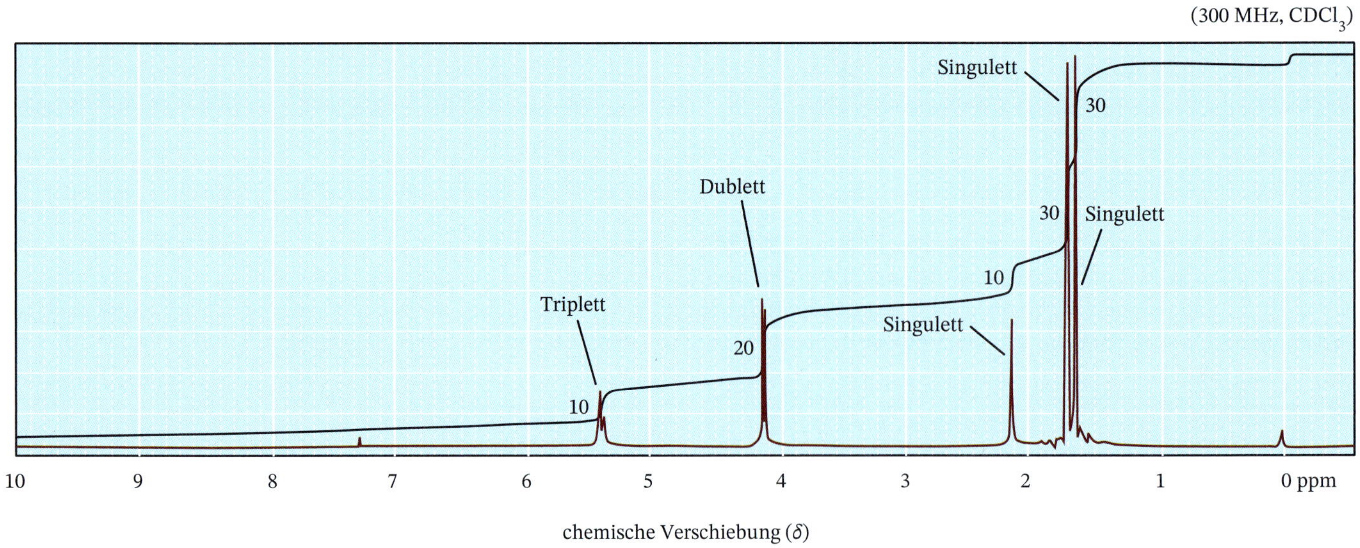

(300 MHz, CDCl$_3$)

Triplett 10, Dublett 20, Singulett 10, Singulett 30, Singulett 30

chemische Verschiebung (δ)

11.24 Im Folgenden ist das ^{1}H-NMR-Spektrum einer farblosen Flüssigkeit mit der Summenformel $C_7H_{14}O$ abgebildet. Schlagen Sie eine Strukturformel für die Verbindung vor. (Siehe Beispielaufgabe 11.16)

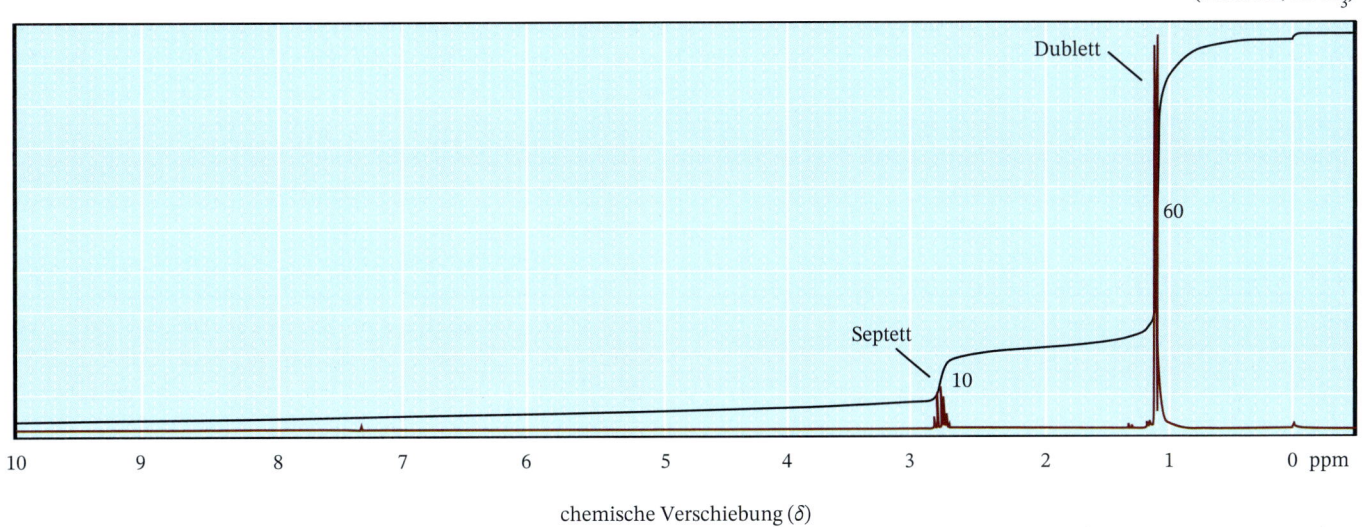

(300 MHz, CDCl$_3$)

Dublett 60
Septett 10

chemische Verschiebung (δ)

11.25 Im Folgenden ist das ^{13}C-NMR-Spektrum einer farblosen Flüssigkeit mit der Summenformel $C_4H_8Br_2$ abgebildet. Schlagen Sie eine Strukturformel für die Verbindung vor. (Siehe Beispielaufgabe 11.17)

(75 MHz, CDCl$_3$)

diese Peaks stammen vom Lösungsmittel CDCl$_3$

chemische Verschiebung (δ)

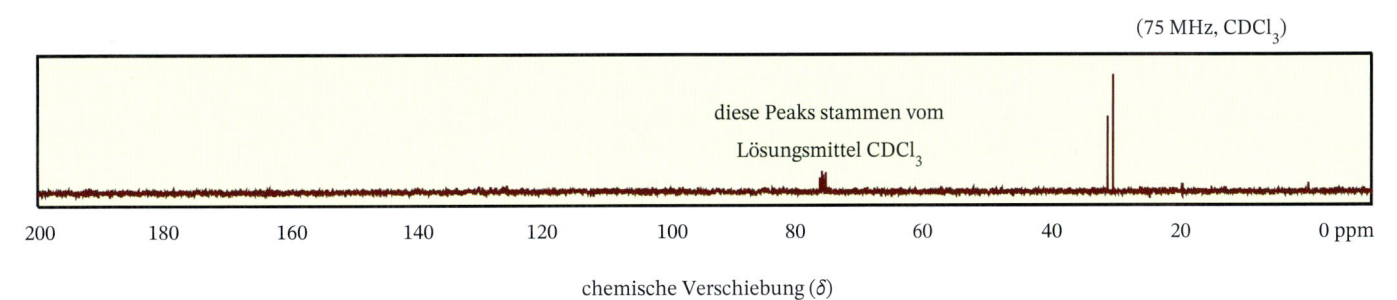

11.26 Im Folgenden sind die drei Konstitutionsisomere von Xylol und ihre ^{13}C-NMR-Spektren abgebildet. Ordnen Sie jedem Isomer das richtige Spektrum zu. (Siehe Beispielaufgabe 11.17)

(a) (b) (c)

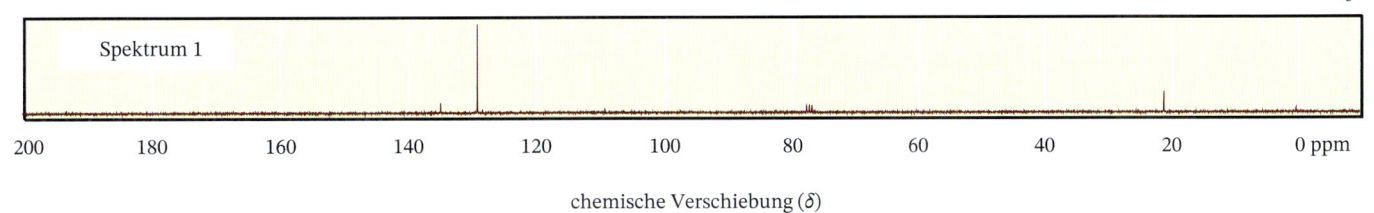

(75 MHz, CDCl$_3$)

Spektrum 1

chemische Verschiebung (δ)

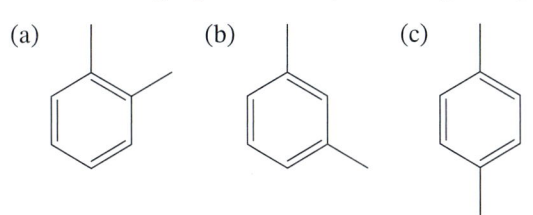

(75 MHz, CDCl$_3$)

Spektrum 2

200 180 160 140 120 100 80 60 40 20 0 ppm

chemische Verschiebung (δ)

(75 MHz, CDCl$_3$)

Spektrum 3

200 180 160 140 120 100 80 60 40 20 0 ppm

chemische Verschiebung (δ)

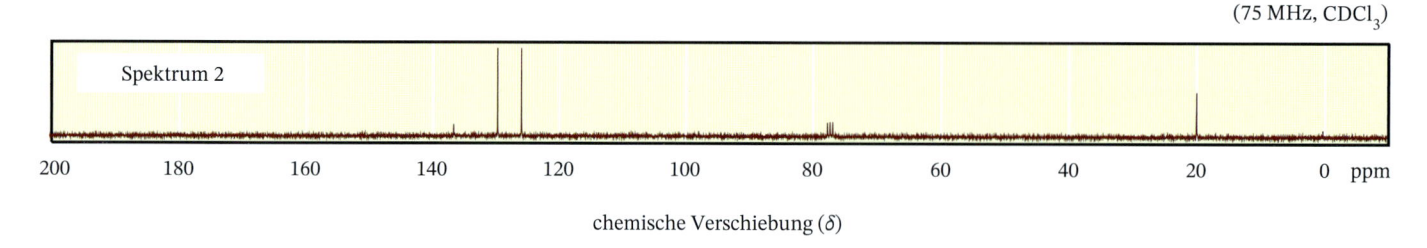

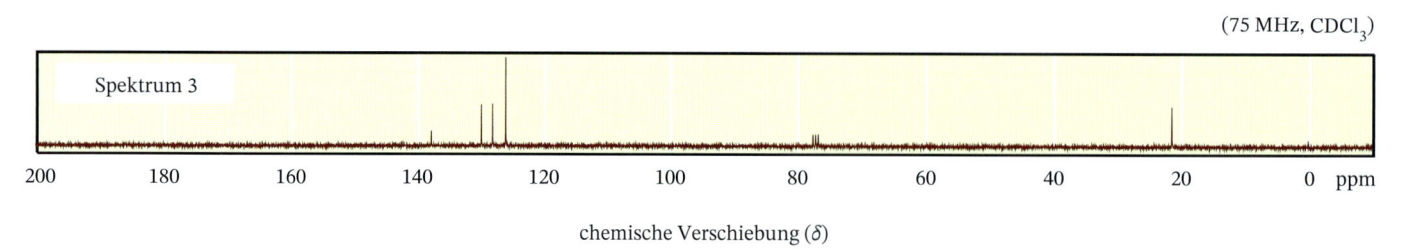

11.27 Von Verbindung E mit der Summenformel C$_7$H$_{14}$ ist das ^{1}H-NMR-Spektrum abgebildet. Verbindung E entfärbt eine Lösung von Brom in Tetrachlorkohlenstoff. Schlagen Sie eine Strukturformel für Verbindung E vor. (Siehe Beispielaufgaben 11.15 und 11.16)

(300 MHz, CDCl$_3$)

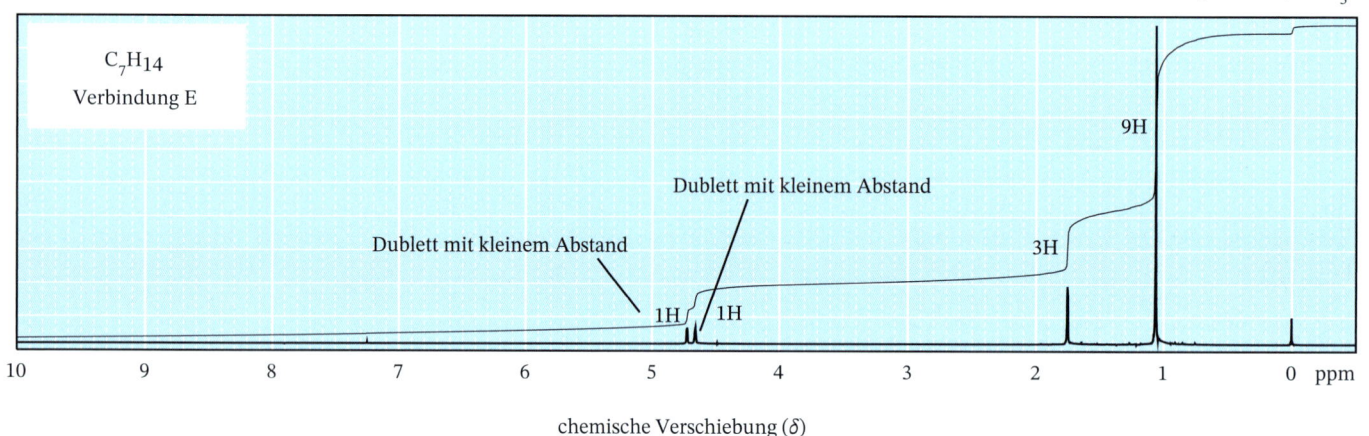

C$_7$H$_{14}$
Verbindung E

9H

Dublett mit kleinem Abstand

Dublett mit kleinem Abstand

3H

1H 1H

10 9 8 7 6 5 4 3 2 1 0 ppm

chemische Verschiebung (δ)

11.28 Nachfolgend sind Strukturformeln dreier Alkohole mit der Summenformel C$_7$H$_{16}$O und drei Gruppen von ^{13}C-NMR-Daten aufgeführt. Ordnen Sie jedem Konstitutionsisomer die richtigen NMR-Daten zu. (Siehe Beispielaufgabe 11.17)

(a) CH$_3$CH$_2$CH$_2$CH$_2$CH$_2$CH$_2$CH$_2$OH

(b) OH
     |
     CH$_3$CCH$_2$CH$_2$CH$_2$CH$_3$
     |
     CH$_3$

(c) OH
     |
     CH$_3$CH$_2$CCH$_2$CH$_3$
     |
     CH$_2$CH$_3$

Spektrum 1	Spektrum 2	Spektrum 3
74.66	70.97	62.93
30.54	43.74	32.79
7.73	29.21	31.86
	26.60	29.14
	23.27	25.75
	14.09	22.63
		14.08

11.29 Verbindung F ($C_6H_{14}O$) reagiert weder mit metallischem Natrium, noch entfärbt sie eine Lösung von Br_2 in CCl_4. Das ^{1}H-NMR-Spektrum von Verbindung F enthält nur zwei Signale: ein 12H-Dublett bei $\delta = 1.1$ und ein 2H-Septett bei $\delta = 3.6$. Schlagen Sie für Verbindung F eine Strukturformel vor. (Siehe Beispielaufgaben 11.15 und 11.16)

11.30 Schlagen Sie für jedes Halogenalkan eine Strukturformel vor. (Siehe Beispielaufgaben 11.15 und 11.16)
(a) $C_2H_4Br_2$ $\delta = 2.5$ (d, 3H) und 5.9 (q, 1H)
(b) $C_4H_8Cl_2$ $\delta = 1.67$ (d, 6H) und 2.15 (q, 2H)
(c) $C_5H_8Br_4$ $\delta = 3.6$ (s, 8H)
(d) C_4H_9Br $\delta = 1.1$ (d, 6H), 1.9 (m, 1H) und 3.4 (d, 2H)
(e) $C_5H_{11}Br$ $\delta = 1.1$ (s, 9H) und 3.2 (s, 2H)
(f) $C_7H_{15}Cl$ $\delta = 1.1$ (s, 9H) und 1.6 (s, 6H)

11.31 Verbindung G ($C_{10}H_{10}O_2$) ist weder in Wasser noch in 10%iger NaOH oder 10%iger HCl löslich. Das ^{1}H-NMR-Spektrum von Verbindung G zeigt Signale bei $\delta = 2.55$ (s, 6H) und 7.97 (s, 4H). Das ^{13}C-NMR-Spektrum von Verbindung G zeigt vier Signale. Schlagen Sie eine Strukturformel für Verbindung G vor. (Siehe Beispielaufgaben 11.15–11.17)

11.32 Schlagen Sie für die folgenden Verbindungen, die jeweils einen aromatischen Ring enthalten, eine Strukturformel vor. (Siehe Beispielaufgaben 11.15 und 11.16)
(a) $C_9H_{10}O$ $\delta = 1.2$ (t, 3H), 3.0 (q, 2H) und 7.4–8.0 (m, 5H)
(b) $C_{10}H_{12}O_2$ $\delta = 2.2$ (s, 3H), 2.9 (t, 2H), 4.3 (t, 2H) und 7.3 (s, 5H)
(c) $C_{10}H_{14}$ $\delta = 1.2$ (d, 6H), 2.3 (s, 3H), 2.9 (Septett, 1 H) und 7.0 (s, 4H)
(d) C_8H_9Br $\delta = 1.8$ (d, 3H), 5.0 (q, 1H) und 7.3 (s, 5H)

11.33 Von Verbindung H mit der Summenformel $C_6H_{12}O_2$ ist das ^{1}H-NMR-Spektrum abgebildet. Verbindung H geht eine säurekatalysierte Dehydratisierung zu Verbindung I ($C_6H_{10}O$) ein. Schlagen Sie für die Verbindungen H und I Strukturformeln vor. (Siehe Beispielaufgaben 11.15 und 11.16)

(300 MHz, $CDCl_3$)

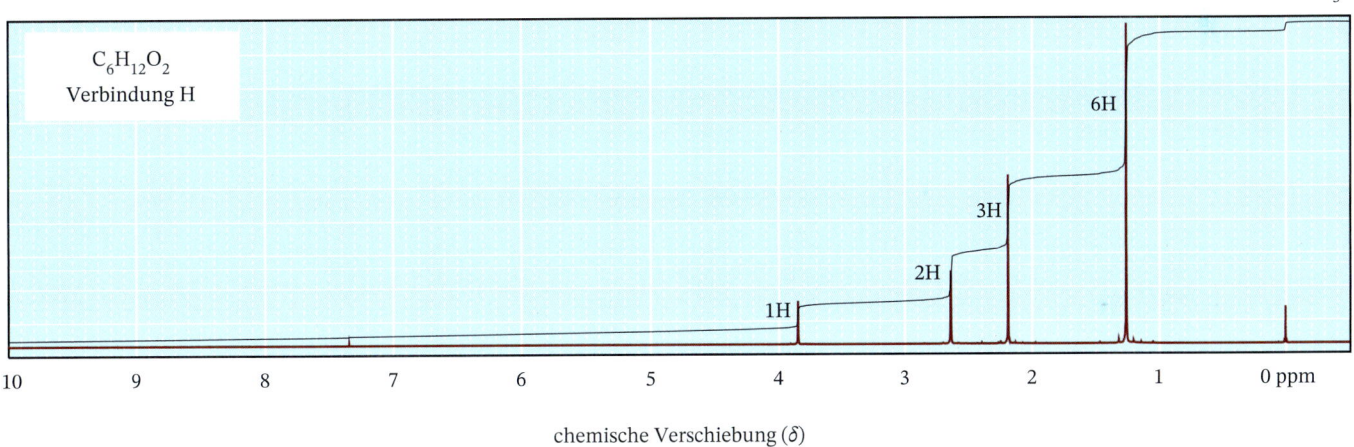

$C_6H_{12}O_2$ Verbindung H

Signale: 1H bei ca. 3.8, 2H bei ca. 2.5, 3H bei ca. 2.1, 6H bei ca. 1.2

chemische Verschiebung (δ)

11.34 Schlagen Sie für jede der folgenden Carbonsäuren eine Strukturformel vor. (Siehe Beispielaufgaben 11.15–11.17)

(a) $C_5H_{10}O_2$

^{1}H-NMR	^{13}C-NMR
0.94 (t, 3H)	180.7
1.39 (m, 2H)	33.89
1.62 (m, 2H)	26.76
2.35 (t, 2H)	22.21
12.0 (s, 1H)	13.69

(b) $C_6H_{12}O_2$

^{1}H-NMR	^{13}C-NMR
1.08 (s, 9H)	179.29
2.23 (s, 2H)	46.82
12.1 (s, 1H)	30.62
	29.57

(c) $C_5H_8O_4$

^{1}H-NMR	^{13}C-NMR
0.93 (t, 3H)	170.94
1.80 (m, 2H)	53.28
3.10 (t, 1H)	21.90
12.7 (s, 2H)	11.81

11.35 Von Verbindung J mit der Summenformel $C_7H_{14}O_2$ sind das ^{1}H- und das ^{13}C-NMR-Spektrum abgebildet. Schlagen Sie eine Strukturformel für Verbindung J vor. (Siehe Beispielaufgaben 11.15–11.17)

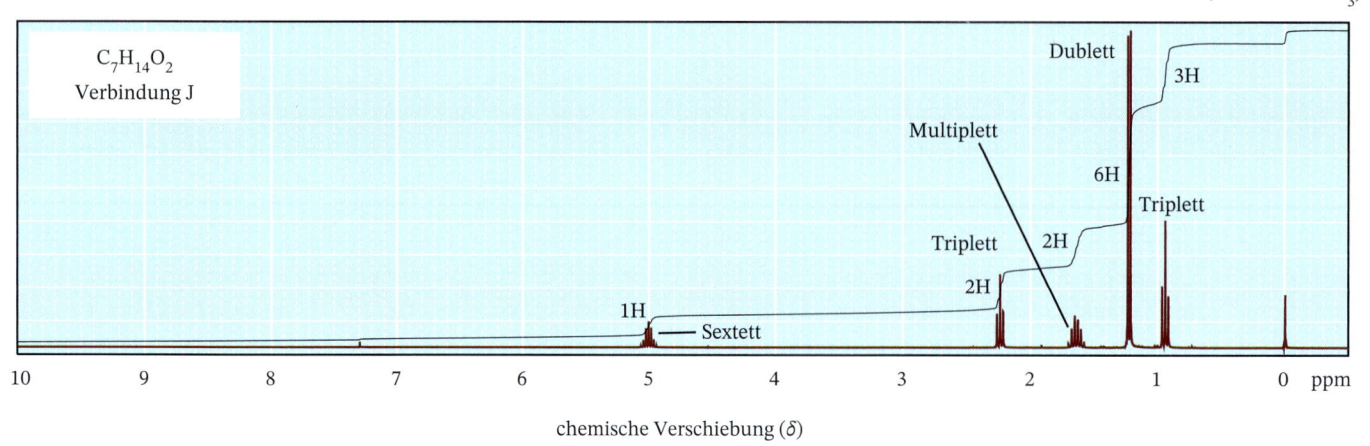

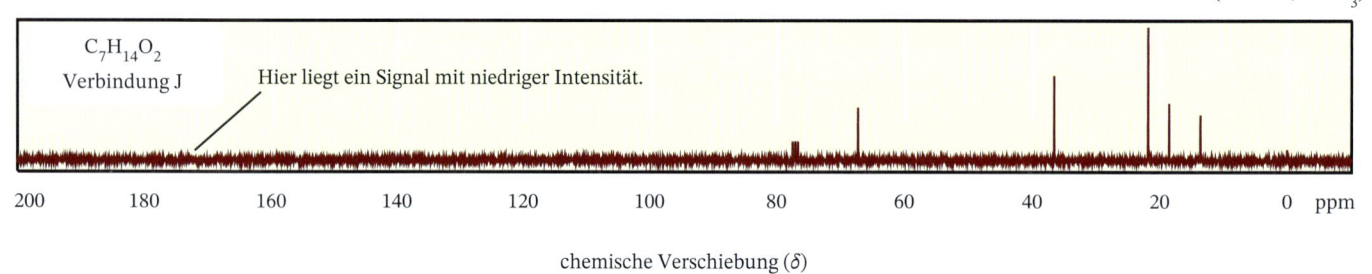

11.36 Schlagen Sie eine Strukturformel für Verbindung K vor, eine ölartige Flüssigkeit mit der Summenformel $C_8H_9NO_2$. Verbindung K ist weder in Wasser noch in wässriger NaOH löslich, löst sich aber in 10%iger HCl. Wird die HCl-Lösung mit NaOH neutralisiert, wird Verbindung K unverändert zurückgewonnen. Das ^{1}H-NMR-Spektrum von Verbindung K zeigt Signale bei $\delta = 3.84$ (s, 3H), 4.18 (s, 2H), 7.60 (d, 2H) und 8.70 (d, 2H). (Siehe Beispielaufgaben 11.15 und 11.16)

11.37 Verbindung L hat die Summenformel C_4H_6O. Schlagen Sie basierend auf den folgenden IR- und ^{1}H-NMR-Spektren eine Strukturformel für Verbindung L vor. (Siehe Beispielaufgaben 11.15 und 11.16)

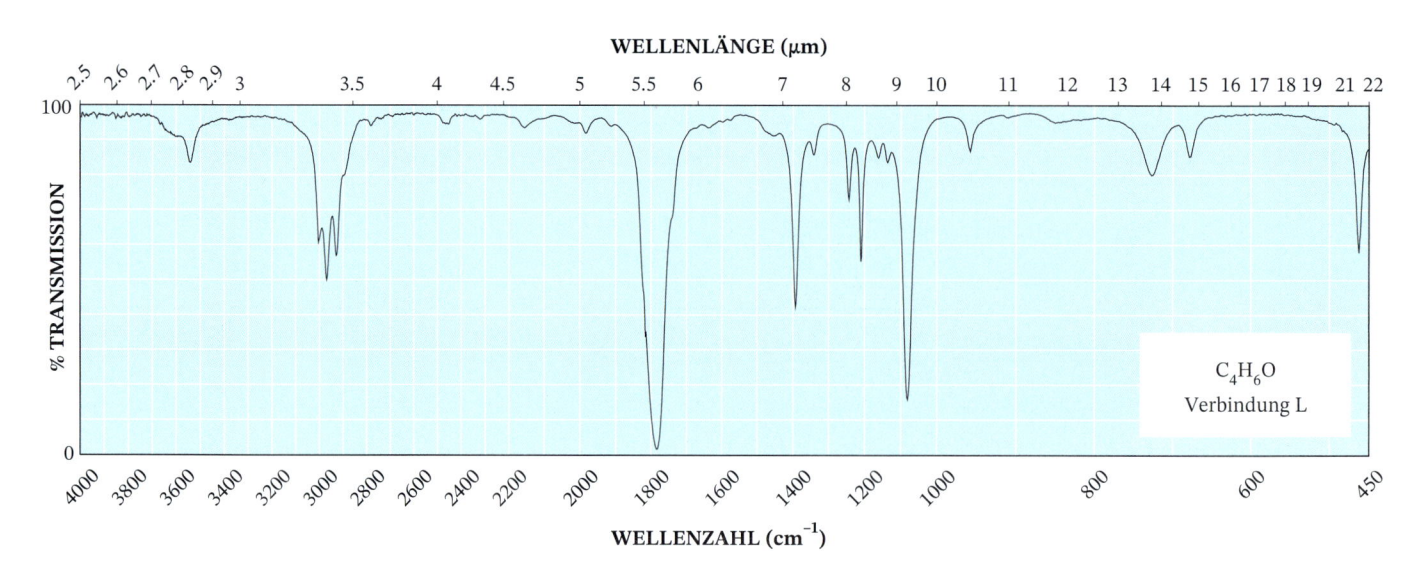

(300 MHz, CDCl$_3$)

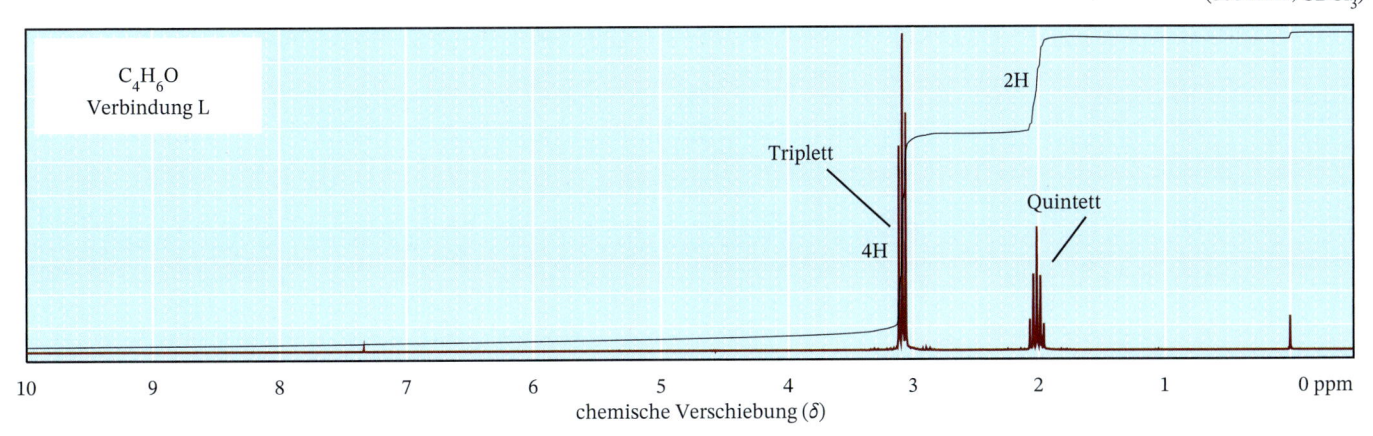

C$_4$H$_6$O
Verbindung L

Triplett — 4H
Quintett
2H

chemische Verschiebung (δ)

11.38 Verbindung M hat die Summenformel C$_6$H$_{14}$O. Schlagen Sie basierend auf den folgenden IR- und ^{1}H-NMR-Spektren eine Strukturformel für Verbindung M vor. (Siehe Beispielaufgaben 11.15 und 11.16)

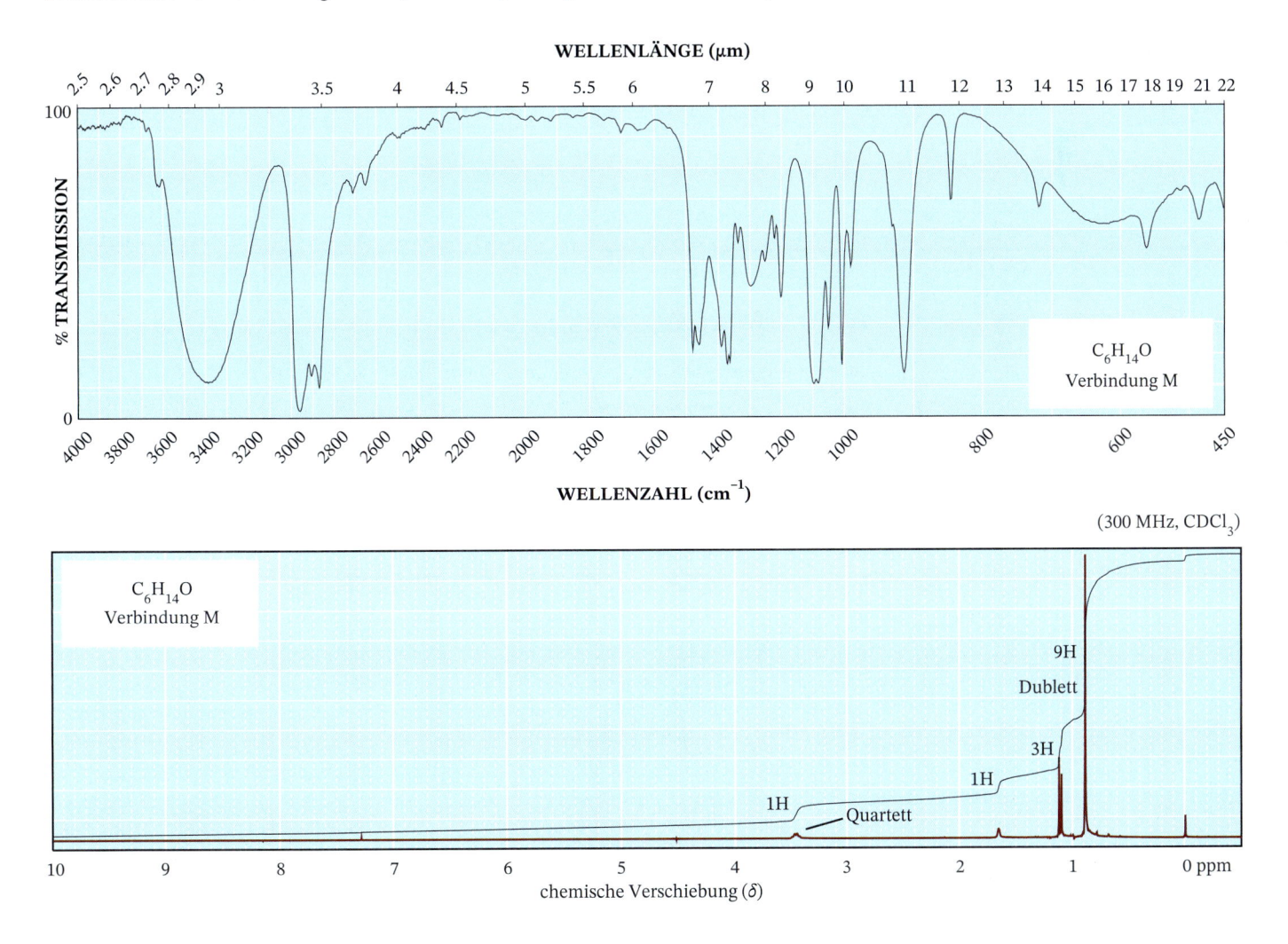

WELLENLÄNGE (µm)

C$_6$H$_{14}$O
Verbindung M

WELLENZAHL (cm^{-1})

(300 MHz, CDCl$_3$)

C$_6$H$_{14}$O
Verbindung M

9H
Dublett
3H
1H
1H — Quartett

chemische Verschiebung (δ)

Ausblick

11.39 Wo würden Sie die C=O-Streckschwingung des Acetat-Anions im Vergleich mit der von Essigsäure erwarten?

Essigsäure   Acetat-Ion

Das Ethanol in alkoholischen Getränken wird als erstes zu Acetaldehyd metabolisiert, welches anschließend im Körper weiter abgebaut wird. Die reaktive Carbonylgruppe im Aldehyd kann an Proteine im Körper binden und zu Produkten führen, die Gewebe- und Organschäden hervorrufen. Rechts: Ein Molekülmodell von Acetaldehyd.

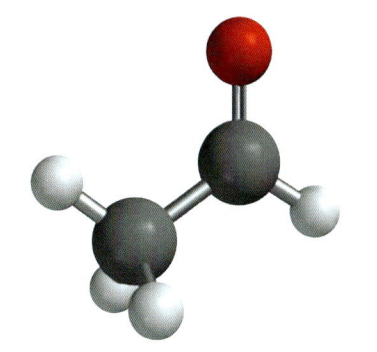

[Quelle: © Carl D. Walsh/Portland Press Herald via/Getty Images, Inc.]

12
Aldehyde und Ketone

Inhalt
- 12.1 Was sind Aldehyde und Ketone?
- 12.2 Wie werden Aldehyde und Ketone benannt?
- 12.3 Welche physikalischen Eigenschaften haben Aldehyde und Ketone?
- 12.4 Was ist das grundlegende Reaktionsmuster der Aldehyde und Ketone?
- 12.5 Was sind Grignard-Reagenzien und wie reagieren sie mit Aldehyden und Ketonen?
- 12.6 Was sind Halbacetale und Acetale?
- 12.7 Wie reagieren Aldehyde und Ketone mit Ammoniak und Aminen?
- 12.8 Was ist die Keto-Enol-Tautomerie?
- 12.9 Wie lassen sich Aldehyde und Ketone oxidieren?
- 12.10 Wie lassen sich Aldehyde und Ketone reduzieren?

Gewusst wie
- 12.1 Wie man das Produkt einer Grignard-Reaktion ermittelt
- 12.2 Wie man feststellt, welche Reaktanten zur Synthese eines Halbacetals oder eines Acetals benötigt werden

Exkurse
- 12.A Eine umweltfreundliche Synthese von Adipinsäure

Das Schmerzmittel Oxycodon und das Antipsychotikum Aripiprazol sind zwei vor allem in den USA sehr häufig verschriebene Wirkstoffe. Beide enthalten eine Carbonylgruppe (C=O), die funktionelle Gruppe der Aldehyde und Ketone sowie der Carbonsäuren (Kap. 13) und ihrer Derivate (Kap. 14). Da die Carbonylgruppe in sehr vielen biologisch und medizinisch relevanten Verbindungen vorkommt, ist sie eine der wichtigsten funktionellen Gruppen in der Chemie und Biochemie. Wir werden uns in diesem Kapitel zunächst die physikalischen und chemischen Eigenschaften der Carbonylgruppe in den Aldehyden und Ketonen anschauen, zwei Verbindungsklassen, deren besondere Reaktivität für viele organische Reaktionen von besonderer Bedeutung ist.

Oxycodon

Aripiprazol

Einführung in die Organische Chemie, Erste Auflage. William H. Brown und Thomas Poon.
© 2021 WILEY-VCH GmbH. Published 2021 by WILEY-VCH GmbH.

12.1 Was sind Aldehyde und Ketone?

Ein **Aldehyd** ist eine Verbindung mit einer Carbonylgruppe, an die ein Wasserstoffatom gebunden ist (Abschn. 1.7.3). In Methanal (Trivialname: Formaldehyd), dem einfachsten Aldehyd, sind zwei Wasserstoffatome an die Carbonylgruppe gebunden; in allen anderen Aldehyden ist die Carbonylgruppe mit einem Wasserstoff- und einem Kohlenstoffatom verknüpft. Ein **Keton** ist eine Verbindung mit einer Carbonylgruppe, die mit zwei Kohlenstoffatomen verbunden ist (Abschn. 1.7.3). Im Folgenden sind die Lewis-Formeln der einfachsten Aldehyde Methanal und Ethanal sowie des einfachsten Ketons Propanon abgebildet; in Klammern sind die jeweiligen Trivialnamen angegeben.

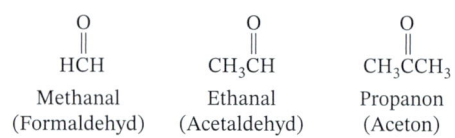

$$\underset{\substack{\text{Methanal}\\(\text{Formaldehyd})}}{\text{HCH}\!=\!\text{O}} \quad \underset{\substack{\text{Ethanal}\\(\text{Acetaldehyd})}}{\text{CH}_3\text{CH}\!=\!\text{O}} \quad \underset{\substack{\text{Propanon}\\(\text{Aceton})}}{\text{CH}_3\text{CCH}_3\!=\!\text{O}}$$

Eine Kohlenstoff–Sauerstoff-Doppelbindung besteht aus einer σ-Bindung, die durch Überlappung von sp^2-Hybridorbitalen am Kohlenstoff und Sauerstoff zustande kommt, ...

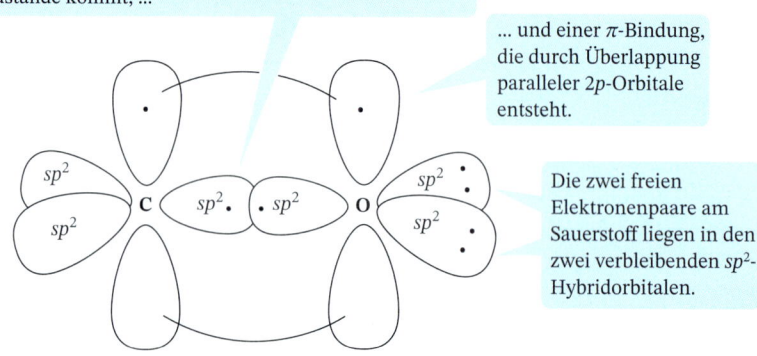

... und einer π-Bindung, die durch Überlappung paralleler 2p-Orbitale entsteht.

Die zwei freien Elektronenpaare am Sauerstoff liegen in den zwei verbleibenden sp^2-Hybridorbitalen.

12.2 Wie werden Aldehyde und Ketone benannt?

12.2.1 IUPAC-Nomenklatur

Die IUPAC-Nomenklatur für Aldehyde und Ketone folgt dem bewährten Muster, wonach man zunächst die längste die funktionelle Gruppe enthaltende Kohlenstoffkette identifiziert und diese zum Stamm macht. Eine Aldehydgruppe wird durch das Suffix *-al* wie in Methanal angezeigt (Abschn. 3.5). Weil die Carbonylgruppe eines Aldehyds nur am Ende einer Kohlenstoffkette vorkommen kann, muss das Kohlenstoffatom der Aldehydgruppe mit C-1 nummeriert werden; da seine Position eindeutig feststeht, gibt es keine Notwendigkeit, den Lokanten der Aldehydfunktion anzugeben.

In **ungesättigten Aldehyden** wird das Vorliegen einer Kohlenstoff-Kohlenstoff-Doppelbindung durch die Zwischensilbe *-en-* angegeben. Wie auch in anderen Verbindungsklassen, in denen sowohl eine Zwischensilbe als auch ein Suffix angegeben werden, bestimmt die Position des Prioritätssubstituenten die Nummerierung der Kohlenstoffkette.

3-Methylbutanal 2-Propenal (Acrolein) (2E)-3,7-Dimethyl-2,6-octadienal (Geranial)

Geranial kommt in Zitronengrasöl vor, das dazu verwendet wird, bestimmten Suppen ihren Zitronengeschmack zu geben. [Quelle: © rakratchada torsap/Alamy Stock Photo.]

In cyclischen Substraten, in denen die CHO-Gruppe direkt an den Ring gebunden ist, wird die Verbindung benannt, indem das Suffix *-carbaldehyd* an den Namen des Rings gehängt wird. Das Ringatom, an das die Aldehydgruppe gebunden ist, bekommt dabei die Positionsnummer 1.

Cyclopentancarbaldehyd   *trans*-4-Hydroxycyclohexancarbaldehyd

Zu den Verbindungen, für die im IUPAC-System Trivialnamen beibehalten werden, gehören Benzaldehyd und Zimtaldehyd. In den folgenden Strukturformeln werden für die Phenylgruppen zwei alternative Schreibweisen verwendet. In Benzaldehyd ist die Phenylgruppe als Skelettformel gezeichnet, in Zimtaldehyd wird sie mit C_6H_5- abgekürzt.

Benzaldehyd   *trans*-3-Phenyl-2-propenal (Zimtaldehyd)

Zwei weitere Aldehyde, deren Trivialnamen im IUPAC-System beibehalten werden, sind Formaldehyd und Acetaldehyd.

Ketone werden im IUPAC-System benannt, indem man die längste Kette identifiziert, die die Carbonylgruppe enthält, und diese zum Stammalkan macht. Das Vorliegen eines Ketons wird dann durch das Suffix *-on* angegeben (Abschn. 3.5). Die Stammkette wird so nummeriert, dass das C-Atom der Carbonylgruppe eine möglichst kleine Nummer erhält. Im IUPAC-System bleiben die Trivialnamen für Acetophenon und Benzophenon erhalten.

Dihydroxyaceton   5-Methyl-3-hexanon   2-Methylcyclohexanon   Acetophenon   Benzophenon

Dihydroxyaceton ist der wesentliche Inhaltsstoff in vielen Selbstbräunern. [Quelle: © Thomas Poon.]

Beispiel 12.1 Ermitteln Sie die IUPAC-Namen der folgenden Verbindungen.

(a)   (b)   (c)

Vorgehensweise
Ermitteln Sie zunächst den Stammnamen der längsten die Carbonylgruppe enthaltenden Kohlenstoffkette. Wenn die Carbonylverbindung ein Aldehyd ist, wird das Suffix *-al* gewählt, ist sie ein Keton, wird *-on* angehängt. Atome oder Atomgruppen, die nicht Bestandteil der Stammkette sind, werden als Substituenten vorangestellt. Wenn der Stammname einen Ring bezeichnet und eine Aldehydfunktion direkt an den Ring gebunden ist, wird sie durch das Suffix *-carbaldehyd* gekennzeichnet. Beachten Sie aber auch, dass einige Aldehyde und Ketone ihre Trivialnamen im IUPAC-System behalten.

Lösung

(a) Die längste Kette besteht zwar aus sechs Kohlenstoffatomen, enthält aber die Carbonylgruppe nicht. Die längste Kette mit der Carbonylgruppe enthält fünf Kohlenstoffatome. Der IUPAC-Name der Verbindung ist (2R,3R)-2-Ethyl-3-methylpentanal.

(b) Der Sechsring wird beginnend am Carbonyl-C-Atom durchnummeriert. Der IUPAC-Name der Verbindung lautet 3-Methyl-2-cyclohexenon.

(c) Diese Verbindung ist von Benzaldehyd abgeleitet; ihr IUPAC-Name ist 2-Ethylbenzaldehyd.

Siehe Aufgaben 12.1 und 12.4. ◢

Beispiel 12.2 Zeichnen Sie Strukturformeln von allen Ketonen mit der Summenformel $C_6H_{12}O$ und geben Sie deren IUPAC-Namen an. Welche der Ketone sind chiral?

Vorgehensweise

Beginnen Sie mit einer unverzweigten Kohlenstoffkette. Platzieren Sie die Carbonylgruppe nacheinander an alle möglichen Positionen (außer an C-1). Gehen Sie anschließend die verzweigten Varianten für die Kohlenstoffkette durch und platzieren Sie die Carbonylgruppe wieder an allen Positionen. Ein Keton ist chiral, wenn es entweder genau ein Stereozentrum enthält oder aber mehrere Stereozentren und nicht mit seinem Spiegelbild zur Deckung zu bringen ist.

Lösung

Im Folgenden sind die Skelettformeln und die IUPAC-Namen der sechs Ketone angegeben, die für die gegebene Summenformel möglich sind:

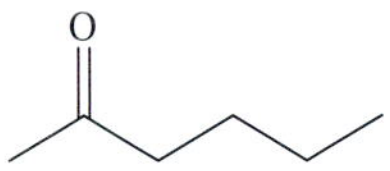

2-Hexanon 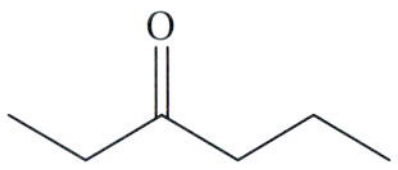   3-Hexanon 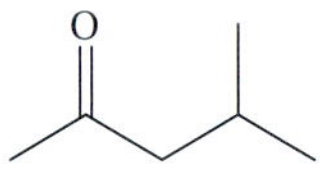   4-Methyl-2-pentanon

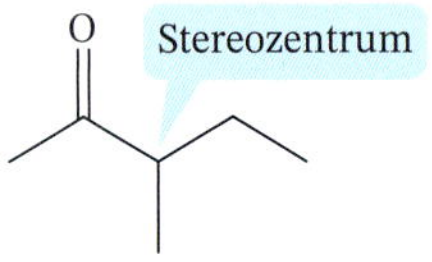

3-Methyl-2-pentanon (Stereozentrum)   2-Methyl-3-pentanon 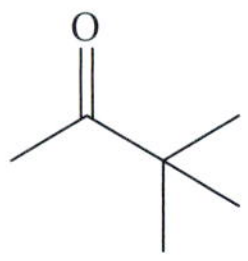   3,3-Dimethyl-2-butanon

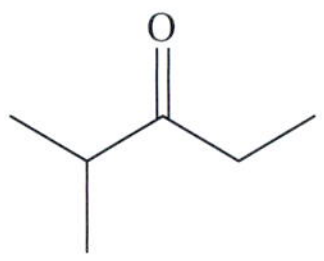

Nur 3-Methyl-2-pentanon enthält ein Stereozentrum und ist chiral.

Siehe Aufgabe 12.2. ◢

12.2.2 Die IUPAC-Namen komplexerer Aldehyde und Ketone

Die IUPAC hat eine **Prioritätsreihenfolge funktioneller Gruppen** festgelegt, die man heranzieht, um Verbindungen mit mehr als einer funktionellen Gruppe zu benennen. Tabelle 12.1 zeigt die Prioritätsreihenfolge der bislang besprochenen funktionellen Gruppen.

Tab. 12.1 IUPAC-Nomenklatur: Sechs funktionelle Gruppen nach abnehmender Priorität geordnet.

Funktionelle Gruppe	Suffix	Präfix	Beispiel, in der die Gruppe die niedrigere Priorität hat	
Carboxygruppe	-säure			
Aldehydgruppe	-al	Oxo-	3-Oxopropansäure	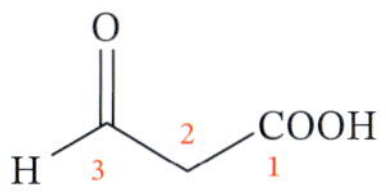
Ketogruppe	-on	Oxo-	3-Oxobutanal	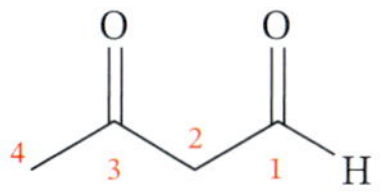
Hydroxygruppe	-ol	Hydroxy-	4-Hydroxy-2-butanon	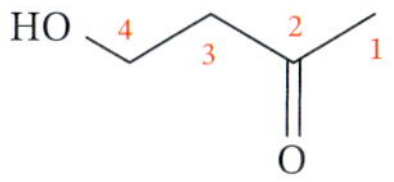
Aminogruppe	-amin	Amino-	2-Amino-1-propanol	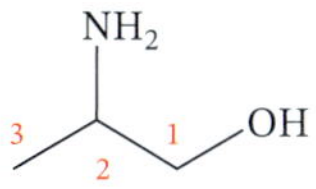
Sulfanylgruppe	-thiol	Sulfanyl-	2-Sulfanylethanol (2-Mercaptoethanol)	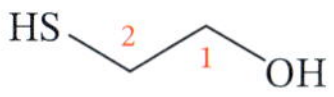

Beispiel 12.3 Ermitteln Sie die IUPAC-Namen der folgenden Verbindungen.

(a) (b)

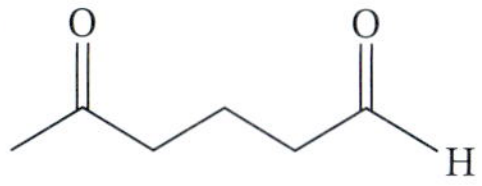

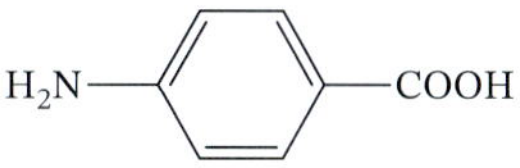

(c)

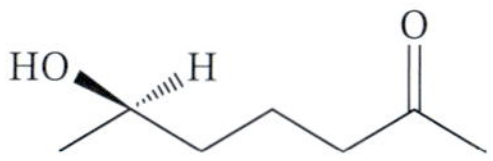

Vorgehensweise

Ermitteln Sie die längste Kette, die den Prioritätssubstituenten enthält (Tab. 12.1), und hieraus den Stammnamen. Aus der Tabelle geht auch hervor, welche funktionelle Gruppe als Suffix und welche als Präfix angegeben wird. Denken Sie daran, dass einige Trivialnamen für Verbindungen mit Benzolringen beibehalten werden.

Lösung

(a) Ein Aldehyd hat eine höhere Priorität als ein Keton; die Carbonylgruppe des Ketons (die Ketogruppe) wird daher mit dem Präfix *Oxo-* angegeben. Der IUPAC-Name der Verbindung lautet 5-Oxohexanal.
(b) Die Carboxygruppe hat die höhere Priorität; die Aminogruppe wird daher als Substituent mit dem Präfix *Amino-* vorangestellt. Der IUPAC-Name lautet 4-Aminobenzoesäure; alternativ ist auch die Bezeichnung *p*-Aminobenzoesäure möglich; sie ist ein Wuchsstoff für viele Mikroorganismen und wird zur Synthese von Folsäure benötigt.
(c) Die Ketogruppe hat eine höhere Priorität als die OH-Gruppe, die daher mit dem Präfix *Hydroxy-* angegeben wird. Der IUPAC-Name der Verbindung ist (*R*)-6-Hydroxy-2-heptanon.

Siehe Aufgaben 12.3 und 12.4.

Formaldehyd wurde früher verwendet, um Menschen einzubalsamieren oder Kadaver zu konservieren; heute weiß man, dass es ein Karzinogen ist. [Quelle: © Ashley Cooper/Alamy Stock Photo.]

12.2.3 Trivialnamen

Trivialnamen von Aldehyden sind oft von den lateinischen Namen der Substanzen abgeleitet, die auch hinter den Trivialnamen der entsprechenden Carbonsäuren stecken. Das lateinische Wort *formica* für Ameise findet sich beispielsweise im Formaldehyd – dem Aldehyd, der von der Ameisensäure abgeleitet ist. Das lateinische Wort für Essigsäure, *acidum aceticum*, ist Namensgeber des Acetaldehyds.

$$\underset{\text{Formaldehyd}}{\text{HCH}{=}\text{O}} \quad \underset{\text{Ameisensäure}}{\text{HCOH}{=}\text{O}} \quad \underset{\text{Acetaldehyd}}{\text{CH}_3\text{CH}{=}\text{O}} \quad \underset{\text{Essigsäure}}{\text{CH}_3\text{COH}{=}\text{O}}$$

Trivialnamen von Ketonen werden gebildet, indem man die Bezeichnungen der beiden Alkyl- oder Arylgruppen, die an die Carbonylgruppe gebunden sind, voranstellt und um das Wort *-keton* ergänzt. Die Gruppen werden dabei im Allgemeinen nach zunehmender molarer Masse sortiert. Methylethylketon (MEK) ist ein häufig verwendetes Lösungsmittel für Lacke und Firnisse.

Die an das Carbonyl-C-Atom gebundene Gruppe mit dem geringeren Molekulargewicht wird im Trivialnamen zuerst genannt.

Methylethylketon (MEK) — Diethylketon — Dicyclohexylketon

12.3 Welche physikalischen Eigenschaften haben Aldehyde und Ketone?

Sauerstoff ist elektronegativer als Kohlenstoff (3.5 gegen 2.5; siehe Tab. 1.4); die Kohlenstoff-Sauerstoff-Doppelbindung ist daher polar. Das Sauerstoffatom trägt eine negative, das Kohlenstoffatom eine positive Partialladung.

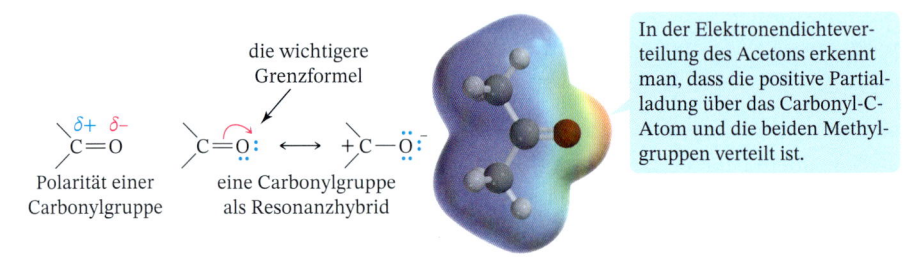

Polarität einer Carbonylgruppe — eine Carbonylgruppe als Resonanzhybrid — die wichtigere Grenzformel

In der Elektronendichteverteilung des Acetons erkennt man, dass die positive Partialladung über das Carbonyl-C-Atom und die beiden Methylgruppen verteilt ist.

Der rechten Grenzformel kann man zudem entnehmen, dass das C-Atom in den Reaktionen einer Carbonylgruppe als Elektrophil und als Lewis-Säure wirkt. Das Carbonyl-O-Atom reagiert dagegen als Nukleophil und Lewis-Base.

Wegen der Polarität der Carbonylgruppe sind Aldehyde und Ketone polare Verbindungen, die in der flüssigen Phase durch Dipol-Dipol-Wechselwirkungen interagieren. Aldehyde und Ketone haben daher höhere Siedepunkte als unpolare Verbindungen mit vergleichbarer Molmasse.

Tabelle 12.2 zeigt die Siedepunkte von sechs Verbindungen mit vergleichbarer molarer Masse. Pentan und Diethylether haben unter diesen die niedrigsten Siedepunkte. Sowohl Butanal als auch 2-Butanon sind polare Verbindungen, die aufgrund der intermolekularen Wechselwirkungen zwischen den Carbonylgruppen höhere Siede-

Tab. 12.2 Siedepunkte von sechs Verbindungen mit vergleichbarer Molmasse.

Name	Strukturformel	Molmasse (g/mol)	Siedepunkt (°C)
Diethylether	$CH_3CH_2OCH_2CH_3$	74	34
Pentan	$CH_3CH_2CH_2CH_2CH_3$	72	36
Butanal	$CH_3CH_2CH_2CHO$	72	76
2-Butanon	$CH_3CH_2COCH_3$	72	80
1-Butanol	$CH_3CH_2CH_2CH_2OH$	74	117
Propansäure	CH_3CH_2COOH	72	141

Tab. 12.3 Physikalische Eigenschaften einiger Aldehyde und Ketone.

IUPAC-Name	Trivialname	Strukturformel	Siedepunkt (°C)	Löslichkeit (g/100 g Wasser)
Methanal	Formaldehyd	HCHO	−21	unbegrenzt
Ethanal	Acetaldehyd	CH_3CHO	20	unbegrenzt
Propanal	Propionaldehyd	CH_3CH_2CHO	49	16
Butanal	Butyraldehyd	$CH_3CH_2CH_2CHO$	76	7
Hexanal	Capronaldehyd	$CH_3(CH_2)_4CHO$	129	kaum
Propanon	Aceton	CH_3COCH_3	56	unbegrenzt
2-Butanon	Methylethylketon	$CH_3COCH_2CH_3$	80	26
3-Pentanon	Diethylketon	$CH_3CH_2COCH_2CH_3$	101	5

Obwohl die „Löslichkeiten" von Methanal und Ethanal mit „unbegrenzt" angegeben werden, sollte erwähnt werden, dass nach Zugabe von Wasser 99 % des eingesetzten Methanals und 57 % des eingesetzten Ethanals im Gleichgewicht als sogenannte Hydrate vorliegen.

Hydrat des Methanals

punkte als Pentan und Diethylether besitzen. Alkohole (Abschn. 8.1.3) und Carbonsäuren (Abschn. 13.3) sind polare Verbindungen, in denen die Moleküle durch Wasserstoffbrücken aggregiert vorliegen; ihre Siedepunkte sind nochmals höher als die von Butanal und 2-Butanon, in denen keine Wasserstoffbrücken zwischen den Molekülen gebildet werden können.

Weil die Carbonylgruppe von Aldehyden und Ketonen über Wasserstoffbrücken mit Wassermolekülen wechselwirken kann, sind niedermolekulare Aldehyde und Ketone besser in Wasser löslich als unpolare Verbindungen mit ähnlicher molarer Masse. In Tab. 12.3 sind Siedepunkte und Wasserlöslichkeiten einiger niedermolekularer Aldehyde und Ketone aufgeführt.

12.4 Was ist das grundlegende Reaktionsmuster der Aldehyde und Ketone?

Die positive Partialladung am Carbonyl-C-Atom (Abschn. 12.3) ist die Grundlage des wichtigsten Reaktionsmusters der Carbonylgruppe – der Addition eines Nukleophils an die Carbonylgruppe unter Bildung einer **tetraedrischen Zwischenstufe**. In der im Folgenden abgebildeten allgemeinen Reaktion ist das Nukleophil als Nu:⁻ formuliert, um das freie Elektronenpaar am Nukleophil hervorzuheben.

Das typische mechanistische Reaktionsmuster: *Reaktion eines Nukleophils mit einem Elektrophil unter Bildung einer neuen kovalenten Bindung.*

tetraedrische Zwischenstufe

12.5 Was sind Grignard-Reagenzien und wie reagieren sie mit Aldehyden und Ketonen?

Aus Sicht der organischen Chemie ist die Addition eines Kohlenstoff-Nukleophils die wichtigste nukleophile Addition an eine Carbonylgruppe, weil hierbei eine neue Kohlenstoff-Kohlenstoff-Bindung gebildet wird. In diesem Abschnitt behandeln wir die Herstellung und die Reaktionen von Grignard-Reagenzien, insbesondere ihre Reaktion mit Aldehyden und Ketonen.

12.5.1 Herstellung und Struktur von magnesiumorganischen Verbindungen

Alkyl-, Aryl- und Vinylhalogenide reagieren mit Metallen der ersten und zweiten Gruppe und mit einigen anderen Metallen unter Bildung von **metallorganischen Verbindungen**, also von Verbindungen mit einer Kohlenstoff-Metall-Bindung. Die magnesiumorganischen Verbindungen (RMgX oder ArMgX) sind innerhalb der Gruppe der metallorganischen Verbindungen am leichtesten zugänglich und besonders einfach zu handhaben. Nach Victor Grignard, der für ihre Entdeckung und ihre Anwendung in der Synthese 1912 den Nobelpreis für Chemie erhielt, werden sie im Allgemeinen als **Grignard-Reagenzien** oder Grignard-Verbindungen bezeichnet.

Grignard-Reagenzien werden typischerweise durch langsame Zugabe eines Halogenids zu einer gerührten Suspension von metallischem Magnesium in einem etherischen Lösungsmittel, meistens Diethylether oder Tetrahydrofuran (THF), hergestellt. Organische Iodide und Bromide reagieren unter diesen Bedingungen in der Regel sehr rasch, die entsprechenden Chloride deutlich langsamer. Butylmagnesiumbromid wird zum Beispiel hergestellt, indem man 1-Brombutan zu einer Ethersuspension von Magnesiumspänen tropft. Aryl-Grignard-Verbindungen wie Phenylmagnesiumbromid werden auf analoge Weise hergestellt.

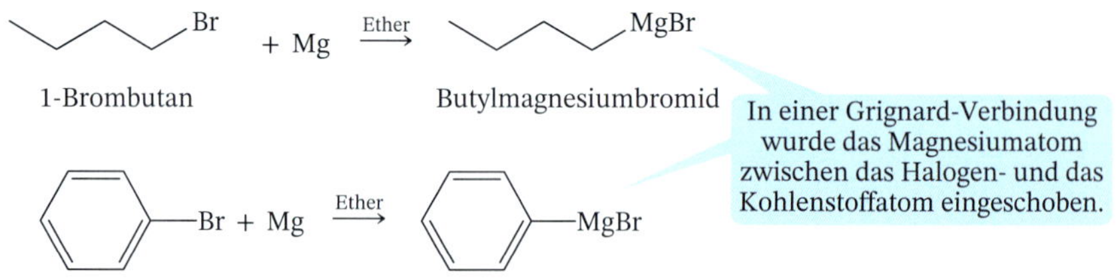

> In einer Grignard-Verbindung wurde das Magnesiumatom zwischen das Halogen- und das Kohlenstoffatom eingeschoben.

Da der Elektronegativitätsunterschied in einer Kohlenstoff-Magnesium-Bindung mit 1.3 Einheiten (2.5–1.2) recht groß ist, wird sie am besten als polar kovalente Bindung beschrieben, in der das Kohlenstoffatom eine negative Partialladung trägt und das Magnesiumatom eine positive. In dem folgenden Schema ist die Kohlenstoff-Magnesium-Bindung in der rechten Strukturformel als ionische Bindung dargestellt, um den nukleophilen Charakter des Kohlenstoffs hervorzuheben. Aber auch wenn wir ein Grignard-Reagenz als **Carbanion** formulieren *können* – also als Anion, in dem das Kohlenstoffatom ein freies Elektronenpaar besitzt und eine negative Ladung trägt –, ist die *realistischere* Darstellung die als polar kovalente Verbindung (linkes Formelbild).

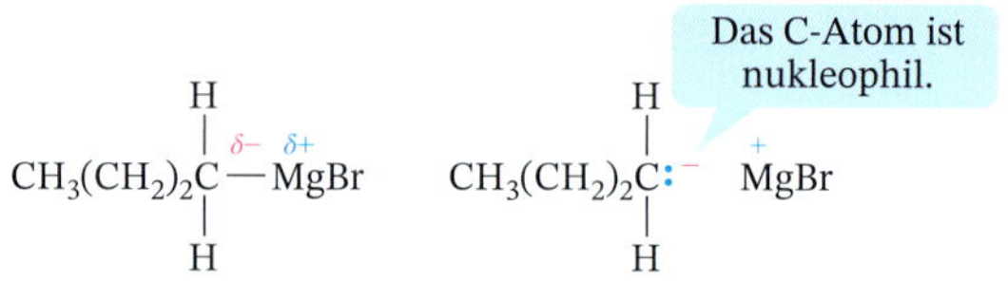

> Das C-Atom ist nukleophil.

Das Besondere an Grignard-Reagenzien ist, dass wir eine halogenorganische Verbindung (ein Elektrophil) durch Umsetzung mit Magnesium in ein Nukleophil überführt haben. Das macht Grignard-Reagenzien für die organische Chemie so wertvoll.

12.5.2 Reaktion mit Protonensäuren

Grignard-Verbindungen sind sehr starke Basen, die mit einer Vielzahl von Säuren (Protonendonatoren) leicht unter Bildung von Alkanen reagieren. So reagiert Ethylmagnesiumbromid mit Wasser augenblicklich zu Ethan und einem Magnesiumsalz. Diese Reaktion ist ein Beispiel für das bekannte Schema, nach dem eine starke Säure und eine starke Base zu einer schwächeren Säure und einer schwächeren Base reagieren (Abschn. 2.4).

$$\overset{\delta-}{\text{CH}_3\text{CH}_2} - \overset{\delta+}{\text{MgBr}} + \text{H} - \text{OH} \longrightarrow \text{CH}_3\text{CH}_2 - \text{H} + \text{Mg}^{2+} + \text{OH}^- + \text{Br}^-$$

stärkere Base	stärkere Säure	schwächere Säure	schwächere Base
	$pK_S = 15{,}7$	$pK_S = 51$	

Auch andere Verbindungen mit einer O–H-, N–H- oder S–H-Bindung oder einem aus anderen Gründen relativ aciden Wasserstoffatom reagieren mit einem Grignard-Reagenz unter Protonenübertragung. Im Folgenden sind einige Beispiele für Verbindungen mit entsprechenden funktionellen Gruppen gezeigt.

H_2O	ROH	ArOH	RCOOH	RNH_2	RSH	R–C≡C–H
Wasser	Alkohole	Phenole	Carbonsäuren	Amine	Thiole	terminale Alkine

Weil Grignard-Reagenzien so leicht mit Protonensäuren reagieren, können sie nicht aus halogenorganischen Verbindungen hergestellt werden, die entsprechende funktionelle Gruppen enthalten.

Beispiel 12.4 Formulieren Sie eine Reaktionsgleichung für die Säure-Base-Reaktion zwischen Ethylmagnesiumbromid und einem Alkohol. Verwenden Sie Elektronenflusspfeile, um den Elektronenfluss zu verdeutlichen. Zeigen Sie außerdem, dass in dieser Reaktion eine starke Säure und eine starke Base unter Bildung einer schwächeren Säure und einer schwächeren Base reagieren.

Vorgehensweise

Zeigen Sie, dass in der Reaktion einer Grignard-Verbindung mit einem normalen Alkohol (ROH) ein Alkan und ein Magnesiumalkoholat entstehen. Denken Sie beim Formulieren der Reaktionsgleichung daran, dass das Grignard-Reagenz als Base reagiert und die Elektronen der C–Mg-Bindung zur Verfügung stellt, um eine neue Bindung mit dem Elektrophil (hier H^+) zu bilden.

Lösung

Der Alkohol ist die stärkere Säure und das Ethylcarbanion die stärkere Base.

$$\text{CH}_3\text{CH}_2 - \text{MgI} + \text{H} - \overset{..}{\underset{..}{\text{O}}}\text{R} \longrightarrow \text{CH}_3\text{CH}_2 - \text{H} + \text{R}\overset{..}{\underset{..}{\text{O}}}{}^- \text{Mg}^{2+}\text{I}^-$$

Ethylmagnesium-iodid	ein Alkohol	Ethan	ein Magnesium-alkoholat
(stärkere Base)	$pK_S = 16–18$	$pK_S = 51$	(schwächere Base)
	(stärkere Säure)	(schwächere Säure)	

Siehe Aufgaben 12.5, 12.7 und 12.8.

12.5.3 Addition von Grignard-Verbindungen an Aldehyde und Ketone

Der besondere Wert der Grignard-Reagenzien liegt darin, dass sie sich ausgezeichnet dafür eignen, neue Kohlenstoff-Kohlenstoff-Bindungen zu knüpfen. Grignard-Verbindungen verhalten sich in ihren Reaktionen wie Carbanionen. Ein Carbanion ist ein gutes Nukleophil, das an die Carbonylgruppe eines Aldehyds oder eines Ketons addiert wird und dabei eine tetraedrische Zwischenstufe bildet. Die Triebkraft dieser Reaktion ist die Anziehung zwischen der negativen Partialladung am Kohlenstoffatom der metallorganischen Verbindung und der positiven Partialladung des Carbonyl-C-Atoms. In den folgenden Beispielen schreiben wir die bei der Bildung der tetraedrischen Zwischenstufe entstehende Magnesium-Sauerstoff-Bindung in der Form $-O^{-}[MgBr]^{+}$, um ihren ionischen Charakter hervorzuheben. Das in der Grignard-Reaktion gebildete Alkoholat ist eine starke Base (Abschn. 8.2.3), aus der bei der Aufarbeitung mit einer wässrigen Säure wie HCl oder wässrigem NH_4Cl ein Alkohol wird.

Die Addition an Formaldehyd führt zu einem primären Alkohol

Die Umsetzung einer Grignard-Verbindung mit Formaldehyd mit nachfolgender Hydrolyse durch eine wässrige Säure führt zu einem primären Alkohol.

Formaldehyd — ein Magnesiumalkoholat — 1-Propanol (ein primärer Alkohol)

Die Addition an einen Aldehyd (außer Formaldehyd) führt zu einem sekundären Alkohol

Bei der Umsetzung einer Grignard-Verbindung mit einem Aldehyd (außer Formaldehyd) mit nachfolgender Hydrolyse durch eine wässrige Säure entsteht ein sekundärer Alkohol.

Acetaldehyd — ein Magnesiumalkoholat — 1-Cyclohexylethanol (ein sekundärer Alkohol)

Die Addition an ein Keton führt zu einem tertiären Alkohol

Wird ein Keton mit einer Grignard-Verbindung umgesetzt, bildet sich nach der anschließenden Hydrolyse durch eine wässrige Säure ein tertiärer Alkohol.

Aceton — ein Magnesiumalkoholat — 2-Phenyl-2-propanol (ein tertiärer Alkohol)

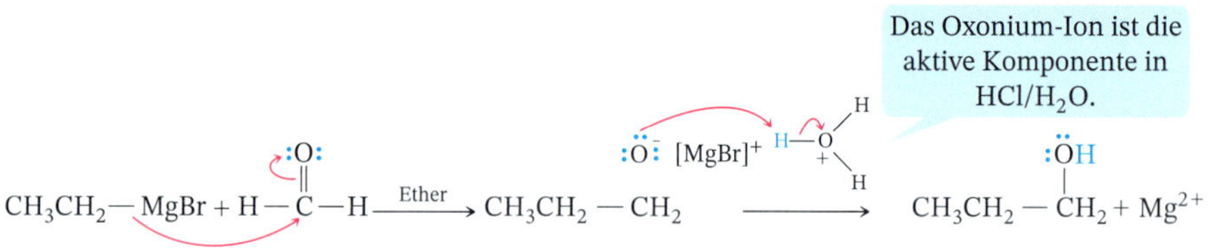

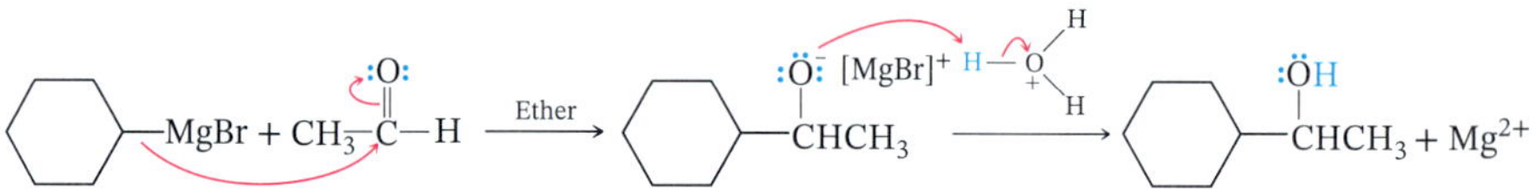

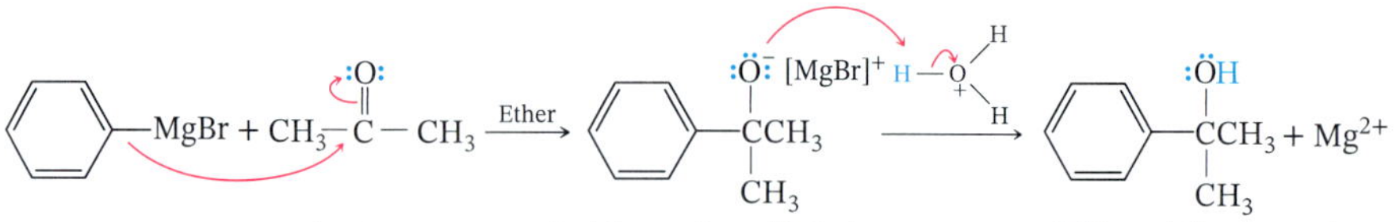

12.5 Was sind Grignard-Reagenzien und wie reagieren sie mit Aldehyden und Ketonen?

Gewusst wie: 12.1 Wie man das Produkt einer Grignard-Reaktion ermittelt

a) In einer Grignard-Reaktion wird eine Kohlenstoff-Kohlenstoff-Bindung gebildet. Identifizieren Sie zunächst das nukleophile Kohlenstoffatom (also das C-Atom, das an das Magnesiumatom gebunden ist).

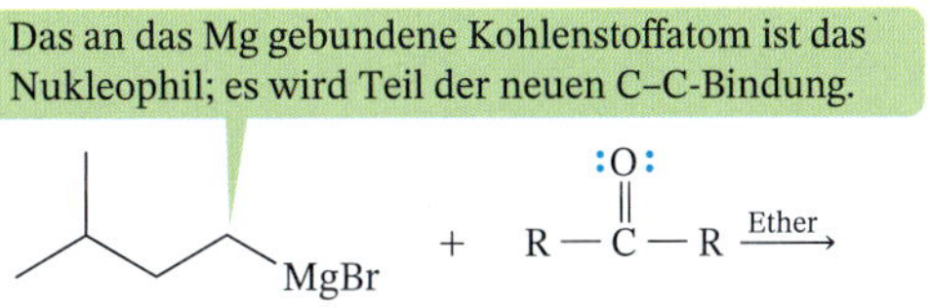

Das an das Mg gebundene Kohlenstoffatom ist das Nukleophil; es wird Teil der neuen C–C-Bindung.

b) Stellen Sie sicher, dass keine O—H-, N—H- oder S—H-Gruppen in den Reagenzien oder im Lösungsmittel vorliegen. Diese würden ein Proton auf das Grignard-Reagenz übertragen und damit die Reaktion mit der Carbonylverbindung unterbinden.

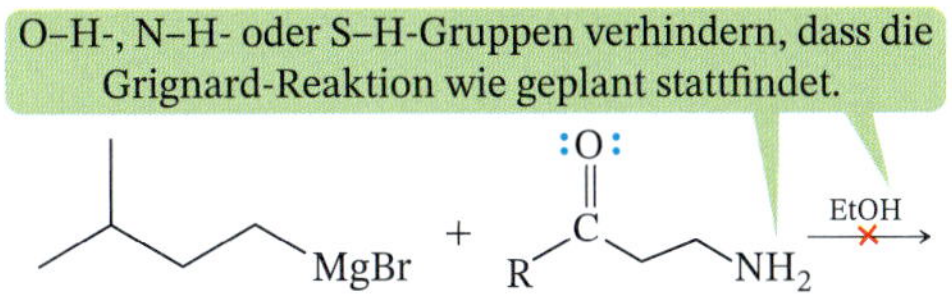

O–H-, N–H- oder S–H-Gruppen verhindern, dass die Grignard-Reaktion wie geplant stattfindet.

c) Zeichnen Sie eine neue Bindung zwischen dem in (a) identifizierten nukleophilen C-Atom und dem Carbonyl-C-Atom. Das nukleophile Kohlenstoffatom der Grignard-Verbindung ist nun nicht mehr an MgBr gebunden, das nun stattdessen ionisch an das negativ geladene Sauerstoffatom koordiniert ist, das vorher Teil der Carbonylgruppe war. Bei einer gegebenenfalls anschließend durchgeführten Aufarbeitung wird das Magnesiumalkoholat in einen Alkohol überführt.

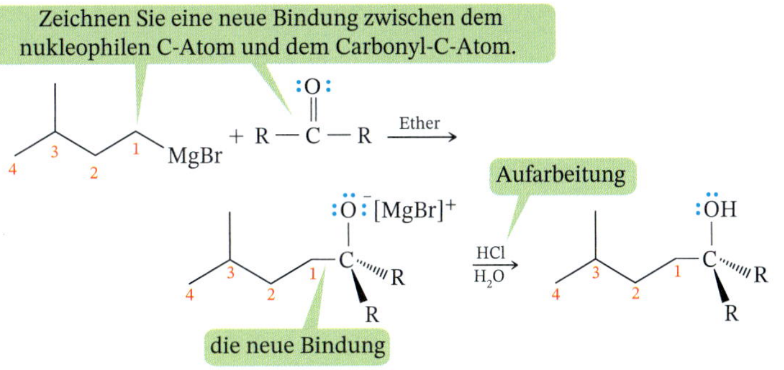

Zeichnen Sie eine neue Bindung zwischen dem nukleophilen C-Atom und dem Carbonyl-C-Atom.

die neue Bindung

Beispiel 12.5 2-Phenyl-2-butanol kann aus drei verschiedenen Kombinationen aus einer Grignard-Verbindung und einem Keton hergestellt werden. Aus welchen?

Vorgehensweise

Das für die Synthese eines Alkohols erforderliche Grignard-Reagenz kann man identifizieren, indem man die C—C-Bindung zwischen dem Alkohol-C-Atom und der sich fortsetzenden Kohlenstoffkette identifiziert. Entfernen Sie diese Bindung, überführen Sie die C—OH-Bindung in eine C=O-Gruppe und den anderen Molekülteil in ein Grignard-Reagenz.

Lösung

Elektronenflusspfeile in jeder der möglichen Reaktionen verdeutlichen die Bildung der neuen Kohlenstoff-Kohlenstoff-Bindung und des Alkoholats. Die Beschriftungen im Endprodukt geben an, welche Bindung durch welche Kombination von Reagenzien geknüpft wird.

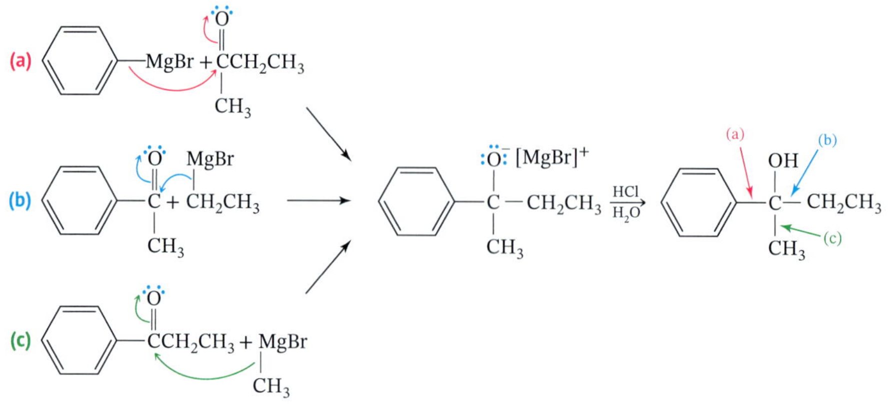

12.6 Was sind Halbacetale und Acetale?

12.6.1 Bildung von Acetalen

Die Addition eines Äquivalents eines Alkohols an die Carbonylgruppe eines Aldehyds oder Ketons führt zu einem **Halbacetal**. Diese Reaktion wird sowohl durch Säuren als auch durch Basen katalysiert; dabei wird das Sauerstoffatom des Alkohols an das Carbonyl-C-Atom und das Wasserstoffatom an das Carbonyl-O-Atom gebunden.

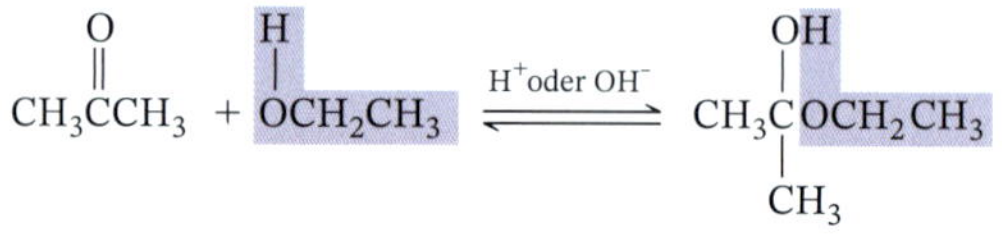

$$CH_3\overset{O}{\overset{\|}{C}}CH_3 + \overset{H}{\underset{|}{O}}CH_2CH_3 \;\overset{H^+ \text{oder } OH^-}{\rightleftharpoons}\; CH_3\overset{OH}{\underset{\underset{CH_3}{|}}{\overset{|}{C}}}OCH_2CH_3$$

ein Halbacetal

Die funktionelle Gruppe eines Halbacetals ist ein Kohlenstoffatom, an das eine OH-Gruppe und eine OR- oder OAr-Gruppe gebunden sind:

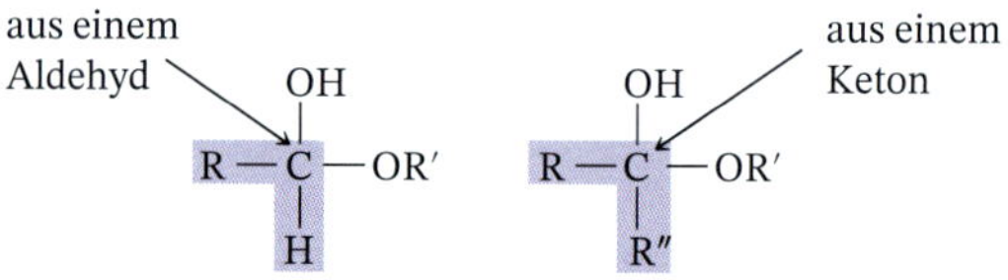

aus einem Aldehyd: $R-\underset{H}{\overset{OH}{\underset{|}{\overset{|}{C}}}}-OR'$ aus einem Keton: $R-\underset{R''}{\overset{OH}{\underset{|}{\overset{|}{C}}}}-OR'$

Halbacetale

Der Mechanismus der *basen*katalysierten Überführung eines Aldehyds oder Ketons in ein Halbacetal kann in drei Schritte unterteilt werden. Man beachte dabei, dass die Base OH⁻ tatsächlich als Katalysator wirkt: Sie wird zwar im ersten Schritt temporär verbraucht, im dritten Schritt aber zurückgebildet.

Mechanismus: Die basenkatalysierte Bildung eines Halbacetals

1. Schritt: *Deprotonierung*

Die Übertragung eines Protons vom Alkohol auf die Base ergibt ein Alkoholat-Ion:

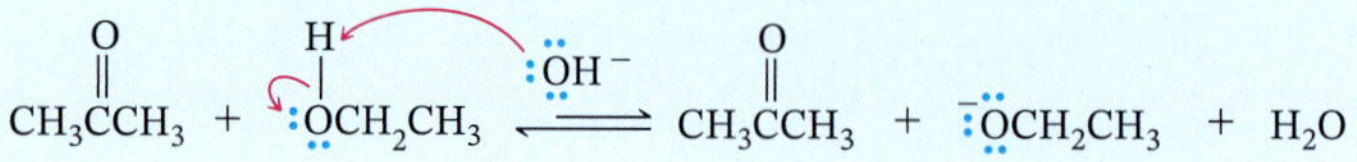

$$CH_3\overset{O}{\overset{\|}{C}}CH_3 + \overset{H}{\underset{|}{:\!\ddot{O}\!CH_2CH_3}} \;\; :\!\ddot{O}H^- \;\rightleftharpoons\; CH_3\overset{O}{\overset{\|}{C}}CH_3 + {}^-\!:\!\ddot{O}CH_2CH_3 + H_2O$$

ein Alkoholat

2. Schritt: *Reaktion eines Nukleophils mit einem Elektrophil unter Bildung einer neuen kovalenten Bindung*
Durch Addition des Alkoholats an die Carbonylgruppe entsteht eine tetraedrische Zwischenstufe:

$$CH_3CCH_3 \text{ (ein Elektrophil)} + {}^-OCH_2CH_3 \text{ (ein Nukleophil)} \rightleftharpoons CH_3\underset{CH_3}{\underset{|}{C}}(O^-)OCH_2CH_3 \text{ tetraedrische Zwischenstufe}$$

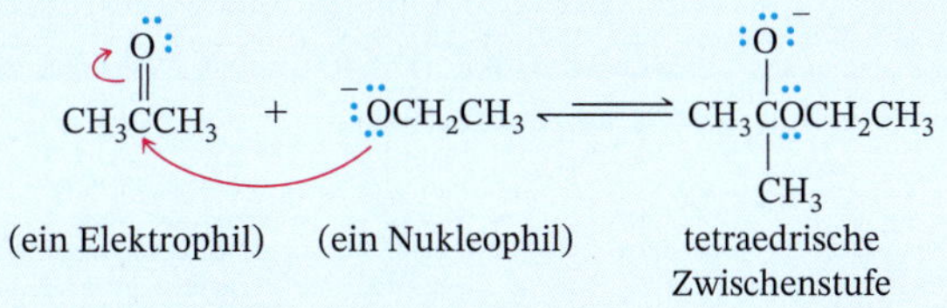

3. Schritt: *Protonierung*
Durch Übertragung eines Protons von Wasser auf die tetraedrische Zwischenstufe entsteht das Halbacetal und der Katalysator (das Hydroxid) wird zurückgebildet:

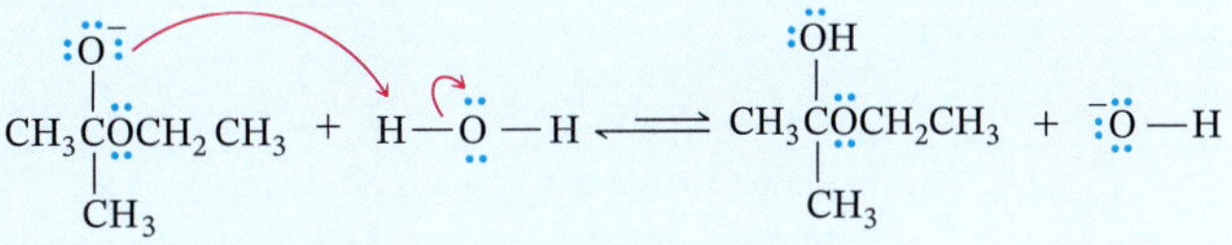

$$CH_3\underset{CH_3}{\underset{|}{C}}(O^-)OCH_2CH_3 + H-O-H \rightleftharpoons CH_3\underset{CH_3}{\underset{|}{C}}(OH)OCH_2CH_3 + {}^-O-H$$

Der Mechanismus der *säure*katalysierten Überführung eines Aldehyds oder Ketons in ein Halbacetal kann ebenfalls in drei Schritte unterteilt werden. Auch hier wirkt die Säure H—A als Katalysator: Sie wird im ersten Schritt verbraucht, aber im dritten Schritt wieder zurückgebildet.

Mechanismus: Die säurekatalysierte Bildung eines Halbacetals

1. Schritt: *Protonierung*
Die Übertragung eines Protons von der Säure H—A auf das Sauerstoffatom der Carbonylgruppe führt zu einem mesomeriestabilisierten Kation. Das Kohlenstoffatom erhält dadurch eine ausgeprägte positive Partialladung:

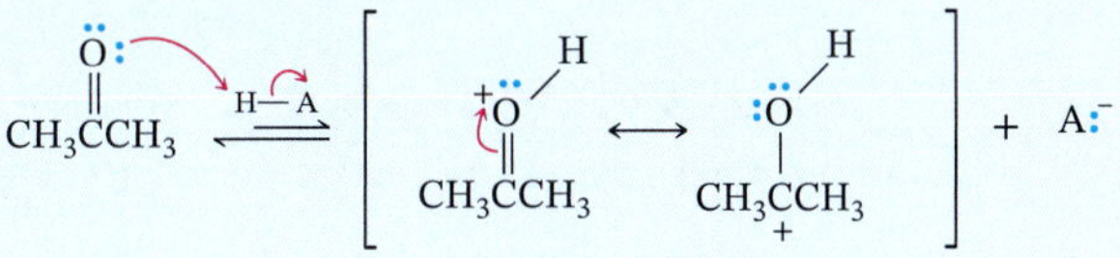

$$CH_3CCH_3 \xrightarrow{H-A} \left[CH_3\overset{+\overset{H}{O}}{C}CH_3 \longleftrightarrow CH_3\overset{+}{C}(OH)CH_3 \right] + A^-$$

ein mesomeriestabilisiertes Kation

2. Schritt: *Reaktion eines Nukleophils mit einem Elektrophil unter Bildung einer neuen kovalenten Bindung*
Durch Addition des Alkohols an das mesomeriestabilisierte Kation entsteht ein Dialkyloxonium-Ion. Dabei kann der Angriff an jeder der beiden Grenzformeln formuliert werden:

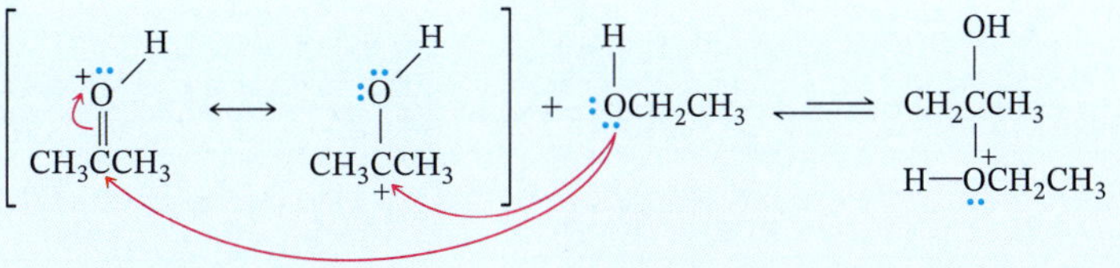

$$\left[CH_3\overset{+\overset{H}{O}}{C}CH_3 \longleftrightarrow CH_3\overset{+}{C}(OH)CH_3 \right] \text{ (ein Elektrophil)} + :OCH_2CH_3 \text{ (ein Nukleophil)} \rightleftharpoons CH_2\underset{H-\overset{+}{O}CH_2CH_3}{\underset{|}{C}}(OH)CH_3 \text{ ein Dialkyloxonium-Ion}$$

3. Schritt: *Deprotonierung*
Die Übertragung eines Protons von dem Dialkyloxonium-Ion auf A⁻ führt zum Halbacetal und der Säurekatalysator wird zurückgebildet:

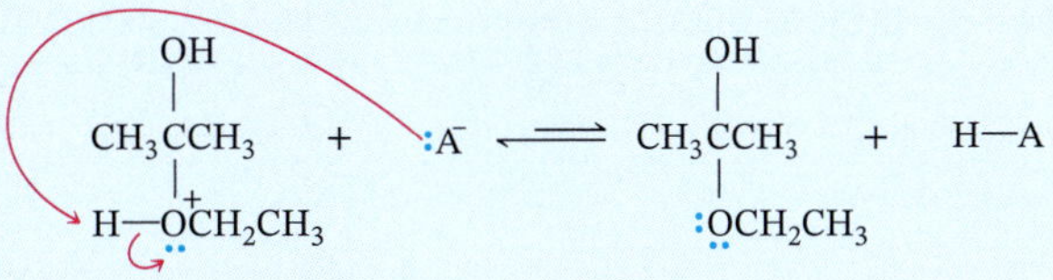

$$CH_3\underset{H-\overset{+}{O}CH_2CH_3}{\underset{|}{C}}(OH)CH_3 + :A^- \rightleftharpoons CH_3\underset{:OCH_2CH_3}{\underset{|}{C}}(OH)CH_3 + H-A$$

Halbacetale sind im Allgemeinen instabil und sind lediglich eine Unterschusskomponente in einer Gleichgewichtsmischung – mit einer wichtigen Ausnahme: Wenn die Hydroxygruppe in demselben Molekül wie die Carbonylgruppe vorliegt und sich ein Fünf- oder Sechsring bilden kann, liegt das Gleichgewicht fast vollständig auf der Seite des Halbacetals:

4-Hydroxypentanal → (Neu zeichnen: OH wird in der Nähe der CHO-Gruppe positioniert) ⇌ ein cyclisches Halbacetal (Hauptkomponente im Gleichgewicht)

Über cyclische Halbacetale werden wir mehr erfahren, wenn wir in Kap. 17 die Chemie der Kohlenhydrate behandeln.

Halbacetale können mit einem weiteren Äquivalent eines Alkohols zu einem **Acetal** reagieren. Bei dieser säurekatalysierten Reaktion wird ein Äquivalent Wasser frei:

$$CH_3\underset{CH_3}{\overset{OH}{C}}OCH_2CH_3 + CH_3CH_2OH \overset{H^+}{\rightleftharpoons} CH_3\underset{CH_3}{\overset{OCH_2CH_3}{C}}OCH_2CH_3 + H_2O$$

ein Halbacetal   ein Diethylacetal

Die funktionelle Gruppe eines Acetals ist ein Kohlenstoffatom, an das zwei OR- oder OAr-Gruppen gebunden sind:

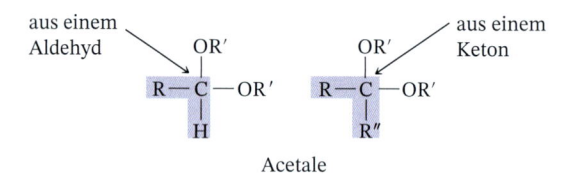

aus einem Aldehyd: R−C(OR′)(OR′)−H   aus einem Keton: R−C(OR′)(OR′)−R″

Acetale

Der Mechanismus der säurekatalysierten Umsetzung eines Halbacetals in ein Acetal kann in vier Schritte unterteilt werden. Die Säure H−A wirkt wieder als Katalysator: Sie wird im ersten Schritt verbraucht, aber im vierten Schritt zurückgebildet.

Mechanismus: Die säurekatalysierte Bildung eines Acetals

1. Schritt: *Protonierung*

Die Übertragung eines Protons von der Säure H−A auf die OH-Gruppe des Halbacetals ergibt ein Alkyloxonium-Ion:

R−C(H)(OCH_3)−OH + H−A ⇌ R−C(H)(OCH_3)−O$^+$H_2 + A$^-$

ein Oxonium-Ion

2. Schritt: *Bindungsbruch unter Bildung eines stabilen Ions oder Moleküls*

Der Austritt von Wasser führt zur Bildung eines mesomeriestabilisierten Kations:

12.6 Was sind Halbacetale und Acetale? | **419**

$$R-\underset{H}{\underset{|}{C}}-\overset{H\overset{+}{\underset{\cdot\cdot}{O}}H}{\overset{|}{\underset{\cdot\cdot}{O}}CH_3} \;\rightleftharpoons\; R-\underset{H}{\overset{|}{C}}=\overset{+}{\underset{\cdot\cdot}{O}}CH_3 \;\longleftrightarrow\; R-\underset{H}{\overset{|}{\overset{+}{C}}}-\overset{\cdot\cdot}{\underset{\cdot\cdot}{O}}CH_3 \;+\; H_2\overset{\cdot\cdot}{\underset{\cdot\cdot}{O}}:$$

ein mesomeriestabilisiertes Kation

3. Schritt: *Reaktion eines Nukleophils mit einem Elektrophil unter Bildung einer neuen kovalenten Bindung*

Die Reaktion des mesomeriestabilisierten Kations (eines Elektrophils) mit Methanol (einem Nukleophil) ergibt die konjugierte Säure des Acetals:

$$CH_3-\underset{\cdot\cdot}{\overset{\cdot\cdot}{O}}: \;+\; R-\underset{H}{\overset{|}{C}}=\overset{+}{\underset{\cdot\cdot}{O}}CH_3 \;\rightleftharpoons\; R-\underset{H}{\underset{|}{C}}-\overset{H\overset{+}{\underset{\cdot\cdot}{O}}CH_3}{\overset{|}{\underset{\cdot\cdot}{O}}CH_3}$$

(ein Nukleophil)   (ein Elektrophil)   ein protoniertes Acetal

4. Schritt: *Deprotonierung*

Durch Protonenübertragung von dem protonierten Acetal auf A⁻ entsteht das Acetal und der Säurekatalysator H−A wird zurückgebildet:

$$A:^- \;+\; R-\underset{H}{\underset{|}{C}}-\overset{H\overset{+}{\underset{\cdot\cdot}{O}}CH_3}{\overset{|}{\underset{\cdot\cdot}{O}}CH_3} \;\rightleftharpoons\; HA \;+\; R-\underset{H}{\underset{|}{C}}-\overset{:\overset{\cdot\cdot}{\underset{\cdot\cdot}{O}}CH_3}{\overset{|}{\underset{\cdot\cdot}{O}}CH_3}$$

ein protoniertes Acetal   ein Acetal

Bei der Acetalbildung wird meistens der Alkohol als Lösungsmittel verwendet, in dem trockenes HCl-Gas (Chlorwasserstoff) oder eine aromatische Sulfonsäure ArSO₃H (Abschn. 9.6.2) gelöst werden. Weil der Alkohol sowohl Reagenz als auch Lösungsmittel ist, liegt er in großem Überschuss vor; das Gleichgewicht wird dadurch in Richtung des Acetals verschoben. Alternativ kann man einen vollständigen Umsatz auch erreichen, indem man das gebildete Wasser kontinuierlich entfernt.

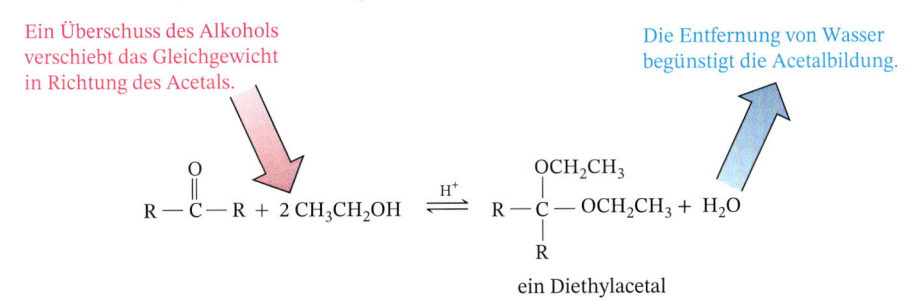

Ein Überschuss des Alkohols verschiebt das Gleichgewicht in Richtung des Acetals.

Die Entfernung von Wasser begünstigt die Acetalbildung.

$$R-\overset{O}{\overset{\|}{C}}-R \;+\; 2\,CH_3CH_2OH \;\underset{}{\overset{H^+}{\rightleftharpoons}}\; R-\underset{R}{\underset{|}{\overset{OCH_2CH_3}{\overset{|}{C}}}}-OCH_2CH_3 \;+\; H_2O$$

ein Diethylacetal

Beispiel 12.6 Vervollständigen Sie die folgenden Reaktionen, in denen die Carbonylgruppe eines Ketons mit einem Äquivalent eines Alkohols jeweils zunächst in ein Halbacetal und dann mit einem zweiten Äquivalent Alkohol in ein Acetal überführt wird. Beachten Sie in Teilaufgabe (b), dass Ethylenglykol ein Diol ist, dass also ein Äquivalent davon beide OH-Gruppen liefern kann.

(a) $\text{CH}_3\text{COCH}_2\text{CH}_3 + 2\,CH_3CH_2OH \;\overset{H^+}{\rightleftharpoons}\;$

(b) cyclopentanon $=O \;+\; HO\text{—CH}_2\text{CH}_2\text{—}OH \;\overset{H^+}{\rightleftharpoons}\;$

Ethylenglykol

12 Aldehyde und Ketone

Gewusst wie: 12.2 Wie man feststellt, welche Reaktanten zur Synthese eines Halbacetals oder eines Acetals benötigt werden

a) Man identifiziert zunächst das Kohlenstoffatom, an das zwei O-Atome gebunden sind. Dieses Kohlenstoffatom ist das ehemalige Carbonyl-C-Atom, das nun Bestandteil der Acetal- bzw. Halbacetalfunktion ist.

Das C-Atom, an das zwei O-Atome gebunden sind, ist das ehemalige Carbonyl-C-Atom.

b) Man entfernt die beiden C—O-Bindungen zu dem betreffenden C-Atom, ergänzt an jedem der beiden Sauerstoffatome ein Wasserstoffatom, um die Alkohole zu vervollständigen, und überführt das Kohlenstoffatom in eine Carbonylgruppe.

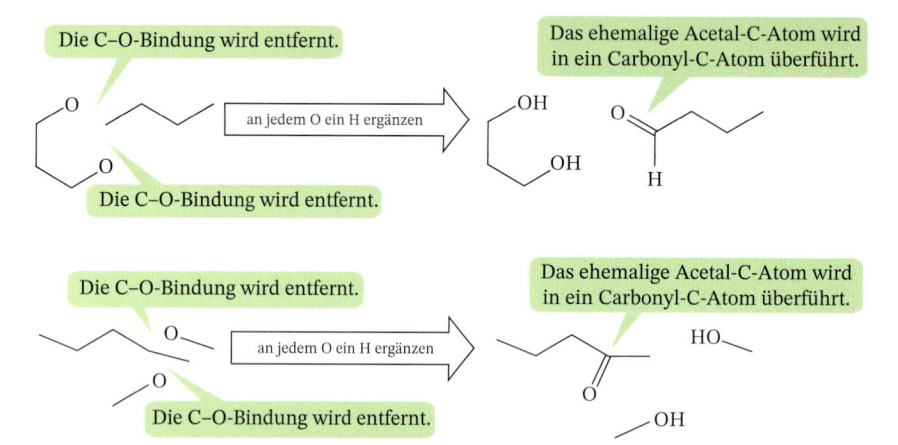

Die C–O-Bindung wird entfernt.
an jedem O ein H ergänzen
Das ehemalige Acetal-C-Atom wird in ein Carbonyl-C-Atom überführt.
Die C–O-Bindung wird entfernt.

Die C–O-Bindung wird entfernt.
an jedem O ein H ergänzen
Das ehemalige Acetal-C-Atom wird in ein Carbonyl-C-Atom überführt.
Die C–O-Bindung wird entfernt.

Vorgehensweise
Bei der Halbacetalbildung greift ein Äquivalent des Alkohols an dem Carbonyl-C-Atom an; an dieses Kohlenstoffatom sind nun eine OH- und eine OR-Gruppe gebunden. Bei der Acetalbildung greift ein zweites Äquivalent des Alkohols an dem ehemaligen Carbonyl-C-Atom an; an dieses Kohlenstoffatom sind nun zwei OR-Gruppen gebunden.

Lösung
Im Folgenden sind die Strukturformeln der Halbacetale und des Acetals angegeben:

(a) HO OC$_2$H$_5$ → C$_2$H$_5$O OC$_2$H$_5$ + H$_2$O

(b) OH OH → + H$_2$O

Siehe Aufgaben 12.9–12.11.

Genau wie Ether sind auch Acetale unreaktiv gegenüber Basen, Reduktionsmitteln wie z. B. H$_2$/Pt, Grignard-Reagenzien und Oxidationsmitteln (mit Ausnahme von Oxidationsmitteln, die in einem wässrigen Milieu sauer reagieren). Weil Acetale unter so vielen verschiedenen Reaktionsbedingungen stabil sind, werden sie oft verwendet, um die Carbonylgruppen in Aldehyden und Ketonen zu schützen, während man Reaktionen an anderen funktionellen Gruppen der Verbindung durchführt.

12.6.2 Acetale als Schutzgruppen für Carbonyle

Die Verwendung von Acetalen als Schutzgruppen für Carbonylgruppen wird im Folgenden anhand der Synthese von 5-Hydroxy-5-phenylpentanal aus Benzaldehyd und 4-Brombutanal verdeutlicht.

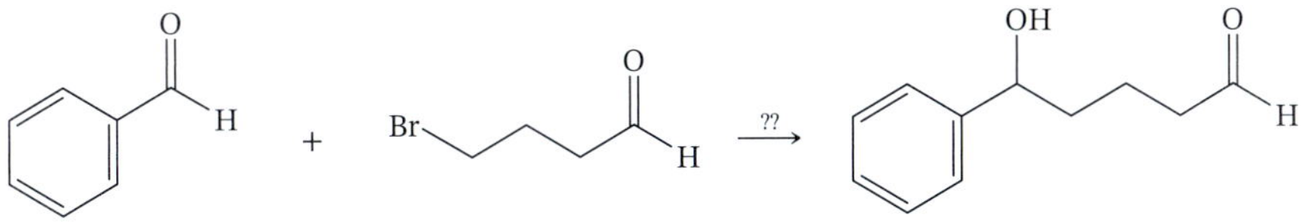

Benzaldehyd   4-Brombutanal   5-Hydroxy-5-phenylpentanal

Eine naheliegende Methode zur Knüpfung der neuen Kohlenstoff-Kohlenstoff-Bindung zwischen diesen beiden Verbindungen wäre, Benzaldehyd mit dem aus 4-Brombutanal zugänglichen Grignard-Reagenz umzusetzen. Dieses Grignard-Reagenz würde allerdings augenblicklich mit der Carbonylgruppe eines zweiten Äquivalents 4-Brombutanal reagieren; es würde sich also im Zuge seiner Bildung sofort wieder selbst zerstören (Abschn. 12.5.2). Um dieses Problem zu vermeiden, kann man die Carbonylgruppe von 4-Brombutanal als Acetal schützen. Zu diesem Zweck verwendet man meistens cyclische Acetale, weil diese besonders einfach herzustellen sind.

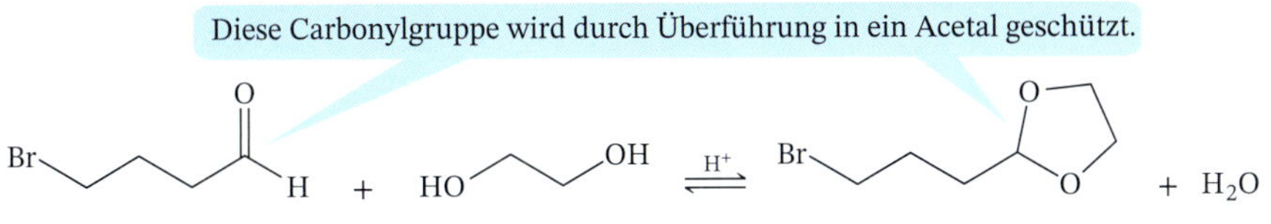

Diese Carbonylgruppe wird durch Überführung in ein Acetal geschützt.

Ethylenglykol   ein cyclisches Acetal

Durch Umsetzung des geschützten Bromaldehyds mit Magnesium in Diethylether und nachfolgende Zugabe von Benzaldehyd entsteht ein Magnesiumalkoholat.

Die geschützte Carbonylgruppe reagiert mit keinem der in dieser Synthese verwendeten Reagenzien.

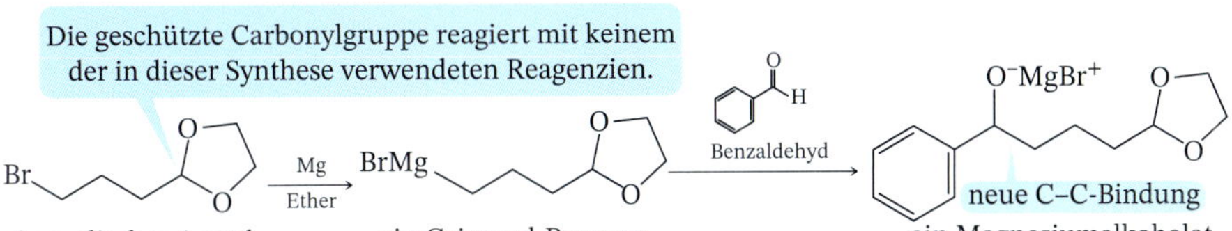

ein cyclisches Acetal   ein Grignard-Reagenz   ein Magnesiumalkoholat

Bei der Behandlung des Magnesiumalkoholats mit wässriger Säure geschieht zweierlei. Erstens entsteht durch die Säure aus dem Alkoholat die gewünschte Hydroxygruppe und zweitens findet unter diesen Bedingungen gleichzeitig die **Hydrolyse** des cyclischen Acetals unter Freisetzung der Aldehydfunktion statt.

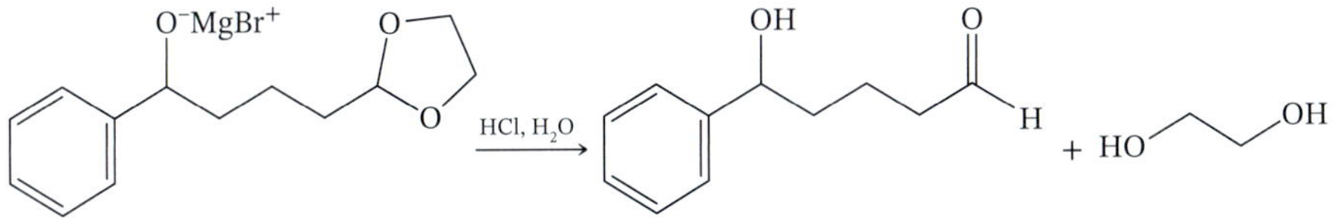

Beispiel 12.7 Schlagen Sie eine Reaktionssequenz für die folgende Transformation vor. Beachten Sie, dass bei einer katalytischen Hydrierung Wasserstoff nicht nur an die C=C-Doppelbindung sondern auch an die C=O-Doppelbindung addiert wird.

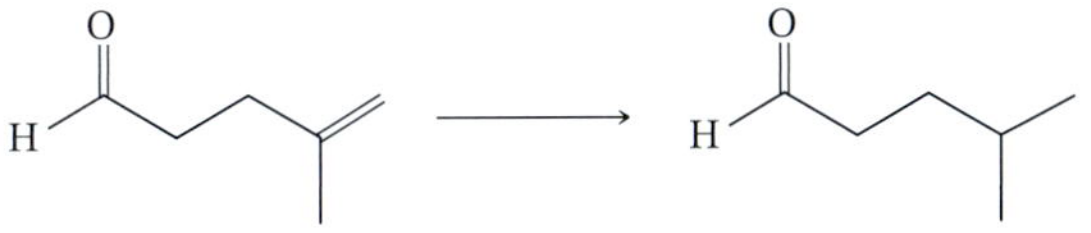

Vorgehensweise

Entscheiden Sie, welche Reaktion(en) man für die gewünschte Transformation braucht. Bevor Sie eine Reaktion an einer funktionellen Gruppe durchführen, stellen Sie fest, ob in der Verbindung andere funktionelle Gruppen vorliegen, die unter den anzuwendenden Bedingungen ebenfalls reagieren würden. Wenn diese konkurrierenden Reaktionen unerwünscht sind, prüfen Sie, ob Sie die entsprechenden funktionellen Gruppen schützen können.

Lösung

Es ist erforderlich, die Carbonylgruppe zu schützen, da sie andernfalls durch H_2/Pt zum Alkohol reduziert würde.

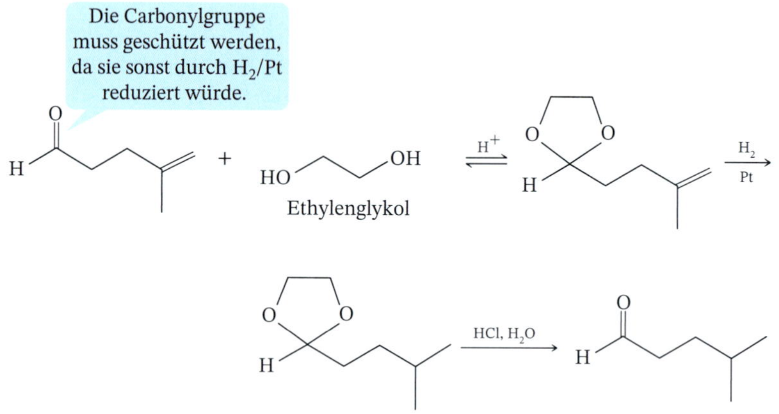

Die Carbonylgruppe muss geschützt werden, da sie sonst durch H_2/Pt reduziert würde.

Siehe Aufgaben 12.23–12.28.

12.7 Wie reagieren Aldehyde und Ketone mit Ammoniak und Aminen?

12.7.1 Bildung von Iminen

In Gegenwart eines Säurekatalysators reagieren Ammoniak, primäre aliphatische Amine (RNH_2) und primäre aromatische Amine ($ArNH_2$) mit der Carbonylgruppe von Aldehyden und Ketonen zu einem Produkt mit einer Kohlenstoff-Stickstoff-Doppelbindung. Eine solche Verbindung wird als **Imin** oder auch als **Schiffsche Base** bezeichnet.

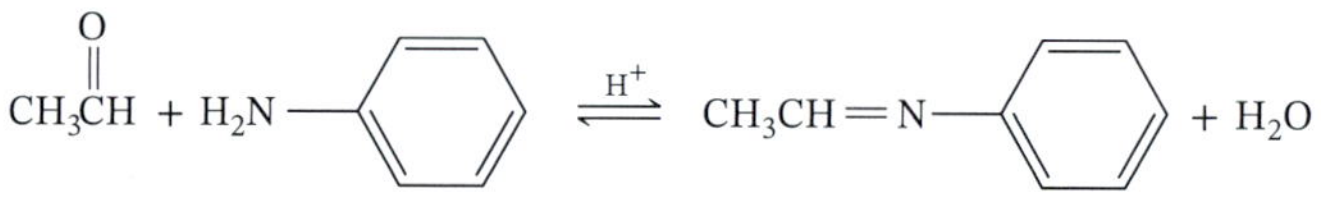

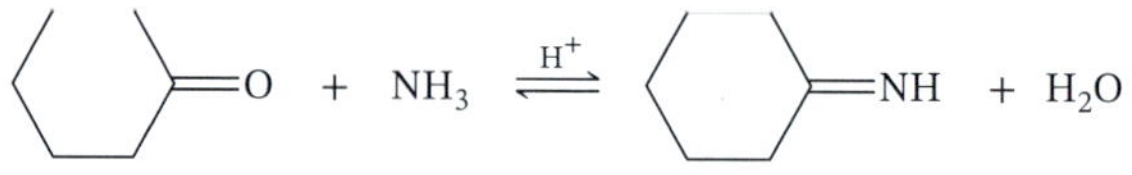

Wie die Halbacetal- und Acetalbildung ist auch die Iminbildung reversibel; die säurekatalysierte Hydrolyse eines Imins ergibt ein primäres Amin und einen Aldehyd oder ein Keton. Wenn ein (oder mehrere) Äquivalente Säure eingesetzt werden, wird das primäre Amin, eine schwache Base, in ein Ammoniumsalz überführt.

$$\text{ein Imin (eine Schiffsche Base)} \xrightarrow[H_2O]{HCl} \text{Cyclohexanon} + CH_3NH_3^+ Cl^- \text{ (Ammoniumsalz)}$$

Mechanismus: **Die Bildung eines Imins aus einem Aldehyd oder einem Keton**

1. Schritt: *Reaktion eines Nukleophils mit einem Elektrophil unter Bildung einer neuen kovalenten Bindung*

Durch den Angriff von Ammoniak oder eines primären Amins (die beide am Stickstoffatom gute Nukleophile sind) am Carbonyl-C-Atom und nachfolgende Protonenübertragung entsteht eine tetraedrische Zwischenstufe:

eine tetraedrische Zwischenstufe

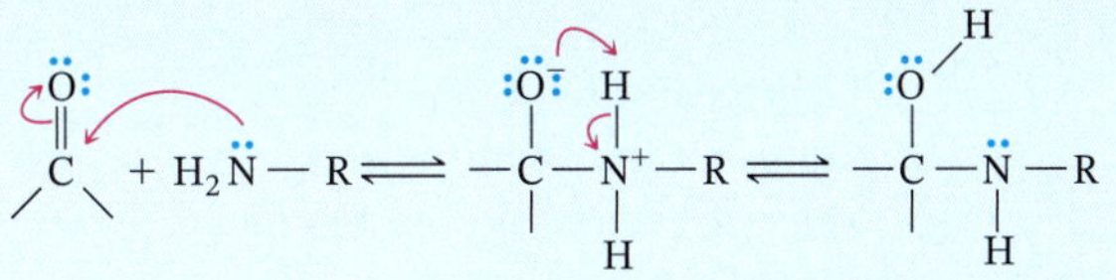

2. Schritt: *Protonierung*

Durch Protonierung der OH-Gruppe entsteht die gute Austrittsgruppe OH_2^+:

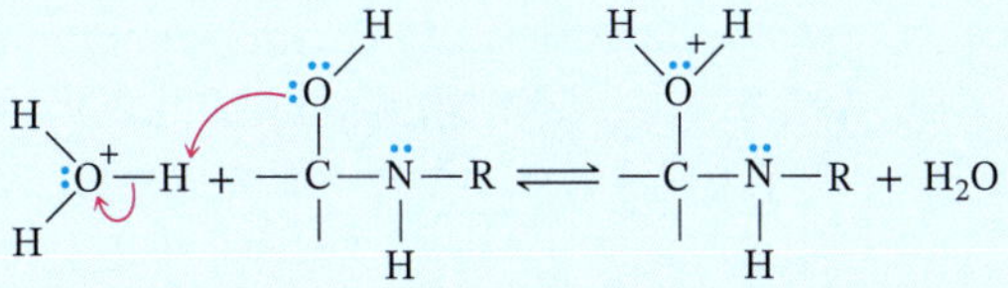

3. Schritt: *Deprotonierung und Bindungsbruch unter Bildung eines stabilen Ions oder Moleküls*

Durch Austritt von Wasser und Protonenübertragung auf das Lösungsmittel entsteht das Imin. Man beachte, dass der Austritt des Wassers und die Deprotonierung die Charakteristika einer E2-Eliminierung zeigen. In dieser Dehydratisierung geschehen drei Dinge gleichzeitig: Eine Base (hier ein Äquivalent Wasser) übernimmt ein Proton von dem Stickstoffatom, es bildet sich eine Kohlenstoff-Stickstoff-Doppelbindung und das Nukleofug (hier ein Wassermolekül) tritt aus:

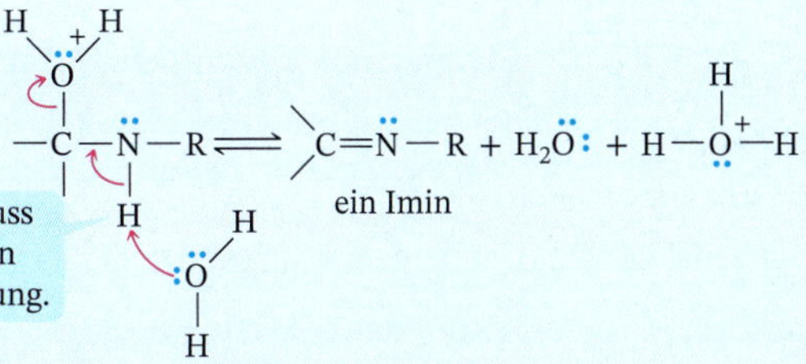

Der Elektronenfluss entspricht dem in einer E2-Eliminierung.

ein Imin

Um nur ein Beispiel für die Bedeutung von Iminen in biologischen Systemen zu nennen, sei hier die Umsetzung der aktiven Aldehydform von Vitamin A (Retinal) mit dem Protein Opsin in der menschlichen Netzhaut genannt, bei der ein Imin namens *Rhodopsin* entsteht (früher auch *Sehpurpur* genannt; siehe Exkurs 4.B und Abschn. 19.6). Die Aminosäure Lysin (siehe Tab. 18.1) in Opsin stellt die für diese Reaktion notwendige primäre Aminogruppe bereit.

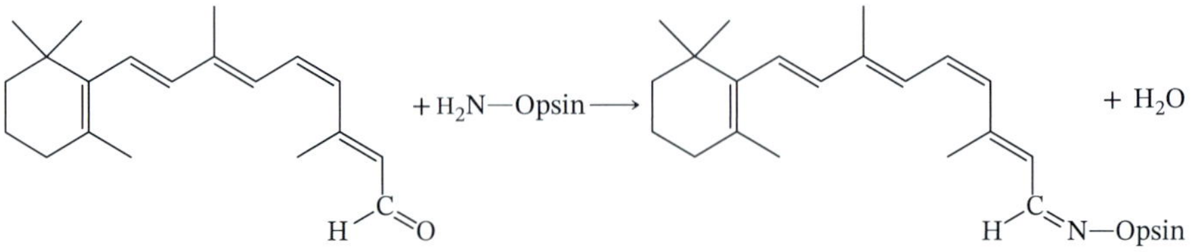

11-cis-Retinal + H₂N—Opsin ⟶ Rhodopsin (Sehpurpur) + H₂O

Beispiel 12.8 Welche Produkte entstehen bei den folgenden Reaktionen?

(a) Cyclopentanon + (CH₃)₂CH–NH₂ (Isobutylamin), H⁺, −H₂O

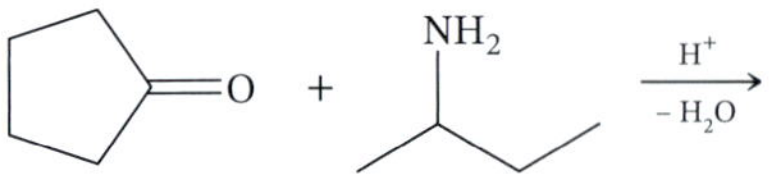

(b) Cycloheptyl–CH₂N=Cyclopentyliden + H₂O, HCl (1 Äquiv.)

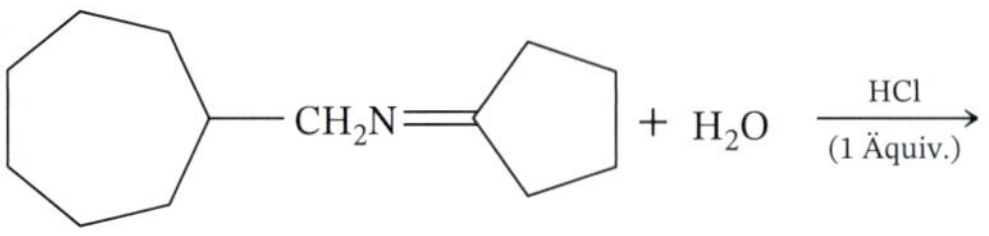

Vorgehensweise
Bei einer Iminbildung wird eine C=O-Gruppe in eine C=N-Gruppe überführt, wobei das Stickstoffatom der ehemaligen primären Aminogruppe beide Wasserstoffatome verliert. Im umgekehrten Prozess wird die C=N-Gruppe in eine C=O-Gruppe überführt und zwei H-Atome werden an das Stickstoffatom gebunden; es bildet sich ein primäres Amin.

Lösung
Reaktion (a) ist eine Iminbildung, während Reaktion (b) die säurekatalysierte Hydrolyse eines Imins zu einem Ammoniumsalz und einem Keton zeigt.

(a) Cyclopentyliden=N–CH(CH₃)CH₂CH₃

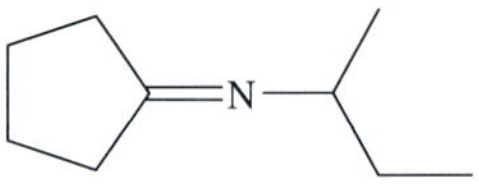

(b) Cycloheptyl–CH₂N⁺H₃ Cl⁻ + O=Cyclopentyl

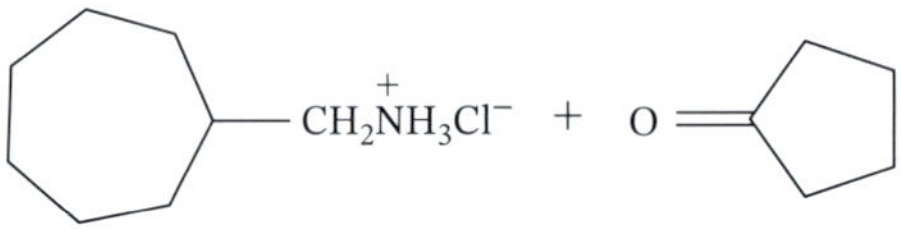

Siehe Aufgaben 12.13 und 12.15.

12.7.2 Reduktive Aminierung von Aldehyden und Ketonen

Einer der wesentlichen Vorzüge von Iminen ist, dass die Kohlenstoff-Stickstoff-Doppelbindung durch Wasserstoff in Gegenwart von Nickel oder eines anderen Übergangsmetallkatalysators in eine Kohlenstoff-Stickstoff-Einfachbindung überführt werden kann. In dieser zweistufigen, als **reduktive Aminierung** bezeichneten Reaktion wird ein primäres Amin mit einem Aldehyd oder Keton zunächst in ein Imin und dann durch Reduktion in ein sekundäres Amin überführt. Dies wird durch das folgende Beispiel illustriert, die Umwandlung von Cyclohexylamin in Dicyclohexylamin:

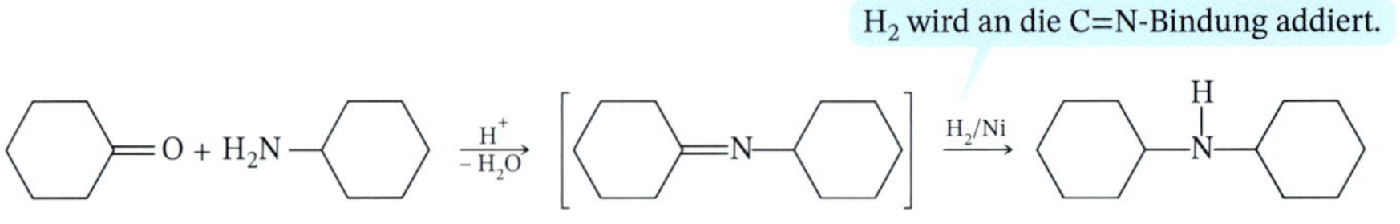

H₂ wird an die C=N-Bindung addiert.

Cyclohexanon + H₂N–Cyclohexyl →(H⁺, −H₂O) [Cyclohexyl=N–Cyclohexyl] (ein Imin) →(H₂/Ni) Cyclohexyl–NH–Cyclohexyl (Dicyclohexylamin, ein sekundäres Amin)

Cyclohexylamin (ein primäres Amin)

Die Transformation eines Aldehyds oder Ketons in ein Amin wird typischerweise „in einem Rutsch" durchgeführt: Die Carbonylverbindung, das Amin oder Ammoniak, Wasserstoff und der Übergangsmetallkatalysator werden gemischt und zur Reaktion gebracht; das intermediäre Imin wird nicht isoliert.

Beispiel 12.9   Wie können die folgenden Amine durch reduktive Aminierung synthetisiert werden:

(a) [Struktur: 1-Phenylethylamin mit NH$_2$]   (b) [Struktur: Diisopropylamin mit H-N]

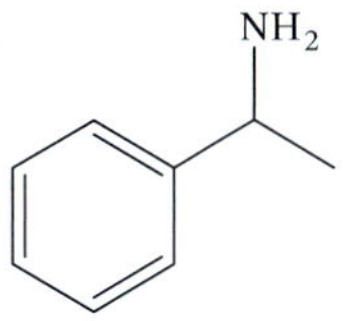

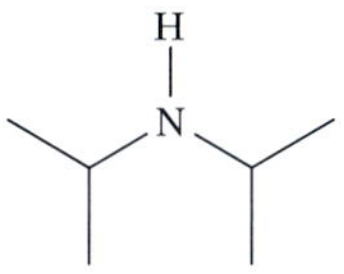

Vorgehensweise
Identifizieren Sie die C−N-Bindung, die in der reduktiven Aminierung gebildet wird. Das Kohlenstoffatom dieser Bindung liegt im Ausgangsmaterial als Teil einer Carbonylgruppe vor, während das Stickstoffatom Teil eines primären Amins ist.

Lösung
Die geeigneten Ausgangsverbindungen, in beiden Fällen ein Keton, werden mit Ammoniak oder einem primären Amin in Gegenwart von H$_2$/Ni umgesetzt:

(a) [Acetophenon] + NH$_3$ (b) [Aceton] =O + H$_2$N−[Isopropyl]

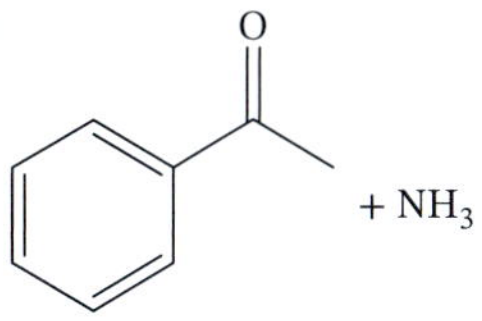

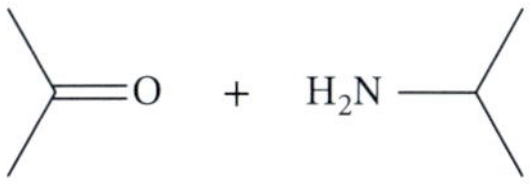

Siehe Aufgaben 12.14 und 12.15. ◂

12.8 Was ist die Keto-Enol-Tautomerie?

12.8.1 Keto- und Enol-Form

Ein Kohlenstoffatom, das einer Carbonylgruppe benachbart ist, wird als **α-C-Atom** bezeichnet und ein daran gebundenes Wasserstoffatom als **α-H-Atom**:

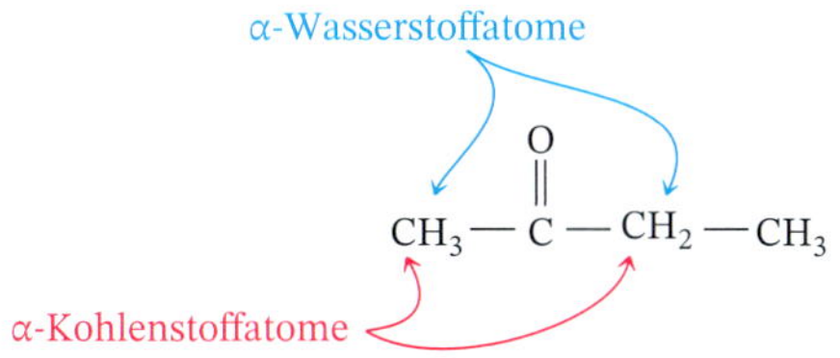

$$CH_3-\underset{\underset{}{\|}}{\overset{O}{C}}-CH_2-CH_3$$

α-Wasserstoffatome
α-Kohlenstoffatome

Ein Aldehyd oder ein Keton mit mindestens einem α-Wasserstoffatom steht im Gleichgewicht mit einem Konstitutionsisomer, das als **Enol** bezeichnet wird. Ein Enol ist eine Verbindung, in der eine OH-Gruppe an ein C-Atom einer Kohlenstoff-Kohlenstoff-Doppelbindung gebunden ist. Der Name *Enol* ist von den IUPAC-Bezeichnungen für ein Alken (*-en-*) und einen Alkohol (*-ol*) abgeleitet:

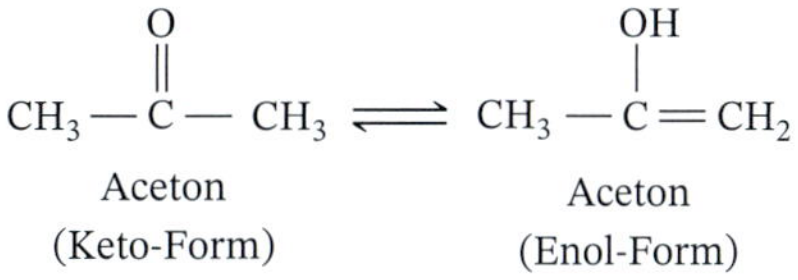

$$CH_3-\overset{O}{\overset{\|}{C}}-CH_3 \rightleftharpoons CH_3-\overset{OH}{\overset{|}{C}}=CH_2$$

Aceton (Keto-Form)   Aceton (Enol-Form)

Tab. 12.4 Die Lage des Keto-Enol-Gleichgewichts für vier Aldehyde und Ketone.[a]

Keto-Form	Enol-Form	Anteil Enol im Gleichgewicht (mol-%)
CH$_3$CH=O	CH$_2$=CH−OH	6×10^{-5}
CH$_3$CCH$_3$ (=O)	CH$_3$C(OH)=CH$_2$	6×10^{-7}
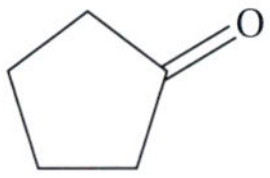 Cyclopentanon	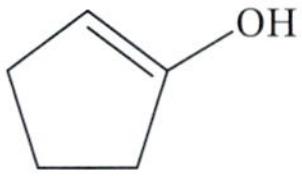 1-Hydroxycyclopenten	1×10^{-6}
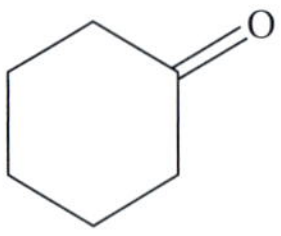 Cyclohexanon	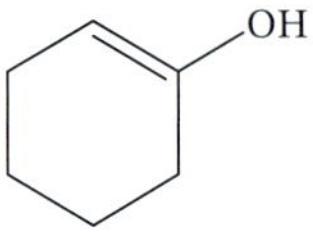 1-Hydroxycyclohexen	4×10^{-5}

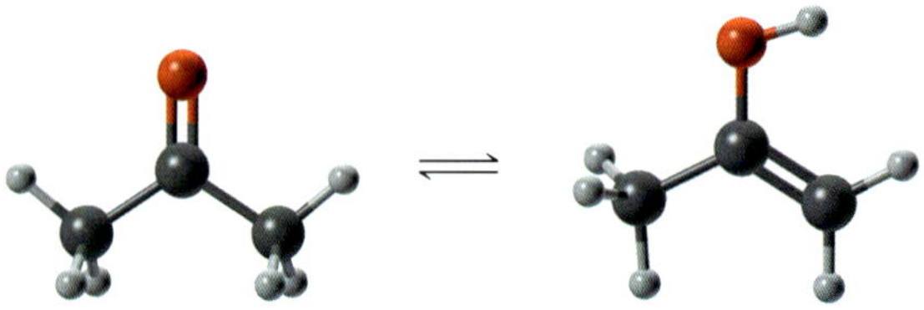

a) Werte entnommen aus J. March, *Advanced Organic Chemistry*, 4. Aufl. (New York Interscience, 1992), S. 70.

Keto- und Enol-Form sind Beispiele für **Tautomere** – Konstitutionsisomere, die im Gleichgewicht miteinander stehen und die sich in der Position eines Wasserstoffatoms und in der Lage einer Doppelbindung relativ zu einem Heteroatom (meist O, S oder N) unterscheiden. Diesen Isomerietyp bezeichnet man als **Tautomerie**.

Weil eine Kohlenstoff-Sauerstoff-Doppelbindung stabiler als eine Kohlenstoff-Kohlenstoff-Doppelbindung ist, liegt das Gleichgewicht in der Keto-Enol-Tautomerie für die meisten einfachen Aldehyde und Ketone weit auf der Seite der Keto-Form (Tab. 12.4).

Wie der folgende, zweistufige Mechanismus verdeutlicht, wird die Gleichgewichtseinstellung zwischen der Keto- und der Enol-Form durch eine Säure katalysiert. (Man beachte, dass zwar im ersten Schritt ein Äquivalent der Säure H−A verbraucht, im zweiten Schritt aber ein neues Äquivalent von H−A zurückgebildet wird.)

Mechanismus: Säurekatalysierte Gleichgewichtseinstellung zwischen Keto- und Enol-Tautomeren

1. Schritt: *Protonierung*
Ein Proton wird vom Säurekatalysator H−A auf das Carbonyl-Sauerstoffatom übertragen; dabei wird die konjugierte Säure des Aldehyds bzw. des Ketons gebildet:

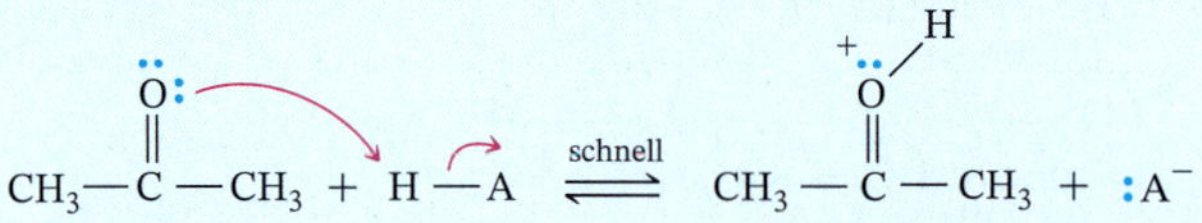

$$\text{CH}_3-\overset{\overset{\ddot{\text{O}}:}{\|}}{\text{C}}-\text{CH}_3 + \text{H}-\text{A} \underset{}{\overset{\text{schnell}}{\rightleftharpoons}} \text{CH}_3-\overset{\overset{+\overset{..}{\text{O}}-\text{H}}{\|}}{\text{C}}-\text{CH}_3 + :\text{A}^-$$

Keto-Form   die konjugierte Säure des Ketons

2. Schritt: *Deprotonierung*
Ein Proton wird vom α-Kohlenstoffatom auf die Base A$^-$ übertragen. Dabei entsteht das Enol und der Säurekatalysator H−A wird zurückgebildet:

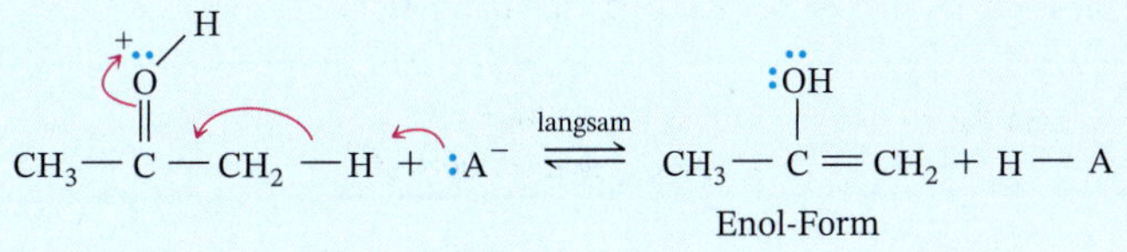

$$CH_3-\underset{\underset{\|}{O}}{C}-CH_2-H \;+\; :A^- \; \underset{\text{langsam}}{\rightleftharpoons} \; CH_3-\underset{\underset{|}{\overset{..}{O}H}}{C}=CH_2 \;+\; H-A$$

(mit H⁺ am Carbonyl-O vor dem langsamen Schritt)

Enol-Form

Beispiel 12.10 Zeichnen Sie für jede Verbindung zwei Enol-Formen und geben Sie an, welches Enol im Gleichgewicht bevorzugt vorliegen wird:

(a) 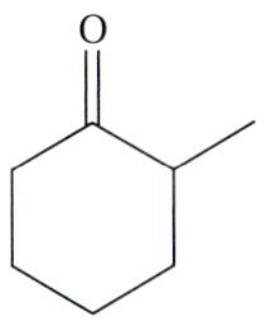 2-Methylcyclohexanon

(b) 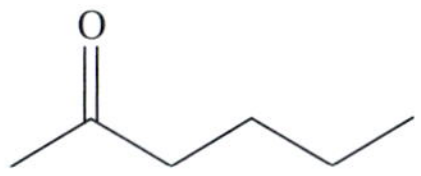 Hexan-2-on

Vorgehensweise
Ein Enol kann sich auf beiden Seiten der Carbonylgruppe bilden, falls dort ein α-Wasserstoffatom vorhanden ist, das im zweiten Schritt des Mechanismus abgespalten werden kann. Rufen Sie sich in Erinnerung, dass höher substituierte Alkene besser stabilisiert sind; das entsprechende Enol wird bevorzugt vorliegen (Abschn. 5.7).

Lösung
In beiden Fällen ist das bevorzugt vorliegende Enol das Tautomer, in dem die Kohlenstoff-Kohlenstoff-Doppelbindung höher substituiert und damit besser stabilisiert ist.

(a) [Cyclohexenol mit Methylgruppe – stabileres Enol] ⇌ [zweite Enol-Form]

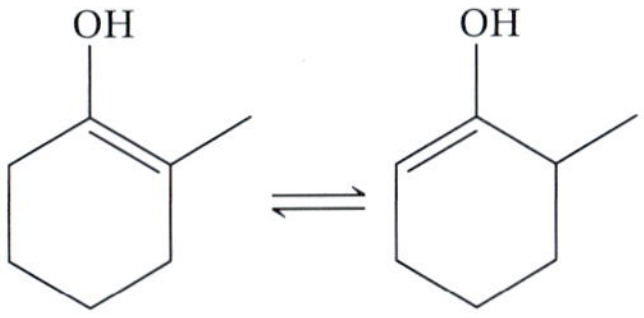

stabileres Enol

(b) [Enol-Form mit interner Doppelbindung] ⇌ [Enol-Form mit terminaler Doppelbindung]

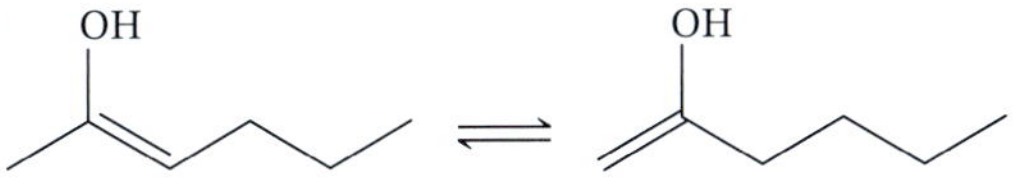

stabileres Enol

Siehe Aufgabe 12.17. ◢

12.8.2 Racemisierung am α-Kohlenstoffatom

Wird enantiomerenreines *R*- oder *S*-3-Phenyl-2-butanon in Ethanol gelöst, dann bleibt die optische Aktivität der Lösung über längere Zeit erhalten. Gibt man aber eine kleine Menge einer Säure (zum Beispiel HCl) zu, dann nimmt die optische Aktivität ab und wird schließlich ganz verschwinden. Wird das 3-Phenyl-2-butanon aus der Lösung isoliert, wird man feststellen, dass es nun als Racemat vorliegt (Abschn. 6.8.3). Man kann diese Beobachtung mit der säurekatalysierten Bildung eines achiralen Enol-Intermediats erklären. Bei der Tautomerisierung des achiralen Enols in das chirale Keton werden das *R*- und das *S*-Enantiomer mit gleicher Wahrscheinlichkeit gebildet:

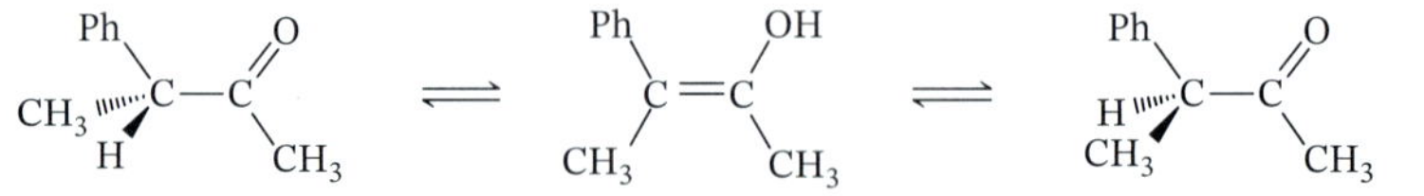

(R)-3-Phenyl-2-butanon   ein achirales Enol   (S)-3-Phenyl-2-butanon

Die über so einen Mechanismus verlaufende **Racemisierung**, die Umwandlung eines reinen Enantiomers in ein Racemat, kann nur an Stereozentren an α-Kohlenstoffatomen auftreten, an denen mindestens ein α-Wasserstoffatom gebunden ist. Dieser Vorgang ist typischerweise ein unerwünschter Nebeneffekt einer Verunreinigung der Probe durch Säurespuren. Meistens ist es (wie zum Beispiel in der Medizin) wichtig, eine enantiomerenreine Verbindung anstelle des entsprechenden Racemats vorliegen zu haben.

12.8.3 α-Halogenierung

Aldehyde und Ketone mit mindestens einem α-Wasserstoffatom reagieren am α-Kohlenstoffatom mit Brom oder Chlor unter Bildung eines α-Halogenketons bzw. eines α-Halogenaldehyds. Bei der Umsetzung von Acetophenon mit Brom in Essigsäure entsteht beispielsweise das entsprechende α-Bromketon.

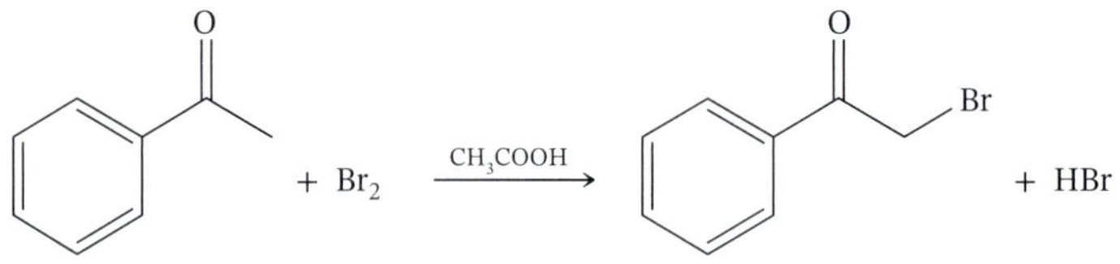

Acetophenon + Br_2 $\xrightarrow{CH_3COOH}$ α-Bromacetophenon + HBr

Die α-Halogenierung wird sowohl durch Säuren als auch durch Basen katalysiert. Bei der säurekatalysierten Halogenierung wird HCl oder HBr gebildet, das die weitere Reaktion katalysiert.

Mechanismus: Die säurekatalysierte α-Halogenierung eines Ketons

1. Schritt: *Keto-Enol-Tautomerie* (Abschn. 12.8.1)
In Gegenwart eines Säurekatalysators bildet sich eine kleine Menge des Enols:

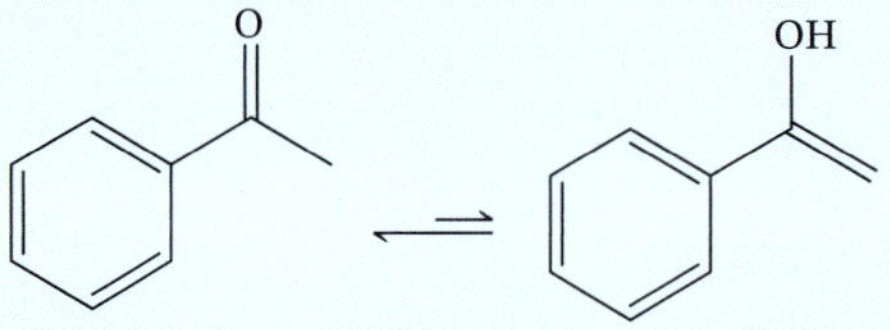

Keto-Form ⇌ Enol-Form

2. Schritt: *Reaktion eines Nukleophils mit einem Elektrophil unter Bildung einer neuen kovalenten Bindung*
Ein nukleophiler Angriff des Enols am Halogen führt zur Bildung der konjugierten Säure des α-Halogenketons.

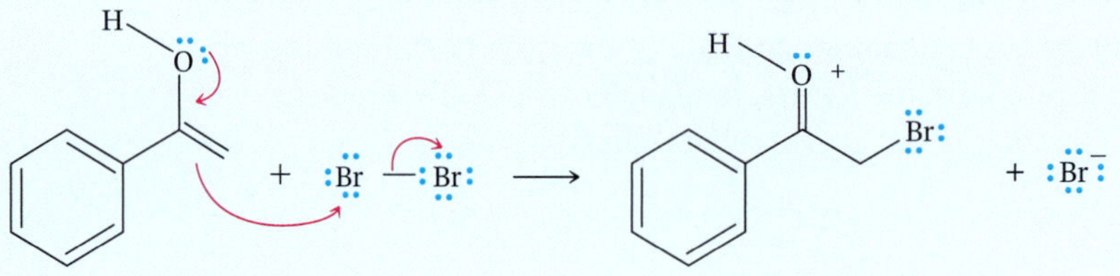

3. Schritt: *Deprotonierung*
Durch Umprotonierung entsteht das α-Halogenketon und HBr (oder HCl) wird freigesetzt.

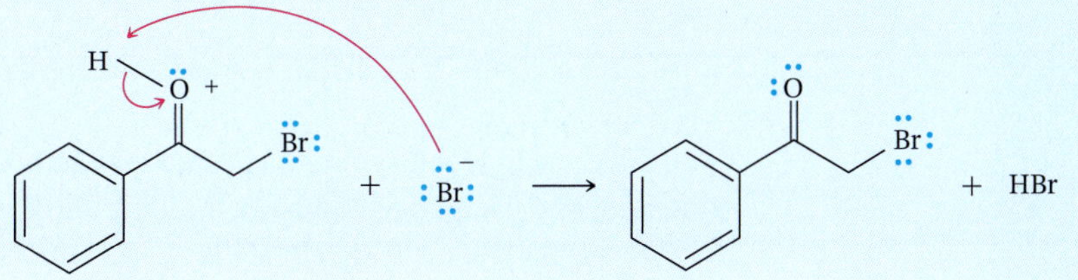

Die besondere Bedeutung der α-Halogenierung liegt darin, dass hierbei an einem α-Kohlenstoffatom eine gute Austrittsgruppe eingeführt wird, die nachfolgend durch verschiedene Nukleophile substituiert werden kann. Im folgenden Beispiel reagiert das Nukleophil Diethylamin mit dem α-Bromketon zu einem α-Diethylaminoketon:

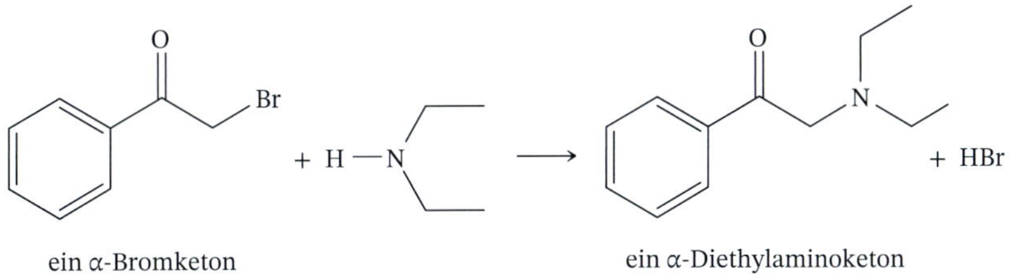

ein α-Bromketon   ein α-Diethylaminoketon

In der Praxis werden solche nukleophilen Substitutionen in Gegenwart einer schwachen Base wie Kaliumcarbonat durchgeführt, um das gebildete HX sofort zu neutralisieren.

12.9 Wie lassen sich Aldehyde und Ketone oxidieren?

12.9.1 Die Oxidation von Aldehyden zu Carbonsäuren

Die Oxidation von Aldehyden zu Carbonsäuren gelingt mit einer Vielzahl von üblichen Oxidationsmitteln, z. B. mit Chromsäure oder molekularem Sauerstoff. Tatsächlich handelt es sich bei der Aldehydfunktion um eine der am einfachsten zu oxidierenden funktionellen Gruppen. Die Oxidation mit Chromsäure (Abschn. 8.2.6) ist im Folgenden am Beispiel der Oxidation von Hexanal zu Hexansäure demonstriert.

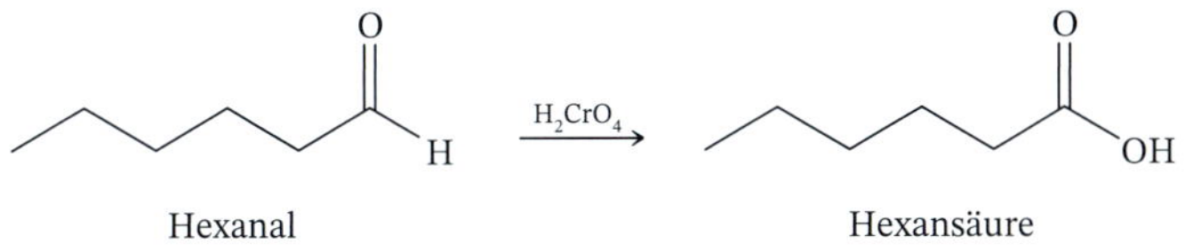

Hexanal $\xrightarrow{H_2CrO_4}$ Hexansäure

Aldehyde können auch mit Silber-Ionen zu Carbonsäuren oxidiert werden. Im Labor wird hierfür meist **Tollens-Reagenz** eingesetzt. Es wird hergestellt, indem man $AgNO_3$ in Wasser löst, Natriumhydroxid zugibt, um die Silber-Ionen als Ag_2O auszufällen, und anschließend wässriges Ammoniak zusetzt, um die Silber-Ionen als Aminkomplex wieder zu lösen:

$$Ag^+NO_3^- + 2\,NH_3 \xrightleftharpoons{NH_3,\,H_2O} Ag(NH_3)_2^+\,NO_3^-$$

Gibt man Tollens-Reagenz zu einem Aldehyd, wird dieser durch die Silber-Ionen zum Carboxylat oxidiert und Ag^+ wird zu metallischem Silber reduziert. Wenn die Reaktion sorgfältig durchgeführt wird, schlägt sich das Silber als gleichmäßiges, spiegelndes

Metall an der Wand des Reaktionsgefäßes nieder; man spricht daher von der **Silberspiegelprobe**:

$$\text{RCH(=O)} + 2\,\text{Ag(NH}_3\text{)}_2^+ + \text{H}_2\text{O} \longrightarrow \text{RCOH(=O)} + 2\,\text{Ag} + 3\,\text{NH}_4^+ + \text{NH}_3$$

Weil Silber recht teuer ist und es geeignetere Methoden zur Oxidation von Aldehyden gibt, wird Ag⁺ heutzutage nur noch selten für diesen Zweck genutzt. Die Reaktion wird aber trotzdem noch zur Herstellung von Silberspiegeln verwendet. Als Aldehyde, die Ag⁺ reduzieren, werden dann meist Formaldehyd oder Glucose eingesetzt.

Aldehyde können auch mit molekularem Sauerstoff oder Wasserstoffperoxid zu Carbonsäuren oxidiert werden:

$$2\ \text{C}_6\text{H}_5\text{-CHO} + \text{O}_2 \longrightarrow 2\ \text{C}_6\text{H}_5\text{-COOH}$$

Benzaldehyd   Benzoesäure

Molekularer Sauerstoff ist das billigste und am einfachsten verfügbare aller denkbaren Oxidationsmittel; er wird daher vor allem in industriellen Prozessen zur Oxidation von organischen Verbindungen wie beispielsweise Aldehyden eingesetzt. Die Luftoxidation von Aldehyden kann aber auch ein Problem darstellen: Flüssige Aldehyde werden bei Raumtemperatur leicht von molekularem Sauerstoff oxidiert; man muss sie daher in gut schließenden, luftdichten Gefäßen lagern, am besten unter einer Stickstoffatmosphäre.

Beispiel 12.11 Welche Produkte entstehen aus den folgenden Verbindungen, wenn sie mit Tollens-Reagenz umgesetzt und anschließend mit wässrigem HCl aufgearbeitet werden.

(a) Pentanal
(b) Cyclopentancarbaldehyd

Vorgehensweise
Aldehyde werden von Tollens-Reagenz zu Carbonsäuren oxidiert.

Lösung
Die Aldehydgruppe in beiden Verbindungen wird jeweils zur Carboxygruppe oxidiert:

(a) Pentansäure
(b) Cyclopentancarbonsäure

Siehe Aufgaben 12.19–12.21.

12.9.2 Oxidation von Ketonen zu Carbonsäuren

Ketone sind gegenüber oxidativen Bedingungen deutlich stabiler als Aldehyde. So werden Ketone normalerweise von Chromsäure oder Kaliumpermanganat nicht oxidiert. Im Labor nutzt man beide Reagenzien routinemäßig zur Oxidation von sekundären Alkoholen zu Ketonen (Abschn. 8.2.6).

Über ihre Enol-Form können Ketone durch Kaliumdichromat oder Kaliumpermanganat bei erhöhter Temperatur oder durch konzentrierte Salpetersäure aber doch oxi-

Exkurs: 12.A   Eine umweltfreundliche Synthese von Adipinsäure

Bei der derzeit verwendeten industriellen Synthese von Adipinsäure wird eine Mischung aus Cyclohexanol und Cyclohexanon mit Salpetersäure oxidiert:

4 Cyclohexanol + 6 HNO$_3$ ⟶

4 Hexandisäure (Adipinsäure) + 3 N$_2$O + 3 H$_2$O
Distickstoffmonoxid

Ein Nebenprodukt dieser Oxidation ist Distickstoffmonoxid (Lachgas), das zur Erderwärmung und zum Abbau der Ozonschicht in der Atmosphäre beiträgt und zu saurem Regen und Smog führt. Wenn man weiß, dass die weltweite Jahresproduktion von Adipinsäure etwa 2.2 Millionen Tonnen beträgt, kann man die Umweltbelastung aufgrund dieses Nebenprodukts ermessen. Trotz der technischen Fortschritte bei der Rückgewinnung und Wiederverwertung des Distickstoffmonoxids schätzt man, dass etwa 400 000 Tonnen Lachgas der Wiederverwertung entgehen und in die Atmosphäre gelangen.

Vor einigen Jahren stellten Ryoji Noyori (Nobelpreis für Chemie 2001) und seine Mitarbeiter an der Nagoya-Universität in Japan eine „grüne" Synthese von Adipinsäure vor, bei der Cyclohexen durch 30%iges Wasserstoffperoxid mit Na$_2$WO$_4$ als Katalysator oxidiert wird.

Cyclohexen + 4 H$_2$O$_2$ $\xrightarrow{\text{Na}_2\text{WO}_4}_{[\text{CH}_3(\text{C}_8\text{H}_{17})_3]\text{NHSO}_4}$

Hexandisäure (Adipinsäure) + 4 H$_2$O

In diesem Verfahren wird Cyclohexen mit einer 30%igen wässrigen Lösung von Wasserstoffperoxid gemischt und Natriumwolframat sowie Methyltrioctylammoniumhydrogensulfat zu dem zweiphasigen System gegeben (Cyclohexen mischt sich nicht mit Wasser). Unter diesen Bedingungen wird Cyclohexen mit einer Ausbeute von etwa 90 % zu Adipinsäure oxidiert.

Diese Methode ist zwar umweltverträglich, kann aber wirtschaftlich noch nicht mit der Salpetersäureoxidation konkurrieren, weil 30%iges Wasserstoffperoxid relativ teuer ist. Konkurrenzfähig würde dieses Verfahren, wenn entweder die Kosten für Wasserstoffperoxid sänken und/oder wenn es strengere Grenzen für die Emission von Distickstoffmonoxid in die Atmosphäre gäbe.

Aufgabe
Schlagen Sie basierend auf den in diesem und den vergangenen Kapiteln vorgestellten Reaktionen einen Mechanismus für die Synthese von Adipinsäure aus Cyclohexen vor.

---

dativ gespalten werden. Die Kohlenstoff-Kohlenstoff-Doppelbindung des Enols wird dabei in zwei Carboxy- oder Ketogruppen gespalten – je nach Substitutionsmuster am eingesetzten Keton. Eine wichtige industrielle Anwendung dieser Reaktion ist die Oxidation von Cyclohexanon zu Hexandisäure (Adipinsäure), einem der Monomere, die für die Synthese des Polymers Nylon-6,6 benötigt werden (Abschn. 16.4.1):

Cyclohexanon (Keto-Form) ⇌ Cyclohexanon (Enol-Form) $\xrightarrow{\text{HNO}_3}$ Hexandisäure (Adipinsäure)

12.10 Wie lassen sich Aldehyde und Ketone reduzieren?

Aldehyde werden zu primären Alkoholen reduziert und die Reduktion von Ketonen führt zu sekundären Alkoholen:

$$\underset{\text{ein Aldehyd}}{\text{RCH}=\!\!\text{O}} \xrightarrow{\text{Reduktion}} \underset{\text{ein primärer Alkohol}}{\text{RCH}_2\text{OH}} \qquad \underset{\text{ein Keton}}{\text{RCR}'=\!\!\text{O}} \xrightarrow{\text{Reduktion}} \underset{\text{ein sekundärer Alkohol}}{\text{RCHR}'\text{—OH}}$$

12.10.1 Katalytische Reduktion

Die Carbonylgruppe eines Aldehyds oder Ketons wird durch Wasserstoff in Gegenwart eines Übergangsmetallkatalysators (meist fein verteiltes Palladium, Platin, Nickel oder Rhodium) in einen Alkohol reduziert. Diese Reduktionen werden typischerweise bei einer Temperatur von 25 bis 100 °C und einem Wasserstoffdruck von 1 bis 5 bar durchgeführt. Unter diesen Bedingungen wird Cyclohexanon zu Cyclohexanol reduziert:

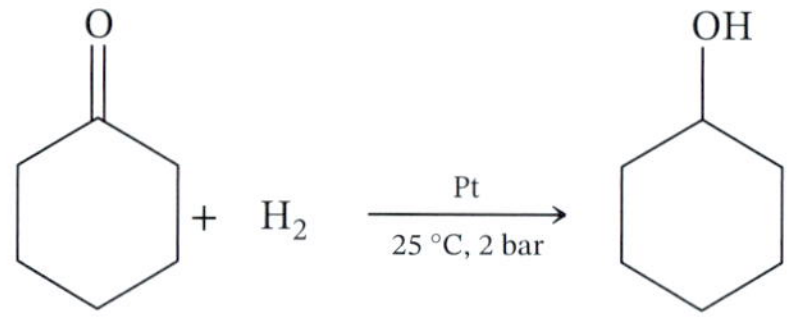

Cyclohexanon + H$_2$ $\xrightarrow[\text{25 °C, 2 bar}]{\text{Pt}}$ Cyclohexanol

Die katalytische Reduktion von Aldehyden und Ketonen ist sehr einfach durchzuführen, die Ausbeuten sind normalerweise hoch und die Isolierung des Produkts gelingt ohne Schwierigkeiten. Ein Nachteil dieser Methode ist aber, dass unter diesen Bedingungen auch einige andere funktionelle Gruppen (zum Beispiel Kohlenstoff-Kohlenstoff-Doppelbindungen) reduziert werden.

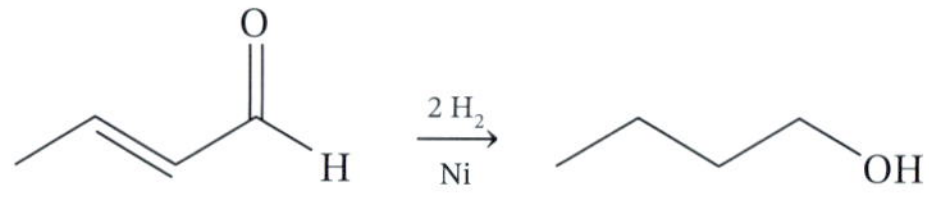

trans-2-Butanal (Crotonaldehyd) $\xrightarrow[\text{Ni}]{2\,\text{H}_2}$ 1-Butanol

12.10.2 Reduktion mit Metallhydriden

Die im Labor mit Abstand am häufigsten verwendete Methode zur Reduktion der Carbonylgruppe eines Aldehyds oder Ketons zu einer Hydroxygruppe nutzt Natriumborhydrid oder Lithiumaluminiumhydrid. Beide Reagenzien stellen **Hydrid-Ionen** (H$^-$) zur Verfügung, besonders starke Nukleophile, die aus einem Wasserstoffatom mit zwei Elektronen in der Valenzschale bestehen. In den hier gezeigten Strukturformeln dieser Reduktionsmittel ist die negative Formalladung am Bor bzw. am Aluminium gezeichnet

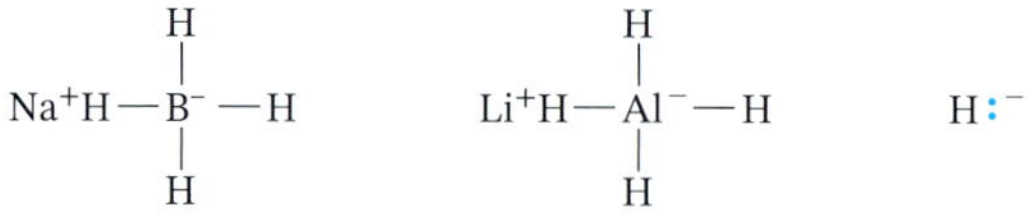

Na$^+$H—B$^-$H$_2$—H (Natriumborhydrid) Li$^+$H—Al$^-$H$_2$—H (Lithiumaluminiumhydrid) H:$^-$ (Hydrid-Ion)

Tatsächlich ist Wasserstoff aber elektronegativer als Bor oder Aluminium (H: 2.1, Al: 1.5, B: 2.0), sodass man die negative Ladung in beiden Reagenzien eher an die Wasserstoffatome als an das Metall zeichnen sollte.

Lithiumaluminiumhydrid ist ein sehr starkes Reduktionsmittel; es reduziert nicht nur die Carbonylgruppe von Aldehyden und Ketonen sehr rasch, sondern auch die von Carbonsäuren (Abschn. 13.5) und ihren Derivaten (Abschn. 14.8). Natriumborhydrid ist deutlich selektiver; es reduziert nur Aldehyde und Ketone schnell.

Reduktionen mit Natriumborhydrid werden normalerweise in wässrigem Methanol, in reinem Methanol oder in Ethanol durchgeführt. Das zunächst gebildete Reduktionsprodukt ist ein Tetraalkylborat, das von Wasser in die Alkohole und ein Natriumboratsalz gespalten wird. Ein Äquivalent Natriumborhydrid kann somit vier Äquivalente eines Aldehyds oder Ketons reduzieren,

$$4\ \text{RCHO} + \text{NaBH}_4 \xrightarrow{\text{CH}_3\text{OH}} (\text{RCH}_2\text{O})_4\text{B}^-\text{Na}^+ \xrightarrow{\text{H}_2\text{O}} 4\ \text{RCH}_2\text{OH} + \text{Boratsalze}$$

ein Tetraalkylborat

Der Schlüsselschritt der Reduktion eines Aldehyds oder Ketons mit einem Metallhydrid ist die Übertragung eines Hydrid-Ions vom Reduktionsmittel auf das Carbonyl-C-Atom unter Entstehung einer tetragonalen Zwischenstufe. Wird ein Aldehyd oder Keton zu einem Alkohol reduziert, dann stammt nur das an das C-Atom gebundene Wasserstoffatom aus dem Reduktionsmittel; das an das O-Atom gebundene Wasserstoffatom stammt aus dem Wasser, das im Aufarbeitungsprozess zur Hydrolyse des Metallalkoholats zugesetzt wird.

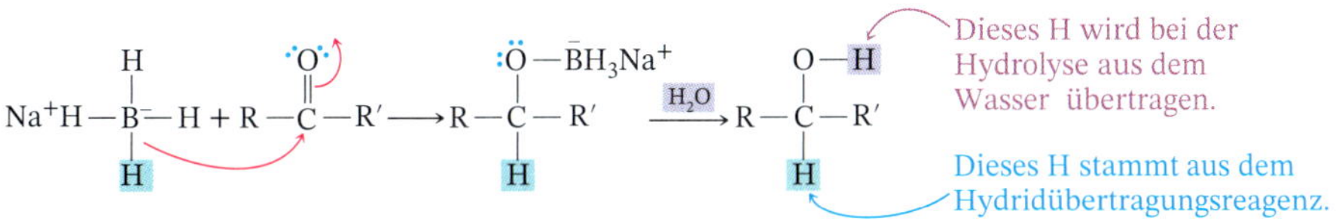

Dieses H wird bei der Hydrolyse aus dem Wasser übertragen.

Dieses H stammt aus dem Hydridübertragungsreagenz.

Die folgenden beiden Reaktionsgleichungen zeigen die selektive Reduktion einer Carbonylgruppe in Gegenwart einer Kohlenstoff-Kohlenstoff-Doppelbindung bzw. die selektive Reduktion einer Kohlenstoff-Kohlenstoff-Doppelbindung in Gegenwart einer Carbonylgruppe.

$$\text{RCH}=\text{CHCR}'\text{(=O)} \xrightarrow[\text{2) H}_2\text{O}]{\text{1) NaBH}_4} \text{RCH}=\text{CHCHR}'\text{(OH)}$$

Eine Kohlenstoff-Kohlenstoff-Doppelbindung kann selektiv in Gegenwart einer Carbonylgruppe reduziert werden, indem man die Carbonylgruppe zunächst als Acetal schützt.

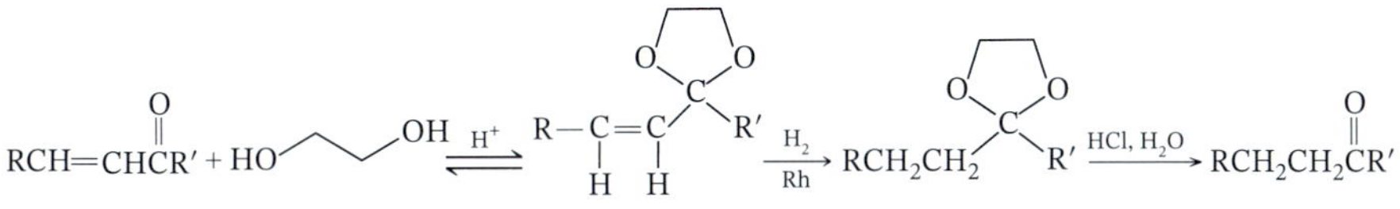

Beispiel 12.12 Vervollständigen Sie die folgenden Reaktionsgleichungen:

(a)
$$\text{CH}_3\text{CH}_2\text{CH}_2\text{CHO} \xrightarrow[\text{2) H}_2\text{O}]{\text{1) LiAlH}_4}$$

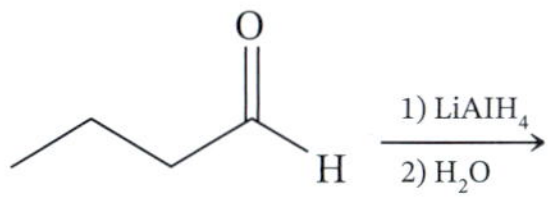

(b)

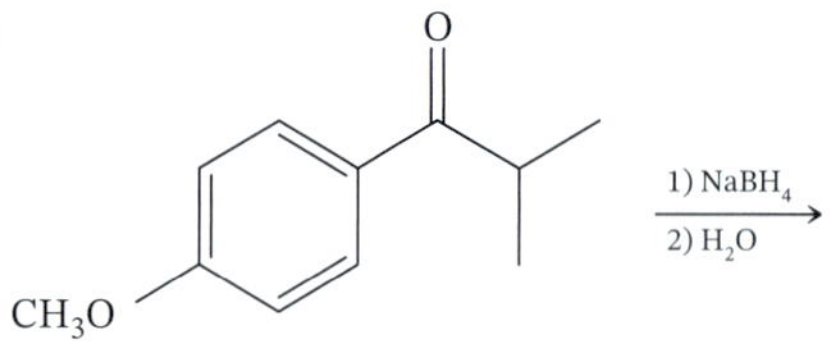

[Reaktionsschema: 4-Methoxyphenyl-isopropylketon → 1) NaBH₄ 2) H₂O]

Vorgehensweise

Berücksichtigen Sie alle funktionellen Gruppen, die mit dem jeweiligen Reduktionsmittel reagieren könnten – hierfür kommen unter anderem Alkene, Ketone, Aldehyde und Imine in Betracht.

Lösung

Die Reduktion der Carbonylgruppe des Aldehyds in (a) führt zu einer primären Alkoholfunktion und bei der Reduktion des Ketons in (b) entsteht eine sekundäre Alkoholgruppe:

(a) [Struktur: Butan-1-ol]

(b) [Struktur: 1-(4-Methoxyphenyl)-2-methylpropan-1-ol]

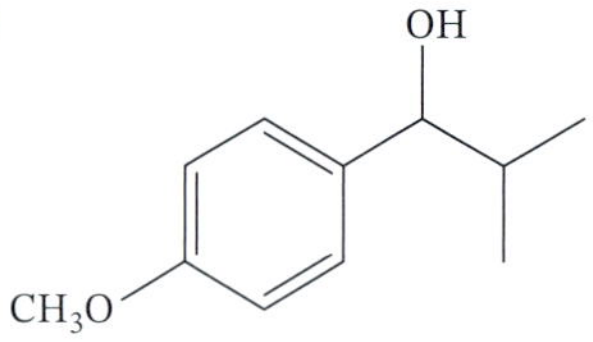

Siehe Aufgaben 12.20–12.22.

Zusammenfassung

12.1 Was sind Aldehyde und Ketone?
- Ein **Aldehyd** enthält eine Carbonylgruppe, an die ein Wasserstoffatom und ein Kohlenstoffatom gebunden sind.
- Ein **Keton** enthält eine an zwei Kohlenstoffatome gebundene Carbonylgruppe.

12.2 Wie werden Aldehyde und Ketone benannt?
- Ein Aldehyd wird benannt, indem an den Stammnamen das Suffix *-al* gehängt wird.
- Eine CHO-Gruppe, die direkt an einen Ring gebunden ist, wird durch das Suffix *-carbaldehyd* angegeben.
- Ein Keton wird benannt, indem das Suffix *-on* angehängt wird; die Position der Carbonylgruppe wird durch einen Lokanten angegeben.
- Enthält eine Verbindung mehr als eine funktionelle Gruppe, dann geht man zu ihrer Benennung nach der von der IUPAC vorgesehenen **Prioritätsreihenfolge der funktionellen Gruppen** vor. Hat die Carbonylgruppe eines Aldehyds oder eines Ketons eine niedrigere Priorität als eine andere in der Verbindung vorhandene funktionelle Gruppe, wird sie durch das Präfix *Oxo-* angegeben.

12.3 Welche physikalischen Eigenschaften haben Aldehyde und Ketone?
- Aldehyde und Ketone sind polare Verbindungen, die im reinen Zustand durch Dipol-Dipol-Wechselwirkungen interagieren.
- Aldehyde und Ketone haben höhere Siedepunkte und sind besser wasserlöslich als unpolare Verbindungen mit vergleichbarer Molmasse.

12.4 Was ist das grundlegende Reaktionsmuster der Aldehyde und Ketone?
- Das wichtigste Reaktionsmuster der Carbonylgruppe von Aldehyden und Ketonen ist die Addition eines Nukleophils unter Bildung einer **tetraedrischen Zwischenstufe**.

12.5 Was sind Grignard-Reagenzien und wie reagieren sie mit Aldehyden und Ketonen?
- **Grignard-Reagenzien** sind magnesiumorganische Verbindungen mit der allgemeinen Formel RMgX oder ArMgX.
- Die Kohlenstoff-Metall-Bindung in Grignard-Verbindungen hat einen partiell ionischen Charakter.
- Grignard-Reagenzien verhalten sich wie **Carbanionen** und sind sowohl starke Basen als auch gute Nukleophile. Sie reagieren mit Aldehyden und Ketonen, indem sie an die Carbonylgruppe addiert werden.

12.6 Was sind Halbacetale und Acetale?
- Die Addition eines Äquivalents eines Alkohols an die Carbonylgruppe eines Aldehyds oder Ketons führt zu einem **Halbacetal**.
- Halbacetale können mit einem weiteren Äquivalent Alkohol reagieren. Dabei entstehen ein **Acetal** und ein Äquivalent Wasser.
- Weil sie stabil gegenüber basischen und nukleophilen Reagenzien sind, werden Acetale oft als Schutzgruppen für die Carbonylgruppen von Aldehyden oder Ketonen eingesetzt. Dies ermöglicht Reaktionen an funktionellen Gruppen in anderen Teilen einer Verbindung.

12.7 Wie reagieren Aldehyde und Ketone mit Ammoniak und Aminen?
- Ammoniak, primäre aliphatische Amine (RNH_2) und primäre aromatische Amine ($ArNH_2$) reagieren mit der Carbonylgruppe von Aldehyden und Ketonen in Gegenwart eines Säurekatalysators zu **Iminen**, die eine Kohlenstoff-Stickstoff-Doppelbindung enthalten.

12.8 Was ist die Keto-Enol-Tautomerie?
- Ein Kohlenstoffatom in Nachbarschaft zu einer Carbonylgruppe wird als α-**Kohlenstoffatom** bezeichnet, ein daran gebundenes Wasserstoffatom als α-**Wasserstoffatom**.
- Ein Aldehyd oder Keton in der **Keto-Form** steht – sofern es mindestens ein α-Wasserstoffatom enthält – im Gleichgewicht mit einem Konstitutionsisomer, der **Enol-Form**. Diese Isomerisierung wird als **Tautomerisierung** bezeichnet.
- Die säure- oder basenkatalysierte Tautomerisierung führt zur **Racemisierung** von enantiomerenreinen chiralen Aldehyden oder Ketonen, sofern am Stereozentrum ein α-Wasserstoffatom vorliegt.
- Über die Enol-Form können Aldehyde und Ketone in der α-Position halogeniert werden.

12.9 Wie lassen sich Aldehyde und Ketone oxidieren?
- Aldehyde werden durch eine Vielzahl typischer Oxidationsmittel zu Carbonsäuren oxidiert, unter anderem durch Chromsäure, Tollens-Reagenz oder molekularen Sauerstoff.
- Ketone werden nicht so leicht oxidiert wie Aldehyde. Sie können aber über ihre Enol-Form durch Kaliumdichromat oder Kaliumpermanganat bei erhöhter Temperatur sowie durch konzentrierte Salpetersäure **oxidativ gespalten** werden.

12.10 Wie lassen sich Aldehyde und Ketone reduzieren?

- Aldehyde werden durch katalytische Hydrierung oder mithilfe von **Metallhydriden** wie NaBH$_4$ oder LiAlH$_4$ zu primären Alkoholen reduziert; Ketone werden zu sekundären Alkoholen reduziert.

Wichtige Reaktionen

1. **Reaktion mit Grignard-Reagenzien (Abschn. 12.5.3)**
   Bei der Umsetzung von Formaldehyd mit einem Grignard-Reagenz entsteht nach wässrig-saurer Aufarbeitung ein primärer Alkohol. Die analoge Umsetzung anderer Aldehyde liefert sekundäre Alkohole:

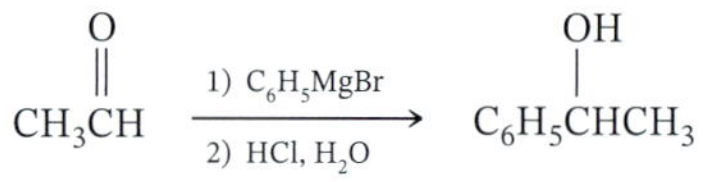

   $$CH_3CH{=}O \xrightarrow[\text{2) HCl, H}_2\text{O}]{\text{1) C}_6\text{H}_5\text{MgBr}} C_6H_5CHCH_3\text{(OH)}$$

   Bei der Reaktion eines Ketons mit einem Grignard-Reagenz entsteht ein tertiärer Alkohol:

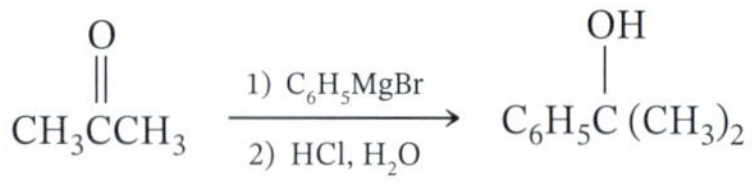

   $$CH_3CCH_3{=}O \xrightarrow[\text{2) HCl, H}_2\text{O}]{\text{1) C}_6\text{H}_5\text{MgBr}} C_6H_5C(OH)(CH_3)_2$$

2. **Addition von Alkoholen unter Bildung von Halbacetalen (Abschn. 12.6)**
   Halbacetale liegen im Gleichgewicht eines Aldehyds oder Ketons mit einem Alkohol nur in kleinen Anteilen vor, es sei denn, die OH- und die C=O-Gruppen sind Bestandteile desselben Moleküls und können unter Bildung eines Fünf- oder Sechsrings miteinander reagieren:

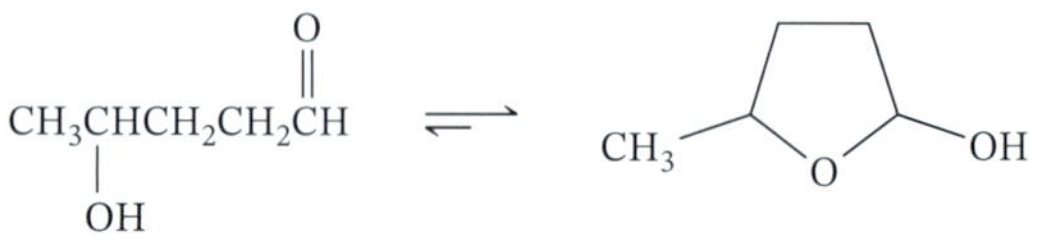

   CH$_3$CH(OH)CH$_2$CH$_2$CH=O ⇌ ein cyclisches Halbacetal
   4-Hydroxypentanal

3. **Addition von Alkoholen unter Bildung von Acetalen (Abschn. 12.6)**
   Die Bildung von Acetalen erfolgt säurekatalysiert:

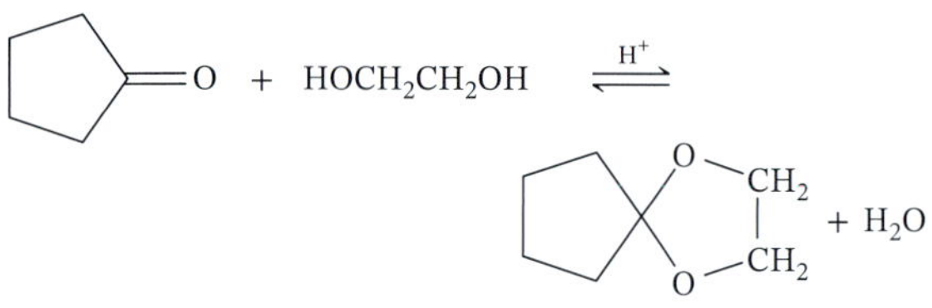

   Cyclopentanon + HOCH$_2$CH$_2$OH ⇌ Spiroacetal + H$_2$O

4. **Addition von Ammoniak und Aminen (Abschn. 12.7)**
   Bei der Addition von Ammoniak oder einem primären Amin an die Carbonylgruppe eines Aldehyds oder Ketons entsteht eine tetraedrische Zwischenstufe. Durch Abspaltung von Wasser bildet sich ein Imin (eine Schiffsche Base):

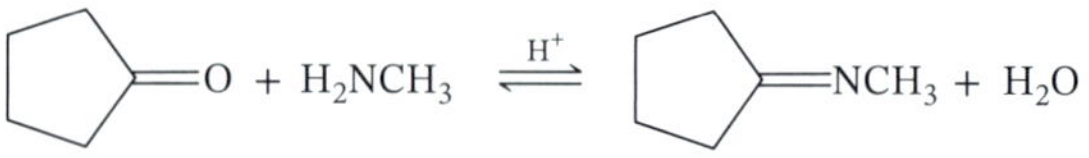

   Cyclopentanon + H$_2$NCH$_3$ ⇌$^{H^+}$ Cyclopentyliden=NCH$_3$ + H$_2$O

5. **Reduktive Aminierung zu Aminen (Abschn. 12.7.2)**
   Die Kohlenstoff-Stickstoff-Doppelbindung eines Imins kann durch Wasserstoff in Gegenwart eines Übergangsmetallkatalysators zu einer Kohlenstoff-Stickstoff-Einfachbindung reduziert werden:

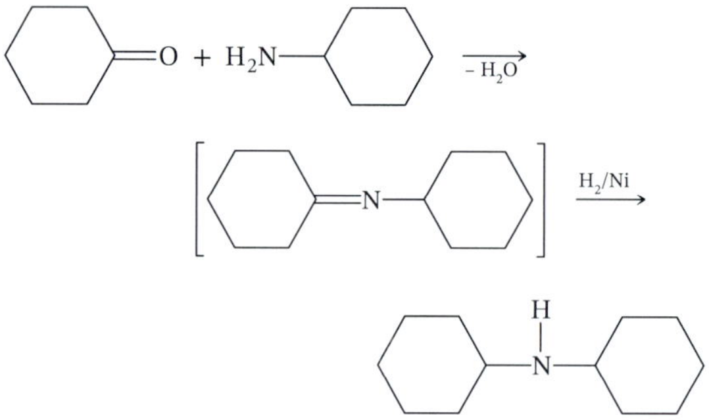

   Cyclohexanon + H$_2$N–Cyclohexyl $\xrightarrow{-H_2O}$ [Cyclohexyliden=N–Cyclohexyl] $\xrightarrow{H_2/Ni}$ Dicyclohexylamin

6. **Keto-Enol-Tautomerie (Abschn. 12.8.1)**
   Im Gleichgewicht dominiert in der Regel die Keto-Form:

   $$CH_3\overset{O}{\overset{\|}{C}}CH_3 \rightleftharpoons CH_3\overset{OH}{\overset{|}{C}}{=}CH_2$$
   Keto-Form   Enol-Form
   (etwa 99.9 %)

7. **Oxidation eines Aldehyds zur Carbonsäure (Abschn. 12.9)**
   Die Aldehydgruppe gehört zu den am einfachsten zu oxidierenden funktionellen Gruppen. Die Oxidation ist zum Beispiel mit H$_2$CrO$_4$, Tollens-Reagenz oder O$_2$ möglich:

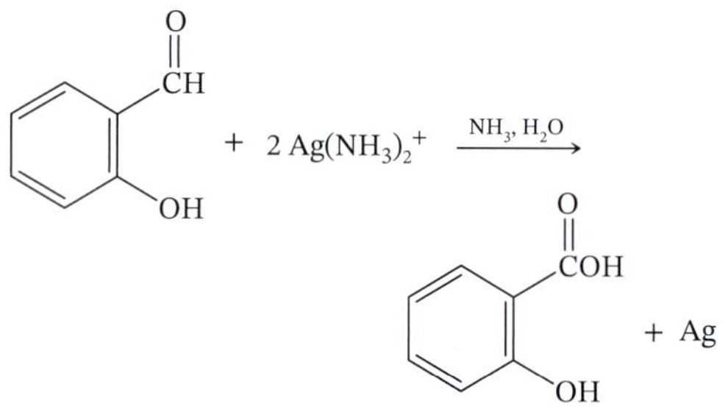

   2-Hydroxybenzaldehyd + 2 Ag(NH$_3$)$_2^+$ $\xrightarrow{NH_3, H_2O}$ 2-Hydroxybenzoesäure + Ag

8. **Katalytische Reduktion (Abschn. 12.10.1)**
   Bei der katalytischen Reduktion der Carbonylgruppe eines Aldehyds oder Ketons entsteht eine Hydroxygruppe. Diese

Reaktion ist einfach durchzuführen und ergibt hohe Ausbeuten des entsprechenden Alkohols:

$$\text{Cyclohexanon} = O + H_2 \xrightarrow[25\,°C,\,2\,bar]{Pt} \text{Cyclohexanol} - OH$$

9. Reduktion mit Metallhydriden (Abschn. 12.10.2)

Sowohl LiAlH$_4$ als auch NaBH$_4$ reduzieren die Carbonylgruppe eines Aldehyds oder Ketons zu einer Hydroxygruppe. Sie sind insofern selektiv, als sie dabei isolierte Kohlenstoff-Kohlenstoff-Doppel- und Dreifachbindungen nicht angreifen:

$$\text{Cyclohexenon} = O \xrightarrow[2)\,H_2O]{1)\,NaBH_4} \text{Cyclohexenol} - OH$$

Quiz

Sind die folgenden Aussagen richtig oder falsch? Hier können Sie testen, ob Sie die wichtigsten Fakten aus diesem Kapitel parat haben. Wenn Sie mit einer der Fragestellungen Probleme haben, sollten Sie den jeweiligen in Klammern angegebenen Abschnitt in diesem Kapitel noch einmal durcharbeiten, bevor Sie sich an die weiteren, meist etwas schwierigeren Aufgaben zu diesem Kapitel machen.

1. In einer Verbindung, die sowohl eine Aldehydfunktion als auch eine C=C-Doppelbindung enthält, können beide funktionellen Gruppen reduziert werden, ohne dass die jeweils andere beeinträchtigt wird (12.10).
2. Nukleophile reagieren mit Aldehyden und Ketonen unter Bildung einer tetraedrischen Zwischenstufe (12.4).
3. Die Carboxygruppe (COOH) hat in der Nomenklatur eine höhere Priorität als alle anderen funktionellen Gruppen (12.2).
4. Ein Aldehyd oder ein Keton mit einem Stereozentrum am α-Kohlenstoffatom wird in Gegenwart einer Säure oder Base mit der Zeit racemisieren (12.8).
5. Aldehyde können zu Ketonen und zu Carbonsäuren oxidiert werden (12.9).
6. Ketone sind weniger wasserlöslich als Alkohole mit vergleichbarer Molmasse (12.3).
7. Ein Grignard-Reagenz kann man nicht in Gegenwart einer NH-, OH- oder SH-Gruppe herstellen (12.5).
8. Ketone haben höhere Siedepunkte als Alkane mit vergleichbarer Molmasse (12.3).
9. Eine Aldehydfunktion hat in der Nomenklatur eine höhere Priorität als eine Ketogruppe (12.2).
10. Ein Grignard-Reagenz ist ein gutes Elektrophil (12.5).
11. Reaktionsbedingungen, die einen Aldehyd zur Carbonsäure oxidieren, führen auch zur Oxidation eines Ketons zur Carbonsäure (12.9).
12. Die Reaktion eines Aldehyds mit einem Grignard-Reagenz führt (nach saurer Aufarbeitung) zu einem primären Alkohol (12.5).
13. Ein Imin kann durch katalytische Hydrierung zu einem Amin reduziert werden (12.7).
14. Natriumborhydrid (NaBH$_4$) ist reaktiver und damit weniger selektiv als Lithiumaluminiumhydrid (LiAlH$_4$) (12.10).
15. Ein Acetal kann nur entstehen, wenn ein Halbacetal basenkatalysiert mit einem Alkohol umgesetzt wird (12.6).
16. Ein Grignard-Reagenz ist eine starke Base (12.5).
17. Die Acetalbildung ist reversibel (12.6).
18. Ein Imin entsteht, wenn ein sekundäres Amin mit einem Aldehyd oder einem Keton umgesetzt wird (12.7).
19. Aldehyde und Ketone können tautomerisieren (12.8).
20. Acetaldehyd ist der Aldehyd mit der kleinstmöglichen molaren Masse (12.3).
21. Ein Keton mit einem α-Wasserstoffatom kann eine α-Halogenierung eingehen (12.8).
22. Eine Carbonylgruppe ist in der Weise polarisiert, dass das Sauerstoffatom eine positive und das Kohlenstoffatom eine negative Partialladung trägt (12.3).
23. Ein „Carbaldehyd" ist ein Aldehyd, in dem die Carbonylgruppe in Nachbarschaft zu einer C=C-Doppelbindung steht (12.1).
24. Ein Halbacetal entsteht bei der säure- oder basenkatalysierten Addition eines Alkohols an einen Aldehyd oder ein Keton (12.6).

Ausführliche Erklärungen zu vielen dieser Antworten finden sich im Arbeitsbuch.

Antworten: (1) R (2) R (3) F (4) R (5) F (6) R (7) F (8) R (9) R (10) F (11) F (12) F (13) R (14) F (15) F (16) R (17) R (18) F (19) R (20) F (21) R (22) F (23) F (24) R

Aufgaben

Struktur und Nomenklatur

12.1 Geben Sie die IUPAC-Namen der folgenden Verbindungen an. (Siehe Beispielaufgabe 12.1)

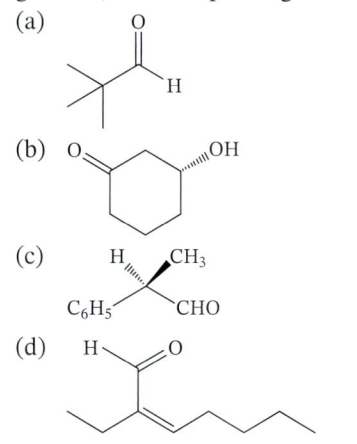

(a) [Struktur: (CH₃)₃C-C(=O)-H]

(b) [Struktur: 3-Hydroxycyclohexanon]

(c) [Struktur: C₆H₅-C(H)(CH₃)-CHO mit Stereochemie]

(d) [Struktur: α,β-ungesättigter Aldehyd mit Ethyl- und Butylgruppen]

12.2 Zeichnen Sie Strukturformeln von allen Aldehyden mit der Summenformel $C_6H_{12}O$ und geben Sie die IUPAC-Namen an. Welche der Aldehyde sind chiral? (Siehe Beispiel 12.2)

12.3 Ermitteln Sie die IUPAC-Namen der folgenden für den Intermediärstoffwechsel wichtigen Verbindungen. (Siehe Beispielaufgabe 12.3)

(a) CH₃CH(OH)COOH
Milchsäure

(b) CH₃C(=O)COOH
Brenztraubensäure

(c) H₂N-CH₂CH₂CH₂-C(=O)OH
γ-Aminobuttersäure

Meist werden diese Verbindungen in der Biochemie mit den angegebenen Trivialnamen bezeichnet.

12.4 Zeichnen Sie Strukturformeln für die folgenden Verbindungen. (Siehe Beispielaufgaben 12.1 und 12.3)
(a) 1-Chlor-2-propanon
(b) 3-Hydroxybutanal
(c) 4-Hydroxy-4-methyl-2-pentanon
(d) 3-Methyl-3-phenylbutanal
(e) (S)-3-Bromcyclohexanon
(f) 3-Methyl-3-buten-2-on
(g) 5-Oxohexanal
(h) 2,2-Dimethylcyclohexancarbaldehyd
(i) 3-Oxobutansäure
(j) 2-Phenylethanal
(k) (R)-2-Methylcyclohexanon
(l) 2,4-Pentandion
(m) 6-Amino-3-heptanon
(n) 6-Amino-3-oxoheptanal
(o) (S)-2-Ethoxycyclohexanon

Addition von Kohlenstoffnukleophilen

12.5 Erläutern Sie, wie es bei der Reaktion der angegebenen Grignard-Reagenzien mit einem zweiten Äquivalent der Grignard-Verbindung zur „Selbstzerstörung" kommt. (Siehe Beispielaufgabe 12.4)

(a) HO-C₆H₄-MgBr

(b) HO-C(=O)-CH₂CH₂CH₂-MgBr

12.6 Zeigen Sie, wie diese drei Verbindungen aus demselben Grignard-Reagenz synthetisiert werden können. (Siehe Beispielaufgabe 12.5)

(a) [Cyclohexenyl-CH₂-OH]

(b) [Cyclohexenyl-CH(OH)-CH₃]

(c) [Cyclohexenyl-C(OH)(Cyclohexyl)]

12.7 Formulieren Sie eine Reaktionsgleichung für die Säure-Base-Reaktion zwischen Phenylmagnesiumiodid und einer Carbonsäure. Verwenden Sie Elektronenflusspfeile, um den Reaktionsverlauf zu verdeutlichen. Zeigen Sie, dass diese Reaktion ein Beispiel für die Umsetzung einer starken Säure und einer starken Base unter Bildung einer schwächeren Säure und einer schwächeren Base ist. (Siehe Beispielaufgabe 12.4)

12.8 Zeichnen Sie die Produkte, die bei der Umsetzung der folgenden Verbindungen mit Propylmagnesiumbromid und nachfolgender wässrig-saurer Aufarbeitung entstehen. (Siehe Beispielaufgaben 12.4 und 12.5)
(a) CH_2O
(b) [Cyclopentenon]

(c) [Strukturformel: Pentan-3-on bzw. Butan-2-on mit Ethylgruppe]

(d) [Strukturformel: Furan-2-carbaldehyd]

(e) [Strukturformel: 4-Methoxyphenyl-propan-1-on]

Addition von Sauerstoffnukleophilen

12.9 Die saure Hydrolyse eines Acetals setzt den Aldehyd bzw. das Keton zusammen mit zwei Äquivalenten eines Alkohols frei. Im Folgenden sind die Strukturformeln von vier Acetalen abgebildet. (Siehe Beispielaufgabe 12.6)

(a) [Strukturformel: 4-Methoxybenzaldehyd-dimethylacetal]

(b) [Strukturformel: 2,2-Dimethyl-1,3-dioxolan]

(c) [Strukturformel: 2-Methoxy-5-methyl-tetrahydrofuran]

(d) [Strukturformel: bicyclisches Acetal]

Welche Produkte entstehen jeweils bei der Hydrolyse in wässriger Säure (d. h., geben Sie jeweils die Carbonylverbindung und den/die Alkohol(e) an, aus denen das Acetal abgeleitet ist)?

12.10 5-Hydroxyhexanal bildet sechsgliedrige cyclische Halbacetale, die in wässriger Lösung das Gleichgewicht dominieren. (Siehe Beispielaufgabe 12.6)

[Strukturformel: 5-Hydroxyhexanal $\xrightleftharpoons{H^+}$ ein cyclisches Halbacetal]

5-Hydroxyhexanal

(a) Zeichnen Sie eine Strukturformel dieses cyclischen Halbacetals.
(b) Wie viele Stereoisomere sind für 5-Hydroxyhexanal möglich?
(c) Wie viele Stereoisomere sind für das cyclische Halbacetal möglich?

(d) Zeichnen Sie für jedes in (c) ermittelte Stereoisomer die beiden möglichen Sesselkonformationen.
(e) Welche ist die jeweils stabilere Sesselkonformation jedes Stereoisomers?

12.11 Zeichnen Sie Strukturformeln für das Halbacetal und das Acetal, das aus den folgenden Reaktanten in Gegenwart eines Säurekatalysators gebildet wird. (Siehe Beispielaufgabe 12.6)

(a) [Strukturformel: Cyclohex-2-enon] + CH_3CH_2OH

(b) [Strukturformel: trans-1,2-Cyclohexandiol] + CH_3CCH_3 (Aceton)

(c) [Strukturformel: Butanal] CHO + CH_3OH

12.12 Schlagen Sie einen Mechanismus für die Bildung eines cyclischen Halbacetals aus 4-Hydroxypentanal und einem Äquivalent Methanol vor: Wo wird nach diesem Mechanismus ein markiertes Sauerstoffatom liegen, wenn das Carbonyl-O-Atom des Aldehyds mit Sauerstoff-18 angereichert wird? Im cyclischen Acetal oder im Wasser? Begründen Sie Ihre Antwort.

[Reaktionsschema: 4-Hydroxypentanal mit ^{18}O markiert + $CH_3OH \xrightarrow{H^+}$ cyclisches Acetal mit OCH_3 + H_2O]

Addition von Stickstoffnukleophilen

12.13 Welche Produkte entstehen in den folgenden Reaktionen? *Beachten Sie:* Die säurekatalysierte Hydrolyse eines Imins führt zu einem Amin und einem Aldehyd oder Keton. Wenn ein (oder mehrere) Äquivalente der Säure eingesetzt werden, wird das Amin in ein Ammoniumsalz überführt. (Siehe Beispielaufgabe 12.8)

(a) [Strukturformel: $C_6H_5-CH=NCH_2CH_3$] + $H_2O \xrightarrow{HCl}$

(b) [Strukturformel: Aceton] + $H_2N-C_6H_4-OCH_3 \xrightarrow[-H_2O]{H^+}$

12.14 Wie können die folgenden Amine durch reduktive Aminierung eines geeigneten Aldehyds oder Ketons synthetisiert werden? (Siehe Beispielaufgabe 12.9)

(a) [Cyclohexyl-NH-phenyl]

(b) [1-Phenylpropylamin, NH$_2$]

(c) [2-Ethylpiperidin, HN]

12.15 Im Folgenden sind die Strukturformeln von Amphetamin und Methamphetamin angegeben. (Siehe Beispielaufgaben 12.8 und 12.9)

(a) Amphetamin

(b) Methamphetamin

Amphetamin und amphetaminartige Substanzen wirken auf das zentrale Nervensystem. Ihre wichtigsten Wirkungen sind eine Steigerung der körperlichen und geistigen Ausdauer, ein verringertes Schlafbedürfnis und die Unterdrückung von Hunger und Durst. Außerdem haben sie eine aufputschende und euphorisierende Wirkung. Zeigen Sie, dass diese Wirkstoffe durch reduktive Aminierung geeigneter Aldehyde oder Ketone hergestellt werden können.

12.16 Das aus Formaldehyd und Ammoniak gebildete Urotropin oder Methenamin ist ein *Prodrug*, also eine Verbindung, die selbst inaktiv ist, aber im Körper durch eine biochemische Transformation in einen aktiven Wirkstoff umgewandelt wird. Die Wirkung von Urotropin als Prodrug beruht darauf, dass nahezu alle Bakterien ab einer Formaldehydkonzentration von 20 mg/mL abgetötet werden. Formaldehyd kann aber nicht direkt als Medikament eingesetzt werden, da es nicht möglich ist, ausreichend hohe Plasmakonzentrationen zu erreichen, ohne dabei den Patienten zu schädigen. Urotropin ist bei pH = 7.4 (dem pH des Blutplasmas) stabil, wird aber unter den sauren Bedingungen in den Nieren und im Harnweg säurekatalysiert zu Formaldehyd und Ammonium-Ionen hydrolysiert.

Urotropin + H$_2$O $\xrightarrow{H^+}$ CH$_2$O + NH$_4^+$

Aus diesem Grund wurde Urotropin früher wirkortspezifisch als Medikament zur Behandlung von Harnwegserkrankungen eingesetzt (daher der Name).

(a) Geben Sie eine stöchiometrisch korrekte Reaktionsgleichung für die Hydrolyse von Urotropin zu Formaldehyd und Ammonium an.
(b) Nimmt der pH-Wert einer wässrigen Lösung von Urotropin bei der Hydrolyse zu, ab oder bleibt er gleich? Begründen Sie.
(c) Geben Sie eine Erklärung für die folgende Aussage: Die funktionelle Gruppe im Urotropin ist das Stickstoffanalogon eines Acetals.
(d) Erklären Sie die Beobachtung, dass Urotropin im Blutplasma stabil ist, im Harnapparat (pH = 6.0) aber hydrolysiert wird.

Keto-Enol-Tautomerie

12.17 Zeichnen Sie zu jedem der folgenden Enole die Strukturformel der entsprechenden Keto-Form. (Siehe Beispielaufgabe 12.10)

(a) [Cyclohexanon mit =CHOH Gruppe]

(b) [1,2-Dihydroxycyclohexen]

(c) [Phenol-artig, OH]

(d) [CH$_3$-C(OH)=CH-C(O)-OCH$_2$CH$_3$]

12.18 In verdünnter wässrig-saurer Lösung wird (R)-Glycerinaldehyd in eine Gleichgewichtsmischung aus (R,S)-Glycerinaldehyd und Dihydroxyaceton überführt:

CHO   CHO   CH$_2$OH
| | |
CHOH   ⇌   CHOH   +   C=O
| H$_2$O, HCl | |
CH$_2$OH   CH$_2$OH   CH$_2$OH

(R)-Glycerin-   (R/S)-Glycerin-   Dihydroxyaceton
aldehyd   aldehyd

Schlagen Sie einen Mechanismus für diese Isomerisierung vor.

Oxidation und Reduktion von Aldehyden und Ketonen

12.19 Welche Produkte entstehen in den folgenden Oxidationen? (Siehe Beispielaufgabe 12.11)

(a) 3-Oxobutanal + O_2 ⟶

(b) 3-Phenylpropanal + Tollens-Reagenz ⟶

12.20 Zeichnen Sie die Strukturformeln der Produkte, die unter den folgenden Bedingungen jeweils aus Butanal entstehen. (Siehe Beispielaufgaben 12.11 und 12.12)

(a) $LiAlH_4$; dann H_2O
(b) $NaBH_4$ in CH_3OH/H_2O
(c) H_2/Pt
(d) $Ag(NH_3)_2^+$ in NH_3/H_2O; dann HCl/H_2O
(e) H_2CrO_4
(f) $C_6H_5NH_2$ in Gegenwart von H_2/Ni

12.21 Zeichnen Sie die Strukturformeln der Produkte, die aus *p*-Bromacetophenon unter den in Aufgabe 12.20 angegebenen Bedingungen jeweils entstehen. (Siehe Beispielaufgaben 12.11 und 12.12)

12.22 Welche Aldehyde oder Ketone müssen Sie einsetzen, um in einer Reduktion mit $NaBH_4$ die folgenden Alkohole zu erhalten? (Siehe Beispielaufgabe 12.12)

(a) Cyclohexyl-OH

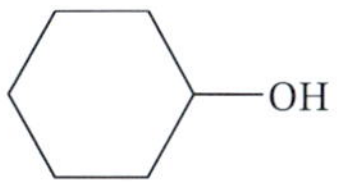

(b) C₆H₅-CH₂CH₂OH

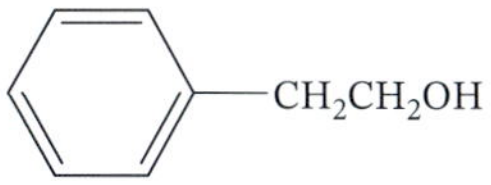

(c) HO-CH(CH₃)-CH₂-CH₂-CH₂-CH(CH₃)-OH

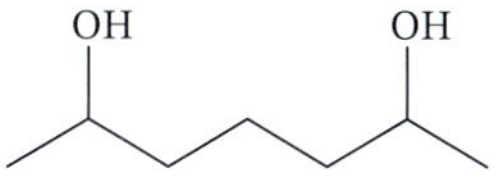

Synthesen

12.23 Schlagen Sie eine Synthesesequenz für die folgende Umsetzung vor. (Siehe Beispielaufgabe 12.7)

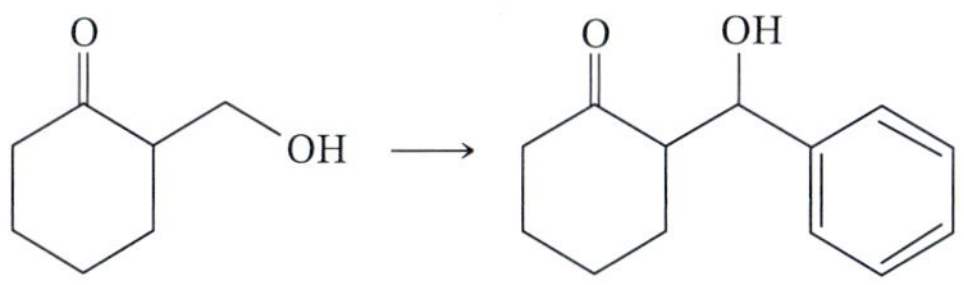

12.24 Geben Sie die Reagenzien und Reaktionsbedingungen an, die Sie benötigen, um Cyclohexancarbaldehyd aus Cyclohexanol herzustellen. (Siehe Beispielaufgabe 12.7)

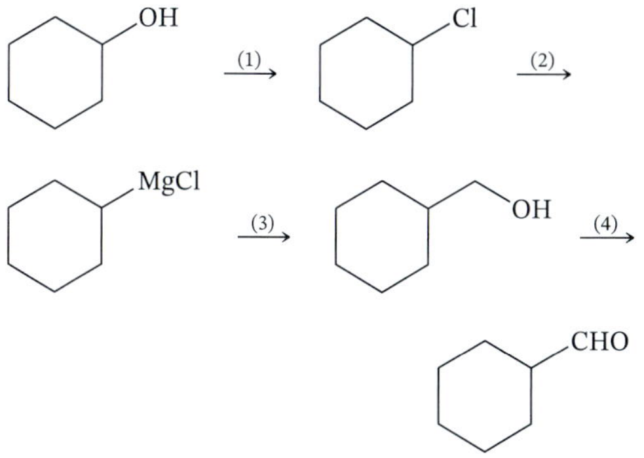

12.25 Wie lassen sich die folgenden Umsetzungen realisieren? (Geben Sie die zusätzlich zu den angegebenen Ausgangsverbindungen erforderlichen organischen und anorganischen Reagenzien an.) (Siehe Beispielaufgabe 12.7)

(a) $C_6H_5\overset{O}{\underset{\|}{C}}CH_2CH_3$ ⟶ $C_6H_5\overset{OH}{\underset{|}{C}HCH_2CH_3}$ ⟶ $C_6H_5CH=CHCH_3$

(b) Cyclopentanon ⟶ Cyclopentanol ⟶ Cyclopentyl-Cl ⟶ Cyclopentyl-CH_2OH

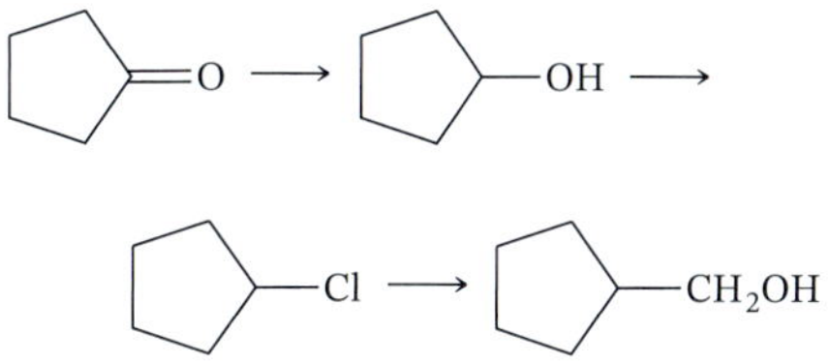

(c) Cyclopentanon ⟶ Dicyclopentyl-Carbinol (mit OH)

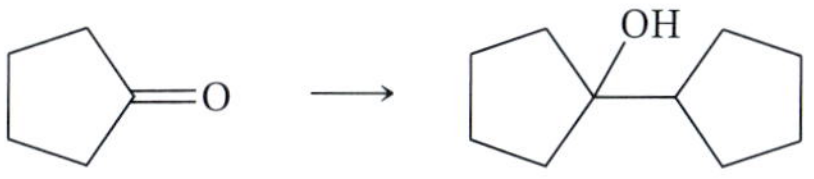

(d) Cyclopentanon ⟶ Dicyclopentylamin

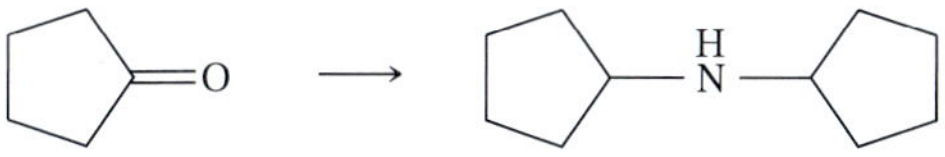

12.26 Viele Brustkrebstumore sind estrogenabhängig. Wirkstoffe, die die Estrogenbindung unterbinden, haben daher Antitumoraktivität und können unter Umständen sogar die Entstehung von Tumoren verhindern. Ein vielfach eingesetzter antiestrogener Wirkstoff ist das Tamoxifen. (Siehe Beispielaufgabe 12.7)

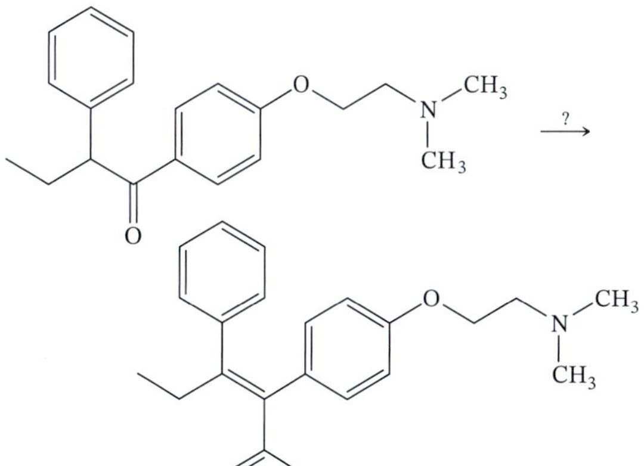

Tamoxifen

12 Aldehyde und Ketone

(a) Wie viele Stereoisomere sind für Tamoxifen möglich?
(b) Geben Sie die Konfiguration des dargestellten Stereoisomers an.
(c) Zeigen Sie, wie Tamoxifen durch Grignard-Reaktion und nachfolgende Dehydratisierung aus dem abgebildeten Keton hergestellt werden kann.

12.27 Im Folgenden ist eine mögliche Synthese für das Antidepressivum Bupropion (Elontril®) gezeigt. (Siehe Beispielaufgabe 12.7)

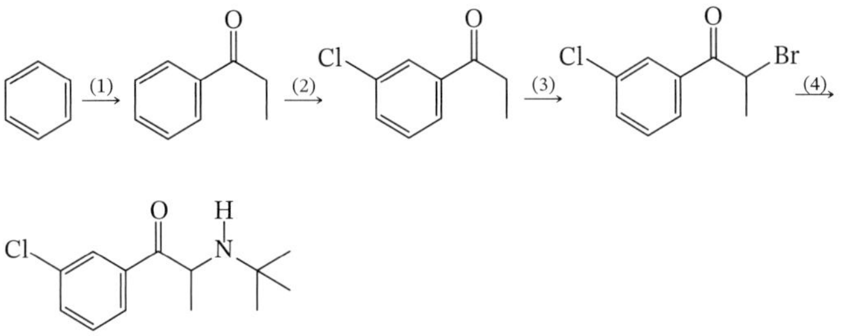

Geben Sie die Reagenzien an, die in den einzelnen Schritten erforderlich sind.

12.28 Im Folgenden ist die Synthese von Diphenhydramin angegeben. (Siehe Beispielaufgabe 12.7)

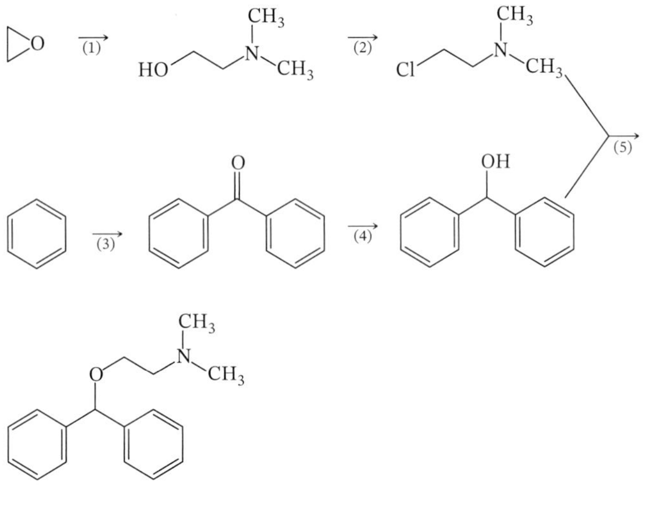

Das Hydrochlorid dieser Verbindung, das unter vielen Handelsnamen vertrieben wird, ist ein Antihistaminikum.
(a) Schlagen Sie Reagenzien für die Schritte 1 und 2 vor.
(b) Schlagen Sie Reagenzien für die Schritte 3 und 4 vor.
(c) Zeigen Sie, dass Schritt 5 ein Beispiel für eine nukleophile aliphatische Substitution ist. Welcher Mechanismus ist wahrscheinlicher – S_N1 oder S_N2? Begründen Sie Ihre Antwort.

12.29 Nutzen Sie Ihre in den bisherigen Kapiteln gesammelten Kenntnisse zu den besprochenen Reaktionen und geben Sie an, wie die folgenden Umsetzungen zu realisieren sind. *Hinweis:* Einige Umsetzungen erfordern mehr als einen Schritt.

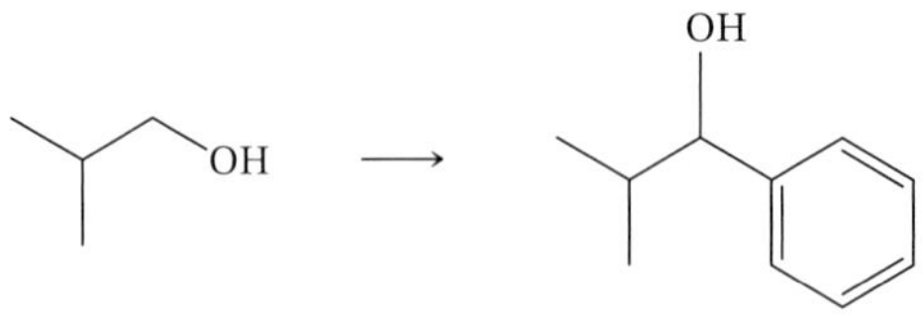

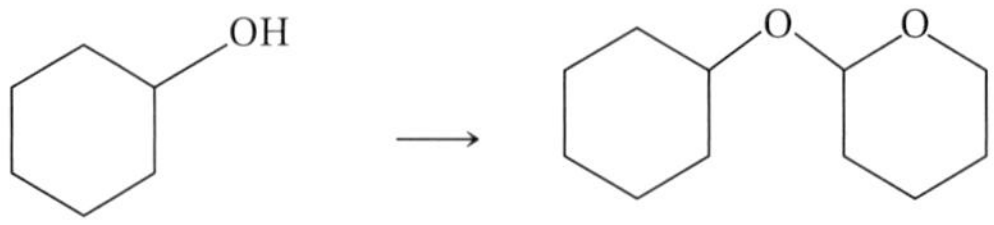

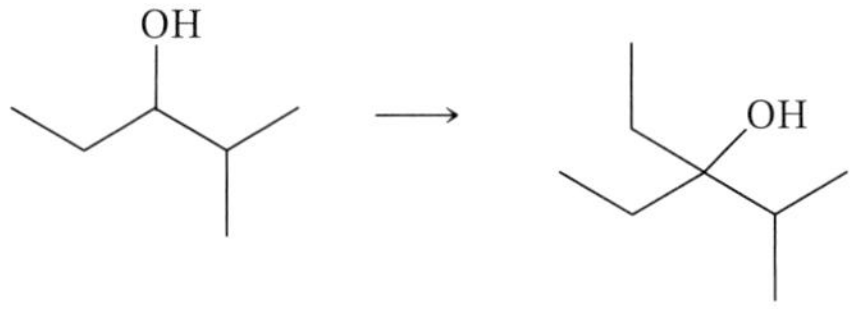

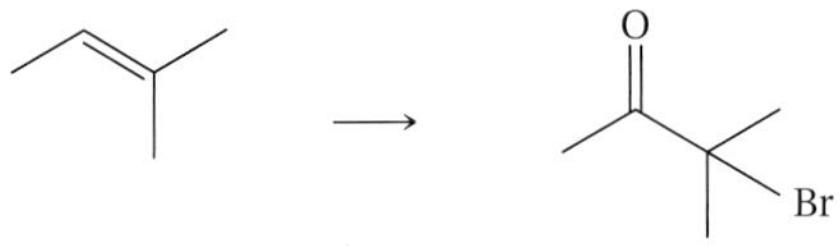

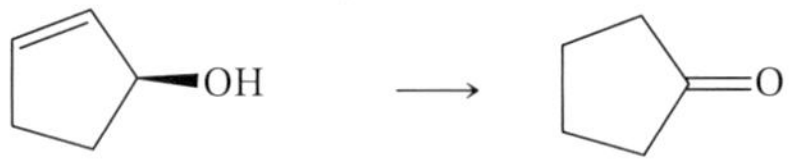

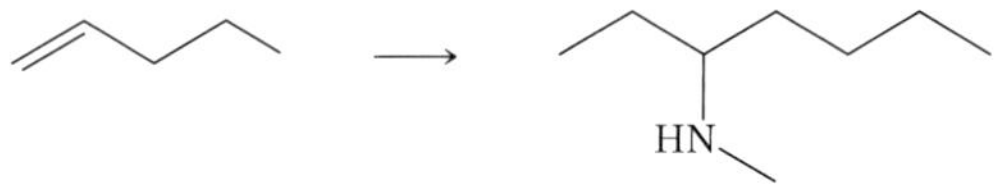

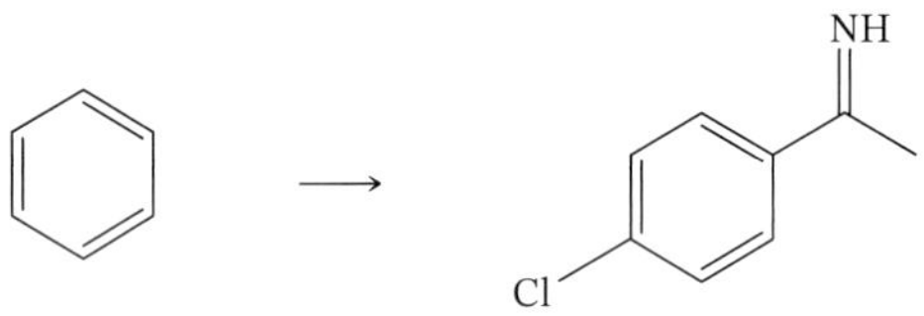

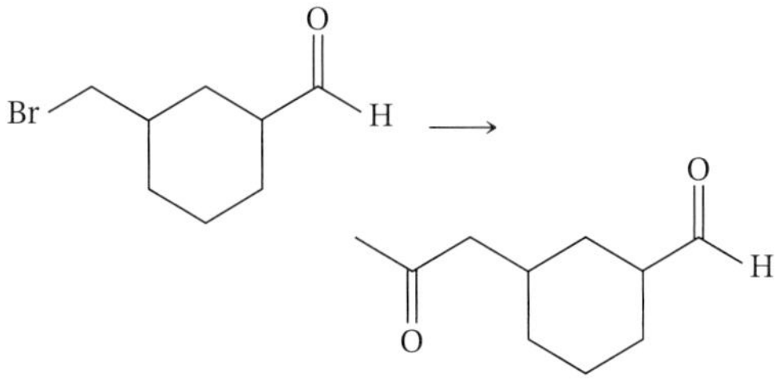

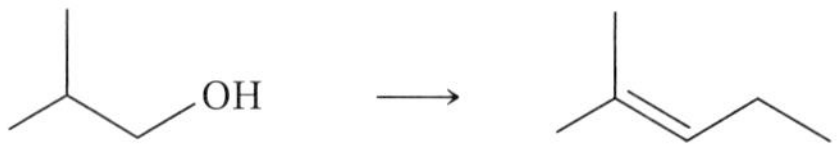

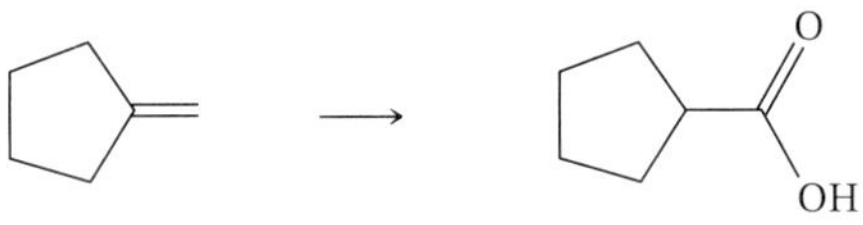

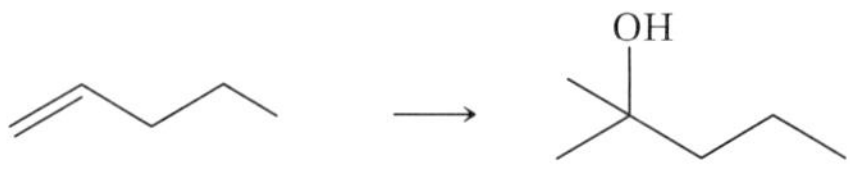

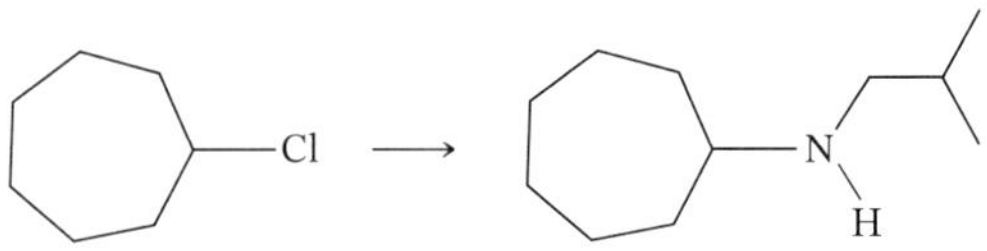

(m) [Struktur: Pentan-3-on → 4-Methyl-hexan-3,5-dion-artig]

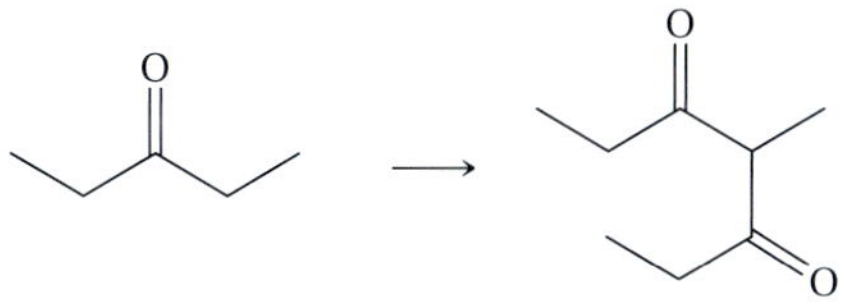

(n) [Struktur: 2-Brom-3,3-dimethylbutan → 2-Amino-3,3-dimethylbutan]

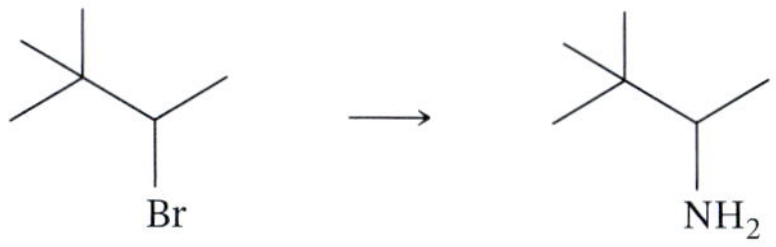

(o) CH₃—C≡C—H → [Butan-2-on]

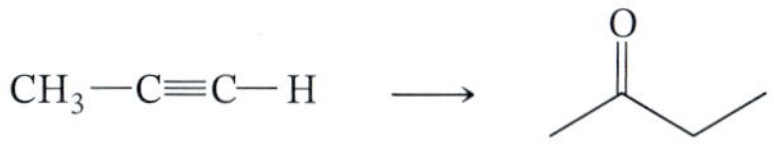

(p) [Methylencyclopentan → Dicyclopentylmethan]

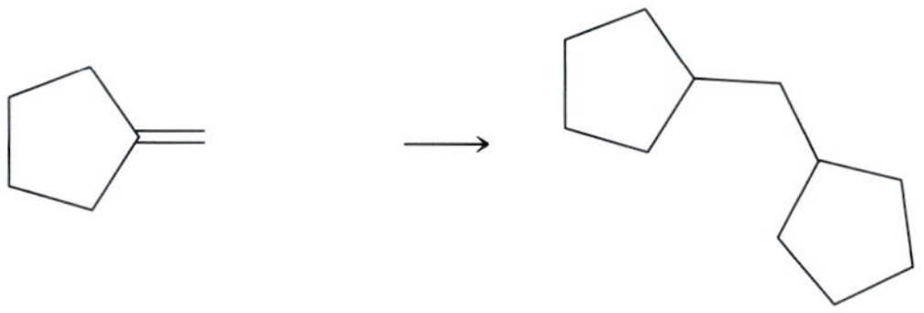

(q) [1-Chlor-2-methylpropan → Isobuttersäure]

(r) [Propan-1-ol → N-Ethylpropylamin]

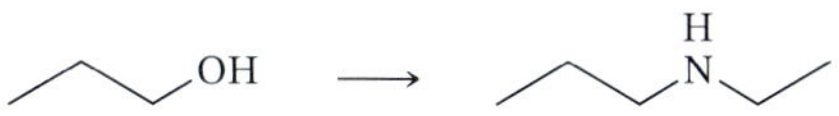

Ausblick

12.30 Die Reaktion eines Grignard-Reagenzes mit Kohlendioxid und nachfolgende Aufarbeitung mit wässrigem HCl ergibt eine Carbonsäure. Machen Sie für das in Klammern stehende Intermediat, das sich aus Phenylmagnesiumbromid und CO_2 bildet, einen Strukturvorschlag und geben Sie einen Mechanismus für dessen Bildung an.

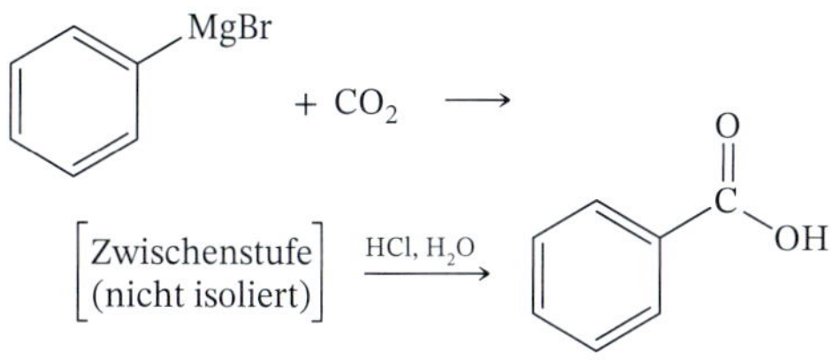

PhMgBr + CO₂ → [Zwischenstufe (nicht isoliert)] —HCl, H₂O→ PhCOOH

12.31 Ordnen Sie die folgenden Carbonylverbindungen nach ihrer Reaktivität gegenüber einem nukleophilen Angriff und geben Sie eine Begründung für die von Ihnen gewählte Reihung an.

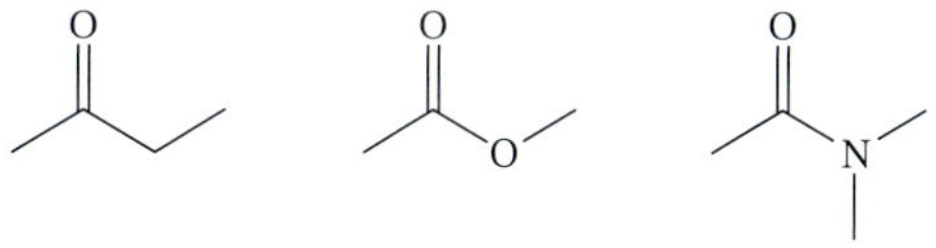

[Butan-2-on, Essigsäuremethylester, N,N-Dimethylacetamid]

12.32 Geben Sie die Enol-Form dieses Ketons und die Gleichgewichtslage der gezeigten Reaktion an.

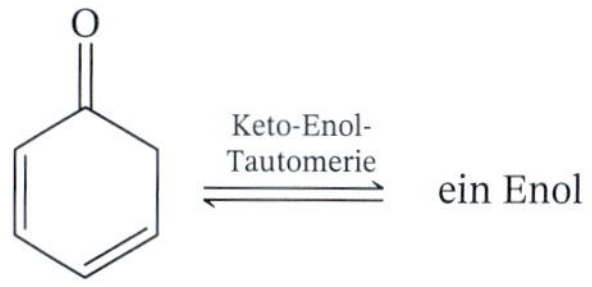

[Cyclohexa-2,4-dienon] ⇌ (Keto-Enol-Tautomerie) ein Enol

12.33 Zeichnen Sie die cyclische Halbacetalform, die durch Reaktion der jeweils hervorgehobenen OH-Gruppe mit der Aldehydgruppe entsteht.

(a) Glucose

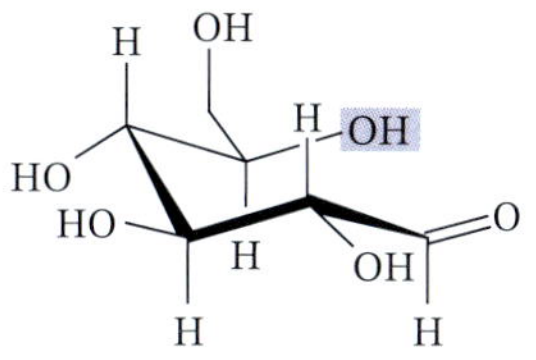

(b) Ribose

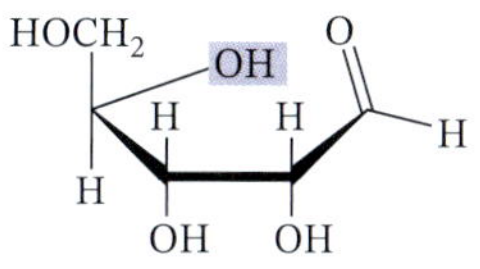

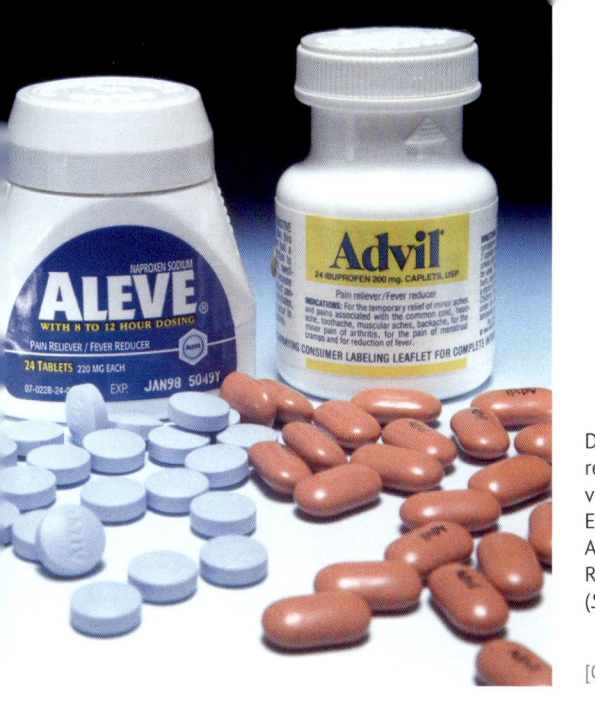

Die Wirkstoffe in diesen rezeptfreien Schmerzmitteln sind Derivate von Arylpropansäuren. Siehe hierzu den Exkurs 13.A „Von der Weidenrinde zum Aspirin und darüber hinaus". Rechts: Ein Molekülmodell von (S)-Ibuprofen.

[Quelle: © Charles D. Winters.]

13
Carbonsäuren

Inhalt
13.1 Was sind Carbonsäuren?
13.2 Wie werden Carbonsäuren benannt?
13.3 Welche physikalischen Eigenschaften haben Carbonsäuren?
13.4 Welche Säure-Base-Eigenschaften haben Carbonsäuren?
13.5 Wie kann man Carboxygruppen reduzieren?
13.6 Was ist eine Fischer-Veresterung?
13.7 Was sind Säurechloride?
13.8 Was ist eine Decarboxylierung?

Gewusst wie
13.1 Wie man das Produkt einer Fischer-Veresterung ermittelt
13.2 Wie man das Produkt einer β-Decarboxylierung ermittelt

Exkurse
13.A Von der Weidenrinde zum Aspirin und darüber hinaus
13.B Ester als Geruchsstoffe
13.C Ketokörper und Diabetes

Wenn Sie das nächste Mal eine Aspirintablette (enthält Acetylsalicylsäure) einnehmen oder Milch (enthält Milchsäure) trinken, kommen Ihnen vielleicht die Carbonsäuren in den Sinn, eine Klasse organischer Verbindungen, die eine Carboxygruppe enthalten. Sie sind in der Natur weit verbreitet und wichtige Bestandteile von Nahrungsmitteln wie Essig, Butter und pflanzlichen Ölen. Die wichtigste chemische Eigenschaft der Carbonsäuren ist ihre Acidität. Von ihnen stammen zahlreiche wichtige Derivate ab, beispielsweise Ester, Amide, Anhydride oder Säurehalogenide. In diesem Kapitel werden wir uns mit den Carbonsäuren beschäftigen, in Kap. 14 mit ihren Derivaten.

Einführung in die Organische Chemie, Erste Auflage. William H. Brown und Thomas Poon.
© 2021 WILEY-VCH GmbH. Published 2021 by WILEY-VCH GmbH.

13.1 Was sind Carbonsäuren?

Die funktionelle Gruppe der Carbonsäuren ist die **Carboxygruppe** (COOH-Gruppe), deren Name aus den Begriffen **Carb**onylgruppe und Hydr**oxy**gruppe zusammengesetzt ist (Abschn. 1.7.4). Im Folgenden ist die Lewis-Formel einer Carboxygruppe zusammen mit zwei gebräuchlichen Kurzschreibweisen dargestellt:

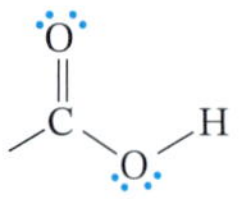

$$-COOH \quad -CO_2H$$

Die allgemeine Formel einer aliphatischen Carbonsäure ist RCOOH, die einer aromatischen Carbonsäure ist ArCOOH.

13.2 Wie werden Carbonsäuren benannt?

13.2.1 IUPAC-System

Der IUPAC-Name einer Carbonsäure leitet sich von der längsten Kette ab, die die Carboxygruppe enthält; an den Namen des entsprechenden Alkans hängen wir das Suffix *-säure* an (Abschn. 3.5). Die Kette wird beginnend am C-Atom der Carboxygruppe durchnummeriert. Weil das Carboxy-C-Atom immer die Nummer 1 erhält, müssen wir für diese funktionelle Gruppe keinen Lokanten angeben. Wenn die Carbonsäure eine Kohlenstoff-Kohlenstoff-Doppelbindung enthält, wird die Zwischensilbe *-an-* durch *-en-* ersetzt und die Position der Doppelbindung durch die entsprechende Nummer gekennzeichnet. In den folgenden Beispielen ist in Klammern jeweils auch der entsprechende Trivialname aufgeführt.

> Es ist nicht notwendig anzugeben, dass sich die Doppelbindung an Position 2 befindet; in dieser Verbindung ist keine andere Position möglich.

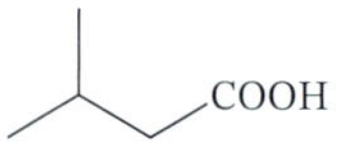

3-Methylbutansäure (Isovaleriansäure)

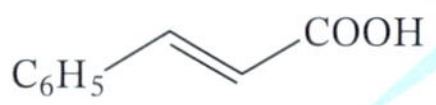

trans-3-Phenylpropensäure (Zimtsäure)

Die Carboxygruppe hat im IUPAC-System Priorität vor den meisten anderen funktionellen Gruppen (Tab. 12.1), beispielsweise vor Hydroxy- oder Aminogruppen oder den Carbonylgruppen der Aldehyde und Ketone. Wie die folgenden Beispiele zeigen, wird die OH-Gruppe eines Alkohols durch das Präfix *Hydroxy-*, die NH_2-Gruppe eines Amins durch das Präfix *Amino-* und die =O-Gruppe eines Aldehyds oder Ketons durch das Präfix *Oxo-* angegeben.

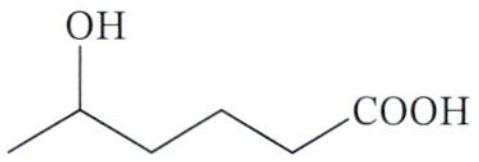

5-Hydroxyhexansäure    4-Aminobutansäure 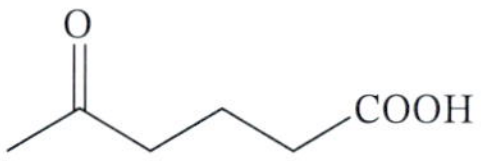   5-Oxohexansäure

Dicarbonsäuren werden benannt, indem das Suffix *-disäure* an den Stammnamen der Kohlenstoffkette gehängt wird, die *beide* Carboxygruppen enthält. Weil die beiden Carboxygruppen nur an den Enden dieser Kette liegen können, müssen ihre Positionen wiederum nicht durch Lokanten angegeben werden. Im Folgenden sind die IUPAC- und die Trivialnamen einiger wichtiger aliphatischer Dicarbonsäuren abgebildet.

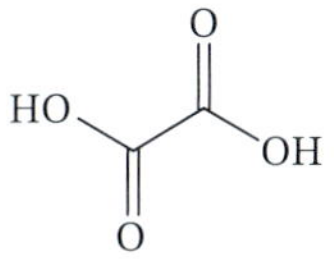

Ethandisäure (Oxalsäure) Propandisäure (Malonsäure) Butandisäure (Bernsteinsäure)

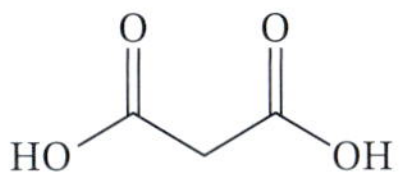

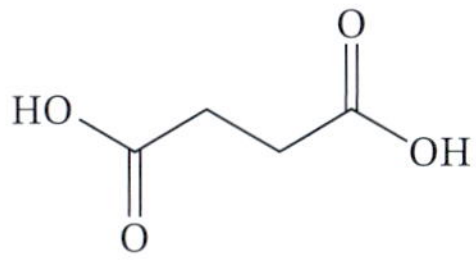

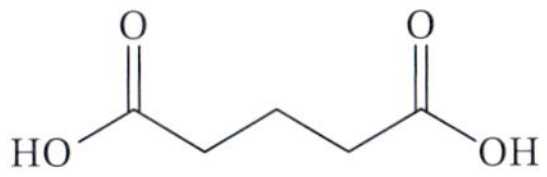

Pentandisäure (Glutarsäure) Hexandisäure (Adipinsäure)

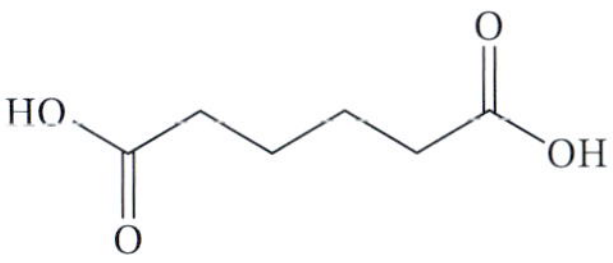

Die Fasern dieses Seils bestehen aus Nylon-6,6, einem Polymer, das aus Adipinsäure hergestellt wird. [Quelle: © lenetstan/Shutterstock.]

Der Name *Oxalsäure* ist von der Gattung *Oxalis* (Sauerklee) abgeleitet, aus deren Pflanzen sie gewonnen werden kann, aber auch in Rhabarber ist sie in großen Mengen enthalten. Oxalsäure findet sich auch in menschlichem und tierischem Urin und Calciumoxalat (das Calciumsalz der Oxalsäure) ist ein wesentlicher Bestandteil von Nierensteinen. Adipinsäure ist eines der beiden Monomere, die für die Synthese von Nylon-6,6 benötigt werden. Weltweit werden weit über 2 Millionen Tonnen Adipinsäure pro Jahr produziert, die überwiegend für die Herstellung von Nylon-6,6 gebraucht werden (siehe Abschn. 16.4.1).

Eine Carbonsäure, in der die Carboxygruppe direkt an einen Ring (z. B. ein Cycloalkan) gebunden ist, wird benannt, indem man das Suffix *-carbonsäure* an den Namen des Rings hängt. Die Ringatome werden beginnend an dem Kohlenstoffatom nummeriert, an das die COOH-Gruppe gebunden ist.

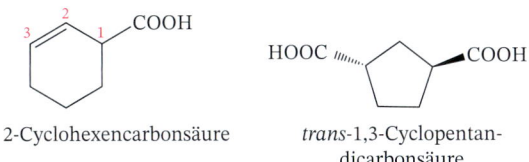

Rhabarberblätter enthalten Oxalsäure in Form ihrer Kalium- und Natriumsalze. [Quelle: © Lisa Kyle Young/Shutterstock.]

2-Cyclohexencarbonsäure   *trans*-1,3-Cyclopentandicarbonsäure

Die einfachste aromatische Carbonsäure ist die Benzoesäure. Ihre Derivate werden benannt, indem durch Zahlen und die entsprechenden Präfixe angegeben wird, welche Substituenten relativ zur Carboxygruppe enthalten sind. Einige aromatische Carbonsäuren haben Trivialnamen, unter denen sie besser bekannt sind. 2-Hydroxybenzoesäure wird meist als Salicylsäure bezeichnet, wobei dieser Name von der Weide (Gattung *Salix*) abgeleitet ist, aus der sie erstmalig isoliert wurde. Aromatische Dicarbonsäuren werden benannt, indem das Suffix *-dicarbonsäure* an das Wort *Benzol* gehängt wird. Beispiele hierfür sind 1,2-Benzoldicarbonsäure und 1,4-Benzoldicarbonsäure, die aber eher unter ihren Trivialnamen Phthalsäure bzw. Terephthalsäure bekannt sind. Terephthalsäure ist einer der beiden Grundstoffe für die Produktion von Polyethylenterephthalat (PET), das in großen Mengen zur Herstellung von Kunststoffflaschen und Textilfasern (Dacron®, Trevira®) eingesetzt wird (Abschn. 16.4.2).

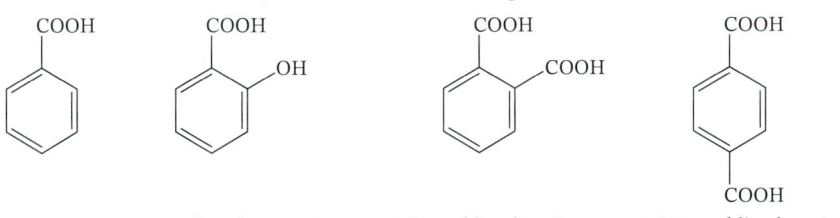

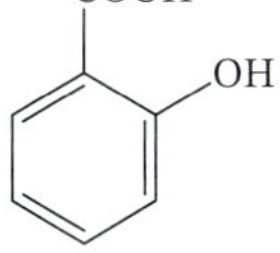

Benzoesäure   2-Hydroxybenzoesäure (Salicylsäure)   1,2-Benzoldicarbonsäure (Phthalsäure)   1,4-Benzoldicarbonsäure (Terephthalsäure)

Dacron® ist eine aus Terephthalsäure hergestellte Kunstfaser, die beispielsweise als Füllmaterial in Kissen verwendet wird. [Quelle: © K. Miri Photography/Shutterstock.]

13.2.2 Trivialnamen

Viele aliphatische Carbonsäuren waren bekannt, bevor man die Struktur chemischer Verbindungen im Detail kannte, und lange, bevor die IUPAC-Nomenklatur entwickelt wurde. Sie wurden damals entweder nach der Quelle benannt, aus der man sie gewinnen konnte, oder nach ihren charakteristischen Eigenschaften. Tabelle 13.1 führt einige unverzweigte aliphatische Carbonsäuren aus natürlichen Quellen zusammen mit ihren Trivialnamen auf. Die Carbonsäuren mit 16, 18 oder 20 Kohlenstoffatomen kommen vor allem in Fetten und Ölen (Abschn. 19.1) sowie den Phospholipid-Komponenten biologischer Membranen (Abschn. 19.3) vor.

In Trivialnamen werden häufig griechische Buchstaben (α, β, γ, δ usw.) verwendet, um die Position eines Substituenten anzugeben. Die α-Position ist in einer Carbonsäure die Position neben der Carboxygruppe; ein α-Substituent in einem Trivialnamen entspricht daher dem 2-Substituenten in einem IUPAC-Namen. GABA, ein Akronym für γ-Aminobuttersäure (engl.: *gamma-aminobutyric acid*), ist ein inhibitorischer Neurotransmitter im zentralen Nervensystem des Menschen.

4-Aminobuttersäure
(γ-Aminobuttersäure, GABA)

In der Trivialnomenklatur bezeichnet das Präfix *Keto-* die Gegenwart einer Keton-Carbonylgruppe in einer substituierten Carbonsäure, hier am Beispiel der β-Ketobuttersäure gezeigt:

3-Oxobutansäure
(β-Ketobuttersäure;
Acetessigsäure)

Acetylgruppe

Ein alternativer Trivialname für die 3-Oxobutansäure ist Acetessigsäure. In diesem Trivialnamen wird die Ketosäure als eine substituierte Essigsäure betrachtet; der Substituent, die $CH_3C(=O)$- oder **Acetylgruppe** wird hier mit *Acet-* abgekürzt.

Tab. 13.1 Aliphatische Carbonsäuren und ihre Trivialnamen.

Struktur	IUPAC-Name	Trivialname	abgeleitet von
HCOOH	Methansäure	Ameisensäure	
CH_3COOH	Ethansäure	Essigsäure	
CH_3CH_2COOH	Propansäure	Propionsäure	griech.: *protos pion*, erstes Fett
$CH_3(CH_2)_2COOH$	Butansäure	Buttersäure	
$CH_3(CH_2)_3COOH$	Pentansäure	Valeriansäure	lat.: *valeriana*, Baldrian
$CH_3(CH_2)_4COOH$	Hexansäure	Capronsäure	lat.: *capra*, Ziege
$CH_3(CH_2)_6COOH$	Octansäure	Caprylsäure	lat.: *capra*, Ziege
$CH_3(CH_2)_8COOH$	Decansäure	Caprinsäure	lat.: *capra*, Ziege
$CH_3(CH_2)_{10}COOH$	Dodecansäure	Laurinsäure	lat.: *laurus*, Lorbeer
$CH_3(CH_2)_{12}COOH$	Tetradecansäure	Myristinsäure	lat.: *myristica*, Muskatnuss
$CH_3(CH_2)_{14}COOH$	Hexadecansäure	Palmitinsäure	lat.: *palma*, Palme
$CH_3(CH_2)_{16}COOH$	Octadecansäure	Stearinsäure	griech.: *stear*, Fett
$CH_3(CH_2)_{18}COOH$	Eicosansäure	Arachidonsäure	griech.: *arachis*, Erdnuss

Ameisensäure wurde erstmalig im Jahr 1670 durch die Destillation von Ameisen gewonnen; sie ist einer der Bestandteile des Ameisengifts. [Quelle: © Fotosearch RF/Getty Images, Inc.]

Beispiel 13.1 Geben Sie die IUPAC-Namen der folgenden Carbonsäuren an:

(a) CH₃(CH₂)₇\C=C/(CH₂)₇COOH (H, H)   (b) Cyclohexan mit COOH und OH (trans)   (c) H,OH,CH₃,COOH am C

(d) ClCH₂COOH

Vorgehensweise
Identifizieren Sie die längste Kohlenstoffkette, die die Carboxygruppe enthält. Diese bestimmt den Stammnamen, an den das Suffix *-säure* gehängt wird. Bei der Benennung cyclischer Carbonsäuren wird das Suffix *-carbonsäure* an die Bezeichnung des cyclischen Kohlenwasserstoffs gehängt. Denken Sie auch hier daran, die Stereochemie gegebenenfalls durch Deskriptoren wie *E/Z*, *cis/trans* bzw. *R/S* anzugeben.

Lösung
Im Folgenden sind zunächst die IUPAC-Namen und dann in Klammern die Trivialnamen angegeben:

(a) *cis*-9-Octadecensäure (Ölsäure)
(b) *trans*-2-Hydroxycyclohexancarbonsäure
(c) (*R*)-2-Hydroxypropansäure [(*R*)-Milchsäure]
(d) Chlorethansäure (Chloressigsäure)

Siehe Aufgaben 13.1, 13.3 und 13.5. ◢

13.3 Welche physikalischen Eigenschaften haben Carbonsäuren?

In der flüssigen und in der festen Phase sind Carbonsäuren durch intermolekulare Wasserstoffbrücken zu Dimeren aggregiert. Dies ist hier am Beispiel der Essigsäure gezeigt:

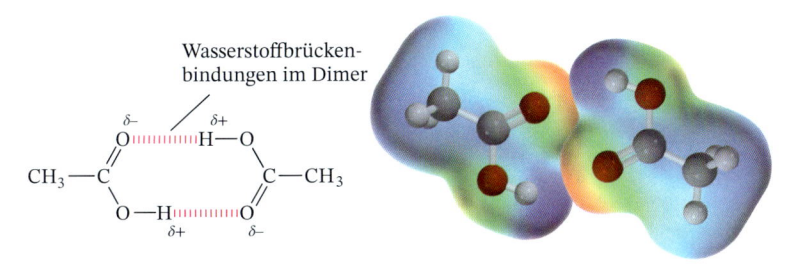

Carbonsäuren haben deutlich höhere Siedepunkte als andere Arten organischer Verbindungen mit ähnlicher molarer Masse wie beispielsweise Alkohole, Aldehyde oder Ketone. So hat Butansäure (Tab. 13.2) einen höheren Siedepunkt als 1-Pentanol oder Pentanal. Die hohen Siedepunkte der Carbonsäuren lassen sich auf ihre Polarität und das Vorliegen sehr starker intermolekularer Wasserstoffbrückenbindungen zurückführen.

Carbonsäuren können zudem sowohl über die Carbonyl- als auch über die Hydroxygruppe Wasserstoffbrücken zu Wassermolekülen eingehen. Wegen dieser Wasserstoffbrückenbindungen sind Carbonsäuren besser in Wasser löslich als Alkohole, Ether, Aldehyde oder Ketone mit vergleichbarer Molmasse. Die Wasserlöslichkeit der Carbonsäuren nimmt mit zunehmender molarer Masse ab. Diesen Trend können wir folgendermaßen erklären: Eine Carbonsäure besteht aus zwei Bereichen mit unter-

Tab. 13.2 Siedepunkte und Wasserlöslichkeiten ausgewählter Carbonsäuren, Alkohole und Aldehyde mit jeweils vergleichbarer Molmasse.

Struktur	Name	Molmasse (g/mol)	Siedepunkt (°C)	Löslichkeit (g/100 mL H$_2$O)
CH$_3$COOH	Essigsäure	60.1	118	unbegrenzt
CH$_3$CH$_2$CH$_2$OH	1-Propanol	60.1	97	unbegrenzt
CH$_3$CH$_2$CHO	Propanal	58.1	48	16
CH$_3$(CH$_2$)$_2$COOH	Butansäure	88.1	163	unbegrenzt
CH$_3$(CH$_2$)$_3$CH$_2$OH	1-Pentanol	88.1	137	2.3
CH$_3$(CH$_2$)$_3$CHO	Pentanal	86.1	103	gering
CH$_3$(CH$_2$)$_4$COOH	Hexansäure	116.2	205	1.0
CH$_3$(CH$_2$)$_5$CH$_2$OH	1-Heptanol	116.2	176	0.2
CH$_3$(CH$_2$)$_5$CHO	Heptanal	114.1	153	0.1

schiedlicher Polarität: einer polaren, hydrophilen Carboxygruppe und – mit Ausnahme von Ameisensäure – aus einer unpolaren, hydrophoben Kohlenwasserstoffkette. Durch die **hydrophile** (griech.: wasserliebende) Carboxygruppe wird die Wasserlöslichkeit erhöht; die **hydrophobe** (griech.: wassermeidende) Kohlenwasserstoffkette setzt die Wasserlöslichkeit herab.

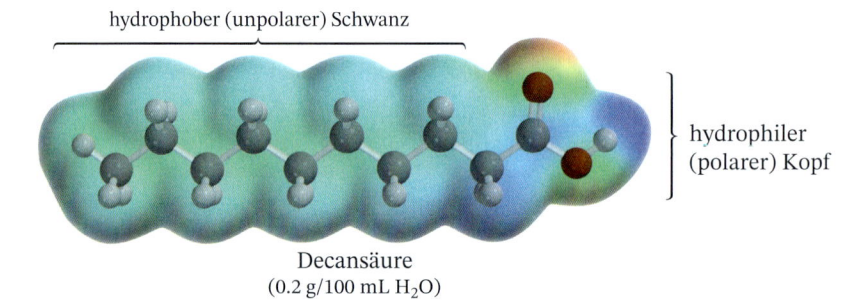

hydrophober (unpolarer) Schwanz

} hydrophiler (polarer) Kopf

Decansäure
(0.2 g/100 mL H$_2$O)

Die ersten vier aliphatischen Carbonsäuren (Ameisen-, Essig-, Propion- und Buttersäure) sind mit Wasser in jedem Verhältnis mischbar, weil der hydrophile Charakter der Carboxygruppe die Hydrophobie der Kohlenwasserstoffkette mehr als ausgleicht. Mit steigender Molmasse wird die Kohlenwasserstoffkette länger, ihr hydrophober Charakter dominiert immer stärker und die Wasserlöslichkeit nimmt ab. Die Wasserlöslichkeit von Hexansäure beträgt noch 1.0 g/100 mL H$_2$O, die von Decansäure nur noch 0.2 g/100 mL.

Noch eine andere Eigenschaft der Carbonsäuren muss hier erwähnt werden: Die flüssigen Carbonsäuren von der Propan- bis zur Decansäure riechen extrem faulig – ähnlich widerlich wie Thiole, aber trotzdem ganz anders. Butansäure (Buttersäure) riecht nach altem Schweiß; sie ist eine Hauptkomponente des Gestanks, den man aus schlecht gelüfteten Umkleideräumen von Sporthallen kennt. Pentansäure riecht noch schlimmer und Ziegen, die die C$_6$-, C$_8$- und C$_{10}$-Carbonsäuren ausdünsten, sind auch nicht gerade für ihren Wohlgeruch bekannt.

13.4 Welche Säure-Base-Eigenschaften haben Carbonsäuren?

13.4.1 Säurekonstanten

Carbonsäuren sind schwache Säuren. Die K_S-Werte der meisten unsubstituierten aliphatischen und aromatischen Carbonsäuren liegen zwischen 10^{-4} und 10^{-5}. Der K_S-

Wert von Essigsäure beträgt beispielsweise 1.74×10^{-5}, woraus sich ein pK_S-Wert von 4.76 ergibt.

$$CH_3COOH + H_2O \rightleftharpoons CH_3COO^- + H_3O^+$$

$$K_S = \frac{[CH_3COO^-][H_3O^+]}{[CH_3COOH]} = 1.74 \times 10^{-5}$$

$$pK_S = 4.76$$

Wie wir schon in Abschn. 2.5.2 gesehen haben, sind Carbonsäuren (p$K_S \approx 4-5$) stärkere Säuren als Alkohole (p$K_S \approx 16-18$), weil das **Carboxylat**-Anion mesomeriestabilisiert und die negative Ladung delokalisiert ist. In Alkoholen ist keine vergleichbare Resonanz möglich.

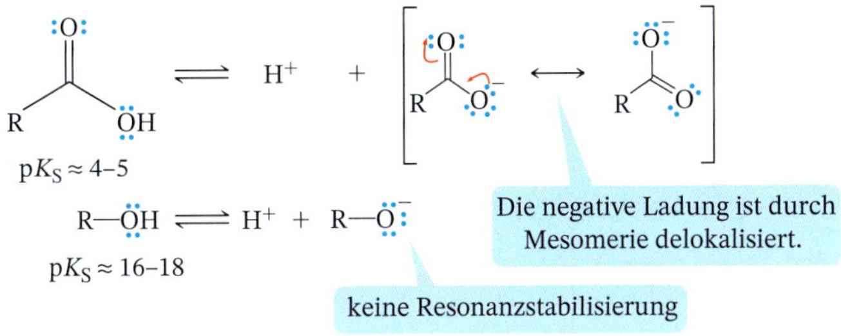

Die negative Ladung ist durch Mesomerie delokalisiert.

keine Resonanzstabilisierung

Wenn am α-Kohlenstoffatom Atome oder Atomgruppen mit höherer Elektronegativität als der von Kohlenstoff gebunden sind, nimmt die Acidität der entsprechenden Carbonsäure zu, manchmal sogar um mehrere Größenordnungen (Abschn. 2.5.3). Man vergleiche hierzu zum Beispiel die Aciditäten von Essigsäure (p$K_S = 4.76$) und Chloressigsäure (p$K_S = 2.86$). Durch einen einzelnen Chlorsubstituenten am α-Kohlenstoffatom steigt hier die Acidität nahezu um einen Faktor 100! Bereits Dichloressigsäure, vor allem aber Trichloressigsäure ist eine stärkere Säure als Phosphorsäure (p$K_S = 2.1$):

Der induktive Effekt eines elektronegativen Atoms delokalisiert die negative Ladung und stabilisiert das Carboxylat.

Formel:	CH_3COOH	$ClCH_2COOH$	$Cl_2CHCOOH$	Cl_3CCOOH
Name:	Essigsäure	Chloressigsäure	Dichloressigsäure	Trichloressigsäure
pK_S:	4.76	2.86	1.48	0.70

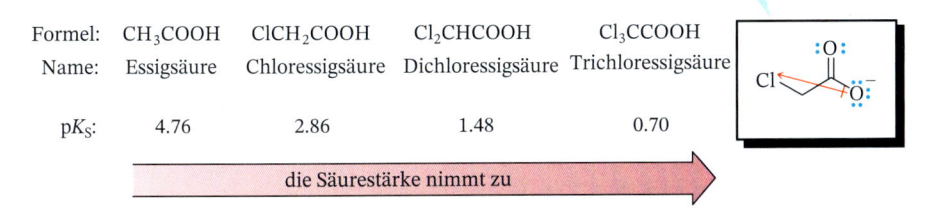

die Säurestärke nimmt zu

Der die Acidität verstärkende Effekt der Substitution durch ein Halogenatom nimmt mit steigender Entfernung des Halogens von der Carboxygruppe schnell ab. Während die Säurekonstante von 2-Chlorbutansäure (p$K_S = 2.83$) noch 100-mal größer als die von Butansäure ist, ist die Säurekonstante von 4-Chlorbutansäure (p$K_S = 4.52$) nur noch etwa doppelt so groß:

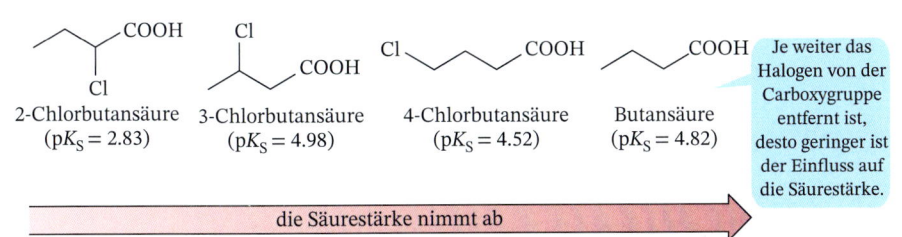

2-Chlorbutansäure	3-Chlorbutansäure	4-Chlorbutansäure	Butansäure
(p$K_S = 2.83$)	(p$K_S = 4.98$)	(p$K_S = 4.52$)	(p$K_S = 4.82$)

Je weiter das Halogen von der Carboxygruppe entfernt ist, desto geringer ist der Einfluss auf die Säurestärke.

die Säurestärke nimmt ab

Beispiel 13.2 Welche der beiden Carbonsäuren in jeder Teilaufgabe ist die stärkere Säure?

(a) Propansäure oder 2-Hydroxypropansäure (Milchsäure)

(b) 2-Hydroxypropansäure (Milchsäure) oder 2-Oxopropansäure (Brenztraubensäure)

Vorgehensweise

Zeichnen Sie von jeder Säure die konjugierte Base und prüfen Sie, ob diese Carboxylate durch mesomere oder induktive Effekte stabilisiert werden. Eine besser stabilisierte konjugierte Base begründet eine höhere Acidität der entsprechenden Carbonsäure.

Lösung

(a) 2-Hydroxypropansäure ($pK_S = 3.85$) ist wegen des elektronenziehenden induktiven Effekts des Sauerstoffatoms der Hydroxygruppe eine stärkere Säure als Propansäure ($pK_S = 4.87$).
(b) 2-Oxopropansäure ($pK_S = 2.49$) ist eine stärkere Säure als 2-Hydroxypropansäure ($pK_S = 3.85$), weil das Sauerstoffatom der Carbonylgruppe einen stärkeren –I-Effekt ausübt als das der Hydroxygruppe.

Siehe Aufgaben 13.7, 13.9, 13.10 und 13.27.

13.4.2 Reaktionen mit Basen

Alle Carbonsäuren – ob wasserlöslich oder unlöslich – reagieren mit NaOH, KOH und anderen starken Basen zu wasserlöslichen Salzen:

$$\text{C}_6\text{H}_5\text{-COOH} + \text{NaOH} \xrightarrow{\text{H}_2\text{O}} \text{C}_6\text{H}_5\text{-COO}^- \text{Na}^+ + \text{H}_2\text{O}$$

Benzoesäure (wenig wasserlöslich) → Natriumbenzoat (60 g/100 mL Wasser)

Natriumbenzoat (E211) hemmt das Wachstum von Pilzen und wird häufig abgepackten Lebensmitteln als Konservierungsstoff zugesetzt, um sie länger haltbar zu machen; zu demselben Zweck werden auch Calciumpropanoat (E282) und Kaliumpropanoat (E283) verwendet.

Carbonsäuren bilden darüber hinaus auch wasserlösliche Salze mit Ammoniak und Aminen.

$$\text{C}_6\text{H}_5\text{-COOH} + \text{NH}_3 \xrightarrow{\text{H}_2\text{O}} \text{C}_6\text{H}_5\text{-COO}^- \text{NH}_4^+$$

Benzoesäure (kaum wasserlöslich) → Ammoniumbenzoat (20 g/100 mL Wasser)

Benzoesäure wird häufig entweder als Säure (E210) oder wegen der besseren Löslichkeit in Form ihrer Salze (Na: E211, K: E212, Ca: E213) als Konservierungsmittel eingesetzt. [Quelle: © J. Podlech.]

Die Salze der Carbonsäuren werden genau wie anorganische Salze benannt: Man gibt zuerst das Kation, dann das Anion an. Der Name eines aus einer Carbonsäure abgeleiteten Anions wird gebildet, indem man das Suffix *-säure* in der Carbonsäure durch *-oat* im Carboxylat ersetzt. So ist der Name von $CH_3CH_2COO^-Na^+$ Natriumpropanoat und der Name von $CH_3(CH_2)_{14}COO^-Na^+$ lautet Natriumhexadecanoat (Natriumpalmitat).

Beispiel 13.3 Vervollständigen Sie die folgenden Reaktionsgleichungen und geben Sie jeweils den Namen des gebildeten Salzes an:

(a) 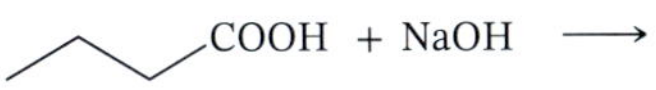 ⌒⌒COOH + NaOH ⟶

(b) 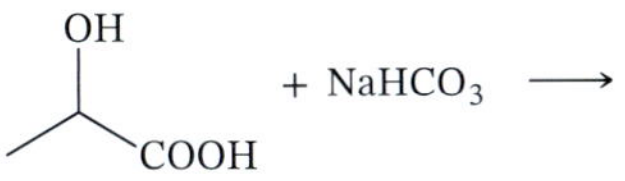 OH-CH(CH_3)-COOH + NaHCO_3 ⟶

Vorgehensweise
Identifizieren Sie die Base und das acideste Wasserstoffatom in der Säure. Denken Sie daran, dass Natriumhydrogencarbonat ($NaHCO_3$) durch Protonierung zu Kohlensäure reagiert, die sofort zu CO_2 und H_2O zerfällt.

Lösung
Beide Carbonsäuren werden in ihr Natriumsalz überführt. In (b) wird dabei Kohlensäure gebildet (nicht abgebildet), die zu Kohlendioxid und Wasser zerfällt.

(a) 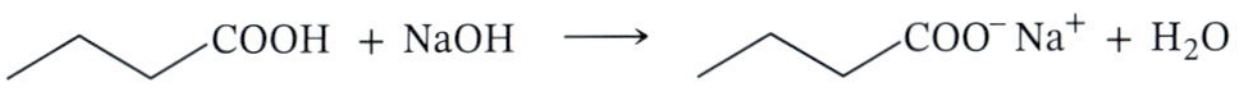 ⌒⌒COOH + NaOH ⟶ ⌒⌒COO⁻Na⁺ + H_2O

Butansäure — Natriumbutanoat

(b) 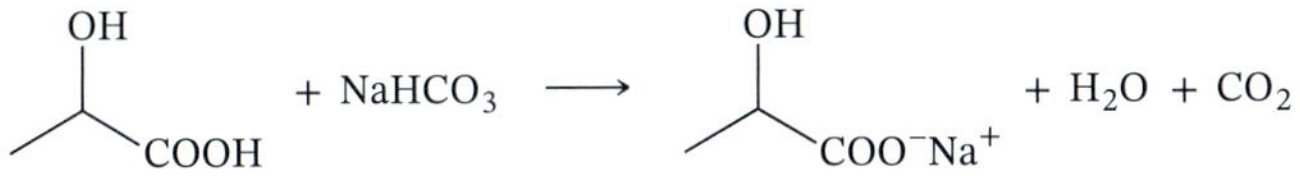 OH-CH(CH_3)-COOH + NaHCO_3 ⟶ OH-CH(CH_3)-COO⁻Na⁺ + H_2O + CO_2

2-Hydroxypropansäure (Milchsäure) — Natrium-2-hydroxypropanoat (Natriumlactat)

Siehe Aufgabe 13.8. ◂

Aus den Löslichkeitseigenschaften der Carbonsäuren und ihren Carboxylaten folgt, dass wir wasserunlösliche Carbonsäuren in wasserlösliche Alkalimetall- oder Ammoniumsalze überführen und so in eine wässrige Phase extrahieren können. Umgekehrt kann man die Salze durch Zugabe von starken Säuren wie zum Beispiel HCl oder H_2SO_4 wieder in die Carbonsäuren überführen. Diese Reaktionen ermöglichen es, die wasserunlöslichen Carbonsäuren von anderen wasserunlöslichen neutralen Verbindungen abzutrennen.

Abbildung 13.1 zeigt einen Ablaufplan für die Trennung der wasserunlöslichen Benzoesäure und der wasserunlöslichen neutralen Verbindung Benzylalkohol. Zunächst wird die Mischung aus Benzoesäure und Benzylalkohol in Diethylether gelöst. Die etherige Lösung wird mit wässriger NaOH-Lösung geschüttelt, um die Benzoesäure in ihr wasserlösliches Natriumsalz zu überführen, und die Etherphase wird von der wässrigen Phase abgetrennt. Bei der Destillation der Etherphase geht zuerst Diethylether (Sdp. 35 °C) und dann Benzylalkohol (Sdp. 205 °C) über. Wird nun die wässrige Phase mit HCl angesäuert, fällt die Benzoesäure als wasserunlöslicher Feststoff aus (Schmp. 122 °C) und kann durch Filtration in reiner Form erhalten werden. Die Möglichkeit, Verbindungen aufgrund ihrer Säure-Base-Eigenschaften zu trennen, ist im Labor und in der chemischen Industrie von größter Bedeutung.

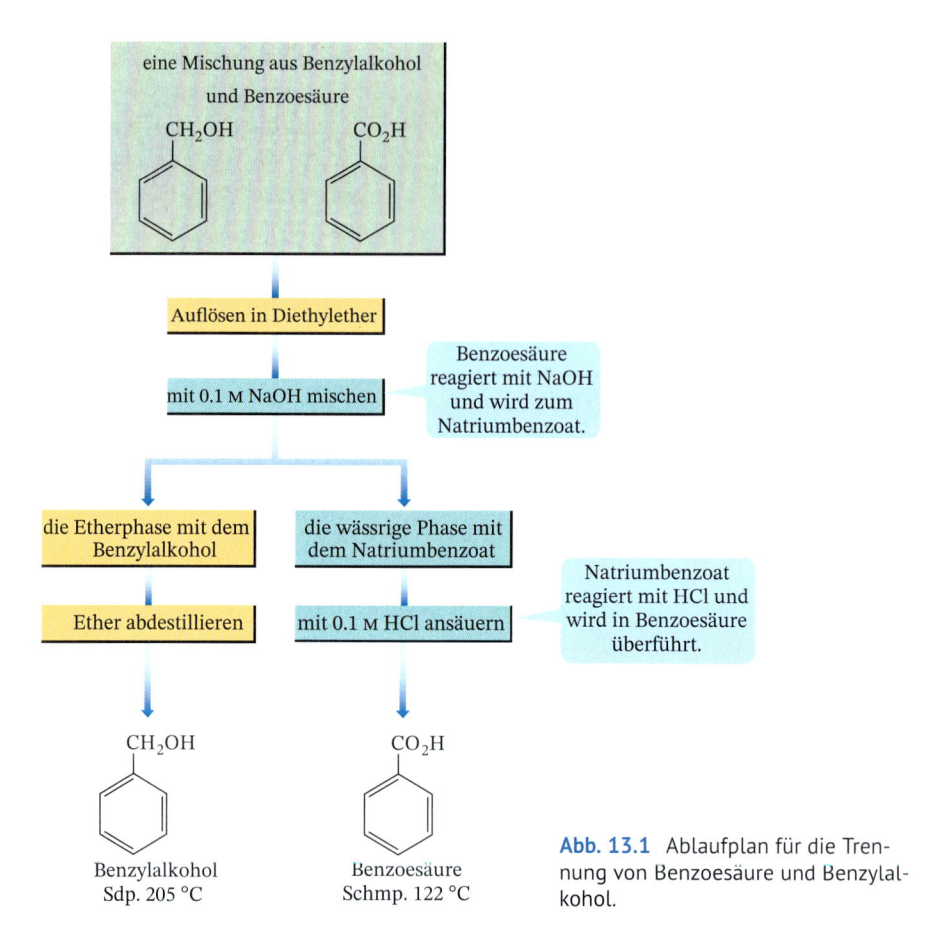

Abb. 13.1 Ablaufplan für die Trennung von Benzoesäure und Benzylalkohol.

13.5 Wie kann man Carboxygruppen reduzieren?

Carboxygruppen sind ungewöhnlich resistent gegenüber einer Reduktion. Die katalytische Reduktion z. B. mit H_2/Pt lässt die Carboxygruppe unter Bedingungen, unter denen Aldehyde und Ketone leicht zu Alkoholen und Alkene zu Alkanen reduziert werden, unbeeinträchtigt. Das am häufigsten eingesetzte Reagenz zur Reduktion einer Carboxygruppe zu einem primären Alkohol ist das starke Reduktionsmittel Lithiumaluminiumhydrid (Abschn. 12.10).

Exkurs: 13.A Von der Weidenrinde zum Aspirin und darüber hinaus

Das erste breit angewendete Medikament war Aspirin – das auch heute noch am häufigsten genutzte Schmerzmittel. Weltweit werden etwa 100 Milliarden Aspirin-Tabletten pro Jahr konsumiert! Die Geschichte der Entwicklung dieses modernen Schmerzmittels reicht mehr als 2000 Jahre zurück: schon 400 vor Christus empfahl der griechische Arzt Hippokrates, Weidenrinde zu kauen, um den Geburtsschmerz zu mildern oder Augeninfektionen zu behandeln.

Es zeigte sich, dass der wirksame Bestandteil der Weidenrinde Salicin war – eine Verbindung, in der Salicylalkohol an eine β-D-Glucoseeinheit gebunden ist (Abschn. 17.2). Bei der wässrig sauren Hydrolyse von Salicin entsteht Salicylalkohol, der anschließend zu Salicylsäure oxidiert werden kann. Salicylsäure erwies sich im Hinblick auf die Schmerzbekämpfung sowie die fiebersenkende und entzündungshemmende Wirkung als noch wirksamer als Salicin. Darüber hinaus hat sie nicht dessen extrem bitteren Geschmack.

Salicin

Exkurs: 13.A Von der Weidenrinde zum Aspirin und darüber hinaus (Fortsetzung)

Salicylalkohol

Salicylsäure

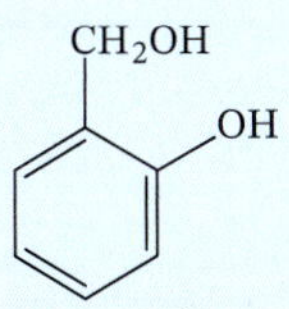

Bedauerlicherweise wurden beim Einsatz von Salicylsäure bald auch ihre gravierenden Nebenwirkungen offensichtlich: Sie führt zu schwerwiegenden Reizungen der Magenschleimhaut. Auf der Suche nach Derivaten der Salicylsäure mit weniger Nebenwirkungen bei vergleichbarer Wirksamkeit stellten Chemiker der Firma Bayer in Deutschland 1897 Acetylsalicylsäure in reiner Form her und gaben ihr den Namen *Aspirin*, abgeleitet von der *Spirsäure* (ein anderer Name für Salicylsäure) und dem Buchstaben *A* für die Acetylgruppe:

Salicylsäure Essigsäureanhydrid

Acetylsalicylsäure (Aspirin)

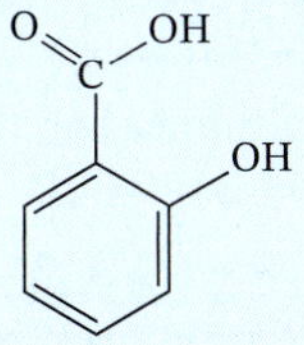

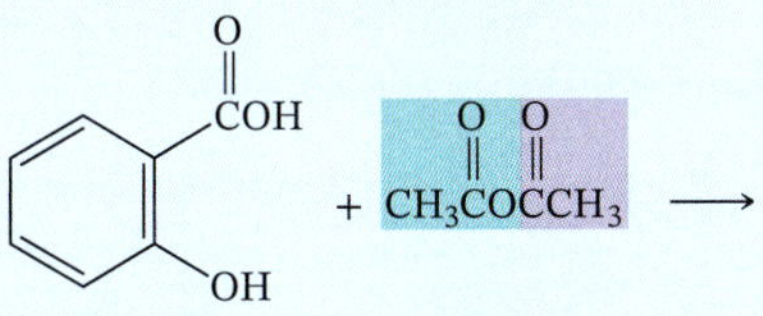

Aspirin erwies sich als deutlich weniger magenschädigend als Salicylsäure und darüber hinaus als wirksamer bei der Bekämpfung von Schmerzen und von entzündlichem Gelenkrheumatismus. Ab 1899 wurde Aspirin bei Bayer großtechnisch produziert.

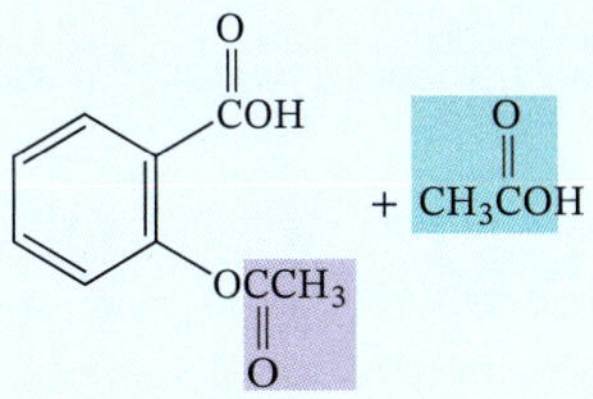

Auf der Suche nach noch potenteren analgetischen und entzündungshemmenden Wirkstoffen mit weniger Nebenwirkungen untersuchte man in den 1960er Jahren in der Boots Pure Drug Company in England Verbindungen, die Salicylsäure strukturell ähnelten. Dabei wurde eine noch wirksamere Verbindung entdeckt, die den Namen Ibuprofen erhielt. Bald darauf wurden von der Syntex Corporation in den Vereinigten Staaten Naproxen und bei Rhone-Poulenc in Frankreich Ketoprofen entwickelt.

(*S*)-Ibuprofen

(*S*)-Naproxen

(*S*)-Ketoprofen

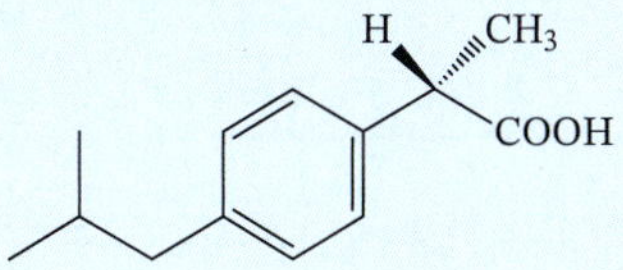

Jede dieser Verbindungen enthält ein Stereozentrum und kann daher in zwei enantiomeren Formen vorliegen. Die aktive Form dieser Wirkstoffe ist jeweils das *S*-Enantiomer. Das *R*-Enantiomer von Ibuprofens zeigt zwar weder schmerzlindernde noch anti-inflammatorische Wirkung, wird im Körper aber in das aktive *S*-Enantiomer überführt.

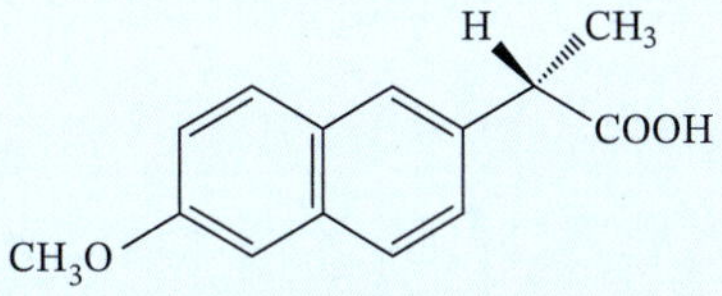

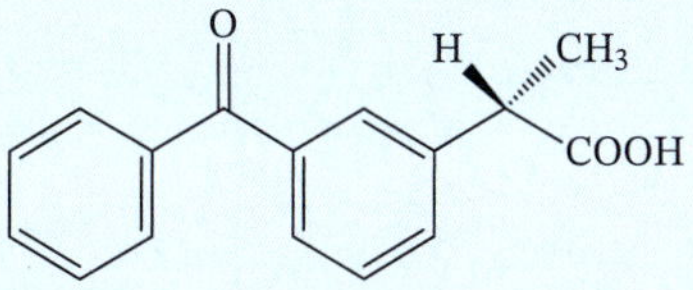

In den 1960er Jahren wurde auch entdeckt, dass die Wirkung von Aspirin auf der Inhibition der Cyclooxygenase (COX) beruht, einem Enzym, das eine Schlüsselrolle bei der Umwandlung der Arachidonsäure in Prostaglandine spielt (Abschn. 19.5). Diese Erkenntnis erklärt auch, warum nur ein Enantiomer von Ibuprofen, Naproxen bzw. Ketoprofen aktiv ist: Nur das *S*-Enantiomer dieser Verbindungen hat eine Händigkeit, die eine Bindung an die COX erlaubt und damit deren Inhibition ermöglicht.

Die Erkenntnis, dass die Wirkung dieser Medikamente auf die Inhibition der COX zurückzuführen ist, eröffnete völlig neue Wege in der Wirkstoffforschung. Es war nun klar, dass ein besseres Verständnis der Struktur und der Wirkung dieses wichtigen Enzyms neue Ansätze für die Entwicklung noch wirksamerer nichtsteroidaler entzündungshemmender Wirkstoffe zur Behandlung von Gelenkrheumatismus und anderer entzündlicher Erkrankungen liefern würde.

Aus diesem Grund scheint die beschriebene Geschichte noch lange nicht an ihrem Ende angelangt zu sein – eine Geschichte, die mit dem Kauen von Weidenrinde begann.

Aufgabe

Zeichnen Sie die Produkte, die bei der Reaktion von Salicylsäure mit (a) einem Äquivalent NaOH, mit (b) zwei Äquivalenten NaOH und (c) mit zwei Äquivalenten $NaHCO_3$ entstehen.

13.5.1 Die Reduktion einer Carboxygruppe

Durch Lithiumaluminiumhydrid (LiAlH$_4$) werden Carboxygruppen mit ausgezeichneten Ausbeuten zu primären Alkoholen reduziert. Diese Reduktion wird typischerweise in Diethylether oder Tetrahydrofuran (THF) durchgeführt. Das in dieser Reaktion gebildete Produkt ist ein Aluminiumalkoholat, das bei der Aufarbeitung mit Wasser den primären Alkohol sowie Lithium- und Aluminiumhydroxid liefert.

3-Cyclopenten-carbonsäure → 4-(Hydroxymethyl)-cyclopenten

Die Hydroxide sind in Diethylether und THF unlöslich und können durch Filtration entfernt werden. Der primäre Alkohol wird nach Abdestillation des Lösungsmittels erhalten.

Alkene werden von Hydridübertragungsreagenzien in der Regel nicht angegriffen. Diese Reagenzien übertragen Hydrid-Ionen und reagieren daher als Nukleophile; Alkene reagieren normalerweise nicht mit Nukleophilen.

13.5.2 Die selektive Reduktion anderer funktioneller Gruppen

In einer katalytischen Hydrierung werden Carboxygruppen (zumindest unter den Bedingungen, unter denen Ketone und Aldehyde reduziert werden) nicht reduziert, es werden aber Alkene in Alkane überführt. Diese Doppelbindungen können daher z. B. mit H$_2$/Pt selektiv auch in Gegenwart einer Carboxygruppe reduziert werden:

5-Hexensäure + H$_2$ →[Pt, 25 °C, 2 bar] Hexansäure

Wie in Abschn. 12.10 besprochen, werden Aldehyde und Ketone sowohl von LiAlH$_4$ als auch von NaBH$_4$ zu Alkoholen reduziert, Carboxygruppen reagieren dagegen nur mit LiAlH$_4$. Die Reduktion der Carbonylgruppe in einem Aldehyd oder einem Keton gelingt daher selektiv in Gegenwart einer Carboxygruppe, wenn man das weniger reaktive NaBH$_4$ als Reduktionsmittel verwendet:

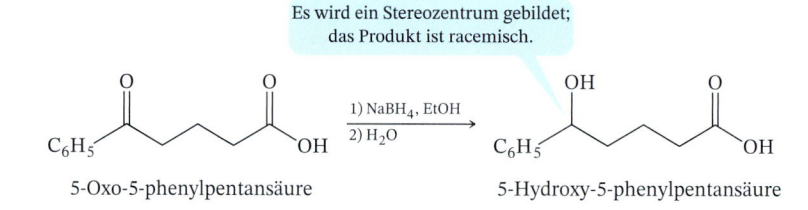

Es wird ein Stereozentrum gebildet; das Produkt ist racemisch.

5-Oxo-5-phenylpentansäure → 5-Hydroxy-5-phenylpentansäure

Beispiel 13.4 Geben Sie für jede der folgenden Verbindungen an, welches Produkt bei der Umsetzung mit einem dieser drei Reagenzien gebildet wird:

(i) H$_2$/Pd
(ii) 1. LiAlH$_4$, Ether; 2. H$_2$O
(iii) 1. NaBH$_4$, EtOH; 2. H$_2$O

Nehmen Sie für jede Reaktion an, dass das Reagenz im Überschuss eingesetzt wird.

(a) 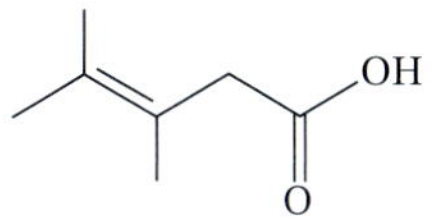 [Struktur: 3-Methyl-but-2-enylessigsäure-Derivat mit OH] (b) 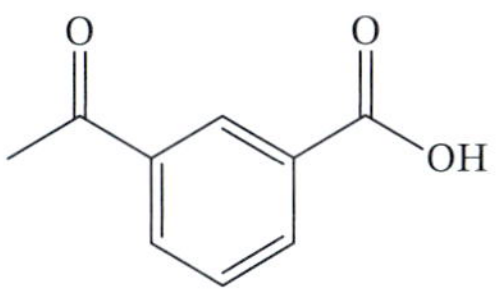 [Struktur: 3-Acetylbenzoesäure]

Vorgehensweise
Carboxygruppen werden nur von LiAlH$_4$ reduziert, Alkene nur von H$_2$/Pd, Aldehyde und Ketone werden von allen Hydridübertragungsreagenzien und von H$_2$/Pd reduziert, während Benzolringe gegenüber all diesen Reduktionsmitteln stabil sind. Denken Sie daran, ggf. auch die Stereochemie in den Produkten anzugeben.

Lösung
Im Folgenden sind die Strukturformeln der Hauptprodukte abgebildet, die in jeder Reaktion entstehen:

(a) 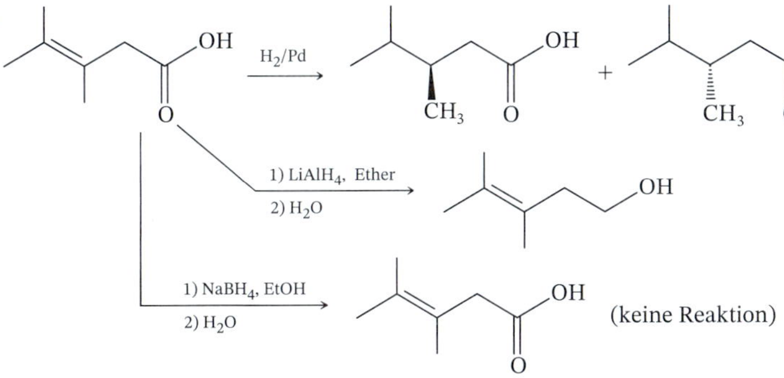 [Reaktionsschema mit H$_2$/Pd; 1) LiAlH$_4$, Ether, 2) H$_2$O; 1) NaBH$_4$, EtOH, 2) H$_2$O (keine Reaktion)]

(b) 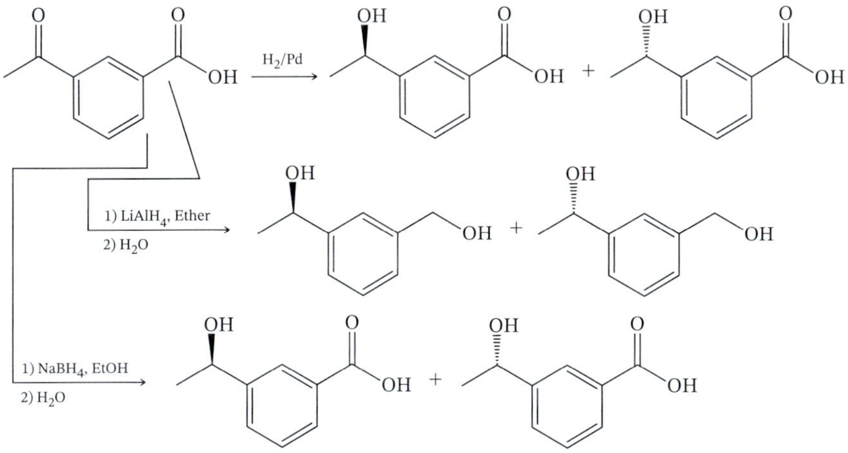 [Reaktionsschema mit H$_2$/Pd; 1) LiAlH$_4$, Ether, 2) H$_2$O; 1) NaBH$_4$, EtOH, 2) H$_2$O]

Siehe Aufgaben 13.13, 13.17, 13.18 und 13.26. ◢

13.6 Was ist eine Fischer-Veresterung?

Setzt man eine Carbonsäure in Gegenwart eines Säurekatalysators (meist verwendet man konzentrierte Schwefelsäure) mit einem Alkohol um, erhält man einen Carbonsäureester (oft kurz als Ester bezeichnet). Diese Methode zur Herstellung von Estern, die Veresterung, wurde von dem deutschen Chemiker Emil Fischer (1852–1919) entwickelt und wird daher manchmal auch als **Fischer-Veresterung** bezeichnet. Im fol-

Gewusst wie: 13.1 Wie man das Produkt einer Fischer-Veresterung ermittelt

a) In einer Veresterung wird die OH-Gruppe einer Carbonsäure durch die OR-Gruppe eines Alkohols ersetzt.

$$\text{R-COOH} + \text{HOR} \xrightarrow{H_2SO_4} \text{R-COOR} + H_2O$$

b) Durch Berücksichtigung dieses einfachen mechanistischen Details können wir das Produkt jeder beliebigen Veresterung vorhersagen. In der folgenden Veresterung ist der Alkohol bereits Bestandteil des Ausgangsmaterials. Bei einer solchen intramolekularen Veresterung ist es oft hilfreich, die Atome des Moleküls durchzunummerieren.

In diesem Fall ist die R-Gruppe letztlich mit der zu veresternden Carboxygruppe verbunden.

Wir erkennen durch die Nummerierung der Atome, dass das Atom 6 mit dem Atom 1 eine neue Bindung bildet; es entsteht ein Sechsring.

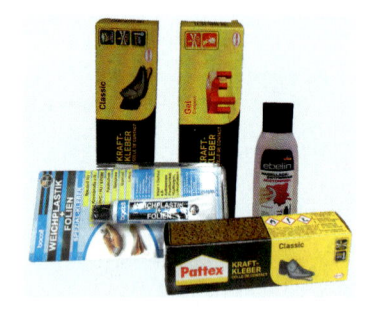

---

genden Beispiel wird Essigsäure in Gegenwart von konzentrierter Schwefelsäure mit Ethanol umgesetzt; es entstehen Essigsäureethylester und Wasser:

Durch Entfernung des OH aus der Säure und des H aus dem Alkohol entsteht der Ester.

$$\underset{\text{Ethansäure (Essigsäure)}}{CH_3C(=O)OH} + \underset{\text{Ethanol (Ethylalkohol)}}{CH_3CH_2OH} \underset{}{\overset{H_2SO_4}{\rightleftharpoons}} \underset{\text{Essigsäureethylester (Essigester)}}{CH_3C(=O)OCH_2CH_3} + H_2O$$

Diese Produkte enthalten Essigsäureethylester als Lösungsmittel. [Quelle: © M. Bär.]

Die Struktur, Nomenklatur und Reaktionen der Carbonsäureester werden wir ausführlich in Kap. 14 behandeln. In diesem Kapitel wollen wir uns nur ihre Synthese aus Carbonsäuren ansehen.

Die säurekatalysierte Veresterung ist reversibel und wie so oft, wenn sich ein Gleichgewicht eingestellt hat, liegen noch nennenswerte Mengen sowohl der Carbonsäure als auch des Alkohols vor. Durch Nutzung geeigneter experimenteller Bedingungen können wir aber auch eine Veresterung mit hoher Ausbeute durchführen. Wenn der Alkohol im Vergleich zur Carbonsäure billig ist, können wir ihn beispielsweise im großen Überschuss einsetzen, das Gleichgewicht dadurch auf die rechte Seite verschieben und eine hohe Ausbeute bei der Umsetzung der Carbonsäure zum entsprechenden Ester erzielen.

Beispiel 13.5 Vervollständigen Sie die folgenden Reaktionsgleichungen von Fischer-Veresterungen:

(a) Benzoesäure + $CH_3OH \overset{H^+}{\rightleftharpoons}$

(b) HOOC–CH$_2$–CH$_2$–COOH + EtOH (Überschuss) $\overset{H^+}{\rightleftharpoons}$

Vorgehensweise

In einer Veresterung wird eine Carbonsäure in einen Carbonsäureester überführt; die OR-Gruppe stammt aus dem eingesetzten Alkohol.

Lösung

Im Folgenden sind die Strukturformeln der in der jeweiligen Reaktion gebildeten Ester abgebildet:

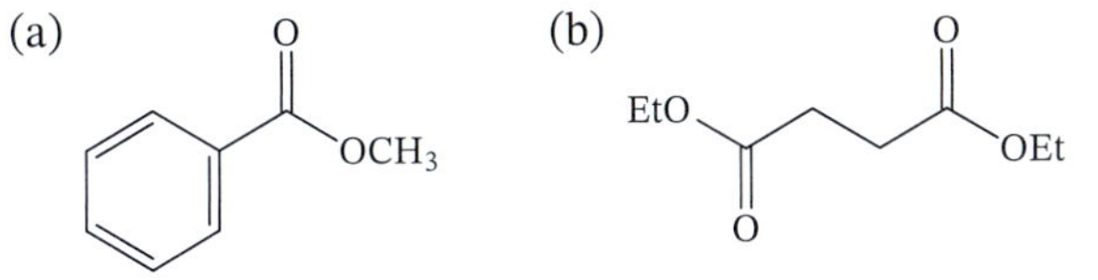

(a) Benzoesäuremethylester

(b) Butandisäurediethylester (Bernsteinsäurediethylester)

Siehe Aufgaben 13.14, 13.21 und 13.26.

In Abschn. 5.2.3 hatten wir fünf wiederkehrende Reaktionsmuster in Reaktionsmechanismen definiert, die uns seitdem in einer Vielzahl von Mechanismen begegnet sind. Nun wollen wir ein sechstes Reaktionsmuster definieren, dem wir bei der Diskussion von Carbonsäuren und deren funktionellen Derivaten (Kap. 14) häufig begegnen werden:

Reaktionsmuster 6: *Zerfall der tetraedrischen Zwischenstufe unter Freisetzung einer Austrittsgruppe und Rückbildung der Carbonylgruppe*

Nachdem ein Nukleophil (Nu:) an eine Carbonylgruppe addiert wurde, besteht für die dabei entstandene tetraedrische Zwischenstufe die Möglichkeit, zu zerfallen, indem sie eine Austrittsgruppe (:Y) freisetzt und wieder zur Carbonylgruppe wird. Wir werden in diesem und den folgenden Kapiteln sehen, dass sowohl Nu: als auch :Y die verschiedensten Formen annehmen können.

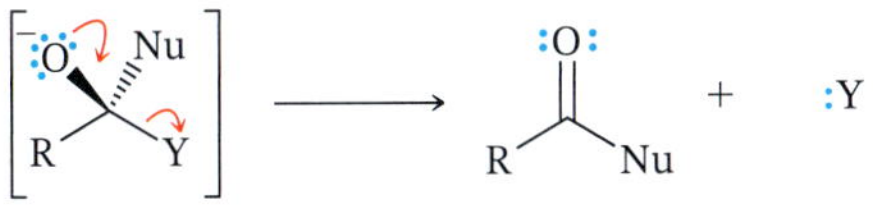

Im Folgenden ist der Mechanismus einer Fischer-Veresterung aufgeführt; es ist von großer Bedeutung, diesen vollständig verstanden zu haben. Erst wenn man die Details des beschriebenen Mechanismus vollständig verinnerlicht hat, kann man ihn als Vorlage für viele Reaktionen von funktionellen Derivaten von Carbonsäuren verwenden, denen wir in Kap. 14 begegnen werden. Man beachte dabei: Auch wenn wir den Säurekatalysator in einer Veresterung als H_2SO_4 angeben, leitet doch tatsächlich ein Alkyloxonium-Ion die eigentliche Veresterung ein. Es entsteht durch Protonenübertragung von H_2SO_4 (der stärkeren Säure) auf den Alkohol (die stärkere Base):

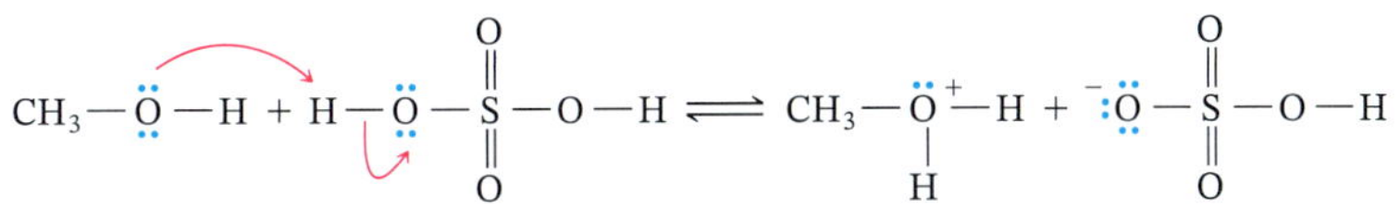

Mechanismus: Fischer-Veresterung

1. Schritt: *Protonierung*
Der Transfer eines Protons vom Säurekatalysator auf das Sauerstoffatom der Carbonylgruppe verstärkt den elektrophilen Charakter des Carbonyl-C-Atoms:

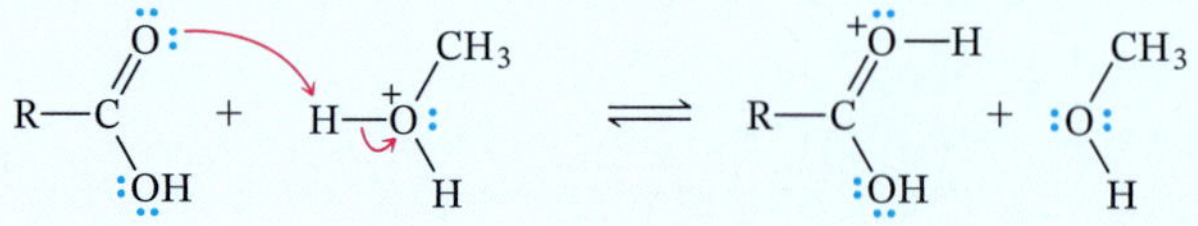

2. Schritt: *Reaktion eines Nukleophils mit einem Elektrophil unter Bildung einer neuen kovalenten Bindung*
Das C-Atom der Carbonylgruppe wird nun von dem nukleophilen Sauerstoffatom des Alkohols angegriffen; es entsteht ein Dialkyloxonium-Ion:

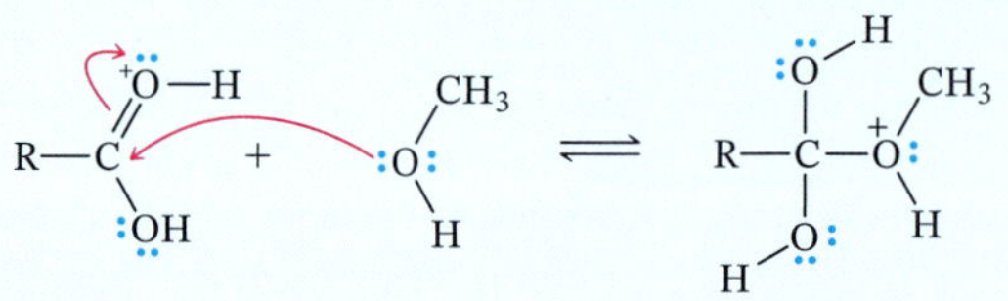

(ein Elektrophil)   (ein Nukeophil)   (Oxonium-Ion)

3. Schritt: *Deprotonierung*
Durch Protonenübertragung vom Oxonium-Ion auf ein zweites Äquivalent des Alkohols entsteht die tetraedrische Zwischenstufe:

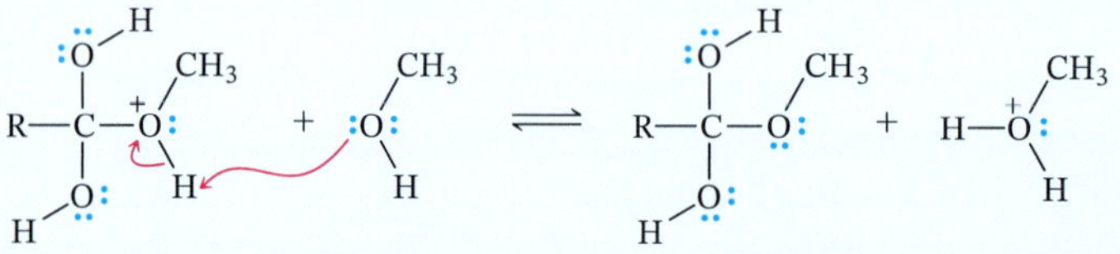

4. Schritt: *Protonierung*
Durch Protonenübertragung auf eine der OH-Gruppen in der tetraedrischen Zwischenstufe bildet sich ein anderes Alkyloxonium-Ion:

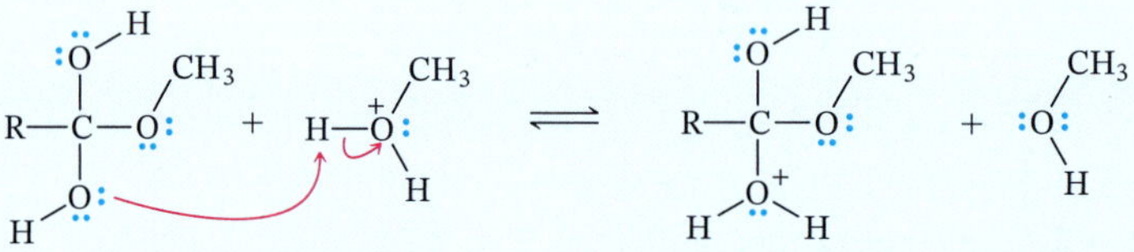

5. Schritt: *Zerfall der tetraedrischen Zwischenstufe unter Freisetzung einer Austrittsgruppe und Rückbildung der Carbonylgruppe*
Der Austritt von Wasser aus diesem Oxonium-Ion führt zum Carbonsäureester und der Rückbildung des Säurekatalysators:

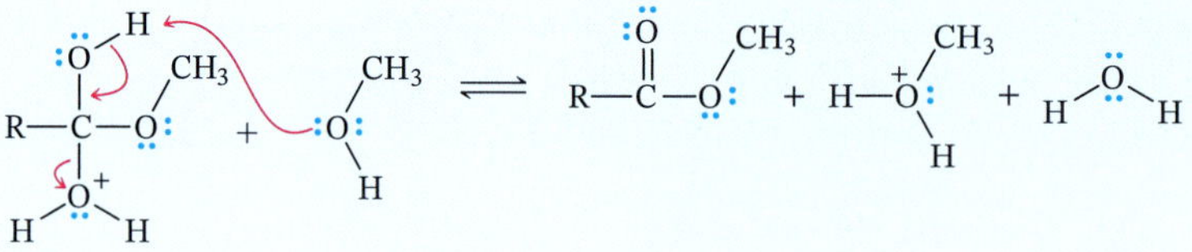

Exkurs: 13.B Ester als Geruchsstoffe

Geschmacks- und Geruchsstoffe sind die größte Gruppe von Lebensmittelzusatzstoffen. Derzeit sind über tausend synthetische und natürliche Aromastoffe verfügbar. Die Mehrzahl sind Konzentrate oder Extrakte aus den Materialien, deren Aroma man sich wünscht; oft handelt es sich dabei um komplexe Mischungen aus Dutzenden bis Hunderten von Verbindungen. Viele Ester-Aromastoffe werden aber auch industriell hergestellt. Die folgende Tabelle zeigt einige Ester, die als Aromastoffe eingesetzt werden. Viele von ihnen kommen den gewünschten Aromen sehr nahe; die Zugabe eines oder mehrerer dieser Ester verleiht Eiscremes, Softdrinks oder Süßigkeiten ein scheinbar natürliches Aroma (Isopentan ist der Trivialname von 2-Methylbutan).

Aufgabe
Machen Sie Vorschläge, wie jeder der in der Tabelle angegebenen Ester durch Fischer-Veresterung hergestellt werden kann.

Struktur	Name	Aroma
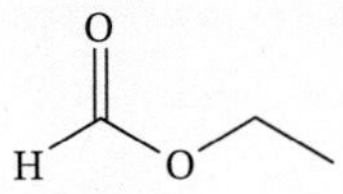	Ameisensäureethylester	Rum
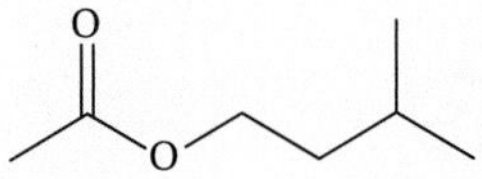	Essigsäureisopentylester	Banane
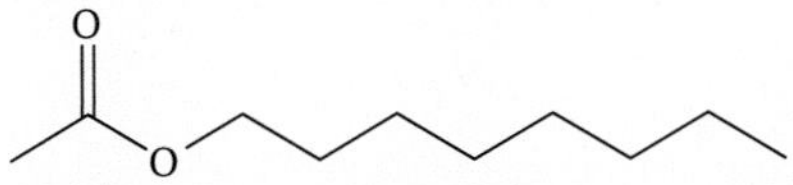	Essigsäureoctylester	Orange
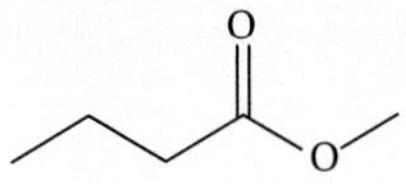	Buttersäuremethylester	Apfel
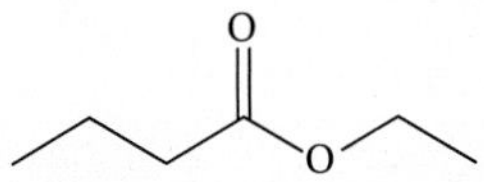	Buttersäureethylester	Ananas
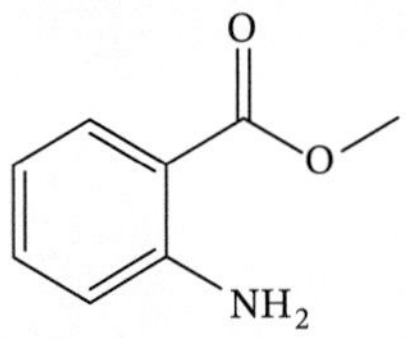	2-Aminobenzoesäuremethylester (Anthranilsäuremethylester)	Trauben

13.7 Was sind Säurechloride?

Die funktionelle Gruppe in einem Säurechlorid ist eine Carbonylgruppe, an die ein Halogenatom gebunden ist. Die im Labor und in der industriellen organischen Chemie am häufigsten eingesetzten Säurehalogenide sind die Säurechloride.

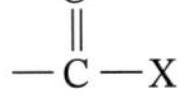

die funktionelle Gruppe eines Säurehalogenids 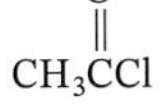   Acetylchlorid 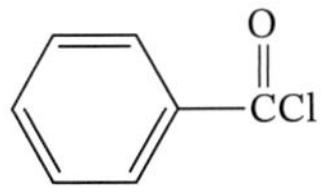   Benzoylchlorid

Wir werden uns die Nomenklatur, die Struktur und die charakteristischen Reaktionen der Säurehalogenide in Kap. 14 ansehen; in diesem Kapitel wollen wir uns darauf beschränken, ihre Herstellung aus Carbonsäuren zu besprechen.

Der übliche Weg zur Synthese eines Säurechlorids besteht darin, eine Carbonsäure mit Thionylchlorid umzusetzen, demselben Reagenz, mit dem wir auch schon Alkohole in Chloralkane überführt haben (Abschn. 8.2.4).

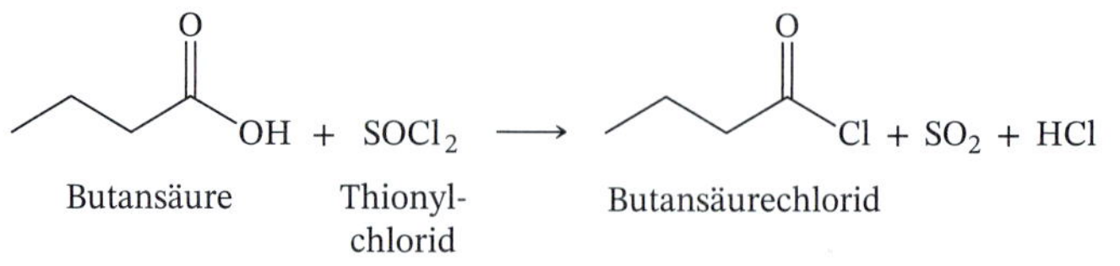

$$\underset{\text{Butansäure}}{\text{CH}_3\text{CH}_2\text{CH}_2\text{COOH}} + \underset{\text{Thionyl-chlorid}}{\text{SOCl}_2} \longrightarrow \underset{\text{Butansäurechlorid}}{\text{CH}_3\text{CH}_2\text{CH}_2\text{COCl}} + \text{SO}_2 + \text{HCl}$$

Der Mechanismus dieser Reaktion besteht aus vier Schritten.

Mechanismus: Die Synthese von Säurechloriden mit Thionylchlorid

1. Schritt: *Reaktion eines Nukleophils mit einem Elektrophil unter Bildung einer neuen kovalenten Bindung*
Die OH-Gruppe der Carboxygruppe greift an dem Schwefelatom von Thionylchlorid an; hierbei entsteht ein vierbindiges Schwefelintermediat (wegen des freien Elektronenpaars am Schwefelatom hat dieses Intermediat keine tetragonale, sondern eine trigonal bipyramidale Struktur):

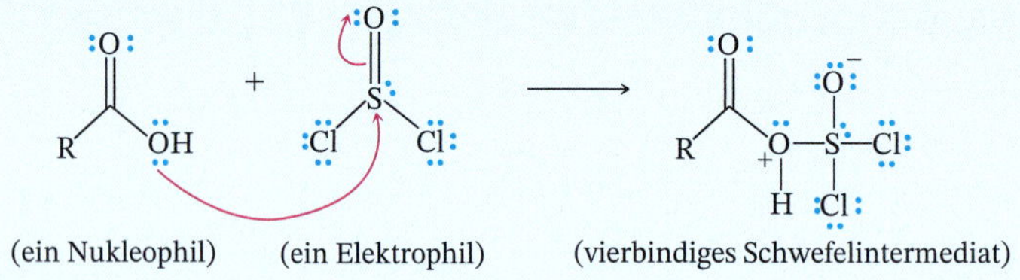

(ein Nukleophil)   (ein Elektrophil)   (vierbindiges Schwefelintermediat)

2. Schritt: *Zerfall des vierbindigen Schwefelintermediats unter Freisetzung einer Austrittsgruppe und Rückbildung der Sulfinylgruppe*
Ein Chlorid-Ion tritt aus dem vierbindigen Schwefelintermediat aus und die Sulfinylgruppe (S=O-Gruppe) wird zurückgebildet:

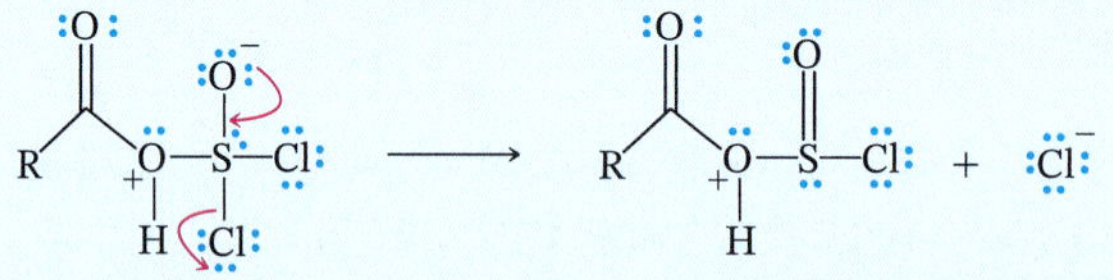

3. Schritt: *Reaktion eines Nukleophils mit einem Elektrophil unter Bildung einer neuen kovalenten Bindung*
Durch den Angriff des Chlorids am Carbonyl-Kohlenstoffatom entsteht eine tetraedrische Zwischenstufe:

eine gute Austrittsgruppe

tetraedrische Zwischenstufe

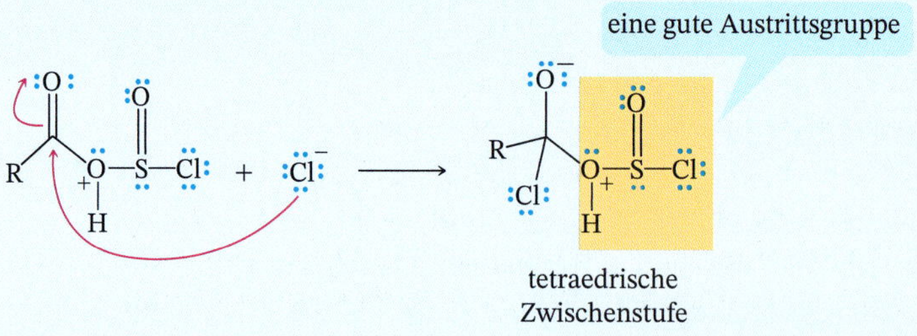

4. Schritt: *Zerfall der tetraedrischen Zwischenstufe unter Freisetzung einer Austrittsgruppe und Rückbildung der Carbonylgruppe*
Die in Schritt 3 farbig hervorgehobene Gruppe ist eine ausgezeichnete Austrittsgruppe. Das freie Elektronenpaar an dem negativ geladenen Sauerstoffatom kann umklappen, wodurch die Carbonylgruppe unter gleichzeitigem Austritt der Fluchtgruppe (des Monochlorids der Schwefligen Säure) zurückgebildet wird. Diese schwefelbasierte Säure ist instabil und zerfällt spontan zu Schwefeldioxid und HCl. Der Zerfall einer tetraedrischen Zwischenstufe unter Rückbildung der Carbonylgruppe ist ein typisches Reaktionsmotiv von funktionellen Derivaten der Carbonsäuren (Kap. 14).

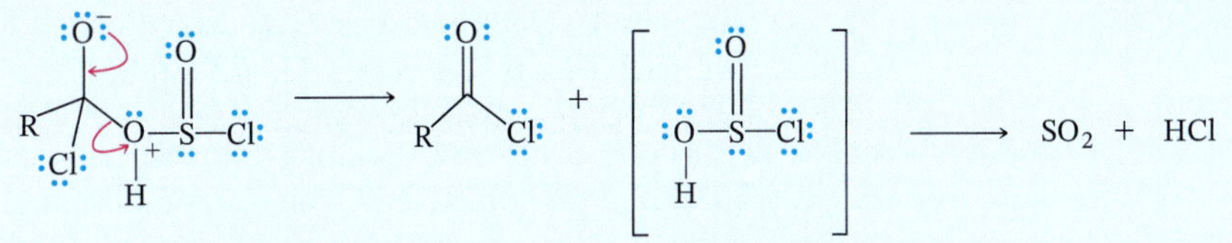

$$\text{[Reaktionsschema: R-C(O}^-\text{)(Cl)(O-S(=O)-Cl)-O}^+\text{H} \longrightarrow \text{R-C(=O)-Cl} + [\text{HO-S(=O)-Cl}] \longrightarrow SO_2 + HCl]$$

Monochlorid
der Schwefligen Säure

Beispiel 13.6 Vervollständigen Sie die folgenden Reaktionsgleichungen:

(a) Pentansäure + $SOCl_2 \longrightarrow$

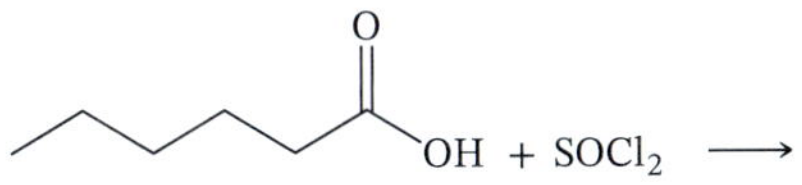

(b) But-2-ensäure + $SOCl_2 \longrightarrow$

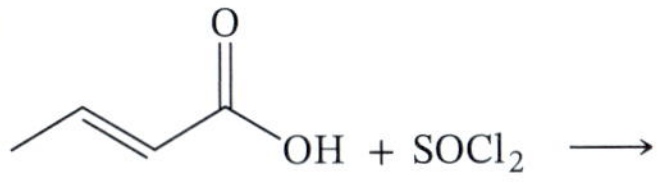

Vorgehensweise
In der Gesamtgleichung wird die OH-Gruppe (z. B. in Alkoholen oder Carbonsäuren) durch Thionylchlorid in einen Chlorsubstituenten überführt. Vergessen Sie die Nebenprodukte (SO_2, HCl) der Reaktion nicht.

Lösung
Im Folgenden sind die in den Reaktionen entstehenden Produkte angegeben:

(a) Pentanoylchlorid $+ SO_2 + HCl$

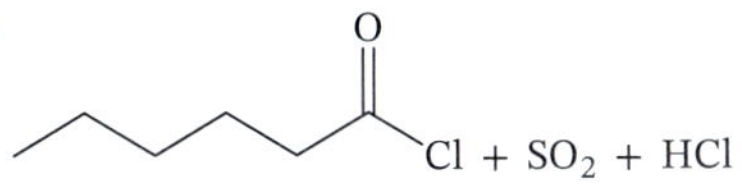

(b) But-2-enoylchlorid $+ SO_2 + HCl$

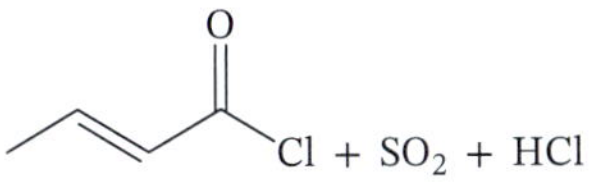

Siehe Aufgaben 13.15 und 13.26. ◂

13.8 Was ist eine Decarboxylierung?

13.8.1 β-Ketosäuren

Bei einer Decarboxylierung tritt CO_2 aus einer Carboxygruppe aus. Nahezu jede Carbonsäure, die auf sehr hohe Temperaturen erhitzt wird, kann eine Decarboxylierung eingehen.

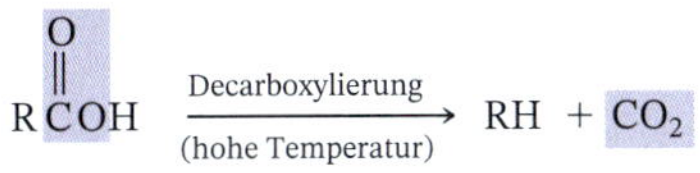

$$\text{R-COOH} \xrightarrow[\text{(hohe Temperatur)}]{\text{Decarboxylierung}} \text{RH} + CO_2$$

Die meisten Carbonsäuren überstehen moderates Erhitzen ohne Probleme; teilweise schmelzen und sieden sie sogar ohne Decarboxylierung. Ausnahmen hiervon sind allerdings Carbonsäuren, die in β-Stellung zur Carboxygruppe eine Carbonylgruppe tragen. Derart substituierte Carbonsäuren (β-Ketosäuren) decarboxylieren sehr leicht, meist schon bei geringem Erwärmen. Wenn zum Beispiel 3-Oxobutansäure (Acetessigsäure) etwas erwärmt wird, decarboxyliert sie unter Bildung von Aceton und Kohlendioxid.

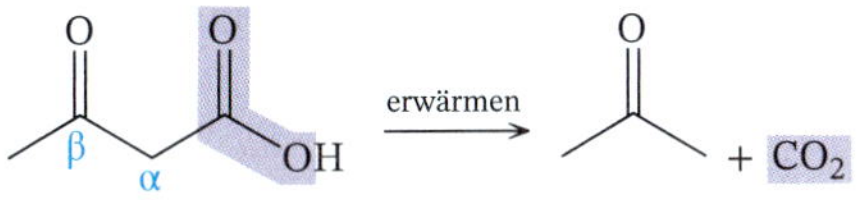

$$\text{3-Oxobutansäure} \xrightarrow{\text{erwärmen}} \text{Aceton} + CO_2$$

3-Oxobutansäure
(Acetessigsäure)

Aceton

Exkurs: 13.C Ketokörper und Diabetes

In der Leber entstehen aus Acetyl-CoA, einem Zwischenprodukt im Stoffwechsel der Fettsäuren (Abschn. 21.5.3) und einiger Aminosäuren, 3-Oxobutansäure (Acetessigsäure) und ihr Reduktionsprodukt 3-Hydroxybutansäure:

3-Oxobutansäure (Acetessigsäure)   3-Hydroxybutansäure (β-Hydroxybuttersäure)

3-Hydroxybutansäure und 3-Oxobutansäure zählt man zu den sogenannten Keto- oder Ketonkörpern.

Die Konzentration der Ketokörper im Blut eines gesunden, normal ernährten Menschen liegt bei etwa 10^{-5} mol/L. Bei Personen, die an Hunger oder *Diabetes mellitus* leiden, kann die Konzentration der Ketokörper bis auf das 500-fache dieses Wertes ansteigen. Die Konzentration an Acetessigsäure steigt in solchen Fällen auf ein Niveau, bei dem sie in nennenswertem Ausmaß zu Aceton und Kohlendioxid decarboxyliert wird. Aceton wird vom menschlichen Körper nicht metabolisiert; es wird über die Niere oder die Lunge ausgeschieden und ist für den charakteristischen süßlichen Geruch des Atems von Patienten, die ernsthaft an Diabetes erkrankt sind, verantwortlich.

Aufgabe

Geben Sie den Mechanismus an, nach dem die Decarboxylierung von Acetessigsäure verläuft. Warum kann 3-Hydroxybutansäure keine Decarboxylierung eingehen?

Dass eine Decarboxylierung bereits beim gelinden Erwärmen auftritt, ist eine besondere Eigenschaft der 3-Oxocarbonsäuren (β-Ketosäuren); sie wird mit anderen Typen von Ketosäuren nicht beobachtet.

Mechanismus: Die Decarboxylierung einer β-Ketocarbonsäure

1. Schritt: *Wanderung einer Bindung in einer Umlagerung*
Durch Umverteilung von sechs Elektronen in einem sechsgliedrigen cyclischen Übergangszustand entstehen ein Enol und Kohlendioxid.

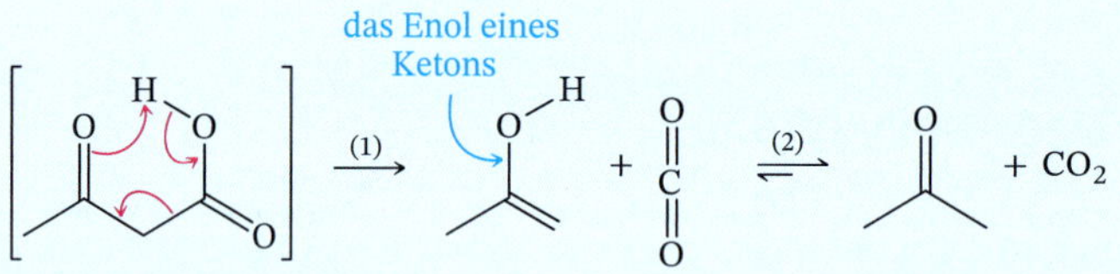

(ein cyclischer sechsgliedriger Übergangszustand) → das Enol eines Ketons + CO_2

2. Schritt: *Keto-Enol-Tautomerisierung*
Die Tautomerisierung (Abschn. 12.8.1) des Enols führt zur Keto-Form des Produkts, also zum stabileren Tautomer.

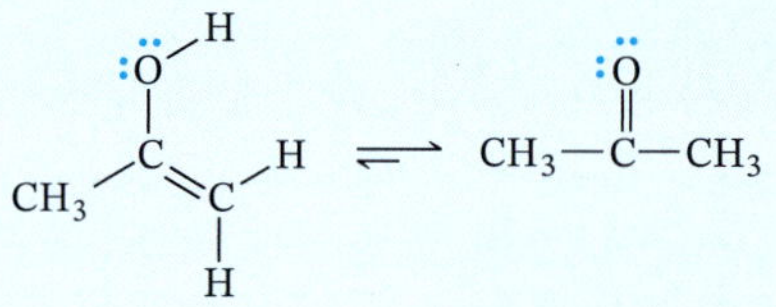

Ein wichtiges Beispiel für die Decarboxylierung einer β-Ketosäure aus der Welt der Biologie ist der oxidative Abbau von Intermediaten aus dem Zitronensäurezyklus (Krebs-Zyklus). Hier wird Oxalbernsteinsäure, eines der Intermediate in diesem Kreislauf, spontan zu α-Ketoglutarsäure decarboxyliert. Nur eine der drei Carboxygruppen der Oxalbernsteinsäure besitzt eine Carbonylgruppe in β-Stellung, die demzufolge die einzige ist, die in Form von CO_2 verlorengehen kann.

Gewusst wie: 13.2 Wie man das Produkt einer β-Decarboxylierung ermittelt

a) Die wichtigste Voraussetzung dafür, dass eine Decarboxylierung stattfinden kann, ist das Vorliegen einer Carbonylgruppe in β-Stellung zu einer Carboxygruppe. Identifizieren Sie daher zunächst alle Carboxygruppen und prüfen Sie, ob sich in β-Stellung eine Carbonylgruppe befindet.

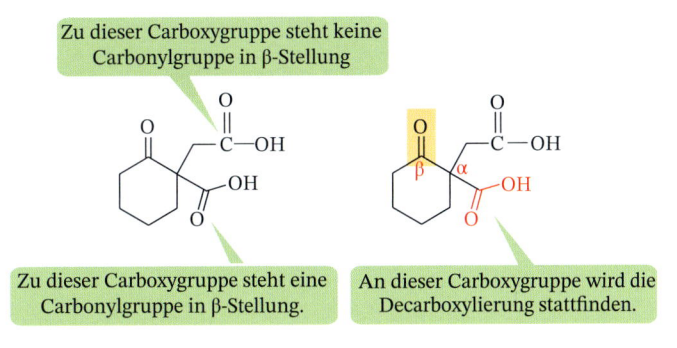

Zu dieser Carboxygruppe steht keine Carbonylgruppe in β-Stellung

Zu dieser Carboxygruppe steht eine Carbonylgruppe in β-Stellung.

An dieser Carboxygruppe wird die Decarboxylierung stattfinden.

b) Sobald man alle Carboxygruppen mit β-ständigen Carbonylgruppen identifiziert hat, bleibt nur, die entsprechenden Carboxygruppen jeweils durch ein Wasserstoffatom zu ersetzen.

Die Carboxygruppe wird durch ein Wasserstoffatom ersetzt.

Nur zu dieser Carboxygruppe liegt eine β-Carbonylgruppe vor.

$$\text{HOOC–CH}_2\text{–C(COOH)–COOH} \xrightarrow{\text{Hitze}} \text{HOOC–CH}_2\text{–CO–COOH} + CO_2$$

Oxalbernsteinsäure α-Ketoglutarsäure

13.8.2 Malonsäure und substituierte Malonsäuren

Die Decarboxylierung einer Carboxygruppe kann immer dann erfolgen, wenn sich in β-Position die Carbonylgruppe eines Aldehyds oder Ketons befindet. Tatsächlich wird diese Reaktion aber von beliebigen Carbonylgruppen in β-Stellung zur Carboxylgruppe begünstigt, einschließlich der Carbonylgruppe einer Carbonsäure oder eines Esters. Malonsäure und substituierte Malonsäuren decarboxylieren aus diesem Grund beim Erhitzen ebenfalls. Im folgenden Beispiel, der Decarboxylierung von Malonsäure, findet die Reaktion beim Erhitzen auf Temperaturen leicht oberhalb des Schmelzpunktes von 135–137 °C statt:

$$\text{HOOC–CH}_2\text{–COOH} \xrightarrow{140-150\,°C} \text{CH}_3\text{COOH} + CO_2$$

Propandisäure
(Malonsäure)

Der Mechanismus der Decarboxylierung von Malonsäuren entspricht dem, den wir gerade für die Decarboxylierung von β-Ketosäuren besprochen haben. Die Reaktion verläuft über einen sechsgliedrigen cyclischen Übergangszustand, in dem drei Elektronenpaare umverteilt werden. Dabei entsteht die Enol-Form einer Carbonsäure, die anschließend zur Carbonsäure tautomerisiert.

Mechanismus: Die Decarboxylierung einer β-Dicarbonsäure

1. Schritt: *Wanderung einer Bindung in einer Umlagerung*
Durch Umverteilung von sechs Elektronen in einem sechsgliedrigen cyclischen Übergangszustand entsteht das Enol einer Carbonsäure und Kohlendioxid.

2. Schritt: *Keto-Enol-Tautomerisierung*
Die Tautomerisierung (Abschn. 12.8.1) des Enols führt zur Keto-Form der Carbonsäure, dem stabileren Tautomer:

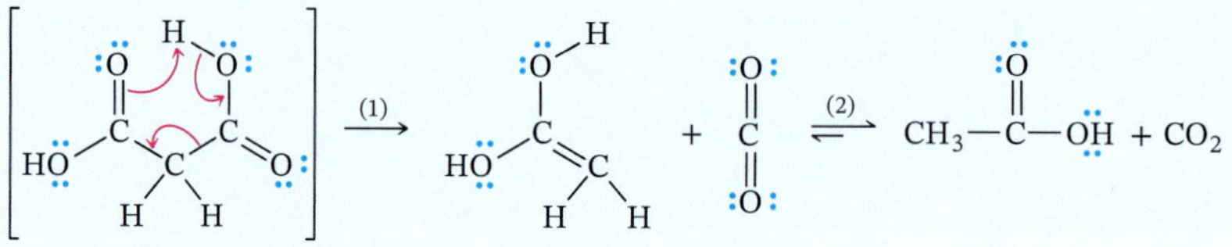

ein cyclischer sechsgliedriger Übergangszustand → das Enol einer Carbonsäure + CO_2 ⇌ $CH_3-C(=O)-OH + CO_2$

Beispiel 13.7 Die beiden folgenden Verbindungen sollen thermisch decarboxyliert werden:

(a) 2-Oxocyclohexancarbonsäure

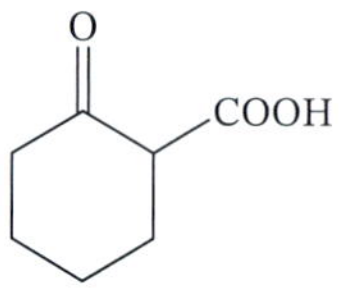

(b) Cyclobutan-1,1-dicarbonsäure

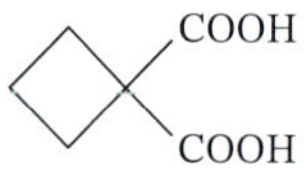

Zeichnen Sie für beide Reaktionen die Strukturformeln des intermediären Enols und des Endprodukts.

Vorgehensweise
Meist ist es hilfreich, die Lewis-Formel so zu zeichnen, dass die Orientierung der Carbonylgruppe und der OH-Gruppe der Carboxygruppe den sechsgliedrigen cyclischen Übergangszustand vorwegnimmt:

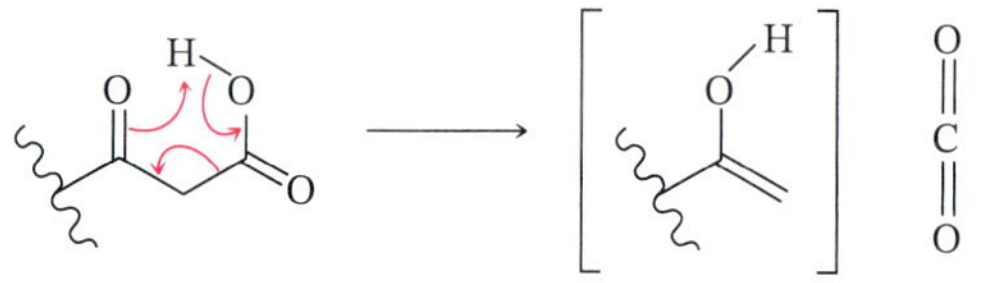

ein cyclischer sechsgliedriger Übergangszustand → Enol + CO_2

Achten Sie darauf, bei der Umorganisation der Bindungselektronen sorgfältig vorzugehen; nur wenn Sie die dabei stattfindenden Bindungsbildungen und Bindungsbrüche korrekt vornehmen, ergibt sich ein Enol. Das Endprodukt kann man einfach zeichnen, indem man die in β-Stellung zu der Carbonylgruppe stehende COOH-Gruppe durch ein Wasserstoffatom ersetzt.

Lösung

(a) [Enol-Zwischenstufe: Cyclohexenol mit OH] → Cyclohexanon + CO_2

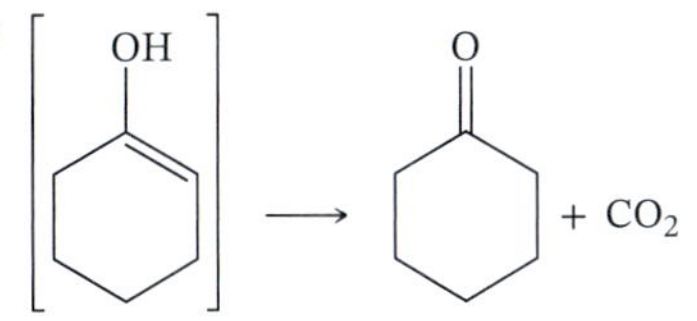

Enol-Zwischenstufe

(b) [Enol-Zwischenstufe: Cyclobutan mit =C(OH)(OH)] → Cyclobutan-COOH + CO_2

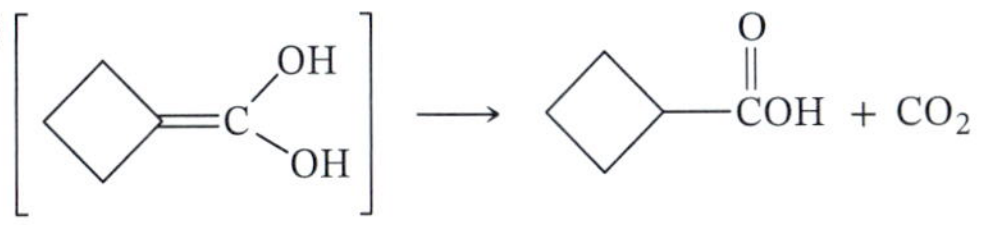

Enol-Zwischenstufe

Siehe Aufgaben 13.16, 13.22 und 13.26.

Zusammenfassung

13.1 Was sind Carbonsäuren?
- Die funktionelle Gruppe der **Carbonsäuren** ist die **Carboxygruppe** (–**COOH**).

13.2 Wie werden Carbonsäuren benannt?
- IUPAC-Namen von Carbonsäuren werden gebildet, indem man an den Namen des Stammalkans das Suffix *-säure* hängt.
- Für Dicarbonsäuren verwendet man das Suffix *-disäure*.

13.3 Welche physikalischen Eigenschaften haben Carbonsäuren?
- Carbonsäuren sind polare Verbindungen, die sich im flüssigen und festen Zustand über Wasserstoffbrücken zu **Dimeren** zusammenlagern.
- Carbonsäuren zeigen höhere Siedepunkte und eine bessere Wasserlöslichkeit als Alkohole, Aldehyde, Ketone und Ether mit vergleichbarer Molmasse.
- Eine Carbonsäure besteht aus zwei Bereichen unterschiedlicher Polarität: einer polaren, **hydrophilen** Carboxygruppe, die die Löslichkeit in Wasser erhöht, und einer unpolaren, **hydrophoben** Kohlenwasserstoffkette, die die Wasserlöslichkeit herabsetzt.
- Mit zunehmender Länge der Kohlenstoffkette wird deren Hydrophobie dominant und die Wasserlöslichkeit der Substanz nimmt ab.

13.4 Welche Säure-Base-Eigenschaften haben Carbonsäuren?
- Die pK_S-**Werte** von aliphatischen Carbonsäuren liegen im Bereich von 4 bis 5.
- Elektronenziehende Substituenten in der Nachbarschaft der Carboxygruppe erhöhen die Acidität von aliphatischen und aromatischen Carbonsäuren.

13.5 Wie kann man Carboxygruppen reduzieren?
- Die Carboxygruppe ist eine der stabilsten funktionellen Gruppen gegenüber reduktiven Bedingungen. Sie reagiert nicht mit H_2/Übergangsmetall oder $NaBH_4$.
- Lithiumaluminiumhydrid ($LiAlH_4$) reduziert Carbonsäuren zu primären Alkoholen.

13.6 Was ist eine Fischer-Veresterung?
- In einer **Fischer-Veresterung** wird eine Carbonsäure in Gegenwart eines Säurekatalysators mit einem Alkohol zu einem Ester umgesetzt.

13.7 Was sind Säurechloride?

- In der funktionellen Gruppe eines **Säurechlorids** ist ein Chloratom an das C-Atom einer Carbonylgruppe gebunden.
- Die übliche Methode zur Herstellung eines Säurechlorids ist die Umsetzung einer Carbonsäure mit **Thionylchlorid**.

13.8 Was ist eine Decarboxylierung?

- Eine **Decarboxylierung** ist die Abspaltung von CO_2 aus einer Carboxygruppe.
- Carbonsäuren, die eine Carbonylgruppe in β-Stellung zur Carboxygruppe enthalten, gehen eine Decarboxylierung bereits bei leichtem Erhitzen ein.

Wichtige Reaktionen

1. **Die Acidität von Carbonsäuren (Abschn. 13.4.1)**
   Die pK_S-Werte der meisten unsubstituierten aliphatischen und aromatischen Carbonsäuren liegen zwischen 4 und 5:

   $$CH_3COH + H_2O \rightleftharpoons CH_3CO^- + H_3O^+ \quad pK_S = 4.76$$

   Durch elektronenziehende Substituenten wird der pK_S-Wert kleiner (die Acidität steigt).

2. **Reaktion von Carbonsäuren mit Basen (Abschn. 13.4.2)**
   Carbonsäuren bilden mit Alkalimetallhydroxiden, -carbonaten und -hydrogencarbonaten sowie mit Ammoniak und Aminen wasserlösliche Salze:

   $$Ph-COOH + NaOH \xrightarrow{H_2O} Ph-COO^-Na^+ + H_2O$$

3. **Reduktion mit Lithiumaluminiumhydrid (Abschn. 13.5)**
   Lithiumaluminiumhydrid reduziert Carbonsäuren zu primären Alkoholen.

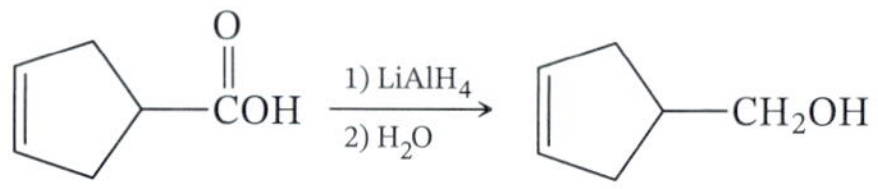

4. **Fischer-Veresterung (Abschn. 13.6)**
   Eine Fischer-Veresterung ist eine Gleichgewichtsreaktion.

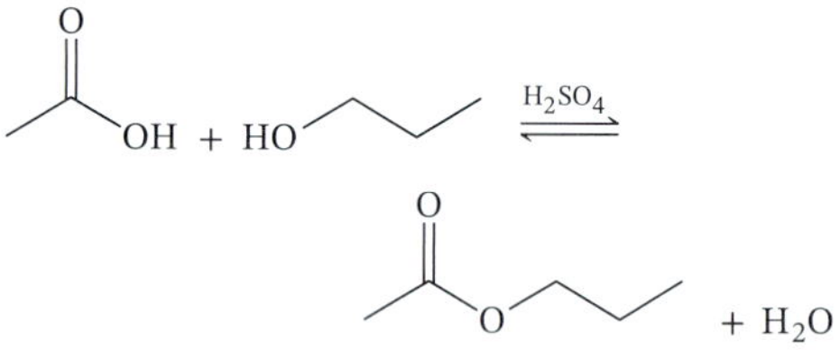

   Das Gleichgewicht kann auf die rechte Seite verschoben werden, indem man einen Überschuss des Alkohols verwendet.

5. **Überführung in Säurehalogenide (Abschn. 13.7)**
   Säurechloride, die am häufigsten genutzten Säurehalogenide, können durch Umsetzung von Carbonsäuren mit Thionylchlorid hergestellt werden.

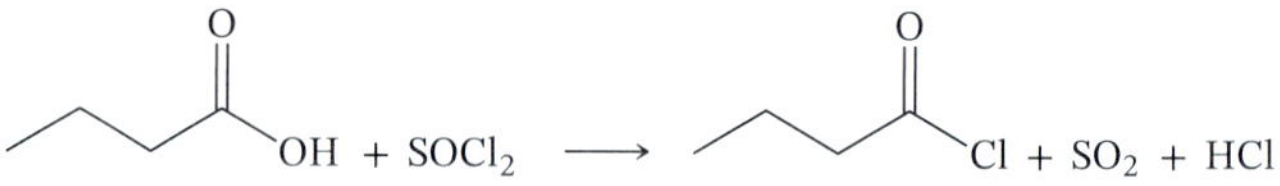

6. **Decarboxylierung von β-Ketosäuren (Abschn. 13.8.1)**
   Eine Decarboxylierung erfolgt mechanistisch durch Umverteilung von Bindungselektronen über einen sechsgliedrigen cyclischen Übergangszustand.

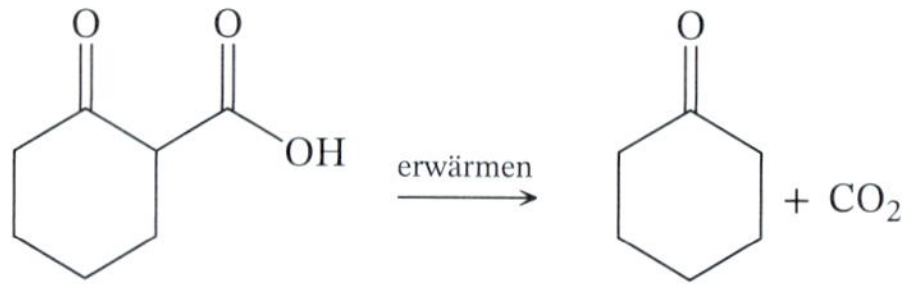

7. **Decarboxylierung von β-Dicarbonsäuren (Abschn. 13.8.2)**
   Der Mechanismus der Decarboxylierung einer β-Dicarbonsäure entspricht dem der Decarboxylierung einer β-Ketosäure:

   $$HOCCH_2COH \xrightarrow{Hitze} CH_3COH + CO_2$$

Quiz

Sind die folgenden Aussagen richtig oder falsch? Hier können Sie testen, ob Sie die wichtigsten Fakten aus diesem Kapitel parat haben. Wenn Sie mit einer der Fragestellungen Probleme haben, sollten Sie den jeweiligen in Klammern angegebenen Abschnitt in diesem Kapitel noch einmal durcharbeiten, bevor Sie sich an die weiteren, meist etwas schwierigeren Aufgaben zu diesem Kapitel machen.

1. Bei der Benennung einer Carbonsäure muss man angeben, an welcher Position die Carboxygruppe steht (13.2).
2. 2-Propylpropandisäure decarboxyliert bei vergleichsweise moderaten Temperaturen (13.8).
3. Die Fischer-Veresterung ist reversibel (13.6).
4. Die hydrophile Gruppe einer Carbonsäure setzt deren Wasserlöslichkeit herab (13.3).
5. Sowohl Alkohole als auch Carbonsäuren reagieren mit $SOCl_2$ (13.7).
6. Die Säurestärke einer Carbonsäure nimmt durch Substitution mit einem elektronegativen Atom zu (13.4).
7. Eine Carbonsäure wird durch $NaBH_4$ zu einem primären Alkohol reduziert (13.5).
8. Eine deprotonierte Carboxygruppe wird als Carboxylatgruppe bezeichnet (13.4).
9. Die konjugierte Base einer Carbonsäure ist mesomeriestabilisiert (13.4).
10. Carbonsäuren bestehen aus einem polaren und aus einem unpolaren Bereich (13.3).
11. Carbonsäuren sind weniger acide als Phenole (13.4).
12. Die γ-Position einer Carbonsäure bezeichnet das Kohlenstoffatom C-4 der Kette (13.2).

Ausführliche Erklärungen zu vielen dieser Antworten finden sich im Arbeitsbuch.

Antworten: (1) F (2) R (3) R (4) F (5) R (6) R (7) F (8) R (9) R (10) R (11) F (12) R

Aufgaben

Struktur und Nomenklatur

13.1 Jede der folgenden Verbindungen hat einen bestens bekannten Trivialnamen. Ein Derivat der Glycerinsäure ist ein Intermediat der Glykolyse (Abschn. 21.3), Maleinsäure ist eine Zwischenstufe des Zitronensäurezyklus, Mevalonsäure tritt in der Biosynthese von Steroiden auf (Abschn. 19.4.2) und Milchsäure entsteht bei der Fermentation tierischer Produkte (Abschn. 21.4.1).

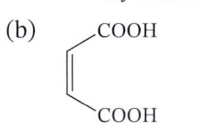

(a) Glycerinsäure
(b) Maleinsäure
(c) Mevalonsäure
(d) Milchsäure

Geben Sie den IUPAC-Namen für jede der Verbindungen an und vergessen Sie die Konfiguration nicht. (Siehe Beispielaufgabe 13.1)

13.2 Geben Sie für die vier Carbonsäuren mit der Summenformel $C_5H_{10}O_2$ die Namen und Strukturformeln an. Welche dieser Carbonsäuren sind chiral?

13.3 Geben Sie Strukturformeln für die folgenden Carbonsäuren an. (Siehe Beispielaufgabe 13.1)
(a) 4-Nitrophenylessigsäure
(b) 4-Aminopentansäure
(c) 3-Chlor-4-phenylbutansäure
(d) cis-3-Hexendisäure
(e) 2,3-Dihydroxypropansäure
(f) 3-Oxohexansäure
(g) 2-Oxocyclohexancarbonsäure
(h) 2,2-Dimethylpropansäure

13.4 Zeichnen Sie Strukturformeln der folgenden Salze.
(a) Natriumbenzoat
(b) Lithiumacetat
(c) Ammoniumacetat
(d) Dinatriumadipat
(e) Natriumsalicylat
(f) Calciumbutanoat

13.5 Kaliumsorbat wird bestimmten Nahrungsmitteln als Konservierungsmittel zugesetzt, um einen Befall mit Bakterien oder Schimmelpilzen zu verhindern und die Haltbarkeit zu erhöhen. Der IUPAC-Name von Kaliumsorbat ist (2E,4E)-Kalium-2,4-hexadienoat. Zeichnen Sie eine Strukturformel dieser Verbindung. (Siehe Beispielaufgabe 13.1)

Physikalische Eigenschaften

13.6 Ordnen Sie die Verbindungen in jeder Teilaufgabe nach steigendem Siedepunkt:
(a) $CH_3(CH_2)_5COOH$, $CH_3(CH_2)_6CHO$, $CH_3(CH_2)_6CH_2OH$
(b) CH_3CH_2COOH, $CH_3CH_2CH_2CH_2OH$, $CH_3CH_2OCH_2CH_3$

Acidität von Carbonsäuren

13.7 Welcher der rechts angegebenen pK_S-Werte gehört zu welcher Verbindung? (Siehe Beispiel 13.2)

CH_3CCOOH (mit CH_3 und CH_3 Substituenten) CF_3COOH $CH_3CHCOOH$ (mit OH)

pK_S-Werte: 5.03, 3.85 und 0.22

2,2-Dimethyl-propansäure   Trifluor-essigsäure   2-Hydroxy-propansäure (Milchsäure)

13.8 Formulieren Sie Reaktionsgleichungen für die Umsetzung der in Beispielaufgabe 13.3 angegebenen Säuren mit Ammoniak und geben Sie die Namen der dabei gebildeten Salze an.

13.9 Welches ist die jeweils stärkere Säure? (Siehe Beispielaufgabe 13.2)
(a) Phenol (pK_S 9.95) oder Benzoesäure (pK_S 4.17)
(b) Milchsäure (K_S 1.4 × 10^{-4}) oder Ascorbinsäure (K_S 6.8 × 10^{-5})

13.10 Weisen Sie den Säuren jeweils die passenden pK_S-Werte zu. (Siehe Beispielaufgabe 13.2)
(a) 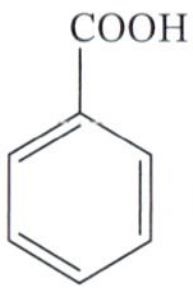 Benzoesäure und 4-Nitrobenzoesäure (pK_S = 4.19 und 3.14)
(b) 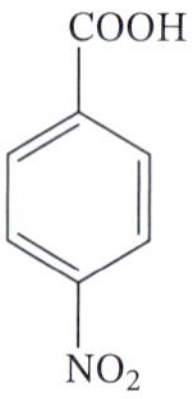 4-Nitrobenzoesäure und 4-Aminobenzoesäure (pK_S = 4.92 und 3.14)
(c)  CH_3CCH_2COOH und CH_3CCOOH (pK_S = 3.58 und 2.49)
(d) 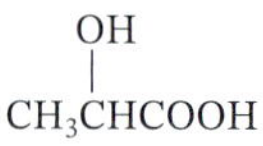 $CH_3CHCOOH$ (mit OH) und CH_3CH_2COOH (pK_S = 3.85 und 4.78)

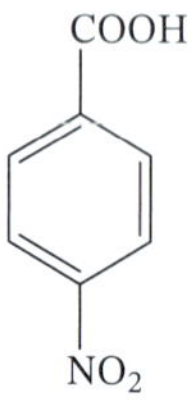

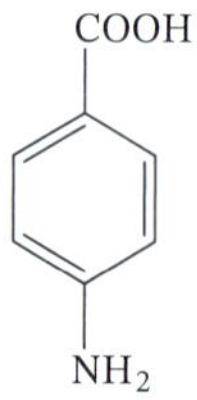

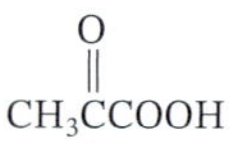

13.11 Der normale pH-Bereich des Blutplasmas ist 7.35–7.45. Wird die Carboxygruppe der Milchsäure (pK_S = 3.85) unter diesen Bedingungen als Carboxygruppe oder als Carboxylat-Anion vorliegen? Begründen Sie Ihre Entscheidung.

13.12 Im Folgenden sind zwei Strukturformeln der Aminosäure Alanin abgebildet. (Siehe Abschn. 18.2)

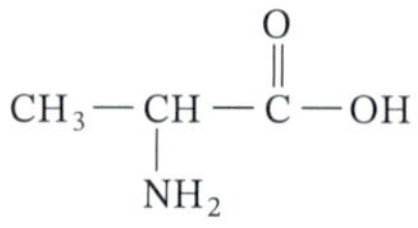

(A) $CH_3-CH(NH_2)-C(=O)-OH$ (B) $CH_3-CH(NH_3^+)-C(=O)-O^-$

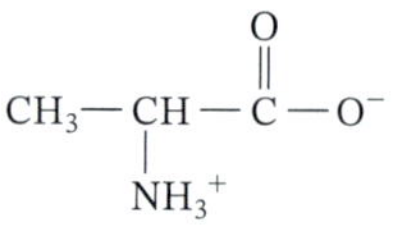

Welche Strukturformel beschreibt Alanin besser – A oder B? Begründen Sie.

Reaktionen von Carbonsäuren

13.13 Geben Sie für jede der folgenden Verbindungen an, welches Produkt gebildet wird, wenn es mit einem dieser drei Reagenzien umgesetzt wird. (Siehe Beispielaufgabe 13.4)
(i) H_2/Pd
(ii) 1. LiAlH$_4$, Ether; 2. H_2O
(iii) 1. NaBH$_4$, EtOH; 2. H_2O
Nehmen Sie für jede Reaktion an, dass das Reagenz im Überschuss eingesetzt wird.
(a) HOC-CH$_2$CH$_2$-CO-CH$_2$CH$_2$-COOH
(b) 2,3-Dimethyl-cyclopent-2-en-1-carbonsäure

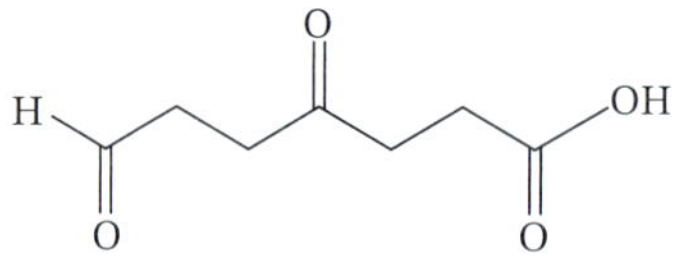

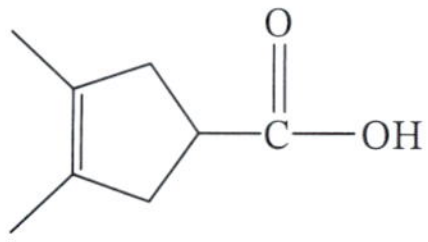

13.14 Vervollständigen Sie die Reaktionsgleichungen der folgenden Fischer-Veresterungen. (Siehe Beispielaufgabe 13.5)
(a) Isobuttersäure + Cyclohexanol $\underset{}{\overset{H^+}{\rightleftharpoons}}$
(b) HO-CH$_2$CH$_2$CH$_2$-COOH $\underset{}{\overset{H^+}{\rightleftharpoons}}$ (ein cyclischer Ester)

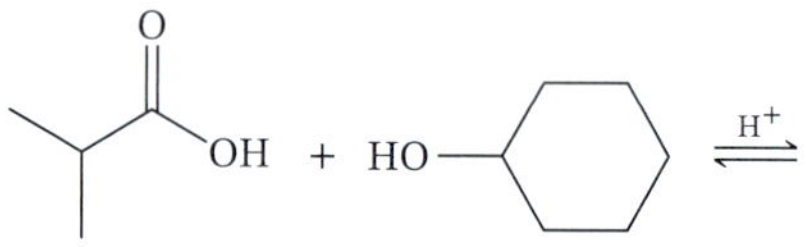

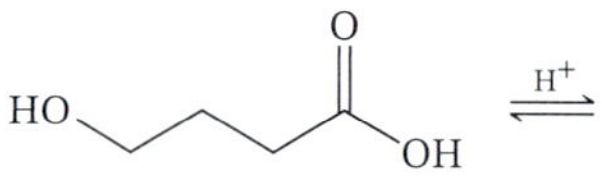

13.15 Vervollständigen Sie die folgenden Reaktionsgleichungen. (Siehe Beispielaufgabe 13.6)
(a) 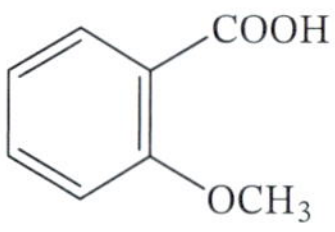 2-Methoxybenzoesäure + SOCl$_2$ ⟶
(b) 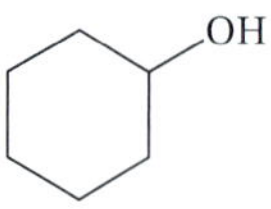 Cyclohexanol + SOCl$_2$ ⟶

13.16 Zeichnen Sie eine Strukturformel der in dieser Reaktion eingesetzten β-Ketosäure: (Siehe Beispielaufgabe 13.7)

β-Ketosäure —Hitze→ Ph-CO-CH(CH₃)-CH₂CH₃ + CO₂

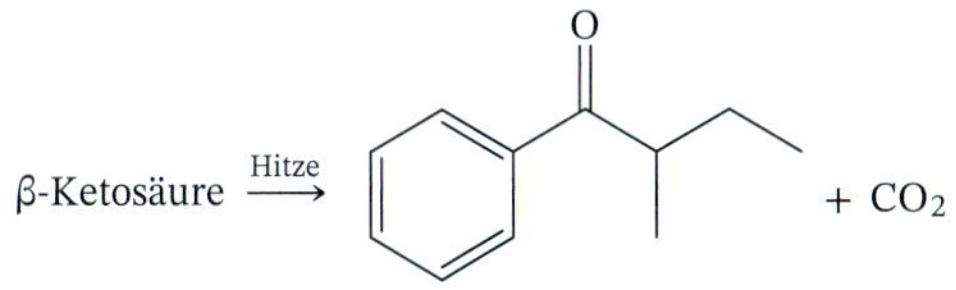

13.17 Wie lässt sich *trans*-3-Phenyl-2-propensäure (Zimtsäure) in die folgenden Verbindungen überführen? (Siehe Beispielaufgabe 13.4)
(a) 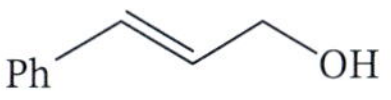 Ph-CH=CH-CH₂-OH
(b)  Ph-CH₂-CH₂-COOH
(c)  Ph-CH₂-CH₂-CH₂-OH

13.18 Wie lässt sich 3-Oxobutansäure (Acetessigsäure) in die folgenden Verbindungen überführen? (Siehe Beispielaufgabe 13.4)
(a) CH₃CH(OH)CH₂COOH
(b) CH₃CH(OH)CH₂CH₂OH
(c) CH₃CH=CHCOOH

13.19 2-Hydroxybenzoesäuremethylester (Salicylsäuremethylester) riecht nach Wintergrünöl. Dieser Ester lässt sich durch Fischer-Veresterung von 2-Hydroxybenzoesäure (Salicylsäure) mit Methanol herstellen. Geben Sie eine Strukturformel von 2-Hydroxybenzoesäuremethylester an.

13.20 Schauen Sie sich die Strukturformeln von Pyrethrin I und Permethrin genau an (siehe Exkurs 14.D).
(a) Wo befinden sich in diesen Verbindungen Estergruppen?
(b) Ist Pyrethrin I chiral? Wie viele Stereoisomere sind für diese Verbindung möglich?
(c) Ist Permethrin chiral? Wie viele Stereoisomere sind für diese Verbindung möglich?

13.21 Wird 4-Hydroxybutansäure mit einem Säurekatalysator umgesetzt, bildet sich ein cyclischer Ester (ein Lacton). Geben Sie die Strukturformel dieses Lactons an. (Siehe Beispielaufgabe 13.5)

13.22 Zeichnen Sie die Strukturformeln der Produkte, die bei der thermischen Decarboxylierung der folgenden Verbindungen entstehen. (Siehe Beispielaufgabe 13.7)

(a) C₆H₅C(O)CH₂COOH
(b) C₆H₅CH₂CH(COOH)COOH
(c) 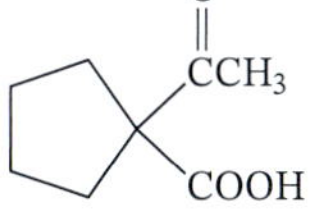 1-Acetyl-1-carboxycyclopentan (Cyclopentyl mit C(O)CH₃ und COOH am selben C-Atom)
(d) 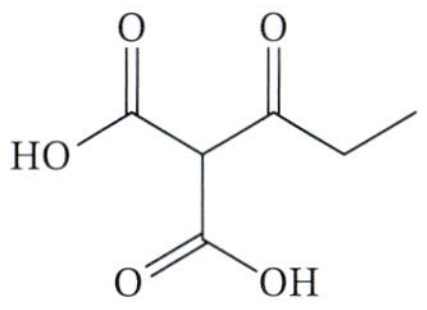 HOOC-CH(COOH)-C(O)-CH₂CH₃

Synthesen

13.23 2-Aminobenzoesäuremethylester, ein Aromastoff mit dem Geschmack von Weintrauben (siehe Exkurs 13.B), kann durch die folgende Synthesesequenz aus Toluol hergestellt werden:

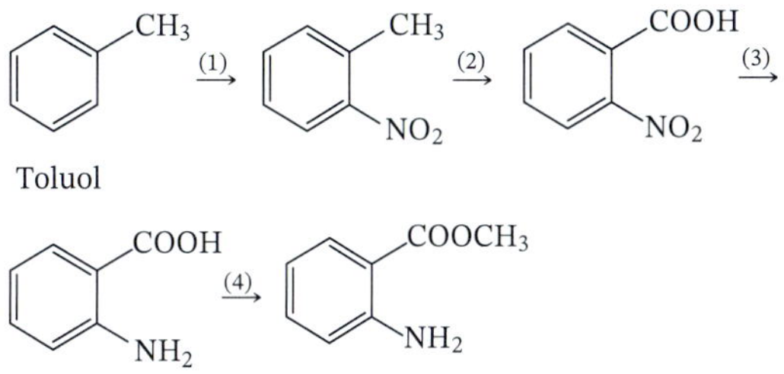

Toluol —(1)→ 2-Nitrotoluol —(2)→ 2-Nitrobenzoesäure —(3)→ 2-Aminobenzoesäure —(4)→ 2-Aminobenzoesäuremethylester

Geben Sie an, wie sich die einzelnen Schritte realisieren lassen.

13.24 Benzocain wird als Lokalanästhetikum zur Oberflächenbetäubung eingesetzt:

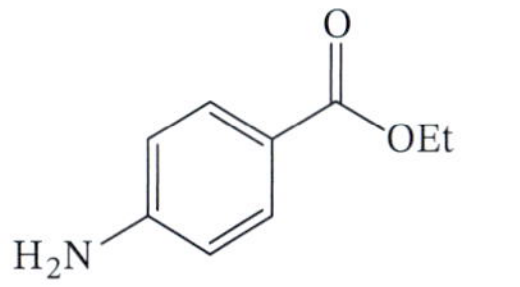

4-Aminobenzoesäureethylester (Benzocain): H₂N-C₆H₄-COOEt

Zeigen Sie, wie sich das Syntheseschema in Aufgabe 13.23 so modifizieren lässt, dass man Benzocain erhält.

13.25 Für den antiasthmatischen Wirkstoff Salbutamol wurden verschiedene Synthesen entwickelt. Einer dieser Synthesewege geht von Salicylsäure aus, der Säure, die auch als Ausgangsmaterial für die Synthese von Aspirin dient:

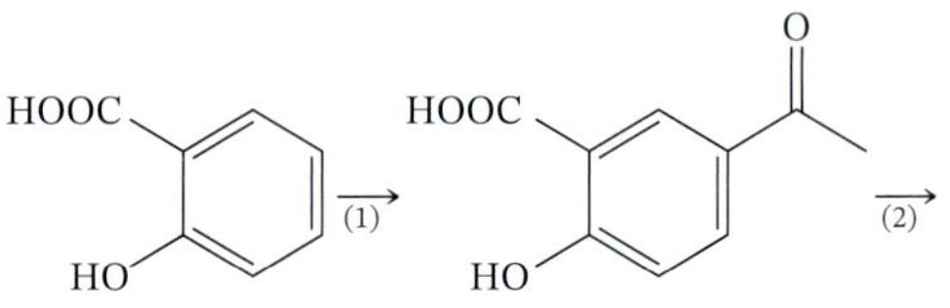

13 Carbonsäuren

[Schema: Synthese von Salbutamol aus Salicylsäure über Schritte (1)–(4)]

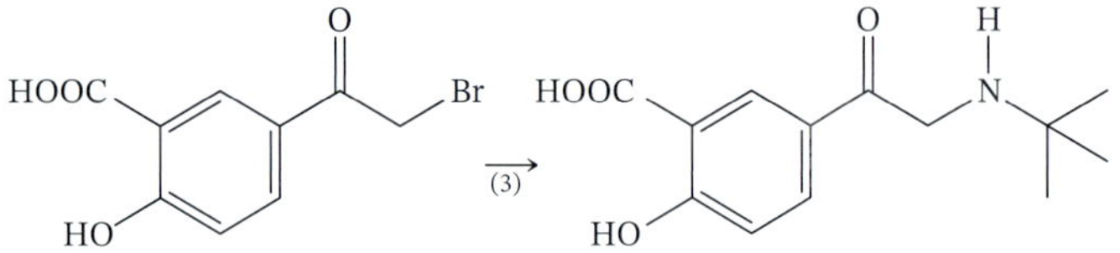

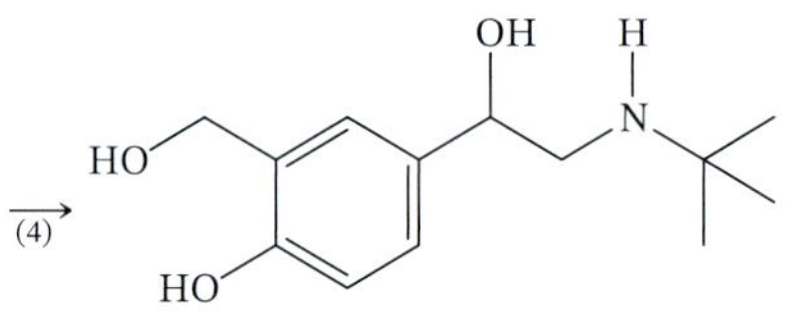

(a) Schlagen Sie für Schritt 1 ein Reagenz und einen Katalysator vor. Welcher Namen wird für diesen Reaktionstyp verwendet?
(b) Welches Reagenz schlagen Sie für den 2. Schritt vor?
(c) Geben Sie an, welches Amin in Schritt 3 benötigt wird.
(d) Im 4. Schritt werden zwei funktionelle Gruppen reduziert. Um welche funktionellen Gruppen handelt es sich und welches Reagenz können Sie für diese Reduktionen verwenden?
(e) Ist Salbutamol chiral? Wie viele Stereoisomere sind möglich?
(f) Wäre das in dieser Synthese gebildete Salbutamol optisch aktiv oder inaktiv? Würde also nur ein Enantiomer gebildet oder entsteht die Verbindung als racemische Mischung?

13.26 Nutzen Sie Ihre in den bisherigen Kapiteln gesammelten Kenntnisse zu den besprochenen Reaktionen und geben Sie an, wie die folgenden Umsetzungen zu realisieren sind. *Hinweis:* Einige Umsetzungen erfordern mehr als einen Schritt. (Siehe Beispielaufgaben 13.4–13.7)

(a) [Isobutanol → Isopropylester der Isobuttersäure]
(b) [Cyclohexanol → Cyclohexylpropanoat]
(c) [Allylalkohol → Methylester]
(d) [Isobuten → Na-Isobutyrat]
(e) [Cyclopentenol → Cyclopentylbenzoat]
(f) [1-Penten → Pentanoylchlorid]
(g) [Benzol → 4-Chlorbenzoesäuremethylester]
(h) [2-(Hydroxymethyl)cyclohexanon → Cyclohexanon]
(i) [Isobuttersäure → Isobutylacetat]
(j) [Methylencyclopentan → Cyclopentancarbonsäurechlorid]
(k) [1-Buten → Butylbenzoat]
(l) [Cycloheptylchlorid → Cycloheptancarbonsäureethylester]
(m) [Pent-1-en-3-on → Butanon]
(n) [Isopropylbromid → Propylacetat]
(o) $CH_3-C\equiv C-H$ → Essigsäure
(p) [Benzol → 3-Nitrobenzoylchlorid]

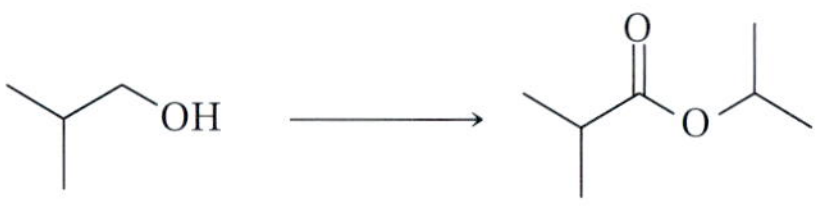

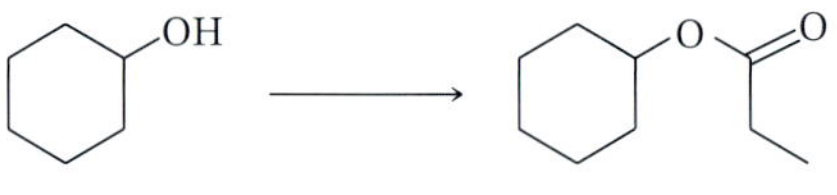

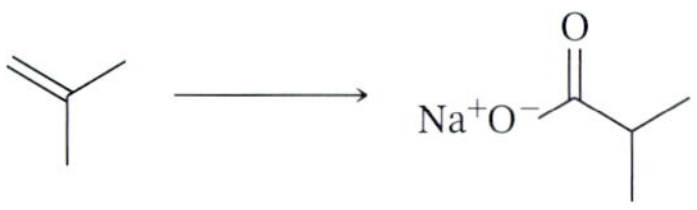

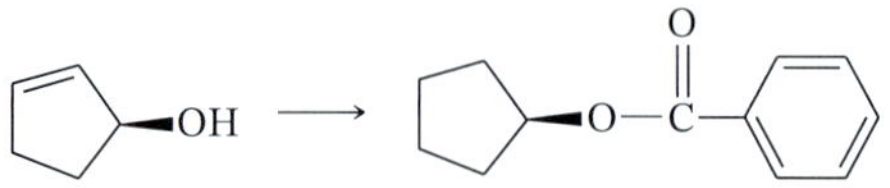

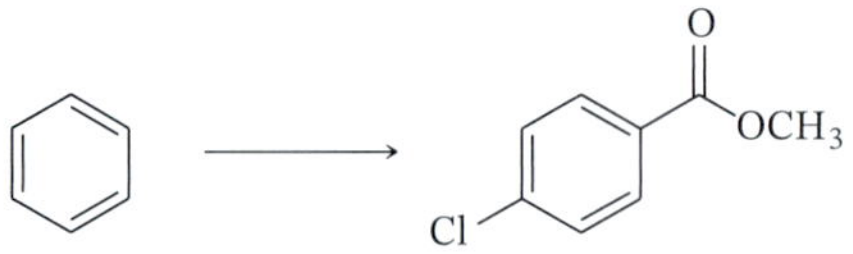

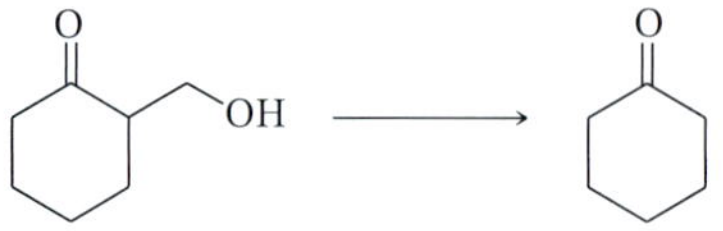

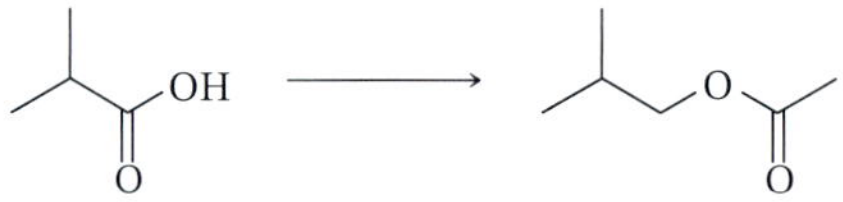

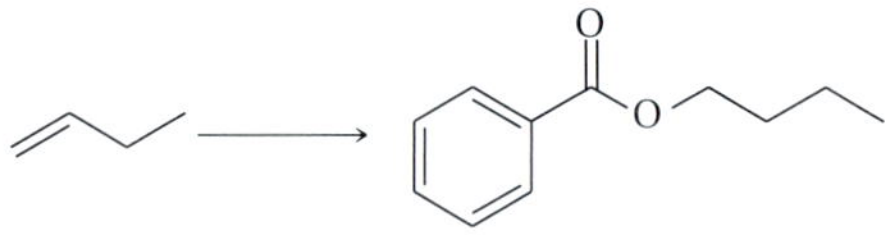

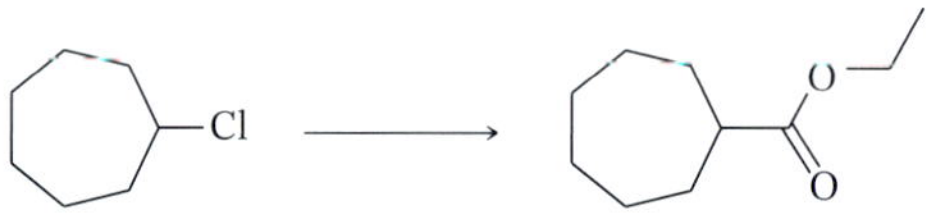

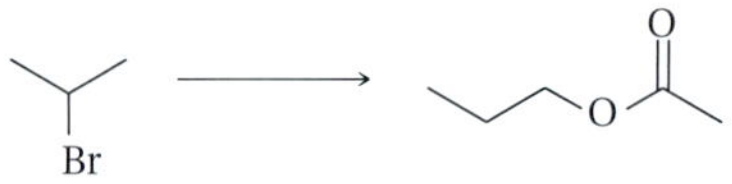

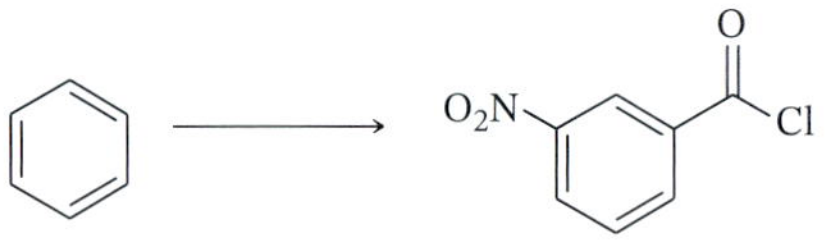

Ausblick

13.27 Warum sind α-Aminosäuren, die Bausteine der Proteine (Kap. 18), fast tausendmal so acide wie aliphatische Carbonsäuren? (Siehe Beispielaufgabe 13.2)

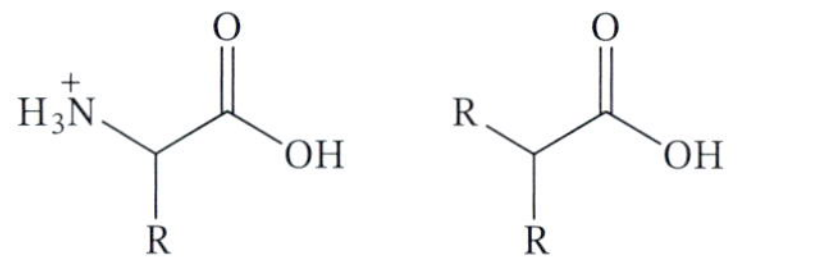

eine α-Aminosäure pK$_S$ ≈ 2

eine aliphatische Säure pK$_S$ ≈ 5

13.28 Was ist schwerer mit LiAlH$_4$ zu reduzieren – eine Carbonsäure oder ein Carboxylat?

13.29 In Kap. 12 haben wir gesehen, dass die Carbonyl-C-Atome von Ketonen und Aldehyden leicht von Grignard-Reagenzien angegriffen werden. Wird eine analoge Reaktion auch stattfinden, wenn Sie eine Carbonsäure mit einer Grignard-Verbindung umsetzen? Wie sieht es mit Carbonsäureestern aus?

Makroaufnahme einer Kultur des Pilzes *Penicillium notatum* in einer Petri-Schale auf Wickerhams Agar. Dieser Pilz war die erste Quelle, aus der Penicillin-Antibiotika gewonnen werden konnten.
Rechts: Ein Molekülmodell von Penicillin G, einer Verbindung, die zwei Amidfunktionen enthält. Amide sind funktionelle Derivate von Carbonsäuren.

[Quelle: © Andrew McClenaghan/Science Source.]

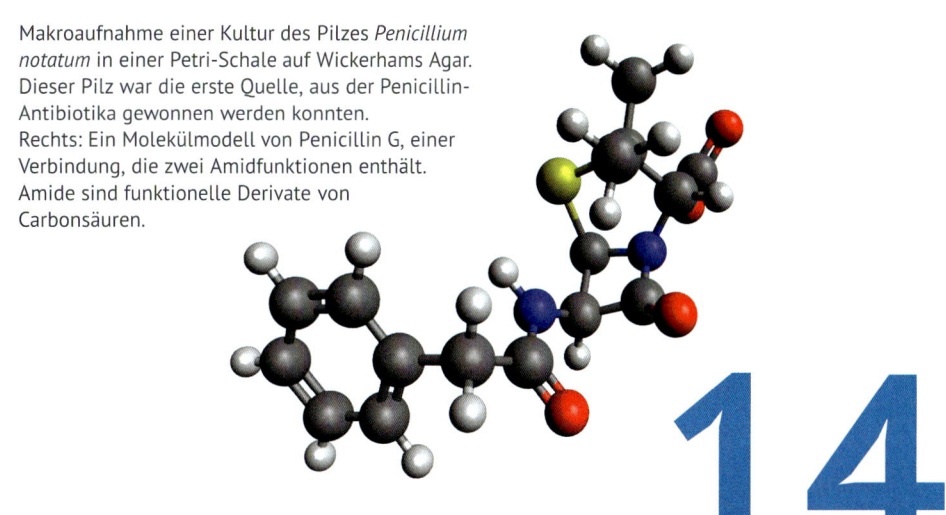

14 Funktionelle Derivate der Carbonsäuren

Inhalt
- 14.1 Welche Carbonsäurederivate gibt es und wie werden sie benannt?
- 14.2 Was sind die charakteristischen Reaktionen der Carbonsäurederivate?
- 14.3 Was ist eine Hydrolyse?
- 14.4 Wie reagieren Carbonsäurederivate mit Alkoholen?
- 14.5 Wie reagieren Carbonsäurederivate mit Ammoniak und Aminen?
- 14.6 Wie kann man funktionelle Derivate von Carbonsäuren ineinander umwandeln?
- 14.7 Wie reagieren Ester mit Grignard-Reagenzien?
- 14.8 Wie kann man Carbonsäurederivate reduzieren?

Gewusst wie
- 14.1 Wie man Derivate von Carbonsäuren benennt
- 14.2 Wie man ein mehrstufiges Syntheseproblem angeht

Exkurse
- 14.A Sonnencremes und Sunblocker gegen UV-Strahlung
- 14.B Von vergorenem Klee zu einem Blutverdünner
- 14.C Penicilline und Cephalosporine: β-Lactam-Antibiotika
- 14.D Pyrethrine – natürliche Insektizide pflanzlichen Ursprungs
- 14.E Gezielte Resistenzbildung in Pflanzen

In diesem Kapitel werden wir uns vier Stoffklassen organischer Verbindungen ansehen, die alle von Carbonsäuren (RCOOH) abgeleitet sind: Säurehalogenide, Säureanhydride, Ester und Amide. Unter der allgemeinen Strukturformel für jede dieser Stoffklassen ist ein Reaktionsschema abgebildet, anhand dessen man sehen kann, wie sich die entsprechende Gruppe von der Carboxygruppe ableitet. Entfernt man beispielsweise die OH-Gruppe aus der Carboxygruppe und das H-Atom aus H–Cl, so ergibt sich nach Verknüpfung der verbleibenden Fragmente ein Säurechlorid. Ebenso kann man durch Entfernen der OH-Gruppe aus der Carboxygruppe und eines H-Atoms aus Ammoniak ein Amid konstruieren:

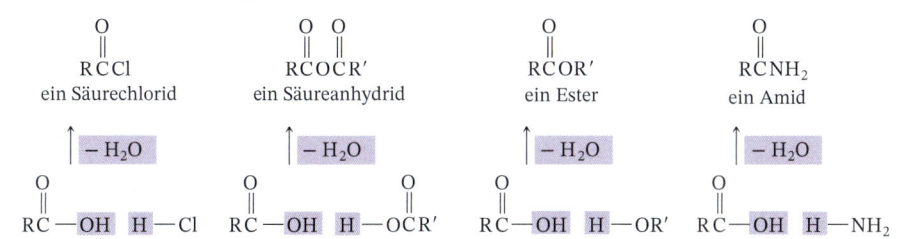

$$
\begin{array}{cccc}
\underset{\text{ein Säurechlorid}}{\text{RCCl}} & \underset{\text{ein Säureanhydrid}}{\text{RCOCR'}} & \underset{\text{ein Ester}}{\text{RCOR'}} & \underset{\text{ein Amid}}{\text{RCNH}_2} \\
\uparrow -H_2O & \uparrow -H_2O & \uparrow -H_2O & \uparrow -H_2O \\
\text{RC—OH H—Cl} & \text{RC—OH H—OCR'} & \text{RC—OH H—OR'} & \text{RC—OH H—NH}_2
\end{array}
$$

Einführung in die Organische Chemie, Erste Auflage. William H. Brown und Thomas Poon.
© 2021 WILEY-VCH GmbH. Published 2021 by WILEY-VCH GmbH.

14.1 Welche Carbonsäurederivate gibt es und wie werden sie benannt?

14.1.1 Säurehalogenide

Die funktionelle Gruppe eines Carbonsäurehalogenids, das meist nur kurz als **Säurehalogenid** (Acylhalogenid) bezeichnet wird, ist eine **Acylgruppe (RCO-Gruppe)**, die an ein Halogenatom gebunden ist (Abschn. 13.7). Die am häufigsten verwendeten Säurehalogenide sind die Säurechloride:

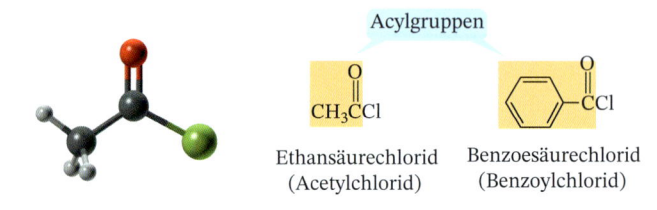

Acylgruppen

$$CH_3\overset{O}{\underset{}{C}}Cl \qquad \underset{}{C_6H_5}\overset{O}{\underset{}{C}}Cl$$

Ethansäurechlorid (Acetylchlorid)   Benzoesäurechlorid (Benzoylchlorid)

Säurehalogenide werden benannt, indem man an den Namen der entsprechenden Carbonsäure das Suffix *-halogenid* (z. B. *-chlorid*) hängt.

14.1.2 Säureanhydride

Carbonsäureanhydride

In der funktionellen Gruppe eines **Carbonsäureanhydrids** (oft einfach als Anhydrid bezeichnet) sind zwei Acylgruppen an ein Sauerstoffatom gebunden. Das Anhydrid kann symmetrisch sein (wenn es zwei identische Acylgruppen enthält), es kann cyclisch sein oder es kann sich um ein gemischtes Anhydrid handeln (wenn zwei unterschiedliche Acylgruppen vorliegen). Symmetrische Anhydride werden benannt, indem man das Wort *-anhydrid* an den Namen der zugrundeliegenden Carbonsäure hängt. Gemischte Anhydride werden benannt, indem man die beiden zugrundeliegenden Carbonsäuren in alphabetischer Reihenfolge aufführt und das Wort *-anhydrid* anhängt.

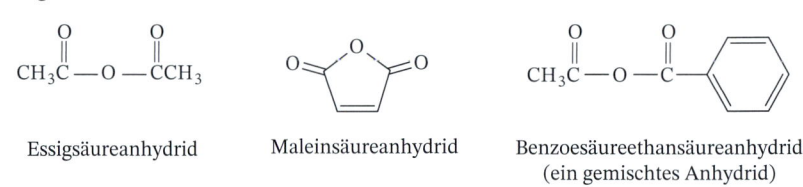

$$CH_3\overset{O}{\underset{}{C}}-O-\overset{O}{\underset{}{C}}CH_3 \qquad \qquad CH_3\overset{O}{\underset{}{C}}-O-\overset{O}{\underset{}{C}}C_6H_5$$

Essigsäureanhydrid   Maleinsäureanhydrid   Benzoesäureethansäureanhydrid (ein gemischtes Anhydrid)

Maleinsäureanhydrid wird bei der Synthese von Elastan genutzt, einer Textilfaser, die häufig in Sportbekleidung verwendete wird. [Quelle: © Image Source/Alamy Stock Photo.]

Phosphorsäureanhydride

Wegen der besonderen Bedeutung der Phosphorsäureanhydride in biologischen Systemen (Kap. 21), wollen wir sie hier ebenfalls besprechen, um die Analogie zwischen ihnen und den Anhydriden der Carbonsäuren zu verdeutlichen. In der funktionellen Gruppe eines **Phosphorsäureanhydrids** sind zwei Phosphorylgruppen an ein Sauer-

---

Exkurs: 14.A   Sonnencremes und Sunblocker gegen UV-Strahlung

Die ultraviolette (UV) Strahlung (Abschn. 11.1, Tab. 11.1), die die Ozonschicht der Erde durchdringt, wird in zwei Bereiche unterteilt: UV-B (290–320 nm) und UV-A (320–400 nm). UV-B-Strahlung (kleinere Wellenlängen) ist energiereicher als UV-A-Strahlung (größere Wellenlängen); sie interagiert direkt mit Molekülen in der Haut und in den Augen und führt zu Hautkrebs, zur Alterung der Haut, zu Augenschäden, die grauen Star bewirken, und zu Sonnenbrand, der 12 bis 24 Stunden nach der Bestrahlung auftritt. Im Gegensatz dazu bewirkt UV-A-Strahlung eine Bräunung der Haut. Sie verursacht ebenfalls Hautschäden, allerdings in deutlich geringerem Umfang als UV-B-Strahlung. Wie es durch UV-A-Strahlung zu Hautkrebs kommt, weiß man noch nicht genau.

Exkurs: 14.A Sonnencremes und Sunblocker gegen UV-Strahlung (Fortsetzung)

Handelsübliche Sonnencremes werden über ihren Lichtschutzfaktor (LSF) charakterisiert. Er gibt an, wievielmal länger man sich *mit* Sonnenschutz der Sonne aussetzen kann als ohne Sonnenschutz. Meist sind zwei Typen von Wirkstoffen in Sonnencremes und Sunblockern enthalten. Die am häufigsten verwendete Verbindung in Sunblockern ist Zinkoxid (ZnO), eine weiße, kristalline Substanz, die UV-Strahlung reflektiert und streut, sodass sie nicht bis auf bzw. in die Haut gelangen und dort Schaden anrichten kann. In Sonnencremes sind vor allem Verbindungen enthalten, die UV-Strahlung absorbieren und die Energie anschließend als Wärme abgeben. Sonnencremes können recht effektiv vor UV-B-Strahlung schützen, filtern aber die UV-A-Strahlung aber nicht heraus. Dadurch ist eine Bräunung der Haut möglich, während gleichzeitig Schäden durch UV-B-Strahlung verhindert werden. Hier sind die Strukturformeln von drei Estern abgebildet, die häufig als UV-B-Filter eingesetzt werden, sowie die Bezeichnungen, unter denen sie in der Liste der Inhaltsstoffe aufgeführt sind.

Aufgabe
Wie können die drei Ester jeweils über eine Fischer-Veresterung aus einer Carbonsäure und einem Alkohol hergestellt werden (Abschn. 13.6).

Octinoxat

Homosalat

Padimat A

stoffatom gebunden. Hier sind die Strukturformeln zweier Anhydride der Phosphorsäure (H_3PO_4) und der entsprechenden Ionen angegeben, die durch Deprotonierung der aciden Wasserstoffatome entstehen:

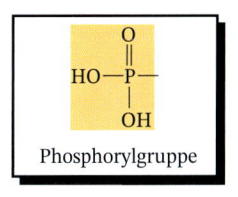

Diphosphorsäure (Pyrophosphorsäure)

Diphosphat-Ion (Pyrophosphat-Ion)

Triphosphorsäure

Triphosphat-Ion

Phosphorylgruppe

14.1.3 Ester und Lactone

Carbonsäureester

In der funktionellen Gruppe eines **Carbonsäureesters** (meist einfach als Ester bezeichnet) ist eine Acylgruppe an −OR oder −OAr gebunden. Sowohl die IUPAC- als auch die Trivialnamen der Ester leiten sich von den Namen der entsprechenden Carbonsäuren ab. Es wird zunächst der Name der Carbonsäure genannt, dann der Name der Alkyl- oder Arylgruppe und abschließend das Suffix *-ester* angehängt.

Exkurs: 14.B Von vergorenem Klee zu einem Blutverdünner

1933 brachte ein aufgebrachter Bauer einen Eimer mit ungeronnenem Blut in das Labor von Dr. Karl Link an der Universität von Wisconsin und berichtete, dass einige seiner Kühe nach kleineren Schnittverletzungen verblutet seien. In den nächsten Jahren fanden Link und seine Mitarbeiter heraus, dass Kühe, die vergorenen Steinklee gefressen hatten, eine gehemmte Blutgerinnung aufwiesen und nach kleineren Schnitten oder Kratzern verbluten konnten. Sie konnten aus dem vergorenen Klee das Antikoagulans Dicumarol isolieren, eine Verbindung, die die Blutgerinnung verzögert oder sogar verhindert. Dicumarol übt seine gerinnungshemmende Wirkung aus, indem es in die Funktion von Vitamin K eingreift (Abschnitt 19.6.4). Bereits wenige Jahre nach seiner Entdeckung wurde Dicumarol zur Behandlung von Herzinfarktpatienten oder von anderen Personengruppen mit einem erhöhten Risiko für das Auftreten von Blutgerinnseln eingesetzt.

Dicumarol ist ein Derivat des Cumarins, eines cyclischen Esters, der dem Steinklee seinen angenehmen Geruch verleiht. Cumarin greift nicht in die Blutgerinnung ein und wird als Aromastoff genutzt, wird aber bei der Gärung des Klees in Dicumarol umgewandelt. Man beachte, dass Cumarin ein Lacton ist, also ein cyclischer Ester, während es sich bei Dicumarol um ein Dilacton handelt.

Cumarin
(aus Steinklee)

bei der Vergärung des Steinklees
⟶

Dicumarol
(ein Antikoagulans)

Auf der Suche nach noch wirksameren Antikoagulantien entwickelten Link und seine Mitarbeiter auch Warfarin (benannt nach der Wisconsin Alumni Research Foundation), das heutzutage hauptsächlich als Rattengift verwendet wird: Wenn Ratten Warfarin aufnehmen, gerinnt ihr Blut nicht mehr und sie verbluten nach den kleinsten Verletzungen. Unter dem Handelsnamen Coumadin® wird es aber auch als Blutverdünner zur Behandlung beim Menschen eingesetzt. Das S-Enantiomer ist zwar wirksamer als das R-Enantiomer; das Medikament enthält den Wirkstoff aber als Racemat.

Warfarin
(ein synthetisches Antikoagulans)

Das hochwirksame Antikoagulans Dicumarol wurde zuerst aus vergorenem Klee isoliert. [Quelle: © Daniel MAR/iStockphoto.]

Aufgabe

Handelt es sich bei Warfarin um ein α-, β-, γ- etc. Lacton? Geben Sie an, welche Teile des Warfarins eine Keto-Enol-Tautomerie eingehen können und geben Sie für jede Position das entsprechende Tautomer an.

Ethansäureethylester
(Essigsäureethylester)

$CH_3COCH_2CH_3$

Butandisäurediethylester
(Bernsteinsäurediethylester)

γ-Butyrolacton

Ein cyclischer Ester wird als **Lacton** bezeichnet. Der Name eines Lactons wird gebildet, indem man den latinisierten (bzw. englischen) Trivialnamen der Carbonsäure zugrunde legt. So wird aus Buttersäure (engl.: *butyric acid*) das Butyrolacton. Die Ringgröße, also die Position des Sauerstoffatoms, wird durch griechische Buchstaben α, β, γ, δ, ε usw. angegeben.

Phosphorsäureester

Phosphorsäure enthält drei OH-Gruppen und kann daher Phosphorsäuremonoester, -diester und -triester ausbilden. Sie werden benannt, indem man an das Wort *Phosphorsäure* den/die Namen der Alkyl- oder Arylgruppe(n) hängt, gefolgt von dem Suffix *-ester* – zum Beispiel Phosphorsäuredimethylester. Alternativ ist auch die Benennung analog zu anorganischen Salzen üblich – in diesem Beispiel also Dimethylphosphat. In komplexeren Phosphorsäureestern ist es auch üblich, die organische Verbindung zu benennen und die Gegenwart des Phosphorsäureesters durch das Suffix *-phosphat* oder das Präfix *Phospho-* anzugeben. Im Folgenden sind zwei Phosphorsäureester gezeigt, die in der Welt der Biologie von besonderer Bedeutung sind. Die erste Reaktion beim Abbau von D-Glucose (Abschn. 21.3) ist die Bildung eines Phosphorsäureesters, des D-Glucose-6-phosphats. Pyridoxalphosphat ist eine der metabolisch aktiven Formen von Vitamin B_6. Jeder der dargestellten Ester ist in dem Protonierungsgrad abgebildet, in dem er bei pH = 7.4 vorzugsweise vorliegt, dem pH des Blutplasmas; in jeder Phosphatgruppe liegen beide OH-Gruppen deprotoniert vor, wodurch die Phosphatgruppen zweifach negativ geladen sind.

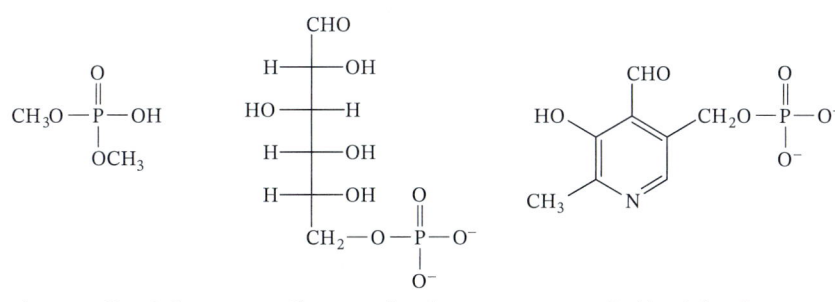

Phosphorsäuredimethylester (Dimethylphosphat)

D-Glucose-6-phosphat

Pyridoxalphosphat

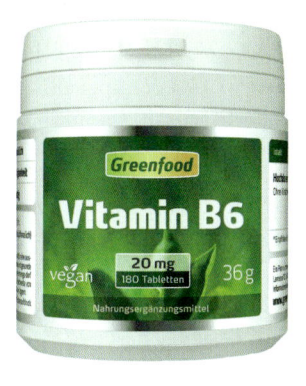

Vitamin B_6, Pyridoxalphosphat [Quelle: © Charles D. Winters.].

14.1.4 Amide und Lactame

In der funktionellen Gruppe eines **Carbonsäureamids** (meist einfach als Amid bezeichnet) ist eine Acylgruppe an ein dreiwertiges Stickstoffatom gebunden. Zur Benennung wird im IUPAC-Namen der entsprechenden Carbonsäure das Suffix *-säure* durch *-amid* ersetzt. In ähnlicher Weise werden auch die Trivialnamen der Amide konstruiert, nur dass hier die latinisierten (oder englischen) Trivialnamen der Carbonsäuren zugrunde gelegt werden. So ist das Amid der Essigsäure (engl.: *acetic acid*) das Acetamid und das der Ameisensäure (engl.: *formic acid*) das Formamid. Wenn an das Stickstoffatom des Amids eine Alkyl- oder Arylgruppe gebunden ist, wird sie als Substituent angegeben; die Position wird durch den Lokanten *N-* spezifiziert. Zwei identische Alkyl- oder Arylgruppen am Stickstoff werden durch das Präfix *N,N*-di-, zwei unterschiedliche Gruppen werden als *N*-Alkyl-*N*-alkyl- angegeben:

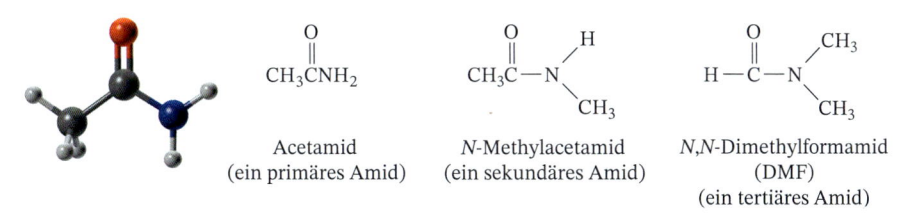

Acetamid (ein primäres Amid)

N-Methylacetamid (ein sekundäres Amid)

N,N-Dimethylformamid (DMF) (ein tertiäres Amid)

Amidbindungen sind das entscheidende Strukturmerkmal von Peptiden und Proteinen; hier sind Aminosäuren über Amidbindungen miteinander verknüpft (Kap. 18).

Exkurs: 14.C Penicilline und Cephalosporine: β-Lactam-Antibiotika

Die **Penicilline** wurden 1928 von dem schottischen Bakteriologen Sir Alexander Fleming entdeckt. Dank der genialen experimentellen Arbeiten von Sir Howard Florey, einem australischen Pathologen, und Ernst Chain, einem deutschen Chemiker, der vor den Nazis aus Deutschland geflohen war, wurde Penicillin G ab 1943 für die medizinische Praxis verfügbar. Für ihre bahnbrechenden Arbeiten zur Entwicklung einer der wirksamsten Antibiotikaklassen, die bis heute entdeckt wurden, erhielten Fleming, Florey und Chain 1945 den Nobelpreis für Physiologie oder Medizin.

Der Schimmelpilz, in dem Fleming das Penicillin entdeckte, war ein *Penicillium-notatum*-Stamm, der tatsächlich aber nur sehr wenig Penicillin produziert. Für die Massenproduktion dieses Antibiotikums wird heute *P. chrysogenum* verwendet, ein Schimmelpilz, der auf einer Grapefruit auf einem Markt in Peoria in Illinois entdeckt wurde. Die antibakterielle Wirkung aller Penicilline lässt sich auf einen gemeinsamen Mechanismus zurückführen, durch den die Biosynthese eines lebensnotwendigen Teils von bakteriellen Zellwänden inhibiert wird.

Die allen Penicillinen gemeinsame Struktureinheit ist ein **β-Lactamring**, kondensiert an einen Fünfring, der ein Schwefel- und ein Stickstoffatom enthält. Bei einem Lactam handelt es sich um ein cyclisches Amid.

Schon bald nachdem die Penicilline zur Behandlung von bakteriellen Infektionen eingeführt waren, beobachtete man die Entstehung penicillinresistenter Bakterienstämme, die sich bis in die heutige Zeit stark ausgebreitet haben. Eine Möglichkeit zur Bekämpfung resistenter Stämme besteht darin, neue, noch wirksamere Penicilline zu entwickeln. Unter den Penicillinen, die in der Folge eingeführt wurden, sind das Ampicillin, das Methicillin und das Amoxicillin. Darüber hinaus forscht man auch an neuen β-Lactam-Antibiotika mit abweichender Struktur. Die wirksamsten β-Lactam-Antibiotika, die bisher gefunden wurden, sind die **Cephalosporine**, deren erster Vertreter aus dem Schwärzepilz *Cephalosporium acremonium* isoliert wurde. Diese Klasse der β-Lactam-Antibiotika hat ein noch breiteres Spektrum antibiotischer Aktivität als die Penicilline und wirkt auch gegen viele penicillinresistente Bakterienstämme.

Cefalexin
(ein β-Lactam-Antibiotikum)

Amoxicillin
(ein β-Lactam-Antibiotikum)

Aufgabe
In welcher Form liegt Amoxicillin bei (a) pH = 2.0, (b) pH = 5–6 und (c) pH = 11.0 mehrheitlich vor? Warum?

Cyclische Amide werden als **Lactame** bezeichnet. Ihre Trivialnamen werden ähnlich wie die der Lactone konstruiert, nur dass das Wort *-lacton* durch *-lactam* ersetzt wird:

β-Butyrolactam
(ein β-Lactam)

ε-Caprolactam

ε-Caprolactam ist ein Schlüsselintermediat in der Synthese von Nylon-6 (Abschn. 16.4.1).

14.1 Welche Carbonsäurederivate gibt es und wie werden sie benannt?

> **Gewusst wie: 14.1 Wie man Derivate von Carbonsäuren benennt**
>
> Um eines der vier hier besprochenen funktionellen Derivate der Carbonsäuren benennen zu können, muss man sich zunächst klar darüber werden, wie sich deren Nomenklatur von der für die jeweiligen Carbonsäuren unterscheidet. In der folgenden Tabelle sind die Unterschiede für jedes der Derivate kursiv hervorgehoben.
>
> | Funktionelles Derivat | Name der Carbonsäure | Name des Derivats | Beispiel |
> |---|---|---|---|
> | Säurehalogenid | Alkan*säure* | Alkan*säurechlorid* | Propansäure / Propansäurechlorid |
> | Säureanhydrid | Alkan*säure* | Alkansäure*anhydrid* | Propansäure / Propansäureanhydrid |
> | Ester | Alkan*säure* | Alkan*säureester* | Butansäure / Butansäuremethylester |
> | Amid | Alkan*säure* | Alkan*amid* | Butansäure / Butanamid |

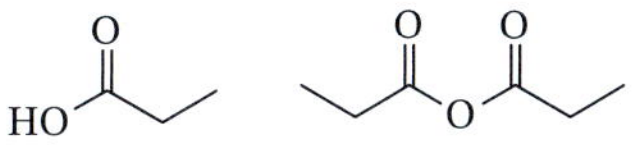

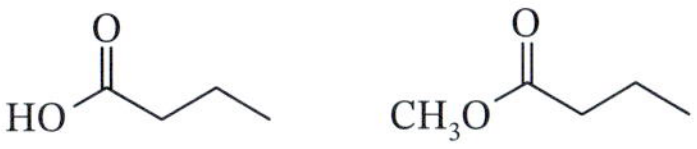

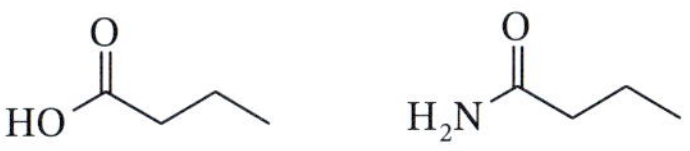

Beispiel 14.1 Geben Sie die IUPAC-Namen der folgenden Verbindungen an:

(a), 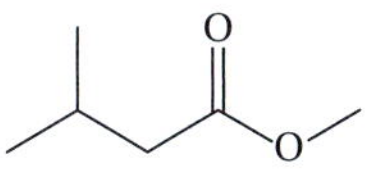 (b), 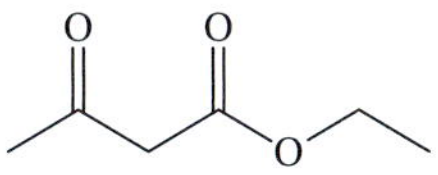 (c), 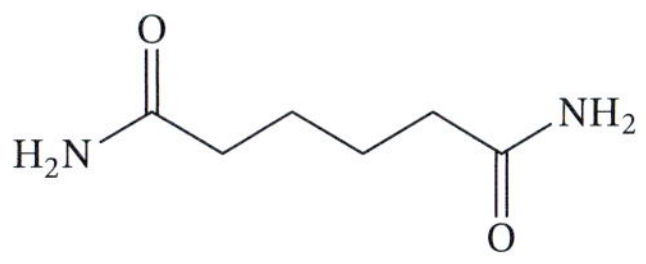 (d) 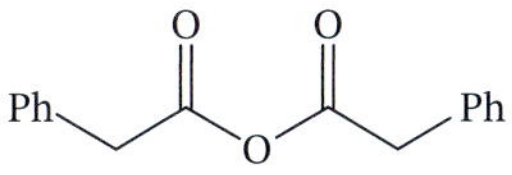 [Strukturformeln]

Vorgehensweise

Identifizieren Sie die längste Kohlenstoffkette, die die funktionelle Gruppe enthält. Diese bestimmt den Stammnamen, an den das Suffix *-säure* gehängt wird. In einem Säurechlorid wird hieran das Suffix *-halogenid*, in einem Anhydrid das Suffix *-anhydrid* und in einem Ester das Suffix *-alkylester* gehängt. In einem Amid wird das Suffix *-säure* durch *-amid* ersetzt.

Lösung

Im Folgenden sind zunächst die IUPAC-Namen und dann in Klammern die Trivialnamen angegeben:

(a) 3-Methylbutansäuremethylester (Isovaleriansäuremethylester)
(b) 3-Oxobutansäureethylester (Acetessigsäureethylester)
(c) Hexandiamid (Adipindiamid)
(d) Phenylethansäureanhydrid (Phenylessigsäureanhydrid)

Siehe Aufgaben 14.1–14.3.

14.2 Was sind die charakteristischen Reaktionen der Carbonsäurederivate?

Die wichtigste Reaktion der Säurehalogenide, -anhydride, -ester und -amide ist die Addition eines Nukleophils an die Carbonylgruppe unter Entstehung einer **tetraedrischen Zwischenstufe**. In dieser Hinsicht sind die Reaktionen dieser Stoffklassen den nukleophilen Additionen an die Carbonylgruppe von Aldehyden oder Ketonen ähnlich (Abschn. 12.4). Die tetraedrische Zwischenstufe, die aus Aldehyden und Ketonen entsteht, bildet nach Protonierung das Endprodukt. Im Folgenden sei dieser Reaktionstyp noch einmal in Erinnerung gerufen:

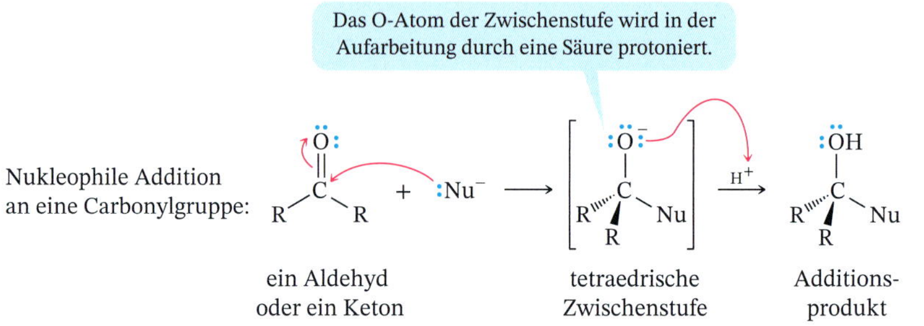

Nukleophile Addition an eine Carbonylgruppe:

ein Aldehyd oder ein Keton → tetraedrische Zwischenstufe → Additionsprodukt

Das O-Atom der Zwischenstufe wird in der Aufarbeitung durch eine Säure protoniert.

In der analogen Reaktion der Carbonsäurederivate kann die tetraedrische Zwischenstufe eine andere Folgereaktion eingehen als die der Aldehyde und Ketone. Das Intermediat zerfällt hier durch Freisetzung der Austrittsgruppe und Rückbildung der Carbonylgruppe. In dieser **Additions-Eliminierungs-Reaktion** hat somit eine **nukleophile Acylsubstitution** stattgefunden:

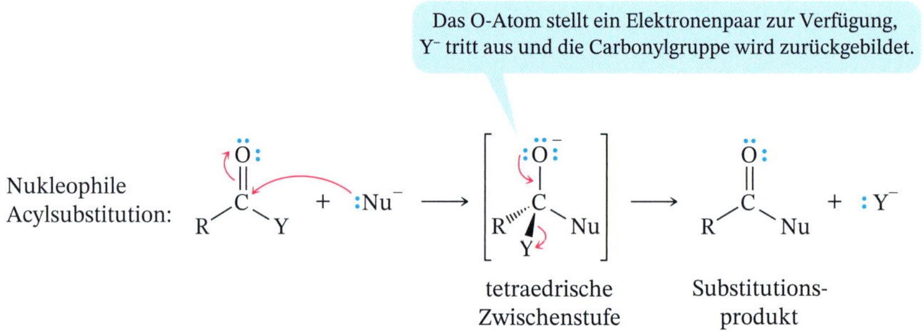

Nukleophile Acylsubstitution:

→ tetraedrische Zwischenstufe → Substitutionsprodukt

Das O-Atom stellt ein Elektronenpaar zur Verfügung, Y⁻ tritt aus und die Carbonylgruppe wird zurückgebildet.

Der wesentliche Unterschied zwischen diesen beiden Reaktionen der Carbonylgruppe liegt darin, dass in Aldehyden und Ketonen keine Gruppe Y vorliegt, die als stabiles Anion austreten kann; daher ist in ihnen nur eine nukleophile *Addition* an die Carbonylgruppe möglich. In den vier Carbonsäurederivaten, die wir uns in diesem Kapitel näher ansehen, liegt eine solche austrittsfähige Gruppe Y vor; hier findet daher eine nukleophile Acyl*substitution* statt.

In der allgemeinen Reaktionsgleichung sind das Nukleophil und die Austrittsgruppe als Anionen dargestellt; das ist aber nicht zwingend. In einer säurekatalysierten Variante dieser Reaktion können auch neutrale Verbindungen wie Wasser, Alkohole, Ammoniak oder Amine als Nukleophile dienen. Wenn wir die Austrittsgruppe als Anion darstellen, wird jedoch ein Punkt besonders deutlich: dass die Austrittstendenz eines Nukleofugs dann besonders groß ist, wenn es sich um eine schwache Base handelt (Abschn. 7.5.3):

$$:\!\ddot{\text{N}}\text{R}_2 \quad :\!\ddot{\text{O}}\text{R} \quad :\!\ddot{\text{O}}\text{CR}\!\!\stackrel{\ddot{\text{O}}:}{\|} \quad :\!\ddot{\text{X}}:$$

⟶ zunehmende Austrittstendenz

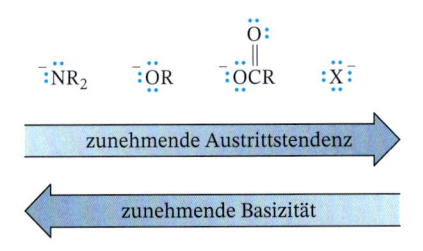

⟵ zunehmende Basizität

Die schwächste Base in dieser Reihe – und damit die beste Austrittsgruppe – ist das Halogenid-Ion; Säurechloride sind gegenüber einer Additions-Eliminierungs-Reaktion am reaktivsten. Die stärkste Base und damit die schlechteste Austrittsgruppe ist das Amid-Anion; Amide sind in diesem Reaktionstyp am wenigsten reaktiv. Säurehalogenide und Säureanhydride sind so reaktiv, dass sie in der Natur nicht vorkommen. Ester- und Amidgruppen liegen dagegen in unzähligen Naturstoffen vor.

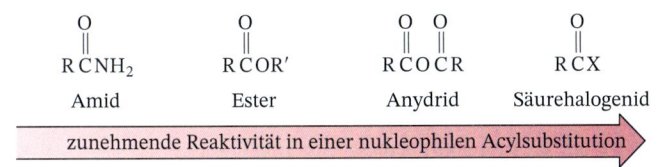

| $\underset{\text{Amid}}{\text{R}\overset{\text{O}}{\overset{\|}{\text{C}}}\text{NH}_2}$ | $\underset{\text{Ester}}{\text{R}\overset{\text{O}}{\overset{\|}{\text{C}}}\text{OR}'}$ | $\underset{\text{Anydrid}}{\text{R}\overset{\text{O}}{\overset{\|}{\text{C}}}\text{O}\overset{\text{O}}{\overset{\|}{\text{C}}}\text{R}}$ | $\underset{\text{Säurehalogenid}}{\text{R}\overset{\text{O}}{\overset{\|}{\text{C}}}\text{X}}$ |

⟶ zunehmende Reaktivität in einer nukleophilen Acylsubstitution

14.3 Was ist eine Hydrolyse?

Eine **Hydrolyse** (griech.: *hydro*, Wasser; *lýsis*, Auflösung) ist eine Reaktion, in der eine oder mehrere Bindungen einer Verbindung durch die Einwirkung von Wasser gespalten werden. Meist wird das Wasser dabei in die Bestandteile H^+ und OH^- gespalten.

14.3.1 Säurechloride

Niedermolekulare Säurechloride reagieren mit Wasser sehr schnell unter Bildung von Carbonsäuren und HCl:

Diese Bindung wird durch das Wasser hydrolysiert.

$$\text{CH}_3\overset{\text{O}}{\overset{\|}{\text{C}}}\!-\!\text{Cl} + \text{H}_2\text{O} \longrightarrow \text{CH}_3\overset{\text{O}}{\overset{\|}{\text{C}}}\text{OH} + \text{HCl}$$

Höhermolekulare Säurechloride sind schlechter wasserlöslich und reagieren daher deutlich langsamer.

14.3.2 Säureanhydride

Säureanhydride sind in der Regel weniger reaktiv als Säurechloride. Niedermolekulare Anhydride reagieren aber dennoch rasch mit Wasser; es bilden sich zwei Äquivalente der entsprechenden Carbonsäure:

$$\text{CH}_3\overset{\text{O}}{\overset{\|}{\text{C}}}\!-\!\text{O}\!-\!\overset{\text{O}}{\overset{\|}{\text{C}}}\text{CH}_3 + \text{H}_2\text{O} \longrightarrow \text{CH}_3\overset{\text{O}}{\overset{\|}{\text{C}}}\text{OH} + \text{HO}\overset{\text{O}}{\overset{\|}{\text{C}}}\text{CH}_3$$

Eine dieser Bindungen wird durch Addition von Wasser hydrolysiert.

14.3.3 Ester

Ester werden selbst in siedendem Wasser nur sehr langsam hydrolysiert. Die Hydrolyse kann aber signifikant beschleunigt werden, wenn man den Ester in wässriger Säure oder Base unter Rückfluss kocht. Bei der Diskussion der säurekatalysierten Veresterung nach Fischer in Abschn. 13.6 hatten wir hervorgehoben, dass es sich um eine Gleichgewichtsreaktion handelt. Die Hydrolyse eines Esters in wässriger Säure ist ebenfalls eine Gleichgewichtsreaktion; sie verläuft nach dem gleichen Mechanismus, nur in umgekehrter Richtung. Der Säurekatalysator protoniert das Sauerstoffatom der Carbonylgruppe (**1. Schritt:** *Protonierung*), erhöht damit den elektrophilen Charakter des Carbonyl-C-Atoms und begünstigt dadurch den Angriff des Wassers (**2. Schritt:** *Reaktion eines Nukleophils mit einem Elektrophil unter Bildung einer neuen kovalenten Bindung*), wobei eine tetraedrische Zwischenstufe entsteht. Eine intramolekulare Protonenübertragung auf die Alkoxygruppe (**3. Schritt:** *Umprotonierung*) überführt diese in eine gute Austrittsgruppe und ermöglicht den Zerfall des tetraedrischen Intermediats (**4. Schritt:** *Zerfall der tetraedrischen Zwischenstufe unter Freisetzung einer Austrittsgruppe und Rückbildung der Carbonylgruppe*). Es bilden sich die Carbonsäure und der Alkohol. In dieser Reaktionssequenz wird zwar im ersten Schritt ein Äquivalent des Säurekatalysators verbraucht; am Ende der Reaktion wird dieses jedoch zurückgebildet:

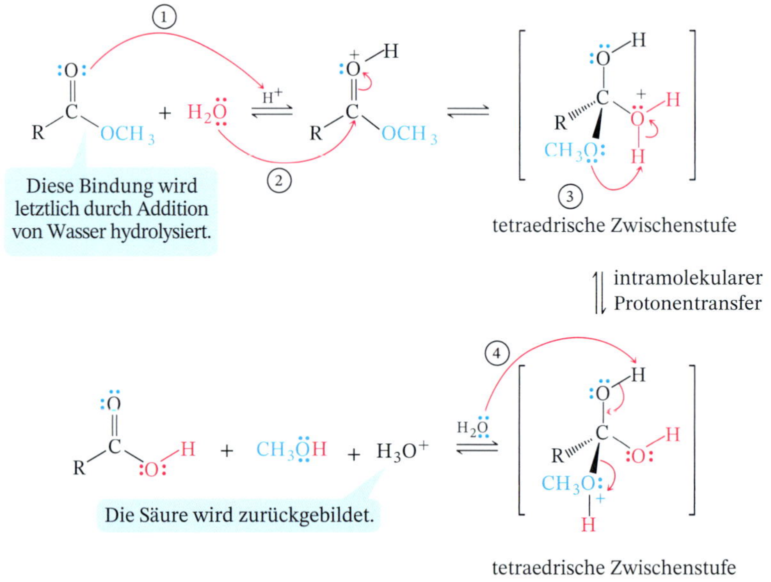

Die Hydrolyse eines Esters kann auch mit heißer wässriger Base wie z. B. NaOH oder KOH durchgeführt werden. Die basische Esterhydrolyse wird oft als **Verseifung** bezeichnet; man nimmt damit Bezug darauf, dass mit diesem Reaktionstyp auch Seifen hergestellt werden können (Abschn. 19.2.1). Wie man an der folgenden stöchiometrisch ausgeglichenen Reaktionsgleichung erkennt, wird für jedes Äquivalent des hydrolysierten Esters ein Äquivalent Base verbraucht:

$$RCOOCH_3 + NaOH \xrightarrow{H_2O} RCO^-Na^+ + CH_3OH$$

Mechanismus: Die Hydrolyse eines Esters mit wässriger Base

1. Schritt: *Reaktion eines Nukleophils mit einem Elektrophil unter Bildung einer neuen kovalenten Bindung*

Beim Angriff des Hydroxid-Ions am Kohlenstoffatom der Carbonylgruppe des Esters entsteht eine tetraedrische Zwischenstufe:

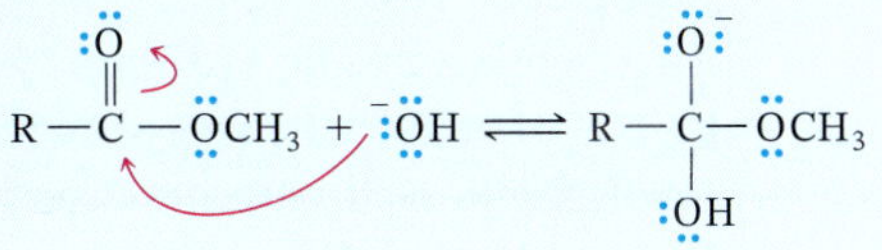

$$R-\overset{\overset{\displaystyle :\!\ddot{O}:}{\|}}{C}-\ddot{O}CH_3 + {}^-\!\!:\!\ddot{O}H \rightleftharpoons R-\overset{\overset{\displaystyle :\!\ddot{O}\!:^-}{|}}{\underset{\underset{\displaystyle :\!\ddot{O}H}{|}}{C}}-\ddot{O}CH_3$$

2. Schritt: *Zerfall der tetraedrischen Zwischenstufe unter Freisetzung einer Austrittsgruppe und Rückbildung der Carbonylgruppe*

Das Intermediat zerfällt und bildet eine Carbonsäure und ein Alkoholat:

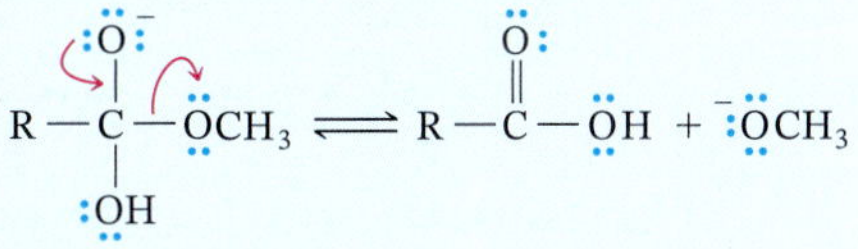

$$R-\overset{\overset{\displaystyle :\!\ddot{O}\!:^-}{|}}{\underset{\underset{\displaystyle :\!\ddot{O}H}{|}}{C}}-\ddot{O}CH_3 \rightleftharpoons R-\overset{\overset{\displaystyle \ddot{O}:}{\|}}{C}-\ddot{O}H + {}^-\!\!:\!\ddot{O}CH_3$$

3. Schritt: *Deprotonierung*

Der Transfer eines Protons von der Carboxygruppe (einer Säure) auf das Alkoholat (eine Base) bildet ein Carboxylat-Anion. Weil die Nukleophilie des Alkohols zu gering ist, um mit dem Carboxylat-Anion (einem extrem schlechten Elektrophil) zu reagieren, findet die Rückreaktion nicht statt; dieser Schritt ist irreversibel:

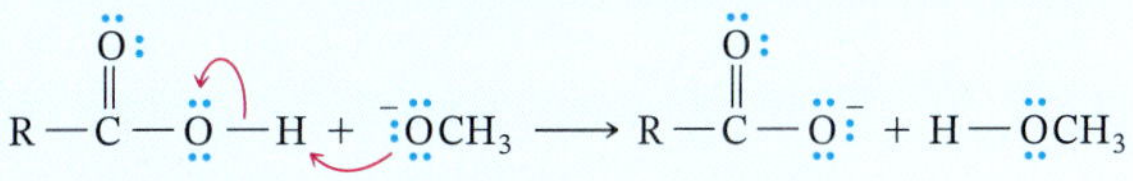

$$R-\overset{\overset{\displaystyle \ddot{O}:}{\|}}{C}-\ddot{O}-H + {}^-\!\!:\!\ddot{O}CH_3 \longrightarrow R-\overset{\overset{\displaystyle \ddot{O}:}{\|}}{C}-\ddot{O}\!:^- + H-\ddot{O}CH_3$$

Zwischen der Hydrolyse eines Esters in wässriger Säure und der in wässriger Base gibt es zwei wesentliche Unterschiede:

1. Bei der wässrig-sauren Hydrolyse wird die Säure nur in katalytischer Menge benötigt. Bei einer Hydrolyse in wässriger Base wird die Base in äquimolarer Menge benötigt; sie ist ein Reagenz, nicht nur ein Katalysator.
2. Die Hydrolyse eines Esters in wässriger Säure ist reversibel. Die Hydrolyse in wässriger Base ist irreversibel, weil die Rückreaktion – der Angriff des Alkohols am Carboxylat – nicht stattfindet.

Beispiel 14.2 Vervollständigen Sie die folgenden Reaktionsgleichungen, gleichen Sie diese stöchiometrisch korrekt aus und geben Sie alle Produkte so an, wie sie in wässriger NaOH vorliegen:

(a) Ph–C(=O)–O–CH(CH₃)₂ + NaOH $\xrightarrow{H_2O}$

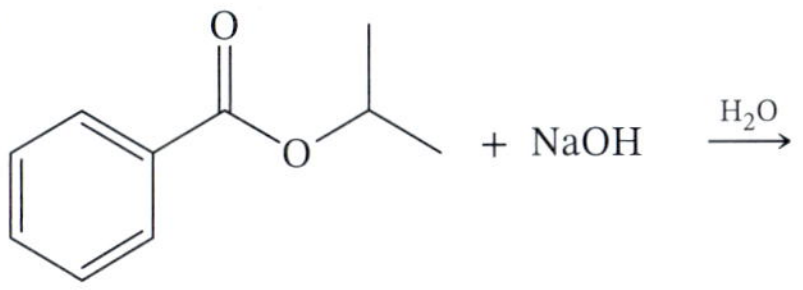

(b) CH₃–C(=O)–O–CH₂–CH₂–O–C(=O)–CH₃ + 2 NaOH $\xrightarrow{H_2O}$

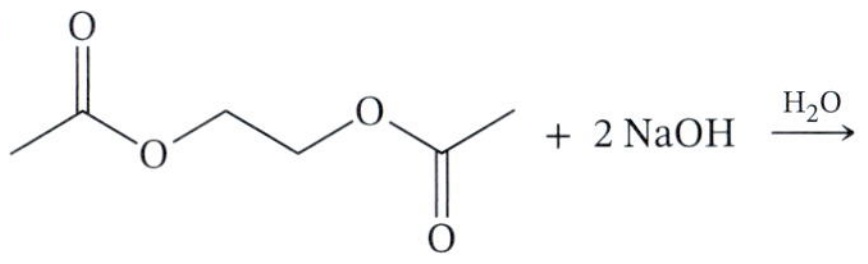

Vorgehensweise

Bei der Hydrolyse eines Esters entsteht aus jeder Estergruppe der Verbindung ein Carboxylat und ein Alkohol. In wässriger Base wird für jede Estergruppe ein Äquivalent NaOH verbraucht.

Lösung

Die Produkte aus der Hydrolyse in (a) sind Benzoesäure und 2-Propanol. In wässriger NaOH wird die Benzoesäure in ihr Natriumsalz überführt; es wird ein Äquivalent NaOH für die Hydrolyse des Esters verbraucht. In (b) wird ein Diester von Ethylenglykol umgesetzt; dafür sind zwei Äquivalente NaOH erforderlich.

(a) Natriumbenzoat + 2-Propanol (Isopropanol)

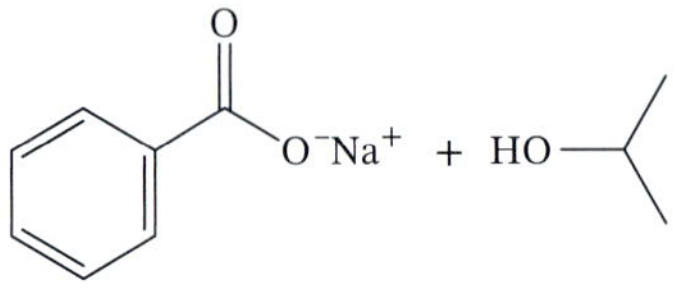

(b) $2\ CH_3CO^-Na^+$ (Natriumacetat) + $HOCH_2CH_2OH$ (1,2-Ethandiol, Ethylenglykol)

Siehe Aufgabe 14.7.

14.3.4 Amide

Für die Hydrolyse von Amiden – sowohl im Sauren als auch im Basischen – sind deutlich drastischere Bedingungen erforderlich als für die Hydrolyse von Estern. In heißer wässriger Säure entstehen bei der Hydrolyse von Amiden die entsprechenden Carbonsäuren und Ammoniak (oder ein Amin). Das Gleichgewicht in dieser Reaktion liegt vollständig auf der rechten Seite, weil der Hydrolyse eine Säure-Base-Reaktion zwischen Ammoniak oder dem Amin und der Säure unter Bildung des entsprechenden Ammoniumsalzes nachfolgt. Daher wird bei der Hydrolyse eines Amids pro Amidgruppe ein Äquivalent Säure verbraucht.

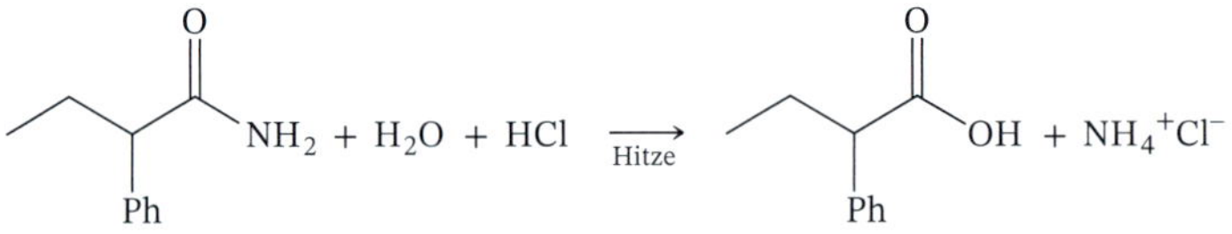

2-Phenylbutanamid + H_2O + HCl $\xrightarrow{\text{Hitze}}$ 2-Phenylbutansäure + $NH_4^+Cl^-$

Bei der Hydrolyse eines Amids in wässriger Base entstehen ein Carboxylat-Ion und Ammoniak oder ein Amin. Auch hier liegt das Gleichgewicht vollständig auf der rechten Seite, weil die Carbonsäure mit der Base in einer Säure-Base-Reaktion zu einem Carboxylat weiterreagiert. Für jede Amidgruppe wird daher auch hier ein Äquivalent Base verbraucht.

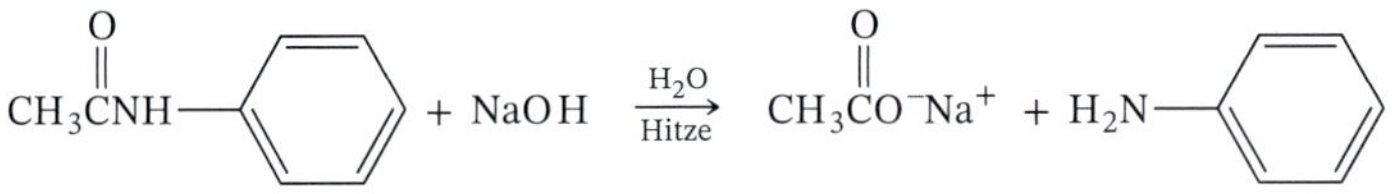

N-Phenylethanamid (N-Phenylacetamid, Acetanilid) + NaOH $\xrightarrow[\text{Hitze}]{H_2O}$ $CH_3CO^-Na^+$ (Natriumacetat) + H_2N–Anilin

In Tab. 14.1 sind die Reaktionen der Carbonsäurederivate mit Wasser noch einmal zusammengefasst. Zu beachten ist vor allem, dass – auch wenn alle funktionellen Gruppen mit Wasser reagieren – große Unterschiede in den dafür erforderlichen Reaktionsbedingungen und in den Reaktionsgeschwindigkeiten bestehen.

Tab. 14.1 Übersicht über die Reaktionen von Säurechloriden, Anhydriden, Estern und Amiden mit Wasser.

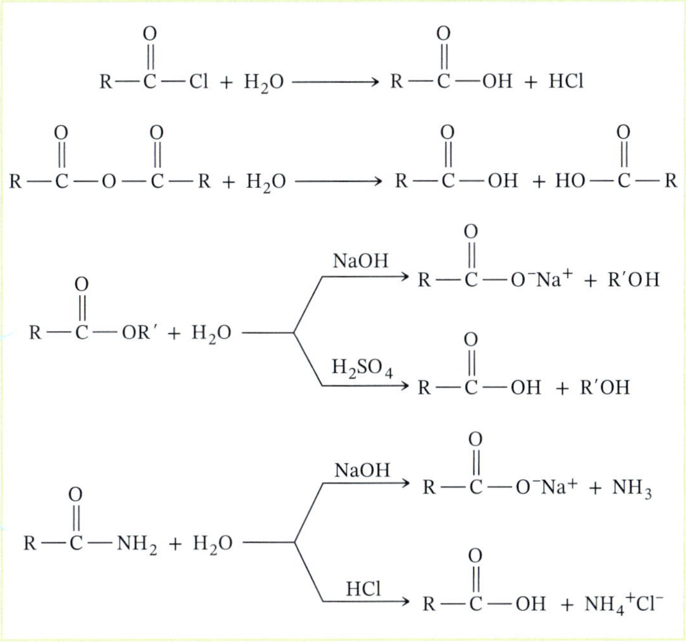

$$R-\overset{O}{\underset{\|}{C}}-Cl + H_2O \longrightarrow R-\overset{O}{\underset{\|}{C}}-OH + HCl$$

$$R-\overset{O}{\underset{\|}{C}}-O-\overset{O}{\underset{\|}{C}}-R + H_2O \longrightarrow R-\overset{O}{\underset{\|}{C}}-OH + HO-\overset{O}{\underset{\|}{C}}-R$$

$$R-\overset{O}{\underset{\|}{C}}-OR' + H_2O \begin{array}{c} \xrightarrow{NaOH} R-\overset{O}{\underset{\|}{C}}-O^-Na^+ + R'OH \\ \xrightarrow{H_2SO_4} R-\overset{O}{\underset{\|}{C}}-OH + R'OH \end{array}$$

$$R-\overset{O}{\underset{\|}{C}}-NH_2 + H_2O \begin{array}{c} \xrightarrow{NaOH} R-\overset{O}{\underset{\|}{C}}-O^-Na^+ + NH_3 \\ \xrightarrow{HCl} R-\overset{O}{\underset{\|}{C}}-OH + NH_4^+Cl^- \end{array}$$

Ester und Amide erfordern saure oder basische Bedingungen für ihre Hydrolyse.

Beispiel 14.3 Formulieren Sie Reaktionsgleichungen für die Hydrolyse dieser Amide in konzentrierter wässriger HCl (Salzsäure), zeichnen Sie dabei die Produkte in der Form, in der sie in wässriger HCl vorliegen, und geben Sie an, wie viele Äquivalente HCl man jeweils benötigt:

(a) 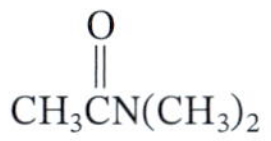 $CH_3\overset{O}{\underset{\|}{C}}N(CH_3)_2$

(b) 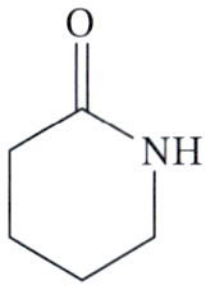 δ-Valerolactam (cyclisches Amid mit NH)

Vorgehensweise
Bei der Hydrolyse eines Amids entstehen aus jeder Amidgruppe der Verbindung eine Carboxygruppe und ein Äquivalent Ammoniumchlorid. Dabei wird für jede Amidgruppe ein Äquivalent NaOH (basische Bedingungen) bzw. HCl (saure Bedingungen) verbraucht.

Lösung
(a) Bei der Hydrolyse von *N,N*-Dimethylacetamid entstehen Essigsäure und Dimethylamin. Die Base Dimethylamin wird von HCl protoniert und bildet ein Dimethylammonium-Ion, das in der folgenden stöchiometrisch ausgeglichenen Reaktionsgleichung als Dimethylammoniumchlorid formuliert ist. Bei der vollständigen Hydrolyse dieses Amids wird ein Äquivalent HCl verbraucht.

$$CH_3\overset{O}{\underset{\|}{C}}N(CH_3)_2 + H_2O + HCl \xrightarrow{Hitze} CH_3\overset{O}{\underset{\|}{C}}OH + (CH_3)_2NH_2^+Cl^-$$

(b) Die Hydrolyse dieses δ-Lactams führt zur protonierten Form der 5-Aminopentansäure. Auch hier wird bei der Hydrolyse des Lactams ein Äquivalent HCl verbraucht.

14 Funktionelle Derivate der Carbonsäuren

Siehe Aufgaben 14.8 und 14.20.

14.4 Wie reagieren Carbonsäurederivate mit Alkoholen?

14.4.1 Säurechloride

Säurechloride reagieren mit Alkoholen zu Estern und HCl:

Butansäurechlorid + Cyclohexanol → Butansäurecyclohexylester + HCl

Weil Carbonsäurechloride auch gegenüber so schwachen Nukleophilen wie Alkoholen sehr reaktiv sind, ist für diese Reaktion kein Katalysator erforderlich. Auch Phenol und substituierte Phenole reagieren mit Säurechloriden zu den entsprechenden Estern.

14.4.2 Säureanhydride

Carbonsäureanhydride reagieren mit Alkoholen unter Bildung eines Äquivalents eines Esters und eines Äquivalents der entsprechenden Carbonsäure.

CH_3COCCH_3 + $HOCH_2CH_3$ → $CH_3COCH_2CH_3$ + CH_3COH
Essigsäureanhydrid + Ethanol → Essigsäureethylester + Essigsäure

Die Reaktion von Alkoholen mit Anhydriden ist eine nützliche Methode zur Synthese von Estern. So wird Aspirin großtechnisch durch Umsetzung von Essigsäureanhydrid mit Salicylsäure hergestellt:

2-Hydroxybenzoesäure (Salicylsäure) + Essigsäureanhydrid → Acetylsalicylsäure (Aspirin) + Essigsäure

14.4.3 Ester

Werden Ester in Gegenwart eines Säurekatalysators mit einem Alkohol umgesetzt, findet eine Reaktion statt, die man als **Umesterung** bezeichnet. Hierbei wird die ursprüngliche OR-Gruppe durch eine andere OR-Gruppe ersetzt. Im folgenden Beispiel kann man die Umesterung zur Vollständigkeit treiben, indem man die Reaktion bei einer Temperatur oberhalb der Siedetemperatur von Methanol durchführt (65 °C), sodass das entstehende Methanol aus der Reaktionslösung abdestilliert wird:

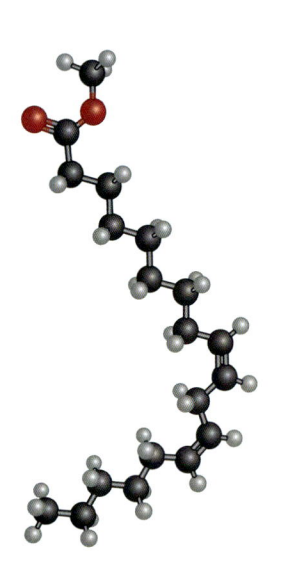

Linolsäuremethylester wird als Biodiesel verwendet; er kann durch eine Umesterung hergestellt werden.

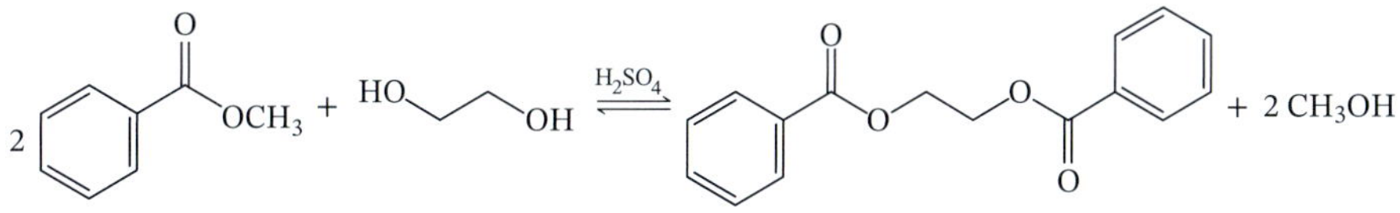

2 PhC(O)OCH₃ + HO-CH₂CH₂-OH ⇌ (H₂SO₄) PhC(O)O-CH₂CH₂-OC(O)Ph + 2 CH₃OH

Benzoesäure-   1,2-Ethandiol   (ein Diester von Ethylenglykol)
methylester   (Ethylenglykol)

14.4.4 Amide

Welche Reaktionsbedingungen man auch anwendet – Amide reagieren nicht mit Alkoholen. Die Nukleophilie der Alkohole ist zu gering, als dass sie an der wenig elektrophilen Carbonylgruppe eines Amids angreifen könnten.

Die Reaktionen der hier besprochenen Carbonsäurederivate mit Alkoholen sind in Tab. 14.2 noch einmal zusammengefasst. Wie bei den Reaktionen mit Wasser (Abschn. 14.3) gibt es auch für die Reaktionen mit Alkoholen große Unterschiede in den Reaktionsgeschwindigkeiten und den für eine Umsetzung erforderlichen Reaktionsbedingungen. Auf der einen Seite stehen hier die Reaktionen der Säurechloride und der Anhydride, die sehr rasch ablaufen, auf der anderen die Reaktion der Amide, die gar nicht stattfindet.

Tab. 14.2 Übersicht über die Reaktionen von Säurechloriden, Anhydriden, Estern und Amiden mit Alkoholen.

R–C(O)–Cl + R″OH ⟶ R–C(O)–OR″ + HCl   R–C(O)–OR′ + R″OH ⇌ (H₂SO₄) R–C(O)–OR″ + R′OH

R–C(O)–O–C(O)–R + R″OH ⟶ R–C(O)–OR″ + HO–C(O)–R   R–C(O)–NH₂ + R″OH ⟶ keine Reaktion

Beispiel 14.4 Vervollständigen Sie die folgenden Reaktionsgleichungen:

(a) [Cyclisches Lacton, 8-Ring] + CH₃CH₂OH →(H₂SO₄)

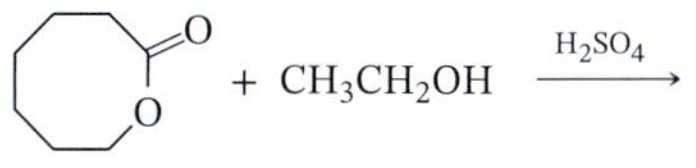

(b) [Cl–C(O)–Cl] + HO-CH₂CH₂-OH ⟶

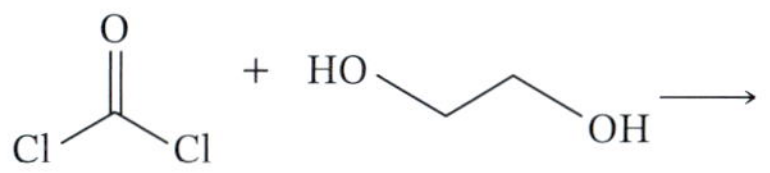

Vorgehensweise

Säurechloride, Anhydride und Ester reagieren mit Alkoholen (HOR′) in einer nukleophilen Substitution; insgesamt werden das Halogenatom oder die OC(O)R- bzw. OR-Gruppe durch die OR′-Gruppe aus dem Alkohol ersetzt.

Lösung

(a) [Lacton] + CH₃CH₂OH →(H₂SO₄) HO–(CH₂)₆–C(O)–OCH₂CH₃

Dies ist eine Umesterung.

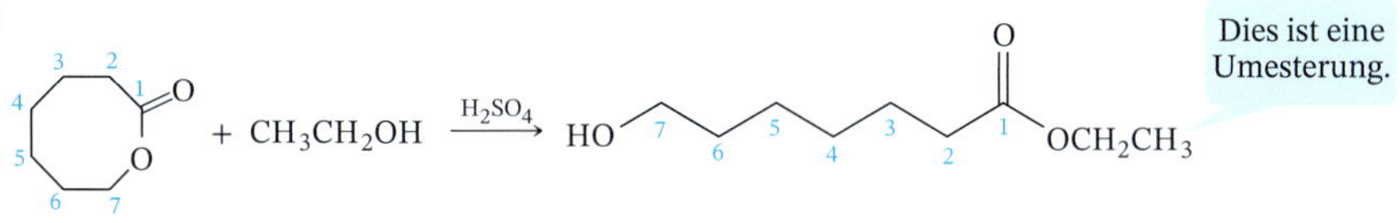

(b) Cl–C(O)–Cl + HO-CH₂CH₂-OH ⟶ [Ethylencarbonat, cyclisch] + 2 HCl

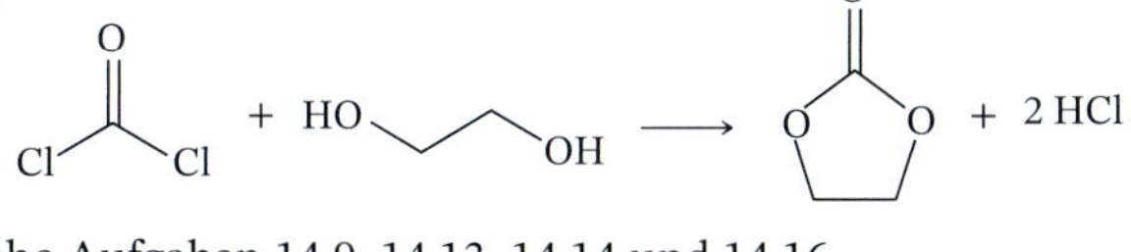

Siehe Aufgaben 14.9, 14.13, 14.14 und 14.16.

Exkurs: 14.D Pyrethrine – natürliche Insektizide pflanzlichen Ursprungs

Pyrethrum ist ein natürliches Insektizid, das aus den gemahlenen Blüten verschiedener *Chrysanthemum*-Arten, insbesondere aus *C. cinerariaefolium*, gewonnen wird. Die aktiven Bestandteile des Pyrethrums, die Pyrethrine I und II, sind Kontaktgifte für Insekten und wechselwarme Wirbeltiere. Weil die in Pyrethrumpulver verwendete Konzentration an Insektiziden aus Chrysanthemen für Pflanzen und höhere Tiere ungiftig ist, wird Pyrethrumpulver in Sprays für den Haushalt und in der Viehzucht und als Pulver zur Behandlung von Nahrungspflanzen verwendet. Natürliche Pyrethrine sind Ester der Chrysanthemumsäure.

Pyrethrumpulver ist zwar ein wirksames Insektizid, seine aktiven Komponenten werden in der Umwelt aber sehr schnell abgebaut. Im Bemühen, synthetische Verbindungen zu entwickeln, die ebenso wirksam wie die natürlichen Wirkstoffe sind, dabei aber eine größere Halbwertszeit in der Umwelt besitzen, wurden verschiedene Ester hergestellt, die der Chrysanthemumsäure strukturell ähneln. Permethrin ist das im Haushalt und in der Viehzucht am häufigsten eingesetzte synthetische Pyrethroid; es ist auch als Mittel zur Behandlung von Scabies (Krätze) und gegen Kopfläuse zugelassen.

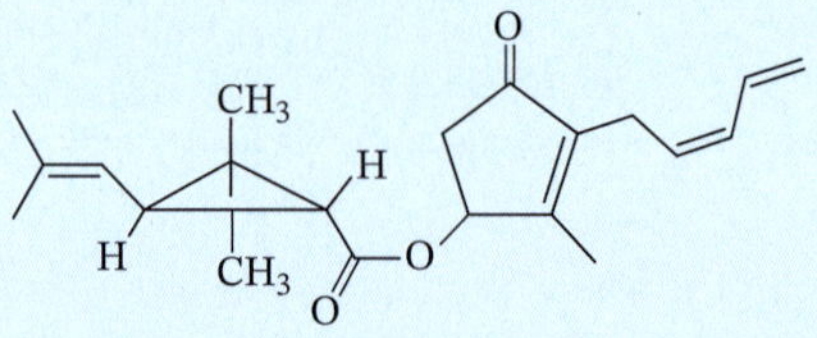

Aufgabe
Welche Produkte würden bei der Hydrolyse von Pyrethrin I und Permethrin entstehen?

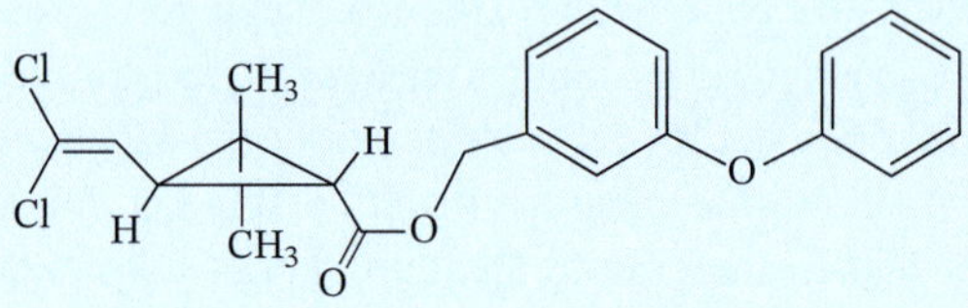

14.5 Wie reagieren Carbonsäurederivate mit Ammoniak und Aminen?

14.5.1 Säurechloride

Säurechloride reagieren mit Ammoniak oder primären sowie sekundären Aminen rasch zu Amiden. Für einen vollständigen Umsatz in der Reaktion eines Säurechlorids zu einem Amid ist es erforderlich, zwei Äquivalente Ammoniak oder Amin einzusetzen: eines, das im Amid gebunden wird und eines, das den gebildeten Chlorwasserstoff neutralisiert.

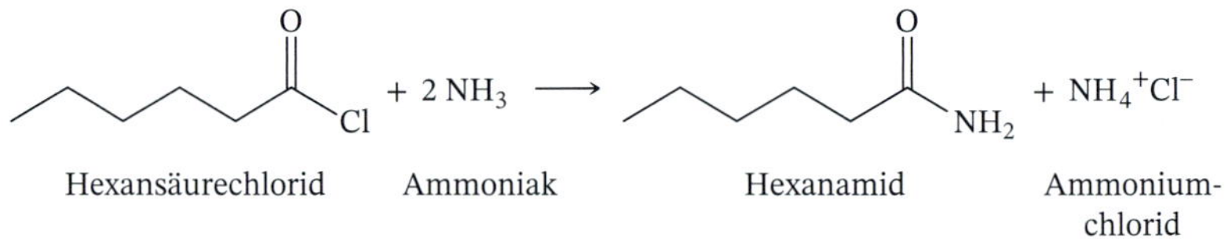

Hexansäurechlorid + 2 NH$_3$ → Hexanamid + NH$_4^+$Cl$^-$

14.5.2 Säureanhydride

Säureanhydride reagieren mit Ammoniak oder primären sowie sekundären Aminen zu Amiden. Wie auch bei den Säurechloriden werden zwei Äquivalente Ammoniak bzw. Amin benötigt – eines, das zum Amid reagiert und eines, das die gleichzeitig entstehende Carbonsäure neutralisiert. Um deutlich zu machen, was im Detail passiert, ist die folgende Umsetzung eines Anhydrids mit Ammoniak in zwei Teilreaktionen und zusätzlich als Gesamtreaktion formuliert:

$$\text{CH}_3\overset{\overset{O}{\|}}{\text{C}}\text{O}\overset{\overset{O}{\|}}{\text{C}}\text{CH}_3 + \text{NH}_3 \longrightarrow \text{CH}_3\overset{\overset{O}{\|}}{\text{C}}\text{NH}_2 + \text{CH}_3\overset{\overset{O}{\|}}{\text{C}}\text{OH}$$

$$\text{CH}_3\overset{\overset{O}{\|}}{\text{C}}\text{OH} + \text{NH}_3 \longrightarrow \text{CH}_3\overset{\overset{O}{\|}}{\text{C}}\text{O}^-\text{NH}_4^+$$

$$\overline{\text{CH}_3\overset{\overset{O}{\|}}{\text{C}}\text{O}\overset{\overset{O}{\|}}{\text{C}}\text{CH}_3 + 2\,\text{NH}_3 \longrightarrow \text{CH}_3\overset{\overset{O}{\|}}{\text{C}}\text{NH}_2 + \text{CH}_3\overset{\overset{O}{\|}}{\text{C}}\text{O}^-\text{NH}_4^+}$$

14.5.3 Ester

Ester reagieren mit Ammoniak oder primären sowie sekundären Aminen zu Amiden:

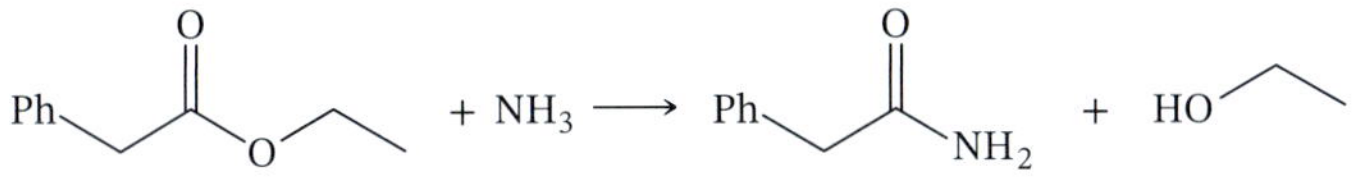

Ph–CH₂–C(=O)–O–CH₂CH₃ + NH₃ ⟶ Ph–CH₂–C(=O)–NH₂ + HO–CH₂CH₃

Phenylessigsäureethylester   Phenylacetamid   Ethanol

Weil Alkoholate im Vergleich zu Halogeniden oder Carboxylaten schlechte Austrittsgruppen sind, sind Ester weniger reaktiv als Säurechloride oder Anhydride, wenn sie mit Ammoniak oder primären/sekundären Aminen umgesetzt werden.

14.5.4 Amide

Amide reagieren nicht mit Ammoniak oder Aminen.

In Tab. 14.3 sind die Reaktionen der hier besprochenen Carbonsäurederivate mit Ammoniak oder Aminen noch einmal zusammengefasst.

Tab. 14.3 Übersicht über die Reaktionen von Säurechloriden, Anhydriden, Estern und Amiden mit Ammoniak oder Aminen.

$$R-\overset{\overset{O}{\|}}{C}-Cl + 2\,\text{NH}_3 \longrightarrow R-\overset{\overset{O}{\|}}{C}-\text{NH}_2 + \text{NH}_4^+\text{Cl}^-$$

$$R-\overset{\overset{O}{\|}}{C}-O-\overset{\overset{O}{\|}}{C}-R + 2\,\text{NH}_3 \longrightarrow R-\overset{\overset{O}{\|}}{C}-\text{NH}_2 + R-\overset{\overset{O}{\|}}{C}-O^-\text{NH}_4^+$$

$$R-\overset{\overset{O}{\|}}{C}-OR' + \text{NH}_3 \longrightarrow R-\overset{\overset{O}{\|}}{C}-\text{NH}_2 + R'OH$$

$$R-\overset{\overset{O}{\|}}{C}-\text{NH}_2 \quad \text{keine Reaktion mit Ammoniak oder Aminen}$$

Beispiel 14.5 Vervollständigen Sie die folgenden Reaktionsgleichungen (die Stöchiometrie ist jeweils angegeben):

(a) Butansäureethylester + NH₃ ⟶

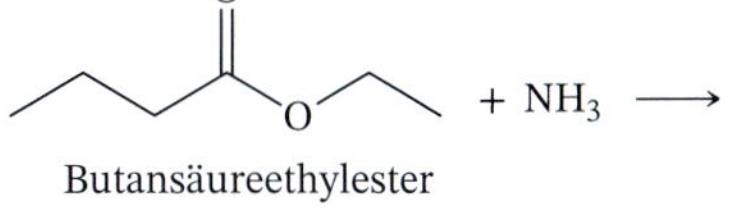

(b) Kohlensäurediethylester + 2 NH₃ ⟶

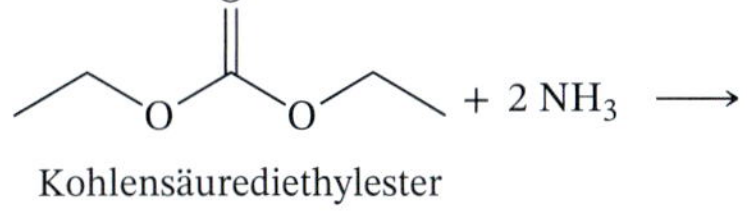

Vorgehensweise

Säurechloride, Anhydride und Ester reagieren mit Ammoniak oder Aminen in einer nukleophilen Substitution; insgesamt werden das Halogenatom bzw. die OC(O)R- oder OR-Gruppe durch die NH$_2$-Gruppe aus Ammoniak bzw. die NHR- oder NR$_2$-Gruppe aus dem Amin ersetzt.

Lösung

(a)

$$\text{CH}_3\text{CH}_2\text{CH}_2\text{C(O)NH}_2 + \text{CH}_3\text{CH}_2\text{OH}$$

Butanamid

(b)

$$\text{H}_2\text{N-C(O)-NH}_2 + 2\,\text{CH}_3\text{CH}_2\text{OH}$$

Harnstoff

Siehe Aufgaben 14.10, 14.15, 14.16, 14.18 und 14.22.

14.6 Wie kann man funktionelle Derivate von Carbonsäuren ineinander umwandeln?

In den letzten Abschnitten haben wir gesehen, dass Säurechloride die reaktivsten Carbonylderivate in einer nukleophilen Acylsubstitution sind, wohingegen Amide am reaktionsträgsten sind:

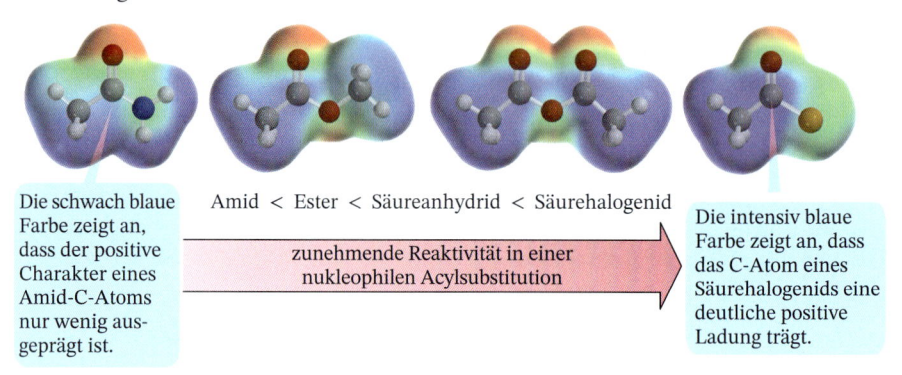

Die schwach blaue Farbe zeigt an, dass der positive Charakter eines Amid-C-Atoms nur wenig ausgeprägt ist.

Amid < Ester < Säureanhydrid < Säurehalogenid

zunehmende Reaktivität in einer nukleophilen Acylsubstitution

Die intensiv blaue Farbe zeigt an, dass das C-Atom eines Säurehalogenids eine deutliche positive Ladung trägt.

Eine alternative Sicht auf die relativen Reaktivitäten der hier behandelten Carbonsäurederivate findet sich zusammengefasst in Abb. 14.1. Jede funktionelle Gruppe in dieser Darstellung kann aus den darüber angeordneten funktionellen Gruppen hergestellt werden, indem diese mit dem entsprechenden Sauerstoff- oder Stickstoffnukleophil umgesetzt werden. So kann zum Beispiel ein Säurechlorid in ein Säureanhydrid, einen Ester, ein Amid oder eine Carbonsäure überführt werden; umgekehrt können aber Säureanhydride, Ester oder Amide nicht mit einem Chlorid-Ion zu einem Säurechlorid umgesetzt werden.

Man beachte, dass alle Carbonsäurederivate in die entsprechende Carbonsäure überführt werden können und diese ihrerseits zum Säurechlorid umgesetzt werden kann. Letztlich kann als jedes Säurederivat aus jedem anderen hergestellt werden, entweder direkt oder über den Umweg der Carbonsäure.

14.7 Wie reagieren Ester mit Grignard-Reagenzien?

Setzt man einen Ameisensäureester mit zwei Äquivalenten eines Grignard-Reagenzes um und hydrolysiert das dabei entstehende Magnesiumalkoholat mit wässriger Säure, so erhält man einen sekundären Alkohol. Wird ein anderer, nicht von Ameisensäure abgeleiteter Ester mit zwei Äquivalenten eines Grignard-Reagenzes umgesetzt, erhält

14.7 Wie reagieren Ester mit Grignard-Reagenzien?

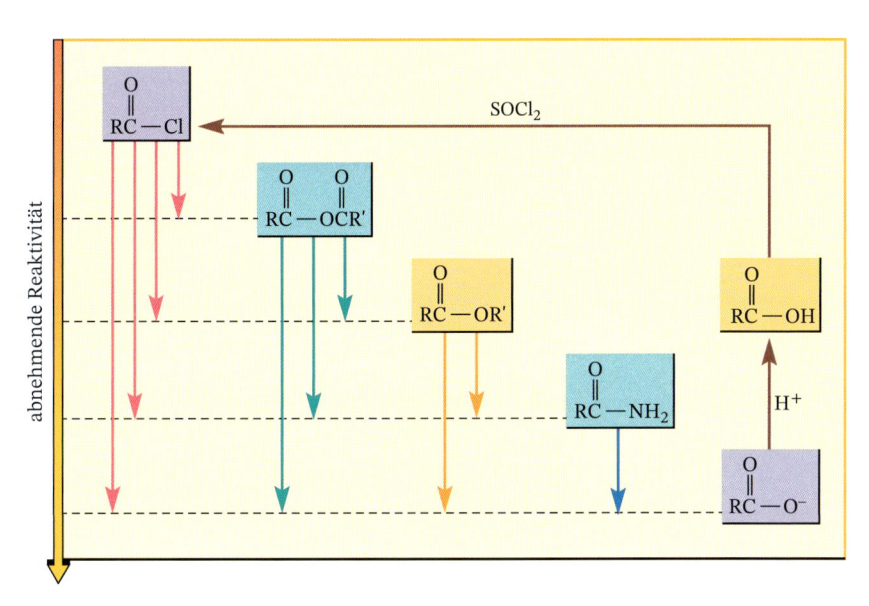

Abb. 14.1 Relative Reaktivitäten von Carbonsäurederivaten in Additions-Eliminierungs-Reaktionen. Die reaktiveren Derivate können durch Umsetzung mit einem geeigneten Reagenz in die weniger reaktiven Derivate überführt werden. Setzt man eine Carbonsäure mit Thionylchlorid um, so erhält man das reaktivere Säurechlorid. Carbonsäuren sind unter sauren Bedingungen etwa so reaktiv wie Ester, bilden aber unter basischen Bedingungen die unreaktiven Carboxylate.

Exkurs: 14.E Gezielte Resistenzbildung in Pflanzen

Pflanzenschutzmittel werden in der Landwirtschaft häufig eingesetzt, um Pflanzen vor schädlichen Krankheitserregern zu schützen. Pflanzenphysiologen haben jedoch herausgefunden, dass einige Pflanzenarten auch in der Lage sind, selbst Abwehrmechanismen gegen Pathogene zu entwickeln. Das Tabakmosaikvirus (TMV) ist für Pflanzen wie Tabakpflanzen, Gurken und Tomaten ein besonders verheerender Krankheitserreger. Man hat nun festgestellt, dass bestimmte Stämme dieser Pflanzen große Mengen an Salicylsäure produzieren, wenn sie vom TMV befallen werden. Bei einer Infektion treten in diesen Pflanzen auch Blattschädigungen auf, die dazu beitragen, dass die Infektion auf die befallenen Areale begrenzt bleibt. Außerdem fand man, dass auch die Nachbarpflanzen analoge Resistenzen gegen das TMV entwickelten. Anscheinend wandeln die infizierten Pflanzen die Salicylsäure in den entsprechenden Methylester um, übermitteln diesen als Botenstoff an die benachbarten Pflanzen und „warnen" diese so vor der Gefahr:

Salicylsäure ⟶ Salicylsäuremethylester

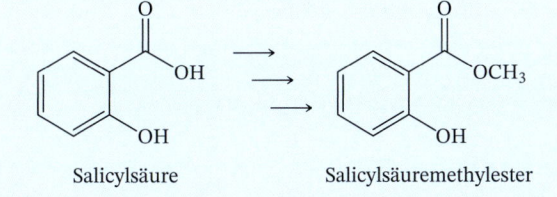

Tabakpflanzen. [Quelle: © punyafamily/Getty Images.]

Salicylsäuremethylester hat einen niedrigeren Siedepunkt und einen höheren Dampfdruck als Salicylsäure und kann daher aus der infizierten Pflanze gasförmig in die Luft austreten. Trifft er auf eine Pflanze in der Umgebung, dient er ihr als Signal, die eigenen Abwehrmaßnahmen gegen das TMV zu verstärken.

Aufgabe

Eine frühere Hypothese zu diesem Thema war, dass die Tabakpflanze zwei Äquivalente Salicylsäure (molare Masse 138.12 g/mol) in einer nukleophilen Acylsubstitution zu einer Verbindung mit einer molaren Masse von 240.21 g/mol umsetzen kann, die eine geringere Polarität als Salicylsäure aufweist. Um welche Verbindung könnte es sich hierbei handeln?

man einen tertiären Alkohol, in dem zwei der an das C-Atom mit der OH-Gruppe gebundenen Reste gleich sind:

$$\text{H}\overset{\overset{\text{O}}{\|}}{\text{C}}\text{OCH}_3 + 2\,\text{RMgX} \longrightarrow \text{Magnesium-alkoholat} \xrightarrow{\text{H}_2\text{O, HCl}} \text{H}\overset{\overset{\text{OH}}{|}}{\underset{\underset{\text{R}}{|}}{\text{C}}}\!-\!\text{R} + \text{CH}_3\text{OH}$$

ein Ameisensäureester   ein sekundärer Alkohol

$$\text{CH}_3\overset{\overset{\text{O}}{\|}}{\text{C}}\text{OCH}_3 + 2\,\text{RMgX} \longrightarrow \text{Magnesium-alkoholat} \xrightarrow{\text{H}_2\text{O, HCl}} \text{CH}_3\overset{\overset{\text{OH}}{|}}{\underset{\underset{\text{R}}{|}}{\text{C}}}\!-\!\text{R} + \text{CH}_3\text{OH}$$

ein nicht von Ameisensäure abgeleiteter Ester   ein tertiärer Alkohol

In der Reaktion eines Esters mit einer Grignard-Verbindung werden hintereinander zwei tetraedrische Zwischenstufen durchlaufen. Die erste Zwischenstufe zerfällt und bildet eine neue Carbonylverbindung – einen Aldehyd, wenn man von einem Ameisensäureester ausgeht, und ein Keton ausgehend von allen anderen Estern. Das zweite Intermediat ist stabil und ergibt nach Protonierung den entsprechenden Alkohol. Es ist wichtig, sich vor Augen zu führen, dass man ausgehend von einem Ester durch Umsetzung mit einem Grignard-Reagenz weder einen Aldehyd noch ein Keton herstellen kann. Beide sind reaktiver als der eingesetzte Ester und reagieren sofort in der oben beschriebenen Weise zu einem sekundären bzw. tertiären Alkohol weiter.

Mechanismus: Reaktion eines Esters mit einem Grignard-Reagenz

1. Schritt: *Reaktion eines Nukleophils mit einem Elektrophil unter Bildung einer neuen kovalenten Bindung*

Das erste Äquivalent der Grignard-Verbindung greift am Carbonyl-C-Atom an; es bildet sich eine tetraedrische Zwischenstufe:

$$\text{CH}_3\!-\!\overset{\overset{\ddot{\text{O}}:}{\|}}{\text{C}}\!-\!\ddot{\text{O}}\text{CH}_3 + \text{R}\!-\!\text{MgX} \longrightarrow \text{CH}_3\!-\!\overset{\overset{:\ddot{\text{O}}:^-\,[\text{MgX}]^+}{|}}{\underset{\underset{\text{R}}{|}}{\text{C}}}\!-\!\ddot{\text{O}}\text{CH}_3$$

(ein Elektrophil)   (ein Nukleophil)   ein Magnesiumsalz (eine tetraedrische Zwischenstufe)

2. Schritt: *Zerfall der tetraedrischen Zwischenstufe unter Freisetzung einer Austrittsgruppe und Rückbildung der Carbonylgruppe*

Das Intermediat zerfällt unter Austritt eines Magnesiumalkoholats und bildet eine neue Carbonylverbindung aus.

$$\text{CH}_3\!-\!\overset{\overset{:\ddot{\text{O}}:^-\,[\text{MgX}]^+}{|}}{\underset{\underset{\text{R}}{|}}{\text{C}}}\!-\!\ddot{\text{O}}\text{CH}_3 \longrightarrow \text{CH}_3\!-\!\overset{\overset{\ddot{\text{O}}:}{\|}}{\underset{\underset{\text{R}}{|}}{\text{C}}} + \text{CH}_3\ddot{\text{O}}:^-\,[\text{MgX}]^+$$

ein Keton

3. Schritt: *Reaktion eines Nukleophils mit einem Elektrophil unter Bildung einer neuen kovalenten Bindung*

Die Carbonylgruppe wird von einem zweiten Äquivalent der Grignard-Verbindung angegriffen und es bildet sich erneut eine tetraedrische Zwischenstufe:

$$\text{CH}_3\!-\!\overset{\overset{\ddot{\text{O}}:}{\|}}{\underset{\underset{\text{R}}{|}}{\text{C}}} + \text{R}\!-\!\text{MgX} \longrightarrow \text{CH}_3\!-\!\overset{\overset{:\ddot{\text{O}}:^-\,[\text{MgX}]^+}{|}}{\underset{\underset{\text{R}}{|}}{\text{C}}}\!-\!\text{R}$$

ein Keton (ein Elektrophil)   (ein Nukleophil)   ein Magnesiumalkoholat

4. Schritt: *Protonierung*

Bei der Aufarbeitung mit wässriger Säure entsteht ein tertiärer Alkohol (bzw. ein sekundärer Alkohol, wenn mit einem Ameisensäureester begonnen wurde):

$$\underset{\text{ein Magnesiumalkoholat}}{\text{CH}_3-\underset{\text{R}}{\overset{:\ddot{O}:^- [\text{MgX}]^+}{\underset{|}{C}}}-\text{R}} \quad \xrightarrow{\text{H}-\overset{+}{\underset{|}{\text{O}}}-\text{H}} \quad \underset{\text{ein tertiärer Alkohol}}{\text{CH}_3-\underset{\text{R}}{\overset{:\ddot{O}\text{H}}{\underset{|}{C}}}-\text{R}}$$

Beispiel 14.6 Vervollständigen Sie die folgenden Grignard-Reaktionen:

(a) HCOCH$_3$ $\xrightarrow[\text{2) H}_2\text{O, HCl}]{\text{1) 2 } \diagup\!\!\!\diagdown\!\!\!\diagup \text{MgBr}}$

(b) $\diagup\!\!\!\diagdown\!\!\!\diagup$C(O)OCH$_3$ $\xrightarrow[\text{2) H}_2\text{O, HCl}]{\text{1) 2 PhMgBr}}$

Vorgehensweise
Bei der Reaktion einer Grignard-Verbindung mit einem Ester entsteht ein Alkohol, in dem zwei identische Reste (die Reste, die das Grignard-Reagenz mitbringt) an das C-Atom der ehemaligen Carbonylgruppe gebunden sind.

Lösung
In der Reaktionssequenz (a) entsteht ein sekundärer Alkohol und in der Sequenz (b) wird ein tertiärer Alkohol gebildet:

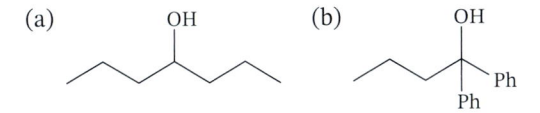

(a) 3-Hexanol (OH)   (b) tertiärer Alkohol mit zwei Ph-Gruppen

Siehe Aufgaben 14.11 und 14.21. ◂

14.8 Wie kann man Carbonsäurederivate reduzieren?

Reduktionen von Carbonylverbindungen werden genau wie bei Aldehyden und Ketonen meist als Hydridübertragungen aus Bor- und Aluminiumhydriden durchgeführt. Wir haben bereits gesehen, dass Natriumborhydrid zur Reduktion der Carbonylgruppen in Aldehyden und Ketonen unter Bildung von Alkoholen verwendet werden kann (Abschn. 12.10.2). Außerdem haben wir gelernt, dass Lithiumaluminiumhydrid nicht nur Aldehyde und Ketone, sondern auch Carboxygruppen in Carbonsäuren zu Alkoholen reduzieren kann (Abschn. 13.5.1).

14.8.1 Ester

Bei der Reduktion eines Carbonsäureesters mit Lithiumaluminiumhydrid entstehen zwei Alkohole. Aus der Acylgruppe entsteht ein primärer Alkohol:

Ph-CH(CH$_3$)-C(=O)-OCH$_3$ $\xrightarrow[\text{2) H}_2\text{O, HCl}]{\text{1) LiAlH}_4\text{, Ether}}$ Ph-CH(CH$_3$)-CH$_2$-OH + CH$_3$OH

2-Phenylpropansäure-methylester   2-Phenyl-1-propanol (ein primärer Alkohol)   Methanol

Natriumborhydrid wird für gewöhnlich jedoch nicht zur Reduktion von Estern eingesetzt, weil die Reaktion damit nur sehr langsam ablaufen würde. Wegen der deutlich geringeren Reaktivität von Natriumborhydrid gegenüber Estern kann mit diesem Reagenz die Carbonylgruppe eines Aldehyds oder Ketons zu einer Hydroxygruppe reduziert werden, ohne eine gleichzeitig in der Verbindung vorliegende Ester- oder Carboxygruppe ebenfalls zu reduzieren.

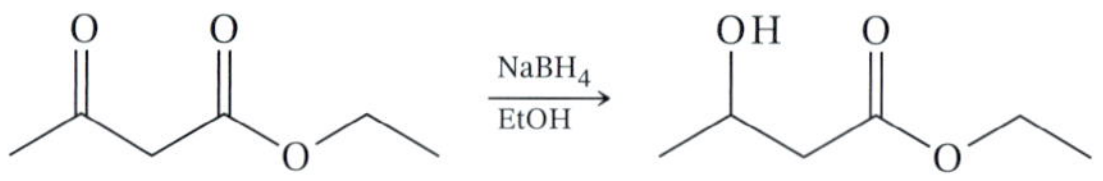

14.8.2 Amide

Wird ein Amid mit Lithiumaluminiumhydrid reduziert, entsteht ein primäres, sekundäres oder tertiäres Amin, je nach Substitutionsgrad des eingesetzten Amids am Stickstoffatom:

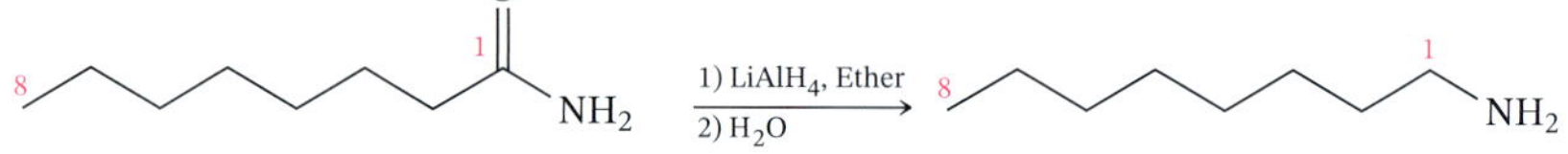

Octanamid → 1-Octanamin (ein primäres Amin)

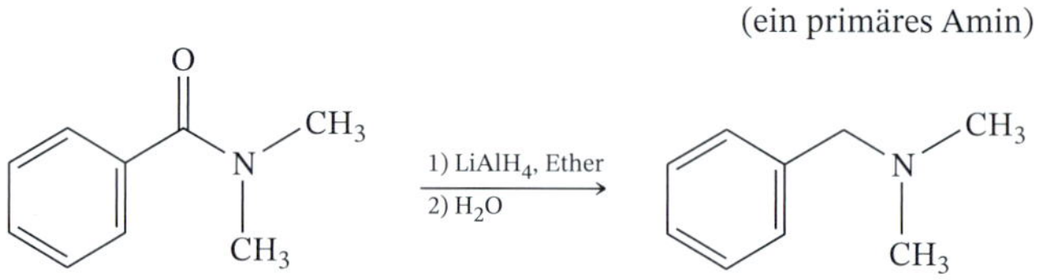

N,N-Dimethylbenzamid → N,N-Dimethylbenzylamin (ein tertiäres Amin)

Beispiel 14.7 Zeigen Sie, wie man die folgenden Umsetzungen realisieren kann:

(a) $C_6H_5COH \longrightarrow C_6H_5CH_2-N\text{(Pyrrolidin)}$

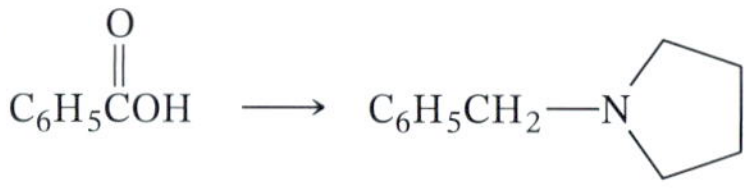

(b) Cyclohexyl-COOH $\longrightarrow$ Cyclohexyl-CH$_2$NHCH$_3$

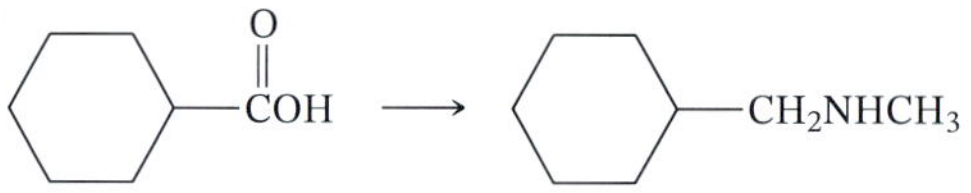

Vorgehensweise
Die Schlüsselreaktionen in beiden Teilaufgaben sind die Überführung einer Carbonsäure in ein Amid (Abschn. 14.5.4) und dessen nachfolgende Reduktion mit LiAlH$_4$ (Abschn. 14.8.2).

Lösung
Beide Amide können hergestellt werden, indem die jeweiligen Carbonsäuren zunächst mit SOCl$_2$ in das entsprechende Säurechlorid überführt werden (Abschn. 13.7) und dieses anschließend mit dem entsprechenden Amin umgesetzt wird (Abschn. 14.5.1). Eine andere Möglichkeit besteht darin, zuerst die Ester durch Fischer-Veresterung der entsprechenden Carbonsäuren herzustellen (Abschn. 13.6) und diese dann mit dem Amin zum jeweiligen Amid umzusetzen. In der Lösung zu (a) wird die Route über das Säurechlorid genutzt; in (b) wird die Esterroute verwendet:

14.8 Wie kann man Carbonsäurederivate reduzieren? | **497**

(a) $C_6H_5\overset{O}{\underset{\|}{C}}OH \xrightarrow{SOCl_2} C_6H_5\overset{O}{\underset{\|}{C}}Cl \xrightarrow{HN\bigcirc} C_6H_5\overset{O}{\underset{\|}{C}}-N\bigcirc \xrightarrow[2)\ H_2O]{1)\ LiAlH_4,\ Ether} C_6H_5CH_2-N\bigcirc$

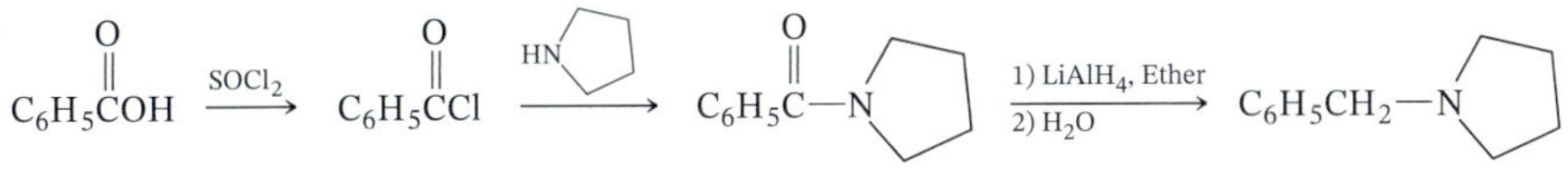

(b) Cyclohexyl-COOH $\xrightarrow{CH_3CH_2OH,\ H^+}$ Cyclohexyl-COOCH$_2$CH$_3$ $\xrightarrow{CH_3NH_2}$

Cyclohexyl-CONHCH$_3$ $\xrightarrow[2)\ H_2O]{1)\ LiAlH_4,\ Ether}$ Cyclohexyl-CH$_2$NHCH$_3$

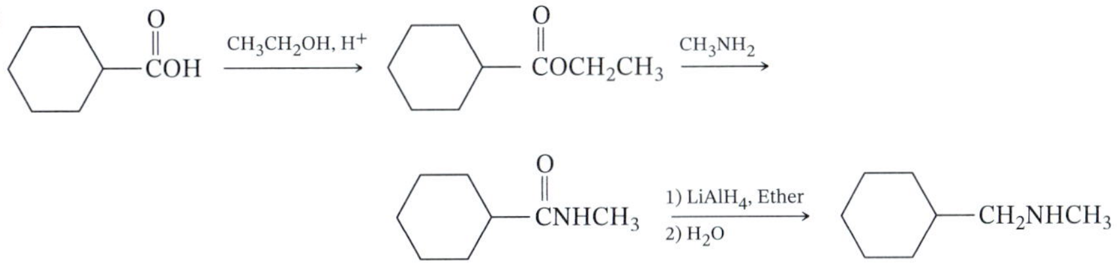

Siehe Aufgaben 14.19, 14.20, 14.24, 14.26 und 14.29. ◢

Gewusst wie: 14.2 Wie man ein mehrstufiges Syntheseproblem angeht

a) Wenn man eine Transformation nicht mit *einer* bekannten chemischen Reaktion realisieren kann, ist es erforderlich, mehrere Reaktionen hintereinander durchzuführen, um die gewünschte Synthese zu erreichen. Um eine solche mehrstufige Synthese zu planen, bedient man sich am besten einer Methode, die man als Retrosynthese bezeichnet. Sie wurde von E.J. Corey in Harvard entwickelt, der (unter anderem) dafür im Jahr 1990 den Nobelpreis für Chemie erhielt. Der Trick bei diesem Verfahren besteht darin, dass man sich vom Zielmolekül ausgehend *rückwärts* bis zu einer möglichen Ausgangsverbindung vorarbeitet.
Die Vorgehensweise soll an folgendem Beispiel demonstriert werden:

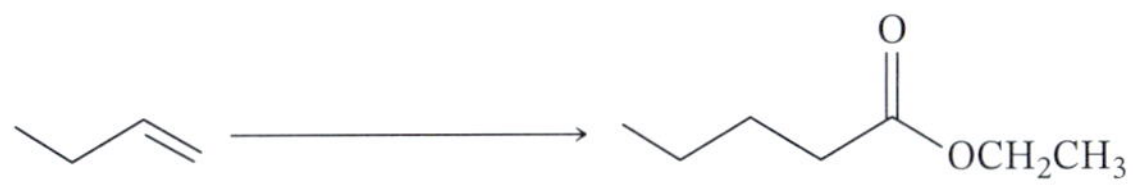

$CH_3CH_2CH=CH_2 \longrightarrow CH_3CH_2CH_2CH_2\overset{O}{\underset{\|}{C}}OCH_2CH_3$

b) Weil es keine einstufige Reaktion gibt, in der ein Alken unter gleichzeitiger Bildung einer C–C-Bindung in einen Ester überführt werden kann, müssen wir gedanklich vom Ester ausgehen und uns rückwärts vorarbeiten. Ein erstes Ziel ist daher, eine Reaktion (oder mehrere Reaktionen) zu identifizieren, mit der man einen Ester synthetisieren kann. Eine solche Reaktion ist die Veresterung nach Fischer:

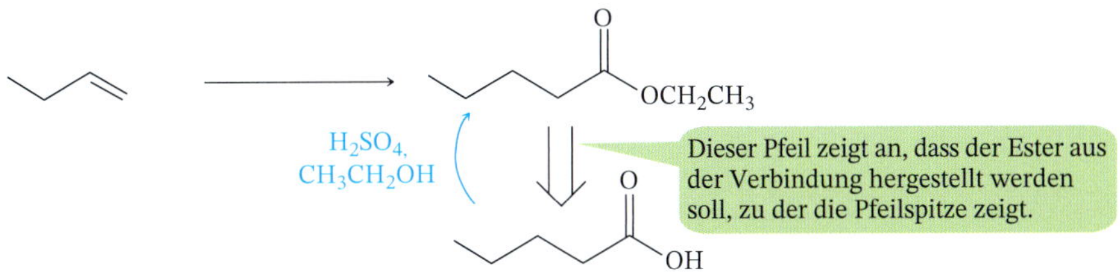

Alken → Ester

H$_2$SO$_4$, CH$_3$CH$_2$OH ⇐ Pentansäure (COOH)

> Dieser Pfeil zeigt an, dass der Ester aus der Verbindung hergestellt werden soll, zu der die Pfeilspitze zeigt.

c) Da wir nun wissen, dass der Ester durch Veresterung aus Pentansäure hergestellt werden kann, besteht der nächste Schritt darin, mögliche Reaktionen zu identifizieren, mit denen man Pentansäure synthetisieren kann. Hier wollen wir die Oxidation eines primären Alkohols nutzen:

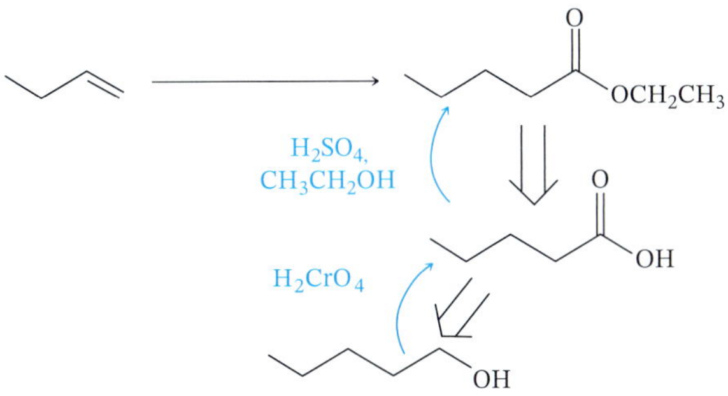

Alken → Ester
H$_2$SO$_4$, CH$_3$CH$_2$OH ⇐ Pentansäure
H$_2$CrO$_4$ ⇐ Pentanol (OH)

14 Funktionelle Derivate der Carbonsäuren

Gewusst wie: 14.2 Wie man ein mehrstufiges Syntheseproblem angeht (Fortsetzung)

d) Der primäre Alkohol seinerseits kann aus einer Grignard-Verbindung und Formaldehyd hergestellt werden:

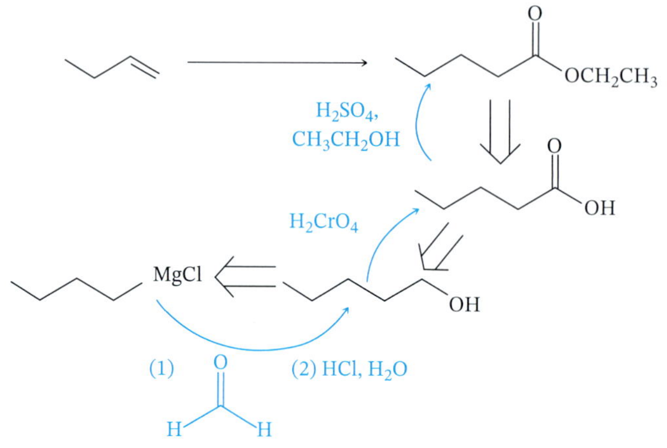

e) Auf diese Weise gelangen wir retrosynthetisch letztlich bis zum Alken:

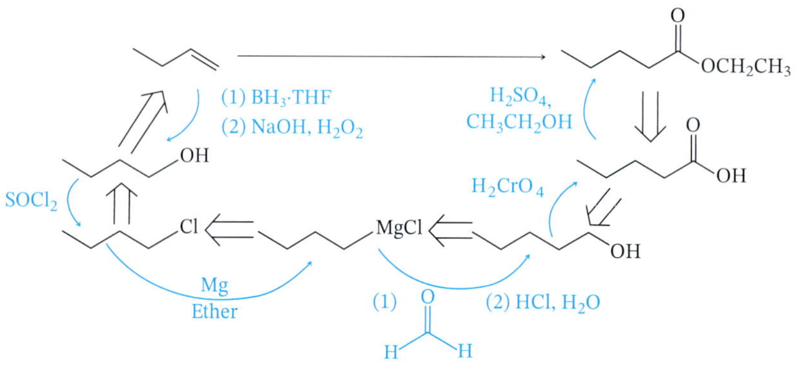

Beispiel 14.8 Zeigen Sie, wie man Phenylessigsäure in die folgenden Verbindungen überführen kann:

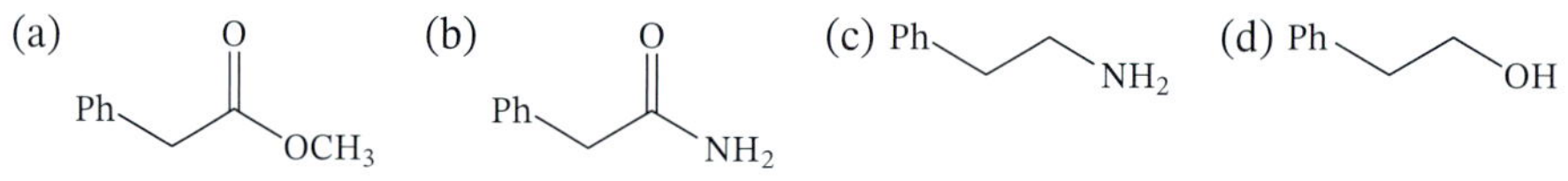

(a) Ph–CH$_2$–C(=O)–OCH$_3$ (b) Ph–CH$_2$–C(=O)–NH$_2$ (c) Ph–CH$_2$–CH$_2$–NH$_2$ (d) Ph–CH$_2$–CH$_2$–OH

Vorgehensweise

Stellen Sie fest, ob die gewünschte Transformation in einem Schritt erreicht werden kann. Wenn nicht, finden Sie heraus, aus welcher funktionellen Gruppe die entsprechende Gruppe in der Zielverbindung hergestellt werden kann. So kann zum Beispiel eine Carboxygruppe nicht direkt in eine Aminogruppe überführt werden. Ein Amid kann aber sehr wohl zum Amin umgesetzt werden. Aus der Carbonsäure müsste in diesem Beispiel daher zuerst ein Amid hergestellt werden, das man anschließend zum Amin reduzieren könnte.

Lösung

Stellen Sie zunächst aus Phenylessigsäure und Methanol den Methylester (a) über eine Fischer-Veresterung her (Abschn. 13.6). Dieser Ester wird mit Ammoniak in das entsprechende Amid (b) überführt. Alternativ kann man Phenylessigsäure auch mit Thionylchlorid (Abschn. 13.7) in das Säurechlorid umsetzen und dieses mit zwei Äquivalenten Ammoniak in das Amid (b) überführen. Die Reduktion des Amids (b) mit LiAlH₄ führt zum Amin (c). Bei der Reduktion von Phenylessigsäure oder auch des Esters (a) entsteht der primäre Alkohol (d).

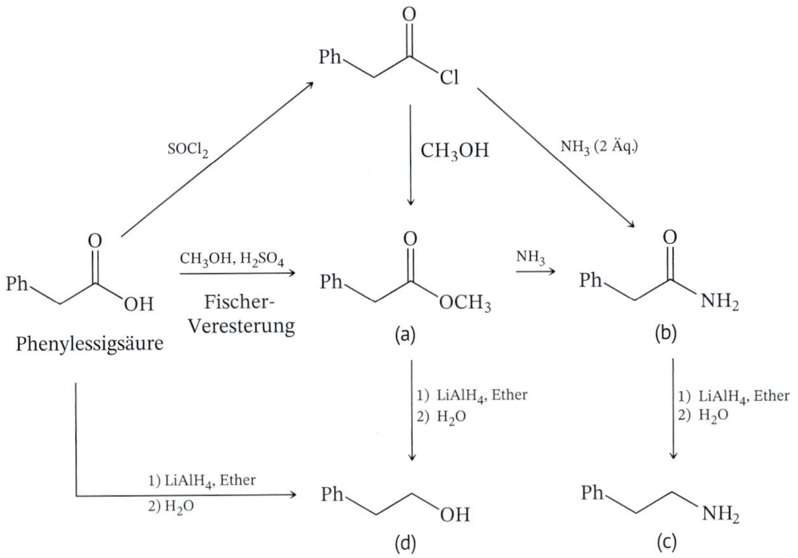

Siehe Aufgaben 14.25 und 14.29.

Zusammenfassung

14.1 Welche Carbonsäurederivate gibt es und wie werden sie benannt?
- In der funktionellen Gruppe eines **Säurehalogenids** ist eine Acylgruppe an ein Halogen gebunden.
- Säurehalogenide werden benannt, indem an den Namen der entsprechenden Carbonsäure das Suffix *-halogenid* gehängt wird.
- In der funktionellen Gruppe eines **Carbonsäureanhydrids** sind zwei Acylgruppen an ein Sauerstoffatom gebunden.
- Symmetrische Anhydride werden benannt, indem man an den Namen der entsprechenden Carbonsäure das Suffix *-anhydrid* hängt.
- In der funktionellen Gruppe eines **Carbonsäureesters** ist eine Acylgruppe an eine OR- oder eine OAr-Gruppe gebunden.
- Ester werden benannt, indem man an den Namen der entsprechenden Carbonsäure zunächst den Namen der Alkyl- oder Arylgruppe und abschließend das Suffix *-ester* hängt.
- Ein cyclischer Ester wird **Lacton** genannt.
- In der funktionellen Gruppe eines **Carbonsäureamids** ist eine Acylgruppe an ein dreiwertiges Stickstoffatom gebunden.
- Amide werden benannt, indem man im Namen der entsprechenden Carbonsäure das Wort *-säure* durch *-amid* ersetzt.
- Ein cyclisches Amid wird als **Lactam** bezeichnet.

14.2 Was sind die charakteristischen Reaktionen der Carbonsäurederivate?
- Das typische Reaktionsprinzip der Carbonsäurederivate ist die **nukleophile Addition** an die Carbonylgruppe unter Ausbildung einer **tetraedrischen Zwischenstufe**. Zerfällt diese, bildet sich die Carbonylgruppe zurück. Es findet insgesamt eine **Additions-Eliminierungs-Reaktion** bzw. eine **nukleophile Acylsubstitution** statt.

14.3 Was ist eine Hydrolyse?
- Eine **Hydrolyse** ist eine chemische Reaktion, in deren Verlauf eine oder mehrere Bindungen durch die Reaktion mit Wasser gespalten werden.
- Bei der Hydrolyse eines Carbonsäurederivats entsteht die entsprechende Carbonsäure.

14.4 Wie reagieren Carbonsäurederivate mit Alkoholen?
- Die Carbonsäurederivate (außer den Amiden) reagieren mit Alkoholen zu Estern.
- Je nachdem, welches Carbonsäurederivat eingesetzt wird, sind unterschiedliche Reaktionsbedingungen erforderlich (neutral, sauer oder basisch).

14.5 Wie reagieren Carbonsäurederivate mit Ammoniak und Aminen?
- Carbonsäurederivate (außer den Amiden) reagieren mit Ammoniak oder Aminen zu Amiden.

14.6 Wie kann man funktionelle Derivate von Carbonsäuren ineinander umwandeln?
- In der folgenden Liste der Carbonsäurederivate nimmt deren Reaktivität in einer Additions-Eliminierungs-Reaktion zu:

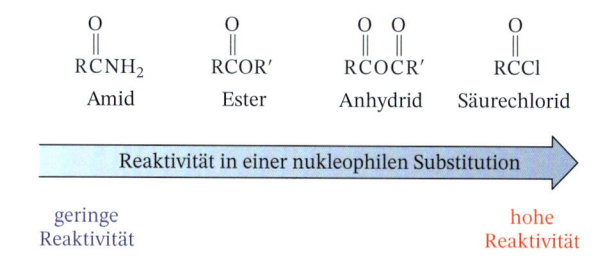

$$\underset{\text{Amid}}{\text{RCNH}_2} \quad \underset{\text{Ester}}{\text{RCOR}'} \quad \underset{\text{Anhydrid}}{\text{RCOCR}'} \quad \underset{\text{Säurechlorid}}{\text{RCCl}}$$

Reaktivität in einer nukleophilen Substitution →

geringe Reaktivität — hohe Reaktivität

- Ein reaktiveres funktionelles Derivat kann direkt in das weniger reaktive Derivat überführt werden, wenn es mit dem entsprechenden Sauerstoff- oder Stickstoffnukleophil umgesetzt wird.

14.7 Wie reagieren Ester mit Grignard-Reagenzien?
- Bei der Reaktion eines Esters mit einem Grignard-Reagenz werden nacheinander zwei tetraedrische Zwischenstufen durchlaufen. Das Produkt der Gesamtreaktion ist ein Alkohol, der zwei identische Alkylgruppen aus der Grignard-Verbindung enthält.

14.8 Wie kann man Carbonsäurederivate reduzieren?
- Derivate der Carbonsäuren können nicht mit $NaBH_4$ reduziert werden. Die Carbonylgruppen von Ketonen und Aldehyden können daher auch in Gegenwart eines Carbonsäurederivats selektiv reduziert werden.
- Derivate der Carbonsäuren werden durch katalytische Hydrierung mit H_2/Übergangsmetall nicht reduziert. Man kann daher C–C-Doppel- und Dreifachbindungen auch in Gegenwart eines Carbonsäurederivats selektiv reduzieren.
- $LiAlH_4$ reduziert Säurehalogenide, Säureanhydride und Ester zu primären Alkoholen.
- $LiAlH_4$ reduziert Amide zu Aminen.

Wichtige Reaktionen

1. **Hydrolyse eines Säurechlorids (Abschn. 14.3.1)**
   Niedermolekulare Säurechloride reagieren heftig mit Wasser; höhermolekulare Säurechloride reagieren langsamer:

   $$CH_3CCl\!=\!\!O + H_2O \longrightarrow CH_3COH\!=\!\!O + HCl$$

2. **Hydrolyse eines Säureanhydrids (Abschn. 14.3.2)**
   Niedermolekulare Säureanhydride reagieren bereitwillig mit Wasser; höhermolekulare Säureanhydride reagieren langsamer:

   $$CH_3COCCH_3 + H_2O \longrightarrow CH_3COH + HOCCH_3$$

3. **Hydrolyse eines Esters (Abschn. 14.3.3)**
   Ester werden nur in Gegenwart einer Base oder einer Säure hydrolysiert; die Base wird dabei in äquimolaren Mengen benötigt, während die Säure als Katalysator dient:

   $$CH_3CO\text{-}C_6H_{11} + NaOH \xrightarrow{H_2O} CH_3CO^-Na^+ + HO\text{-}C_6H_{11}$$

   $$CH_3CO\text{-}C_6H_{11} + H_2O \xrightarrow{HCl} CH_3COH + HO\text{-}C_6H_{11}$$

4. **Hydrolyse eines Amids (Abschn. 14.3.4)**
   Zur Hydrolyse eines Amids werden stöchiometrische Mengen entweder einer Säure oder einer Base benötigt:

   $$CH_3CH_2CH_2CNH_2 + H_2O + HCl \xrightarrow[\text{Hitze}]{H_2O} CH_3CH_2CH_2COH + NH_4^+Cl^-$$

   $$CH_3CNH\text{-}C_6H_5 + NaOH \xrightarrow[\text{Hitze}]{H_2O} CH_3CO^-Na^+ + H_2N\text{-}C_6H_5$$

5. **Reaktion eines Säurechlorids mit einem Alkohol (Abschn. 14.4.1)**
   Bei der Umsetzung eines Säurechlorids mit einem Alkohol entstehen ein Ester und HCl:

   $$CH_3CH_2CH_2C(=O)Cl + HOCH_3 \longrightarrow CH_3CH_2CH_2C(=O)OCH_3 + HCl$$

6. **Reaktion eines Säureanhydrids mit einem Alkohol (Abschn. 14.4.2)**
   Bei der Reaktion eines Säureanhydrids mit einem Alkohol entstehen ein Ester und eine Carbonsäure:

   $$CH_3COCCH_3 + HOCH_2CH_3 \longrightarrow CH_3COCH_2CH_3 + CH_3COH$$

7. **Reaktion eines Esters mit einem Alkohol (Abschn. 14.4.3)**
   Wird ein Ester mit einem Alkohol in Gegenwart eines Säurekatalysators umgesetzt, findet eine Umesterung statt. Hierbei wird die OR-Gruppe durch eine andere OR-Gruppe ersetzt:

   $$C_6H_{11}C(=O)OCH_3 + HOCH_2CH_2CH(CH_3)_2 \xrightleftharpoons{H_2SO_4} C_6H_{11}C(=O)OCH_2CH_2CH(CH_3)_2 + CH_3OH$$

8. **Reaktion eines Säurechlorids mit Ammoniak oder einem Amin (Abschn. 14.5.1)**
   Die Reaktion erfordert zwei Äquivalente Ammoniak oder Amin – eines zur Bildung des Amids und eines, um das als Nebenprodukt gebildete HCl zu neutralisieren:

   $$CH_3CCl + 2\,NH_3 \longrightarrow CH_3CNH_2 + NH_4^+Cl^-$$

9. **Reaktion eines Säureanhydrids mit Ammoniak oder einem Amin (Abschn. 14.5.2)**
   Die Reaktion erfordert zwei Äquivalente Ammoniak oder Amin – eines zur Bildung des Amids und eines, um die als Nebenprodukt gebildete Carbonsäure zu neutralisieren:

   $$CH_3COCCH_3 + 2\,NH_3 \longrightarrow CH_3CNH_2 + CH_3CO^-NH_4^+$$

10. Reaktion eines Esters mit Ammoniak oder einem Amin (Abschn. 14.5.3)

Die Reaktion eines Esters mit Ammoniak oder mit primären oder sekundären Aminen ergibt Amide:

Ph–CH$_2$–C(=O)–O–CH$_2$CH$_3$ + NH$_3$ ⟶
Phenylessigsäureethylester

Ph–CH$_2$–C(=O)–NH$_2$ + HO–CH$_2$CH$_3$
Phenylacetamid   Ethanol

11. Reaktion eines Esters mit einem Grignard-Reagenz (Abschn. 14.7)

Bei der Reaktion eines Ameisensäureesters mit einem Grignard-Reagenz entsteht nach Hydrolyse ein sekundärer Alkohol; die Umsetzung eines beliebigen anderen Esters mit einem Grignard-Reagenz führt zu einem tertiären Alkohol:

Cyclohexyl–C(=O)–OCH$_3$ —1) 2 CH$_3$CH$_2$MgBr; 2) H$_2$O, HCl→ Cyclohexyl–C(OH)(CH$_2$CH$_3$)$_2$

12. Reduktion eines Esters (Abschn. 14.8.1)

Bei der Reduktion eines Esters mit Lithiumaluminiumhydrid entstehen zwei Alkohole:

Ph–CH(CH$_3$)–C(=O)–OCH$_3$ —1) LiAlH$_4$, Ether; 2) H$_2$O, HCl→
2-Phenylpropansäureethylester

Ph–CH(CH$_3$)–CH$_2$OH + CH$_3$OH
2-Phenyl-1-propanol   Methanol

13. Reduktion eines Amids (Abschn. 14.8.2)

Die Reduktion eines Amids mit Lithiumaluminiumhydrid führt zu einem Amin:

CH$_3$(CH$_2$)$_6$–C(=O)–NH$_2$ —1) LiAlH$_4$; 2) H$_2$O→
Octanamid

CH$_3$(CH$_2$)$_7$–NH$_2$
1-Octanamin

Quiz

Sind die folgenden Aussagen richtig oder falsch? Hier können Sie testen, ob Sie die wichtigsten Fakten aus diesem Kapitel parat haben. Wenn Sie mit einer der Fragestellungen Probleme haben, sollten Sie den jeweiligen in Klammern angegebenen Abschnitt in diesem Kapitel noch einmal durcharbeiten, bevor Sie sich an die weiteren, meist etwas schwierigeren Aufgaben zu diesem Kapitel machen.

1. Je stärker die Base, desto besser ist sie als Austrittsgruppe geeignet (14.2).
2. Anhydride können C=O- oder P=O-Doppelbindungen enthalten (14.1).
3. Säureanhydride reagieren mit Ammoniak und Aminen auch ohne den Zusatz einer Säure oder Base (14.5).
4. Carbonsäurederivate werden von H$_2$/Pt reduziert (14.8).
5. Aldehyde und Ketone gehen nukleophile Substitutionen ein, während Carbonsäurederivate in nukleophilen Additionen reagieren (14.2).
6. Ester reagieren mit Ammoniak oder Aminen auch ohne den Zusatz einer Säure oder Base (14.5).
7. Eine Acylgruppe ist eine Carbonylgruppe, die an einen Alkyl- (R) oder Arylrest (Ar) gebunden ist (14.1).
8. Eine Hydrolyse liegt vor, wenn aus einer Verbindung ein Äquivalent Wasser austritt (14.3).
9. Ein Säurehalogenid kann in einem Schritt in ein Amid überführt werden (14.6).
10. Ein Ester kann in einem Schritt in ein Säurehalogenid überführt werden (14.6).
11. In der basischen Hydrolyse eines Esters ist das Hydroxid-Ion ein Katalysator (14.3).
12. Carbonsäurederivate können mit NaBH$_4$ reduziert werden (14.8).
13. Ein Ameisensäureester reagiert mit einem Grignard-Reagenz unter Bildung eines tertiären Alkohols (14.7).
14. Ein cyclisches Amid ist ein Lacton (14.1).
15. Die Reaktivität eines Carbonsäurederivats hängt von der Stabilität der entsprechenden Austrittsgruppe ab (14.2).
16. Amide reagieren mit Ammoniak oder Aminen auch ohne den Zusatz einer Säure oder Base (14.5).

17. Ein Amid kann in einem Schritt in einen Ester überführt werden (14.6).
18. Amide reagieren mit Wasser auch ohne den Zusatz einer Säure oder Base (14.3).
19. Amide reagieren mit Alkoholen unter sauren oder basischen Bedingungen (14.4).
20. Ester (mit Ausnahme von Ameisensäureestern) reagieren mit Grignard-Verbindungen unter Bildung von Ketonen (14.7).
21. Wenn eine OR-Gruppe an das Phosphoratom einer P=O-Doppelbindung gebunden ist, dann liegt ein Ester vor (14.1).

Ausführliche Erklärungen zu vielen dieser Antworten finden sich im Arbeitsbuch.

Aufgaben

Struktur und Nomenklatur

14.1 Zeichnen Sie Strukturformeln der folgenden Verbindungen. (Siehe Beispielaufgabe 14.1)
(a) *N*-Cyclohexylacetamid
(b) Essigsäure-*sec*-butylester
(c) Butansäurecyclobutylester
(d) *N*-(2-Octyl)benzamid
(e) Adipinsäurediethylester
(f) Propansäureanhydrid

14.2 Geben Sie die IUPAC-Namen der folgenden Verbindungen an. (Siche Beispielaufgabe 14.1)

14.3 Wird das Öl aus dem Schädel von Pottwalen abgekühlt, kristallisiert aus der Mischung Walrat aus, ein transparentes, wie Perlmutt glänzendes Wachs. Walrat, das in Anteilen von bis zu 11 % in Waltran enthalten ist, besteht hauptsächlich aus Hexadecansäurehexadecylester (Cetylpalmitat). Früher wurde Walrat häufig zur Herstellung von Kosmetika, Duftseifen oder Kerzen verwendet. Zeichnen Sie eine Strukturformel von Cetylpalmitat. (Siehe Beispielaufgabe 14.1)

Tauchender Pottwal (*Physeter macrocephalus*) bei Kaikoura (Neuseeland). [Quelle: © Wolfgang Poelzer/Waterframe RM/Getty Images, Inc.]

Physikalische Eigenschaften

14.4 Essigsäure und Ameisensäuremethylester sind Konstitutionsisomere. Beide sind bei Raumtemperatur flüssig, wobei das eine Isomer einen Siedepunkt von 32 °C und das andere einen Siedepunkt von 118 °C aufweist. Welche der beiden Verbindungen hat den höheren Siedepunkt?

14.5 Butansäure (88.11 g/mol) hat einen Siedepunkt von 162 °C, während ihr Propylester (130.18 g/mol) einen Siedepunkt von 142 °C aufweist. Erklären Sie, warum der Siedepunkt von Butansäure höher liegt als der des entsprechenden Propylesters, obwohl Butansäure eine geringere molare Masse hat.

14.6 Die Konstitutionsisomere Pentansäure und Butansäuremethylester sind beide kaum in Wasser löslich. Eine der beiden Verbindungen hat eine Löslichkeit von 1.5 g/100 mL (25 °C), während die der anderen Verbindung bei 4.97 g/mL (25 °C) liegt. Ordnen Sie die Löslichkeiten den entsprechenden Verbindungen zu und erklären Sie den Unterschied.

Reaktionen

14.7 Vervollständigen Sie die folgenden Reaktionsgleichungen für die Hydrolyse von Estern, gleichen Sie diese stöchiometrisch korrekt aus und geben Sie alle Produkte so an, wie sie in wässriger NaOH-Lösung vorliegen. (Siehe Beispielaufgabe 14.2)

(a) Phthalsäuredimethylester + NaOH (Überschuss) $\xrightarrow{H_2O}$

(b) Ethyl-4-oxopentanoat + H$_2$O $\xrightarrow{HCl}$

14.8 Geben Sie Reaktionsgleichungen für die Hydrolyse der in Beispielaufgabe 14.3 angegebenen Amide in konzentrierter wässriger NaOH an, zeichnen Sie dabei die Produkte in der Form, in der sie in wässriger NaOH vorliegen und geben Sie an, wie viele Äquivalente NaOH man jeweils benötigt.

14.9 Vervollständigen Sie die folgenden Reaktionsgleichungen (die Stöchiometrie ist jeweils angegeben). (Siehe Beispielaufgabe 14.4)

(a) Hydrochinon + 2 Benzoylchlorid →

(b) 2-(3-Hydroxypropyl)-γ-butyrolacton $\xrightarrow{H_2SO_4}$

14.10 Vervollständigen Sie die folgenden Reaktionsgleichungen (die Stöchiometrie ist jeweils angegeben). (Siehe Beispielaufgabe 14.5)

(a) CH$_3$CO–O–C$_6$H$_4$–OCCH$_3$ + 2 NH$_3$ ⟶

(b) δ-Valerolacton + NH$_3$ ⟶

14.11 Wie können die folgenden Alkohole durch Reaktion eines Esters mit einem Grignard-Reagenz hergestellt werden? (Siehe Beispielaufgabe 14.6)

(a) Dicyclopentylmethanol

(b) 4-Phenyl-1,6-heptadien-4-ol

14.12 Ordnen Sie die folgenden Verbindungen nach steigender Reaktivität in einer nukleophilen Acylsubstitution:

(1) Ethylpropanoat
(2) Propanoylchlorid
(3) Propanamid
(4) Propansäureanhydrid

14.13 Eine Carbonsäure kann durch Fischer-Veresterung in einen Ester überführt werden. Zeigen Sie, wie sich die folgenden Ester jeweils ausgehend von einer Carbonsäure und einem Alkohol durch Fischer-Veresterung synthetisieren lassen. (Siehe Beispielaufgabe 14.4)

(a) Cyclohexylpentanoat

(b) Ethyl-2-methylpropanoat

14.14 Einen Ester kann man aus einer Carbonsäure auch dadurch synthetisieren, indem dieser zunächst in ein Carbonsäurechlorid überführt und anschließend mit einem Alkohol umgesetzt wird. Wie lassen sich die beiden Ester aus Aufgabe 14.13

über dieses zweistufige Verfahren aus einer Carbonsäure und einem Alkohol herstellen?

14.15 Wie lassen sich die folgenden Amide durch Umsetzung eines Carbonsäurechlorids mit Ammoniak oder einem Amin herstellen? (Siehe Beispielaufgabe 14.5)

(a)

(b)

(c)

14.16 Welches Produkt entsteht jeweils, wenn Benzoesäureanhydrid mit den folgenden Reagenzien umgesetzt wird? (Siehe Beispielaufgaben 14.4 und 14.5)
(a) Ethanol (1 Äquivalent)
(b) Ammoniak (2 Äquivalente)

14.17 Das Analgetikum Phenacetin lässt sich herstellen, indem man 4-Ethoxyanilin mit einem Äquivalent Essigsäureanhydrid umsetzt. Geben Sie eine Reaktionsgleichung für diese Synthese an.

14.18 Das Analgetikum Paracetamol lässt sich herstellen, indem man 4-Aminophenol mit einem Äquivalent Essigsäureanhydrid umsetzt. Geben Sie eine Reaktionsgleichung für die Synthese von Paracetamol an. (*Hinweis:* Rufen Sie sich aus Abschn. 7.5.1 in Erinnerung, dass eine NH$_2$-Gruppe ein besseres Nukleophil ist als eine OH-Gruppe). (Siehe Beispielaufgabe 14.5)

14.19 Welches Produkt bildet sich jeweils, wenn Benzoesäureethylester mit den folgenden Reagenzien umgesetzt wird? (Siehe Beispielaufgabe 14.7)

Benzoesäureethylester

(a) H$_2$O, NaOH, Hitze
(b) LiAlH$_4$, dann H$_2$O
(c) H$_2$O, H$_2$SO$_4$, Hitze
(d) CH$_3$CH$_2$CH$_2$CH$_2$NH$_2$
(e) C$_6$H$_5$MgBr (2 Äquivalente), dann H$_2$O/HCl

14.20 Welches Produkt entsteht jeweils, wenn Benzamid mit den folgenden Reagenzien umgesetzt wird? (Siehe Beispielaufgaben 14.3 und 14.7)
(a) H$_2$O, HCl, Hitze
(b) NaOH, H$_2$O, Hitze
(c) LiAlH$_4$/Ether, dann H$_2$O

14.21 Wird γ-Butyrolacton mit zwei Äquivalenten Methylmagnesiumbromid umgesetzt und anschließend mit wässriger Säure behandelt, entsteht eine Verbindung mit der Summenformel C$_6$H$_{14}$O$_2$. (Siehe Beispielaufgabe 14.6)

$$\text{γ-Butyrolacton} \xrightarrow[\text{2) H}_2\text{O/HCl}]{\text{1) 2 CH}_3\text{MgBr}} C_6H_{14}O_2$$

Schlagen Sie für diese Verbindung eine Strukturformel vor.

14.22 Wird Kohlensäurediethylester (Diethylcarbonat) unter kontrollierten Bedingungen mit einem primären oder sekundären Amin umgesetzt, entsteht ein Carbaminsäureester. (Siehe Beispielaufgabe 14.5)

Diethylcarbonat + 1-Butanamin (Butylamin) → ein Carbaminsäureester + EtOH

Schlagen Sie einen Mechanismus für diese Reaktion vor.

14.23 Geben Sie die Strukturformeln und die Namen der Verbindungen an, die bei der vollständigen Hydrolyse von Meprobamat und Phenobarbital in heißer wässriger Säure entstehen. Meprobamat ist ein Beruhigungsmittel, das heute durch die Benzodiazepine ersetzt ist; es wurde früher unter 58 verschiedenen Markennamen vertrieben. Phenobarbital ist ein Beruhigungsmittel, ein Schlafmittel und ein Antiepileptikum mit langer Wirkungsdauer. [*Hinweis:* Denken Sie daran, dass β-Dicarbonsäuren und β-Ketosäuren beim Erhitzen decarboxylieren (Abschn. 13.8.2).]

(a)

Meprobamat

(b) Phenobarbital

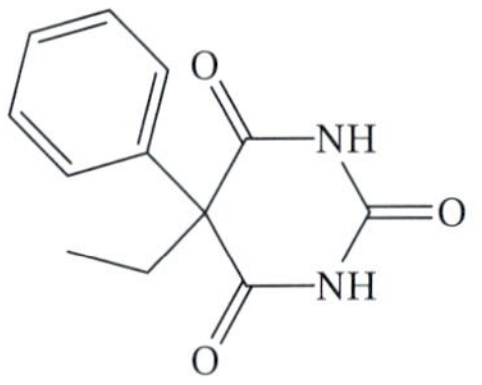

Synthesen

14.24 Wie kann man Hexansäure in guten Ausbeuten in die folgenden Amine überführen? (Siehe Beispielaufgabe 14.7)

(a) Hexyl-N(CH₃)₂ (N,N-Dimethylhexylamin)

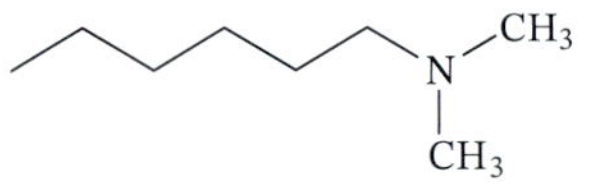

(b) Hexyl-NH-CH(CH₃)₂ (N-Isopropylhexylamin)

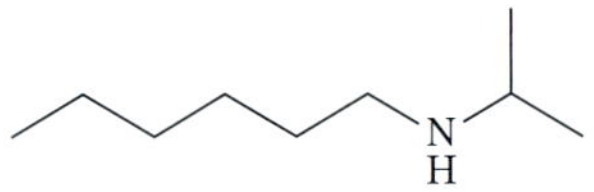

14.25 Wie kann man (R)-2-Phenylpropansäure in die folgenden Verbindungen überführen? (Siehe Beispielaufgabe 14.8)

(a) (R)-2-Phenyl-1-propanol

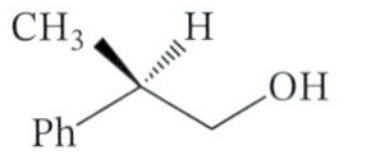

(b) (R)-2-Phenyl-1-propanamin

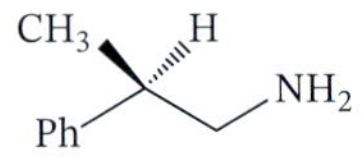

14.26 Wie lässt sich 2-Pentensäureethylester in die folgenden Verbindungen überführen? (Siehe Beispielaufgabe 14.7)

(a) Pentansäureethylester

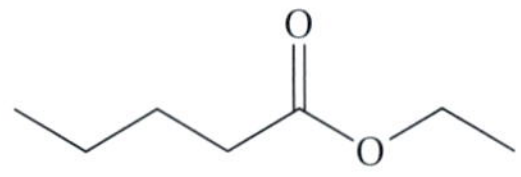

(b) 2-Penten-1-ol

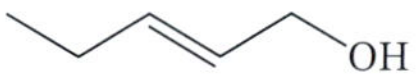

(c) 2,3-Dibrompentansäureethylester

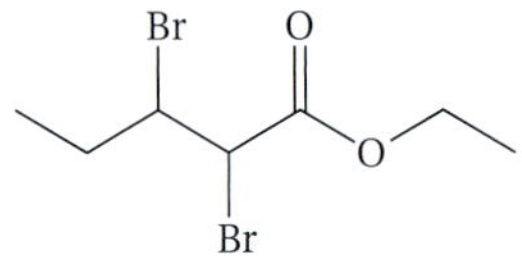

14.27 Procain (dessen Hydrochloridsalz als Novocain® vermarktet wird) war eines der ersten Lokalanästhetika, das injiziert und zur Regionalanästhesie verwendet werden konnte. Wie lässt sich Procain aus den drei im Folgenden angegebenen Verbindungen herstellen?

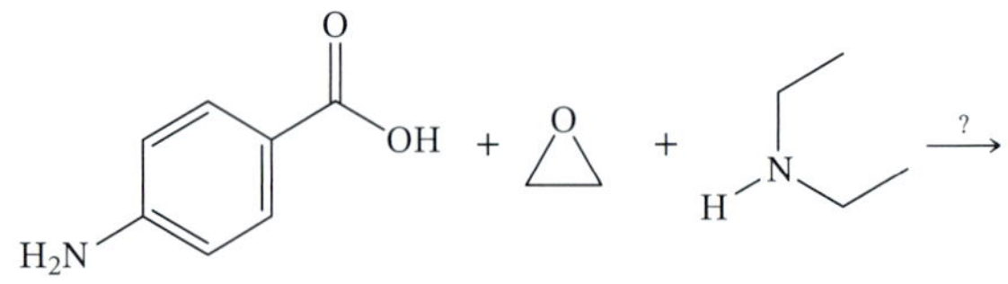

4-Aminobenzoesäure + Ethylenoxid + Diethylamin 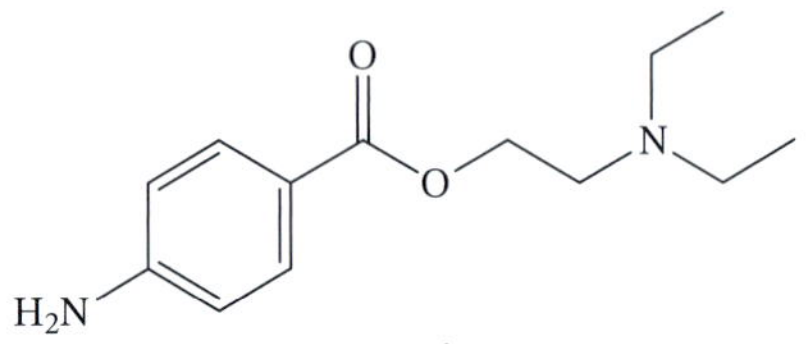 → ? → Procain

14.28 Benzol und Propansäure können als Ausgangsmaterialien für die Synthese des Herbizids Propanil genutzt werden, das als Unkrautvernichtungsmittel in Reisfeldern eingesetzt wird. Geben Sie die Reagenzien an, die für diese Synthese benötigt werden.

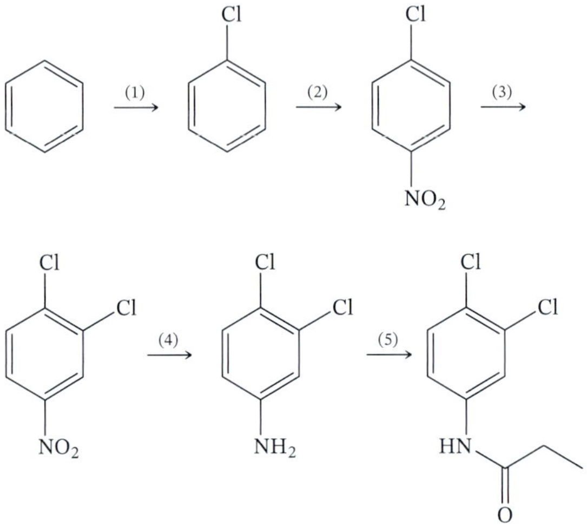

Benzol →(1)→ Chlorbenzol →(2)→ 4-Chlor... →(3)→ ... NO₂ →(4)→ ... NH₂ →(5)→ Propanil

14.29 Nutzen Sie Ihre in den bisherigen Kapiteln gesammelten Kenntnisse zu den besprochenen Reaktionen und geben Sie an, wie die folgenden Umsetzungen zu realisieren sind. *Hinweis:* Einige Umsetzungen erfordern mehr als einen Schritt. (Siehe Beispielaufgaben 14.7 und 14.8)

(a) Isobuttersäure → N,N-Diethylisobutyramid

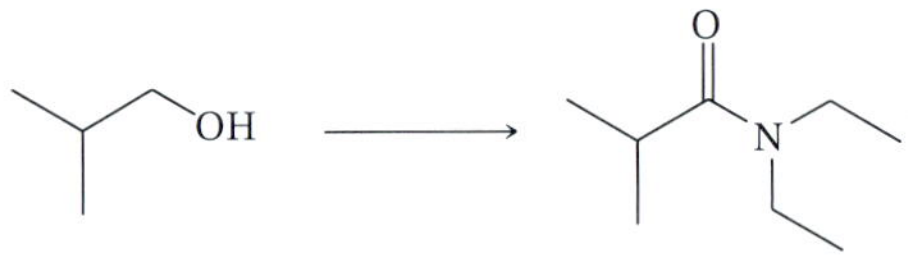

(b) Cyclohexanol → Cyclohexylpropanoat

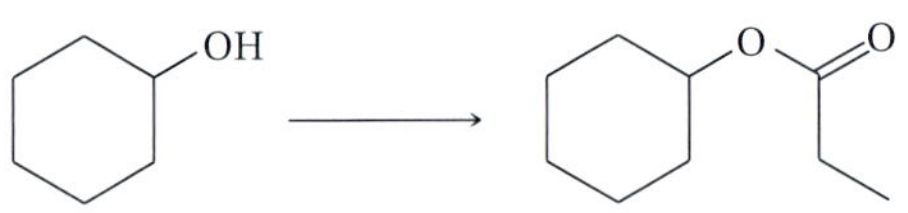

(c) [reaction scheme: allyl alcohol → propanoyl chloride]

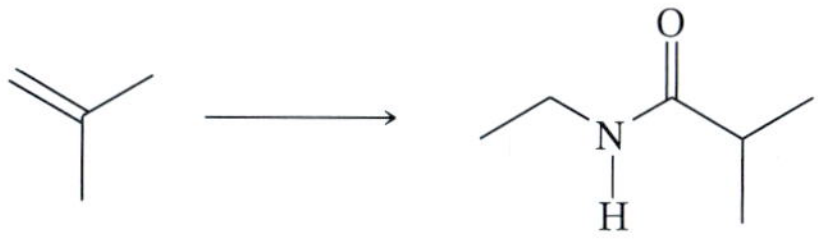

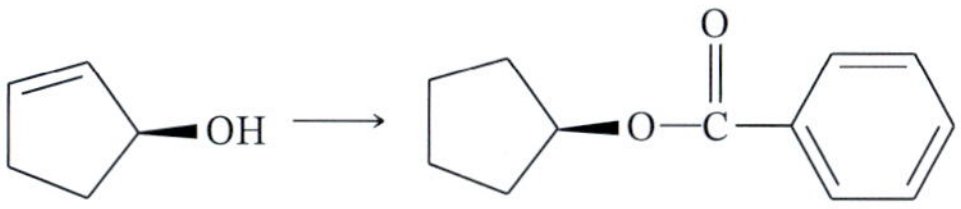

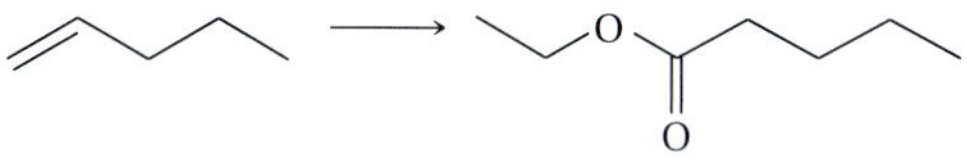

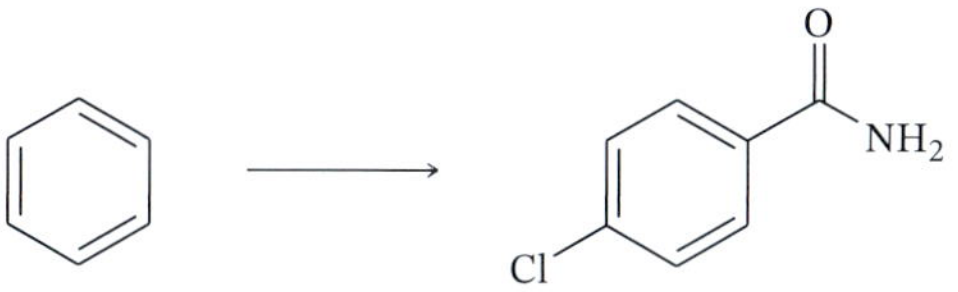

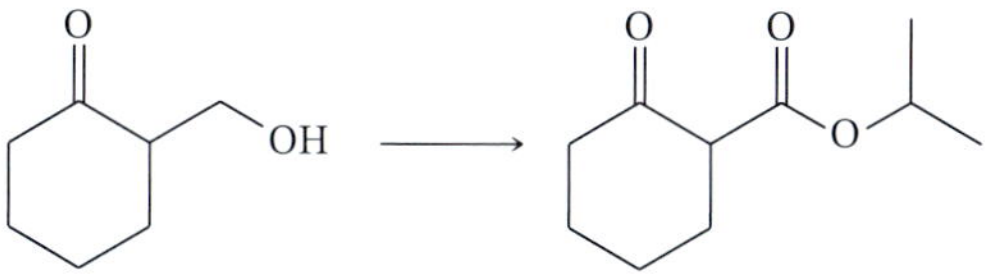

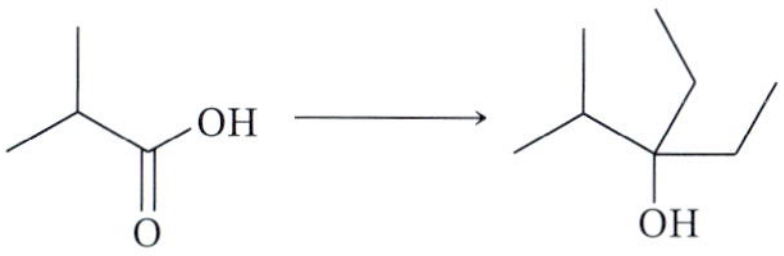

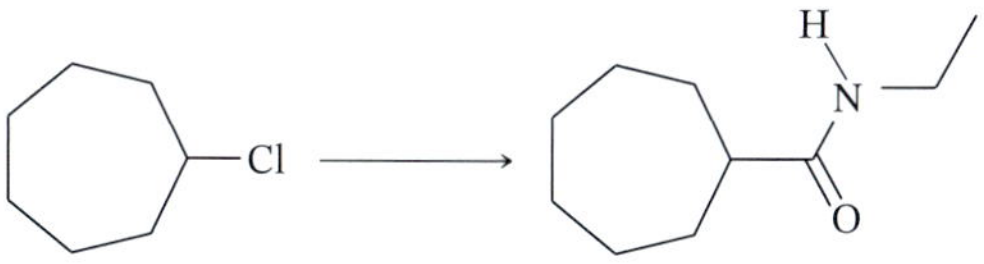

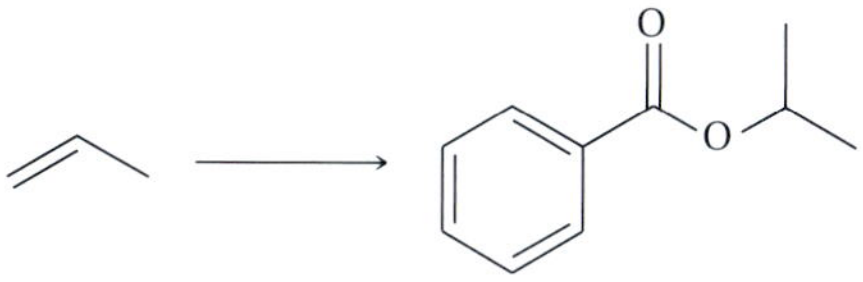

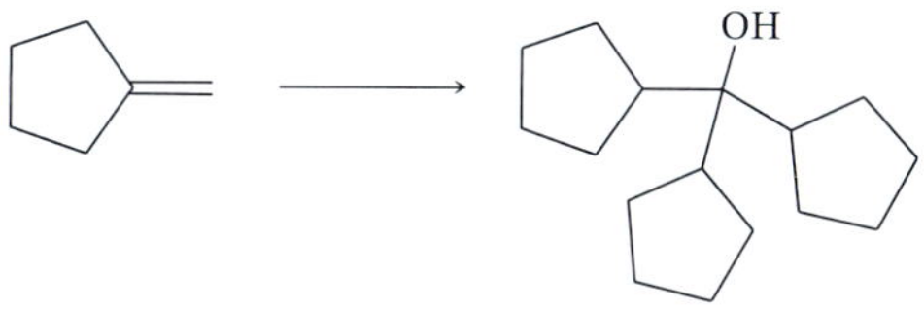

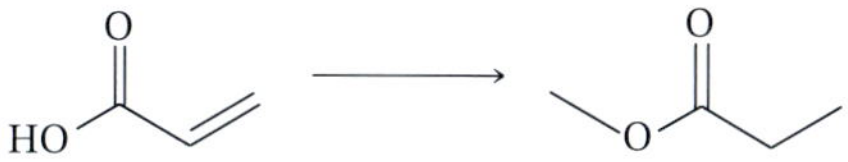

(d) [reaction scheme: isobutylene → N-ethyl isobutyramide]

(e) [reaction scheme: cyclopentenol → cyclopentyl benzoate]

(f) [reaction scheme: pentene → ethyl pentanoate]

(g) [reaction scheme: benzene → 4-chlorobenzamide]

(h) [reaction scheme: 2-(hydroxymethyl)cyclohexanone → isopropyl ester]

(i) [reaction scheme: isobutyric acid → tertiary alcohol]

(j) [reaction scheme: cycloheptyl chloride → N-ethyl cycloheptanecarboxamide]

(k) [reaction scheme: propene → isopropyl benzoate]

(l) [reaction scheme: methylenecyclopentane → tricyclopentylmethanol]

(m) [reaction scheme: acrylic acid → ethyl propanoate]

(n) [reaction scheme: isopropyl bromide → isopropanol/propanol]

(o) $CH_3-C\equiv C-H$ ⟶ [propanamide]

(p) [reaction scheme: benzene → methyl 3-nitrobenzoate]

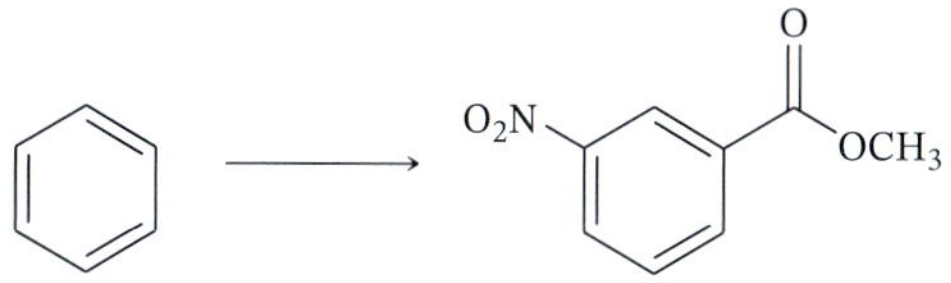

Ausblick

14.30 Findet mit der abgebildeten Kombination aus Ester und Nukleophil eine nukleophile Acylsubstitution statt?

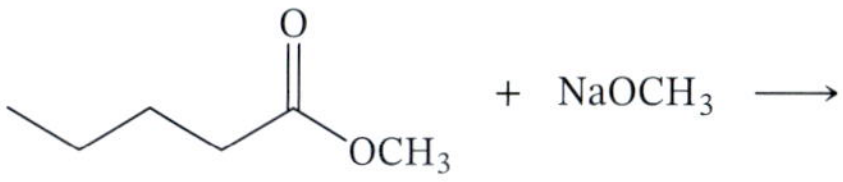

[structure: methyl pentanoate] + NaOCH₃ ⟶

Schlagen Sie ein Experiment vor, mit dem sich Ihre Antwort belegen ließe.

14.31 Erklären Sie, warum ein Nukleophil Nu⁻ nicht nur am Kohlenstoffatom der Carbonylgruppe, sondern – wie für den folgenden α,β-ungesättigten Ester angedeutet – auch am β-Kohlenstoffatom angreifen kann.

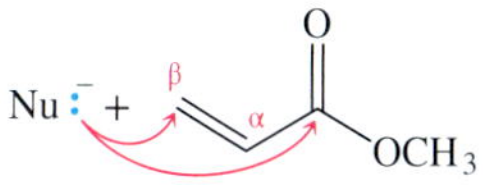

[structure: Nu:⁻ + α,β-unsaturated methyl ester with β and α labeled]

14.32 Bei tiefen Temperaturen zeigt das folgende Amid *cis/trans*-Isomerie, bei erhöhter Temperatur dagegen nicht:

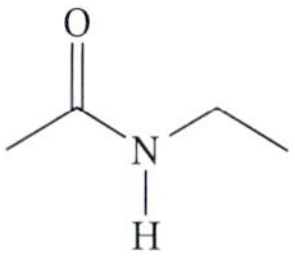

[structure: N-ethyl acetamide]

Erklären Sie, wie das möglich ist.

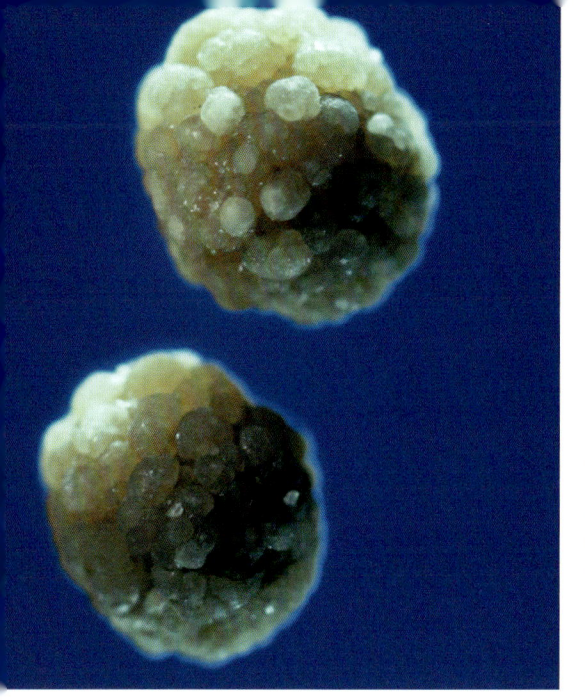

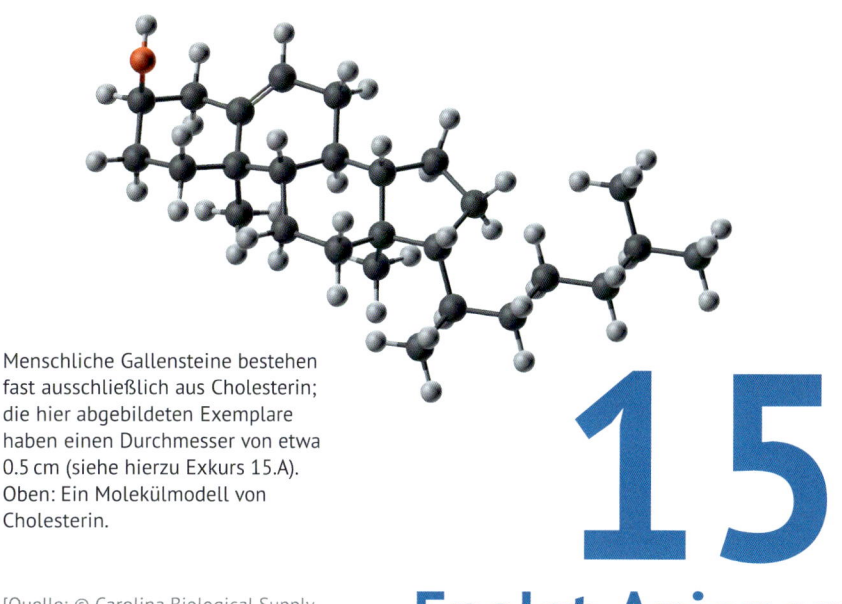

Menschliche Gallensteine bestehen fast ausschließlich aus Cholesterin; die hier abgebildeten Exemplare haben einen Durchmesser von etwa 0.5 cm (siehe hierzu Exkurs 15.A). Oben: Ein Molekülmodell von Cholesterin.

[Quelle: © Carolina Biological Supply Company/Medical Images.]

15
Enolat-Anionen

Inhalt

15.1 Was sind Enolat-Anionen und wie werden sie gebildet?
15.2 Was ist eine Aldolreaktion?
15.3 Was sind Claisen- und Dieckmann-Kondensationen?
15.4 Welche Rolle spielen Aldolreaktionen und Claisen-Kondensationen in biologischen Prozessen?
15.5 Was ist eine Michael-Reaktion?

Gewusst wie

15.1 Wie man ermittelt, welche Edukte in einer Aldolreaktion benötigt werden
15.2 Wie man ermittelt, welche Edukte in einer Claisen-Kondensation benötigt werden
15.3 Wie man ermittelt, welche Edukte in einer Michael-Reaktion benötigt werden
15.4 Wie man die Produkte einer Aldolreaktion, einer Claisen-Kondensation und einer Michael-Reaktion erkennt

Exkurse

15.A Wirkstoffe zur Senkung der Cholesterinkonzentration im Plasma
15.B Antitumorverbindungen: Die Michael-Reaktion in der Natur

In diesem Kapitel werden wir uns mit einem weiteren Aspekt der Chemie von Carbonylverbindungen beschäftigen. In den Kap. 12–14 haben wir die verschiedenen Carbonylverbindungen kennengelernt und die unter Bildung tetraedrischer Zwischenstufen erfolgenden nukleophilen Additionen an die Carbonylgruppe besprochen. Hier wollen wir vor allem deren α-Acidität und die Chemie der bei der Deprotonierung entstehenden Anionen besprechen. Die hier vorgestellten Reaktionen gehören zu den wichtigsten Reaktionen der Organischen Chemie, da sie die Knüpfung einer neuen Kohlenstoff-Kohlenstoff-Bindung ermöglichen. Sie erlauben so den Aufbau größerer Verbindungen aus kleineren, leicht verfügbaren Ausgangsmaterialien.

Einführung in die Organische Chemie, Erste Auflage. William H. Brown und Thomas Poon.
© 2021 WILEY-VCH GmbH. Published 2021 by WILEY-VCH GmbH.

15.1 Was sind Enolat-Anionen und wie werden sie gebildet?

15.1.1 Die Acidität von α-Wasserstoffatomen

Ein Kohlenstoffatom in Nachbarschaft zu einer Carbonylgruppe wird als **α-Kohlenstoffatom** bezeichnet; ein daran gebundenes Wasserstoffatom entsprechend als **α-Wasserstoffatom**.

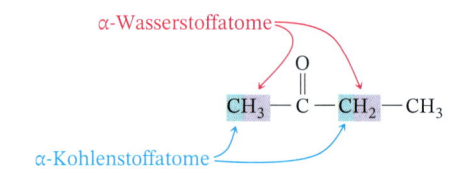

$$\text{α-Wasserstoffatome} \quad\quad \underset{\text{α-Kohlenstoffatome}}{CH_3 - \overset{\overset{\displaystyle O}{\|}}{C} - CH_2 - CH_3}$$

Weil Kohlenstoff und Wasserstoff vergleichbare Elektronegativitäten haben, ist eine C–H-Bindung normalerweise wenig polar und ein Wasserstoffatom, das an ein C-Atom gebunden ist, besitzt nur eine geringe Acidität (Abschn. 2.3). Ganz anders stellt sich die Situation allerdings für H-Atome in α-Stellung zu einer Carbonylgruppe dar. Wie Tab. 15.1 zeigt, haben die α-Wasserstoffatome von Aldehyden, Ketonen und Estern eine deutlich höhere Acidität als H-Atome in Alkanen oder Alkenen, sind aber andererseits nicht so acide wie die Wasserstoffatome der Hydroxygruppen in Alkoholen. Darüber hinaus erkennen wir, dass Wasserstoffatome, die in α-Position zu *zwei* Carbonylgruppen stehen – zum Beispiel in β-Ketoestern oder in β-Diestern –, sogar deutlich acider sind als Alkohole.

Beispiel 15.1 Identifizieren Sie in den folgenden Verbindungen die aciden α-Wasserstoffatome:

(a) Butanal
(b) 2-Butanon

Vorgehensweise
Identifizieren Sie zunächst alle Kohlenstoffatome, die an eine Carbonylgruppe gebunden sind. Dies sind die α-Kohlenstoffatome. Alle an α-Kohlenstoffatome gebundenen Wasserstoffatome sind α-Wasserstoffatome; sie sind deutlich acider als typische Alkan- oder Alkenwasserstoffatome.

Lösung
In Butanal (a) gibt es eine Gruppe acider α-Wasserstoffatome; in 2-Butanon (b) liegen zwei derartige Gruppen vor:

(a) $CH_3CH_2CH_2\overset{\overset{\displaystyle O}{\|}}{C}H$ (b) $CH_3CH_2\overset{\overset{\displaystyle O}{\|}}{C}CH_3$

Siehe Aufgabe 15.1.

15.1.2 Enolat-Anionen

Es gibt zwei Gründe dafür, dass eine Carbonylgruppe die Acidität der α-Wasserstoffatome erhöht: Zum einen hat die Carbonylgruppe einen elektronenziehenden induktiven Effekt, der die Bindung zu den α-Wasserstoffatomen schwächt und ihre Deprotonierung begünstigt. Zum anderen ist die negative Ladung im entstehenden **Enolat-Anion** durch Mesomerie delokalisiert; das Enolat ist daher wesentlich besser stabilisiert als ein aus einem Alkan oder Alken entstehendes Anion.

Tab. 15.1 Die Acidität von Wasserstoffatomen in α-Stellung zu einer Carbonylgruppe im Vergleich zu anderen Verbindungen.

Verbindungsklasse	Beispiel	pK_S	
β-Diketon	CH₃–CO–CH(H)–CO–CH₃	9.5	zunehmende Acidität ↑
Phenol	C₆H₅–O–H	10	
β-Ketoester (ein Acetessigester)	CH₃–CO–CH(H)–CO–OEt	10.7	
β-Diester (ein Malonsäureester)	EtO–CO–CH(H)–CO–OEt	13	
Wasser	HO–H	15.7	
Alkohol	CH₃CH₂O–H	16	
Aldehyd oder Keton	CH₃COCH₂–H	20	
Ester	EtOCOCH₂–H	22	
terminales Alkin	R–C≡C–H	25	
Alken	CH₂=CH–H	44	
Alkan	CH₃CH₂–H	51	

Auch wenn der Großteil der negativen Ladung eines Enolat-Anions am Sauerstoff lokalisiert ist, trägt dennoch auch das α-Kohlenstoffatom eine signifikante negative Partialladung.

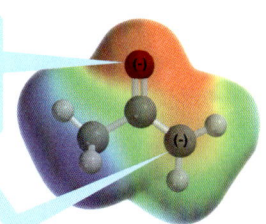

$$\text{CH}_3-\overset{\overset{\ddot{\text{O}}:}{\|}}{\text{C}}-\text{CH}_2-\text{H} + :\text{A}^- \rightleftharpoons \text{H}-\text{A} + \left[\text{CH}_3-\overset{\overset{\ddot{\text{O}}:}{\|}}{\text{C}}-\ddot{\text{C}}\text{H}_2^- \longleftrightarrow \text{CH}_3-\overset{:\ddot{\text{O}}:^-}{\underset{|}{\text{C}}}=\text{CH}_2\right]$$

Der elektronenziehende induktive Effekt der Carbonylgruppe schwächt die C–H-Bindung.

Das Enolat ist durch Mesomerie stabilisiert.

Wir erinnern uns, dass dieselben Gründe auch für die höhere Acidität der Carbonsäuren im Vergleich zu der von Alkoholen verantwortlich waren (Abschn. 2.5).

Enolat-Anionen können sich entweder quantitativ bilden oder im Gleichgewicht vorliegen. Verwendet man zur Deprotonierung eine Base, die wesentlich stärker als das entstehende Enolat ist, dann liegt das Gleichgewicht der Deprotonierung (nahezu) vollständig auf der rechten Seite, das α-Proton wird quantitativ entfernt.

> Auf der linken Seite stehen in beiden Reaktionsgleichungen viel stärkere Säuren und Basen. Beide Deprotonierungen verlaufen quantitativ.

$$CH_3-\overset{O}{\underset{\|}{C}}-CH_3 \; + \; NaNH_2 \; \longrightarrow \; CH_3-\overset{O}{\underset{\|}{C}}-\overset{..}{\underset{..}{C}H_2}^{\ominus} \; + \; Na^+ \; + \; NH_3$$

$pK_S = 20$ Natriumamid   Enolat $pK_S = 38$
(stärkere Säure)   (stärkere Base)   (schwächere Base)   (schwächere Säure)

$pK_S = 9$ Natriumhydroxid   Enolat $pK_S = 15.7$
(stärkere Säure)   (stärkere Base)   (schwächere Base)   (schwächere Säure)

Verwendet man zur Deprotonierung eine Base, die schwächer als das entstehende Enolat-Anion ist, entsteht ein Gleichgewicht, in dem das Enolat nur zu sehr kleinen Anteilen vorliegt.

> Die stärkere Säure und die stärkere Base stehen auf der rechten Seite der Reaktionsgleichung; im Gleichgewicht ist die Eduktseite begünstigt.

$$CH_3-\overset{O}{\underset{\|}{C}}-CH_3 \; + \; NaOH \; \rightleftharpoons \; CH_3-\overset{O}{\underset{\|}{C}}-\overset{..}{\underset{..}{C}H_2}^{\ominus} \; + \; Na^+ \; + \; HOH$$

$pK_S = 20$ Natriumhydroxid   Enolat $pK_S = 15.7$

15.1.3 Die Verwendung von Enolat-Anionen zur Knüpfung neuer C–C-Bindungen

Enolate sind äußerst wichtige Bausteine in der organischen Synthese. Wir wollen uns näher ansehen, wie wir sie als Nukleophile verwenden können, um neue Kohlenstoff-Kohlenstoff-Bindungen zu knüpfen. In diesem Zusammenhang sind drei Arten von nukleophilen Reaktionen von Bedeutung:

1. Enolate können als Nukleophile in Additionen an Carbonylverbindungen eingesetzt werden:

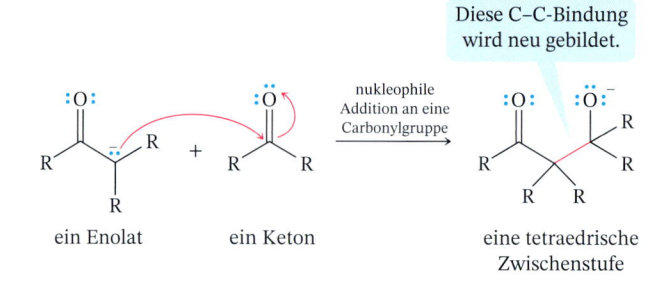

> Diese C–C-Bindung wird neu gebildet.

ein Enolat   ein Keton   eine tetraedrische Zwischenstufe

Dieser Typ von Enolatreaktion eignet sich vor allem für Aldolreaktionen zwischen Aldehyden und Ketonen (Abschn. 15.2).

2. Enolate können als Nukleophile in Additions-Eliminierung-Reaktionen von Carbonsäurederivaten eingesetzt werden:

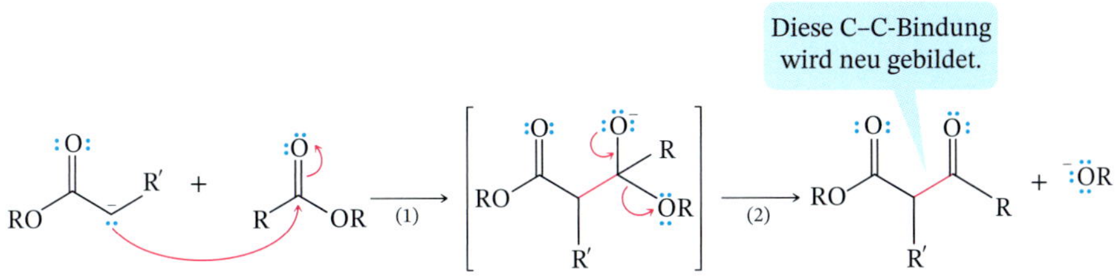

ein Enolat   ein Ester   eine tetraedrische Zwischenstufe   Produkt einer nukleophilen Acylsubstitution

Diese C–C-Bindung wird neu gebildet.

Diesen Typ von Enolatreaktion finden wir Claisen- (Abschn. 15.3.1) und Dieckmann-Kondensationen (Abschn. 15.3.2) zwischen Estern (Abschn. 15.2).

3. Enolate können als Nukleophile an Kohlenstoff-Kohlenstoff-Doppelbindungen addiert werden, wenn diese in Konjugation mit der Carbonylgruppe eines Aldehyds, Ketons oder Esters stehen:

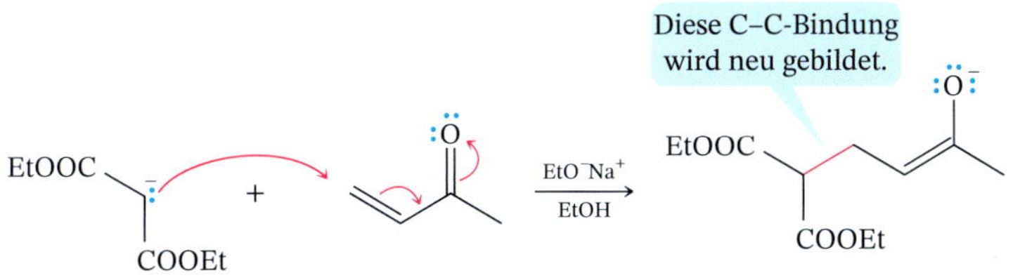

das Enolat von Propansäurediethylester (Malonsäurediethylester)   3-Buten-2-on (Methylvinylketon)

Diese C–C-Bindung wird neu gebildet.

Dieser Typ von Enolatreaktion wird als Michael-Reaktion bezeichnet (Abschn. 15.5).

15.2 Was ist eine Aldolreaktion?

15.2.1 Die Bildung von Enolaten aus Aldehyden und Ketonen

Wird ein Aldehyd oder ein Keton, das ein acides α-H-Atom enthält, mit einer starken Base wie Natriumhydroxid oder Natriummethanolat umgesetzt, entsteht ein Enolat-Anion, das als Resonanzhybrid zweier Grenzformeln beschrieben werden kann:

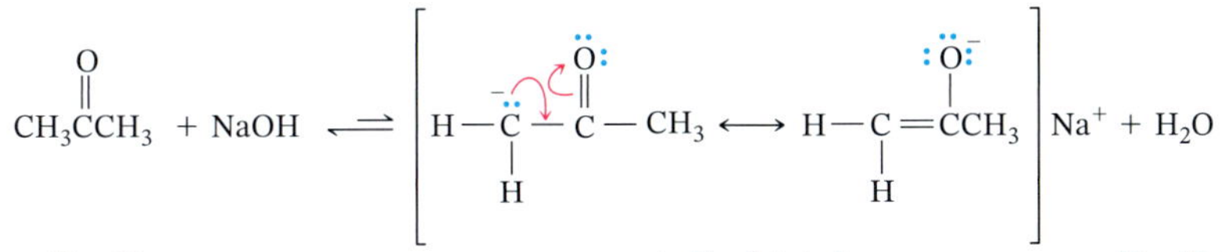

CH_3CCH_3 + NaOH ⇌ [Enolat-Resonanzstrukturen] Na^+ + H_2O

$pK_S = 20$ (schwächere Säure)   ein Enolat-Anion $pK_S = 15{,}7$ (stärkere Säure)

Aus den relativen Aciditäten der beiden im Gleichgewicht vorliegenden Säuren ergibt sich, dass das Gleichgewicht deutlich auf der linken Seite liegt. Der kleine Anteil des im Gleichgewicht vorliegenden Enolats reicht aber trotzdem aus, die Aldolreaktion stattfinden zu lassen.

15.2.2 Die Aldolreaktion

Die Addition eines aus einem Aldehyd oder Keton gebildeten Enolats an die Carbonylgruppe eines zweiten Äquivalents des Aldehyds oder Ketons wird durch die folgenden Beispiele verdeutlicht:

$$CH_3-\overset{\overset{O}{\|}}{C}-H \;+\; \overset{\overset{H}{|}}{\underset{}{CH_2}}-\overset{\overset{O}{\|}}{C}-H \;\overset{NaOH}{\rightleftharpoons}\; CH_3-\overset{\overset{OH}{|}}{\underset{\beta}{CH}}-\overset{}{\underset{\alpha}{CH_2}}-\overset{\overset{O}{\|}}{C}-H$$

Ethanal   Ethanal   3-Hydroxybutanal
(Acetaldehyd)   (Acetaldehyd)   (ein β-Hydroxyaldehyd)

$$CH_3-\overset{\overset{O}{\|}}{C}-CH_3 \;+\; \overset{\overset{H}{|}}{\underset{}{CH_2}}-\overset{\overset{O}{\|}}{C}-CH_3 \;\overset{NaOH}{\rightleftharpoons}\; CH_3-\underset{\underset{CH_3}{|}}{\overset{\overset{OH}{|}}{\underset{\beta}{C}}}-\underset{\alpha}{CH_2}-\overset{\overset{O}{\|}}{C}-CH_3$$

Propanon   Propanon   4-Hydroxy-4-methyl-2-pentanon
(Aceton)   (Aceton)   (ein β-Hydroxyketon)

Der Trivialname des Produkts aus der Reaktion eines Aldehyds mit einer Base lautet **Aldol**, weil diese Verbindung sowohl eine **Ald**ehyd- als auch eine Alkoh**ol**gruppe enthält. Im weiteren Sinn werden aber alle Verbindungen als *Aldole* bezeichnet, die in einer Reaktion dieser Art entstehen. Die maßgebliche Teilstruktur in den Produkten einer **Aldolreaktion** ist die eines β-Hydroxyaldehyds oder eines β-Hydroxyketons.

Mechanismus: Die basenkatalysierte Aldolreaktion

1. Schritt: *Deprotonierung*

Die Deprotonierung eines α-Wasserstoffatoms durch eine Base führt zu einem mesomeriestabilisierten Enolat-Anion:

$$H-\overset{..}{\underset{..}{O}}\overset{-}{:} + H-CH_2-\overset{\overset{O:}{\|}}{C}-H \rightleftharpoons H-\overset{..}{\underset{..}{O}}-H + \left[{^-:}CH_2-\overset{\overset{:O:}{\|}}{C}-H \longleftrightarrow CH_2=\overset{\overset{:\overset{..}{O}:^-}{|}}{C}-H \right]$$

ein Enolat

2. Schritt: *Reaktion eines Nukleophils mit einem Elektrophil unter Bildung einer neuen kovalenten Bindung*

Weil das Gleichgewicht im ersten Schritt auf der linken Seite liegt, verbleibt noch sehr viel nicht deprotonierter Aldehyd (oder nicht deprotoniertes Keton) in der Reaktionsmischung. Durch nukleophile Addition des Enolats an die Carbonylgruppe eines nicht deprotonierten Aldehyds (oder Ketons) bildet sich eine tetraedrische Zwischenstufe:

$$CH_3-\overset{\overset{:O:}{\|}}{C}-H \;+\; {^-:}CH_2-\overset{\overset{:O:}{\|}}{C}-H \rightleftharpoons CH_3-\overset{\overset{:\overset{..}{O}:^-}{|}}{\underset{}{CH}}-CH_2-\overset{\overset{:O:}{\|}}{C}-H$$

(ein Elektrophil)   (ein Nukleophil)   eine tetraedrische Zwischenstufe

die neu gebildete kovalente Bindung

3. Schritt: *Protonierung*

Durch Reaktion der tetraedrischen Zwischenstufe mit einem Protonendonator entsteht das Aldolprodukt und das Hydroxid-Ion (der Katalysator) wird zurückgebildet:

$$CH_3-\overset{\overset{:\overset{..}{O}:^-}{|}}{\underset{}{CH}}-CH_2-\overset{\overset{:O:}{\|}}{C}-H + H-\overset{..}{\underset{..}{O}}H \rightleftharpoons CH_3-\overset{\overset{:\overset{..}{O}H}{|}}{\underset{}{CH}}-CH_2-\overset{\overset{O}{\|}}{C}-H + {^-:}\overset{..}{\underset{..}{O}}H$$

Der Schlüsselschritt in einer basenkatalysierten Aldolreaktion ist die nukleophile Addition des aus der ersten Carbonylverbindung entstandenen Enolats an die Carbonylgruppe der zweiten Carbonylverbindung. Dabei bildet sich eine tetraedrische Zwischenstufe. Der Mechanismus ist im Folgenden als Reaktion zwischen zwei Äquivalenten Acetaldehyd formuliert. Man beachte, dass OH⁻ hier als Katalysator wirkt: Zwar wird im ersten Schritt ein Äquivalent OH⁻ verbraucht, im dritten Schritt aber wieder zurückgebildet. Man beachte zudem, dass der zweite Schritt der Aldolreaktion eine große Ähnlichkeit mit der Reaktion zwischen einer Grignard-Verbindung und einem Aldehyd oder Keton (Abschn. 12.5) und auch mit dem ersten Schritt der Addition einer Grignard-Verbindung an einen Ester (Abschn. 14.7) aufweist. In jeder dieser Reaktionen findet ein Angriff eines Kohlenstoff-Nukleophils an dem Carbonyl-C-Atom einer Carbonylverbindung statt.

Beispiel 15.2 Welche Produkte entstehen bei einer basenkatalysierten Aldolreaktion aus den folgenden Verbindungen?

(a) Butanal
(b) Cyclohexanon

Vorgehensweise
Zeichnen Sie zwei Äquivalente des jeweiligen Ketons oder Aldehyds. Überführen Sie das eine Äquivalent in ein Enolat und addieren Sie dieses an die Carbonylgruppe des anderen Äquivalents. Hierbei sollte eine β-Hydroxycarbonylverbindung entstehen und die Base sollte zurückgebildet werden. Oft ist es hilfreich, die Atome im Enolat sowie im Keton bzw. im Aldehyd durchzunummerieren.

Lösung
Das Aldolprodukt wird durch nukleophilen Angriff des α-Kohlenstoffatoms des einen Moleküls am Carbonyl-C-Atom des anderen Moleküls gebildet:

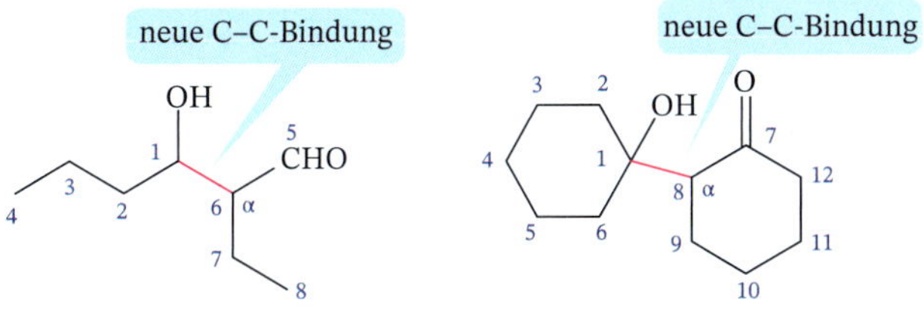

Siehe Aufgaben 15.2 und 15.9.

β-Hydroxyaldehyde und β-Hydroxyketone werden sehr leicht dehydratisiert; oft reichen die für eine Aldolreaktion erforderlichen Bedingungen aus, um auch eine Wasserabspaltung zu bewirken (Abschn. 8.2.5). Man kann die Dehydratisierung aber auch forcieren, indem man das Aldolprodukt in verdünnter Säure erwärmt. Das Hauptprodukt der Dehydratisierung eines Aldolprodukts enthält eine Kohlenstoff-Kohlenstoff-Doppelbindung in Konjugation zur Carbonylgruppe; es entsteht also ein **α,β-ungesättigter Aldehyd** oder ein **α,β-ungesättigtes Keton** (die Bezeichnungen rühren daher, dass sich die ungesättigte Bindung – also die Doppelbindung – zwischen dem α- und dem β-Kohlenstoffatom befindet).

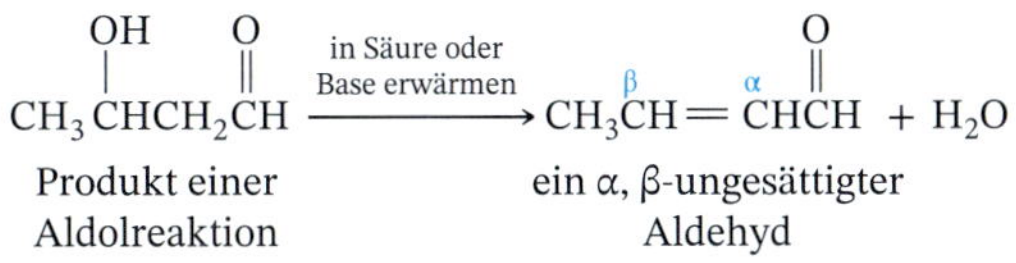

Basenkatalysierte Aldolreaktionen sind häufig reversibel und oft liegt im Gleichgewicht nur wenig Aldolprodukt vor. Im Gegensatz dazu ist die Gleichgewichtskonstante für die Wasserabspaltung meistens sehr groß, sodass zumindest unter Bedingungen, die harsch genug für eine Dehydratisierung sind, gute Ausbeuten des Produkts erzielt werden können.

Mechanismus: Die basenkatalysierte Dehydratisierung eines Aldolprodukts

1. Schritt: *Deprotonierung*
Ein α-Proton wird durch eine Säure-Base-Reaktion entfernt; es entsteht ein Enolat-Anion.

2. Schritt: *Bindungsbruch unter Entstehung eines stabilen Ions oder Moleküls*
Das Enolat wirft ein Hydroxid-Ion aus; es bildet sich eine α,β-ungesättigte Carbonylverbindung und die Base wird zurückgebildet. Das Produkt ist relativ stabil, weil die Doppelbindung in Konjugation zur Carbonylgruppe steht.

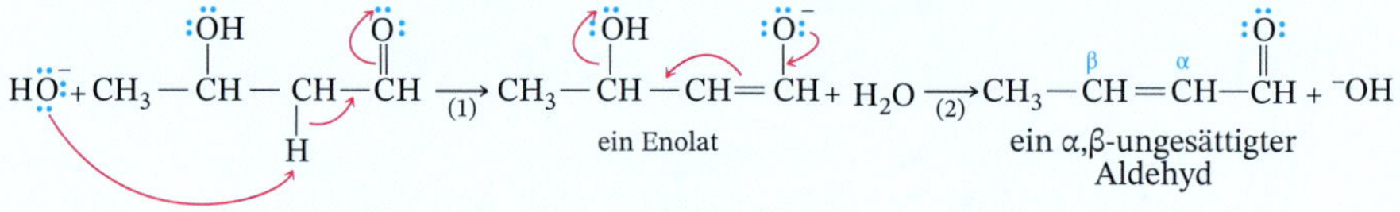

$$HO^- + CH_3-CH(OH)-CH_2-CHO \xrightarrow{(1)} CH_3-CH(OH)-CH=CH-O^- + H_2O \xrightarrow{(2)} CH_3-CH=CH-CHO + {}^-OH$$

ein Enolat   ein α,β-ungesättigter Aldehyd

Mechanismus: Die säurekatalysierte Dehydratisierung eines Aldolprodukts

Die säurekatalysierte Dehydratisierung eines Aldolprodukts erfolgt ebenfalls in zwei Schritten:

1. Schritt: *Protonierung*
Die β-Hydroxygruppe wird durch eine Säure-Base-Reaktion protoniert.

2. Schritt: *Protonentransfer und Bindungsbruch unter Entstehung eines stabilen Ions oder Moleküls*
Wasser als Base übernimmt ein Proton aus der α-Position; gleichzeitig tritt Wasser als Nukleofug aus. Die α,β-ungesättigte Carbonylverbindung entsteht und die Säure wird zurückgebildet.

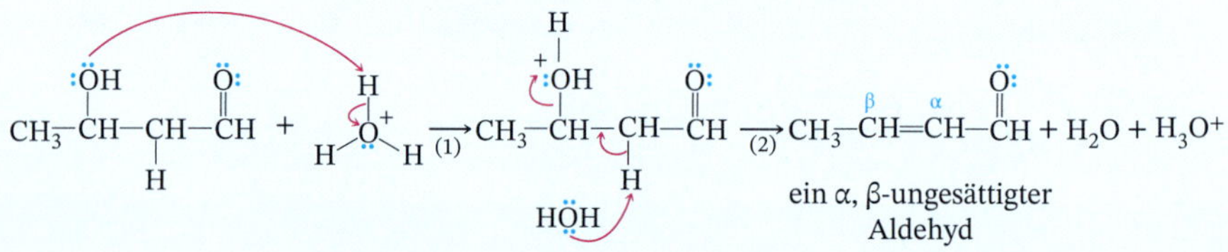

$$CH_3-CH(OH)-CH_2-CHO + H_3O^+ \xrightarrow{(1)} CH_3-CH(OH_2^+)-CH_2-CHO \xrightarrow{(2)} CH_3-CH=CH-CHO + H_2O + H_3O^+$$

ein α,β-ungesättigter Aldehyd

Beispiel 15.3 Zeichnen Sie das Produkt der basenkatalysierten Dehydratisierung für jedes Aldolprodukt aus Beispiel 15.2.

Vorgehensweise

Das Produkt einer Wasserabspaltung aus einem Aldolprodukt ist eine α,β-ungesättigte Carbonylverbindung. Die C=C-Doppelbindung bildet sich zwischen dem α-C-Atom und dem Kohlenstoffatom, das zuvor die OH-Gruppe getragen hatte.

Lösung

Die Abspaltung von H$_2$O aus dem Aldolprodukt (a) ergibt zwei isomere, α,β-ungesättigte Aldehyde, während die Dehydratisierung des Aldolprodukts (b) zu einem α,β-ungesättigten Keton führt:

(a) [Struktur: β-Hydroxyaldehyd mit OH an β-C, CHO an α-C mit Ethylgruppe] → [E-Isomer mit CHO] + [Z-Isomer mit CHO]

Die C=C-Bindung bildet sich hier.

(b) [Cyclohexyl-OH an β-C eines Cyclohexanons an α-C] → [Cyclohexyliden-cyclohexanon]

Die C=C-Bindung bildet sich hier.

Siehe Aufgaben 15.3 und 15.9–15.11.

15.2.3 Gekreuzte Aldolreaktion

Die Reaktanten im Schlüsselschritt einer Aldolreaktion sind einerseits das Enolat und andererseits die Carbonylverbindung als Enolatakzeptor. In einer Selbstreaktion kann ein und dieselbe Verbindung beide Rollen übernehmen. Wenn zwei verschiedene Carbonylverbindungen an der Reaktion beteiligt sind (zwei verschiedene Aldehyde, zwei verschiedene Ketone oder auch ein Aldehyd und ein Keton), spricht man von einer **gekreuzten Aldolreaktion**, wie sie zum Beispiel zwischen Aceton und Formaldehyd stattfinden kann. Formaldehyd enthält kein α-Wasserstoffatom und kann daher kein Enolat bilden. Formaldehyd ist jedoch ein exzellenter Enolatakzeptor (ein ausgezeichnetes Elektrophil), weil es sterisch ungehindert ist und nicht durch elektronenschiebende Alkylgruppen deaktiviert wird. Aceton kann ein Enolat bilden, ist aber als Carbonylverbindung mit zwei sterisch anspruchsvollen und elektronenschiebenden Alkylgruppen ein deutlich schlechterer Enolatakzeptor als Formaldehyd. Aus diesen Gründen entsteht bei der gekreuzten Aldolreaktion zwischen Aceton und Formaldehyd ausschließlich 4-Hydroxy-2-butanon.

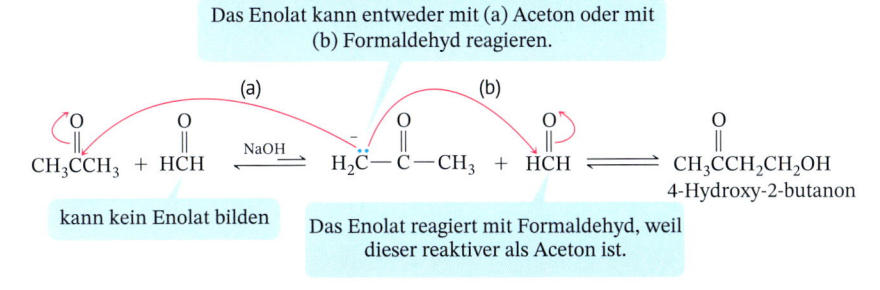

Das Enolat kann entweder mit (a) Aceton oder mit (b) Formaldehyd reagieren.

$$CH_3CCH_3 + HCH \xrightarrow{NaOH} H_2\overset{-}{C}-C-CH_3 + HCH \rightleftharpoons CH_3CCH_2CH_2OH$$

4-Hydroxy-2-butanon

kann kein Enolat bilden

Das Enolat reagiert mit Formaldehyd, weil dieser reaktiver als Aceton ist.

Wie dieses Beispiel illustriert, ist es für eine erfolgreiche gekreuzte Aldolreaktion sehr günstig, wenn eines der beiden Edukte keine α-Wasserstoffatome enthält und demzufolge kein Enolat bilden kann. Zudem ist es hilfreich, wenn diese Komponente deutlich reaktiver als die andere Carbonylverbindung ist, wenn es sich also beispielsweise um einen Aldehyd handelt. Im Folgenden sind einige Beispiele von Aldehyden ohne α-Wasserstoffatome aufgeführt, die in gekreuzten Aldolreaktionen eingesetzt werden können:

HCH	C₆H₅-CH=O	Furfural	$(CH_3)_3CCH$
Formaldehyd	Benzaldehyd	Furfural	2,2-Dimethylpropanal

Beispiel 15.4 Zeichnen Sie sowohl das Produkt einer gekreuzten Aldolreaktion zwischen Furfural und Cyclohexanon als auch das Produkt, das aus der nachfolgenden basenkatalysierten Dehydratisierung entsteht.

Vorgehensweise

Stellen Sie fest, welche Carbonylverbindung ein deprotonierbares (acides) α-Wasserstoffatom enthält, und zeichnen Sie das entsprechende Enolat. Entscheiden Sie, welche Carbonylverbindung reaktiver gegenüber dem Enolat ist (Aldehyde sind reaktiver als Ketone) und formulieren Sie die Enolataddition an die Carbonylgruppe unter Bildung einer β-Hydroxycarbonylverbindung. Oft ist es hilfreich, die Atome im Enolat und im Keton bzw. im Aldehyd durchzunummerieren. Das Produkt einer Wasserabspaltung aus einem Aldolprodukt ist eine α,β-ungesättigte Carbonylverbindung. Die C=C-Doppelbindung bildet sich immer zwischen dem α-Kohlenstoffatom und dem Kohlenstoffatom, an das zuvor die OH-Gruppe gebunden war.

Lösung

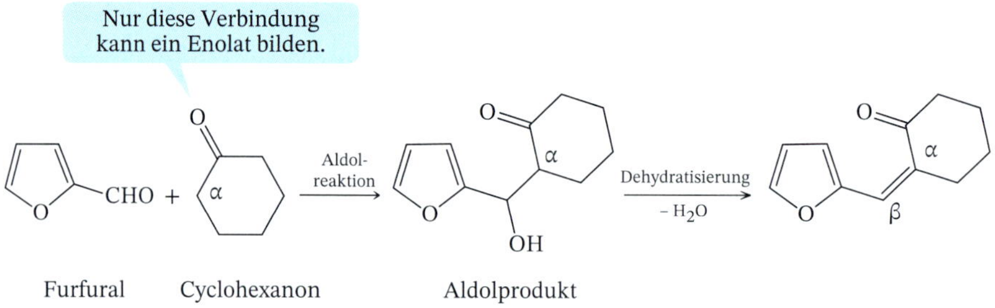

Siehe Aufgaben 15.4 und 15.8.

15.2.4 Intramolekulare Aldolreaktionen

Wenn sowohl die Carbonylgruppe als auch das Enolat Bestandteil derselben Verbindung sind, entsteht in der Aldolreaktion ein Ring. Eine solche **intramolekulare Aldolreaktion** eignet sich vor allem zur Synthese von Fünf- und Sechsringen. Ringe aus fünf oder sechs Atomen sind die stabilsten Ringe. Weil die Gleichgewichtslage unter den hier angewandten Bedingungen im Wesentlichen von der Stabilität der Komponenten bestimmt wird, bilden sich Fünf- oder Sechsringe leichter als Vierringe, Siebenringe oder noch größere Ringe. Die intramolekulare Aldolreaktion von 2,7-Octandion über das Enolat an α_3 ergibt beispielsweise einen Fünfring, während die Reaktion über das Enolat an α_1 zu einem Siebenring führen würde. Tatsächlich entsteht bei der Aldolreaktion ausgehend von 2,7-Octandion mit großer Präferenz der Fünfring.

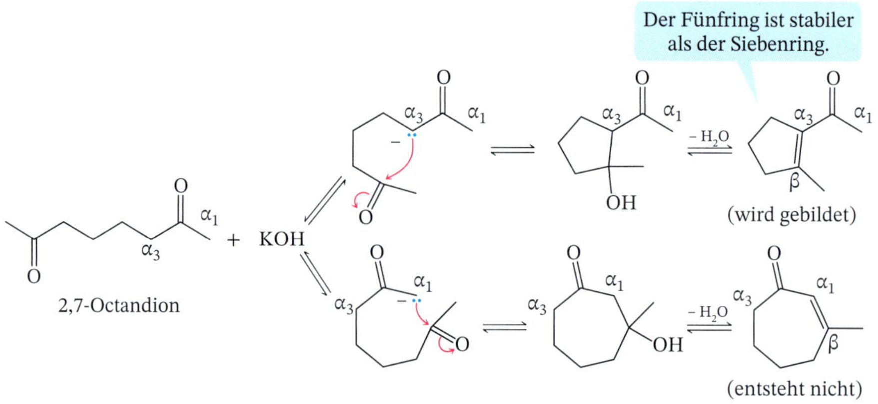

Beispiel 15.5 Zeichnen Sie das dehydratisierte Produkt, das aus der folgenden intramolekularen Aldolreaktion entsteht:

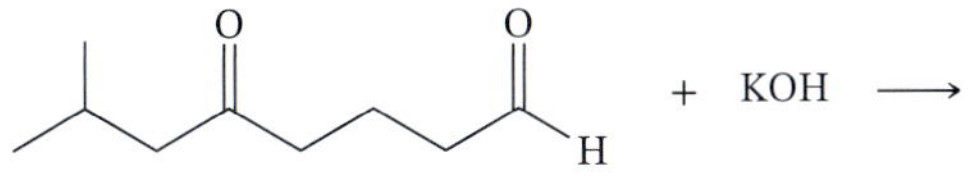

Vorgehensweise

Identifizieren Sie alle α-Wasserstoffatome in dieser Verbindung und formulieren Sie alle mögliche Enolate. Entscheiden Sie, welches Enolat beim intramolekularen Angriff an die andere Carbonylgruppe den stabileren Ring liefern würde. Es ist oft hilfreich, die Verbindungen durchzunummerieren. Das Produkt einer Wasserabspaltung aus einem Aldolprodukt ist eine α,β-ungesättigte Carbonylverbindung. Die C=C-Doppelbindung bildet sich immer zwischen dem α-C-Atom und dem C-Atom, an das vorher die OH-Gruppe gebunden war.

Lösung

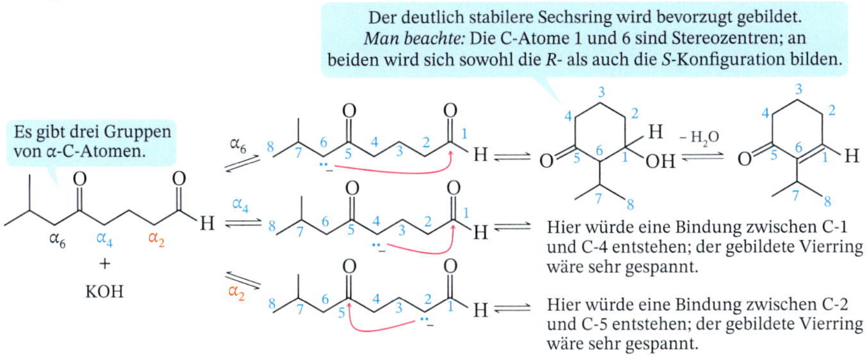

Der deutlich stabilere Sechsring wird bevorzugt gebildet.
Man beachte: Die C-Atome 1 und 6 sind Stereozentren; an beiden wird sich sowohl die *R*- als auch die *S*-Konfiguration bilden.

Es gibt drei Gruppen von α-C-Atomen.

Hier würde eine Bindung zwischen C-1 und C-4 entstehen; der gebildete Vierring wäre sehr gespannt.

Hier würde eine Bindung zwischen C-2 und C-5 entstehen; der gebildete Vierring wäre sehr gespannt.

Siehe Aufgaben 15.5, 15.10 und 15.11.

15.3 Was sind Claisen- und Dieckmann-Kondensationen?

15.3.1 Claisen-Kondensation

In diesem Abschnitt wollen wir uns mit der Reaktion eines aus einem Ester gebildeten Enolats mit der Carbonylgruppe eines zweiten Äquivalents Ester beschäftigen. Eine der ersten derartigen nukleophilen Acylsubstitutionen war die **Claisen-Kondensation**, die nach ihrem Entdecker, dem deutschen Chemiker Ludwig Claisen (1851–1930), benannt wurde. Wir wollen uns die Claisen-Kondensation beispielhaft an der Reaktion zwischen zwei Äquivalenten Essigsäureethylester in Gegenwart der Base Ethanolat anschauen, bei der nach dem Ansäuern Acetessigsäureethylester entsteht (man beachte, dass die Ethylgruppe in vielen der folgenden Reaktionsgleichungen mit Et abgekürzt wird).

$$2\ CH_3COEt \xrightarrow[2)\ H_2O,\ HCl]{1)\ EtO^-\ Na^+} CH_3CCH_2COEt\ +\ EtOH$$

Ethansäureethylester   3-Oxobutansäureethylester   Ethanol
(Essigsäureethylester)   (Acetessigsäureethylester)

Gewusst wie: 15.1 Wie man ermittelt, welche Edukte in einer Aldolreaktion benötigt werden

Manchmal ist es notwendig, ausgehend vom Produkt einer Aldolreaktion retrosynthetisch vorzugehen (siehe hierzu Gewusst wie 14.2). Hier folgt eine Schritt-für-Schritt-Anleitung, wie man die für eine Aldolreaktion erforderlichen Edukte ermittelt:

a) Bestimmen Sie die Carbonylgruppe und identifizieren Sie die α- und β-Kohlenstoffatome. Ein Aldolprodukt enthält die Carbonylgruppe eines Ketons oder Aldehyds sowie entweder eine OH-Gruppe oder eine C=C-Doppelbindung. Kennzeichnen Sie daher die C-Atome ausgehend von der Carbonylgruppe in Richtung der OH-Gruppe bzw. der C=C-Doppelbindung mit griechischen Buchstaben:

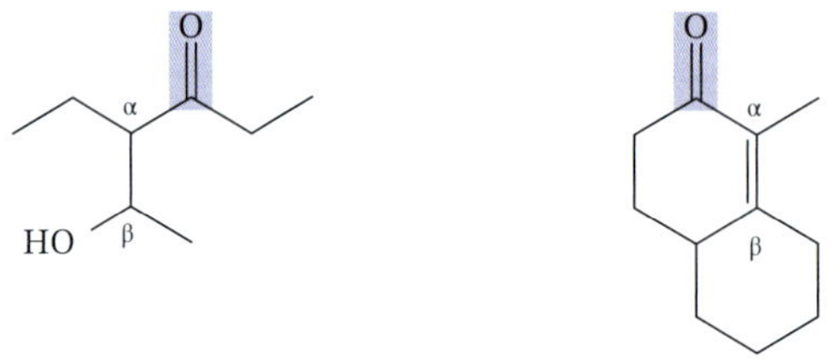

b) Entfernen Sie die Bindung zwischen dem α- und dem β-C-Atom und vervollständigen Sie das β-Kohlenstoffatom zu einer Carbonylgruppe (das Sauerstoffatom der OH-Gruppe am β-C-Atom wird zum Sauerstoffatom einer Carbonylgruppe). An das α-C-Atom werden zusätzliche Wasserstoffatome gebunden (auch wenn diese in einer Skelettformel normalerweise nicht gezeigt werden).

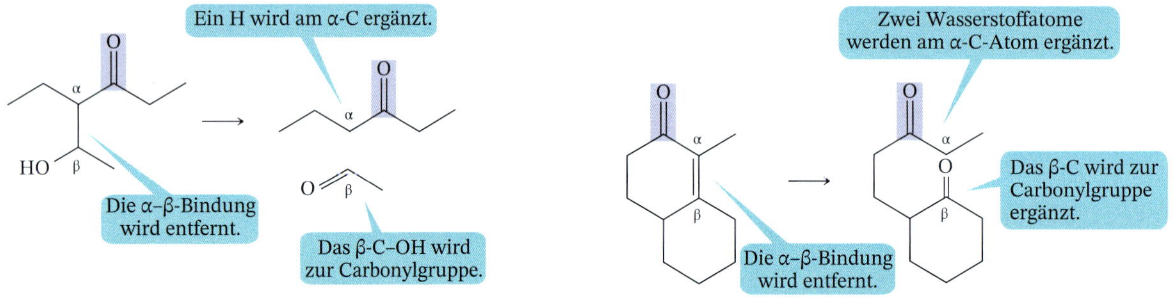

Die maßgebliche Struktureinheit im Produkt einer Claisen-Kondensation ist die eines β-**Ketoesters**.

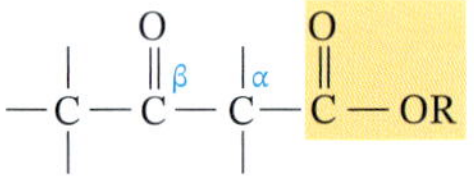

ein β-Keto**ester**

Bei der Claisen-Kondensation zwischen zwei Äquivalenten Propansäureethylester bildet sich der folgende β-Ketoester:

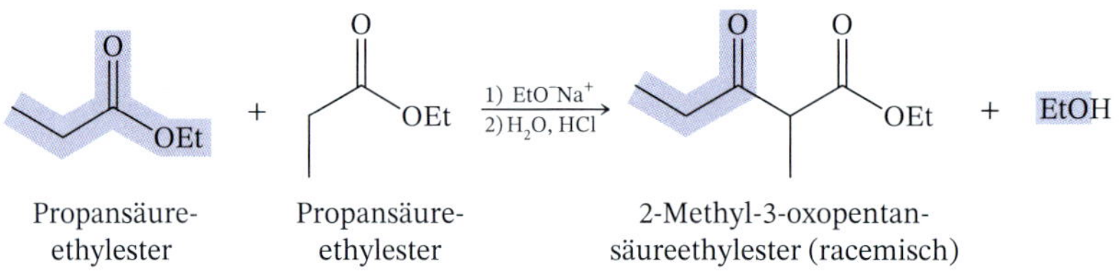

Propansäure-ethylester + Propansäure-ethylester → 2-Methyl-3-oxopentan-säureethylester (racemisch) + EtOH

Reagenzien: 1) EtO⁻Na⁺ 2) H₂O, HCl

Für die Claisen-Kondensation wird ebenso wie bei einer Aldolreaktion eine Base benötigt. Eine wässrige Base wie Natriumhydroxid ist in der Claisen-Kondensation aber ungeeignet, weil es damit zur Hydrolyse (Verseifung) des Esters kommen würde (Abschn. 14.3.3). Stattdessen verwendet man in der Claisen-Kondensation meistens eine nicht-wässrige Base wie Natriumethanolat in Ethanol oder Natriummethanolat in Methanol. Um eine Umesterung zu vermeiden (Abschn. 14.4.3) sollte die Alkylgruppe der Base (RO⁻) dieselbe sein wie in der Alkoxygruppe des Esters (COOR).

15.3 Was sind Claisen- und Dieckmann-Kondensationen? | 521

Mechanismus: Die Claisen-Kondensation

In diesem Mechanismus fällt auf, dass die ersten beiden Schritte denen der Aldolreaktion (Abschn. 15.1) stark ähneln. Im ersten Schritt wird jeweils ein Proton von einem α-Kohlenstoffatom entfernt, was zur Bildung eines mesomeriestabilisierten Enolats führt. Im zweiten Schritt beider Mechanismen erfolgt dann der Angriff des Enolats an der Carbonylgruppe eines zweiten Äquivalents des Ausgangsmaterials – hier des Esters. Auch in der Claisen-Reaktion entsteht dabei eine tetraedrische Zwischenstufe.

1. Schritt: *Deprotonierung*

Die Base deprotoniert den Ester in der α-Position und es entsteht ein mesomeriestabilisiertes Enolat:

$$EtO^- + H-CH_2-COEt \rightleftharpoons EtOH + [^-CH_2-COEt \longleftrightarrow CH_2=COEt\ (O^-)]$$

(schwächere Base) — $pK_S = 22$ (schwächere Säure) — $pK_S = 15.9$ (stärkere Säure) — mesomeriestabilisiertes Enolat (stärkere Base)

Weil der Ester (an der α-Position) die schwächere Säure und das Ethanolat die schwächere Base ist, liegt das Gleichgewicht in dieser Reaktion deutlich auf der linken Seite.

2. Schritt: *Reaktion eines Nukleophils mit einem Elektrophil unter Bildung einer neuen kovalenten Bindung*

Beim Angriff des Enolats an der Carbonylgruppe eines zweiten Äquivalents des Esters entsteht eine tetraedrische Zwischenstufe:

$$CH_3-C(=O)-OEt + {}^-CH_2-COEt \rightleftharpoons CH_3-C(O^-)(OEt)-CH_2-C(=O)-OEt$$

(ein Elektrophil) (ein Nukleophil) — eine tetraedrische Zwischenstufe (neue C–C-Bindung)

3. Schritt: *Zerfall der tetraedrischen Zwischenstufe unter Freisetzung einer Austrittsgruppe und Rückbildung der Carbonylgruppe*

Anders als die tetraedrische Zwischenstufe einer Aldolreaktion enthält das hier gebildete Intermediat eine Austrittsgruppe (das Ethanolat-Anion). Wenn die tetraedrische Zwischenstufe unter Freisetzung des Ethanolats zerfällt, entsteht ein β-Ketoester:

$$CH_3-C(O^-)(OEt)-CH_2-C(=O)-OEt \rightleftharpoons CH_3-C(=O)-CH_2-C(=O)-OEt + EtO^-$$

4. Schritt: *Deprotonierung*

Durch die nun erfolgende Deprotonierung des β-Ketoesters wird das Gleichgewicht in der Claisen-Kondensation nach rechts verschoben. Der β-Ketoester (die stärkere Säure) reagiert mit Ethanolat (der stärkeren Base) unter Bildung von Ethanol (der schwächeren Säure) und des β-Ketoesterenolats (der schwächeren Base):

$$EtO^- + CH_3-C(=O)-CH(H)-C(=O)-OEt \rightleftharpoons CH_3-C(=O)-CH^--C(=O)-OEt + EtOH$$

(stärkere Base) — $pK_S = 10.7$ (stärkere Säure) — (schwächere Base) — $pK_S = 15.9$ (schwächere Säure)

Das Gleichgewicht in diesem Schritt (und damit auch das Gleichgewicht der Gesamtreaktion) liegt fast vollständig auf der rechten Seite.

5. Schritt: Protonierung

Wird das Enolat im Aufarbeitungsprozess angesäuert, entsteht das Endprodukt, der β-Ketoester:

$$CH_3-\overset{O}{\underset{}{C}}-\overset{-}{C}H-\overset{O}{\underset{}{C}}OEt + H-\overset{+}{O}H \xrightarrow{HCl, H_2O} CH_3-\overset{O}{\underset{}{C}}-CH_2-\overset{O}{\underset{}{C}}OEt + H_2O$$

Beispiel 15.6 Welches Produkt entsteht bei der Claisen-Kondensation von Butansäureethylester mit Natriumethanol nach der Aufarbeitung mit Salzsäure?

Vorgehensweise
Zeichnen Sie zwei Äquivalente des Butansäureethylesters. Überführen Sie eines in das Enolat-Anion und lassen Sie es am Carbonyl-C-Atom des anderen angreifen. Weil die Claisen-Kondensation als nukleophile Acylsubstitution abläuft, ist die OR-Gruppe an der angegriffenen Carbonylgruppe im Endprodukt nicht mehr vorhanden. Oft ist es hilfreich, die Atome im Enolat und im angegriffenen Ester durchzunummerieren.

Lösung
Bei der Claisen-Kondensation bildet sich eine neue Bindung zwischen dem Carbonyl-C-Atom des einen und dem α-C-Atom des anderen Esters:

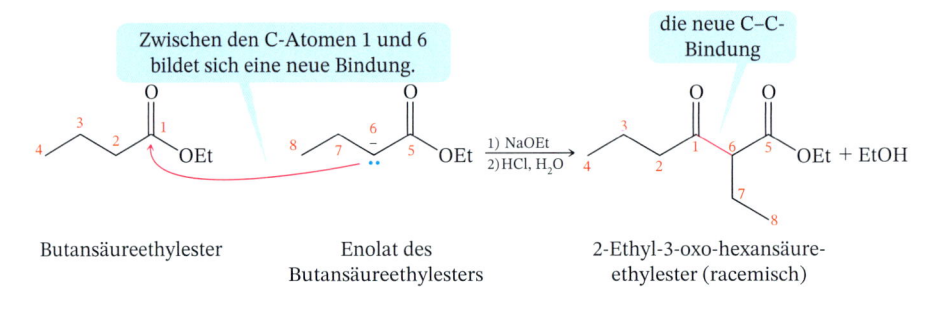

Butansäureethylester — Enolat des Butansäureethylesters — 2-Ethyl-3-oxo-hexansäureethylester (racemisch)

Siehe Aufgabe 15.13.

15.3.2 Dieckmann-Kondensation

Die intramolekulare Claisen-Kondensation eines Dicarbonsäureesters, meist unter Bildung eines Fünf- oder Sechsrings, wird als **Dieckmann-Kondensation** bezeichnet. In Gegenwart eines Äquivalents Natriumethanolat geht beispielsweise Hexandisäurediethylester (Adipinsäurediethylester) eine intramolekulare Kondensation zu einem Fünfring ein:

Hexandisäurediethylester (Adipinsäurediethylester) → 2-Oxocyclopentancarbonsäureethylester + EtOH

Der Mechanismus der Dieckmann-Kondensation ist dem der Claisen-Kondensation völlig analog. Im ersten Schritt bildet sich ein Anion an der α-Position der einen Estergruppe, das im zweiten Schritt an der Carbonylgruppe der zweiten Estergruppe angreift. Aus dem dabei gebildeten tetraedrischen Intermediat tritt im dritten Schritt ein Ethanolat-Anion aus und die Carbonylgruppe bildet sich zurück. Genauso wie in der

Claisen-Kondensation erfolgt im vierten Schritt noch eine Deprotonierung zur konjugierten Base des β-Ketoesters; sie wird bei der Aufarbeitung mit wässriger Säure zum fertigen Produkt protoniert.

Beispiel 15.7 Vervollständigen Sie die folgende Reaktionsgleichung einer Dieckmann-Kondensation ohne Berücksichtigung der Stereochemie:

Vorgehensweise
Identifizieren Sie die α-Kohlenstoffatome der Estergruppen. Überführen Sie eine der Estergruppen in das entsprechende in α-Stellung deprotonierte Derivat und lassen Sie dieses Enolat am Carbonyl-C-Atom der anderen Estergruppe angreifen. Weil es sich bei der Dieckmann-Kondensation um eine nukleophile Acylsubstitution handelt, geht die OR-Gruppe an der angegriffenen Carbonylgruppe verloren und ist im Produkt nicht mehr vorhanden. Es ist oft hilfreich, die Atome der Verbindung durchzunummerieren.

Lösung

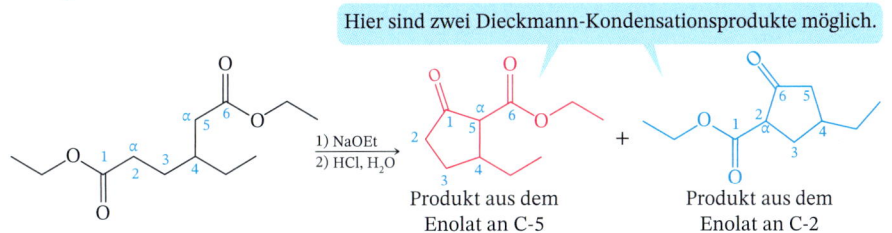

Hier sind zwei Dieckmann-Kondensationsprodukte möglich.

Produkt aus dem Enolat an C-5   Produkt aus dem Enolat an C-2

Siehe Aufgaben 15.14 und 15.21.

15.3.3 Gekreuzte Claisen-Kondensation

In einer **gekreuzten Claisen-Kondensation** (einer Claisen-Kondensation zwischen zwei verschiedenen Estern, die jeweils α-Wasserstoffatome enthalten) können vier verschiedene β-Ketoester entstehen. Eine gekreuzte Claisen-Kondensation dieser Art ist daher synthetisch nicht sinnvoll einsetzbar. Eine gekreuzte Claisen-Kondensation kann aber dann nützlich sein, wenn die beiden Ester unterschiedliche Möglichkeiten zur Reaktion haben, wenn also beispielsweise eine der Komponenten keine α-Wasserstoffatome enthält und daher nur als Elektrophil (Enolatakzeptor) reagieren kann. Im Folgenden sind einige Ester ohne α-Wasserstoffatome aufgeführt:

HCOEt   EtOCOEt   EtOC—COEt   ⌬—COEt

Ameisensäure-   Kohlensäure-   Ethandicarbonsäurediethylester   Benzoesäureethylester
ethylester   diethylester   (Oxalsäurediethylester)

In einer derartigen gekreuzten Claisen-Kondensation wird der Ester ohne α-Wasserstoffatome meist im Überschuss eingesetzt. Im folgenden Beispiel wird z. B. Benzoesäureethylester im Überschuss verwendet:

$$\text{Ph-CO-OCH}_3 \;+\; \text{CH}_3\text{CH}_2\text{-CO-OCH}_3 \xrightarrow[\text{2) H}_2\text{O, HCl}]{\text{1) CH}_3\text{O}^-\text{Na}^+} \text{Ph-CO-CH(CH}_3\text{)-CO-OCH}_3 \;+\; \text{CH}_3\text{OH}$$

Benzoesäure-methylester Propansäure-methylester 2-Methyl-3-oxo-3-phenyl-propansäuremethylester

Beispiel 15.8 Vervollständigen Sie die Reaktionsgleichung dieser gekreuzten Claisen-Kondensation:

$$\text{HCOEt} \;+\; \text{CH}_3\text{CH}_2\text{COEt} \xrightarrow[\text{2) H}_2\text{O, HCl}]{\text{1) EtO}^-\text{Na}^+}$$

Vorgehensweise

Identifizieren Sie den oder die α-C-Atome jedes Esters. Überführen Sie den α-aciden Ester in das entsprechende Enolat und lassen Sie dieses am Carbonyl-C-Atom des anderen Esters angreifen. Wiederholen Sie diese Prozedur für alle α-Kohlenstoffatome und alle eingesetzten Ester. Denken Sie daran, dass ein Enolat sowohl am anderen Ester als auch (vor allem, wenn äquimolare Mengen beider Ester eingesetzt wurden) an einem nicht deprotonierten Molekül des Esters, aus dem es gebildet wurde, angreifen kann. Weil die Claisen-Kondensation als nukleophile Acylsubstitution abläuft, ist die OR-Gruppe an der angegriffenen Carbonylgruppe im Endprodukt nicht mehr vorhanden. Es ist oft hilfreich, die Atome im Enolat und im angegriffenen Ester durchzunummerieren.

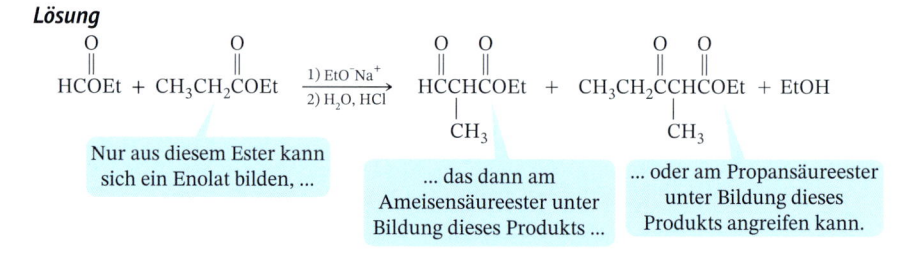

Lösung

$$\text{HCOEt} + \text{CH}_3\text{CH}_2\text{COEt} \xrightarrow[\text{2) H}_2\text{O, HCl}]{\text{1) EtO}^-\text{Na}^+} \text{HCCH(CH}_3\text{)COEt} + \text{CH}_3\text{CH}_2\text{CCH(CH}_3\text{)COEt} + \text{EtOH}$$

Nur aus diesem Ester kann sich ein Enolat bilden, ... das dann am Ameisensäureester unter Bildung dieses Produkts ... ... oder am Propansäureester unter Bildung dieses Produkts angreifen kann.

Siehe Aufgaben 15.15, 15.17 und 15.18.

15.3.4 Hydrolyse und Decarboxylierung von β-Ketoestern

Wir erinnern uns aus Abschn. 14.3.3, dass ein Ester durch Hydrolyse (Verseifung) in wässriger NaOH-Lösung und nachfolgendes Ansäuern der Reaktionslösung mit HCl oder einer anderen Mineralsäure in eine Carbonsäure und einen Alkohol überführt wird. Aus Abschn. 13.8 wissen wir zudem, dass eine β-Ketocarbonsäure beim Erhitzen decarboxyliert, also CO_2 verliert. Die folgende Reaktionssequenz ist ein Beispiel für eine Claisen-Kondensation, gefolgt von einer Verseifung, dem Ansäuern der Reaktionslösung und einer Decarboxylierung.

15.3 Was sind Claisen- und Dieckmann-Kondensationen?

Gewusst wie: 15.2 Wie man ermittelt, welche Edukte in einer Claisen-Kondensation benötigt werden

Manchmal ist es notwendig, ausgehend vom Produkt einer Claisen-Kondensation retrosynthetisch vorzugehen (siehe hierzu Gewusst wie 14.2). Hier folgt eine Schritt-für-Schritt-Anleitung, wie man die für eine Claisen-Kondensation benötigten Edukte ermittelt:

a) Bestimmen Sie die Carbonylgruppe des Esters und identifizieren Sie die α- und β-C-Atome. Ein Claisen-Kondensationsprodukt enthält die Carbonylgruppe der Estergruppe sowie eine weitere Carbonylgruppe einer Aldehyd-, Keton- oder einer zweiten Estergruppe. Kennzeichnen Sie daher die Kohlenstoffatome ausgehend von der Carbonylgruppe des Esters in Richtung der anderen Carbonylgruppe mit griechischen Buchstaben:

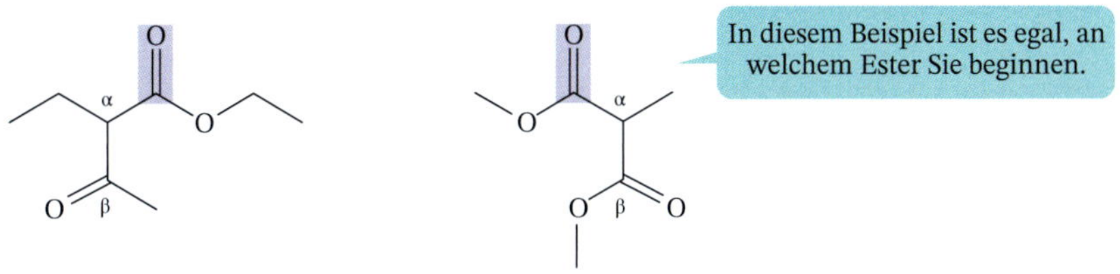

> In diesem Beispiel ist es egal, an welchem Ester Sie beginnen.

b) Entfernen Sie die Bindung zwischen dem α- und dem β-C-Atom:

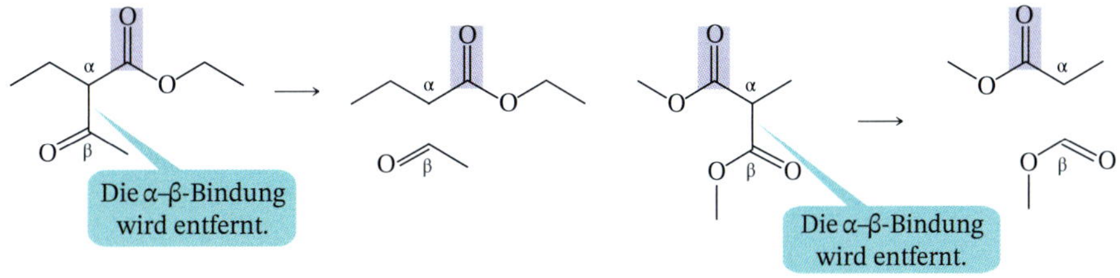

> Die α–β-Bindung wird entfernt.

> Die α–β-Bindung wird entfernt.

c) Ergänzen Sie am α-C-Atom ein Wasserstoffatom und am β-C-Atom eine OR-Gruppe. Der Alkylrest der OR-Gruppe sollte dem der OR-Gruppe des anderen Esters entsprechen:

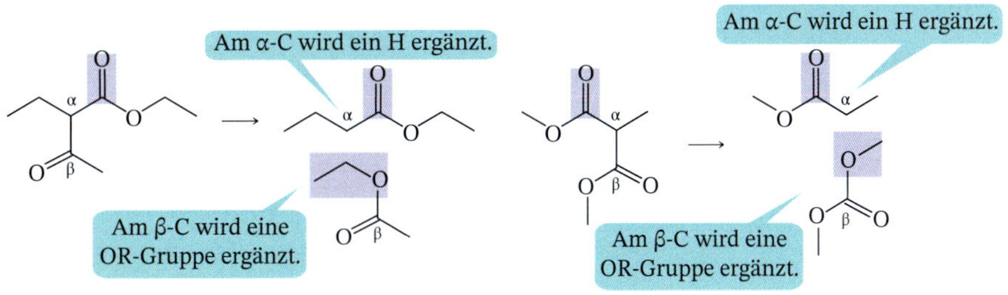

> Am α-C wird ein H ergänzt.
> Am β-C wird eine OR-Gruppe ergänzt.

> Am α-C wird ein H ergänzt.
> Am β-C wird eine OR-Gruppe ergänzt.

Claisen-Kondensation:

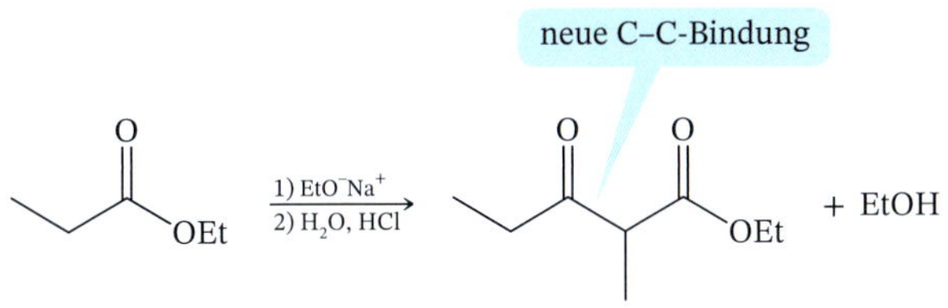

neue C–C-Bindung

1) EtO⁻Na⁺
2) H₂O, HCl

+ EtOH

Verseifung und anschließendes Ansäuern:

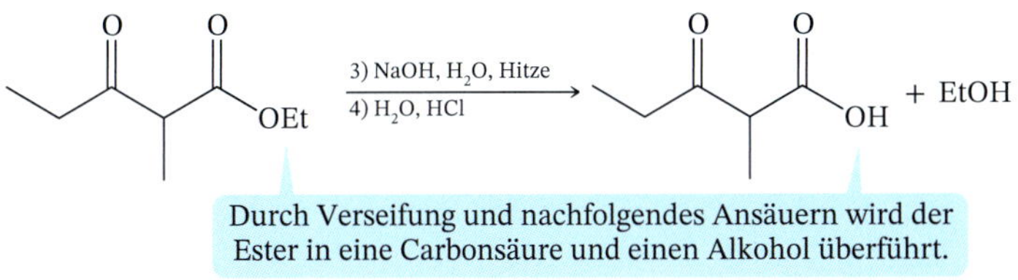

3) NaOH, H₂O, Hitze
4) H₂O, HCl

+ EtOH

> Durch Verseifung und nachfolgendes Ansäuern wird der Ester in eine Carbonsäure und einen Alkohol überführt.

Decarboxylierung:

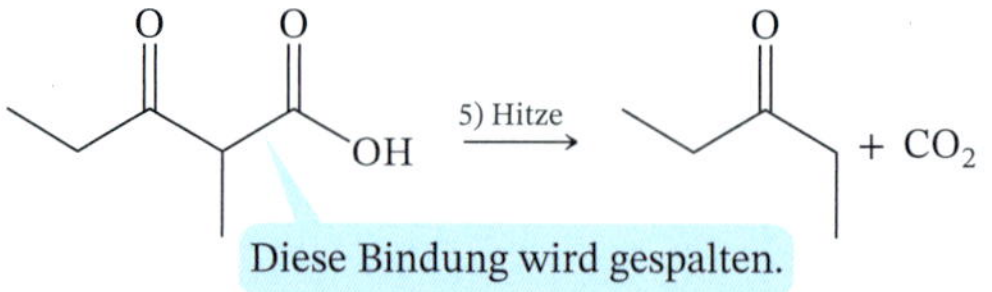

$$\text{CH}_3\text{CH}_2\text{-CO-CH(CH}_3\text{)-COOH} \xrightarrow{\text{5) Hitze}} \text{CH}_3\text{CH}_2\text{-CO-CH}_2\text{CH}_3 + \text{CO}_2$$

Diese Bindung wird gespalten.

In der Sequenz entstehen also über fünf Stufen aus zwei Äquivalenten eines Esters (von denen eines die elektrophile Carbonylgruppe und das andere das Enolat liefert) ein Keton, Kohlendioxid und zwei Äquivalente eines Alkohols:

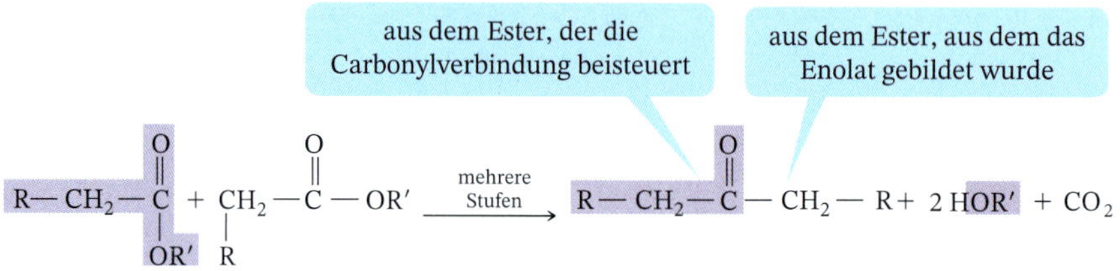

aus dem Ester, der die Carbonylverbindung beisteuert

aus dem Ester, aus dem das Enolat gebildet wurde

$$\text{R-CH}_2\text{-C(=O)-OR'} + \text{CH}_2\text{R-C(=O)-OR'} \xrightarrow{\text{mehrere Stufen}} \text{R-CH}_2\text{-C(=O)-CH}_2\text{-R} + 2\,\text{HOR'} + \text{CO}_2$$

In der hier formulierten allgemeinen Reaktion sind beide Ester identisch und es entsteht ein symmetrisches Keton.

Beispiel 15.9 In jeder Teilaufgabe finden (1, 2) eine Claisen-Kondensation, (3) eine Veresterung, (4) das Ansäuern der Reaktionsmischung und (5) eine Decarboxylierung statt.

(a) 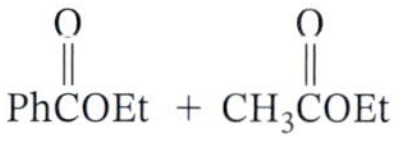 PhCOEt + CH₃COEt

(b) 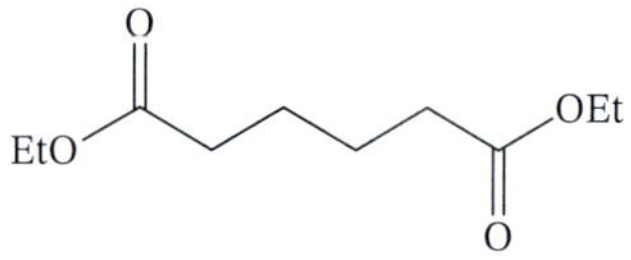 EtO-CO-(CH₂)₄-CO-OEt

Zeichnen Sie jeweils das Produkt, das am Ende der Gesamtsequenz entsteht.

Vorgehensweise
Beginnen Sie mit einer Variante der Claisen-Kondensation (Beispiele 15.6–15.8). Das Produkt der abschließenden Decarboxylierung erhält man, indem man die Ethoxycarbonylgruppe (die Estergruppe) entfernt und durch ein Wasserstoffatom ersetzt.

Lösung
In den Schritten 1 und 2 entsteht in Teilaufgabe (a) der β-Ketoester einer gekreuzten Claisen-Kondensation und in (b) der β-Ketoester einer Dieckmann-Kondensation. In den Schritten 3 und 4 findet die Hydrolyse des jeweiligen β-Ketoesters zur β-Ketosäure statt und Schritt 5 ist in beiden Fällen eine Decarboxylierung:

(a) $\xrightarrow{1,2}$ PhCCH₂COEt $\xrightarrow{3,4}$ PhCCH₂COH $\xrightarrow{5}$ PhCCH₃ + CO₂

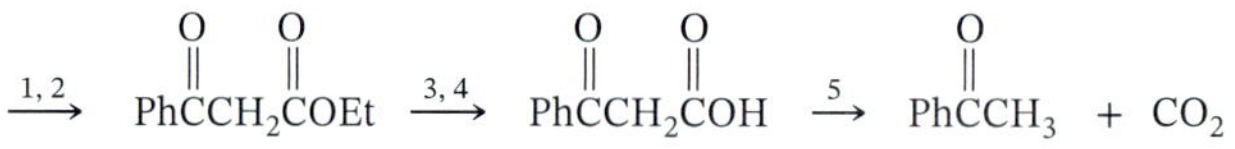

(b) $\xrightarrow{1,2}$ (Cyclopentanon mit COOEt) $\xrightarrow{3,4}$ (Cyclopentanon mit COOH) $\xrightarrow{5}$ Cyclopentanon + CO₂

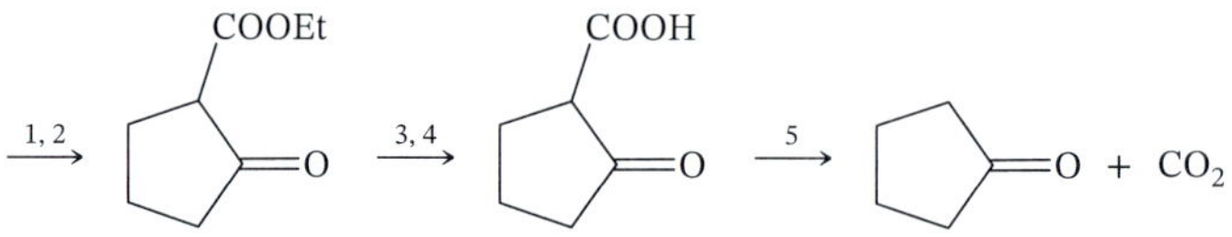

Siehe Aufgaben 15.16, 15.19 und 15.20.

15.4 Welche Rolle spielen Aldolreaktionen und Claisen-Kondensationen in biologischen Prozessen?

Kondensation von Carbonylverbindungen gehören zu den häufigsten C–C-Knüpfungsreaktionen in der Welt der Biologie; sie werden in der Natur zum Beispiel zur Synthese der Fettsäuren, des Cholesterins und der Steroidhormone genutzt. Eine wichtige Quelle für Kohlenstoffatome in der Synthese dieser Biomoleküle ist **Acetyl-CoA**, ein aus der Carboxygruppe der Essigsäure und der Sulfanylgruppe (Mercaptogruppe) des Coenzyms A gebildeter Thioester. (Ein Thioester ist ein Ester, in dem das Sauerstoffatom der OR-Gruppe durch ein Schwefelatom ersetzt ist.) Das Coenzym A im Acetyl-CoA dient dazu, die Acetylgruppe auf der Oberfläche des Enzymsystems zu verankern, das die in diesem Abschnitt behandelten Reaktionen katalysiert. Wir werden uns in den folgenden Diskussionen nicht mit den detaillierten mechanistischen Abläufen in jeder einzelnen enzymkatalysierten Reaktion beschäftigen, sondern vielmehr versuchen, die in jedem Schritt stattfindenden Reaktionstypen zu erkennen.

In der durch das Enzym Thiolase katalysierten Claisen-Kondensation wird das Acetyl-CoA in das entsprechende Enolat überführt, das dann an der Carbonylgruppe eines zweiten Äquivalents Acetyl-CoA unter Bildung einer tetraedrischen Zwischenstufe angreift. Wenn dieses Intermediat unter Austritt von CoA-SH zerfällt, entsteht Acetoacetyl-CoA. Der Mechanismus dieser Kondensation entspricht exakt dem einer Claisen-Kondensation (Abschn. 15.3.1).

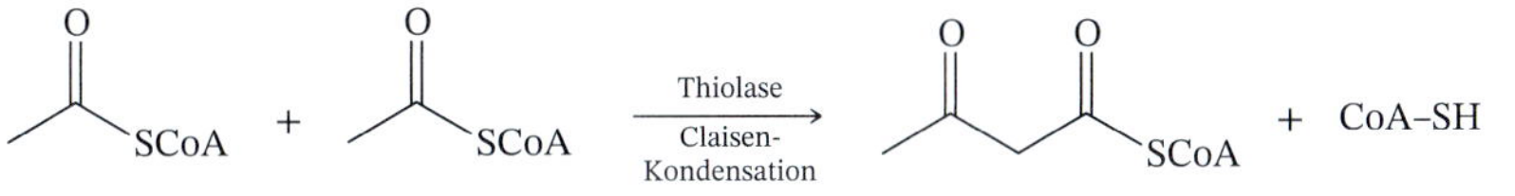

Acetyl-CoA Acetyl-CoA Acetoacetyl-CoA Coenzym A

Der in einer enzymkatalysierten Aldolreaktion erfolgende Angriff eines dritten Äquivalents Acetyl-CoA (als Enolat) an der Keton-Carbonylgruppe des Acetoacetyl-CoA führt zu (*S*)-3-Hydroxy-3-methylglutaryl-CoA:

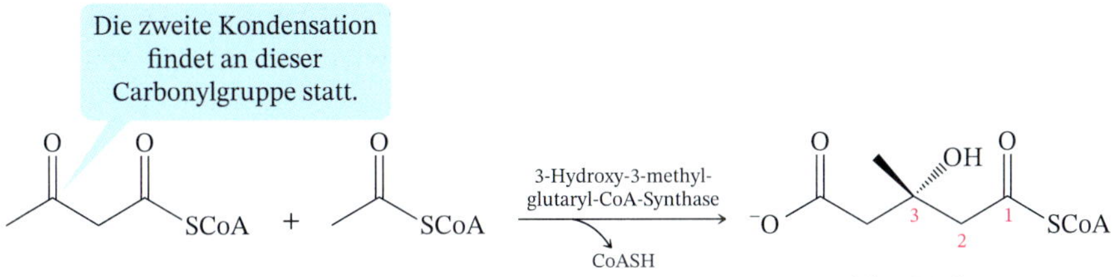

(*S*)-3-Hydroxy-3-methylglutaryl-CoA

Bei dieser Reaktion sind drei Besonderheiten zu beachten: Zunächst erfolgt die Bildung des neuen Stereozentrums stereoselektiv; es wird nur das *S*-Enantiomer gebildet. Die an der Reaktion beteiligten Acetylverbindungen sind zwar achiral, die Kondensationen finden aber in einer durch das Enzym 3-Hydroxy-3-methyl-glutaryl-CoA-Synthase geschaffenen chiralen Umgebung statt. Zum zweiten findet bei der Aldolreaktion auch die Hydrolyse einer Thioesterfunktion statt. Und zum dritten ist die Carboxygruppe hier in der deprotonierten Form gezeigt, so wie sie bei pH = 7.4 vorliegt, dem ungefähren pH-Wert des Blutplasmas und vieler anderer zellulärer Flüssigkeiten.

Die enzymkatalysierte Reduktion der Thioestergruppe von 3-Hydroxy-3-methylglutaryl-CoA zu einem primären Alkohol ergibt Mevalonsäure, die hier ebenfalls in der deprotonierten Form gezeigt ist:

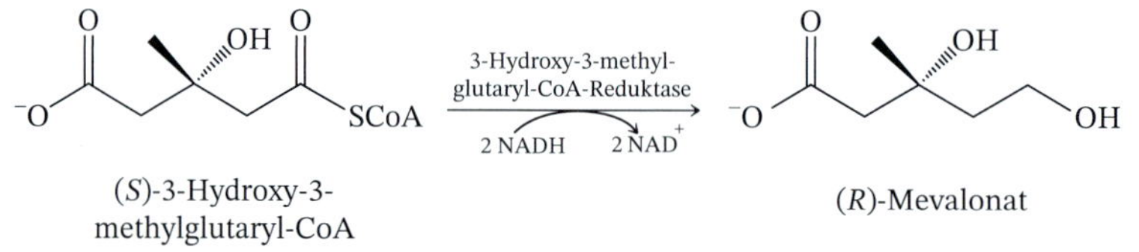

(S)-3-Hydroxy-3-methylglutaryl-CoA →[3-Hydroxy-3-methyl-glutaryl-CoA-Reduktase][2 NADH → 2 NAD$^+$] (R)-Mevalonat

Das Reduktionsmittel in dieser Umsetzung ist Nicotinamid-Adenin-Dinukleotid (NADH), das biochemische Äquivalent zu LiAlH$_4$. In beiden Reduktionsmitteln erfolgt die Reaktion durch Übertragung eines Hydrid-Ions (H:$^-$) auf das Carbonyl-C-Atom eines Aldehyds, Ketons oder Esters. Man beachte, dass in dieser Reduktion ein Wechsel des stereochemischen Deskriptors von *S* nach *R* erfolgt – nicht, weil sich die Konfiguration am Stereozentrum ändern würde, sondern weil sich die Prioritätsreihenfolge der vier an das Stereozentrum gebundenen Substituenten ändert.

Durch die enzymkatalysierte Übertragung einer Phosphatgruppe von Adenosintriphosphat (ATP, Abschn. 20.1) auf die 3-Hydroxygruppe des Mevalonats bildet sich ein Phosphorsäureester an C-3. Der enzymkatalysierte Transfer einer Pyrophosphatgruppe (Abschn. 14.1.2) aus einem zweiten Äquivalent ATP führt zu einem Pyrophosphorsäureester an C-5. Bei der enzymkatalysierten β-Eliminierung aus diesem Intermediat treten die guten Fluchtgruppen CO$_2$ und PO$_4^{3-}$ aus.

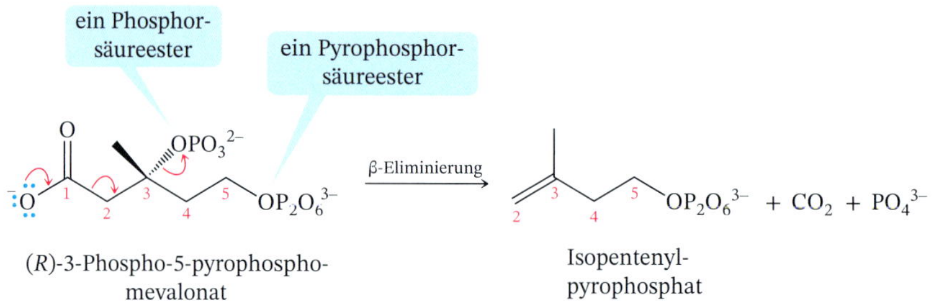

(R)-3-Phospho-5-pyrophosphomevalonat →[β-Eliminierung] Isopentenylpyrophosphat + CO$_2$ + PO$_4^{3-}$

Isopentenylpyrophosphat ist der maßgebliche Baustein für die Synthese von Cholesterin und allen Steroidhormonen (Abschn. 19.4).

15.5 Was ist eine Michael-Reaktion?

Bis jetzt haben wir zwei Reaktionstypen kennengelernt, in denen Kohlenstoffnukleophile zur Knüpfung von Kohlenstoff-Kohlenstoff-Bindungen eingesetzt werden:

1. Die Addition von Organomagnesiumverbindungen (Grignard-Reagenzien) an die Carbonylgruppen von Aldehyden, Ketonen und Estern.
2. Die Addition von Enolat-Anionen aus Aldehyden und Ketonen (Aldolreaktion) bzw. aus Estern (Claisen- und Dieckmann-Kondensation) an die Carbonylgruppen anderer Aldehyde, Ketone oder Ester.

Die Addition eines Enolat-Anions an eine Kohlenstoff-Kohlenstoff-Doppelbindung, die in Konjugation mit einer Carbonylgruppe steht, ist ein gänzlich neues Reaktionsprinzip. In diesem Abschnitt wollen wir uns die **konjugate Addition** ansehen, also die nukleophile Addition an eine elektrophile Doppelbindung.

Exkurs: 15.A Wirkstoffe zur Senkung der Cholesterinkonzentration im Plasma

Koronare Herzerkrankungen sind die häufigste Todesursache in Industrienationen, wobei etwa die Hälfte dieser Todesfälle auf Atherosklerose zurückgeführt werden kann. Atherosklerose kann auf die Entstehung von Fettablagerungen (sogenannten Plaques) in der inneren Wandschicht der Arterien zurückgeführt werden. Ein wichtiger Bestandteil dieser Plaques ist Cholesterin, das in den im Blutplasma zirkulierenden low-density Lipoproteinen (LDL, Abschn. 19.4.1) enthalten ist. Weil mehr als die Hälfte des im menschlichen Körper vorliegenden Cholesterins in der Leber aus Acetyl-CoA synthetisiert wird, werden große Anstrengungen unternommen, Methoden zur Inhibition dieser Synthese zu identifizieren. Der geschwindigkeitsbestimmende Schritt in der Cholesterinbiosynthese ist die Reduktion von 3-Hydroxy-3-methylglutaryl-CoA (HMG-CoA) zu Mevalonsäure. Diese Reduktion wird durch das Enzym HMG-CoA-Reduktase katalysiert; für jedes Äquivalent HMG-CoA werden dabei zwei Äquivalente NADPH benötigt.

Bereits in den frühen 1970er Jahren wurden im japanischen Pharmaunternehmen Sankyo in Tokyo mehr als 8000 Stämme von Mikroorganismen untersucht. 1976 wurde die Isolierung von Mevastatin aus Kulturmedien des Pilzes *Penicillium citrinum* bekannt gegeben. Mevastatin erwies sich als wirksamer Inhibitor der HMG-CoA-Reduktase. Die gleiche Verbindung konnte bei Beecham Pharmaceuticals in England aus Kulturen von *Penicillium brevicompactum* isoliert werden. Bald darauf wurde bei Sankyo eine zweite, noch aktivere Verbindung namens Lovastatin aus dem Pilz *Monascus ruber* isoliert, die bei Merck, Sharpe & Dome auch aus *Aspergillus terreus* gewonnen werden konnte. Beide Pilzmetaboliten senken die Plasmakonzentration von LDL überaus effektiv. Die aktive Form beider Verbindungen ist das entsprechende 5-Hydroxycarboxylat, das jeweils durch Hydrolyse der δ-Lactoneinheit gebildet wird.

Diese Wirkstoffe und zahlreiche inzwischen verfügbare synthetischen Derivate inhibieren die HMG-CoA-Reduktase durch Bildung eines Enzym-Inhibitor-Komplexes, der die weitere katalytische Aktivität des Enzyms unterbindet. Man nimmt an, dass die 3,5-Dihydroxycarboxylateinheit der aktiven Form des jeweiligen Wirkstoffs eine starke Bindung mit dem Enzym eingeht, weil sie das intermediäre Thiohalbacetal nachahmt, das bei der ersten Reduktion von HMG-CoA entsteht.

Systematische Untersuchungen haben ergeben, dass jeder Molekülteil der verschiedenen Inhibitoren für deren Wirksamkeit von Bedeutung ist. So sind sowohl die Carboxylatgruppe ($-COO^-$) als auch die 3-OH- und die 5-OH-Gruppen essentiell.

Aufgabe

Welche der Verbindungen im ersten der beiden Schemata könnte das Produkt einer Aldolreaktion sein?

$R_1 = R_2 = H$: Mevastatin
$R_1 = H, R_2 = CH_3$: Lovastatin (Mevacor)
$R_1 = R_2 = CH_3$: Simvastatin (Zocor)

die aktive Form der Wirkstoffe

15.5.1 Michael-Addition von Enolat-Anionen

Über die konjugate nukleophile Addition von Enolat-Anionen an eine α,β-ungesättigte Carbonylverbindung berichtete der amerikanische Chemiker Arthur Michael erstmalig 1887. Im Folgenden sind zwei Beispiele für solche **Michael-Reaktionen** (Michael-Additionen) gezeigt. Im ersten Beispiel ist das verwendete Nukleophil das Enolat-Anion des Malonsäurediethylesters; im zweiten Beispiel wird das Enolat aus Acetessigsäureethylester als Nukleophil eingesetzt.

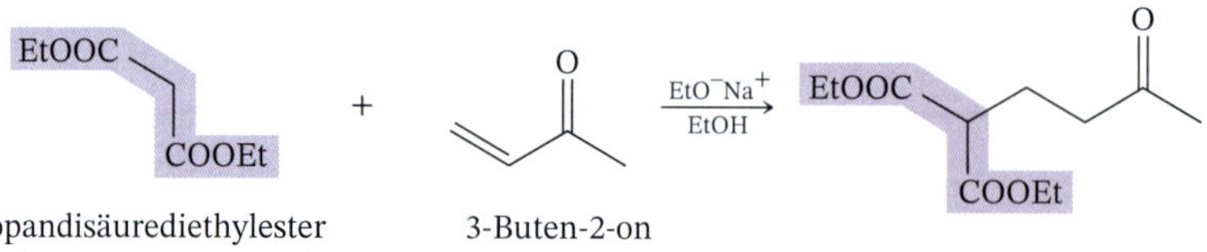

Propandisäurediethylester (Malonsäurediethylester)	3-Buten-2-on (Methylvinylketon)	

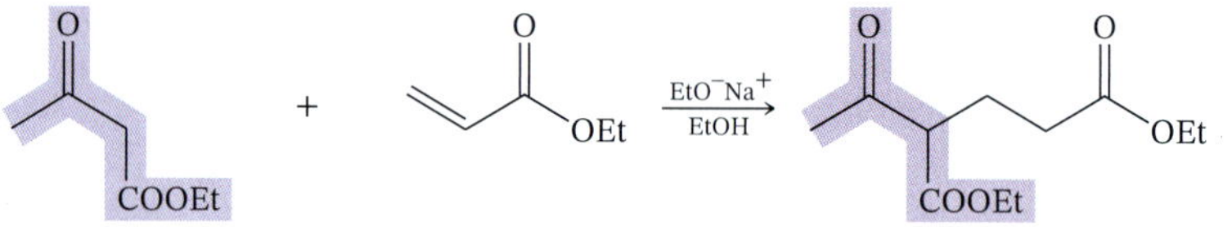

3-Oxobutansäureethylester (Acetessigsäureethylester)	2-Propensäureethylester (Acrylsäureethylester)	

Wir erinnern uns, dass Nukleophile für gewöhnlich nicht an Doppelbindungen addiert werden; Doppelbindungen reagieren eher mit Elektrophilen (Abschn. 5.2). Durch eine benachbarte Carbonylgruppe können Kohlenstoff-Kohlenstoff-Doppelbindungen jedoch für einen Angriff durch ein Nukleophil aktiviert werden. In einer wichtigen Grenzformel des Resonanzhybrids einer α,β-ungesättigten Carbonylverbindung liegt eine positive Ladung an dem β-Kohlenstoffatom der Doppelbindung; sie hat daher an dieser Position eine elektrophile Reaktivität:

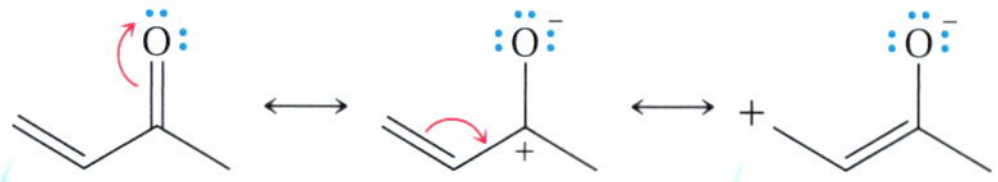

> An einer der Grenzformeln kann man erkennen, dass die C=C-Doppelbindung durch eine positive Partialladung für einen nukleophilen Angriff *aktiviert* ist.

An eine solche Doppelbindung können Nukleophile addiert werden; man spricht von einer „aktivierten" Doppelbindung.

Tab. 15.2 Günstige Kombinationen von Reagenzien für die Michael-Reaktion.

α,β-Ungesättigte Carbonylverbindungen als Elektrophile		Enolate als Nukleophile	
$CH_2=CHCH=O$	Aldehyde	$CH_3\overset{O}{C}\overset{-}{CH}\overset{O}{C}CH_3$	Enolate von β-Diketonen
$CH_2=CHCCH_3$ mit C=O	Ketone	$CH_3\overset{O}{C}\overset{-}{CH}\overset{O}{C}OEt$	Enolate von β-Ketoestern
$CH_2=CHCOEt$ mit C=O	Ester	$EtO\overset{O}{C}\overset{-}{CH}\overset{O}{C}OEt$	Enolate von β-Diestern
		RNH_2, R_2NH	Amine

15.5 Was ist eine Michael-Reaktion?

Tabelle 15.2 zeigt die wichtigsten Kombinationen von α,β-ungesättigten Carbonylverbindungen und Nukleophilen, die in Michael-Reaktionen eingesetzt werden. Die am häufigsten verwendeten Basen sind Metallalkoholate, Pyridin und Piperidin.

Die Michael-Reaktion verläuft nach dem im Folgenden beschriebenen allgemeinen Mechanismus.

Mechanismus: Die Michael-Reaktion – die konjugate Addition von Enolat-Anionen

1. Schritt: *Deprotonierung*
Durch Umsetzung einer Verbindung Nu–H mit einer Base entsteht ein Nukleophil Nu:⁻.

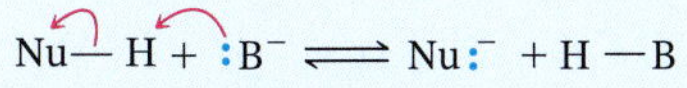

$$Nu-H + :B^- \rightleftharpoons Nu:^- + H-B$$
Base

2. Schritt: *Reaktion eines Nukleophils mit einem Elektrophil unter Bildung einer neuen kovalenten Bindung*
Die nukleophile Addition von Nu:⁻ an das β-C-Atom des konjugierten Systems führt zu einem mesomeriestabilisierten Enolat-Anion:

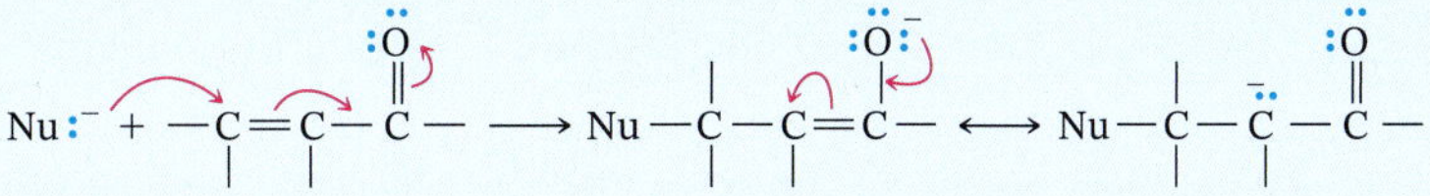

(ein Nukleophil) (ein Elektrophil) ⟶ ein mesomeriestabilisiertes Enolat

3. Schritt: *Protonierung*
Durch Protonenübertragung von H–B auf das Enolat entsteht das Enol und die Base wird zurückgebildet:

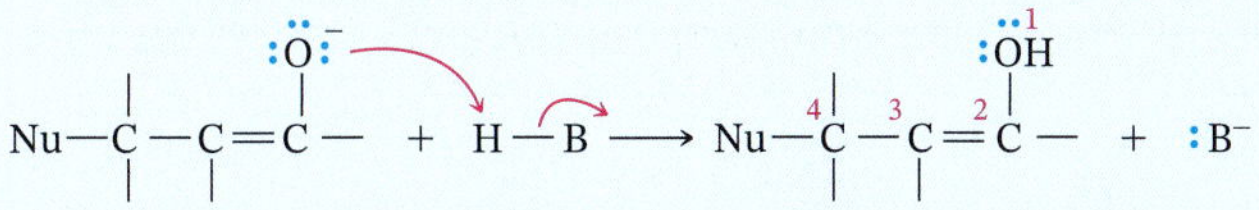

ein Enol
(das Produkt einer 1,4-Addition)

Man beachte, dass das in diesem Schritt gebildete Enol das Produkt einer 1,4-Addition an das konjugierte System der α,β-ungesättigten Carbonylverbindung ist. Wegen des intermediären Auftretens eines 1,4-Addukts spricht man bei der Michael-Addition von einer 1,4-Addition oder konjugaten Addition. Man beachte zudem, dass die Base B:⁻ zurückgebildet wird. Dies entspricht der experimentellen Beobachtung, dass bei der Michael-Reaktion nur katalytische Mengen Base benötigt werden.

4. Schritt: *Tautomerisierung*
Durch Tautomerisierung (Abschn. 12.8.1) wandelt sich die weniger stabile Enol-Form in die stabilere Keto-Form um:

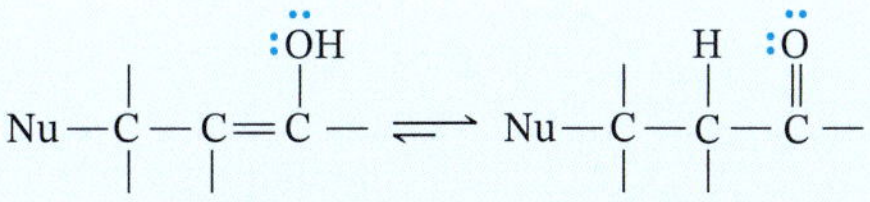

Enol-Form (weniger stabil) ⇌ Keto-Form (stabiler)

Beispiel 15.10 Welche Produkte entstehen aus den angegebenen Verbindungen, wenn diese unter den Bedingungen der Michael-Reaktion mit Natriumethanolat in Ethanol umgesetzt werden?

(a) Acetessigsäureethylester + Acrylsäureethylester

(b) Malonsäurediethylester + Cyclopent-2-enon

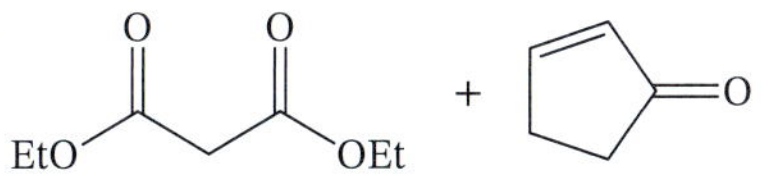

Vorgehensweise

Insgesamt wird bei einer Michael-Reaktion ein Nukleophil an das β-C-Atom und ein Wasserstoffatom an das α-C-Atom einer α,β-ungesättigten Carbonylverbindung geknüpft.

Lösung

(a) neue C–C-Bindung

Die π-Bindung wurde gebrochen und ein H-Atom wurde an das α-Kohlenstoffatom gebunden.

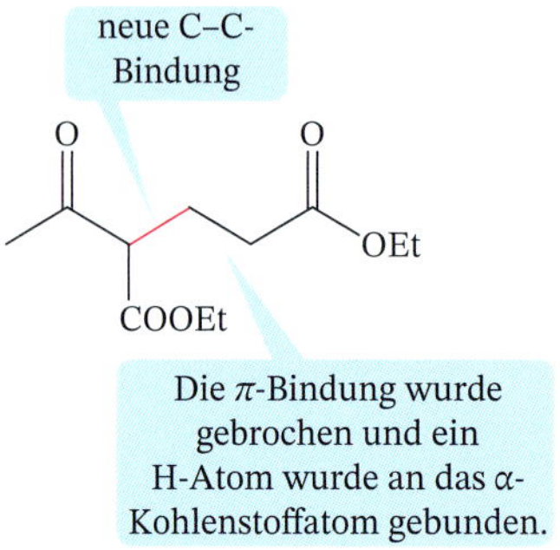

(b) Die π-Bindung wurde gebrochen und ein H-Atom wurde an das α-Kohlenstoffatom gebunden.

neue C–C-Bindung

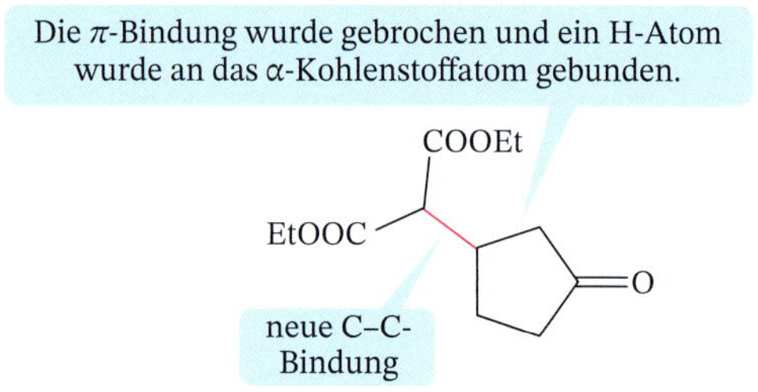

Siehe Aufgaben 15.21 und 15.24.

Gewusst wie: 15.3 Wie man ermittelt, welche Edukte in einer Michael-Reaktion benötigt werden

Manchmal ist es notwendig, ausgehend vom Produkt einer Michael-Reaktion retrosynthetisch vorzugehen (siehe hierzu Gewusst wie 14.2). Hier folgt eine Schritt-für-Schritt-Anleitung, wie man die für eine Michael-Reaktion benötigten Edukte ermittelt:

a) Stellen Sie fest, wo die Carbonylgruppe des Ketons, des Aldehyds oder des Esters liegt und identifizieren Sie die C-Atome in α- und β-Stellung. Wenn mehrere Carbonylgruppen vorliegen, dann prüfen Sie, an welches β-C-Atom eines der in Tab. 15.2 aufgeführten Nukleophile gebunden ist:

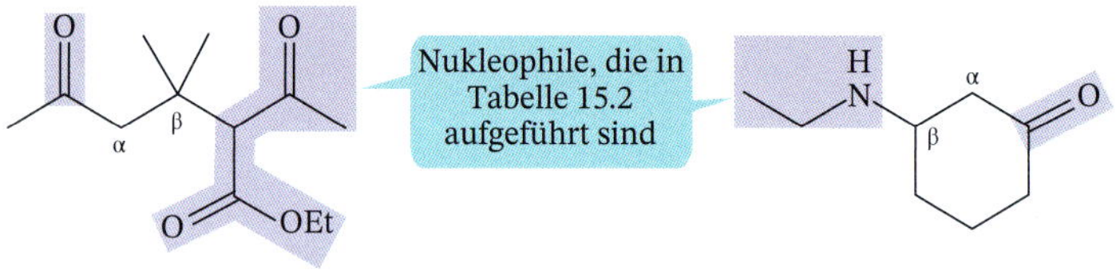

Nukleophile, die in Tabelle 15.2 aufgeführt sind

b) Entfernen Sie die Bindung zwischen dem β-Kohlenstoffatom und dem Nukleophil:

c) Zeichnen Sie zwischen die α- und β-C-Atome eine C=C-Doppelbindung. Ein Kohlenstoffnukleophil sollte negativ geladen formuliert werden, ein Stickstoffnukleophil greift als neutrales Amin an:

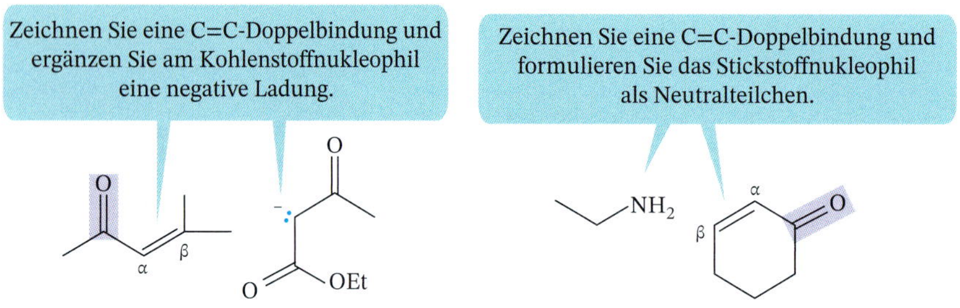

Zeichnen Sie eine C=C-Doppelbindung und ergänzen Sie am Kohlenstoffnukleophil eine negative Ladung.

Zeichnen Sie eine C=C-Doppelbindung und formulieren Sie das Stickstoffnukleophil als Neutralteilchen.

15.5 Was ist eine Michael-Reaktion?

Beispiel 15.11 Wie kann die Reaktionssequenz, die in Beispiel 15.10 und in Aufgabe 15.21 (Michael-Reaktion, Hydrolyse, Ansäuern und thermische Decarboxylierung) genutzt wird, zur Synthese von 2,6-Heptandion verwendet werden.

Vorgehensweise
Der Schlüssel zur Lösung dieser Aufgabe besteht darin, zu erkennen, dass eine COOH-Gruppe in β-Position zu einer Keton-Carbonylgruppe durch Decarboxylierung verloren gehen kann. Wenn Sie entschieden haben, wo eine derartige COOH-Gruppe gebunden gewesen sein könnte, sollten Sie herausfinden, welche C-Atome in der Zielverbindung vom Kohlenstoffgerüst des Acetessigsäureethylesters stammen könnten und welche ursprünglich in einer α,β-ungesättigten Carbonylverbindung vorlagen.

Lösung
Im Folgenden ist gezeigt, wie die Zielverbindung aus den Kohlenstoffgerüsten von Acetessigsäureethylester und Methylvinylketon aufgebaut werden könnte:

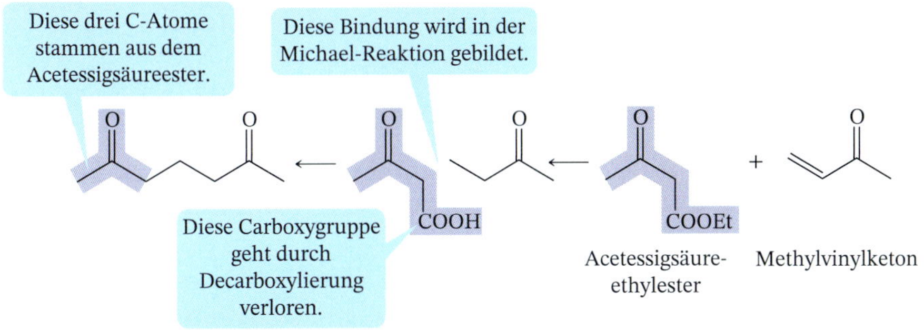

Diese drei C-Atome stammen aus dem Acetessigsäureester.

Diese Bindung wird in der Michael-Reaktion gebildet.

Diese Carboxygruppe geht durch Decarboxylierung verloren.

Acetessigsäureethylester   Methylvinylketon

Diese Edukte könnten wie folgt zur Synthese von 2,6-Heptandion genutzt werden:

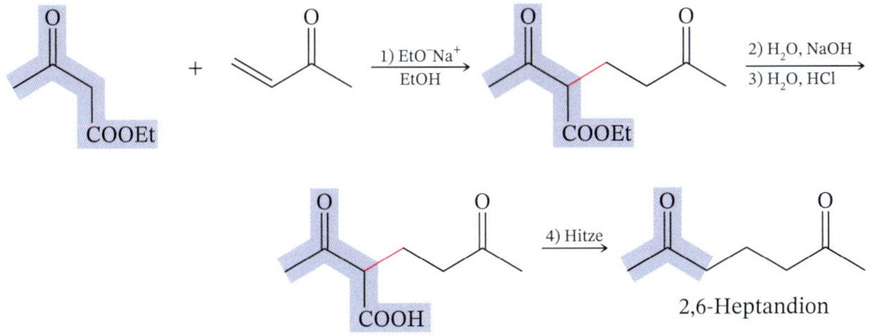

1) EtO⁻Na⁺ / EtOH
2) H_2O, NaOH
3) H_2O, HCl
4) Hitze

2,6-Heptandion

Siehe Aufgaben 15.22 und 15.25.

15.5.2 Michael-Addition von Aminen

In Tab. 15.2 sind auch aliphatische Amine als mögliche Nukleophile für Michael-Reaktionen aufgeführt. Wie die folgende Reaktionsgleichung zeigt, lässt sich beispielsweise Diethylamin an Acrylsäuremethylester addieren:

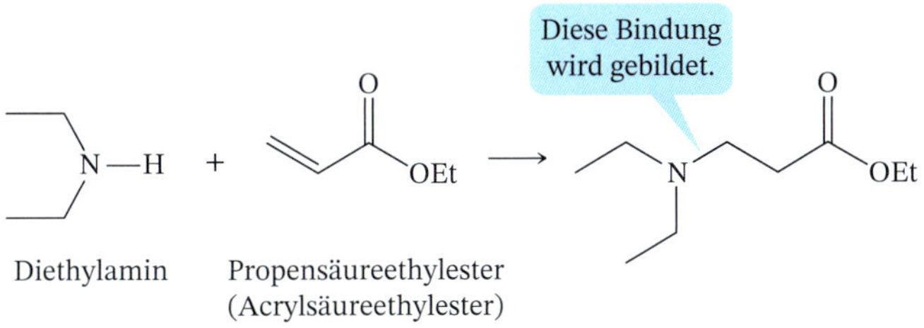

Diese Bindung wird gebildet.

Diethylamin   Propensäureethylester (Acrylsäureethylester)

Gewusst wie: 15.4 Wie man die Produkte einer Aldolreaktion, einer Claisen-Kondensation und einer Michael-Reaktion erkennt

Aldolreaktionen, Claisen-Kondensationen und Michael-Reaktionen gehören zu den wichtigsten Reaktionen in der Organischen Chemie, weil durch sie die Synthese größerer Systeme aus kleinen, leicht verfügbaren Verbindungen möglich ist. Die folgende Tabelle soll dabei helfen, zu erkennen, wann man welche Reaktion zur Lösung eines Syntheseproblems einsetzt kann.

Verwendete Reaktion	Gewünschte Teilstruktur im Endprodukt	Beispiel
Aldolreaktion	β-Hydroxycarbonylgruppe oder α,β-ungesättigte Carbonylgruppe	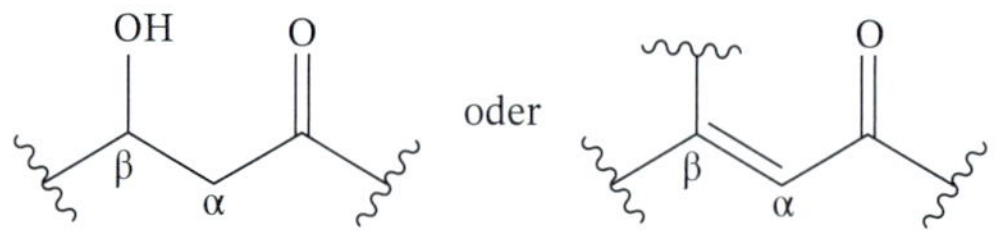
Claisen-Kondensation	β-Ketoester	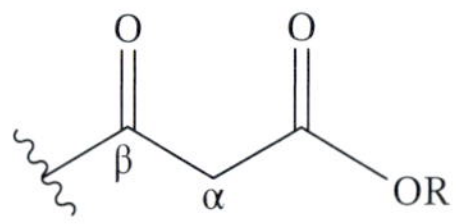
Michael-Reaktion	β-substituierte Carbonylgruppe	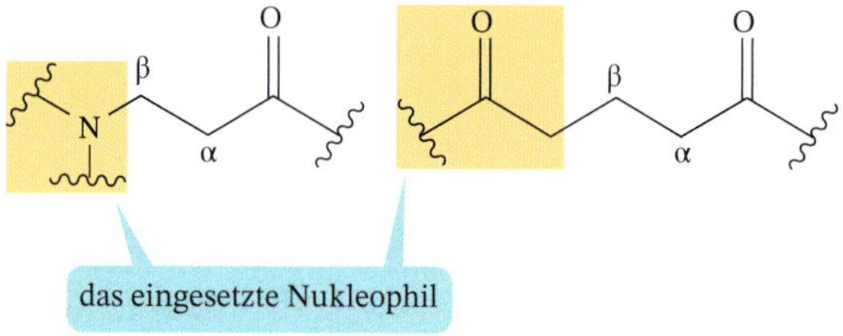

Beispiel 15.12 In Methylamin (CH_3NH_2) liegen zwei N–H-Bindungen vor; ein Äquivalent Methylamin kann daher Michael-Reaktionen mit zwei Äquivalenten Acrylsäureethylester eingehen. Zeichnen Sie eine Strukturformel des Produkts dieser doppelten Michael-Addition.

Vorgehensweise

Formulieren Sie zunächst die Michael-Reaktion mit einem Äquivalent des Acrylsäureethylesters und setzen Sie das dabei entstehende Produkt anschließend mit einem zweiten Äquivalent des Esters um.

Lösung

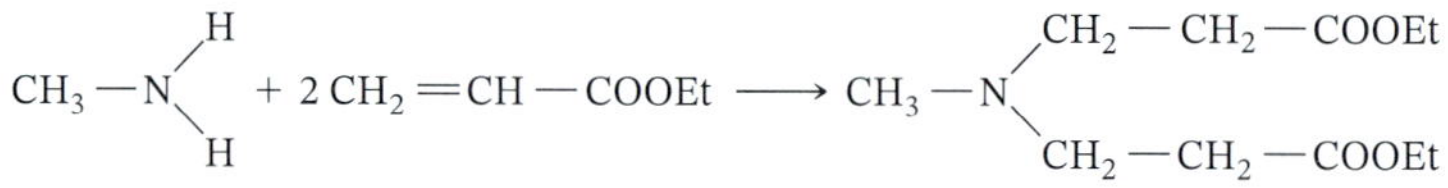

$$CH_3-NH_2 + 2\,CH_2=CH-COOEt \longrightarrow CH_3-N(CH_2-CH_2-COOEt)_2$$

Siehe Aufgaben 15.23 und 15.24.

Exkurs: 15.B Antitumorverbindungen: Die Michael-Reaktion in der Natur

1987 bemerkte ein Wissenschaftler bei einer Urlaubswanderung in Texas einen auffälligen roten Stein (siehe Bild). Er dachte, dass die auf diesem Stein wachsenden Organismen vielleicht interessante Wirkstoffe produzieren könnten und brachte den Stein bei der Rückkehr aus dem Urlaub mit in sein Labor. Es zeigte sich, dass aus der auf dem Stein wachsenden Bakterienart *Micromonospora echinospora* eine als Calicheamicin bezeichnete Substanz isoliert werden konnte, die sich als biologisch aktiv erwies. Nachdem man die zelltoxische Wirkung der Verbindung näher untersucht hatte, stand fest, dass es sich bei ihr um einen der wirksamsten bekannten Antitumorwirkstoffe handelt. Der Wirkmechanismus wurde erforscht und man fand, dass eine Michael-Reaktion maßgeblich für die Antitumoraktivität dieser Verbindung ist. Dabei wird in einem ersten Schritt die Trisulfidgruppe in (a) zu einer Thiolgruppe reduziert, die nun als Nukleophil intramolekular an einer α,β-ungesättigten Ketogruppe angreifen kann (b). Im Produkt (c) dieser Michael-Reaktion liegt in der Endiin-Einheit des Calicheamicins eine große Ringspannung vor, wodurch eine Cyclisierung unter Bildung eines Benzolrings erfolgt, in dem zwei ungepaarte Elektronen (Radikale) in *para*-Stellung zueinander am Ring vorliegen. Dieses hochreaktive Molekül (d) kann beide Stränge der DNA spalten (Abschn. 20.2.2) und damit Tumorzellen nachhaltig schädigen. Durch Anpassung des Zuckerbausteins konnte das Calicheamicin so verändert werden, dass es an tumorspezifische Antikörper bindet. Auf diese Weise wurde aus einer Verbindung, die ein neugieriger Chemiker in seinem Urlaub fand, ein vielversprechendes Medikament für die Krebstherapie.

[Quelle: © K.C. Nicolaou, The Scripps Research Institute and University of California, San Diego.]

Aufgabe
Geben Sie einen vollständigen Mechanismus für die Michael-Reaktion von (b) nach (c) an. Verwenden Sie Einelektronenflusspfeile (siehe Abschn. 16.5.1), um den Mechanismus der Cyclisierung von (c) nach (d) zu beschreiben.

Zusammenfassung

15.1 Was sind Enolat-Anionen und wie werden sie gebildet?
- Ein **Enolat** ist ein Anion, das beim Entfernen eines α-**Protons** aus einer Carbonylverbindung entsteht.
- Aldehyde, Ketone und Ester können durch Umsetzung mit Metallalkoholaten oder anderen starken Basen in die entsprechenden Enolate überführt werden.

15.2 Was ist eine Aldolreaktion?
- Eine **Aldolreaktion** ist die Addition eines Enolats aus einem Aldehyd oder Keton an die Carbonylgruppe eines zweiten Aldehyds oder Ketons unter Bildung eines **β-Hydroxyaldehyds** oder eines **β-Hydroxyketons**.
- Wird das Produkt einer Aldolreaktion dehydratisiert, entsteht ein **α,β-ungesättigter Aldehyd** oder ein **α,β-ungesättigtes Keton**.
- **Gekreuzte Aldolreaktionen** können nur sinnvoll durchgeführt werden, wenn der Reaktivitätsunterschied zwischen den beiden Carbonylverbindungen sehr groß ist, und vor allem dann, wenn eine der beiden Komponenten keine α-Wasserstoffatome enthält und daher nur als Enolatakzeptor reagieren kann.
- Wenn beide Carbonylgruppe in derselben Verbindung vorliegen, entsteht bei der Aldolreaktion ein Ring. Solche **intramolekularen Aldolreaktionen** funktionieren besonders gut, wenn sich dabei Fünf- oder Sechsringe bilden.

15.3 Was sind Claisen- und Dieckmann-Kondensationen?
- Der Schlüsselschritt einer **Claisen-Kondensation** ist die Addition eines Enolats aus einem Ester an die Carbonylgruppe eines zweiten Esters. Die dabei entstehende tetraedrische Zwischenstufe zerfällt unter Austritt eines Alkoholats, wobei ein **β-Ketoester** entsteht.
- Die **Dieckmann-Kondensation** ist eine intramolekulare Claisen-Kondensation.

15.4 Welche Rolle spielen Aldolreaktionen und Claisen-Kondensationen in biologischen Prozessen?
- **Acetyl-CoA** ist die Kohlenstoffquelle bei der Synthese von Cholesterin, Steroidhormonen und Fettsäuren. Bei der Synthese dieser Verbindungen katalysieren verschiedene Enzyme biologische Varianten der Aldolreaktion und der Claisen-Kondensation.
- Schlüsselintermediate in der Synthese der Steroide und Gallsäuren (Abschn. 19.4) sind die Mevalonsäure und das Isopentenylpyrophosphat.

15.5 Was ist eine Michael-Reaktion?
- Eine **Michael-Reaktion** ist die Addition eines Nukleophils an eine Kohlenstoff-Kohlenstoff-Doppelbindung, die durch eine benachbarte Carbonylgruppe aktiviert wird.
- In der Michael-Reaktion wird eine neue Bindung zwischen dem Nukleophil und dem β-Kohlenstoffatom einer α,β-ungesättigten Carbonylverbindung gebildet. Dabei wird die C=C-Doppelbindung in eine C–C-Einfachbindung überführt.

Wichtige Reaktionen

1. **Die Aldolreaktion (Abschn. 15.2.2)**
   In einer Aldolreaktion findet ein nukleophiler Angriff eines aus einem Aldehyd oder Keton gebildeten Enolats am Carbonyl-C-Atom eines zweiten Aldehyds oder Ketons statt, wobei ein β-Hydroxyaldehyd oder ein β-Hydroxyketon gebildet wird:

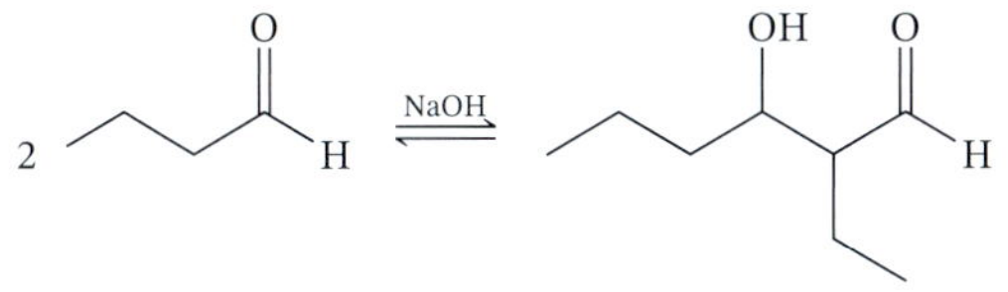

2. **Dehydratisierung des Produkts einer Aldolreaktion (Abschn. 15.2)**
   Die Abspaltung von Wasser aus einem β-Hydroxyaldehyd oder -keton kann leicht unter Bildung eines α,β-ungesättigten Aldehyds oder Ketons stattfinden:

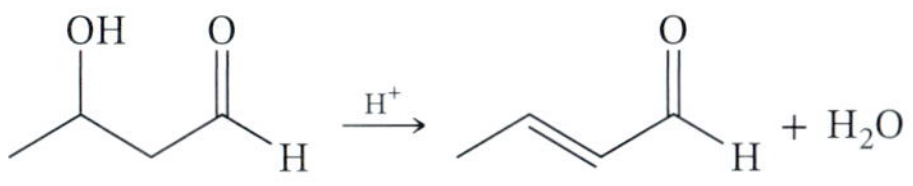

3. **Die Claisen-Kondensation (Abschn. 15.3.1)**
   Das Produkt einer Claisen-Kondensation ist ein β-Ketoester:

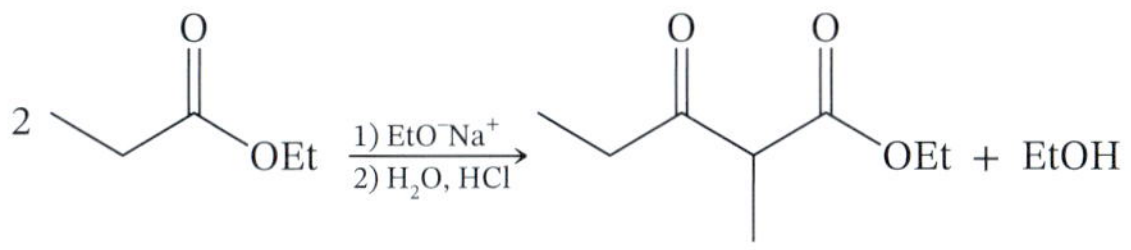

   Die Kondensation erfolgt als nukleophile Acylsubstitution, in der ein Esterenolat das angreifende Nukleophil ist.

4. **Die Dieckmann-Kondensation (Abschn. 15.3.2)**
   Eine intramolekulare Claisen-Kondensation wird als Dieckmann-Kondensation bezeichnet:

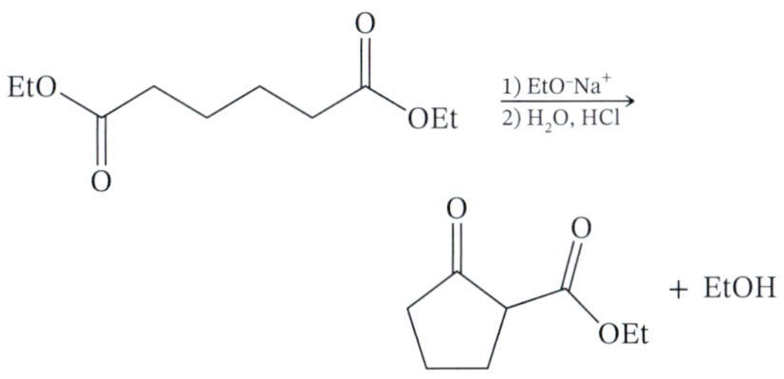

5. **Gekreuzte Claisen-Kondensation (Abschn. 15.3.3)**
   Gekreuzte Claisen-Kondensationen sind nur sinnvoll durchzuführen, wenn die beiden Ester deutliche Unterschiede in ihren Reaktivitäten zeigen. Das ist zum Beispiel der Fall, wenn einer der Ester keine α-Wasserstoffatome enthält und daher nur als Enolatakzeptor reagieren kann:

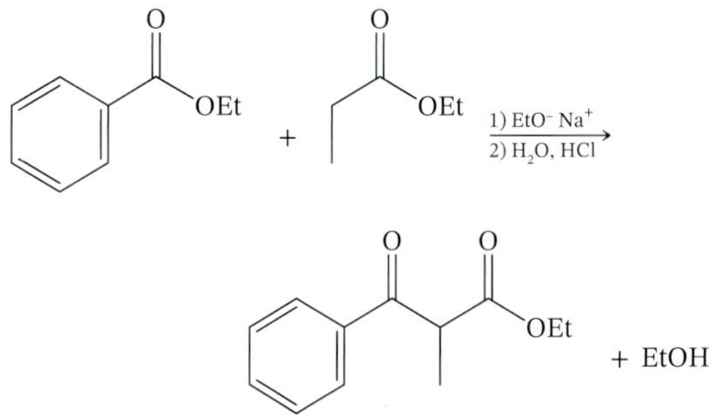

6. **Hydrolyse und Decarboxylierung von β-Ketoestern (Abschn. 15.3.4)**
   Die Hydrolyse eines β-Ketoesters mit nachfolgender Decarboxylierung der β-Ketosäure führt zu einem Keton und Kohlendioxid:

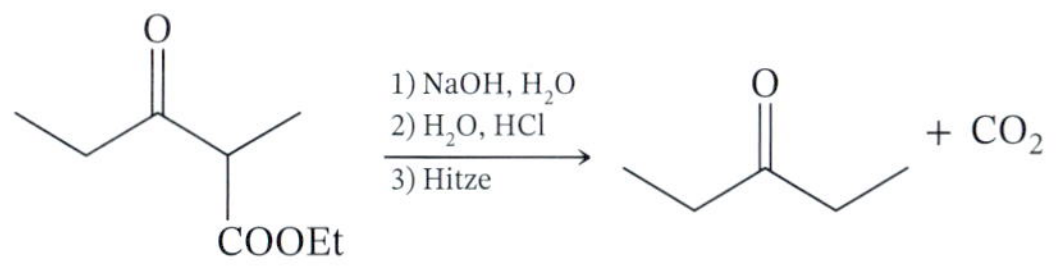

7. **Die Michael-Reaktion (Abschn. 15.5)**
   Der Angriff eines Nukleophils am β-Kohlenstoffatom einer α,β-ungesättigten Carbonylverbindung ergibt das Produkt einer konjugaten Addition:

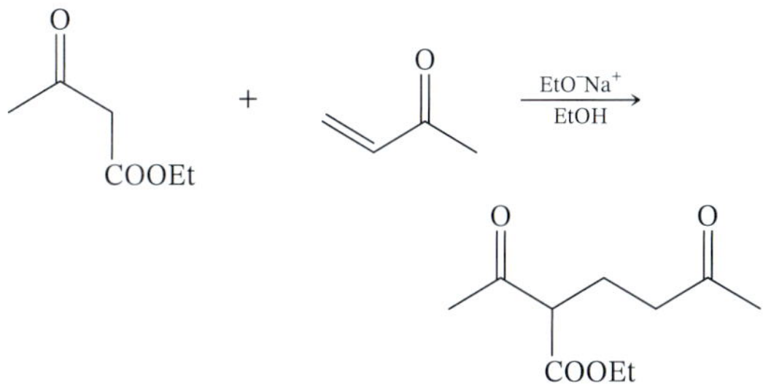

Quiz

Sind die folgenden Aussagen richtig oder falsch? Hier können Sie testen, ob Sie die wichtigsten Fakten aus diesem Kapitel parat haben. Wenn Sie mit einer der Fragestellungen Probleme haben, sollten Sie den jeweiligen in Klammern angegebenen Abschnitt in diesem Kapitel noch einmal durcharbeiten, bevor Sie sich an die weiteren, meist etwas schwierigeren Aufgaben zu diesem Kapitel machen.

1. Alle Ketone und Aldehyde, die ein Kohlenstoffatom in α-Stellung zur Carbonylgruppe enthalten, können durch Umsetzung mit einer Base in ein Enolat überführt werden (15.1).
2. In einer Dieckmann-Kondensation werden bevorzugt Vier-, Sieben- und Achtringe gebildet. Die Bildung von Fünf- und Sechsringen ist weniger begünstigt (15.3).
3. In einer intramolekularen Aldolreaktion werden bevorzugt Fünf- und Sechsringe gebildet. Die Bildung von Vier-, Sieben- und Achtringen ist weniger begünstigt (15.2).
4. Ein Wasserstoffatom in α-Stellung zu zwei Carbonylgruppen ist weniger acide als ein Wasserstoffatom, das nur zu einer Carbonylgruppe in α-Position steht (15.1).
5. Ein Enolat kann als Nukleophil reagieren (15.1).
6. In einer Aldolreaktion findet der Angriff eines Enolats an einem Keton oder einem Aldehyd statt (15.2).
7. Das Produkt einer Aldolreaktion ist ein β-Hydroxyester (15.2).
8. Eine gekreuzte Aldolreaktion erreicht man am günstigsten, wenn eine der Carbonylverbindungen reaktiver gegenüber einem nukleophilen Angriff ist und kein Enolat ausbilden kann (15.2).
9. Wasserstoffatome in α-Stellung zu einer Carbonylgruppe sind wesentlich acider als Vinyl- oder Alkylwasserstoffatome (15.1).
10. Die Claisen-Kondensation ist eine Reaktion zwischen einem Enolat und einem Ester (15.3).
11. Das α-Wasserstoffatom eines Esters ist acider als das eines Ketons (15.3).
12. Ein Enolat ist mesomeriestabilisiert (15.1).
13. Alle Carbonylverbindungen, die ein α-Wasserstoffatom enthalten, können durch Umsetzung mit katalytischen Mengen einer Base in ein Enolat überführt werden (15.1).
14. Eine gekreuzte Claisen-Kondensation erreicht man am günstigsten, wenn eine der Carbonylverbindungen nur als Akzeptor für ein Enolat-Anion reagieren kann (15.3).
15. Ein Enolat kann in einer Michael-Reaktion umgesetzt werden (15.5).
16. Das Produkt einer Aldol-Reaktion kann zu einer α,β-ungesättigten Carbonylverbindung dehydratisiert werden (15.2).
17. In einer Michael-Reaktion greift ein Nukleophil am β-Kohlenstoffatom einer α,β-ungesättigten Carbonylverbindung an (15.5).
18. Ein Enolat kann als Base reagieren (15.1).
19. Das Produkt einer Claisen-Kondensation kann unter Bildung eines Ketons hydrolysiert und decarboxyliert werden (15.3).
20. Ein Amin kann in einer Michael-Reaktion umgesetzt werden (15.5).

Ausführliche Erklärungen zu vielen dieser Antworten finden sich im Arbeitsbuch.

Antworten: (1) F (2) F (3) R (4) F (5) R (6) R (7) F (8) R (9) R (10) R (11) F (12) R (13) F (14) R (15) R (16) R (17) R (18) R (19) R (20) R

Aufgaben

Die Aldolreaktion

15.1 Identifizieren Sie in den folgenden Verbindungen die aciden α-Wasserstoffatome. (Siehe Beispielaufgabe 15.1)
(a) 2-Methylcyclohexanon
(b) Acetophenon
(c) 2,2-Diethylcyclohexanon

15.2 Zeichnen Sie das Produkt der basenkatalysierten Aldolreaktion für die folgenden Verbindungen. (Siehe Beispielaufgabe 15.2)
(a) Acetophenon
(b) Cyclopentanon
(c) 3-Pentanon

15.3 Zeichnen Sie das Produkt einer basenkatalysierten Dehydratisierung für jedes Aldolprodukt aus Aufgabe 15.2. (Siehe Beispielaufgabe 15.3)

15.4 Zeichnen Sie das Produkt der gekreuzten Aldolreaktion zwischen Benzaldehyd und 3-Pentanon sowie das Produkt, das aus der nachfolgenden basenkatalysierten Dehydratisierung entsteht. (Siehe Beispielaufgabe 15.4)

15.5 Zeichnen Sie das dehydratisierte Produkt, das aus der folgenden intramolekularen Aldolreaktion entsteht. (Siehe Beispielaufgabe 15.5)

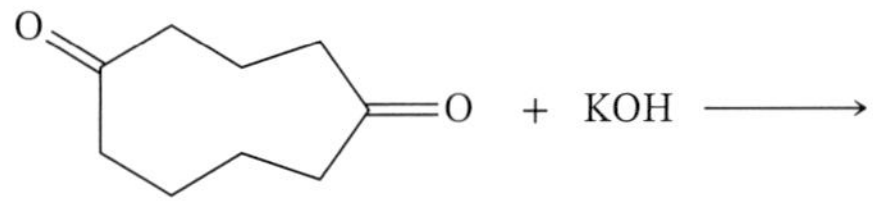

O=⟨cyclic diketone⟩=O + KOH ⟶

15.6 Schätzen Sie die pK_S-Werte der folgenden Verbindungen ab und ordnen Sie diese nach steigender Säurestärke.

(a) 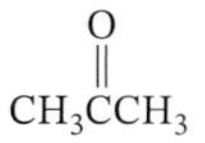 $CH_3\overset{O}{\overset{\|}{C}}CH_3$

(b) $CH_3\overset{OH}{\overset{|}{C}H}CH_3$

(c) $CH_3CH_2\overset{O}{\overset{\|}{C}}OH$

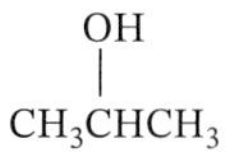

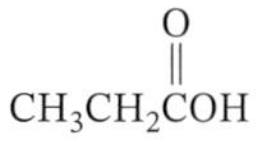

(d) 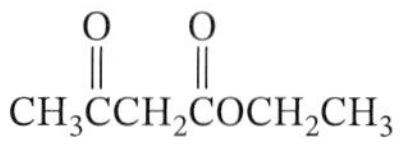 $CH_3\overset{O}{\overset{\|}{C}}CH_2\overset{O}{\overset{\|}{C}}OCH_2CH_3$

15.7 Zeichnen Sie für jedes der folgenden Anionen eine zweite mesomere Grenzformel und verdeutlichen Sie die Umverteilung der Elektronen, die zu dieser Grenzformel führt, durch Elektronenflusspfeile.

(a) 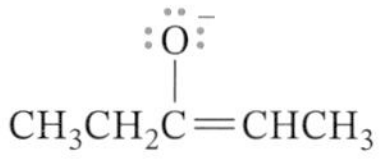 $CH_3CH_2\overset{:\ddot{O}:^-}{\overset{|}{C}}=CHCH_3$

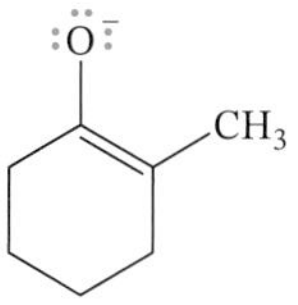

(b) ⟨cyclohexenolate with CH₃⟩

(c) ⟨Ph–C(Ö)–CH₂⁻⟩

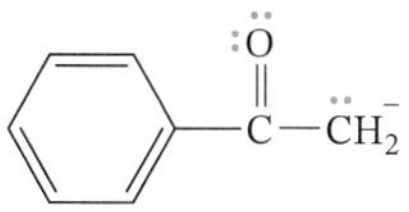

(d) 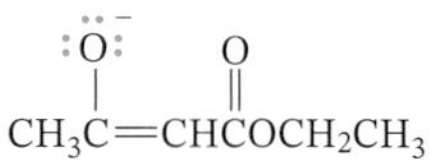 $CH_3\overset{:\ddot{O}:^-}{\overset{|}{C}}=CH\overset{O}{\overset{\|}{C}}OCH_2CH_3$

15.8 Setzt man eine 1:1-Mischung von Aceton und 2-Butanon mit Base um, können sich sechs verschiedene Aldolprodukte bilden. Geben Sie für jedes der möglichen Produkte eine Strukturformel an. (Siehe Beispielaufgabe 15.4)

Aceton 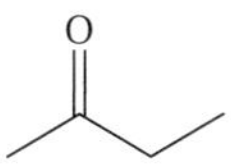   2-Butanon

15.9 Wie lassen sich die folgenden α,β-ungesättigten Ketone durch Dehydratisierung eines Aldolprodukts herstellen? (Siehe Beispielaufgaben 15.2 und 15.3)

(a) 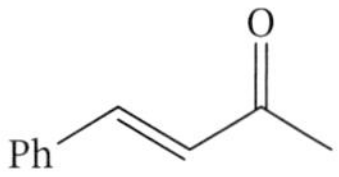 Ph–CH=CH–CO–CH₃

(b) 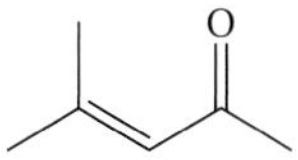 (CH₃)₂C=CH–CO–CH₃

(c) 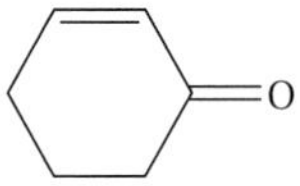 Cyclohex-2-enon

15.10 Wird die folgende Verbindung mit Base umgesetzt, geht sie eine intramolekulare Aldolreaktion mit nachfolgender Dehydratisierung ein, wobei sich eine cyclische Verbindung bildet (Ausbeute 78 %). (Siehe Beispielaufgaben 15.3 und 15.5)

⟨Struktur⟩ $\xrightarrow{\text{Base}}$ $C_{10}H_{14}O + H_2O$

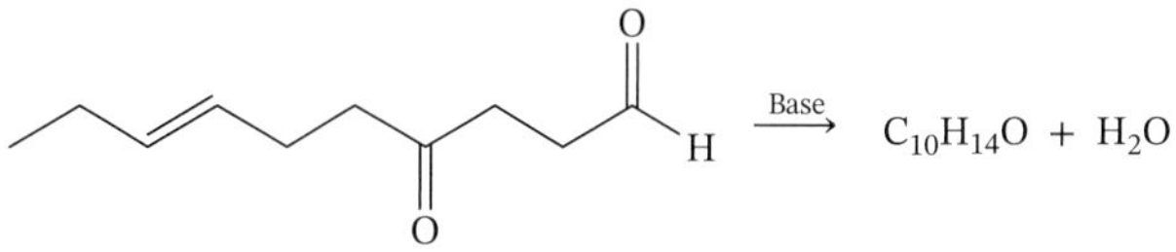

Welches Produkt wird sich bilden? Geben Sie eine Strukturformel an.

15.11 Geben Sie die Strukturformel für die Verbindung mit der Summenformel $C_6H_{10}O_2$ an, die in einer Aldolreaktion mit nachfolgender Dehydratisierung den folgenden α,β-ungesättigten Aldehyd ergibt. (Siehe Beispielaufgaben 15.3 und 15.5)

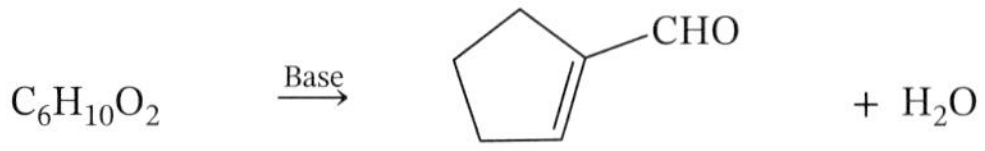

$C_6H_{10}O_2 \xrightarrow{\text{Base}}$ 1-Cyclopentencarbaldehyd $+ H_2O$

15.12 Schlagen Sie Strukturformeln für die Verbindungen A und B vor:

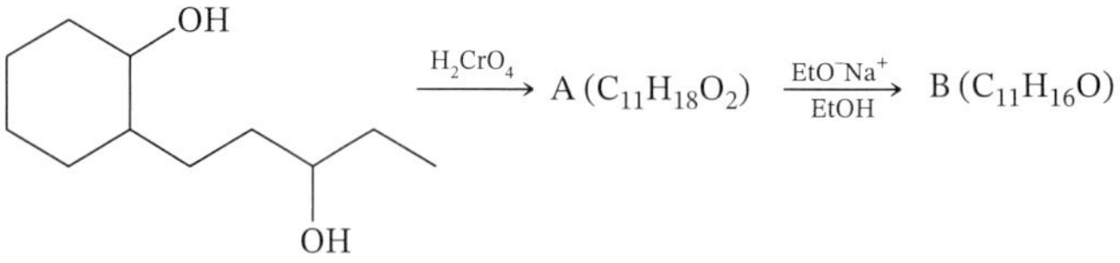

⟨Diol⟩ $\xrightarrow{H_2CrO_4}$ A $(C_{11}H_{18}O_2)$ $\xrightarrow[\text{EtOH}]{\text{EtO}^-\text{Na}^+}$ B $(C_{11}H_{16}O)$

Claisen- und Dieckmann-Kondensationen

15.13 Welches Produkt entsteht bei der Claisen-Kondensation von 3-Methylbutansäureethylester mit Natriummethanol? (Siehe Beispielaufgabe 15.6)

15.14 Vervollständigen Sie die folgende Reaktionsgleichung einer Dieckmann-Kondensation ohne Berücksichtigung der Stereochemie. (Siehe Beispielaufgabe 15.7)

[Struktur: Cyclopentan mit Methylgruppe, Ethylester-Seitenkette und COOEt]
$\xrightarrow{\text{1) NaOEt}}_{\text{2) HCl, H}_2\text{O}}$

15.15 Vervollständigen Sie die Reaktionsgleichung dieser gekreuzten Claisen-Kondensation. (Siehe Beispielaufgabe 15.8)

Ph–COEt + Ph–CH$_2$COEt $\xrightarrow{\text{1) EtO}^-\text{Na}^+}_{\text{2) H}_2\text{O, HCl}}$

15.16 Zeigen Sie, wie man Benzoesäure durch eine Synthesesequenz, die auch eine Claisen-Kondensation beinhaltet, in 3-Methyl-1-phenyl-1-butanon überführen kann. (Siehe Beispielaufgabe 15.9)

Benzoesäure $\xrightarrow{?}$ 3-Methyl-1-phenyl-1-butanon

15.17 Wird eine 1:1-Mischung von Propansäureethylester und Butansäureethylester mit Natriummethanolat umgesetzt, können sich vier Claisen-Kondensationsprodukte bilden. Geben Sie für die möglichen Produkte Strukturformeln an. (Siehe Beispielaufgabe 15.8)

Propansäureethylester   Butansäureethylester

15.18 Zeichnen Sie Strukturformeln für die β-Ketoester, die sich in der gekreuzten Claisen-Kondensation von Propansäureethylester mit den folgenden Estern bilden. (Siehe Beispielaufgabe 15.8)

(a) EtOC(O)–C(O)OEt

(b) PhC(O)OEt

(c) HC(O)OEt

15.19 Wie die folgende Synthesesequenz zeigt, kann die Claisen-Kondensation als ein Schritt in der Synthese von Ketonen genutzt werden. (Siehe Beispielaufgabe 15.9)

[Pentansäureethylester] $\xrightarrow{\text{1) EtO}^-\text{Na}^+}_{\text{2) HCl, H}_2\text{O}}$ A $\xrightarrow{\text{3) NaOH, H}_2\text{O}}_{\text{Hitze}}$ B $\xrightarrow{\text{4) HCl, H}_2\text{O}}_{\text{5) Hitze}}$ C$_9$H$_{18}$O

Schlagen Sie für die Verbindungen A und B sowie für das in dieser Sequenz gebildete Keton Strukturformeln vor.

15.20 In der Claisen-Kondensation von Phthalsäurediethylester mit Essigsäureethylester mit nachfolgender Verseifung, Ansäuern der Reaktionsmischung und Decarboxylierung bildet sich ein Diketon mit der Summenformel C$_9$H$_6$O$_2$. Schlagen Sie für die Verbindungen A und B sowie für das Diketon Strukturformeln vor. (Siehe Beispielaufgabe 15.9)

[o-C$_6$H$_4$(COOEt)$_2$] + CH$_3$COOEt $\xrightarrow{\text{1) EtO}^-\text{Na}^+}_{\text{2) HCl, H}_2\text{O}}$

Phthalsäurediethylester   Essigsäureethylester

A $\xrightarrow{\text{3) NaOH, H}_2\text{O}}_{\text{Hitze}}$ B $\xrightarrow{\text{4) HCl, H}_2\text{O}}_{\text{5) Hitze}}$ C$_9$H$_6$O$_2$

15.21 Das Produkt der doppelten Michael-Reaktion aus Beispielaufgabe 15.12 ist ein Diester, der bei Behandlung mit Natriummethanolat in Ethanol eine Dieckmann-Kondensation eingehen kann. Zeichnen Sie die Strukturformel des Produkts der Dieckmann-Kondensation nach Aufarbeitung mit wässriger HCl.

Die Michael-Reaktion

15.22 Geben Sie die Produkte an, die aus den in der Lösung zu Beispielaufgabe 15.10 gezeigten Michael-Addukten entstehen, wenn diese (1) mit wässriger NaOH hydrolysiert, (2) angesäuert und (3) einer thermischen Decarboxylierung (der β-Ketosäure bzw. β-Dicarbonsäure) unterworfen werden. Diese Reaktionssequenz unterstreicht die Nützlichkeit der Michael-Reaktion für die Synthese von 1,5-Dicarbonylverbindungen.

15.23 Wie kann die Reaktionssequenz aus Michael-Reaktion, Hydrolyse, Ansäuern und thermischer Decarboxylierung zur Synthese von Pentandicarbonsäure (Glutarsäure) verwendet werden? (Siehe Beispielaufgabe 15.11)

15.24 Welche Produkte einer Michael-Reaktion bilden sich in den folgenden Umsetzungen von α,β-ungesättigten Carbonylverbindungen? (Siehe Beispielaufgaben 15.10 und 15.12)

(a), (b), 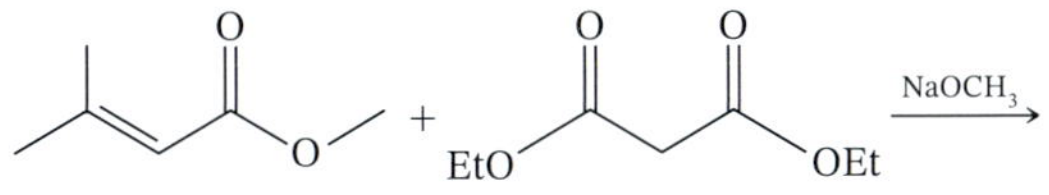 (c)

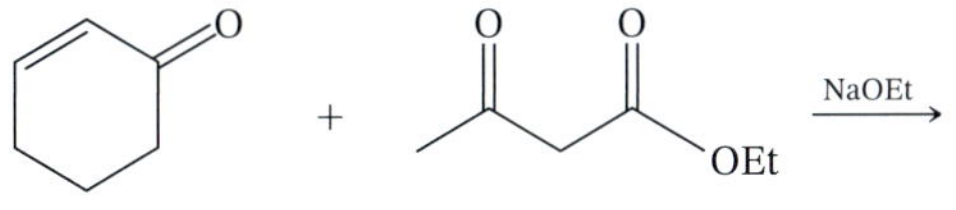

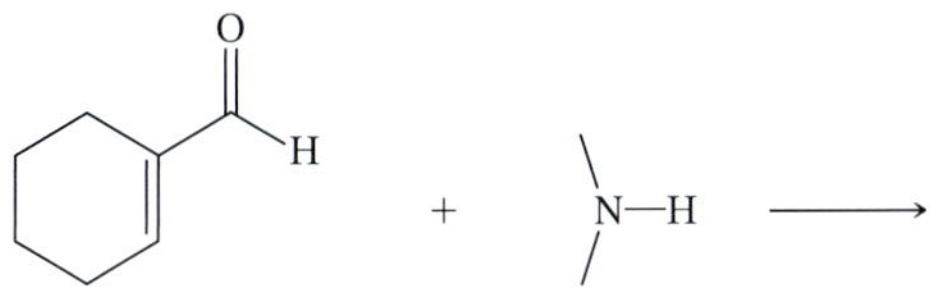

15.25 Welche Verbindungen entstehen aus den in den Aufgaben 15.24a und 15.24b gebildeten Michael-Reaktionsprodukten, wenn Sie einer Hydrolyse, dem Ansäuern der Reaktionsmischung und einer thermischen Decarboxylierung unterworfen werden? (Siehe Beispielaufgabe 15.11)

15.26 In der klassischen Synthese des Steroids Cortison, eines Wirkstoffs zur Behandlung bestimmter Allergien, wird eine Michael-Reaktion genutzt, in der 1-Penten-3-on und Verbindung A in Dioxan mit NaOH umgesetzt werden. Geben Sie eine Strukturformel für Verbindung B, das Produkt dieser Reaktion, an.

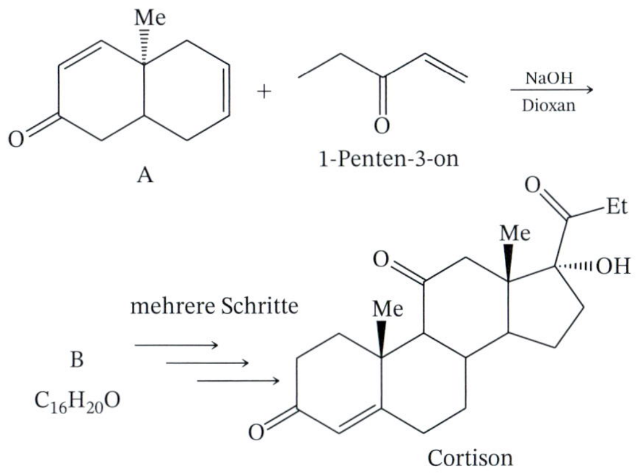

Synthesen

15.27 Fentanyl ist ein nicht-opioides (d. h. nicht morphinähnliches) Analgetikum, das zur Linderung von starken Schmerzen eingesetzt wird. In der Behandlung von Menschen ist es etwa 50-mal wirksamer als Morphin. Eine Synthese von Fentanyl geht von 2-Phenylethanamin aus.

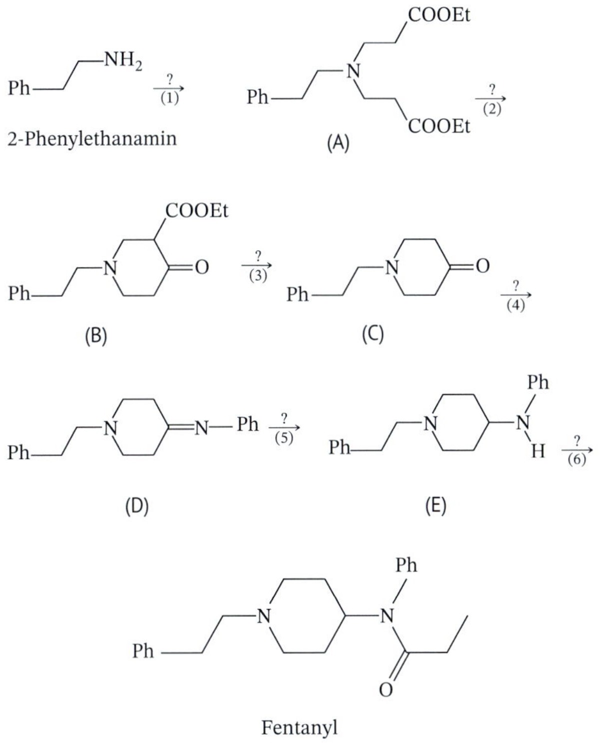

(a) Schlagen Sie ein Reagenz für den ersten Schritt vor. Um welche Namensreaktion handelt es sich dabei?
(b) Schlagen Sie ein Reagenz für den zweiten Schritt vor. Um welche Namensreaktion handelt es sich hier?
(c) Welches Reagenz kann im dritten Schritt genutzt werden?
(d) Welches Reagenz würden Sie im vierten Schritt einsetzen? Kennzeichnen Sie das Imin (die Schiffsche Base) in Verbindung D.
(e) Schlagen Sie ein Reagenz für den fünften Schritt vor.
(f) Schlagen Sie zwei Reagenzien vor, mit denen sich der sechste Schritt realisieren lässt.
(g) Ist Fentanyl chiral? Begründen Sie Ihre Antwort.

15.28 Nutzen Sie Ihre in den bisherigen Kapiteln gesammelten Kenntnisse zu den besprochenen Reaktionen und geben Sie an, wie die folgenden Umsetzungen zu realisieren sind. *Hinweis:* Die meisten Umsetzungen erfordern mehr als einen Schritt.

(a) – (n) [Reaktionsschemata]

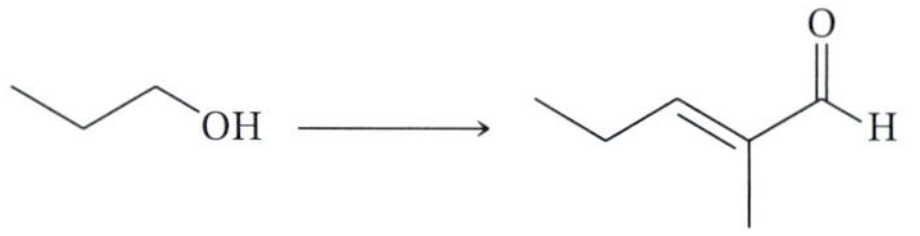

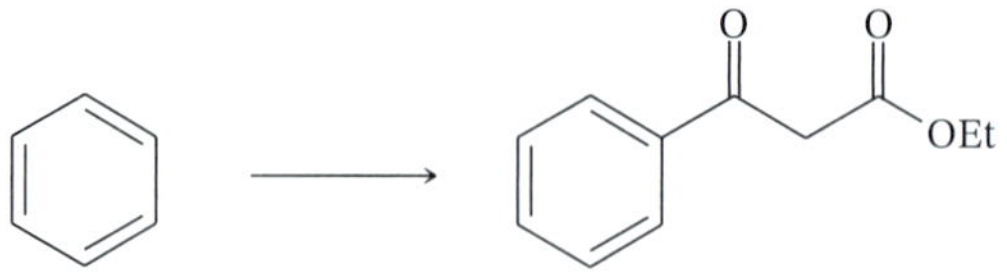

Ausblick

15.29 Die folgende Reaktion ist einer der Schritte der Glykolyse, einer Serie von enzymkatalysierten Reaktionen, in der Glucose zu zwei Äquivalenten Pyruvat oxidiert wird:

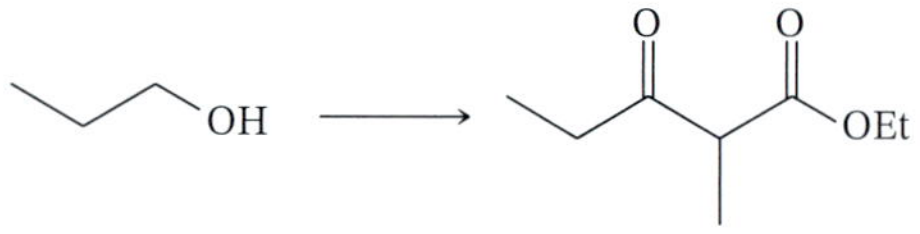

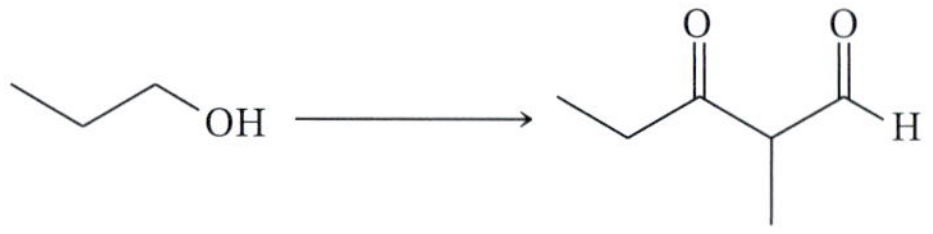

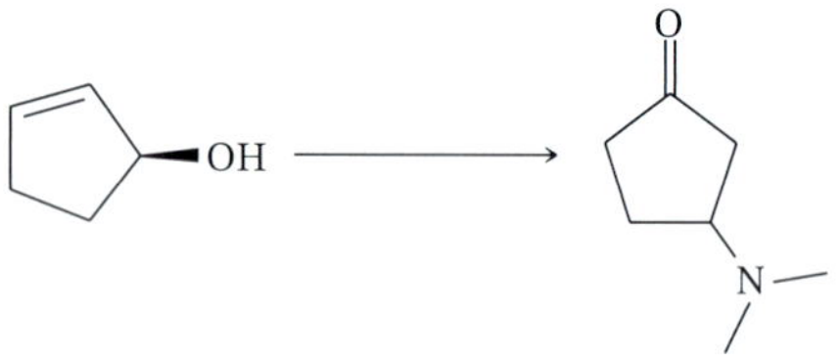

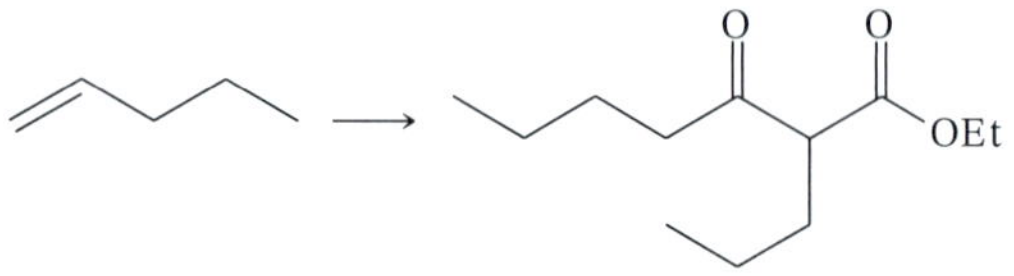

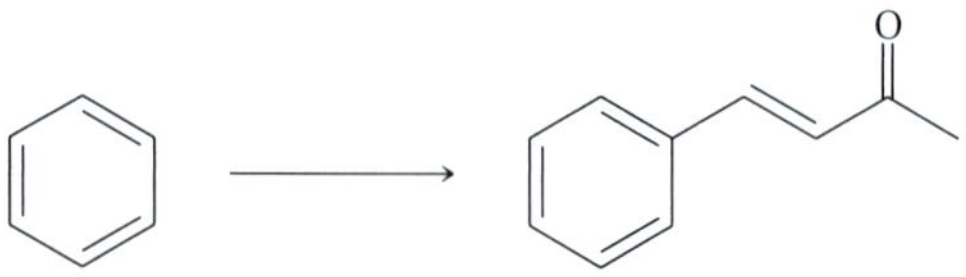

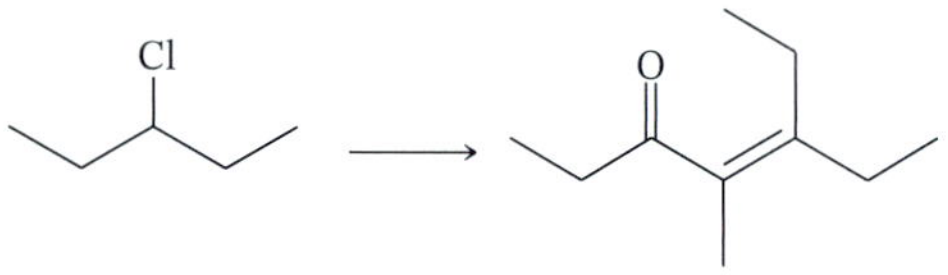

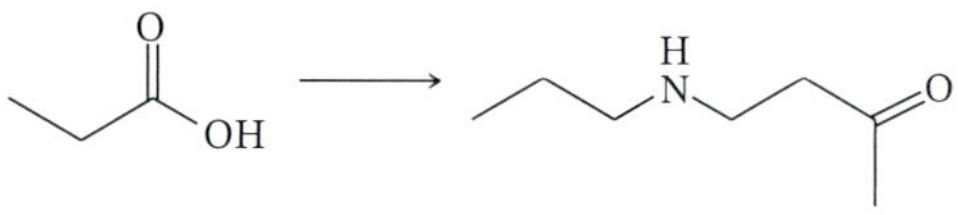

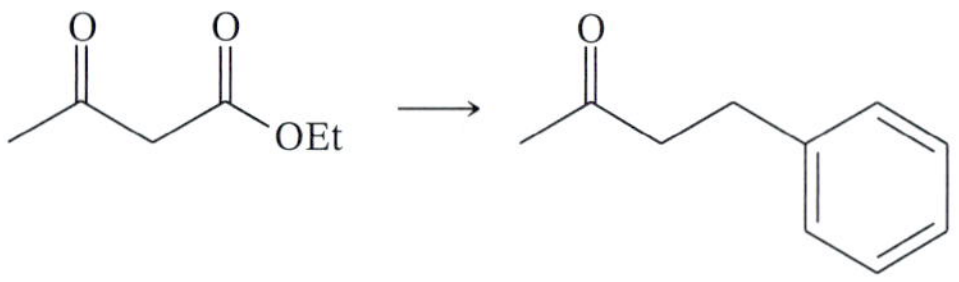

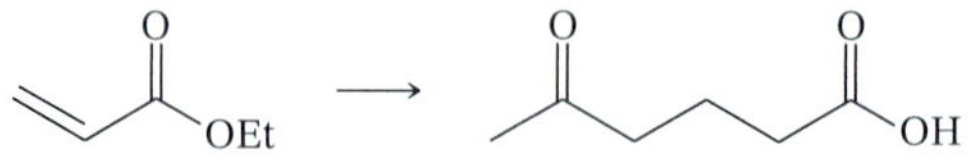

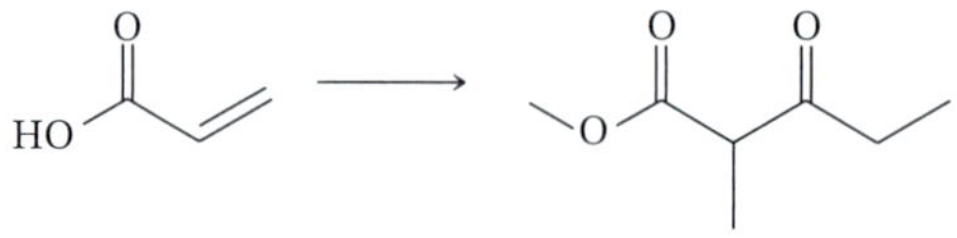

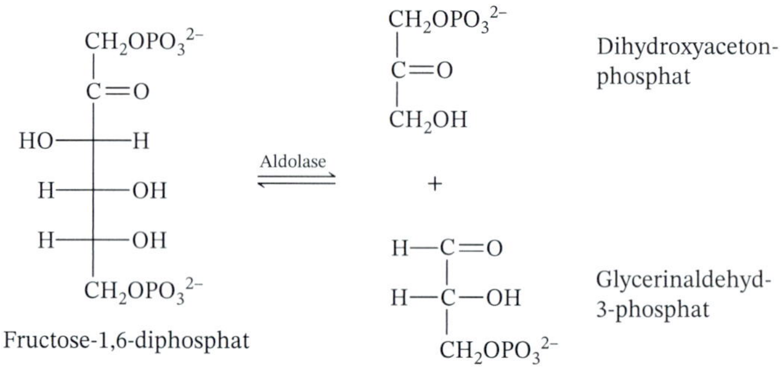

[Reaktionsschema: Fructose-1,6-diphosphat ⇌ Dihydroxyacetonphosphat + Glycerinaldehyd-3-phosphat, katalysiert durch Aldolase]

Zeigen Sie, dass es sich bei dieser Reaktion um die Rückreaktion einer Aldolreaktion handelt.

15.30 Die folgende Reaktion ist die vierte Stufe in einer Serie von vier enzymkatalysierten Schritten zur Oxidation der Kohlenstoffkette in Fettsäuren, wobei jeweils zwei Kohlenstoffatome zu Acetyl-Coenzym A abgebaut werden:

$$R-\overset{O}{\underset{\|}{C}}-CH_2-\overset{O}{\underset{\|}{C}}SCoA + CoA-SH \longrightarrow$$

β-Ketoacyl-CoA   Coenzym A

$$R-\overset{O}{\underset{\|}{C}}-SCoA + CH_3\overset{O}{\underset{\|}{C}}-SCoA$$

ein Acyl-CoA   Acetyl-CoA

Zeigen Sie, dass es sich bei dieser Reaktion um die Rückreaktion einer Claisen-Kondensation handelt.

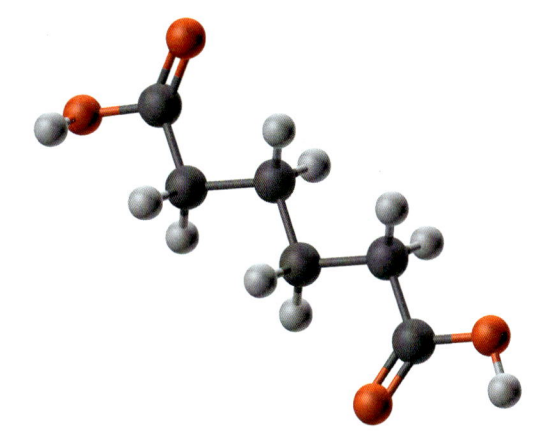

Ein Meer aus Regenschirmen an einem regnerischen Tag. Oben: Ein Molekülmodell von Adipinsäure, einer der beiden Verbindungen, die zur Herstellung von Nylon-6,6 benötigt werden. [Quelle: © iStockphoto.]

16
Organische Polymerchemie

Inhalt
16.1 Wie sind Polymere aufgebaut?
16.2 Wie werden Polymere benannt und wie kann man ihre Struktur darstellen?
16.3 Welche Morphologie können Polymere haben und wie unterscheiden sich kristalline und amorphe Materialien?
16.4 Was ist eine Stufenwachstumspolymerisation?
16.5 Was ist eine Kettenpolymerisation?
16.6 Welche Kunststoffe werden derzeit in großen Mengen wiederverwertet?

Exkurse
16.A Nähte, die sich auflösen
16.B Papier oder Plastik?

Der technische Fortschritt einer Gesellschaft hängt untrennbar damit zusammen, welche Materialien ihr zur Verfügung stehen. So verknüpfen Historiker das Aufkommen und die Verfügbarkeit neuer Materialien oft mit neuen Zeitepochen in der menschlichen Entwicklung (z. B. Steinzeit, Bronzezeit, Eisenzeit). Auf der Suche nach neuen Materialien bedienen sich Wissenschaftler zunehmend auch der Organischen Chemie, um synthetische Materialien herzustellen, die sogenannten Polymere. Die Vielfalt dieser Polymere erlaubt die Herstellung und Fertigung von Materialien, die einen breiten Bereich von Eigenschaften abdecken, der mit traditionellen Materialien wie Holz, Metall oder Keramiken nicht erreichbar wäre. Scheinbar marginale Änderungen in der chemischen Struktur eines Polymers können zum Beispiel die mechanischen Eigenschaften so verändern, dass sie einmal denen einer einfachen Plastiktüte und einmal denen einer schusssicheren Weste entsprechen. Andere strukturelle Änderungen können zu Eigenschaften führen, die man für organische Polymere nie erwartet hätte. So kann man beispielsweise bestimmte Reaktionen dafür nutzen, um Polymere mit isolierenden Eigenschaften herzustellen (z. B. die Kunststoffschicht um elektrische Kabel). Verwendet man andere Reaktionen, kann dasselbe Polymer als elektrischer Leiter hergestellt werden – mit einer Leitfähigkeit, die nahezu der von metallischem Kupfer entspricht!

Seit den 1930er Jahren waren in der organischen Polymerchemie intensive Forschungsbemühungen und beeindruckende Fortschritte zu verzeichnen. Das Ergebnis war eine geradezu explosive Zunahme von Kunststoffen, Beschichtungen und gummiartigen Materialien, die zur Entstehung einer weltweiten Industrie mit Milliardenumsätzen geführt haben.

Einführung in die Organische Chemie, Erste Auflage. William H. Brown und Thomas Poon.
© 2021 WILEY-VCH GmbH. Published 2021 by WILEY-VCH GmbH.

Dieses phänomenale Wachstum kann durch einige wenige grundlegende Besonderheiten erklärt werden. Erstens werden die Ausgangsmaterialien für die synthetischen Polymere überwiegend aus Erdöl hergestellt. Mit dem Aufkommen der erdölraffinierenden Prozesse wurden die Ausgangsmaterialien für die Synthese der Polymere billig und in großen Mengen verfügbar. Zweitens lernte man, Polymere entsprechend den Anforderungen der Endverbraucher maßzuschneidern. Und drittens lassen sich viele Konsumgüter sehr viel billiger aus synthetischen Polymeren als aus konkurrierenden Materialien wie Holz, Keramiken und Metallen herstellen. So entstanden auf der Basis der Polymertechnologie beispielsweise wasserbasierte Latexfarben, die die Beschichtungstechnik revolutionierten, oder auch Kunststofffolien oder Schaumstoffe, die einen ähnlichen Effekt in der Verpackungsmittelindustrie hatten. Diese Aufzählung könnte man unendlich fortsetzen und durch Beispiele ergänzen, die uns im täglichen Leben jederzeit und überall begegnen.

16.1 Wie sind Polymere aufgebaut?

Polymere (griech.: *polý*, viele; *méros*, Teil) sind langkettige Verbindungen, die durch chemische Verknüpfung von **Monomeren** (griech.: *monos*, einzeln; *méros*, Teil) hergestellt werden können, wobei ein Monomer die kleinste, nicht weiter zu vereinfachende synthetische Einheit darstellt. Die molare Masse von Polymeren ist normalerweise sehr viel höher als die von gewöhnlichen organischen Verbindungen und liegt meist im Bereich von 10 000 g/mol bis zu mehr als 1 000 000 g/mol. Auch die Struktur dieser Makromoleküle kann sehr unterschiedlich sein: Es gibt Polymerarchitekturen mit linearen und verzweigten Ketten oder auch mit Kamm-, Leiter- und sternförmigen Strukturen (Abb. 16.1). Zusätzliche strukturelle Variationen kann man durch kovalente Quervernetzung zwischen einzelnen Polymerketten erreichen.

In der Polymerchemie bezeichnet der Begriff **Kunststoff** (landläufig auch „Plastik") alle Arten von künstlich hergestellten Polymeren. **Thermoplaste** sind Polymere, die beim Erwärmen zunächst erweichen und schließlich ausreichend fließfähig werden, sodass sie in eine gewünschte Form gegossen werden können, die sie beim Abkühlen beibehalten; diesen Prozess kann man beliebig oft wiederholen. **Duroplaste** können hingegen zwar bei der Herstellung in eine bestimmte Form gegossen werden, härten dann aber irreversibel aus und können nicht wieder (unzerstört) geschmolzen werden. Eine dritte Form von Polymeren sind die **Elastomere**; hierbei handelt es sich um formfeste, aber elastisch verformbare Kunststoffe, die sich unter Zug- und Druckbelastung elastisch verformen können, anschließend aber zu ihrer ursprünglichen Form zurückkehren. Jede dieser Arten von Polymeren besitzt ihre spezifischen Einsatzgebiete, in denen ihre Eigenschaften vorteilhaft zur Geltung kommen.

Auf molekularer Ebene sind die wichtigsten Eigenschaften eines Polymers die Größe und Gestalt seiner Ketten. Kürzere Ketten ergeben meist weichere und zerbrechlichere Materialien, während längerkettige Polymere oft härter und zäher sind. Die enormen Unterschiede in den Eigenschaften ergeben sich direkt aus den Unterschieden in Größe und molekularer Architektur der Polymerketten.

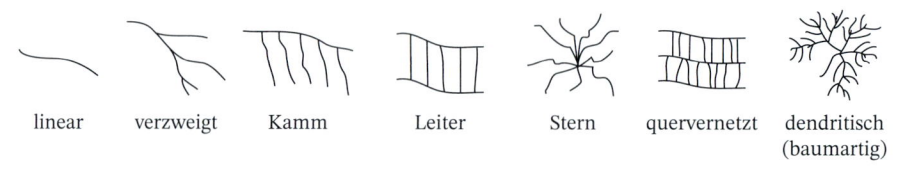

linear　verzweigt　Kamm　Leiter　Stern　quervernetzt　dendritisch (baumartig)

Abb. 16.1 Verschiedene Polymerarchitekturen. Jede Linie stellt eine organische Kette aus kovalent verbundenen Atomen dar.

16.2 Wie werden Polymere benannt und wie kann man ihre Struktur darstellen?

Die Struktur eines Polymers gibt man normalerweise an, indem man die **Wiederholeinheit**, also den kleinsten molekularen Baustein, der die Strukturmerkmale der Kette wiedergibt, in Klammern setzt. Ein tiefgestelltes n rechts außerhalb der Klammer gibt an, dass die Wiederholeinheit n-mal vorliegt. Die Zahl n wird als **Polymerisationsgrad** bezeichnet. Wir können also die Struktur der gesamten Polymerkette darstellen, indem wir die Struktur in Klammern in beiden Richtungen insgesamt n-mal wiederholen. Im Folgenden ist als Beispiel das Polypropylen abgebildet, das durch Polymerisation von Propen (Propylen) entsteht:

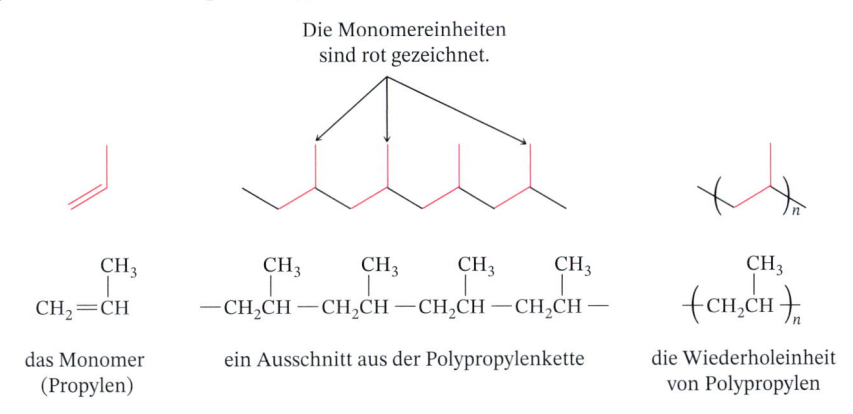

Die Monomereinheiten sind rot gezeichnet.

$CH_2=CH$ — CH_3

das Monomer (Propylen) | ein Ausschnitt aus der Polypropylenkette | die Wiederholeinheit von Polypropylen

Die übliche Methode zur Benennung von Polymeren ist, das Präfix **Poly-** vor den Namen des Monomers zu stellen, aus dem das Polymer synthetisiert wurde. Beispiele hierfür sind z. B. Polyethylen und Polystyrol. Für die Benennung der Monomere und damit auch der Polymere werden fast ausschließlich Trivialnamen verwendet (z. B. Methylmethacrylat statt 2-Methylprop-2-ensäuremethylester für das Monomer und Polymethylmethacrylat für das entsprechende Polymer, ähnlich auch Polyethylen statt Polyethen oder Polypropylen statt Polypropen); weshalb auch in diesem Kapitel überwiegend die Trivialnamen verwendet werden.

Polystyrol → synthetisiert aus → Styrol   Polyvinylchlorid (PVC) → synthetisiert aus → Vinylchlorid

Beispiel 16.1 Identifizieren Sie in der folgenden Struktur die Wiederholeinheit des Polymers. Zeichnen Sie die Struktur in der vereinfachten Notation mit einer Klammer um die Wiederholeinheit. Benennen Sie das Polymer unter der Annahme, dass der Monomerbaustein ein Alken ist:

(die Wiederholeinheit ist rot hervorgehoben)

Vorgehensweise

Identifizieren Sie die Wiederholeinheit der Kette und stellen Sie diese in Klammern. Ergänzen Sie ein tiefgestelltes *n*, um anzugeben, dass diese Einheit *n*-mal wiederholt wird.

Lösung

Die Wiederholeinheit ist $-CH_2CF_2-$ und das Polymer kann als $(CH_2CF_2)_n$ dargestellt werden. Die Wiederholeinheit ist von 1,1-Difluorethylen abgeleitet; das Polymer wird also als Poly(1,1-difluorethylen) bezeichnet. Es wird für Mikrofonmembranen verwendet.

Siehe Aufgaben 16.1 und 16.8.

16.3 Welche Morphologie können Polymere haben und wie unterscheiden sich kristalline und amorphe Materialien?

Genauso wie kleine organische Moleküle neigen auch Polymere dazu, beim Ausfällen oder Erstarren in einer sich abkühlenden Schmelze zu kristallisieren. Allerdings wirken die enorme Größe der Polymermoleküle, die ihre Diffusion verlangsamt und erschwert, und ihre häufig komplizierte oder ungeordnete Struktur, die eine geordnete Packung der Ketten schwierig macht, der Tendenz zur Kristallisation entgegen. Das führt dazu, dass Polymere im festen Zustand häufig sowohl geordnete **kristalline Bereiche** (Kristallite) als auch ungeordnete **amorphe Bereiche** enthalten (Abb. 16.2). Die relativen Anteile von kristallinen und amorphen Bereichen unterscheiden sich von Polymer zu Polymer und hängen oft davon ab, wie das entsprechende Material verarbeitet wurde (Abb. 16.3). Sehr häufig finden sich hohe Kristallinitätsgrade in Polymeren mit geordneter, kompakter Struktur und starken zwischenmolekularen Wechselwirkungen, wie z. B. Wasserstoffbrückenbindungen.

Amorphe Bereiche in einem Polymer besitzen gar keine oder nur eine geringe Fernordnung. Überwiegend amorphe Polymere werden oft auch als **glasartige** Polymere bezeichnet. Weil sie keine kristallinen Bereiche aufweisen, die Licht streuen könnten, sind amorphe Polymere transparent. Darüber hinaus sind sie meist eher weich und flexibel und besitzen eine geringe mechanische Festigkeit. Beim Erhitzen gehen amorphe Polymere von einem formstabilen, starren Zustand in einen thermoelastischen Zustand über. Die Temperatur, bei der dieser Übergang stattfindet, wird als **Glastemperatur (T_g)** des Materials bezeichnet. Amorphes Polystyrol hat beispielsweise eine Glastemperatur von 100 °C. Bei Raumtemperatur handelt es sich um einen starren Festkörper, aus dem man Trinkbecher, aufgeschäumte Verpackungsmaterialien, medizinische Wegwerfartikel, Bandspulen und vieles mehr anfertigen kann. In

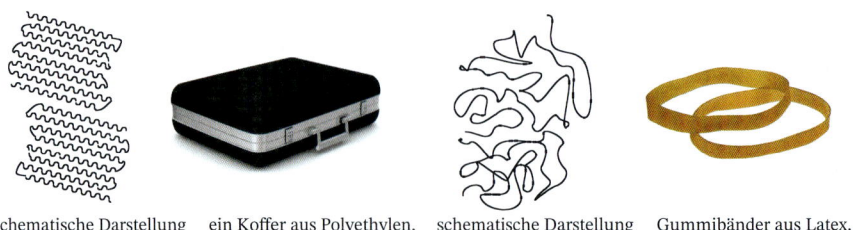

schematische Darstellung kristalliner Polymerketten | ein Koffer aus Polyethylen, einem kristallinen Polymer | schematische Darstellung amorpher Polymerketten | Gummibänder aus Latex, einem amorphen Polymer

Abb. 16.2 Beispiele für verschiedene Polymermorphologien. [Quelle: Links: © Sergey Ilin/iStockphoto, rechts: © Eldad Carin/iStockphoto.]

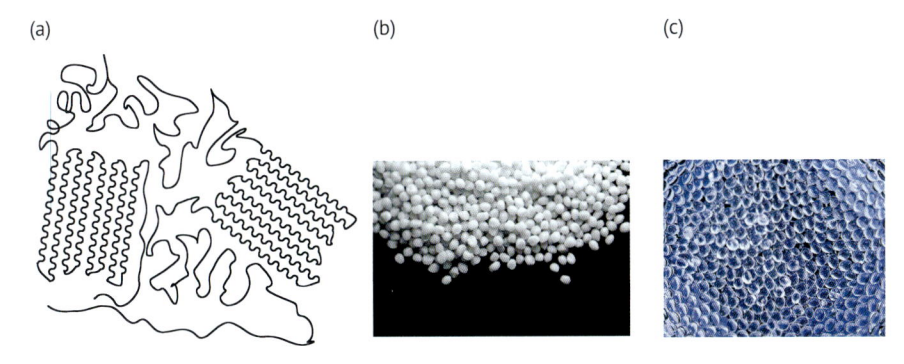

Abb. 16.3 (a) Beispiel für eine Polymerkette mit kristallinen und amorphen Bereichen. (b) Ein Polymer mit höherem Anteil an kristallinen Domänen ist weniger transparent als (c) ein Polymer mit höherem amorphen Anteil. [Quelle: Mitte und rechts: © Srebrina Yaneva/iStockphoto.]

siedendem Wasser wird es weich und elastisch, bei noch höheren Temperaturen dann plastisch und fließfähig.

Elastomere (elastische Polymere), die nach dem Dehnen oder Verdrehen wieder in ihre Ausgangsgestalt zurückkehren, sobald die Spannung gelöst wird, müssen niedrige Glastemperaturen aufweisen, um von praktischem Nutzen zu sein. Wenn die Temperatur unter ihre Glastemperatur fällt, verlieren sie ihre elastischen Eigenschaften. Ein unzureichendes Verständnis dieser Zusammenhänge war maßgeblich für die *Challenger*-Katastrophe verantwortlich, den Absturz einer Raumfähre im Jahr 1986. Die elastischen Polymer-O-Ringe, die zur Abdichtung der Feststoff-Zusatztriebwerke verwendet wurden, hatten eine Glastemperatur von etwa 0 °C. Als es am Morgen des Shuttlestarts unerwartet sehr kalt war, fiel die Temperatur unter diesen Wert, die O-Ringe verloren ihre Elastizität und waren nicht mehr in der Lage, den Vibrationen der Triebwerke zu folgen und ihre Funktion als Dichtmaterial wahrzunehmen – der Rest ist tragische Geschichte. Der Physiker Richard Feynman demonstrierte diese Zusammenhänge in einer berühmten im Fernsehen übertragenen Anhörung, indem er einen O-Ring der in der *Challenger* verwendeten Art in Eiswasser legte und zeigte, dass dies den Verlust seiner Elastizität zur Folge hatte!

16.4 Was ist eine Stufenwachstumspolymerisation?

Polymerisationen, in denen das Kettenwachstum schrittweise erfolgt, nennt man **Stufenwachstumspolymerisationen**, die beispielsweise als **Polykondensationen** erfolgen können. Stufenwachstumspolymere entstehen durch die Reaktion zwischen bifunktionellen Verbindungen, wobei jede neue Bindung in einem getrennten Schritt gebildet wird. Im Verlauf der Polymerisation reagieren Monomere zu Dimeren, Dimere reagieren mit Monomeren zu Trimeren, Dimere reagieren mit Dimeren zu Tetrameren und so weiter. Ein Beispiel hierfür ist die Polymerisation von Adipinsäure und Hexamethylendiamin zu Nylon-6,6.

Es gibt zwei typische Arten von Stufenwachstumsprozessen: (1) die Reaktion zwischen A−M−A- und B−M−B-artigen Monomeren zu $+\!\!(\text{A}\!-\!\text{M}\!-\!\text{A}\!-\!\text{B}\!-\!\text{M}\!-\!\text{B})_n\!\!+$-Polymeren und (2) die Selbstkondensation von A−M−B-Monomeren zu $+\!\!(\text{A}\!-\!\text{M}\!-\!\text{B})_n\!\!+$-Polymeren. Hier steht „M" für das Monomer und „A" und „B" sind die reaktiven funktionellen Gruppen an den Monomeren. In dieser Art von Stufenwachstumspolymerisation reagiert die funktionelle Gruppe A ausschließlich mit der funktionellen Gruppe B und B reagiert ausschließlich mit der Gruppe A. Neue kovalente Bindungen in einer Stufenwachstumspolymerisation werden durch polare Reaktionen zwischen den funktionellen Gruppen A und B gebildet, z. B. durch eine nukleophile Acylsubstitution. In diesem Abschnitt wollen wir fünf Typen von Stufenwachstumspolymeren diskutieren: Polyamide, Polyester, Polycarbonate, Polyurethane und Epoxidharze.

16.4.1 Polyamide

In den früher 1930er Jahren begannen Chemiker bei E.I. du Pont de Nemours and Company mit grundlegenden Untersuchungen zur Reaktion von Dicarbonsäuren mit Diaminen unter Bildung von **Polyamiden**. 1934 konnten sie die erste rein synthetische Faser herstellen, das Nylon-6,6 – so benannt, weil es aus zwei verschiedenen Monomeren aufgebaut ist, die beide jeweils sechs Kohlenstoffatome enthalten.

Zur Synthese von Nylon-6,6 werden Hexandisäure und 1,6-Hexandiamin in wässrigem Ethanol gelöst, wo sie zu einem 1:1-Salz reagieren, dem sogenannten Nylonsalz. Dieses Salz wird anschließend in einem **Autoklav** bei einem Druck von 15 bar auf 250 °C erhitzt. Unter diesen extremen Bedingungen reagieren die COO^--Gruppen der Dicarbonsäure mit den NH_3^+-Gruppen des Diamins unter Verlust von Wasser und Bildung des Polyamids. So hergestelltes Nylon-6,6 schmilzt bei 250 bis 260 °C und hat eine Molmasse im Bereich von 10 000 bis 20 000 g/mol:

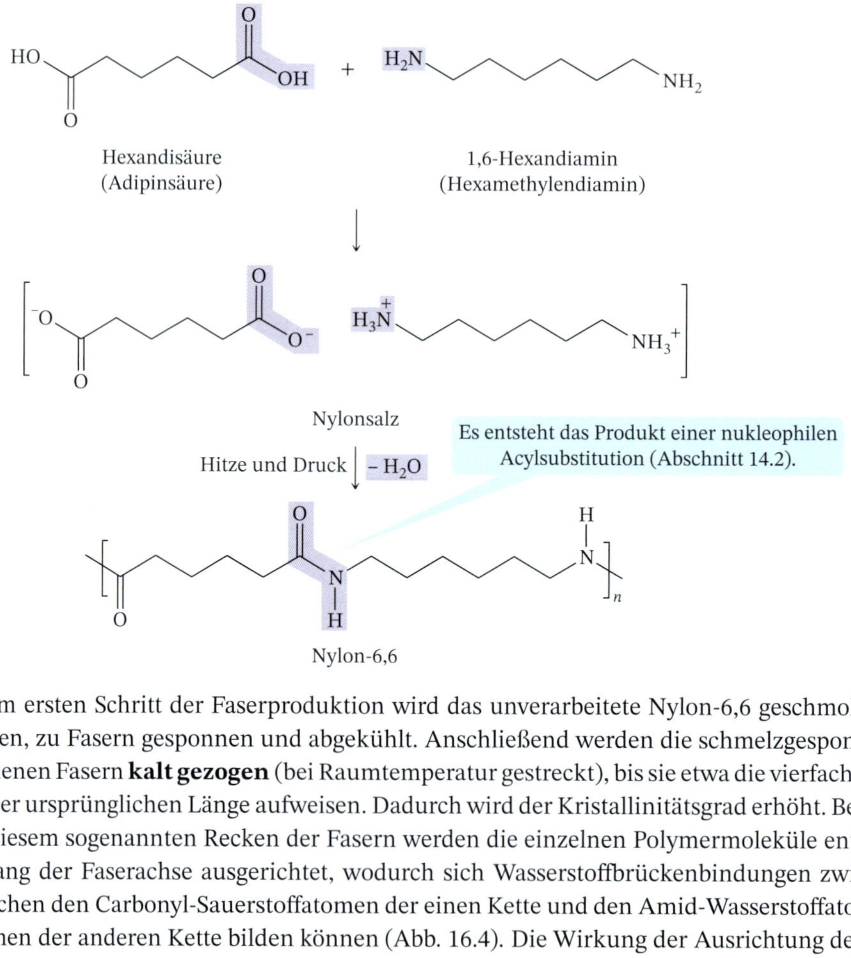

Im ersten Schritt der Faserproduktion wird das unverarbeitete Nylon-6,6 geschmolzen, zu Fasern gesponnen und abgekühlt. Anschließend werden die schmelzgesponnenen Fasern **kalt gezogen** (bei Raumtemperatur gestreckt), bis sie etwa die vierfache der ursprünglichen Länge aufweisen. Dadurch wird der Kristallinitätsgrad erhöht. Bei diesem sogenannten Recken der Fasern werden die einzelnen Polymermoleküle entlang der Faserachse ausgerichtet, wodurch sich Wasserstoffbrückenbindungen zwischen den Carbonyl-Sauerstoffatomen der einen Kette und den Amid-Wasserstoffatomen der anderen Kette bilden können (Abb. 16.4). Die Wirkung der Ausrichtung der Polyamidmoleküle auf die physikalischen Eigenschaften der Faser ist enorm – sowohl die Zugfestigkeit als auch die Steifigkeit werden dadurch wesentlich erhöht. Das kalte Ziehen ist ein wichtiger Schritt bei der Herstellung der meisten synthetischen Fasern.

Nylon steht für eine Polymerfamilie, deren Vertreter kleine Unterschiede in ihren Eigenschaften aufweisen und die je nach den Anforderungen ausgewählt und ver-

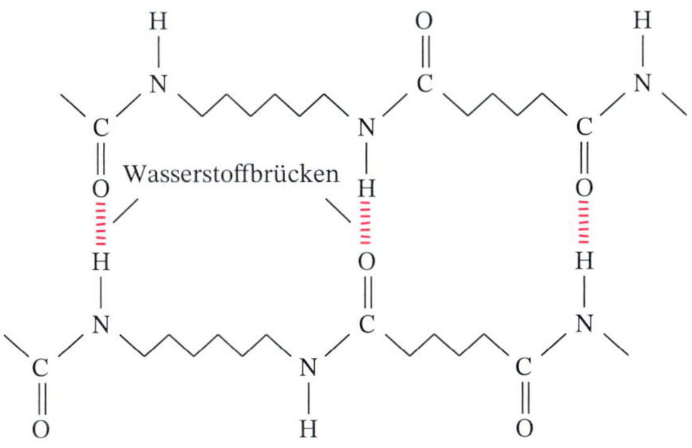

Abb. 16.4 Die Struktur von kaltgezogenem Nylon-6,6. Wasserstoffbrückenbindungen zwischen benachbarten Polymerketten führen zu einer erhöhten Zugfestigkeit und Steifigkeit der Faser.

wendet werden können. Die beiden häufigsten Vertreter sind Nylon-6,6 und Nylon-6. Nylon-6 trägt seinen Namen, weil es aus Caprolactam hergestellt werden kann, einem Monomer aus sechs Kohlenstoffatomen. Um die Polymerisation einzuleiten, wird das Caprolactam teilweise zu 6-Aminohexansäure hydrolysiert und dann auf 250 °C erhitzt:

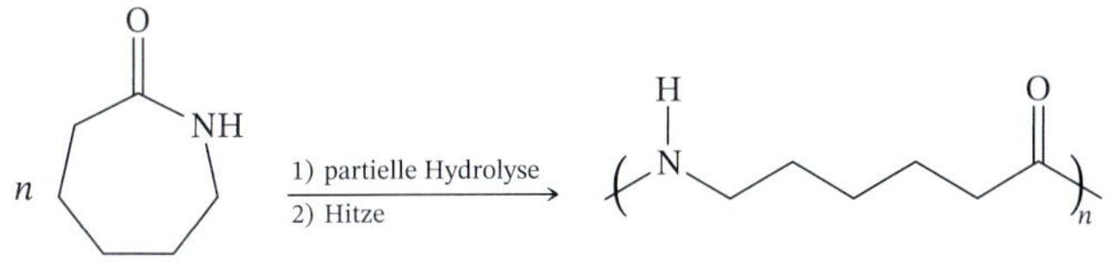

Nylon-6 wird zu Fasern, Borsten, Seilen, schlagfesten Formteilen und Reifencord verarbeitet.

Intensive Forschungen bei DuPont zum Zusammenhang zwischen der molekularen Struktur und den makroskopischen physikalischen Eigenschaften gaben Anlass zu der Vermutung, dass Polyamide mit aromatischen Ringen steifer und stabiler sein sollten als Nylon-6,6 oder Nylon-6. Daraufhin brachte DuPont in den frühen 1960er Jahren Kevlar auf den Markt, eine polymere Amidfaser (**Aramid**) aus Terephthalsäure und *p*-Phenylendiamin:

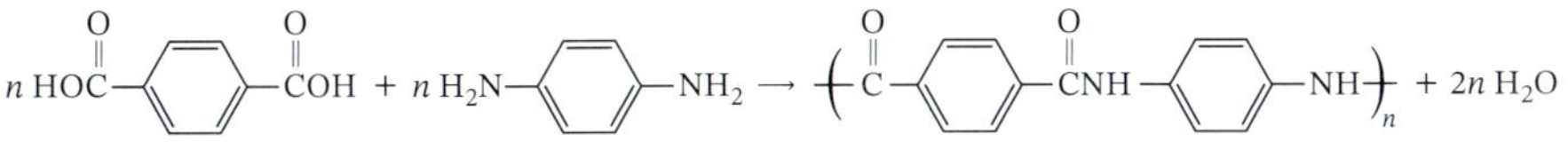

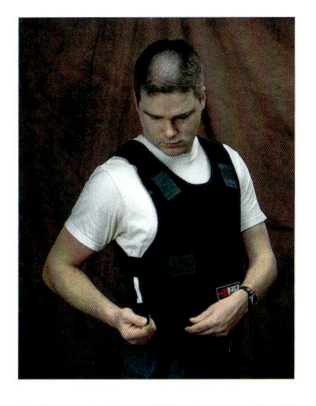

Schusssichere Westen enthalten mehrere Schichten Kevlargewebe. [Quelle: © Charles D. Winters.]

Eine der herausragenden Eigenschaften von Kevlar ist seine geringe Masse im Vergleich zu anderen Materialien ähnlicher Stabilität. So besitzt beispielsweise ein 7.6 cm starkes geflochtenes Kabel aus Kevlar die gleiche Zugfestigkeit wie ein 7.6 cm starkes geflochtenes Stahlkabel, wobei das Stahlkabel etwa 30 kg/m, das Kevlarkabel jedoch nur 6 kg/m wiegt. Kevlar findet sich daher heute in Produkten wie z. B. Ankerkabeln von Bohranlagen auf hoher See oder in Armierungsfasern von Autoreifen. Kevlar wird zu Stoffen verwoben, die so robust sind, dass sie für schusssichere Westen, Jacken und Schnittschutzhandschuhe verwendet werden können.

16.4.2 Polyester

Ein **Polyester** ist ein Polymer, in dem jeder Monomerbaustein über eine Esterbindung mit dem nächsten verknüpft ist. Der erste in den 1940er Jahren eingeführte Polyester, das Polyethylenterephthalat (PET), wurde damals durch Polymerisation von Benzol-1,4-dicarbonsäure (Terephthalsäure) und 1,2-Ethandiol (Ethylenglykol) hergestellt. Heute wird PET nahezu ausschließlich durch Umesterung aus dem Dimethylester der Terephthalsäure hergestellt (Abschn. 14.4.3):

Hostaphan®-Folien haben kleinere Poren als Latexfilme und können daher für Heliumballons verwendet werden. Sie halten das Gas länger, weil die Heliumatome nur sehr langsam durch die Poren der Folien diffundieren können. [Quelle: © Ken Karp for John Wiley & Sons.]

Der rohe Polyester kann aufgeschmolzen, extrudiert und durch kaltes Ziehen in eine unter dem Namen Dacron®-Polyester vermarktete Textilfaser überführt werden, die sich durch eine besondere Steifigkeit (etwa viermal so groß wie die von Nylon-6,6), hohe Festigkeit und eine besondere Knitterfestigkeit auszeichnet. Da die früher hergestellten Dacron®-Polyesterfasern wegen ihrer Rauigkeit unangenehm auf der Haut waren, wurden sie für die Anwendung als Textilfasern meist mit Wolle oder Baumwolle gemischt. Heutzutage gibt es Herstellungstechniken, die zu weniger rauen Textilfasern aus Dacron führen. PET wird auch zur Herstellung von Hostaphan®-Folien und wiederverwertbaren Getränkeflaschen verwendet.

16.4.3 Polycarbonate

Polycarbonate sind Polyester, in denen Carboxygruppen der Kohlensäure vorliegen; sie sind eine wirtschaftlich bedeutende Klasse technischer Polyester. Der wichtigste Vertreter, das Makrolon® entsteht aus der Reaktion des Dinatriumsalzes von Bisphenol A (Aufgabe 9.21) mit Phosgen:

Eine Hockeymaske aus Polycarbonat. [Quelle: © Charles D. Winters.]

Man beachte, dass Phosgen das doppelte Säurechlorid (Abschn. 14.1.1) der Kohlensäure ist; bei der Hydrolyse von Phosgen entstehen H_2CO_3 und zwei Äquivalente HCl.

Makrolon® ist ein hartes, transparentes Polymer mit hoher Schlag- und Bruchfestigkeit, das seine Eigenschaften über einen weiten Temperaturbereich behält. Es wird für Sportausrüstungen (z. B. Helme und Gesichtsmasken), für leichte, stoßunempfindliche Gehäuse in Haushaltsanwendungen, für Sicherheitsgläser und unzerbrechliche Fenster sowie zur Herstellung von CDs und DVDs genutzt.

16.4.4 Polyurethane

Ein Urethan oder Carbamat ist ein Ester der Carbaminsäure (H_2NCOOH). Carbamate kann man einfach herstellen, indem man ein Isocyanat mit einem Alkohol umsetzt. In dieser Reaktion werden das H-Atom und die OR′-Gruppe des Alkohols an die C=N-Bindung addiert – eine Reaktion, die mit der Addition eines Alkohols an eine C=O-Bindung vergleichbar ist:

$$RN=C=O + R'OH \longrightarrow RNHCOR'$$

ein Isocyanat   ein Carbamat

Polyurethane bestehen aus flexiblen Polyester- oder Polyethereinheiten, die sich mit starren Urethaneinheiten abwechseln, die aus Diisocyanaten aufgebaut werden, meist aus Mischungen von 2,4- und 2,6-Toluoldiisocyanaten. Sie enthalten —NHCOO— als sich wiederholende Einheit:

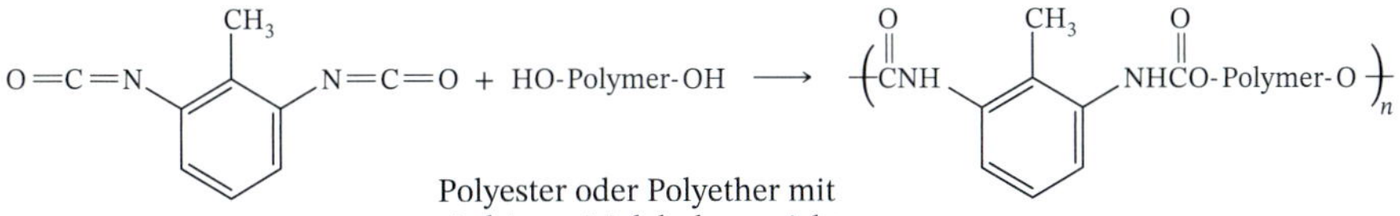

$$O=C=N-\text{(Ar-CH}_3\text{)}-N=C=O + \text{HO-Polymer-OH} \longrightarrow +\!\!\left(\text{CNH}-\text{(Ar-CH}_3\text{)}-\text{NHCO-Polymer-O}\right)_{\!n}$$

2,6-Toluoldiisocyanat Polyester oder Polyether mit niedrigem Molekulargewicht und OH-Gruppen an beiden Kettenenden ein Polyurethan

Die flexibleren Blöcke bestehen aus Polyestern oder Polyethern, die OH-Gruppen an beiden Kettenenden enthalten und relativ geringe Molmassen (1000 bis 4000 g/mol) besitzen. Polyurethanfasern sind ziemlich nachgiebig und elastisch und finden in Elastan (Lycra®), also in dehnbaren Stoffen für Badebekleidung, Gymnastikanzüge und Unterwäsche Anwendung.

Polyurethanschaumstoffe für Polsterungen und Isoliermaterialien erhält man durch Zugabe kleiner Mengen von Wasser bei der Polymerisation. Wasser reagiert mit der Isocyanatgruppe unter Bildung einer Carbaminsäure, die spontan decarboxyliert und CO_2 als aufschäumendes Gas bildet:

$$RN=C=O + H_2O \longrightarrow \left[RNH-\overset{O}{\underset{\|}{C}}-OH \right] \longrightarrow RNH_2 + CO_2$$

ein Isocyanat   eine Carbaminsäure (instabil)

16.4.5 Epoxidharze

Epoxidharze sind durch Polymerisation hergestellte Materialien, in denen die Monomere mindestens zwei Epoxidgruppen enthalten. Basierend auf dieser Definition ist eine große Zahl polymerer Materialien denkbar; Epoxidharze werden in unterschiedlichster Form von niedrig-viskosen Flüssigkeiten bis zu hochschmelzenden Feststoffen hergestellt. Das am häufigsten genutzte Epoxidmonomer ist das doppelte Epoxid, das aus der Umsetzung des Dinatriumsalzes von Bisphenol A (Aufgabe 9.21) mit zwei Äquivalenten von Epichlorhydrin entsteht:

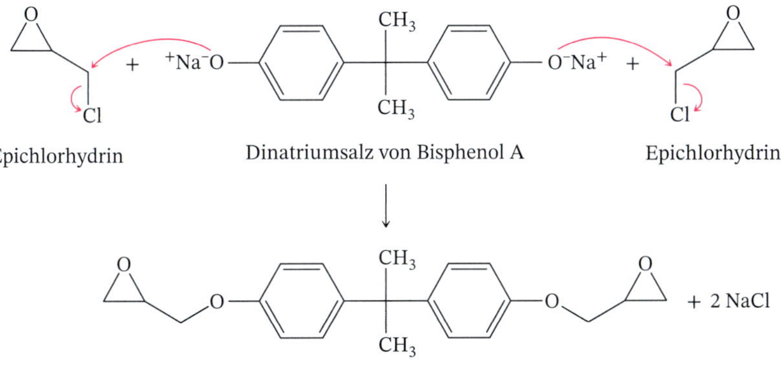

Epichlorhydrin Dinatriumsalz von Bisphenol A Epichlorhydrin

↓

ein Diepoxid + 2 NaCl

Im Folgenden ist die Umsetzung dieses Diepoxidmonomers mit 1,2-Diaminoethan (Ethylendiamin) zu einem Epoxidharz gezeigt:

> Diese Aminogruppe steht für die Reaktion mit einer Epoxidgruppe eines anderen Monomers zur Verfügung.

ein Diepoxid + ein Diamin ⟶

ein Epoxidharz

Ethylendiamin wird in der Zwei-Komponenten-Zubereitung, die man im Baumarkt oder in einem Bastelladen kaufen kann, gelegentlich als Härter bezeichnet; es ist im Übrigen auch die Komponente, die für den beißenden Geruch verantwortlich ist. Die gerade dargestellte Reaktion entspricht einer nukleophilen Ringöffnung des hochgespannten Epoxidrings (Abschn. 8.4.3).

Epoxidharze finden weite Anwendung als Klebstoffe und als isolierende Oberflächenbeschichtungen. Weil sie gute elektrische Isolatoren sind, werden sie auch zur Verkapselung von elektrischen und elektronischen Bausteinen verwendet – von Platinen mit integrierten Schaltkreisen über Spulen bis zu Isolatoren für Energieübertragungssysteme. Epoxidharze werden auch als Verbundstoffe mit anderen Materialien wie Papier, Metallfolien, Glasfasern und anderen synthetischen Fasern verwendet, um als Baugruppen für Düsenmaschinen, für Raketentriebwerke und vieles mehr zu dienen.

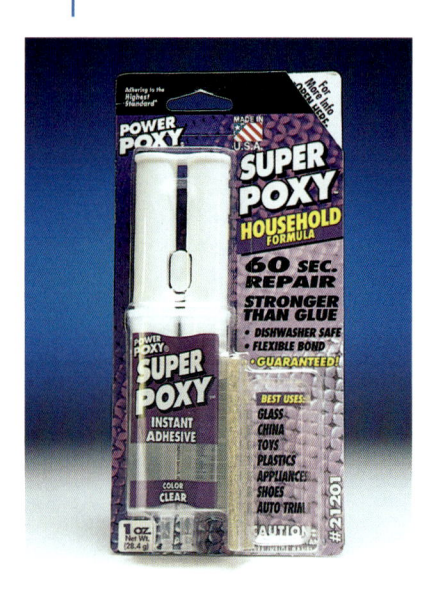

Ein Epoxidharz-Klebeset. [Quelle: © Charles D. Winters.]

Beispiel 16.2 Geben Sie einen Mechanismus für die Reaktion des Dinatriumsalzes von Bisphenol A mit Epichlorhydrin an.

Vorgehensweise
Sehen Sie sich den zuvor beschriebenen Mechanismus an: Die Elektronenflusspfeile verdeutlichen die Substitution eines Chloratoms am primären Kohlenstoffatom von Epichlorhydrin durch das Sauerstoffanion aus Bisphenol A. Das in Bisphenol A vorliegende Phenolat ist ein gutes Nukleophil und Chlorid ist eine gute Austrittsgruppe. Am primären Kohlenstoffatom von Epichlorhydrin ist zudem eine ungehinderte Substitution möglich.

Lösung
Die Reaktion läuft nach einem S_N2-Mechanismus ab.

Siehe Aufgabe 16.2.

16.5 Was ist eine Kettenpolymerisation?

Aus Sicht der chemischen Industrie ist die **Kettenpolymerisation** die wichtigste Reaktion der Alkene. In diesem Polymerisationstyp werden Monomere ohne den Verlust von Atomen miteinander verknüpft, entweder durch Addition an ein ungesättigtes Monomer oder an ein Monomer mit einer anderen reaktiven Gruppe. Ein Beispiel dafür ist die Bildung von Polyethen (Polyethylen) aus Ethen (Ethylen):

Exkurs: 16.A Nähte, die sich auflösen

Mit zunehmenden technischen Möglichkeiten in der Medizin nahm auch der Bedarf an synthetischen Materialien zu, die man im Körperinneren verwenden kann. Polymere haben viele Charakteristika idealer Biomaterialien: Sie sind leicht und stabil, je nach ihrer chemischen Struktur entweder inert oder bioabbaubar und besitzen physikalische Eigenschaften (Nachgiebigkeit, Starrheit, Elastizität), die leicht maßgeschneidert werden können, damit sie mit den Eigenschaften natürlicher Gewebe übereinstimmen. Polymere mit einem ausschließlich aus Kohlenstoff aufgebauten Rückgrat sind stabil gegenüber Abbaureaktionen und können daher zur Herstellung von dauerhaften Ersatzorganen oder -geweben genutzt werden.

Auch wenn die meisten medizinischen Anwendungen von polymeren Materialien Biostabilität erfordern, gibt es doch auch einige Fälle, in denen biologisch abbaubare Makromoleküle eingesetzt werden. Ein Beispiel ist die Verwendung von Glycolsäure/Milchsäure-Copolymeren als bioabbaubare Nahtmaterialien:

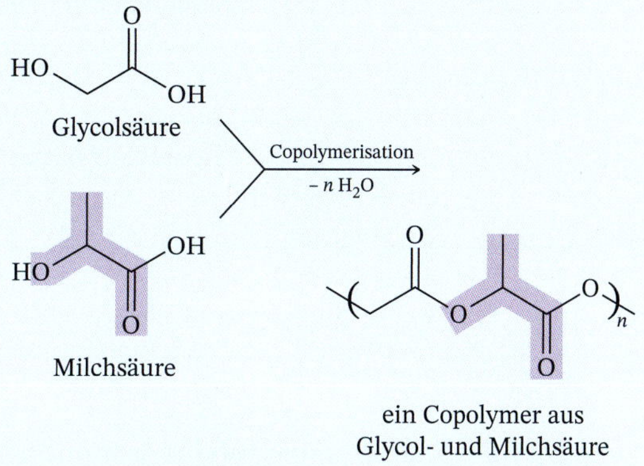

Traditionelle Nahtmaterialien wie Catgut müssen, nachdem sie ihren Zweck erfüllt haben, von einer medizinisch fachkundigen Person entfernt werden. Nähte aus den beschriebenen Hydroxyesterpolymeren werden hingegen langsam (d. h. innerhalb von etwa zwei Wochen) hydrolysiert. Wenn das Gewebe wieder vollständig zusammengewachsen ist, sind auch die Nähte vollständig abgebaut und das Nahtmaterial muss nicht entfernt werden. Die Glycol- und die Milchsäure, die bei der Hydrolyse der Nähte entstehen, werden metabolisiert und über die bestehenden biochemischen Stoffwechselwege ausgeschieden.

Aufgabe
Schlagen Sie einen Mechanismus für die Hydrolyse einer Wiederholeinheit des Copolymers aus Glycol- und Milchsäure vor.

$$n\,CH_2=CH_2 \xrightarrow{\text{Katalysator}} -(CH_2CH_2)_n-$$

Ethylen   Polyethylen

Der Mechanismus einer Kettenpolymerisation unterscheidet sich stark von dem einer Stufenwachstumspolymerisation. Bei einer Stufenwachstumspolymerisation sind die Enden aller Monomere und aller Polymerbausteine gleichermaßen reaktive funktionelle Gruppen, sodass die Bausteine in allen möglichen Kombinationen miteinander reagieren können, zum Beispiel Monomere mit Monomeren, Dimere mit Dimeren, Monomere mit Tetrameren und so weiter. Im Gegensatz dazu reagieren bei einer Kettenpolymerisation die als reaktive Intermediate vorliegenden Endgruppen *nur* mit Monomeren, wobei jeweils ein neues reaktives Intermediat entsteht. Die reaktiven Intermediate in Kettenpolymerisationen können Radikale, Carbanionen, Carbokationen oder metallorganische Komplexe sein.

Eine sehr große Zahl verschiedener Monomere kann Kettenpolymerisationen eingehen, beispielsweise Alkene, Alkine, Allene (Derivate von $CH_2=C=CH_2$, siehe Aufgabe 1.40) oder Isocyanate sowie cyclische Verbindungen wie Lactone, Lactame, Ether und Epoxide. Wir wollen uns auf die Kettenpolymerisation von Ethylen und von substituierten Ethylenen konzentrieren und uns damit beschäftigen, wie diese über radikal- und metallorganylvermittelte Mechanismen ablaufen können.

Tab. 16.1 Aus Ethylen und substituierten Ethylenen hergestellte Polymere.

Monomer	Trivialname	Polymername(n) und typische Anwendungen
$CH_2=CH_2$	Ethylen	Polyethylen, Polyethen, PE; bruchfeste Behälter und Verpackungsmaterialien
$CH_2=CHCH_3$	Propylen	Polypropylen, PP; Textil- und Teppichfasern
$CH_2=CHCl$	Vinylchlorid	Polyvinylchlorid, PVC; Rohre
$CH_2=CCl_2$	1,1-Dichlorethylen	Polyvinylidenchlorid, PVDC; Saran® ist ein Copolymer mit Vinylchlorid
$CH_2=CHCN$	Acrylnitril	Polyacrylnitril, Orlon®; Acrylfarben und Polyacrylfasern
$CF_2=CF_2$	Tetrafluorethylen	Polytetrafluorethylen, PTFE; Teflon®, Antihaftbeschichtungen
$CH_2=CHC_6H_5$	Styrol	Polystyrol, Styropor®; Isoliermaterialien
$CH_2=CHCOOCH_2CH_3$	Ethylacrylat	Polyethylacrylat; Dispersionsfarben
$CH_2=C(CH_3)COOCH_3$	Methylmethacrylat	Polymethylmethacrylat, PMMA, Plexiglas®; Glasersatzstoffe

Tabelle 16.1 zeigt einige wichtige aus Ethylen und substituierten Ethylenen hergestellte Polymere mit ihren Trivialnamen und wichtigsten Anwendungen.

16.5.1 Radikalkettenpolymerisation

Die ersten kommerziellen Polymerisationen von Ethylen wurden mit Radikalstartern durchgeführt, indem Radikale durch die thermische Zersetzung von organischen Peroxiden wie Dibenzoylperoxid (DBPO) freigesetzt wurden. Ein **Radikal** ist ein Molekül, das ein oder mehrere ungepaarte Elektronen enthält. Radikale entstehen durch die Spaltung einer Bindung, wenn jedem der Fragmente ein Elektron aus der gemeinsamen Bindung zugeschlagen wird. In der folgenden Reaktionsgleichung werden zur Verdeutlichung der Positionsänderung der einzelnen Elektronen **Einelektronenflusspfeile** verwendet, also Elektronenflusspfeile, die an der Spitze nur *einen* Haken aufweisen:

$$\text{Dibenzoylperoxid (DBPO)} \xrightarrow{\text{Hitze}} 2 \text{ Benzoylradikale} \xrightarrow[-2\,CO_2]{\text{spontan}} 2 \text{ Phenylradikale}$$

Die radikalische Polymerisation von Ethylen und von substituierten Ethylenen besteht aus drei Schritten: (1) Kettenstart, (2) Kettenwachstum (Kettenfortpflanzung) und (3) Kettenabbruch. Diese Schritte sind hier zunächst aufgeführt und werden dann der Reihe nach im Detail diskutiert.

Mechanismus: Die radikalische Polymerisation von Ethylen

1. Schritt: *Kettenstart*

Die Reaktion beginnt mit der Bildung von Radikalen aus nicht-radikalischen Verbindungen:

$$\text{In}-\text{In} \xrightarrow{\text{Hitze oder Licht}} 2 \text{ In} \cdot$$

In dieser Reaktionsgleichung steht In–In für einen Initiator, der beim Erhitzen oder Bestrahlen mit Strahlung einer geeigneten Wellenlänge in zwei Radikale (In·) gespalten wird.

2. Schritt: *Kettenfortpflanzung*

Ein Radikal reagiert mit einem nicht-radikalischen Molekül unter Bildung eines neuen Radikals.

3. Schritt: *Kettenabbruch*

Radikale reagieren anderweitig ab und stehen für das Kettenwachstum nicht mehr zur Verfügung. Der Kettenabbruch findet meist durch eine Radikalkupplung statt, also durch die Kombination zweier Radikale zu einem nicht-radikalischen Molekül:

In einem Kettenstart entstehen aus einer Verbindung, die nur gepaarte Elektronen enthält, Radikale. Im Fall einer durch Peroxide eingeleiteten Polymerisation von Alkenen besteht der Kettenstart (1) aus der beim Erhitzen stattfindenden Spaltung der

---

Exkurs: 16.B   Papier oder Plastik?

Jeder Liebhaber hochwertiger Musik weiß, dass die Qualität jeder Musikanlage in hohem Maß von dem verwendeten Lautsprechersystem abhängt. In Lautsprechern wird der Klang durch Bewegungen der Membran hervorgerufen, die dadurch die Luft in Schwingungen versetzt. Die meisten Lautsprechermembranen sind trichterförmig und wurden ursprünglich aus Papier hergestellt. Diese Papiermembranen sind billig, leicht, starr und weisen keine Eigenresonanz auf. Ein Nachteil ist aber ihre Empfindlichkeit gegenüber dem zerstörerischen Einfluss von Wasser oder Feuchtigkeit. Mit der Zeit werden die Papiermembranen daher geschwächt und die Klangtreue geht verloren. Viele heute hergestellte Lautsprechermembranen werden dagegen aus Polypropylen hergestellt, das ebenfalls billig, leicht, starr und ohne Eigenfrequenz ist. Darüber hinaus sind Polypropylenmembranen unempfindlich gegen Wasser und Feuchtigkeit und ihre Klangeigenschaften werden weniger von Hitze oder Kälte beeinflusst. Wegen ihrer Festigkeit reißen sie auch nicht so leicht wie die Papiermembranen. Sie halten länger, können weiter und schneller ausgelenkt werden und eignen sich deshalb besser für die Wiedergabe tiefer Bässe und hoher Diskanttöne.

Aufgabe

Papiermembranen bestehen hauptsächlich aus Cellulose, einem Polymer aus D-Glucose-Monomerbausteinen (Kap. 17). Was denken Sie – warum ist dieses Polymer wasserempfindlich, während Polypropylen gegen Feuchtigkeit unempfindlich ist?

[Quelle: © iStockphoto.]

O−O-Bindung eines Peroxids (RO−OR) unter Bildung zweier Alkoxyradikale und (2) der Reaktion eines Alkoxyradikals mit einem Alkenmolekül, wobei ein Alkylradikal entsteht. Im oben abgebildeten allgemeinen Mechanismus wird der Initiator mit In−In und das Radikal mit In· bezeichnet.

Die Struktur eines Kohlenstoffradikals ähnelt der Struktur der Alkyl-Carbokationen. Sie sind (zumindest nahezu) planar und besitzen um das Kohlenstoffatom mit dem ungepaarten Elektron Bindungswinkel von etwa 120°. Auch die relativen Stabilitäten der Alkylradikale entsprechen denen der Alkyl-Carbokationen – beide Verbindungstypen enthalten ein elektronenarmes Kohlenstoffatom.

Methyl < primär < sekundär < tertiär
zunehmende Stabilität der Alkylradikale →

Bei der Kettenfortpflanzung, die auch als Kettenwachstum bezeichnet wird, reagiert ein Radikal mit einem Molekül unter Bildung eines neuen Radikals. Das Kettenwachstum setzt sich immer weiter fort, wobei das in einer Reaktion gebildete Radikal in einer nächsten Reaktion mit einem Monomer zu einem neuen Radikal reagiert, immer wieder und wieder. Wie oft sich eine Kettenfortpflanzungsreaktion wiederholt, wird durch das Symbol n angegeben und als **Polymerisationsgrad** bezeichnet. Bei der Polymerisation von Ethylen findet das Kettenwachstum mit sehr großer Geschwindigkeit statt, oft mit bis zu tausend Additionen pro Sekunde, je nach den experimentellen Bedingungen.

In der Radikalpolymerisation von substituierten Ethylenen entsteht fast immer das stabilere (das höher substituierte) Radikal. Wegen dieser Präferenz bei der Addition des Radikals entstehen in der Polymerisation substituierter Ethylenmonomere vorzugsweise Polymere, in denen die Monomereinheiten so verknüpft sind, dass der Kopf (C-Atom 1) der einen Einheit an den Schwanz (C-Atom 2) der zweiten Einheit gebunden ist:

substituiertes Ethylenmonomer   Kopf-Schwanz-Verknüpfung

Prinzipiell könnte sich das Kettenwachstum fortsetzen, bis das gesamte Ausgangsmaterial umgesetzt ist. In der Realität geschieht dies nur so lange, bis sich zwei Radikalzentren treffen, miteinander reagieren und damit den Prozess beenden. In einer Kettenabbruchreaktion werden zwei Radikale verbraucht und stehen nicht mehr für die Kettenfortpflanzung zur Verfügung. So wie der Mechanismus der Radikalpolymerisation von substituierten Ethylenen formuliert wurde, findet ein Kettenabbruch statt, wenn zwei Radikale unter Bildung einer neuen kovalenten Kohlenstoff-Kohlenstoff-Bindung rekombinieren.

Im ersten kommerziellen Prozess zur Polymerisation von Ethylen wurden Peroxide bei Temperaturen von 500 °C und einem Druck von 1000 bar als Radikalstarter eingesetzt. Hierbei entstand ein weiches, robustes Polymer, das als **Polyethylen niedriger Dichte** (**PE-LD** oder **LDPE**; engl.: *low-density polyethylene*) bekannt ist und eine Dichte zwischen 0.91 und 0.94 g/cm^3 sowie eine Schmelztemperatur (T_m) von etwa 115 °C aufweist. Weil der Schmelzpunkt von PE-LD nur knapp oberhalb von 100 °C liegt, kann es nicht für Produkte verwendet werden, die mit siedendem Wasser in Kontakt kommen können. Die Ketten von PE-LD sind stark verzweigt.

Die Verzweigung der Ketten in PE-LD ist auf das sogenannte „*back-biting*" zurückzuführen, bei dem eine radikalische Endgruppe ein Wasserstoffatom vom fünftletzten Kohlenstoffatom (vom vier Positionen zurückliegenden C-Atom) übernimmt. Die Abstraktion dieses Wasserstoffatoms ist besonders einfach, weil der bei diesem Prozess durchlaufene Übergangszustand eine Struktur ähnlich der eines sesselförmigen Cyclohexanrings einnehmen kann. Dabei wird zudem ein wenig stabiles, primäres Radikal in ein stabileres, sekundäres Radikal überführt. Diese Nebenreaktion wird als **Kettenübertragung** bezeichnet, weil die Reaktivität der Endgruppe von einer Kette auf eine andere „übertragen" wird. Die sich anschließend an diesem neuen Radikalzentrum fortsetzende Polymerisation unter Einbau weiterer Monomerbausteine bildet eine Polymerkette, die eine aus vier C-Atomen bestehende Seitenkette enthält:

Die 1,5-Wasserstoffabstraktion findet über einen sechsgliedrigen Übergangszustand statt.

Etwa 65 % des PE-LD werden für die Herstellung von Folien verwendet, die über die in Abb. 16.5 dargestellte Blasformtechnik abläuft. PE-LD-Folien sind billig und stellen daher ideale Verpackungsmaterialien für Konsumartikel wie Backwaren, Gemüse und andere Waren dar; sie werden aber auch zur Herstellung von Abfallbeuteln verwendet.

16.5.2 Ziegler-Natta-Kettenpolymerisation

In den 1950er Jahren entwickelten Karl Ziegler aus Deutschland und Guilio Natta aus Italien eine alternative Methode zur Polymerisation von Alkenen, für die sie im Jahr 1963 gemeinsam mit dem Nobelpreis für Chemie geehrt wurden. Die zunächst eingesetzten Ziegler-Natta-Katalysatoren waren hochreaktive heterogene Materialien, die aus einem $MgCl_2$-Trägermaterial, einem Übergangsmetallhalogenid der 4. Gruppe (z. B. $TiCl_4$) und einer Alkylaluminiumkomponente, beispielsweise Diethylaluminiumchlorid, $Al(CH_2CH_3)_2Cl$ bestanden. Mit diesem Katalysatorsystem kann die Polymerisation von Ethen oder Propen bei 1–4 bar und Temperaturen von nur 60 °C durchgeführt werden.

Der aktive Katalysator in einer Ziegler-Natta-Polymerisation ist eine Alkyltitanverbindung, die sich durch eine auf der Oberfläche eines $MgCl_2/TiCl_4$-Teilchens stattfindende Reaktion von $Al(CH_2CH_3)_2Cl$ mit Titanhalogenid bildet. Diese Alkyltitanverbindung kann anschließend wiederholt Ethyleneinheiten in die Titan-Kohlenstoff-Bindung einfügen, wobei sich das Polyethylen bildet.

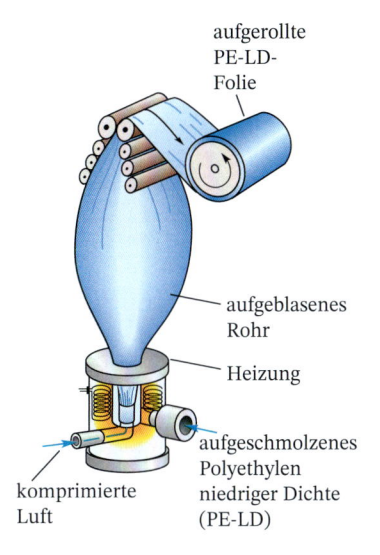

Abb. 16.5 Herstellung einer PE-LD-Folie. Ein geschmolzenes PE-LD-Rohr wird zusammen mit komprimierter Luft durch eine Öffnung gepresst und zu einer riesigen, dünnwandigen Blase expandiert. Die Folie wird abgekühlt und aufgerollt. Diese doppelwandige Folie kann an einer Seite aufgeschlitzt werden und ergibt dann eine PE-LD-Folie oder sie wird abschnittsweise schmelzversiegelt und liefert PE-LD-Plastiktüten.

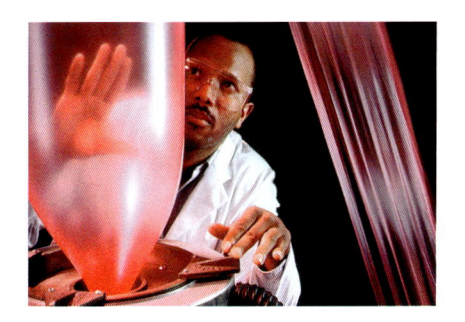

Polyethylenfolien werden hergestellt, indem man den geschmolzenen Kunststoff durch eine ringförmige Öffnung presst und die Folie zu einem Ballon aufbläst. [Quelle: © Brownie Harris/Getty Images.]

Mechanismus: Die Ziegler-Natta-Katalyse in der Ethylenpolymerisation

1. Schritt: *Bildung einer Ethyltitan-Einheit*

$$\text{Ti}-\text{Cl} + Al(CH_2CH_3)_2Cl \longrightarrow \text{Ti}-CH_2CH_3 + Al(CH_2CH_3)Cl_2$$

2. Schritt: *Insertion von Ethylen in die Titan-Kohlenstoff-Bindung*

$$\text{Ti}-\text{CH}_2\text{CH}_3 + \text{CH}_2=\text{CH}_2 \longrightarrow \text{Ti}-\text{CH}_2\text{CH}_2\text{CH}_2\text{CH}_3$$

Durch den wiederholten Einbau von CH_2CH_2-Einheiten wächst die Kette.

Typische Kosmetikartikel in Behältern aus PE-HD. [Quelle: © M. Bär.]

Weltweit werden jedes Jahr über 30 Millionen Tonnen Polyethylen mithilfe von Ziegler-Natta-Katalysatoren hergestellt. Polyethylen aus dem Ziegler-Natta-Verfahren wird als **Polyethylen hoher Dichte** (**PE-HD** oder **HDPE**; engl.: *high-density polyethylene*) bezeichnet; es weist eine höhere Dichte (0.96 g/cm^3) und eine höhere Schmelztemperatur (133 °C) als PE-LD (0.91 g/cm^3 bzw. 115 °C) auf, ist drei- bis zehnmal stabiler und nicht transparent, sondern undurchsichtig. Die zusätzliche Stabilität und die Lichtundurchlässigkeit sind auf das wesentlich geringere Ausmaß von Verzweigungen und die damit einhergehende höhere Kristallinität von PE-HD im Vergleich zu PE-LD zurückzuführen. Etwa 45 % des verwendeten PE-HD werden blasgeformt (Abb. 16.6).

Eine weitere Verbesserung der Eigenschaften von PE-HD kann man durch spezielle Herstellungstechniken erreichen. Im geschmolzenen Zustand liegen die PE-HD-Ketten in zufällig verknäulten Konformationen vor, ganz ähnlich wie ein Teller voller gekochter Spaghetti. Man konnte aber Extrusionstechniken entwickeln, durch die die einzelnen Polymerketten des PE-HD zu mehr oder weniger linearen Konformeren entwirrt werden. Diese linearen Ketten können sich aneinander lagern und hochkristalline Materialien bilden. In dieser Weise verarbeitetes PE-HD ist steifer als Stahl und besitzt eine viermal höhere Zugfestigkeit! Weil gleichzeitig die Dichte von Polyethylen (≈ 1.0 g/cm^3) wesentlich geringer ist als die von Stahl (8.0 g/cm^3), fallen die Vergleiche der Festigkeit und Steifigkeit noch günstiger aus, wenn man sie auf die jeweiligen Massen bezieht.

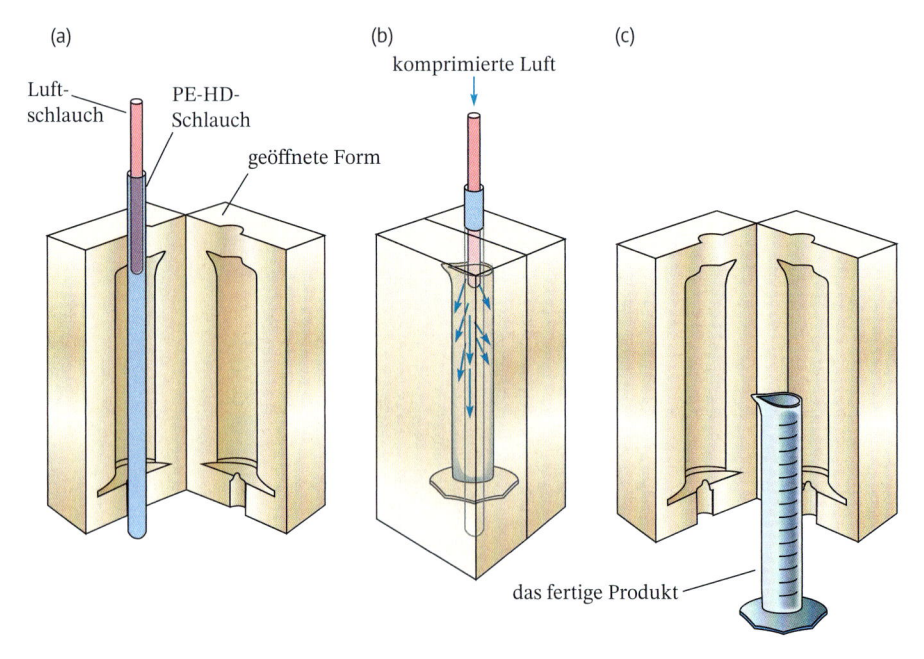

Abb. 16.6 Blasformung eines PE-HD-Gefäßes. (a) Ein kurzer PE-HD-Schlauch wird in einer geöffneten Form platziert; die Form wird geschlossen, wodurch das untere Ende des Schlauchs versiegelt wird. (b) Luft wird in die heiße Anordnung aus Form und Polyethylen gepresst, wobei der Schlauch aufgeblasen wird und sich der Form anpasst. (c) Nach dem Abkühlen wird die Form geöffnet und das Gefäß kann entnommen werden.

16.6 Welche Kunststoffe werden derzeit in großen Mengen wiederverwertet?

Unsere Gesellschaft hängt sehr von Kunststoffpolymeren ab. Langlebig und leicht wie sie sind, dürften Kunststoffe das vielseitigste synthetische Material sein; die Jahresproduktion beträgt derzeit weltweit etwa 380 Millionen Tonnen. Kunststoffe stehen aber auch in der Kritik, weil durch sie ungeheure Mengen an Abfall anfallen; sie machen bis zu 21 Volumen-% und 8 Gewichts-% des festen Abfalls aus, wobei das meiste auf Einwegverpackungen zurückzuführen ist. Weltweit werden etwa 2–8 % aller Kunststoffe recycelt, in Deutschland sind es immerhin etwa 16 %.

Wenn sich die meisten Kunststoffe aufgrund ihrer Langlebigkeit und ihrer chemischen Reaktionsträgheit ideal für eine Wiederverwertung eignen, warum werden sie dann nicht häufiger recycelt? Die Antwort auf diese Frage hat sehr viel mehr mit Wirtschaftlichkeit und Verbrauchergewohnheiten zu tun als mit technologischen Hemmnissen. Weil Sammelsysteme und zentrale Abgabestationen für wiederverwertbare Materialien weltweit noch nicht sehr verbreitet sind, wird immer noch lediglich ein sehr kleiner Anteil der Kunststoffe einer Aufbereitung zugeführt. Diese Beschränkungen und die Notwendigkeit, eine Abtrennung und Sortierung der Kunststoffe vorzunehmen, macht die Verwendung von zurückgewonnenen Kunstoffen in Herstellungsprozessen deutlich teurer als die Nutzung fabrikneu produzierter Materialien. Wegen des in den letzten Jahren in vielen Ländern aufkommenden Bewusstseins für die Umwelt hat sich eine erhöhte Nachfrage für aufbereitete Produkte entwickelt. Sobald sich die Hersteller an den Bedürfnissen dieses neuen Markts orientieren, wird sich die Wiederverwertung von Plastik möglicherweise genauso durchsetzen wie die von anderen Materialien wie Glas oder Aluminium.

Weltweit werden vor allem sechs Kunststoffsorten als Verpackungsmaterialien verwendet. 1988 wurde ein Recycling-Code eingeführt (Tab. 16.2), der von der *Society of Plastics Industry* (SPI) entwickelt wurde und der in Deutschland durch die Verpackungsverordnung verpflichtend für alle gängigen Kunststoffe zu verwenden ist. Weil die Kunststoffrecyclingindustrie bislang noch keine ausreichenden Kapazitäten aufgebaut hat, werden bislang nur PET und PE-HD in großen Mengen wiederverwertet. PE-LD, das ungefähr 40 % der Kunststoffabfälle ausmacht, wird nur in geringem Umfang recycelt. Anlagen für die Wiederaufbereitung von Polyvinylchlorid (PVC), Po-

Tab. 16.2 Recycling-Codes für Kunststoffe.

Recycling-Code	Polymer	Typische Anwendungen	Verwendung der aufbereiteten Kunststoffe
01 PET	Polyethylenterephthalat	Getränkeflaschen, Flaschen für Haushaltschemikalien, Folien, Textilfasern	Getränkeflaschen, Flaschen für Haushaltschemikalien, Folien, Textilfasern
02 PE-HD	Polyethylen hoher Dichte	Verpackungen, Plastiktüten, Plastikflaschen	Plastikflaschen, Plastikbehälter
03 PVC	Polyvinylchlorid	Shampooflaschen, Rohre, Duschvorhänge, Plastikpaneelen, Kabelisolierungen, Fußbodenplatten, Kreditkarten	Plastik-Fußbodenmatten
04 PE-LD	Polyethylen niedriger Dichte	Schrumpffolienverpackungen, Abfalltüten, Plastiktüten, Brotzeitbeutel, Quetschflaschen	Abfalltüten, Plastiktüten
05 PP	Polypropylen	Plastikdeckel, Textilfasern, Flaschendeckel, Spielzeuge, Außenhüllen von Windeln	Komponenten aus Kunststoffgemischen
06 PS	Polystyrol	Styroporbecher, Wegwerfartikel, Verpackungsmaterialien, Haushaltsgeräte	Formteile wie Tabletts, Lineale, Frisbees, Mülltonnen, Videokassetten
07 O	Alle anderen Kunststoffe und Kunststoffgemische	Verschiedene	Plastikpaneele, Spielplatzgeräte, Straßenreflektoren

lypropylen (PP) und Polystyrol (PS) existieren zwar, aber ebenfalls nur in geringem Umfang.

Die Vorgehensweise beim Recycling der meisten Kunststoffe ist relativ einfach, wobei die Abtrennung des gewünschten Kunststoffs von anderen Fremdstoffen der aufwändigste Schritt ist. So sind PET-Trinkflaschen üblicherweise mit einem Papieretikett sowie mit Klebstoff kontaminiert, die entfernt werden müssen, bevor das PET wiederverwertet werden kann. Der Recyclingprozess beginnt mit einer händisch oder maschinell durchgeführten Sortierung; anschließend werden die Flaschen in kleine Stücke geschreddert. Papier und andere Materialien mit geringer Dichte werden durch Windsichtung abgetrennt. Verbleibende Etiketten und Klebstoffe werden mit einem Spülmittel abgewaschen und die PET-Späne werden getrocknet. Das auf diese Weise produzierte PET enthält weniger als 0.1 % Fremdstoffe und wird zum halben Preis des fabrikneuen Materials verkauft. Leider können mit dieser Vorgehensweise keine Kunststoffe mit ähnlichen Dichten getrennt werden und auch Verbundmaterialien aus mehreren Kunststoffarten können auf diese Weise nicht in die reinen Komponenten aufgetrennt werden. Aufbereitete gemischte Kunststoffe können aber zu Plastikpaneelen geformt werden, die fest, haltbar und graffitibeständig sind.

Eine Alternative zu dem beschriebenen Prozess, der nur physikalische Methoden zur Trennung und Reinigung nutzt, ist die chemische Aufbereitung. Große Mengen von PET-Folienabfällen können durch Umesterung verwertet werden. Dabei wird der Abfall mit Methanol in Gegenwart eines Säurekatalysators behandelt, wobei Ethylenglykol und Terephthalsäuredimethylester entstehen. Diese Monomere können durch Destillation oder Umkristallisation gereinigt und als Ausgangsmaterialien für die Herstellung neuer PET-Folien genutzt werden.

Polyethylenterephthalat (PET) → Ethylenglykol + Terephthalsäuredimethylester

Zusammenfassung

16.1 Wie sind Polymere aufgebaut?

- In einer **Polymerisation** werden viele kleine **Monomere** verknüpft; dabei bilden sich große, hochmolekulare **Polymere**.
- **Polymere** sind langkettige Moleküle, die durch chemische Verknüpfung von Monomeren gebildet werden. Die Molmassen von Polymeren sind typischerweise sehr groß im Vergleich zu denen von normalen organischen Verbindungen; sie reichen von 10 000 g/mol bis zu mehr als 1 000 000 g/mol.
- **Thermoplaste** sind Polymere, die man schmelzen und in eine Form bringen kann, die sie beim Erkalten behalten.
- **Duroplaste** sind Polymere, denen man bei der Herstellung eine Form geben kann, die anschließend aber irreversibel aushärten; sie können nicht wieder aufgeschmolzen werden.

16.2 Wie werden Polymere benannt und wie kann man ihre Struktur darstellen?

- Die **Wiederholeinheit** ist der kleinste molekulare Baustein, der die Strukturmerkmale des Polymers enthält.
- Die Struktur eines Polymers gibt man an, indem man die Wiederholeinheit in Klammern setzt. Ein tiefgestelltes n rechts außerhalb der Klammer gibt an, dass die Wiederholeinheit n-mal vorliegt.

- Die Struktur der gesamten Polymerkette kann man darstellen, indem man die Wiederholeinheit in beiden Richtungen wiederholt anknüpft.
- Die übliche Methode zur Benennung von Polymeren ist, das Präfix **Poly-** vor den Namen des Monomers zu stellen, aus dem das Polymer synthetisiert wurde.

16.3 Welche Morphologie können Polymere haben und wie unterscheiden sich kristalline und amorphe Materialien?

- Die Eigenschaften von polymeren Materialien hängen von der Struktur der Wiederholeinheit, von der **Architektur der Kette** und der **Morphologie** der Polymere ab.
- Genauso wie kleinere organische Moleküle neigen auch Polymere dazu, beim Ausfällen oder Erstarren in einer sich abkühlenden Schmelze zu kristallisieren.
- Die enorme, ihre Diffusion verlangsamende Größe der Polymermoleküle und deren häufig komplizierte oder ungeordnete Struktur, die eine geordnete Packung ihrer Ketten erschwert, wirken der Kristallisationstendenz entgegen.
- Im festen Zustand enthalten Polymere oft sowohl **kristalline Bereiche** (Kristallite) als auch ungeordnete **amorphe Bereiche**.
- Die Temperatur, bei der amorphe Polymere von einem harten, starren Zustand in einen weichen, flexibleren Zustand übergehen, wird als **Glastemperatur (T_g)** bezeichnet.
- Mit zunehmender Kristallinität eines Polymers wird dieses immer lichtundurchlässiger, weil das Licht an den kristallinen Bereichen gestreut wird. Mit zunehmender Kristallinität werden die Polymere aber auch zugfester und steifer.
- Amorphe Bereiche besitzen keine oder nur eine geringe Fernordnung. Weil sie keine kristallinen Bereiche enthalten, die Licht streuen können, sind amorphe Polymere transparent. Darüber hinaus sind sie meist flexibel und mechanisch wenig belastbar.

16.4 Was ist eine Stufenwachstumspolymerisation?

- Eine **Stufenwachstumspolymerisation** besteht aus der schrittweisen Reaktion bifunktioneller Monomere.
- In den zwei häufigsten Typen von Stufenwachstumspolymerisationen findet (1) die Reaktion zwischen A—M—A und B—M—B-Monomeren unter Bildung von $+$A—M—A—B—M—B$+_n$-Polymeren und (2) die Selbstkondensation von A—M—B-Monomeren zu $+$A—M—B$+_n$-Polymeren statt.
- Wichtige kommerzielle Polymere, die durch Stufenwachstumspolymerisation hergestellt werden können, sind Polyamide, Polyester, Polycarbonate, Polyurethane und Epoxidharze.

16.5 Was ist eine Kettenpolymerisation?

- Eine **Kettenpolymerisation** verläuft über die sequentielle Addition einer reaktiven Polymerendgruppe an einen Monomerbaustein.
- Eine **Radikalkettenpolymerisation** besteht aus drei Schritten: Kettenstart, Kettenwachstum und Kettenabbruch.
- **Alkylradikale** sind planar (zumindest nahezu) und weisen um das Kohlenstoffatom mit dem ungepaarten Elektron Bindungswinkel von etwa 120° auf.
- Beim **Kettenstart** bilden sich Radikale aus nicht-radikalischen Verbindungen.
- In einer **Kettenfortpflanzungsreaktion** reagiert ein Radikal mit einem nicht-radikalischen Molekül unter Bildung eines neuen Radikals.
- Der **Polymerisationsgrad** gibt an, wie oft sich eine Kettenfortpflanzungsreaktion wiederholt.
- In einer **Kettenabbruchreaktion** reagieren Radikale anderweitig ab – meist in einer Radikalkupplung.

- In der **Ziegler-Natta-Kettenpolymerisation** wird eine Alkyltitanverbindung gebildet, die anschließend wiederholt Ethyleneinheiten in die Titan-Kohlenstoff-Bindung einfügen kann; dabei bildet sich die Polyethylenkette.

16.6 Welche Kunststoffe werden derzeit in großen Mengen wiederverwertet?
- Den sechs Arten von Kunststoffen, die üblicherweise als Verpackungsmaterialien verwendet werden, wurden Recycling-Codes von 01 bis 06 zugeordnet.
- Derzeit werden nur Polyethylenterephthalat (01, PET) und Polyethylen hoher Dichte (02, PE-HD) in großen Mengen wiederverwertet.

Wichtige Reaktionen

1. **Die Stufenwachstumspolymerisation einer Dicarbonsäure und eines Diamins ergibt ein Polyamid (Abschn. 16.4.1)**
   In diesen Reaktionsgleichungen stehen M und M′ für die verbleibenden Reste der jeweiligen Monomereinheiten:

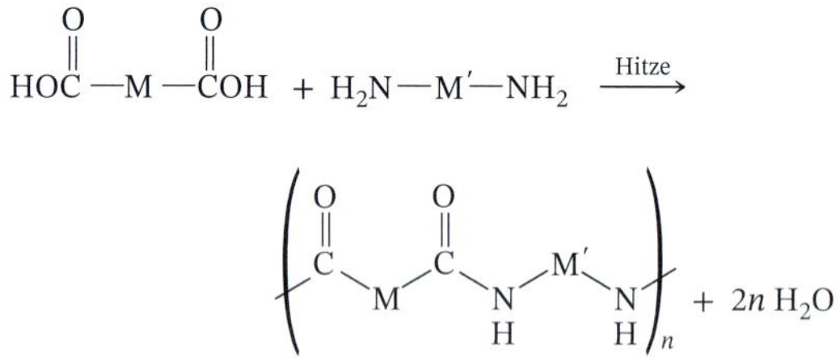

   $$\text{HOC(O)-M-C(O)OH} + \text{H}_2\text{N-M'-NH}_2 \xrightarrow{\text{Hitze}}$$

   $$\left(\underset{\text{M}}{\text{C(O)}} \underset{\text{M}}{\text{C(O)}} \text{N(H)-M'-N(H)} \right)_n + 2n\,\text{H}_2\text{O}$$

2. **Die Stufenwachstumspolymerisation einer Dicarbonsäure und eines Diols ergibt einen Polyester (Abschn. 16.4.2)**

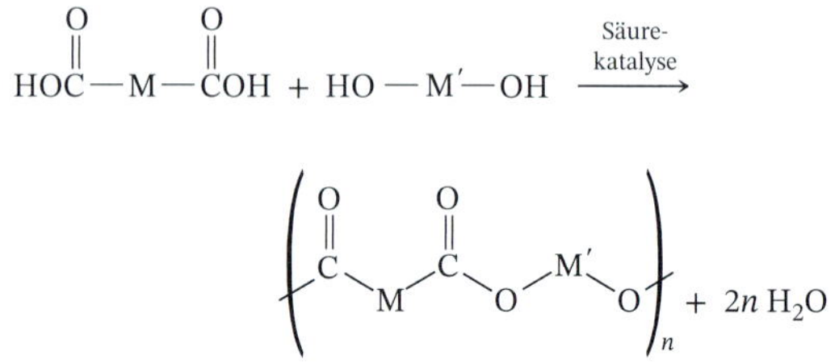

   $$\text{HOC(O)-M-C(O)OH} + \text{HO-M'-OH} \xrightarrow{\text{Säurekatalyse}}$$

   $$\left(\text{C(O)-M-C(O)-O-M'-O} \right)_n + 2n\,\text{H}_2\text{O}$$

3. **Die Stufenwachstumspolymerisation von Phosgen und einem Diol ergibt ein Polycarbonat (Abschn. 16.4.3)**

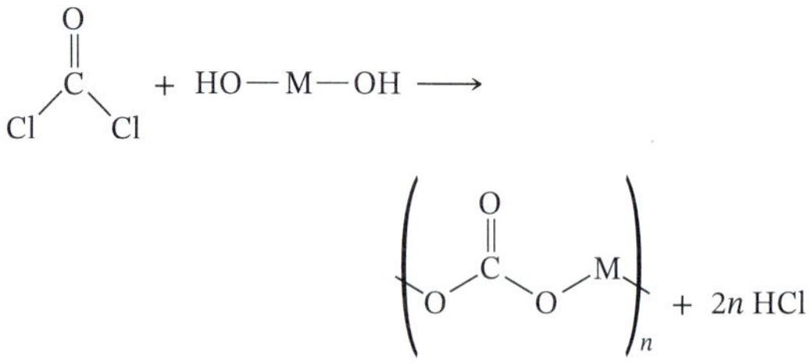

   $$\text{Cl-C(O)-Cl} + \text{HO-M-OH} \longrightarrow$$

   $$\left(\text{O-C(O)-O-M} \right)_n + 2n\,\text{HCl}$$

4. **Die Stufenwachstumspolymerisation eines Diisocyanats und eines Diols ergibt ein Polyurethan (Abschn. 16.4.4)**

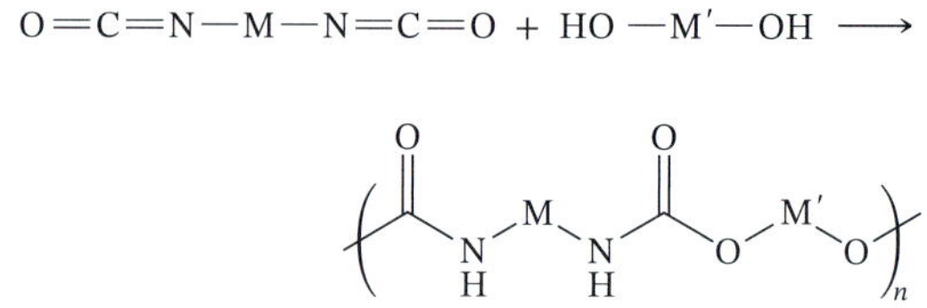

   $$\text{O=C=N-M-N=C=O} + \text{HO-M'-OH} \longrightarrow$$

   $$\left(\text{C(O)-N(H)-M-N(H)-C(O)-O-M'-O} \right)_n$$

5. **Die Stufenwachstumspolymerisation eines Diepoxids und eines Diamins ergibt ein Epoxidharz (Abschn. 16.4.5)**

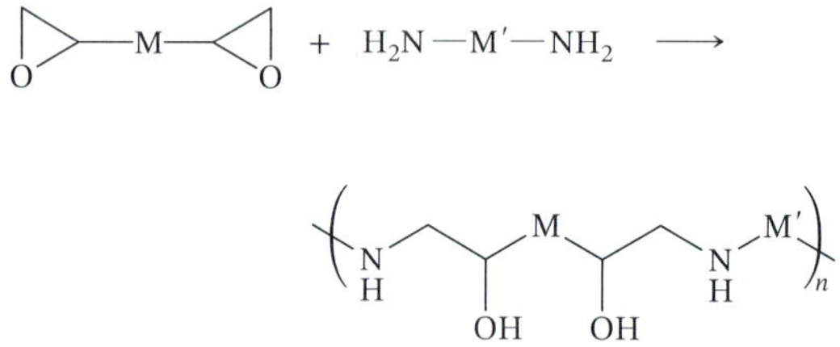

   $$\text{(epoxid)-M-(epoxid)} + \text{H}_2\text{N-M'-NH}_2 \longrightarrow$$

   $$\left(\text{N(H)-CH}_2\text{-CH(OH)-M-CH(OH)-CH}_2\text{-N(H)-M'} \right)_n$$

6. **Die Radikalkettenpolymerisation von Ethylen und substituierten Ethylenen (Abschn. 16.5.1)**

   $$n\,\text{CH}_2\text{=CHCOOCH}_3 \xrightarrow[\text{Hitze}]{\text{Peroxid}} -(\text{CH}_2\text{CH(COOCH}_3))_n-$$

7. **Die Ziegler-Natta-Kettenpolymerisation von Ethylen und substituierten Ethylenen (Abschn. 16.5.2)**

   $$n\,\text{CH}_2\text{=CHCH}_3 \xrightarrow[\text{MgCl}_2]{\text{TiCl}_4/\text{Al(C}_2\text{H}_5)_2\text{Cl}} -(\text{CH}_2\text{CH(CH}_3))_n-$$

Quiz

Sind die folgenden Aussagen richtig oder falsch? Hier können Sie testen, ob Sie die wichtigsten Fakten aus diesem Kapitel parat haben. Wenn Sie mit einer der Fragestellungen Probleme haben, sollten Sie den jeweiligen in Klammern angegebenen Abschnitt in diesem Kapitel noch einmal durcharbeiten, bevor Sie sich an die weiteren, meist etwas schwierigeren Aufgaben zu diesem Kapitel machen.

1. An einer Kettenpolymerisation sind Radikale beteiligt (16.5).
2. Duroplaste können nicht wieder aufgeschmolzen werden (16.1).
3. Kettenübertragung kann zu Verzweigungen in Polymeren führen (16.5).
4. Polymere mit niedriger Glastemperatur verhalten sich wie Elastomere (16.3).
5. Für hochkristalline Polymere lässt sich eine Glastemperatur angeben (16.3).
6. Polymere kann man nach der Monomereinheit benennen, aus der sie aufgebaut sind (16.2).
7. Nur Verbindungen, die zwei oder mehr funktionelle Gruppen enthalten, können eine Stufenwachstumspolymerisation eingehen (16.4).
8. Der Kettenfortpflanzungsschritt im Mechanismus einer Radikalkettenpolymerisation ist die Reaktion eines Radikals mit einem anderen Radikal (16.5).
9. Ein Radikal ist eine Verbindung mit einem ungepaarten Elektron und einer positiven Ladung (16.5).
10. Die Bezeichnung *Kunststoff* kann man für alle Polymere verwenden (16.1).
11. Der Mechanismus einer Radikalkettenreaktion besteht aus drei Schritten (16.5).
12. Die Fasern eines Polymers werden durch Wasserstoffbrücken normalerweise geschwächt (16.4).
13. Ein sekundäres Radikal ist stabiler als ein tertiäres Radikal (16.5).
14. In einer Ziegler-Natta-Polymerisation wird ein Titankatalysator eingesetzt (16.5).

Ausführliche Erklärungen zu vielen dieser Antworten finden sich im Arbeitsbuch.

Antworten: (1) R (2) R (3) R (4) R (5) F (6) R (7) R (8) F (9) F (10) F (11) R (12) F (13) F (14) R

Aufgaben

Struktur von Polymeren

16.1 Identifizieren Sie in der folgenden Struktur die Wiederholeinheit des Polymers. Zeichnen Sie die Struktur in der vereinfachten Notation mit einer Klammer um die Wiederholeinheit und benennen Sie das Polymer. (Siehe Beispielaufgabe 16.1)

Stufenwachstumspolymerisation

16.2 Geben Sie die Wiederholeinheit des Epoxidharzes an, das in der folgenden Reaktion entsteht. (Siehe Beispielaufgabe 16.2)

ein Diepoxid   ein Diamin

16.3 Welche Monomere werden für die Synthese der folgenden Stufenwachstumspolymere benötigt?

(a) Kodel® (ein Polyester)

(b) Quiana® (ein Polyamid)

(c)

(d)

16.4 Polyethylenterephthalat (PET) kann über die folgende Reaktion hergestellt werden:

n CH$_3$OC-C$_6$H$_4$-COCH$_3$ + n HOCH$_2$CH$_2$OH $\xrightarrow{275\,°C}$

Terephthalsäuredimethylester   Ethylenglykol

Polyethylenterephthalat   Methanol

+ $2n$ CH$_3$OH

Schlagen Sie einen Mechanismus für die Stufenwachstumsreaktion in dieser Polymerisation vor.

16.5 Derzeit werden etwa 30 % der PET-Getränkeflaschen wiederverwertet. In einem Recyclingprozess werden PET-Schnitzel mit Methanol in Gegenwart eines Säurekatalysators erhitzt. Das Methanol reagiert mit dem Polymer und setzt Ethylenglykol und Terephthalsäuredimethylester frei, die dann als Ausgangsmaterial für die Herstellung neuer PET-Produkte verwendet werden. Formulieren Sie eine Reaktionsgleichung für die Umsetzung von PET und Methanol zu Ethylenglykol und Terephthalsäuredimethylester.

16.6 Nylon-6,10 (Aufgabe 16.3d) kann durch Reaktion eines Diamins mit einem Disäuredichlorid hergestellt werden. Zeichnen Sie Strukturformeln der beiden Monomere.

Kettenpolymerisation

16.7 Im Folgenden ist die Strukturformel eines aus drei Propyleneinheiten bestehenden Ausschnitts von Polypropylen abgebildet.

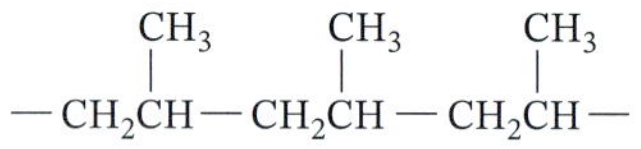

$$-CH_2CH-CH_2CH-CH_2CH-$$
$$\quad\ |\qquad\quad\ |\qquad\quad\ |$$
$$\ CH_3\quad\ CH_3\quad\ CH_3$$

Polypropylen

Zeichnen Sie Strukturformeln entsprechender Abschnitte der folgenden Polymere:
(a) Polyvinylchlorid
(b) Polytetrafluorethylen (PTFE)
(c) Polymethylmethacrylat

16.8 Im Folgenden sind Strukturformeln von zwei Polymerabschnitten abgebildet. (Siehe Beispielaufgabe 16.1)

(a)
$$-CH_2CCH_2CCH_2C-$$
mit Cl-Substituenten

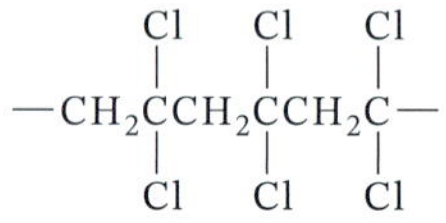

(b)
$$-CH_2CCH_2CCH_2C-$$
mit F-Substituenten

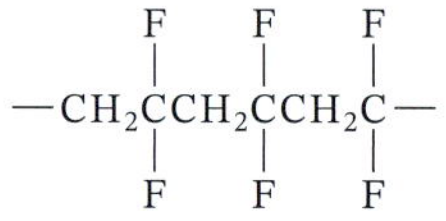

Welches Alken-Monomer liegt diesen Polymeren jeweils zugrunde?

16.9 Die Polymerisation von Vinylacetat ergibt Polyvinylacetat. Hydrolyse dieses Polymers mit wässrigem Natriumhydroxid ergibt Polyvinylalkohol. Zeichnen Sie die Wiederholeinheiten von Polyvinylacetat und Polyvinylalkohol.

Vinylacetat $CH_3-\overset{O}{\overset{\|}{C}}-O-CH=CH_2$

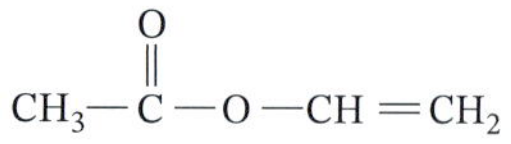

16.10 Wie in Aufgabe 16.9 beschrieben, wird Polyvinylalkohol durch Polymerisation von Vinylacetat und nachfolgende Hydrolyse mit wässrigem Natriumhydroxid hergestellt. Warum ist Polyvinylalkohol nicht stattdessen durch Polymerisation von Vinylalkohol (CH_2=CHOH) zugänglich?

Ausblick

16.11 Cellulose, der wesentliche Bestandteil von Baumwolle, ist ein Polymer der D-Glucose, in dem sich die Monomereinheit über die markierten Atome wiederholt.

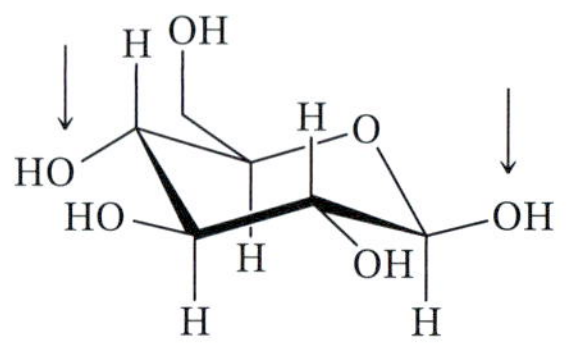

D-Glucose

Zeichnen Sie einen aus drei Einheiten bestehenden Ausschnitt aus Cellulose.

16.12 Proteine sind Polymere natürlich vorkommender Monomere, der sogenannten Aminosäuren:

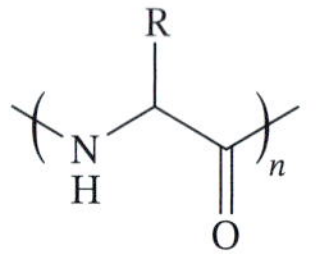

ein Protein

Unterschiedliche Aminosäuren unterscheiden sich in der Art der Reste R. Erklären Sie, wie sich die folgenden Eigenschaften eines Proteins ändern könnten, wenn entweder $-CH_2CH(CH_3)_2$ oder $-CH_2OH$ als Reste vorliegen.
(a) Wasserlöslichkeit
(b) Schmelzpunkt
(c) Kristallinität
(d) Elastizität

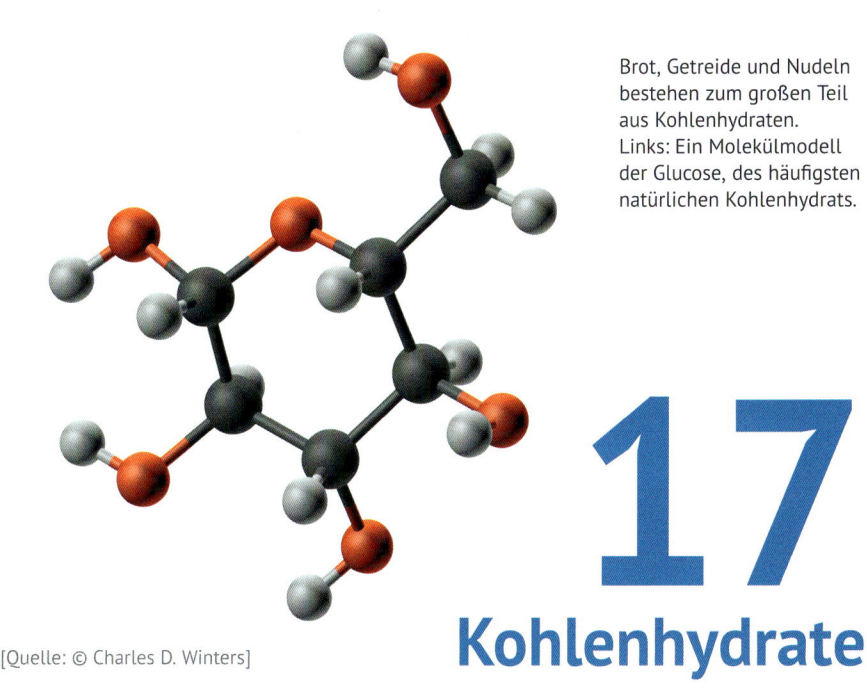

Brot, Getreide und Nudeln bestehen zum großen Teil aus Kohlenhydraten. Links: Ein Molekülmodell der Glucose, des häufigsten natürlichen Kohlenhydrats.

[Quelle: © Charles D. Winters]

17
Kohlenhydrate

Inhalt
17.1 Was sind Kohlenhydrate?
17.2 Was sind Monosaccharide?
17.3 Wie bilden Monosaccharide cyclische Strukturen?
17.4 Was sind die charakteristischen Reaktionen der Monosaccharide?
17.5 Was sind Disaccharide und Oligosaccharide?
17.6 Was sind Polysaccharide?

Gewusst wie
17.1 Wie man in cyclischen D-Monosacchariden die Stereochemie von OH-Gruppen bestimmt
17.2 Wie man feststellt, ob ein reduzierender Zucker vorliegt

Exkurse
17.A Die Süßkraft von Kohlenhydraten und künstlichen Süßstoffen
17.B A, B, AB und 0 – die molekulare Grundlage der Blutgruppen

17.1 Was sind Kohlenhydrate?

Kohlenhydrate sind die häufigsten Verbindungen in der Pflanzenwelt. Sie dienen als chemische Energiespeicher (Glucose, Stärke, Glykogen), als strukturgebende Komponenten in Pflanzen (Cellulose), als Panzer von Krustentieren und Insekten (Chitin), als Bindegewebe in Tieren (saure Polysaccharide) und sie sind maßgebliche Komponenten der DNA und der RNA (2-Desoxy-D-Ribose bzw. D-Ribose). Kohlenhydrate machen etwa drei Viertel der pflanzlichen Trockenmasse aus. Tiere (und Menschen) nehmen die notwendigen Kohlenhydrate mit der pflanzlichen Nahrung auf, wobei sie nicht viel von den aufgenommenen Kohlenhydraten speichern – weniger als 1 % der Körpermasse von Tieren entfällt auf Kohlenhydrate.

Das Wort *Kohlenhydrate* bedeutet wörtlich „Hydrate des Kohlenstoffs" und leitet sich von der allgemeinen Formel $C_n(H_2O)_m$ ab. Zwei Beispiele für typische Kohlenhydrate, deren Summenformeln man auch als Hydrate von Kohlenstoff ausdrücken kann, sind

- Glucose (Traubenzucker), $C_6H_{12}O_6$, auch als $C_6(H_2O)_6$ darstellbar,
- Saccharose (Haushaltszucker), $C_{12}H_{22}O_{11}$, auch als $C_{12}(H_2O)_{11}$ darstellbar.

Allerdings folgen nicht alle Kohlenhydrate dieser allgemeinen Summenformel. Einige enthalten weniger Sauerstoffatome, als diese Summenformel angibt, andere mehr, und wieder andere enthalten darüber hinaus auch Stickstoff. Dennoch ist der Begriff *Kohlenhydrate* in der chemischen Nomenklatur ebenso fest verankert wie im Alltags-

Angabe des Kohlenhydratanteils in der Nährwertkennzeichnung eines Nahrungsmittels. [Quelle: © M. Bär.]

Einführung in die Organische Chemie, Erste Auflage. William H. Brown und Thomas Poon.
© 2021 WILEY-VCH GmbH. Published 2021 by WILEY-VCH GmbH.

leben und auch wenn er sich als nicht ganz korrekt erwies, blieb er dennoch als Name für diese Stoffklasse bestehen.

Die meisten **Kohlenhydrate** sind Polyhydroxyaldehyde oder Polyhydroxyketone oder Verbindungen, die nach Hydrolyse eine dieser Verbindungsklassen ergeben. Die Chemie der Kohlenhydrate wird daher wesentlich durch die Chemie der Hydroxy- und der Carbonylgruppen bestimmt, sowie durch die der Acetale (Abschn. 12.6.1), die aus diesen funktionellen Gruppen entstehen können.

17.2 Was sind Monosaccharide?

17.2.1 Struktur und Nomenklatur

Monosaccharide haben die allgemeine Summenformel $C_nH_{2n}O_m$, wobei eines der Kohlenstoffatome Bestandteil einer Aldehyd- oder Keton-Carbonylgruppe ist. Monosaccharide lassen sich nicht durch Hydrolyse in einfachere Verbindungen überführen. Die häufigsten Monosaccharide enthalten zwischen drei und neun C-Atome. Das Suffix -*ose* gibt an, dass es sich bei der Verbindung um ein Kohlenhydrat handelt. Die Präfixe *Tri-*, *Tetr-*, *Pent-* usw. geben an, wieviel Kohlenstoffatome in der Kette vorliegen. Monosaccharide, die eine Aldehydgruppe enthalten, werden als **Aldosen** bezeichnet, jene mit einer Ketogruppe werden als **Ketosen** klassifiziert.

Es gibt nur zwei **Triosen** – Glycerinaldehyd, eine Aldotriose, und Dihydroxyaceton, eine Ketotriose:

„Aldotriose" gibt an, dass es sich um einen Aldehyd (Aldo) mit drei Kohlenstoffen (tri) und um ein Kohlenhydrat (ose) handelt.

$$\begin{array}{c} CHO \\ | \\ CHOH \\ | \\ CH_2OH \end{array}$$

Glycerinaldehyd
(eine Aldotriose)

$$\begin{array}{c} CH_2OH \\ | \\ C=O \\ | \\ CH_2OH \end{array}$$

Dihydroxyaceton
(eine Ketotriose)

„Ketotriose" gibt an, dass es sich um ein Keton (Keto) mit drei Kohlenstoffen (tri) und um ein Kohlenhydrat (ose) handelt.

Oft lässt man die Bezeichnungen *Aldo-* und *Keto-* weg und nennt die Verbindungen einfach Triosen, **Tetrosen** usw. Obwohl durch diese Kurzformen die Art der Carbonylgruppe nicht beschrieben wird, kann man aus ihnen zumindest ablesen, wie viele C-Atome das Monosaccharid enthält.

17.2.2 Stereochemie

Glycerinaldehyd enthält ein Stereozentrum und kann daher in zwei enantiomeren Formen vorliegen. Das links abgebildete Stereoisomer ist *R*-konfiguriert und wird als (*R*)-Glycerinaldehyd bezeichnet; das Enantiomer auf der rechten Seite ist (*S*)-Glycerinaldehyd:

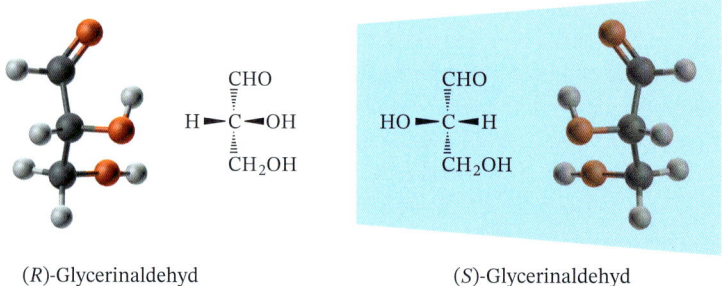

(*R*)-Glycerinaldehyd

(*S*)-Glycerinaldehyd

17.2.3 Die Fischer-Projektion

In der Kohlenhydratchemie verwendet man zur Darstellung der Konfiguration eines Stereozentrums häufig zweidimensionale Formeln, die man als **Fischer-Projektionen** bezeichnet. Um eine Fischer-Projektion zu zeichnen, zeichnet man die Verbindung zunächst als dreidimensionale Darstellung mit dem am höchsten oxidierten Kohlenstoffatom oben und der sich nach unten fortsetzenden Kohlenstoffkette. Dabei wird das Molekül so angeordnet, dass die horizontal vom Stereozentrum ausgehenden Bindungen nach vorne zum Beobachter ragen und die vertikalen Bindungen nach hinten. Diese Darstellung wird nun in ein zweidimensionales Bild überführt, in dem das Stereozentrum durch einen Kreuzungspunkt dargestellt wird, an dem sich die Bindungslinien schneiden. Die sich so ergebende Darstellung ist die Fischer-Projektion.

Horizontale Linien entsprechen gekeilten Bindungen.

CHO
H—C—OH
CH$_2$OH

Überführung in die Fischer-Projektion →

CHO
H—|—OH
CH$_2$OH

(R)-Glycerinaldehyd
(dreidimensionale Darstellung)

Vertikale Linien entsprechen gestrichelten Bindungen.

(R)-Glycerinaldehyd
(Fischer-Projektion)

Die zwei horizontalen Linien in der Fischer-Projektion stellen Bindungen dar, die vom Stereozentrum in Richtung des Betrachters zeigen; vertikale Linien sind nach hinten weisende Bindungen. Nur das Stereozentrum liegt in der Papierebene.

17.2.4 D- und L-Monosaccharide

Auch wenn das *R/S*-System heutzutage als akzeptierte Standardmethode für die Beschreibung der Konfiguration eines Stereozentrums gilt, wird die Konfiguration von Kohlenhydraten auch heute noch häufiger mit dem D/L-System angegeben, das 1891 von Emil Fischer eingeführt wurde. Er wies den rechts- (lat.: *dextrus*, rechts) bzw. linksdrehenden (lat.: *laevus*, links) Enantiomeren des Glycerinaldehyds die folgenden Konfigurationen zu und bezeichnete sie als D-Glycerinaldehyd bzw. L-Glycerinaldehyd:

CHO
H—|—OH
CH$_2$OH

D-Glycerinaldehyd
$[\alpha]_D^{25} = +13.5$

CHO
HO—|—H
CH$_2$OH

L-Glycerinaldehyd
$[\alpha]_D^{25} = -13.5$

D-Glycerinaldehyd und L-Glycerinaldehyd dienen als Referenzverbindungen für die Zuordnung der relativen Konfigurationen aller anderen Aldosen und Ketosen. Das Referenz-Kohlenstoffatom ist das Stereozentrum, das am weitesten von der Carbonylgruppe entfernt ist. Dieses Stereozentrum ist das vorletzte Kohlenstoffatom der Kohlenstoffkette. Ein **D-Monosaccharid** ist ein Monosaccharid, das an diesem C-Atom dieselbe Konfiguration wie D-Glycerinaldehyd besitzt, in dem die OH-Gruppe am vorletzten C-Atom in der Fischer-Projektion also nach rechts zeigt. Ein **L-Monosaccharid** besitzt am vorletzten C-Atom dieselbe Konfiguration wie L-Glycerinaldehyd; die hier gebundene OH-Gruppe weist in der Fischer-Projektion nach links. Nahezu alle Monosaccharide in der belebten Welt gehören zur D-Reihe, die meisten davon sind **Hexosen** und **Pentosen**.

Tab. 17.1 Konfigurationsstammbaum der isomeren D-Aldotetrosen, D-Aldopentosen und D-Aldohexosen.

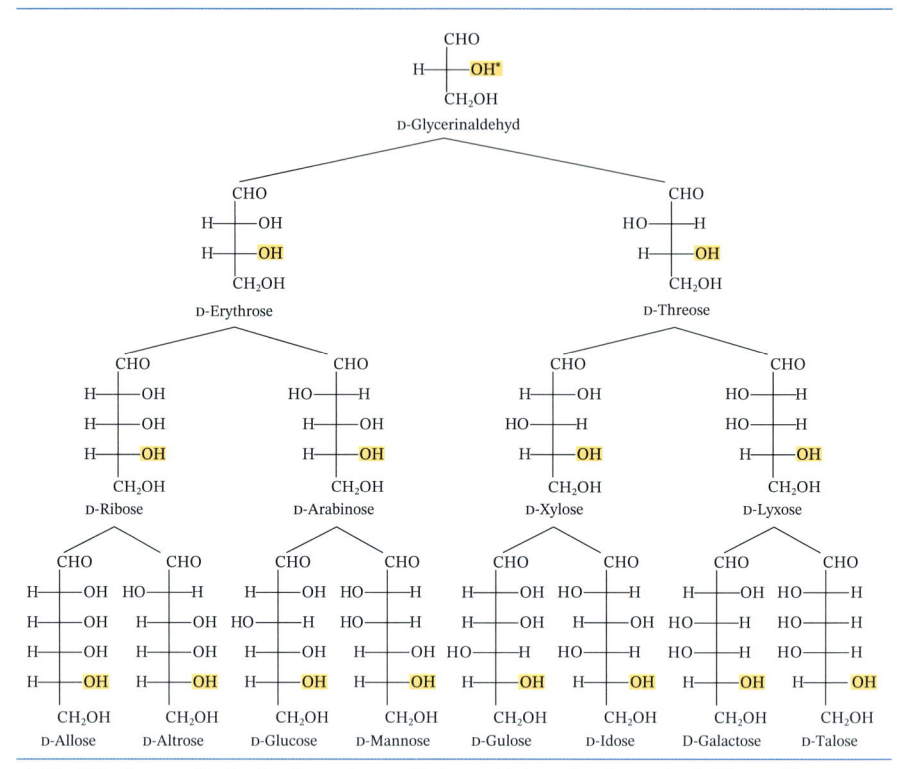

[Fischer-Projektionen der D-Aldosen: D-Glycerinaldehyd → D-Erythrose, D-Threose → D-Ribose, D-Arabinose, D-Xylose, D-Lyxose → D-Allose, D-Altrose, D-Glucose, D-Mannose, D-Gulose, D-Idose, D-Galactose, D-Talose]

a) Die OH-Gruppe, die die Konfiguration am Referenz-C-Atom bestimmt, ist farbig markiert.

Tabelle 17.1 zeigt die Namen und Fischer-Projektionen aller D-Aldotriosen, -tetrosen, -pentosen und -hexosen. Jeder Name besteht aus drei Teilen. Der Deskriptor D- gibt die Konfiguration des Stereozentrums an, das am weitesten von der Carbonylgruppe entfernt ist. Präfixe wie *Rib-*, *Arabin-*, *Gluc-* beschreiben die relative Konfiguration aller anderen Stereozentren. Durch das Suffix *-ose* wird angegeben, dass es sich um ein Kohlenhydrat handelt.

Die drei häufigsten Hexosen in der biologischen Welt sind D-Glucose, D-Galactose und D-Fructose. Bei den ersten beiden handelt es sich um D-Aldohexosen; die dritte, Fructose, ist eine D-2-Ketohexose. Die Glucose, das bei weitem häufigste Kohlenhydrat, wird auch als Dextrose bezeichnet, weil sie rechtsdrehend ist (eine Tatsache, die sich *nicht* daraus ableiten lässt, dass es sich um ein D-Monosaccharid handelt!). Andere gängige Namen für dieses Kohlenhydrat sind *Traubenzucker* oder *Blutzucker*. Menschliches Blut enthält normalerweise 65–110 mg Glucose/100 mL Blut.

D-Fructose ist einer der beiden Monosaccharid-Bausteine, aus denen Saccharose (Haushaltszucker, Abschn. 17.5) aufgebaut ist.

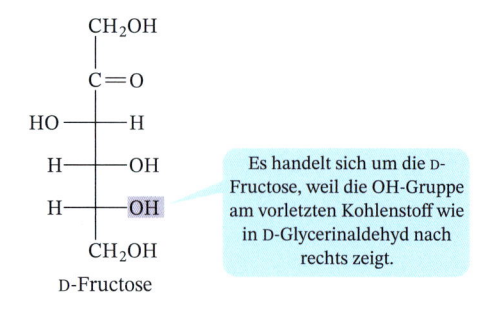

[Fischer-Projektion D-Fructose]

Es handelt sich um die D-Fructose, weil die OH-Gruppe am vorletzten Kohlenstoff wie in D-Glycerinaldehyd nach rechts zeigt.

Beispiel 17.1

(a) Zeichnen Sie die Fischer-Projektionen der vier Aldotetrosen.
(b) Welche der vier Aldotetrosen sind D-Monosaccharide, welche sind L-Monosaccharide und welche sind zueinander enantiomer?
(c) Benennen Sie jede dieser Aldotetrosen unter Zuhilfenahme von Tab. 17.1.

Vorgehensweise

Beginnen Sie mit der Fischer-Projektion von Glycerinaldehyd (einer Triose) und fügen Sie der Kette ein weiteres Kohlenstoffatom zu, sodass sich eine Tetrose ergibt. Das erste C-Atom einer Aldotetrose ist wie in Glycerinaldehyd Teil einer Aldehydfunktion; das vierte C-Atom ist Teil einer CH$_2$OH-Gruppe. Die Deskriptoren D- und L- beschreiben die Konfiguration am vorletzten C-Atom, in einer Tetrose also an C-3. In der Fischer-Projektion einer D-Aldotetrose weist die OH-Gruppe an C-3 nach rechts, in einer L-Aldotetrose zeigt sie nach links.

Lösung

Im Folgenden sind die Fischer-Projektionen der vier Aldotetrosen abgebildet:

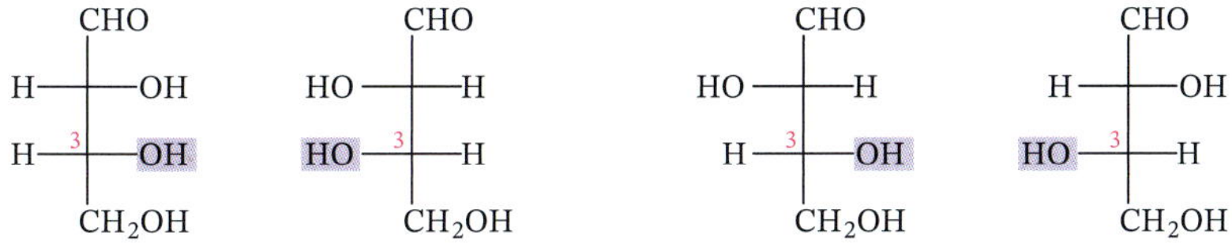

CHO	CHO	CHO	CHO
H—|—OH	HO—|—H	HO—|—H	H—|—OH
H—|—OH	HO—|—H	H—|—OH	HO—|—H
CH$_2$OH	CH$_2$OH	CH$_2$OH	CH$_2$OH
D-Erythrose	L-Erythrose	D-Threose	L-Threose
(ein Enantiomerenpaar)		(ein zweites Enantiomerenpaar)	

Siehe Aufgaben 17.1 und 17.7.

17.2.5 Aminozucker

Aminozucker enthalten eine NH$_2$-Gruppe anstelle einer OH-Gruppe. Nur drei Aminozucker kommen in der Natur häufig vor: D-Glucosamin, D-Mannosamin und D-Galactosamin. *N*-Acetyl-D-glucosamin, ein Derivat des D-Glucosamins, ist Bestandteil vieler Polysaccharide, unter anderem in Bindegeweben wie dem Knorpelgewebe. Es ist darüber hinaus auch Bestandteil des Chitins, das den harten, schalenförmigen Panzer von Hummern, Krabben, Krebsen und anderen Schalentieren sowie von Insekten und Spinnentieren bildet. Zahlreiche andere Aminozucker sind Bestandteile von antibiotisch wirkenden Naturstoffen.

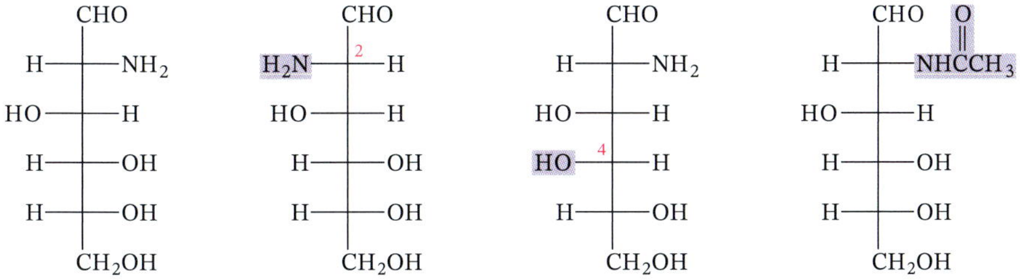

D-Glucosamin

D-Mannosamin (C-2-Stereoisomer von D-Glucosamin)

D-Galactosamin (C-4-Stereoisomer von D-Glucosamin)

N-Acetyl-D-glucosamin

17.2.6 Physikalische Eigenschaften

Monosaccharide sind farblose, kristalline Festkörper. Weil sich zwischen den polaren OH-Gruppen der Kohlenhydrate und Wassermolekülen Wasserstoffbrücken ausbilden können, sind alle Monosaccharide sehr gut wasserlöslich. In Ethanol sind sie dagegen kaum löslich und in unpolaren Lösungsmitteln wie Diethylether, Dichlormethan und Benzol unlöslich.

17.3 Wie bilden Monosaccharide cyclische Strukturen?

Wir haben in Abschn. 12.6 gesehen, dass Aldehyde und Ketone mit Alkoholen unter Bildung von **Halbacetalen** reagieren. Dabei haben wir auch gesehen, dass vor allem cyclische Halbacetale leicht gebildet werden. Die Reaktion läuft also dann besonders gut ab, wenn die Hydroxy- und die Carbonylgruppe Bestandteile derselben Verbindung sind und wenn dabei Fünf- oder Sechsringe entstehen. So entsteht beispielsweise aus 4-Hydroxypentanal ein fünfgliedriges cyclisches Halbacetal. Man beachte, dass 4-Hydroxypentanal bereits ein Stereozentrum enthält und dass sich im Zuge der Halbacetalbildung an C-1 ein zweites Stereozentrum bildet:

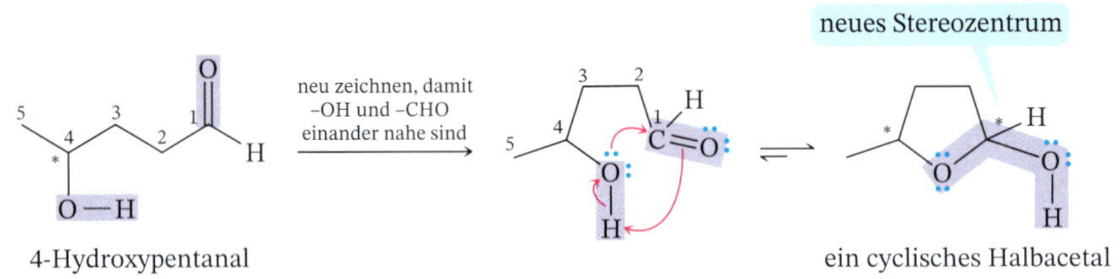

Weil in Monosacchariden Hydroxy- und Carbonylgruppen in derselben Verbindung vorliegen, liegen sie fast ausschließlich als Fünf- und Sechsring-Halbacetale vor.

17.3.1 Haworth-Projektionen

Die cyclischen Strukturen von Monosacchariden werden üblicherweise als **Haworth-Projektionen** dargestellt, benannt nach dem englischen Chemiker Sir Walter N. Haworth, Nobelpreisträger des Jahres 1937. In der Haworth-Projektion werden cyclische Fünf- oder Sechsring-Halbacetale als planare Fünf- bzw. Sechsringe dargestellt, die in etwa senkrecht auf die Papierebene liegen. Alle Gruppen, die an die Kohlenstoffatome des Rings gebunden sind, liegen dann entweder oberhalb oder unterhalb der Ringebene. Das neue Stereozentrum, das bei Bildung des cyclischen Halbacetals entsteht, wird als **anomeres C-Atom** oder anomeres Zentrum bezeichnet. Stereoisomere, die sich nur in der Konfiguration an ihren anomeren C-Atomen unterscheiden, werden als **Anomere** bezeichnet. Das anomere Zentrum einer Aldose ist C-1; in D-Fructose, der häufigsten Ketose, ist es C-2.

In der Haworth-Projektion wird der Ring mit dem anomeren C-Atom rechts und mit dem Sauerstoffatom im Ring rechts hinten dargestellt (Abb. 17.1).

Betrachtet man die offenkettige Form und die cyclische Halbacetalform der D-Glucose, fällt einem bei der Überführung einer Fischer-Projektion in eine Haworth-Projektion folgendes auf:

- Gruppen, die in der Fischer-Projektion nach rechts zeigen, ragen in der Haworth-Projektion nach unten.
- Gruppen, die in der Fischer-Projektion nach links zeigen, ragen in der Haworth-Projektion nach oben.

17.3 Wie bilden Monosaccharide cyclische Strukturen?

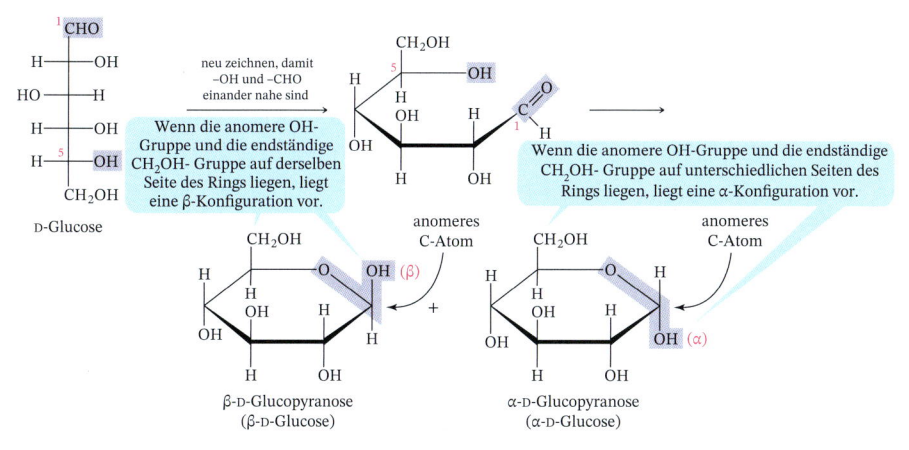

Abb. 17.1 Haworth-Projektionen von β-D-Glucopyranose und α-D-Glucopyranose.

- In einem D-Monosaccharid ragt die endständige CH$_2$OH-Gruppe in der Haworth-Projektion nach oben.
- Die Konfiguration der anomeren OH-Gruppen wird relativ zur endständigen CH$_2$OH-Gruppe angegeben: Wenn die anomere OH-Gruppe auf dieselbe Seite wie die endständige CH$_2$OH-Gruppe ragt, liegt eine β-Konfiguration vor, wenn sie in unterschiedliche Richtungen weisen, handelt es sich um das α-Anomer.

Ein sechsgliedriges cyclisches Halbacetal wird durch die Zwischensilbe *-pyran-*, ein Fünfring-Halbacetal durch die Zwischensilbe *-furan-* bezeichnet. Die Begriffe **Furanose** und **Pyranose** werden verwendet, weil die Monosaccharide in ihrer Fünf- bzw. Sechsringform den heterocyclischen Verbindungen Pyran und Furan entsprechen:

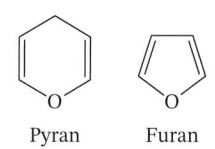

Pyran   Furan

Weil die α- und β-Anomere der Glucose sechsgliedrige cyclische Halbacetale sind, werden sie als α-D-Glucopyranose bzw. β-D-Glucopyranose bezeichnet. Die Bezeichnungen *-furan-* und *-pyran-* werden in der Benennung von Monosacchariden häufig auch weggelassen. Die Glucopyranosen werden demzufolge oft einfach α-D-Glucose und β-D-Glucose genannt.

Es schadet nichts, die Haworth-Projektionen von α-D-Glucopyranose und β-D-Glucopyranose mit den Konfigurationen der verschiedenen Gruppen als Referenzstrukturen auswendig zu kennen. Wenn man weiß, wie sich die Fischer-Projektionen eines beliebigen Monosaccharids von der der D-Glucose unterscheidet, kann man – Bezug nehmend auf die Haworth-Projektion der D-Glucose – die Haworth-Projektion dieses Monosaccharids leicht ableiten.

Beispiel 17.2 Zeichnen Sie die Haworth-Projektionen der α- und β-Anomere von D-Galactopyranose.

Vorgehensweise
Eine Möglichkeit, die Strukturen der α- und β-Anomere von D-Galactopyranose zu ermitteln, besteht darin, die α- und β-Anomere von D-Glucopyranose als Referenz zu verwenden. Wenn man sich nun erinnert (oder in Tab. 17.1 nachgesehen hat), dass sich D-Galactose von D-Glucose nur in der Konfiguration an C-4 unterscheidet, kann man sofort die in Abb. 17.1 dargestellten Haworth-Projektionen zeichnen und jeweils die Konfiguration an C-4 umkehren.

Lösung

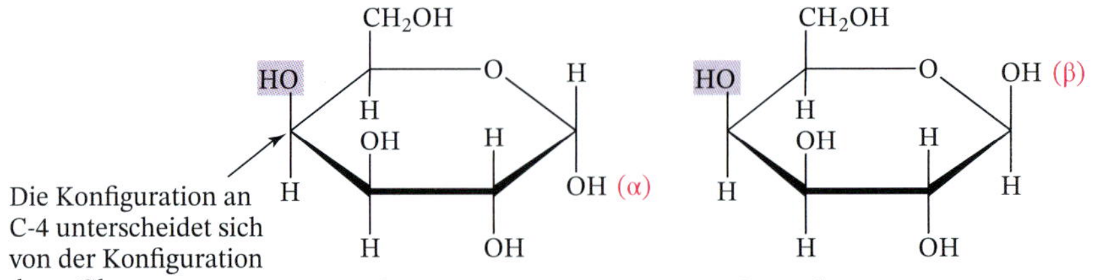

Die Konfiguration an C-4 unterscheidet sich von der Konfiguration der D-Glucose.

α-D-Galactopyranose
(α-D-Galactose)

β-D-Galactopyranose
(β-D-Galactose)

Siehe Aufgabe 17.10.

Aldopentosen bilden ebenfalls cyclische Halbacetale. D-Ribose und andere biologisch relevante Pentosen liegen überwiegend als Furanosen vor. Im Folgenden sind die Haworth-Projektionen der α-D-Ribofuranose (α-D-Ribose) und der β-2-Desoxy-D-ribofuranose (β-2-Desoxy-D-ribose) gezeigt:

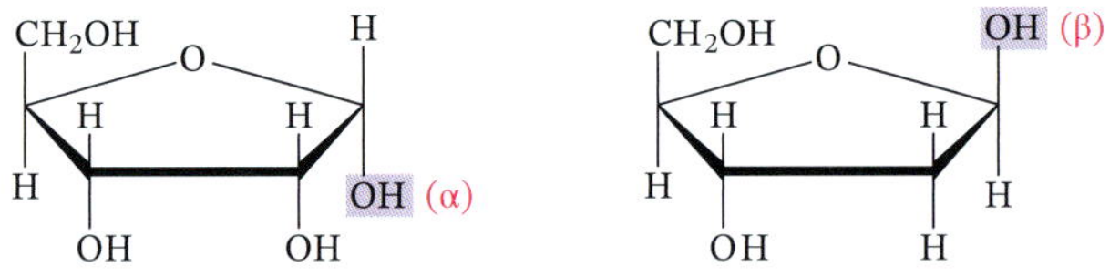

α-D-Ribofuranose
(α-D-Ribose)

β-2-Desoxy-D-ribofuranose
(β-2-Desoxy-D-ribose)

Das Präfix *2-Desoxy-* gibt an, dass die Hydroxygruppe am Kohlenstoffatom C-2 fehlt. Die D-Ribose bzw. die 2-Desoxy-D-ribose liegen in Nukleinsäuren und in anderen biologischen Verbindungen fast ausschließlich in der β-Konfiguration vor.

Auch die Fructose bildet cyclische Fünfring-Halbacetale. β-D-Fructofuranose kommt beispielsweise im Disaccharid Saccharose vor (Abschn. 17.5.1).

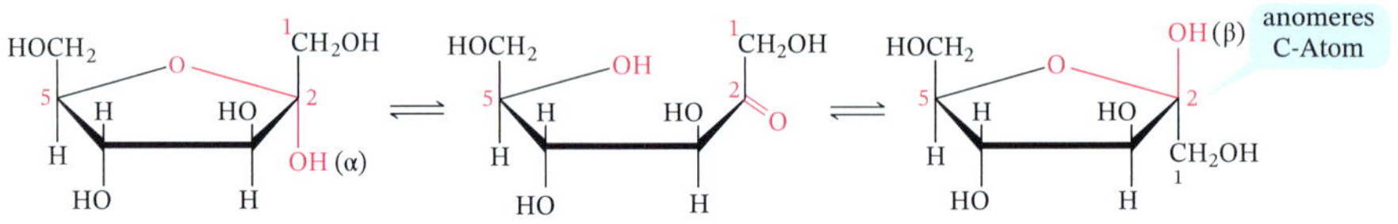

α-D-Fructofuranose
(α-D-Fructose)

β-D-Fructofuranose
(β-D-Fructose)

anomeres C-Atom

17.3.2 Sesseldarstellungen

Ein Fünfring kommt einer ebenen Konformation so nahe, dass die Haworth-Projektion tatsächlich eine angemessene Darstellung für eine Furanose ist. In Pyranosen wird der Sechsring dagegen günstiger als **Sesselkonformation** dargestellt, da hier die Spannungen im Ring minimiert sind (Abschn. 3.6.2). In Abb. 17.2 sind die Strukturformeln von α-D-Glucopyranose und von β-D-Glucopyranose jeweils in der Sesselkonformation dargestellt. Darüber hinaus ist auch die offenkettige oder freie Aldehydform gezeigt, mit der die cyclischen Halbacetalformen in wässriger Lösung im Gleichgewicht stehen. Man beachte, dass alle Gruppen einschließlich der anomeren OH-Gruppe in der Sesselkonformation der β-D-Glucopyranose äquatorial stehen. In der α-D-Glucopyranose nimmt die anomere OH-Gruppe eine axiale Orientierung ein.

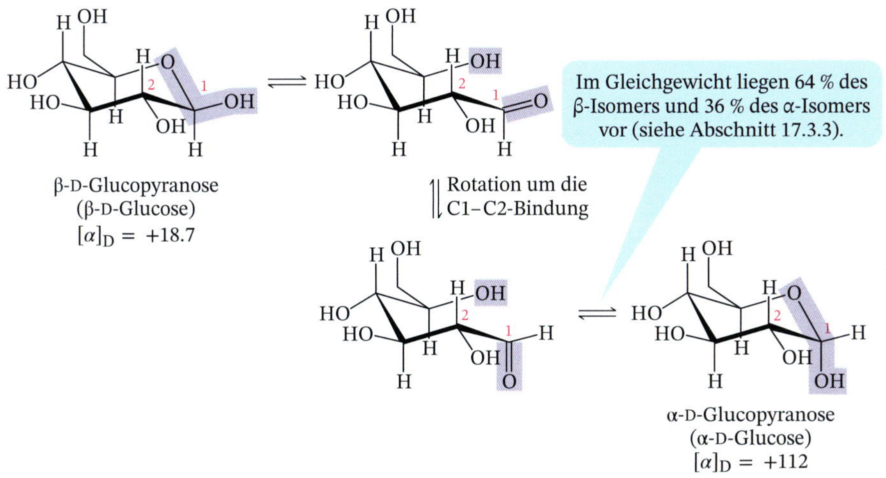

17.3 Wie bilden Monosaccharide cyclische Strukturen?

β-D-Glucopyranose
(β-D-Glucose)
$[\alpha]_D = +18.7$

Rotation um die C1–C2-Bindung

Im Gleichgewicht liegen 64 % des β-Isomers und 36 % des α-Isomers vor (siehe Abschnitt 17.3.3).

α-D-Glucopyranose
(α-D-Glucose)
$[\alpha]_D = +112$

Abb. 17.2 Sesselkonformationen von α-D-Glucopyranose und β-D-Glucopyranose. Weil die α-D-Glucose und die β-D-Glucose verschiedene Verbindungen sind (es sind Anomere), weisen sie unterschiedliche spezifische Drehwinkel auf.

Aufgrund dieser äquatorialen Stellung der OH-Gruppe am anomeren C-Atom ist die β-D-Glucopyranose stabiler als das entsprechende α-Anomer und überwiegt deswegen in wässriger Lösung.

Hier sind zum Vergleich noch einmal die Haworth-Projektion und die Sesselkonformation mit den relativen Orientierungen der Gruppen in der β-D-Glucopyranose angegeben:

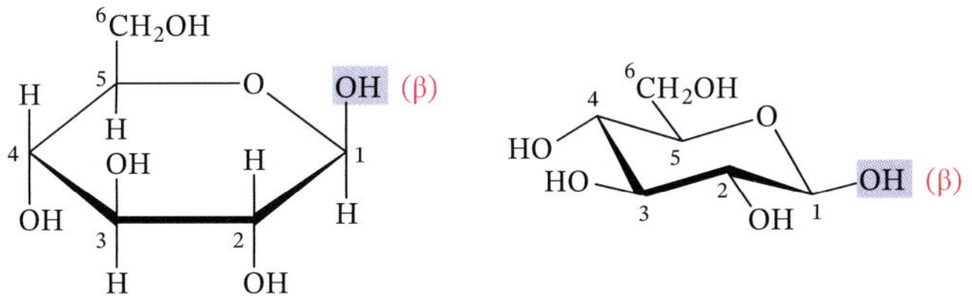

β-D-Glucopyranose (Haworth-Projektion)

β-D-Glucopyranose (Sesselkonformation)

Man beachte, dass die Gruppen an den Atomen C-1 bis C-5 in der β-D-Glucopyranose nach oben, unten, oben, unten und oben ragen – sowohl in der Haworth-Projektion als auch in der Sesselkonformation.

Beispiel 17.3 Zeichnen Sie Sesselkonformationen der α-D-Galactopyranose und der β-D-Galactopyranose. Markieren Sie jeweils das anomere C-Atom.

Vorgehensweise

Die Konfiguration der D-Galactose unterscheidet sich nur an der Position C-4 von der Konfiguration der D-Glucose. Zeichnen Sie daher die α- und die β-Anomere der D-Glucopyranose und vertauschen Sie jeweils die OH- und die H-Gruppe an C-4.

Lösung

Die α- und die β-Form der D-Galactose sind zusammen mit den spezifischen Drehwinkeln der beiden Anomere angegeben:

β-D-Galactopyranose
(β-D-Galactose)
$[\alpha]_D = +52.8$

D-Galactose

α-D-Galactopyranose
(α-D-Galactose)
$[\alpha]_D = +150.7$

Siehe Aufgabe 17.11.

Gewusst wie: 17.1 Wie man in cyclischen D-Monosacchariden die Stereochemie von OH-Gruppen bestimmt

Wenn man die Struktur von Glucopyranose nicht mehr im Kopf hat, gibt es eine andere Möglichkeit, die Stereochemie der OH-Gruppen von D-Monosacchariden zu bestimmen:

a) Zeichnen Sie die Haworth-Projektion oder die Sesselkonformation des Rings und nummerieren Sie die Kohlenstoffatome durch. Denken Sie daran, das Sauerstoffatom an die korrekte Position im Ring zu zeichnen:

Zwar kommt Idose nicht natürlich vor, aber das an C-6 oxidierte Derivat, die Iduronsäure, spielt eine wichtige Rolle in biologischen Systemen.

Die CH₂OH-Gruppe zeigt in D-Monosacchariden immer nach oben.

D-Idose

b) Drehen Sie die Fischer-Projektion des offenkettigen Monosaccharids um 90° im Uhrzeigersinn:

um 90° gedreht

D-Idose

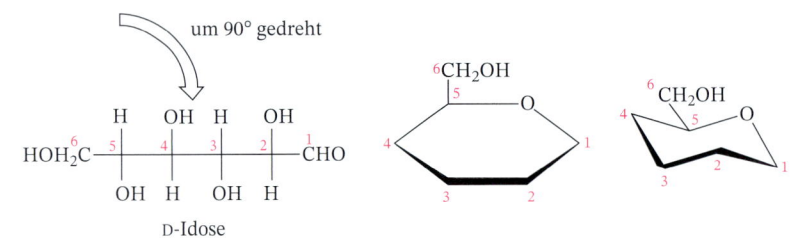

c) Die Orientierung (nach oben oder unten) der OH-Gruppen in der gedrehten Struktur gibt die Orientierung der OH-Gruppen in der cyclischen Struktur wieder:

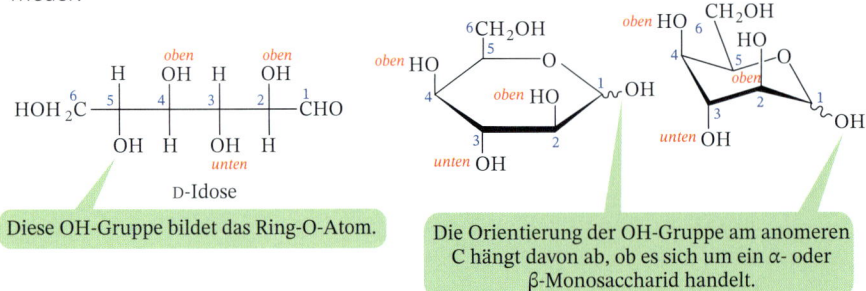

D-Idose

Diese OH-Gruppe bildet das Ring-O-Atom.

Die Orientierung der OH-Gruppe am anomeren C hängt davon ab, ob es sich um ein α- oder β-Monosaccharid handelt.

17.3.3 Mutarotation

Mutarotation ist die Veränderung der optischen Aktivität einer wässrigen Lösung aufgrund der Überführung des α- oder des β-Anomers eines Kohlenhydrats in eine Gleichgewichtsmischung beider Anomere. So zeigt beispielsweise eine Lösung von α-D-Glucopyranose in Wasser eine spezifische Drehung von +112 (Abb. 17.2), die aber kontinuierlich bis auf einen Wert von +52.7 abnimmt, während sich das Gleichgewicht zwischen α-D-Glucopyranose und β-D-Glucopyranose einstellt. Auch in einer Lösung von β-D-Glucopyranose beobachtet man eine Mutarotation; hier ist der Wert der spezifischen Drehung anfänglich +18.7, der allmählich auf denselben Gleichgewichtswert von +52.7 ansteigt. Im Gleichgewicht liegen 64 % β-D-Glucopyranose und 36 % α-D-Glucopyranose vor; die offenkettige Form ist nur in Spuren (0.003 %) enthalten. Mutarotation wird bei allen Kohlenhydraten beobachtet, die als Halbacetale vorliegen.

17.4 Was sind die charakteristischen Reaktionen der Monosaccharide?

In diesem Abschnitt werden wir die Reaktion von Monosacchariden mit Alkoholen sowie mit Reduktions- und Oxidationsmitteln besprechen und uns ansehen, welchen Nutzen diese Reaktionen für unser tägliches Leben haben.

17.4.1 Bildung von Glycosiden (Acetalen)

Wie wir in Abschn. 12.6.1 gesehen haben, entsteht bei der Umsetzung eines Aldehyds oder eines Ketons mit einem Äquivalent Alkohol ein Halbacetal und bei der Umsetzung des Halbacetals mit einem weiteren Äquivalent Alkohol ein Acetal. Dies ist im Folgenden an der Reaktion von β-D-Glucopyranose (β-D-Glucose) mit Methanol gezeigt:

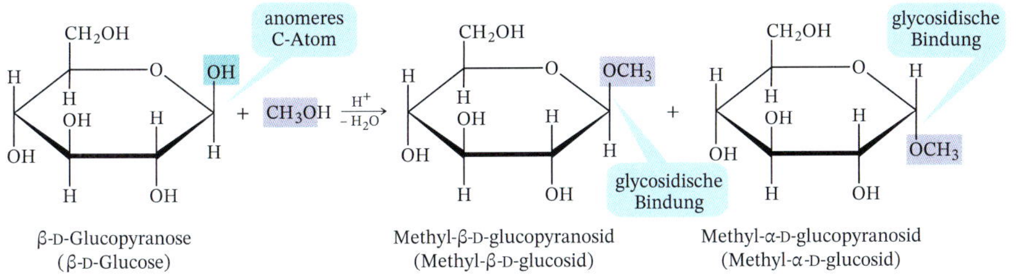

Ein von einem Monosaccharid abgeleitetes cyclisches Acetal wird als **Glycosid** bezeichnet und die Bindung zwischen dem anomeren C-Atom eines Glycosids und der OR-Gruppe als **glycosidische Bindung**. Für Glycoside wird keine Mutarotation beobachtet, weil das Acetal unter neutralen oder unter basischen Bedingungen nicht mit der offenkettigen Carbonylverbindung und damit auch nicht mit dem entsprechenden Anomer im Gleichgewicht steht. Wie andere Acetale (Abschn. 12.6) sind auch Glycoside in Wasser und in wässriger Base stabil, werden aber durch wässrige Säure zu einem Alkohol und einem Monosaccharid hydrolysiert.

Glycoside werden benannt, indem man die an das Sauerstoffatom gebundene Alkyl- oder Arylgruppe gefolgt vom Namen des Kohlenhydrats angibt und das Suffix *-ose* durch *-osid* ersetzt. Die von der β-D-Glucopyranose abgeleiteten Glycoside werden zum Beispiel als β-D-Glucopyranoside bezeichnet, die von der β-D-Ribofuranose abgeleiteten Glycoside als β-D-Ribofuranoside.

Beispiel 17.4 Zeichnen Sie die Strukturformel von Methyl-β-D-ribofuranosid (Methyl-β-D-ribosid). Markieren Sie das anomere C-Atom und die glycosidische Bindung.

Vorgehensweise
Furanoside sind fünfgliedrige cyclische Acetale. Das anomere C-Atom ist das Atom C-1 und die glycosidische Bindung ist die zwischen C-1 und OMe. In einer β-glycosidischen Bindung ragt die OR-Gruppe nach oben und liegt damit auf derselben Seite wie die endständige CH_2OH-Gruppe (das Atom C-5 des Furanosids).

Lösung

Siehe Aufgaben 17.21 und 17.24.

So wie das anomere Kohlenstoffatom eines cyclischen Halbacetals mit der OH-Gruppe eines Alkohols reagiert und ein Glycosid bildet, reagiert es auch mit der NH-Gruppe eines Amins unter Bildung eines *N*-Glycosids. Von besonderer Bedeutung in der biologischen Welt sind die *N*-Glycoside, die sich zwischen der D-Ribose bzw. der 2-Desoxy-D-ribose (jeweils als Furanose) einerseits und den heteroaromatischen Aminen Uracil, Cytosin, Thymin, Adenin und Guanin andererseits bilden (Abb. 17.3). Diese *N*-Glycoside sind die Strukturbausteine der Nukleinsäuren (Kap. 20).

Beispiel 17.5 Zeichnen Sie eine Strukturformel des *N*-Glycosids, das sich aus D-Ribofuranose und Cytosin bildet. Markieren Sie das anomere C-Atom und die *N*-glycosidische Bindung.

Vorgehensweise
Zeichnen Sie zunächst die Haworth-Projektion der β-D-Ribofuranose. Identifizieren Sie das anomere C-Atom (Atom C-1). Entfernen Sie die OH-Gruppe an C-1 und binden Sie das Cytosin über das entsprechende Stickstoffatom (siehe Abb. 17.3) an dieses C-Atom; diese neue Bindung ist die *N*-glycosidische Bindung.

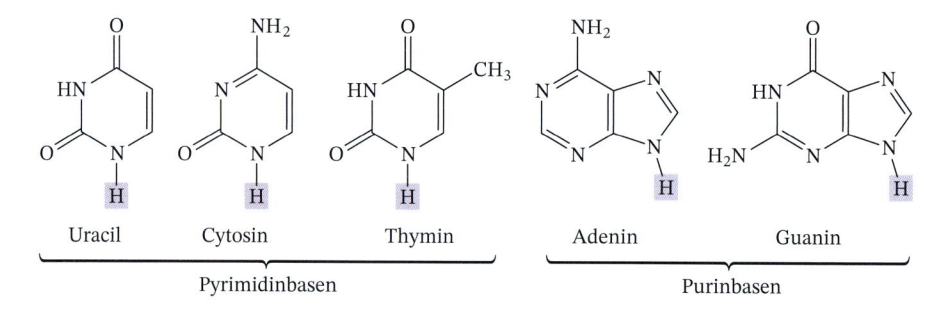

Abb. 17.3 Strukturformeln der fünf wichtigsten in DNA und RNA vorkommenden Purin- und Pyrimidinbasen. Die farbig markierten Wasserstoffatome gehen bei der Bildung der *N*-Glycoside verloren.

Lösung

[Struktur: Cytidin mit Beschriftungen *N*-β-glycosidische Bindung und anomeres C-Atom]

Siehe Aufgabe 17.22.

17.4.2 Reduktion zu Alditolen

Die Carbonylgruppe eines Monosaccharids kann durch eine Vielzahl von Reduktionsmitteln (z. B. NaBH$_4$) zu einer Hydroxygruppe reduziert werden (Abschn. 12.10.2). Die Reaktionsprodukte werden als **Alditole** oder als Zuckeralkohole bezeichnet. Bei der Reduktion von D-Glucose entsteht D-Glucitol, besser bekannt als Sorbit. D-Glucose ist im folgenden Bild in der offenkettigen Form dargestellt, die in Lösung nur in verschwindend geringen Anteilen vorliegt. Mit ihrer Reduktion wird sie aber aus dem im Gleichgewicht vorhandenen Halbacetal nachgebildet; letztlich wird das gesamte Material reduziert (in Aufgabe 21.10 wird das biologische Äquivalent dieser Reaktion diskutiert):

β-D-Glucopyranose ⇌ D-Glucose $\xrightarrow{NaBH_4}$ D-Glucitol (D-Sorbit)

Alditole werden benannt, indem man das Suffix *-ose* des Monosaccharids durch *-it* oder *-itol* ersetzt. D-Sorbit kommt in der Pflanzenwelt in vielen Beeren, in Kirschen, Pflaumen, Birnen, Äpfeln, Seetang und in Algen vor. Es hat 60 % der Süßkraft von Saccharose (Haushaltszucker), wird zur Herstellung von Süßigkeiten verwendet und dient als Zuckeraustauschstoff für Diabetiker. Andere in der Natur häufig vorkommende Alditole sind Erythrit, D-Mannit und Xylit, wobei letzterer als Süßstoff in „zuckerfreien" Kaugummis, Süßigkeiten und gesüßten Frühstücksflocken verwendet wird:

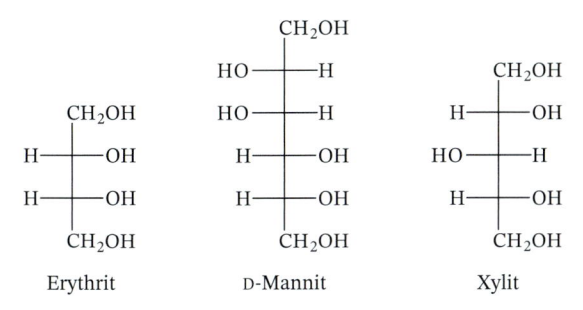

Erythrit, D-Mannit, Xylit

Viele „zuckerfreie" Produkte enthalten Zuckeralkohole wie D-Sorbit und Xylit.
[Quelle: © M. Bär.]

Gewusst wie: 17.2 Wie man feststellt, ob ein reduzierender Zucker vorliegt

Im Folgenden sind die drei typischen Eigenschaften aufgeführt, die ein Kohlenhydrat zu einem reduzierenden Zucker machen:

1. Jedes als Aldehyd vorliegende Kohlenhydrat ist ein reduzierender Zucker.
2. Jede Ketose, die im Gleichgewicht mit einem Aldehyd steht, ist ein reduzierender Zucker. Dieses Gleichgewicht tritt unter den basischen Bedingungen des Tollens-Tests auf; es findet eine Keto-Enol-Tautomerisierung statt, bei der sich eine Ketose in eine Aldose umwandelt (also in den eigentlichen reduzierenden Zucker):

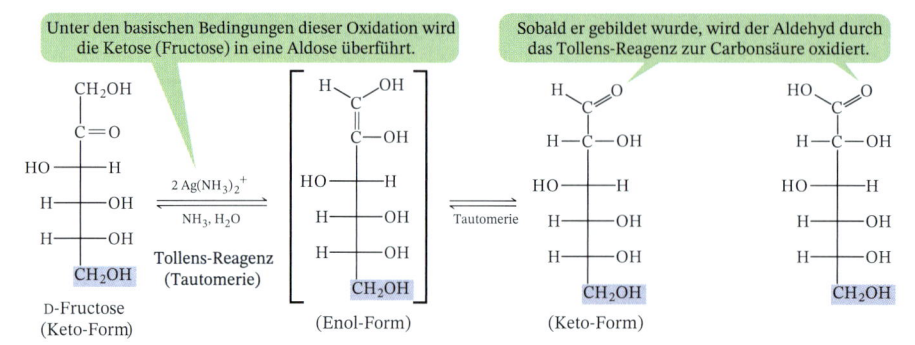

3. Jedes als Ring vorliegende Kohlenhydrat, das ein Halbacetal bildet, steht mit seiner acyclischen Form im Gleichgewicht. Diese ist entweder eine Aldose oder eine unter den Bedingungen des Tollens-Tests in eine Aldose überführte 2-Ketose (siehe Punkt 2). Die Aldose ist der tatsächlich reduzierende Zucker:

Beispiel 17.6 $NaBH_4$ reduziert D-Glucose zu D-Glucitol. Ist das Alditol, das unter diesen Bedingungen entsteht, optisch aktiv oder nicht? Geben Sie eine Begründung an.

Vorgehensweise

$NaBH_4$ reduziert die Aldehydgruppe ($-CHO$) der D-Glucose zu einer primären Hydroxygruppe ($-CH_2OH$), ohne dass eine andere Funktion in D-Glucose beeinträchtigt würde. Nun muss festgestellt werden, ob D-Glucitol chiral ist oder ob es eine Symmetrieebene enthält. Falls es eine Spiegelebene enthält, ist es mit seinem Spiegelbild deckungsgleich und damit achiral.

Lösung

D-Glucitol enthält keine Spiegelebene, ist also chiral. Man würde eine optische Aktivität erwarten; tatsächlich beträgt der spezifische Drehwinkel von D-Glucitol −1.7.

Siehe Aufgaben 17.23 und 17.25–17.27.

17.4.3 Oxidation zu Aldonsäuren

Wir hatten in Abschn. 12.9.1 gesehen, dass Aldehyde (RCHO) durch verschiedene Oxidationsmittel (unter anderem auch O_2) in Carbonsäuren (RCOOH) überführt werden. Wird die Aldehydgruppe einer Aldose unter basischen Bedingungen oxidiert, entsteht aus dieser ebenfalls eine Carboxylatgruppe. Unter diesen Reaktionsbedingungen steht die cyclische Form der Aldose im Gleichgewicht mit der offenkettigen Form, die dann durch das milde Oxidationsmittel oxidiert wird. So wird D-Glucose zu D-Gluconat oxidiert, dem Anion der D-Gluconsäure.

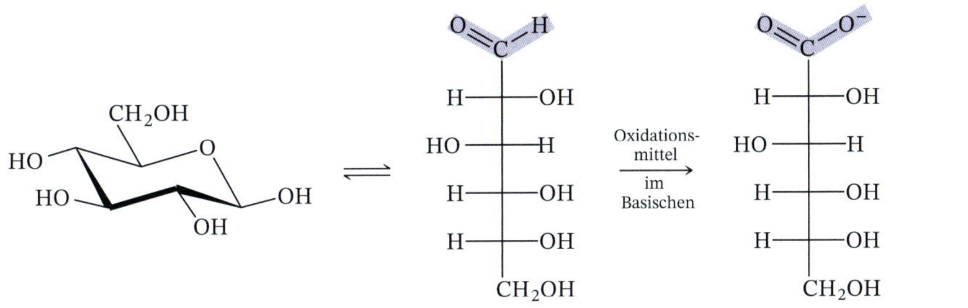

β-D-Glucopyranose (β-D-Glucose) ⇌ D-Glucose →[Oxidationsmittel im Basischen]→ D-Gluconat (das Anion einer Aldonsäure)

Jedes Kohlenhydrat, das mit einem Oxidationsmittel zu einer Aldonsäure oxidiert werden kann, wird als **reduzierender Zucker** bezeichnet (er reduziert das Oxidationsmittel).

17.4.4 Oxidation zu Uronsäuren

Bei der enzymkatalysierten Oxidation des primären Alkohols am Kohlenstoffatom C-6 einer Hexose entsteht eine **Uronsäure**. Die enzymkatalysierte Oxidation von D-Glucose führt beispielsweise zu D-Glucuronsäure, die hier sowohl in der offenkettigen Form als auch in der cyclischen Halbacetalform dargestellt ist:

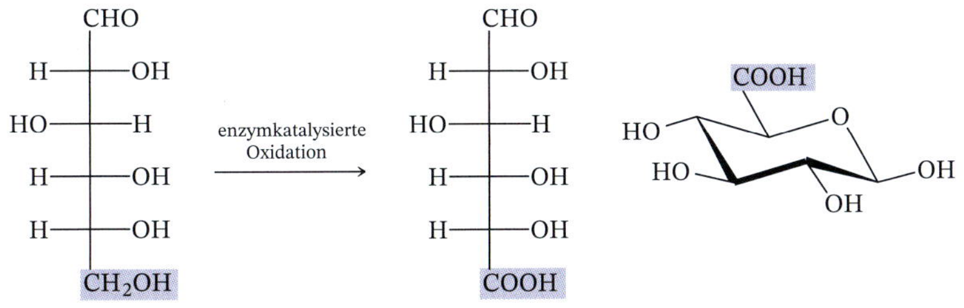

D-Glucose →[enzymkatalysierte Oxidation]→ Fischer-Projektion, Sesselkonformation
D-Glucuronsäure (eine Uronsäure)

D-Glucuronsäure ist in der Pflanzenwelt und im Tierreich weit verbreitet. Im menschlichen Körper ist sie ein wichtiger Baustein der sauren Bindegewebspolysaccharide. Der Körper verwendet sie auch zur Entgiftung körperfremder Phenole oder Alkohole. Diese Verbindungen werden in der Leber in die Glycoside der Glucuronsäure (Glucuronide) umgewandelt, die mit dem Urin ausgeschieden werden können. Das intravenös verabreichte Anästhetikum Propofol (Aufgabe 10.26) wird beispielsweise in ein wasserlösliches Glucuronid überführt, das über die Niere ausgeschieden wird:

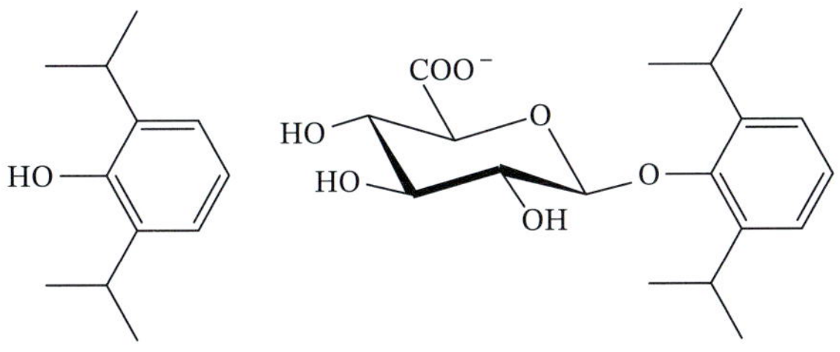

Propofol   ein harngängiges Glucuronid

17.5 Was sind Disaccharide und Oligosaccharide?

Die meisten natürlichen Kohlenhydrate enthalten mehr als eine Monosaccharideinheit. Enthalten sie zwei Einheiten, spricht man von **Disacchariden**, bei drei Einheiten von **Trisacchariden** und so weiter. Die allgemeinere Bezeichnung **Oligosaccharide** wird meist für Kohlenhydrate verwendet, die aus sechs bis zehn Monosacchariden bestehen. Besteht ein Molekül aus noch mehr Monosacchariden, spricht man von **Polysacchariden** (Abschn. 17.6).

Die Monosaccharidbausteine eines Disaccharids sind über eine glycosidische Bindung zwischen dem anomeren C-Atom der einen Einheit und einem Hydroxy-O-Atom der anderen Einheit verknüpft. Saccharose, Lactose und Maltose sind drei besonders wichtige Disaccharide.

17.5.1 Saccharose

Saccharose, der normale Haushaltszucker (Rohrzucker), ist das in der belebten Welt am häufigsten vorkommende Disaccharid. Sie wird vor allem aus Zuckerrohr oder Zuckerrüben gewonnen. In Saccharose ist das Atom C-1 von α-D-Glucopyranose über eine α-1,2-glycosidische Bindung an das Atom C-2 von β-D-Fructofuranose gebunden:

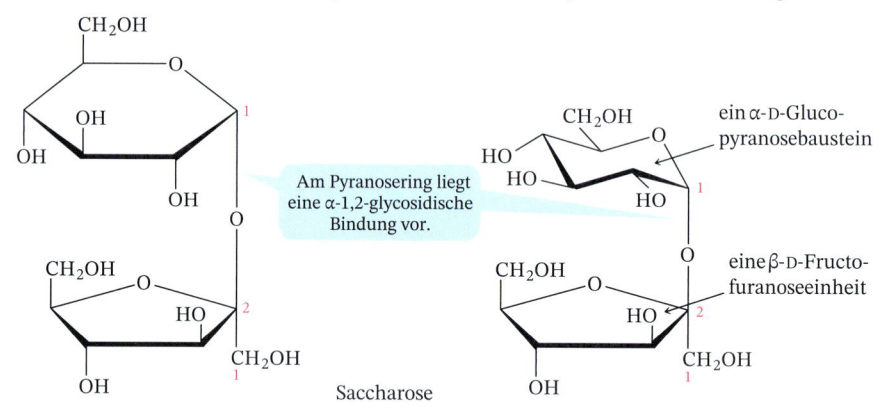

Weil sowohl das anomere Zentrum der Glycopyranose- als auch das der Fructofuranoseeinheit an der glycosidischen Bindung beteiligt ist, steht keine der Monosaccharideinheiten im Gleichgewicht mit ihrer offenkettigen Form. Saccharose ist daher ein nicht-reduzierender Zucker.

17.5.2 Lactose

Lactose, der in Milch überwiegend vorliegende Zucker, macht etwa 5 bis 8 % der menschlichen Muttermilch und 4 bis 6 % der Kuhmilch aus. Dieses Disaccharid besteht aus D-Galactopyranose, die über eine β-1,4-glycosidische Bindung an das Atom C-4 von D-Glucopyranose gebunden ist:

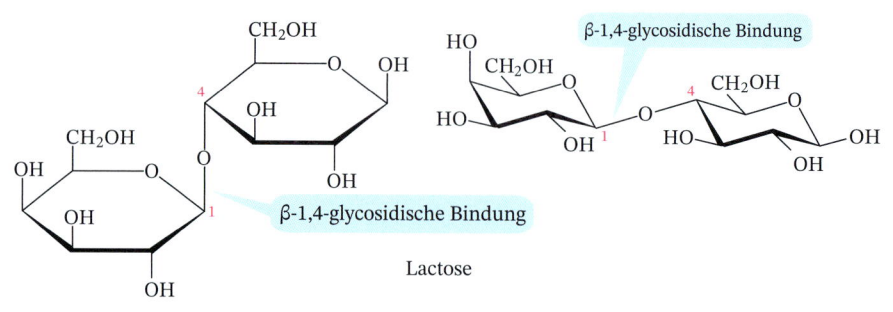

Mit solchen lactosereduzierten Produkten können Menschen mit Lactoseintoleranz ihren Calciumbedarf decken. [Quelle: © M. Bär.]

Exkurs: 17.A Die Süßkraft von Kohlenhydraten und künstlichen Süßstoffen

Unter den Mono- und Disaccharid-Süßstoffen schmeckt D-Fructose am süßesten – sogar noch süßer als Saccharose. Der süße Geschmack von Honig ist zum großen Teil auf D-Fructose und auf D-Glucose zurückzuführen. Lactose hat nahezu keine Süßkraft und wird Nahrungsmitteln manchmal als Füllstoff zugesetzt. Manche Personen vertragen aber keine Lactose und sollten solche Nahrungsmittel daher meiden. In der folgenden Liste ist die Süßkraft verschiedener Kohlenhydrate und künstlicher Süßstoffe relativ zu der von Saccharose aufgeführt:

Kohlenhydrate	Süßkraft relativ zu der von Saccharose
Fructose	1.74
Saccharose (Haushaltszucker)	1.00
Honig	0.97
Glucose (Traubenzucker)	0.74
Maltose	0.33
Galactose	0.32
Lactose (Milchzucker)	0.16

künstliche Süßstoffe	Süßkraft relativ zu der von Saccharose
Saccharin	450
Acesulfam-K	200
Aspartam	180
Sucralose	600

Aufgabe
Im Folgenden ist die Strukturformel des künstlichen Süßstoffs Sucralose abgebildet. Geben Sie alle Positionen an, an denen sie sich von der Saccharose unterscheidet:

Sucralose

Lactose ist ein reduzierender Zucker, weil das cyclische Halbacetal der D-Glucopyranose im Gleichgewicht mit ihrer offenkettigen Form steht. Die dabei freigesetzte Aldehydgruppe kann zu einer Carboxylgruppe oxidiert werden.

17.5.3 Maltose

Der Name Maltose beruht auf seinem Vorkommen in Malz, also in kurz gekeimter und wieder getrockneter Gerste oder anderen Getreiden. Maltose besteht aus zwei D-Glucopyranoseeinheiten, die über eine glycosidische Bindung zwischen dem Atom C-1 (dem anomeren C-Atom) der einen Einheit und dem Atom C-4 der anderen Einheit verknüpft sind. Weil das Sauerstoffatom am anomeren Zentrum der ersten Glucopyranose eine α-Orientierung besitzt, bezeichnet man die Bindung, die beide Einheiten verbindet, als α-1,4-glycosidische Bindung. Im Folgenden sind die Haworth-Projektion und die Sesselkonformation der β-Maltose abgebildet, in der die OH-Gruppe am anomeren Kohlenstoffatom der rechten Glucoseeinheit eine β-Stellung einnimmt.

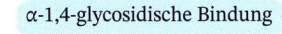

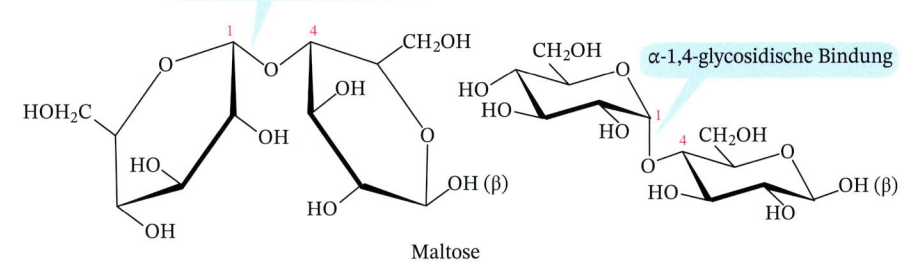

Maltose

Weil künstliche Süßstoffe viel süßer schmecken als Haushaltszucker (siehe Exkurs 17.A), benötigt man nur sehr geringe Mengen davon. [Quelle: © Andy Washnik.]

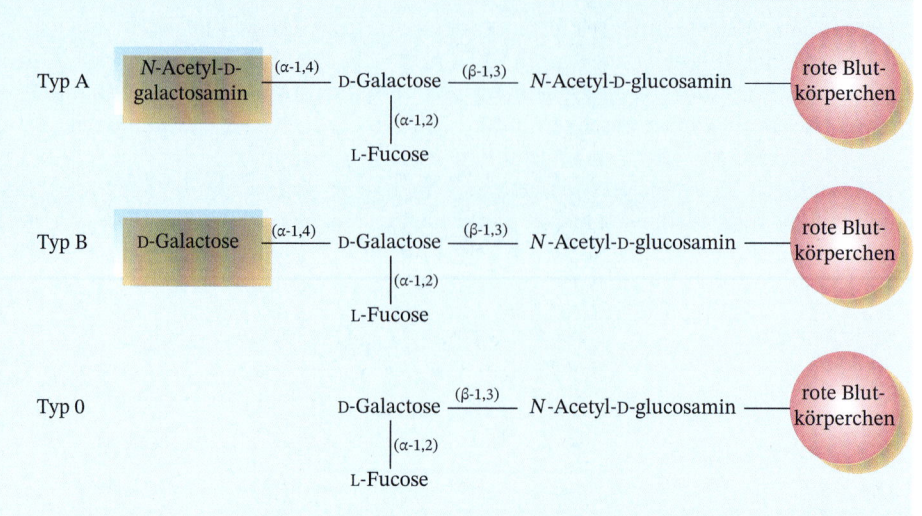

Exkurs: 17.B A, B, AB und 0 – die molekulare Grundlage der Blutgruppen

An den Oberflächen der Membranen tierischer Plasmazellen sind zahlreiche relativ kleine Kohlenhydrate gebunden; die Außenseiten von Plasmazellmembranen sind regelrecht von Zuckern bedeckt. Diese membrangebundenen Kohlenhydrate sind an den Mechanismen beteiligt, durch die sich verschiedene Zelltypen erkennen – die Kohlenhydrate wirken in gewisser Weise als biochemische Marker (Epitope oder antigene Determinanten). Diese membrangebundenen Kohlenhydrate enthalten in der Regel 4 bis 17 Monosaccharideinheiten, wobei nur einige wenige Monosaccharide vorkommen, vor allem D-Galactose, D-Mannose, L-Fucose, N-Acetyl-D-glucosamin und N-Acetyl-D-galactosamin. L-Fucose ist eine 6-Desoxyaldohexose:

Typ A: N-Acetyl-D-galactosamin —(α-1,4)— D-Galactose —(β-1,3)— N-Acetyl-D-glucosamin — rote Blutkörperchen
  |(α-1,2)
  L-Fucose

Typ B: D-Galactose —(α-1,4)— D-Galactose —(β-1,3)— N-Acetyl-D-glucosamin — rote Blutkörperchen
  |(α-1,2)
  L-Fucose

Typ 0: D-Galactose —(β-1,3)— N-Acetyl-D-glucosamin — rote Blutkörperchen
  |(α-1,2)
  L-Fucose

Ein L-Monosaccharid; diese OH-Gruppe steht in der Fischer-Projektion links.

```
      CHO
HO────H
 H────OH
 H────OH
HO────H
     CH₃
   L-Fucose
```

Kohlenstoffatom 6 ist keine CH_2OH-, sondern eine CH_3-Gruppe.

Unter den zuerst entdeckten und am besten verstandenen membrangebundenen Kohlenhydraten sind die des AB0-Blutgruppensystems, das 1900 von Karl Landsteiner (1868–1943) entdeckt wurde. Ob eine Person Blut der Blutgruppe A, B, AB oder 0 hat, ist genetisch bestimmt und hängt von der Art des Tri- oder Tetrasaccharids ab, das an die Oberfläche der roten Blutkörperchen dieser Person gebunden ist. Die Monosaccharide jeder Blutgruppe und die vorliegenden glycosidischen Bindungen, durch die diese verbunden sind, sind in der Darstellung oben abgebildet (der Typ der jeweiligen glycosidischen Bindung ist in Klammern angegeben).

Aufgabe
Zeichnen Sie L-Fucose in den beiden Pyranoseformen.

Beispiel 17.7 Zeichnen Sie die Sesselkonformation des β-Anomers eines Disaccharids, das aus zwei über eine α-1,6-glycosidische Bindung verknüpften D-Glucopyranosen besteht.

Vorgehensweise
Zeichnen Sie zunächst eine Sesselkonformation der α-D-Glucopyranose. Verbinden Sie anschließend das anomere C-Atom dieses Monosaccharids über eine α-glycosidische Bindung mit dem Atom C-6 einer zweiten α-D-Glucopyranoseeinheit. Die dabei entstehende Verbindung ist entweder das α- oder das β-Anomer, je nachdem, ob die OH-Gruppe am reduzierenden Ende des Disaccharids nach unten oder nach oben zeigt.

Lösung
Das hier abgebildete Disaccharid ist das β-Anomer.

Siehe Aufgabe 17.29.

17.6 Was sind Polysaccharide?

Polysaccharide bestehen aus sehr vielen Monosaccharidbausteinen, die über glycosidische Bindungen verknüpft sind. Die drei wichtigsten Polysaccharide sind Stärke, Glykogen und Cellulose; sie sind jeweils aus Glucoseeinheiten aufgebaut.

17.6.1 Stärke: Amylose und Amylopektin

Stärke findet sich in allen Arten von Pflanzensamen und -knollen und dient dort als Speicher für Glucose, damit diese später genutzt werden kann. Stärke besteht aus zwei verschiedenen Polysacchariden: Amylose und Amylopektin. Obwohl die Stärke jeder Pflanzenart einzigartig ist, enthalten die meisten Stärken 20–25 % Amylose und 75–80 % Amylopektin.

Bei der Hydrolyse sowohl von Amylose als auch von Amylopektin entsteht ausschließlich D-Glucose. Amylose besteht aus fortlaufenden, unverzweigten Ketten aus bis zu 4000 D-Glucoseeinheiten, die über α-1,4-glycosidische Bindungen verknüpft sind. Die Amylopektinketten sind aus bis zu 10 000 D-Glucoseeinheiten aufgebaut, die ebenfalls über α-1,4-glycosidische Bindungen verbunden sind. Darüber hinaus zeigen die Ketten des Amylopektins zahlreiche Verzweigungen. An den Verzweigungspunkten sind weitere Ketten aus 24 bis 30 Einheiten über α-1,6-glycosidische Bindungen angeknüpft (Abb. 17.4).

Mais- oder Speisestärke besteht aus Polysacchariden, die aus dem Nährgewebe von Maiskörnern gewonnen werden. [Quelle: © Private Micro Stock/Shutterstock.]

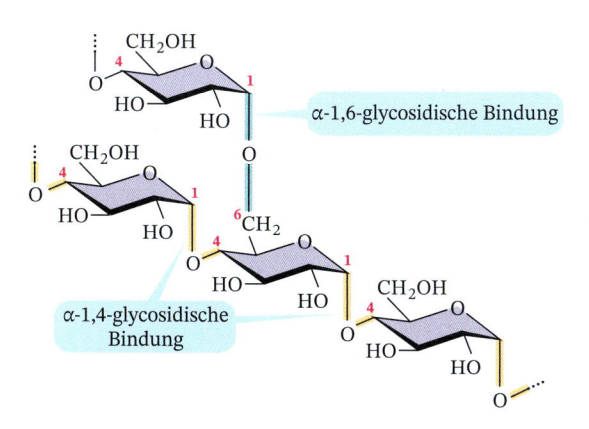

Abb. 17.4 Amylopektin ist ein stark verzweigtes, α-1,4-glycosidisch verknüpftes Polymer aus D-Glucose. Die Seitenketten bestehen aus 24 bis 30 D-Glucoseeinheiten, die über α-1,6-glycosidische Bindungen an die Hauptkette angeknüpft sind.

Warum werden Kohlenhydrate in Pflanzen als Polysaccharide und nicht als Monosaccharide gespeichert – letztere wären doch eine sehr viel schneller verfügbare Energiequelle? Die Antwort hat etwas mit dem **osmotischen Druck** zu tun, der nicht zur Molekülmasse, sondern zur molaren *Konzentration* des gelösten Materials proportional ist. Wenn 1000 Glucosemoleküle zu einem Molekül Stärke verbunden sind, hat eine Lösung von 1 g dieser Stärke pro 10 mL nur ein Tausendstel des osmotischen Drucks, den eine Lösung von 1 g Glucose im gleichen Volumen aufweisen würde. Dieser Kniff bei der Speicherung von Zuckerbausteinen ist ein gewaltiger Vorteil für die Pflanze, weil er die Spannung stark verringert, die auf die verschiedenen Membranen wirkt, die das Lösungsvolumen umgeben.

17.6.2 Glykogen

Glykogen ist die Speicherform von Kohlenhydraten in Tieren. Ähnlich wie Amylopektin ist auch das Glykogen ein verzweigtes Polymer aus D-Glucose, das aus etwa 10^6 über α-1,4- und α-1,6-glycosidisch verknüpften Glucoseeinheiten besteht. Die gesamte Glykogenmenge im Körper eines normal genährten erwachsenen Menschen beträgt etwa 350 g, die etwa zu gleichen Teilen auf die Leber und die Muskeln verteilt sind.

17.6.3 Cellulose

Cellulose, das häufigste pflanzliche Gerüstpolysaccharid, macht etwa die Hälfte des Zellwandmaterials von Holz aus. Baumwolle besteht fast ausschließlich aus Cellulose.

Cellulose ist ein lineares Polymer aus D-Glucoseeinheiten, das über β-1,4-glycosidische Bindungen verknüpft ist (Abb. 17.5) und eine mittlere molare Masse von 400 000 g/mol besitzt; dies entspricht etwa 2800 Glucosebausteinen pro Molekül.

Cellulosemoleküle verhalten sich wie steife Stäbchen. Durch diese Eigenschaft können sie sich leicht zu wohlgeordneten, wasserunlöslichen Fasern anordnen, die durch zahllose intermolekulare Wasserstoffbrücken stabilisiert werden. Durch diese Anordnung paralleler und gebündelter Ketten weisen Cellulosefasern eine hohe mechanische Festigkeit und eine geringe Wasserlöslichkeit auf. Wird ein kleines Stück eines cellulosehaltigen Materials in Wasser gegeben, stehen nicht genug OH-Gruppe auf der Faseroberfläche zur Verfügung, um einzelne Cellulosemoleküle aus dem durch die Wasserstoffbrücken stabilisierten Faserverbund zu entfernen und im Wasser zu lösen.

Menschen und nahezu alle Tiere können Cellulose nicht als Nahrung nutzen, weil ihre Verdauungssysteme keine β-Glucosidasen bereitstellt, also Enzyme, die β-glycosidische Bindungen spalten könnten. Menschen und Tiere produzieren nur α-Gluco-

Baumwolle besteht zu nahezu 100 % aus Cellulose, einem Polymer aus D-Glucose. [Quelle: © Private Micro Stock/Shutterstock.]

Abb. 17.5 Cellulose ist ein lineares Polymer aus D-Glucosebausteinen, die über β-1,4-glycosidische Bindungen verknüpft sind.

sidasen und können daher nur Stärke und Glykogen als Quelle für Glucose nutzen. Im Gegensatz dazu enthalten viele Bakterien und andere Mikroorganismen β-Glucosidasen und können aus diesem Grund Cellulose verdauen. Termiten enthalten (manchmal zu unserem Bedauern) solche Bakterien in ihrem Verdauungstrakt und können daher Holz als Hauptnahrungsmittel nutzen. Auch Wiederkäuer und Pferde enthalten Mikroorganismen mit β-Glucosidasen in ihrem Verdauungssystem und können daher Gras und Heu verdauen.

17.6.4 Textilfasern aus Cellulose

Sowohl **Viskose**- als auch Celluloseacetatfasern werden aus chemisch modifizierten Cellulosen hergestellt; es handelt sich um die ersten kommerziell bedeutsamen synthetischen Textilfasern. Viskosefasern werden hergestellt, indem Cellulosefasern in wässriger Natriumhydroxidlösung mit Kohlenstoffdisulfid (CS_2) umgesetzt werden. Dabei werden einige der OH-Gruppen der Cellulose in das Natriumsalz eines Xanthogenats überführt und die Fasern lösen sich in alkalischer Lösung als viskose kolloidale Dispersion:

$$\text{Cellulose}-\text{OH} \xrightarrow{\text{NaOH}} \text{Cellulose}-\text{O}^-\text{Na}^+ \xrightarrow{S=C=S} \text{Cellulose}-\text{O}\overset{S}{\underset{\|}{C}}-\text{S}^-\text{Na}^+$$

Cellulose (wasserunlöslich) — eine OH-Gruppe in einer Cellulosefaser — Natriumsalz eines Xanthogenats (als viskose kolloidale Suspension)

Die Lösung des Xanthogenats der Cellulose wird von den alkaliunlöslichen holzigen Teilen abgetrennt und durch eine Spinndüse (eine Metallscheibe mit vielen kleinen Löchern) in verdünnte Schwefelsäure gepresst, wobei die Xanthogenatgruppen hydrolysiert werden und die wieder freigesetzte Cellulose ausgefällt wird. Die wieder hergestellte, als Faden extrudierte Cellulose wird als Viskosefaser bezeichnet.

Bei der industriellen Synthese von **Celluloseacetat** wird Cellulose mit Essigsäureanhydrid umgesetzt (Abschn. 14.4.2):

eine Glucoseeinheit in einer Cellulosefaser + 3 CH_3COCCH_3 (Essigsäureanhydrid) → eine vollständig acetylierte Glucoseeinheit + 3 CH_3COH

Celluloseacetat wird in einem geeigneten Lösungsmittel aufgelöst und in Fasern gezogen. Diese Fasern sind gleichmäßig und weich, sie laden sich nicht statisch auf und trocknen rasch. Einer der günstigsten Eigenschaften von Celluloseacetat ist sein thermoplastisches Verhalten (Abschn. 16.1). Kleidungsstücke aus Celluloseacetat können daher erhitzt und beim Abkühlen dauerhaft gefaltet oder plissiert werden.

Celluloseacetat (oder einfach nur „Acetat") wird oft als günstiger Seidenersatzstoff verwendet. [Quelle: © Alamy Images.]

Zusammenfassung

17.1 Was sind Kohlenhydrate?
Kohlenhydrate sind
- die häufigsten organischen Verbindungen in der Pflanzenwelt,
- chemische Energiespeicher (Glucose, Stärke, Glykogen),
- strukturgebende Komponenten in Pflanzen (Cellulose), in Panzern von Krustentieren und Insekten (Chitin) und im Bindegewebe von Tieren (saure Polysaccharide)
- und wesentliche Komponenten der DNA und RNA (2-Desoxy-D-ribose bzw. D-Ribose).

17.2 Was sind Monosaccharide?
- **Monosaccharide** sind Polyhydroxyaldehyde oder Polyhydroxyketone oder Verbindungen, die diese nach einer Hydrolyse ergeben.
- Die meisten Monosaccharide besitzen die allgemeine Summenformel $C_nH_{2n}O_n$, wobei n Werte von drei bis neun annimmt.
- Ihre Namen enthalten das Suffix *-ose*.
- Die Präfixe *Tri-*, *Tetr-*, *Pent-* usw. geben an, wieviel Kohlenstoffatome in der Kette vorliegen.
- Das Präfix *Aldo-* beschreibt einen aldehydischen Zucker, das Präfix *Keto-* einen Ketozucker.
- In der **Fischer-Projektion** eines Monosaccharids zeichnet man die Kohlenstoffkette vertikal mit dem am höchsten oxidierten Kohlenstoff am oberen Ende. Horizontale Linien geben Gruppen an, die vom Stereozentrum aus zum Beobachter ragen und die vertikalen Linien tragen Gruppen, die nach hinten ragen.
- Ein **D-Monosaccharid** ist ein Monosaccharid, das am vorletzten Kohlenstoff dieselbe Konfiguration wie D-Glycerinaldehyd besitzt, ein **L-Monosaccharid** hat am vorletzten Kohlenstoff die gleiche Konfiguration wie L-Glycerinaldehyd.
- In einem Aminozucker ist eine OH-Gruppe durch eine NH_2-Gruppe ersetzt.

17.3 Wie bilden Monosaccharide cyclische Strukturen?
- Monosaccharide liegen überwiegend als Halbacetale vor.
- Das neue Stereozentrum, das bei Entstehung des cyclischen Halbacetals gebildet wird, wird als **anomeres C-Atom** bezeichnet. Die so gebildeten Stereoisomere werden als **Anomere** bezeichnet.
- Die sechsgliedrige cyclische Halbacetalform eines Monosaccharids ist eine **Pyranose**; ein Fünfring-Halbacetal wird als **Furanose** bezeichnet.
- Furanosen und Pyranosen können als **Haworth-Projektionen** gezeichnet werden.
- Pyranosen können als Haworth-Projektionen oder als spannungsfreie **Sesselkonformationen** dargestellt werden.
- Das Symbol β gibt an, dass die OH-Gruppe am anomeren C-Atom und die endständige CH_2OH-Gruppe auf der gleichen Seite des Rings liegen.
- Das Symbol α gibt an, dass die OH-Gruppe am anomeren C-Atom und die endständige CH_2OH-Gruppe auf unterschiedlichen Seiten des Rings liegen.
- **Mutarotation** ist die Änderung der optischen Aktivität einer wässrigen Lösung aufgrund der Überführung des α- oder β-Anomers eines Kohlenhydrats in eine Gleichgewichtsmischung beider Anomere.

17.4 Was sind die charakteristischen Reaktionen der Monosaccharide?
- Ein cyclisches, von einem Monosaccharid abgeleitetes Acetal wird als **Glycosid** bezeichnet.
- Glycoside werden benannt, indem man die an das Sauerstoffatom gebundene Alkyl- oder Arylgruppe gefolgt vom Namen des Kohlenhydrats nennt und das Suffix -*ose* durch -*osid* ersetzt.
- Ein **Alditol** ist eine Polyhydroxyverbindung, die bei der Reduktion der Carbonylgruppe eines Monosaccharids zu einer Hydroxygruppe entsteht.
- Eine **Aldonsäure** ist eine Carbonsäure, die bei der Oxidation der Aldehydgruppe einer Aldose entsteht.
- Jedes Kohlenhydrat, das ein Oxidationsmittel reduzieren kann, wird als **reduzierender Zucker** bezeichnet.
- Bei der enzymkatalysierten Oxidation der terminalen CH_2OH-Gruppe eines Monosaccharids zu einer COOH-Gruppe entsteht eine **Uronsäure**.

17.5 Was sind Disaccharide und Oligosaccharide?
- Ein **Disaccharid** enthält zwei Monosaccharideinheiten, die über eine **glycosidische Bindung** verknüpft sind.
- Kohlenhydrate, die mehrere Monosaccharidbausteine enthalten, werden als **Trisaccharide**, **Tetrasaccharide** usw. bezeichnet.
- Ein **Oligosaccharid** ist ein Kohlenhydrat aus 6 bis 10 Monosaccharideinheiten.
- **Saccharose** ist ein Disaccharid, in der D-Glucose über eine α-1,2-glycosidische Bindung mit D-Fructose verknüpft ist.
- **Lactose** ist ein Disaccharid, in der D-Galactose über eine β-1,4-glycosidische Bindung mit D-Glucose verknüpft ist.
- **Maltose** ist ein Disaccharid, in der zwei D-Glucosemoleküle über eine α-1,4-glycosidische Bindung verknüpft sind.

17.6 Was sind Polysaccharide?
- **Polysaccharide** bestehen aus sehr vielen Monosaccharideinheiten, die über glycosidische Bindungen verknüpft sind.
- **Stärke** besteht aus zwei verschiedenen Polysacchariden, Amylose und Amylopektin. **Amylose** ist ein lineares Polymer aus bis zu 4000 D-Glucopyranosen, die über α-1,4-glycosidische Bindungen verknüpft sind. **Amylopektin** ist ein hochverzweigtes Polymer aus D-Glucosen, die über α-1,4-glycosidische und an den Verzweigungspunkten über α-1,6-glycosidische Bindungen verbunden sind.
- **Glykogen**, die Speicherform von Kohlenhydraten in Tieren, ist ein hoch verzweigtes Polymer aus D-Glucopyranosen, die über α-1,4- und an den Verzweigungen über α-1,6-glycosidische Bindungen verknüpft sind.
- **Cellulose**, das pflanzliche Gerüstpolysaccharid, ist ein lineares Polymer aus D-Glucopyranoseeinheiten, die über β-1,4-glycosidische Bindungen verknüpft sind.
- **Viskosefasern** werden aus chemisch modifizierter und regenerierter Cellulose hergestellt.
- **Celluloseacetat** wird durch Acetylierung von Cellulose hergestellt.

Wichtige Reaktionen

1. **Bildung eines cyclischen Halbacetals (Abschn. 17.3)**
   Ein als Fünfring vorliegendes Monosaccharid ist eine Furanose, ein Sechsring-Monosaccharid ist eine Pyranose. Pyranosen werden meist in einer Haworth-Projektion oder in einer Sesselkonformation gezeichnet:

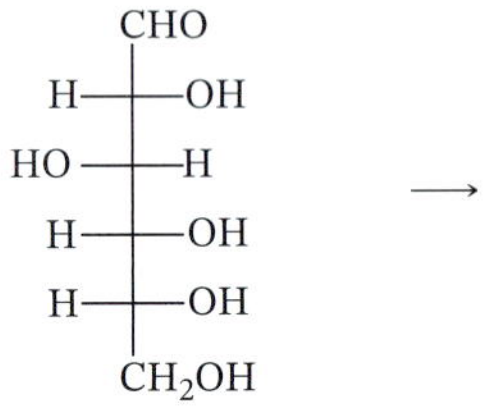

   D-Glucose 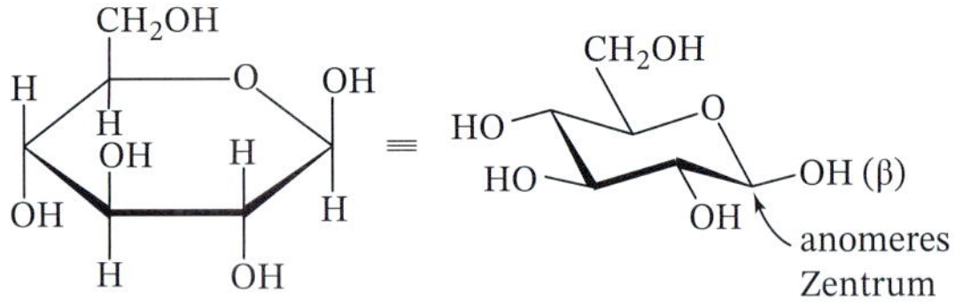 → β-D-Glucopyranose (β-D-Glucose)

2. **Mutarotation (Abschn. 17.3.3)**
   Die Anomere eines Monosaccharids liegen in wässriger Lösung im Gleichgewicht vor. Mutarotation beschreibt die Änderung der optischen Aktivität während der Gleichgewichtseinstellung:

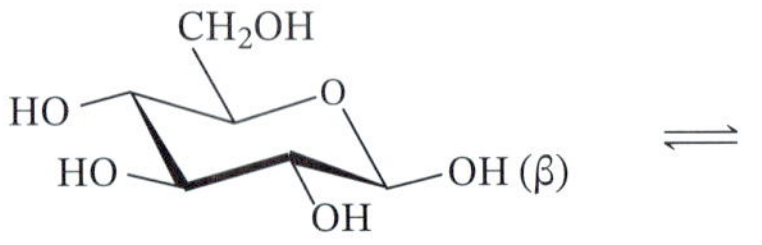

   β-D-Glucopyranose $[\alpha]_D^{25} = +18.7$ ⇌ offenkettige Form ⇌ α-D-Glucopyranose $[\alpha]_D^{25} = +112$

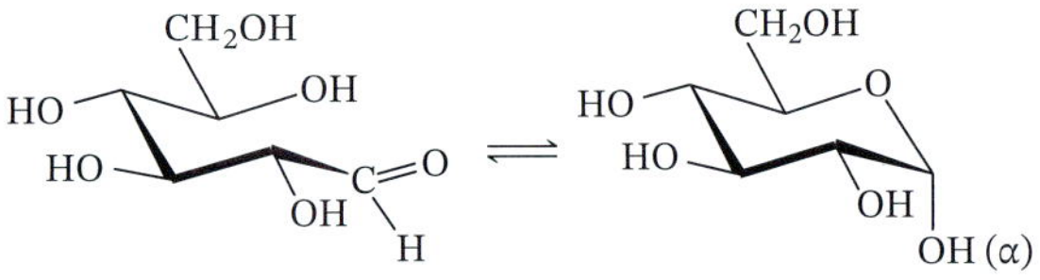

3. **Bildung von Glycosiden (Abschn. 17.4.1)**
   Bei der Umsetzung von Monosacchariden mit einem Alkohol in Gegenwart eines Säurekatalysators entsteht ein cyclisches Acetal, das als Glycosid bezeichnet wird:

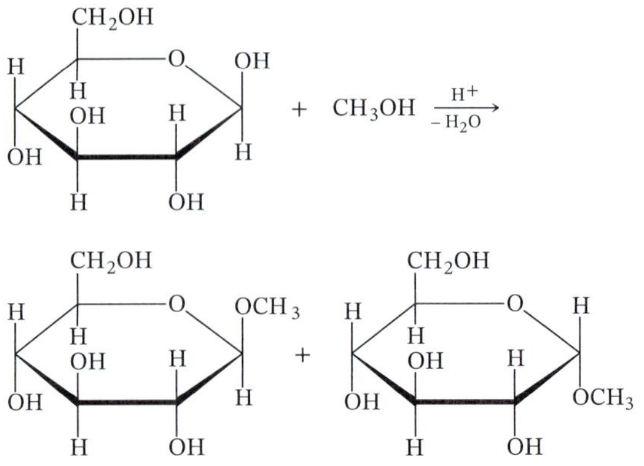

   + CH_3OH $\xrightarrow[-H_2O]{H^+}$

   Die Bindung zur neuen OR-Gruppe wird als glycosidische Bindung bezeichnet.

4. **Reduktion zu Alditolen (Abschn. 17.4.2)**
   Bei der Reduktion der Carbonylgruppe einer Aldose oder Ketose zu einer Hydroxygruppe entsteht eine Polyhydroxyverbindung, die man als Alditol bezeichnet:

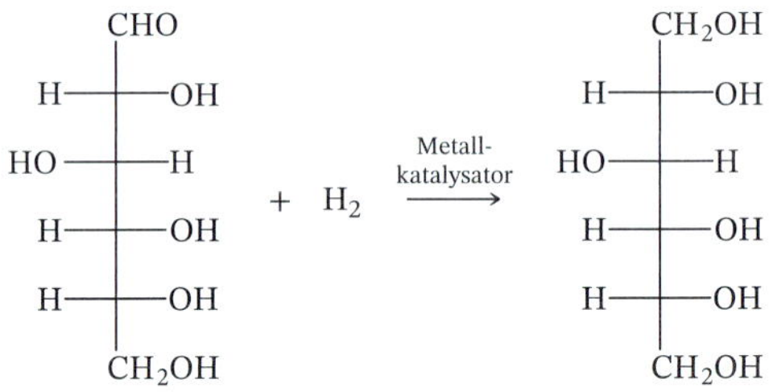

   D-Glucose + H_2 $\xrightarrow{\text{Metallkatalysator}}$ D-Glucitol (D-Sorbit)

5. **Oxidation zu Aldonsäuren (Abschn. 17.4.3)**
   Wird die Aldehydgruppe einer Aldose mit einem milden Oxidationsmittel in eine Carboxygruppe überführt, entsteht eine Polyhydroxycarbonsäure, eine Aldonsäure:

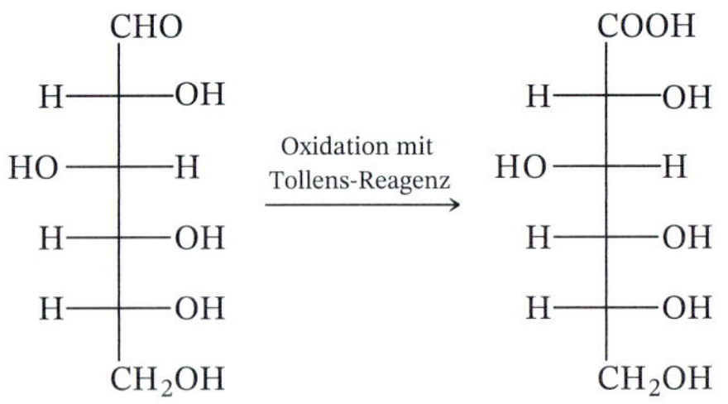

   D-Glucose $\xrightarrow{\text{Oxidation mit Tollens-Reagenz}}$ D-Gluconsäure

Quiz

Sind die folgenden Aussagen richtig oder falsch? Hier können Sie testen, ob Sie die wichtigsten Fakten aus diesem Kapitel parat haben. Wenn Sie mit einer der Fragestellungen Probleme haben, sollten Sie den jeweiligen in Klammern angegebenen Abschnitt in diesem Kapitel noch einmal durcharbeiten, bevor Sie sich an die weiteren, meist etwas schwierigeren Aufgaben zu diesem Kapitel machen.

1. Das Acetal eines Zuckers in der Pyranose- oder Furanoseform bezeichnet man als Glycosid (17.4).
2. Ein Monosaccharid enthält die Carbonylgruppe eines Ketons oder eines Aldehyds (17.2).
3. Stärke, Glykogen und Cellulose sind Vertreter der Oligosaccharide (17.6).
4. Ein L-Zucker und ein D-Zucker mit dem gleichen Namen sind Enantiomere (17.2).
5. Alditole sind oxidierte Kohlenhydrate (17.4).
6. D-Glucose und D-Ribose sind Diastereomere (17.2).
7. Alle Pyranoside enthalten einen Fünfring (17.3).
8. Alle Monosaccharide lösen sich in Diethylether (17.2).
9. Monosaccharide liegen überwiegend in einer cyclischen Halbacetalform vor (17.3).
10. In Monosacchariden bezeichnen die Deskriptoren α und β die Kohlenstoffatome, die eine bzw. zwei Positionen von der Carbonylgruppe entfernt sind (17.3).
11. Kohlenhydrate haben immer eine Summenformel der allgemeinen Form $C_n(H_2O)_n$ (17.1).
12. Als Mutarotation bezeichnet man die Einstellung einer Gleichgewichtskonzentration der α- und β-Anomere eines Kohlenhydrats (17.3).
13. D-Glucose und D-Galactose sind Diastereomere (17.2).
14. Nur acyclische Kohlenhydrate, die eine Aldehydgruppe enthalten, sind reduzierende Zucker (17.4).
15. Das Methylglycosid eines Monosaccharids ist kein reduzierender Zucker (17.4).
16. Das vorletzte Kohlenstoffatom eines acyclischen Monosaccharids wird in der cyclischen Halbacetalform zum anomeren C-Atom (17.3).
17. Eine Fischer-Projektion darf man um 90° drehen (17.2).

Ausführliche Erklärungen zu vielen dieser Antworten finden sich im Arbeitsbuch.

Antworten: (1) R (2) R (3) F (4) R (5) F (6) F (7) F (8) F (9) R (10) F (11) F (12) R (13) R (14) F (15) R (16) F (17) F

Aufgaben

Monosaccharide

17.1 (Siehe Beispielaufgabe 17.1)
(a) Zeichnen Sie Fischer-Projektionen für alle 2-Ketopentosen.
(b) Welche der vier 2-Ketopentosen sind D-Ketopentosen, welche sind L-Ketopentosen und welche sind zueinander enantiomer?

17.2 Welcher strukturelle Unterschied besteht zwischen einer Aldose und einer Ketose? Welcher zwischen einer Aldopentose und einer Ketopentose?

17.3 Welche Hexose ist auch als Traubenzucker oder Dextrose bekannt?

17.4 Was bedeutet es, wenn man sagt, dass D- und L-Glycerinaldehyd Enantiomere sind?

17.5 Erklären Sie die Bedeutung der Deskriptoren D und L zur Beschreibung der Konfiguration von Kohlenhydraten.

17.6 Wie viele Stereozentren liegen in D-Glucose vor? Wie viele in D-Ribose? Wie viele Stereoisomere sind für die beiden Monosaccharide möglich?

17.7 Welche der folgenden Verbindungen sind D- und welche sind L-Monosaccharide? (Siehe Beispielaufgabe 17.1)

17.8 Erklären Sie, warum alle Mono- und Disaccharide in Wasser löslich sind.

17.9 Was ist ein Aminozucker? Nennen Sie die drei am häufigsten in der Natur auftretenden Aminozucker.

Die cyclische Struktur von Monosacchariden

17.10 Mannose liegt in wässriger Lösung als Gemisch von α-D-Mannopyranose und β-D-Mannopyranose vor. Zeichnen Sie von beiden Verbindungen Haworth-Projektionen. (Siehe Beispielaufgabe 17.2)

17.11 Zeichnen Sie Sesselkonformationen der α-D-Mannopyranose und der β-D-Mannopyranose. Markieren Sie jeweils das anomere Kohlenstoffatom. (Siehe Beispielaufgabe 17.3)

17.12 Definieren Sie den Begriff *anomeres Kohlenstoffatom*.

17.13 Welche Konvention gibt es für die Nutzung der Begriffe α und β zur Beschreibung der cyclischen Form von Monosacchariden?

17.14 Sind α-D-Glucose und β-D-Glucose Anomere? Sind es Enantiomere? Begründen Sie Ihre Antworten.

17.15 Warum sind Sesselkonformationen realistischere Darstellungen für die Molekülgestalt von Hexopyranosen als Haworth-Projektionen?

17.16 Überführen Sie die folgenden Haworth-Projektionen in die offenkettigen Formen und dann in die entsprechenden Fischer-Projektionen:

(a) [Haworth-Projektion]

(b) [Haworth-Projektion]

Benennen Sie die von Ihnen gezeichneten Monosaccharide.

17.17 Überführen Sie die folgenden Sesselkonformationen jeweils in die offenkettige Form und dann in die entsprechende Fischer-Projektion:

(a) [Sesselkonformation]

(b) [Sesselkonformation]

Benennen Sie die von Ihnen gezeichneten Monosaccharide.

17.18 Erklären Sie das Phänomen der Mutarotation von Kohlenhydraten. Wie lässt sich die Mutarotation beobachten?

17.19 Wird α-D-Glucose in Wasser gelöst, dann ändert sich der spezifische Drehwinkel der Lösung von +112 zu +52.7. Ändert sich auch der spezifische Drehwinkel einer Lösung von α-L-Glucose? Falls ja, welcher Wert wird sich einstellen?

17.20 Geben Sie für die im Folgenden angegebene Reaktionen einen Mechanismus an:

[Reaktionsschema]

Hinweis: Bei jedem Schritt handelt es sich um eines der typischen Reaktionsmuster, die wir in früheren Kapiteln besprochen haben.

Reaktionen von Monosacchariden

17.21 Zeichnen Sie eine Sesselkonformationen von Methyl-α-D-mannopyranosid (Methyl-α-D-mannosid). Markieren Sie das anomere C-Atom und die glycosidische Bindung. (Siehe Beispielaufgabe 17.4)

17.22 Zeichnen Sie eine Strukturformel des β-*N*-Glycosids, das sich aus β-D-Ribofuranose und Adenin bildet. (Siehe Beispielaufgabe 17.5)

17.23 $NaBH_4$ reduziert D-Erythrose zu D-Erythrit. Ist das Alditol, das unter diesen Bedingungen entsteht, optisch aktiv oder nicht? Geben Sie eine Begründung an. (Siehe Beispielaufgabe 17.6)

17.24 Geben Sie die beiden möglichen Produkte in jeder Reaktion an (siehe hierzu Tab. 17.1). Welches ist das α-, welches das β-Anomer? (Siehe Beispielaufgabe 17.4)

(a) D-Gulose + CH₃CH₂OH →(verdünnte H₂SO₄)

(b) D-Altrose + (CH₃)₂CHOH →(verdünnte H₂SO₄)

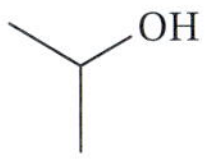

(c) D-Xylose + C₆H₅OH →(verdünnte H₂SO₄)

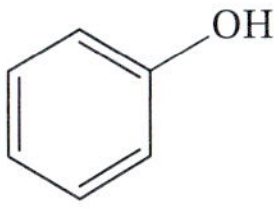

17.25 Zeichnen Sie Fischer-Projektionen des/der Produkt(e), das/die bei der Reaktion von D-Galactose mit den folgenden Verbindungen entsteht/en, und geben Sie an, ob das/die Produkt(e) optisch aktiv oder optisch inaktiv ist/sind. (Siehe Beispielaufgabe 17.6)

(a) NaBH₄ in H₂O
(b) AgNO₃ in NH₃, H₂O

17.26 Es gibt vier D-Aldopentosen (Tab. 17.1). Aus welchen entstehen optisch aktive Alditole, wenn sie mit NaBH₄ reduziert werden? Aus welchen entstehen optisch inaktive Alditole? (Siehe Beispielaufgabe 17.6)

17.27 Welche zwei D-Aldohexosen führen zu optisch inaktiven (*meso*) Alditolen, wenn sie mit NaBH₄ reduziert werden? (Siehe Beispielaufgabe 17.6)

17.28 L-Fucose, eines von mehreren Monosacchariden, die typischerweise in den Polysacchariden auf der Oberfläche von tierischen Zellen auftreten (siehe Exkurs 17.B), wird biochemisch in acht Schritten aus der D-Mannose synthetisiert:

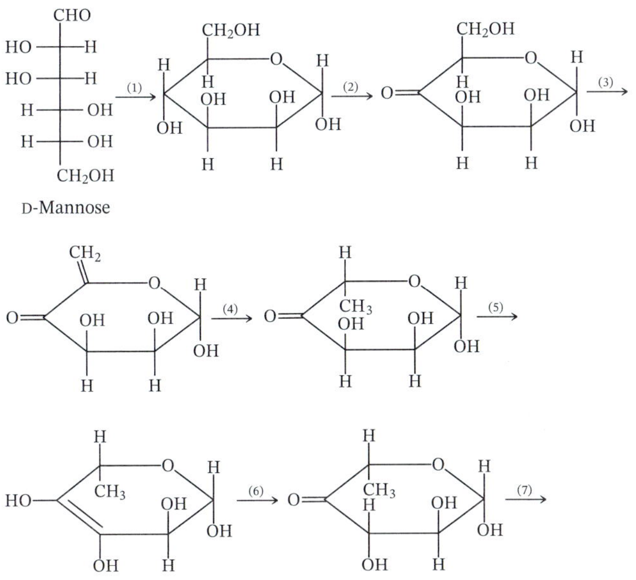

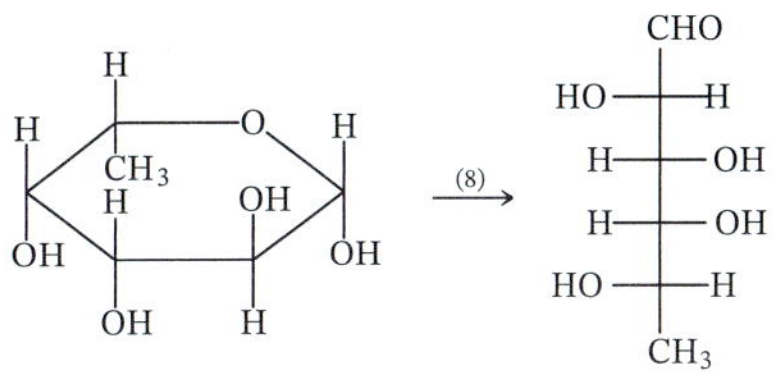

(a) Geben Sie an, um welchen Reaktionstyp (Oxidation, Reduktion, Hydratisierung, Dehydratisierung usw.) es sich bei jedem Schritt handelt.

(b) Warum gehört das Monosaccharid, das als Produkt aus D-Mannose gebildet wird, nun zur L-Reihe?

Disaccharide und Oligosaccharide

17.29 Zeichnen Sie die Sesselkonformation des α-Anomers eines Disacchariads, das aus zwei über eine β-1,3-glycosidische Bindung verknüpften D-Glucopyranosen besteht. (Siehe Beispielaufgabe 17.7)

17.30 Kann für Glycoside Mutarotation beobachtet werden?

17.31 Um Süßigkeiten oder Sirupe aus Zucker herzustellen, wird Saccharose mit etwas Säure gekocht, z. B. mit Zitronensaft. Warum schmeckt das Produktgemisch süßer als die eingesetzte Saccharoselösung?

17.32 Welche Disaccharide werden durch NaBH₄ reduziert?
(a) Saccharose
(b) Lactose
(c) Maltose

17.33 Trehalose findet sich in jungen Pilzen und ist das in der Hämolymphe bestimmter Insekten hauptsächlich vorkommende Kohlenhydrat. Trehalose ist ein Disaccharid, das aus zwei D-Monosaccharideinheiten besteht, die über eine α-1,1-glycosidische Bindung miteinander verknüpft sind:

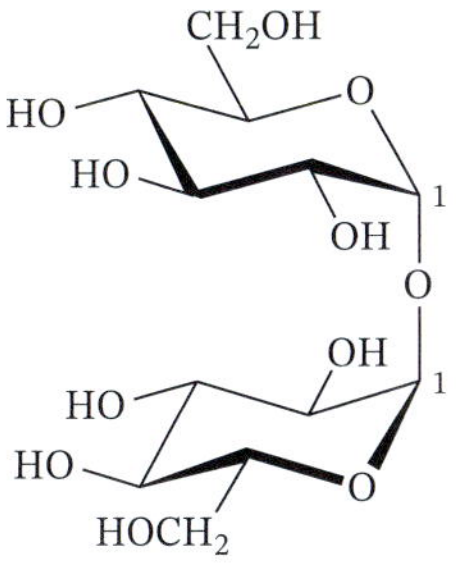

(a) Ist Trehalose ein reduzierender Zucker?
(b) Wird für Trehalose Mutarotation beobachtet?
(c) Aus welchen Monosacchariden ist Trehalose aufgebaut?

Polysaccharide

17.34 Nennen Sie drei Polysaccharide, die aus D-Glucoseeinheiten aufgebaut sind. In welchen dieser drei Polysaccharide sind die Glucoseeinheiten durch α-glycosidische Bindungen verknüpft? In welchen sind sie β-glycosidisch verknüpft?

17.35 Stärke besteht aus zwei Polysacchariden: Amylose und Amylopektin. Welcher wesentliche strukturelle Unterschied besteht zwischen beiden?

17.36 In Abschn. 17.2.5 ist eine Fischer-Projektion von N-Acetyl-D-glucosamin angegeben.
(a) Zeichnen Sie für die α- und die β-Pyranoseform dieses Monosaccharids jeweils eine Haworth-Projektion und eine Sesselkonformation.
(b) Zeichnen Sie eine Haworth-Projektion und eine Sesselkonformation des Disaccharids, in dem zwei N-Acetyl-D-glucosamin-Einheiten in der Pyranoseform über eine β-1,4-glycosidische Bindung verknüpft sind. Korrekt gezeichnet handelt es sich dabei um die Strukturformel der dimeren Wiederholeinheit von Chitin, der polysaccharidischen, strukturgebenden Komponente im Panzer von Krustentieren oder Insekten.

17.37 Geben Sie jeweils Strukturformeln für einen Disaccharidausschnitt der folgenden Polysaccharide an (in Abschn. 17.4.4 wurden die Uronsäuren besprochen):
(a) Die aus Meeresalgen isolierte Alginsäure wird als Verdickungsmittel in Speiseeis und anderen Lebensmitteln verwendet. Alginsäure ist ein Polymer aus β-1,4-glycosidisch verknüpfter D-Mannuronsäure in der Pyranoseform.
(b) Pektinsäure ist der wesentliche Bestandteil von Pektin, welches das Gelieren von Früchten und Beeren bewirkt. Pektinsäure ist ein Polymer aus α-1,4-glycosidisch verknüpfter D-Galacturonsäure in der Pyranoseform.

Ausblick

17.38 Ein Schritt in der Glykolyse, dem metabolischen Pfad, der Glucose zu Pyruvat abbaut (siehe Abschn. 21.3), ist die enzymkatalysierte Isomerisierung von Dihydroxyacetonphosphat zu D-Glycerinaldehyd-3-phosphat:

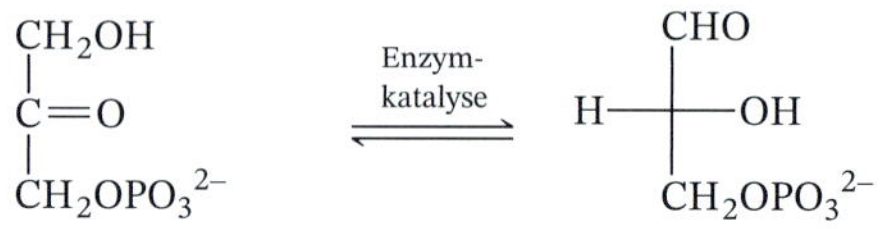

$$\begin{array}{c} CH_2OH \\ | \\ C=O \\ | \\ CH_2OPO_3^{2-} \end{array} \xrightleftharpoons[]{\text{Enzym-katalyse}} \begin{array}{c} CHO \\ | \\ H-C-OH \\ | \\ CH_2OPO_3^{2-} \end{array}$$

Dihydroxyaceton-phosphat   D-Glycerinaldehyd-3-phosphat

Zeigen Sie, dass sich diese Umwandlung als Folge zweier enzymkatalysierter Keto-Enol-Tautomerisierungen erklären lässt (Abschn. 12.8).

17.39 Epimere sind Verbindungen, die sich nur in der Konfiguration an *einem* von mehreren Stereozentren unterscheiden.
(a) Welche der Aldohexosen sind zueinander epimer?
(b) Sind alle Paare von Anomeren auch gleichzeitig Epimere? Sind alle Epimere auch Anomere? Begründen Sie.

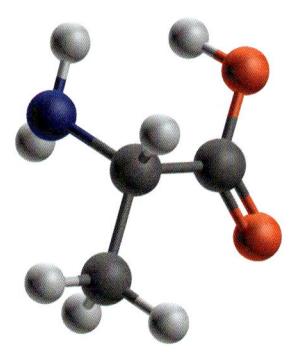

Spinnenseide ist ein faserförmiges Protein, das eine unübertroffene Festigkeit und Dehnbarkeit aufweist. Abgebildet sind Molekülmodelle von L-Alanin und Glycin, den Hauptbestandteilen des faserförmigen Seidenproteins.

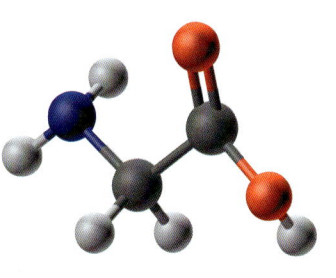

[Quelle: © gabrielaschaufelberger/iStockphoto.]

18
Aminosäuren, Peptide und Proteine

Inhalt
- 18.1 Welche Funktionen haben Proteine?
- 18.2 Was sind Aminosäuren?
- 18.3 Welche Säure-Base-Eigenschaften haben Aminosäuren?
- 18.4 Was sind Peptide und Proteine?
- 18.5 Was ist die Primärstruktur eines Peptids oder Proteins?
- 18.6 Welche dreidimensionale Struktur hat ein Peptid oder Protein?

Gewusst wie
- 18.1 Wie man die mittlere Ladungsverteilung einer Aminosäure bei einem gegebenen pH-Wert bestimmt

Exkurse
- 18.A Spinnenseide: Ein chemisches und technisches Wunderwerk der Natur

In diesem Kapitel befassen wir uns zunächst mit den Aminosäuren, den Bausteinen einer wichtigen Klasse von natürlichen Polymeren – der Proteine. Die Chemie der Aminosäuren basiert auf zwei wichtigen Stoffklassen, den Aminen (Kap. 10) und den Carbonsäuren (Kap. 13). Wir werden sehen, dass die physikalischen und die Säure-Base-Eigenschaften von Aminosäuren die Strukturen der Proteine maßgeblich bestimmen, die ihrerseits für die Funktionen der Proteine in lebenden Organismen entscheidend sind.

Einführung in die Organische Chemie, Erste Auflage. William H. Brown und Thomas Poon.
© 2021 WILEY-VCH GmbH. Published 2021 by WILEY-VCH GmbH.

Sowohl das Eiweiß als auch das Eigelb (der Dotter) enthalten zahlreiche Proteine, von denen jedes eine spezifische biologische Funktion hat. [Quelle: © afak Ouz/Alamy Stock Photo.]

18.1 Welche Funktionen haben Proteine?

Proteine sind eine der wichtigsten Naturstoffklassen. Unter den zahlreichen Funktionen, die diese lebensnotwendigen Verbindungen einnehmen, sind die folgenden von besonderer Bedeutung:

- *Struktur:* Strukturproteine wie Kollagen und Keratin sind die Hauptbestandteile von Haut, Knochen, Haaren und Nägeln.
- *Katalyse:* Nahezu alle Reaktionen, die in lebenden Organismen ablaufen, werden durch spezielle Proteine katalysiert, die man als Enzyme bezeichnet. Ohne Enzyme würde der größte Teil dieser Reaktionen so langsam ablaufen, dass sie tatsächlich nutzlos wären.
- *Bewegung:* Bei jeder Bewegung unseres Körpers finden Muskelausdehnungen und -kontraktionen statt. Die dafür verantwortlichen Muskelfasern bestehen aus den Proteinen Myosin und Aktin.
- *Transport:* Sehr viele Proteine sind an Transportprozessen beteiligt. Das Protein Hämoglobin transportiert Sauerstoff von der Lunge zu den Muskeln und anderen Geweben. Andere Proteine transportieren Moleküle durch Zellmembranen hindurch an die Stelle, an der sie gebraucht werden.
- *Hormone:* Viele Hormone sind Proteine, beispielsweise Insulin oder die menschlichen Wachstumshormone.
- *Schutz:* Eine besondere Klasse von Proteinen sind die Antikörper. Sie bilden den zentralen Schutzmechanismus des Körpers gegen Infektionskrankheiten. Ein anderes Beispiel ist das Protein Fibrinogen, dass dazu dient, die Blutgerinnung einzuleiten.
- *Kontrolle und Steuerung:* Einige Proteine kontrollieren nicht nur die Genexpression, indem sie steuern, welche Proteine in einer bestimmten Zelle gebildet werden, sondern bestimmen darüber hinaus sogar, wann eine solche Synthese stattfindet.

Darüber hinaus haben Proteine viele weitere Funktionen. Aber auch diese kurze Aufzählung wird Sie sicher davon überzeugen, dass Proteine in allen lebenden Organismen eine zentrale Rolle spielen. Eine typische Zelle enthält etwa 9000 verschiedene Proteine.

18.2 Was sind Aminosäuren?

18.2.1 Struktur

Eine **Aminosäure** ist eine Verbindung, die sowohl eine Aminogruppe als auch eine Carboxygruppe enthält. Obwohl viele Arten von Aminosäuren bekannt sind, spielen die α-**Aminosäuren** in der Welt der Biologie die bedeutendste Rolle, weil es sich bei ihnen um die Monomere handelt, aus denen die Proteine aufgebaut sind. In Abb. 18.1 ist die allgemeine Strukturformel der α-Aminosäuren gezeigt. Die Aminogruppe ist in ihnen an das der Carboxygruppe direkt benachbarte Kohlenstoffatom gebunden.

Obwohl Aminosäuren häufig durch die Strukturformel in Abb. 18.1(a) dargestellt werden, handelt es sich dabei um keine realistische Darstellung, da in ihr eine Säuregruppe (−COOH) und eine basische Gruppe (−NH$_2$) nebeneinander in derselben Verbindung vorliegen. Diese sauren und basischen Gruppen reagieren natürlich miteinander und bilden ein inneres Salz [Abbildung 18.1(b)], das auch als **Zwitterion** bezeichnet wird. Man beachte, dass ein Zwitterion insgesamt ungeladen ist; es enthält eine positive und eine negative Ladung.

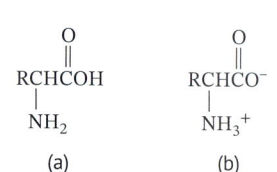

$$\text{(a)} \quad \underset{\underset{NH_2}{|}}{RCHCOH}\!=\!\!O \qquad \text{(b)} \quad \underset{\underset{NH_3^+}{|}}{RCHCO^-}\!=\!\!O$$

Abb. 18.1 Eine α-Aminosäure. (a) Nicht-ionisierte Darstellung und (b) zwitterionische Darstellung (inneres Salz).

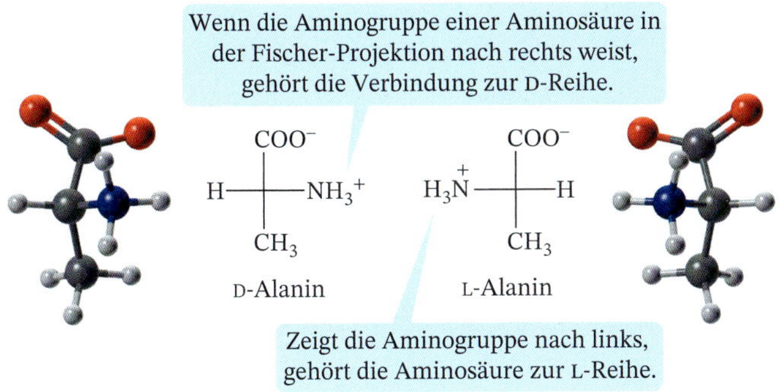

Wenn die Aminogruppe einer Aminosäure in der Fischer-Projektion nach rechts weist, gehört die Verbindung zur D-Reihe.

```
      COO⁻              COO⁻
  H ──┼── NH₃⁺     H₃N⁺──┼── H
      CH₃               CH₃
   D-Alanin          L-Alanin
```

Zeigt die Aminogruppe nach links, gehört die Aminosäure zur L-Reihe.

Abb. 18.2 Die Enantiomere des Alanins. Die meisten natürlichen α-Aminosäuren gehören zur L-Reihe.

Weil Aminosäuren als Zwitterionen vorliegen, weisen sie viele der Eigenschaften auf, die man von Salzen kennt. Sie sind kristalline Feststoffe mit hohen Schmelzpunkten, die einigermaßen gut in Wasser löslich sind, aber unlöslich in unpolaren organischen Lösungsmitteln wie Ethern oder Kohlenwasserstoffen.

18.2.2 Chiralität

Mit Ausnahme von Glycin (H_2NCH_2COOH) enthalten alle aus Proteinen gewonnenen Aminosäuren mindestens ein Stereozentrum und sind folglich chiral. In Abb. 18.2 sind Fischer-Projektionen der beiden Enantiomere von Alanin gezeigt. Während die meisten Kohlenhydrate in der Natur zur D-Reihe gehören (Abschn. 17.2), sind die natürlichen α-Aminosäuren überwiegend L-Aminosäuren.

18.2.3 Proteinogene Aminosäuren

In Tab. 18.1 sind die Trivialnamen, Strukturformeln sowie die Dreibuchstaben- und die Einbuchstabencodes für die zwanzig proteinogenen L-Aminosäuren aufgeführt. Die Aminosäuren lassen sich in vier Kategorien unterteilen: solche mit unpolaren Seitenketten, solche mit polaren, aber nicht ionisierten Seitenketten, solche mit sauren und solche mit basischen Seitenketten. Wenn Sie sich die Einträge in dieser Tabelle ansehen, achten Sie vor allem auf die folgenden Punkte:

1. Bei allen zwanzig proteinogenen Aminosäuren handelt es sich um α-Aminosäuren, das heißt, die Aminogruppe ist an das α-C-Atom gebunden.
2. In 19 der 20 Aminosäuren liegt eine primäre α-Aminogruppe vor; nur Prolin enthält eine sekundäre Aminogruppe.
3. Mit Ausnahme von Glycin ist das α-Kohlenstoffatom der Aminosäuren ein Stereozentrum. Dies ist in der Tabelle zwar nicht dargestellt, aber alle 19 chiralen Aminosäuren weisen die gleiche relative Konfiguration am α-Kohlenstoffatom auf – es handelt sich ausnahmslos um L-Aminosäuren.
4. Isoleucin und Threonin enthalten ein zweites Stereozentrum. Obwohl für diese Aminosäuren jeweils vier verschiedene Stereoisomere möglich sind, findet sich in Proteinen nur ein einziges.
5. Die Sulfanylgruppe in Cystein, die Imidazolgruppe in Histidin und die phenolische Hydroxygruppe in Tyrosin liegen bei pH = 7.0 teilweise ionisiert vor, auch wenn die ionisierte Form bei diesem pH-Wert nicht die überwiegend vorliegende Form ist.

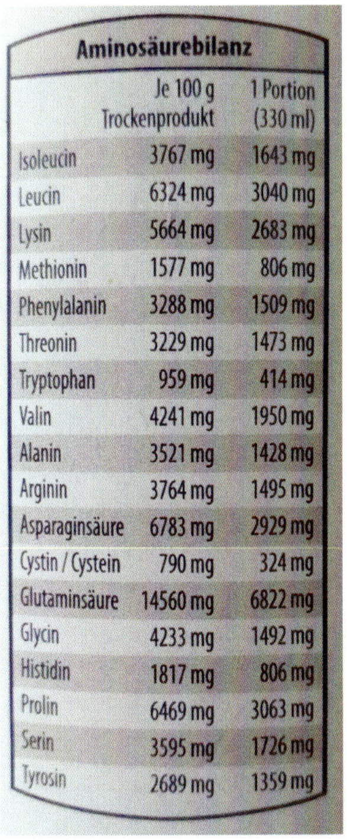

Aminosäurebilanz

	Je 100 g Trockenprodukt	1 Portion (330 ml)
Isoleucin	3767 mg	1643 mg
Leucin	6324 mg	3040 mg
Lysin	5664 mg	2683 mg
Methionin	1577 mg	806 mg
Phenylalanin	3288 mg	1509 mg
Threonin	3229 mg	1473 mg
Tryptophan	959 mg	414 mg
Valin	4241 mg	1950 mg
Alanin	3521 mg	1428 mg
Arginin	3764 mg	1495 mg
Asparaginsäure	6783 mg	2929 mg
Cystin / Cystein	790 mg	324 mg
Glutaminsäure	14560 mg	6822 mg
Glycin	4233 mg	1492 mg
Histidin	1817 mg	806 mg
Prolin	6469 mg	3063 mg
Serin	3595 mg	1726 mg
Tyrosin	2689 mg	1359 mg

Es gibt zahlreiche Nahrungsergänzungsmittel, die Aminosäuren enthalten. [Quelle: © M. Bär.]

Tab. 18.1 Die 20 üblicherweise in Proteinen enthaltenen Aminosäuren.[a]

unpolare Seitengruppen

Alanin (Ala, A)

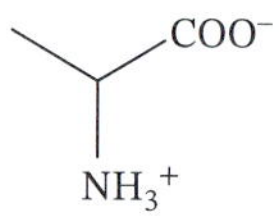

Glycin (Gly, G)

Isoleucin (Ile, I)

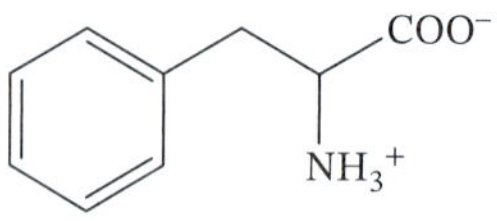

Leucin (Leu, L)

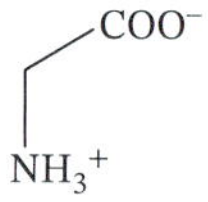

Methionin (Met, M)

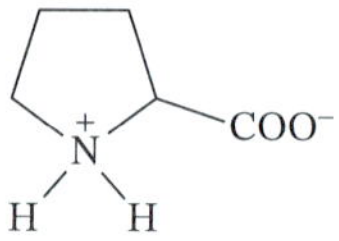

Phenylalanin (Phe, F)

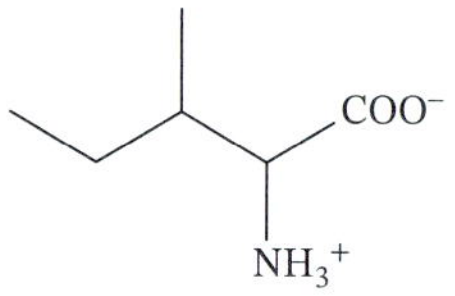

Prolin (Pro, P)

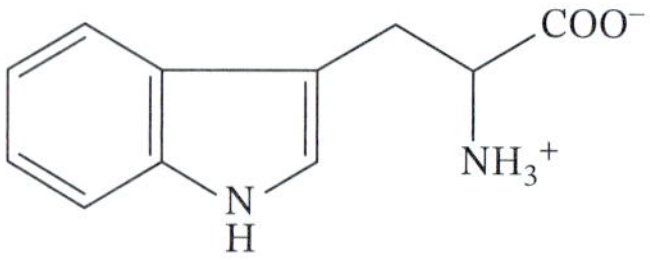

Tryptophan (Trp, W)

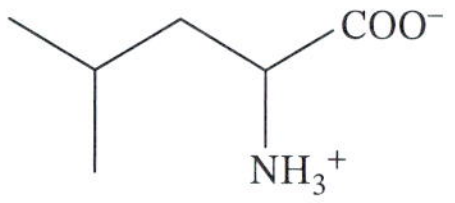

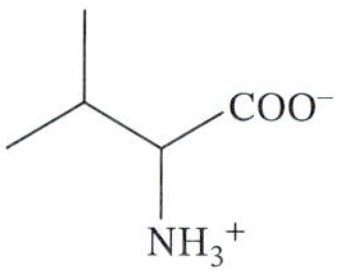

Valin (Val, V)

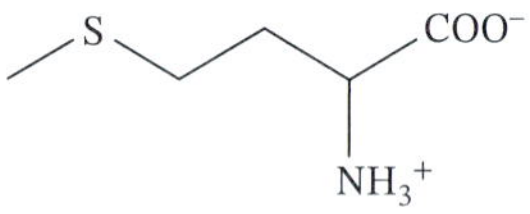

polare Seitengruppen

Asparagin (Asn, N)

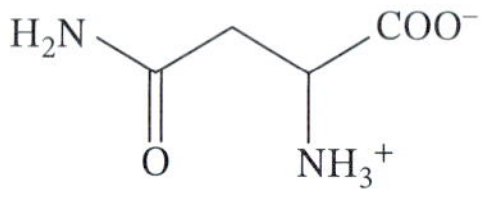

Glutamin (Gln, Q)

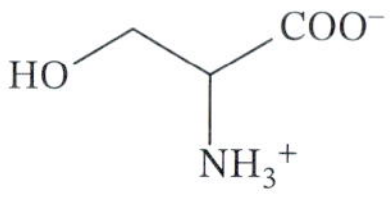

Serin (Ser, S)

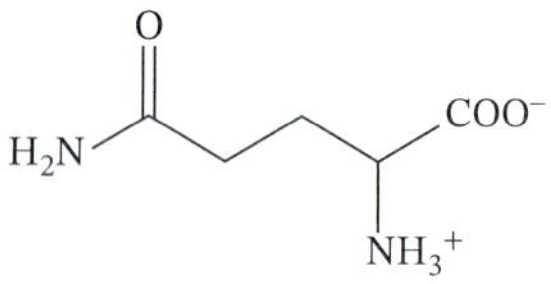

Threonin (Thr, T)

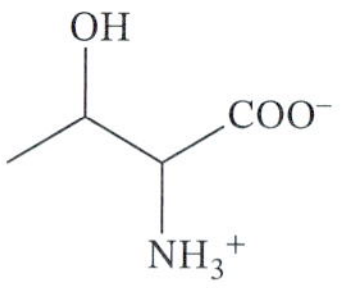

saure Seitengruppen

Asparaginsäure (Asp, D)

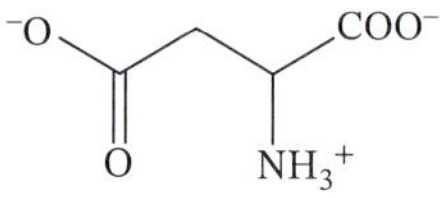

Glutaminsäure (Glu, E)

Cystein (Cys, C)

Tyrosin (Tyr, Y)

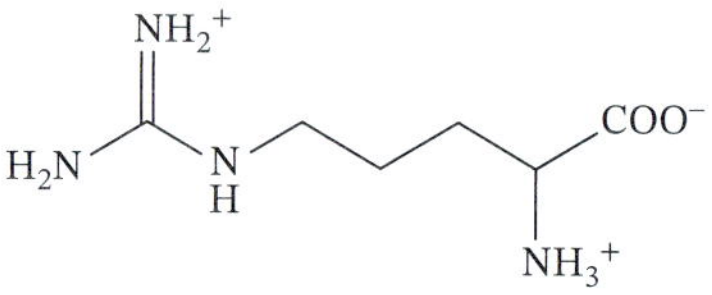

basische Seitengruppen

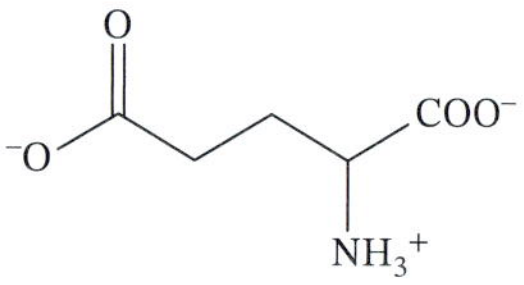

Arginin (Arg, R)

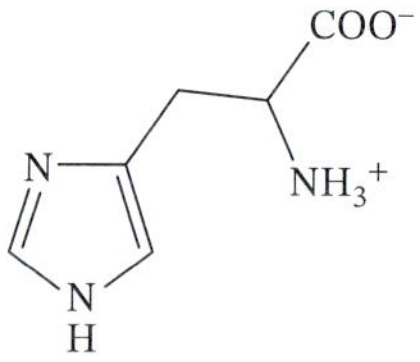

Histidin (His, H)

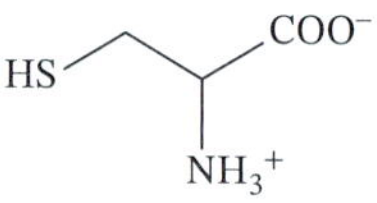

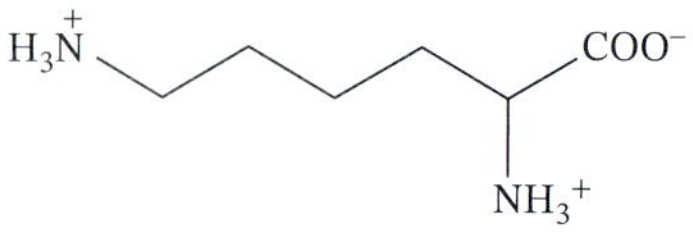

Lysin (Lys, K)

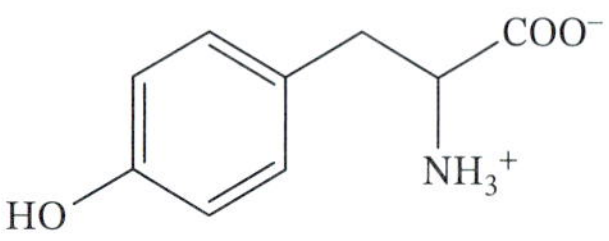

a) Alle ionisierbaren Gruppe sind so dargestellt, wie sie bei pH = 7.0 überwiegend vorliegen.

Beispiel 18.1 Wie viele der in Tab. 18.1 aufgeführten proteinogenen Aminosäuren enthalten (a) aromatische Ringe, (b) Hydroxygruppen in der Seitenkette, (c) phenolische OH-Gruppen und (d) Schwefel?

Vorgehensweise
Schauen Sie sich die in Tab. 18.1 angegebenen Strukturformeln der Aminosäuren an.

Lösung
(a) Phenylalanin, Tryptophan, Tyrosin und Histidin enthalten aromatische Ringe.
(b) Serin und Threonin enthalten Hydroxygruppen in der Seitenkette.
(c) Tyrosin enthält eine phenolische OH-Gruppe.
(d) Methionin und Cystein enthalten Schwefel.

Siehe Aufgaben 18.1, 18.7 und 18.8.

18.2.4 Weitere wichtige L-Aminosäuren

Obwohl die meisten pflanzlichen und tierischen Proteine aus den oben aufgeführten 20 α-Aminosäuren zusammengesetzt sind, finden sich in der Natur auch andere Aminosäuren. Ornithin und Citrullin beispielsweise finden sich vor allem in der Leber und sind wichtige Intermediate im Harnstoffcyclus, dem Stoffwechselweg, der Ammoniak in Harnstoff überführt:

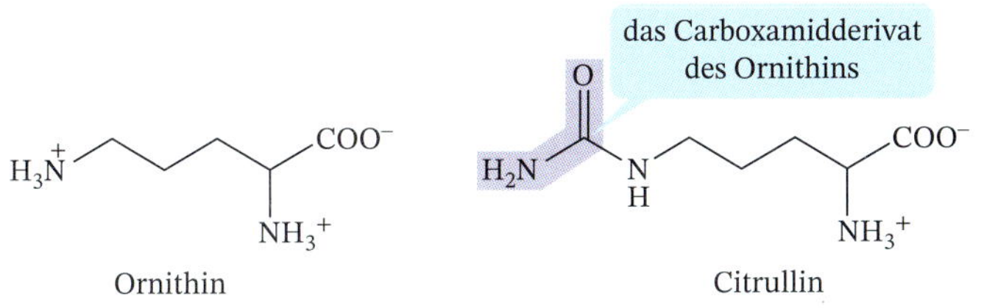

Thyroxin und Triiodthyronin sind zwei der zahlreichen Hormone, die sich von Tyrosin ableiten; sie finden sich in der Schilddrüse.

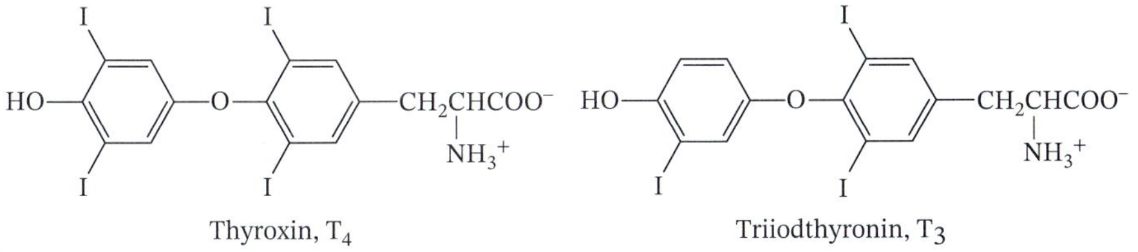

Die wesentliche Funktion dieser beiden Hormone ist die Anregung des Metabolismus in anderen Zellen und Geweben.

4-Aminobutansäure (γ-Aminobuttersäure, GABA) findet sich in hohen Konzentrationen (8×10^{-4} M) im Gehirn, aber in keinem anderen Säugetiergewebe in nennenswerten Mengen. GABA wird im Nervengewebe durch Decarboxylierung der α-Carboxygruppe aus Glutaminsäure gebildet; es wirkt als Neurotransmitter im zentralen Nervensystem von wirbellosen Tieren und möglicherweise auch von Menschen:

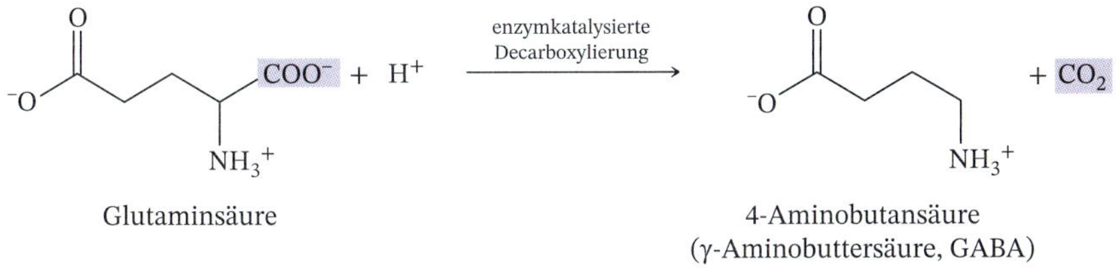

Proteine enthalten nur L-Aminosäuren und auch in anderen Zusammenhängen tauchen nur selten D-Aminosäuren im Stoffwechsel von höheren Organismen auf. In niederen Lebewesen finden sich aber neben den L- auch D-Aminosäuren. D-Alanin und D-Glutaminsäure sind beispielsweise Strukturbausteine der Zellwände in bestimmten Bakterien. Auch in Peptid-Antibiotika finden sich zahlreiche D-Aminosäuren.

18.3 Welche Säure-Base-Eigenschaften haben Aminosäuren?

18.3.1 Saure und basische Gruppen in Aminosäuren

Zu den wichtigsten chemischen Eigenschaften der Aminosäuren zählen ihre Säure-Base-Eigenschaften. Weil sie COOH- und NH_3^+-Gruppen enthalten, handelt es sich bei allen um schwache, mehrprotonige Säuren. Tabelle 18.2 zeigt die pK_S-Werte der ionisierbaren Gruppen aller proteinogenen Aminosäuren.

Acidität der α-Carboxygruppen

Der durchschnittliche pK_S-Wert einer α-Carboxygruppe in einer protonierten Aminosäure liegt bei 2.19. Die α-Carboxygruppe ist damit deutlich acider als die Carboxygruppe von Essigsäure (pK_S = 4.76) und anderen niedermolekularen aliphatischen Carbonsäuren. Die höhere Acidität beruht auf dem elektronenziehenden induktiven Effekt der benachbarten NH_3^+-Gruppe. (Rufen Sie sich in Erinnerung, dass wir in Abschn. 13.4.1 eine ähnliche Begründung für die relativen Aciditäten von Essigsäure und ihren mono-, di- und trichlorierten Derivaten angegeben haben.)

Tab. 18.2 pK_S-Werte der ionisierbaren Gruppen in Aminosäuren.

Aminosäure	pK_S (α-COOH)	pK_S (α-NH_3^+)	pK_S (Seitenkette)	Isoelektrischer Punkt (pI)
Alanin	2.35	9.87	–a)	6.11
Arginin	2.01	9.04	12.48	10.76
Asparagin	2.02	8.80	–a)	5.41
Asparaginsäure	2.10	9.82	3.86	2.98
Cystein	2.05	10.25	8.00	5.02
Glutamin	2.17	9.13	–a)	5.65
Glutaminsäure	2.10	9.47	4.07	3.08
Glycin	2.35	9.78	–a)	6.06
Histidin	1.77	9.18	6.10	7.64
Isoleucin	2.32	9.76	–a)	6.04
Leucin	2.33	9.74	–a)	6.04
Lysin	2.18	8.95	10.53	9.74
Methionin	2.28	9.21	–a)	5.74
Phenylalanin	2.58	9.24	–a)	5.91
Prolin	2.00	10.60	–a)	6.30
Serin	2.21	9.15	–a)	5.68
Threonin	2.09	9.10	–a)	5.60
Tryptophan	2.38	9.39	–a)	5.88
Tyrosin	2.20	9.11	10.07	5.63
Valin	2.29	9.72	–a)	6.00

a) Keine ionisierbare Gruppe in der Seitenkette.

Die Ammoniumgruppe hat einen elektronenziehenden induktiven Effekt, der die negative Ladung delokalisiert und das Zwitterion stabilisiert.

$$\underset{\underset{NH_3^+}{|}}{RCHCOOH} + H_2O \rightleftharpoons \underset{\underset{NH_3^+}{|}}{RCHCOO^-} + H_3O^+ \quad pK_S = 2.19$$

$$\underset{\underset{R}{|}}{RCHCOOH} + H_2O \rightleftharpoons \underset{\underset{R}{|}}{RCHCOO^-} + H_3O^+ \quad pK_S = 4.5$$

Ohne die Ammoniumgruppe liegt kein elektronenziehender induktiver Effekt vor.

Acidität einer Carboxygruppe in der Seitenkette

Wegen des elektronenziehenden induktiven Effekts der α-NH_3^+-Gruppe ist auch eine Carboxygruppe in der Seitenkette von protonierter Asparaginsäure und Glutaminsäure saurer als die Carboxygruppe von Essigsäure ($pK_S = 4.76$). Dieser die Acidität verstärkende Effekt nimmt mit dem Abstand der COOH-Gruppe von der α-NH_3^+-Gruppe ab, wie aus den Aciditäten der α-COOH-Gruppen von Alanin ($pK_S = 2.35$), der γ-COOH-Gruppe von Asparaginsäure ($pK_S = 3.86$) und der δ-COOH-Gruppe von Glutaminsäure ($pK_S = 4.07$) ersichtlich ist.

Acidität der α-Ammoniumgruppe

Der durchschnittliche pK_S-Wert einer α-Ammoniumgruppe (α-NH_3^+) beträgt 9.47 und liegt damit etwas niedriger als der durchschnittliche Wert von 10.76 für primäre aliphatische Ammoniumionen (Abschn. 10.4). So wie die NH_3^+-Gruppe einen induktiven Effekt auf die Carboxygruppe hat, üben auch die elektronegativen Sauerstoffatome der Carboxygruppe einen elektronenziehenden Effekt auf die NH_3^+-Gruppe aus. Dadurch wird Elektronendichte aus der Ammoniumgruppe abgezogen, weshalb sie leichter ein Proton abgibt, um zur ungeladenen NH_2-Gruppe zu werden. Die α-Ammoniumgruppe einer Aminosäure ist damit etwas acider als ein primäres aliphatisches Ammonium-Ion. Umgekehrt ist eine α-Aminogruppe also etwas weniger basisch als ein primäres aliphatisches Amin.

Der elektronenziehende Effekt der Carboxylat-Sauerstoffatome erhöht den positiven Charakter an der Ammoniumgruppe, wodurch das Ion weniger stabil ist und leichter ein Proton abgibt.

$$\underset{\underset{NH_3^+}{|}}{RCHCOO^-} + H_2O \rightleftharpoons \underset{\underset{NH_2}{|}}{RCHCOO^-} + H_3O^+ \quad pK_S = 9.47$$

$$\underset{\underset{NH_3^+}{|}}{R-CH-R} + H_2O \rightleftharpoons \underset{\underset{NH_2}{|}}{R-CH-R} + H_3O^+ \quad pK_S = 10.60$$

Basizität der Guanidinogruppe im Arginin

Die Guanidinogruppe in der Seitenkette von Arginin ist deutlich stärker basisch als eine aliphatische Aminogruppe. Wie wir in Abschn. 10.4 gesehen haben, ist Guanidin eine der stärksten Basen ($pK_B = 0.4$) unter den Neutralverbindungen. Die bemerkenswerte Basizität der Guanidinogruppe in Arginin kann mit der guten Mesomeriestabilisierung der protonierten Form erklärt werden.

$$\underset{NH_2^+}{\overset{NH_2}{RNH-C}} \longleftrightarrow \underset{NH_2}{\overset{NH_2^+}{RNH-C}} \longleftrightarrow \overset{+}{RNH}=\underset{NH_2}{C-NH_2} + H_2O \rightleftharpoons RN=\underset{NH_2}{C-NH_2} + H_3O^+ \quad pK_S = 12.48$$

Die protonierte Guanidinogruppe in der Argininseitenkette ist ein Resonanzhybrid aus drei Grenzformeln.

Wegen der Resonanzstabilisierung des Guanidinium-Ions ist das N-Atom in Guanidin basischer als ein aliphatisches Amin.

keine Resonanzstabilisierung

$$H-\overset{+}{N}-R + H_2O \rightleftharpoons :N-R + H_3O^+ \quad pK_S = 10.5$$

Ammonium-Ion   aliphatisches Amin

Basizität der Imidazolgruppe im Histidin

Weil die Imidazolgruppe in der Seitenkette von Histidin sechs π-Elektronen in einem planaren, vollständig konjugierten Zyklus enthält, handelt es sich um ein heterocyclisches aromatisches Amin (Abschn. 9.2). Das Elektronenpaar am einen Stickstoffatom ist Teil des aromatischen Sextetts, das Elektronenpaar am anderen Stickstoffatom dagegen nicht. Dieses zweite freie Elektronenpaar ist verantwortlich dafür, dass der Imidazolring basische Eigenschaften hat; die Protonierung dieses Stickstoffatoms führt zu einem mesomeriestabilisierten Kation:

Dieses Elektronenpaar ist nicht Bestandteil des aromatischen Sextetts; es ist ein Protonenakzeptor.

ein mesomeriestabilisiertes Imidazoliumkation $pK_S = 6.10$

18.3.2 Titration von Aminosäuren

Die pK_S-Werte der ionisierbaren Gruppen einer Aminosäure werden in der Regel durch Säure-Base-Titration, das heißt durch Messung des pH-Werts der Lösung als Funktion der Menge an zugegebener Base (bzw. Säure – je nachdem, wie die Titration durchgeführt wird). Um die experimentelle Vorgehensweise zu verdeutlichen, wollen wir uns eine Lösung vorstellen, die 1.00 mol Glycin enthält und der gerade so viel einer starken Säure zugesetzt wurde, dass sowohl die Amino- als auch die Carboxygruppen vollständig protoniert vorliegen. Anschließend soll die Lösung mit 1.00 M NaOH titriert werden. Das zugetropfte Volumen der Base und der dabei jeweils ermittelte pH-Wert werden aufgezeichnet und in einem Diagramm aufgetragen (Abb. 18.3).

Die acideste Gruppe, die Carboxygruppe, reagiert zuerst mit dem zugegebenen Natriumhydroxid. Wenn genau 0.50 mol NaOH zugegeben wurden, sind die Carboxygruppen zur Hälfte neutralisiert. An diesem Punkt entspricht die Konzentration des Zwitterions genau der Konzentration des positiv geladenen Ions und der gemessene pH-Wert von 2.35 entspricht dem pK_S-Wert der Carboxygruppe (pK_{S1}):

Wenn pH = pK_{S1}, dann gilt: $[H_3\overset{+}{N}CH_2COOH] = [H_3\overset{+}{N}CH_2COO^-]$

positives Ion   Zwitterion

18.3 Welche Säure-Base-Eigenschaften haben Aminosäuren?

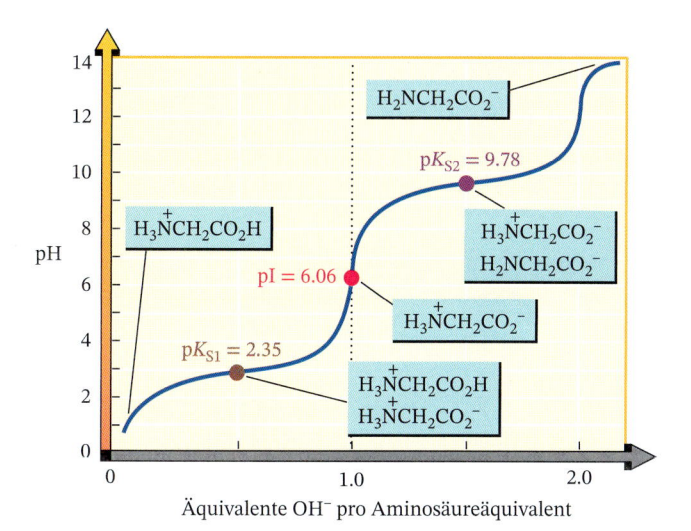

[Titrationskurve von Glycin mit Natriumhydroxid: x-Achse "Äquivalente OH⁻ pro Aminosäureäquivalent" (0 bis 2.0), y-Achse pH (0 bis 14). Markierte Punkte: $pK_{S1} = 2.35$, pI = 6.06, $pK_{S2} = 9.78$. Beschriftete Spezies: $H_3\overset{+}{N}CH_2CO_2H$, $H_3\overset{+}{N}CH_2CO_2H$ / $H_3\overset{+}{N}CH_2CO_2^-$, $H_3\overset{+}{N}CH_2CO_2^-$, $H_3\overset{+}{N}CH_2CO_2^-$ / $H_2NCH_2CO_2^-$, $H_2NCH_2CO_2^-$.]

Abb. 18.3 Titration von Glycin mit Natriumhydroxid.

Der Endpunkt des ersten Teils der Titration ist erreicht, wenn 1.00 mol NaOH zugegeben wurde. An diesem Punkt liegt die Verbindung überwiegend als Zwitterion vor und der beobachtete pH-Wert der Lösung ist 6.06.

Der nächste Abschnitt der Kurve stellt die Titration der NH$_3^+$-Gruppe dar. Werden weitere 0.50 mol NaOH zugegeben (insgesamt also 1.50 mol), ist die Hälfte der NH$_3^+$-Gruppen neutralisiert und in NH$_2$ überführt. An diesem Punkt sind die Konzentrationen des Zwitterions und des negativ geladenen Ions gleich und der beobachtete pH-Wert von 9.78 entspricht dem pK_S-Wert der Aminogruppe von Glycin (pK_{S2}):

Wenn pH = pK_{S2}, dann gilt: $[H_3\overset{+}{N}CH_2COO^-]$ = $[H_2NCH_2COO^-]$

Zwitterion   negatives Ion

Die zweite Titration ist abgeschlossen, wenn insgesamt 2.00 mol NaOH zugegeben wurden und Glycin vollständig als Anion vorliegt.

18.3.3 Der isoelektrische Punkt

Aus Titrationskurven wie der gerade für Glycin diskutierten können die pK_S-Werte der ionisierbaren Gruppen einer Aminosäure bestimmt werden. Darüber hinaus kann man aus ihnen auch eine andere wichtige Größe ablesen: den **isoelektrischen Punkt (pI)**, also den pH-Wert, bei dem eine Aminosäure, ein Peptid oder ein Protein nach außen hin ungeladen als Zwitterion vorliegt. Man erkennt in der Titrationskurve, dass der isoelektrische Punkt von Glycin genau in der Mitte der pK_S-Werte der Carboxy- und der Ammoniumgruppe liegt:

$$pI = \tfrac{1}{2}(pK_S\ \alpha\text{-COOH} + pK_S\ \alpha\text{-NH}_3^+)$$

$$= \tfrac{1}{2}(2.35 + 9.78) = 6.06$$

Bei einem pH von 6.06 liegt Glycin somit überwiegend als Zwitterion vor und darüber hinaus ist die Anzahl der protonierten, positiv geladenen Glycinmoleküle gleich der Anzahl der deprotonierten, negativ geladenen Glycinmoleküle.

Möchte man die isoelektrischen Punkte für Arginin, Asparaginsäure, Glutaminsäure, Histidin und Lysin abschätzen (diese Aminosäuren enthalten jeweils entweder zwei Carboxy- oder zwei Ammoniumgruppen), verwendet man die pK_S-Werte der beiden Gruppen, deren pK_S-Werte sich am ähnlichsten sind. Den isoelektrischen Punkt von Lysin würde man beispielsweise wie folgt ermitteln:

$$pI = \tfrac{1}{2}(pK_S\ \alpha\text{-NH}_3^+ + pK_S\ \text{Seitenketten-NH}_3^+)$$
$$= (8.95 + 10.53) = 9.74$$

$$\underset{pK_S = 10.53}{\overset{pK_S = 8.95 \quad pK_S = 2.18}{\text{H}_3\overset{+}{\text{N}}-\text{CHC}-\text{OH} \text{ mit Seitenkette } (\text{CH}_2)_4-\overset{+}{\text{NH}}_3}}$$

Diese beiden pK_S-Werte sind sich am ähnlichsten.

Kennt man den isoelektrischen Punkt einer Aminosäure, kann man in etwa abschätzen, wie ihr Ladungszustand bei einem beliebigen pH-Wert sein wird. So ist beispielsweise die Nettoladung von Tyrosin bei pH = 5.63, dem isoelektrischen Punkt, im Mittel gleich null. Bei einem pH-Wert von 5.00 (0.63 Einheiten unterhalb des pI) wird ein kleiner Anteil der Tyrosinmoleküle positiv geladen vorliegen und bei pH = 3.63 (2.00 Einheiten kleiner als der pI) werden nahezu alle Moleküle positiv geladen sein. Ein anderes Beispiel ist Lysin, das beim pH-Wert des isoelektrischen Punkts (pI = 9.74) nach außen hin im Mittel ungeladen vorliegt und für das bei pH-Werten kleiner als 9.74 ein zunehmender Anteil der Lysinmoleküle positiv geladen ist.

Bei pH-Werten oberhalb des pI wird ein zunehmender Anteil der Moleküle eine negative Nettoladung tragen. Dies lässt sich für beliebige Aminosäuren zusammenfassen:

$$\underset{\text{NH}_3^+}{\text{RCHCOOH}} \underset{\text{H}_3\text{O}^+}{\overset{\text{OH}^-}{\rightleftharpoons}} \underset{\text{NH}_3^+}{\text{RCHCOO}^-} \underset{\text{H}_3\text{O}^+}{\overset{\text{OH}^-}{\rightleftharpoons}} \underset{\text{NH}_2}{\text{RCHCOO}^-}$$

pH < pI   pH = pI   pH > pI
(Nettoladung: +1)   (Nettoladung: 0)   (Nettoladung: −1)

18.3.4 Elektrophorese

Die **Elektrophorese**, ein Prozess zur Trennung von Verbindungen anhand ihrer Ladungen, kann zur Trennung und Identifikation von Mischungen aus Aminosäuren oder Proteinen genutzt werden. Eine Trennung durch Elektrophorese kann auf festen Trägern wie Papier, Stärke, Agar, speziellen Kunststoffen oder Celluloseacetat durchgeführt werden. In der Papierelektrophorese dient ein wassergetränktes Papier, das durch eine Pufferlösung auf einen definierten pH-Wert eingestellt wird, als Verbindung zwischen zwei Elektrodengefäßen (Abb. 18.4).

Die zu trennende Mischung der Aminosäuren oder Peptiden wird als farbloser Fleck auf dem Papierstreifen aufgebracht (Aminosäuremischungen sind farblos). Wenn nun ein elektrisches Potential zwischen den Elektrodengefäßen angelegt wird, wandern die geladenen Aminosäuren zu der Elektrode mit der jeweils entgegengesetzten Ladung. Ionen mit hoher Ladungsdichte bewegen sich dabei schneller als solche mit geringer Ladungsdichte. Die Verbindungen, deren isoelektrische Punkte dem pH-Wert des Puffersystems entsprechen, bleiben an ihrem Ort. Wenn die Trennung abgeschlossen ist, wird der Papierstreifen mit einem Anfärbereagenz besprüht, durch das die Aminosäuren in farbige und damit sichtbare Verbindungen überführt werden.

Gewusst wie: 18.1 Wie man die mittlere Ladungsverteilung einer Aminosäure bei einem gegebenen pH-Wert bestimmt

Mit dem pH-Wert kann man angeben, wie sauer eine Lösung ist. Der pK_S-Wert einer Verbindung mit einer deprotonierbaren funktionellen Gruppe quantifiziert die Säurestärke dieser Gruppe, gibt also deren Neigung an, ein Proton abzugeben. Im Studium der allgemeinen Chemie lernt man die Henderson-Hasselbalch-Gleichung kennen (pH = pK_S + log[A$^-$]/[HA]), die eine Beziehung zwischen dem pH-Wert einer Lösung und dem pK_S-Wert der Säure herstellt. Diese Gleichung lässt sich wie folgt zusammenfassen:[a]

1. Ist der pH-Wert der Lösung kleiner als der pK_S-Wert der aciden Gruppe, verhält sich die Lösung gegenüber dieser funktionellen Gruppe wie eine Säure und die Gruppe liegt protoniert vor.
2. Ist der pH-Wert der Lösung größer als der pK_S-Wert der aciden Gruppe, verhält sich die acide Gruppe gegenüber der Lösung wie eine Säure und die Gruppe liegt deprotoniert vor.

Nehmen wir Lysin als Beispiel. Bei pH = 5 liegt am Lysin eine Ladung von +1 vor:

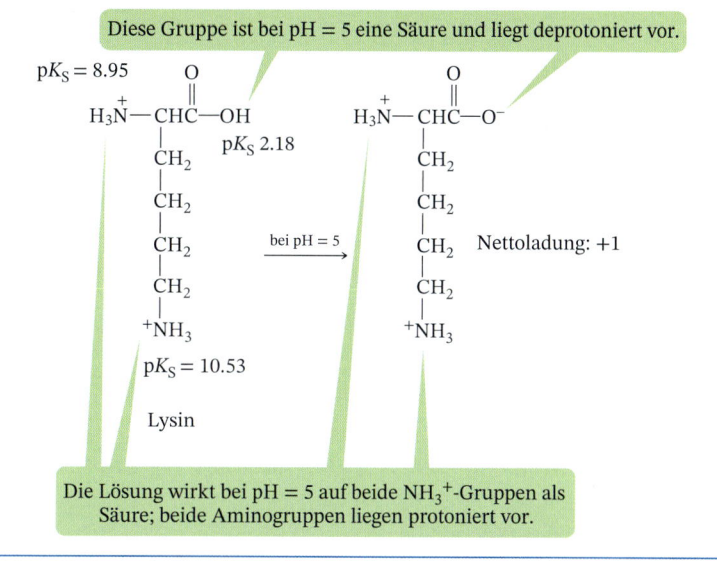

[Strukturformel von Lysin bei pH = 5: links protonierte Form mit pK_S = 8.95 (Carboxyl-OH, pK_S 2.18) und pK_S = 10.53 (terminale $^+NH_3$); rechts Form bei pH = 5 mit deprotonierter Carboxylgruppe (COO$^-$), beide NH_3^+-Gruppen protoniert, Nettoladung: +1]

Hinweise:
- Diese Gruppe ist bei pH = 5 eine Säure und liegt deprotoniert vor.
- Die Lösung wirkt bei pH = 5 auf beide NH_3^+-Gruppen als Säure; beide Aminogruppen liegen protoniert vor.

---

a) *Man beachte:* Diese Näherungsmethode liefert vor allem dann brauchbare Aussagen, wenn zwischen dem pH-Wert der Lösung und dem pK_S-Wert der ionisierbaren Gruppen ein Unterschied von mindestens einer Einheit liegt.

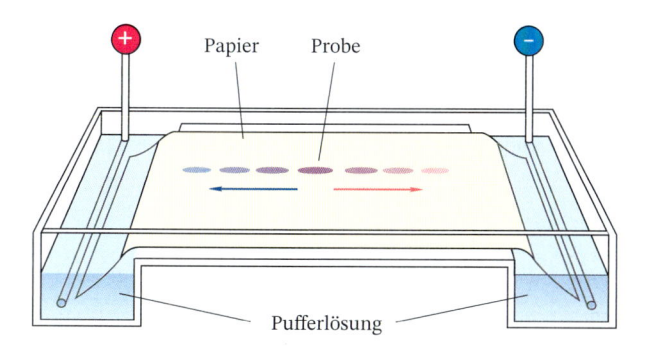

Abb. 18.4 Elektrophorese einer Mischung von Aminosäuren. Die negativ geladenen Aminosäuren bewegen sich in Richtung der positiven Elektrode, die positiv geladenen zur negativen Elektrode; die beim pH-Wert des Puffers ungeladenen Aminosäuren verharren an ihrem Ausgangsort.

Ein Anfärbereagenz, das sehr häufig zur Detektion von Aminosäuren verwendet wird, ist Ninhydrin (1,2,3-Indantrionmonohydrat). Bei der Reaktion von Ninhydrin mit einer α-Aminosäure entstehen ein Aldehyd, Kohlendioxid und ein purpurfarbenes Anion:

$$\text{RCHCO}^- + 2 \text{ Ninhydrin} \rightarrow \text{purpurfarbenes Anion} + \text{RCH} + CO_2 + H_3O^+$$
$$|$$
$$NH_3^+$$

eine α-Aminosäure   Ninhydrin   purpurfarbenes Anion

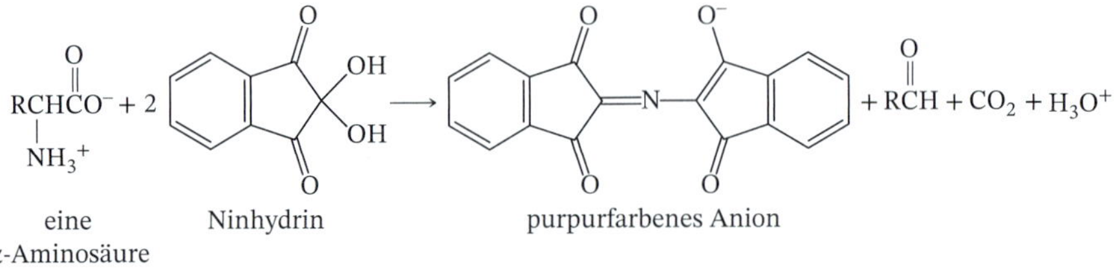

Diese Reaktion ist in der qualitativen und quantitativen Analyse von Aminosäuren sehr gebräuchlich. 19 der 20 proteinogenen α-Aminosäuren enthalten eine primäre Aminogruppe und bilden jeweils das gleiche purpurfarbene aus Ninhydrin abgeleitete Anion. Prolin mit einer sekundären Aminogruppe bildet eine orange Verbindung.

Beispiel 18.2 Der isoelektrische Punkt von Tyrosin ist 5.63. Zu welcher Elektrode wandert Tyrosin in einer Papierelektrophorese bei pH = 7.0?

Vorgehensweise
An seinem isoelektrischen Punkt hat ein Aminosäuremolekül keine Nettoladung. Ist in der Lösung der pH > pI, hat das Molekül eine negative Gesamtladung, für pH < pI hat es eine positive Ladung. Zur Lösung dieser Aufgabe ist es also erforderlich, den pH der Lösung mit dem pI der Aminosäure zu vergleichen.

Lösung
Während der Papierelektrophorese bei pH = 7.0 (basischer als der isoelektrische Punkt), trägt Tyrosin eine negative Nettoladung und wandert in Richtung der positiven Elektrode.

Siehe Aufgaben 18.12, 18.14 und 18.15.

Beispiel 18.3 Die Elektrophorese einer Mischung aus Lysin, Histidin und Cystein wird bei pH = 7.64 durchgeführt. Beschreiben Sie das Verhalten der Aminosäuren unter diesen Bedingungen.

Vorgehensweise
Vergleichen Sie die isoelektrischen Punkte dieser Aminosäuren mit dem pH-Wert der Lösung und ermitteln Sie die Nettoladungen bei diesem pH-Wert. Wenn der pI der Aminosäure mit dem pH-Wert der Lösung übereinstimmt, bewegt sich die Aminosäure nicht von ihrem Startpunkt weg. Ist der pH-Wert größer als der pI, dann bewegt sich die Aminosäure zur positiven Elektrode. Ist er niedriger als der pI, wandert sie zur negativen Elektrode.

Lösung
Der isoelektrische Punkt von Histidin ist 7.64. Bei diesem pH-Wert hat das Histidin eine Nettoladung von null und bewegt sich nicht im elektrischen Feld. Der pI von Cystein ist 5.02; bei pH = 7.64 (basischer als der isoelektrische Punkt) trägt es eine negative Nettoladung und bewegt sich zur positiven Elektrode. Der pI von Lysin ist 9.74; bei pH = 7.64 (saurer als der isoelektrische Punkt) hat Lysin eine positive Gesamtladung und bewegt sich zur negativen Elektrode.

Siehe Aufgaben 18.13 und 18.19.

18.4 Was sind Peptide und Proteine?

Im Jahr 1902 erkannte Emil Fischer, dass es sich bei Proteinen um lange Ketten aus vielen Aminosäuren handelt, die jeweils über Amidbindungen zwischen der α-Carboxygruppe einer und der α-Aminogruppe einer anderen Aminosäure verknüpft sind. Für diese Amidbindungen schlug Fischer die Bezeichnung **Peptidbindung** vor. Abbildung 18.5 zeigt eine Peptidbindung zwischen Serin und Alanin in dem Dipeptid Serylalanin.

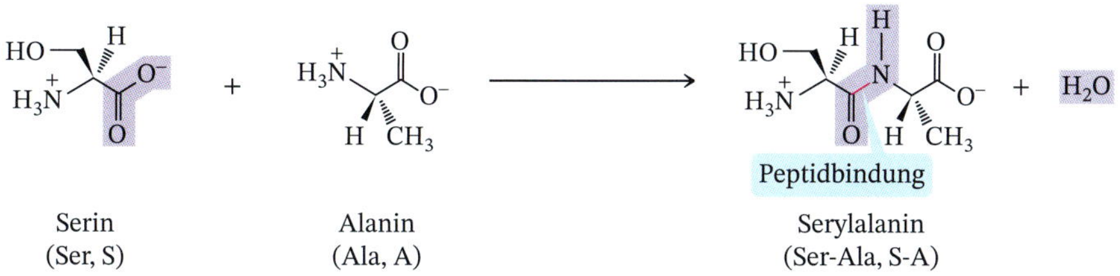

Abb. 18.5 Die Peptidbindung in Serylalanin.

Als **Peptid** bezeichnet man ein kurzes Polymer aus mehreren Aminosäuren. Man klassifiziert Peptide nach der Anzahl an Aminosäureeinheiten in ihrer Kette – eine Verbindung aus zwei über Amidbindungen verknüpften Aminosäuren nennt man **Dipeptid**. Verbindungen mit drei bis zehn Aminosäuren werden als **Tripeptide, Tetrapeptide, Pentapeptide** usw. bezeichnet. Verbindungen aus mehr als 10, aber weniger als 20 Aminosäuren heißen **Oligopeptide**. Ab 20 oder mehr Aminosäuren spricht man von **Polypeptiden**. **Proteine** sind Biopolymere mit einer molaren Masse von 5000 g/mol oder mehr; sie bestehen aus einer oder mehreren Peptidketten. Die Einteilung der Peptide entsprechend dieser Terminologie ist allerdings nicht streng zu verstehen.

Konventionsgemäß zeichnet man Peptide von links nach rechts, wobei man mit der Aminosäure beginnt, die eine freie α-NH_3^+-Gruppe aufweist, und nach rechts bis zu der Aminosäure fortfährt, die eine freie α-COO^--Gruppe enthält. Die Aminosäure mit der freien α-NH_3^+-Gruppe nennt man die **N-terminale Aminosäure**, die mit der freien α-COO^--Gruppe wird als **C-terminale Aminosäure** bezeichnet:

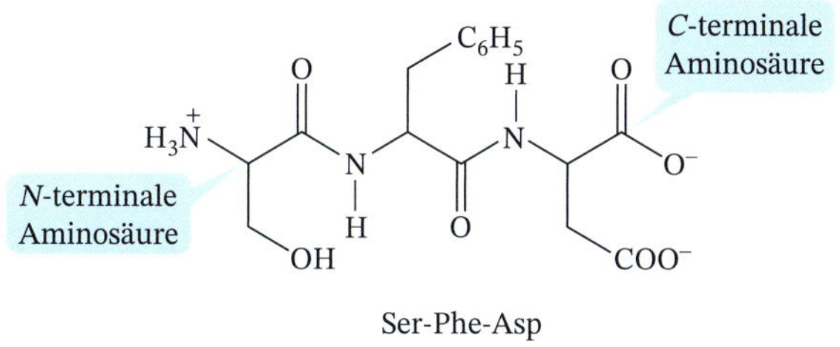

Beispiel 18.4 Zeichnen Sie die Strukturformel von Cys-Arg-Met-Asn. Geben Sie an, welche der Aminosäuren *N*-terminal und welche *C*-terminal ist. Welche Nettoladung hat dieses Tetrapeptid bei pH = 6.0?

Vorgehensweise
Beginnen Sie damit, die zwitterionischen Darstellungen jeder Aminosäure von links nach rechts zu zeichnen, beginnend beim Cystein bis zum Asparagin – jede mit ihrer α-NH_3^+-Gruppe links und der α-COO^--Gruppe rechts. Bilden Sie die Peptidbindungen, indem sie jeweils ein Äquivalent Wasser zwischen benachbarten COO^-- und NH_3^+-Gruppen entfernen. Um die Nettoladung an diesem Tetrapeptid zu bestimmen,

ermitteln Sie mithilfe von Tab. 18.2 die pK_S-Werte für die ionisierbaren Gruppen an den Termini und in den Seitenketten.

Lösung

Das Rückgrat des Tetrapeptids Cys-Arg-Met-Asn wird durch eine sich wiederholende Abfolge N–α-C–CO gebildet. Die Nettoladung dieses Tetrapeptids bei pH = 6.0 ist +1. Im Folgenden ist die Strukturformel von Cys-Arg-Met-Asn abgebildet:

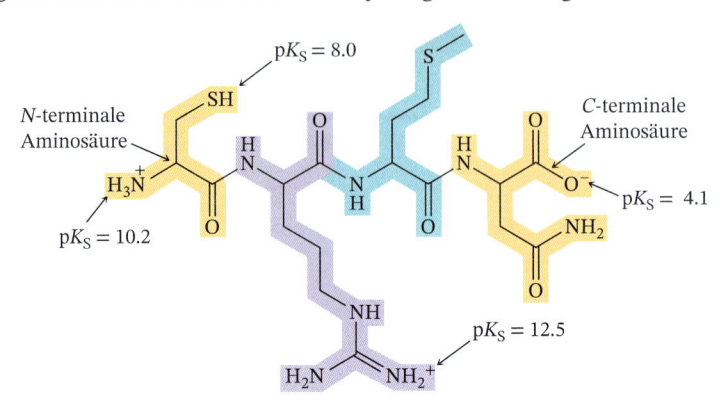

Siehe Aufgaben 18.20 und 18.24.

18.5 Was ist die Primärstruktur eines Peptids oder Proteins?

Die **Primärstruktur** eines Peptids oder Proteins ist die Abfolge der Aminosäuren in seiner Polypeptidkette. Sie wird beginnend bei der *N*-terminalen Aminosäure bis zur *C*-terminalen Aminosäure abgelesen. Die Primärstruktur liefert somit eine vollständige Beschreibung aller kovalenten Bindungen in einem Peptid oder Protein.

1953 bestimmte Frederick Sanger an der Universität Cambridge in England die Primärstruktur der beiden Peptidketten des Hormons Insulin. Das war nicht nur eine bemerkenswerte Leistung im Bereich der analytischen Chemie, es war auch der eindeutige Beweis dafür, dass alle individuellen Moleküle eines Proteins die gleiche Aminosäurezusammensetzung und die gleiche Aminosäuresequenz haben. Heute ist die Aminosäuresequenz von über einer halben Million verschiedener Proteine bekannt – Tendenz rasch steigend.

18.5.1 Aminosäureanalyse

Der erste Schritt bei der Bestimmung der Primärstruktur eines Peptids ist, es zu hydrolysieren und die Aminosäurezusammensetzung quantitativ zu bestimmen. Wir erinnern uns aus Abschn. 14.3.4, dass Amidbindungen sehr stabil gegen eine Hydrolyse sind. Meist wird eine Proteinprobe in 6 M HCl in einem fest verschlossenen Glasgefäß bei 110 °C innerhalb von 24 bis 72 h hydrolysiert. (In einem Mikrowellenofen erfolgt die Hydrolyse rascher.) Wenn das Peptid hydrolysiert ist, wird die Aminosäuremischung durch Ionenaustausch-Chromatographie aufgetrennt. Dabei wird die Aminosäuremischung durch eine speziell gepackte Säule geleitet. Jede der 20 Aminosäuren benötigt für den Durchtritt durch die Säule unterschiedlich lange. Die Aminosäuren werden beim Austritt aus der Säule durch ihre Reaktion mit Ninhydrin nachgewiesen (Abschn. 18.3.4) und durch Absorptionsspektroskopie analysiert. Die derzeit verfügbaren Methoden zur Hydrolyse der Peptide und zur Analyse der Aminosäuren wurden so weit optimiert, dass es möglich ist, die Aminosäurezusammensetzung auf der Grundlage von nur 50 nmol (50 × 10^{-9} mol) eines Peptids zu

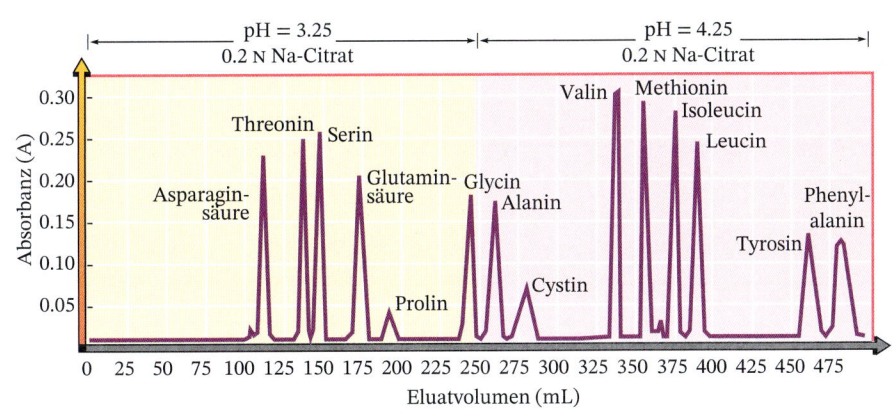

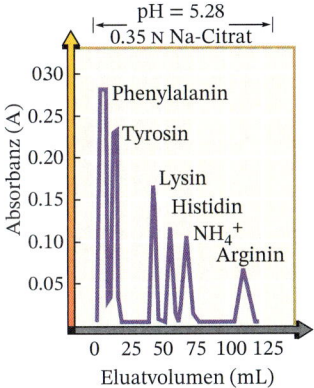

Abb. 18.6 Die Analyse einer Aminosäuremischung durch Ionenaustausch-Chromatographie an Amberlit IR-120, einem sulfonierten Polystyrolharz. Das Harz trägt Phenyl-SO_3^- Na^+-Gruppen. Die Aminosäuremischung wird bei einem niedrigen pH (3.25) auf die Säule aufgebracht, bei dem die sauren Aminosäuren (Asp, Glu) schwach und die basischen Aminosäuren (Lys, His, Arg) stark an das Harz gebunden sind. Zur Elution (d. h. zum Auswaschen) der Aminosäuren von der Säule werden Natriumcitratpuffer in zwei verschiedenen Konzentrationen bei drei verschiedenen pH-Werten verwendet. Cystein wird als Cystin nachgewiesen (Cys-S—S-Cys, das Disulfid des Cysteins).

bestimmen. Abbildung 18.6 illustriert die Analyse eines Peptidhydrolysats mithilfe der Ionenaustausch-Chromatographie. Man beachte, dass bei der Hydrolyse auch die Seitenketten der Amidgruppen von Asparagin- und Glutamineinheiten hydrolysiert werden, sodass diese Aminosäuren als Asparaginsäure und Glutaminsäure nachgewiesen werden. Für jedes Äquivalent Glutamin oder Asparagin, das hydrolysiert wird, bildet sich ein Äquivalent Ammoniumchlorid.

18.5.2 Sequenzanalyse

Wenn die Aminosäurezusammensetzung eines Peptids bestimmt wurde, besteht der nächste Schritt darin, die Reihenfolge zu ermitteln, in der die Aminosäuren in der Peptidkette vorliegen. Die übliche Vorgehensweise ist hier, (1) das Peptid an ausgewählten Peptidbindungen zu spalten (z. B. mithilfe von Bromcyan oder bestimmten proteolytischen Enzymen), (2) die Abfolge der Aminosäuren in jedem Fragment zu ermitteln (z. B. durch Edman-Abbau, s. u.) und (3) mithilfe überlappender Fragmente die gesamte Sequenz des Peptids zu bestimmen.

Bromcyan
Bromcyan (BrCN) spaltet spezifisch die Peptidbindungen, die von der Carboxygruppe von Methionin gebildet werden (Abb. 18.7). Dabei entstehen ein *N*-terminales Spaltprodukt als substituiertes γ-Lacton (Abschn. 14.1.3) und ein *C*-terminales Fragment des Peptids.

Enzymkatalysierte Hydrolyse von Peptidbindungen
Einige proteolytische Enzyme wie beispielsweise Trypsin oder Chymotrypsin können verwendet werden, um die Hydrolyse bestimmter Peptidbindungen zu katalysieren. Trypsin katalysiert die Hydrolyse der Peptidbindungen der Carboxygruppen von Arg

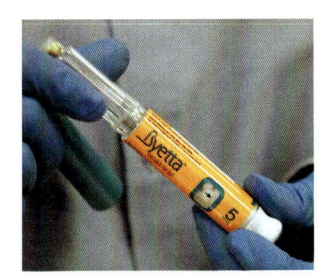

Das Diabetesmedikament Exenatid (Byetta®, Bydureon®) kann nicht oral aufgenommen werden, weil die darin enthaltenen Peptidbindungen im Magensaft sofort hydrolysiert würden. [Quelle: © Tom Strattman/AP Images.]

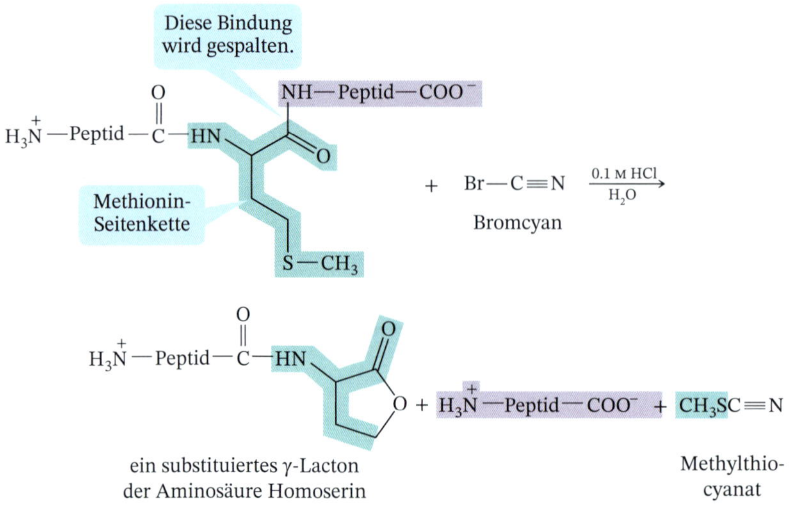

Abb. 18.7 Die Spaltung einer von der Carboxygruppe von Methionin gebildeten Peptidbindung durch Bromcyan (BrCN).

oder Lys; Chymotrypsin katalysiert die Hydrolyse der mit den Carboxygruppen von Phe, Tyr oder Trp gebildeten Peptidbindungen.

Beispiel 18.5 Welche der folgenden Tripeptide werden von Trypsin hydrolysiert, welche von Chymotrypsin?

(a) Arg-Glu-Ser
(b) Phe-Gly-Lys

Vorgehensweise
Trypsin katalysiert die Hydrolyse von Peptidbindungen, die mit der Carboxygruppe von Lys oder Arg gebildet werden. Chymotrypsin katalysiert die Hydrolyse von Peptidbindungen, an denen die Carboxygruppen von Phe, Tyr und Trp beteiligt sind.

Lösung
(a) Die Peptidbindung zwischen Arg und Glu wird in Gegenwart von Trypsin hydrolysiert:

$$\text{Arg-Glu-Ser} + H_2O \xrightarrow{\text{Trypsin}} \text{Arg} + \text{Glu-Ser}$$

Weil das Tripeptid keine der aromatischen Aminosäuren enthält, deren Peptidbindungen Chymotrypsin angreift, ist es gegenüber Chymotrypsin stabil.
(b) Dieses Tripeptid bleibt in Gegenwart von Trypsin unverändert. Zwar ist die Aminosäure Lys vorhanden, ihre Carboxygruppe bildet aber den *C*-Terminus und ist nicht an einer Peptidbindung beteiligt. Dafür wird das Tripeptid von Chymotrypsin hydrolysiert:

$$\text{Phe-Gly-Lys} + H_2O \xrightarrow{\text{Chymotrypsin}} \text{Phe} + \text{Gly-Lys}$$

Siehe Aufgaben 18.21 und 18.26.

Edman-Abbau
Unter den zahlreichen chemischen Methoden, die für die Bestimmung der Aminosäuresequenz eines Peptids entwickelt wurden, wird der 1950 von Pehr Edman an der Universität Lund in Schweden vorgestellte **Edman-Abbau** am häufigsten verwendet. Bei dieser Methode wird ein Peptid mit Phenylisothiocyanat ($C_6H_5N=C=S$) und an-

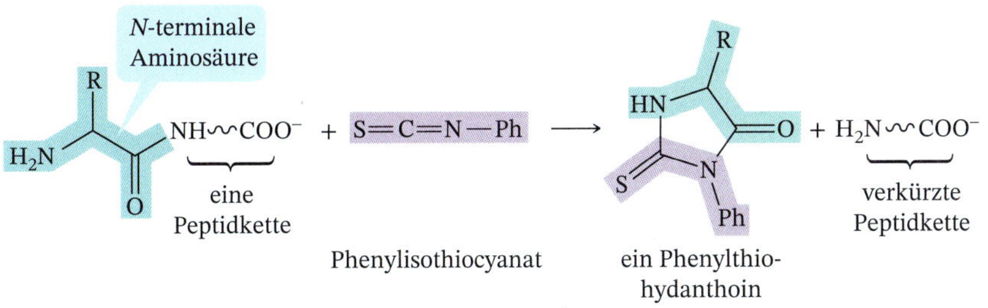

Abb. 18.8 Edman-Abbau. Bei der Umsetzung eines Peptids mit Phenylisothiocyanat und anschließend mit Säure wird die *N*-terminale Aminosäure selektiv als substituiertes Phenylthiohydanthoin abgespalten.

schließend mit Säure umgesetzt. Beim Edman-Abbau wird die *N*-terminale Aminosäure selektiv in ein substituiertes Phenylthiohydanthoin überführt (Abb. 18.8), das abgetrennt und analysiert werden kann.

Der spezielle Wert des Edman-Abbaus liegt darin, dass die *N*-terminale Aminosäure von einer Peptidkette abgespalten wird, ohne die anderen Bindungen des Peptids zu beeinträchtigen. Zudem kann der Edman-Abbau mit dem verkürzten Peptid unter Abspaltung und Identifizierung der nächsten Aminosäure wiederholt werden. In der Praxis kann man auf diese Weise die ersten 20 bis 30 Aminosäuren einer Peptidkette mit nur wenigen Pikomol (1 pmol = 10^{-12} mol) an verfügbarem Material identifizieren.

Die meisten natürlichen Peptide enthalten aber mehr als die 20 bis 30 Aminosäuren, die durch wiederholten Edman-Abbau maximal sequenziert werden können. Der besondere Wert der Spaltungsmethoden mit Bromcyan, Trypsin und Chymotrypsin besteht daher darin, dass mit ihrer Hilfe eine lange Peptidkette an spezifischen Peptidbindungen in kleinere Fragmente gespalten werden kann, die anschließend separat sequenziert werden können.

Beispiel 18.6 Leiten Sie die Aminosäuresequenz eines Pentapeptids aus den folgenden experimentellen Ergebnissen ab. Beachten Sie, dass die Aminosäuren in der Spalte „Durch diese Methode gefundene Aminosäuren" in alphabetischer Reihenfolge angegeben sind; die Reihenfolge der Auflistung impliziert keinerlei Information über die Primärstruktur.

Experimentelle Methode	Durch diese Methode gefundene Aminosäuren
Aminosäureanalyse des Pentapeptids	Arg, Glu, His, Phe, Ser
Edman-Abbau	Glu
Durch Chymotrypsin katalysierte Hydrolyse	
Fragment A	Glu, His, Phe
Fragment B	Arg, Ser
durch Trypsin katalysierte Hydrolyse	
Fragment C	Arg, Glu, His, Phe
Fragment D	Ser

Vorgehensweise
Rufen Sie sich die in Erinnerung, was die einzelnen Abbaumethoden leisten:

- Edman-Abbau: Spaltet selektiv die *N*-terminale Aminosäure ab.
- Chymotrypsin: Spaltet Peptidbindungen, die von den Carboxygruppen von Phe, Tyr oder Trp gebildet werden.
- Trypsin: Spaltet Peptidbindungen, die von den Carboxygruppen von Arg oder Lys gebildet werden.

Lösung

Durch den Edman-Abbau wird Glu aus dem Pentapeptid abgespalten; Glutaminsäure ist also die *N*-terminale Aminosäure:

Glu-(Arg, His, Phe, Ser)

Das aus der Chymotrypsin-katalysierten Hydrolyse entstehende Fragment A enthält Phe. Wegen der erwähnten Selektivität von Chymotrypsin muss Phe die *C*-terminale Aminosäure in Fragment A sein. Fragment A enthält auch Glu, von der wir schon wissen, dass es sich um die *N*-terminale Aminosäure handelt. Aus diesen Beobachtungen können wir ableiten, dass die ersten drei Aminosäuren der Kette die Sequenz Glu-His-Phe bilden:

Glu-His-Phe-(Arg, Ser)

Weil Trypsin das Pentapeptid spaltet, muss Arg innerhalb der Kette liegen; es kann sich nicht um die *C*-terminale Aminosäure handeln. Für die Gesamtsequenz ergibt sich demzufolge:

Glu-His-Phe-Arg-Ser

Siehe Aufgaben 18.22 und 18.25.

18.6 Welche dreidimensionale Struktur hat ein Peptid oder Protein?

18.6.1 Geometrie einer Peptidbindung

Ende der 1930 Jahre führte Linus Pauling Untersuchungen zur Aufklärung der Geometrie von Peptidbindungen durch. Eine seiner ersten Entdeckungen war, dass eine Peptidbindung planar ist. Wie Abb. 18.9 zeigt, liegen sowohl die vier Atome der Peptidbindung als auch die beiden an sie geknüpften α-Kohlenstoffatome in derselben Ebene.

Hätte man die Geometrie einer Peptidbindung auf Basis der in Kap. 1 besprochenen Informationen beschreiben wollen, hätte man vermutlich um die Carbonylgruppe Bindungswinkel von 120° und um das Amid-Stickstoffatom Winkel von 109.5° vorhergesagt.

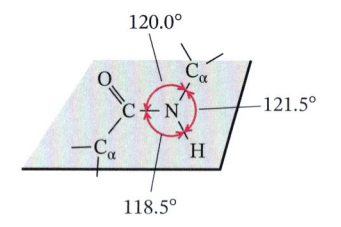

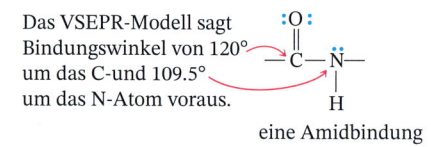

Abb. 18.9 Die planare Struktur einer Peptidbindung. Die Bindungswinkel um die Carbonylgruppe und das Amid-Stickstoffatom betragen jeweils etwa 120°.

Diese Vorhersage stimmt mit den beobachteten Bindungswinkeln von etwa 120° um das Kohlenstoffatom der Carbonylgruppe überein, deckt sich aber nicht mit den 120°-Winkeln, die um das Stickstoffatom beobachtet werden. Um die tatsächliche Geometrie zu erklären, schlug Pauling vor, dass eine Amidbindung als Resonanzhybrid aus zwei Grenzformeln zu beschreiben sei:

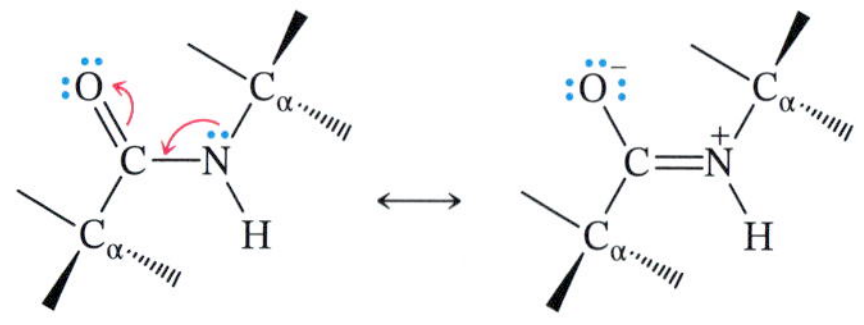

(1)   (2)

Grenzformel (1) enthält eine Kohlenstoff-Sauerstoff-Doppelbindung, Grenzformel (2) dagegen eine Kohlenstoff-Stickstoff-Doppelbindung. Das tatsächliche Resonanzhybrid entspricht natürlich weder vollständig der einen noch vollständig der anderen Grenzformel. Trotzdem hat die Kohlenstoff-Stickstoff-Bindung in der realen Struktur einen erheblichen Doppelbindungscharakter, weshalb die Atome der Amidbindung – einschließlich der beiden mit ihr verknüpften α-Kohlenstoffatome – planar angeordnet sind.

Die Atome der ebenen Peptidbindung können in zwei verschiedenen Konfigurationen vorliegen. In der einen stehen die beiden α-Kohlenstoffatome *cis* zueinander, in der anderen *trans*. Die *trans*-Konfiguration ist energetisch günstiger, weil die α-C-Atome mit den sterisch anspruchsvollen Substituenten in ihr einen größeren Abstand voneinander haben als in der *cis*-Konfiguration. Nahezu alle Peptidbindungen in den bislang untersuchten natürlich vorkommenden Proteinen weisen eine *trans*-Konfiguration auf.

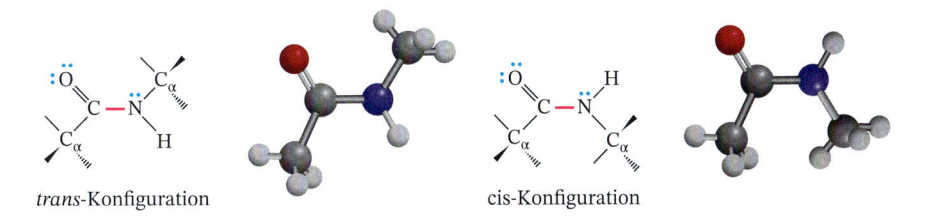

trans-Konfiguration

cis-Konfiguration

18.6.2 Sekundärstruktur

Die **Sekundärstruktur** ist die definierte Anordnung (Konformation) von Aminosäuren in einem räumlich begrenzten Bereich eines Peptids oder Proteins. Die ersten Untersuchungen zur Konformation von Peptiden wurden ab 1939 von Linus Pauling und Robert Corey durchgeführt. Sie nahmen an, dass die energetisch günstigste Konformation vorliegt, wenn die Atome einer Peptidbindung in derselben Ebene liegen und wenn sich wie in Abb. 18.10 gezeigt **Wasserstoffbrücken** zwischen der N−H-Gruppe einer Peptidbindung und der C=O-Gruppe einer anderen Peptidbindung ausbilden.

Auf der Grundlage dieser Überlegungen konnte Pauling ableiten, dass zwei Klassen von Sekundärstrukturen besonders stabil sein sollten: die α-Helix und die antiparallele β-Faltblattstruktur.

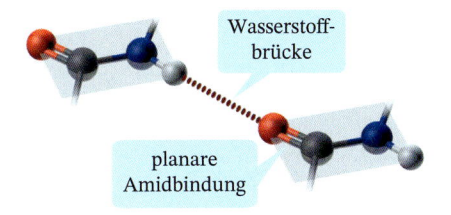

Abb. 18.10 Wasserstoffbrückenbindung zwischen Amidgruppen.

Die α-Helix

In einer **α-Helix** ist eine Peptidkette spiralförmig angeordnet. Betrachtet man den in Abb. 18.11 dargestellten Ausschnitt aus einer α-Helix, so fallen folgende Strukturmerkmale auf:

1. Die Helix windet sich im Uhrzeigersinn, also rechtsgängig. *Rechtsgängig* bedeutet, dass sich die Helix vom Betrachter weg im Uhrzeigersinn windet. In diesem Sinn entspricht eine rechtsgängige Helix dem rechtsgängigen Gewinde einer normalen Schraube.
2. Eine Windung der Helix enthält 3.6 Aminosäuren.
3. Alle Peptidbindungen sind *trans*-konfiguriert und planar.
4. Die N−H-Gruppe jeder Peptidbindung weist in der hier gewählten Darstellung nach links, in etwa parallel zur Helixachse; die C=O-Bindungen der Peptidbindungen liegen ebenfalls parallel zur Helixachse und zeigen nach rechts.
5. Die Carbonylgruppe jeder Peptidbindung geht eine Wasserstoffbrücke zur N−H-Gruppe einer Peptidbindung ein, die vier Aminosäureeinheiten entfernt ist. Die Wasserstoffbrücken sind als gestrichelte Bindungen angegeben.
6. Alle Seitengruppen ragen von der Helixachse weg nach außen.

Die Haargurke (*Sicyos anulatus*) bildet linksgängige helikale Sprossranken aus, um sich an Kletterpflanzen zu klammern. Das sich windende Muster ist sehr ähnlich wie das der rechtsgängigen α-Helix von Peptiden – nur mit umgekehrter Helizität. [Quelle: © Bill Pusztal/Flickr/Getty Images, Inc.]

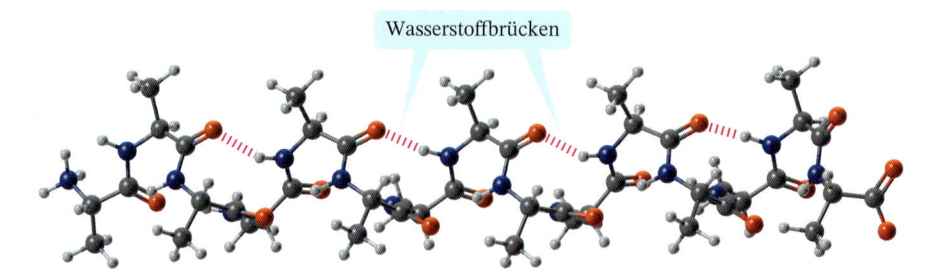

Abb. 18.11 Eine α-Helix. Das hier gezeigte Polypeptid besteht aus sich wiederholenden L-Alanin-Einheiten.

Unmittelbar nachdem Pauling die Konformation der α-Helix vorgeschlagen hatte, konnte dieser Strukturtyp in Keratin, dem Protein, aus dem Haare und Wolle aufgebaut sind, nachgewiesen werden. Es wurde schnell klar, dass α-Helices ein grundlegendes Strukturmotiv in Peptidketten sind.

Das β-Faltblatt

Das antiparallele **β-Faltblatt** besteht aus langen Peptidketten, in denen benachbarte Abschnitte der Kette gegenläufig (antiparallel) angeordnet sind. In einem parallelen β-Faltblatt laufen die benachbarten Abschnitte in die gleiche Richtung. Anders als in einer α-helikalen Anordnung, liegen die N–H- und die C=O-Gruppen in einer Ebene, in etwa senkrecht auf die Längsachse des Faltblatts. Die C=O-Gruppe einer Peptidbindung geht dabei Wasserstoffbrücken zur N–H-Gruppe einer Peptidbindung in einer benachbarten Peptidkette ein (Abb. 18.12). Folgende Strukturmerkmale fallen in einem β-Faltblatt auf:

1. Die Abschnitte der Peptidkette liegen nebeneinander und laufen in entgegengesetzte Richtungen (antiparallel).
2. Alle Peptidbindungen sind *trans*-konfiguriert und planar.
3. Die C=O- und die N–H-Gruppen der Peptidbindungen benachbarter Peptidketten liegen in derselben Ebene und weisen aufeinander zu, sodass sich Wasserstoffbrücken zwischen benachbarten Ketten ausbilden können.
4. Die Seitenketten einer Kette liegen abwechselnd oberhalb und unterhalb der durch das β-Faltblatt aufgespannten Ebene.

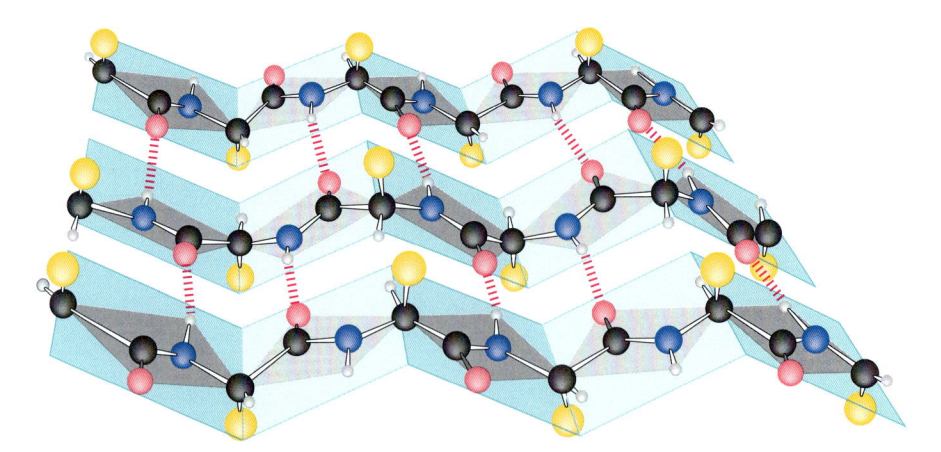

Abb. 18.12 β-Faltblatt-Konformation aus drei Peptidketten, die jeweils in entgegengesetzte Richtungen (antiparallel) laufen. Wasserstoffbrückenbindungen zwischen den Ketten sind als gestrichelte Linien dargestellt.

Die β-Faltblatt-Konformation wird durch Wasserstoffbrückenbindungen zwischen den N—H-Gruppen einer Kette und den C=O-Gruppen einer benachbarten Kette stabilisiert. Im Gegensatz dazu wird eine α-Helix durch Wasserstoffbrücken zwischen den N—H- und den C=O-Gruppen innerhalb derselben Peptidkette stabilisiert.

18.6.3 Tertiärstruktur

Die **Tertiärstruktur** ist eine übergeordnete Struktur, die die Anordnung aller Atome einer einzelnen Peptidkette im Raum beschreibt. Es gibt keine eindeutige Trennlinie zwischen der Sekundär- und der Tertiärstruktur. Die Sekundärstruktur beschreibt die räumliche Anordnung der Aminosäuren einer Peptidkette, die einander *räumlich nahe* sind, während sich die Tertiärstruktur auf die dreidimensionale Anordnung *aller* Atome einer Peptidkette bezieht, auch der weit voneinander entfernten. Die wichtigsten Faktoren für die Tertiärstruktur sind Disulfidbrücken, hydrophobe Wechselwirkungen, Wasserstoffbrücken und Salzbrücken.

Disulfidbrücken spielen eine wichtige Rolle für die Aufrechterhaltung einer Tertiärstruktur. Sie entstehen zwischen den Seitenketten zweier Cysteineinheiten durch Oxidation der Sulfanylgruppen (—SH) unter Bildung einer Disulfidbindung (Abschn. 8.6.2). Wird die Disulfidbindung mit einem Reduktionsmittel umgesetzt, wird die Thiolgruppe wieder freigesetzt:

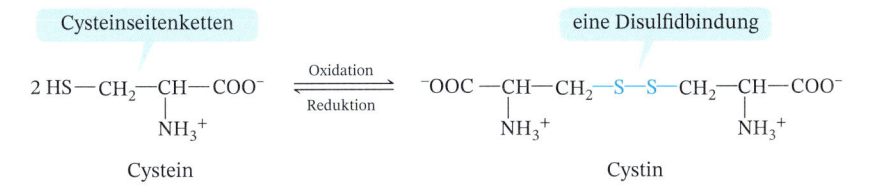

$$2\ HS-CH_2-\underset{NH_3^+}{\underset{|}{CH}}-COO^- \underset{Reduktion}{\overset{Oxidation}{\rightleftharpoons}} {}^-OOC-\underset{NH_3^+}{\underset{|}{CH}}-CH_2-S-S-CH_2-\underset{NH_3^+}{\underset{|}{CH}}-COO^-$$

Cysteinseitenketten — eine Disulfidbindung

Cystein — Cystin

Eine Dauerwelle entsteht, wenn Disulfidbindungen zwischen verschiedenen Proteinfasern des Haars durch chemische Einwirkungen gebrochen und anschließend neu geknüpft werden. [Quelle: © Imagemore Co., Ltd/Getty Images.]

Abbildung 18.13 zeigt die Aminosäuresequenz des menschlichen Insulins. Dieses Protein besteht aus zwei Peptidketten: einer A-Kette aus 21 Aminosäuren und einer B-Kette aus 30 Aminosäuren. Die A-Kette ist mit der B-Kette über zwei Disulfidbrücken (zwischen den Ketten) kovalent verknüpft. Darüber hinaus gibt es noch eine Disulfidbrücke zwischen den Cysteineinheiten an den Positionen 6 und 11 der A-Kette.

Als weiteres Beispiel für die Sekundär- und die Tertiärstruktur von Proteinen wollen wir uns die dreidimensionale Struktur von Myoglobin ansehen, eines Proteins aus der Skelettmuskulatur von Wirbeltieren, das vor allem in Meeressäugern wie Seehunden, Walen und Tümmlern in hohen Konzentrationen vorkommt. Myoglobin und das strukturverwandte Hämoglobin sind für den Transport von Sauerstoff und dessen Zwischenspeicherung verantwortlich. Hämoglobin bindet den Sauerstoff in der Lunge und transportiert ihn in die Muskeln, wo das Myoglobin bereits bereitsteht. Es speichert den molekularen Sauerstoff, bis er für metabolische oxidative Prozesse benötigt wird.

Buckelwale nutzen Myoglobin zur Speicherung von molekularem Sauerstoff. [Quelle: © Rod Kaye/iStockphoto.]

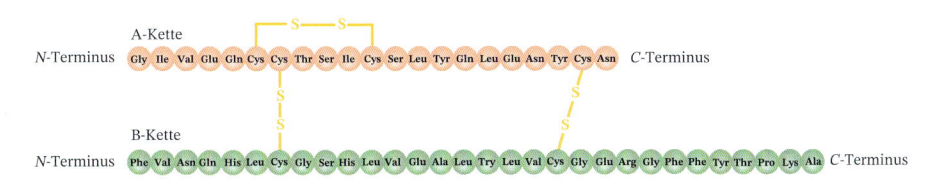

A-Kette
N-Terminus — Gly Ile Val Glu Gln Cys Cys Thr Ser Ile Cys Ser Leu Tyr Gln Leu Glu Asn Tyr Cys Asn — C-Terminus

B-Kette
N-Terminus — Phe Val Asn Gln His Leu Cys Gly Ser His Leu Val Glu Ala Leu Tyr Leu Val Cys Gly Glu Arg Gly Phe Phe Tyr Thr Pro Lys Ala — C-Terminus

Abb. 18.13 Humaninsulin. Die A-Kette aus 21 Aminosäuren und die B-Kette aus 30 Aminosäuren sind über zwei Disulfidbrücken zwischen A7 und B7 sowie zwischen A20 und B19 miteinander verbunden. Zusätzlich liegt eine Disulfidbrücke innerhalb der A-Kette zwischen A6 und A11 vor.

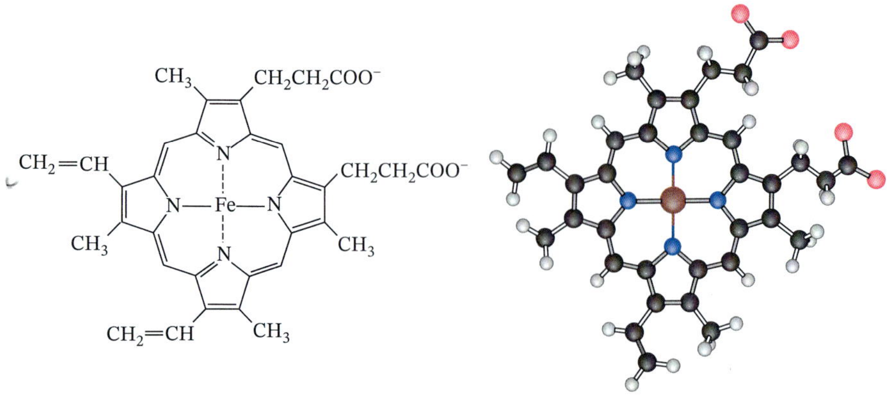

Abb. 18.14 Die Strukturformel von Häm, das in Myoglobin und Hämoglobin enthalten ist.

Myoglobin besteht aus einer Peptidkette aus 153 Aminosäuren und einer Häm-Einheit. Häm wiederum enthält ein zentrales Fe^{2+}-Ion, das quadratisch planar von den vier Stickstoffatomen eines Porphyrinsystems koordiniert ist (Abb. 18.14).

Die Aufklärung der dreidimensionalen Struktur von Myoglobin war ein Meilenstein in der Geschichte der Untersuchung molekularer Architekturen. Für ihre Beträge zu diesen Untersuchungen erhielten die britischen Forscher John C. Kendraw und Max F. Perutz im Jahr 1962 den Nobelpreis für Chemie. Abbildung 18.15 zeigt die Sekundär- und Tertiärstruktur von Myoglobin. Die einzelne Peptidkette ist in eine komplexe, sehr kompakte dreidimensionale Struktur gefaltet.

Die dreidimensionale Struktur von Myoglobin zeichnet sich durch die folgenden Charakteristika aus:

1. Der Hauptstrang besteht aus acht fast völlig geraden α-helikalen Abschnitten, die jeweils durch einen Knick in der Peptidkette voneinander getrennt sind. Die längste α-Helix besteht aus 24 Aminosäuren, die kürzeste aus sieben. Etwa 75 % der Aminosäuren in Myoglobin befinden sich in diesen acht α-Helices.

2. Die hydrophoben Phenylalanin-, Alanin-, Valin-, Leucin-, Isoleucin- und Methioninseitenketten liegen überwiegend im Inneren des Peptids, wo sie vom Kontakt mit Wasser abgeschirmt sind. **Hydrophobe Wechselwirkungen** zwischen diesen Seitenketten sind ein wesentlicher Grund dafür, dass die Peptidkette des Myoglobins in dieser kompakten dreidimensionalen Gestalt vorliegt.

3. Auf der Außenseite des Myoglobinmoleküls liegen die hydrophilen Seitenketten von Lysin, Arginin, Serin, Glutaminsäure, Histidin und Glutamin, die mit der wässrigen Umgebung **Wasserstoffbrücken** ausbilden können. Die einzigen polaren Seitengruppen im Inneren des Myoglobins sind die zweier Histidineinheiten, die in Richtung der Hämgruppe ragen.

4. Gegensätzlich geladene Aminosäureseitenketten, die sich in der dreidimensionalen Struktur nahekommen, ziehen sich durch elektrostatische Wechselwirkungen an; man spricht bei diesen ionischen Bindungen auch von **Salzbrücken**. Ein Beispiel für eine Salzbrücke ist die Wechselwirkung der Seitenketten von Lysin ($-NH_3^+$) und Glutaminsäure ($-COO^-$).

Heute sind die Tertiärstrukturen von weit mehr als 100 000 weiteren Proteinen bekannt. Zwar kommen praktisch immer α-Helix- und β-Faltblattstrukturen in den Proteinen vor, der Anteil dieser Strukturelemente variiert aber in weiten Bereichen. In Lysozym, das aus 129 Aminosäuren in einer einzigen Peptidkette besteht, liegen nur 25 % der Aminosäuren in α-helikalen Bereichen vor. In Cytochrom mit 104 Aminosäuren ebenfalls in einer einzigen Peptidkette kommt gar keine α-Helix vor, dafür aber

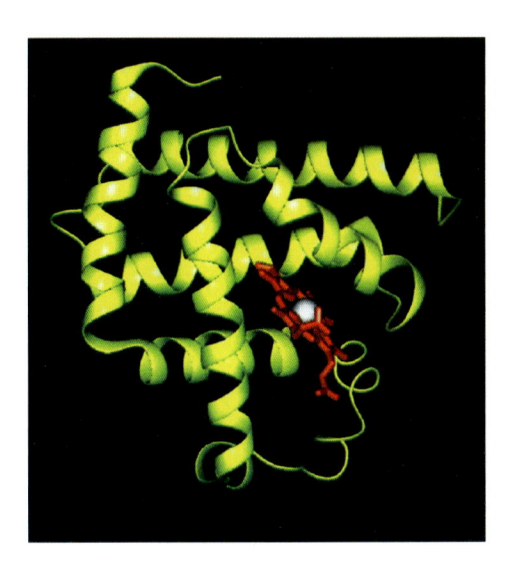

Abb. 18.15 Bändermodell von Myoglobin. Die Peptidkette ist in Gelb darstellt, der Hämligand in Rot und das Eisenatom als weiße Kugel.

mehrere β-Faltblattregionen. Egal welche Anteile an α-Helices, β-Faltblättern oder anderen geordneten Strukturen ein Protein enthält, immer ragen fast alle unpolaren Seitenketten in wasserlöslichen Proteinen in das Innere des Proteins, während sich die polaren Seitenketten auf der Oberfläche des Proteins befinden, wo sie in Kontakt mit der wässrigen Umgebung sind.

Beispiel 18.7 Welche der folgenden Aminosäuren können über ihre Seitenketten Wasserstoffbrücken zur Seitenkette von Threonin ausbilden?

(a) Valin
(b) Asparagin
(c) Phenylalanin
(d) Histidin
(e) Tyrosin
(f) Alanin

Vorgehensweise
Ermitteln Sie, welche Typen von Seitenketten in diesen Aminosäuren vorliegen und welche davon eine Wechselwirkung über Wasserstoffbrücken eingehen können.

Lösung
Die Seitenkette von Threonin enthält eine Hydroxygruppe, die sich in zweierlei Weise an einer Wasserstoffbrücke beteiligen kann: (1) Das Sauerstoffatom trägt eine negative Partialladung und kann als Wasserstoffbrücken-Akzeptor dienen; (2) das Wasserstoffatom trägt eine positive Partialladung und ist ein Wasserstoffbrücken-Donor. Die Seitenkette von Threonin kann daher Wasserstoffbrücken mit den Seitenketten von Tyrosin, Asparagin und Histidin eingehen.

Siehe Aufgaben 18.28 und 18.30.

18.6.4 Quartärstruktur

Die meisten Proteine mit einer Molmasse von mehr als 50 000 g/mol bestehen aus zwei oder mehr nicht-kovalent gebundenen Peptidketten. Die definierte Anordnung der verschiedenen Proteinmakromoleküle wird als **Quartärstruktur** bezeichnet. Ein gutes Beispiel ist Hämoglobin (Abb. 18.16), das aus vier Peptidketten besteht: Zwei

18 Aminosäuren, Peptide und Proteine

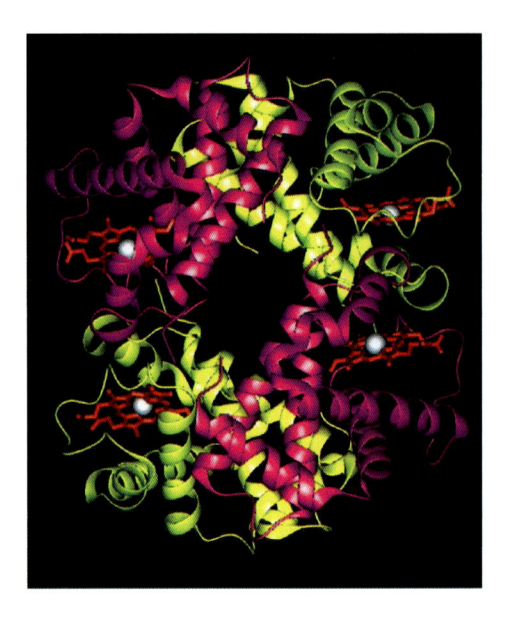

Abb. 18.16 Bändermodell von Hämoglobin. Die α-Ketten sind in Violett, die β-Ketten in Gelb und die Hämliganden in Rot dargestellt; die weißen Kugeln sind die Eisenatome.

Tab. 18.3 Quartärstruktur ausgewählter Proteine.

Protein	Zahl der Untereinheiten
Alkoholdehydrogenase	2
Aldolase	4
Hämoglobin	4
Lactatdehydrogenase	4
Insulin	6
Glutaminsynthetase	12
Tabakmosaikvirus-Proteinscheibe	17

α-Ketten aus jeweils 141 Aminosäuren und zwei β-Ketten aus jeweils 146 Aminosäuren.

Der wesentliche Grund dafür, dass die Aggregation von Proteinuntereinheiten zu einer Stabilisierung führt, ist der **hydrophobe Effekt**. Wenn sich eine lineare Peptidkette in eine kompakte dreidimensionale Form faltet, ragen die polaren Seitengruppen in die wässrige Umgebung und schirmen die unpolaren Seitenketten von der wässrigen Umgebung ab. Dennoch können hydrophobe Stellen auf der Oberfläche verbleiben, wo sie in Kontakt mit Wasser kommen. Diese hydrophoben Stellen können vom Wasser abgeschirmt werden, indem sich zwei oder mehr Peptideinheiten so anordnen, dass sie wechselseitig in Kontakt kommen. Einige Proteine mit bekannter Quartärstruktur sind zusammen mit der Zahl der Untereinheiten, aus denen sie gebildet sind, in Tab. 18.3 aufgeführt.

Exkurs: 18.A Spinnenseide: Ein chemisches und technisches Wunderwerk der Natur

Viele technologische Neuerungen sind von der Natur inspiriert. Klettverschlüsse wurden beispielsweise den Früchten der Großen Klette (*Arctium lappa*) nachempfunden. Wasserabweisende Schwimmanzüge, die den Schwimmsport revolutioniert haben, ahmen die Haut von Haien nach. Hunderte von Arzneimitteln basieren auf Naturstoffen. Es gibt jedoch ein Naturprodukt, das sich seit Jahrhunderten erfolgreich dagegen sträubt, nutzbar gemacht oder nachgeahmt zu werden – Spinnenseide. Ein Faden aus Spinnenseide ist fast fünfmal fester als ein Stahldraht gleichen Durchmessers. Darüber hinaus kann ein Spinnenfaden um bis zu 30–40 % seiner Länge gedehnt werden, ohne zu reißen. In der folgenden schematischen Darstellung ihrer Sekundärstruktur sehen wir, dass Spinnenseide aus orientierten amorphen Regionen (**A**), kristallinen Regionen (**B**) und vollständig amorphen Regionen (**C**) besteht. Die orientierten amorphen Regionen werden durch Wasserstoffbrücken zusammengehalten; sie geben der Spinnenseide ihre Elastizität. Die kristallinen, aus β-Faltblättern bestehenden Bereiche sind vor allem für die Festigkeit der Spinnenseide verantwortlich; sie sind sehr hydrophob und machen die Fasern wasserunlöslich und unempfindlich gegen Regen und Tau.

Seit Jahrhunderten ist Spinnenseide wegen ihrer besonderen Eigenschaften sehr gefragt. Leider sind Spinnen Eigenbrötler und können daher anders als Seidenraupen nicht in großen Massen gezüchtet werden. Um sich die nützlichen Eigenschaften der Spinnenseide zu Nutze zu machen, gibt es daher nur eine Möglichkeit: ihre künstliche Herstellung mit chemischen Mitteln. Durch entsprechende Untersuchungen konnte die genaue Struktur der Spinnenseide inzwischen aufgeklärt werden.

Exkurs: 18.A Spinnenseide: Ein chemisches und technisches Wunderwerk der Natur (Fortsetzung)

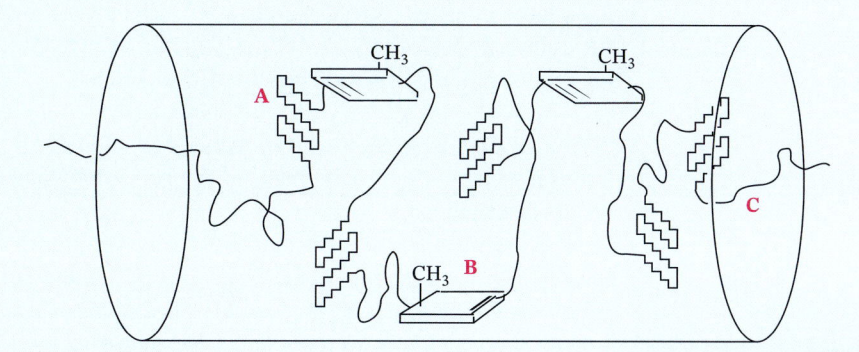

Es ist ein Beweis für die Großartigkeit der Natur, dass es bislang trotz großer Anstrengungen nicht gelungen ist, eine Spinnenfaser im Labor künstlich herzustellen, obwohl diese fast nur aus Alanin und Glycin besteht. Im Übrigen sei noch bemerkt: Wenn ein Spinnennetz seine Klebrigkeit verloren hat, gewinnen die meisten Spinnen das Proteinmaterial zurück, indem sie das Netz auffressen. Sie hinterlassen so keine Spur dieses chemischen und technischen Wunderwerks der Natur und gewinnen die wertvollen Rohmaterialien direkt zurück.

Aufgabe
Zeichnen Sie zwei aus Alanin aufgebaute Pentapeptide und zeigen Sie, wie diese durch Wasserstoffbrücken aggregieren können.

[Quelle: © Angela Arenal/iStockphoto.]

Zusammenfassung

18.1 Welche Funktionen haben Proteine?

Proteine haben zahlreiche wichtige Funktionen im Stoffwechsel; sie sind unter anderem verantwortlich für:

- *Struktur* (Kollagen)
- *Katalyse* (Trypsin und andere Enzyme)
- *Bewegung* (Myosin und Aktin)
- *Transport* (Hämoglobin)
- *Hormone* (Insulin)
- *Schutz* (Immunoglobuline)

18.2 Was sind Aminosäuren?

- **α-Aminosäuren** sind Verbindungen, die eine Aminogruppe in α-Stellung zu einer Carboxygruppe enthalten.
- Jede Aminosäure enthält eine saure (−COOH) und eine basische (−NH$_2$) Gruppe, die eine Säure-Base-Reaktion eingehen und ein inneres Salz bilden können, das als **Zwitterion** bezeichnet wird. Ein Zwitterion besitzt keine Nettoladung, weil es eine positive und eine negative Ladung enthält.
- Mit Ausnahme von Glycin sind alle proteinogenen Aminosäuren chiral.
- Während die meisten Kohlenhydrate in der Natur zur D-Reihe gehören, haben die natürlichen α-Aminosäuren eine L-Konfiguration; D-Aminosäuren kommen sehr selten vor.

- Isoleucin und Threonin enthalten ein zweites Stereozentrum; für sie sind jeweils vier verschiedene Stereoisomere möglich.
- Die 20 proteinogenen Aminosäuren lassen sich in vier Kategorien unterteilen: neun mit unpolaren Seitenketten, vier mit polaren, aber nicht ionisierten Seitenketten, vier mit sauren und drei mit basischen Seitenketten.

18.3 Welche Säure-Base-Eigenschaften haben Aminosäuren?
- Aminosäuren sind schwache mehrprotonige Säuren, weil sie COOH- und NH_3^+-Gruppen enthalten.
- Der durchschnittliche pK_S-Wert einer α-Carboxygruppe in einer protonierten Aminosäure liegt bei 2.19. Die α-Carboxygruppe ist damit deutlich acider als die Carboxygruppe von Essigsäure ($pK_S = 4.76$). Die höhere Acidität beruht auf dem elektronenziehenden induktiven Effekt der benachbarten NH_3^+-Gruppe.
- Der durchschnittliche pK_S-Wert einer α-Ammoniumgruppe beträgt 9.47 und ist niedriger als der durchschnittliche Wert von 10.76 für primäre aliphatische Ammonium-Ionen. Die α-Ammoniumgruppe einer Aminosäure ist somit etwas acider als ein primäres aliphatisches Ammonium-Ion.
- Die Guanidinogruppe in der Seitenkette des Arginins ist deutlich stärker basisch als eine aliphatische Aminogruppe. Diese bemerkenswerte Basizität kann mit der guten Mesomeriestabilisierung der protonierten Form erklärt werden.
- Der **isoelektrische Punkt (pI)** einer Aminosäure, eines Peptids oder eines Proteins ist der pH-Wert, bei dem die Moleküle im Mittel keine Nettoladung aufweisen.
- **Elektrophorese** ist ein Prozess zur Trennung von Verbindungen auf Basis ihrer Ladungszustände. Ionen mit hoher Ladungsdichte bewegen sich dabei schneller als solche mit niedrigerer Ladungsdichte.
Verbindungen, deren isoelektrischer Punkt gerade dem pH-Wert des Puffersystems entspricht, bleiben an ihrem Ort. Negativ geladene Teilchen bewegen sich in Richtung der positiven Elektrode, die positiv geladenen zur negativen Elektrode.

18.4 Was sind Peptide und Proteine?
- Eine **Peptidbindung** ist eine Amidbindung zwischen zwei α-Aminosäuren.
- Ein **Polypeptid** ist ein Biomakromolekül, das 20 oder mehr über Peptidbindungen verknüpfte Aminosäuren enthält.
- Konventionsgemäß zeichnet man die Aminosäuren in einem Peptid von der ***N*-terminalen Aminosäure** (links) zur ***C*-terminalen Aminosäure** (rechts).

18.5 Was ist die Primärstruktur eines Peptids oder Proteins?
- Die **Primärstruktur** eines Peptids oder Proteins ist die Abfolge der Aminosäuren in seiner Peptidkette.
- Der erste Schritt zur Bestimmung der Primärstruktur eines Peptids ist die Hydrolyse und eine **Ionenaustauschchromatographie** zur quantitativen Ermittlung der Aminosäurezusammensetzung.
- **Bromcyan** spaltet spezifisch alle Peptidbindungen, die von der Carboxygruppe des Methionins gebildet werden.
- **Trypsin** katalysiert die Hydrolyse der Peptidbindungen, die mit den Carboxygruppe von Arg oder Lys gebildet werden.
- **Chymotrypsin** katalysiert die Hydrolyse der mit den Carboxygruppen von Phe, Tyr oder Trp gebildeten Peptidbindungen.
- Durch **Edman-Abbau** wird die *N*-terminale Aminosäure einer Peptidkette abgespalten, ohne dass andere Bindungen des Peptids oder Proteins beeinträchtigt werden.

18.6 Welche dreidimensionale Struktur hat ein Peptid oder Protein?

- Eine **Peptidbindung** ist planar, das heißt, die vier Atome einer Peptidbindung und die beiden an diese geknüpften α-Kohlenstoffatome liegen alle in derselben Ebene.
- Die Bindungswinkel um die Carbonylgruppe und das Amid-Stickstoffatom betragen alle etwa 120°.
- Die **Sekundärstruktur** ist die definierte Anordnung (Konformation) von Aminosäuren in einem räumlich begrenzten Bereich eines Peptids oder Proteins. Die zwei wichtigsten Typen von Sekundärstrukturen sind die α-Helix und das β-Faltblatt; beide Strukturen werden durch Wasserstoffbrücken stabilisiert.
- In einer **α-Helix** bildet die Carbonylgruppe jeder Peptidbindung eine Wasserstoffbrücke zur N–H-Gruppe einer Peptidbindung aus, die vier Aminosäureeinheiten entfernt ist.
- In einem **antiparallelen β-Faltblatt** laufen benachbarte Abschnitte einer Peptidkette in entgegengesetzte Richtungen (antiparallel) und die C=O-Gruppe einer Peptidbindung geht Wasserstoffbrücken zu der N–H-Gruppe einer Peptidbindung in einer benachbarten, antiparallelen Peptidkette ein.
- In einem **parallelen β-Faltblatt** laufen benachbarte Abschnitte einer Peptidkette in der gleichen Richtung (parallel) und die C=O-Gruppe einer Peptidbindung geht Wasserstoffbrücken mit der N–H-Gruppe einer Peptidbindung in einer benachbarten, parallelen Peptidkette ein.
- Die **Tertiärstruktur** beschreibt die dreidimensionale Anordnung aller Atome in einer einzelnen Peptidkette.
- Die **Quartärstruktur** ist die Anordnung von einzelnen Peptidketten in einem nicht-kovalent gebundenen Aggregat. Der wesentliche Grund für die Stabilisierung einer Quartärstruktur ist der **hydrophobe Effekt**: Wenn sich eine lineare Peptidkette in eine kompakte dreidimensionale Form faltet, ragen die polaren Seitengruppen in die wässrige Umgebung und schirmen die unpolaren Seitenketten von der wässrigen Umgebung ab. Auf der Oberfläche verbleibende hydrophobe Bereiche können vom Wasser abgeschirmt werden, wenn sich zwei oder mehr Peptideinheiten so anordnen, dass diese hydrophoben Areale wechselseitig in Kontakt kommen.

Wichtige Reaktionen

1. **Acidität einer α-Carboxygruppe (Abschn. 18.3.1)**

   Die α-COOH-Gruppe ($pK_S \approx 2.19$) einer protonierten Aminosäure ist wegen des elektronenziehenden induktiven Effekts der α-NH_3^+-Gruppe deutlich acider als Essigsäure ($pK_S = 4.76$) oder andere niedermolekulare Carbonsäuren:

   $$\text{RCHCOOH} + H_2O \rightleftharpoons \text{RCHCOO}^- + H_3O^+ \quad pK_S \approx 2.19$$
   $$\underset{NH_3^+}{|} \qquad\qquad\qquad \underset{NH_3^+}{|}$$

2. **Acidität einer α-Ammoniumgruppe (Abschn. 18.3.1)**

   Die α-NH_3^+-Gruppe ($pK_S \approx 9.47$) ist etwas acider als ein primäres aliphatisches Ammonium-Ion ($pK_S \approx 10.76$):

   $$\text{RCHCOO}^- + H_2O \rightleftharpoons \text{RCHCOO}^- + H_3O^+ \quad pK_S \approx 9.47$$
   $$\underset{NH_3^+}{|} \qquad\qquad\qquad \underset{NH_3^+}{|}$$

3. **Reaktion einer α-Aminosäure mit Ninhydrin (Abschn. 18.3.4)**

   Wird eine α-Aminosäure mit Ninhydrin umgesetzt, entsteht eine purpurfarbene Lösung:

   RCHCO⁻ (NH₃⁺), eine α-Aminosäure + 2 Ninhydrin ⟶

   purpurfarbenes Anion + RCH=O + CO_2 + H_3O^+

Wird Prolin mit Ninhydrin behandelt, entsteht eine orange Lösung.

4. **Spaltung einer Peptidbindung durch Bromcyan (Abschn. 18.5.2)**
Die Spaltung erfolgt regioselektiv an Peptidbindungen, die von der Carboxygruppe einer Methionin-Einheit gebildet werden:

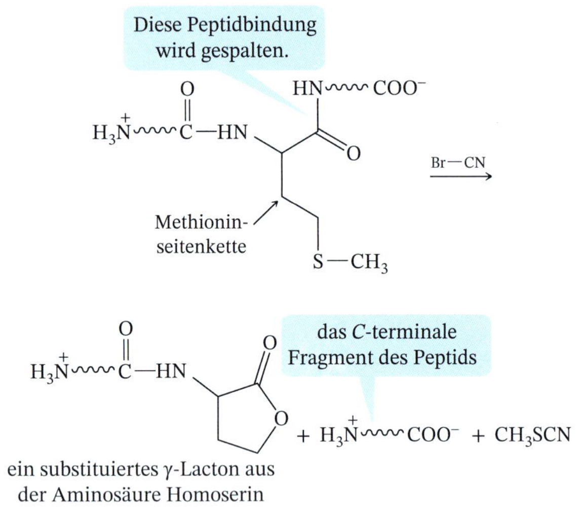

5. **Edman-Abbau (Abschn. 18.5.2)**
Durch Umsetzung mit Phenylisothiocyanat und anschließend mit Säure wird die N-terminale Aminosäure als substituiertes Phenylthiohydantoin abgespalten, das abgetrennt und analysiert werden kann:

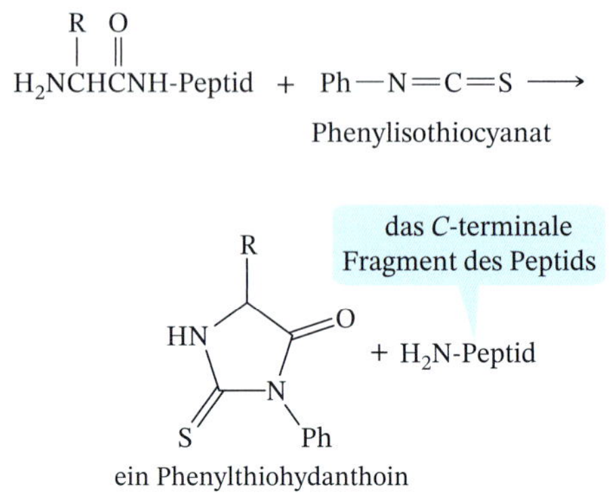

Quiz

Sind die folgenden Aussagen richtig oder falsch? Hier können Sie testen, ob Sie die wichtigsten Fakten aus diesem Kapitel parat haben. Wenn Sie mit einer der Fragestellungen Probleme haben, sollten Sie den jeweiligen in Klammern angegebenen Abschnitt in diesem Kapitel noch einmal durcharbeiten, bevor Sie sich an die weiteren, meist etwas schwierigeren Aufgaben zu diesem Kapitel machen.

1. Der isoelektrische Punkt einer Aminosäure ist der pH-Wert, bei dem die Mehrzahl der gelösten Moleküle eine Gesamtladung von −1 aufweist (18.3).
2. Durch Titration einer Aminosäure können sowohl die pK_S-Werte der ionisierbaren Gruppen als auch der isoelektrische Punkt bestimmt werden (18.3).
3. Wasserstoffbrücken, Salzbrücken, hydrophobe Wechselwirkungen und Disulfidbrücken wirken jeweils stabilisierend auf die Struktur von Proteinen (18.6).
4. Ein Peptid benennt man ausgehend von seinem C-terminalen Ende zu seinem N-terminalen Ende (18.5).
5. Die Mehrzahl der natürlich vorkommenden Aminosäuren gehört zur D-Serie (18.2).
6. Die Aminogruppe einer α-Aminosäure ist basischer als die Aminogruppe eines aliphatischen Amins (18.3).
7. Lysin enthält eine basische Seitenkette (18.2).
8. Elektrophorese ist eine Methode, um Proteine zu synthetisieren (18.3).
9. Eine Peptidbindung ist bei Raumtemperatur frei drehbar (18.6).
10. Bei einem Edman-Abbau wird mit dem Reagenz Phenylisothiocyanat jedes Mal eine Aminosäure von einem Peptid abgespalten (18.5).
11. Phenylalanin enthält eine polare Seitenkette (18.2).
12. Die Seitenkette von Arginin ist besonders basisch, weil das nach der Protonierung entstehende Ion mesomeriestabilisiert ist (18.3).
13. α-Helices und β-Faltblätter sind Beispiele für Tertiärstrukturen in Proteinen (18.6).
14. Die Mehrzahl aller in Proteinen vorkommenden Aminosäuren sind β-Aminosäuren (18.2).
15. Proteine können in chemischen Reaktionen als Katalysatoren wirken (18.1).
16. Alle natürlich vorkommenden Aminosäuren sind chiral (18.2).
17. Bromcyan, Trypsin und Chymotrypsin spalten Peptidbindungen jeweils an spezifischen Aminosäuren (18.5).
18. Die Carboxygruppe einer α-Aminosäure ist acider als die Carboxygruppe einer aliphatischen Carbonsäure (18.3).
19. Die Aminosäuresequenz eines Proteins oder Peptids wird als Sekundärstruktur bezeichnet (18.5).
20. Die Seitenkette des Histidins ist besonders basisch, weil das nach der Protonierung entstehende Ion durch einen induktiven elektronenziehenden Effekt stabilisiert ist (18.3).

21. Die Quartärstruktur eines Proteins beschreibt, wie kleine, individuelle Proteinketten interagieren und damit die Gesamtstruktur des Proteins ausbildet (18.6).
22. Eine Aminosäure mit einer Gesamtladung von +1 wird als Zwitterion bezeichnet (18.2).

Ausführliche Erklärungen zu vielen dieser Antworten finden sich im Arbeitsbuch.

Antworten: (1) F (2) F (3) R (4) F (5) F (6) F (7) R (8) F (9) F (10) R (11) F (12) R (13) F (14) F (15) R (16) F (17) R (18) R (19) F (20) R (21) R (22) F

Aufgaben

Aminosäuren

18.1 Wie viele der in Tab. 18.1 aufgeführten proteinogenen Aminosäuren enthalten (a) kein Stereozentrum und welche enthalten (b) zwei Stereozentren? (Siehe Beispielaufgabe 18.1)

18.2 Für welche Aminosäuren stehen die folgenden Abkürzungen?
(a) Phe
(b) Ser
(c) Asp
(d) Gln
(e) His
(f) Gly
(g) Tyr
(h) Trp

18.3 Bestimmen Sie für die Stereozentren der folgenden Aminosäuren die R/S-Konfiguration:
(a) L-Phenylalanin
(b) L-Glutaminsäure
(c) L-Methionin
(d) L-Prolin

18.4 Die Aminosäure Threonin enthält zwei Stereozentren. Das in Proteinen vorkommende Stereoisomer weist an den beiden Stereozentren eine $2S,3R$-Konfiguration auf. Zeichnen Sie von diesem Stereoisomer eine Fischer-Projektion und eine dreidimensionale Darstellung.

18.5 Definieren Sie den Begriff *Zwitterion*.

18.6 Zeichnen Sie zwitterionische Darstellungen der folgenden Aminosäuren:
(a) Valin
(b) Phenylalanin
(c) Glutamin
(d) Prolin

18.7 Warum werden Glu und Asp oft als saure Aminosäuren bezeichnet? (Siehe Beispielaufgabe 18.1)

18.8 Warum wird Arg oft als basische Aminosäure bezeichnet? Welche beiden anderen Aminosäuren lassen sich ebenfalls als basische Aminosäuren klassifizieren? (Siehe Beispielaufgabe 18.1)

18.9 Was bedeutet das α in der Bezeichnung α-Aminosäure?

18.10 Es gibt auch eine große Zahl von β-Aminosäuren. Coenzym A enthält beispielsweise eine β-Alanin-Einheit (Abschn. 21.1.4). Zeichnen Sie eine Strukturformel von β-Alanin.

18.11 Histamin entsteht aus einer der 20 proteinogenen Aminosäuren. Welche Aminosäure wird der biochemische Vorläufer von Histamin sein? Welche Reaktionstypen (z. B. Oxidation, Reduktion, Decarboxylierung, nukleophile Substitution) sind an der Umwandlung dieser Aminosäure in Histamin beteiligt?

Das Säure-Base-Verhalten von Aminosäuren

18.12 Der isoelektrische Punkt von Histidin ist 7.64. Zu welcher Elektrode wandert Histidin in einer Papierelektrophorese bei pH = 7.0? (Siehe Beispielaufgabe 18.2)

18.13 Beschreiben Sie das Verhalten von Glutaminsäure, Arginin und Valin in einer Papierelektrophorese bei pH = 6.0. (Siehe Beispielaufgabe 18.3)

18.14 Zeichnen Sie Strukturformeln der folgenden Aminosäuren, wie sie bei pH = 1.0 überwiegend vorliegen. (Siehe Beispielaufgabe 18.2)
(a) Threonin
(b) Arginin
(c) Methionin
(d) Tyrosin

18.15 Zeichnen Sie Strukturformeln der folgenden Aminosäuren wie sie bei pH = 10.0 überwiegend vorliegen. (Siehe Beispielaufgabe 18.2)
(a) Leucin
(b) Valin
(c) Prolin
(d) Asparaginsäure

18.16 Zeichnen Sie basierend auf den in Tab. 18.2 für die dissoziierbaren Gruppen angegebenen pK_S-Werten eine Kurve für die Titration (a) von Glutaminsäure mit NaOH sowie (b) von Histidin mit NaOH.

18.17 Zeichnen Sie Strukturformeln der Produkte, die aus der Umsetzung von Alanin mit den folgenden Reagenzien entstehen:
(a) wässrige NaOH
(b) wässrige HCl
(c) CH_3CH_2OH, H_2SO_4
(d) $CH_3C(O)Cl$

18.18 Begründen Sie, warum der isoelektrische Punkt von Glutamin (pI = 5.65) höher als der von Glutaminsäure (pI = 3.08) ist.

18.19 Bei welchem pH-Wert würden Sie eine Elektrophorese zur Trennung der Aminosäuren in den folgenden Gemischen durchführen? (Siehe Beispielaufgabe 18.3)
(a) Ala, His, Lys
(b) Glu, Gln, Asp
(c) Lys, Leu, Tyr

Die Primärstruktur von Peptiden und Proteinen

18.20 Zeichnen Sie eine Strukturformel von Lys-Phe-Ala. Geben Sie an, welche der Aminosäuren *N*-terminal und welche *C*-terminal ist. Welche Nettoladung hat dieses Tripeptid bei pH = 6.0? (Siehe Beispielaufgabe 18.4)

18.21 Welche der folgenden Tripeptide werden von Trypsin hydrolysiert, welche von Chymotrypsin? (Siehe Beispielaufgabe 18.5)
(a) Tyr-Gln-Val
(b) Thr-Phe-Ser
(c) Thr-Ser-Phe

18.22 Leiten Sie die Aminosäuresequenz eines Undecapeptids (11 Aminosäuren) aus den folgenden experimentellen Ergebnissen ab. (Siehe Beispielaufgabe 18.6)

Experimentelle Methode	Durch die Methode ermittelte Aminosäuren
Aminosäureanalyse des Undecapeptids	Ala, Arg, Glu, Lys_2, Met, Phe, Ser, Thr, Trp, Val
Edman-Abbau	Ala
Durch Trypsin katalysierte Hydrolyse	
Fragment A	Ala, Glu, Arg
Fragment B	Thr, Phe, Lys
Fragment C	Lys
Fragment D	Met, Ser, Trp, Val
Durch Chymotrypsin katalysierte Hydrolyse	
Fragment E	Ala, Arg, Glu, Phe, Thr
Fragment F	Lys_2, Met, Ser, Trp, Val
Behandlung mit Bromcyan	
Fragment G	Ala, Arg, Glu, Lys_2, Met, Phe, Thr, Val
Fragment H	Ser, Trp

18.23 Ein Protein enthält vier verschiedene SH-Gruppen. Wie viele verschiedene Disulfidbrücken sind möglich, wenn nur eine einzige Disulfidbindung gebildet wird? Wie viele sind möglich, wenn sich zwei Disulfidbindungen ausbilden?

18.24 Wie viele verschiedene Tetrapeptide sind in den folgenden Teilaufgaben möglich? (Siehe Beispielaufgabe 18.4)
(a) Das Tetrapeptid besteht aus jeweils einer Einheit der Aminosäuren Asp, Glu, Pro und Phe.
(b) Für das Tetrapeptid können alle 20 Aminosäuren genutzt werden, aber jede nur einmal.

18.25 Ein Decapeptid hat die folgende Aminosäurezusammensetzung: (Siehe Beispielaufgabe 18.6)

Ala_2, Arg, Cys, Glu, Gly, Leu, Lys, Phe, Val

Die partielle Hydrolyse ergibt die folgenden Tripeptide:

Cys-Glu-Leu + Gly-Arg-Cys + Leu-Ala-Ala
+ Lys-Val-Phe + Val-Phe-Gly

Der einmalig durchgeführte Edman-Abbau bildet das Phenylthiohydanthoin von Lysin. Leiten Sie auf der Grundlage dieser Informationen die Primärstruktur des Decapeptids ab.

18.26 Im Folgenden ist die Primärstruktur von Glucagon angegeben, einem Peptidhormon aus 29 Aminosäuren. (Siehe Beispielaufgabe 18.5)

```
         1              5                   10
       His-Ser-Glu-Gly-Thr-Phe-Thr-Ser-Asp-Tyr-Ser-Lys-Tyr-
              15                 20                  25
       Leu-Asp-Ser-Arg-Arg-Ala-Gln-Asp-Phe-Val-Gln-Trp-
                                              29
                                      Leu-Met-Asn-Thr
                          Glucagon
```

Glucagon wird in den α-Zellen der Bauchspeicheldrüse gebildet und ist an der Regulation des Blutzuckerspiegels beteiligt. Welche Peptidbindungen werden jeweils hydrolysiert, wenn Glucagon mit den folgenden Reagenzien umgesetzt wird?
(a) Phenylisothiocyanat
(b) Chymotrypsin
(c) Trypsin
(d) BrCN

18.27 Im Folgenden ist eine Strukturformel des Süßstoffs Aspartam angegeben:

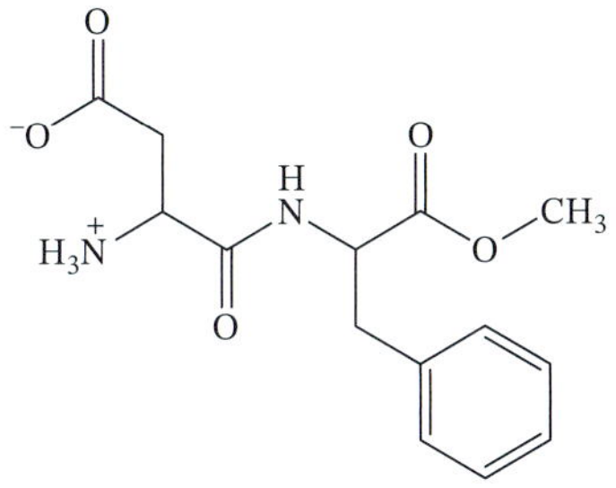

Aspartam

(a) Aus welchen beiden Aminosäuren ist diese Verbindung aufgebaut?
(b) Schätzen Sie den isoelektrischen Punkt von Aspartam ab.
(c) Zeichnen Sie Strukturformeln der Verbindungen, die bei der Hydrolyse von Aspartam in 1 M HCl entstehen.

Die dreidimensionale Gestalt von Peptiden und Proteinen

18.28 Mit welchen Aminosäureseitenketten kann die Seitenkette des Lysins bei pH = 7.4 Salzbrücken ausbilden? (Siehe Beispielaufgabe 18.7)

18.29 Schauen Sie sich eine α-Helix genau an. Liegen die Aminosäureseitenketten alle innerhalb der Helix, alle außerhalb der Helix oder zufällig innerhalb und außerhalb der Helix?

18.30 Wir wollen zwischen intermolekularen und intramolekularen Wasserstoffbrückenbindungen zwischen den funktionellen Gruppen des Rückgrats von Peptidketten unterscheiden. In welchen Sekundärstrukturtypen finden sich intermolekulare Wasserstoffbrücken? In welchen finden sich intramolekulare Wasserstoffbrücken?

Ausblick

18.31 Welcher Typ von Protein könnte die im Folgenden dargestellte Änderung im Verlauf einer beliebigen Reaktion bewirken?

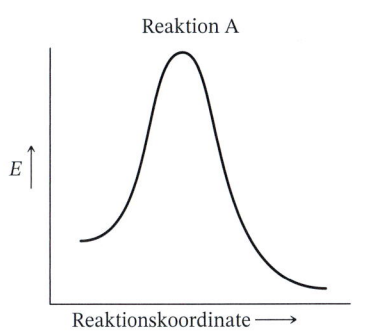

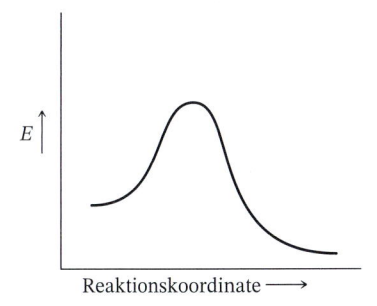

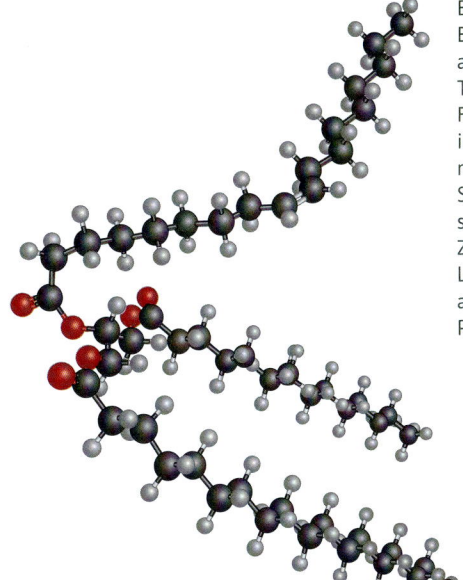

Ein Eisbär in schneebedeckter Landschaft, Kanada. Ein ausgewachsener Eisbär ernährt sich fast ausschließlich von Seehundspeck (der aus Triglyceriden besteht) und legt damit eigene Fettreserven an. Nahrung nimmt er hauptsächlich im Winter zu sich; im arktischen Sommer ist er im normalen Umfang physiologisch aktiv, legt sehr weite Strecken zurück und greift dabei ausschließlich auf sein Körperfett zurück. Er verbrennt in dieser Zeit 1.0–1.5 kg Fett pro Tag.
Links: Das Molekülmodell eines Triglycerids aufgebaut aus Ölsäure, Stearinsäure und Palmitinsäure.

[Quelle: © Tom Brakefield/DigitalVision/ Getty Images, Inc.]

19
Lipide

Inhalt
19.1 Was sind Triglyceride?
19.2 Was sind Seifen und Detergenzien?
19.3 Was sind Phospholipide?
19.4 Was sind Steroide?
19.5 Was sind Prostaglandine?
19.6 Was sind fettlösliche Vitamine?

Exkurse
19.A Schlangengift-Phospholipasen
19.B Nichtsteroidale Estrogen-Antagonisten

Lipide sind eine strukturell uneinheitliche Klasse von organischen Naturstoffen, die aber ähnliche Lösungseigenschaften aufweisen. Lipide sind in Wasser unlöslich, lösen sich aber in relativ unpolaren aprotischen Lösungsmitteln wie Diethylether, Aceton oder Dichlormethan. Kohlenhydrate, Aminosäuren und Peptide sind in diesen Lösungsmitteln nahezu unlöslich.

Lipide sind für die menschliche Biologie in dreierlei Hinsicht wichtig: (1) Sie dienen in Form von Triglyceriden (Fetten) als chemischer Energiespeicher. Während Pflanzen ihre Energie in Form von Kohlenhydraten (z. B. Stärke) speichern, nutzen Menschen hierzu Fettzellen im Fettgewebe. (2) Phospholipide sind eine Art von Lipiden, die als wasserunlösliche Bausteine zum Aufbau biologischer Membranen genutzt werden. (3) Zu den Lipiden zählen darüber hinaus auch Steroidhormone, Prostaglandine, Thromboxane und Leukotriene, die als chemische Botenstoffe (Hormone) wichtige Stoffwechselvorgänge steuern. In diesem Kapitel werden wir die Strukturen und biologischen Funktionen all dieser Arten von Lipiden besprechen.

Einführung in die Organische Chemie, Erste Auflage. William H. Brown und Thomas Poon.
© 2021 WILEY-VCH GmbH. Published 2021 by WILEY-VCH GmbH.

19.1 Was sind Triglyceride?

Tierische Fette und Pflanzenöle, die am häufigsten vorkommenden natürlichen Lipide, sind Triester, die aus dem Trialkohol Glycerin und drei langkettigen Carbonsäuren (Fettsäuren) aufgebaut sind. Fette und Öle sind somit **Triglyceride**, die gelegentlich auch als **Triacylglycerine** bezeichnet werden. Durch wässrig-basische Hydrolyse eines Triglycerids mit nachfolgendem Ansäuern können Glycerin und die drei Fettsäuren freigesetzt werden:

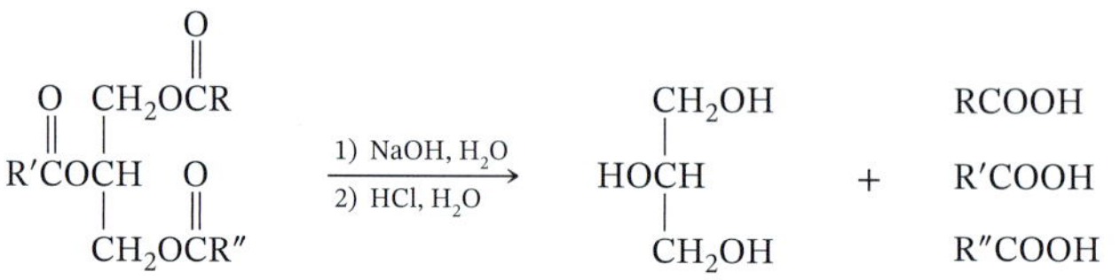

$$\text{ein Triglycerid} \xrightarrow[\text{2) HCl, H}_2\text{O}]{\text{1) NaOH, H}_2\text{O}} \text{1,2,3-Propantriol (Glycerin)} + \text{Fettsäuren}$$

19.1.1 Fettsäuren

Fettsäuren sind langkettige, unverzweigte Carbonsäuren, die meist aus 12 bis 20 Kohlenstoffatomen aufgebaut sind und bei der Hydrolyse von tierischen Fetten, Pflanzenölen oder membrangebundenen Phospholipiden entstehen. Bislang konnten mehr als 500 verschiedene natürliche **Fettsäuren** aus unterschiedlichen Zellen und Geweben isoliert werden. Tabelle 19.1 zeigt die Trivialnamen und Strukturformeln der wichtigsten Fettsäuren. Die Zahl der Kohlenstoffatome sowie die Zahl der Kohlenstoff-Kohlenstoff-Doppelbindungen in der jeweiligen Alkylkette einer Fettsäure werden oft durch zwei Zahlen (getrennt durch einen Doppelpunkt) angegeben. In dieser Schreibweise ist die Linolsäure beispielsweise eine 18:2-Fettsäure – ihre aus 18 C-Atomen bestehende Kette enthält zwei Kohlenstoff-Kohlenstoff-Doppelbindungen.

Tab. 19.1 Die häufigsten Fettsäuren in tierischen Fetten, Pflanzenölen und biologischen Membranen.

C-Atome/Doppelbindungen[a]	Struktur	Trivialname	Schmelzpunkt (°C)
Gesättigte Fettsäuren			
12:0	$CH_3(CH_2)_{10}COOH$	Laurinsäure	44
14:0	$CH_3(CH_2)_{12}COOH$	Myristinsäure	58
16:0	$CH_3(CH_2)_{14}COOH$	Palmitinsäure	63
18:0	$CH_3(CH_2)_{16}COOH$	Stearinsäure	70
20:0	$CH_3(CH_2)_{18}COOH$	Arachinsäure	77
Ungesättigte Fettsäuren[b]			
16:1	$CH_3(CH_2)_5CH=CH(CH_2)_7COOH$	Palmitoleinsäure	1
18:1	$CH_3(CH_2)_7CH=CH(CH_2)_7COOH$	Ölsäure	16
18:2	$CH_3(CH_2)_4(CH=CHCH_2)_2(CH_2)_6COOH$	Linolsäure	−5
18:3	$CH_3CH_2(CH=CHCH_2)_3(CH_2)_6COOH$	Linolensäure	−11
20:4	$CH_3(CH_2)_4(CH=CHCH_2)_4(CH_2)_2COOH$	Arachidonsäure	−49

a) Die erste Zahl gibt an, wie viele Kohlenstoffatome die Fettsäure enthält, die zweite Zahl gibt die Zahl der Kohlenstoff-Kohlenstoff-Doppelbindungen an.
b) Die Doppelbindungen in diesen ungesättigten Fettsäuren sind alle *cis*-konfiguriert.

Die häufigsten Fettsäuren in höheren Pflanzen und Tieren haben die folgenden Gemeinsamkeiten und Eigenschaften:

1. Nahezu alle sind unverzweigt und besitzen eine gerade Zahl von C-Atomen, meist zwischen 12 und 20.
2. Die drei häufigsten natürlichen Fettsäuren sind die Palmitinsäure (16:0), die Stearinsäure (18:0) und die Ölsäure (18:1).
3. Die überwiegende Zahl der ungesättigten Fettsäuren enthält eine oder mehrere *cis*-konfigurierte Doppelbindungen; die *trans*-Konfiguration ist sehr selten.
4. Ungesättigte Fettsäuren haben niedrigere Schmelzpunkte als ihre gesättigten Pendants. Je stärker ungesättigt eine Fettsäure ist, desto niedriger ist ihr Schmelzpunkt. Der Vergleich der Schmelzpunkte der folgenden vier C-18-Fettsäuren macht dies deutlich:

Stearinsäure (18:0) (Schmp. 70 °C)

Ölsäure (18:1) (Schmp. 16 °C)

Linolsäure (18:2) (Schmp. −5 °C)

Linolensäure (18:3) (Schmp. −11 °C)

Eine Auswahl an Pflanzenölen. [Quelle: © M. Bär.]

Beispiel 19.1 Zeichnen Sie die Strukturformel eines Triglycerids, das aus je einem Äquivalent Palmitinsäure, Ölsäure und Stearinsäure aufgebaut ist, den drei am häufigsten vorkommenden natürlichen Fettsäuren.

Vorgehensweise
Ein Triglycerid ist ein Triester des Trialkohols Glycerin. Jede der OH-Gruppen des Glycerins bildet einen Ester mit einer Carbonsäure. Mit den drei angegebenen Fettsäuren können sechs verschiedene Triglyceride gebildet werden.

Lösung
In dieser Struktur bildet die Palmitinsäure einen Ester am Atom C-1 von Glycerin, Ölsäure an C-2 und Stearinsäure an C-3:

Palmitat (16:0)
Oleat (18:1)
Stearat (18:0)
ein Triglycerid

Siehe Aufgaben 19.1 und 19.8.

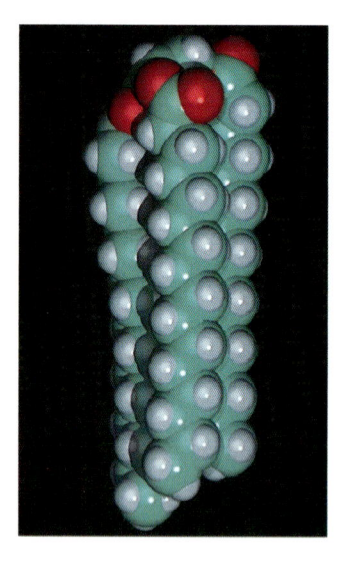

Abb. 19.1 Tripalmitin, ein gesättigtes Triglycerid.

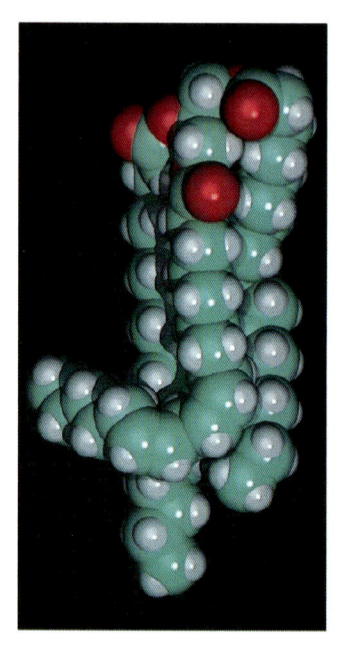

Abb. 19.2 Ein mehrfach ungesättigtes Triglycerid. [Quelle: © Brent Iverson, University of Texas.]

19.1.2 Physikalische Eigenschaften

Die physikalischen Eigenschaften eines Triglycerids werden von den darin enthaltenen Fettsäuren bestimmt. Der Schmelzpunkt eines Triglycerids nimmt mit der Anzahl der C-Atome in den Fettsäuren zu und mit der Anzahl der Kohlenstoff-Kohlenstoff-Doppelbindungen ab. Triglyceride, die relativ viel Ölsäure, Linolsäure und andere ungesättigte Fettsäuren enthalten, sind bei Raumtemperatur üblicherweise flüssig und werden als **Öle** bezeichnet (z. B. Sonnenblumen- oder Olivenöl). Triglyceride, die reich an Palmitinsäure, Stearinsäure und anderen gesättigten Fettsäuren sind, sind bei Raumtemperatur typischerweise halbfest oder fest – die sogenannten **Fette** (z. B. Schmalz oder Milchfett). Das Fett von Landtieren enthält normalerweise 40–50 Gewichts-% gesättigte Fettsäuren (Tab. 19.2). Die meisten Pflanzenöle bestehen dagegen aus höchstens 20 % gesättigten und mehr als 80 % ungesättigten Fettsäuren. Erwähnenswerte Ausnahmen hierzu sind die **tropischen Öle** (z. B. Kokosnuss- oder Palmöl), die einen deutlich höheren Anteil an niedermolekularen gesättigten Fettsäuren enthalten.

Die niedrigen Schmelzpunkte von Triglyceriden mit einem hohen Anteil an ungesättigten Fettsäuren sind auf eine abweichende Struktur der Kohlenstoffketten in den ungesättigten Fettsäuren im Vergleich mit der von gesättigten Fettsäuren zurückzuführen. Abbildung 19.1 zeigt das Kalottenmodell von Tripalmitin, einem gesättigten Triglycerid. Man erkennt, dass die Kohlenstoffketten hier parallel zueinander liegen, wodurch das Molekül eine geordnete, kompakte Gestalt aufweist. Wegen dieser kompakten dreidimensionalen Struktur und der sich daraus ergebenden verhältnismäßig starken Dispersionswechselwirkungen (Abschn. 3.8.2) zwischen den Kohlenstoffketten benachbarter Moleküle haben Triglyceride, die reich an gesättigten Fettsäuren sind, vergleichsweise hohe Schmelzpunkte oberhalb Raumtemperatur.

Die dreidimensionale Struktur von ungesättigten Fettsäuren weicht sehr stark von der gesättigter Fettsäuren ab. Wie in Abschn. 19.1.1 besprochen, sind ungesättigte Fettsäuren höherer Organismen fast ausschließlich *cis*-konfiguriert – die *trans*-Konfiguration tritt nur sehr selten auf. In Abb. 19.2 ist das Kalottenmodell eines **mehrfach ungesättigten Triglycerids** dargestellt, das aus je einem Äquivalent Stearinsäure, Ölsäure und Linolsäure aufgebaut ist. Alle Doppelbindungen in diesem mehrfach ungesättigten Triglycerid sind *cis*-konfiguriert.

Die Strukturen mehrfach ungesättigter Triglyceride sind weniger geordnet und damit weniger dicht gepackt als die Strukturen gesättigter Triglyceride. Infolgedessen

Tab. 19.2 Fettsäuren in einigen Fetten und Ölen (in Gramm pro 100 g Triglycerid).[a]

Fett oder Öl	Gesättigte Fettsäuren			Ungesättigte Fettsäuren	
	Laurinsäure (12:0)	Palmitinsäure (16:0)	Stearinsäure (18:0)	Ölsäure (18:1)	Linolsäure (18:2)
Menschenfett	–	24.0	8.4	46.9	10.2
Rinderfett	–	27.4	14.1	49.6	2.5
Milchfett	2.5	29.0	9.2	26.7	3.6
Kokosnussöl	45.4	10.5	2.3	7.5	Spuren
Maisöl	–	10.2	3.0	49.6	34.3
Olivenöl	–	6.9	2.3	84.4	4.6
Palmöl	–	40.1	5.5	42.7	10.3
Erdnussöl	–	8.3	3.1	56.0	26.0
Sojaöl	0.2	9.8	2.4	28.9	50.7

a) Es sind nur die häufigsten Fettsäuren angegeben. Andere Fettsäuren sind in kleineren Anteilen enthalten.

sind hier die intra- und intermolekularen Dispersionskräfte schwächer, sodass die Verbindungen niedrigere Schmelzpunkte als die entsprechenden gesättigten Triglyceride aufweisen.

19.1.3 Reduktion von Fettsäureketten

Die Umwandlung von Ölen in Fette ist ein bedeutender industrieller Prozess – zum Teil, weil Fette als Nahrungsmittel einfacher zu handhaben sind als Öle, aber auch, um Ernährungspräferenzen und Diätvorschriften gerecht zu werden. Dieser als **Fetthärtung** bezeichnete Prozess ist die katalytische Reduktion (Abschn. 5.8) einiger oder aller Kohlenstoff-Kohlenstoff-Doppelbindungen in Ölen. Dabei kann der Härtungsgrad durch sorgfältige Kontrolle des Prozesses eingestellt werden, um so zu Fetten mit der gewünschten Konsistenz zu kommen. Die so erhaltenen Fette werden zum Backen, Kochen und Frittieren genutzt. **Margarine** und andere Butterersatzstoffe erhält man durch partielle Hydrierung von mehrfach ungesättigten Ölen aus Mais, Erdnüssen und Soja. Zu den gehärteten Ölen werden β-Carotin (zur Gelbfärbung, um eine butterähnliche Farbe zu erzielen), Salz und etwa 15 Volumen-% Milch gegeben, um zur endgültigen Emulsion zu gelangen. Gelegentlich werden auch die fettlöslichen Vitamine A, D, E und K zugesetzt. Auf dieser Stufe ist das Produkt noch weitgehend geschmacklos; eine Aromatisierung kann aber durch Zusatz von Säuerungsmitteln wie Zitronensäure, Sauermolke oder Joghurtkulturen erreicht werden. Einen butterähnlichen Geschmack erhält die Margarine durch Zusatz der Aromastoffe Acetoin oder Diacetyl.

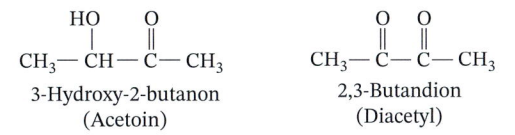

Einige Produkte, die hydrierte Pflanzenöle enthalten. [Quelle: © Charles D. Winters.]

$$CH_3-\underset{\underset{\text{3-Hydroxy-2-butanon}}{\text{(Acetoin)}}}{\overset{\overset{HO}{|}}{CH}}-\overset{\overset{O}{\|}}{C}-CH_3 \qquad CH_3-\underset{\underset{\text{2,3-Butandion}}{\text{(Diacetyl)}}}{\overset{\overset{O}{\|}}{C}}-\overset{\overset{O}{\|}}{C}-CH_3$$

19.2 Was sind Seifen und Detergenzien?

19.2.1 Struktur und Herstellung von Seifen

Natürliche **Seifen**, die Natrium- oder Kaliumsalze von Fettsäuren, werden üblicherweise aus einer Mischung aus Talg und Kokosnussöl hergestellt. Zur Talgherstellung wird festes Rinderfett mit Dampf aufgeschmolzen und die oben schwimmende Talgschicht wird abgeschöpft. Die Seife erhält man, wenn man diese Triglyceride mit Natriumhydroxid kocht. Die dabei ablaufende Reaktion wird als **Verseifung** bezeichnet:

$$\underset{\text{ein Triglycerid}}{\begin{array}{c} O\;\;CH_2OCR \\ \| \;\;\;| \\ RCOCH\;\;\;\;O \\ |\;\;\;\| \\ CH_2OCR \end{array}} + 3\,NaOH \xrightarrow{\text{Verseifung}} \underset{\underset{\text{(Glycerin)}}{\text{1,2,3-Propantriol}}}{\begin{array}{c} CH_2OH \\ | \\ CHOH \\ | \\ CH_2OH \end{array}} + \underset{\text{Natriumseife}}{3\,RCO^-Na^+}$$

Chemisch ist eine Verseifung die basenvermittelte Hydrolyse der Esterbindungen in Triglyceriden (Abschn. 14.3.3). Die dabei entstehenden Seifen enthalten vor allem die Natriumsalze der Palmitin-, Stearin- und Ölsäure aus dem Talg sowie die Natriumsalze der Laurin- und Myristinsäure aus dem Palmöl.

Wenn die Hydrolyse abgeschlossen ist, wird Natriumchlorid zugesetzt, um die Seife als dickflüssige Masse auszufällen. Die Wasserschicht wird abgelassen und das Glycerin wird durch Vakuumdestillation entfernt. Die so erhaltene Rohseife enthält noch Natriumchlorid, Natriumhydroxid und andere Verunreinigungen, die durch erneutes Aufkochen in Wasser und nochmaliges Ausfällen mit Natriumchlorid entfernt werden. Nach mehrmaliger Aufreinigung kann die Seife ohne weitere Arbeitsschritte als billige Industrieseife genutzt werden. Es gibt aber auch alternative Verfahren, mit denen die Rohseife in kosmetische Seifen mit definiertem pH-Wert, in medizinische Seifen oder Ähnliches überführt werden kann.

19.2.2 Die Reinigungswirkung von Seifen

Die charakteristische Eigenschaft von Seifen ist ihre hervorragende Reinigungswirkung, die auf ihren emulgierenden Eigenschaften beruht. Weil die langen Alkylketten der natürlichen Seifen in Wasser unlöslich sind, neigen Seifenmoleküle dazu, sich zu kugelförmigen Anordnungen zusammenzulagern und so den Kontakt der Moleküle mit dem Wasser zu minimieren. Umgekehrt haben die polaren Carboxylatgruppen das Bestreben, mit den umgebenden Wassermolekülen in Kontakt zu treten. Seifenmoleküle bilden daher in Wasser spontan Micellen (Abb. 19.3). Eine **Micelle** ist eine mehr oder weniger kugelförmige (sphärische) Anordnung von organischen Molekülen in einem wässrigen Lösungsmittel, wobei die **hydrophoben** Molekülteile innerhalb der Sphäre liegen und die **hydrophilen** Teile außerhalb, wo sie in Kontakt mit dem Wasser stehen.

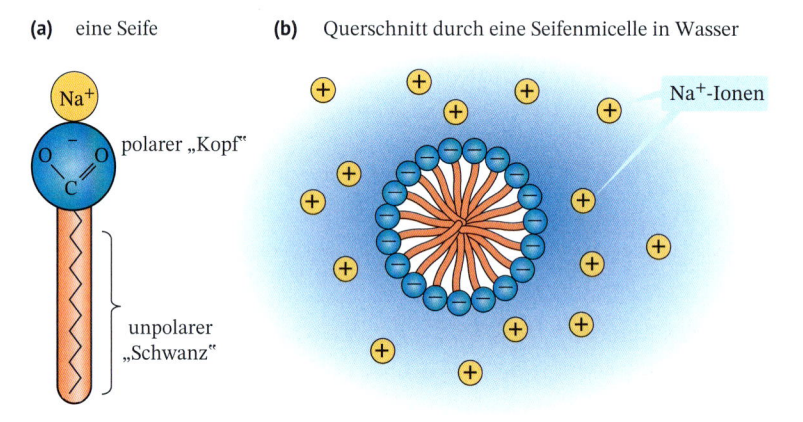

Abb. 19.3 Seifenmicellen. Die unpolaren (hydrophoben) Alkylketten aggregieren im Inneren der Micelle, die polaren (hydrophilen) Carboxylatgruppen kommen auf der Oberfläche der Micelle zu liegen. Weil Micellen an ihren Oberflächen negative Ladungen tragen, stoßen sie sich gegenseitig ab.

Die meisten Dinge, die man landläufig als Schmutz bezeichnet (z. B. Fett- oder Ölflecken, Schmiere etc.), sind unpolar und wasserunlöslich. Wenn derartiger Schmutz z. B. in einer Waschmaschine mit Seifenlösung in Kontakt kommt, lösen sich die unpolaren Schmutzmoleküle im unpolaren Inneren der Seifenmicellen. Letztlich bilden sich dabei neue Seifenmicellen, diesmal mit den umhüllten Schmutzmolekülen (Abb. 19.4). Die unpolaren organischen Fette oder Öle liegen somit „gelöst" vor und können mit dem polaren Waschwasser weggespült werden.

Seifen haben allerdings auch Nachteile: Beispielsweise bilden sie wasserunlösliche Salze, sobald sie mit den in hartem Wasser vorkommenden Ca^{2+}-, Mg^{2+}- oder Fe^{3+}-Ionen in Kontakt kommen:

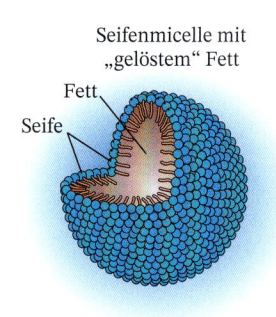

Abb. 19.4 Eine Seifenmicelle mit einem „gelösten" Öl- oder Fetttröpfchen.

$$2\ CH_3(CH_2)_{14}COO^-Na^+ + Ca^{2+} \longrightarrow \left[CH_3(CH_2)_{14}COO^-\right]_2 Ca^{2+} + 2\ Na^+$$

eine Natriumseife   Calciumsalz einer Fettsäure
(in Wasser als Micellen löslich)   (in Wasser unlöslich)

Diese Calcium-, Magnesium- oder Eisensalze der Fettsäuren sind in vielerlei Hinsicht problematisch: Sie setzen sich in Badewannen ab, bilden Filme auf Haaren und machen sie stumpf oder führen dazu, dass Textilien nach mehrmaligem Waschen grau und rau werden.

19.2.3 Synthetische Detergenzien

Nachdem sie den Mechanismus der Reinigungswirkung von Seifen verstanden hatten, machten sich Chemiker daran, **synthetische Detergenzien** zu entwickeln. Um als Detergens infrage zu kommen, sollte eine Verbindung eine lange Alkylkette (vorzugsweise 12 bis 20 Kohlenstoffatome lang) und eine polare Gruppe an einem Ende des Moleküls enthalten, wobei sie idealerweise mit den in hartem Wasser vorkommenden Ca^{2+}-, Mg^{2+}- oder Fe^{3+}-Ionen keine unlöslichen Salze bilden sollte. Man erkannte schnell, dass all diese Eigenschaften durch Verbindungen mit einer Sulfonatgruppe ($-SO_3^-$) anstelle einer Carboxylatgruppe ($-CO_2^-$) realisiert werden können. Die Calcium-, Magnesium- und Eisensalze der Alkansulfonsäuren (RSO_3H) und der aromatischen Sulfonsäuren ($ArSO_3H$) sind in Wasser wesentlich besser löslich als die entsprechenden Salze der Fettsäuren.

Unter den synthetischen Detergenzien haben die linearen Alkylbenzolsulfonate (LAS) die größte Bedeutung. Am häufigsten wird 4-Dodecylbenzolsulfonat eingesetzt. Zur Herstellung dieser Verbindungsklasse wird ein lineares Alkylbenzol mit Schwefelsäure in die entsprechende Alkylbenzolsulfonsäure überführt (Abschn. 9.6.2), die anschließend mit Natronlauge neutralisiert wird:

$$CH_3(CH_2)_{10}CH_2-\!\!\bigcirc\!\!\xrightarrow[2)\ NaOH]{1)\ H_2SO_4} CH_3(CH_2)_{10}CH_2-\!\!\bigcirc\!\!-SO_3^-Na^+$$

Dodecylbenzol   Natrium-4-dodecylbenzolsulfonat
(ein anionisches Detergens)

Das Produkt wird mit sogenannten Gerüststoffen (meist Natriumsilikat) gemischt und sprühgetrocknet, wodurch sich ein weiches, rieselfähiges Pulver bildet. Alkylbenzolsulfonat-Detergenzien wurden in den späten 1950er Jahren eingeführt; sie machen heute nahezu 90 % des Weltmarktes für Detergenzien aus, der einst ausschließlich von natürlichen Seifen beherrscht war.

Zu den am häufigsten zugesetzten Additiven gehören Schaumstabilisatoren (damit die Schaumblasen länger intakt bleiben), Bleichmittel und optische Aufheller. Ein häufig eingesetzter Schaumstabilisator, der Flüssigseifen zugesetzt wird (aus offensichtlichen Gründen aber nicht Waschmitteln: Man stelle sich eine Toplader-Waschmaschine vor, aus deren Deckel Schaum quillt!), ist das Amid aus Dodecansäure (Laurinsäure) und 2-Aminoethanol. Als Bleichmittel wird in Waschmitteln meist Natriumperborat-Tetrahydrat verwendet, das sich oberhalb von 50 °C unter Bildung von Wasserstoffperoxid, der eigentlichen aktiven Komponente, zersetzt:

$CH_3(CH_2)_{10}\overset{\overset{O}{\|}}{C}NHCH_2CH_2OH$ $O=B-O-O^-Na^+ \cdot 4H_2O$

N-(2-Hydroxyethyl)dodecanamid   Natriumperborat-Tetrahydrat
(ein Schaumstabilisator)   (ein Bleichmittel)

Der Effekt von optischen Aufhellern: (oben) normales Licht; (unten) Schwarzlicht. [Quelle: © Charles D. Winters.]

Diese Produkte enthalten Lecithin. [Quelle: © Charles D. Winters.]

Außerdem werden Waschmitteln optische Aufheller zugesetzt. Diese werden an den Textilien adsorbiert und fluoreszieren nach Absorption von normalem Licht bläulich, wodurch die gelbliche Färbung, die sich in alternden Stoffen bildet, kompensiert wird. Optische Aufheller sorgen dafür, dass die Wäsche „weißer als weiß" erscheint. Sicherlich ist Ihnen dieser Effekt schon in Clubs oder Diskotheken aufgefallen: Die optischen Aufheller sorgen dafür, dass weiße T-Shirts oder Blusen unter UV-Beleuchtung („Schwarzlicht") hell zu leuchten scheinen.

19.3 Was sind Phospholipide?

19.3.1 Struktur

Phospholipide, die zweithäufigste Klasse natürlicher Lipide, bestehen aus Glycerin, das mit zwei Äquivalenten Fettsäure und einem Äquivalent Phosphorsäure verestert ist. Sie kommen fast ausschließlich in pflanzlichen und tierischen Membranen vor, die in der Regel aus 40–50 % Phospholipiden und 50–60 % Proteinen bestehen. Die häufigsten Phospholipide sind von **Phosphatidsäure** abgeleitet (Abb. 19.5).

Die am häufigsten in Phosphatidsäuren vorkommenden Fettsäuren sind Palmitinsäure, Stearinsäure (beide gesättigt) und Ölsäure (mit einer Doppelbindung in der Alkylkette). Durch eine zusätzliche Veresterung der Phosphatidsäure mit einem niedermolekularen Alkohol entsteht ein Phospholipid. Einige der wichtigsten in Phospholipiden vorkommenden Alkohole sind in Tab. 19.3 aufgeführt.

19.3.2 Lipiddoppelschicht

Abbildung 19.6 zeigt ein Kalottenmodell von Lecithin (Phosphatidylcholin). Lecithin und andere Phospholipide sind langkettige, nahezu perfekt stäbchenförmige Verbindungen mit parallel zueinander liegenden unpolaren (hydrophoben) Alkylketten und einer polaren (hydrophilen) Phosphorsäuregruppe am entgegengesetzten Ende.

In wässrigen Lösungsmitteln ordnen sich Phospholipide spontan Rücken an Rücken an und bilden eine **Lipiddoppelschicht** (Abb. 19.7). Die polaren Kopfgruppen kom-

Abb. 19.5 Eine Phosphatidsäure und ein Phospholipid. In einer Phosphatidsäure ist ein Glycerinmolekül mit zwei Fettsäuren und einem Äquivalent Phosphorsäure verestert. Die zusätzliche Veresterung der Phosphorsäuregruppe mit einem niedermolekularen Alkohol ergibt ein Phospholipid. In beiden Strukturformeln sind die funktionellen Gruppen in dem Ionisierungszustand dargestellt, der bei pH = 7.4 vorliegt, dem ungefähren pH-Wert des Blutplasmas und vieler anderer biologischer Flüssigkeiten. Unter diesen Bedingungen ist die Phosphatgruppe deprotoniert (negativ geladen) und die Ammoniumgruppe positiv geladen.

Tab. 19.3 In Phospholipiden häufig vorkommende niedermolekulare Alkohole.[a]

Strukturformel	Name	Name des Phospholipids
HOCH$_2$CH$_2$NH$_2$	2-Aminoethanol	Phosphatidylethanolamin (Cephalin)
HOCH$_2$CH$_2$N$^+$(CH$_3$)$_3$	Cholin	Phosphatidylcholin (Lecithin)

HOCH$_2$CHCOO$^-$
    |
    NH$_3^+$
	Serin	Phosphatidylserin

Inosit-Struktur (HO, HO, HO, OH, OH, OH)	Inosit	Phosphatidylinosit

a) Die Bindung zur Phosphatgruppe erfolgt jeweils über die farbig hinterlegte OH-Gruppe.

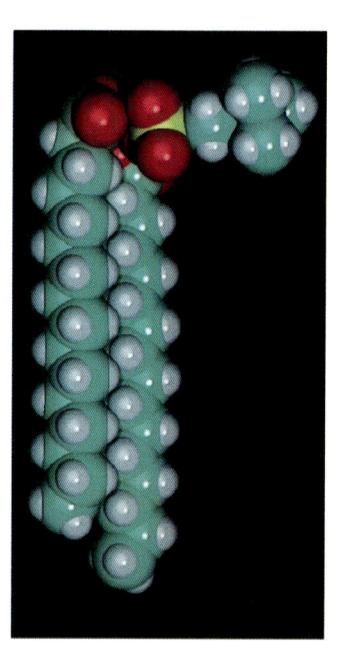

Abb. 19.6 Kalottenmodell von Lecithin. [Quelle: © Brent Iverson, University of Texas.]

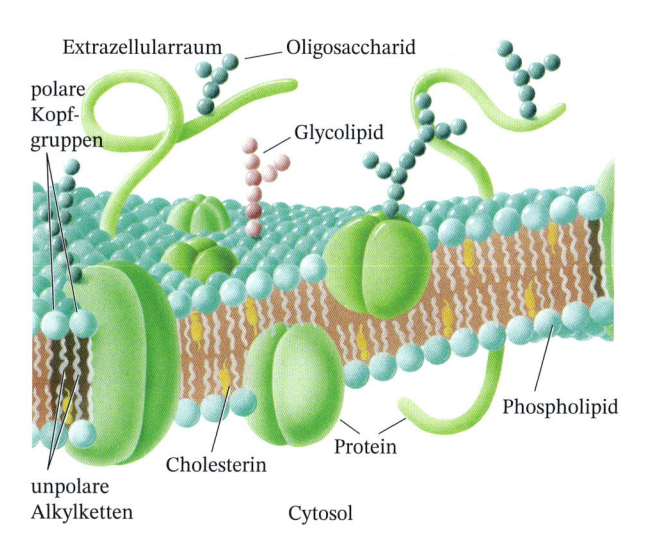

Abb. 19.7 Flüssig-Mosaik-Modell einer biologischen Membran. Die Lipiddoppelschicht enthält Proteine an der inneren und äußeren Membranoberfläche sowie Transmembranproteine, die die gesamte Membran durchspannen.

men an der Oberfläche zu liegen, die dadurch mit Ionen überzogen ist. Die unpolaren Alkylketten liegen verborgen im Inneren der Doppelschicht. Die Entstehung der Doppelschicht aus Phospholipiden ist ein spontaner Prozess, der durch zwei Arten nichtkovalenter Kräfte getrieben wird:

1. **Hydrophobe Wechselwirkungen**, die auftreten können, wenn sich die unpolaren Alkylgruppen parallel zusammenlagern und damit Wassermoleküle fernhalten.
2. **Elektrostatische Wechselwirkungen**, die aus der Interaktion der polaren Kopfgruppen mit Wasser und anderen polaren Verbindungen in der wässrigen Umgebung resultieren.

Wenn man sich die Bildung von Seifenmicellen aus Abschn. 19.2.2 in Erinnerung ruft, erkennt man, dass hier wieder dieselben nichtkovalenten Kräfte am Werk sind. Die polaren (hydrophilen) Carboxylatgruppen der Seifenmoleküle liegen an der Oberfläche der Micellen und treten dort mit Wassermolekülen in Wechselwirkung, während die unpolaren (hydrophoben) Alkylketten sich im Inneren der Micellen zusammenlagern und der Wechselwirkung mit Wasser entzogen sind.

19 Lipide

Exkurs: 19.A Schlangengift-Phospholipasen

Die Gifte von bestimmten Schlangen enthalten Enzyme, sogenannte Phospholipasen, die die Hydrolyse von Carbonsäureestergruppen in Phospholipiden katalysieren. Die Gifte der Diamant-Klapperschlange (*Crotalus adamanteus*) und der Brillenschlange (*Naja naja*) enthalten die Phospolipase PLA_2, die die Hydrolyse der Estergruppe am Atom C-2 von Phospholipiden katalysiert. Das Abbauprodukt dieser Hydrolyse, das Lysolecithin, wirkt als Detergens; es löst die Membranen der roten Blutzellen auf und lässt diese platzen:

ein Phospholipid → ein Lysolecithin

PLA_2 katalysiert die Hydrolyse dieser Esterbindung.

Melken einer Brillenschlange zur Giftgewinnung. [Quelle: © Marije Pama/Alamy Limited.]

Jedes Jahr kommt es zu Tausenden von Toten durch Bisse von Brillenschlangen.

Aufgabe
Erklären Sie die Wirkung von Lysolecithin als Detergens.

Je nachdem, wie groß der Anteil ungesättigter Fettsäuren in den Phospholipiden ist, sind die Kohlenstoffketten im Inneren der Lipiddoppelschicht eher starr oder eher beweglich. Gesättigte Alkylketten liegen bevorzugt parallel und dicht gepackt vor; sie ergeben eine eher unflexible Doppelschicht. Im Gegensatz dazu bewirken eine oder mehrere *cis*-konfigurierte Doppelbindungen ein Abknicken der Ketten, wodurch sie weder dicht gepackt noch geordnet vorliegen können. Diese ungeordnete Aggregation lässt für die Doppelschicht eine höhere Flexibilität zu.

Biologische Membranen bestehen aus solchen Lipiddoppelschichten. Eine nützliche Beschreibung der Anordnung von Phospholipiden, Proteinen und Cholesterin in pflanzlichen und tierischen Membranen ist das **Flüssig-Mosaik-Modell**, das 1972 von S.J. Singer und G. Nicolson vorgeschlagen wurde. Die Bezeichnung *Mosaik* bedeutet, dass die unterschiedlichen Komponenten als eigenständige Einheiten nebeneinander in der Membran vorliegen, dass sie also keine neuen Moleküle oder Ionenpaare bilden. *Flüssig* beschreibt die Tatsache, dass die Komponenten die gleiche Beweglichkeit und Flexibilität haben, die wir schon für die Doppelschichten kennengelernt haben. Man kann sich vorstellen, dass die Peptide in den Doppelschichten treiben können, indem sie sich seitlich entlang der durch die Membran aufgespannten Ebene bewegen.

19.4 Was sind Steroide?

Steroide sind eine Gruppe von pflanzlichen und tierischen Lipiden, die das in Abb. 19.8 gezeigte tetracyclische Ringsystem enthalten.

Die Strukturmerkmale dieses tetracyclischen Ringsystems, das in den meisten natürlichen Steroiden vorliegt, sind in Abb. 19.9 dargestellt.

1. Die Ringe sind *trans*-verknüpft und jedes Atom bzw. jede Atomgruppe an den Verknüpfungsatomen nimmt eine axiale Anordnung ein (z. B. das Wasserstoffatom an C-5 und die Methylgruppe an C-10).
2. Die Anordnung der Atome bzw. Atomgruppen entlang der Verknüpfungspositionen (C-5 und C-10, C-10 und C-9, C-9 und C-8, C-8 und C-14 sowie C-14 und C-13) folgen nahezu immer dem Muster *trans-anti-trans-anti-trans*.
3. Diese *trans-anti-trans-anti-trans*-Anordnung der Atome bzw. Atomgruppen entlang der Verknüpfungspositionen führt dazu, dass die tetracyclischen Steroid-Ringsysteme weitgehend flach und zudem sehr starr sind.
4. Viele Steroide enthalten axiale Methylgruppen an den Kohlenstoffatomen C-10 und C-13 des tetracyclischen Ringsystems.

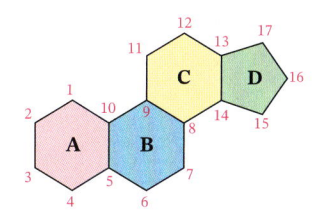

Abb. 19.8 Das charakteristische tetracyclische Ringsystem von Steroiden.

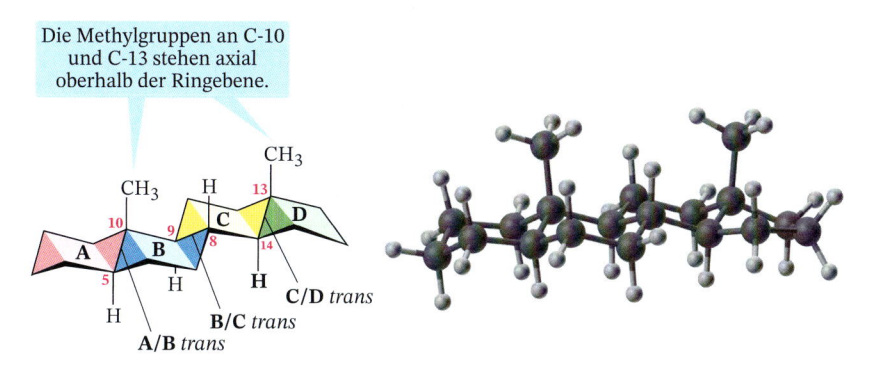

Abb. 19.9 Die typische Verknüpfung im tetracyclischen Ringsystem vieler Steroide.

19.4.1 Struktur der wichtigsten Steroidtypen

Cholesterin

Cholesterin ist ein weißer, wasserunlöslicher, wachsartiger Feststoff, der in Blutplasma und allen tierischen Geweben enthalten ist. Für den menschlichen Metabolismus ist er in zweierlei Hinsicht von großer Bedeutung:

1. Cholesterin ist ein essentieller Bestandteil biologischer Membranen. Ein gesunder, erwachsener Körper enthält etwa 140 g Cholesterin, davon ungefähr 120 g in Membranen. Die Membranen des zentralen und peripheren Nervensystems enthalten beispielsweise etwa 10 Gewichts-% Cholesterin.
2. Aus dem Cholesterin werden die Sexualhormone, die in der Nebennierenrinde gebildeten Corticosteroide, Gallensäuren und Vitamin D synthetisiert. Das Cholesterin ist daher in gewisser Weise die Grundlage für nahezu alle anderen Steroide.

Cholesterin enthält acht Stereozentren, wodurch $2^8 = 256$ Stereoisomere in 128 Enantiomerenpaaren denkbar sind. Das hier rechts abgebildete Stereoisomer ist jedoch das einzige, das im menschlichen Metabolismus relevant ist:

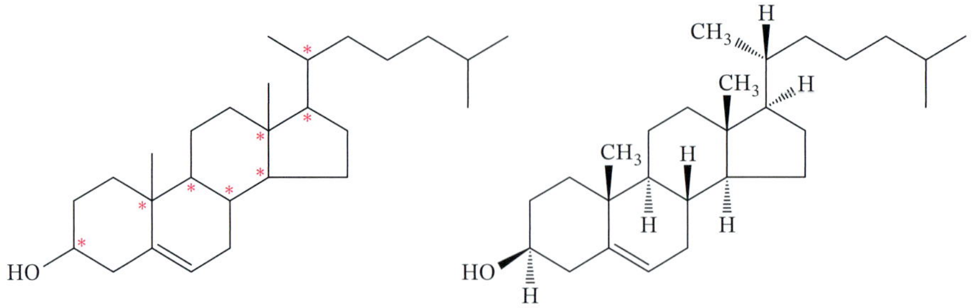

Cholesterin hat acht Stereozentren; 256 Stereoisomere sind daher möglich.

Nur dieses Stereoisomer findet sich im menschlichen Metabolismus.

Cholesterin ist in Blutplasma zwar unlöslich, kann aber in Form von plasmalöslichen Komplexen aus Cholesterin und sogenannten Lipoproteinen transportiert werden. **Low-density Lipoproteine** (**LDL**, Lipoproteine niedriger Dichte; die englische Bezeichnung wird auch im Deutschen verwendet) sind Plasmateilchen mit einer Dichte von 1.02–1.06 g/mL, die aus etwa 25 % Proteinen, 50 % Cholesterin, 21 % Phospholipiden und 4 % Triglyceriden bestehen. Sie transportieren Cholesterin von der Leber, wo es produziert wird, zur Verwendung in die verschiedenen Gewebe und Zellen des Körpers. Vor allem das mit LDL verbundene Cholesterin bildet atherosklerotische Ablagerungen in Blutgefäßen. **High-density Lipoproteine** (**HDL**) sind Plasmateilchen mit einer Dichte von 1.06–1.21 g/mL, die aus etwa 33 % Proteinen, 30 % Cholesterin, 29 % Phospholipiden und 8 % Triglyceriden bestehen. Sie transportieren überschüssiges und nicht verwendetes Cholesterin aus den Zellen zurück in die Leber, wo es zu Gallensäuren abgebaut wird, damit es letztlich mit dem Kot ausgeschieden werden kann. Es wird vermutet, dass HDL die Bildung atherosklerotischer Ablagerungen verzögern oder verringern können.

Steroidhormone

Tabelle 19.4 führt für die wichtigsten Klassen von Steroidhormonen typische Vertreter mit ihren wesentlichen Funktionen auf. Die weiblichen steroidalen Sexualhormone nennt man **Estrogene** (auch Östrogene), die entsprechenden männlichen Sexualhormone werden als **Androgene** bezeichnet.

Nachdem man erkannt hatte, dass Progesteron den Eisprung verhindert, war die Vermutung naheliegend, dass es als Kontrazeptivum (Empfängnisverhütungsmittel) eingesetzt werden könnte. Bei oraler Aufnahme hat Progesteron allerdings nur eine geringe Wirksamkeit. Durch umfangreiche Forschungsprogramme sowohl in industriellen als auch in akademischen Arbeitsgruppen wurden in den 1960er Jahren viele synthetische Progesteron-Analoga zugänglich. Sie verhindern bei regelmäßiger Einnahme einen Eisprung, ohne den normalen Menstruationszyklus zu unterbinden. Die erfolgreichsten Präparate enthalten ein Progesteron-Analogon wie Norethisteron zusammen mit einem kleineren Anteil einer estrogenartigen Verbindung, um einen unregelmäßigen Menstruationszyklus zu verhindern, der ansonsten bei langandauernder Nutzung von Kontrazeptiva auftreten würde.

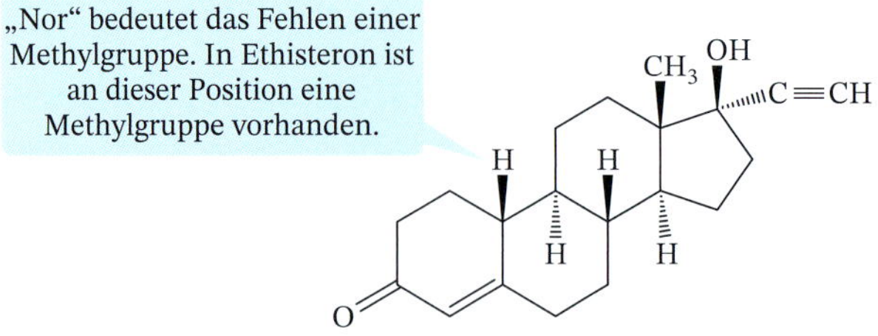

„Nor" bedeutet das Fehlen einer Methylgruppe. In Ethisteron ist an dieser Position eine Methylgruppe vorhanden.

Norethisteron
(ein synthetisches Progesteron-Analogon)

Tab. 19.4 Ausgewählte Steroidhormone.

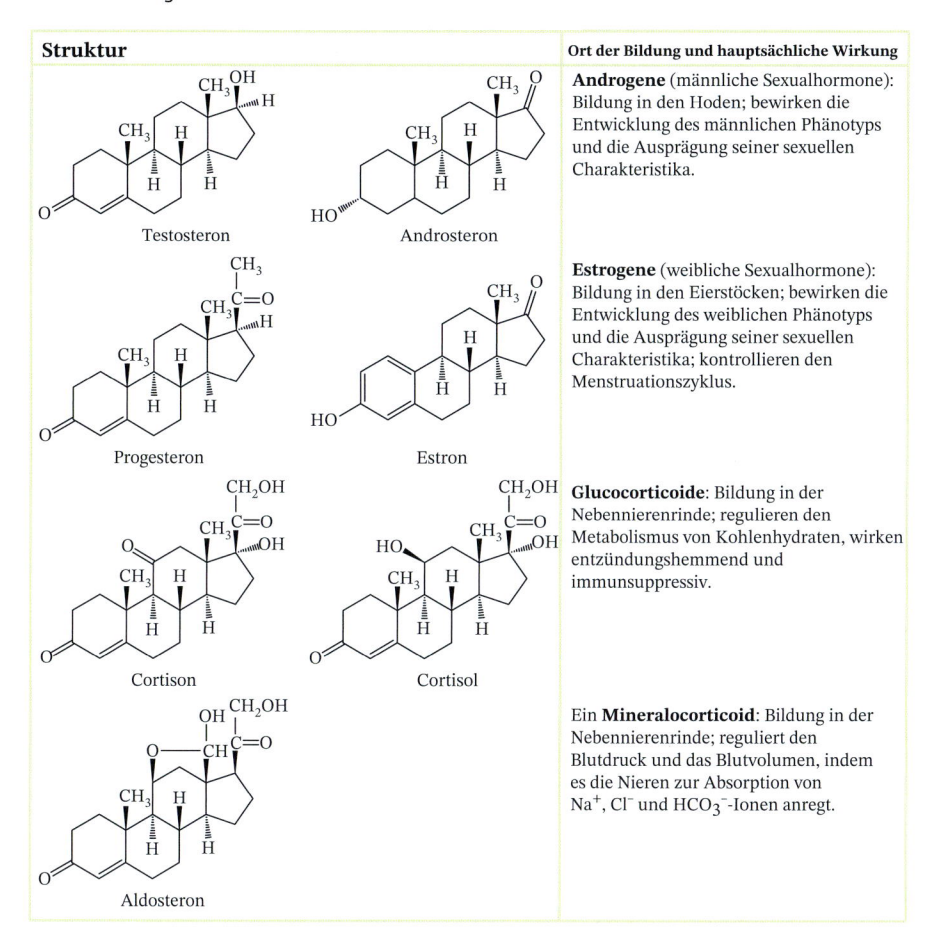

Struktur	Ort der Bildung und hauptsächliche Wirkung
Testosteron, Androsteron	**Androgene** (männliche Sexualhormone): Bildung in den Hoden; bewirken die Entwicklung des männlichen Phänotyps und die Ausprägung seiner sexuellen Charakteristika.
Progesteron, Estron	**Estrogene** (weibliche Sexualhormone): Bildung in den Eierstöcken; bewirken die Entwicklung des weiblichen Phänotyps und die Ausprägung seiner sexuellen Charakteristika; kontrollieren den Menstruationszyklus.
Cortison, Cortisol	**Glucocorticoide**: Bildung in der Nebennierenrinde; regulieren den Metabolismus von Kohlenhydraten, wirken entzündungshemmend und immunsuppressiv.
Aldosteron	Ein **Mineralocorticoid**: Bildung in der Nebennierenrinde; reguliert den Blutdruck und das Blutvolumen, indem es die Nieren zur Absorption von Na^+, Cl^- und HCO_3^--Ionen anregt.

Die wesentliche biologische Funktion von Testosteron und anderen Androgenen ist, das normale Wachstum der männlichen Geschlechtsorgane (der primären Geschlechtsmerkmale) zu fördern. Es führt zudem zur Entwicklung der charakteristischen tiefen Stimme, der spezifischen Körper- und Gesichtsbehaarung und der ausgeprägten Muskulatur von Männern (also der sekundären Geschlechtsmerkmale). Allerdings kann Testosteron diese Effekte nicht hervorrufen, wenn es oral aufgenommen wird; es würde in der Leber sofort metabolisiert. Für die Anwendung in der Rehabilitationsmedizin wurden daher eine Reihe von oral verfügbaren **anabolen Steroiden** entwickelt, insbesondere um das Muskelwachstum nach verletzungsbedingten Muskelatrophien zu fördern. Im Folgenden sind einige Beispiele für anabole Steroide gezeigt:

Metandienon, Nandrolon, Methandriol

Allerdings ist auch der Missbrauch von anabolen Steroiden zum Aufbau von Muskelmasse im Sport weit verbreitet, insbesondere wenn es darum geht, eine größere Schnellkraft zu erreichen. Der Missbrauch anaboler Steroide zu diesem Zweck ist aber mit enormen Risiken verbunden: Häufige Nebeneffekte sind erhöhte Aggressivität, Sterilität, Impotenz, frühzeitiger Tod bedingt durch Zuckerkrankheit, koronare Herzerkrankungen und Leberkrebs.

Gallensäuren

Abbildung 19.10 zeigt die Struktur der in menschlicher Galle vorkommenden Cholsäure. In der Galle und in den Darmsäften liegt sie wie abgebildet als Anion vor. **Gallensäuren** (genauer gesagt die Gallensalze) werden in der Leber synthetisiert, in der Gallenblase gelagert und in den Darm sekretiert. Dort emulgieren sie Fette aus der Nahrung und erleichtern damit deren Absorption und Verdauung. Zudem sind die Anionen der Gallensäuren die metabolischen Endprodukte des Cholesterins und erlauben so dessen Ausscheidung aus dem Körper. Das charakteristische Strukturmerkmal der Gallensäuren ist die *cis*-Verknüpfung der Ringe A und B.

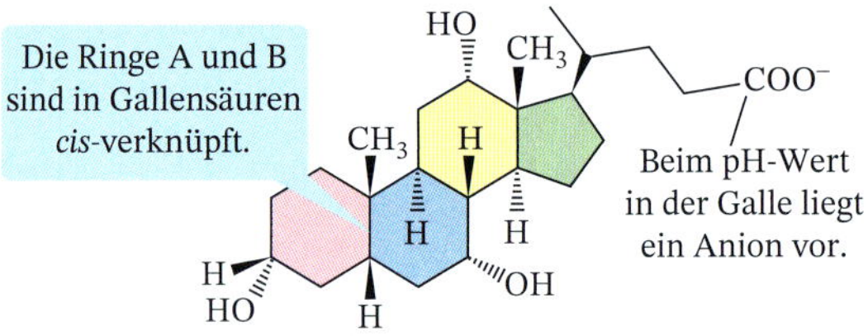

Abb. 19.10 Cholsäure, ein wesentlicher Bestandteil der menschlichen Galle.

Exkurs: 19.B Nichtsteroidale Estrogen-Antagonisten

Estrogene sind weibliche Sexualhormone. Die wichtigsten Vertreter sind Estron, Estradiol und Estriol; von diesen ist β-Estradiol das potenteste Sexualhormon. (Der Deskriptor β bedeutet in der Nomenklatur der Steroide konventionsgemäß „in Richtung des Betrachters", also auf der Oberseite in der üblichen Darstellung, die auch für die folgenden Strukturen gewählt wurde. α bedeutet dagegen „vom Betrachter weg" bzw. auf der Unterseite.)

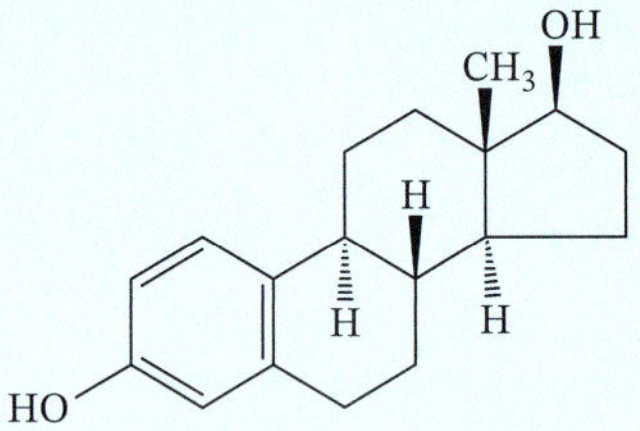

β-Estradiol

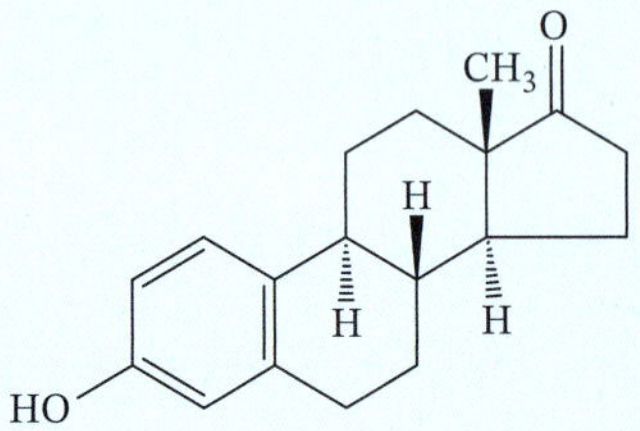

Estron

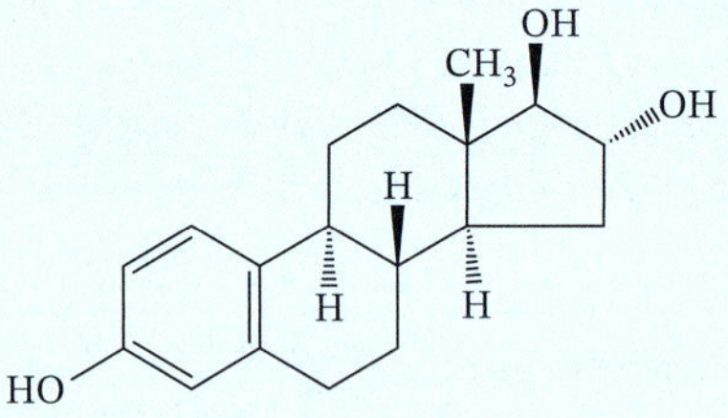

Estriol

Nachdem diese Verbindungen in den frühen 1930er Jahren isoliert wurden, wurde auch ihre Pharmakologie untersucht. Dabei wurde schnell ihre extrem hohe Wirksamkeit offenbar. Noch immer werden intensive Anstrengungen unternommen, Verbindungen zu entwickeln und zu synthetisieren, die an den Estrogenrezeptor binden. Ein Forschungsobjekt waren hier beispielsweise die nichtsteroidalen Estrogen-Antagonisten, die mit dem Estrogenrezeptor als Antagonisten wechselwirken (also Verbindungen, die endogenes oder exogenes Estrogen in seiner Wirkung hemmen). Vielen der entwickelten Verbindungen ist gemeinsam, dass sie eine 1,2-Diphenylethengruppe enthalten; ein weiterer Phenylsubstituent ist 2-(dialkylamino)ethoxysubstituiert. Der erste nichtsteroidale Estrogen-Antagonist dieses Typs war Tamoxifen, das heute ein wichtiges Arzneimittel für die Nachbehandlung von Brustkrebs (und in den USA für besondere Risikogruppen sogar zur Prävention des Mammakarzinoms zugelassen) ist.

Exkurs: 19.B Nichtsteroidale Estrogen-Antagonisten (Fortsetzung)

Tamoxifen

Aufgabe
Bestimmen Sie die *E/Z*-Konfiguration der Kohlenstoff-Kohlenstoff-Doppelbindung in Tamoxifen. Welche Funktion haben Progesteron und ähnliche Verbindungen in empfängnisverhütenden Mitteln?

19.4.2 Die Biosynthese von Cholesterin

Das übliche biosynthetische Muster zum Aufbau großer Verbindungen besteht darin, von kleineren Einheiten auszugehen, diese in einem iterativen Prozess zu größeren Substraten zu verknüpfen und die abschließende, einzigartige Struktur der Biomoleküle durch Oxidationen, Reduktionen, Additionen, Eliminierungen, Umlagerungen oder ähnliche Modifikationen fertigzustellen.

Der Baustein, aus dem alle Kohlenstoffatome in Steroiden stammen, ist die aus zwei Kohlenstoffatomen aufgebaute Acetylgruppe in Acetyl-CoA. Konrad Bloch in den Vereinigten Staaten und Feodor Lynen in Deutschland konnten zeigen, dass 15 der 27 Kohlenstoffatome in Cholesterin aus der Methylgruppe von Acetyl-CoA stammen und die verbleibenden 12 ihren Ursprung in der Carbonylgruppe von Acetyl-CoA haben (Abb. 19.11). Für diese Entdeckung wurden sie 1964 mit dem Nobelpreis für Physiologie oder Medizin ausgezeichnet.

Bemerkenswerterweise ist die Biosynthese von Cholesterin aus Acetyl-CoA vollständig stereoselektiv; Cholesterin wird als einziges von 256 möglichen Stereoisomeren gebildet. Diese bemerkenswerte Stereoselektivität im Labor nachzuvollziehen, dürfte so gut wie unmöglich sein. Cholesterin wiederum ist das Schlüsselintermediat in der Synthese aller anderen Steroide.

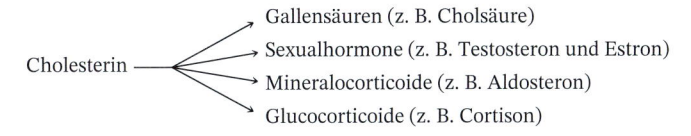

Cholesterin →
- Gallensäuren (z. B. Cholsäure)
- Sexualhormone (z. B. Testosteron und Estron)
- Mineralocorticoide (z. B. Aldosteron)
- Glucocorticoide (z. B. Cortison)

19.5 Was sind Prostaglandine?

Die **Prostaglandine** sind Derivate der aus 20 Kohlenstoffatomen aufgebauten Prostansäure:

Prostansäure

Die Geschichte der Entdeckung und Strukturaufklärung dieser bemerkenswerten Verbindungsklasse begann 1930, als die Gynäkologen Raphael Kurzrock und Charles Lieb berichteten, dass menschliche Samenflüssigkeit die Kontraktion eines präparierten Uterusmuskels anregen kann. Diese Beobachtung wurde einige Jahre später durch den Schweden Ulf von Euler bestätigt, der zudem feststellte, dass in den Blutkreislauf injizierte Samenflüssigkeit auch zu einer Kontraktion der glatten Muskulatur des

Die Acetylgruppe enthält kein Stereozentrum.

(C$_2$) CH$_3$—C(=O)—S—CoA
Acetyl-Coenzym A

(C$_6$) (R)-Mevalonat

$$\text{}^-OCCH_2\overset{CH_3}{\underset{|}{\overset{|}{C}}}\text{(OH)}CH_2CH_2OH$$
(mit O an der Carboxylgruppe)

(C$_5$) Isopentenyl-pyrophosphat

$$CH_2=\overset{CH_3}{\underset{|}{C}}CH_2CH_2OP_2O_6^{3-}$$

(C$_{10}$) Geranylpyrophosphat

(C$_{15}$) Farnesylpyrophosphat

(C$_{30}$) Squalen

Cholesterin hat acht Stereozentren; es ist daher eines von 256 möglichen Stereoisomeren.

Cholesterin (C$_{27}$)

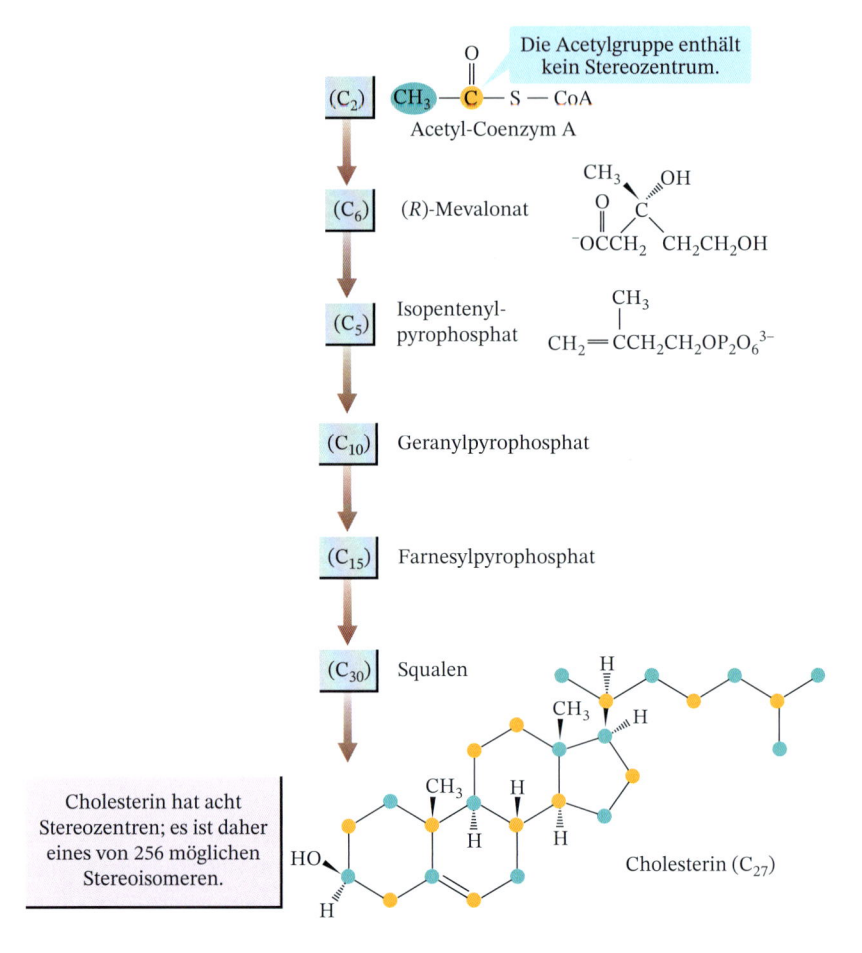

Abb. 19.11 Die Schlüsselintermediate in der Biosynthese von Cholesterin ausgehend von Acetyl-CoA. Für die Synthese eines Äquivalents Cholesterin werden 18 Äquivalente Acetyl-CoA benötigt.

Darms sowie einer Absenkung des Blutdrucks führt. Weil man damals dachte, dass die für diese Effekte verantwortliche Verbindung in der Prostata (engl.: *prostate gland*) gebildet wird, schlug von Euler den Namen *Prostaglandin* für den zunächst noch unbekannten Stoff vor, wobei sich später herausstellte, dass es sich es tatsächlich um eine Vielzahl von strukturell ähnlichen Prostaglandinen handelt. Auch wenn man heute weiß, dass die Prostaglandinsynthese keineswegs auf die Prostata beschränkt ist, ist diese Bezeichnung immer noch gebräuchlich.

Die Prostaglandine werden nicht in den Geweben gespeichert, in denen sie ihre vielfältigen Wirkungen entfalten sollen. Stattdessen werden sie als Antwort auf entsprechende physiologische Reize kurzfristig synthetisiert. Ausgangsmaterial für die Prostaglandinbiosynthese sind mehrfach ungesättigte Fettsäuren aus 20 Kohlenstoffatomen, die bis zur ihrer Verwendung als Membran-Phospholipidester gespeichert vorliegen. Auf einen entsprechenden physiologischen Reiz hin wird die Estergruppe hydrolysiert, die Fettsäure freigesetzt und die Prostaglandinsynthese eingeleitet. Abbildung 19.12 gibt einen Überblick über die Biosynthese einiger Prostaglandine ausgehend von Arachidonsäure. Ein Schlüsselschritt ist die enzymkatalysierte Reaktion der Arachidonsäure mit zwei Äquivalenten Sauerstoff (O$_2$) unter Bildung von Prostaglandin G$_2$ (PGG$_2$). Die entzündungshemmende Wirkung von Aspirin® und anderen nichtsteroidalen Entzündungshemmern (*non-steroidal anti-inflammatory drugs*, NSAID) beruht auf deren Fähigkeit, diesen enzymatischen Schritt zu inhibieren.

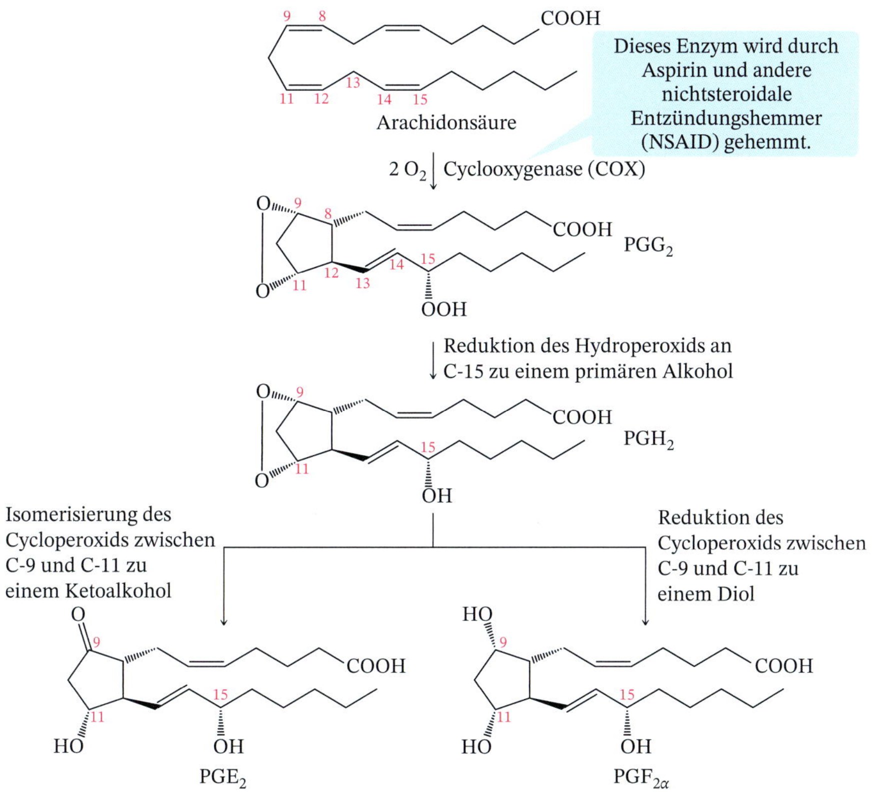

Abb. 19.12 Die Schlüsselschritte in der Synthese von PGE$_2$ und PGF$_{2\alpha}$. PG steht für Prostaglandin, die Buchstaben E, F, G und H bezeichnen verschiedene Unterarten von Prostaglandinen.

Die Aufklärung der Funktion der Prostaglandine während des Geburtsvorgangs sowie im Zusammenhang mit Entzündungsprozessen hat zahlreiche medizinisch nützliche Prostaglandinderivate hervorgebracht. Die Beobachtung, dass PGF$_{2\alpha}$ die Kontraktion der glatten Uterusmuskulatur stimuliert, führte zu Derivaten, die für medikamentöse Schwangerschaftsabbrüche genutzt werden können. Natürliche Prostaglandine sind hierfür ungeeignet, da sie im Körper zu rasch abgebaut werden. Auf der Suche nach Prostaglandinen mit einer längeren Verweilzeit im Körper wurden zahlreiche Analoga entwickelt, von denen sich Carboprost als am effektivsten erwies. Dieses synthetische Prostaglandin ist 10- bis 20-mal wirksamer als PGF$_{2\alpha}$ und wird im Körper nur langsam abgebaut:

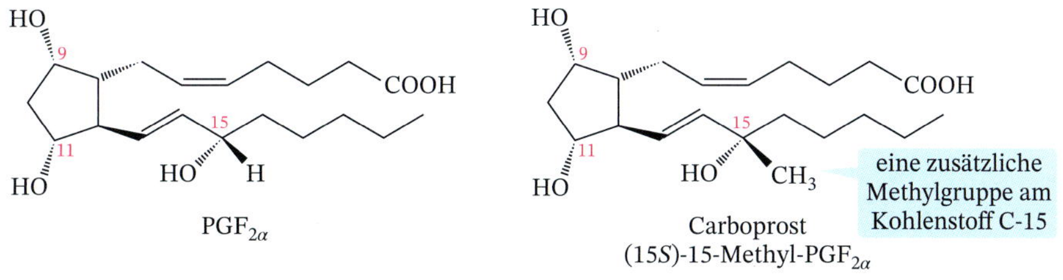

Der Vergleich dieser beiden Prostaglandine belegt, dass eine einfache Modifikation in der Struktur eines Arzneimittels (hier die Einführung einer zusätzlichen Methylgruppe) zu einer drastischen Änderung der Wirksamkeit führen kann.

PGE$_2$ unterdrückt wie auch einige andere Prostaglandine die Bildung von Magengeschwüren und ist möglicherweise sogar in der Lage, diese zu heilen. Das PGE$_1$-

Analogon Misoprostol wird vor allem genutzt, um die Bildung von Geschwüren im Zusammenhang mit NSAID wie Aspirin® zu verhindern.

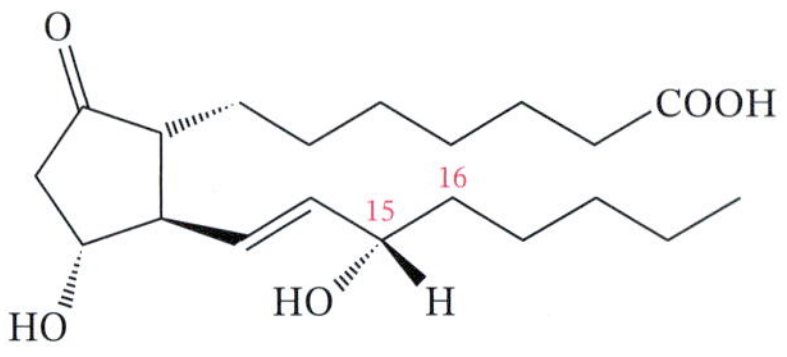

PGE₁   Misoprostol

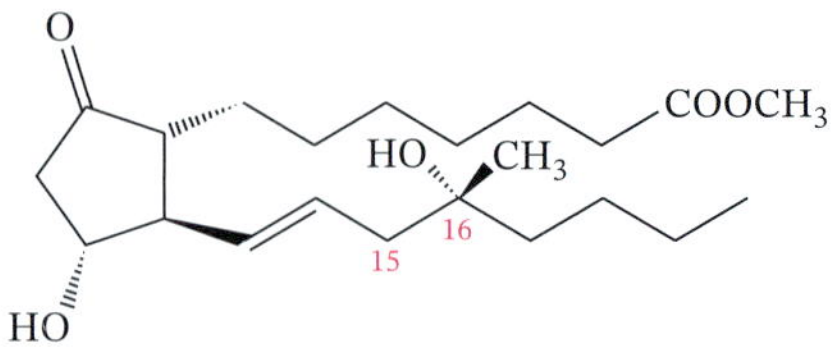

Die Prostaglandine sind Vertreter einer noch größeren Verbindungsklasse, der **Eicosanoide**, die alle aus C₂₀-Fettsäuren (Eicosansäuren) gebildet werden, insbesondere aus Arachidonsäure (20:4). Neben den Prostaglandinen gehören zu dieser Gruppe auch die Leukotriene, die Thromboxane und die Prostacycline.

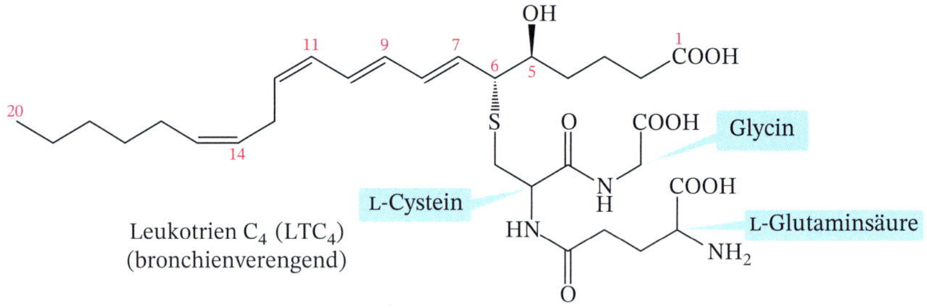

Leukotrien C₄ (LTC₄)
(bronchienverengend)

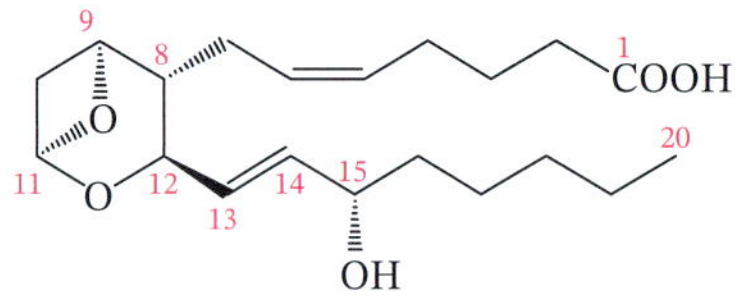

Thromboxan A₂
(stark gefäßverengend)

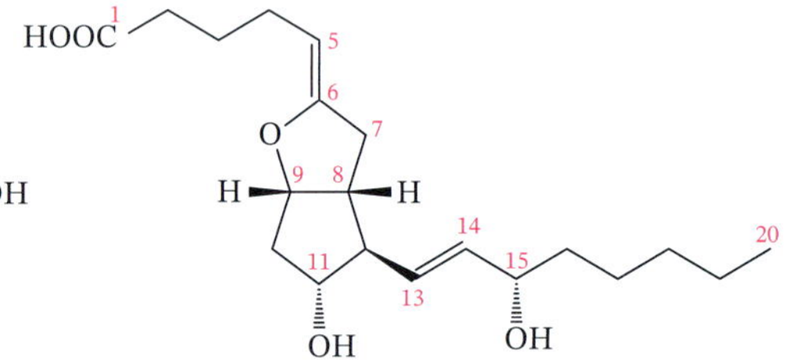

Prostacyclin
(ein Blutplättchenaggregationshemmer)

Die Eicosanoide haben ganz unterschiedliche biologische Funktionen; Vertreter dieser Verbindungsklasse können in nahezu jedem Gewebe und jeder Körperflüssigkeit nachgewiesen werden.

Leukotriene entstehen aus der Arachidonsäure und finden sich vor allem in den Leukozyten (den weißen Blutzellen). Leukotrien C₄ (LTC₄), ein typischer Vertreter dieser Verbindungsklasse, enthält drei konjugierte Doppelbindungen (daher das Suffix -*trien*) und die Aminosäuren L-Cystein, Glycin und L-Glutaminsäure (Abschn. 18.2). Die wichtigste physiologische Aktivität von LTC₄ ist, dass es die Kontraktion der glatten Muskulatur vor allem in der Lunge bewirkt. Die Synthese und die Freisetzung von LTC₄ werden durch allergische Reaktionen angeregt. Arzneimittel, die die Wirkung von LTC₄ hemmen, können daher zur Behandlung von asthmatischen Anfällen dienen.

Thromboxan A₂ hat eine stark gefäßverengende Wirkung und entsteht ebenfalls aus Arachidonsäure. Seine Freisetzung führt dazu, dass die irreversible Phase der Blutplättchenaggregation eingeleitet wird und verletzte Blutgefäße sich verengen. Die Wirkung von Aspirin® und ähnlichen Arzneimitteln als gerinnungshemmende Mittel dürfte darauf beruhen, dass sie die Cyclooxygenase inhibieren, das Enzym, das die Synthese von Thromboxan A₂ aus Arachidonsäure einleitet.

19.6 Was sind fettlösliche Vitamine?

Vitamine kann man entsprechend ihren Löslichkeiten in zwei Klassen unterteilen: in die fettlöslichen Vitamine A, D, E und K (die man daher zu den Lipiden zählen kann) und in die wasserlöslichen Vitamine.

19.6.1 Vitamin A

Vitamin A (Retinol) ist nur im Tierreich von Bedeutung. Es kommt in großen Mengen in Lebertran und anderen Fischleberölen, in tierischer Leber und in Milchprodukten vor. In Form eines synthetischen Vorläufers (eines Provitamins) kommt Vitamin A auch im Pflanzenreich in einer Gruppe von C_{40}-Farbstoffen vor, die man als Carotinoide bezeichnet. Das wichtigste Carotinoid ist das β-Carotin, das in Karotten, aber auch in vielen anderen insbesondere gelben und grünen Gemüsen vorkommt. β-Carotin hat keine Vitamin A-Aktivität, wird aber im Körper an der zentralen Kohlenstoff-Kohlenstoff-Doppelbindung oxidativ zu Retinol (Vitamin A) gespalten:

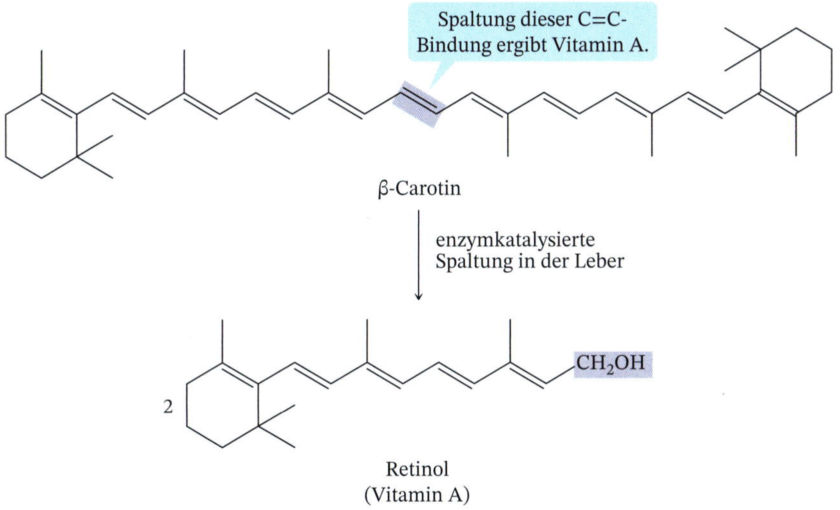

Spaltung dieser C=C-Bindung ergibt Vitamin A.

β-Carotin

enzymkatalysierte
Spaltung in der Leber

2

Retinol
(Vitamin A)

Von größter Bedeutung ist die Beteiligung von Vitamin A am Sehprozess, insbesondere im visuellen Zyklus in den Stäbchenzellen (siehe Exkurs 4.B). In einer Reihe von enzymatisch katalysierten Reaktionen wird Retinol (1) in einem Zweielektronenprozess zunächst zu all-*trans*-Retinal oxidiert; anschließend findet (2) eine *trans-cis*-Isomerisierung an der C-11-C-12-Doppelbindung zum 11-*cis*-Retinal statt. Reaktion mit der NH_2-Gruppe eines Lysins im Protein Opsin führt schließlich (3) zu einem Imin (Abschn. 12.7.1), dem Rhodopsin. Hierbei handelt es sich um einen hochkonjugierten Farbstoff, der eine starke Absorption im blaugrünen Bereich des sichtbaren Lichts aufweist.

Der Sehprozess im Auge findet in den Stäbchenzellen der Retina statt. Das erste Ereignis ist die Absorption von Licht durch das Rhodopsin unter Bildung eines elektronisch angeregten Moleküls. Innerhalb weniger Pikosekunden (1 Pikosekunde = 10^{-12} s) wird die überschüssige elektronische Energie in Schwingungs- und Rotationsenergie umgewandelt bei gleichzeitiger Isomerisierung der 11-*cis*- in eine stabilere 11-*trans*-Doppelbindung. Diese Isomerisierung bewirkt eine Konformationsänderung in dem Protein Opsin, Neuronen im Sehnerv beginnen zu feuern und führen letztlich zu einem Seheindruck im Gehirn. Mit der lichtinduzierten Konformationsänderung geht eine Hydrolyse des Rhodopsins zum Opsin und zum freien 11-*trans*-Retinal einher. Das Sehpigment ist nun entfärbt und eine Reizweiterleitung ist vorerst nicht

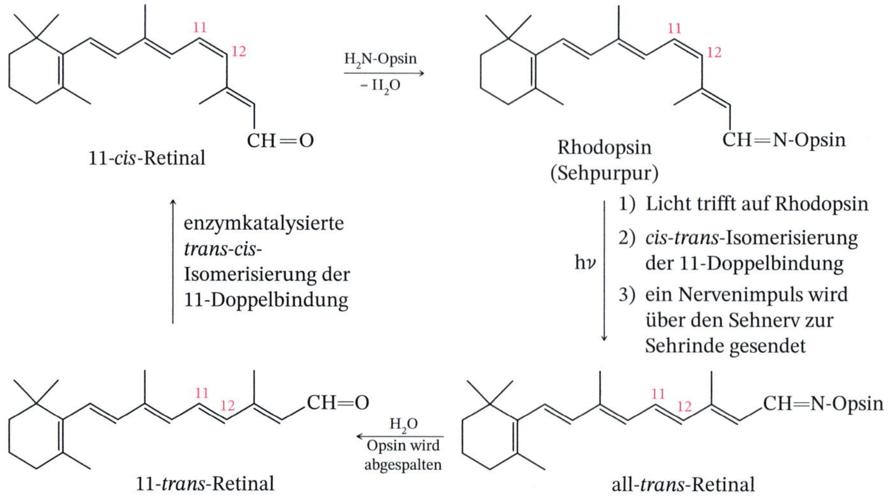

Abb. 19.13 Die erste chemische Reaktion im Verlauf des in den Stäbchenzellen ablaufenden Sehprozesses ist die Absorption von Licht durch Rhodopsin. Dadurch kommt es zur *cis-trans*-Isomerisierung einer Doppelbindung.

mehr möglich (Refraktärzeit). Das Rhodopsin wird wie oben beschrieben in einer Reihe von enzymkatalysierten Prozessen regeneriert und der visuelle Zyklus kann erneut beginnen (Abb. 19.13).

19.6.2 Vitamin D

Vitamin D ist die Bezeichnung für eine Gruppe strukturell ähnlicher Verbindungen, die eine wichtige Rolle im Calcium- und Phosphathaushalt des menschlichen Körpers spielen. Eine Unterversorgung mit Vitamin D während der Kindheit führt zu Rachitis, einer Knochenmineralisierungsstörung, die mit O-Beinen, X-Beinen und stark verbreiterten Gelenken einhergeht. Vitamin D_3 ist der im Blutkreislauf am häufigsten vorkommende Vertreter dieser Klasse von Vitaminen; es wird in der Haut von Säugetieren durch Einwirkung ultravioletter Strahlung auf 7-Dehydrocholesterin (Cholesterin, das zwischen den Kohlenstoffatomen C-7 und C-8 eine Doppelbindung enthält) gebildet. In der Leber wird Vitamin D_3 anschließend durch eine enzymkatalysierte Zweielektronenoxidation am Atom C-25 in der Seitengruppe in das 25-Hydroxy-Vitamin D_3 überführt; als Oxidationsmittel fungiert hier molekularer Sauerstoff (O_2). In den Nieren findet eine weitere Oxidation – wiederum mit O_2 – zum 1,25-Dihydroxy-Vitamin D_3 statt, der aktiven Form des Hormons:

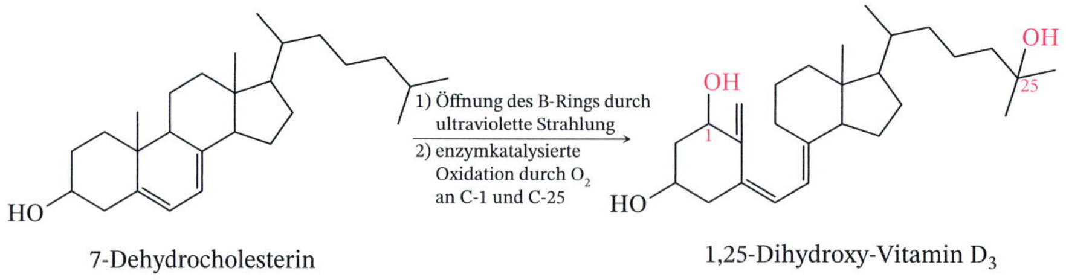

19.6.3 Vitamin E

1922 erkannten amerikanische Forscher, dass Vitamin E ein essentieller Bestandteil der Nahrung von Ratten ist, der für ihre Fortpflanzung unverzichtbar ist. Daher wurde es *Tocopherol* genannt, von den griechischen Bezeichnungen *tókos*, Geburt, und *phé-*

rein, bringen. Vitamin E ist die Sammelbezeichnung für eine Reihe von Verbindungen mit ähnlicher Struktur, von denen das α-Tocopherol die größte Wirksamkeit besitzt.

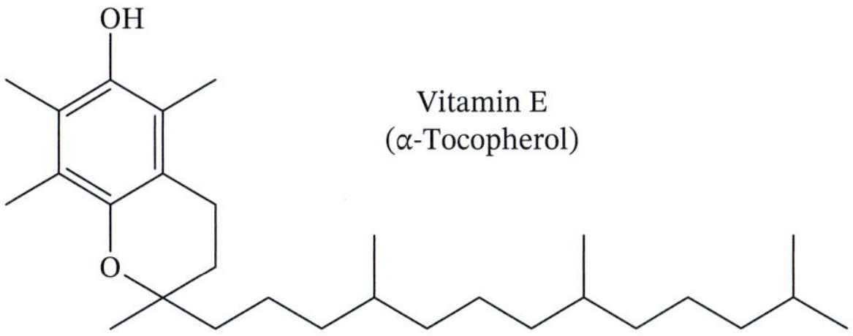

Vitamin E
(α-Tocopherol)

Vitamin E kommt in Tran (Fischöl), in anderen Ölen wie Sonnenblumen- oder Olivenöl und in grünen, blättrigen Gemüsen vor. Besonders reich an Vitamin E ist Weizenkeimöl.

Im Körper wirkt Vitamin E als Antioxidans, das Peroxyradikale wie HOO· und ROO· abfängt. Diese Radikale entstehen bei enzymkatalysierten Reaktionen von ungesättigten Kohlenwasserstoffketten in membrangebundenen Phospholipiden mit molekularem Sauerstoff als Oxidationsmittel. Es wird vermutet, dass die Peroxyradikale eine Rolle im Alterungsprozess spielen und dass Vitamin E und andere Antioxidantien diesen Prozess möglicherweise verzögern können. Vitamin E ist zudem für die normale Entwicklung und Funktion der Membranen in roten Blutzellen notwendig.

19.6.4 Vitamin K

Vitamin K spielt eine bedeutende Rolle bei der Blutgerinnung (das K steht für das deutsche Wort *Koagulation*, also Gerinnung). Ein Vitamin-K-Mangel führt zu einer verlangsamten Blutgerinnung. Die natürlichen Vitamine der K-Reihe werden in Nahrungsergänzungsmitteln zum größten Teil durch synthetische Zubereitungen ersetzt. Menadion ist eine synthetische Verbindung mit Vitamin-K-Aktivität, wobei die fehlende Seitenkette im menschlichen Körper nach der Aufnahme ergänzt wird.

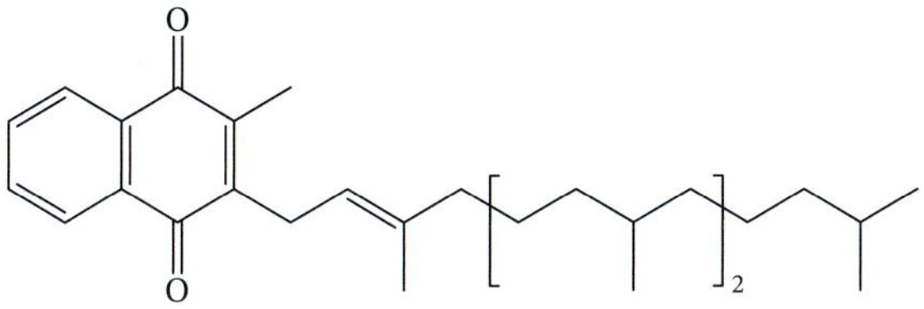

Vitamin K_1

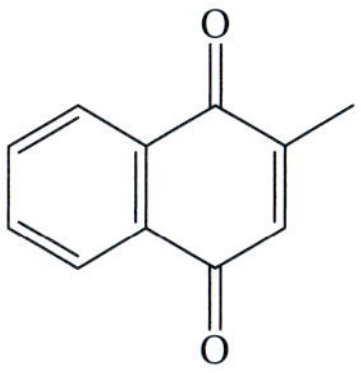

Menadion
(ein synthetisches Vitamin-K-Analogon)

Zusammenfassung

Lipide sind eine uneinheitliche Naturstoffklasse, die auf Grundlage ihrer Lösungseigenschaften zusammengefasst ist. Sie sind unlöslich in Wasser und löslich in Diethylether, Aceton und Dichlormethan. Kohlenhydrate, Aminosäuren und Proteine sind in diesen Lösungsmitteln weitgehend unlöslich.

19.1 Was sind Triglyceride?
- **Triglyceride (Triacylglycerin)**, die wichtigsten Lipide, sind Triester aus Glycerin und Fettsäuren.
- **Fettsäuren** sind langkettige Carbonsäuren, die bei der Hydrolyse von **Fetten**, **Ölen** und den in biologischen Membranen vorkommenden **Phospholipiden** entstehen.

- Der Schmelzpunkt von Triglyceriden nimmt (1) mit der Länge ihrer Kohlenstoffkette und (2) ihrem Sättigungsgrad zu.
- Triglyceride, die reich an gesättigten Fettsäuren sind, sind bei Raumtemperatur in der Regel fest, solche, die viele ungesättigte Fettsäuren enthalten, liegen bei Raumtemperatur als flüssige Öle vor.

19.2 Was sind Seifen und Detergenzien?
- **Seifen** sind Natrium- oder Kaliumsalze der Fettsäuren.
- Seifen bilden in Wasser **Micellen**, die unpolares, organisches Fett oder Öl „lösen" können.
- Natürliche Seifen fallen in Gegenwart der in hartem Wasser vorkommenden Mg^{2+}-, Ca^{2+}- und Fe^{3+}-Ionen als wasserunlösliche Salze aus.
- Die gebräuchlichsten und am weitesten verbreiteten **synthetischen Detergenzien** sind lineare Alkylbenzolsulfonate.

19.3 Was sind Phospholipide?
- **Phospholipide**, die zweithäufigste Klasse natürlich vorkommender Lipide, sind von den **Phosphatidsäuren** abgeleitet, also von Verbindungen, in denen Glycerin mit zwei Fettsäuren und einem Äquivalent Phosphorsäure verestert ist.
- Durch zusätzliche Veresterung der Phosphorsäureeinheit mit einem niedermolekularen Alkohol – meist Ethanolamin, Cholin, Serin oder Inositol – bildet sich das Phospholipid.
- In wässriger Lösung bilden Phospholipide spontan **Lipiddoppelschichten**. Nach dem **Flüssig-Mosaik-Modell** bilden membrangebundene Phospholipide Lipiddoppelschichten, bei denen Membranproteine innerhalb der Doppelschicht eingelagert oder auf der Oberfläche verankert sind.

19.4 Was sind Steroide?
- **Steroide** sind eine Gruppe pflanzlicher und tierischer Lipide mit einer charakteristischen tetracyclischen Struktur aus drei Sechsringen und einem Fünfring.
- **Cholesterin** ist ein essentieller Bestandteil tierischer Membranen. Aus dieser Verbindung werden im Körper die menschlichen Sexualhormone, die Corticosteroide, die Gallensäuren und das Vitamin D synthetisiert.
- **Low-density Lipoproteine (LDL)** transportieren Cholesterin von der Leber, wo es produziert wird, zur Verwendung in die verschiedenen Gewebe und Zellen des Körpers.
- **High-density Lipoproteine (HDL)** transportieren Cholesterin aus den Zellen zurück in die Leber, wo es zu den Gallensäuren abgebaut wird, damit es letztlich mit dem Kot ausgeschieden werden kann.
- **Orale Kontrazeptiva** enthalten ein synthetisches Progesteron-Analogon (z. B. Norethisteron), das den Eisprung unter Erhalt eines ansonsten normalen Menstruationszyklus verhindert.
- Zahlreiche **anabole Steroide** wurden für die Anwendung in der Rehabilitationsmedizin entwickelt, um Muskelgewebe zu behandeln, das geschwächt oder nach einer Verletzung atrophiert ist.
- **Gallensäuren** unterscheiden sich von den meisten anderen Steroiden dadurch, dass die Ringe A und B in ihnen *cis*-verknüpft sind.
- Die Kohlenstoffgerüste von Cholesterin und allen davon abgeleiteten Biomolekülen sind aus den Acetylgruppen von **Acetyl-CoA** (einer C_2-Einheit) aufgebaut.

19.5 Was sind Prostaglandine?
- **Prostaglandine** sind eine Naturstoffklasse, deren Vertreter von der aus 20 Kohlenstoffatomen aufgebauten Prostansäure abgeleitet sind.
- Prostaglandine werden aus phospholipidgebundener Arachidonsäure (20:4) und anderen C_{20}-Fettsäuren als Antwort auf physiologische Reize gebildet.

19.6 Was sind fettlösliche Vitamine?
- **Vitamin A** kommt nur im Tierreich vor. Die Carotinoide des Pflanzenreichs sind Tetraterpene (C_{40}), die nach der Aufnahme mit der Nahrung zu Vitamin A gespalten werden. Die wichtigste Rolle von Vitamin A im Körper ist seine Beteiligung am **Sehprozess**.
- **Vitamin D** wird in der Haut von Säugetieren durch Einwirkung ultravioletter Strahlung auf 7-Dehydrocholesterin gebildet. Es spielt eine wichtige Rolle bei der Regulierung des Calcium- und Phosphathaushalts.
- **Vitamin E** ist eine Naturstoffklasse, deren Vertreter sehr ähnliche Strukturen haben und von denen α-Tocopherol die größte Wirksamkeit aufweist. Im Körper wirkt Vitamin E als Antioxidans.
- **Vitamin K** spielt eine bedeutende Rolle in der Blutgerinnung.

Quiz

Sind die folgenden Aussagen richtig oder falsch? Hier können Sie testen, ob Sie die wichtigsten Fakten aus diesem Kapitel parat haben. Wenn Sie mit einer der Fragestellungen Probleme haben, sollten Sie den jeweiligen in Klammern angegebenen Abschnitt in diesem Kapitel noch einmal durcharbeiten, bevor Sie sich an die weiteren, meist etwas schwierigeren Aufgaben zu diesem Kapitel machen.

1. Prostaglandine werden als Antwort auf bestimmte biologische Reize gebildet (19.5).
2. Eine Fettsäure enthält eine Carboxygruppe am Ende einer langen Kohlenwasserstoffkette (19.1).
3. Vitamin D entsteht biosynthetisch aus einem Steroid (19.6).
4. Alle Steroide enthalten als Grundstruktur das gleiche tetracyclische Ringsystem (19.4).
5. Fettsäuren mit hohen Schmelzpunkten werden als Öle bezeichnet und solche mit niedrigen Schmelzpunkten als Fette (19.1).
6. Synthetische Detergenzien basieren auf Fettsäuren, in denen die Carboxylatgruppe durch eine Sulfonatgruppe ersetzt ist (19.2).
7. Nach dem Flüssig-Mosaik-Modell sind die in Lipiddoppelschichten eingelagerten Proteine stationär und können sich nicht bewegen (19.3).
8. Phospholipide bilden in wässriger Lösung Micellen (19.2).
9. Je stärker ungesättigt Fettsäuren sind, desto höher ist ihr Schmelzpunkt (19.1).
10. Die Funktion sowohl der low-density als auch der high-density Lipoproteine ist, Cholesterin durch den Körper zu transportieren (19.4).
11. Eine als Natriumsalz vorliegende, deprotonierte Fettsäure kann als Seife genutzt werden (19.2).
12. Gallensäuren unterscheiden sich von den meisten anderen Steroiden durch die Anzahl der Ringe (19.4).
13. Wird ein Triglycerid mit wässriger Base behandelt und anschließend angesäuert, entstehen Glycerin und bis zu drei Fettsäuren (19.1).
14. Vitamin A kann aus β-Carotin gebildet werden (19.6).
15. In Fettsäuren mit C=C-Doppelbindungen liegen diese vorwiegend *trans*-konfiguriert vor (19.1).

Ausführliche Erklärungen zu vielen dieser Antworten finden sich im Arbeitsbuch.

Antworten: (1) R (2) R (3) R (4) R (5) F (6) R (7) F (8) F (9) F (10) R (11) R (12) F (13) R (14) R (15) F

Aufgaben

Fettsäuren und Triglyceride

19.1 (Siehe Beispielaufgabe 19.1)
(a) Wie viele Konstitutionsisomere sind für ein Triglycerid möglich, das je ein Äquivalent Palmitinsäure, Ölsäure und Stearinsäure enthält?
(b) Welche der in Teilaufgabe (a) ermittelten Konstitutionsisomere sind chiral?

19.2 Definieren Sie den Begriff *hydrophob*.

19.3 Bezeichnen Sie die hydrophoben und hydrophilen Bereiche in einem Triglycerid.

19.4 Erklären Sie, warum die Schmelzpunkte von ungesättigten Fettsäuren niedriger sind als die von gesättigten Fettsäuren.

19.5 Ölsäure hat einen Schmelzpunkt von 16 °C. Wie würde sich der Schmelzpunkt ändern, wenn statt der *cis*-Doppelbindung eine *trans*-Doppelbindung vorliegen würde?

19.6 Welche Verbindung wird den höheren Schmelzpunkt haben, Glycerintrioleat oder Glycerintrilinoleat?

19.7 Welches tierische Fett weist den höchsten prozentualen Anteil an ungesättigten Fettsäuren auf? Welches Pflanzenöl hat den höchsten Anteil an ungesättigten Fettsäuren?

19.8 Zeichen Sie eine Strukturformel von Linolsäuremethylester. Denken Sie daran, die richtigen Konfigurationen der Kohlenstoff-Kohlenstoff-Doppelbindungen anzugeben. (Siehe Beispielaufgabe 19.1)

19.9 Erklären Sie, warum Kokosöl ein flüssiges Triglycerid ist, obwohl es fast ausschließlich aus gesättigten Fettsäuren aufgebaut ist.

19.10 Inzwischen wird oft damit geworben, dass Speiseöle keine tropischen Öle enthalten, also kein Palm- oder Kokosöl. Worin liegt der Unterschied in der Zusammensetzung von tropischen Ölen und der von anderen pflanzlichen Ölen wie Mais-, Soja- oder Erdnussöl?

19.11 Was ist gemeint, wenn man vom *Härten* von Pflanzenölen spricht?

19.12 Welche Strukturmerkmale muss ein gutes synthetisches Detergens aufweisen?

19.13 Die Hexadecylgruppen (Cetylgruppen) in den folgenden Verbindungen stammen aus Palmitinsäure (Hexadecansäure, 16:0):

Cetylpyridiniumchlorid

Benzylcetyldimethylammoniumchlorid

Beide Verbindungen haben eine schwach keimtötende und fungizide Wirkung; sie werden daher als Antiseptika und Desinfektionsmittel vor allem für Oberflächen eingesetzt.
(a) Cetylpyridiniumchlorid wird durch Umsetzung von Pyridin mit 1-Chlorhexadecan (Cetylchlorid) hergestellt. Wie lässt sich Palmitinsäure in Cetylchlorid überführen?
(b) Benzylcetyldimethylammoniumchlorid erhält man, wenn man Benzylchlorid mit *N,N*-Dimethyl-1-hexadecanamin umsetzt. Wie lässt sich dieses tertiäre Amin aus Palmitinsäure herstellen?

Phospholipide

19.14 Lecithin besteht aus je einem Äquivalent Palmitin- und Linolsäure. Zeichnen Sie eine Strukturformel von Lecithin.

19.15 Der hydrophobe Effekt beschreibt eine der bedeutendsten Kräfte für die Selbstorganisation von Biomolekülen in wässriger Lösung. Der hydrophobe Effekt ergibt sich aus der Neigung von Biomolekülen, (1) ihre polaren Gruppen so anzuordnen, dass sie Wasserstoffbrücken mit der wässrigen Umgebung eingehen können und (2) ihre unpolaren Gruppen so auszurichten, dass sie von der wässrigen Umgebung abgeschirmt sind. Zeigen Sie, dass der hydrophobe Effekt einen Einfluss auf die folgenden Vorgänge hat:
(a) auf die Bildung von Micellen aus Seifen und synthetischen Detergenzien
(b) auf die Bildung von Lipiddoppelschichten aus Phospholipiden
(c) auf die Bildung der DNA-Doppelhelix

19.16 Erklären Sie, wie die Gegenwart von ungesättigten Fettsäuren die Fluidität biologischer Membranen beeinflusst.

Steroide

19.17 Zeichnen Sie Strukturformeln der Produkte, die bei der Umsetzung von Cholesterin mit den folgenden Reagenzien entstehen:
(a) H_2/Pd
(b) Br_2

19.18 Geben Sie mehrere Bereiche an, in denen Cholesterin essentiell für das menschliche Leben ist. Warum halten es so viele Menschen für erforderlich, die Aufnahme von cholesterinhaltiger Nahrung zu reduzieren?

19.19 Schauen Sie sich die Strukturformel von Cholsäure nochmal genau an: Warum kann deren Salz genauso wie andere Gallsäuresalze Fette und Öle emulgieren und damit den Verdauungsprozess unterstützen?

19.20 Estradiol wird im Körper aus Progesteron gebildet. Welche chemischen Transformationen finden bei der Synthese von Estradiol statt?

Prostaglandine

19.21 Betrachten Sie die Struktur von $PGF_{2\alpha}$ und
(a) identifizieren Sie alle Stereozentren,
(b) identifizieren Sie alle Doppelbindungen, für die *cis/trans*-Isomerie möglich ist, und
(c) geben Sie an, wie viele Stereoisomere für die Konstitution dieser Verbindung möglich sind.

19.22 Wie kann das entzündungshemmende Arzneimittel Aspirin Schlaganfälle verhindern, die durch Blutgerinnsel hervorgerufen werden?

Fettlösliche Vitamine

19.23 Untersuchen Sie die Strukturformel von Vitamin A und geben Sie die Anzahl möglicher *cis/trans*-Isomere an, die mit dieser Konstitution möglich sind.

19.24 Sehen Sie sich die Strukturformeln von Vitamin A, 1,25-Dihydroxy-Vitamin D_3, Vitamin E und Vitamin K_1 an. Würden Sie erwarten, dass diese Vitamine besser in Wasser oder besser in Dichlormethan löslich sind? Werden sie im Blutplasma löslich sein?

Ausblick

19.25 Im Folgenden ist die Struktur eines Glycolipids abgebildet, einer Klasse von Lipiden, die Zuckerbestandteile enthalten:

ein Glycolipid

Glycolipide finden sich in Zellmembranen.
(a) Welcher Teil der Verbindung wird auf der extrazellulären Seite der Membran liegen?
(b) Welche Monosaccharideinheit liegt in diesem Glycolipid vor?

19.26 Welchen Einfluss wird die Temperatur auf die Fluidität in einer Zellmembran haben?

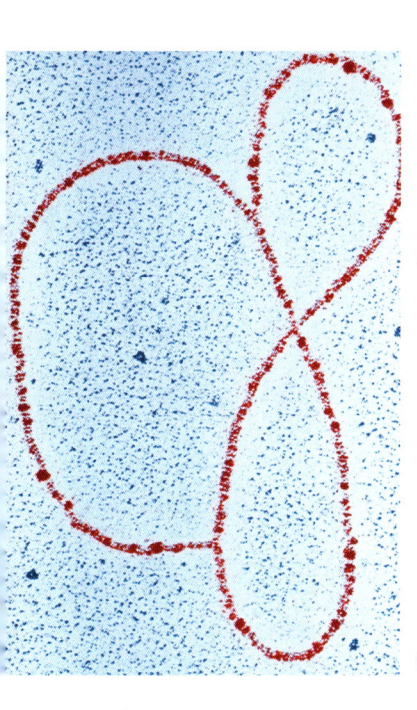

Falschfarben-Transmissionselektronenmikrograph des Plasmids einer bakteriellen DNA. Wird die Zellwand eines Bakteriums wie z. B. *Escherichia coli* partiell verdaut und die Zelle anschließend durch Verdünnung mit Wasser einem osmotischen Stress unterworfen, wird ihr Inhalt nach außen gedrückt. Rechts: Ein Molekülmodell von Adenosinmonophosphat (AMP).

[Quelle: © Science Source/Photo Researchers, Inc.]

20 Nukleinsäuren

Inhalt
20.1 Was sind Nukleoside und Nukleotide?
20.2 Welche Struktur hat die DNA?
20.3 Was sind Ribonukleinsäuren (RNA)?
20.4 Was ist der genetische Code?
20.5 Wie kann man DNA sequenzieren?

Exkurse
20.A Die Suche nach antiviralen Medikamenten
20.B Der genetische Fingerabdruck

Die Organisation, die Aufrechterhaltung und die Regulation der zellulären Funktionen erfordert eine ungeheure Fülle von Informationen, die bei jeder Zellteilung ebenfalls verdoppelt und weitergegeben werden muss. Mit wenigen Ausnahmen wird die genetische Information in Form von **Desoxyribonukleinsäure** (engl.: *desoxyribonucleic acid*, **DNA**) gespeichert und von einer Generation zur nächsten weitergereicht. Gene – die vererblichen Einheiten der Chromosomen – sind lange Abschnitte aus doppelsträngiger DNA. Würde die DNA des in einer einzigen Zelle enthaltenen menschlichen Chromosoms entwirrt und gestreckt, wäre sie etwa 1.8 m lang!

Die genetische Information wird in zwei Schritten ausgelesen: Transkription der DNA in Ribonukleinsäuren (RNA) und anschließende Translation in der Proteinsynthese:

$$\text{DNA} \xrightarrow{\text{Transkription}} \text{RNA} \xrightarrow{\text{Translation}} \text{Proteine}$$

Die DNA ist also ein riesiges Molekül, in dem unsere genetische Information gespeichert ist, wohingegen die RNA für die Transkription und Translation dieser Information zuständig ist, die sich letztlich in der Synthese von Proteinen äußert.

In diesem Kapitel wollen wir uns zuerst im Detail mit dem DNA-Molekül beschäftigen, um dessen Struktur und Funktion zu verstehen. Wir beginnen mit der Untersuchung der Nukleoside und Nukleotide und schauen uns das Bauprinzip an, nach dem diese Monomere kovalent zu den **Nukleinsäuren** verknüpft sind. Anschließend wollen wir uns damit beschäftigen, wie die genetische Information in DNA-Molekülen codiert ist, welche Funktionen die drei Typen von Ribonukleinsäuren haben und wie die Primärstruktur eines DNA-Moleküls bestimmt werden kann.

Einführung in die Organische Chemie, Erste Auflage. William H. Brown und Thomas Poon.
© 2021 WILEY-VCH GmbH. Published 2021 by WILEY-VCH GmbH.

20.1 Was sind Nukleoside und Nukleotide?

Bei der kontrollierten Hydrolyse von Nukleinsäuren entstehen drei einfache Arten von Bausteinen: heterocyclische aromatische Aminbasen (die sogenannten Nukleinbasen), die Monosaccharide D-Ribose oder 2-Desoxy-D-ribose (Abschn. 17.3) und Phosphat-Ionen. In Abb. 20.1 sind die fünf Nukleinbasen aufgeführt, die in Nukleinsäuren hauptsächlich vorkommen. Uracil, Cytosin und Thymin sind von Pyrimidin abgeleitet und werden als Pyrimidinbasen bezeichnet; Adenin und Guanin sind sogenannte Purinbasen.

Ein **Nukleosid** ist eine Verbindung, in der eine Pentose (entweder D-Ribose oder 2-Desoxy-D-ribose) über eine β-N-glycosidische Bindung an eine heterocyclische aromatische Nukleinbase gebunden ist (Abschn. 17.4.1). Tabelle 20.1 zeigt die Namen der von den fünf wichtigsten heterocyclischen aromatischen Nukleinbasen abgeleiteten Nukleoside.

Die Monosaccharidkomponente der DNA ist 2-Desoxy-D-ribose („2-Desoxy" gibt an, dass die Hydroxygruppe an der 2-Position fehlt), die der RNA ist D-Ribose. Die glycosidische Bindung bildet sich zwischen dem Atom C-1 (dem anomeren Kohlenstoffatom) der Ribose bzw. der 2-Desoxyribose und dem Atom N-1 der Pyrimidinbase bzw. N-9 der Purinbase. Abbildung 20.2 zeigt die Strukturformel von Uridin, dem Nukleosid aus Ribose und Uracil.

Ein **Nukleotid** ist ein Nukleosid, in dem ein Äquivalent Phosphorsäure mit einer freien Hydroxygruppe des Monosaccharids verestert ist, meistens mit der 3′-OH- oder der 5′-OH-Gruppe. Ein Nukleotid wird benannt, indem man an den Namen des Nukleosids den Ausdruck -monophosphat hängt. Die Position des Phosphorsäureesters wird durch die Nummer des C-Atoms angegeben, an den die Phosphatgruppe gebunden ist. Abbildung 20.3 zeigt eine Strukturformel und ein Kugel-Stab-Modell von Adenosin-5′-monophosphat. Monophosphorsäureester sind zweibasige Säuren mit pK_S-Werten von etwa 1 und 6. Bei einem pH-Wert von 7.0 sind daher beide Protonen des Phosphorsäureesters abgespalten; das Nukleotid ist folglich zweifach negativ geladen.

Nukleosidmonophosphate können weiter zu Nukleosiddiphosphaten und Nukleosidtriphosphaten phosphoryliert werden. Abbildung 20.4 zeigt die Strukturformel von Adenosin-5′-triphosphat (ATP), des universellen Energiespeichers in Zellen.

Tab. 20.1 Die Benennung von Nukleosiden.

Base	Name des Nukleosids
Uracil	Uridin
Thymin	Thymidin
Cytosin	Cytidin
Guanin	Guanosin
Adenin	Adenosin

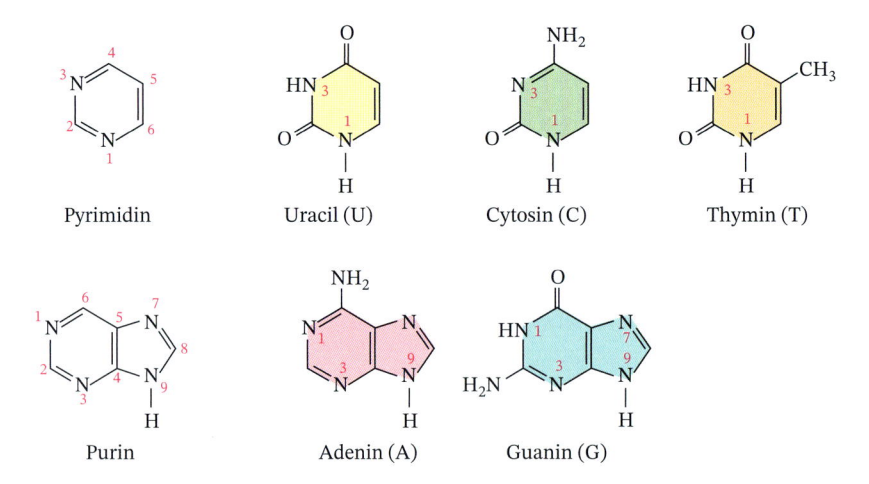

Abb. 20.1 Die Namen und die Einbuchstabenabkürzungen der heterocyclischen aromatischen Aminbasen (Nukleinbasen), die in DNA und RNA besonders häufig vorkommen. Die Atome in den Basen sind so nummeriert, wie es auch für Pyrimidin und Purin, die zugrundeliegenden Heteroaromaten, vorgesehen ist.

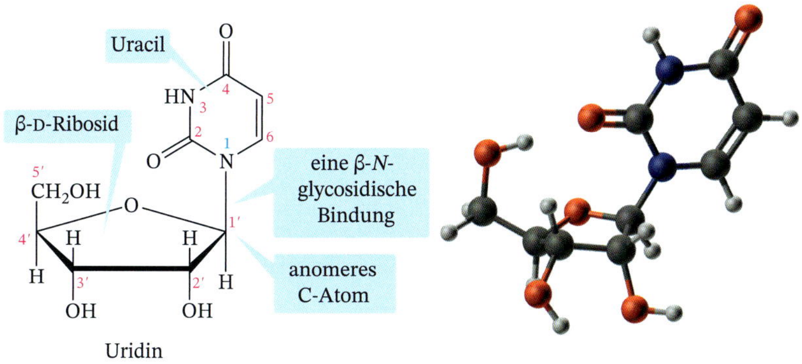

Abb. 20.2 Das Nukleosid Uridin. In dem Monosaccharid ist der Ring mit einfach gestrichenen Zahlen nummeriert, um diese Nummerierung von der der heterocyclischen aromatischen Nukleinbase zu unterscheiden.

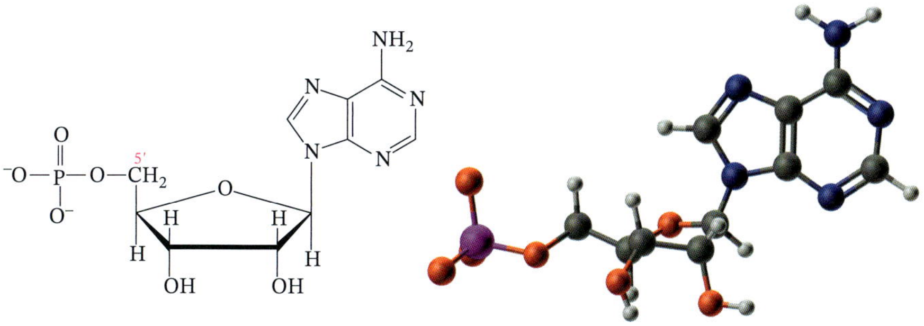

Abb. 20.3 Das Nukleotid Adenosin-5'-monophosphat. Die Phosphatgruppe ist bei pH = 7.0 vollständig dissoziiert; das Nukleotid hat daher eine Ladung von −2.

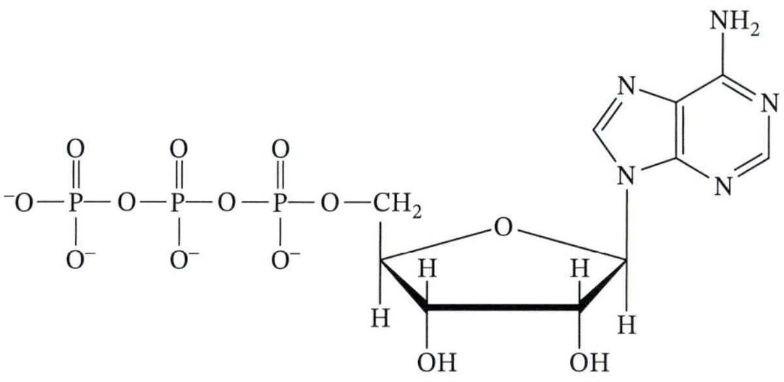

Abb. 20.4 Adenosin-5'-triphosphat (ATP).

Auch die Nukleosiddiphosphate und -triphosphate sind polybasische Säuren, die bei pH = 7.0 überwiegend dissoziiert vorliegen. Die pK_S-Werte für die ersten drei Dissoziationsschritte von Adenosintriphosphat sind kleiner als 5.0. Der pK_{S4} beträgt etwa 7.0; bei pH = 7.0 liegen daher etwa 50 % des Adenosintriphosphats als ATP^{4-} und 50 % als ATP^{3-} vor.

Beispiel 20.1 Zeichnen Sie eine Strukturformel von 2'-Desoxycytidin-5'-diphosphat.

Vorgehensweise
Beim Zeichnen von Strukturformeln von Nukleotiden sind drei wichtige Punkte zu beachten: (1) Ermitteln Sie, ob es sich bei der Pentose um D-Ribose oder um 2-Desoxy-D-ribose handelt; (2) knüpfen Sie das richtige heterocyclische Amin über eine β-N-glycosidische Bindung an die C-1-Position der Pentose und (3) binden Sie die korrekte Anzahl von Phosphatgruppen an die 3'- bzw. die 5'-Hydroxygruppe der Pentose.

Exkurs: 20.A Die Suche nach antiviralen Medikamenten

Die Suche nach antiviralen Arzneimitteln hat sich als wesentlich schwieriger herausgestellt als die Suche nach antibakteriellen Wirkstoffen – hauptsächlich deshalb, weil Viren sich zu ihrer Replikation den Metabolismus der Wirtszelle zunutze machen. Potentielle antivirale Arzneimittel schädigen daher mit hoher Wahrscheinlichkeit auch die befallenen Zellen. Die Herausforderung besteht in diesem Fall also darin, die Biochemie der Viren im Detail zu verstehen und Wirkstoffe zu entwickeln, die hochspezifisch nur auf die für die Viren charakteristischen Prozesse einwirken. Aus diesem Grund gibt es nur etwa halb so viele antivirale wie antibakterielle Wirkstoffe und diese erreichen nicht annähernd die Wirksamkeit von Antibiotika bei der Bekämpfung von bakteriellen Infektionen.

Aciclovir war eines der ersten einer neuen Klasse von Arzneimitteln, die für die Behandlung von Infektionskrankheiten entwickelt wurden, die durch DNA-Viren (die sogenannten Herpesviren) hervorgerufen werden. Es gibt beim Menschen zwei Arten von Herpesinfektionen: *Herpes simplex* Typ 1, die zu Bläschen und wunden Stellen am Mund und im Bereich der Augen führt, und *Herpes simplex* Typ 2, die ernsthafte Infektionen an den Genitalien hervorrufen kann. Aciclovir ist hochwirksam gegen Geschlechtskrankheiten, die durch Herpesviren hervorgerufen werden. Die Strukturformel von Aciclovir ist im Folgenden so gezeichnet, dass die strukturelle Ähnlichkeit zum 2-Desoxyguanosin erkennbar ist. Der Wirkstoff wird *in vivo* aktiviert, indem die primäre OH-Gruppe (die der 5'-OH-Gruppe eines Ribosids bzw. Desoxyribosids entspricht) in ein Triphosphat überführt wird. Wegen der Ähnlichkeit mit dem Desoxyguanosintriphosphat, einem essentiellen Baustein der DNA-Synthese, wird Aciclovir-Triphosphat zwar von vielen viralen DNA-Polymerasen unter Bildung eines Enzym-Substrat-Komplexes aufgenommen, es enthält aber keine 3'-OH-Gruppe, an der sich die Replikation fortsetzen könnte. Der Enzym-Substrat-Komplex ist daher nicht länger aktiv (er ist eine Sackgasse in der DNA-Synthese), die virale Replikation ist dadurch unterbrochen und das Virus stirbt ab.

Aciclovir
(so gezeichnet, dass die strukturelle Verwandtschaft mit dem 2-Desoxyguanosin erkennbar ist)

Zidovudin
(Azidothymidin; AZT)

Der vermutlich bekannteste Antimetabolit gegen HIV-Infektionen ist Zidovudin (AZT), ein Analogon des Desoxythymidins, in dem die 3'-OH-Gruppe durch eine Azidogruppe ($-N_3$) ersetzt ist. AZT wirkt gegen HIV-1, ein Retrovirus, das ursächlich für eine AIDS-Erkrankung ist. AZT wird durch zelluläre Enzyme *in vivo* in das 5'-Triphosphat überführt, das von viraler, RNA-abhängiger DNA-Polymerase (von Reverser Transkriptase) anstelle des Desoxythymidin-5'-triphosphats in die wachsende DNA-Kette eingebaut wird. Dadurch ist die weitere Kettenverlängerung beendet, weil keine 3'-OH-Gruppe vorhanden ist, an der das nächste Desoxynukleotid angeknüpft werden könnte. AZT verdankt seinen Nutzen der Tatsache, dass es stärker an die virale Reverse Transkriptase bindet als an menschliche DNA-Polymerase.

Aufgabe

Zeichnen Sie das Triphosphat von Aciclovir, wie es in Lösung bei pH = 7.4 vorliegen würde.

Lösung

Knüpfen Sie eine β-*N*-glycosidische Bindung zwischen dem Atom N-1 von Cytosin und dem Atom C-1′ der cyclischen Halbacetalform der 2-Desoxy-D-ribose. Die 5′-Hydroxygruppe der Pentose wird mit einer Phosphatgruppe über eine Esterbindung verbunden und diese Phosphatgruppe wird mit einem weiteren Phosphatrest zu einem Anhydrid verknüpft:

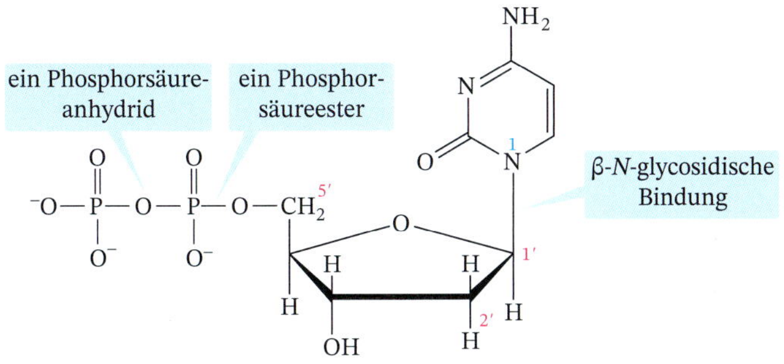

Siehe Aufgabe 20.1. ◂

20.2 Welche Struktur hat die DNA?

In Kap. 18 haben wir gesehen, dass es in Polypeptiden und Proteinen vier Ebenen struktureller Komplexität gibt; die Primär-, die Sekundär-, die Tertiär- und die Quartärstruktur. In Nukleinsäuren liegen drei Ebenen struktureller Komplexität vor, die sich – wenn sie auch mit den Komplexitätsebenen der Polypeptide und Proteine vergleichbar sind – in einigen wesentlichen Punkten von diesen unterscheiden.

20.2.1 Primärstruktur: Das kovalente Rückgrat

Desoxyribonukleinsäure besteht aus einem Hauptstrang, in dem abwechselnd Desoxyribose- und Phosphateinheiten vorliegen. Die 3′-Hydroxygruppe einer Desoxyribose-Einheit ist dabei über einen Phosphodiester mit der 5′-Hydroxygruppe einer anderen Desoxyribose-Einheit verbunden (Abb. 20.5). Das Pentose-Phosphodiester-Rückgrat zieht sich durch das gesamte DNA-Molekül. Mit jeder Desoxyribose-Einheit ist eine heterocyclische aromatische Nukleinbase – Adenin, Guanin, Thymin oder Cytosin – über eine β-*N*-glycosidische Bindung verknüpft. Die **Primärstruktur** der DNA ist die Reihenfolge, in der die heterocyclischen Basen entlang des Pentose-Phosphodiester-Rückgrats vom **5′-Ende** zum **3′-Ende** vorliegen. Das 5′-Ende eines Polynukleotids ist das Ende, an dem die 5′-Hydroxygruppe der terminalen Pentose frei ist; am 3′-Ende ist entsprechend die 3′-Hydroxygruppe frei.

Beispiel 20.2 Zeichnen Sie eine Strukturformel des DNA-Dinukleotids TG, das nur am 5′-Ende phosphoryliert ist.

Vorgehensweise
Weil die Basensequenz einer Nukleinsäure immer vom 5′- zum 3′-Ende gelesen wird, ist hier ein Thymidin über einen Phosphodiester an die 5′-OH-Gruppe eines Guanidins gebunden. Das 3′-Ende des Guanosins liegt als freie OH-Gruppe vor.

Lösung

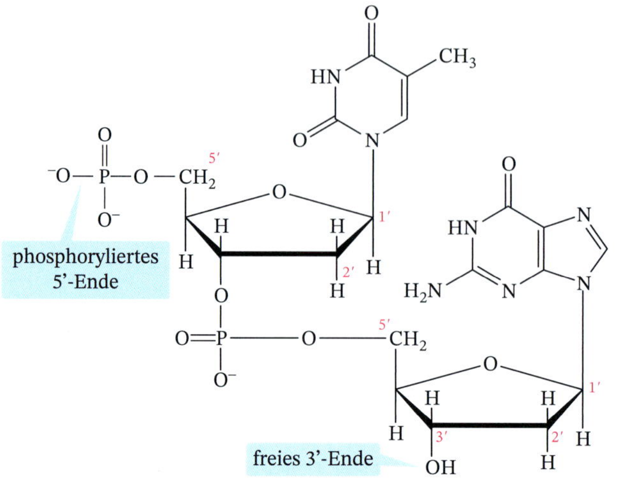

phosphoryliertes 5'-Ende

freies 3'-Ende

Siehe Aufgaben 20.2 und 20.8.

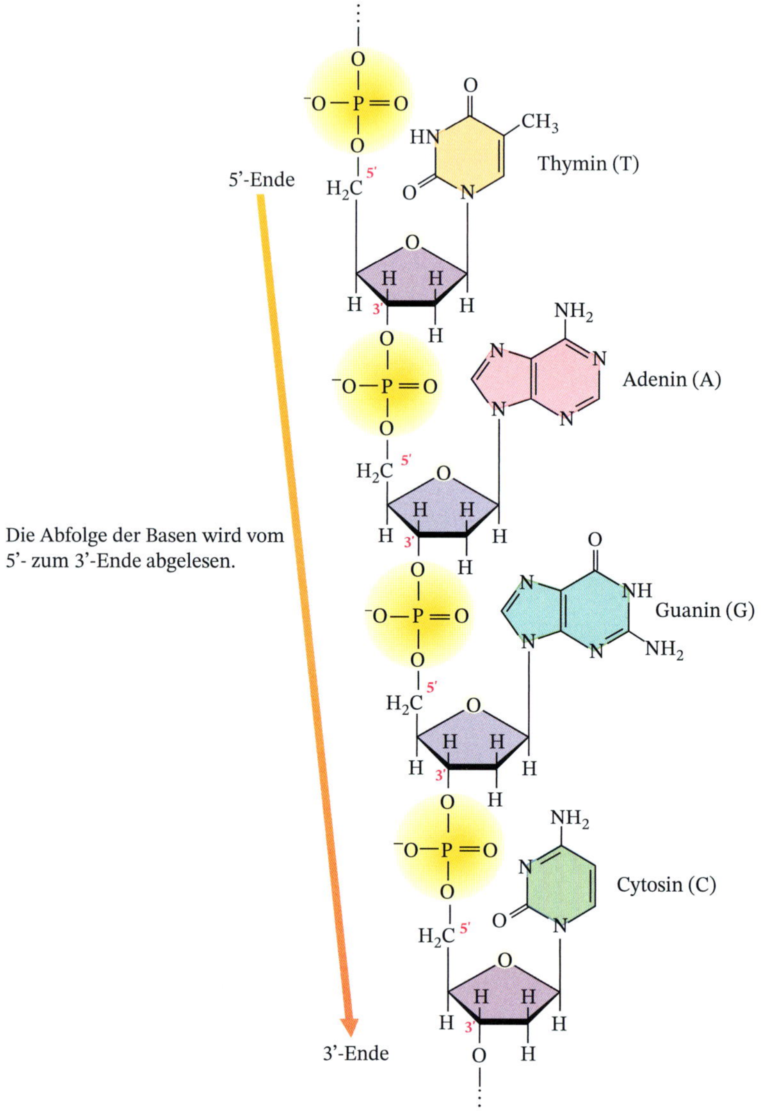

5'-Ende

Die Abfolge der Basen wird vom 5'- zum 3'-Ende abgelesen.

Thymin (T)

Adenin (A)

Guanin (G)

Cytosin (C)

3'-Ende

Abb. 20.5 Ein Tetranukleotid-Abschnitt eines DNA-Einzelstrangs.

20.2.2 Sekundärstruktur: Die Doppelhelix

Anfang der 1950er Jahre war bekannt, dass DNA aus Ketten besteht, die abwechselnd aus Desoxyribose- und Phosphateinheiten aufgebaut sind, die über 3′,5′-Phosphodiesterbindungen miteinander verknüpft sind und in denen jede Desoxyribose-Einheit β-N-glycosidisch an eine Base gebunden ist. 1953 schlugen der amerikanische Biologe James D. Watson und der britische Physiker Francis H.C. Crick eine Doppelhelix als Modell für die **Sekundärstruktur der DNA** (also für die Anordnung der Nukleinsäurestränge) vor. Watson, Crick und Maurice Wilkins teilten sich 1962 den Nobelpreis für Physiologie oder Medizin für „ihre Entdeckungen über die Molekularstruktur der Nukleinsäuren und ihre Bedeutung für die Informationsübertragung in lebender Substanz." Obwohl Rosalind Franklin ebenfalls wesentlich an diesen Untersuchungen beteiligt war (von ihr stammten die Röntgenbeugungsaufnahmen der DNA, die Watson und Crick ohne ihr Wissen und ohne ihre Zustimmung analysierten), verpasste sie den Nobelpreis, weil sie bereits 1958 im Alter von 37 Jahren verstarb. (Die Nobelstiftung lässt keine posthumen Nominierungen zu.)

Das Watson-Crick-Modell basierte auf Molekülmodellen und auf zwei verschiedenen experimentellen Beobachtungen: auf der chemischen Auswertung der Zusammensetzung der Basen in der DNA und den mathematischen Auswertungen der Röntgenbeugungsmuster von DNA-Kristallen.

Rosalind Franklin (1920–1958). Ab 1951 arbeitete sie am Biophysikalischen Labor am King's College in London, wo sie mit ihren Forschungen zur Anwendung von Röntgenbeugungsmethoden in der Untersuchung der DNA begann. Ihr werden Entdeckungen zur Dichte der DNA, ihrer helikalen Struktur und anderen wesentlichen Aspekten zugeschrieben. Ihre Arbeiten waren grundlegend für das von Watson und Crick entwickelte DNA-Modell. [Quelle: © Photo Researchers, Inc.]

Basenzusammensetzung

Man dachte zunächst, dass die vier Basen in allen Organismen im selben Verhältnis auftreten und dass sie möglicherweise in einer regelmäßigen Abfolge entlang des Pentose-Phosphodiester-Rückgrats der DNA vorliegen. Genaue Untersuchungen der Basenzusammensetzung durch Erwin Chargaff ergaben aber, dass die Basen keineswegs immer im selben Verhältnis vorkommen (Tab. 20.2).

Aus den Daten in der Tabelle und aus vergleichbaren Daten konnten die folgenden, im Rahmen der Messgenauigkeit gültigen Schlussfolgerungen gezogen werden:

1. Die Basenzusammensetzung (in mol-%) in der DNA eines beliebigen Organismus ist in allen Zellen des Organismus identisch und für diesen Organismus charakteristisch.
2. Die Anteile an Adenin (einer Purinbase) und Thymin (einer Pyrimidinbase) sind gleich und ebenso die Anteile an Guanin (einer Purinbase) und Cytosin (einer Pyrimidinbase).
3. Die Anteile der Purinbasen (A + G) und der Pyrimidinbasen (C + T) sind gleich.

Analyse der Röntgenbeugungsmuster

Weitergehende Informationen über die DNA-Struktur konnten aus der Analyse von Röntgenbeugungsmustern erhalten werden, die von Rosalind Franklin und Maurice Wilkins aufgenommen wurden. Die Beugungsmuster belegten, dass DNA-Moleküle

Tab. 20.2 Vergleich der Basenzusammensetzung in der DNA verschiedener Organismen (in mol-%).

Organismus	Purine		Pyrimidine		Relative Häufigkeiten		
	A	G	C	T	A/T	G/C	Purine/Pyrimidine
Mensch	30.4	19.9	19.9	30.1	1.01	1.00	1.01
Schaf	29.3	21.4	21.0	28.3	1.04	1.02	1.03
Hefe	31.7	18.3	17.4	32.6	0.97	1.05	1.00
E. coli	26.0	24.9	25.2	23.9	1.09	0.99	1.04

bemerkenswerterweise immer gleich dick sind, obwohl sich die Basenzusammensetzung der aus verschiedenen Organismen isolierten DNA unterscheidet. Es zeigte sich, dass die DNA lang und im Wesentlichen gestreckt war, mit einem äußeren Durchmesser von etwa 2 nm, also nicht mehr als ein Dutzend Atome dick. Darüber hinaus wiederholte sich das kristallographische Muster alle 3.5 nm. Daraus ergab sich die entscheidende Frage für die Wissenschaftler: Wie kann der Durchmesser der DNA so gleichförmig sein, wenn sich die Basenzusammensetzung in so weiten Bereichen unterscheiden kann? Aus den gesammelten Informationen war der Grundstock für die Entwicklung einer Hypothese zur DNA-Struktur gelegt.

Die Watson-Crick-Doppelhelix

Die Grundlage des Watson-Crick-Modells ist die Behauptung, dass ein DNA-Molekül eine komplementäre **Doppelhelix** aus zwei antiparallelen Polynukleotidsträngen ist, die sich rechtsgängig um eine gemeinsame Achse winden. Wie in dem Bändermodell in Abb. 20.6 dargestellt, ist die Doppelhelix Grundlage für die Chiralität des Moleküls: Rechts- und linksgängige Helices verhalten sich wie Bild und Spiegelbild, sind also enantiomere Strukturen.

Um die beobachteten Basenverhältnisse und die gleichförmige Dicke der DNA zu erklären, schlugen Watson und Crick vor, dass die Purin- und Pyrimidinbasen nach innen in Richtung der Helixachse ragen und dabei in spezifischer Weise eine Paarung eingehen sollten. In maßstabsgetreuen Modellen zeigte sich, dass die Ausmaße eines Adenin-Thymin-Basenpaars nahezu identisch mit den Ausmaßen eines Guanin-Cytosin-Basenpaars sind und dass die Länge beider Basenpaare mit der Dicke des inneren Kerns der DNA übereinstimmt (Abb. 20.7). Wenn also im einen Strang die Purinbase Adenin vorliegt, dann muss die komplementäre Base im antiparallelen Strang Thymin sein. Analog korrespondiert die Purinbase Guanin im einen Strang mit Cytosin im antiparallelen Strang.

Eine Besonderheit des Watson-Crick-Modells ist, dass keine andere **Basenpaarung** mit der beobachteten Dicke eines DNA-Moleküls in Einklang zu bringen ist. Ein Paar aus zwei Pyrimidinbasen wäre zu klein, um die beobachtete Dicke erklären zu können, wohingegen eine Paarung aus zwei Purinbasen zu groß wäre. Nach dem Watson-Crick-Modell sind daher die Wiederholeinheiten in einer doppelsträngigen DNA nicht einzelne Basen mit ihren unterschiedlichen Ausmaßen, sondern Basenpaare mit nahezu identischen Ausdehnungen.

Um die aus den Röntgenbeugungsdaten ermittelte Periodizität erklären zu können, schlugen Watson und Crick vor, dass sich die Basenpaare in Abständen von jeweils 0.34 nm übereinanderstapeln und dass die Helix nach jeweils 10.4 Basenpaaren eine vollständige Windung durchlaufen hat. Eine vollständige Windung der Helix er-

Abb. 20.6 Eine DNA-Doppelhelix ist eine chirale Struktur. Rechts- und linksgängige Doppelhelices, die aus ansonsten gleichartig aufgebauten DNA-Ketten bestehen, sind nicht zur Deckung zu bringende Spiegelbilder.

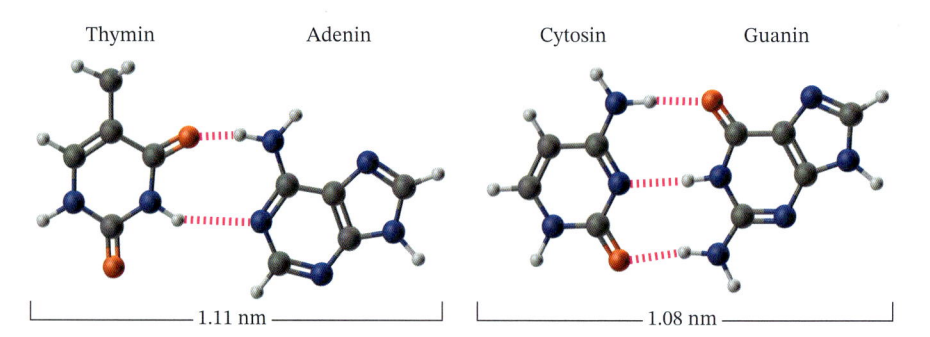

Abb. 20.7 Die Basenpaarung zwischen Adenin und Thymin (A–T) bzw. zwischen Guanin und Cytosin (G–C). Ein A–T-Basenpaar wird durch zwei Wasserstoffbrücken zusammengehalten; in einem G–C-Basenpaar liegen drei Wasserstoffbrücken vor.

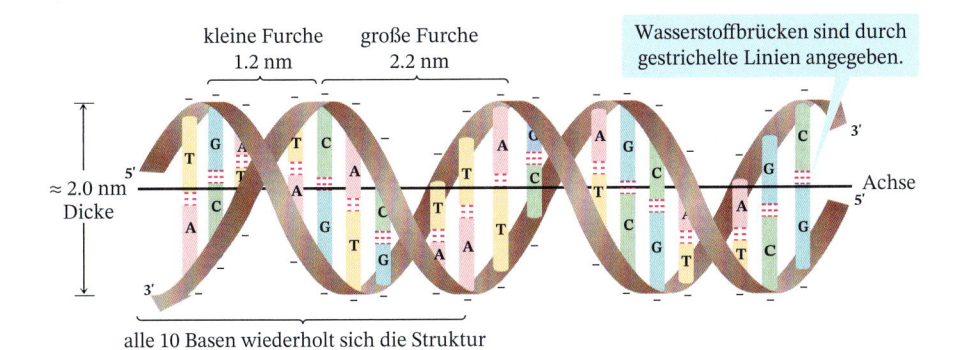

Abb. 20.8 Bändermodell einer doppelsträngigen B-DNA. Jedes Band stellt den Pentose-Phosphodiester-Strang eines einsträngigen DNA-Moleküls dar. Die Stränge verlaufen antiparallel, einer vom 5'- zum 3'-Ende und der andere vom 3'- zum 5'-Ende. Wasserstoffbrücken zwischen G–C-Basenpaaren sind als drei gestrichelte Linien dargestellt, die zwischen A–T-Paaren als zwei gestrichelte Linien. An den Bändern sind zudem die negativen Ladungen der Phosphodiester eingezeichnet.

gibt sich demzufolge alle 3.5 nm. Abbildung 20.8 zeigt ein Bändermodell einer doppelsträngigen **B-DNA**, der in wässriger Lösung überwiegend vorliegenden Form der DNA, von der man annimmt, dass sie auch sonst in der Natur am häufigsten vorkommt.

In der Doppelhelix befinden sich die gegenüberliegenden Basen eines Basenpaars nicht genau auf dem Durchmesser der Helix, sondern liegen leicht verschoben. Diese Verschiebung und die relative Orientierung der glycosidischen Bindung, über die jede Base mit dem Zucker-Phosphat-Rückgrat verbunden ist, führen dazu, dass sich zwei unterschiedlich ausgedehnte Furchen ausbilden: eine große Furche und eine kleine Furche (Abb. 20.8). Jede Furche windet sich um die säulenförmige Doppelhelix. Die große Furche ist etwa 2.2 nm breit, die kleine Furche etwa 1.2 nm.

Abbildung 20.9 zeigt eine idealisierte B-DNA-Doppelhelix mit etwas mehr Details; auch in diesem Modell kann man die große und die kleine Furche deutlich voneinander unterscheiden.

Für die DNA sind auch andere Sekundärstrukturen möglich, die sich in den Abständen zwischen den übereinander gestapelten Basenpaaren und in der Anzahl von Basenpaaren pro Helixwindung unterscheiden. Eine der wichtigsten alternativen Strukturen, die **A-DNA**, ist ebenfalls rechtsgängig, aber dicker als die B-DNA (2.6 nm) und besitzt eine Steigung von 2.5 nm. Sie enthält pro Helixwindung 11 Basenpaare, zwischen denen der Abstand jeweils 0.23 nm beträgt. Die A-DNA wird normalerweise in wasserarmen Proben der DNA beobachtet, z. B. in DNA-Kristallen, die für Kristallstrukturanalysen hergestellt werden.

Noch eine andere Sekundärstruktur der DNA liegt in **Z-DNA** vor, einer linksgängigen Helix, von der man annimmt, dass sie während der DNA-Transkription auftritt. Hier sind bei einer Ganghöhe von 4.56 nm pro Helixwindung 12 Basenpaare enthalten und anders als in den beiden anderen DNA-Formen weisen die große und die kleine Furche hier nahezu gleiche Weiten auf. In Abb. 20.10 sind die drei DNA-Formen zum Vergleich nebeneinander abgebildet.

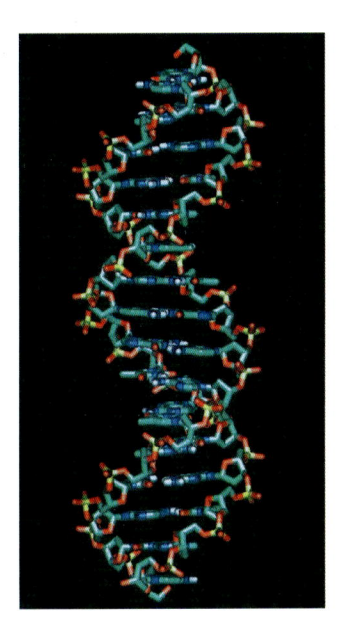

Abb. 20.9 Eine idealisierte Darstellung der B-DNA.

Beispiel 20.3 Ein Strang eines DNA-Moleküls enthält die Basensequenz 5'-ACTTGCCA-3'. Wie lautet die komplementäre Basensequenz?

Vorgehensweise

Rufen Sie sich in Erinnerung, dass die Basensequenz immer vom 5'-Ende eines Strangs zu seinem 3'-Ende geschrieben wird und dass A mit T paart und G mit C. In der dop-

A-DNA   B-DNA   Z-DNA

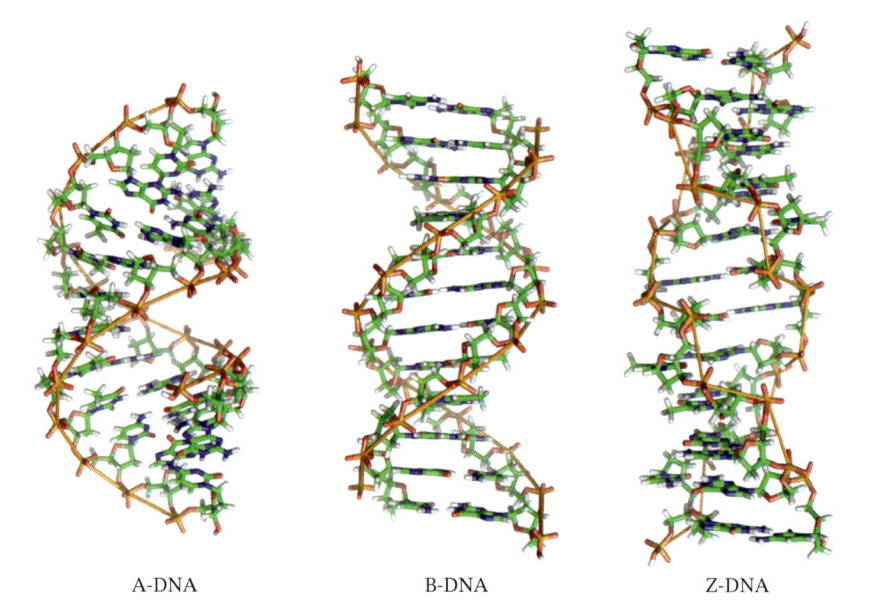

Abb. 20.10 Ausschnitte aus der A-, B- und Z-DNA (*Richard Wheeler, Abbildung für Wikipedia.org erstellt*).

pelsträngigen DNA laufen die beiden Stränge in entgegengesetzte (antiparallele) Richtung, sodass das 5′-Ende des einen Strangs am 3′-Ende des anderen Strangs liegt.

Lösung

Beginnend am 5′-Ende ist der komplementäre Strang 5′-TGGCAAGT-3′.

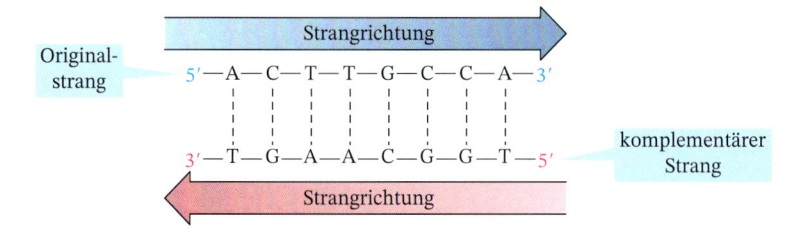

```
                          Strangrichtung →
Original-
strang        5'—A—C—T—T—G—C—C—A—3'
                  |  |  |  |  |  |  |  |
              3'—T—G—A—A—C—G—G—T—5'      komplementärer
                                          Strang
                        ← Strangrichtung
```

Siehe Aufgabe 20.9.

20.2.3 Tertiärstruktur: Supercoiled DNA

Die Länge eines DNA-Moleküls ist wesentlich größer als sein Durchmesser, daher ist das Molekül ab einer gewissen Länge sehr flexibel. Man spricht davon, dass ein DNA-Molekül entspannt vorliegt, wenn es keine Windungen aufweist, außer denen, die durch die Sekundärstruktur vorgegeben sind. Anders ausgedrückt besitzt eine entspannte DNA keine definierte **Tertiärstruktur** (die Tertiärstruktur ist die dreidimensionale Anordnung aller Atome einer Nukleinsäure.) Wir wollen uns zwei Arten von Tertiärstrukturen näher ansehen – eine, in der die Störung durch eine ringförmige Struktur der DNA zustande kommt, und eine, die durch Koordination der DNA mit Kernproteinen (sogenannten Histonen) hervorgerufen wird. Unabhängig davon, welche Art von Tertiärstruktur vorliegt, spricht man von **Supercoiling** (engl.: *to coil*, aufwickeln).

(a) entspannt: ringförmiges DNA-Duplex **(b)** leicht gespannt: ringförmiges DNA-Duplex, in dem vier Drehungen in der Helix entwunden sind **(c)** gespannt: supercoiled ringförmige DNA

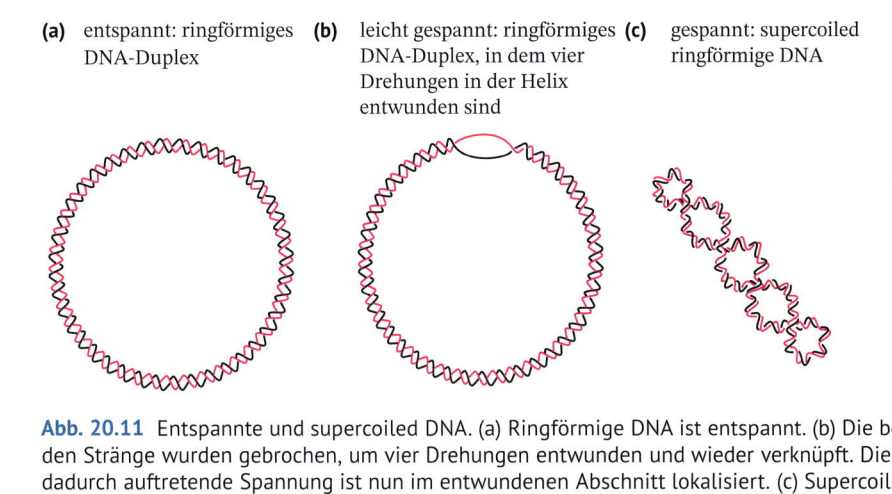

Abb. 20.11 Entspannte und supercoiled DNA. (a) Ringförmige DNA ist entspannt. (b) Die beiden Stränge wurden gebrochen, um vier Drehungen entwunden und wieder verknüpft. Die dadurch auftretende Spannung ist nun im entwundenen Abschnitt lokalisiert. (c) Supercoiling um vier Windungen verteilt diese Spannung gleichmäßig über das gesamte Molekül der ringförmigen DNA.

Supercoiling von ringförmiger DNA

Ringförmige DNA ist ein Typ doppelsträngiger DNA, in der die beiden Enden jedes Strangs durch eine Phosphodiestergruppe verbunden sind [Abb. 20.11(a)]. Dieser DNA-Typ, der vor allem in Bakterien und Viren vorkommt, wird auch als ringförmiges DNA-Duplex bezeichnet, weil es sich dabei um eine doppelsträngige DNA handelt. Hierbei kann einer der Stränge der ringförmigen DNA auch geöffnet, teilweise entwunden und wieder geschlossen werden. Durch den entwundenen Abschnitt erhält das Molekül eine Spannung, weil die Lücke in der Helix nicht wie in den basengepaarten, helikalen Abschnitten durch Wasserstoffbrücken stabilisiert ist. Die Spannung tritt zunächst nur in der nicht-helikalen Lücke auf, kann aber durch einen **superhelikalen Twist** gleichmäßig auf die ganze ringförmige DNA verteilt werden, wobei pro entwundener Drehung in der Helix eine zusätzliche superhelikale Verwindung auftritt. In der in Abb. 20.11(b) gezeigten ringförmigen DNA wurden vier Drehungen der Helix entwunden. Die dadurch erzeugte Spannung ist in Abb. 20.11(c) durch einen superhelikalen Twist gleichmäßig über das ganze Molekül verteilt. Umwandlungen zwischen der entspannten und der supercoiled DNA werden durch eine Gruppe von Enzymen katalysiert, die man als Topoisomerasen und Gyrasen bezeichnet.

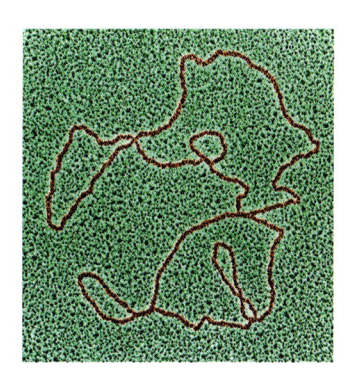

Mitochondriale supercoiled DNA. [Quelle: © Don W. Fawcett/Photo Researchers, Inc.]

Supercoiling von linearer DNA

Supercoiling von linearer pflanzlicher und tierischer DNA findet auf andere Weise statt. Hier ist die Wechselwirkung zwischen der negativen geladenen DNA und einer Gruppe von positiv geladenen Proteinen, sogenannten **Histonen**, für die Verwindung verantwortlich (Abb. 20.12). Histone enthalten besonders viele der basischen Aminosäuren Lysin und Arginin und tragen daher bei pH-Werten, wie sie in den meisten Körperflüssigkeiten auftreten, viele positive Ladungen entlang der Aminosäurekette. Einen Komplex zwischen der negativ geladenen DNA und den positiv geladenen Histonen nennt man **Chromatin**. Histone lagern sich zusammen und bilden einen Kern, der von der doppelsträngigen DNA umwickelt wird. Durch weitere Verwindung der DNA entsteht das in den Zellkernen vorliegende Chromatin.

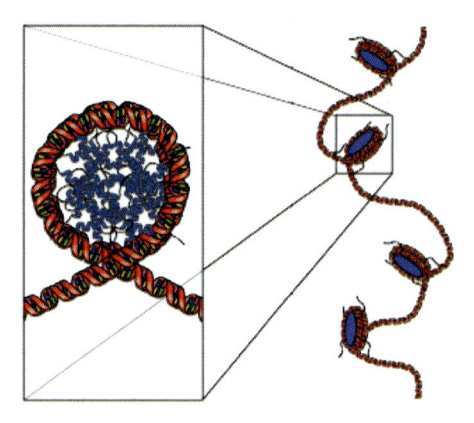

Abb. 20.12 Ein Ausschnitt aus einem DNA-Strang, in dem die Komplexierung mit Histonen gezeigt ist (*Richard Wheeler, Abbildung für Wikipedia.org erstellt*).

20.3 Was sind Ribonukleinsäuren (RNA)?

Ribonukleinsäuren (RNA) ähneln insofern den Desoxyribonukleinsäuren (DNA), als sie ebenfalls aus langen, unverzweigten Nukleotidketten bestehen, die über Phosphodiestergruppen zwischen der 3′-Hydroxygruppe der einen Pentose und der 3′-Hydroxygruppe der jeweils nächsten verbunden sind. Es gibt aber drei wesentliche strukturelle Unterschiede zwischen RNA und DNA:

1. Die Pentoseeinheit der RNA ist eine β-D-Ribose anstelle einer β-2-Desoxy-D-ribose.
2. Die Pyrimidinbasen in RNA sind Uracil/Cytosin anstelle von Thymin/Cytosin.
3. RNA liegt als Einfachstrang und nicht als Doppelstrang vor.

Im Folgenden sind die Strukturformeln der D-Ribose in der Furanoseform und von Uracil dargestellt:

β-D-Ribofuranose
(β-D-Ribose)

Uracil (U)

Zellen enthalten bis zu achtmal so viel RNA wie DNA und darüber hinaus kann RNA im Gegensatz zur DNA in verschiedenen Formen vorliegen und von jeder Form können zahlreiche Kopien in einer Zelle vorhanden sein. RNA-Moleküle können entsprechend ihrer Struktur und Funktion in drei wichtige Typen unterteilt werden: ribosomale RNA (rRNA), Transfer-RNA (tRNA) und Boten-RNA (mRNA; engl.: *messenger RNA*). Tabelle 20.3 zeigt die molaren Massen, Nukleotidzahlen und prozentualen Anteile in der Zelle für die drei RNA-Typen in einer *Escherichia coli*-Zelle; *E. coli* ist das am besten untersuchte Bakterium und das „Arbeitspferd" für derartige Zelluntersuchungen.

20.3.1 Ribosomale RNA

Der größte Teil der **ribosomalen RNA (rRNA)** liegt im Cytoplasma in subzellulären Teilchen (den Ribosomen) vor, die zu etwa 60 % aus RNA und zu 40 % aus Proteinen bestehen. Die Ribosomen sind die Orte der Zelle, an denen die Proteinsynthese stattfindet.

Tab. 20.3 RNA in *E. coli*-Zellen.

Typ	Molmasse (g/mol)	Nukleotidzahl	Anteil an der zellulären RNA (%)
rRNA	39 000–930 000	120–2904	82
tRNA	23 000–30 000	73–94	16
mRNA	24 000–960 000	75–3000	2

20.3.2 Transfer-RNA

Transfer-RNA (tRNA) hat die kleinsten Molmassen aller Nukleinsäuren. Sie besteht aus 73 bis 94 Nukleotiden in einem Einzelstrang. Ihre Funktion ist es, Aminosäuren zu den Stellen im Ribosom zu transportieren, an denen die Peptidsynthese stattfindet. Für jede Aminosäure existiert mindestens eine spezifische tRNA; manche Aminosäuren werden auch durch mehr als eine tRNA transportiert. Während des Transports ist die Aminosäure über eine Esterbindung zwischen der α-Carboxygruppe der Aminosäure und der 3′-Hydroxygruppe der Riboseeinheit am 3′-Ende der tRNA an ihre spezifische tRNA gebunden.

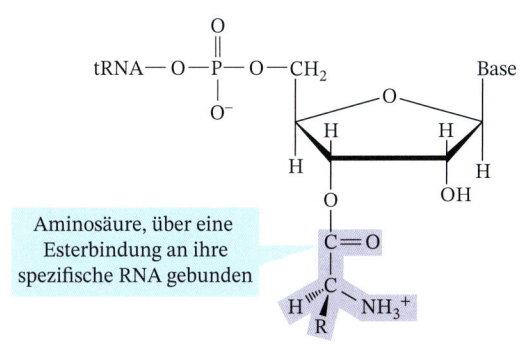

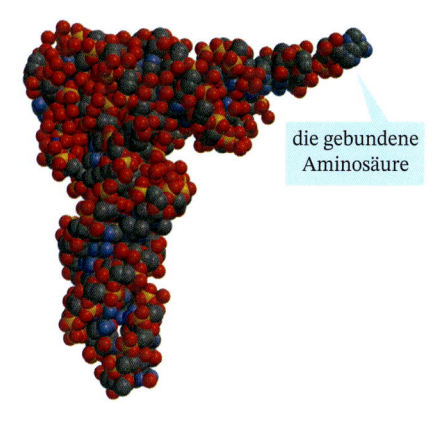

Kalottenmodell einer Phenylalanin-tRNA in Hefe. [Struktur von 1EHZ (H. Shi, P.B. Moore, *RNA* **2000**, *6*, 1091–1105) erstellt mit Spartan '08. Wavefunction, Inc. Irvine, CA.]

20.3.3 Boten-RNA

Boten-RNA (mRNA) liegt in den Zellen nur in relativ kleinen Anteilen vor; ihre Lebensdauer ist sehr kurz. Boten-RNA ist einzelsträngig und ihre Sequenz wird durch die Information bestimmt, die in der DNA codiert ist. Hierzu wird die doppelsträngige DNA entwunden und ein komplementärer mRNA-Strang wird – beginnend am 3′-Ende – entlang eines Strangs der DNA-Vorlage synthetisiert. Die Synthese der mRNA aus der DNA-Vorlage wird als *Transkription* bezeichnet, weil die genetische Information, die in den Basen eines Abschnitts der DNA codiert ist, in eine komplementäre Basensequenz in der mRNA transkribiert wird (lat.: *transcribere*, umschreiben). Die Bezeichnung „Boten-RNA" beschreibt die Funktion dieses RNA-Typs, die darin besteht, die codierte genetische Information von der DNA zu den Ribosomen zu übermitteln, wo sie zur Proteinsynthese genutzt wird.

Beispiel 20.4 Im Folgenden ist die Basensequenz eines einzelnen DNA-Strangs angegeben:

3′-A-G-C-C-A-T-G-T-G-A-C-C-5′

Welche Basensequenz liegt in der mRNA vor, die aus dieser DNA-Vorlage gebildet wird?

Vorgehensweise

Die RNA-Synthese beginnt am 3'-Ende der DNA-Vorlage und wird bis zum 5'-Ende fortgeführt. Die komplementäre mRNA wird mit den Basen C, G, A und U gebildet; dabei wird Uracil (U) komplementär zu Adenin (A) in der DNA-Vorlage eingebaut.

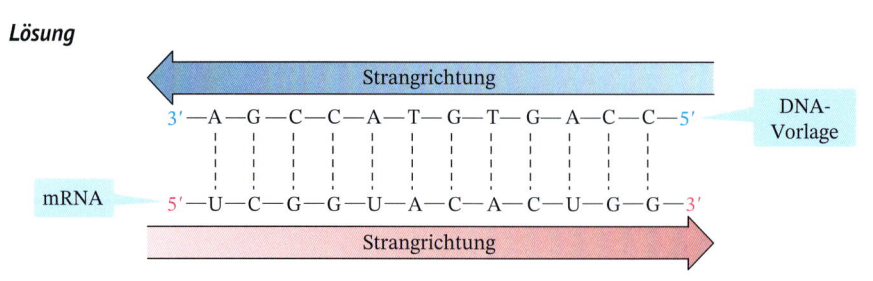

Lösung

```
                    ← Strangrichtung
        3'—A—G—C—C—A—T—G—T—G—A—C—C—5'    DNA-Vorlage
            |  |  |  |  |  |  |  |  |  |  |  |
mRNA    5'—U—C—G—G—U—A—C—A—C—U—G—G—3'
                    Strangrichtung →
```

Wenn man vom 5'-Ende liest, lautet die Sequenz der mRNA 5'-UCGGUACACUGG-3'.

Siehe Aufgabe 20.16.

20.4 Was ist der genetische Code?

20.4.1 Codierung in Tripletts

Seit Anfang der 1950er Jahre war bekannt, dass die genetische Information in der Abfolge der Basen in der DNA gespeichert wird und dass diese die Synthese der Boten-RNA bestimmen, die wiederum maßgeblich für die Synthese der Proteine sind. Die Vorstellung, dass die Basensequenz in der DNA die Synthese der Proteine bestimmt, führt allerdings zu folgendem Problem: Wie kann eine Verbindung, die nur aus vier verschiedenen Einheiten (Adenin, Cytosin, Guanin und Thymin) besteht, die Synthese von Verbindungen festlegen, die aus bis zu 20 verschiedenen Bausteinen (den proteinogenen Aminosäuren) bestehen? Oder anders formuliert: Wie kann ein Alphabet aus nur vier Buchstaben die Abfolge der Buchstaben in dem 20-Buchstaben-Alphabet codieren, das die Proteine beschreibt?

Die offensichtliche Antwort ist, dass der Einbau einer bestimmten Aminosäure nicht durch *eine* Base, sondern durch eine Kombination von Basen codiert wird. Wenn die Codierung über Nukleotid-*Paare* erfolgte, gäbe es bereits $4^2 = 16$ Kombinationsmöglichkeiten. Das ist ein Fortschritt, reicht aber immer noch nicht aus, um die 20 Aminosäuren zu codieren. Wenn der Code dagegen aus Nukleotid-*Tripletts* bestünde, ergäben sich $4^3 = 64$ Möglichkeiten – mehr als genug, um die Primärstruktur der Proteine zu codieren. Das scheint eine sehr einfache Lösung für ein Problem zu sein, die sich aus einer Unzahl von evolutionären Schritten von Versuch und Irrtum entwickelt haben dürfte. Aus dem Vergleich von Genen (Nukleinsäuren) und den darin codierten Proteinsequenzen (Aminosäuren) weiß man heute, dass die Natur tatsächlich einen einfachen drei-Buchstaben- bzw. Triplettcode nutzt, um die genetische Information zu speichern. Ein Nukleotid-Triplett in der mRNA wird als **Codon** bezeichnet; es codiert den Einbau einer bestimmten Aminosäure in ein Peptid.

20.4.2 Entschlüsseln des genetischen Codes

Die nächste offensichtliche Frage ist, welcher der 64 Triplettcodes für welche Aminosäure steht. 1961 entwickelten H. Matthaei und M.W. Nirenberg vom National Institute of Health in den USA einen einfachen experimentellen Zugang zu dieser Fragestellung, der auf der Beobachtung beruht, dass nicht nur natürliche mRNA, sondern auch synthetische Polynukleotide die Polypeptidsynthese steuern können. Nirenberg fand

Tab. 20.4 Der genetische Code: mRNA-Codons und die durch sie codierten Aminosäuren.

1. Position (5'-Ende)	2. Position								3. Position (3'-Ende)
	U		C		A		G		
U	UUU	Phe	UCU	Ser	UAU	Tyr	UGU	Cys	U
	UUC	Phe	UCC	Ser	UAC	Tyr	UGC	Cys	C
	UUA	Leu	UCA	Ser	UAA	Stop	UGA	Stop	A
	UUG	Leu	UCG	Ser	UAG	Stop	UGG	Trp	G
C	CUU	Leu	CCU	Pro	CAU	His	CGU	Arg	U
	CUC	Leu	CCC	Pro	CAC	His	CGC	Arg	C
	CUA	Leu	CCA	Pro	CAA	Gln	CGA	Arg	A
	CUG	Leu	CCG	Pro	CAG	Gln	CGG	Arg	G
A	AUU	Ile	ACU	Thr	AAU	Asn	AGU	Ser	U
	AUC	Ile	ACC	Thr	AAC	Asn	AGC	Ser	C
	AUA	Ile	ACA	Thr	AAA	Lys	AGA	Arg	A
	AUG[a]	Met	ACG	Thr	AAG	Lys	AGG	Arg	G
G	GUU	Val	GCU	Ala	GAU	Asp	GGU	Gly	U
	GUC	Val	GCC	Ala	GAC	Asp	GGC	Gly	C
	GUA	Val	GCA	Ala	GAA	Glu	GGA	Gly	A
	GUG	Val	GCG	Ala	GAG	Glu	GGG	Gly	G

a) Das Codon AUG dient auch als Startsignal für die Translation.

heraus, dass bei der *in-vitro*-Inkubation von Ribosomen, Aminosäuren, tRNA und geeigneten proteinsynthetisierenden Enzymen keine Polypeptidsynthese stattfand. Erst als er synthetische Polyuridylsäure [Poly(U)] zugab, entstand ein Peptid mit hoher Molmasse. Noch wichtiger war aber, dass das synthetische Peptid ausschließlich aus Phenylalanin bestand. Mit dieser Beobachtung war das erste Element des genetischen Codes entschlüsselt: Das Triplett UUU codiert die Aminosäure Phenylalanin.

Ähnliche Experimente wurden mit weiteren synthetischen Polyribonukleotiden durchgeführt, die zum Beispiel ergaben, dass Polyadenylsäure [Poly(A)] zur Synthese von Polylysin und Polycytidylsäure [Poly(C)] zur Synthese von Polyprolin führt. Es dauerte bis 1964, bis alle 64 Codons entschlüsselt waren (Tab. 20.4). M.W. Nirenberg, R.W. Holley und H.G. Khorana teilten sich 1968 den Nobelpreis für Physiologie oder Medizin für ihre bahnbrechenden Arbeiten.

20.4.3 Merkmale des genetischen Codes

Bei genauer Betrachtung von Tab. 20.4 werden mehrere Merkmale des genetischen Codes deutlich:

1. Nur 61 Tripletts codieren Aminosäuren. Die verbleibenden drei (UAA, UAG und UGA) sind Stopcodons und beenden die Kettenverlängerung; sie signalisieren der proteinsynthetisierenden zellulären Maschinerie, dass die Primärsequenz des Proteins vollständig ist. Die drei kettenterminierenden Codons sind in Tab. 20.4 mit „Stop" angegeben.
2. Der Code ist degeneriert, d. h. die meisten Aminosäuren werden durch mehr als nur ein Triplett codiert. Lediglich für Methionin und Tryptophan gibt es nur ein einziges Triplett. Leucin, Serin und Arginin werden durch sechs Tripletts codiert und die restlichen Aminosäuren durch zwei, drei oder vier Tripletts.

3. Für die 15 Aminosäuren, die durch zwei, drei oder vier Tripletts codiert werden, variiert nur der dritte Buchstabe des Codons. So wird beispielsweise Glycin durch die Tripletts GGA, GGG, GGC und GGU codiert.
4. Es gibt keine Mehrdeutigkeit im Code; jedes Triplett codiert nur eine einzige Aminosäure.

Eine letzte Frage muss man sich in diesem Zusammenhang stellen: Ist der genetische Code universell? Gilt er für alle Organismen? Alle bislang verfügbaren Informationen aus der Untersuchung von Viren, Bakterien, Pflanzen und höheren Tieren (einschließlich des Menschen) belegen, dass es sich (mit geringfügigen Abweichungen) um einen universellen Code handelt. Dass er für alle Organismen identisch ist, bedeutet zudem, dass er seit vielen Millionen Jahren der Evolution unverändert ist.

Beispiel 20.5 Während der Transkription wird der Abschnitt einer mRNA mit der folgenden Basensequenz synthetisiert:

5'-AUG-GUA-CCA-CAU-UUG-UGA-3'

(a) Aus welcher DNA-Nukleotidsequenz wurde dieser mRNA-Abschnitt erstellt?
(b) Geben Sie die Primärstruktur des Polypeptids an, die dieser mRNA-Abschnitt codiert.

Vorgehensweise
Im Zuge der Transkription wird ein DNA-Templatstrang beginnend am 3'-Ende in eine mRNA umgeschrieben. Der DNA-Strang ist komplementär zu dem neu synthetisierten mRNA-Strang.

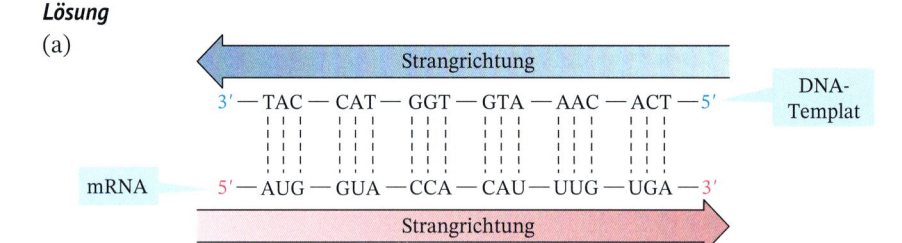

Lösung
(a)

```
                    Strangrichtung
                 ←──────────────────
DNA-Templat   3'— TAC — CAT — GGT — GTA — AAC — ACT —5'
                  |||   |||   |||   |||   |||   |||
mRNA          5'— AUG — GUA — CCA — CAU — UUG — UGA —3'
                  ──────────────────→
                    Strangrichtung
```

Beachten Sie, dass das Triplett UGA ein Stopcodon ist, das die Peptidsynthese beendet. Die in diesem Beispiel angegebene mRNA-Sequenz codiert daher nur ein Pentapeptid.
(b) Die Aminosäuresequenz ist unterhalb der mRNA-Sequenz angegeben.

5'-AUG-GUA-CCA-CAU-UUG-UGA-3'
Met—Val—Pro—His—Leu—Stop

Siehe Aufgabe 20.22.

20.5 Wie kann man DNA sequenzieren?

Noch 1975 dachte man, dass die Bestimmung der Primärstruktur einer Nukleinsäure wesentlich schwieriger sei als die Bestimmung der Primärstruktur eines Proteins. Man argumentierte, dass Nukleinsäuren aus nur vier verschiedenen Einheiten aufgebaut sind, während Peptide 20 verschiedene Einheiten enthalten. Mit nur vier Einheiten gebe es weniger spezifische Stellen im Strang, an denen eine selektive Spaltung durchgeführt werden könne, charakteristische Sequenzen seien schwerer zu erkennen und die Wahrscheinlichkeit, dass Teilsequenzen nicht in der richtigen Reihenfolge zusammengesetzt würden, sei größer. Zwei Durchbrüche änderten die Situation. Zunächst konnte eine neue Methode der Elektrophorese, die **Polyacrylamid-Gelelektrophorese**, entwickelt werden, die so gute Trenneigenschaften aufweist, dass es möglich ist, Nukleinsäurefragmente voneinander zu trennen, die sich nur in einem einzigen Nukleotid unterscheiden. Der zweite Durchbruch war die Entdeckung einer Enzymklasse, die man als **Restriktionsendonukleasen** bezeichnet und die meist aus Bakterien isoliert werden.

20.5.1 Restriktionsendonukleasen

Eine Restriktionsendonuklease erkennt eine spezifische, aus vier bis acht Nukleotiden bestehende Sequenz einer Nukleinsäure und spaltet einen DNA-Strang durch Hydrolyse der verbindenden Phosphodiesterbindungen an jeder Stelle, an der diese Nukleotidsequenz auftritt. Molekularbiologisch konnten bislang mehr als 3000 Restriktionsendonukleasen isoliert und bezüglich ihrer Spezifität charakterisiert werden; jede spaltet DNA an einer anderen Stelle und führt zu einem anderen Satz an Restriktionsfragmenten. *E. coli* enthält beispielsweise die Restriktionsendonuklease EcoRI (sprich: Eco-R-Eins), die die Hexanukleotidsequenz GAATTC erkennt und zwischen G und A spaltet:

Hier wird gespalten.

$$5'\text{---G-A-A-T-T-C----}3' \xrightarrow{\text{EcoRI}} 5'\text{---G} + 5'\text{-A-A-T-T-C-----}3'$$

Beachten Sie, dass die Wirkungsweise einer Restriktionsendonuklease der von Trypsin (Abschn. 18.5.2) entspricht, das die Hydrolyse der Amidbindungen katalysiert, die aus den Carboxygruppen von Lysin und Arginin gebildet wurden, und ebenso der Wirkungsweise von Chymotrypsin, das die Hydrolyse der aus den Carboxygruppen von Phe, Tyr und Trp gebildeten Amidbindungen katalysiert.

Beispiel 20.6 Im Folgenden ist ein Ausschnitt des genetischen Codes für das bovine Rhodopsin zusammen mit einer Tabelle mit verschiedenen Restriktionsendonukleasen und ihren Hydrolysepositionen abgebildet:

5'-GTCTACAACCCGGTCATCTACTATCATGATCAACAAGCAGTTCCGGAACT-3'

Enzym	Erkennungssequenz	Enzym	Erkennungssequenz
Alu I	AG↓CT	H*pa* II	C↓CGG
B*al* I	TGG↓CCA	M*bo* I	↓GATC
F*nu*D II	CG↓CG	N*ot* I	GC↓GGCCGC
H*ea* III	GG↓CC	S*ac* I	GAGCT↓C

Durch welche Endonukleasen wird die Spaltung des angegebenen DNA-Abschnitts katalysiert?

Vorgehensweise
Prüfen Sie für jede Erkennungssequenz, ob diese in 5'-3'-Richtung in der DNA-Sequenz enthalten sind.

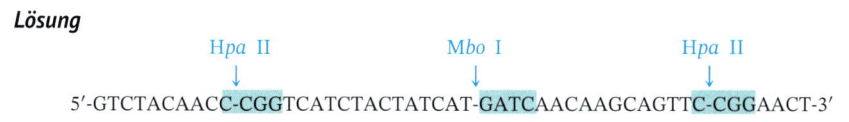

Lösung

     H*pa* II   M*bo* I   H*pa* II
     ↓   ↓   ↓
5'-GTCTACAACC-CGGTCATCTACTATCAT-GATCAACAAGCAGTTC-CGGAACT-3'

Siehe Aufgabe 20.23.

20.5.2 Methoden für die Sequenzierung von Nukleinsäuren

Die Sequenzierung der DNA beginnt mit der positionsspezifischen Spaltung der doppelsträngigen DNA durch eine oder mehrere Endonukleasen in kleinere Fragmente, die man als **Restriktionsfragmente** bezeichnet. Jedes Restriktionsfragment wird dann getrennt sequenziert, überlappende Basensequenzen werden identifiziert und die so erhaltenen Daten werden kombiniert, um die Gesamtsequenz der Basen abzuleiten.

Es gibt zwei Methoden zur Sequenzierung von Restriktionsfragmenten. Die von Allan Maxam und Walter Gilbert entwickelte **Maxam-Gilbert-Methode** beruht auf einer basenspezifischen chemischen Spaltung. Die zweite Methode wurde von Frederick Sanger entwickelt und ist als **Kettenabbruch-** oder **Didesoxymethode** bekannt. In ihr wird die durch die DNA-Polymerase katalysierte DNA-Synthese unterbrochen. Sanger und Gilbert teilten sich 1980 den Nobelpreis für Chemie „für ihre Beiträge, die Bestimmung von Basensequenzen in Nukleinsäuren betreffend". Sangers Didesoxymethode wird derzeit häufiger angewendet; wir wollen unsere Diskussion daher auf dieses Verfahren beschränken.

20.5.3 DNA-Replikation *in vitro*

Um das Prinzip der Didesoxymethode nachvollziehen zu können, müssen wir zunächst einige biochemische Aspekte der DNA-Replikation verstehen. Zunächst einmal findet die DNA-Replikation im Zuge der Zellteilung statt. Während der Replikation wird die Nukleotidsequenz eines Strangs in einen komplementären Strang kopiert, der damit den zweiten Strang der doppelsträngigen DNA bildet. Die Synthese des komplementären Strangs wird durch das Enzym DNA-Polymerase katalysiert. In der folgenden Reaktionsgleichung ist dargestellt, wie die DNA-Kette durch Anknüpfung einer neuen Einheit an die 3′-OH-Gruppe der Kette wächst:

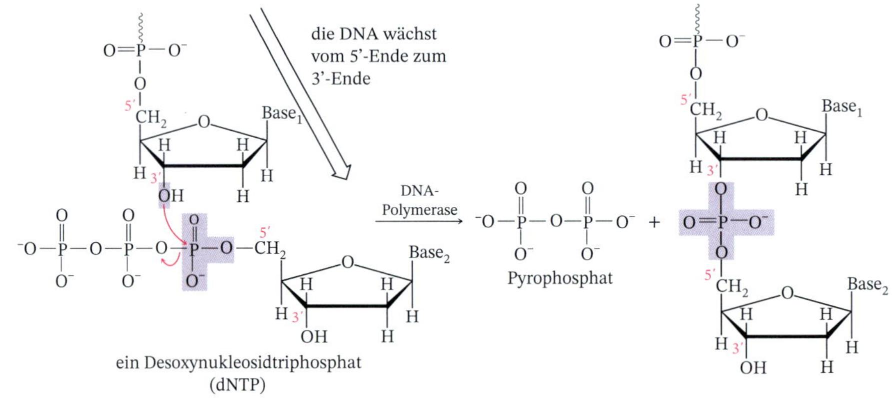

Die DNA-Polymerase führt diese Synthese auch *in vitro* mit einsträngiger DNA als Templat aus, sofern sowohl die vier Desoxynukleosidtriphosphat-Monomere (dNTP) als auch ein Primer vorliegen. Ein **Primer** ist ein Oligonukleotid, das in der Lage ist, durch Basenpaarung mit einem komplementären Abschnitt einer einsträngigen DNA (ssDNA) einen kurzen Abschnitt doppelsträngiger DNA (dsDNA) zu bilden. Weil ein neuer DNA-Strang vom 5′-Ende zum 3′-Ende wächst, muss ein Primer eine freie 3′-OH-Gruppe aufweisen, an die das erste Nukleotid der wachsenden Kette angeknüpft werden kann (Abb. 20.13).

```
                    einzelsträngige DNA
         5'                                      — OH  3'
              T  C  A  A  C  G  A  T  C  T  G  A
 dATP, dTTP, dCTP, dGTP              G  A  C  T
 ←――――――――――――――  3' HO―          Primer         ―5'
 Richtung der durch DNA-
 Polymerase katalysierten Synthese
```

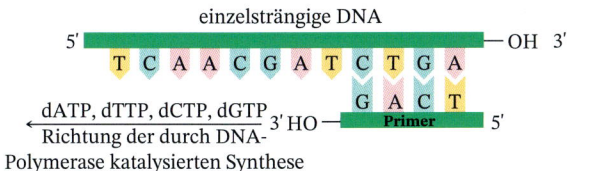

Abb. 20.13 DNA-Polymerase katalysiert unter Verwendung eines einzelsträngigen DNA-Templats die *in-vitro*-Synthese des komplementären DNA-Strangs, sofern sowohl die vier Desoxynukleosidtriphosphat-Monomere (dNTP) als auch ein Primer vorliegen. Der Primer stellt durch Basenpaarung mit einem komplementären Abschnitt einer einsträngigen DNA einen kurzen Abschnitt doppelsträngiger DNA bereit.

20.5.4 Die Kettenabbruch- oder Didesoxymethode

Der Schlüssel zur Kettenabbruchmethode liegt nun darin, ein 2′,3′-Didesoxynukleosidtriphosphat (ddNTP) zum Reaktionsmedium zuzusetzen:

[Strukturformel eines 2′,3′-Didesoxynukleosidtriphosphats]

ein 2',3'-Didesoxynukleosidtriphosphat
(ddNTP)

Weil ein ddNTP keine OH-Gruppe an der 3′-Position besitzt, kann es nicht als Akzeptor für das nächste Nukleotid dienen, das in der wachsenden Polynukleotidkette angeknüpft werden soll. Die Kettensynthese wird also an jedem Punkt abgebrochen, an dem ein ddNTP eingebaut wurde. Aus diesem Grund wird die Methode auch als *Kettenabbruchmethode* bezeichnet.

Bei der Kettenabbruchmethode wird eine einsträngige DNA mit unbekannter Sequenz mit dem Primer versetzt und in vier Teile aufgeteilt. Jeder der vier Reaktionsmischungen werden alle vier Desoxynukleosidtriphosphate (dNTP) zugesetzt, wobei jeweils eines an der 5′-Phosphorylgruppe mit Phosphor-32 (^{32}P) isotopenmarkiert wird, sodass die synthetisierten Fragmente durch Audioradiographie sichtbar gemacht werden können.

$$^{32}_{15}P \longrightarrow {}^{32}_{16}S + \text{Betastrahlung} + \text{Gammastrahlung}$$

Jeder der vier Reaktionsmischungen werden zudem DNA-Polymerase und eines der vier ddNTP zugesetzt. Das Verhältnis zwischen dNTP und dem entsprechenden ddNTP wird in jeder Reaktionsmischung so eingestellt, dass das ddNTP nur gelegentlich eingebaut wird. In jeder Reaktionsmischung findet nun die DNA-Synthese statt, wobei aber bei einem gewissen Anteil der Moleküle die Synthese an jeder möglichen Position abgebrochen wird (Abb. 20.14).

Mit den Produkten aus jeder Reaktionsmischung wird eine Gelelektrophorese durchgeführt und ein Röntgenfilm wird über dem Gel platziert, auf dem die durch den radioaktiven Zerfall des ^{32}P freigesetzte Gammastrahlung eine Schwärzung hervorruft und so ein Muster als Abbild der aufgetrennten Oligonukleotide erzeugt. Die zu dem ursprünglichen einsträngigen DNA-Templat komplementäre Basensequenz kann dann von dem entwickelten Film direkt von unten nach oben abgelesen werden.

Bei einer Variation dieses Verfahrens wird nur eine einzige Reaktionsmischung verwendet, aber dafür jedes der vier ddNTP mit einem anderen Fluoreszenzindikator markiert. Die Markierungen können dann anhand ihres charakteristischen Fluo-

einzelsträngige DNA

5′ — T C A A C G A T C T G A — OH 3′
                      G A C T
                3′ HO — Primer — 5′

dATP + ddATP	dATP	dATP	dATP
dGTP	dGTP + ddGTP	dGTP	dGTP
dCTP	dCTP	dCTP + ddCTP	dCTP
dTTP	dTTP	dTTP	dTTP + ddTTP

jeder Mischung wird DNA-Polymerase zugesetzt

ddAGACT   ddGCTAGACT   ddCTAGACT   ddTAGACT
ddAGTTGCTAGACT   ddGTTGCTAGACT   ddTGCTAGACT
                                            ddTTGCTAGACT

Polyacrylamid-Gelelektrophorese

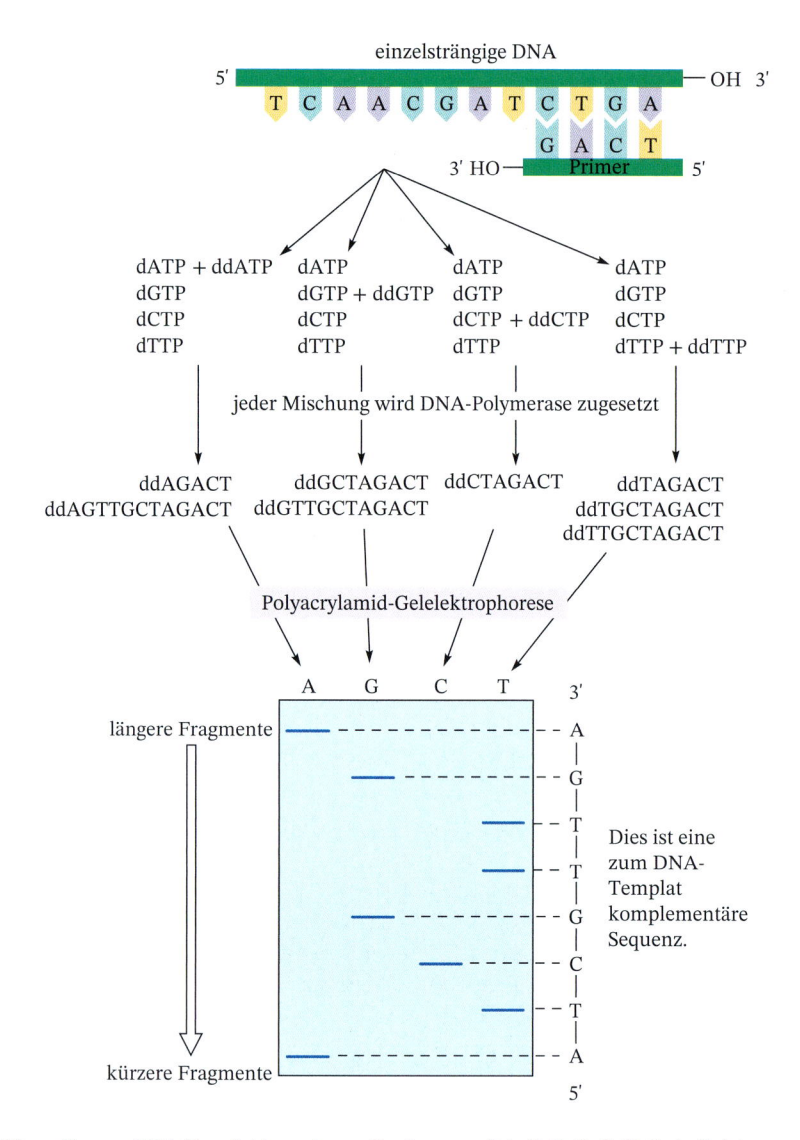

A G C T   3′
              – A
              – G
              – T
              – T   Dies ist eine
              – G   zum DNA-
              – C   Templat
              – T   komplementäre
              – A   Sequenz.
               5′

längere Fragmente ↑
kürzere Fragmente ↓

Wenn die zum DNA-Templat komplementäre Sequenz 5′ A–T–C–G–T–T–G–A–3′ ist, dann muss die Original-DNA die Sequenz 5′–T–C–A–A–C–G–A–T–3′ haben.

Abb. 20.14 Die Kettenabbruch- oder Didesoxymethode zur DNA-Sequenzierung. Das Primer-DNA-Templat wird in vier Reaktionsmischungen aufgeteilt und zu jeder werden die vier dNTP, DNA-Polymerase und eines der vier ddNTP gegeben. Die Synthese wird anteilig an jeder denkbaren Position abgebrochen. Die Oligonukleotidmischungen werden durch Polyacrylamid-Gelelektrophorese aufgetrennt und die zur Original-DNA komplementäre Basensequenz kann von unten nach oben (vom 5′- zum 3′-Ende) von dem Gel abgelesen werden.

reszenzspektrums identifiziert werden. Mithilfe von DNA-Sequenzierautomaten, die nach diesem Verfahren arbeiten, können bis zu 10 000 Basenpaare pro Tag sequenziert werden.

20.5.5 Die Sequenzierung des menschlichen Genoms

Im Frühjahr 2000 wurde von zwei konkurrierenden Gruppen der Abschluss der Sequenzierung des menschlichen Genoms bekanntgegeben: einerseits von dem sogenannten Humangenomprojekt, einem lockeren Verbund staatlich geförderter Gruppen, und andererseits von der privatwirtschaftlichen Celera Corporation. Tatsächlich

Exkurs: 20.B Der genetische Fingerabdruck

Jeder Mensch wird durch seinen genetischen Code charakterisiert, der aus etwa drei Milliarden Nukleotidpaaren besteht und der sich – von eineiigen Zwillingen abgesehen – vom genetischen Code aller anderen Menschen unterscheidet. Jede Person hat daher einen einzigartigen DNA-„Fingerabdruck". Um diesen DNA-Fingerabdruck zu bestimmen, muss eine DNA-Probe aus einer Blutspur, einer Hautschuppe oder aus einem anderen Gewebe mit einer Reihe von Restriktionsendonukleasen versetzt und das 5′-Ende jedes Restriktionsfragments mit Phosphor-32 markiert werden. Die resultierenden ^{32}P-markierten Restriktionsfragmente werden durch Polyacrylamid-Gelelektrophorese aufgetrennt und mithilfe einer photographischen Platte, die auf das entwickelte Gel gelegt wird, sichtbar gemacht.

In den DNA-Fingerabdrücken, die in der folgenden Abbildung gezeigt sind, sind die Spuren 1, 5 und 9 interne Standards oder Kontrollspuren. Sie zeigen die Muster des DNA-Fingerabdrucks von Standardviren, die mit einem Standardset an Restriktionsendonukleasen behandelt wurden. Die Spuren 2, 3 und 4 wurden im Zusammenhang mit einer Vaterschaftsklage untersucht. Der in Spur 4 sichtbare DNA-Fingerabdruck der Mutter enthält fünf Banden, die mit fünf der insgesamt acht Banden der DNA des Kindes in Spur 3 übereinstimmen. Der in Spur 2 gezeigte DNA-Fingerabdruck des mutmaßlichen Vaters enthält sechs Banden, von denen drei mit den Banden des Kindes übereinstimmen. Weil das Kind nur die Hälfte seiner Gene vom Vater erbt, kann man auch nur eine fünfzigprozentige Übereinstimmung zwischen den DNA-Fingerabdrücken erwarten. Im vorliegenden Fall wurde die Vaterschaft daher auf Basis der Übereinstimmung der Fingerabdrücke gerichtlich bestätigt.

Die Spuren 6, 7 und 8 zeigen DNA-Fingerabdrücke, die als Beweismittel in einem Vergewaltigungsfall untersucht wurden. Die Spuren 7 und 8 stammen aus Sperma, das an einem Vergewaltigungsopfer sichergestellt werden konnte. Spur 6 zeigt den DNA-Fingerabdruck des mutmaßlichen Vergewaltigers, der jedoch nicht mit den aus den Spermaspuren erhaltenen DNA-Fingerabdrücken übereinstimmt und daher in diesem Fall die Täterschaft des Verdächtigen ausschloss.

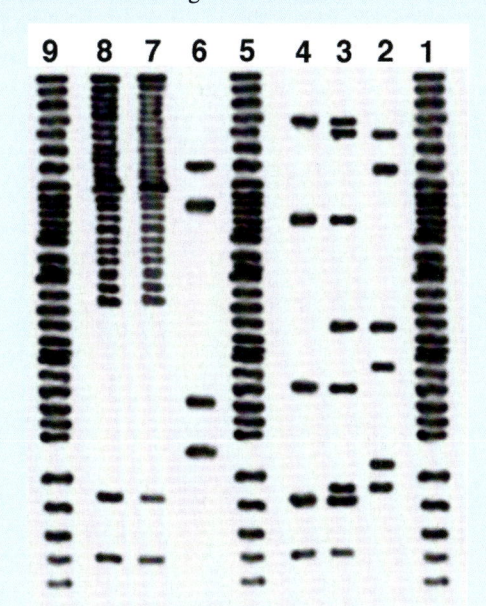

DNA-Fingerabdrücke. [Quelle: © Thomas Poon.]

Aufgabe
Erklären Sie, worauf die Trennung der Banden auf dem Gel mit den DNA-Fingerabdrücken beruht.

---

konnten zu diesem Zeitpunkt nicht die vollständigen Sequenzen präsentiert werden, sondern nur eine grobe Übersicht, die etwa 85 % des Gesamtgenoms enthielt. Die zur Sequenzierung des menschlichen Genoms verwendete Methode basierte auf einer Verfeinerung der in den letzten Abschnitten erläuterten Technik, die auf der massiv parallelisierten Trennung der Fragmente mithilfe von Kapillarelektrophorese beruhte. Bei dem von der Celera Corporation genutzten Ansatz wurden etwa 300 der schnellsten Sequenziermaschinen parallel eingesetzt, wobei jede mehrere DNA-Fragmente gleichzeitig bearbeitete. Zudem wurden Supercomputer genutzt, um den Vergleich und das Zusammensetzen der Millionen von überlappenden Sequenzen zu ermöglichen.

Das hierbei Geleistete markierte den Beginn einer neuen Ära in der Molekularmedizin, die es erlaubt, spezifische zu Erbkrankheiten führende Gendefekte auf molekularer Basis zu verstehen und neue Therapien zu entwickeln, durch die unerwünschte Gene abgeschaltet oder erwünschte Gene eingeschaltet werden können.

Zusammenfassung

20.1 Was sind Nukleoside und Nukleotide?

- **Nukleinsäuren** bestehen aus drei Typen von Monomerbausteinen: aus heterocyclischen aromatischen Nukleinbasen, die von Purinen und Pyrimidinen abgeleitet sind, aus den Monosacchariden D-Ribose oder 2-Desoxy-D-ribose und aus Phosphat-Ionen.
- Ein **Nukleosid** ist eine Verbindung, die D-Ribose oder 2-Desoxy-D-ribose enthält, die jeweils über eine β-N-glycosidische Bindung an eine heterocyclische aromatische Nukleinbase gebunden sind.
- Ein **Nukleotid** ist ein Nukleosid, in dem ein Äquivalent Phosphorsäure mit der OH-Gruppe des Monosaccharids verestert ist, meistens mit der 3'-OH- oder der 5'-OH-Gruppe.
- Nukleosidmono-, -di- und -triphosphate sind polybasische Säuren, die bei pH = 7.0 überwiegend dissoziiert vorliegen. Bei diesem pH-Wert liegt beispielsweise Adenosintriphosphat (ATP) als 50:50-Mischung von ATP^{3-} und ATP^{4-} vor.

20.2 Welche Struktur hat die DNA?

- Die **Primärstruktur der Desoxyribonukleinsäure (DNA)** beschreibt die Abfolge der Nukleotide entlang des Polymers aus 2-Desoxyriboseeinheiten, die über 3',5'-Phosphodiesterbindungen verknüpft sind.
- Jede Desoxyribose-Einheit ist über eine β-N-glycosidische Bindung mit einer heterocyclischen aromatischen Nukleinbase verknüpft.
- Die Basensequenz wird vom 5'-Ende des Polynukleotidstrangs zum 3'-Ende gelesen.
- Die Grundlage des **Watson-Crick-Modells** für die **Sekundärstruktur** der DNA ist die Hypothese, dass ein DNA-Molekül aus zwei antiparallelen Polynukleotidsträngen besteht, die sich rechtsgängig um eine gemeinsame Achse winden und eine **Doppelhelix** bilden.
- Die Purin- und Pyrimidinbasen ragen nach innen in Richtung der Helixachse und liegen immer als G–C- und A–T-Basenpaare vor.
- In der **B-DNA** sind die Basenpaare mit einem Abstand von 0.34 nm übereinandergestapelt und 10.4 Basenpaare bilden mit einer Ganghöhe von 3.5 nm eine vollständige Windung der Helix.
- In der **A-DNA** haben die Basenpaare einen Abstand von 0.23 nm und 11 Basenpaare bilden mit einer Ganghöhe von 2.5 nm eine vollständige Windung.
- In der **Z-DNA** ist die Helix linksgängig und die kleine und die große Furche sind etwa gleich breit. Die Basen haben einen Abstand von 0.38 nm voneinander und die Ganghöhe beträgt 4.56 nm. Pro Windung liegen 12 Basen vor.
- Die **Tertiärstruktur der DNA** wird üblicherweise als **Supercoiling** bezeichnet.
- **Ringförmige DNA** ist ein Typ doppelsträngiger DNA, in der die beiden Enden jedes Strangs durch eine Phosphodiestergruppe verbunden sind.
- Die Öffnung eines Strangs, die teilweise Entwindung und das Schließen des Strangs führt zur Spannung in der nicht-helikalen Lücke, die aber durch einen **superhelikalen Twist** gleichmäßig auf die ganze ringförmige DNA verteilt werden kann.
- Ein **Histon** ist ein Protein mit einem besonders hohen Gehalt an Lysin und Arginin, das aus diesem Grund viele positive Ladungen aufweist.
- Die Aggregation von DNA und Histonen führt zu einem Komplex, der als **Chromatin** bezeichnet wird.

20.3 Was sind Ribonukleinsäuren (RNA)?

- Es gibt drei wesentliche strukturelle Unterschiede zwischen **Ribonukleinsäure (RNA)** und DNA:
  1. Die Monosaccharideinheit der RNA ist die D-Ribose.
  2. Sowohl RNA als auch DNA enthalten die Purinbasen Adenin (A) und Guanin (G) und die Pyrimidinbase Cytosin (C). Als vierte Base enthält RNA Uracil (U), während DNA Thymin (T) enthält.
  3. RNA liegt als Einfachstrang und nicht als Doppelstrang vor.
- **Boten-RNA (mRNA)** wird bei der sogenannten Transkription gebildet; sie trägt die genetische Information von der im Kern gespeicherten DNA in das Cytoplasma, wo die Proteinsynthese stattfindet. mRNA besteht aus einer Nukleotidkette, deren Sequenz zu der der DNA komplementär ist.
- **Transfer-RNA (tRNA)** besteht aus relativ kurzen RNA-Ketten, die Aminosäuren zu den Stellen im Ribosom transportieren, an denen die Peptidsynthese stattfindet.
- **Ribosomale RNA (rRNA)** ist ein RNA-Typ, der zusammen mit komplexierenden Proteinen Ribosome bildet, die die Translation von der mRNA in Peptide katalysieren.

20.4 Was ist der genetische Code?

- Ein **Gen** ist ein Ausschnitt aus der DNA, der die für die Synthese eines einzelnen Proteins oder einer RNA erforderliche Basensequenz enthält.
- Der **genetische Code** besteht aus Nukleotid-Dreiergruppen, den sogenannten Codons; es handelt sich also um einen Triplettcode. 61 der Tripletts codieren Aminosäuren; die restlichen drei Codons beenden die Peptidsynthese.

20.5 Wie kann man DNA sequenzieren?

- Eine **Restriktionsendonuklease** erkennt eine spezifische, aus vier bis acht Nukleotiden bestehende Sequenz und spaltet einen DNA-Strang durch Hydrolyse der verbindenden Phosphodiesterbindungen an jeder Stelle, an der diese Nukleotidsequenz auftritt.
- In der von Frederick Sanger entwickelten **Kettenabbruch- oder Didesoxymethode** zur DNA-Sequenzierung wird eine einsträngige DNA unbekannter Sequenz mit dem Primer versetzt und in vier Proben aufgeteilt. Jeder Probe werden alle vier dNTP zugesetzt, von denen eines mit Phosphor-32 markiert ist. Es werden außerdem DNA-Polymerase und eines der vier ddNTP zugesetzt. Die Synthese wird an jeder denkbaren Position abgebrochen. Die Mischungen der so synthetisierten Oligonukleotide werden durch Polyacrylamid-Gelelektrophorese getrennt und durch Audioradiographie sichtbar gemacht. Die zum ursprünglichen einsträngigen DNA-Templat komplementäre Basensequenz kann dann von dem entwickelten Film direkt von unten nach oben (vom 5'- zum 3'-Ende) abgelesen werden.

Quiz

Sind die folgenden Aussagen richtig oder falsch? Hier können Sie testen, ob Sie die wichtigsten Fakten aus diesem Kapitel parat haben. Wenn Sie mit einer der Fragestellungen Probleme haben, sollten Sie den jeweiligen in Klammern angegebenen Abschnitt in diesem Kapitel noch einmal durcharbeiten, bevor Sie sich an die weiteren, meist etwas schwierigeren Aufgaben zu diesem Kapitel machen.

1. Endonukleasen werden verwendet, um DNA-Stränge für die Sequenzierung radioaktiv zu markieren (20.5).
2. Bei der Transkription entsteht ein RNA-Strang (20.4).
3. In G–C- und in A–T-Basenpaaren liegt jeweils die gleiche Anzahl von Wasserstoffbrückenbindungen vor (20.2).
4. Es gibt verschiedene RNA-Typen, die jeweils unterschiedliche Funktionen in der Zelle haben (20.3).

5. In der Didesoxymethode zur Sequenzierung von DNA werden Nukleosidtriphosphate verwendet, die an den 5'- und 3'-Positionen der Pentose desoxygeniert vorliegen (20.5).
6. Die Primärstruktur der DNA ist ihre vom 5'- zum 3'-Ende abgelesene Basenabfolge (20.2).
7. Ein Primer ist ein kurzer Abschnitt einer einzelsträngigen DNA, die in der DNA-Synthese benötigt wird (20.5).
8. Alle Nukleoside (A, T, G und C) kommen in der menschlichen DNA zu gleichen Anteilen vor (20.2).
9. Die vier heterocyclischen Nukleinbasen in der DNA sind Uracil, Cytosin, Guanin und Adenin (20.1).
10. A-DNA ist die in lebenden Systemen am häufigsten vorkommende Form der DNA (20.2).
11. Komplexe der DNA mit Histonen werden hauptsächlich durch Wasserstoffbindungen stabilisiert (20.2).
12. Die basischen Sauerstoffatome in Monophosphaten, Diphosphaten und Triphosphaten liegen beim pH-Wert biologischer Systeme protoniert vor (20.2).
13. Boten-RNA (mRNA) transportiert die für die Proteinsynthese notwendigen Aminosäuren (20.3).
14. Ein Codon bezeichnet die durch einen drei-Buchstaben-Abschnitt der DNA produzierte Aminosäure (20.4).
15. In der menschlichen DNA liegen Purin- und Pyrimidinbasen zu gleichen Teilen vor (20.2).
16. Ein Nukleosid ist eine Verbindung, in der eine Pentose über eine β-N-glycosidische Bindung an ein heterocyclisches aromatisches Amin geknüpft ist und in der ein Äquivalent einer Phosphorsäure mit einer freien Hydroxygruppe der Pentose verestert ist (20.1).
17. Die Doppelhelix ist ein Beispiel für die Tertiärstruktur der DNA (20.2).
18. Das Kohlenhydrat in der DNA ist an der 3'-Position desoxygeniert (20.2).

Ausführliche Erklärungen zu vielen dieser Antworten finden sich im Arbeitsbuch.

Antworten: (1) F (2) R (3) F (4) R (5) F (6) R (7) R (8) F (9) F (10) F (11) F (12) F (13) F (14) F (15) R (16) F (17) F (18) F

Aufgaben

Nukleoside und Nukleotide

20.1 Zeichnen Sie eine Strukturformel von 2'-Desoxythymidin-3'-phosphat. (Siehe Beispielaufgabe 20.1)

20.2 Zeichnen Sie eine Strukturformel eines DNA-Abschnitts mit der Sequenz CTG, das nur am 3'-Ende phosphoryliert ist. (Siehe Beispielaufgabe 20.2)

20.3 Geben Sie die Namen und Strukturformeln der fünf Nukleinbasen an, die sich in Nukleosiden finden.

20.4 Geben Sie die Namen und Strukturformeln der beiden Monosaccharide an, die in Nukleosiden enthalten sein können.

20.5 Was ist der Unterschied zwischen einem Nukleosid und einem Nukleotid?

20.6 Im Folgenden sind die Strukturformeln von Cytosin und Thymin angegeben:

Cytosin (C)   Thymin (T)

Zeichen Sie für Cytosin zwei und für Thymin drei zusätzliche Tautomere.

20.7 Nukleoside sind in Wasser und verdünnter Base stabil. In verdünnter Säure wird dagegen die glycosidische Bindung des Nukleosids hydrolysiert und es entstehen eine Pentose und eine heteroaromatische Nukleinbase. Schlagen Sie einen Mechanismus für diese säurekatalysierte Hydrolyse vor.

20.8 Zeichen Sie Strukturformeln der folgenden Nukleotide und schätzen Sie jeweils ihre Nettoladung bei pH = 7.4 ab, dem pH-Wert des Blutplasmas. (Siehe Beispielaufgabe 20.2)
(a) 2'-Desoxyadenosin-5'-triphosphat (dATP)
(b) Guanosin-3'-monophosphat (GMP)
(c) 2'-Desoxyguanosin-5'-diphosphat (dGDP)

Die Struktur der DNA

20.9 Wie lautet die zur Basensequenz 5'-CCGTACGA-3' komplementäre DNA-Sequenz? (Siehe Beispielaufgabe 20.3)

20.10 Warum werden Desoxyribonukleinsäuren als Säuren bezeichnet? Was sind die sauren Gruppen in dieser Verbindung?

20.11 Geben Sie die Postulate des Watson-Crick-Modells für die Sekundärstruktur der DNA an.

20.12 Geben Sie den Aufbau, die Abkürzungen und Strukturformeln der verschiedenen in der DNA vorkommenden Nukleotide an.

20.13 Was bedeutet der Begriff *komplementäre Base*?

20.14 Welche Rolle spielen hydrophobe Wechselwirkungen bei der Stabilisierung von doppelsträngiger DNA?

20.15 Welches Basenpaar ist stabiler, wenn Sie nur die gebildeten Wasserstoffbrücken betrachten – A–T oder G–C?

Ribonukleinsäuren

20.16 Im Folgenden ist ein Abschnitt der Nukleotidsequenz aus der tRNA von Phenylalanin angegeben (siehe Beispielaufgabe 20.4):

3′-ACCACCUGCUCAGGCCUU-5′

Welche Basensequenz liegt in der DNA vor, die zu dieser Sequenz komplementär ist?

20.17 Was sind die Unterschiede zwischen mRNA, tRNA und rRNA?

20.18 Geben Sie den Aufbau, die Abkürzungen und Strukturformeln der in der RNA üblicherweise vorkommenden Nukleotide an.

20.19 Vergleichen Sie die Anzahl der Wasserstoffbrücken im A–T-Basenpaar der DNA mit der im A–U-Basenpaar in der RNA.

20.20 Vergleichen Sie DNA und RNA bezüglich
(a) der Monosaccharidbausteine,
(b) der vorliegenden Purin- und Pyrimidinbasen,
(c) der Primärstruktur,
(d) der Frage, wo in der Zelle sie vorkommen, und
(e) der Funktion in der Zelle.

20.21 Welcher RNA-Typ hat die kürzeste Lebensdauer in der Zelle?

Der genetische Code und die Sequenzierung der DNA

20.22 Der folgende DNA-Abschnitt codiert das Peptidhormon Oxytocin (siehe Beispielaufgabe 20.5):

3′-ACG-ATA-TAA-GTT-TTA-ACG-GGA-GAA-CCA-ACT-5′

(a) Welche Basensequenz hat die mRNA, die aus diesem DNA-Abschnitt erstellt wird?
(b) Ermitteln Sie aus der in Teilaufgabe (a) ermittelten Basensequenz die Primärstruktur des Oxytocins.

20.23 Im Folgenden ist ein (anderer) Ausschnitt des bovinen Rhodopsin-Gens abgebildet. (Siehe Beispielaufgabe 20.6)

5′-ACGTCGGGTCGTCGTCCTCTCGCGGTGGTGAGTCTT-
-CCGGCTCTTCT-3′

Durch welche der in Beispielaufgabe 20.6 angegebenen Endonukleasen wird die Spaltung des angegebenen DNA-Abschnitts katalysiert?

20.24 Was ist der genetische Code?

20.25 Warum werden mindestens drei Nukleotide für eine Wiederholeinheit im genetischen Code benötigt?

20.26 Beschreiben Sie kurz die Biosynthese von Proteinen ausgehend von der DNA.

20.27 Woher weiß die proteinsynthetisierende Maschinerie der Zelle, wann die Gensequenz fertig abgelesen ist?

20.28 Was bedeutet es, wenn man davon spricht, dass der genetische Code degeneriert ist?

20.29 Vergleichen Sie die Strukturformeln der aromatischen Aminosäuren Phenylalanin und Tyrosin. Vergleichen Sie auch die Codons für diese beiden Aminosäuren.

20.30 Vergleichen Sie die Aminosäuren, die durch Codons codiert werden, in denen als zweite Base eine Purinbase (A oder G) vorliegt. Haben diese Aminosäuren überwiegend hydrophile oder hydrophobe Seitenketten?

20.31 In HbS, dem menschlichen Hämoglobin, das in Personen mit Sichelzellenanämie gefunden wird, ist die Glutaminsäure an Position 6 der β-Kette durch Valin ersetzt.
(a) Geben Sie die beiden Codons an, die Glutaminsäure codieren, sowie die vier, die Valin codieren.
(b) Zeigen Sie, dass eines der Glutaminsäurecodons durch eine einzige substituierende Mutation in ein Valincodon überführt werden kann, also durch die Änderung eines einzigen Buchstabens in diesem Codon.

Weitere Aufgaben

20.32 Das 1959 erstmalig synthetisierte cyclische Adenosinmonophosphat (AMP) ist als Regulator metabolischer und physiologischer Aktivitäten an zahlreichen biologischen Prozessen beteiligt. In dieser Verbindung ist eine Phosphatgruppe sowohl mit der 3′- als auch mit der 5′-Hydroxygruppe des Adenosins verestert. Zeichnen Sie eine Strukturformel von cAMP.

20.33 Die folgenden Verbindungen wurden als potentiell antivirale Wirkstoffe identifiziert:

(a) Cordycepin (3′-Desoxyadenosin)

(b)

2,5,6-Trichlor-1-(D-ribofuranosyl)benzimidazol

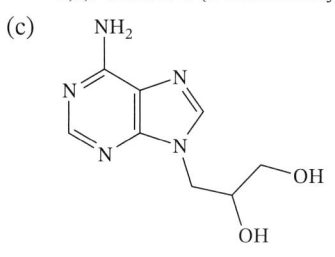

(c)

9-(2,3-Dihydroxypropyl)adenin

Schlagen Sie einen Mechanismus vor, wie diese Verbindungen die RNA- oder DNA-Synthese unterdrücken könnten.

20.34 Welche Typen kovalenter Bindungen verknüpfen die Monomere in den folgenden Biopolymeren?

(a) in Polysacchariden
(b) in Polypeptiden
(c) in Nukleinsäuren

20.35 Die Enden der Chromosomen, die sogenannten Telomere, bilden einzigartige und ungewöhnliche Strukturen. So liegen in ihnen zum Beispiel Basenpaare aus Guanosineinheiten vor. Zeigen Sie, wie zwei Guaninbasen über Wasserstoffbrücken ein Paar bilden können.

Guanin

20.36 Bei der Synthese von Zidovudin (AZT) wird die folgende Reaktion genutzt (DMF ist das Lösungsmittel N,N-Dimethylformamid):

Um welchen Reaktionstyp handelt es sich?

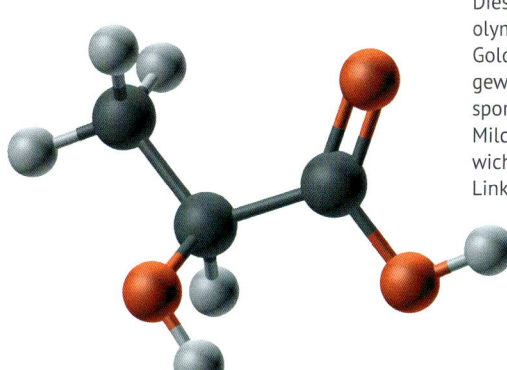

Diese US-Läuferinnen konnten bei den olympischen Spielen des Jahres 1996 die Goldmedaille im Staffellauf über 4 × 400 m gewinnen. Intensive und langanhaltende sportliche Aktivität kann zur Bildung von Milchsäure in den Muskeln führen, die ein wichtiges Zwischenprodukt im Stoffwechsel ist. Links: Ein Molekülmodell von (S)-Milchsäure.

[Quelle: © MCT via Getty Images]

21
Die organische Chemie der Stoffwechselprozesse

Inhalt

21.1 Was sind die Schlüsselintermediate in der Glykolyse, der β-Oxidation von Fettsäuren und im Zitronensäurezyklus?

21.2 Was ist die Glykolyse?

21.3 Welche Reaktionen laufen in der Glykolyse ab?

21.4 Welche Folgereaktionen kann Pyruvat eingehen?

21.5 Welche Reaktionen laufen bei der β-Oxidation von Fettsäuren ab?

21.6 Welche Reaktionen laufen im Zitronensäurezyklus ab?

Wir haben uns in den bisherigen Kapiteln mit den Strukturen und den typischen Reaktionen der wichtigsten funktionellen Gruppen beschäftigt. Wir haben uns zudem die Strukturen und Reaktionen der Kohlenhydrate, der Aminosäuren und Proteine, der Nukleinsäuren und der Lipide angesehen. Diese Kenntnisse wollen wir nun anwenden und uns mit der organischen Chemie der Stoffwechselprozesse befassen. Hierzu werden wir uns in diesem Kapitel drei metabolische Pfade näher ansehen: die Glykolyse, die β-Oxidation von Fettsäuren und den Zitronensäurezyklus. Über den ersten dieser Pfade wird Glucose zu Pyruvat und schließlich zu Acetyl-Coenzym A abgebaut. Der zweite ist der Pfad, über den die Kohlenwasserstoffketten der Fettsäuren abgebaut werden, indem immer zwei C-Atome gleichzeitig als Acetyl-Coenzym A abgespalten werden. Über den dritten Pfad werden die Kohlenstoffgerüste der Kohlenhydrate, der Fettsäuren und der Proteine zu Kohlendioxid oxidiert.

Falls Sie in Ihrem Studium auch Biochemievorlesungen hören, dann werden Sie diese metabolischen Pfade sicherlich sehr viel genauer betrachten und dabei auch Details über ihre Rolle in der Energiegewinnung und -speicherung sowie ihre Regulation erfahren. Sie werden auch über Krankheiten reden, die auftreten, wenn es in diesen Prozessen zu Fehlern kommt. Wir haben in diesem Kapitel keine Möglichkeit, all diese Details zu besprechen, und wollen uns auf die Feststellung beschränken, dass diese Pfade die biochemischen Äquivalente der Reaktionen von funktionellen Gruppen sind, die wir in den bisherigen Kapiteln ausführlich besprochen haben. So werden wir in den metabolischen Pfaden Beispiele für die Keto-Enol-Tautomerie finden, für die Oxidation von Aldehyden zu Carbonsäuren, die Oxidation von sekundären Alkoholen zu Ketonen, die Aldol- und die Retro-Aldolreaktion, die Retro-Claisen-Kondensation und die Bildung sowie Hydrolyse von Estern, Iminen, Thioestern und Anhydriden. Die in den bisherigen Kapiteln besprochenen Mechanismen erlauben uns, auch die Mechanismen nachzuvollziehen, nach denen Enzyme diese Reaktionen katalysieren, und vermitteln uns ein vertieftes Verständnis der in biologischen Systemen ablaufenden organischen Reaktionen.

Einführung in die Organische Chemie, Erste Auflage. William H. Brown und Thomas Poon.
© 2021 WILEY-VCH GmbH. Published 2021 by WILEY-VCH GmbH.

21.1 Was sind die Schlüsselintermediate in der Glykolyse, der β-Oxidation von Fettsäuren und im Zitronensäurezyklus?

Um die Reaktionen der verschiedenen funktionellen Gruppen verstehen zu können, die an der β-Oxidation von Fettsäuren, dem Zitronensäurezyklus und der Glykolyse beteiligt sind, ist es zunächst erforderlich, dass wir uns einige der wesentlichen an diesen und vielen anderen Stoffwechselwegen beteiligten Verbindungen genauer ansehen. Drei dieser Verbindungen (ATP, ADP und AMP) sind für die Energiespeicherung und die Übertragung von Phosphaten von Bedeutung. Vier weitere (NAD^+/NADH und FAD/$FADH_2$) sind **Coenzyme**, die an Oxidationen bzw. Reduktionen von metabolischen Intermediaten beteiligt sind. Coenzyme sind niedermolekulare, nicht-peptidische Verbindungen (oder Ionen), die reversibel an ein Enzym binden und als zweites Substrat für dieses Enzym wirken; sie werden in anderen Reaktionen regeneriert. Die letzte hier zu besprechende Verbindung ist das Coenzym A, ein Reagenz, das Acetylgruppen speichert und überträgt.

21.1.1 ATP, ADP und AMP: Reagenzien zur Speicherung und Übertragung von Phosphatgruppen

Im Folgenden ist die Strukturformel von Adenosintriphosphat (Abschn. 20.1) angegeben, einer Verbindung, die an der Speicherung und Übertragung von Phosphatgruppen beteiligt ist.

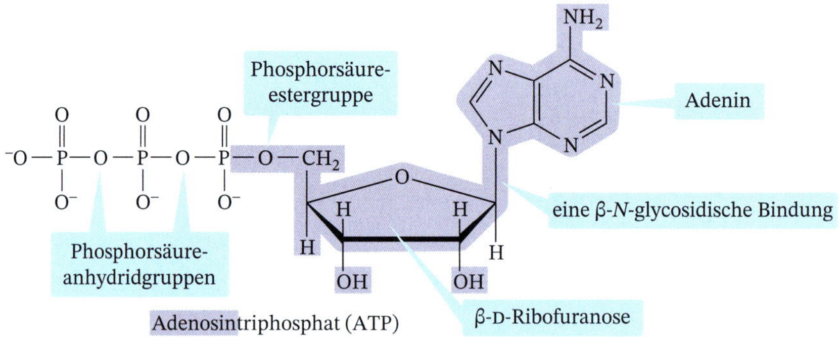

Adenosin besteht aus einer über eine β-N-glycosidische Bindung an D-Ribofuranose gebundenen Adenineinheit. Es ist eine zentrale Komponente von ATP sowie fünf anderen Schlüsselintermediaten. An die terminale CH_2OH-Gruppe der Ribose sind drei Phosphatgruppen gebunden: eine über eine Phosphorsäureester-Bindung, die anderen beiden über Phosphorsäureanhydrid-Bindungen. Durch Hydrolyse der endständigen Phosphatgruppe in ATP entsteht Adenosindiphosphat (ADP). In den folgenden Strukturformeln ist Adenosin mit einer einzelnen gebundenen Phosphatgruppe (Adenosinmonophosphat) als AMP abgekürzt:

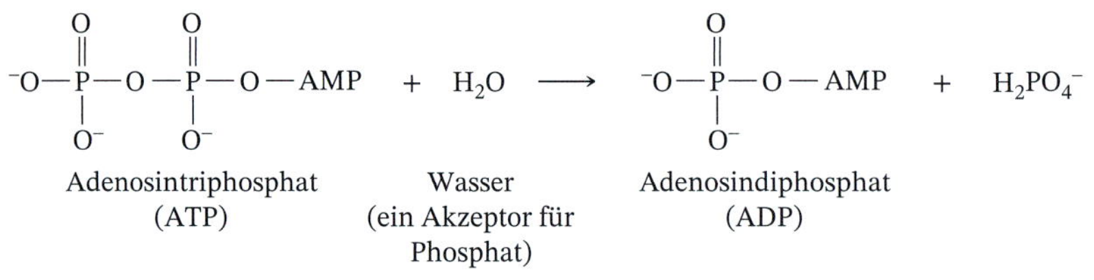

Bei der abgebildeten Reaktion handelt es sich um die Hydrolyse eines Phosphorsäureanhydrids; der Phosphatakzeptor ist hier das Wasser. In den ersten beiden Reaktionen der Glykolyse sind die OH-Gruppen von Glucose bzw. von Fructose die Akzeptoren für die Phosphatgruppen, wobei Phosphorsäureester dieser Monosaccharide entstehen. In zwei weiteren Reaktionen der Glykolyse ist ADP der Phosphatakzeptor, der dabei in ATP überführt wird.

21.1.2 NAD$^+$/NADH: Hydridübertragungsreagenzien in biologischen Redoxreaktionen

Nicotinamid-Adenin-Dinukleotid (NAD$^+$) ist eines der wesentlichen Reagenzien für die Hydridübertragung in metabolischen Oxidationen und Reduktionen. NAD$^+$ besteht aus einer ADP-Einheit, die über eine Phosphorsäureester-Bindung an die terminale CH$_2$OH-Gruppe von β-D-Ribofuranose gebunden ist. Diese ist ihrerseits über eine β-N-glycosidische Bindung mit dem Pyridinring von Nicotinamid verbunden:

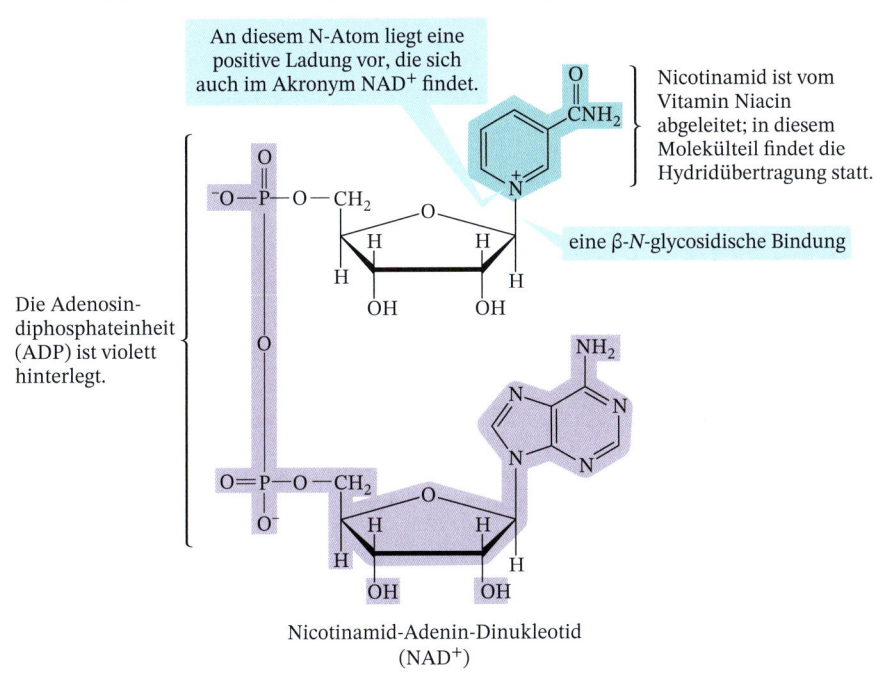

Wenn NAD$^+$ als Oxidationsmittel reagiert, nimmt es ein Hydrid-Ion (H$^-$) auf und wird selbst zu NADH reduziert. Dieses ist ein Reduktionsmittel und wird bei der Reduktion unter Abgabe eines Hydrid-Ions zu NAD$^+$ oxidiert. In den folgenden vereinfachten Strukturformeln steht die Abkürzung Ad für Adenindinukleotid.

NAD$^+$ (oxidierte Form) ⇌ NADH (reduzierte Form)

NAD$^+$ ist an zahlreichen enzymkatalysierten Redoxreaktionen beteiligt. Im Folgenden sind die drei Oxidationsreaktionen aufgeführt, die wir in diesem Kapitel behandeln wollen:

- Oxidation eines sekundären Alkohols zu einem Keton:

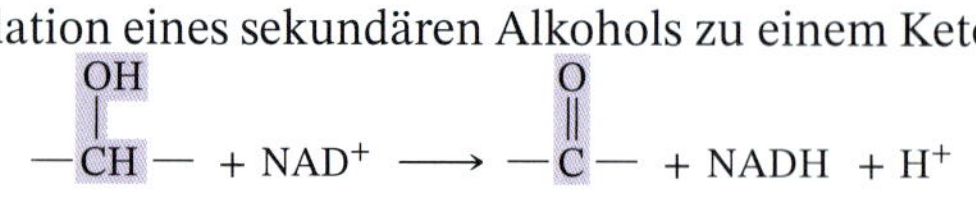

$$\text{—CH(OH)—} + \text{NAD}^+ \longrightarrow \text{—C(=O)—} + \text{NADH} + \text{H}^+$$

  ein sekundärer Alkohol → ein Keton

- Oxidation eines Aldehyds zu einer Carbonsäure:

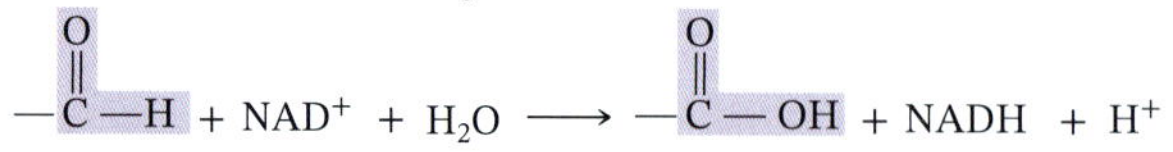

$$\text{—C(=O)H} + \text{NAD}^+ + \text{H}_2\text{O} \longrightarrow \text{—C(=O)OH} + \text{NADH} + \text{H}^+$$

  ein Aldehyd → eine Carbonsäure

- Oxidation einer α-Ketosäure zu einer Carbonsäure und Kohlendioxid:

$$\text{—C(=O)—COOH} + \text{NAD}^+ + \text{H}_2\text{O} \longrightarrow \text{—C(=O)—OH} + \text{CO}_2 + \text{NADH} + \text{H}^+$$

  eine α-Ketosäure → eine Carbonsäure

Bei der Oxidation jeder der genannten funktionellen Gruppen findet entsprechend dem im Folgenden beschriebenen Mechanismus ein Hydridtransfer auf das NAD$^+$ statt.

Mechanismus: Die Oxidation eines Alkohols durch NAD$^+$

Reaktionen in biologischen Systemen werden oft durch Enzyme katalysiert. Sie laufen dadurch deutlich effizienter ab und können auch auf Wegen verlaufen, die in einer typischen, nicht enzymkatalysierten Reaktion nicht zugänglich wären. Wir werden deswegen in diesem Kapitel nicht die sonst verwendeten Reaktionsmuster für die mechanistischen Abläufe angeben. Vielmehr wollen wir uns auf den Elektronenfluss konzentrieren, über den die entsprechenden chemischen Transformationen stattfinden.

1. Schritt: Eine basische Gruppe (B$^-$) auf der Oberfläche des Enzyms entfernt ein Proton (H$^+$) aus der OH-Gruppe.
2. Schritt: Die Elektronen der O–H-σ-Bindung werden zu den π-Elektronen der neuen C=O-Bindung.
3. Schritt: Ein Hydrid-Ion wird unter Bildung einer neuen C–H-Bindung von dem Kohlenstoffatom auf NAD$^+$ übertragen.
4. Schritt: Die Elektronen des Rings werden in Richtung des positiv geladenen Stickstoffatoms verschoben.

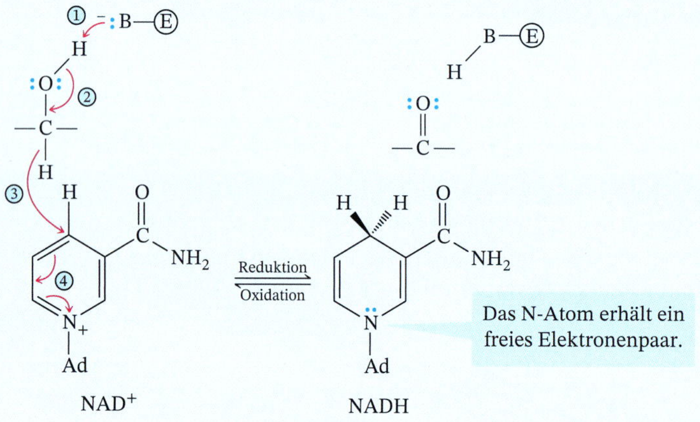

Das N-Atom erhält ein freies Elektronenpaar.

Das Hydrid-Ion (H$^-$), das von dem sekundären Alkohol auf NAD$^+$ übertragen wird, enthält zwei Elektronen; NAD$^+$ und NADH reagieren daher ausschließlich in Redoxreaktionen, in denen zwei Elektronen gleichzeitig übertragen werden.

21.1.3 FAD/FADH$_2$: Elektronentransfer-Reagenzien in biologischen Redoxreaktionen

Auch **Flavin-Adenin-Dinukleotid (FAD)** ist ein zentrales Reagenz zur Übertragung von Elektronen in metabolischen Oxidationen und Reduktionen. In FAD ist Flavin an das aus fünf C-Atomen bestehende Monosaccharid Ribit gebunden, das wiederum mit der terminalen Phosphatgruppe von ADP verknüpft ist:

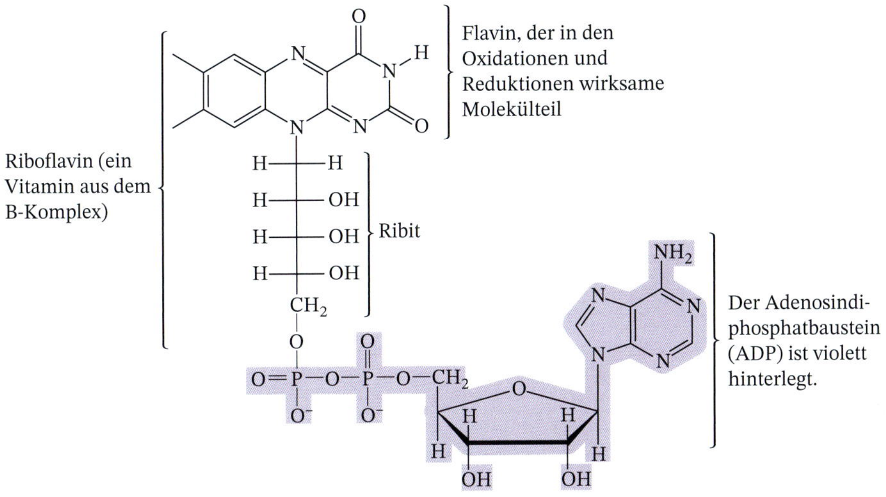

21.1 Was sind die Schlüsselintermediate in der Glykolyse, der β-Oxidation von Fettsäuren und im Zitronensäurezyklus?

Riboflavin (ein Vitamin aus dem B-Komplex)

Flavin, der in den Oxidationen und Reduktionen wirksame Molekülteil

Ribit

Der Adenosindiphosphatbaustein (ADP) ist violett hinterlegt.

Flavin-Adenin-Dinukleotid (FAD)

FAD ist an zahlreichen Arten von enzymkatalysierten Oxidationen und Reduktionen beteiligt. In diesem Kapitel interessiert uns seine Rolle bei der Oxidation von Kohlenstoff-Kohlenstoff-Einfachbindungen in den Kohlenwasserstoffketten von Fettsäuren zu Kohlenstoff-Kohlenstoff-Doppelbindungen. Im Verlauf dieser Reaktion wird FAD zu FADH$_2$ reduziert:

$$-CH_2-CH_2- \; + \; FAD \; \longrightarrow \; -CH=CH- \; + \; FADH_2$$

ein Ausschnitt aus der Kohlenwasserstoffkette einer Fettsäure

Auch bei der Oxidation von $-CH_2-CH_2-$ zu $-CH=CH-$ mithilfe von FAD werden Hydrid-Ionen von der Kohlenwasserstoffkette der Fettsäure auf FAD übertragen.

Mechanismus: Die Oxidation von $-CH_2-CH_2-$ in einer Fettsäure zu $-CH=CH-$ durch FAD

Die einzelnen Elektronenflusspfeile sind in diesem Mechanismus von 1 bis 6 durchnummeriert, damit der Reaktionsablauf leichter nachvollzogen werden kann.

1. **Schritt:** Eine basische Gruppe (B$^-$) auf der Oberfläche des Enzyms übernimmt ein Proton von einem Kohlenstoffatom in Nachbarschaft zu einer Carboxygruppe.
2. **Schritt:** Die Elektronen der C–H-σ-Bindung werden zu den π-Elektronen der neuen C=C-Doppelbindung.
3. **Schritt:** Ein Hydrid-Ion wird von dem C-Atom in β-Stellung zur Carboxygruppe auf ein Stickstoffatom des Flavins übertragen.
4. **Schritt:** Die π-Elektronen im Flavin werden verschoben.
5. **Schritt:** Die Elektronen der C=N-Bindung übernehmen ein Proton aus dem Enzym.
6. **Schritt:** Auf der Oberfläche des Enzyms bildet sich eine neue basische Gruppe.

Man beachte, dass eines der beiden Wasserstoffatome, die unter Bildung von FADH$_2$ an das FAD gebunden werden, aus der Kohlenwasserstoffkette stammt (die dabei oxidiert wird), wohingegen das andere von der Oberfläche des Enzyms stammt, das die Oxidation katalysiert. Man beachte zudem, dass eine Gruppe im Enzym als Protonenakzeptor und eine andere als Protonendonator wirkt.

21.1.4 Coenzym A: Ein Acylgruppenüberträger

Coenzym A besteht aus vier Untereinheiten: In der folgenden Strukturformel ist links eine von 2-Mercaptoethanamin abgeleitete C_2-Einheit gezeigt. Dieser Molekülteil ist über eine Amidbindung an die Carboxygruppe von 3-Aminopropansäure (β-Alanin) gebunden. Die Aminogruppe des β-Alanins ist über eine weitere Amidbindung mit der Carboxygruppe der Pantoinsäure verknüpft. (Das Amid aus Pantoinsäure und β-Alanin bildet die Pantothensäure, das Vitamin B_5.) Die primäre OH-Gruppe der Pantoinsäure ist über eine Phosphorsäureester-Bindung an die terminale Phosphatgruppe von ADP gebunden.

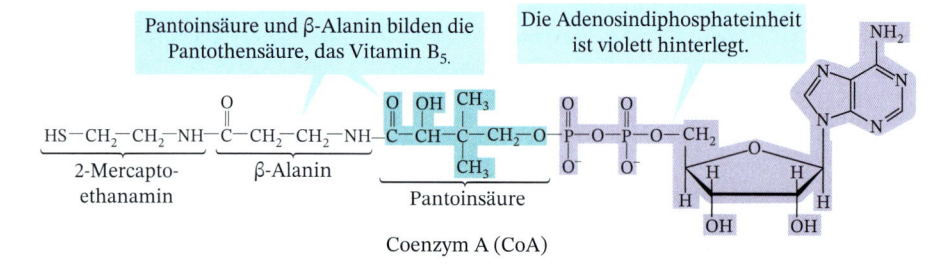

Das entscheidende Strukturmerkmal von Coenzym A ist die endständige Sulfanyl- oder Mercaptogruppe (−SH). Beim Abbau von Nährstoffen zur Energiegewinnung werden die Kohlenstoffgerüste von Glucose, Fructose und Galactose, aber auch die von Fettsäuren, Glycerin und einigen Aminosäuren zu Acetat abgebaut, das dabei in Form eines Thioesters entsteht. Dieser Thioester wird als Acetyl-Coenzym A oder kurz als Acetyl-CoA bezeichnet.

In Abschn. 21.6 werden wir besprechen, wie der C_2-Baustein Acetyl-CoA im Zitronensäurezyklus zu Kohlendioxid und Wasser oxidiert wird.

21.2 Was ist die Glykolyse?

In nahezu jeder lebenden Zelle läuft die Glykolyse ab. Lebewesen entwickelten sich zunächst in einer sauerstofffreien Umgebung und die Glykolyse war ein früher und wichtiger metabolischer Pfad, um Energie aus Nährstoffen zu gewinnen, denn sie läuft ohne Beteiligung von molekularem Sauerstoff (O_2) ab. Die Glykolyse spielte in den ersten Milliarde Jahren eine zentrale Rolle in anaeroben metabolischen Prozessen der Evolution auf der Erde. Die Organismen unseres Zeitalters verwenden sie noch immer zur Synthese von Verbindungen, die in aeroben Stoffwechselprozessen wie dem Zitronensäurezyklus verwendet werden, sowie um kurzfristig Energie bereitzustellen, wenn die Sauerstoffversorgung nicht ausreichend ist.

Die **Glykolyse** (griech.: *glykys*, süß; *lysis*, Spaltung) ist eine Folge von zehn enzymkatalysierten Reaktionen, in deren Verlauf Glucose oxidativ in zwei Äquivalente Pyruvat gespalten wird. Das Oxidationsmittel in dieser Sequenz ist NAD^+. Bei diesem Prozess entstehen zudem pro Äquivalent Glucose zwei Äquivalente ATP, das zu Pyruvat oxidiert wird. Im Folgenden ist die Gesamtgleichung der Glykolyse angegeben:

$$C_6H_{12}O_6 + 2\,NAD^+ + 2\,HPO_4^{2-} + 2\,ADP \xrightarrow[\text{10 enzymkatalysierte Schritte}]{\text{Glykolyse}} 2\,CH_3\overset{\overset{O}{\|}}{C}COO^- + 2\,H^+ + 2\,NADH + 2\,ATP$$

Glucose   Pyruvat

Beispiel 21.1 Zeigen Sie, dass es sich bei der Überführung der Glucose in zwei Äquivalente Pyruvat um eine Oxidation handelt. (*Hinweis:* Dass es sich um eine Oxidation handelt, kann man am einfachsten erkennen, wenn man als Produkt Brenztraubensäure annimmt. Man behalte aber im Kopf, dass diese Reaktion bei einem pH-Wert abläuft, bei der Brenztraubensäure deprotoniert als Pyruvat vorliegt.)

Vorgehensweise
Stellen Sie zunächst eine stöchiometrisch ausgeglichene Reaktionsgleichung für die Oxidation von Glucose zu Pyruvat auf und stellen Sie fest, ob die Ausgangsverbindung Sauerstoffatome hinzugewinnt oder Wasserstoffatome verliert (eine Oxidation ist der Zugewinn von Sauerstoff und/oder der Verlust von Wasserstoff).

Lösung
Die Summenformel von Glucose lautet $C_6H_{12}O_6$ und zwei Äquivalente Brenztraubensäure entsprechen $2 \times C_3H_4O_3 = C_6H_8O_6$. Die Anzahl an Sauerstoffatomen bleibt in dieser Umsetzung gleich, es gehen aber vier Wasserstoffatome verloren. Die Umwandlung von Glucose in Pyruvat ist demzufolge eine Oxidation.

Siehe Aufgabe 21.1. ◢

21.3 Welche Reaktionen laufen in der Glykolyse ab?

Es ist zwar leicht, die Gesamtgleichung der Glykolyse zu formulieren, es erforderte aber mehrere Dekaden geduldiger und harter Arbeit von zahlreichen Wissenschaftlern, um die einzelnen Reaktionen zu identifizieren, die beim Abbau von Glucose zu Pyruvat ablaufen. Die Glykolyse wird auch als Embden-Meyerhof-Parnas-Weg (EMP-Weg) bezeichnet, um die deutschen Biochemiker Gustav Embden, Otto Meyerhof und den polnisch-russischen Biochemiker Jakub Karol Parnas zu ehren, die maßgeblich zur Aufklärung der Glykolyse beigetragen haben. Abbildung 21.1 zeigt die zehn Reaktionen der Glykolyse.

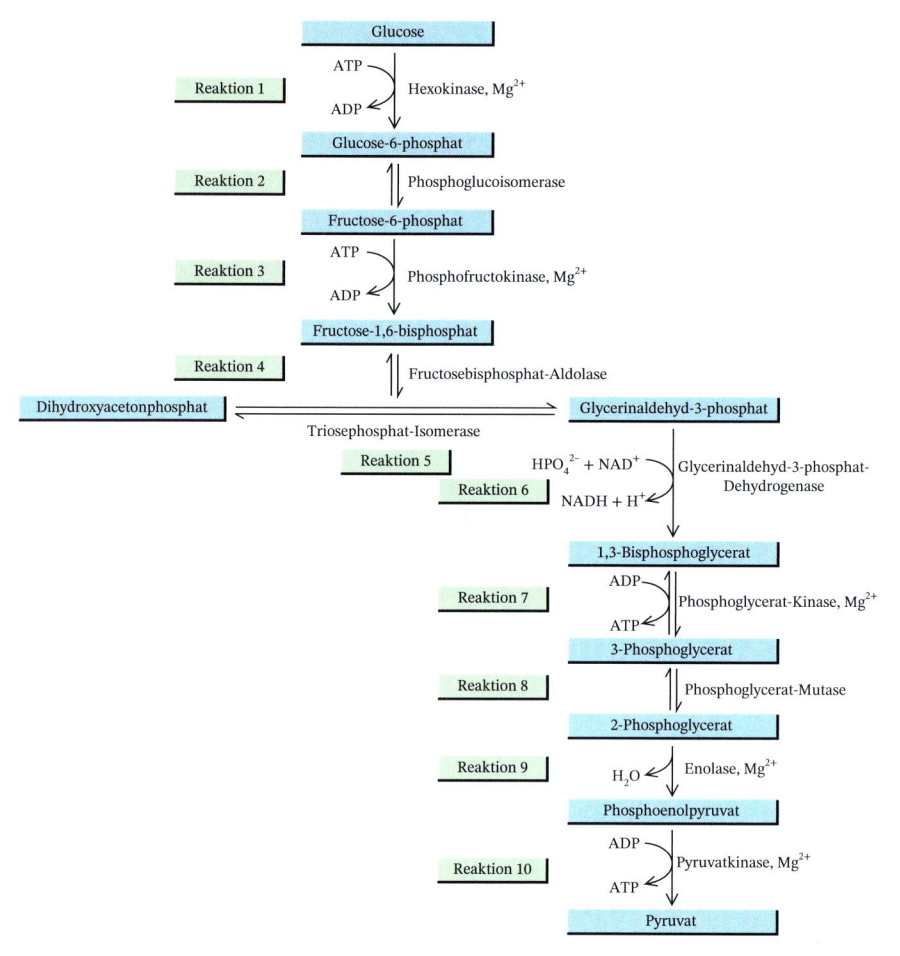

21 Die organische Chemie der Stoffwechselprozesse

Abb. 21.1 Die zehn Reaktionen der Glykolyse.

Reaktion 1: Phosphorylierung von α-D-Glucose

Durch Übertragung einer Phosphatgruppe von ATP auf Glucose entsteht α-D-Glucose-6-phosphat. Hierbei handelt es sich um ein Beispiel für die Reaktion eines Anhydrids mit einem Alkohol unter Bildung eines Esters (Abschn. 14.4.2); in diesem Fall reagiert ein Phosphorsäureanhydrid mit der primären Alkoholgruppe in der Glucose zu einem Phosphorsäureester. In Abschn. 14.6 haben wir gesehen, dass ein reaktiveres Carbonsäurederivat in ein weniger reaktives Carbonsäurederivat überführt werden kann. Das gleiche Prinzip gilt auch für Phosphorsäurederivate. In Reaktion 1 der Glykolyse wird das sehr reaktive Phosphorsäureanhydrid zum weniger reaktiven Phosphorsäureester umgesetzt:

Das diese Reaktion katalysierende Enzym Hexokinase benötigt Magnesium-Ionen (Mg^{2+}), um die beiden negativ geladenen Sauerstoffatome der terminalen Phosphatgruppe von ATP zu koordinieren und den Angriff der OH-Gruppe der Glucose am Phosphoratom der P=O-Gruppe zu erleichtern.

Durch die Phosphorylierung der Glucose wird sie zweifach negativ geladen und kann die Plasmamembran nicht mehr überwinden. So wird verhindert, dass Glucose in der Folge die Zelle verlässt.

Reaktion 2: Isomerisierung von Glucose-6-phosphat zu Fructose-6-phosphat

In dieser Reaktion wird die Aldohexose α-D-Glucose-6-phosphat in die Ketohexose α-D-Fructose-6-phosphat überführt:

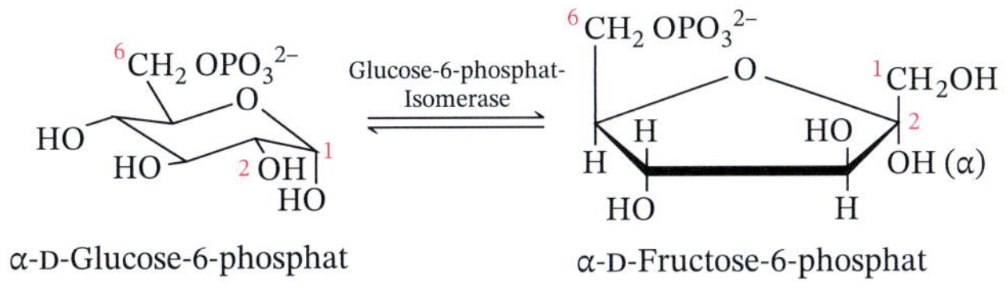

Was bei dieser Isomerisierung geschieht, kann man am leichtesten erkennen, wenn man die beiden Monosaccharide in den Fischer-Projektionen der offenkettigen Formen betrachtet:

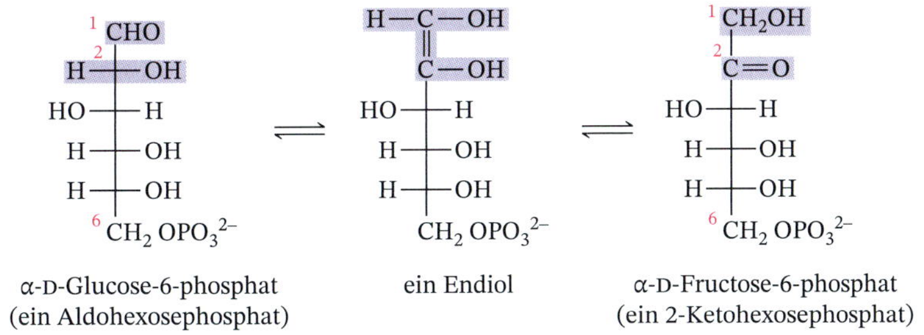

Eine erste Keto-Enol-Tautomerisierung führt zu einem Endiol, eine zweite bildet die Keton-Carbonylgruppe im Fructose-6-phosphat (siehe Abschn. 12.8.1 und Aufgabe 12.18). Die Überführung der Aldose in eine Ketose ist erforderlich, damit Reaktion 4 möglich wird.

Reaktion 3: Phosphorylierung von Fructose-6-phosphat

In der dritten Reaktion wird D-Fructose-6-phosphat durch ein zweites Äquivalent ATP in D-Fructose-1,6-bisphosphat überführt, deren geringe Stabilität ebenfalls die vierte Reaktion erleichtert.

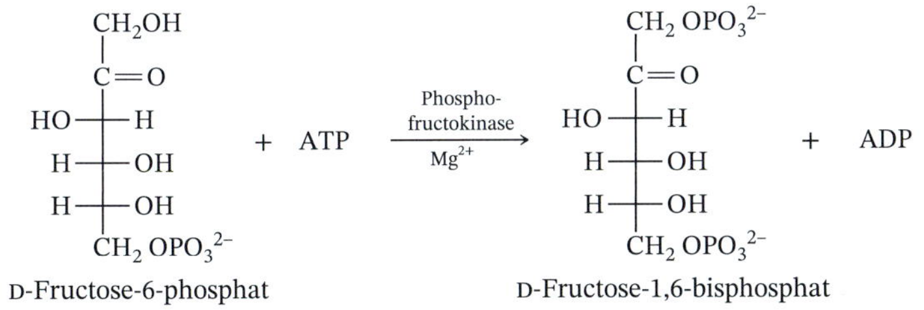

Reaktion 4: Spaltung von D-Fructose-1,6-bisphosphat in zwei Triosephosphate

D-Fructose-1,6-bisphosphat wird im vierten Schritt in der Umkehrung einer Aldolreaktion (also einer Retro-Aldolreaktion) in Dihydroxyacetonphosphat und D-Glycerinaldehyd-3-phosphat gespalten. Wir erinnern uns aus Abschn. 15.2, dass in einer Aldolreaktion das α-C-Atom einer Carbonylverbindung mit der Carbonylgruppe einer zweiten Verbindung reagiert und dabei ein β-Hydroxyaldehyd oder ein β-Hydroxyketon entsteht.

Die charakteristischen Strukturmerkmale des Produkts einer Aldolreaktion sind:

(a) eine Carbonylgruppe und
(b) eine β-Hydroxygruppe.

$$\begin{array}{c} CH_2\,OPO_3^{2-} \\ | \\ C=O \\ | \\ HO-C-H \\ | \\ H-C-OH \\ | \\ H-C-OH \\ | \\ CH_2\,OPO_3^{2-} \end{array} \xrightleftharpoons[]{\text{Aldolase}} \begin{array}{c} CH_2\,OPO_3^{2-} \\ | \\ C=O \\ | \\ CH_2OH \end{array} + \begin{array}{c} H-C=O \\ | \\ H-C-OH \\ | \\ CH_2\,OPO_3^{2-} \end{array}$$

D-Fructose-1,6-bisphosphat   Dihydroxyacetonphosphat   D-Glycerinaldehyd-3-phosphat

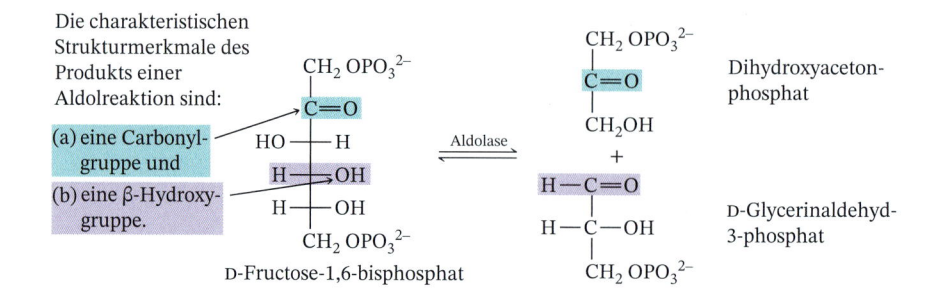

Reaktion 5: Isomerisierung von Dihydroxyacetonphosphat zu D-Glycerinaldehyd-3-phosphat

Diese Gleichgewichtseinstellung zwischen zwei Triosephosphaten erfolgt über die gleiche Abfolge von Keto-Enol-Tautomerisierungen (Abschn. 12.8.1), die schon bei der Isomerisierung von D-Glucose-6-phosphat zu D-Fructose-6-phosphat stattgefunden hat (Reaktion 2). Auch hier wird eine Endiol-Zwischenstufe durchlaufen. Man beachte, dass Glycerinaldehyd-3-phosphat eine chirale Verbindung ist, die in zwei enantiomeren Formen vorliegen kann. Das Enzym, das diese Reaktion katalysiert, weist eine hohe Stereospezifität auf; es wird nur das D-Enantiomer gebildet.

$$\begin{array}{c} CH_2OH \\ | \\ C=O \\ | \\ CH_2\,OPO_3^{2-} \end{array} \rightleftharpoons \begin{array}{c} CHOH \\ \| \\ C-OH \\ | \\ CH_2\,OPO_3^{2-} \end{array} \rightleftharpoons \begin{array}{c} CHO \\ | \\ H-C-OH \\ | \\ CH_2\,OPO_3^{2-} \end{array}$$

Dihydroxyacetonphosphat   eine Endiol-Zwischenstufe   D-Glycerinaldehyd-3-phosphat

Durch diese Isomerisierung ist gewährleistet, dass in den folgenden Schritten nur eine Verbindung weiter metabolisiert werden muss – D-Glycerinaldehyd-3-phosphat.

Reaktion 6: Oxidation der Aldehydfunktion in D-Glycerinaldehyd-3-phosphat

Um die Strukturformeln in der folgenden Reaktionsgleichung zu vereinfachen, wird D-Glycerinaldehyd-3-phosphat mit G–CHO abgekürzt. In dieser Reaktion finden zwei Veränderungen statt. Zum einen wird die Aldehyd- zur Carboxygruppe oxidiert und anschließend in ein gemischtes Anhydrid überführt; zum anderen wird gleichzeitig das Oxidationsmittel NAD^+ zu NADH reduziert:

$$G-\overset{O}{\underset{\|}{C}}-H + H_2O + NAD^+ \longrightarrow G-\overset{O}{\underset{\|}{C}}-OH + H^+ + NADH$$

Glycerinaldehyd-3-phosphat   3-Phosphoglycerinsäure

Diese Reaktion ist deutlich komplizierter als die Gesamtgleichung vermuten lässt. Der im Folgenden dargestellte Mechanismus besteht aus (1) der Bildung eines **Thiohalbacetals**, (2) einem Hydridtransfer unter Bildung eines Thioesters und (3) der Überführung des Thioesters in ein gemischtes Anhydrid. Ein **Thioester** ist ein Ester, in dem das Sauerstoffatom der OR-Gruppe durch ein Schwefelatom ersetzt ist.

Mechanismus: Die Oxidation von D-Glycerinaldehyd-3-phosphat zu 1,3-Bisphosphoglycerat

1. Schritt: Durch die Reaktion von D-Glycerinaldehyd-3-phosphat mit einer Sulfanylgruppe des Enzyms entsteht ein Thiohalbacetal, eine einem Halbacetal (Abschn. 12.6) analoge Verbindung, in der ein oder mehrere Sauerstoffatome durch Schwefel ersetzt sind:

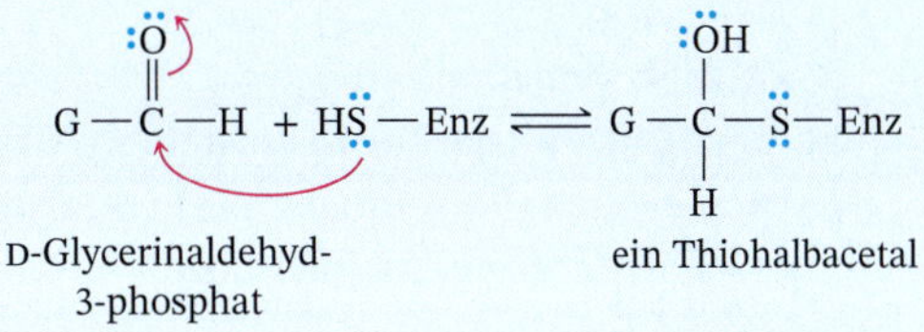

$$G-\overset{O}{\underset{H}{C}}-H + HS-Enz \rightleftharpoons G-\overset{OH}{\underset{H}{C}}-S-Enz$$

D-Glycerinaldehyd-3-phosphat   ein Thiohalbacetal

2. Schritt: Durch Übertragung eines Hydrid-Ions von dem Thiohalbacetal auf NAD$^+$ wird das Substrat oxidiert:

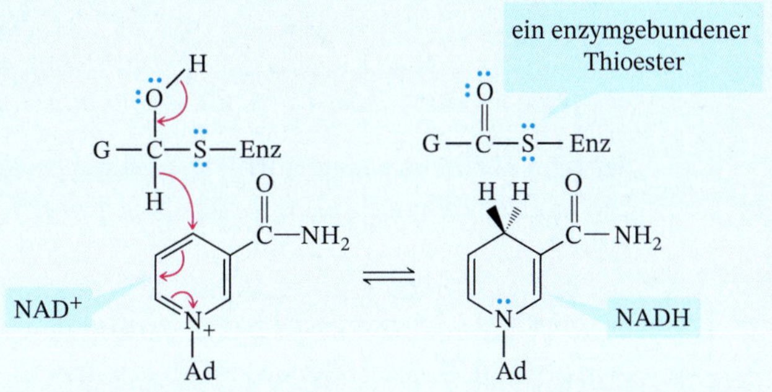

ein enzymgebundener Thioester

3. Schritt: Die Addition eines Phosphat-Ions an den Thioester führt in einer nukleophilen Acylsubstitution zunächst zu einer tetraedrischen Zwischenstufe, die anschließend unter Rückbildung des Enzyms und Freisetzung des gemischten Anhydrids aus Phosphorsäure und 3-Phosphoglycerinsäure zerfällt:

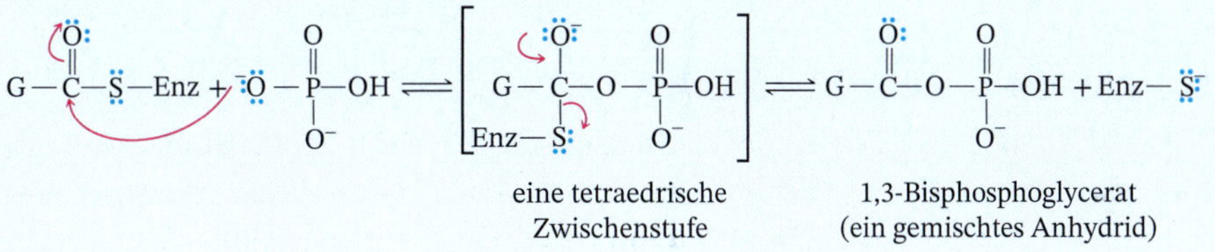

eine tetraedrische Zwischenstufe   1,3-Bisphosphoglycerat (ein gemischtes Anhydrid)

Die energiereiche Anhydridbindung ist erforderlich, damit im nächsten Schritt ein Äquivalent ATP gebildet werden kann.

Reaktion 7: Übertragung einer Phosphatgruppe von 1,3-Bisphosphoglycerat auf ADP

Bei der in dieser Reaktion stattfindenden Übertragung der Phosphatgruppe wird ein Anhydrid in ein anderes überführt; aus dem 1,3-Bisphosphoglycerat (einem gemischten Anhydrid) entsteht ATP (ein Phosphorsäureanhydrid):

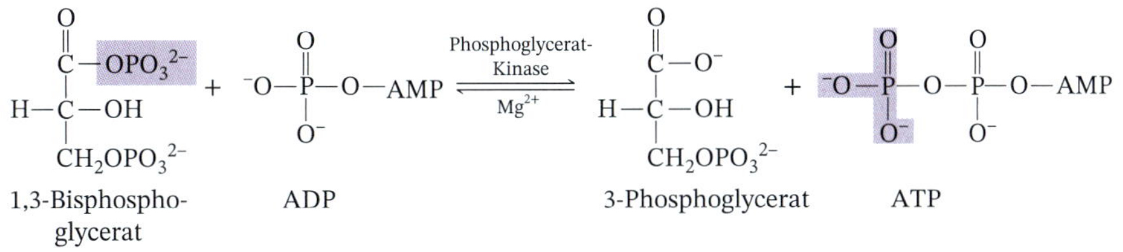

1,3-Bisphosphoglycerat   ADP   3-Phosphoglycerat   ATP

Reaktion 8: Isomerisierung von 3-Phosphoglycerat zu 2-Phosphoglycerat

Nun wird eine Phosphatgruppe von der primären OH-Gruppe am Atom C-3 auf die sekundäre OH-Gruppe an Atom C-2 übertragen:

$$\begin{array}{c} \text{COO}^- \\ | \\ \text{H}-\text{C}-\text{OH} \\ | \\ \text{CH}_2\text{OPO}_3^{2-} \end{array} \xrightleftharpoons[]{\text{Phosphoglycerat-Mutase}} \begin{array}{c} \text{COO}^- \\ | \\ \text{H}-\text{C}-\text{OPO}_3^{2-} \\ | \\ \text{CH}_2\text{OH} \end{array}$$

3-Phosphoglycerat 2-Phosphoglycerat

Reaktion 9: Dehydratisierung von 2-Phosphoglycerat

Bei der Dehydratisierung der primären Alkoholfunktion (Abschn. 8.2.5) in 2-Phosphoglycerat entsteht Phosphoenolpyruvat, also der Ester zwischen Phosphorsäure und der Enol-Form der Brenztraubensäure:

$$\begin{array}{c} \text{COO}^- \\ | \\ \text{H}-\text{C}-\text{OPO}_3^{2-} \\ | \\ \text{CH}_2\text{OH} \end{array} \xrightarrow[\text{Mg}^{2+}]{\text{Enolase}} \begin{array}{c} \text{COO}^- \\ | \\ \text{C}-\text{OPO}_3^{2-} \\ || \\ \text{CH}_2 \end{array} + \text{H}_2\text{O}$$

2-Phosphoglycerat Phosphoenolpyruvat

Reaktion 10: Übertragung einer Phosphatgruppe von Phosphoenolpyruvat auf ADP

Die zehnte und letzte Reaktion besteht aus zwei Teilreaktionen: der Übertragung einer Phosphatgruppe auf ADP unter Bildung von ATP und der Überführung der Enol-Form des Pyruvats in die Keto-Form durch Keto-Enol-Tautomerie (Abschn. 12.8.1). Üblicherweise werden Reaktanten und Nebenprodukte in biochemischen Reaktion durch gebogene Pfeile ober- oder unterhalb des eigentlichen Reaktionspfeils in die Reaktion eingeführt bzw. daraus abgeführt. In dieser Reaktion nutzen wir diese Schreibweise, um zu verdeutlichen, dass hier ADP in ATP überführt wird:

$$\begin{array}{c} \text{COO}^- \\ | \\ \text{C}-\text{OPO}_3^{2-} \\ || \\ \text{CH}_2 \end{array} \xrightarrow[\text{ADP} \quad \text{ATP}]{\text{Pyruvatkinase} \; \text{Mg}^{2+}} \begin{array}{c} \text{COO}^- \\ | \\ \text{C}-\text{OH} \\ || \\ \text{CH}_2 \end{array} \rightleftharpoons \begin{array}{c} \text{COO}^- \\ | \\ \text{C}=\text{O} \\ | \\ \text{CH}_3 \end{array}$$

Phosphoenolpyruvat das Enol des Pyruvats Pyruvat

Die beschriebenen zehn Reaktionen summieren sich zu einer Gesamtgleichung für die Glykolyse:

$$\text{C}_6\text{H}_{12}\text{O}_6 + 2\,\text{NAD}^+ + 2\,\text{HPO}_4^{2-} + 2\,\text{ADP} \xrightarrow[\text{10 enzym-katalysierte Schritte}]{\text{Glykolyse}} 2\,\text{CH}_3\overset{\overset{\text{O}}{||}}{\text{C}}\text{COO}^- + 2\,\text{H}^+ + 2\,\text{NADH} + 2\,\text{ATP}$$

Glucose Pyruvat

21.4 Welche Folgereaktionen kann Pyruvat eingehen?

Pyruvat reichert sich in der Zelle nicht an, sondern geht eine von drei enzymkatalysierten Folgereaktionen ein, je nachdem, welche Sauerstoffkonzentration in der Zelle vorliegt und in welcher Art von Zelle es produziert wurde. Um die biochemische Logik verstehen zu können, nach der sich entscheidet, welchen weiteren Weg das Pyruvat nimmt, ist es wesentlich, sich vor Augen zu halten, dass es in der Glykolyse durch Oxidation von Glucose entstanden ist. NAD^+ ist das Oxidationsmittel, welches dabei seinerseits zu NADH reduziert wurde. Damit die Glykolyse immer weiter ablaufen kann, ist folglich ein ständiger Nachschub an NAD^+ erforderlich. Unter anaeroben Bedingungen (wenn kein Sauerstoff für die Re-Oxidation von NADH zur Verfügung steht), nutzen zwei der im Folgenden diskutierten Stoffwechselwege Pyruvat, um NAD^+ zu regenerieren.

21.4.1 Reduktion zu Lactat: Milchsäuregärung

In Wirbeltieren ist der wichtigste metabolische Pfad zur Regenerierung von NAD^+ unter anaeroben Bedingungen die durch das Enzym Lactatdehydrogenase katalysierte Reduktion von Pyruvat zu Lactat (dem Carboxylat der Milchsäure):

$$\underset{\text{Pyruvat}}{CH_3\overset{O}{\overset{\|}{C}}COO^-} + NADH + H_3O^+ \underset{}{\overset{\text{Lactat-dehydrogenase}}{\rightleftharpoons}} \underset{\text{Lactat}}{CH_3\overset{OH}{\underset{|}{C}}HCOO^-} + NAD^+ + H_2O$$

Auch wenn sich die Glykolyse durch die **Milchsäuregärung** auch in Abwesenheit von Sauerstoff fortsetzen kann, führt sie doch zu einer Akkumulation von Milchsäure und – möglicherweise noch wichtiger – zu einer Zunahme der Konzentration von Oxonium-Ionen (H_3O^+) im Muskelgewebe und im Blut und in der Folge zu einer Ermüdung der Muskeln. Wenn die Lactatkonzentration im Blut etwa 0.4 mg/100 mL erreicht, ist das Muskelgewebe nahezu völlig erschöpft.

Beispiel 21.2 Zeigen Sie, dass es bei der Glykolyse mit nachfolgender Reduktion des Pyruvats zu Lactat (Milchsäuregärung) zu einer Erhöhung der Protonenkonzentration im Blut kommt.

Vorgehensweise
Formulieren Sie zunächst eine stöchiometrisch korrekte Gesamtgleichung für den Abbau von Glucose zu Milchsäure und berücksichtigen Sie den Dissoziationsgrad von Milchsäure bei pH = 7.4, dem normalen pH-Wert des Blutplasmas.

Lösung
In der Milchsäuregärung entsteht Milchsäure, die bei pH = 7.4 vollständig dissoziiert vorliegt. Die Konzentration der Oxonium-Ionen nimmt demzufolge zu:

$$\underset{\text{Glucose}}{C_6H_{12}O_6} + 2\,H_2O \xrightarrow{\text{Milchsäure-gärung}} \underset{\text{Lactat}}{2\,CH_3\overset{OH}{\underset{|}{C}}HCOO^-} + 2\,H_3O^+$$

Siehe Aufgabe 21.2.

21.4.2 Reduktion zu Ethanol: Alkoholische Gärung

Hefe und viele andere Organismen können NAD^+ unter anaeroben Bedingungen über alternative Stoffwechselwege regenerieren. Im ersten Schritt dieses Pfades findet eine enzymkatalysierte Decarboxylierung des Pyruvats unter Bildung von Acetaldehyd statt:

$$\underset{\text{Pyruvat}}{CH_3\overset{O}{\overset{\|}{C}}COO^-} + H_3O^+ \xrightarrow{\text{Pyruvat-decarboxylase}} \underset{\text{Acetaldehyd}}{CH_3\overset{O}{\overset{\|}{C}}H} + CO_2 + H_2O$$

Das in dieser Reaktion gebildete Kohlendioxid ist verantwortlich für den Schaum auf dem Bier und die Kohlensäuresättigung in neuem Wein oder in Champagner. In einem zweiten Schritt wird Acetaldehyd durch NADH zu Ethanol reduziert:

$$\underset{\text{Acetaldehyd}}{CH_3\overset{O}{\overset{\|}{C}}H} + NADH + H_3O^+ \xrightarrow{\text{Alkohol-dehydrogenase}} \underset{\text{Ethanol}}{CH_3CH_2OH} + NAD^+ + H_2O$$

Fügt man diese beiden Teilreaktionen – die Decarboxylierung des Pyruvats und die Reduktion des dabei gebildeten Acetaldehyds – zu den Reaktionen der Glykolyse hinzu, so ergibt sich die Gesamtreaktion der **alkoholischen Gärung**. Aus einem Äquivalent Glucose entstehen je zwei Äquivalente Ethanol und Kohlendioxid:

$$C_6H_{12}O_6 + 2\ HPO_4^{2-} + 2\ ADP + 2\ H^+ \xrightarrow{\text{alkoholische Gärung}} 2\ CH_3CH_2OH + 2\ CO_2 + 2\ ATP$$

Glucose → Ethanol

21.4.3 Oxidation und Decarboxylierung zu Acetyl-CoA

Unter aeroben Bedingungen geht das Pyruvat ebenfalls eine oxidative Decarboxylierung ein, in der die Carboxylatgruppe unter Abspaltung von Kohlendioxid abgebaut wird und die beiden verbleibenden Kohlenstoffatome zu der Acetylgruppe in Acetyl-CoA werden:

$$CH_3\overset{O}{\overset{\|}{C}}COO^- + NAD^+ + CoASH \xrightarrow{\text{oxidative Decarboxylierung}} CH_3\overset{O}{\overset{\|}{C}}SCoA + CO_2 + NADH$$

Pyruvat → Acetyl-CoA

Die oxidative Decarboxylierung des Pyruvats ist wesentlich komplizierter als die vorangehende Gesamtgleichung nahelegt. Die Reaktion erfordert nicht nur NAD^+ und Coenzym A, sondern auch FAD, Thiaminpyrophosphat (ein Derivat von Thiamin, dem Vitamin B_1) und Liponsäure:

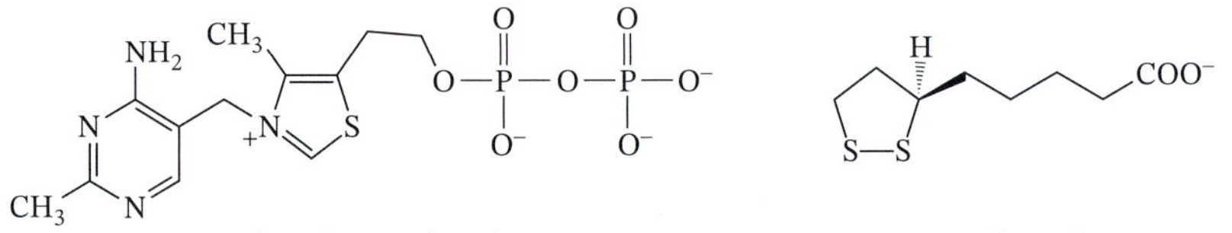

Thiaminpyrophosphat   Liponsäure (als Carboxylat)

Das dabei entstehende Acetyl-CoA ist der Treibstoff, durch den der Zitronensäurezyklus angetrieben wird, ein Stoffwechselweg, in dem die beiden C-Atome der Acetylgruppe unter gleichzeitiger Produktion von NADH und $FADH_2$ zu CO_2 abgebaut werden. Die reduzierten Coenzyme NADH und $FADH_2$ werden dann in der Atmungskette mit O_2 als Oxidationsmittel wieder zu NAD^+ und FAD oxidiert.

21.5 Welche Reaktionen laufen bei der β-Oxidation von Fettsäuren ab?

Damit Fettsäuren katabolisiert, also abgebaut werden können, müssen sie zunächst aus den Triglyceriden freigesetzt werden, die entweder im Fettgewebe gespeichert waren oder mit der Nahrung aufgenommen wurden. Die Hydrolyse von Triglyceriden wird durch eine Gruppe von Enzymen katalysiert, die als Lipasen bezeichnet werden:

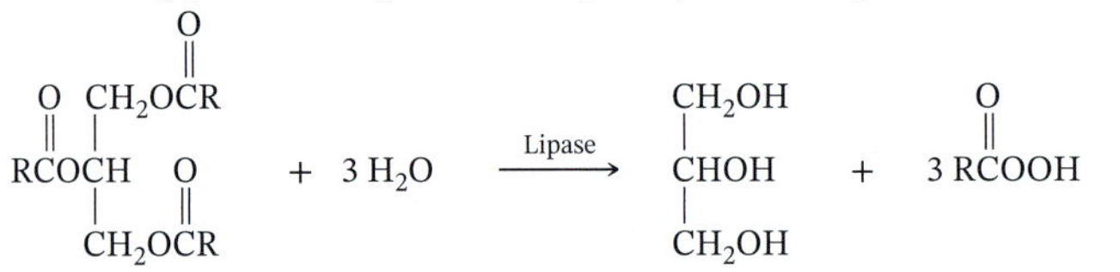

$$\begin{array}{c} O\ \ \ CH_2OCR \\ \| \ \ \ \ | \\ RCOCH\ \ \ O \\ |\ \ \ \ \| \\ CH_2OCR \end{array} + 3\ H_2O \xrightarrow{\text{Lipase}} \begin{array}{c} CH_2OH \\ | \\ CHOH \\ | \\ CH_2OH \end{array} + 3\ RCOOH$$

ein Triglycerid   1,2,3-Propantriol (Glycerin)   Fettsäuren

21.5 Welche Reaktionen laufen bei der β-Oxidation von Fettsäuren ab?

Die freien Fettsäuren werden anschließend in die Blutbahn freigesetzt und zur Oxidation in die Zellen transportiert. Dort finden die zwei wesentlichen Schritte zur β-**Oxidation der Fettsäuren** statt: (1) Die Aktivierung einer ungebundenen Fettsäure im Cytoplasma und ihr Transport durch die innere Mitochondrienmembran und (2) die β-Oxidation, eine sich wiederholende Sequenz aus vier Reaktionen.

21.5.1 Aktivierung der Fettsäuren: Bildung eines Thioesters mit Coenzym A

Der Prozess der β-Oxidation beginnt im Cytoplasma mit der Reaktion der Carboxygruppe der Fettsäure und der Sulfanylgruppe von Coenzym A unter Bildung eines Thioesters; dabei wird ATP zu AMP und einem Pyrophosphat-Ion hydrolysiert:

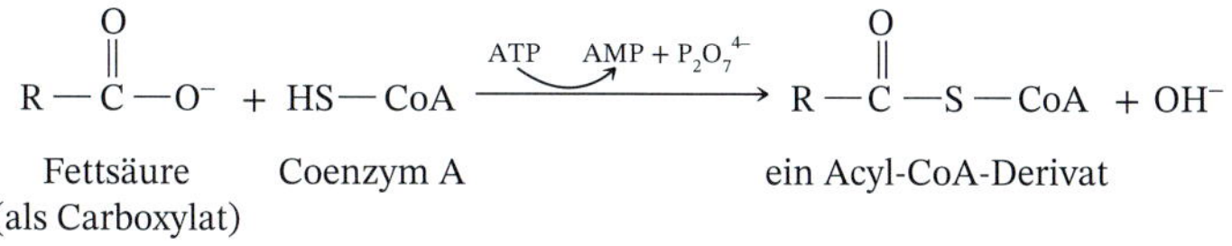

$$R-\overset{O}{\underset{\|}{C}}-O^- + HS-CoA \xrightarrow{ATP \quad AMP + P_2O_7^{4-}} R-\overset{O}{\underset{\|}{C}}-S-CoA + OH^-$$

Fettsäure   Coenzym A   ein Acyl-CoA-Derivat
(als Carboxylat)

Diese Reaktion läuft so ab, dass die Carboxylatgruppe der Fettsäure am Phosphoratom der P=O-Bindung in der Phosphorsäureanhydridgruppe von ATP angreift. Dabei bildet sich ein Intermediat, das der tetraedrischen Zwischenstufe bei einem nukleophilen Angriff an eine C=O-Bindung entspricht. In dem Intermediat, das in der Reaktion der Fettsäure mit ATP entsteht, sind an das von der Carboxylatgruppe angegriffene Phosphoratom fünf Substituenten gebunden. Wenn diese Zwischenstufe zerfällt, entsteht ein Acyl-AMP, also ein hochreaktives gemischtes Anhydrid aus der Carboxygruppe der Fettsäure und der Phosphatgruppe von AMP:

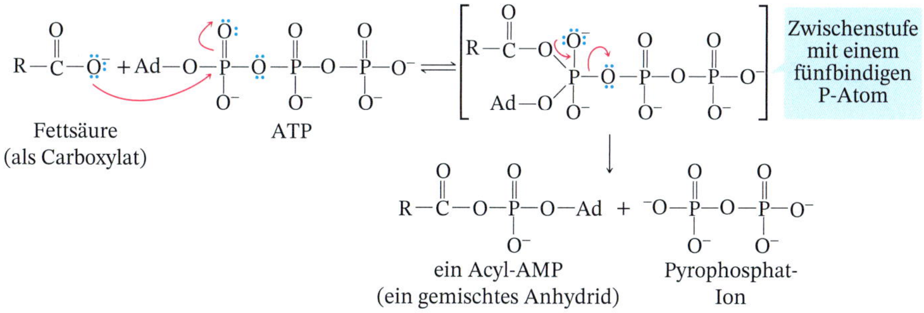

Die Carbonylgruppe dieses gemischten Anhydrids wird von der Sulfanylgruppe von Coenzym A angegriffen, wobei sich eine tetraedrische Zwischenstufe bildet, die unter Bildung von AMP und Acyl-CoA (einem Thioester aus einer Fettsäure und Coenzym A) zerfällt:

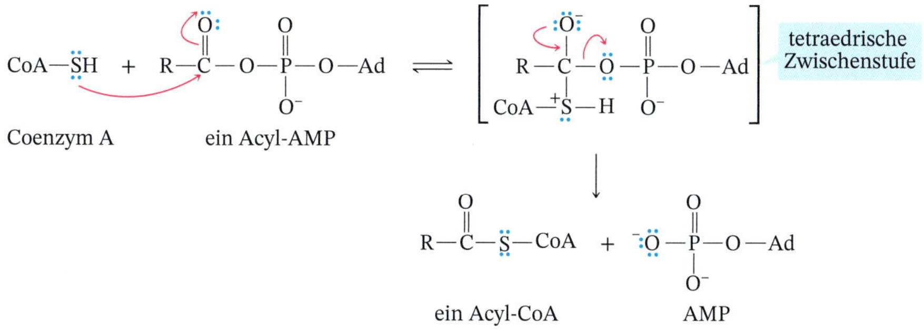

21.5.2 Die vier Reaktionen der β-Oxidation

Reaktion 1: Die Oxidation der Kohlenwasserstoffkette

In der ersten Reaktion der β-Oxidation wird die Kohlenstoffkette an den α- und β-C-Atomen der Fettsäure oxidiert. Dabei dient FAD als Oxidationsmittel, das dabei selbst zu $FADH_2$ reduziert wird. Diese Reaktion ist stereoselektiv – es entsteht nur das *trans*-Isomer:

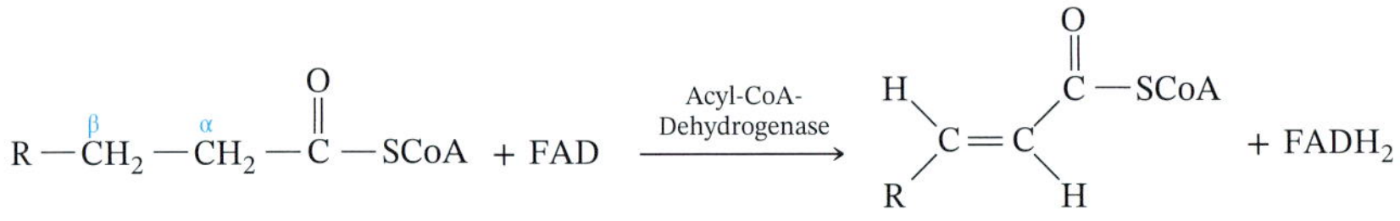

$$R-\overset{\beta}{CH_2}-\overset{\alpha}{CH_2}-\overset{O}{\underset{\|}{C}}-SCoA + FAD \xrightarrow{\text{Acyl-CoA-Dehydrogenase}} \underset{R}{\overset{H}{}}C=C\underset{H}{\overset{C(=O)-SCoA}{}} + FADH_2$$

ein Acyl-CoA   ein *trans*-Enoyl-CoA

Reaktion 2: Hydratisierung der Kohlenstoff-Kohlenstoff-Doppelbindung

Die enzymkatalysierte Hydratisierung der Kohlenstoff-Kohlenstoff-Doppelbindung führt zu β-Hydroxyacyl-CoA:

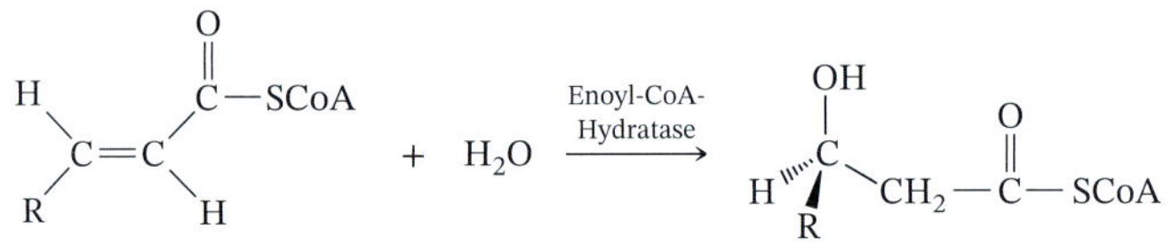

ein *trans*-Enoyl-CoA + H_2O $\xrightarrow{\text{Enoyl-CoA-Hydratase}}$ (*R*)-β-Hydroxyacyl-CoA

Man beachte, dass die Hydratisierung regio- und stereoselektiv verläuft: Die OH-Gruppe wird an das Atom C-3 der Kette gebunden und es entsteht ausschließlich das *R*-Enantiomer.

Reaktion 3: Die Oxidation der β-Hydroxygruppe

Im zweiten Oxidationsschritt der β-Oxidation wird der sekundäre Alkohol zum Keton oxidiert. Als Oxidationsmittel dient NAD^+, das dabei zu NADH reduziert wird:

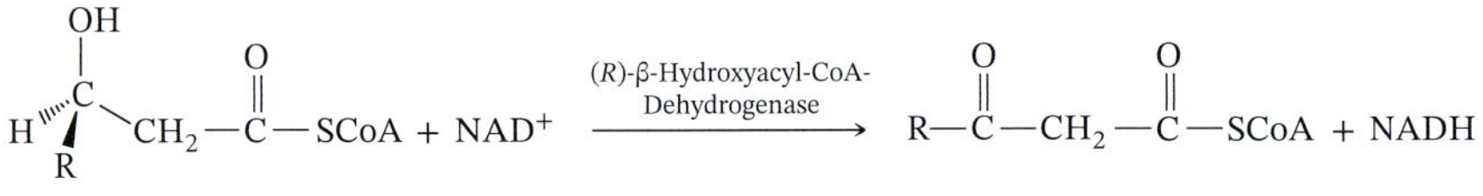

(*R*)-β-Hydroxyacyl-CoA + NAD^+ $\xrightarrow{\text{(R)-β-Hydroxyacyl-CoA-Dehydrogenase}}$ β-Ketoacyl-CoA + NADH

Reaktion 4: Die Spaltung der Kohlenstoffkette

Der letzte Schritt der β-Oxidation ist die Spaltung der Kohlenstoffkette unter Bildung von Acetyl-Coenzym A und einem neuen Acyl-CoA, in dem die Kohlenstoffkette um zwei Kohlenstoffatome verkürzt ist:

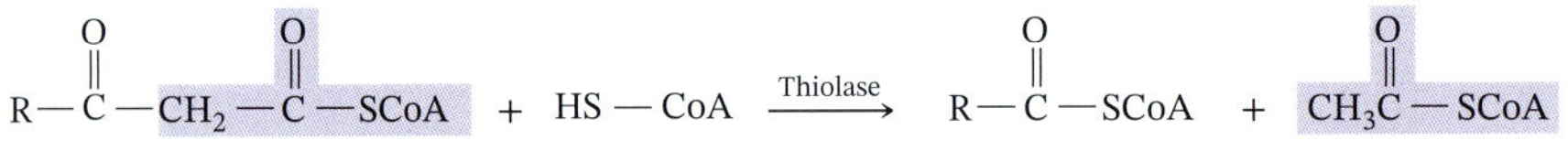

β-Ketoacyl-CoA + HS—CoA $\xrightarrow{\text{Thiolase}}$ ein Acyl-CoA + Acetyl-CoA

Mechanismus: Die Retro-Claisen-Kondensation in der β-Oxidation von Fettsäuren

1. **Schritt:** Eine Sulfanylgruppe des Enzyms Thiolase greift unter Bildung einer tetraedrischen Zwischenstufe am Carbonyl-C-Atom des Ketons an.
2. **Schritt:** Das tetraedrische Intermediat zerfällt zum Enolat-Anion von Acetyl-CoA und setzt einen um zwei C-Atome verkürzten enzymgebundenen Thioester frei.
3. **Schritt:** Das Enolat-Anion reagiert mit einem Protonendonator zu Acetyl-CoA.
4. **Schritt:** Die Enzym-Thioester-Zwischenstufe reagiert mit einem Äquivalent Coenzym A unter Regeneration der Sulfanylgruppe des Enzyms und Freisetzung der um zwei Kohlenstoffatome verkürzten Fettsäure, die als Acyl-CoA-Thioester vorliegt.

Liest man die Schritte 1–3 in umgekehrter Reihenfolge, dann erkennt man eine **Claisen-Kondensation** (Abschn. 15.3.1): Angriff des Enolats von Acetyl-CoA an der Carbonylgruppe eines Thioesters unter Bildung einer tetraedrischen Zwischenstufe, die anschließend zum β-Ketothioester zerfällt.

Die vier Schritte der β-Oxidation sind in Abb. 21.2 noch einmal zusammengefasst.

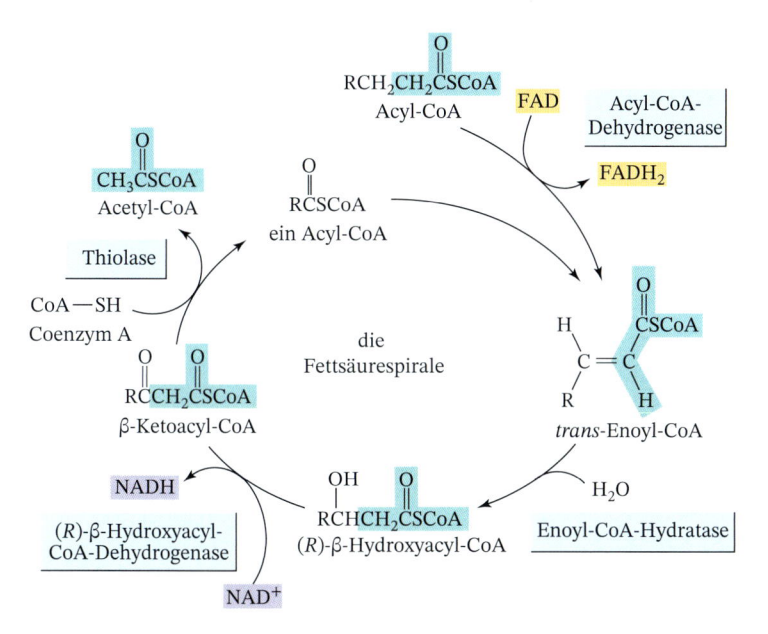

Abb. 21.2 Die vier Reaktionen der β-Oxidation. Die Schritte der β-Oxidation werden gelegentlich als Fettsäurespirale bezeichnet, weil die Kohlenstoffkette nach diesen vier Reaktionen um zwei Kohlenstoffatome verkürzt ist.

21.5.3 Die Wiederholung der β-Oxidation in der Fettsäurespirale liefert weitere Acetateinheiten

Die vier Teilreaktionen der β-Oxidation wiederholen sich an der verkürzten Acyl-CoA-Kette und setzen sich so lange fort, bis die gesamte Fettsäurekette zu Acetyl-CoA abgebaut ist. Beispielsweise werden für den Abbau der Palmitinsäure sieben Zyklen der β-Oxidation benötigt, in denen insgesamt acht Äquivalente Acetyl-CoA entstehen und sieben Oxidationen mit FAD sowie sieben Oxidationen mit NAD$^+$ stattfinden:

$$CH_3(CH_2)_{14}COH + 8\,CoA-SH + 7\,NAD^+ + 7\,FAD \xrightarrow{ATP \quad AMP + P_2O_7^{4-}}$$

Hexadecansäure (Palmitinsäure)

$$8\,CH_3CSCoA + 7\,NADH + 7\,FADH_2$$

Acetyl-Coenzym A

21.6 Welche Reaktionen laufen im Zitronensäurezyklus ab?

Unter aeroben Bedingungen findet die metabolische Oxidation von Acetyl-CoA – gleich, ob es beim Abbau der Kohlenhydrate, der Fettsäuren oder von Aminosäuren entstanden ist – im **Zitronensäurezyklus** statt, der auch als Tricarbonsäurezyklus oder Krebs-Zyklus bezeichnet wird. Der letzte Name erinnert an den deutsch-britischen Mediziner und Biochemiker Sir Hans Adolf Krebs, der den zyklischen Charakter dieses metabolischen Pfads im Jahre 1937 erkannte.

21.6.1 Überblick über den Zyklus

In den Reaktionen des Zitronensäurezyklus werden die Kohlenstoffatome der Acetylgruppe in Acetyl-CoA zu Kohlendioxid oxidiert. Dabei finden vier Oxidationsschritte statt, von denen drei NAD$^+$ und einer FAD als Oxidationsmittel nutzen. Abbildung 21.3 zeigt eine Übersicht über den Zitronensäurezyklus mit einem besonderen Augenmerk auf diese vier Oxidationsschritte.

21.6.2 Die Reaktionen des Zitronensäurezyklus

Reaktion 1: Die Bildung von Citrat

Die aus zwei Kohlenstoffatomen bestehende Acetylgruppe in Acetyl-Coenzym A tritt über eine enzymkatalysierte Aldolreaktion (Abschn. 15.2) zwischen dem α-C-Atom von Acetyl-CoA und der Ketofunktion in Oxalacetat in den Zyklus ein. Das Produkt dieser Aldoladdition ist Citrat, das Anion der Tricarbonsäure Zitronensäure, nach der dieser metabolische Pfad benannt ist. In dieser Reaktion findet neben der Addition an die Carbonylgruppe auch die Hydrolyse des Thioesters unter Freisetzung von Coenzym A statt:

$$\begin{array}{c} CH_3-\overset{O}{\underset{\|}{C}}-S-CoA \\ O=C-COO^- \\ | \\ CH_2-COO^- \end{array} + H_2O \xrightarrow{\text{Citrat-Synthase}} \begin{array}{c} CH_2-COO^- \\ | \\ HO-C-COO^- \\ | \\ CH_2-COO^- \end{array} + CoA-SH$$

Oxalacetat   Citrat

Reaktion 2: Die Isomerisierung des Citrats zum Isocitrat

Im zweiten Schritt dieses Zyklus wird das Citrat in das konstitutionsisomere Isocitrat überführt. Die Isomerisierung erfolgt zweistufig, wobei beide Stufen von Aconitase

21.6 Welche Reaktionen laufen im Zitronensäurezyklus ab?

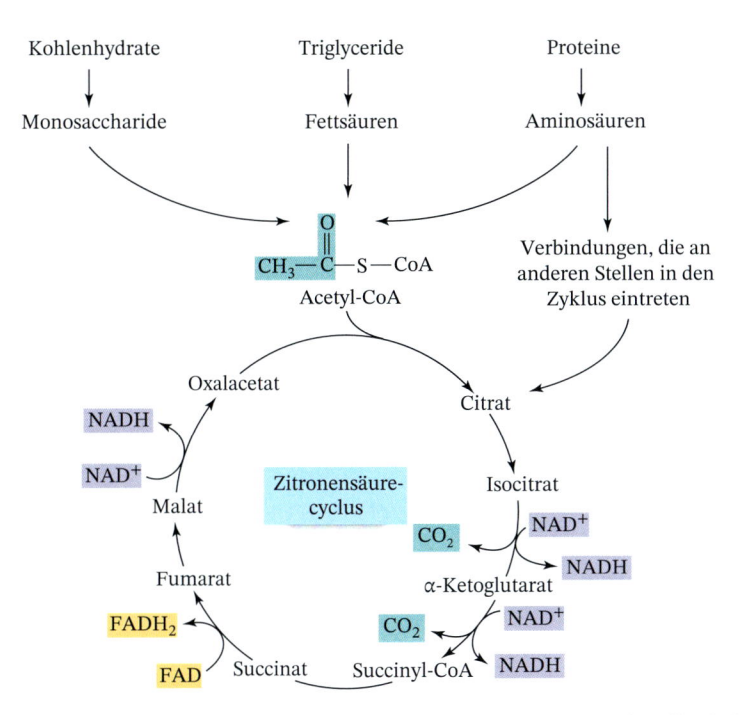

Abb. 21.3 Der Zitronensäurezyklus. Sein Treibstoff stammt aus dem Katabolismus (dem Abbau) von Monosacchariden, Fettsäuren und Aminosäuren.

katalysiert werden. Zunächst wird das Citrat in einer Reaktion, die der säurekatalysierten Dehydratisierung eines Alkohols entspricht (Abschn. 8.2.5), enzymkatalysiert zu Aconitat dehydratisiert, dem Tricarboxylat der Aconitsäure. In der nächsten Reaktion, die der säurekatalysierten Hydratisierung eines Alkens entspricht (Abschn. 5.3.2), wird Aconitat enzymkatalysiert zum Isocitrat (der deprotonierten Isozitronensäure) hydratisiert.

In diesen Reaktionen sind einige wichtige Punkte zu beachten:

- Die Dehydratisierung des Citrats erfolgt vollständig regioselektiv: Die Abspaltung von Wasser erfolgt in Richtung derjenigen CH_2-Gruppe, die durch das Oxalacetat in die Verbindung eingebracht wurde.
- Die Dehydratisierung des Citrats verläuft zudem vollständig stereoselektiv: Es entsteht ausschließlich das *cis*-Aconitat.
- Bei beiden Reaktionen handelt es sich um Gleichgewichtsreaktionen. Die Hydratisierung des Aconitats kann daher prinzipiell als Rückreaktion zum Citrat oder als Weiterreaktion zum Isocitrat erfolgen. Nur das Isocitrat kann aber im weiteren Verlauf des Zyklus prozessiert werden.
- Die Hydratisierung des Aconitats zum Isocitrat erfolgt vollständig stereoselektiv: Isocitrat enthält zwei Stereozentren und kommt daher grundsätzlich in vier möglichen Stereoisomeren (zwei Enantiomerenpaaren) vor. Bei der enzymkatalysierten Hydratisierung wird nur eines der vier Stereoisomere gebildet.

Reaktion 3: Oxidation und Decarboxylierung von Isocitrat

Im dritten Schritt wird die sekundäre Alkoholgruppe des Isocitrats durch das Enzym Isocitrat-Dehydrogenase mit NAD^+ zur Ketogruppe oxidiert. Das Produkt, Oxalsuccinat (das Carboxylat der Oxalbernsteinsäure), ist eine β-Ketosäure, die unter Bildung von α-Ketoglutarat decarboxyliert (Abschn. 13.8).

$$\underset{\text{Isocitrat}}{\begin{array}{c} CH_2-COO^- \\ | \\ HC-COO^- \\ | \\ HO-CH-COO^- \end{array}} + NAD^+ \xrightarrow{\text{Isocitrat-Dehydrogenase}} \underset{\substack{\text{Oxalsuccinat} \\ \text{(eine β-Ketosäure)}}}{\begin{array}{c} CH_2-COO^- \\ | \\ HC-\underset{\beta}{COO^-} \\ | \\ O=C-COO^- \end{array}} + H^+ \longrightarrow \underset{\text{α-Ketoglutarat}}{\begin{array}{c} CH_2-COO^- \\ | \\ CH_2 \\ | \\ O=C-COO^- \end{array}} + CO_2$$

Man beachte, dass nur eine der drei Carboxygruppen im Oxalsuccinat in β-Position zu einer weiteren Carbonylgruppe steht; nur diese wird decarboxyliert.

Reaktion 4: Oxidation und Decarboxylierung des α-Ketoglutarats
Das zweite Äquivalent Kohlendioxid, das in diesem Zyklus gebildet wird, entsteht in einer oxidativen Decarboxylierung über einen ähnlichen Mechanismus wie in der Umwandlung von Pyruvat (ebenfalls einer α-Ketosäure) zu Acetyl-CoA und Kohlendioxid (Abschn. 21.4.3). Bei der oxidativen Decarboxylierung von α-Ketoglutarat wird die Carboxygruppe als Kohlendioxid abgespalten und die benachbarte Carbonylgruppe wird zur Carboxygruppe oxidiert. Sie liegt im Endprodukt dieser Reaktion als Thioestergruppe verestert mit Coenzym A vor:

$$\underset{\text{α-Ketoglutarat}}{\begin{array}{c} CH_2-COO^- \\ | \\ CH_2 \\ | \\ O=C-COO^- \end{array}} + NAD^+ + CoA-SH \longrightarrow \underset{\text{Succinyl-CoA}}{\begin{array}{c} CH_2-COO^- \\ | \\ CH_2 \\ | \\ O=C-S-CoA \end{array}} + CO_2 + NADH$$

Man beachte: Die Kohlenstoffatome der beiden Äquivalente Kohlendioxid, die im Zitronensäurezyklus freigesetzt werden, stammen beide aus dem Kohlenstoffgerüst des Oxalacetats; keines stammt aus der Acetylgruppe von Acetyl-CoA.

Reaktion 5: Die Überführung von Succinyl-CoA in Succinat
Im nächsten Schritt werden in mehreren zusammenhängenden, von Succinyl-CoA-Synthetase katalysierten Schritten Succinyl-CoA, HPO_4^{2-} und Guanosindiphosphat (GDP) zu Succinat, Guanosintriphosphat (GTP) und Coenzym A umgesetzt:

$$\underset{\text{Succinyl-CoA}}{\begin{array}{c} CH_2-COO^- \\ | \\ CH_2 \\ | \\ O=C-S-CoA \end{array}} + GDP + HPO_4^{2-} \longrightarrow \underset{\text{Succinat}}{\begin{array}{c} COO^- \\ | \\ CH_2 \\ | \\ CH_2 \\ | \\ COO^- \end{array}} + GTP + CoA-SH$$

Bis zu diesem Punkt im Zyklus war es möglich, die beiden aus der Acetylgruppe von Acetyl-CoA stammenden Kohlenstoffatome eindeutig zu lokalisieren und von den Kohlenstoffatomen des ursprünglichen Oxalacetats zu unterscheiden. Mit der jetzt erfolgten Bildung von Succinat ist das nicht mehr möglich; die beiden CH_2-Gruppen und ebenso die beiden COO^--Gruppen sind nicht mehr unterscheidbar.

Reaktion 6: Die Oxidation von Succinat
Bei der dritten Oxidation in diesem Zyklus wird das Succinat zu Fumarat oxidiert. Als Oxidationsmittel dient FAD, das dabei zu $FADH_2$ reduziert wird:

$$\underset{\text{Succinat}}{\begin{array}{c}\text{COO}^-\\|\\\text{CH}_2\\|\\\text{CH}_2\\|\\\text{COO}^-\end{array}} + \text{FAD} \xrightarrow{\text{Succinat-Dehydrogenase}} \underset{\text{Fumarat}}{\begin{array}{c}\text{H}\quad\text{COO}^-\\\diagdown\;/\\\text{C}\\\|\\\text{C}\\/\;\diagdown\\{}^-\text{OOC}\quad\text{H}\end{array}} + \text{FADH}_2$$

Diese Oxidation ist vollständig stereoselektiv; es wird ausschließlich das *trans*-Isomer gebildet.

Reaktion 7: Die Hydratisierung von Fumarat

Im zweiten Hydratisierungsschritt im Verlauf des Zitronensäurezyklus wird das Fumarat in Malat, das Dicarboxylat der Äpfelsäure, überführt:

$$\underset{\text{Fumarat}}{\begin{array}{c}\text{H}\quad\text{COO}^-\\\diagdown\;/\\\text{C}\\\|\\\text{C}\\/\;\diagdown\\{}^-\text{OOC}\quad\text{H}\end{array}} + \text{H}_2\text{O} \xrightarrow{\text{Fumarase}} \underset{\text{Malat}}{\begin{array}{c}\text{HO}-\text{CH}-\text{COO}^-\\|\\\text{CH}_2-\text{COO}^-\end{array}}$$

Das Enzym Fumarase, das diese Hydratisierung katalysiert, erkennt selektiv nur das Fumarat (und nicht sein *cis*-Isomer, das Maleat) und überführt es in enantiomerenreines Malat.

Reaktion 8: Die Oxidation von Malat

In der vierten Oxidation im Zitronensäurezyklus wird die sekundäre Alkoholgruppe des Malats durch NAD^+ zur Ketogruppe oxidiert:

$$\underset{\text{Malat}}{\begin{array}{c}\text{HO}-\text{CH}-\text{COO}^-\\|\\\text{CH}_2-\text{COO}^-\end{array}} + \text{NAD}^+ \xrightarrow{\text{Malat-dehydrogenase}} \underset{\text{Oxalacetat}}{\begin{array}{c}\text{O}=\text{C}-\text{COO}^-\\|\\\text{CH}_2-\text{COO}^-\end{array}} + \text{NADH} + \text{H}^+$$

Mit der Bildung von Oxalacetat wurden alle Reaktionen des Zitronensäurezyklus einmal durchlaufen. Damit ein fortwährender (zyklischer) Ablauf möglich ist, müssen zwei Voraussetzungen erfüllt sein: (1) Es müssen kontinuierlich Kohlenstoffatome in Form von Acylgruppen aus Acetyl-CoA zugeführt werden und (2) es müssen ausreichend Oxidationsäquivalente in Form von NAD^+ und FAD zur Verfügung stehen. Die ausreichende Versorgung mit diesen beiden Oxidationsmitteln wird durch die Reaktionen in der Atmungskette und den damit zusammenhängenden Elektronentransport sichergestellt. Im Zuge dieser Reaktionskaskade werden die in der reduzierten Form vorliegenden Coenzyme NADH und FADH_2 mithilfe von molekularem Sauerstoff re-oxidiert.

Eine weitere wichtige Eigenschaft des Zitronensäurezyklus erkennt man am besten, wenn man einem Blick auf seine Gesamtgleichung wirft:

$$\text{CH}_3\overset{\overset{\text{O}}{\|}}{\text{C}}\text{SCoA} + 3\;\text{NAD}^+ + \text{FAD} + \text{HPO}_4^{2-} + \text{ADP} \xrightarrow{\text{Zitronensäure-cyclus}}$$

$$2\;\text{CO}_2 + 3\;\text{NADH} + \text{FADH}_2 + \text{ATP} + \text{CoA}-\text{SH}$$

Der gesamte Zyklus ist ein katalytischer Prozess: Die Intermediate gehen in die stöchiometrisch ausgeglichene Gesamtgleichung für diese metabolische Transformation nicht ein; in der Nettoreaktion werden sie weder gebildet noch abgebaut. Der Zyklus dient einzig der Aufnahme von Acetylgruppen aus Acetyl-CoA, der Oxidation der Kohlenstoffatome zu Kohlendioxid und gleichzeitig der Produktion von reduzierten Coenzymen, die wiederum Elektronentransportprozesse und Phosphorylierungen in nachfolgenden Oxidationsprozessen am Laufen halten. Wird eines der Intermediate aus diesem Kreislauf entfernt, endet der Zyklus, weil das Oxalacetat nicht mehr regeneriert werden kann. Glücklicherweise ist der Zitronensäurezyklus aber über einige seiner Intermediate mit anderen Stoffwechselwegen verknüpft. Bestimmte Intermediate können daher genutzt werden, um andere Biomoleküle zu synthetisieren, sofern ein anderes Intermediat zu Verfügung steht, das stattdessen in Oxalacetat überführt werden und somit die Rolle des entfernten Bausteins übernehmen kann.

Zusammenfassung

21.1 Was sind die Schlüsselintermediate in der Glykolyse, der β-Oxidation von Fettsäuren und im Zitronensäurezyklus?

- **ATP**, **ADP** und **AMP** sind Reagenzien, die Phosphatgruppen speichern und übertragen. **Nicotinamid-Adenin-Dinukleotid (NAD$^+$)** und **Flavin-Adenin-Dinukleotid (FAD)** sind Reagenzien für die Speicherung und den Transport von Elektronen, die in metabolischen Oxidationen und Reduktionen benötigt werden. NAD$^+$ ist ein Oxidationsmittel, das ein Hydrid-Ion übernehmen und dabei zu NADH reduziert werden kann. NADH transferiert ein Hydrid-Ion und wird dabei zu NAD$^+$ oxidiert. FAD ist an der β-Oxidation von Fettsäuren beteiligt, wirkt als zwei-Elektronen-Oxidationsmittel und wird dabei zu FADH$_2$ reduziert. **Coenzym A** ist ein Überträger von Acetylgruppen.

21.2 Was ist die Glykolyse?

- Die **Glykolyse** ist eine Folge von zehn enzymkatalysierten Reaktionen, in deren Verlauf Glucose zu zwei Äquivalenten Pyruvat oxidiert wird.

21.3 Welche Reaktionen laufen in der Glykolyse ab?

Die zehn Reaktionen der Glykolyse gehören zu den folgenden Reaktionstypen:
- Übertragung einer Phosphatgruppe von ATP auf eine OH-Gruppe eines Monosaccharids unter Bildung eines Phosphorsäureesters (Reaktionen 1 und 3).
- Isomerisierung zwischen Konstitutionsisomeren durch Keto-Enol-Tautomerisierung (Reaktionen 2 und 5).
- Retro-Aldolreaktion (Reaktion 4).
- Oxidation eines Aldehyds zu einem gemischten Anhydrid einer Carbon- und einer Phosphorsäure (Reaktion 6).
- Übertragung einer Phosphatgruppe von einem Monosaccharid-Derivat auf ADP unter Bildung von ATP (Reaktionen 7 und 10).
- Übertragung einer Phosphatgruppe von einem primären auf einen sekundären Alkohol (Reaktion 8).
- Dehydratisierung eines primären Alkohols unter Bildung einer Kohlenstoff-Kohlenstoff-Doppelbindung (Reaktion 9).

21.4 Welche Folgereaktionen kann Pyruvat eingehen?

- Pyruvat, das Produkt der anaeroben Glykolyse, wird in den Zellen nicht angereichert, sondern geht eine von drei möglichen enzymkatalysierten Reaktionen ein, je nachdem, welche Sauerstoffkonzentration in der Zelle vorliegt und in welcher Art von Zelle das Pyruvat produziert wurde.

– Bei der **Milchsäuregärung** wird Pyruvat durch NADH zu Lactat reduziert.
– Bei der **alkoholischen Gärung** wird Pyruvat in Acetaldehyd überführt, der anschließend von NADH zu Ethanol reduziert wird.
– Unter aeroben Bedingungen wird Pyruvat durch NAD$^+$ zu Acetyl-Coenzym A oxidiert.

21.5 Welche Reaktionen laufen bei der β-Oxidation von Fettsäuren ab?

Der Abbau von Fettsäuren erfolgt in zwei Stufen:
- Aktivierung einer ungebundenen Fettsäure im Cytoplasma durch die Bildung eines Thioesters mit **Coenzym A** und der Transport der aktivierten Fettsäure durch die innere Membran der Mitochondrien, gefolgt von einer
- β-Oxidation. Die **β-Oxidation von Fettsäuren** ist eine Abfolge von vier enzymkatalysierten Reaktionen, in deren Verlauf die Fettsäure zu Acetyl-CoA abgebaut wird.

21.6 Welche Reaktionen laufen im Zitronensäurezyklus ab?

- Im **Zitronensäurezyklus** werden die beiden Kohlenstoffatome der Acetylgruppe im Acetyl-CoA in einer Folge von mehreren Schritten zu zwei Äquivalenten Kohlendioxid oxidiert. Die Oxidationsmittel sind NAD$^+$ und FAD.

Wichtige Reaktionen

1. **Glykolyse (Abschn. 21.2 und 21.3)**
   Die Glykolyse ist eine Folge von zehn enzymkatalysierten Reaktionen, in denen Glucose zu Pyruvat abgebaut wird:

   $$C_6H_{12}O_6 + 2\,NAD^+ + 2\,HPO_4^{2-} + 2\,ADP \xrightarrow{\text{Glykolyse}}$$
   Glucose

   $$2\,CH_3\overset{O}{\overset{\|}{C}}COO^- + 2\,NADH + 2\,ATP + 2\,H_3O^+$$
   Pyruvat

2. **Reduktion von Pyruvat zu Lactat: Milchsäuregärung (Abschn. 21.4.1)**

   $$CH_3\overset{O}{\overset{\|}{C}}COO^- + NADH + H^+ \xrightarrow{\text{Lactat-dehydrogenase}}$$
   Pyruvat

   $$CH_3\overset{OH}{\overset{|}{C}}HCOO^- + NAD^+$$
   Lactat

3. **Reduktion von Pyruvat zu Ethanol: Alkoholische Gärung (Abschn. 21.4.2)**
   Das in dieser Reaktion gebildete Kohlendioxid ist verantwortlich für den Schaum auf dem Bier und die Kohlensäuresättigung in neuem Wein oder Champagner:

   $$CH_3\overset{O}{\overset{\|}{C}}COO^- + 2\,H^+ + NADH \xrightarrow{\text{alkoholische Gärung}}$$
   Pyruvat

   $$CH_3CH_2OH + CO_2 + NAD^+$$
   Ethanol

4. **Oxidative Decarboxylierung von Pyruvat zu Acetyl-CoA (Abschn. 21.4.3)**

   $$CH_3\overset{O}{\overset{\|}{C}}COO^- + NAD^+ + CoA{-}SH \xrightarrow{\text{oxidative Decarboxylierung}}$$
   Pyruvat

   $$CH_3\overset{O}{\overset{\|}{C}}SCoA + CO_2 + NADH$$
   Acetyl-CoA

5. **β-Oxidation von Fettsäuren (Abschn. 21.5)**
   Die Kohlenstoffkette einer Fettsäure wird in einer Abfolge von vier enzymkatalysierten Reaktionen jeweils um zwei Kohlenstoffatome verkürzt:

   $$CH_3(CH_2)_{14}\overset{O}{\overset{\|}{C}}OH + 8\,CoA{-}SH + 7\,NAD^+ + 7\,FAD \xrightarrow{ATP \quad AMP + P_2O_7^{4-}}$$
   Hexadecansäure
   (Palmitinsäure)

   $$8\,CH_3\overset{O}{\overset{\|}{C}}SCoA + 7\,NADH + 7\,FADH_2$$
   Acetyl-Coenzym A

6. Zitronensäurezyklus (Abschn. 21.6)

In den Reaktionen des Zitronensäurezyklus werden die C-Atome der Acetylgruppe von Acetyl-CoA zu Kohlendioxid oxidiert:

Es finden vier Oxidationsschritte statt, von denen in dreien NAD$^+$ und in einem FAD das Oxidationsmittel ist.

$$\text{CH}_3\text{CSCoA} + 3\ \text{NAD}^+ + \text{FAD} + \text{HPO}_4^{2-} + \text{ADP} \xrightarrow{\text{Zitronensäure-cyclus}} 2\ \text{CO}_2 + 3\ \text{NADH} + \text{FADH}_2 + \text{ATP} + \text{CoA-SH}$$

Quiz

Sind die folgenden Aussagen richtig oder falsch? Hier können Sie testen, ob Sie die wichtigsten Fakten aus diesem Kapitel parat haben. Wenn Sie mit einer der Fragestellungen Probleme haben, sollten Sie den jeweiligen in Klammern angegebenen Abschnitt in diesem Kapitel noch einmal durcharbeiten, bevor Sie sich an die weiteren, meist etwas schwierigeren Aufgaben zu diesem Kapitel machen.

1. Die Metabolisierung von Fettsäuren verläuft über eine β-Oxidation (21.5).
2. NAD$^+$, NADH, FAD und FADH$_2$ sind Coenzyme, die im Verlauf von metabolischen Prozessen oxidiert bzw. reduziert werden (21.1).
3. Pyruvat ist ein Endprodukt der Glykolyse (21.2–21.4).
4. Am Anfang des Zitronensäurezyklus steht Acetyl-CoA, das aus Kohlenhydraten, aus Triglyceriden oder Proteinen gebildet werden kann (21.6).
5. Das Überführen einer CH$_2$–CH$_2$- in eine CH=CH-Einheit durch FAD ist eine Reduktion (21.1, 21.5).
6. In der Milchsäuregärung kann Pyruvat unter aeroben Bedingungen metabolisiert werden (21.4).
7. Alle Kohlenhydrate können unmittelbar in der Glykolyse abgebaut werden (21.1–21.4).
8. Keto-Enol-Tautomerie ist eine wichtige Reaktion in der Glykolyse (21.3).
9. Coenzym A wird im Metabolismus zur Speicherung und zur Übertragung von Hydroxygruppen genutzt (21.1).
10. Coenzym A enthält eine terminale OH-Gruppe, die beim Abbau von Monosacchariden, Fettsäuren, Glycerin und Aminosäuren zur Bildung einer neuen Bindung zu Acetylgruppen verwendet wird (21.1, 21.4–21.6).
11. Alkoholische Gärung ist eine Möglichkeit zur Metabolisierung von Pyruvat (21.4).
12. ATP, ADP und AMP sind an der Speicherung und Übertragung von Adeningruppen beteiligt (21.1).
13. NAD$^+$ kann sowohl Hydroxy- als auch Carbonylgruppen oxidieren (21.2).

Ausführliche Erklärungen zu vielen dieser Antworten finden sich im Arbeitsbuch.

Antworten: (1) R (2) R (3) R (4) R (5) F (6) F (7) F (8) R (9) F (10) F (11) R (12) F (13) R

Aufgaben

Abschnitte 21.2–21.4 Die Glykolyse und die Folgereaktionen des Pyruvats

21.1 Unter anaeroben Bedingungen (ohne Sauerstoff) wird Glucose über einen Stoffwechselweg, den man als anaerobe Glykolyse oder Milchsäuregärung bezeichnet, in Lactat überführt. (Siehe Beispielaufgabe 21.1)

$$\underset{\text{Glucose}}{\text{C}_6\text{H}_{12}\text{O}_6} \xrightarrow{\text{anaerobe Glykolyse}} 2\ \underset{\text{Lactat}}{\text{CH}_3\overset{\text{OH}}{\underset{|}{\text{CH}}}\text{COO}^-} + 2\ \text{H}^+$$

Ist die anaerobe Glykolyse eine Netto-Oxidation, eine Netto-Reduktion oder ist sie Redox-neutral?

21.2 Nimmt der pH-Wert des Bluts durch die Milchsäuregärung zu oder ab? (Siehe Beispielaufgabe 21.2)

21.3 In vielen Reaktionen wirkt ein Bestandteil des Enzyms als Protonendonor. Zählen Sie Aminosäureseitenketten auf, die als Protonendonor wirken können.

21.4 In vielen anderen enzymkatalysierten Reaktionen wirkt eine Gruppe auf der Enzymoberfläche als Protonenakzeptor. Zählen Sie Aminosäureseitenketten auf, die als Protonenakzeptor wirken können.

21.5 Nennen Sie ein Coenzym, das in der Glykolyse benötigt wird. Von welchem Vitamin ist dieses Coenzym abgeleitet?

21.6 Nummerieren Sie die Kohlenstoffatome in Glucose von 1 bis 6 durch. Welche C-Atome der Glucose werden zu den Carboxygruppen der beiden Pyruvat-Äquivalente?

21.7 Wie viele Äquivalente Lactat werden aus drei Äquivalenten Glucose gebildet?

21.8 Wie viele Äquivalente Ethanol entstehen bei der Glykolyse und der alkoholischen Gärung aus einem Äquivalent Saccharose? Wie viele Äquivalente CO_2 werden gebildet?

21.9 Das bei der Hydrolyse von Triglyceriden und Phospholipiden entstehende Glycerin kann ebenfalls unter Energiegewinnung metabolisiert werden. Schlagen Sie eine Reaktionssequenz vor, durch die das Kohlenstoffgerüst von Glycerin in die Glykolyse eintreten und auf diesem Weg zu Pyruvat oxidiert werden kann.

21.10 Geben Sie einen Mechanismus an, aus dem die Beteiligung von NADH an der Reduktion von Acetaldehyd zu Ethanol hervorgeht.

21.11 Wird Pyruvat durch NADH zu Lactat reduziert, werden zwei Wasserstoffatome an das Pyruvat addiert, eines an das Carbonyl-C-Atom und eines an das Carbonyl-O-Atom. Welches dieser Wasserstoffatome stammt aus NADH?

21.12 Warum wird die Glykolyse als anaerober metabolischer Pfad bezeichnet?

21.13 Welche C-Atome der Glucose enden bei der alkoholischen Gärung im CO_2?

21.14 Welche Schritte in der Glykolyse erfordern ATP? In welchen Schritten wird ATP gebildet?

Abschnitt 21.5 β-Oxidation

21.15 Eine Fettsäure muss zunächst aktiviert werden, bevor sie in der Zelle metabolisiert werden kann. Geben Sie eine stöchiometrisch korrekte Gleichung für die Aktivierung von Palmitinsäure an.

21.16 Nennen Sie drei Coenzyme, die bei der β-Oxidation von Fettsäuren benötigt werden. Von welchen Vitaminen sind sie abgeleitet?

Abschnitt 21.6 Der Zitronensäurezyklus

21.17 Welchem wesentlichen Zweck dient der Zitronensäurezyklus?

21.18 In welchen Schritten des Zitronensäurezyklus finden die folgenden Reaktionstypen statt?
(a) Die Bildung einer neuen Kohlenstoff-Kohlenstoff-Bindung.
(b) Der Bruch einer Kohlenstoff-Kohlenstoff-Bindung.
(c) Eine Oxidation durch NAD^+.
(d) Eine Oxidation durch FAD.
(e) Eine Decarboxylierung.
(f) Die Bildung eines neuen Stereozentrums.

21.19 Was bedeutet es, wenn man sagt, dass der Zitronensäurezyklus katalytisch abläuft, dass in ihm also keine neuen Verbindungen synthetisiert werden?

Weitere Aufgaben

21.20 Werfen Sie einen Blick auf die Oxidationen in der Glykolyse, in der β-Oxidation und im Zitronensäurezyklus und vergleichen Sie die durch NAD^+ oxidierten funktionellen Gruppen mit denen, die durch FAD oxidiert werden.

21.21 Eine Gemeinsamkeit der anaeroben Glykolyse und der β-Oxidation ist die Bildung von Acetyl-CoA. Aus welchen C-Atomen der Glucose stammen die Methylgruppen der Acetyl-CoA-Äquivalente? Aus welchen C-Atomen der Palmitinsäure stammen die Methylgruppen in den Acetyl-CoA-Einheiten?

21.22 In welchen Schritten der folgenden biochemischen Pfade wird molekularer Sauerstoff als Oxidationsmittel verwendet?
(a) Bei der Glykolyse.
(b) Bei der β-Oxidation.
(c) Im Zitronensäurezyklus.

Glossar

Abschirmung In der NMR-Spektroskopie erzeugen die einen Kern umgebenden Elektronen ihr eigenes, lokales Magnetfeld und schirmen dadurch den Kern vom angelegten Magnetfeld ab.

Acetal Eine Verbindung, in der zwei OR- oder OAr-Gruppen am selben Kohlenstoff gebunden vorliegen.

Acetylgruppe Eine CH_3CO-Gruppe.

achiral Ein Objekt, das nicht chiral ist; ein Objekt, das keine Händigkeit aufweist und das mit seinem Spiegelbild deckungsgleich ist.

äquatoriale Bindung Eine Bindung in der Sesselkonformation eines Cyclohexans, die in etwa senkrecht zur gedanklichen Ringachse liegt.

äquivalente Wasserstoffe Wasserstoffe mit der gleichen chemischen Umgebung.

aktives Metall Ein Metall, das Elektronen sehr leicht unter Bildung eines Kations abgibt.

aktivierende Gruppe Ein Substituent am Benzol, der eine elektrophile aromatische Substitution im Vergleich mit einer Substitution am unsubstituierten Benzol beschleunigt.

Aktivierungsenergie, E_A Der Energieunterschied zwischen dem Übergangszustand und den Edukten.

Aldehyd Eine Verbindung, die eine an einen Wasserstoff gebundene Carbonylgruppe (eine CHO-Gruppe) enthält.

Alditol Das Produkt, das bei der Reduktion der C=O-Gruppe eines Monosaccharids in eine CH_2OH-Gruppe entsteht.

Aldolreaktion Eine Carbonylreaktion zwischen zwei Aldehyden oder Ketonen, die zur Bildung eines β-Hydroxyaldehyds oder eines β-Hydroxyketons führt.

Aldose Ein Monosaccharid, das eine Aldehydfunktion enthält.

aliphatisches Amin Ein Amin, in dem der Stickstoff nur an Alkylgruppen gebunden ist.

Alkan Ein gesättigter Kohlenwasserstoff, dessen Kohlenstoffatome in einer offenen Kette angeordnet sind.

Alken Ein Kohlenwasserstoff mit einer oder mehreren Kohlenstoff-Kohlenstoff-Doppelbindungen.

Alkin Ein Kohlenwasserstoff mit einer oder mehreren Kohlenstoff-Kohlenstoff-Dreifachbindungen.

Alkoholische Gärung Ein Stoffwechselweg, in dem Glucose zu zwei Äquivalenten Ethanol und zwei Äquivalenten Kohlendioxid abgebaut wird.

Alkoxygruppe Eine OR-Gruppe, wobei R eine Alkylgruppe ist.

Alkylgruppe Eine Gruppe, die aus einem Alkan durch Entfernung eines Wasserstoffs entsteht. Sie wird durch das Symbol R- abgekürzt.

Aminogruppe Ein sp^3-hybridisiertes Stickstoffatom mit ein, zwei oder drei daran gebundenen Kohlenstoffgruppen.

Aminosäure Eine Verbindung, die eine Aminogruppe und eine Carboxygruppe enthält.

α-Aminosäure Eine Aminosäure, in der die Aminogruppe an dem der Carboxygruppe benachbarten Kohlenstoff gebunden ist.

amorphe Bereiche Ungeordnete, nicht-kristalline Regionen in festen Polymeren.

anaboles Steroid Ein Steroidhormon wie Testosteron, das die Bildung von Gewebe und Muskelmasse fördert.

Androgene Steroidhormone (z. B. Testosteron), die die Entwicklung des männlichen Phänotyps und die Ausprägung der männlichen sexuellen Charakteristika bewirken.

Anion Ein Atom oder eine Gruppe von Atomen mit negativer Ladung.

Anomere Monosaccharide, die sich nur in der Konfiguration an ihren anomeren Kohlenstoff unterscheiden.

anomerer Kohlenstoff Der Kohlenstoff der Halbacetalfunktion eines Monosaccharids in der cyclischen Form.

***anti*-Selektivität** Die Addition von Atomen oder Atomgruppen erfolgt von unterschiedlichen Seiten der Doppelbindung.

aprotische Lösungsmittel Ein Lösungsmittel, das kein Wasserstoffbrückendonor ist, zum Beispiel Aceton, Diethylether oder Dichlormethan.

Ar- Das abkürzende Symbol für eine Arylgruppe in Analogie zu R- für eine Alkylgruppe.

Aramid Ein polyaromatisches *Amid*; ein Polymer, das aus Monomerbausteinen eines aromatischen Diamins und einer aromatischen Dicarbonsäure aufgebaut ist.

Aromatische Verbindung (aromatischer Kohlenwasserstoff oder Aromat) Eine Verbindung, die einen oder mehrere Benzolringe enthält.

aromatisches Amin Ein Amin, in dem der Stickstoff an eine oder mehrere Arylgruppen gebunden ist.

Arrhenius-Base Eine Verbindung, die sich in Wasser unter Abgabe von OH^--Ionen löst.

Arrhenius-Säure Eine Verbindung, die sich in Wasser unter Abgabe von H^+-Ionen löst.

Arylgruppe Eine Gruppe, die sich aus einer aromatischen Verbindung durch das Entfernen eines Wasserstoffs ableitet und mit Ar- abgekürzt wird.

Autoklav Ein Gerät, in dem man großen Druck aufbauen kann, zum Beispiel um Gegenstände unter stark komprimiertem Dampf zu sterilisieren.

axiale Bindung Eine Bindung in der Sesselkonformation eines Cyclohexans, die parallel zur gedanklichen Ringachse liegt.

benzylischer Kohlenstoff Ein sp^3-hybridisierter Kohlenstoff, der an einen Benzolring gebunden ist.

bimolekulare Reaktion Eine Reaktion, in der zwei Teilchen im geschwindigkeitsbestimmenden Schritt beteiligt sind.

Bindungselektronen Valenzelektronen, die in einer kovalenten Bindung vorliegen.

Boten-RNA (mRNA) Eine Ribonukleinsäure, die die kodierte genetische Information für die Proteinsynthese von der DNA zu den Ribosomen transportiert.

Brønsted-Lowry-Base Ein Protonenakzeptor.

Brønsted-Lowry-Säure Ein Protonendonator.

Carbanion Ein Anion, in dem ein Kohlenstoff mit freiem Elektronenpaar eine negative Ladung trägt.

Carbokation Ein Teilchen mit einem Kohlenstoff, der drei Bindungen ausbildet und eine positive Ladung trägt.

Carbonsäureanhydrid Eine Verbindung, in der zwei Acylgruppen an einen Sauerstoff gebunden sind.

Carbonylgruppe Eine C=O-Gruppe.

Carboxygruppe Eine COOH-Gruppe.

chemische Verschiebung (δ) Die Position eines Signals in einem NMR-Spektrum relativ zum Signal von Tetramethylsilan (TMS); die Verschiebung δ (delta) wird in ppm angegeben.

chiral Chirale Objekte sind mit ihrem Spiegelbild nicht deckungsgleich.

Chiralitätszentrum Ein Atom, meist Kohlenstoff, das vier verschiedene Substituenten trägt.

Chromatin Ein Komplex aus einem negativ geladenen DNA-Molekül und positiv geladenen Histonen.

cis Eine Vorsilbe, die „auf der gleichen Seite" bedeutet.

***cis/trans*-Isomere** Isomere, die die gleiche Verknüpfungsreihenfolge, aber eine unterschiedliche Stellung der Atome im Raum aufweisen, entweder bezüglich einer Ringebene oder bezüglich einer Doppelbindung.

Claisen-Kondensation Eine Carbonylkondensation zwischen zwei Estern unter Bildung eines β-Ketoesters.

Codon Ein Triplett von Nukleotiden auf der mRNA, das den Einbau einer bestimmten Aminosäure in die Peptidsequenz veranlasst.

Coenzym Eine niedermolekulare, nicht-peptidische Verbindung (oder ein Ion), die reversibel an ein Enzym bindet, als ein zweites Substrat für das Enzym wirkt und die in anderen Reaktionen regeneriert wird.

cyclischer Ether Ein Ether, in dem der Sauerstoff ein Ringatom ist.

Cycloalkan Ein gesättigter Kohlenwasserstoff, in dem die Kohlenstoffe zu einem Ring verknüpft sind.

deaktivierende Gruppe Ein Substituent am Benzol, der eine elektrophile aromatische Substitution im Vergleich mit einer Substitution am unsubstituierten Benzol verlangsamt.

Decarboxylierung Der Verlust von CO_2 aus eine Carboxygruppe.

deckungsgleich Die Möglichkeit, ein Objekt so über ein anderes zu schieben, dass alle strukturellen Details exakt an identischen Positionen liegen.

Dehydratisierung Die Eliminierung von Wasser aus einer Verbindung.

Dehydrohalogenierung Die Entfernung von –H und –X von benachbarten Kohlenstoffen; eine Variante der β-Eliminierung.

Diastereomere Stereoisomere, die sich nicht wie Bild und Spiegelbild verhalten. Mit diesem Begriff wird eine Beziehung zwischen zwei Objekten definiert.

diaxiale Wechselwirkung Wechselwirkung zwischen zwei Gruppen in axialen, parallelen Positionen, die sich auf derselben Seite eines Cyclohexans in der Sesselkonformation befinden.

Dieckmann-Kondensation Eine intramolekulare Claisen-Kondensation eines Dicarbonsäureesters unter Bildung eines Fünf- oder Sechsrings.

Dipeptid Eine Verbindung, die aus zwei über eine Amidbindung verknüpften Aminosäuren besteht.

Disaccharid Ein Kohlenhydrat aus zwei Monosacchariden, die über eine glycosidische Bindung verknüpft sind.

Dispersionskräfte Sehr schwache intermolekulare Anziehungskräfte, die auf der Wechselwirkung temporär induzierter Dipole beruhen.

Disulfidbrücke Eine kovalente Bindung zwischen zwei Schwefelatomen; eine S—S-Bindung.

Doppelbindungsäquivalente (DBÄ) Die Summe aus der Anzahl der Ringe und der Zahl der π-Bindungen einer Verbindung.

Doppelhelix Ein Sekundärstrukturtyp der DNA, in dem sich zwei antiparallele Polynukleotidstränge rechtsgängig um eine gemeinsame Achse winden.

Dublett Ein NMR-Signal, das in zwei Peaks aufgespalten ist. Wasserstoffe, die ein Dublett ergeben, haben einen benachbarten nicht-äquivalenten Wasserstoff.

Duroplast Ein Polymer, dem man bei der Herstellung eine Form geben kann, das aber beim Erkalten irreversibel aushärtet und nicht wieder aufgeschmolzen werden kann.

E (für entgegen) gibt an, dass die jeweils an den Kohlenstoffen einer Doppelbindung gebundenen Gruppen höherer Priorität auf gegenüberliegenden Seiten liegen.

Edman-Abbau Eine Methode zur selektiven Spaltung und Identifizierung der *N*-terminalen Aminosäure einer Peptidkette.

Einelektronenflusspfeil Ein Elektronenflusspfeil, der an der Spitze nur einen Haken aufweist; hiermit wird die Positionsänderung eines einzelnen Elektrons beschrieben.

ekliptische Konformation Eine Konformation bezüglich einer Kohlenstoff-Kohlenstoff-Einfachbindung, in der die Atome an einem Kohlenstoff den Atomen am benachbarten Kohlenstoff so nah wie möglich sind.

Elastomer Ein Material, das nach dem Dehnen oder Verdrehen wieder in seine Ausgangsgestalt zurückkehrt, sobald die Spannung gelöst wird.

Elektronegativität Ein Maß dafür, mit welcher Kraft ein Atom ein in einer Bindung mit einem anderen Atom vorliegendes Elektron zu sich heranzieht.

Elektronenflusspfeil Ein Symbol, das man nutzt, um die Umverteilung von Valenzelektronen zu verdeutlichen.

Elektromagnetische Strahlung Licht und andere Arten von Strahlungsenergie.

Elektrophil Eine elektronenarme Verbindung, die ein Elektronenpaar unter Ausbildung einer neuen kovalenten Bindung aufnehmen kann; eine Lewis-Säure.

elektrophile aromatische Substitution Eine Reaktion, in der ein Wasserstoff an einem aromatischen Ring durch ein Elektrophil (E^+) substituiert wird.

Elektrophorese Ein Prozess zur Trennung von Verbindungen auf Basis ihrer Ladungszustände.

β-Eliminierung Die Entfernung von Atomen oder Atomgruppen von zwei benachbarten Kohlenstoffatomen unter Ausbildung einer Kohlenstoff-Kohlenstoff-Doppelbindung, zum Beispiel die Entfernung von H und X aus einem Alkylhalogenid oder von H und OH aus einem Alkohol.

Enantiomere Spiegelbildliche Stereoisomere, die nicht zur Deckung zu bringen sind. Dieser Begriff beschreibt die paarweise Beziehung zwischen Objekten.

3′-Ende Das Ende des Polynukleotids, an dem die 3′-OH-Gruppe der terminalen Pentose frei ist.

5′-Ende Das Ende des Polynukleotids, an dem die 5′-OH-Gruppe der terminalen Pentose frei ist.

endotherme Reaktion Eine Reaktion, in der die Energie der Produkte höher als die der Edukte ist; eine Reaktion, in der Energie zugeführt werden muss.

Energiediagramm Ein Diagramm, das den Energieverlauf während einer chemischen Reaktion wiedergibt; die Energie wird in *y*-Richtung aufgetragen und der Reaktionsverlauf in *x*-Richtung.

Enol Eine Verbindung, in der eine OH-Gruppe an einen Kohlenstoff einer Kohlenstoff-Kohlenstoff-Doppelbindung gebunden ist.

Enolat Ein Anion, das sich aus einer Carbonylverbindung bildet, wenn ein α-Proton entfernt wird.

Epoxid Ein cyclischer Ether, in dem der Sauerstoff Teil eines dreigliedrigen Rings ist.

Epoxidharz Ein Material, das durch Polymerisation von Monomeren mit mindestens zwei Epoxidgruppen hergestellt wird.

Estrogen Ein Steroidhormon (z. B. Estradiol), das die Entwicklung des weiblichen Phänotyps und die Ausprägung der weiblichen sexuellen Charakteristika bewirkt.

Ether Eine Verbindung, in der ein Sauerstoffatom an zwei Kohlenstoffatome gebunden ist.

exotherme Reaktion Eine Reaktion, in der die Energie der Produkte niedriger als die der Edukte ist; eine Reaktion, in der Wärme freigesetzt wird.

***E*/*Z*-Deskriptoren** Deskriptoren, die die Konfiguration einer Doppelbindung angeben.

β-Faltblatt Ein Sekundärstrukturtyp, in dem sich zwei Abschnitte von Peptidketten parallel oder antiparallel zueinander anordnen.

Fett Ein bei Raumtemperatur festes oder halbfestes Triglycerid.

Fettsäuren Langkettige, unverzweigte Carbonsäuren, die meist aus 12 bis 20 Kohlenstoffatomen aufgebaut sind und bei der Hydrolyse von tierischen Fetten, Pflanzenölen oder membrangebundenen Phospholipiden entstehen.

Fingerprintbereich Der von 1000 bis 400 cm^{-1} reichende Ausschnitt eines Infrarotspektrums, der für jede Verbindung einzigartig ist.

Fischer-Projektion Eine zweidimensionale Darstellung der Konfiguration eines Stereozentrums. Horizontale Linien stellen Bindungen dar, die vom Stereozentrum in Richtung des Betrachters ragen; vertikale Linien sind nach hinten weisende Bindungen. Nur das Stereozentrum liegt in der Ebene.

Flavin-Adenin-Dinukleotid (FAD) Ein biologisches Oxidationsmittel, das in einer Oxidation selbst zu FADH$_2$ reduziert wird.

Flüssig-Mosaik-Modell Dieses Modell beschreibt biologische Membranen aus Phospholipid-Doppelschichten, wobei Proteine, Kohlenhydrate und andere Lipide innerhalb der Doppelschicht eingelagert sind oder auf deren Oberfläche zu liegen kommen.

Formalladung Die Ladung, die man einem Atom in einem Molekül oder einem mehratomigen Ion zuweist.

freies Elektronenpaar Valenzelektronen, die nicht an einer Bindung beteiligt sind.

Frequenz (ν) Die Anzahl vollständiger Cyclen einer Welle pro Sekunde.

funktionelle Gruppe Ein Atom oder eine Atomgruppe in einer Verbindung, das/die charakteristische physikalische und chemische Eigenschaften begründet.

Furanose Eine fünfgliedrige cyclische Halbacetalform eines Monosaccharids.

Gallensäuren Aus Cholesterin abgeleitete Verbindungen wie Cholsäure, die eine seifenartige Wirkung aufweisen. Sie werden in der Gallenblase produziert und in den Darm ausgeschieden, um die Absorption von Lipiden aus der Nahrung zu unterstützen.

gekreuzte Aldolreaktion Die Aldolreaktion zwischen zwei verschiedenen Aldehyden, zwei verschiedenen Ketonen oder zwischen einem Aldehyd und einem Keton.

gekreuzte Claisen-Kondensation Eine Claisen-Kondensation zwischen zwei verschiedenen Estern.

gemessener Drehwinkel Der gemessene Winkel α, um den eine Verbindung die Schwingungsebene linear polarisierten Lichts dreht.

gesättigter Kohlenwasserstoff Ein Kohlenwasserstoff, der nur aus Kohlenstoff-Kohlenstoff-Einfachbindungen aufgebaut ist.

geschwindigkeitsbestimmender Schritt Der Schritt in einer Reaktionssequenz, der die höchste Aktivierungsbarriere überwindet; der langsamste Schritt einer mehrstufigen Reaktion.

gestaffelte Konformation Eine Konformation bezüglich einer Kohlenstoff-Kohlenstoff-Einfachbindung, in der die Atome an einem Kohlenstoff so weit wie möglich von den Atomen am benachbarten Kohlenstoff entfernt sind.

Glycosid Ein Kohlenhydrat, in dem die OH-Gruppe am anomeren Kohlenstoff durch eine OR-Gruppe ersetzt ist.

glycosidische Bindung Die Bindung zwischen dem anomeren Kohlenstoff eines Glycosids und der OR-Gruppe.

Glykol Eine Verbindung mit zwei Hydroxygruppen (OH-Gruppen), meist an zwei benachbarten Kohlenstoffen.

Glykolyse Aus dem griechischen *glykys*, süß und *lysis*, Spaltung; eine Folge von zehn enzymkatalysierten Reaktionen, in denen Glucose in zwei Äquivalente Pyruvat gespalten wird.

Grignard-Reagenz Eine metallorganische Verbindung des Typs RMgX oder ArMgX.

Grundzustands-Elektronenkonfiguration Die Elektronenkonfiguration von Atomen, Molekülen oder Ionen mit der jeweils niedrigsten Energie.

Halbacetal Eine Verbindung, in der eine OH-Gruppe und eine OR- oder OAr-Gruppe am selben Kohlenstoff gebunden vorliegen.

Halogenalkan (Alkylhalogenid) Eine Verbindung, in der ein Halogenatom kovalent an einem sp^3-hybridisierten Kohlenstoffatom gebunden ist. Wird mit RX abgekürzt.

Halonium-Ion Ein Ion, in dem ein Halogenatom eine positive Ladung trägt.

Haworth-Projektion Eine Darstellungsweise, um Monosaccharide in der Furanose- oder Pyranoseform darzustellen. Der Ring wird flach gezeichnet und durch eine Kante betrachtet; das anomere Zentrum liegt rechts und der Ringsauerstoff rechts hinten.

α-Helix Ein Sekundärstrukturtyp, in dem sich Peptidabschnitte in Spiralen winden, meist in rechtsgängigen Spiralen.

Hertz Die Einheit, in der die Frequenz angegeben wird; s^{-1} (wird gelesen als *pro Sekunde*).

heteroaromatische Verbindung Eine aromatische heterocyclische Verbindung.

heteroaromatisches Amin Ein Amin, in dem der Stickstoff Teil eines aromatischen Rings ist.

heterocyclische Verbindungen Eine organische Verbindung, die einen oder mehrere Atome im Ring enthält, die nicht Kohlenstoff sind.

heterocyclisches Amin Ein Amin, in dem der Stickstoff Teil eines Rings ist.

High-density Lipoproteine (HDL) Plasmateilchen der Dichte 1.06–1.21 g/mL, die aus etwa 33 % Proteinen, 30 % Cholesterin, 29 % Phospholipiden und 8 % Triglyceriden bestehen.

Histon Ein Protein, das besonders reich an den basischen Aminosäuren Lysin und Arginin ist und das an DNA gebunden ist.

hochfeld Ein Begriff, den man benutzt, um die relative Position eines Signals im NMR-Spektrum anzugeben. Hochfeld bedeutet, dass das Signal eher rechts im Spektrum erscheint (bei stärkerem angelegten Feld).

Hybridorbital Orbital, das sich aus der Kombination von zwei oder mehr Atomorbitalen ergibt.

Hydratisierung Addition von Wasser.

Hydrid-Ionen Ein Wasserstoffatom mit zwei Elektronen in seiner Valenzschale; H:⁻.

hydrophil Aus dem Griechischen: „wasserliebend".

hydrophob Aus dem Griechischen: „wassermeidend".

hydrophober Effekt Die Neigung unpolarer Gruppen, sich so zusammenzuballen, dass sie vom Kontakt mit der wässrigen Umgebung abgeschirmt sind.

Hydroxygruppe Eine OH-Gruppe.

Imin Eine Verbindung, die eine Kohlenstoff-Stickstoff-Doppelbindung enthält; wird auch als Schiffsche Base bezeichnet.

induktiver Effekt Die Verschiebung von Elektronendichte entlang kovalenter Bindungen durch die Nachbarschaft eines Atoms mit höherer Elektronegativität.

Inversion der Konfiguration Das Umklappen der Substituenten am Reaktionszentrum einer S_N2-Reaktion.

ionische Bindung Eine chemische Bindung, die durch elektrostatische Anziehung zwischen einem Anion und einem Kation zustande kommt.

isoelektrischer Punkt (pI) Der pH, bei dem eine Aminosäure, ein Peptid oder ein Protein nach außen ungeladen vorliegen.

Kation Ein Atom oder eine Gruppe von Atomen mit positiver Ladung.

Keton Eine Verbindung, die eine an zwei Kohlenstoffe gebundene Carbonylgruppe enthält.

Ketose Ein Monosaccharid, das eine Ketogruppe enthält.

Kettenabbruch In einer Radikalpolymerisation die Rekombination zweier Radikale unter Bildung einer neuen kovalenten Bindung.

Kettenfortpflanzung In einer Radikalpolymerisation die Reaktion eines Radikals mit einem nicht-radikalischen Molekül unter Bildung eines neuen Radikals.

Kettenpolymerisation Eine Polymerisation, in der fortlaufend Additionsreaktionen stattfinden, entweder an ungesättigte Monomere oder an Monomere mit anderen funktionellen Gruppen.

Kettenstart In einer radikalischen Polymerisation die Bildung von Radikalen aus Verbindungen, die nur gepaarte Elektronen enthalten.

Kettenübertragung In einer Radikalpolymerisation die Übertragung einer reaktiven Endgruppe währen der Polymerisation von einer Kette auf eine andere.

Kohlenhydrat Ein Polyhydroxyaldehyd oder ein Polyhydroxyketon oder eine Verbindung, die nach Hydrolyse eine dieser Verbindungsklassen ergibt.

α-Kohlenstoff Ein Kohlenstoff, der einer Carbonylgruppe benachbart ist.

Kohlenwasserstoff Eine Verbindung, die nur aus Kohlenstoff- und Wasserstoffatomen aufgebaut ist.

Konformation Die räumliche Anordnung der Atome in einem Molekül, die aus der Drehung um Einfachbindungen resultiert.

konjugierte Base Das Teilchen, das sich bildet, wenn eine Säure ein Proton abgibt.

konjugierte Säure Das Teilchen, das sich bildet, wenn eine Base ein Proton aufnimmt.

Konstitutionsisomere Verbindungen mit der gleichen Summenformel, aber einer unterschiedlichen Reihenfolge und Verknüpfung der Atome.

kovalente Bindung Eine chemische Bindung, die durch gemeinsame Nutzung eines oder mehrerer Elektronenpaare entsteht.

kristalline Bereiche Geordnete kristalline Regionen in festen Polymeren; auch als Kristallite bezeichnet.

Kunststoff Ein Polymer, das beim Erhitzen weich wird und das seine Form im erkalteten Zustand beibehält.

Lactam Ein cyclisches Amid.

Lacton Ein cyclischer Ester.

Lewis-Base Ein Molekül oder Ion, das eine neue kovalente Bildung ausbilden kann, indem es ein Elektronenpaar zur Verfügung stellt (Elektronenpaardonator).

Lewis-Formel eines Atoms Das Elementsymbol umgeben von so viel Punkten, wie das Atom Elektronen in seiner Valenzschale enthält.

Lewis-Säure Ein Molekül oder Ion, das eine neue kovalente Bildung durch Aufnahme eines Elektronenpaars ausbilden kann (Elektronenpaarakzeptor).

lineare Polarisation Licht, das nur in parallelen Ebenen schwingt.

linksdrehend Drehung der Schwingungsebene linear polarisierten Lichts in einem Polarimeter nach links.

Lipiddoppelschicht Zwei Phospholipid-Einzelschichten sind Rücken an Rücken angeordnet.

Lipide Eine uneinheitliche Klasse von Verbindungen, die über ihre Lösungseigenschaften klassifiziert werden können. Sie sind in Wasser unlöslich, lösen sich aber gut in organischen Lösungsmitteln wie Diethylether, Aceton und Dichlormethan. Im Gegensatz dazu sind Kohlenhydrate, Aminosäuren und Proteine Naturstoffe, die in diesen Lösungsmitteln weitgehend unlöslich sind.

Low-density Lipoproteine (LDL) Plasmateilchen der Dichte 1.02–1.06 g/mL, die aus etwa 25 % Proteinen, 50 % Cholesterin, 21 % Phospholipiden und 4 % Triglyceriden bestehen.

mehrfach ungesättigtes Triglycerid Ein Triglycerid, das mehrere Kohlenstoff-Kohlenstoff-Doppelbindungen in den Kohlenstoffketten der drei Fettsäuren enthält.

Mercaptan Ein Trivialname für eine Verbindung mit einer SH-Gruppe.

mesomere Grenzformeln Darstellungen von Molekülen oder Ionen, die sich nur in der Verteilung der Valenzelektronen unterscheiden.

Mesomeriepfeile Doppelköpfige Pfeile, die man verwendet, um Grenzformeln zu verbinden.

***meso*-Verbindung** Eine achirale Verbindung mit zwei oder mehr Stereozentren.

***meta* (*m*)** Beschreibt die Stellung von Substituenten an den Positionen 1 und 3 eines Benzolrings.

***meta*-dirigierend** Ein Substituent am Benzol, der zu einer elektrophilen aromatischen Substitution bevorzugt in den *meta*-Positionen führt.

metallorganische Verbindung Eine Verbindung, die eine Kohlenstoff-Metall-Bindung enthält.

Micelle Die sphärische Anordnung von organischen Molekülen in einem wässrigen Lösungsmittel, wobei die hydrophoben Molekülteile innerhalb der Sphäre liegen und die hydrophilen Teile außerhalb, wo sie in Kontakt mit dem Wasser sind.

Michael-Addition Die konjugate Addition eines Enolats oder eines anderen Nukleophils an eine α,β-ungesättigte Carbonylverbindung.

Milchsäuregärung Ein Stoffwechselweg, in dem Glucose in zwei Äquivalente Lactat überführt wird.

mittleres Infrarot Ein Ausschnitt aus dem Infrarotbereich, der von 4000 bis 400 cm^{-1} reicht.

Molekülspektroskopie Das Studium der von Verbindungen absorbierten oder emittierten elektromagnetischen Strahlung und der Korrelation zwischen ihrer Frequenz und der jeweiligen Molekülstruktur.

Monomer Aus dem Griechischen *monos*, einzelner; *méros*, Teil; die kleinste Einheit, aus der Polymere synthetisiert werden können.

D-Monosaccharid Ein Monosaccharid, in dem die OH-Gruppe am vorletzten Kohlenstoff in der Fischer-Projektion nach rechts zeigt.

L-Monosaccharid Ein Monosaccharid, in dem die OH-Gruppe am vorletzten Kohlenstoff in der Fischer-Projektion nach links zeigt.

Monosaccharid Ein Kohlenhydrat, das nicht durch Hydrolyse in eine einfachere Verbindung überführt werden kann.

Multiplett Ein NMR-Signal, das durch mehr als ein Set benachbarter Wasserstoffe in mehrere Peaks aufgespalten ist, oft in einem unregelmäßigen Muster.

Mutarotation Die Änderung der spezifischen Drehung, die bei der Überführung des α- oder des β-Anomers eines Kohlenhydrats in eine Gleichgewichtsmischung beider Anomere auftritt.

(n+1)-Regel Das ^{1}H-NMR-Signal eines Wasserstoffs oder einer Gruppe äquivalenter Wasserstoffe mit n anderen Wasserstoffen an benachbarten Kohlenstoffen wird in (n + 1) Peaks aufgespalten.

Newman-Projektion Eine Möglichkeit zur Darstellung eines Moleküls, in der man entlang einer Kohlenstoff-Kohlenstoff-Bindung blickt.

nicht deckungsgleich Es gibt keine Möglichkeit, ein Objekt so über ein anderes zu schieben, dass alle strukturellen Details exakt an identischen Positionen liegen.

Nicotinamid-Adenin-Dinukleotid (NAD$^+$) Ein biologisches Oxidationsmittel, das in einer Oxidation selbst zu NADH reduziert wird.

Nomenklatur Ein Regelwerk zur Benennung organischer Verbindungen.

Nukleinsäure Ein Biopolymer, das drei Typen von Monomerbausteinen enthält: von Purinen und Pyrimidinen abgeleitete heterocyclische aromatische Aminbasen, die Monosaccharide D-Ribose oder 2-Desoxy-D-Ribose und Phosphat.

Nukleophil Ein Atom oder eine Atomgruppe, die unter Ausbildung einer neuen kovalenten Bindung ein Elektronenpaar an ein anderes Atom oder eine andere Atomgruppe abgeben kann; eine Lewis-Base.

nukleophile Substitution Eine Reaktion, in der ein Nukleophil (eine Austrittsgruppe) durch ein anderes Nukleophil ersetzt wird.

nukleophile Substitution an einem Carbonsäurederivat Eine Reaktion, in der ein Nukleophil (eine Austrittsgruppe) an einer Carbonylgruppe durch ein anderes Nukleophil ersetzt wird.

Nukleosid Ein Baustein in Nukleinsäuren, der aus D-Ribose oder 2-Desoxy-D-Ribose besteht, die über eine β-*N*-glycosidische Bindung an eine heterocyclische aromatische Aminbase gebunden ist.

Nukleotid Ein Nukleosid, in dem ein Äquivalent Phosphorsäure mit der OH-Gruppe des Monosaccharids verestert ist, meistens mit der 3′-OH- oder der 5′-OH-Gruppe.

Öl Ein bei Raumtemperatur flüssiges Triglycerid.

Oktettregel Die Neigung der Hauptgruppenelemente, so zu reagieren, dass die äußere Schale mit acht Elektronen besetzt vorliegt.

Oligosaccharid Ein Kohlenhydrat aus 6 bis 10 Monosacchariden, die jeweils mit dem nächsten über eine glycosidische Bindung verknüpft sind.

optisch aktiv Eine Verbindung ist optisch aktiv, wenn sie die Schwingungsebene von linear polarisiertem Licht dreht.

optisch inaktiv Eine Verbindung ist optisch inaktiv, wenn es die Schwingungsebene von linear polarisiertem Licht nicht dreht.

Orbital Der räumliche Bereich, in dem sich ein Elektron oder ein Elektronenpaar während 95 % der Zeit aufhält.

Organische Chemie Die Lehre von den chemischen und physikalischen Eigenschaften der Kohlenstoffverbindungen.

***ortho* (*o*)** Beschreibt die Stellung von Substituenten an den Positionen 1 und 2 eines Benzolrings.

***ortho*/*para*-dirigierend** Ein Substituent am Benzol, der zu einer elektrophilen aromatischen Substitution bevorzugt in den *ortho*- und *para*-Positionen führt.

β-Oxidation von Fettsäuren Eine Serie von vier enzymkatalysierten Reaktionen, durch die jeweils zwei Kohlenstoffatome gleichzeitig vom Carboxyende einer Fettsäure abgespalten werden.

Oxonium-Ion Ein Ion, das ein positiv geladenes Sauerstoffatom mit drei gebundenen Atomen oder Atomgruppen enthält.

***para* (*p*)** Beschreibt die Stellung von Substituenten an den Positionen 1 und 4 eines Benzolrings.

Peaks (NMR) Die Einheiten, in die ein NMR-Signal aufgespalten ist – zwei Peaks in einem Dublett, drei Peaks in einem Triplett usw.

Peptid Ein Makromolekül, das 20 oder mehr Aminosäuren enthält, in dem jede Aminosäure mit der nächsten über eine Amidbindung verknüpft ist.

Peptidbindung Eine spezielle Bezeichnung für die Amidbindung zwischen der α-Aminogruppe einer Aminosäure und der α-Carboxygruppe einer zweiten Aminosäure.

Phenol Eine Verbindung, in der eine OH-Gruppe an einen Benzolring gebunden ist.

Phenylgruppe (C_6H_5-) Die Arylgruppe, die aus dem Benzol durch Abspaltung eines Wasserstoffs entsteht.

Phospholipide Ein Lipid, in dem Glycerin mit zwei Fettsäureeinheiten und einem Äquivalent Phosphorsäure verestert ist.

π-Bindung Eine kovalente Bindung, die durch Überlappung parallel angeordneter *p*-Orbitale entsteht.

polare kovalente Bindung Eine kovalente Bindung zwischen Atomen mit einer Elektronegativitätsdifferenz zwischen ~0.5 und ~1.9.

Polarimeter Ein Instrument, mit dem man messen kann, wie stark eine Verbindung die Schwingungsebene linear polarisierten Lichts dreht.

Polyamid Ein Polymer, in der jede Monomereinheit mit der nächsten über eine Amidbindung verknüpft ist, wie zum Beispiel in Nylon-6,6.

Polycarbonat Ein Polyester, in der die Carboxygruppe von der Kohlensäure abgeleitet ist.

polycyclische aromatische Kohlenwasserstoffe Kohlenwasserstoffe, die zwei oder mehr kondensierte aromatische Ringe enthalten.

Polyester Ein Polymer, in dem jeder Monomerbaustein mit dem nächsten über eine Esterbindung verknüpft ist, zum Beispiel das Polyethylenterephthalat.

Polymer Aus dem Griechischen *polý*, viele; *méros*, Teil; jede langkettige Verbindung, die durch Verknüpfung vieler einzelner Bausteine, sogenannter Monomere, entstanden ist.

Polymerisationsgrad *n* Eine tiefgestellte Zahl, die rechts außerhalb der Klammern um die Wiederholeinheit eines Polymers platziert ist und die angibt, wie oft sich diese Einheit im Polymer wiederholt.

Polysaccharid Ein Kohlenhydrat aus sehr vielen Monosacchariden, die jeweils mit dem nächsten Monosaccharid über eine oder mehrere glycosidische Bindungen verknüpft sind.

Polyurethan Ein Polymer, das –NHCOO– als sich wiederholende Einheit enthält.

Primärstruktur eines Proteins Die Aminosäuresequenz in einer Peptidkette. Sie wird beginnend an der *N*-terminalen Aminosäure bis zur *C*-terminalen Aminosäure abgelesen.

Primärstruktur von Nukleinsäuren Die vom 5′- zum 3′-Ende gelesene Abfolge der Basen entlang des Pentose-Phosphodiester-Rückgrats in einem DNA- oder RNA-Molekül.

Prioritätsreihenfolge funktioneller Gruppen Ein in der IUPAC-Nomenklatur verwendetes System, um funktionelle Gruppen entsprechend ihrer Priorität zu reihen.

Prostaglandine Derivate der aus 20 Kohlenstoffatomen aufgebauten Prostansäure.

protisches Lösungsmittel Ein Lösungsmittel, das ein Wasserstoffbrückendonor ist – wie Wasser, Ethanol oder Essigsäure. Ein Wasserstoffbrückendonor ist eine Verbindung mit Wasserstoffatomen, die sich an einer H-Brücke beteiligen können.

Pyranose Die sechsgliedrige cyclische Halbacetalform eines Monosaccharids.

Quartärstruktur von Proteinen Die Anordnung peptidischer Makromoleküle in einem nicht-kovalent gebundenen Aggregat.

Quartett Ein NMR-Signal, das in vier Peaks aufgespalten ist. Wasserstoffe, die ein Quartett ergeben, haben drei benachbarte nicht-äquivalente Wasserstoffe, die ihrerseits zueinander äquivalent sind.

R Aus dem Lateinischen *rectus*, rechts; wird in der *R/S*-Nomenklatur verwendet, um anzugeben, dass die Prioritäten der Substituenten an einem Stereozentrum im Uhrzeigersinn abnehmen.

R– Ein Symbol, das für eine Alkylgruppe steht.

Racemat Eine 1 : 1-Mischung zweier Enantiomere.

Racematspaltung Die Trennung eines Racemats in seine Enantiomere.

Racemisierung Die Umwandlung eines reinen Enantiomers in ein Racemat.

Radikal Ein Molekül, das ein oder mehrere ungepaarte Elektronen enthält.

Reaktionskoordinate Ein Maß für den Fortschritt einer Reaktion, auf der *x*-Achse eines Energiediagramms aufgetragen.

Reaktionsmechanismus Die schrittweise Beschreibung eines Reaktionsablaufs.

Reaktionswärme, Δ*H* Die Energiedifferenz zwischen Produkten und Edukten.

rechtsdrehend Drehung der Schwingungsebene linear polarisierten Lichts in einem Polarimeter nach rechts.

reduktive Aminierung Die Bildung eines Imins aus einem Aldehyd oder Keton mit nachfolgender Reduktion des Imins zu einem Amin.

reduzierender Zucker Ein Kohlenhydrat, das mit einem Oxidationsmittel zu einer Aldonsäure reagiert.

Regel von Markownikow In der Addition von HX oder H_2O an ein Alken wird der Wasserstoff an *den* Kohlenstoff der Doppelbindung gebunden, an den die größere Zahl von Wasserstoffatomen gebunden ist.

regioselektive Reaktion Eine Reaktion, in der eine Bindungsbildung oder ein Bindungsbruch bevorzugt oder ausschließlich an einer von mehreren möglichen Stellen einer Verbindung stattfindet.

relative Nukleophilie Die relative Reaktionsgeschwindigkeit, mit der ein Nukleophil mit einem ausgewählten Elektrophil reagiert.

Resonanz Die Absorption elektromagnetischer Strahlung durch einen Kern und das „Umklappen" seines Spins von einem energetisch niedrigen in einen höheren Spinzustand.

Resonanzenergie Die Energiedifferenz zwischen einem Resonanzhybrid und der stabilsten hypothetischen Grenzstruktur.

Resonanzhybrid Ein Molekül oder Ion, das am besten durch gemittelte Überlagerung verschiedener mesomerer Grenzformeln beschrieben wird.

Resonanzsignal Die Messung einer Kernspinresonanz in einem NMR-Spektrum.

Restriktionsendonuklease Ein Enzym, das die Hydrolyse einer bestimmten Phosphodiesterbindung in einem DNA-Strang spaltet.

ribosomale RNA (rRNA) Eine Ribonukleinsäure, die in Ribosomen vorliegt, den Orten der Proteinsynthese.

ringförmige DNA Ein Typ doppelsträngiger DNA in der das 5'- und das 3'-Ende jedes Strangs durch eine Phosphodiestergruppe verbunden ist.

***R/S*-Nomenklatur** Regeln zur Ermittlung der Konfiguration eines Stereozentrums.

S Aus dem Lateinischen *sinister*, links; wird in der *R/S*-Nomenklatur verwendet, um anzugeben, dass die Prioritäten der Substituenten an einem Stereozentrum gegen den Uhrzeigersinn abnehmen.

Säurechlorid Ein Derivat einer Carbonsäure, in der die OH-Gruppe der Carboxygruppe durch ein Halogen, meist Chlor, ersetzt ist.

Sanger-Didesoxymethode Eine von Frederick Sanger entwickelte Methode zur Sequenzierung der DNA.

Saytzeff-Regel Diese Regel besagt, dass als Hauptprodukt einer β-Eliminierung das stabilere Alken entsteht, also das Alken mit der höher substituierten Doppelbindung.

Schale Der räumliche Bereich um einen Atomkern, in dem sich die Elektronen aufhalten.

Schiffsche Base Ein alternativer Name für Imine.

schwache Säure Eine Säure, die in wässriger Lösung nur teilweise dissoziiert vorliegt.

schwache Base Eine Base, die in wässriger Lösung nur teilweise protoniert vorliegt.

Seife Die Natrium- oder Kaliumsalze von Fettsäuren.

Sekundärstruktur von Nukleinsäuren Die Anordnung der Nukleinsäurestränge.

Sekundärstruktur von Peptiden Die definierte Anordnung (Konformation) von Aminosäuren in begrenzten Bereichen eines Peptids oder Proteins.

Sesselkonformation Die stabilste Konformation eines Cyclohexanrings; alle Bindungswinkel betragen etwa 109.5° und alle Bindungen an benachbarten Kohlenstoffen liegen gestaffelt vor.

σ-Bindung Eine kovalente Bindung, in der die Überlappung der Atomorbitale entlang der Bindungsachse konzentriert ist.

Signalaufspaltung Die durch den Einfluss benachbarter Kerne erfolgende Aufspaltung eines NMR-Signals in mehrere Peaks.

Singulett Ein Signal, das aus einem Peak besteht. Wasserstoffe, die ein Singulett ergeben, haben keine benachbarten nicht-äquivalenten Wasserstoffe.

Skelettformel Eine abkürzende Schreibweise zum Zeichnen von Strukturformeln, in der jeder Eckpunkt und jeder Endpunkt einen Kohlenstoff und jeder Strich eine Bindung darstellt.

Solvolyse Eine nukleophile Substitution, in der das Lösungsmittel das Nukleophil ist.

spezifische Drehung Winkel, um den sich die Schwingungsebene linear polarisierten Lichts dreht, wenn eine Probe mit einer Konzentration von 1.0 g/mL in einer Küvette mit 1.0 dm Länge vermessen wird.

Spiegelbild Das von einem Spiegel zurückgeworfene Bild eines Objekts.

Spiegelebene Eine imaginäre Ebene, die ein Objekt so teilt, dass die eine Hälfte spiegelbildlich zur anderen Hälfte ist.

sp-Hybridorbital Ein Orbital, das durch Kombination eines s-Atomorbitals und eines p-Atomorbitals gebildet wird.

sp^2-Hybridorbital Ein Orbital, das durch Kombination eines s-Atomorbitals und zweier p-Atomorbitale gebildet wird.

sp^3-Hybridorbital Ein Orbital, das durch Kombination eines s-Atomorbitals und dreier p-Atomorbitale gebildet wird.

starke Säure Eine Säure, die in wässriger Lösung vollständig dissoziiert vorliegt.

starke Base Eine Base, die in wässriger Lösung vollständig protoniert vorliegt.

Stereoisomere Isomere mit gleicher Summenformel und Konstitution, die sich in der räumlichen Anordnung der Atome unterscheiden.

stereoselektive Reaktion Eine Reaktion, in der eines von mehreren möglichen Stereoisomeren bevorzugt gebildet oder umgesetzt wird.

Stereozentrum Ein Atom, an dem das Vertauschen zweier Substituenten zu einem anderen Stereoisomer führt.

sterische Faktoren Die durch die Größe von Substituenten hervorgerufenen Einflüsse, die den Zugang zum Reaktionszentrum der Verbindung erschweren.

sterische Spannung Die Spannung, die auftritt, wenn sich durch vier oder mehr Bindungen getrennte Atome unnatürlich nahe kommen.

Steroide Pflanzliche oder tierische Lipide mit einer charakteristischen tetracyclischen Ringstruktur. Das Steroidgrundgerüst besteht aus drei Sechsringen und einem Fünfring.

Stufenwachstumspolymerisation Eine Polymerisation, in der das Kettenwachstum schrittweise zwischen bifunktionellen Monomeren erfolgt, wie zum Beispiel in der Bildung von Nylon-6,6 aus Adipinsäure und Hexamethylendiamin.

Tautomere Konstitutionsisomere, die sich in der Position eines Wasserstoffs und der Lage von Doppelbindungen relativ zu O, N oder S unterscheiden.

***C*-terminale Aminosäure** Die Aminosäure am Ende einer Peptidkette, die eine freie α-COO⁻-Gruppe aufweist.

***N*-terminale Aminosäure** Die Aminosäure am Ende einer Peptidkette, die eine freie α-NH₃⁺-Gruppe aufweist.

Tertiärstruktur der Peptide Die dreidimensionale räumliche Anordnung aller Atome einer einzelnen Peptidkette.

Tertiärstruktur der Nukleinsäuren Die dreidimensionale Anordnung aller Atome einer Nukleinsäure; üblicherweise als *Supercoiling* bezeichnet.

Thermoplast Ein Polymer, das man schmelzen und in eine Form gießen kann, die es beim Erkalten behält.

Thioester Ein Ester, in dem der Sauerstoff der OR-Gruppe durch ein Schwefelatom ersetzt ist.

Thiohalbacetal Die einem Halbacetal analoge Verbindung, in der ein oder mehrere Sauerstoffatome durch Schwefel ersetzt sind.

Thiol Eine Verbindung, die eine SH-Gruppe (eine Sulfanylgruppe) enthält.

tieffeld Ein Begriff, den man benutzt, um die relative Position eines Signals im NMR-Spektrum anzugeben. Tieffeld bedeutet, dass das Signal eher links im Spektrum erscheint (bei schwächerem angelegten Feld).

Torsionsspannung Spannung, die entsteht, wenn durch drei Bindungen voneinander getrennte Atome von einer gestaffelten in eine ekliptische Konformation gezwungen werden.

trans Eine Vorsilbe, die „auf entgegengesetzten Seiten" bedeutet.

Transfer-RNA (tRNA) Eine Ribonukleinsäure, die spezifisch eine Aminosäure zu der Position im Ribosom transportiert, an der die Proteinsynthese stattfindet.

Triglycerid (Triacylglycerin) Ein Ester aus Glycerin und drei Fettsäuren.

Tripeptid Eine Verbindung aus drei Aminosäuren, in der jede mit der nächsten über eine Amidbindung verknüpft ist.

Triplett Ein NMR-Signal, das in drei Peaks aufgespalten ist. Wasserstoffe, die ein Triplett ergeben, haben zwei benachbarte nicht-äquivalente Wasserstoffe, die ihrerseits zueinander äquivalent sind.

Übergangszustand Ein Zustand in einem Energiemaximum, der während einer Reaktion durchlaufen wird; ein Maximum in einem Energiediagramm.

Umlagerung Eine Reaktion, in der eine Kohlenstoffgruppe oder ein Wasserstoffatom zu einem anderen Atom innerhalb des Moleküls wandert.

ungesättigter Kohlenwasserstoff Ein Kohlenwasserstoff, der mindestens eine Kohlenstoff-Kohlenstoff-π-Bindung enthält.

unimolekulare Reaktion Eine Reaktion, in der nur ein Teilchen im geschwindigkeitsbestimmenden Schritt beteiligt ist.

unpolare kovalente Bindung Eine kovalente Bindung zwischen Atomen mit einer Elektronegativitätsdifferenz von weniger als ~0.5.

Valenzelektronen Elektronen in der Valenzschale (der äußersten Schale) eines Atoms.

Valenzschale Die äußerste Elektronenschale eines Atoms.

Veresterung Die Bildung eines Esters durch Erhitzen einer Carbonsäure und eines Alkohols in Gegenwart eines Säurekatalysators, meist Schwefelsäure.

Verseifung Die Hydrolyse eines Esters in wässriger NaOH oder KOH unter Bildung eines Alkohols und des Natrium- bzw. Kaliumsalzes der Carbonsäure.

Wannenkonformation Eine gefaltete Konformation des Cyclohexans, in der die Ringkohlenstoffe C-1 und C-4 zueinander gedreht sind.

α-Wasserstoff Ein Wasserstoffatom an einem α-Kohlenstoff.

Wasserstoffbrückenbindung Die anziehende Kraft zwischen der positiven Partialladung eines Wasserstoffs und der partiell negativen Ladung eines nahegelegenen Sauerstoff-, Stickstoff- oder Fluoratoms.

Wellenlänge (λ) Der Abstand zwischen zwei direkt aufeinanderfolgenden Punkte gleicher Phase in einer Welle.

Wellenzahl ($\tilde{\nu}$) Eine Kenngröße elektromagnetischer Strahlung; die Anzahl der Schwingungen einer Welle pro Zentimeter.

Winkelspannung Die Spannung, die entsteht, wenn ein Bindungswinkel größer oder kleiner als der ideale Wert ist.

Z (für zusammen) gibt an, dass die jeweils an den Kohlenstoffen einer Doppelbindung gebundenen Gruppen höherer Priorität auf derselben Seite liegen.

Zwischenstufe Ein instabiler Zustand in einem energetischen Minimum zwischen zwei Übergangszuständen.

Zwitterion Ein inneres Salz, z. B. einer Aminosäure.

Anhang 1

Säuredissoziationskonstanten (pK_S-Werte) für die wichtigsten Stoffklassen organischer Säuren

Stoffklasse und Beispiel	pK_S-Wert	Stoffklasse und Beispiel	pK_S-Wert	Stoffklasse und Beispiel	pK_S-Wert
Sulfonsäuren 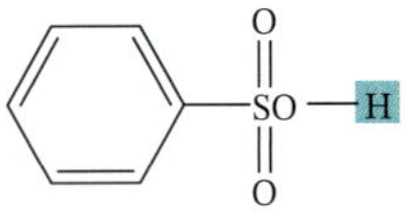 (C$_6$H$_5$SO$_2$—H)	(−3)–(−2)	β-Diketone (CH$_3$—CO—CH(H)—CO—CH$_3$)	10	α-Wasserstoff eines Aldehyds oder Ketons (CH$_3$COCH$_2$—H)	18–20
Carbonsäuren (CH$_3$CO—H)	3–5	Alkylammoniumverbindungen ((CH$_3$CH$_2$)$_3$N$^+$—H)	10–12	α-Wasserstoff eines Esters (CH$_3$CH$_2$OCCH$_2$—H)	23–25
Arylammoniumverbindungen 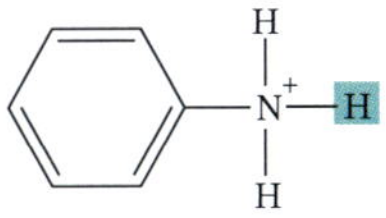 (C$_6$H$_5$NH$_2$—H$^+$)	4–5	β-Ketoester (CH$_3$—CO—CH(H)—COCH$_2$CH$_3$)	11	terminale Alkine (CH$_3$—C≡C—H)	25
Thiole (CH$_3$CH$_2$S—H)	8–12	Wasser (HO—H)	15.7	aliphatische Amine ((CH$_3$CH$_2$)$_2$N—H)	36
Phenole (C$_6$H$_5$O—H)	9–10	Alkohole (CH$_3$CH$_2$O—H)	15–19	allylischer Wasserstoff eines Alkens (CH$_2$=CHCH$_2$—H)	43
				Alkene (CH$_2$=CH—H)	50
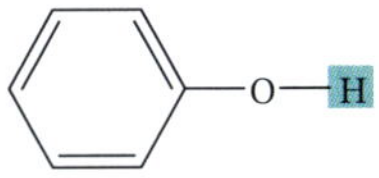				Alkane ((CH$_3$)$_2$CH—H)	>51

Einführung in die Organische Chemie, Erste Auflage. William H. Brown und Thomas Poon.
© 2021 WILEY-VCH GmbH. Published 2021 by WILEY-VCH GmbH.

Typische chemische Verschiebungen in der ¹H-NMR-Spektroskopie

Wasserstofftyp (R = Alkyl, Ar = Aryl)	chemische Verschiebung (δ)*	Wasserstofftyp (R = Alkyl, Ar = Aryl)	chemische Verschiebung (δ)*
(CH$_3$)$_4$Si	0 (definitionsgemäß)	RCOCH$_3$ (Ester, O=C–O–CH$_3$)	3.7–3.9
RCH$_3$	0.8–1.0		
RCH$_2$R	1.2–1.4	RCOCH$_2$R (Ester, O=C–O–CH$_2$R)	4.1–4.7
R$_3$CH	1.4–1.7		
C=C–CH (allylisch)	1.6–2.6	RCH$_2$I	3.1–3.3
		RCH$_2$Br	3.4–3.6
RC≡CH	2.0–3.0	RCH$_2$Cl	3.6–3.8
ArCH$_3$	2.2–2.5	RCH$_2$F	4.4–4.5
ArCH$_2$R	2.3–2.8	ArOH	4.5–4.7
ROH	0.5–6.0	R$_2$C=CH$_2$	4.6–5.0
RCH$_2$OH	3.4–4.0	R$_2$C=CHR	5.0–5.7
RCH$_2$OR	3.3–4.0	ArH	6.5–8.5
R$_2$NH	0.5–5.0		
RCOCH$_3$ (Keton)	2.1–2.3	RCHO (Aldehyd)	9.5–10.1
RCOCH$_2$R (Keton)	2.2–2.6	RCOOH	10–13

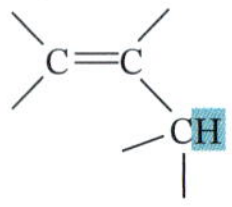

* Werte relativ zu Tetramethylsilan in ppm. Die Signale können durch Substituenten in den Verbindungen auch außerhalb der angegebenen Bereiche liegen.

Anhang 2

Typische chemische Verschiebungen in der ¹³C-NMR-Spektroskopie

Kohlenstofftyp	chemische Verschiebung (δ)	Kohlenstofftyp	chemische Verschiebung (δ)
R$\underline{C}$H$_3$	0–40	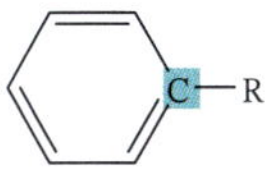 Ph–$\underline{C}$–R (aromatisch)	110–160
R$\underline{C}$H$_2$R	15–55	R$\underline{C}$OR (Ester)	160–180
R$_3$$\underline{C}$H	20–60	R$\underline{C}$NR$_2$ (Amid)	165–180
R$\underline{C}$H$_2$I	0–40	R$\underline{C}$OH (Carbonsäure)	175–185
R$\underline{C}$H$_2$Br	25–65	R$\underline{C}$H, R$\underline{C}$R (Aldehyd, Keton)	180–210
R$\underline{C}$H$_2$Cl	35–80		
R$_3$$\underline{C}$OH	40–80		
R$_3$$\underline{C}$OR	40–80		
R$\underline{C}$≡$\underline{C}$R	65–85		
R$_2$$\underline{C}$=$\underline{C}R_2$	100–150		

Einführung in die Organische Chemie, Erste Auflage. William H. Brown und Thomas Poon.
© 2021 WILEY-VCH GmbH. Published 2021 by WILEY-VCH GmbH.

Typische Frequenzen in der Infrarotspektroskopie

Bindung	Funktionelle Gruppe	Frequenz (cm^{-1})	Intensität*
C—H	Alkan	2850–3000	w–m
	—CH$_3$	1375 und 1450	w–m
	—CH$_2$—	1450	m
	Alken	3000–3100	w–m
		650–1000	s
	Alkin	3270–3330	w–m
		1600–1680	w–m
	Aromat	3000–3100	s
		690–900	s
	Aldehyd	2700–2800	w
		2800–2900	w
C=C	Alken	1600–1680	w–m
	Aromat	1450 und 1600	w–m
C—O	Alkohol, Ether,	1050–1100 (sp^3 C—O)	s
	Ester, Carbonsäure		s
	Anhydrid	1200–1250 (sp^2 C—O)	s
C=O	Amid	1630–1680	s
	Carbonsäure	1700–1725	s
	Keton	1705–1780	s
	Aldehyd	1705–1740	s
	Ester	1735–1800	s
	Anhydrid	1760 und 1800	s
O—H	Alkohol, Phenol		
	frei	3600–3650	m
	H-gebunden	3200–3500	m
	Carbonsäure	2400–3400	m
N—H	Amin, Amid	3100–3500	m–s

* w = schwach (weak), m = mittel, s = stark

Stichwortverzeichnis

Symbole

4n + 2-Regel *siehe* Hückel-Regel

A

Abschirmung 372, 392
Acesulfam-K 581
Acetaldehyd 405, 407, 410
  Struktur 406
Acetale 416, 435
  als Schutzgruppen 421
  funktionelle Gruppe 418
  Herstellung 418, 420, 436
  Hydrolyse 421
Acetessigsäure 463, 464
Aceton 464
  Struktur 406
Acetophenon 407
Acetyl-Coenzym A 464, 527, 536, 639, 677, 682, 690
Acetylen *siehe* Ethin
Acetylgruppe 448
Acetylid-Anionen 165
  Alkylierung 166
  als Synthesebausteine 160
Aciclovir 654
Acidität *siehe* Säurestärke
Acylgruppe 476
Acylhalogenide *siehe* Säurechloride
Acylium-Ion 299, 300
Addition
  Addition von Wasser 148
  C=C-Doppelbindung 134
  elektrophile 141, 143, 147, 149, 164
  konjugate 528
  Markownikow 142, 164
  Stereoselektivität 152
Adenin 286
Adenosin 652, 678
Adenosindiphosphat *siehe* ADP
Adenosinmonophosphat *siehe* AMP
Adenosintriphosphat *siehe* ATP
Adipinsäure 431, 447, 543
  Herstellung 431
A-DNA 672
ADP 678, 688, 698
Aktin 594, 617
Aktivierungsenergie 136, 163
Alanin 344, 596, 598

Aldehyde 32, 34
  α,β-ungesättigte 515
  α-Halogenierung 428
  cyclische 407
  funktionelle Gruppe 406, 434
  IR-Absorption 363
  Nomenklatur 406, 407, 434
  Oxidation 429, 430, 435, 436
  physikalische Eigenschaften 410, 411, 434, 450
  Reaktion mit Aminen 422, 435, 436
  Reaktion mit Grignard-Reagenzien 414, 436
  Reaktion mit Grignard-Regenzien 414
  Reaktionen 411, 435, 436
  Reduktion 432, 436, 437
  reduktive Aminierung 424
  Silberspiegelprobe 430
  Trivialnamen 406, 410
  ungesättigte 406
Alditole 577, 587, 588
Aldolreaktion 514, 528, 536, 537
  gekreuzte 517, 536
  in biologischen Prozessen 527
  intramolekulare 518, 536
  Mechanismus 514
  Produkte 514
  Retrosynthese 520
Aldonsäuren 578, 587, 588
Aldosen 566
  Oxidation 578
Aldotriosen 566
Alkaloide 331
Alkane 70, 101
  Acidität 125
  cyclische *siehe* Cycloalkane
  Dichte 96
  Gewinnung 97, 103
  IR-Absorption 360
  Nomenklatur 74–76
  Oxidation 103
  physikalische Eigenschaften 94, 103, 242
  Reaktionen 97, 103
  Schmelzpunkte 96
  Siedepunkte 94
  Summenformel 71, 101
  Tabelle 71

  Trivialnamen 77
  verzweigte 75
Alkene 111
  Acidität 125
  Addition 163
  Addition von Halogenen 150, 164, 165
  Addition von HX 142, 147, 164, 165
  cis/trans-Deskriptoren 117
  cis/trans-Isomerie 114
  Doppelbindungsäquivalente 367
  E/Z-Deskriptoren 118
  elektrophile Addition 141
  Epoxidierung 261, 272
  Herstellung 138
  Hydratisierung 148, 155, 165
  Hydrierwärme 159
  Hydroborierung 155, 157, 164, 165
  IR-Absorption 361
  katalytische Hydrierung 158
  katalytische Reduktion 158
  Nomenklatur 115, 120, 122, 127
  physikalische Eigenschaften 124, 128
  Reaktionen 134
  Reduktion 456
  Reduktion zu Alkanen 158, 164, 166
  Struktur 113
  Summenformel 127
  Trivialnamen 117
Alkenylgruppe 117
Alkine 111
  Acidität 125, 128
  IR-Absorption 361
  Nomenklatur 116, 127
  physikalische Eigenschaften 124, 128
  Reduktion 165, 166
  Struktur 115
  Summenformel 127
Alkohole 32
  Acidität 244, 270, 271
  Basizität 245, 270
  cyclische 239
  Dehydratisierung 249–251, 270, 271
  Einteilung 33
  funktionelle Gruppe 238, 269
  IR-Absorption 361
  Nomenklatur 238, 240, 241, 269
  Oxidation 254, 270–272
  Oxidation durch NADH 680

Einführung in die Organische Chemie, Erste Auflage. William H. Brown und Thomas Poon.
© 2021 WILEY-VCH GmbH. Published 2021 by WILEY-VCH GmbH.

physikalische Eigenschaften 242, 259, 269, 450
Reaktion mit Chromsäure 254, 270–272
Reaktion mit HX 246, 247, 270, 271
Reaktion mit Metallen 245, 270, 271
Reaktion mit PCC 255, 256, 270–272
Reaktion mit $SOCl_2$ 246, 249, 270, 271
Reaktionen 244
Trivialnamen 238, 269
ungesättigte 240
Vergleich mit Alkanen 242
Vergleich mit Ethern 259
Vergleich mit Thiolen 267
Wasserlöslichkeit 243
Wasserstoffbrücken 242
alkoholische Gärung 690, 699
Alkoxygruppe 257
Alkylbenzolsulfonate 631, 646
Alkylgruppe 75, 102
   Tabelle 75
Alkylhalogenide *siehe* Halogenalkane
Alkylierung
   Reduktion 161
Alkyloxonium-Ion 209, 250
Alkylradikal 561
Allyl 117
Ameisensäure 448, 450
Ameisensäureethylester 461
Amide 32, 35, 475
   funktionelle Gruppe 499
   Hydrolyse 486, 487, 501
   Nomenklatur 479, 481
   Reaktion mit Alkoholen 489
   Reaktion mit Aminen 491
   Reaktionen 482
   Reaktivität 493
   Reduktion 496, 500, 502
   Trivialnamen 479
Amine 32, 34, 329, 347
   aliphatische 330, 347
   aromatische 330, 344, 347
   Basizität 337, 339, 341, 347, 348
   Einteilung 34
   heteroaromatische 330, 347
   heterocyclische 330, 347
   IR-Absorption 363
   Nomenklatur 332, 347
   Nukleophilie 345, 348
   physikalische Eigenschaften 335, 336, 347
   Reaktionen 345, 347, 348
   Reduktion 348
   Toxizität 336

Trivialnamen 333, 335, 347
Wasserstoffbrücken 347
4-Aminobutansäure *siehe* GABA
γ-Aminobuttersäure *siehe* GABA
Aminogruppe 32, 34
Aminosäureanalyse 606
Aminosäuren 593, 617
   Acidität 598, 618, 619
   Basizität 598, 618, 619
   Chiralität 595
   C-terminale 605
   Elektrophorese 603
   isoelektrischer Punkt 601, 618
   N-terminale 605
   Proteine 605
   Struktur 594
   Tabelle 595
   Titration 600
   Zwitterionen 594, 617
Aminozucker 569, 586
   Galactosamin 569
   Glucosamin 569
   Mannosamin 569
Ammoniak
   Basizität 339
   Lewis-Formel 17
   Molekülmodell 16
   Orbitalmodell 28
   Reaktion mit Essigsäure 47, 52
Ammonium-Ion 12, 347
   Acidität 348
Amoxicillin 197, 480
AMP 653, 675, 678, 698
Amphetamin 333, 440
   Basizität 350
Ampicillin 480
Amylopektin 583, 587
Amylose 583, 587
Androgene 636
Anhydride
   funktionelle Gruppe 476, 499
   Hydrolyse 483, 487, 501
   Nomenklatur 476, 481, 499
   Reaktion mit Alkoholen 488, 501
   Reaktion mit Aminen 490, 501
   Reaktionen 482
   Reaktivität 493
   Reduktion 500
Anilin 287, 333
   Basizität 339
Anion 6, 37
Anisidin 333
Anisol 287
   Nitrierung 307, 308

Anomere 570, 586
Anthracen 290
Anthranilsäuremethylester 461
Antibiotika 475, 480
Antikörper 594, 617
anti-Markownikow-Addition 155
äquivalente Wasserstoffatome 374, 392
Arachidonsäure 448, 626, 647
Arachinsäure 626
Aramid 549
Arginin 596, 598
   Basizität 599
Aripiprazol 405
Aromaten 111, 318
   Acylierung 293
   Alkylierung 293
   Friedel-Crafts-Acylierung 299, 300, 321
   Friedel-Crafts-Alkylierung 297, 298, 300, 320
   Halogenierung 293, 294, 320
   Nitrierung 293, 295, 320
   Nomenklatur 287
   Oxidation an einer benzylischen Position 320
   polycyclische 290
   Reaktionen 320
   Sulfonierung 293, 295, 320
Aromatizität 284
   Hückel-Regel 284, 285, 319
Aromen 461
Arrhenius, Svante 46
Arylgruppe 280
Ascorbinsäure 318
Asparagin 596, 598, 607
Asparaginsäure 596, 598, 607
Aspartam 623
   Süßkraft 581
Asphalt 100
Aspirin 454
   IR-Spektrum 357
Atemalkoholbestimmung 257
Atherosklerose 529, 636
Atom
   Aufbau 2
   Elektronenkonfiguration 3, 4
   Grundzustand 3, 4
ATP 652, 653, 672, 678, 698
Aufspaltungsmuster 381, 382, 393
   ($n+1$)-Regel 382, 393
   Multiplett 382
Austrittsgruppe 141, 212
Autogas 99
Autoklav 548

Autoxidation 316, 317, 320
AZT 654

B

back-biting 557
Backpulver 52
Bändermodell
   DNA 659
   Myoglobin 615
Base
   Arrhenius-Konzept 46, 62
   Brønsted-Lowry-Konzept 46, 62
   konjugierte 46
   Lewis-Konzept 59
Basenstärke 50, 62
Batrachotoxin 336, 337
Benadryl 264
Benzaldehyd 287, 407
Benzin 99
   E10 100, 108
   Oktanzahl 100
Benzo[a]pyren 290
Benzocain 471
Benzoesäure 287, 447, 453, 454
   Synthese aus Toluol 291
Benzol 111, 318
   Acylierung 293
   Alkylierung 293
   Bindungssituation 281, 282
   Entdeckung 279
   Friedel-Crafts-Acylierung 299, 300
   Friedel-Crafts-Alkylierung 297, 298, 300
   Halogenierung 293, 294
   Hydrierwärme 283
   Kekulé-Strukturen 280, 282
   Nitrierung 293, 295
   Reaktivität 279, 280
   Resonanzenergie 283
   Struktur 280
   Sulfonierung 293, 295
   Summenformel 279
Benzolderivate *siehe* Aromaten
Benzoloxid 264
Benzophenon 300, 407
Benzylalkohol 314, 453, 454
Benzylgruppe 288, 319
β-Carotin 111
BHT 318
Bier 689, 699
bimolekulare Reaktion 206, 222
Bindung
   äquatoriale 85
   axiale 85

Bruch 136
   Elektronegativität 7
   glycosidische 575, 580
   infrarotaktive 391
   ionische 6, 8, 37
   Klassifikation 10
   kovalente 1, 6, 9, 37
   Länge 9
   Orbitalmodell 25
   Peptid- 605
   π- 28
   polare kovalente 10, 37
   Polarität 11
   σ- 26
   und Elektronegativität 10, 11
   unpolare kovalente 10, 37
Bindungsdipol 11, 12, 21, 37
Bindungselektron 12
Biodiesel 488
Biokatalysatoren
   Enzyme 593
Bisphenol A 325
Blutgerinnung 645
Blutgruppen 582
Blutverdünner 478
Blutzucker *siehe* Glucose
Bombardierkäfer 326
Boten-RNA 662, 663, 673
Briefumschlag-Konformation 85, 102
Brillenschlange 634
Brom
   Bindigkeit 11
Bromcyan 607, 608, 618, 620
Buckminster-Fulleren 20
Bupropion 442
Butan 71
2-Butanol
   Chiralität 176
Butansäure 448, 450
Buttersäure 448
Buttersäureethylester 461
Buttersäuremethylester 461

C

Cahn-Ingold-Prelog-Regeln 118
Calicheamicin 535
Caprolactam 549
ε-Caprolactam 480
Capronsäure 448
Capsaicin 279, 316
Captopril 191
Carbamate 550
Carbamoylgruppe 32
Carbanionen 412, 435

Carbokationen 61, 143, 164
   Stabilität 147, 164, 211
   Struktur 164
   tert-Butylkation 144, 147
Carbokation-Umlagerung 152, 164, 165
Carbonat-Ion
   Lewis-Formel 22
   Mesomerie 22
Carbonsäureamide *siehe* Amide
Carbonsäureester *siehe* Ester
Carbonsäuren 32, 35
   Decarboxylierung 463, 468
   Fettsäuren 626, 645
   funktionelle Gruppe 446, 467
   IR-Absorption 363
   β-Ketosäuren 463
   Nomenklatur 446, 449, 467
   physikalische Eigenschaften 449, 450, 467
   Reaktion mit $SOCl_2$ 462, 468
   Reduktion 454, 467, 468
   Säurestärke 55, 450, 467, 468
   Tabelle 448
   Trivialnamen 446, 448
   Veresterung 468
   Wasserstoffbrücken 449
Carbonylgruppe 32, 34
   Polarität 410
   Reaktivität 411
   Schutz 421, 433
Carboxygruppe 32, 35, 446, 467
   Reduktion 454, 456, 467
Carboxylat-Anion 451
   Mesomeriestabilisierung 55
β-Carotin 629, 643
Catgut 553
Cellulose 555, 564, 565, 584, 585, 587
Celluloseacetat 585, 587
Cephalosporine 480
Cetylpalmitat 503
Cetylpyridiniumchlorid 335
CFK 227
   Umweltproblematik 202, 366
Champagner 689, 699
chemische Verschiebung 373, 379, 393
^{13}C-NMR-Spektroskopie 384
   Tabelle 379
Chinolin 334
Chiralität 174, 189
   Aminosäuren 595
   in Biomolekülen 189
   meso-Verbindungen 182, 193
   Nachweis 186, 193
   Wirkstoffe 191

Chiralitätszentrum 175, 192
Chitin 565, 569
Chlor
　Bindigkeit 11
　Elektronegativität 10
　Elektronenkonfiguration 4
Chlorfluorkohlenstoffe *siehe* CFK
Chlormethan
　Lewis-Formel 15, 19
Chloroform 200
Chlorphenamin 329
Cholesterin 509, 529, 635, 636, 646
　Biosynthese 640, 646
Cholsäure 638
Chromatin 661, 662, 672
Chromsäure 254
Chrysanthemen 490
Chymotrypsin 189, 607, 609, 618
CIP-Regeln *siehe* Cahn-Ingold-Prelog-Regeln
cis/trans-Deskriptoren 117
cis/trans-Isomerie
　Alkene 114
　Cycloalkane 90, 102
　Cycloalkene 122
　Polyene 122
　Sehprozess 114
Citrullin 597
Claisen, Ludwig 519
Claisen-Kondensation 513, 519, 536, 537
　gekreuzte 523, 537
　Mechanismus 521
　Retrosynthese 525
^{13}C-NMR-Spektroskopie 370
Cocain 331
Codein 330
Codon 664, 665, 673
Coenzym A 527, 678, 682, 691, 698
Coenzyme 678
Coniin 331
Cortison 541
Coumadin 478
COX 454
Cracken 98, 100, 112, 138
Cumarins 478
Cycloalkane 79, 85, 101
　cis/trans-Isomerie 90, 91, 102
　Nomenklatur 79
　physikalische Eigenschaften 94, 103
　Summenformel 79
Cycloalkene
　Addition von Halogenen 152
　cis/trans-Isomerie 122
　Nomenklatur 121

Cyclobutan 79
Cyclohexan 79, 85
　äquatoriale Bindung 85
　axiale Bindung 85
　diaxiale Wechselwirkung 88, 89, 102
　Sesselkonformation 85–87, 89, 102
　Stereoisomerie 184
　sterische Spannung 87
　Wannenkonformation 86, 102
Cyclopentan 79, 85
　Briefumschlag-Konformation 85
　Stereoisomerie 183
　Winkelspannung 85
Cystein 596, 598, 607
Cystin 607
Cytidin 652
Cytosin 652

D

D/L-Deskriptoren 567, 586
Dacron 447, 550
Dauerwelle 613
Decarboxylierung 463, 465, 468
　β-Ketoester 524, 537
　Mechanismus 464
Deformationsschwingung 358, 391
Dehydrohalogenierung 219, 229
Deskriptoren
　cis/trans 117
　D/L 567, 586
　E/Z 118
　R/S 177, 192
Desoxyribonukleinsäure *siehe* DNA
Detergenzien 631, 646
Dextrose 568
Diabetes 464
Diastereomere 180, 181, 193
　Eigenschaften 186
Dibenzoylperoxid 554
Dicarbonsäuren
　Decarboxylierung 466, 468
　Nomenklatur 446, 467
Dichlordifluormethan 201
Dichlormethan 200
Dicumarol 478
Didesoxymethode 668–670, 673
Dieckmann-Kondensation 513, 522, 536, 537
　in biologischen Prozessen 527
Diesel 100
Diethylether 237
　als Anästhetikum 256
Dihydroxyaceton 407
Dihydroxyepoxide 290

Dimethylamin
　Basizität 339
Dimethylether 259
　Struktur 256
Dimethylsulfoxid 229
Diole 238
Diphenylmethan 300
Dipol 11, 20
Dipol-Dipol-Wechselwirkung 95, 242
Diradikale 316
Disaccharide 580, 587
　Lactose 580, 587
　Maltose 581, 587
　Saccharose 572, 580, 587
　Trehalose 591
Dispersionswechselwirkung 95
Distickstoffmonoxid 431
Disulfidbindung 268, 271
Disulfidbrücken 613
DMSO *siehe* Dimethylsulfoxid
DNA 565, 651
　A-DNA 659
　Bändermodell 659
　Basenzusammensetzung 657
　B-DNA 659, 672
　Chromatin 661, 662, 672
　Doppelhelix 658, 672
　genetischer Code 664, 665
　Methylierung 213
　mitochondriale 661
　Primärstruktur 655, 672
　Replikation 668
　Restriktionsfragmente 668
　ringförmige 661, 672
　Sekundärstruktur 657, 672
　Sequenzierung 668, 673
　Struktur 655
　Supercoiling 661, 672
　superhelikaler Twist 661, 672
　Tertiärstruktur 660, 672
　Transkription 651
　Watson-Crick-Modell 657, 658, 672
　Z-DNA 659
DNA-Polymerase 669
Dopamin 191
Doppelbindung 14
　Addition 163
　Addition von Halogenen 150, 152, 164
　Addition von Wasser 148, 164
　Aufbau 28, 38, 113, 127
　Doppelbindungsäquivalente 368
　Hydratisierung 155, 164
　Protonierung 139
　Reaktionen 134

Doppelbindungsäquivalent 367, 392
Doppelhelix 658, 672
Dreifachbindung 14
    Aufbau 29, 38, 115, 127
        Doppelbindungsäquivalente 368
Duroplaste 544, 560
Dynamit 241

E

E/Z-Deskriptoren 118
E210 452
E211 452
E212 452
E213 452
E282 452
E283 452
Edman-Abbau 608, 609, 618, 620
Effekt
    induktiver 146
Eicosanoide 642
    Leukotriene 625, 642
    Prostacycline 642
    Prostaglandine 625
    Thromboxane 625, 642
Einelektronenflusspfeile 8, 554
Einfachbindung 9, 14
Elastan 476
Elastomere 544, 547
elektromagnetische Strahlung 354, 391
    Energie 355, 391
    Frequenz 354, 391
    Infrarotstrahlung 355, 391
    mittleres Infrarot 356
    Radiofrequenzstrahlung 371
    ultraviolettes Licht 355, 476
    Wellenlänge 354, 391
    Wellenzahl 356
elektromagnetischer Strahlung
    Absorption durch Teilchen 356
Elektronegativität 6, 7, 37
    Tabelle 8
Elektronendichte
    Visualisierung 11
Elektronenflusspfeil 23, 24, 38, 47, 144
Elektronenkonfiguration 3
    Kohlenstoff 3
    Tabelle 4
Elektronenspin 3, 370
Elektrophil 140, 141, 164
    Lewis-Säure 140
elektrophile aromatische Substitution 292, 319
    Einfluss von Substituenten 303, 304, 307, 319

Halogenierung 294
σ-Komplex 293
    Mechanismus 293, 319
    Nitrierung 295
    Sulfonierung 295
    Vergleich mit Addition an Alkene 302
Elektrophorese 602, 603, 618
    Polyacrylamid-Gel- 667
β-Eliminierung 203, 219, 229
    E1-Mechanismus 221, 222, 229
    E2-Mechanismus 222, 223, 229
    Konkurrenz zwischen E1 und E2 223
    Produkt 220
    Reaktionsgleichung 220
    Unterschied zur Substitution 203
Embden-Meyerhof-Parnas-Weg *siehe* Glykolyse
Enantiomere 175, 180, 181, 192
    Darstellung 176
    Eigenschaften 186
    spezifische Drehung 188, 193
Enantiomerie 172
Energiediagramm 135, 136
    S_N1-Reaktion 209
    S_N2-Reaktion 207
    zweistufige Reaktion 137
Enolat-Anionen 536
    Acidität 510
    als Nukleophile 513
    Resonanz 513
    Synthesebausteine 512
Enolw 425
Enzyme 189, 194, 594
    Chymotrypsin 607, 609
    Enantioselektivität 189
    Hexokinase 684
    Lactatdehydrogenase 689
    Lipasen 690
    Restriktionsendonukleasen 667, 673
    Trypsin 607, 609, 617
Ephedrin 197
Epimere 592
Epoxide 260, 270
    Hydrolyse 263, 270, 272
    Reaktionen 264
    Ringöffnung 262, 263, 270, 272
    Synthese aus Alkenen 261, 270, 272
Epoxidharze 551, 552, 562
Epoxidierung 261
    Produkt 261
Erdgas 103
Erdnussöl 628
Erdöl 98, 103
    Raffination 99

Erdölraffinerie 99
Erythrit 577
Erythrose 180
Essig 52
Essigsäure 45, 448, 450
    Bindungssituation 31
    Herstellung 101
    Lewis-Formel 14
    Reaktion mit Ammoniak 47, 52
    Säurestärke 56, 244
Essigsäureethylester 458
Essigsäureisopentylester 461
Essigsäureoctylester 461
Ester 32, 35, 475
    Aromastoffe 461
    funktionelle Gruppe 477, 499
    Herstellung 457
    Hydrolyse 484, 485, 487, 501, 629
    IR-Absorption 364
    Nomenklatur 477, 481, 499
    Reaktion mit Alkoholen 488, 501
    Reaktion mit Aminen 491, 502
    Reaktion mit Grignard-Reagenzien 492, 500, 502
    Reaktionen 482
    Reaktivität 493
    Reduktion 495, 500, 502
    Trivialnamen 477
Esterasen 190
Estrogene 636, 638
Ethan 70
Ethanal *siehe* Acetaldehyd
Ethanol 259
    Acidität 271
    Struktur der Flüssigkeit 243
Ethanolat-Ion 203
Ethanthiol 237
Ethen 112
    Bindungssituation 29
    Herstellung 98, 112, 138
    Lewis-Formel 18
    Reifungspheromon 112
Ether 256
    cyclische 258
    funktionelle Gruppe 256, 270
    IR-Absorption 362
    Nomenklatur 257, 270
    physikalische Eigenschaften 258, 259
    Reaktionen 260
    Trivialnamen 258
    Vergleich mit Alkoholen 259
    Wasserstoffbrücken 259
    Williamson-Synthese 234

Ethin 111, 115
　Bindungssituation 29
　Lewis-Formel 18
　Molekülstruktur 18
　Verbrennung 115
Ethylamin
　Basizität 339
Ethylen *siehe* Ethen
Ethylendiamin 552
Ethylenglykol 238, 239, 262
Ethylenoxid 260
　als Synthesebaustein 264
　Herstellung 260
　Toxizität 265
Eugenol 312

F

FAD 678, 680, 681, 698
β-Faltblatt 612, 619
FCKW 199, 227
　Eigenschaften 201
　Umweltproblematik 202, 366
Fentanyl 541
Fette *siehe* Triglyceride
Fetthärtung 629
Fettsäuren 626, 645
　Gehalt in Fetten und Ölen 628
　Kurzschreibweise 626
　Laurinsäure 628
　Linolsäure 628
　Ölsäure 627, 628
　β-Oxidation 677, 691, 693, 699
　Oxidation durch FAD 681
　Palmitinsäure 627, 628
　Stearinsäure 627, 628
　Tabelle 626
Fettsäurespirale 693
Fibrinogen 594
Fingerabdruck, genetischer 671
Fingerprintbereich 359, 392
Fischer-Projektion 567, 586
　Vergleich mit Haworth-Projektion 570
Fischer-Veresterung *siehe* Veresterung
Fischöl 645
FKW 202
Flavin-Adenin-Dinukleotid *siehe* FAD
Fluor
　Bindigkeit 11
　Elektronegativität 7
Fluorchlorkohlenwasserstoffe *siehe* FCKW
Fluorkohlenwasserstoffe *siehe* FKW
Flüssig-Mosaik-Modell 633, 634, 646

Formaldehyd 406, 407, 410, 440
　Bindungssituation 29
　Lewis-Formel 18
　Reaktion mit Grignard-Reagenzien 414
　Struktur 406
Formalladung 12, 37
Franklin, Rosalind 657
freies Elektronenpaar 12
　VSEPR-Modell 18
Freone 366
Frequenz 354, 391
Friedel-Crafts-Acylierung 299, 300, 321
　Mechanismus 300
Friedel-Crafts-Alkylierung 297, 300, 320
　Einschränkungen 298
　Mechanismus 297
Fructose 568
　Süßkraft 581
Fullerene 1, 20
funktionelle Gruppe 31, 38
　Acetale 418
　Aldehyde 406
　Amide 499
　Aminogruppe 32
　Anhydride 476, 499
　Benzylgruppe 288
　Carbamoylgruppe 32
　Carbonsäuren 446, 467
　Carbonylgruppe 32
　Carboxygruppe 32
　charakteristische ^{13}C chemische Verschiebungen 384
　Ester 477, 499
　Ether 270
　Halbacetale 416
　Hydroxygruppe 32
　Imine 422
　IR-Absorptionen 358
　Ketone 406
　Phenylgruppe 288
　Säurechloride 461, 468, 499
　Sulfanylgruppe 265
　Tabelle 32
　Unterscheidung im IR-Spektrum 359
Furan 285
Furanosen 571, 586, 588

G

GABA 448, 597
Galactosamin 569
Galactose
　Süßkraft 581
Galatose 568
Gallensäuren 638, 646

Gallensteine 509
Gärung
　alkoholische 690, 699
　Milchsäure- 689, 699, 700
Gen 673
genetischer Code 664, 665, 673
Genomsequenzierung 670
Geranial 406
geschwindigkeitsbestimmender Schritt 137, 163
　E1-Reaktion 221
　S_N1-Reaktion 208
　S_N2-Reaktion 206
Giftefeu 312
Glastemperatur 546, 561
Glucagon 623
Glucopyranose 571
Glucosamin 569
Glucose 565, 568
　Abbau 677
　Oxidation 579
　Phosphorylierung 684
　spezifische Drehung 575
　Süßkraft 581
Glucuronsäure 579
Glutamin 596, 598, 607
Glutaminsäure 596, 598, 607
Glutathion 318
Glycerin 626
Glycerinaldehyd
　Stereochemie 566, 567
Glycin 596, 598
Glycoside 575, 587, 588
glycosidische Bindung 575, 580
Glykogen 565, 584, 587
Glykole 238
　Synthese aus Epoxiden 263, 270, 272
Glykolyse 677, 683, 684, 698, 699
　Gesamtgleichung 688
Grenzformel 23, 38, 282
　Regeln 24
Grenzstruktur *siehe* Grenzformel
Grignard-Reagenzien 412, 435, 528
　Basizität 413
　Herstellung 412
　Ladungsverteilung 412
　Reaktion mit Carbonylgruppen 414, 436
　Reaktion mit Estern 500, 502
　Reaktionen 413, 415
Guanidin
　Basizität 342
Guanosin 652

H

Haargurke 611
Halbacetale 416, 435
  cyclische 588
  funktionelle Gruppe 416
  Herstellung 416, 417, 420, 436
Halbstrukturformel 33, 71
Haloforme 200, 228
Halogenalkane 199
  E1-Eliminierung 230
  E2-Eliminierung 230
  β-Eliminierung 223, 226
  Konkurrenz zwischen Substitution und Eliminierung 224, 229
  Nomenklatur 200, 201, 228
  nukleophile Substitution 204, 216, 217, 226
  Reaktionen 202, 226, 228–230
  S_N1-Reaktion 208
  S_N1-Substitution 230
  S_N2-Reaktion 206
  S_N2-Substitution 229
  Synthese aus Alkoholen 246
  Trivialnamen 200
Halonium-Ion 151
Häm 353, 614
Hämoglobin 594, 613, 614, 616, 617
Hauptkette 75
Haworth-Projektion 570, 571, 586
  Vergleich mit Fischer-Projektion 570
HDPE siehe PE-HD
Heizöl 100
α-Helix 611, 612, 619
Heptan
  Oktanzahl 100
Herpes 654
Herpesviren 654
Heteroaromaten 284, 319
Heterocyclen 284
Hexansäure 448
Hexokinase 684
Hexosen 567
Hexylresorcin 312
Hippokrates 454
Histidin 596, 598
  Basizität 600
Histone 661, 662, 672
^{1}H-NMR-Spektroskopie 370
Honig 581
  Süßkraft 581
Hormone 594, 625
  Androgene 636
  Estrogene 636, 638
  Kontrazeptivum 636
  Progesteron 636
  Steroide 636
  Testosteron 637
Hostaphan 550
Hückel-Regel 284, 285, 319
Hybridisierung 26, 38, 281
Hybridorbitale 26, 38
  sp 29, 38
  sp^2 27, 38
  sp^3 27, 38
Hydratisierung 148
  Mechanismus 149, 165
  Regioselektivität 164
Hydrid-Ion 432, 433, 680
Hydrierwärme 159
Hydroborierung 155
  Mechanismus 157, 165
  Regioselektivität 156, 164
  Stereoselektivität 156
Hydrofluoralkane 227
Hydrofluorolefine 366
Hydrolyse 483, 500
  Acetale 421
  Amide 486, 487, 501
  Anhydride 483, 487, 501
  Epoxide 262, 263
  Ester 484, 485, 487, 501
  β-Ketoester 537
  Mechanismus 485
  Proteine 606
  Säurechloride 483, 487, 501
  Triglyceride 629
hydrophobe Wechselwirkung 614, 616, 619, 633, 648
3-Hydroxybutansäure 464
Hydroxygruppe 32, 238

I

Ibuprofen 177, 191, 445
  Enantiomere 178
Imidazol 285
  Basizität 339
Imine 422, 435
  funktionelle Gruppe 422
  Herstellung 423, 436
  Hydrolyse 423
  reduktive Aminierung 436
  Rhodopsin 423
Indol 285, 334
induktiver Effekt 56, 146
Infrarotabsorptionen 358
  Aldehyde 363
  Alkane 361
  Alkene 361
  Alkine 362
  Alkohole 362
  Amine 363
  Carbonsäuren 364
  Ester 364
  Ether 362
  Ketone 363
Infrarotspektroskopie 353, 356, 391
  funktionelle 360
  Grenzen 369
  zur Umweltanalytik 366
Infrarotspektrum 356, 391
  Aldehyde 363
  Alkane 361
  Alkene 361
  Alkine 362
  Alkohole 362
  Amine 363
  Auswertung 359, 365, 392
  Carbonsäuren 364
  Ester 364
  Ether 362
  Fingerprintbereich 359, 392
  Ketone 363
Infrarotstrahlung 355, 391
  Absorption durch Moleküle 357
  Energie 355
Initiator 134
Insulin 594, 606, 613, 617
Integrationslinien 377
Integrationsverhältnis 377
Intermediat siehe Zwischenstufe
Inversion der Konfiguration 207, 216, 228
Iod
  Bindigkeit 11
Ionenaustausch-Chromatographie 606, 607, 618
Isochinolin 334
isoelektrischer Punkt 601, 618
Isofluran 237
Isoleucin 596, 598, 618
Isomerie 172
  Tautomerie 426
Isooctan 100
Isopren 125
Isopropylbenzol 301
IUPAC 5, 74
  Nomenklaturregeln 76, 80, 102, 115, 200, 238, 287, 332, 409

J

Jasminöl 334

K

Karbolsäure *siehe* Phenol
Karzinogen 290
katalytische Hydrierung 158
    Stereoselektivität 158
katalytische Reduktion 158
    Stereoselektivität 158
Kation 6, 37
Kekulé-Strukturen 280, 282
Keratin 594, 612
Kernspin 370, 392
    Ausrichtung 371, 392
Kernspinresonanz *siehe* NMR
Kerosin 99
Keto-Enol-Tautomerie 425, 426, 435, 436
Keto-Enol-Tautomerisierung 578
β-Ketoester
    Decarboxylierung 524, 537
    Hydrolyse 524, 537
Ketokörper 464
Ketone 32, 34
    α,β-ungesättigte 515
    α-Halogenierung 428
    cyclische 407
    funktionelle Gruppe 406, 434
    IR-Absorption 363
    Nomenklatur 406, 407, 434
    Oxidation 430, 435
    physikalische Eigenschaften 410, 411, 434
    Reaktion mit Aminen 422, 435, 436
    Reaktion mit Grignard-Reagenzien 414, 436
    Reaktionen 411, 435, 436
    Reduktion 432, 436, 437
    reduktive Aminierung 424
    Trivialnamen 406, 410
β-Ketosäuren 463
    Decarboxylierung 464, 468
Ketosen 566
Ketotriosen 566
Kettenabbruch 555, 561
Kettenabbruchmethode 668–670, 673
Kettenfortpflanzung 555, 561
Kettenlänge 317
Kettenpolymerisation 134, 552, 553, 561
Kettenreaktion 317
    Kettenlänge 317
Kettenstart 316, 317, 554, 561
Kettenübertragung 557
Kevlar 549
Klapperschlange 634
Klettverschluss 616
Kohle 100

Kohlendioxid
    Lewis-Formel 18
    Molekülstruktur 18
Kohlenhydrate 565, 586
    Alditole 588
    Aldonsäuren 588
    Aminozucker 569
    Blutgruppen 582
    D/L-Deskriptoren 567
    Fischer-Projektion 567, 586
    Glycoside 588
    Haworth-Projektion 570, 571, 586
    in der Nahrung 565
    Lactose 580, 587
    Maltose 581, 587
    Monosaccharide 566, 586
    Mutarotation 575, 586, 588
    Name 565
    reduzierende Zucker 579, 587
    Saccharose 568, 572, 580, 587
    Sesselkonformation 572, 573
    spezifische Drehung 575
    Stereochemie 567
    Süßkraft 581
    Trehalose 591
    Vorkommen 565
Kohlenstoff
    Bindigkeit 11
    Elektronegativität 10
    Elektronenkonfiguration 3
Kohlenstoffatom
    allylisches 316
    anomeres 570, 586
    benzylisches 291, 319, 320
Kohlenwasserstoffe 70, 101
    aromatische 111, 280
    ungesättigte 111
Kokosnussöl 628
Kollagen 594, 617
σ-Komplex 293
Konformation 82, 102
    ekliptische 83
    gestaffelte 82
Konformationsanker 89
Konformer 82
konjugate Addition 528
    Mechanismus 531
    Retrosynthese 532
Konstitutionsisomere
    Eigenschaften 96
Konstitutionsisomerie 71, 72, 101
Kontrazeptiva 636, 646
Krebs-Zyklus *siehe* Zitronensäurezyklus
Kresol 312

Kugelfisch 90
Kunststoff 544

L

Lachgas *siehe* Distickstoffmonoxid
Lactame 479, 499
    Trivialnamen 480
Lactatdehydrogenase 689
Lactone 499
    Nomenklatur 478
Lactose 580, 587
    Süßkraft 581
Lactoseintoleranz 580, 581
Landsteiner, Karl 582
Laurinsäure 448, 626, 628
LDPE *siehe* PE-LD
Lecithin 632
Leichtbenzin 99
Leucin 596, 598
Leukotriene 625, 642
Lewis, Gilbert N. 4
Lewis-Base 62
    Elektronenpaar-Donator 59
    Tabelle 60
Lewis-Formel 4, 13, 14, 36, 37
    freies Elektronenpaar 14
    Tabelle 5, 11
Lewis-Säure 62
    Carbokation 61
    Elektronenpaar-Akzeptor 59
    Proton 59
Lichtschutzfaktor 477
Lidocain 351
Lindlar-Katalysator 162, 166
Linolensäure 626
Linolsäure 626, 628
Linolsäuremethylester 488
Lipasen 690
Lipiddoppelschicht 632, 633
    Flüssig-Mosaik-Modell 646
Lipide 625, 645
    Cholesterin 646
    Eicosanoide 642
    Hormone 625
    Leukotriene 625, 642
    Phospholipide 625, 632, 633, 646
    Prostacycline 642
    Prostaglandine 625, 647
    Steroide 635, 646
    Thromboxane 625, 642
    Triglyceride 625, 626
Lithium
    Elektronenkonfiguration 4

Lithiumaluminiumhydrid 432, 433, 454, 456, 495, 496
Lösungsmittel
 aprotische 214, 215, 229
 Einfluss auf nukleophile Substitution 214
 protische 214, 228
Lovastatin 529
L-Tryptophan 286
Lysin 596, 598
Lysolecithin 634

M
Magnetresonanztomographie *siehe* MRT
Maisöl 628
Makrolon 550
Makula 115
Maleinsäure 469
Maleinsäureanhydrid 476
Malonsäure 465
 Decarboxylierung 465
Maltose 581, 587
 Süßkraft 581
Mannit 577
Mannosamin 569
Margarine 629
Markownikow-Regel 142, 146
Maxam-Gilbert-Methode 668
Menthol 108
Meprobamat 505
Mercaptane *siehe* Thiole
Mercaptogruppe *siehe* Sulfanylgruppe
Mesomerie 22, 23, 38
Mesomeriepfeil 22, 38
meso-Verbindungen 182, 193
 optische Aktivität 193
Metallalkoholate 245
Metallalkoxide *siehe* Metallalkoholate
Metformin 351
Methan 70
 Lewis-Formel 17
 Molekülmodell 16
 Orbitalmodell 28
 Treibhauspotential 366
 Verbrennungswärme 108
Methanal *siehe* Formaldehyd
Methanol
 Acidität 244, 271
 Herstellung 101
 Ladungsverteilung 242
 Lewis-Formel 15
 Reaktion mit Natrium 245
 Struktur 238
 Toxizität 257

Methanthiol 265
Methicillin 480
Methionin 596, 598
Methylamin
 Basizität 339
Methylchloroform 200
Methylen 117
Methylenchlorid 200
Methylengruppe
 Schwingungen 358
Methylethylketon 410
Mevalonsäure 469, 536
Mevastatin 529
Micellen 630, 646
Michael-Addition
 mit Aminen 533
Michael-Reaktion 513, 528, 536, 537
 in der Natur 535
 Mechanismus 531
 Reagenzien 530
 Retrosynthese 532
Milchfett 628
Milchsäure 175, 469, 677
 Chiralität 175
Milchsäuregärung 689, 699, 700
Milchzucker *siehe* Lactose
Molekülschwingungen
 Deformationsschwingung 358
 infrarotaktive 357
 Streckschwingung 358
Molekülspektroskopie 356
Molekülstruktur 1
Monomer 134, 544, 560
Monosaccharaide
 Furanosen 571
Monosaccharide 566, 586
 Aldosen 566
 Aldotriosen 566
 Aminozucker 569, 586
 cyclische Halbacetalform 570
 D/L-Deskriptoren 567
 Dextrose 568
 Fischer-Projektion 586
 Fructose 568
 Galactose 568
 Glucopyranose 571
 Glucose 568
 Glycoside 575, 587
 Haworth-Projektion 570, 571, 586
 Hexosen 567
 Ketosen 566
 Ketotriosen 566
 Konfigurationsstammbaum 568
 Oxidation 578, 579

 Pentosen 567
 physikalische Eigenschaften 570
 Pyranosen 571
 Reaktionen 575
 Reduktion 577
 Ribofuranose 572
 Ribose 572
 Sesselkonformation 572, 573
 spezifische Drehung 575
 Stereochemie 586
 Tetrosen 566
 Triosen 566
Montreal-Protokoll 202, 227
Morphium *siehe* Morphin
Morpholinium-Ion 350
Moschus-Ambrette 326
Mottenkugeln 290
MRT 353, 386
Mutarotation 575, 586, 588
Myoglobin 613, 614
 Bändermodell 615
Myosin 594, 617
Myristinsäure 448, 626

N
NADH 528, 678–680, 698
Nahinfrarotspektroskopie 353
Naphtha 99
Naphthalin 290
Natrium
 Elektronegativität 8
Natriumborhydrid 432, 433, 496
Netzhaut 115
Newman-Projektion 82, 84, 102
Nicotin 331
Nicotinamid-Adenin-Dinukleotid *siehe* NADH
Ninhydrin 604, 619
Nitrobenzol
 Nitrierung 308, 309
Nitroglycerin 241
 gegen *Angina pectoris* 241
Nitronium-Ion 295
NMR-Spektrometer 372, 373, 392
NMR-Spektroskopie 353, 356
 $(n + 1)$-Regel 393
 ^{13}C 383, 393
 Abschirmung 372, 392
 äquivalente Wasserstoffatome 374, 392
 Aufspaltungsmuster 393
 chemische Verschiebung 373, 393
 lokales Magnetfeld 372
 Protonenentkopplung 383, 393
 Referenzsubstanz 372, 393

Resonanz 371, 372, 392
Resonanzsignal 371
NMR-Spektrum 392
    ($n+1$)-Regel 382
    Aufspaltungsmuster 381, 382
    Auswertung 386, 387, 393
    charakteristische ^{13}C chemische Verschiebungen 384
    charakteristische ^{1}H chemische Verschiebungen 379
    chemische Verschiebung 379
    Dublett 382
    Integration 377, 385, 392
    Multiplett 382
    Quartett 382
    Resonanzsignal 392
    Singulett 382
    Triplett 382
    Zahl der Signale 374
Nobel, Alfred 241
Nomenklatur
    Amide 479
    Anhydride 476, 499
    Carbonsäuren 449
    Ester 477, 499
    Lactone 478
    Phosphorsäureester 479
    Polymere 545
    Säurechloride 476, 499
Nomenklaturregeln 75, 409
    Alkane 76
    Alkene 115
    Alkine 115
    Alkohole 238
    Amine 332
    Aromaten 287
    Halogenalkane 200
    Priorität funktioneller Gruppen 409
Noradrenalin 342
Norepinephrin 342
Novocain 264, 506
Nukleinbasen 652
Nukleinsäuren 651, 672
    genetischer Code 664, 665, 673
    Sequenzierung 666
Nukleophil 140, 141, 164, 202
    Carbokation 140
    Lewis-Base 140
    Tabelle 211
nukleophile Acylsubstitution 482
nukleophile Substitution 202, 205
    Energiediagramm S_N1 209
    Energiediagramm S_N2 207

Inversion der Konfiguration bei S_N2 207, 216, 228
    Konkurrenz zwischen S_N1 und S_N2 210–212, 214–217, 228
    Mechanismus 206
    Produkte 204
    Racemisierung bei S_N1 209, 216, 228
    Reaktionsgleichung 205
    Rückseitenangriff 207
    S_N1-Mechanismus 208, 228
    S_N2-Mechanismus 206, 207, 228
    Stereochemie 215, 216
Nukleophilie 210
    Tabelle 211
Nukleoside 652, 672
    Tabelle 652
Nukleotide 652, 672
    AMP 653
    ATP 652, 653
Nylon 431, 447, 480, 548, 549
Nylon-6,6 447

O

Oktanzahl 100
Oktettregel 5, 37
Öle *siehe* Triglyceride
Oligosaccharide 580, 587
Olivenöl 628, 645
Ölsäure 626–628
Opiumsaft 330
Opsin 114, 423, 643
optisch aktiv 193
optische Aktivität 186, 187
    spezifische Drehung 188
optische Aufheller 632
Orbital 2, 25, 36, 38
    Energie 3
    Hybrid- 26
    Spinpaarung 3
    Überlappung 26
Orbitalmodell 25
Ornithin 597
osmotischer Druck 584
Östrogene *siehe* Estrogene
Oxalsäure 447
Oxonium-Ion 12, 59
    Lewis-Formel 16
Oxycodon 405
Ozonschicht 202

P

p-Chinon 326
Palmitinsäure 448, 626–628
Palmitoleinsäure 626

Palmöl 628
Paraffin 94
Partialladung 10, 37
Pauling, Linus 7, 281
PE-HD 558, 559, 562
    Eigenschaften 558
PE-LD 556, 557, 559
Penicillin 475, 480
Penicillium notatum 480
Pentansäure 448
Pentosen 567
Peptidbindung 605, 618
    Geometrie 610, 619
    Resonanz 610
Peptide *siehe* Proteine
Periodensystem der Elemente 5
Permethrin 471, 490
Peroxide 316
PET 447, 549, 559, 562, 563
    Recycling 564
Pfefferminze 108
Pfeilgiftfrösche 336
Pflanzenöle 628
    hydrierte 629
    Zusammensetzung 626
Phenanthren 290
Phenobarbital 505
Phenol 287, 312
Phenole
    Acidität 312, 314, 320, 321
    antioxidative Wirkung 316, 320
    funktionelle Gruppe 311, 320
    Nomenklatur 311
    Struktur 311
    Vergleich mit Alkoholen 312
Phenylalanin 596, 598
Phenylgruppe 288, 319
Phosgen 550
Phosphatidsäuren 632, 646
Phosphatidylcholin *siehe* Lecithin
Phospholipasen 634
Phospholipide 625, 632, 646
    Lecithin 632
    Lipiddoppelschicht 632, 633
    Zusammensetzung 633
Phosphorsäureanhydride 476
Phosphorsäureester 479
    Nomenklatur 479
Photonen 355
Phthalsäure 447
Phyllobates terribilis 336
π-Bindung 28
Plancksche Konstante 355
Polarimeter 187, 188, 193

polarisiertes Licht 187, 193
Polyacrylamid-Gelelektrophorese 667
Polyamide 548, 562
Polycarbonate 550, 562
Polyester 549, 562
Polyethylen 134, 552, 557, 559, 562
Polyethylenterephthalat 447, 549, 559, 562, 563
   Recycling 564
Polykondensation 547
Polymere 543, 560
   Amylopektin 583, 587
   Amylose 583, 587
   Aufbau 544
   biologisch abbaubare 553
   Cellulose 564, 565, 584, 585, 587
   Celluloseacetat 585, 587
   Chitin 565, 569
   Epoxidharze 551, 552, 562
   glasartige 546
   Glastemperatur 546
   Glykogen 565, 584, 587
   Jahresproduktion 559
   Morphologie 546, 547, 561
   Nomenklatur 545
   Nukleinsäuren 651
   PET 549, 559, 562–564
   Polyamide 548, 562
   Polycarbonate 550, 562
   Polyester 549, 562
   Polyethylen 557, 559, 562
   Polypropylen 559
   Polysaccharide 580, 583, 587
   Polystyrol 559
   Polyurethane 551, 562
   Proteine 564, 593, 605
   PVC 559
   Recycling 559
   Recycling-Codes 559
   Stärke 583, 587
   Struktur 545, 560
   Viskose 585, 587
Polymerisation 560
   Ketten- 552, 553, 561
   Kettenabbruch 555, 561
   Kettenfortpflanzung 555, 561
   Kettenstart 554, 561
   Polykondensation 547
   Radikalketten- 554, 561
   Stufenwachstums- 547, 561, 562
   von Ethylen 554
   Ziegler-Natta 557, 562
Polymerisationsgrad 545, 556, 561
Polypropylen 555, 559, 564

Polysaccharide 580, 583, 587
   Amylopektin 583, 587
   Amylose 583, 587
   Cellulose 584, 585, 587
   Glykogen 584, 587
   Stärke 583, 587
Polystyrol 559
Polyurethane 551, 562
Polyvinylchlorid 559
ppm 372
Primärstruktur
   DNA 672
   Nukleinsäuren 655
   Proteine 606, 618
Primer 668
Prinzip von Le Chatelier 251
Procain 351, 506
Prodrug 191, 440
Prolin 596, 598
Propan
   Verbrennungswärme 108
Propanon siehe Aceton
Propansäure 448, 450
Propionsäure 448
Propofol 352, 579
Propoxycain 351
Propylenglykol 237
Prostacycline 642
Prostaglandine 625, 639, 641, 647
Proteine 564, 605, 617
   Aktin 594, 617
   Aminosäureanalyse 606
   Antikörper 594, 617
   Biosynthese 651
   C-Terminus 605
   Disulfidbrücken 613
   Edman-Abbau 608, 609, 618, 620
   Enzyme 594
   β-Faltblatt 612, 619
   Fibrinogen 594
   Hämoglobin 594, 613, 614, 616, 617
   α-Helix 611, 612, 619
   Histone 661, 662, 672
   Hydrolyse 606
   Insulin 594, 606, 613, 617
   Keratin 594, 612
   Kollagen 594, 617
   Myoglobin 613–615
   Myosin 594, 617
   N-Terminus 605
   Primärstruktur 606, 618
   Quartärstruktur 615, 616, 619
   Salzbrücken 614
   Sekundärstruktur 611, 619

   Sequenzanalyse 607
   Tertiärstruktur 613, 619
   Transmembran- 633
   Trypsin 617
   Wasserstoffbrücken 611
Proteinsynthese 651
Protonenentkopplung 383, 393
Purin 285, 334, 652
PVC 559
Pyranosen 571, 586, 588
Pyrethrine 471, 490
Pyrethrum 490
Pyridin 284
   Basizität 339
   Resonanzenergie 285
Pyridiniumchlorochromat 255, 271
Pyridoxalphosphat 479
Pyrimidin 284, 652
   Resonanzenergie 285
Pyrrol 285
Pyruvat 683, 688, 698
   Decarboxylierung zu Acetaldehyd 689
   Decarboxylierung zu Acetyl-CoA 690, 699
   Decyboxylierung 699
   Reduktion zu Ethanol 689, 699
   Reduktion zu Lactat 689, 699

Q
Quartärstruktur 615, 616, 619

R
R/S-Deskriptoren 177, 192
R-11 201, 366
R-12 201, 366
R-32 366
R-113 366
R-134a 202, 227
R-141b 202
R-152a 366
R-410A 201
R-1234yf 366
Racemat 189, 193
Racematspaltung 190, 194
Racemisierung 427
Rachitis 644
Radikale 316, 554
Radikalkettenpolymerisation 554, 561
   Kettenabbruch 555, 561
   Kettenfortpflanzung 555, 561
   Kettenstart 554, 561
Radikalstarter 554
Raffination 99
Rattengift 478

Reaktion
　bimolekulare 206, 222
　regioselektive 142
　stereoselektive 150
　unimolekulare 208, 221
Reaktionskoordinate 135
Reaktionsmechanismus 135, 163
　Aufklärung 138
　Darstellung 144
　elektrophile Addition 147, 149
　Hydroborierung 157
　1,2-Verschiebung 153
Reaktionswärme 136
Recycling-Code 559, 562
reduktive Aminierung 424, 436
reduzierende Zucker 579
Reforming 99, 100
　katalytisches 100
Regioselektivität 142, 145
Resonanz *siehe* Mesomerie
　NMR-Spektroskopie 371, 392
Resonanzenergie 282, 283, 285
Resonanzhybrid 22, 23, 38, 282
Resonanzsignal 371
　Dublett 382
　Quartett 382
　Singulett 382
　Triplett 382
Resonanztheorie 281
Restriktionsendonukleasen 667, 673
Restriktionsfragmente 668
Retinal 115
Retinol *siehe* Vitamin A
Retrosynthese 497
Reverse Transkriptase 654
Rhabarber 447
Rhodopsin 114, 423, 644
Ribofuranose 572
Ribonukleinsäure *siehe* RNA
Ribose 572
Rinderfett 628
RNA 565, 662, 673
　Boten-RNA 662, 663, 673
　ribosomale 662, 673
　Transfer-RNA 662, 663, 673
Rückseitenangriff 207

S
Saccharin
　Süßkraft 581
Saccharose 565, 568, 572, 580, 587
　Süßkraft 581
Salbutamol 199, 227, 471
Salicin 454

Salicylsäure 447, 454, 493
Salicylsäuremethylester 471, 493
Salzbrücken 614
Salzsäure 45
Sauerstoff
　Bindigkeit 11
　Bindungssituation 316
　Elektronenkonfiguration 4
　Lewis-Formel 316
Säure 57
　Arrhenius-Konzept 46, 62
　Brønsted-Lowry-Konzept 46, 62
　dreiprotonige 48
　einprotonige 48
　konjugierte 46
　Lewis-Konzept 59
　zweiprotonige 48
Säureanhydride 475
Säure-Base-Paar, konjugiertes 46, 49
Säure-Base-Reaktion 46, 52
　Elektronenflusspfeile 47
　Gleichgewicht 51–53, 62, 63, 126, 246, 338
　nach Lewis 63
　Protonenübertragung 49, 62, 63
Säurechloride 299
　funktionelle Gruppe 461, 468, 499
　Herstellung 462, 468
　Hydrolyse 483, 487, 501
　Nomenklatur 476, 481, 499
　Reaktion mit Alkoholen 488, 501
　Reaktion mit Aminen 490, 501
　Reaktionen 482
　Reaktivität 493
　Reduktion 500
Säurehalogenide 475, *siehe* Säurechloride
Säurekonstante 50, 62
　Tabelle 51
Säurestärke 50, 62
　Einfluss der konjugierten Base 56
　induktive Effekte 56
　Mesomerieeffekte 55
　Tabelle 246
　und Elektronegativität 54
　und Molekülstruktur 54, 62
Saytzeff-Regel 219, 229, 250, 271
Schale 2, 36
Schaumstabilisatoren 631
Schierling 331
Schiffsche Basen *siehe* Imine
Schlafmohn 330
Schlangengifte 634
Schüttelhydrierapparat 158
Schwefelwasserstoff 268

Schweröl 100
Schwingung *siehe* Molekülschwingung
Schwingungsspektrum *siehe* Infrarotspektrum
Sehprozess 114, 643
Sehpurpur 114
Seife 629, 646
　Micellen 630, 646
　Reinigungswirkung 630
Sekundärstruktur
　DNA 672
　Nukleinsäuren 657
　Proteine 611, 619
Sequenzanalyse 607
Serin 596, 598
Serotonin 286
Sesselkonformation 85–87, 89, 102
　bei Kohlenhydraten 572, 573
σ-Bindung 26
Signalintegration 385
Silberspiegelprobe 430
Skelettformel 70, 72
Sojaöl 628
Solvatisierung 214
Solvolyse 208
Sonnenbrand 476
Sorbit 577
Spektroskopie 353, 391
spezifische Drehung 188, 193
　Mutarotation 575
Spiegelbild 192
Spiegelbildisomerie *siehe* Chiralität
Spiegelebene 175
Spinnenseide 593, 616
Spinpaarung 3
Spirsäure *siehe* Salicylsäure
Stäbchen 115, 643
Stammname 75
Stärke 565, 583, 587
Stearinsäure 448, 626–628
Stereoisomere 192
Stereoisomerie 172
　meso-Verbindungen 182, 193
Stereoselektivität 150, 151
Stereozentrum 175, 176, 192
　2^n-Regel 179, 193
　Konfiguration 177–179, 192, 567
sterische Spannung 82, 87, 102
Steroide 635, 646
　anabole 637, 646
　Cholesterin 635, 636, 640, 646
　Estrogene 636, 638
　Hormone 636
　Progesteron 636

Prostaglandine 639, 641
Testosteron 637
Steroidhormone 625, 636
   Androgene 636
   Estrogene 636, 638
   Progesteron 636
   Testosteron 637
Stickstoff
   Bindigkeit 11
Streckschwingung 358, 391
Strukturformel 14
Stufenwachstumspolymerisation 547, 561, 562
Styrol 287
Substitution
   Rückseitenangriff 207
   Unterschied zur Eliminierung 203
Substitution, elektrophile *siehe* elektrophile Substitution
Substitution, elektrophile aromatische *siehe* elektrophile aromatische Substitution
Substitution, nukleophile *siehe* nukleophile Substitution
Sucralose 581
Sulfanylgruppe 265, 271
Sulfonium-Ion 296
Sunblocker 476, 477
Supercoiling 672
superhelikaler Twist 661, 672
Süßkraft 581
   Tabelle 581
Süßstoffe 581
Synthesegas 100, 103
Syntheseplanung 497

T

Tabakmosaikvirus 493
Tamoxifen 441, 638
Tautomerie 426
Tautomerisierung 435
Terephthalsäure 447
tert-Butylkation 144
   Ladungsverteilung 147
Tertiärstruktur 619
   DNA 660, 672
   Proteine 613
Testosteron 637
Tetramethylsilan *siehe* TMS
Tetrodotoxin 90
Tetrosen 566
Thermoplaste 544, 560
Thioester 686
Thioether 266

Thiolase 527
Thiole 271
   Acidität 268, 271, 272
   funktionelle Gruppe 265
   Nomenklatur 266, 271
   Oxidation zu Disulfiden 268, 271, 272
   physikalische Eigenschaften 267
   Reaktionen 266, 268, 271
   Struktur 265
   Vergleich mit Alkoholen 267
Thionylchlorid 249, 270
Threonin 596, 598, 618
Threose 180
Thromboxane 625, 642
Thymidin 652
Thymol 312
Thyroxin 597
TMS 372, 373
Tocopherol 318, 644, 647
Tollens-Reagenz 429, 430
Toluidin 333
   Basizität 339
Toluol 287
Torsionsspannung 82, 83, 102
Transfer-RNA 662, 663, 673
Transmembranproteine 633
Traubenzucker *siehe* Glucose
Trehalose 591
Treibhauspotential 366
Trevira 447
Tri 200
Triacylglycerine *siehe* Triglyceride
Tricarbonsäurezyklus *siehe* Zitronensäurezyklus
Trichlorfluormethan 201
Trifluoressigsäure
   Säurestärke 56
Triglyceride 625, 626, 645
   gesättigte 628
   Hydrolyse 629
   katalytische Reduktion 629
   mehrfach ungesättigte 628
   physikalische Eigenschaften 628
   Tripalmitin 628
   tropische Öle 628
   ungesättigte 628
Triiodthyronin 597
Trimethylamin
   Basizität 339
Triole 238
Triosen 566
Tripalmitin 628
Trivialnamen 77, 117
   Aldehyde 406

Alkohole 238, 269
Amide 479, 480
Amine 333, 335, 347
Carbonsäuren 446, 448
Ester 477
Ether 258
Halogenalkane 200
Ketone 406
Trockeneis 21
Trypsin 607, 609, 617, 618
Tryptophan 596, 598
Tyrosin 596–598

U

Übergangszustand 136, 163
Ultraviolettes Licht 355
Umesterung 488
Umlagerung 141, 152, 164
   1,2-Verschiebung 153, 164, 165
unimolekulare Reaktion 208, 221
Unterschale 2
Uracil 652
Urethane 550
Uridin 652, 653
Uronsäuren 579, 587
Urotropin 440
Urushiol 312

V

Valenzelektron 3, 12
Valenzschale 3, 36
Valeriansäure 448
Valin 596, 598
Vanillin 312
Verbindung
   organische 1
Veresterung 457, 458, 460, 467, 468
   Gleichgewicht 458
1,2-Verschiebung 153, 165
Verseifung 484, 629
Vinyl 117
Viskose 585, 587
Vitamin A 114, 423, 643, 647
   Konfiguration 122
Vitamin B_6 479
Vitamin C 318
Vitamin D 644, 647
Vitamin E 318, 644, 647
Vitamin K 478, 645, 647
Vitamine
   fettlösliche 643
   wasserlösliche 643
VSEPR-Modell 16, 17, 37
   Tabelle von Strukturen 19

W

Walrat 503
Waltran 503
Wannenkonformation 86, 102
Warfarin 478
Wasser
  Lewis-Formel 18
  Molekülmodell 16
  Orbitalmodell 28
Wasserstoff
  Bindigkeit 11
  Elektronegativität 10
Wasserstoffbrückenbindung 95, 242, 335
  Carbonsäuren 449
  in Proteinen 611
  und Wasserlöslichkeit 258
Wasserstoffperoxid
  Lewis-Formel 15

Watson-Crick-Modell 657, 658, 672
Wechselwirkung
  anziehende 95
  diaxiale 88, 89, 102
  Dipol-Dipol- 95, 242
  Dispersions- 95
  hydrophobe 614, 616, 619, 633, 648
Weinsäure 182
  Eigenschaften 186
Weizenkeimöl 645
Wellenlänge 354, 391
  Einheiten 354
Wellenzahl 356
Wiederholeinheit 545, 560
Williamson-Ethersynthese 234
Winkelspannung 82, 85, 102

X

Xylit 577

Z

Zapfen 115
Z-DNA 672
Zidovudin 654, 676
Ziegler-Natta-Polymerisation 557, 562
  Mechanismus 557
Zimtaldehyd 407
Zitronengrasöl 406
Zitronensäure 45
  ^{13}C-NMR-Spektrum 384
Zitronensäurezyklus 469, 677, 694, 695, 699, 700
  Gesamtgleichung 697
Zuckeralkohole *siehe* Alditole
Zuckeraustauschstoffe 577
Zwischenstufe 136
Zwitterionen 594, 617